谨以此书献给钱传范教授八十华诞

钱传范教授精选学术论文集

江树人　刘丰茂　主　编
周志强　韩丽君　副主编

中国农业大学出版社
·北京·

内容简介

本书是为庆祝钱传范教授八十华诞而整理的，主要包括钱先生本人及在钱先生指导下弟子发表的科研论文。由于文章数量较多，本书从中选取了80篇代表性论文进行全文收录，其他论文则只对题目、收录期刊以及发表时间进行整理。本书还收集了钱传范先生指导的硕士、博士学位论文的中文摘要。

书稿中论文都已在不同的期刊上发表过，有些发表年代还较早，所以单位和量的表述方面基本忠实于原文，没有按现在的出版规范进行修改。

图书在版编目(CIP)数据

钱传范教授精选学术论文集/江树人，刘丰茂主编. —北京：中国农业大学出版社，2010.10
ISBN 978-7-5655-0049-7

Ⅰ.①钱… Ⅱ.①江… ②刘… Ⅲ.①农药-文集②环境毒理学-文集 Ⅳ.①TQ45-53 ②R994.6-53

中国版本图书馆CIP数据核字(2010)第141061号

书　名　钱传范教授精选学术论文集
作　者　江树人　刘丰茂　主编

策划编辑　梁爱荣　董夫才　刘　军　　**责任编辑**　梁爱荣
封面设计　郑　川　　**责任校对**　陈　莹　王晓凤
出版发行　中国农业大学出版社
社　址　北京市海淀区圆明园西路2号　　**邮政编码**　100193
电　话　发行部010-62731190,2620　　读者服务部010-62732336
编辑部010-62732617,2618　　出　版　部010-62733440
网　址　http://www.cau.edu.cn/caup　　**e-mail**　cbsszs@cau.edu.cn
经　销　新华书店
印　刷　涿州市星河印刷有限公司
版　次　2010年11月第1版　2010年11月第1次印刷
规　格　889×1194　16开本　31.75印张　920千字　插页10
定　价　128.00元

中国农业大学 钱传范 教授

钱传范教授，女，祖籍浙江嘉兴，生于1930年11月21日。我国著名的农药化学家、教授、博士生导师、国务院政府特殊津贴获得者。在50多年的教学、科研生涯中，为我国培养了大批高级农药专业人才，多年来活跃在农药残留、农产品安全、食品安全等领域，为我国农药事业的发展做出了突出贡献。

幸福家庭

2009 年与先生陈启申合影

2002 年与儿子儿媳合影

祖孙合影

学生时代

中学时代

清华二校门，前排左韩雅珊，中刘伊玲，右赵熙和，后排左顾德玲，中段然登

1953 年大学毕业合影（与黄瑞纶、胡秉方、吴亭、李酉开、周长海等，钱传范前排右六）

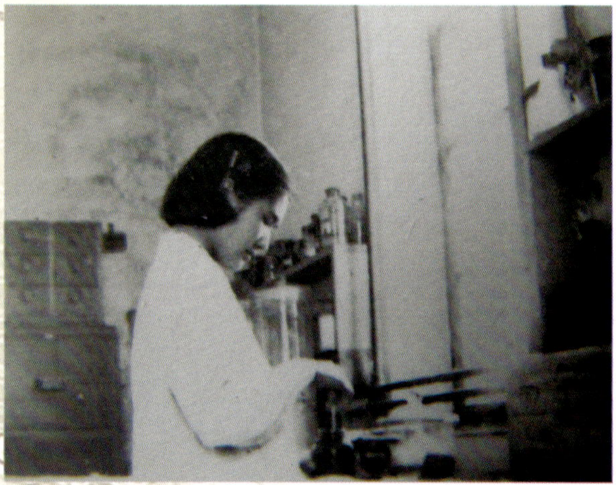

致力于科研工作

前苏联留学剪影

1958 年与导师 Kozlova E.N

1958 年在前苏联进行试验研究

1959 年在前苏联塔吉克棉花试验田

1959 年五一节游行剪影（经过前苏联植保所大门，前排右二）

1960 年与列宁格勒植保所同学合影（右二）

出国访问与交流

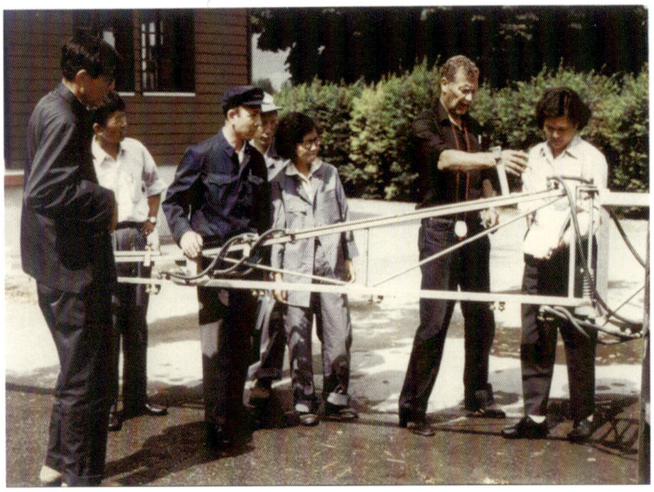

1979 年瑞士进行喷雾器雾滴实验（右一）

1985 年在美国与 Dr. James N. Seiber 夫妇及两个儿子合影

1985 年美国华盛顿林肯纪念堂留影

1985 年在美国 UC Davis 进行田间试验

1998 年在匈牙利进行科研访问

1989 年在德国 Hohenheim 大学植物病理学教授 Grossman 家作客

1989 年在德国小麦试验田考察

国际交流与合作①

1986 年与德国 Franz Mueller 教授夫妇合影
（后排毛达如右二，安民右四，江树人右六）

2003 年中德 CIAD 协作项目总结大会与
Karl Hurle 教授、研究生合影

2002 年与俄罗斯 Dr.Sergei A.Eremin（右二）
等研究合作项目

2001 年与 IAEA 专家 Dr.Arpad Ambrus

2002 年在中国农业大学主持召开
FAO/IAEA RCM 会议

1998 年 IAEA 培训班授课（北京）与
部分学员合影

国际交流与合作2

2002 年与日本著名农药学家山本出教授合影

2004 年国际植保大会期间与江树人教授（左四）、Karl Hurle 教授（右三）和 Dr.Philip W Lee（左三）合影

2007 年农药环境与安全国际会议与 Dr.Kenneth D.Racke（左四）和片山新太教授（左三）合影

2008 年与澳大利亚专家 Denis J Hamilton 合影

2009 年中国农业大学—德国 Hohenheim 大学合作 30 周年纪念大会

2010 年 James N Seiber 教授夫妇来我校访问

与弟子刘建波（右一）、沈在忠（右三）等合影

与弟子于露（右一）、尚胡兰（左一）、杨利奎（右二）合影

与程明研究员（左）和弟子单国民（中）合影

1991 年肖协忠（前排右二）硕士论文答辨，韩熹莱（前排左三）、江树人（前排右一）、杨汉春（后排右一）、李本昌（后排左一）、高晓辉（前排左一）任评委

1995 年李俊锁博士论文答辨

1997 年弟子路凯（左）、闫艳春（中）、刘丰茂（右）

桃李满天下2

1998 年范润珍硕士论文答辩

1998 年与弟子申继忠（左）、王文军（右）合影

1998 年刘曙照博士论文答辩

1999 年与弟子李楠合影

2000 年与弟子范志金（左）、刘丹（中）、刘丰茂（右）合影

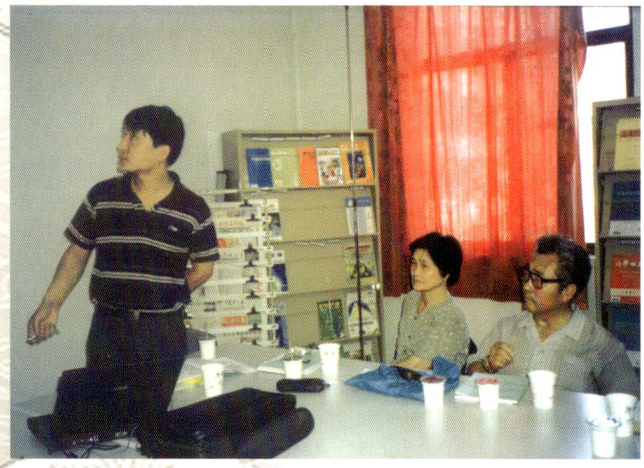

2000 年袁会珠博士论文答辩
（右一为屠予钦研究员）

桃李满天下 3

与弟子胡继业合影

2003 年韩丽君博士论文答辩
（左一为合作导师揭念琴教授）

与 Karl Hurle 教授、弟子吴学民（左二）、刘丰茂（左一）合影

与弟子沈建忠（左）、贾明宏（右）合影

与弟子陈静讨论论文

应化系老师与 1980 级同学聚会合影

生活、工作剪影 1

1984 年全国农药标准化技术委员会成立大会合影（前排左一）

1995 年农药标准审查会合影（前排右三）

2006 年接受国务院驻台办仪器捐赠，与江树人（右五）、籁晓华（右二）、国台办唐怡（左五）、威盛电子公司徐涛（右四）、国泰人寿保险公司王健源（左四）等合影

1997 年西安农药残留会议北京农大校友合影

2002 年农药残留试验认证专家考察实验室

2007 年与陈馥衡（左一）、江树人（左二）、钱旭红（右二）、何雄奎（右一）合影

生活、工作剪影 2

环境与发展国际合作中国委员会成员合影
（前排左 4 孙鸿烈、右 1 钱易、右 2 韩纯儒）

与韩熹莱（左一）、梁渡湘（左二）、江树人
（右一）参加论文答辩会讨论

2006 年在西北农林科技大学参加《农药分析与
农药残留分析》统稿会

与基金委评委黄本立（左一）、徐晓白（左二）、
徐光宪（右三）、杨文襄（右二）、王连生（右一）
合影

与基金委评委张滂（左）、慈云祥（右）合影

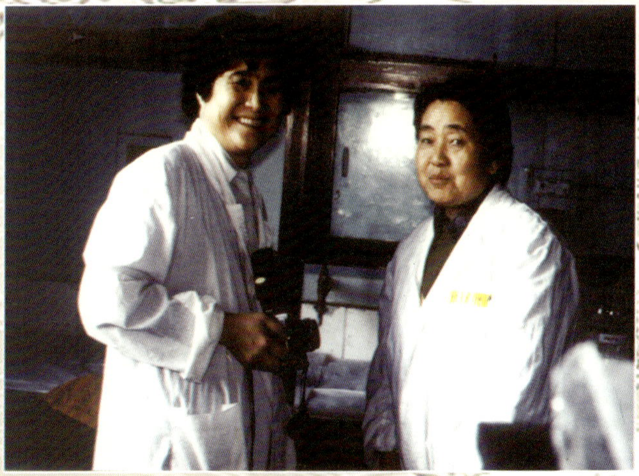

与明九雪在研究室

生活、工作剪影③

在安徽调查茶叶病虫害

在东北旺进行田间试验

在北京图书馆查阅资料

1998 年在 IUPAC/China 农药化学研讨会作学术报告

2002 年质检中心双认证及前期筹备工作中做出了重要贡献

与同事及同行在一起 1

2006 年陈云林（右二）来访并与校领导陈章良（左一）、江树人（左二）合影

与石元春校长（右二）、韩纯儒（右三）、严毓华（左二）赴深圳谈协作

2002 年与农药残留教研组部分成员合影

农药学学报编委会部分常委及编辑部成员合影

与华南农业大学赵善欢院士（中）和南开大学尚稚珍教授（右）合影

与中科院孙鸿烈（右）和中国农业大学韩纯儒（左）合影

与同事及同行在一起 ②

2002 年与农药残留专家樊德方（中）、陈宗懋（左）合影

2010 年与陈馥衡、张文吉、周志强、洪莉讨论学科发展

2003 与沈人德、陈馥衡、侯玉霞、金淑惠年参观中华文化园

2010 年与四清战友张步忠（左）、江树人（右）重聚

2003 年与老同学陈馥衡（右）、陈万义（左）共研学问

1953 届同学聚会合影

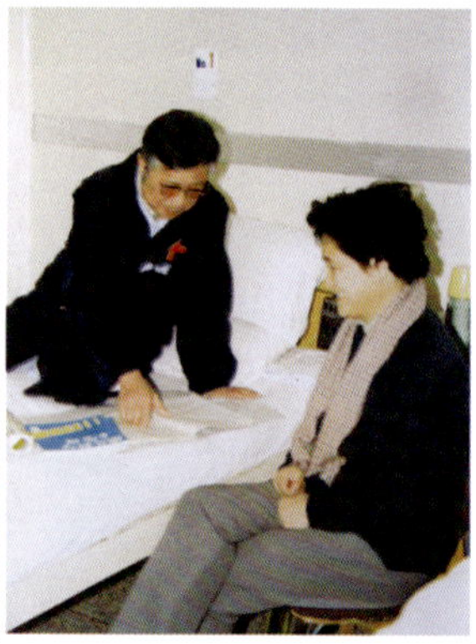

探望梁渡湘

成果、奖励与著作

证　书

钱传范同志：

为了表彰您为发展我国高等教育事业做出的突出贡献，特决定从一九九一年七月起发给政府特殊津贴并颁发证书。

国务院

政府特殊津贴

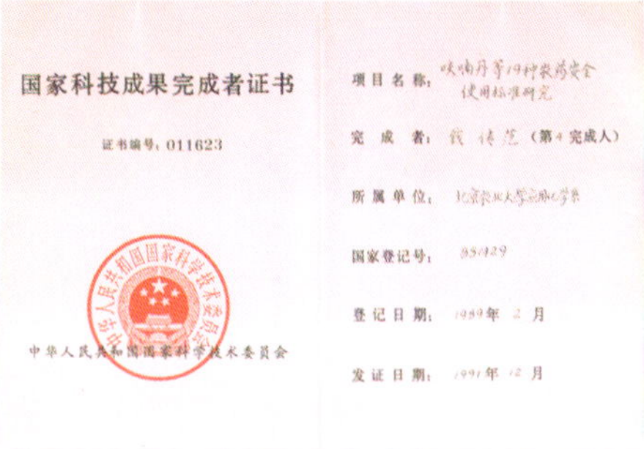
国家科技成果完成者证书

证书编号：011623

中华人民共和国国家科学技术委员会

项目名称：

完成者：钱传范（第4完成人）

国家登记号：

登记日期：

发证日期：

国家科技成果奖

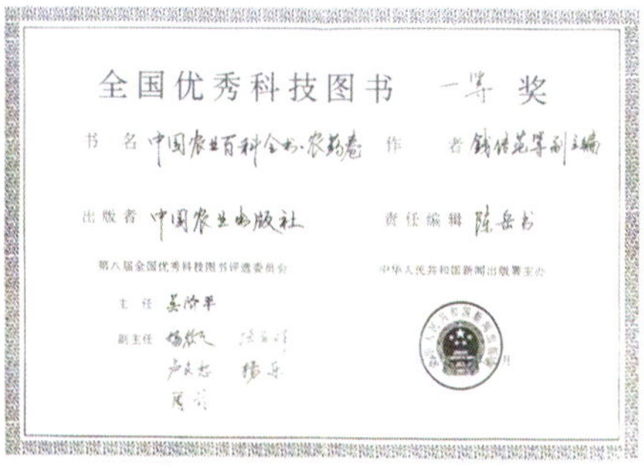
全国优秀科技图书　一等奖

书名　中国农业百科全书·农药卷　作者　钱传范等副主编

出版者　中国农业出版社　责任编辑

全国优秀科技图书一等奖

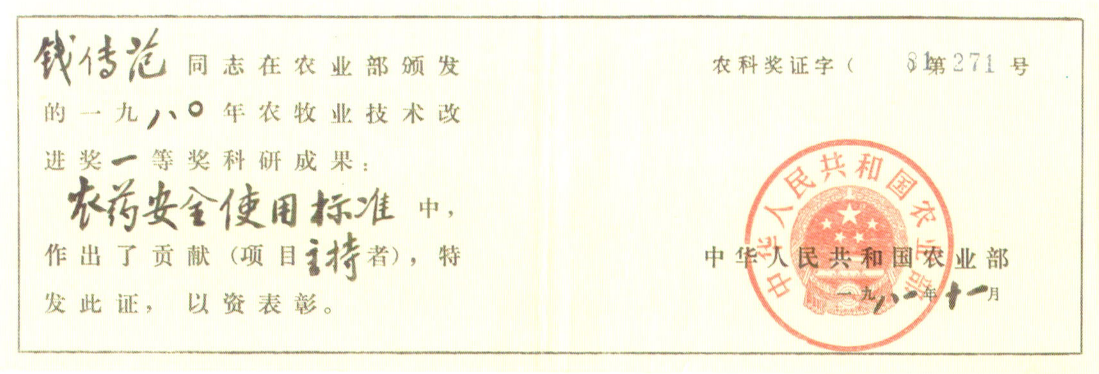
钱传范同志在农业部颁发的一九八〇年农牧业技术改进奖一等奖科研成果：农药安全使用标准中，作出了贡献（项目主持者），特发此证，以资表彰。

农科奖证字（81）第271号

中华人民共和国农业部

一九八一年十一月

农牧业技术改进一等奖

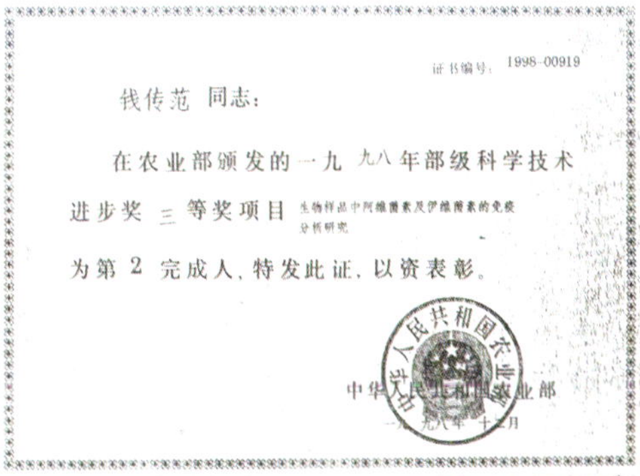
证书编号：1998-00919

钱传范　同志：

在农业部颁发的一九九八年部级科学技术进步奖三等奖项目中，为第2完成人，特发此证，以资表彰。

中华人民共和国农业部

一九九八年十二月

农业部科技进步三等奖

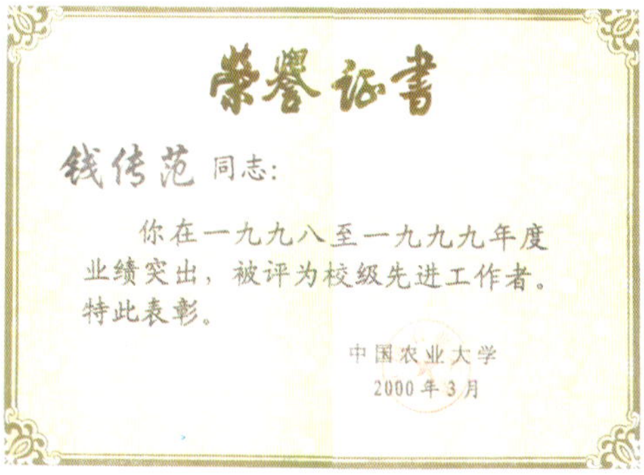
荣誉证书

钱传范　同志：

你在一九九八至一九九九年度业绩突出，被评为校级先进工作者。特此表彰。

中国农业大学

2000年3月

校先进工作者

代表著作

社会任职

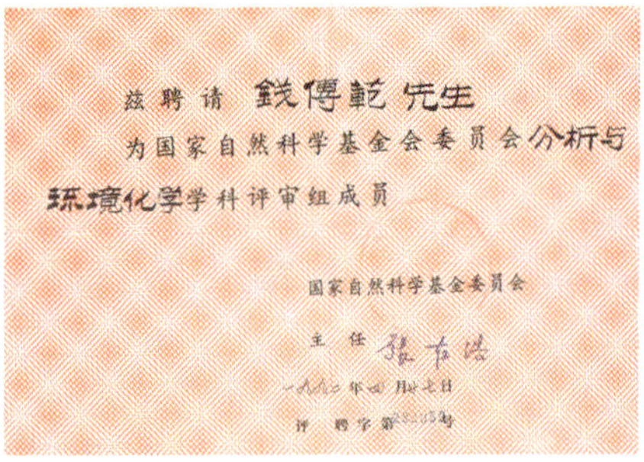
兹聘请 錢傳範 先生
为国家自然科学基金会委员会分析与环境化学学科评审组成员

国家自然科学基金委员会
主任 張存浩

任职（1992—1998）

钱传范 同志：

特聘请您为第八届北京市人民政府专家顾问团顾问。

二〇〇〇年十二月一日

任职（2000— ）

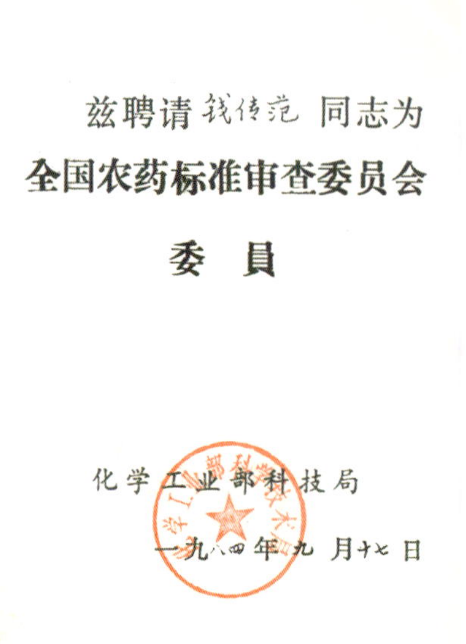
兹聘请 钱传范 同志为
全国农药标准审查委员会
委 员

化学工业部科技局
一九八四年九月十七日

任职（1984—1987）

聘 書
兹聘请 钱传范
全国农药标准化技术委员会
委员

任职（1988—2000）

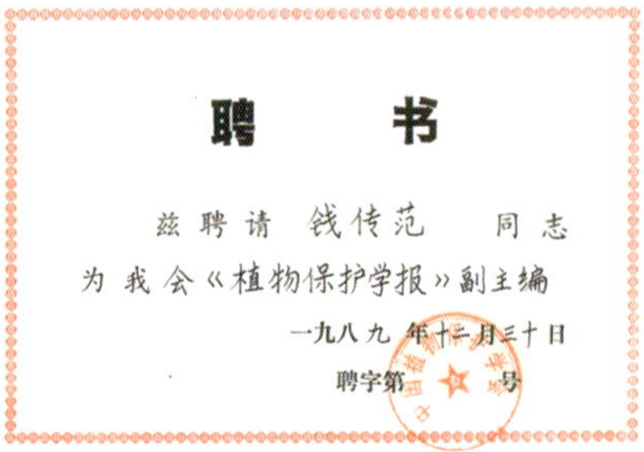
聘 书
兹聘请 钱传范 同志
为我会《植物保护学报》副主编
一九八九年十二月三十日
聘字第 号

任职（1989—2005）

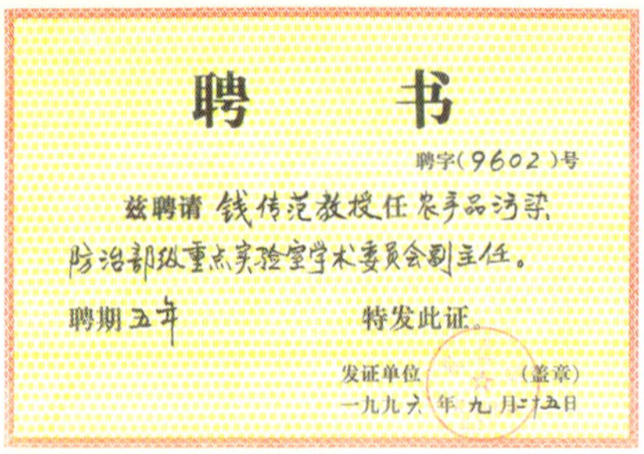
聘 书
聘字（9602）号
兹聘请钱传范教授任农产品污染防治部级重点实验室学术委员会副主任。
聘期五年 特发此证。
发证单位 （盖章）
一九九六年九月二十五日

任职（1996—2001）

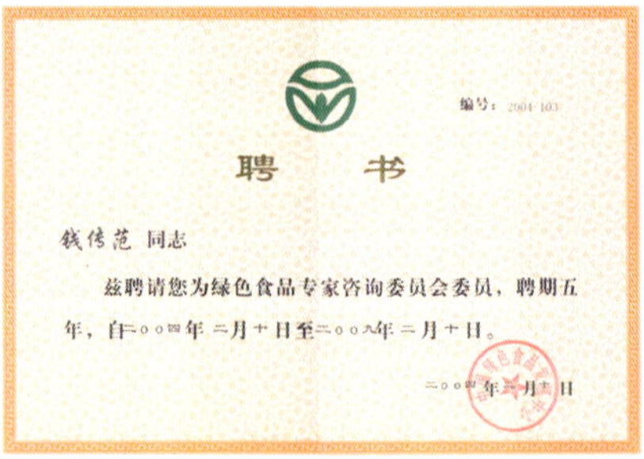
聘 书
钱传范 同志
兹聘请您为绿色食品专家咨询委员会委员，聘期五年，自二〇〇四年二月十日至二〇〇九年二月十日。

任职（2004—2009）

聘 书
钱传范 同志
兹聘请您为中国绿色食品发展中心认证评审委员会委员，聘期三年，自2004年十月二日至2007年十月一日。
2004年十月二日

任职（2004—2007）

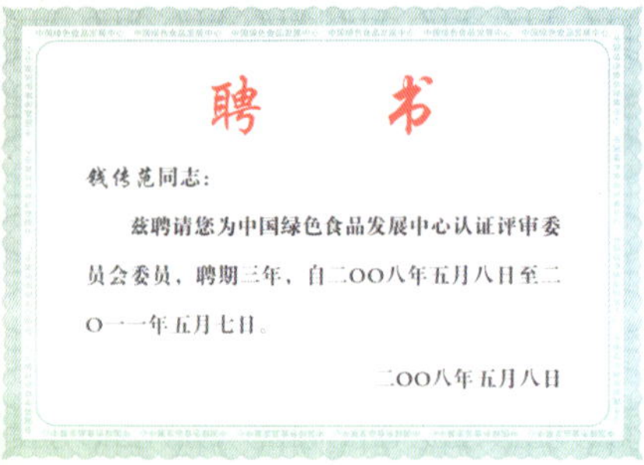
聘 书
钱传范同志：
兹聘请您为中国绿色食品发展中心认证评审委员会委员，聘期三年，自二〇〇八年五月八日至二〇一一年五月七日。
二〇〇八年五月八日

任职（2008—2011）

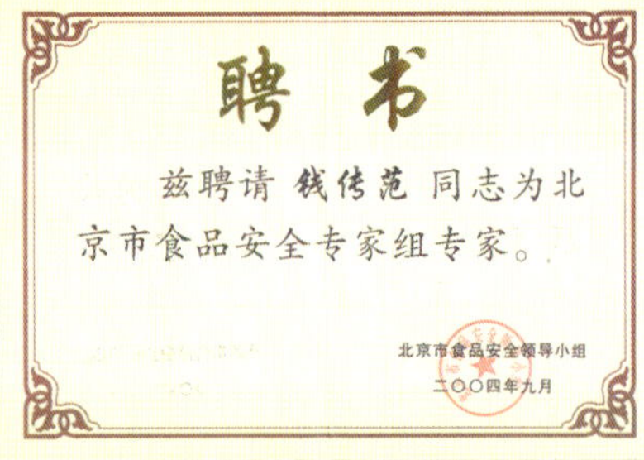
聘 书
兹聘请钱传范同志为北京市食品安全专家组专家。
北京市食品安全领导小组
二〇〇四年九月

任职（2004—2008）

聘 书
兹聘请钱传范同志为北京市"食品放心工程"专家组专家。
北京市"食品放心工程"协调小组
（办公室代章）
二〇〇二年十二月

任职（2002—2008）

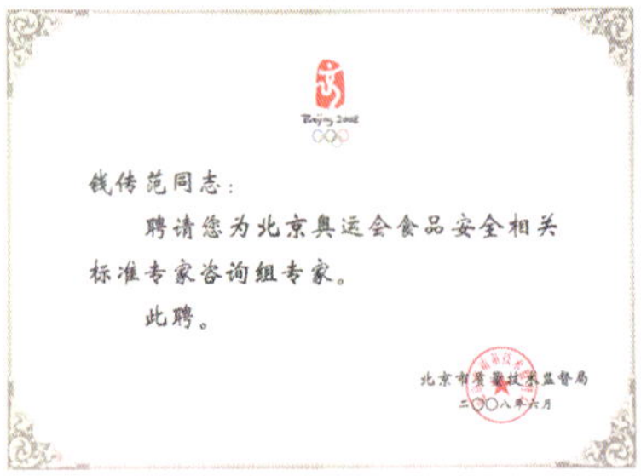
钱传范同志：
聘请您为北京奥运会食品安全相关标准专家咨询组专家。
此聘。

任职（2008）

主　　编　江树人　刘丰茂

副 主 编　周志强　韩丽君

参　　编　（按姓氏拼音为序）

陈　静　范润珍　范志金　韩　农　胡继业　贾明宏
李重九　李俊锁　李　楠　刘　丹　刘建波　刘曙照
路　凯　潘灿平　单国民　尚胡兰　申继忠　沈建忠
沈在忠　王素利　王文军　吴学民　肖协忠　闫艳春
杨利奎　于　露　袁会珠　张红艳　张素霞

前　言

本书是为庆祝钱传范教授八十华诞而整理的，主要包括钱先生本人及在钱先生指导下弟子公开发表的科研论文。由于文章数量较多，本书从中选取了80篇代表性论文进行全文收录，其他文章则只对文章题目、收录期刊以及发表时间进行整理。本书还收集了钱先生指导的博士、硕士论文中文摘要。以此恭贺钱先生八十华诞。

钱传范，女，祖籍浙江嘉兴，1930年11月21日生于沈阳，1935年迁居上海。1948年高中毕业后就读于上海沪江大学化学系，1949年入清华大学农化系学习，1950年院校调整转入北京农业大学，1953年毕业后留校任教。1956—1957年在北京俄语学院学习1年后赴前苏联列宁农业科学院植物保护研究所学习，1961年获副博士学位，返校任助教；1985年任教授，1990年评为博士生导师。1991年被评为"为发展我国高等教育事业做出突出贡献的学者"，并获国务院政府特殊津贴。工作期间，曾赴瑞士、美国（加州大学Davis分校）进修。由于历史原因，那个时期的教师正常工作年限较短，后期接班的教师又较少，按照国家规定，延长到70岁退休，2000年离休后，仍积极参与科研工作及各种学术活动。

钱传范教授在学生时代，上海解放前即积极参加学生运动，加入新民主主义学生会，并到上海近郊解放地区的工厂做宣传，组织工会。1952年曾赴辽宁南部参加抗美援朝反细菌战工作，1953年加入中国共产党。曾任农药教研组主任、农药残留研究室主任，并兼任农化系党总支委员、支部书记、农业应用化学系工会主席等职，曾担任全国农药登记评审委员会委员、国家农药标准化技术委员会委员、副主任委员、国家自然科学基金委化学部分析与环境化学评审组成员、中国植物保护学会常务理事、中国昆虫学会理事、中国农业环境保护协会理事、北京市"食品放心工程"专家组专家、全国高等农业院校教学指导委员会生物基础学科组成员、农牧渔业部教材指导委员会生物基础学科组成员、农业部农药检定所技术顾问等众多学术兼职，《植物保护学报》、《农业环境保护》副主编，《农药学学报》、《生态学报》、《农药科学与管理》、《环境科学》等杂志编委。现仍兼任北京市政府专家顾问团顾问、中国绿色食品发展中心绿色食品专家咨询委员会委员、北京市食品安全专家组专家。

钱传范教授长期从事农药残留领域的研究工作，主持过国家基金委、农业部、原化工部和北京市的多项科研项目，曾多次获国家农业部及原化工部的科技进步奖。主持过FAO/IAEA项目、与俄罗斯科学基金合作项目及部分中德协作项目，赴英、奥、德、俄、匈、日、菲律宾等国进行学术交流及讨论协作等活动，取得了丰硕的成果。曾主持多项"农药安全合理使用"科研项目；主持制定了农业行业标准"绿色食品　农药使用准则"；参与主持"绿色食品农产品（果蔬）基地环境条件与生产技术"课题，该成果获1997年农业部科技进步三等奖。从1989年起，钱传范教授开始进行农药残留免疫化学研究，在多个国家自然科学基金项目的支持下，进行了甲基对硫磷、莠去津、甲萘威、克百威、氯磺隆、胺苯磺隆、毒死蜱等农药的酶联免疫检测方法研究，其中"生物样品中阿维菌素及依维菌素的免疫分析研究"成果获得了1998年农业部科技进步三等奖。钱传范教授还从分析化学及毒理学方面研究了生物农药苏云金杆菌（B. t.）-内毒素对昆虫生理和代谢的影响，制定了苏云金杆菌原粉、可湿性粉剂和悬浮剂的原化工行业标准。此外，钱传范教授参与研究开发的农药残留专用去垢剂"洗涤剂组合物"已获国家发明专利。

在50多年的教学生涯中，钱传范教授主讲了"杀虫药剂毒理学"、"农药分析"、"农药残留分析"、"农药环境毒理学"及"专业外语"等课程，先后培养了硕士研究生17名、博士研究生13名。主编了教材《农药分析》和《农药残留分析原理与方法》；曾任《中国农业百科全书》"农药卷"第一副主编及第四分支（农药分析与残留）主编；合作主编了《绿色食品农产品（果蔬）基地环境条件与生产技术》、《杀虫药剂环境毒理学》、《农药与应用》、《化学农药》等著作，还参编了《农业仪器分析法》、《科学使用农药》等；发表学术论文200余篇。

钱传范教授在研究工作中刻苦钻研，治学严谨，为人谦和；在教学工作中不断创新，兢兢业业，循循善诱，诲人不倦。一心关注我国农药学学科的发展，关怀青年后备力量的健康成长，即使在离休后，仍积极活跃在我国农药事业健康发展的学术领域及国际交流的舞台。

值此钱传范教授八十华诞之际，衷心祝愿她生日快乐、身体健康、幸福长寿！

编　者

2010 年 6 月 27 日

目　录

钱传范先生发表的期刊学术论文

钱传范先生指导(含合作指导)的硕士研究生学位论文摘要

钱传范先生指导(含合作指导)的博士研究生学位论文摘要

附　录

钱传范先生发表的
期刊学术论文

使用矿油乳剂防治果树虫害的报导*

黄瑞纶　钱传范
（北京农业大学）

使用矿油（包括石油和煤焦油）乳剂防治虫害早有悠久的历史，用在防治越冬的害虫和卵上尤有特殊的价值，因为有机氯杀虫药剂如DDT、六六六等在煤焦油里的溶解度很大，最近更大量地使用煤焦油的溶液作为烟雾剂的原料。

苏联于1952年曾在全苏列宁植物保护分院主持下讨论了矿油乳剂防治害虫的研究及实际使用的情况，会议极重视在植物休眠期应用矿油乳剂防治越冬的害虫或虫卵。因为在此时期使用滑润油或太阳油[1)]处理果树可以消灭最危险的害虫——梨园介壳虫（*Aspidiotus Perniciosus* Comst.）。在会议中也对休眠期用"卡波林纳"（КЭАМ）[2)]给予极高的评价。用卡波林纳防治梨介壳虫、李树介壳虫、苹果木虱等非常有效，在苏联南方和北方都广泛地使用着[1]。

近年来东北果树的越冬和早春为害的害虫颇为严重。在介壳虫方面有普遍而严重的球坚介壳虫（*Eulecanium prunastri* Fonsc.）局部严重的梨园介壳虫、普遍而不严重的瘤坚介壳虫（*Eulecaniun excresens* Ferris），蚜虫有瘤蚜（*Myzusmalisuctus* Mats.）、苹果绵蚜（*Eriosoma lanigera* Hausm.）等。最近因为防治食心虫广泛地使用了DDT，红蜘蛛也日见严重。

在东北各省，农民习惯上在4月上旬苹果发芽前使用5°石灰硫磺合剂防治越冬的病虫害，但用石灰硫磺合剂防治旅大果树中为害最广泛的球坚介壳虫的效果不大，同时使用这样高浓度的石灰硫磺合剂的费用太大，等于苹果全年药剂防治病虫害费用的1/5～1/3（按：旅大地区一般每年喷射药剂6～8次，以波尔多液及砷酸铅为主）。

我国使用矿油乳剂的事例尚无报导。新中国成立以后，我国的石油生产已日渐扩大，尤其是柴油，供应量大，价格也低廉。各钢铁厂生产的煤焦油的重油和蒽油两部分尚未能充分地利用，多半回炉炼焦或配制木材防腐油。作者自1954年始搜集可能利用作杀虫药剂的石油和煤焦油作了化学分析并与东北苹果食心虫研究小组合作进行室内及田间杀虫试验，并对果农进行示范。三年以来，不少的果农已经掌握自行配制和使用的技术，矿油乳剂的使用正在扩大中。本文仅就我国三年以来有关使用矿油防治虫害的资料，作一简单的总结，供读者参考。

一、煤焦油

1　油样的分析

能作杀虫药剂用的煤焦油是有一定规格的（2，3），按照马丁（Martin）的报导，适作杀虫用的煤焦油可按其化学成分分为两级[2]。

作者于1954年在北京石景山钢铁厂进行了调查并取回样本进行化学分析。

---

* 本文部分试验结果是由东北苹果食心虫研究小组和兴城园艺试验场供给的，并同意在本文发表。

[1]太阳油亦称梭拉油（Solar oil）。根据苏联的规格，太阳油在50℃恩氏黏度为1.39～1.76，闪点不低于125℃。太阳油为碱法精制石油馏出物，适作汽车燃料，高速负荷机械润滑，金属切割冷却，杀虫导剂等用途。

[2]Садовый карьолинеум 即炼焦油乳剂（КЭАМ）。

石景山钢铁厂的煤焦油的产品是根据需要而改变的，一般是分为生产软沥青或硬沥青两种步骤：

1.1 软沥青的生产

焦油 —加热并通水蒸汽蒸馏→ {
230℃以下，未脱晶中油 16.4%
剩余为软沥青 80.4%
损失 3%
}

1.2 硬沥青的生产

焦油 —加热并通水蒸汽蒸馏→ {
230℃以下，未脱晶中油 15.5%
230～270℃，未脱晶重油 10.0%
270～330℃，未脱晶蒽油 19.2%
剩余为硬沥青 52%
损失 3%
}

适于作农药用的煤焦油产品按其沸点范围应属于蒽油和重油两部分（蒽油亦称绿油）。分馏的产品溶解有大量的焦油酸和固体的蒽，必须除去。

（1）未脱晶重油 —结晶/过滤→ 重油＋固体物（粗蒽）

重油 —碱处理→ 脱酸重油＋粗焦油酸钠

（2）未脱晶蒽油 —结晶/过滤→ 蒽油＋固体物（粗蒽）

表 1 将重油和蒽油样本按照一般的分析方法(4,5)进行分析的结果

	重油	蒽油
比重 20℃/4℃	1.071	1.122
馏程	230℃ 8.9%	270℃ 4%
	262℃ 37%	330℃ 28%
	330℃ 82%	370℃ 65%
	368℃ 95%	400℃ 83%
		407℃ 93%
中性油	88.0%～92.0%	92.6%
焦油碱	3.6%～3.8%	5%
焦油酸	3%～3.6%	1%
溶于硫酸二乙酯部分	未测定	未测定

根据表 1 分析结果，石景山钢铁厂所生产的重油勉强符合于马丁所拟订的乙级标准，蒽油是符合于甲级标准的。因此作者选定了蒽油作为试验和示范的材料。

蒽油乳剂的配制是非常简便的，可以形成极稳定的贮备乳剂，持久不致破坏。在北京农业大学和东北食心虫研究小组所采取的配合比例是 6∶1∶3（以重量计，蒽油∶洗涤皂∶水），兴城园艺试验站采用的配合比例是 1∶0.06∶0.6，制成的贮备乳剂都折合含油量 60%。配制的方法是采取热煮法。蒽油对于人的皮肤有刺激作用，须注意在田间喷射乳剂时务必站在上风头，并须戴手套、风镜，用布制的面套套好面部，以防皮肤接触过量的蒽油而引起皮肤发炎。蒽油乳剂的使用仅限于在早春果树发芽前，气候相当寒冷时期，戴着手套和面套进行喷药是没有困难的。以下各试验所用的蒽油都是北京石景山钢铁厂的产品。

2 蒽油乳剂防治介壳虫的药效试验结果

（1）1955 年春季和秋季室外蒽油乳剂防治梨园介壳虫的药效试验结果[6]：

材料：梨树（北京白梨），每一处理的虫数最少是 3 269 个，最多是 3 512 个，用 Abbott 公式计算杀虫率见表2。

表2

	春季	秋季
喷药日期	4月8日	11月11日
检查日期	5月13日	3月1日(1956)
5%乳剂杀虫率	99.3%	100%
3.5%乳剂杀虫率	100%	98.5%

在1955—1956年间，兴城园艺试验场和兴城果树农场同时较大规模地试用4%蒽油乳剂防治梨园介壳虫，无论在早春发芽前或秋季落叶后都可以获得极满意的效果，对于梨树生长也没有妨碍，一致反映良好。1956年在锦州、绥中、兴城各果树区已经提出要求推广使用。

(2)1955年春季室内蒽油乳剂防治球坚介壳虫的结果[7]：

材料：从田间采取被寄生的苹果枝条，喷药后搁置室内，检查处理和对照死虫和活虫数，以Abbott公式计算死亡率。每一处理的虫数最多是44个，最少是24个。

处理日期：4月11日；检查日期：5月5日。

3%蒽油乳剂的杀虫率　　96.6%

4%蒽油乳剂的杀虫率　　100.0%

5%蒽油乳剂的杀虫率　　100.0%

6%蒽油乳剂的杀虫率　　83.1%*

在室外观察试验中，使用4.5%蒽油乳剂基本上可以完全消灭球坚介壳虫。而5°石灰硫磺合剂的杀虫率仅能达到36.6%。

3 蒽油乳剂防治红蜘蛛越冬卵的药效试验结果

(1)1955年春季室外蒽油乳剂和蒽油石油混合乳剂防治红蜘蛛越冬卵(红蜘蛛未定名)的药效试验结果[8]：

材料：将乳剂喷射在有越冬虫卵的苹果树上，当对照区红蜘蛛已不再继续孵化时，从各处理树上采取有卵块的树皮或树枝(卵数尽量要求一致)，检查已孵化和未孵化卵数。柴油是国产轻柴油1号，火油即一般市售的灯油。每一处理的卵数最少是858个，最多是1 448个。结果用Abbott公式计算。

处理日期：4月20日；检查日期5月10日。

从表3结果看来，无论蒽油或蒽油、石油混合乳剂在含油量3%～6%时，都有一定的杀红蜘蛛越冬卵的效力。此项试验的药剂喷射期较一般苹果发芽前的喷药期为晚，不能看作实际应用日期的杀卵效力。另外在田间试验进行比较4.5%蒽油乳剂和5°石灰硫磺合剂的杀红蜘蛛卵的效力，在喷药时遭遇六、七级大风，喷药不均匀，结果仅能供参考，但也看出蒽油乳剂要比5°石灰硫磺合剂要有效得多。

表3

杀卵率(%) 浓度 / 油	3%	4%	5%	6%
蒽　　油	86.1	83.9	88.6	83.8
蒽油＋柴油(1∶1)	66.1	78.3	88.9	86.8
蒽油＋火油(3∶2)	80.3	80.7	81.5	98.8

* 效果反而低落，可能是喷药不均匀的缘故。

4.5%蒽油乳剂　　未孵化卵率　　50.6%

5%石灰硫磺合剂　　未孵化卵率　　27.0%

对照　　未孵化卵率　　13.9%

(2)1956年春季室外蒽油乳剂和润滑油乳剂防治红蜘蛛越冬卵的药效试验结果[9]：

材料：在苹果发芽前，将乳剂喷射在有越冬虫卵较集中的树上，当对照区红蜘蛛已不再继续孵化时，检查喷药的树皮上和对照的孵化和未孵化的卵数。润滑油为复兴50号(尚未经化学检验)，每一处理的卵最少是740个，最多是2 037个。结果用Abbott公式计算。

处理日期：4月9日；检查日期：5月19日。

5%蒽油乳剂　　杀卵率　　70.8%

5%润滑油乳剂　　杀卵率　　94.9%

7%石灰硫磺合剂　　杀卵率　　10.9%

自以上结果看来，很显然蒽油乳剂的杀红蜘蛛卵的效力不及润滑油乳剂。

1956年春兴城园艺试验场指导兴城果树农场也进行蒽油乳制防治苹果红蜘蛛越冬卵的试验，所得结果与东北苹果食心虫研究小组的相似，4%的蒽油乳剂的杀卵效率为68.2%[10]。

4　蒽油乳剂防治槐树潜叶蛾越冬蛹的药效试验

北京市主要街道上的行道树大多是槐树，每年槐树潜叶蛾(学名未定)为害颇为严重，吐丝时悬挂树上，又妨碍行人。1954年曾试用柴油乳剂防治无效；1955年试用蒽油乳剂，效果良好，试验结果如后：

材料：60%蒽油、60%重油、蒽油重油各占一半的60%贮备乳剂，配制方法同前。自槐树上锯下满布潜叶蛾蛹的枝条，每段约10厘米长，检查蛹的数目。每段枝条上蛹的数目最低是44个，最多的是156个，平均在100个左右。每段枝条作为一个处理，喷药后搁置15℃或25℃恒温箱内，每一段处理有三个重复，对照有四个重复，用Abbott公式计算杀蛹率，下面的数字是计算的平均数字。处理日期：1月2日(温度25℃)；检查日期：3月7日，3月17日结果相同。

5%蒽油乳剂　　杀蛹率　　96.3%

5%重油乳剂　　杀蛹率　　97.1%

5%蒽油重油混合乳制　　杀蛹率　　98.6%

处理日期：1月2日(温度15℃，2月15日以后25℃)；检查日期：3月7日，3月17日结果相同。

5%蒽油乳剂　　杀蛹率　　99.0%

5%重油乳剂　　杀蛹率　　98.6%

5%蒽油重油混合乳剂　　杀蛹率　　97.1%

自以上室内试验结果看来，无论蒽油、重油或两种油的混合乳剂都对潜叶蛾的越冬蛹有高度的防治效力。在蛹孵化期间，温度15℃或25℃对于此类油乳剂的杀蛹效力并无影响。

二、石油

1　油样的分析

精炼的石油多用在夏季的果树上防治蚜虫或介壳虫，粗制的石油多用在早春的果树上防治发芽前的越冬害虫或虫卵。关于防治果树虫害用的石油规格本文作者已有介绍。1954年自北京石油公司采购得石油样本16种，经用标准方法[11]检验了有关杀虫药用石油的理化性质，表4所列是选录有可能利用作杀虫用的样本的检验结果。

根据表4化学检验的结果可以看出苏联“3”“ДЗ”、国产1号两种轻柴油的不能磺化物质都在60%以上，是符合马丁氏的冬季用油标准的，且馏程温度太低，因此，这两种油在冬季使用是安全的，但杀虫效力低。国产页岩 0℃和国产－10℃两种轻柴油的馏程温度太低，不能磺化物质都小于 60%。因此这两种轻柴油在冬季使用既不能保证有好的杀虫效力也不能保证对植物的安全。苏联 4 号重柴油亦有和以上两种轻柴油相同的缺点。

表 4

油的名称	比重 20℃/4℃	馏程(容积)		闪点	黏度(恩氏)	不能磺化物质(%)(容积)	市价，元/千克(1954 年 8 月)
轻柴油(苏联"з""дз")	0.856	210℃	10%	78℃	1.35(20℃)	86.8	0.480
		230℃	20%				
		268℃	50%				
		295℃	70%				
		340℃	90%				
页岩轻柴油(国产 0℃)	0.846	262℃	10%	118℃	1.59(20℃)	46.8	0.445
		279℃	20%				
		306℃	50%				
		325℃	70%				
		354℃	90%				
页岩轻柴油(国产－10℃)	0.824	210℃	10%	84℃	1.24(20℃)	55.0	0.458
		230℃	20%				
		260℃	50%				
		280℃	70%				
		310℃	90%				
轻柴油(国产 1 号)	0.850	248℃	10%	100℃	1.56(20℃)	78.2	0.490
		265℃	20%				
		298℃	50%				
		326℃	70%				
		375℃	90%				
重柴油(苏联 4 号)	0.916	275℃	10%	120℃	4.76(50℃)	39.0	0.303
		312℃	20%				
		338℃	50%				
		350℃	70%				
		(有分解)					
锭子油(德国)	0.892	335℃	10%	170℃	2.49(50℃)	92.8	1.210
		358℃	20%				
		390℃	50%				
		402℃	70%				
		410℃	80%				
锭子油(捷克)	0.888	318℃	10%	155℃	1.92(50℃)	82.8	1.150
		330℃	20%				
		360℃	50%				
		382℃	70%				
		391℃	80%				

续表 4

油的名称	比重 20℃/4℃	馏程(容积)		闪点	黏度（恩氏）	不能磺化物质(%)（容积）	市价,元/千克（1954 年 8 月）
锭子油（苏联 2 号）	0.893	310℃	10%	1.38℃	2.013（50℃）	81.6	0.940
		330℃	20%				
		358℃	50%				
		382℃	70%				
		392℃	80%				
变压器油（国产）	0.878	310℃	10%	142℃	1.52（50℃）	84.4	1.513
		318℃	20%				
		340℃	50%				
		354℃	70%				
		378℃	90%				
冷冻机油（苏联）	0.873	293℃	10%	140℃	1.601（50℃）	92.0	1.580
		306℃	20%				
		338℃	50%				
		360℃	70%				
		390℃	90%				

三种锭子油如果按照马丁氏的规格都符合于冬季使用的标准。德国锭子油的不能磺化物质虽然符合标准，但是馏程的温度又嫌太高。捷克和苏联 2 号两种锭子油的馏程虽然符合标准，可是不能磺化物质又嫌稍低。严格地说，三种锭子油都不适于夏季使用。国产变压器油的馏程温度符合规格，但不能磺化物质亦嫌低。

苏联冷冻机油的馏程温度和不能磺化物质的含量都符合于马丁氏所拟定的夏季使用油的规格，也接近于苏联的规格。

如果按照荷令格氏[12]所建议，捷克锭子油、国产变压器油和苏朕冷冻机油都适合于夏季使用。

尽管用在植物上的杀虫药用的石油有严格的要求，但自 1954 年起东北各果树区都试用了若干种不同的石油防治各种重要害虫，它们所用的油都是当地购买的，有些牌号不明；试验的结果仅有参考的价值。

2 石油乳剂防治苹果绵蚜(*Eriosoma lanigera*)的药效试验结果

1954 年旅大农业试验站及兴城园艺试验场合作进行试用石油乳剂防治苹果绵蚜，所得结果如下[13]：

材料：机械油乳剂，柴油乳剂，火油乳剂，5%、3.5%两个浓度（油的牌号不详），每一浓度喷射苹果三株，对照七株，在处理前都进行刮除老皮，在处理当时，棉虫尚未开始活动，无法确知原树棉蚜发生的情况，处理以前的调查仅能以前一年棉蚜发生的痕迹代表发生的密度。效果在处理后一个月棉蚜发生期进行调查，调查范围是主干、主枝部位的棉蚜，按发生的群落数分别记载。

喷药日期：早春棉蚜开始活动以前，4 月上旬。

表 5

乳剂种类 / 含量 / 处理情况	机械油乳剂		柴油乳剂		火油乳剂		对照
	5%	3.5%	5%	3.5%	5%	3.5%	
处理前棉蚜发生的群落数	121	62	113	81	196	131	236
处理后棉蚜发生的群落数	24	14	32	15	17	30	116
处理后减少群落(%)	80.2	77.4	71.7	81.5	86.2	87.0	50.8

从表5结果看来，早春喷射石油乳剂无论是机械油、柴油或火油都有减少棉蚜群落发展的效力。但效果不大。柴油乳剂价廉，且同时对介壳虫有良好的防治效力，是值得考虑采用的。

在夏季(6月12日，7月16日)喷射两次六六六柴油乳剂(6%γ-666可湿性粉剂稀释450倍，含油量0.5%～0.6%)可以控制5—8月四个月内的棉蚜大量发生。柴油或火油乳剂与可湿性六六六混合使用在防治棉蚜的效果上并无多大区别。

3 石油乳剂防治苹果介壳虫的药效试验结果

1955年东北苹果食心虫研究小组曾试用了国产轻柴油1号和甘井子重柴油乳剂防治苹果介壳虫，这两种柴油乳剂(5%)都表现有良好的防治效果。在苹果发芽前喷射，对于苹果树并无不良影响，群众一致反映良好。1956年又在示范点进行了田间防治试验，柴油乳剂除对梨园介壳虫有良好的防治效果外，对于球坚介壳虫的防治也有相同的效果，大致与1955年试验结果相同。点内各园经喷射后，球坚介壳虫基本上已被消灭，而梨园介壳虫也见极度的减少。抽查结果如下[9]：

材料：国产轻柴油2号乳剂，使用的浓度为5%。

喷射日期：4月8日。

表6

处　理	检查日期	抽查株数	品种	果数	虫果树	虫果率(%)	好果率(%)
柴油乳剂	7：18	3	国光	651	52	7.98	92.02
未用柴油乳剂	7：18	1	倭巾	141	89	63.12	38.88
未用柴油乳剂	7：18	2	新红玉	181	90	49.72	50.28

由表6结果看来，使用5%轻柴油乳剂在苹果发芽前防治苹果树上的介壳虫(梨园、球坚)都可以收到满意的效果。

4 石油乳剂防治苹果桃小食心虫(*Carposina sasakii*)卵的药效试验结果

1955年东北苹果食心虫研究小组试验用锭子油DDT乳剂防治桃小食心虫，得结果如下：材料：先将DDT溶解于锭子油(油样尚未经检验)，配制成含有60%锭子油、7.2%DDT的贮藏乳剂，稀释120倍、60倍作室内杀卵试验。将稀释的乳剂喷射在有虫卵的苹果萼洼处，在处理后的第8日检查，并记载孵化和未孵化的卵数。按照不同处理分成组合，以Abbott公式计算杀卵率。在杀孵化幼虫试验中，先使成虫将卵产在纸上，在卵孵化前1日，将药剂喷射在果面上，干燥后再将卵按一定的数量移至萼窪处。以果面的蛀果孔数作为活虫数，以孵化的卵数作为试虫的基数，用Abbott公式计算杀孵化幼虫率[14]。

表7

乳剂种类	杀卵率(%)	杀幼虫率(%)
DDT　0.06%，锭子油　0.5%	79.0	2.5
DDT　0.12%，锭子油　1%	79.0	91.0
DDT　0.24%，锭子油　2%	96.5	
46.6% 1605乳剂，3 600倍		60.8
25% DDT剂(上海)250倍		92.4

自表7室内试验结果看来，0.12% DDT、1%锭子油乳剂和含有0.1% DDT的商品乳剂(上海农药厂)的杀桃小食心虫的效力相似。但在实际田间试验中，0.12% DDT锭子油乳剂的防治效果反而不及商品0.1% DDT乳剂，同时1%的锭子油乳剂对于红玉品种的苹果有药害现象。按常理估计锭子油DDT乳剂在相同浓度之下，应该比商品DDT乳剂(以樟油或二甲苯为溶剂)的杀虫效力大。并且应有

较长时期的残效作用。在本试验中，室内情况下表现两种乳剂的杀虫效力相等。而在室外试验中锭子油 DDT 乳剂反而不及商品乳剂，这可能是锭子油在配制上有问题，未能发挥应有的性能，此点尚待证实。

讨论

总结三年以来使用蒽油或石油防治害虫的情况，在使用蒽油方面已经获得了一定的成效和使用的经验。目前我们使用的浓度，一般都是 5%。根据最近的报导，英国若干果园在冬季使用 6%蒽油乳剂防治越冬的害虫，已成惯例[15]。因此，我们可以适当地提高试用的浓度，即可获得较好的效果。将来如果蒽油乳剂与新杀螨剂如“克氯杀得”1) 或杀螨剂 K-6451 2) 混合使用，我们估计会将越冬红蜘蛛卵基本上彻底消灭；因为这两种杀螨剂的主要杀螨的作用是杀卵，而且它们是可以溶解在芳香族溶剂中的。石油乳剂的使用结果，情况相当混乱，主要问题是试用者很难购得合乎规格的石油，不像蒽油都是来自一个来源。另外，使用钠皂配制乳剂，石油比蒽油困难，尤其是锭子油或他种润滑油之类，乳剂的性质难以掌握，试验的结果当然也不会一致，希望今后在试验工作中加以注意。

参考文献

[1] Сазонов，П. В. ，Сад и Огород 1952(1)：40.

[2] Martin，H. ，Ann. App. Biol. 22：334(1935).

[3] 黄瑞纶. 昆虫知识，1：29，1：70(1955).

[4] Frear，Chemistry of insecticides fungicides and herbicides，pp. 348-356，2nd. ed. (1949)，D. van Nostrand.

[5] 顾国成. 煤焦油的蒸馏产物，第三章(1953)，机械工业出版社.

[6] 兴城园艺试验场. 梨园介壳虫调查研究报告，第 4—5 页(1955)，未发表.

[7] 东北苹果食心虫研究小组. 苹果食心虫试验研究总结，第 42 页，(1955)，辽宁省熊岳农业试验场.

[8] 东北苹果食心虫研究小组. 苹果食心虫试验研究总结，第 41 页，(1955)，辽宁省熊岳农业试验场.

[9] 东北苹果食心虫研究小组. 苹果食心虫药剂防治比较试验初步总结(1956)，红蜘蛛防治试验，辽宁省熊岳农业试验场.

[10] 辽宁省兴城果树农场病虫害防治总结(1956)，未发表.

[11] 石油产品试验方法(暂行统一标准). 中央人民政府燃料工业部(1954).

[12] Heringa，G. W. ，Swarbrick，T，Ann. Appl. Biol. 39：213(1952).

[13] 旅大农业试验站，兴城园艺试验场. 苹果棉蚜试验研究总结(1954).

[14] 东北苹果食心虫研究小组. 苹果食心虫试验研究总结，第 44 页，第 47 页，(1955)，辽宁省熊岳农业试验场.

[15] Massee，A. M，Austin，M. D. ，J. Hort. Sc. 31；239(1956).

(注：此文原载于《昆虫知识》，1957(2) ：55-61)

1)克氯杀得——“Chlorocide”，对氯代苄对氯代苯硫醚

2)杀螨剂 K-6451——“Ovotran”，对氯苯磺酸对氯苯酯

E-1059 在植物上的动态*

钱传范

（北京农业大学农药教研组）

摘要　本文以酶化学法测定 E-1059 在植物内的动态，实验室内采用 Hestrin 比色法，田间试验用滴定法。试验结果证实，植物种类、年龄、生理状态、外界环境条件及不同施用方法对残效期和残留量均有显著的影响。幼嫩新陈代谢旺盛的植株以及受日光直接照射温度较高的植株上，E-1059 的逸失较快，反之则维持药效较久。喷药后 5 天于棉花子叶上残留有 36.9％的药量，而幼芽上仅剩余 7.4％。不同的施用方法对于 E-1059 动态的影响颇大，如预先刮除树皮后用毒环施药，药效显示较慢，但维持时间长久，残效期长，施药后 50 天尚残留有 37.5 ppm；而喷雾后能立即显示药效，但维持的时间暂短，20 天后仅残留 3.5 ppm。E-1059 喷射于叶面后，立即进行挥发分解作用，在棉花子叶上 4 小时后即逸失药量达 50％，初嫩叶芽上逸失更多；渗入叶组织的药量约占总药量的 34％，渗入作用在一昼夜间基本完成。喷药后新长出的幼嫩新叶内极少有传导的药剂，证实喷雾后叶片间的传导作用极小，但用 E-1059 处理树干，自下向上的传导作用是较强的。

E-1059 为防治刺吸式口器害虫（如棉蚜、红蜘蛛等）的有效药剂，它不仅有显著的接触作用，而且具有较强的内吸作用，所以在目前已是广泛应用的有机磷杀虫剂之一。在研究 E-1059 对各种害虫药效的同时，各国学者均报道了它的内吸作用与作用的持久性。闻葭等[1]以 E-1059 防治棉蚜时证实，无论棉花的种子、根或叶，均可吸收药液，但以药液灌注时药效最久，在温室内以 0.25％处理可保持 66 天，田间（用 1∶400 的稀释液，每亩 800 斤）可保持 23 天；如以 1％进行喷雾，施药后 11 天内有效，18 天后叶面已出现蚜虫。尤子平等[2]报道，用 0.05％ E-1059 乳液防治棉蚜，可以绝对控制 7～9 天，施药后 12 天蚜虫数量才急剧上升。柯兹洛娃等（E. H. Козлова. A. A. Смирнова 等）[3]指出，E-1059 在棉花上对红蜘蛛作用的持久性决定于用药量，使用 30％ E-1059 0.5 公斤/公顷时，药效维持 4 天；1 公斤/公顷——8 天（一般使用浓度），2.5 公斤/公顷——20 天。

关于 E-1059 在植物体内的变化，Metcalf、Fukuto、March 等[4,5]亦进行过不少研究，证实其硫醇与硫酮异构体在生物体内能转化为活性强的代谢产物——亚砜与砜。这些代谢产物对胆碱酯酶的抑制作用较原异构体强，但对鼠、家蝇、红蜘蛛、蓟马等毒性却相差不大。

Thomas、Ripper 等[6,7]认为药剂喷射在叶面后，立即有三个互相交差的过程同时进行——挥发作用，转化为毒性强、不易挥发的化合物的作用及渗入叶组织的作用。这些作者还认为，药剂被吸入叶组织后，能在细胞间扩散，但扩散距离不是很长的，叶脉往往能阻碍这种扩散作用。

Tietz[8]详细研究了 P^{32} 标记的 E-1059 在豆苗上的吸收和传导作用后证实，E-1059 通过根部能被吸收到整个地上部分，且从水溶液中比从沙土与壤土中吸收得更多。喷射于叶面后 1 小时，即有 35％～40％药量渗入叶组织，但 E-1059 在叶内的扩散作用和叶片间的传导作用是有限的。

本试验的目的，在于研究 E-1059 在作物上的持久性及其动态，以药剂对马血清胆碱酯酶活性的抑制作用为基础的分析方法来测定药量的变化。并以其对红蜘蛛的药效为对比。田间试验是在塔吉克共和国进行的。

---

* 本文系在苏联全苏植物保护研究所学习期间所写论文的一部分，指导教师——农业科学副博士 E. H. Козлова。

试验方法

测定药量是采用赫氏(Hestrin)比色法原理[9],及 Cook[10]分析方法的主要步骤。田间试验因受条件所限,采用滴定法[11]。这些方法均以 E-1059 对马血清胆碱酯酶活性的抑制作用为依据。首先以不同药量对酶活性的不同抑制百分数绘成标准曲线,然后根据曲线测出未知样本中含药量。前已指出,E－1059 在植物体内能转化为各种代谢产物,它们对胆碱酯酶活性的抑制作用较其母体为强,但用此方法仅能测出该样本对酶活性的总抑制作用,即仅代表其总活性,并不分别测出各种代谢产物的含量,也不能认为它是原来母体存在的数量,所以称它为"活化产物"(Активный Токсикант)。由于 E-1059 对害虫的主要作用是抑制胆碱酯酶的活性,因此测定方法与杀虫作用有一定的相关性;而全量磷钼蓝分析法必须经过复杂的提纯工作,以去除植物组织本身及药剂分解产物的含磷量,否则会得出不正确的结果。但用酶化学法时,由于 E-1059 极不稳定,不仅在生物体内能转化活化,并且在水溶液或其他溶剂中,在日光或其他条件影响下均能转化,所以在分析样本每次测定标准曲线时,必须使条件基本一致,并每次重新配制标准溶液[12]。

试验结果及讨论

一、E-1059 在植物叶面上的逸失

测定是在实验室内进行(室温约 20℃),用带有旋转盘的电动喷雾器进行喷雾,每次于转盘中间放置一盆株。以番茄和棉花幼苗做试验,分别以 0.1%,0.2%,0.4% E-1059(按有效成分计)4 毫升喷布于叶面,待药量稍干,立即摘下叶片,测叶面面积和重量,然后用水冲洗叶面,测定洗下的 E-1059,作为原始药量;将其他植株放在温室内(25～29℃),分别于规定时间内测叶面上的药量。为了避免由于喷雾不均匀或其他操作上引起的误差,每一处理重复喷雾 3 次,在测定时每次又重复取样 2 次,最后取其平均值,所得结果列于图 1。

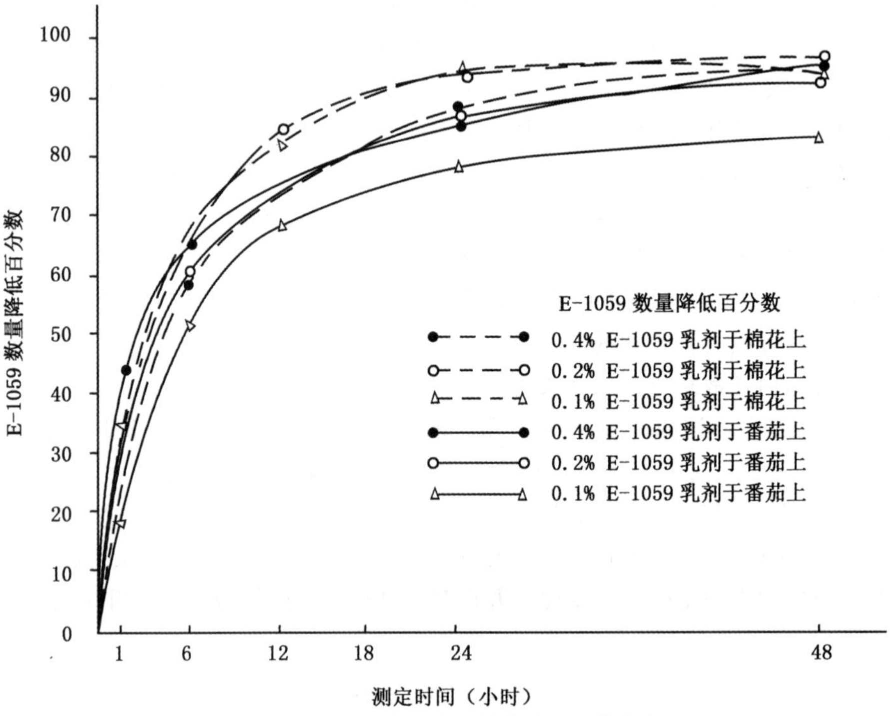

图 1 E-1059 在番茄和棉花叶面上的逸失

试验结果证实,E-1059 在叶面逸失甚快,在不同使用浓度下,无论在番茄或棉花上,48 小时后毒剂自表面逸失均达 90%左右。以 0.2% E-1059 喷射番茄幼苗为例,毒剂逸失的数量如表 1 所示。

表 1

测定时间	药量(微克/厘米^2)	逸失药量(%)
喷药后	9.76	0
1 小时后	7.10	27.2
6 小时后	3.84	60.7
12 小时后	2.65	72.9
24 小时后	1.32	86.5
48 小时后	0.688	92.9

药剂自叶面逸失的数量大而速度快,但逸失的药量到何处去?是否进入叶组织或因其他原因而逸失?为此进行了以下试验。

二、E-1059 喷雾于叶面后的动态

选择仅有一对子叶的棉花 15 盆,每盆 3 株幼苗,分别用 4 毫升 0.2% E-1059 乳液喷雾,待药液稍干测叶面积和重量后,立即用水冲洗叶面,测水洗液中 E-1059 量,为叶面药量;然后将叶片拭干,剪碎后加一定量水于研钵中磨碎,通过离心机后,取出上层澄清液,测定其中 E-1059 含量,为叶组织内药量,每一处理用 3 盆,每盆重复 1 次,取平均值,结果列于表 2。

表 2 E-1059 在棉花子叶上的动态(1959 年 5 月)

取样时间	叶面积(厘米^2)	总药量(微克)		药量(微克/厘米^2)			药量(%)			逸失药量(%)
		叶面上	叶组织内	叶面上	叶组织内	总量	叶面上	叶组织内	总量	
喷药后	26.6	179.0	0	6.73	0	6.73	100	0	100	0
4 小时后	45.5	87.6	51.1	2.02	1.17	3.19	30.2	17.4	47.6	52.4
8 小时后	46.4	90.6	74.3	1.96	1.61	3.57	29.1	24.0	53.1	46.9
1 昼夜后	56.6	59.9	130.1	1.06	2.30	3.36	15.7	34.2	49.9	50.1
3 昼夜后	56.3	36.6	124.0	0.66	2.18	2.84	9.8	32.4	42.2	57.8

以上数字说明,喷药后 4 小时,约有 17%进入叶组织,30.2%留在表面,约 52.4%药量逸失。8 小时后,在叶组织内有 24%,而叶面 29.1%。1 昼夜后内部 34.2%,叶表 15.7%。3 昼夜后在叶组织内 32.4%,而表面仅 9.8%。以上数字证实,E-1059 喷雾于叶面后,在最初几小时已经开始渗入组织,但在 1~3 昼夜间叶内药量变化甚小,说明 1 昼夜过程中几乎已完成此渗入作用,而且渗入药量是不多的,在本试验中仅占总药量的 34%。

在试验条件与上述完全一致的情况下,喷药于玻璃板上,于不同时间内用水洗下后测定玻璃板上药量,结果列于表 3。

表 3 E-1059 在玻璃板上的持久性(1959 年 5 月)

测定时间	三块玻板(60 厘米^2)上总药量(微克)	药 量		逸失药量(%)
		微克/厘米^2	%	
喷药后	275.0	4.58		
	268.0	4.47		
平 均		4.53	100	0

续表 3

测定时间	三块玻板(60 厘米^2)上总药量(微克)	药量		逸失药量(%)
		微克/厘米^2	%	
4 小时后	173.8	2.89	63.9	36.1
	162.5	2.71	59.8	40.2
平　　均		2.80	61.8	38.1
8 小时后	118.0	1.91	42.2	57.8
	138.0	2.30	50.8	49.2
平　　均		2.11	46.5	53.5
24 小时后	115.0	1.92	46.3	57.7
	115.0	1.92	42.3	57.7
平　　均		1.92	42.3	57.7
3 昼夜后	116.2	1.93	42.7	57.3
	103.0	1.72	38.1	61.9
平　　均		1.83	40.4	59.6

无论喷雾药液于叶面或玻璃板上,最初 8 小时内逸失均在 50%左右。考虑到 E-1059 的挥发性较高(20℃时 14 毫克/米^3),则很大部分药量是由于挥发作用而逸失。有关 E-1059 的挥发性与熏蒸作用,曾有过不少报道。Thomas 等[6]用苹果和豆科植物作试验证实药剂喷洒在叶面后,仅在最初几小时内有挥发作用,挥发速度与外界环境有关,如提高温度则加速挥发。Thomas 等将未处理过的豆苗与喷过药的豆苗置于同一玻罩内,24 小时后,未处理豆苗上的蚜虫全部死去,证实有熏蒸作用;接着,再将另一未处理豆苗放入罩内 24 小时,上面的蚜虫则安然无恙。由此可见,E-1059 由于挥发作用较高而有较强的熏蒸作用,但作用时间是比较短的。

从表 2 可以看出,喷药后一昼夜内进行的三次分析中,以 4 小时含药量最少(3.20 微克/厘米^2),8 小时及 1 昼夜后,药量反增加(3.57～3.36 微克/厘米^2)。这些数字虽然差别不大,但亦可以说明是药剂在植物体内活化所致。在玻璃板上就无此现象。此外,还需指出,棉花子叶在试验 3 昼夜中的生长和代谢作用并不旺盛,叶面积与重量增加很少,所以 4 小时以后的几次测定中药量变化不大。

综上所述,E-1059 喷雾在叶面后,立即进行挥发、分解并渗入植物体;本试验中,大部分药量(约 50%)在 4 小时内即挥发分解而逸失,进入叶组织的仅占总药量的 34%。但在一昼夜后药剂已经不再渗入,因为在叶面上剩留的 E-1059 已经转化为相对稳定的代谢产物。

三、E-1059 在棉花不同部位的持久性

选温室栽培生长速度一致的棉花幼苗 21 盆(均已长成第一对真叶),分别用 0.2% E-1059 乳液 4 毫升喷雾,待药液稍干,摘下叶片,称重,立即测定不同叶片上的含药量,作为原始药量。其余植株置于温室内,于规定时间内分别测定其总药量,而不区分叶表与叶内含量。试验共进行 25 天,5 天后出现新的嫩芽,大部分子叶掉落。10 天时第二对真叶长成,20 天后长出第三对真叶,结果列于表 4 及图 2。

表 4　E-1059 在棉花不同部位上的变化(1959 年 2 月)

取样时间	平均重量(克)							药量(ppm)							
	子叶	真叶			叶芽	茎	全部植株	子叶	真叶			叶芽	茎	全部植株	全部叶片
		第一对	第二对	第三对					第一对	第二对	第三对				
喷药后	0.764	0.539	—	—	0.082	0.536	1.921	138.0	422.0	—	—	386.3	9.06	192.2	264.0
1 昼夜后	0.600	0.579	—	—	0.078	0.567	1.814	73.0	144.1	—	—	120.6	6.17	77.6	109.0
5 昼夜后	0.647	0.523	—	—	0.094	0.562	1.826	51.6	105.5	—	—	28.4	6.14	51.8	72.2

续表 4

取样时间	平均重量(克)							药量(ppm)							
	子叶	真叶			叶芽	茎	全部植株	子叶	真叶			叶芽	茎	全部植株	全部叶片
		第一对	第二对	第三对					第一对	第二对	第三对				
10 昼夜后	—	0.570	0.591	—	0.036	0.505	1.702	—	63.0	10.3	—	15.3	2.16	28.3	39.8
15 昼夜后	—	0.533	0.816	—	0.025	0.696	2.070	—	37.6	6.0	—	4.65	2.17	13.4	19.2
20 昼夜后	—	0.789	1.869	0.381	0.038	0.784	3.861	—	30.3	3.26	5.3	0	0	8.3	10.4
25 昼夜后	—	0.724	1.77	1.394	0.050	0.808	4.746	—	35.5	1.86	1.65	0	0	6.6	7.9

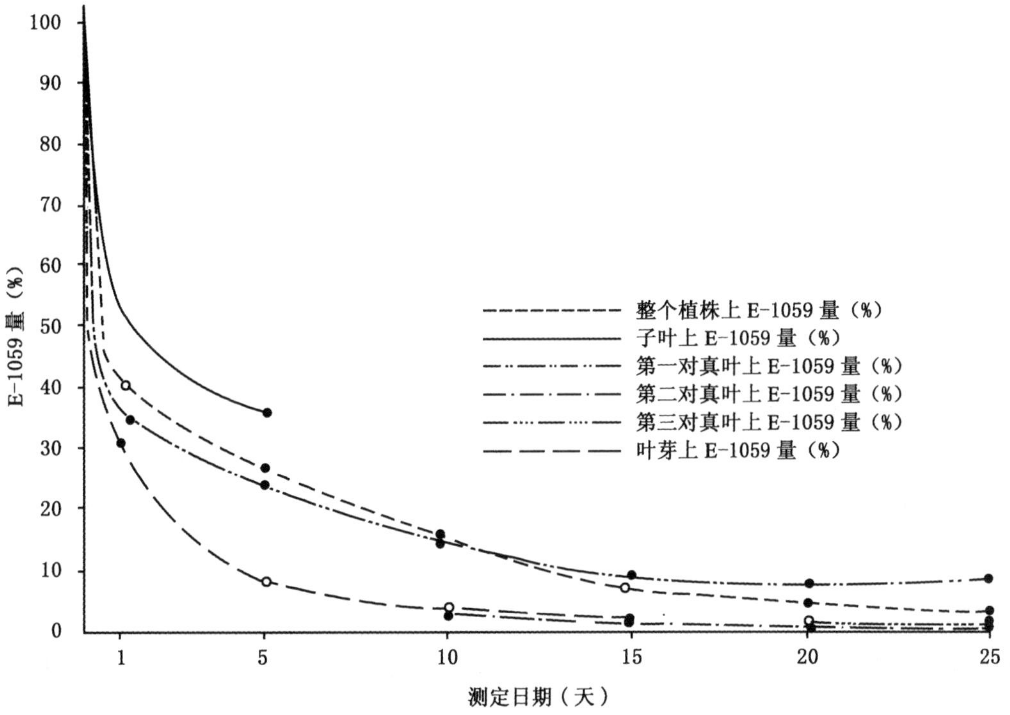

图 2 E-1059 在棉花上的动态

以上结果说明,1 昼夜后药剂逸失达 47%～69%,与前一试验结果符合。但在植物不同部位上逸失量是不一样的,在幼嫩叶芽上由于代谢最旺盛而逸失最多(69%),而生长缓慢的子叶上药量逸失较少(47%)。5 天后亦是如此,在嫩芽上只剩 7.4%,而子叶上却有 37%。从 15 天起到实验结束第 25 天止,第一对真叶上的药量变化很小,在 30～38 微克,因为此对叶片已生长缓慢,体积与面积增加甚少,而 E-1059 已转化为较稳定的代谢产物,所以药量维持恒定。此时新的嫩芽上已无毒剂,而在 10 天及 20 天后出现的第二与第三对真叶亦仅微量,这说明 E-1059 虽为内吸药剂,但喷射在叶面后,叶片间的传导作用极小,因此在未直接接触药剂的叶片上含药量是微不足道的。此外,药剂在植物上的动态很大程度上决定于植物的生理状态及新陈代谢强度,由于 E-1059 在植物组织中已转化为相对稳定的代谢产物,如植物的新陈代谢较弱,则药剂分解的可能性更小,这也是 E-1059 与 E-605 的区别,有时 E-1059 能维持较长药效的原因。

在测定药量的同时,进行 E-1059 对红蜘蛛(*Tetranychus telarius* L.)的药效试验。先喷 0.2% E-1059 乳液于棉花植株上,喷药 1、5、10、15、20 天后分别接种红蜘蛛,接种后 1 天、5 天分别计算红蜘蛛数量减少百分率,结果如表 5 所示:

表 5 E-1059 对棉红蜘蛛的药效

喷药后接种日期	红蜘蛛数量减少百分率	
	接种后 1 天	接种后 5 天
1 天后	99.8	100
5 天后	94.7	98.9
10 天后	85.6	94.8
15 天后	53.2	64.3
20 天后	45.5	48.1

结果说明，E-1059 对棉红蜘蛛维持高效仅 5 天，10 天后效果已降低，显然是因第二对真叶上仅有 10 ppm 药量。15 天后则毒效更低(64.3%)，观察结果时，在第一对真叶上未发现红蜘蛛，因为其中含药量一直保持在 30～38 ppm。而红蜘蛛均集中在第二对第三对真叶及叶芽上。

综合以上实验室试验结果，E-1059 喷射在叶面后，可以归纳为交叉进行的四个作用过程：

1. 毒剂自叶面的挥发分解作用主要在处理后 8 小时内进行，约达原始药量的 50%。
2. 毒剂渗入叶组织的作用在处理后 1 昼夜内进行，数量比挥发分解约少 1 倍。
3. 毒剂的代谢活化作用。
4. 毒剂的分解解毒作用。

以上这些相互交叉作用的进行，在很大程度上决定于外界环境条件和植物的生理状态。幼嫩叶片代谢作用旺盛，则叶量逸失快；反之，则药效维持较久。

四、田间小区试验 E-1059 在作物上的持久性

1959 年 7 月至 9 月下旬于苏联塔吉克共和国“十月革命四十年”农庄进行试验。

(一)在棉花上的持久性

试验于 7 月下旬至 8 月下旬进行，正值棉花生长旺盛及开花时期。白天日光不直接照射地点的温度为 38～42℃。用普通喷雾器以每公顷 0.5 与 1 公斤 30% E-1059 喷射棉花植株，试验区面积 10 m^2，每 1 浓度重复 3 个小区，自每 1 小区选择 10 棉株，5 株作为测定药量之用，其他 5 株则接种红蜘蛛以测药效；喷药前先标明植株上幼叶与老叶，然后分别测定幼叶与老叶上的药量与药效，试验结果列于表 6。

表 6 E-1059 在棉花“108Φ”品种上的持久性(1959 年 7 月 24 日至 8 月 23 日)

处理		喷射后	5 天后		10 天后			20 天后			30 天后	
用药量	测定	药量	药量		药量		红蜘蛛数量	药量		红蜘蛛数量	药量	
公斤/公顷	叶片	(ppm)	ppm	%	ppm	%	降低百分率	ppm	%	降低百分率	ppm	%
1	幼叶	51.5	7.4	14.4	6.0	11.6	79.4	1.1	2.14	—	0	0
1	老叶	16.4	5.7	34.9	5.0	31.1	—	3.9	23.8	74.6	2.2	13.4
0.5	幼叶	41.7	4.1	9.7	4.0	9.6	63.3	1.2	2.83	40.6	0	0
0.5	老叶	10.8	3.2	29.2	3.9	36.1	68.3	3.5	32.3	67.1	1.9	17.75

结果证明，在当地试验条件下(日光直接照射气温较高)E-1059 挥发分解甚快，5 天后幼叶上逸失 85%～90%，老叶上约 70%。分别接种红蜘蛛于老叶和幼叶上，10 天后药效仅 60%～80%。图 3 表示红蜘蛛数量降低百分率与药效关系，可以看出，LD_{90}需 13 ppm。

田间小区试验与实验室数据基本符合，幼叶生长速度快，新陈代谢旺盛，药量逸失快。曾测定幼叶与老叶生长速度于表 7，幼叶重量增加 5 倍，而老叶几乎维持原状，故药量维持久。

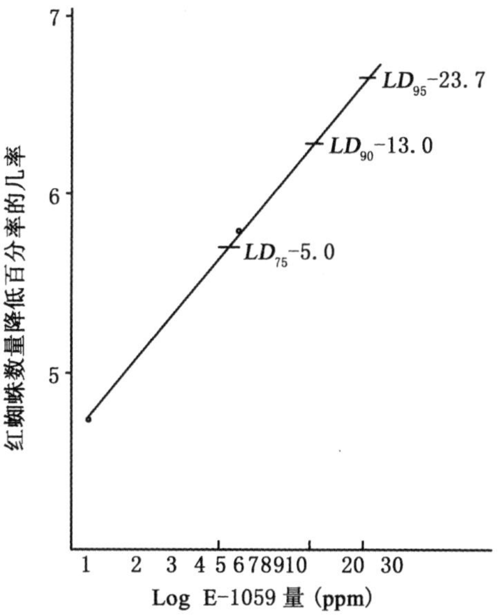

图 3　棉花叶片上 E-1059 含量与对红蜘蛛药效的关系

表 7　棉花(108Φ)幼叶与老叶生长速度比较表(1959 年 7 月 24 日至 8 月 14 日)

取样时间	幼叶		老叶	
	30 个叶片重量(克)	30 个叶片面积(厘米^2)	30 个叶片重量(克)	30 个叶片面积(厘米^2)
喷药后	24.1	1 379.0	115.0	3 143.9
5 天后	42.6	1 866.9	97.8	2 556.9
10 天后	81.1	3 346.1	98.1	2 860.9
20 天后	125.5	4 546.2	126.9	3 371.3

(二)在苹果上的持久性

我国广泛应用 E-1059 于苹果树上防治红蜘蛛，苏联亦曾试验在开花前或开花后立即用飞机喷雾 1% E-1059 获得了很高的效果[13]。为了研究 E-1059 在苹果叶上的动态及其持久性，于 1959 年 8 月 5 日每树以 4 克 E-1059(按工业品计算)加 10 升水喷布晚熟品种(P. Симиренко)，此时树上已无蚜虫及红蜘蛛，因此仅分析其上的药量变化；选 5 棵相应高度的树，喷药前于每树上选出上层、中层和下层各 6 个枝条，做好标记，并在每枝上标记第 2(幼叶)和第 7(老叶)叶片，每次测定均选用该标记叶片，结果列于图 4。

根据图 4 可以看出，喷药后上、中、下植株上幼叶含药量均在 60～66 ppm，而老叶上药量为 31～33 ppm，但幼叶上药量逸失快，老叶上较慢；此外，不论幼叶或老叶，在上层枝条上，由于日光直接照射，生长速度快(根据标记之叶片)，药量消失较快，30 天后已全部消失，而下部枝条则光照不充分，生长速度慢，药量维持较久。

喷药 40 天后于 9 月 15 日采收苹果，贮藏于冰箱内，分别测定果皮上与果肉内的残留量，果皮是直接用氯仿浸泡一昼夜后测定，而果肉则按 Cook[10]用氯仿浸提；实验误差较大，高者达 15%～20%，样本是在 11 月 14～24 日进行测定(喷药后 100 天)的，因此结果仅供参考。本试验仅一组处理，故将收获的苹果混匀后分成 5 组进行测定，每组重复 3 次，取平均值。

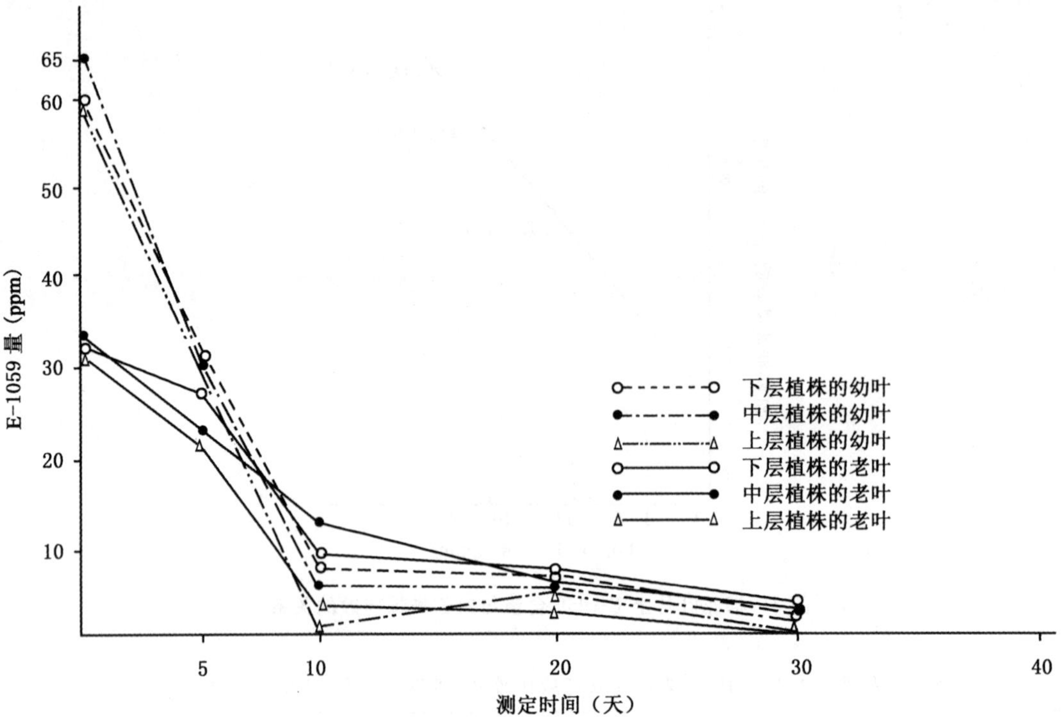

图 4 E-1059 在苹果叶上的动态

表 8 E-1059 在苹果中残留量的测定(1959 年 11 月)

样本号	残留量(ppm)	
	果皮内	果肉内
1	—	0.12
2	0.31	0.10
3	0.12	0
4	0.10	0.03
5	0	0.03
平均	0.13	0.056

因 1 公斤苹果内有 95.7%果肉，4.3%果皮，如以整个苹果计算，则果皮内 0.005 ppm，果肉内 0.053 ppm，则苹果内残留量为 0.058 ppm≈0.06 ppm。

试验结果说明，在苏联南方地区，于收获前一个半月喷 E-1059 于苹果晚熟品种(P. Симиренко)上，贮藏于冰箱中两个月后，其残留量为 0.06 ppm，远低于苏联规定的残留量极限 0.35 ppm。

五、E-1059 以不同方法处理桑树后的动态

与全苏植物保护研究所研究生 B. B. Курдютов。合作以 E-1059 防治桑树康氏粉介壳虫(*Pseudococcus comstocki* Kuw.)处理如下：

1. 包扎药环于树干(预先刮除外层树皮)。
2. 包扎药环于树干(不刮除外层树皮)。
3. 涂茎(不刮除外层树皮)。
4. 喷雾。

每 1 处理重复 3 次，并留对照不喷药树 3 株，取平均值，结果列于表 9。

表 9　用不同方法处理桑树后 E-1059 在叶上的动态(1959 年 8 月)

处理方法	E-1059 用量(以工业品计)		药量(ppm)					
	克/公斤树*	克/树	喷药后 1 小时	10 天	20 天	30 天	40 天	50 天
喷射	—	3.5	32.0	10.0	3.5	—	1.8	1.5
毒环(刮树皮)	0.4	36.9	—	—	22.1	38.5	42.6	37.5
毒环(不刮树皮)	0.5	57.1	—	—	2.1	1.4	1.0	0.7
涂茎(不刮树皮)	0.6	31.7	—	—	0	3.2	2.7	1.8

注:树重是按林业上常用的公式计算:

U=gm・H・f,U=树体积,gm=在 1.5 米高度处横断面面积,f=常数,H=树高(米),树重=U・d,d=比重(切割枝条,称重后,置于盛水量筒中,量出体积后,求比重)

根据表 9,喷药后叶片上的药量是逐渐减少的,而当预先刮除树皮后用毒环时,含药量逐渐增加到 40 天,50 天后湿叶中尚含有 37.5 ppm 的药量,并且对康氏介壳虫有效;甚至 96 天后,药效尚能维持 97%[14],当不预先刮除树皮时,不论用毒环或涂茎,药剂进入树干及树叶的量极少,处理后 20～50 天内仅有 0.7～3.2 ppm。所以用不同方法处理桑树后,药剂的动态是显然不一样的,喷射后能立即显示毒性,但药效维持较短;而当处理树干,尤其在预先清除树皮时,药液能随着上升液流不断上升,而且在药环处药剂与植物组织长时间接触,所以维持药效长。当不预先刮除树皮时,树皮能起限制药剂的渗入作用。

所以药剂在植物内的动态与使用方式有密切的关系,也是采用不同处理方法以控制药效的基础。

结论

1. 喷射 E-1059 于叶面后,立即进行挥发分解作用,在 25～29℃的温室内,在棉花子叶上 4 小时后即逸失药量达 50%。与此同时,药剂渗入叶组织,此作用在一昼夜间基本完成,约达原始药量的 34%。

2. E-1059 在植物体内受代谢作用的影响,药剂逐渐进行分解解毒,但在不同部位上进行的分解解毒速度不同,幼嫩生长旺盛的组织内逸失最快,在生长缓慢代谢作用较弱的组织内能较长期保留。例如,喷药于棉花植株,5 天后在子叶上残留有 36.9%药量,而幼芽上仅剩余 7.4%;而新陈代谢作用较弱的第一对真叶上药量自 15～25 天几乎不变(30～37 ppm)。

3. 在实验室和田间小区试验中,E-1059 在棉株上所表现的动态情况基本上是一致的,即喷药后 5 天平均逸失药量约达 75%。

4. 喷射 E-1059 于叶面,在喷药后长出的新叶上极少有残留,证实叶片间的传导作用极小。

5. 在实验室以 0.2% E-1059 喷射棉花植株,对红蜘蛛防治的药效仅能保持 5 天(99%),10 天后 95%,15 天后仅 64.3%。

田间试验以 1 公斤/公顷 30% E-1059 喷射棉花,10 天后对红蜘蛛防治的药效为 80%左右。根据红蜘蛛数量降低百分率与药量的关系测出 LD_{90}=13 ppm。

6. E-1059 在植物上的持久性还受外界环境条件的影响,如苹果上层枝条受阳光直接照射,生长速度快,则药量逸失较快,下部枝条的药量则维持较长。

7. 在收获前 1.5 个月用 0.04% E-1059(按工业品计算)乳剂喷射苹果,在喷药后 100 日测定其中残留量为 0.06 ppm,远低于苏联规定标准 0.35 ppm。

8. E-1059 在植物内的动态与使用方式很有关系,喷药能立即显示药效,但残存的药量逐渐减少(20 天后仅 3.5 ppm),因此残效期短;而当预先刮除树皮施用毒环时,药效显示较慢,但维持时间长久,处理后 50 天尚残留有 37.5 ppm。

参考文献

[1] 闻葮,曹赤阳,万长寿,1955.用有机磷剂传导作用治棉蚜的初步试验.昆虫学报,5(1):115

[2] 尤子平,谭福杰,1960. E－605 及 E-1059 在植物上的持久性. 昆虫学报,10(3):273

[3] Козлова Е. Н. ,Смирнова А. А. ,Стативкин В. Г. , Лворпова Е. И. 1956. Обоснование и разработка Мероприятий по эащите хлоичатника от сосущих вредителей на основе исполъэованпя иисектицидов внутрирастителтного действия. труды визр,вып. 7:9.

[4] Fukuto. T. R. ,Metcalf R. L. ,March R. B. ,Maxon M. G. 1955. Chemical behavior of Systox isomer in biological systems. J. Econ. Ent. 48(4),347.

[5] March R. B. ,Metcalf R. L. ,Fukuto T. R. ,Maxon M. G. 1955. Metabolism of systox in white mouse and American cochroach. J. Econ. Ent. 48(4):355.

[6] Thomas W. D. E. ,Bennett S. H. ,Lloyd-Jones C. P. 1955. The absorption,breakdown and systemic behavior in plant of p^{32} labelled Demeton-s. Ann. Appl. Biol. 43(4),569.

[7] Ripper W. E. 1957. The status of systemic insecticides in pest control practices. Advances in pest-control research. 1:305.

[8] Tietz H. 1954. The ^{32}p Marked Diethyl Thionophosphoric Ester of B-Oxyethyl Thioethylether(Active Ingredient of The Systemic lnsecticide"Systox"),Its absorption and Translocation in plants. Höfchen-Briefe. 7(1).

[9] Hestrin S. 1949. The reaction of acetylcholine and other carboxylic acid derivatives with hydroxylamine and its analytical application. J. Biol. Chem. 180(1),249.

[10] Cook J. W. 1954. Report on determination of insecticides by enzymatic methods. J. Assoc. Offic. Agric. Chem. 37(3):561.

[11] Смирнова А. А. 1956. К вопросу о поведенйи диэтил (этилмеркапто этилтиофосфата) (меркаптофоса)в растении. Труды ВИЗР. Вып. 7:47.

[12] 钱传范, Цянь чуань фань, 1961. Антихолинэстеразная активность ФосФорорганических инсектицидов и поведеиие мтеркаптофоса в тканях растений. Диссертация. Ленинград.

[13] Василвев В. П. 1958. Вредители плодовых кулвтур. Сельхозяиз.

[14] Курдюков Я. В. 1960. Лрепараты Внутрирастителвного Действия против червеца Кометока на мелковице. Защнта растений от предителей и болезней N. 11:40.

(注:此文原载于《植物保护学报》,1962,1(1),69-79)

杀虫脒在水稻上的残留问题*

钱传范　梁渡湘　明九雪
(北京农业大学农药研究室)

杀虫脒又名氯苯脒，化学名称为 N-(4-氯邻甲苯)-N，N-二甲基甲脒盐酸盐，其结构式为

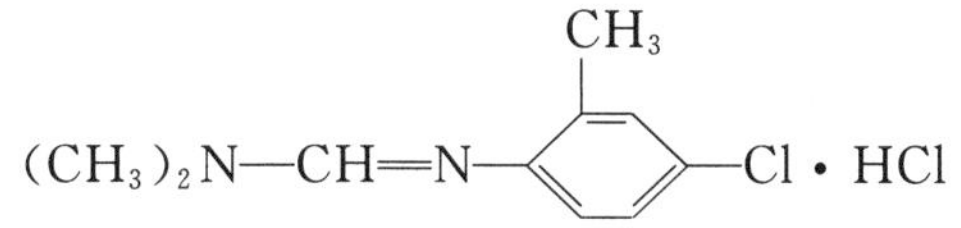

。在我国通常将杀虫脒加工成 25%水剂，它的游离碱亦可加工成 50%乳油使用。

杀虫脒为优良的杀虫剂，对多种鳞翅目的早龄幼虫及卵有效，能防治棉铃虫、苹果食心虫等；在稻田可防治螟虫，稻纵卷叶螟等，杀虫脒可由水稻根部吸入，传到茎部或叶部以杀灭茎基部的螟虫，残效较长，我国已广泛地使用于水稻、棉花和果树上。在棉花、果树上还可作为杀螨剂，兼有杀卵作用，对害虫兼有胃毒、触杀和熏蒸作用，而且还有明显的拒食和驱避作用。杀虫脒对有机磷、有机氯和氨基甲酸酯类农药有抗性的害虫亦同样有效，到目前为止，还未发现害虫对杀虫脒产生抗药性，但是，由于其慢性毒性问题，至今未大发展。

杀虫脒对哺乳动物的急性口服毒性属中等，它在体内很快可排出总给药量的 80%～90%以上。瑞士汽加公司和西德先令公司用杀虫脒及其代谢产物 N-甲酰(4-氯邻甲苯胺)和 4-氯邻甲苯胺对小鼠进行慢行毒性实验(终生喂饲实验)结果表明：杀虫脒及其代谢产物对小鼠致癌，生成结缔组织恶性血管内皮瘤，其致癌作用和剂量相关。其中 4-氯邻甲苯胺致癌作用最强，致癌阈值最低；其次是 N-甲酰化合物和杀虫脒。4-氯邻甲苯胺致癌无作用剂量为 2 毫克/公斤，杀虫脒为 20 毫克/公斤，但对大鼠的终生饲喂实验中，500 毫克/公斤组的动物未出现致癌作用，因此这些公司暂停生产杀虫脒。由于杀虫脒对一些害虫有特效，汽巴-加基公司于 1978 年建议，可在控制条件下在棉田使用杀虫脒，规定限用飞机喷洒并监督杀虫脒的操作程序，用大包装大批量运输，由管道输入飞机以减少操作人员直接接触，生产杀虫脒的车间自动化、密闭化，随时检测接触杀虫脒人员的尿样中杀虫脒及其代谢产物的含量。1978 年调查结果证明，在严格保护下，施药人员接触杀虫脒是微量的，尿中总杀虫脒含量很低[1]。一旦发现工作人员尿样中杀虫脒含量超过规定即调离工作岗位。

这些年来对杀虫脒的慢性毒性的认识是不断发展的，所以联合国对于它在人体每日允许摄入量(ADI)和允许残留量的规定也不断修改。1972 年颁布[2]杀虫脒的 ADI 为每天 0.01 毫克/公斤，允许残留量规定水果类和棉籽为 2～5 毫克/公斤，豆、肉和奶制品为 0.5 毫克/公斤，没有规定它在稻米中的残留量。1975 年颁布杀虫脒的 ADI 仍为 0.01 毫克/公斤[3]，提出它在去壳糙米中的允许残留量为 0.1 毫克/公斤。并规定其残留量是用检定 4-氯邻甲苯胺的方法观定杀虫脒及其有毒代谢物总量，最后都以杀虫脒来计算。1978 年在世界卫生组织和粮农组织联席会议上[4]，审查了 1975 年以来进行的毒性试验，再次证实杀虫脒及其代谢产物对小鼠的致癌作用和剂量相关，在大鼠试验中结果不明显，因此暂时规定其 ADI 为 0.000 1 毫克/公斤/天。在棉花上使用杀虫脒后，在棉籽及粗棉籽油中可测出杀虫脒，其残留量与施药日期有关，但经过漂白和去味步骤后，食用油中未检出杀虫脒残留。

---

* 吴修真(浙江省农业局)、马宝仁、罗纪台同志参加了部分工作。

FAO/WHO 暂定允许残留量如下：

棉籽	允许残留量	2 毫克/公斤
棉籽油(粗)	允许残留量	2 毫克/公斤
棉籽油(食用)	允许残留量	<0.05 毫克/公斤(分析方法的检出极限为 0.05 毫克/公斤)
牛肉、羊肉、猪肉、家畜肉	允许残留量	
牛奶、奶制品	允许残留量	

杀虫脒仅限于棉田使用，所以对其他作物没有允许残留量规定。

一、杀虫脒在水稻上的残留问题

我国江苏、浙江、广东、湖南、湖北等省普遍使用杀虫脒防治水稻害虫，许多单位对它在水稻上的残留问题进行了研究，浙江农大、江苏农学院、湖北农科院等利用^{14}C杀虫脒作盆栽试验，由于^{14}C是标记在脒基上，因而对杀虫脒（ 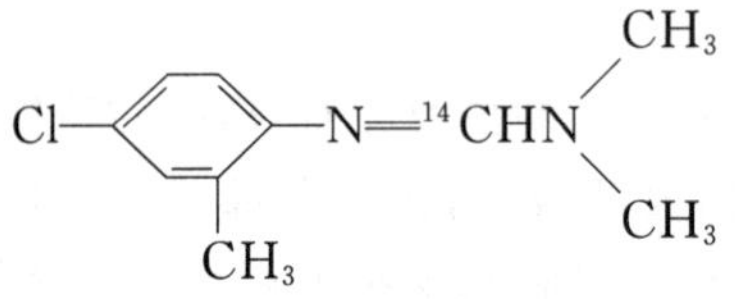 ）的代谢产物毒性最大的 4-氯邻甲苯胺（ 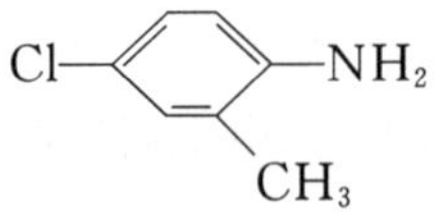 ）测试不到，致使结果偏低。以上三单位同时用比色法测定杀虫脒在田间使用后的总残留量，施药一次，每亩 0.48～0.6 斤 25%水剂，间隔 33～40 天，糙米中的残留量为 0.25～0.28 ppm[5]。我国并未制定杀虫脒的 ADI，它在糙米中的允许残留量也无正式规定。根据 1975 年 FAO/WHO 资料，杀虫脒在糙米中的允许残留量为 0.1 ppm。三单位实测糙米中的残留量已超过此数。由于杀虫脒在我国主要用于防治水稻害虫，能否在水稻生长早期使用以减少其残留，需要研究加以明确。为此，我们在西北大学化学系、浙江化工研究所、上海农药研究所、浙江农业局、华南农学院及湖北沙洋农场等单位协作下，于 1977—1978 年进行了此项工作。

1977 年分别在北京、湖北进行了田间试验，北京地区田间试验在西郊农场进行，使用西北大学杀虫脒原粉(86.5%)，每亩按有效成分计算为 0.12 斤，按 25%水剂计为 0.48 斤。结果列于表 1。

表 1

施药次数	施药日期			采收日期		最后一次施药距	杀虫脒残留量(ppm)		
	8 月 12 日	9 月 5 日	9 月 17 日	月	日	采收间隔天数	糙米	谷壳	稻秆
一	V			10	6	55	0.37		
一		V		10	6	31	0.48	13.5～16.8	19.1～26.7
一			V	10	6	19	0.51		
二	V	V		10	6	31	1.3	49.2～51.8	22.4～29.0
二		V	V	10	6	19	1.6		
三	V	V	V	10	6	19	1.8	88.8	30

此数据为上海农药研究所测定[6]，结果说明，在北京一季水稻上施用该剂量杀虫脒后残留量较高，使用一次，施药距采收日期 55 天，糙米中杀虫脒的残留量仍有 0.37 ppm。

湖北沙洋农场田间试验分两地进行，各选稻田 5 亩，四个处理及对照各一亩，两个地点处理相同，每亩使用 80%杀虫脒可湿性粉剂 1∶1 000 倍稀释液 150 斤(折合有效成分为每亩 0.12 斤)。测定结果列于表 2。

表 2

<table>
<tr><th rowspan="2">地点</th><th colspan="3">施药日期</th><th rowspan="2">采收日期</th><th rowspan="2">最后一次施药距采收间隔天数</th><th rowspan="2">测定日期</th><th colspan="4">杀虫脒残留量(ppm)</th></tr>
<tr><th>8 月 24 日
孕穗期</th><th>9 月 3 日
抽穗期</th><th>9 月 20 日
乳熟期</th><th>糙米</th><th>谷壳</th><th>秆</th><th>备注</th></tr>
<tr><td rowspan="4">沙洋农场农科所试验地</td><td></td><td>V</td><td></td><td rowspan="8">一九七七年十月十五日</td><td>42</td><td rowspan="8">一九七八年四月—五月</td><td>0.58</td><td>13.9</td><td>14.1</td><td></td></tr>
<tr><td>V</td><td>V</td><td></td><td>42</td><td>0.19</td><td>5.5</td><td>5.7</td><td>结果偏低</td></tr>
<tr><td rowspan="2">V</td><td rowspan="2">V</td><td>V</td><td>25</td><td>0.83</td><td>28.6</td><td>9.1</td><td></td></tr>
<tr><td>V</td><td>25</td><td>0.77</td><td>15.4</td><td>12.2</td><td></td></tr>
<tr><td rowspan="4">沙洋农场畜牧站试验地</td><td></td><td>V</td><td></td><td>42</td><td>0.59</td><td>28.6</td><td>18.9</td><td></td></tr>
<tr><td>V</td><td>V</td><td></td><td>42</td><td>1.2</td><td>9.9</td><td>36.7</td><td>糙米中含量高,谷壳中偏低</td></tr>
<tr><td></td><td></td><td>V</td><td>25</td><td>0.62</td><td>14.1</td><td>23.3</td><td></td></tr>
<tr><td>V</td><td>V</td><td>V</td><td>25</td><td>0.88</td><td>29.2</td><td>28.9</td><td></td></tr>
</table>

从表 2 可看出,施药一次,间隔 25～42 天,在糙米中残留量为 0.83～0.6 毫克/公斤。与湖北农科所报告比较一致[7],已超过联合国及日本 1975 年规定的在稻米中允许残留量 0.1 毫克/公斤。且谷壳及秆中含量较高。

根据以往经验,造成收获物中残留量较高的原因,往往是由于防治时未能按照虫情合理施药,加大了药量和用药次数。1977 年北京和湖北田间试验用药量偏高(每亩有效成分 0.12 斤)。1978 年又与浙江农业局、华南农学院协作,根据生产上实际使用的浓度和防治时间,进行了较大面积的田间试验,现将实验结果整理如下:

浙江早稻试验在义乌县大陈公社进行,四个试验区,每区 2～3 分地,于 6 月 28 日喷药,30 天后收割,另设常规用药区与对照区,结果列于表 3。

表 3

试验	杀虫脒残留量(ppm)						
	糙米			谷壳			
	1	2	平均	1	2	3	平均
使用 86.5%杀虫脒原粉,相当于 25%水剂每亩 1.5 两	0.103	0.093	0.098	2.62	2.87	—	2.74
使用 86.5%杀虫脒原粉,相当于 25%水剂每亩 2.0 两	0.116	0.107	0.112	3.50	2.95	3.68	3.38
25%杀虫脒水剂每亩 1.5 两	0.089	—	0.089	2.90	2.90	—	2.90
25%杀虫脒水剂,每亩 2 两	未检出	未检出	未检出	12.84	12.84	12.67	12.76*
常规用药田,25%杀虫脒水剂,每亩 2 两	0.080	0.080	0.080	5.15	3.97	—	4.65

* 稻谷去壳时碾得太重,糙米几乎成了精米,所以米中未检出,而谷壳中含量高。

在浙江地区早稻上每亩使用 1.5～2 两 25%杀虫脒水剂,喷药后 30 天采收,采收后贮存约两个月后测定,糙米中杀虫脒残留量接近 0.1 ppm,但谷壳中残留量较高。

浙江晚稻试验亦在大陈公社进行,各试验小区于 7 月 27 日插秧,8 月 19 日喷杀虫脒一次,相当于每亩 25%水剂 1.5～2 两,防治效果为 94%。11 月 8 日收割,间隔期为 80 天,该晚稻于 9 月 18 日每亩用甲胺磷 4 两防治褐飞虱四代若虫,10 月 5 日每亩用叶蝉散 1 斤,稻瘟净 1.5 两,马拉松 1.5 两防治褐飞虱五代,由于防治不彻底于 10 月 15 日又用甲胺磷 2 两防治褐飞虱五代,另设对照不喷杀虫脒区。残留量测定结果列于表 4。

表 4

试　验	杀虫脒残留量(ppm)					
	糙　米			谷　壳		
	1	2	平均	1	2	平均
25%杀虫脒水剂每亩 2 两	0.039	—	0.039	0.161	0.143	0.152
使用 86.5%杀虫脒原粉,相当于 25%杀虫脒水剂每亩 2 两	0.044	未检出	0.022	0.436	0.453	0.444
25%杀虫脒水剂每亩 1.5 两	0.078	未检出	0.039	未检出	未检出	未检出
使用 86.5%杀虫脒原粉,相当于 25%杀虫脒水剂每亩 1.5 两	0.1	0.1	0.1	0.125	0.143	0.144

浙江晚稻于收获前 80 天每亩使用 25%杀虫脒水剂 1.5～2 两防治三化螟,药效达 94%,杀虫脒在糙米中的残留量都低于 0.1 ppm。谷壳中含量也不高,但是以后几代的褐飞虱必须用其他药剂防治。

和华南农学院协作于坛城县农科所农场做早稻试验,6 月 4 日喷药,7 月 4 日收获,间隔 30 天,测定结果如表 5 所示。

表 5

试　验	杀虫脒在糙米中的残留量(ppm)			
	1	2	3	平均
使用杀虫脒原粉(86.5%),相当于 25%水剂 2 两	0.053	0.039	0.053	0.048
使用杀虫脒原粉(86.5%),相当于 25%水剂 4 两	0.152	0.143	—	0.147

用相当于 25%水剂 4 两防治水稻螟虫和稻纵卷叶螟,防治效果分别为 84.9%和 88.8%,但糙米中的残留量为 0.147 毫克/公斤,高于 0.1 毫克/公斤的允许残留量。用相当于 25%水剂 2 两时,糙米中杀虫脒低于允许残留量,但防治水稻螟虫的效果较差(76%),对稻纵卷叶螟效果较好(82.4%),试验是在稻纵卷叶螟发生量大,周围不施药,害虫迁飞严重的情况下进行的。为了进一步提高对三化螟的防治效果,可以在 2 两 25%杀虫脒水剂中加入 1 两乐果或杀螟松,能提高防治效果,但杀虫脒用量不宜加大,以免增加糙米中的残留。

广东农科院试验结果和我们相似(1980 年实验报告)[8],每亩晚稻使用 25%水剂 4 两,于拔节期(收获前 56 天)喷药,糙米中残留量为 0.185 ppm,已超过 0.1 ppm,于收获前 72 天(分蘖期)喷药,则糙米中杀虫脒低于 0.1 ppm。

广东地区除三化螟外,1978 年稻蓟马、稻纵卷叶螟及稻飞虱均大发生,华南农学院采用深层施药方法延长了残效期,获得了良好效果。4 月 3 日用 50%乐果 4 两加 25%杀虫脒水剂 8 两,兑水 40 斤,用液体深施器隔行深施,深度为 6 公分,除对三化螟有效外,对稻纵卷叶螟的效果优于对照(对照为多次喷药区),但对蓟马及飞虱的效果则不及对照。7 月 6 日采收,间隔期为 95 天,在糙米中未检出杀虫脒残留,谷壳中杀虫脒残留量为 0.92 ppm。

二、杀虫脒残留量测定方法的原理

气谱法测定杀虫脒的总残留量,是以测定水解产生的 4-氯邻甲苯胺为基础。杀虫脒及其含 4-氯邻甲苯胺的代谢产物先在 pH 为 5±0.2 的醋酸钠缓冲液中进行弱酸性水解,然后在氢氧化钠溶液中进行强碱性水解,最后生成 4-氯甲邻甲苯胺。4-氯邻甲苯胺经过水蒸气蒸馏并用异辛烷及 1N HCl 相继提取后,用 $NaNO_2$ 使其重氮化,再经碘代反应转化成对氯邻甲碘苯,然后用电子捕获检测器进行气谱测定[9,10]其反应过程如下:

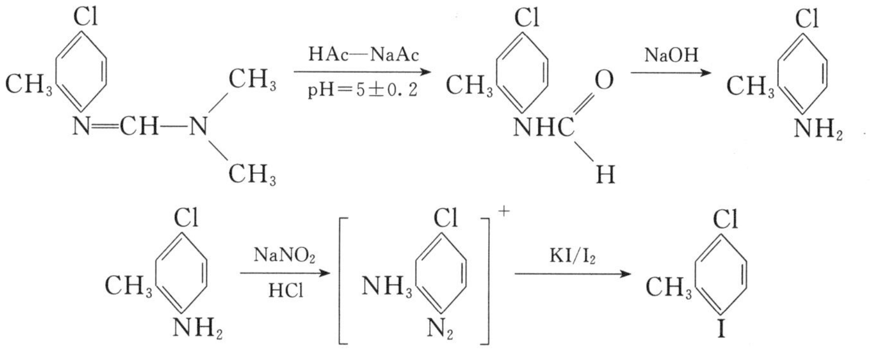

最初我们根据一般杀虫脒残留量测定方法[10]，以 4-氯邻甲苯胺作标准曲线，测得稻米中杀虫脒及其代谢物总量，但回收率始终在 60%～70%。后来我们又以该法为基础，改用控制水解条件，以杀虫脒纯样作标准曲线进行测定。即将已知量的杀虫脒加入样本中，经水解蒸馏，重氮化碘化反应后，进色谱柱测定。以杀虫脒量与峰高作曲线(如 ECD 线性范围太窄时，则用药差/峰高差为系数来计算)。经以上改进后，因标准曲线与样本的测定条件一致，测得结果比较符合实际，但每次进样必须重作标准曲线。

三、讨论

根据国外报道：杀虫脒对小鼠致癌，在大鼠及其他动物试验中，未出现致癌作用；由于它对某些害虫有特效，对许多天敌伤害又较小，所以适于在综合防治中使用。美国、瑞士等国提出限于在棉花上重新使用杀虫脒，这是从几方面考虑的，首先在大面积棉花种植区使用飞机防治，减少工作人员直接接触药剂的可能性；其次是欧美国家食用棉籽油少，而且目前没有更好的防治棉花害虫的农药。由于不准在水稻及果树上使用杀虫脒，1978 年联合国取消了该药在稻米和果树上的允许残留量规定。我国已经大规模地在水稻和果树上使用杀虫脒，以后是否继续使用要根据其毒性、残留和药效全面衡量。现以 1975 年世界卫生组织和粮农组织规定的在糙米中的允许残留量 0.1 毫克/公斤为标准，根据几年的实验结果，如果允许在水稻上使用杀虫脒，严格规定用药量及施药日期是控制残留量的关键。每亩用 25%水剂 2 两，需间隔 30～40 天；每亩 4 两，只能在水稻分蘖期(收获前 70 天左右)喷药一次，才能不超过 1975 年联合国规定的允许残留标准，对后期出现的害虫应换用其他农药。对杀虫脒在大面积稻田使用，必须持谨慎态度。稻米中如果经常有一定量杀虫脒及其代谢物，长期食用不合适，也会影响出口。

一般在谷壳和秆中含量较高，有的地区以它作为饲料，将影响肉类制品中杀虫脒的残留。

我们讨论杀虫脒的残留问题，是以 FAO/WHO 1975 年规定的杀虫脒在糙米中的允许残留量 0.1 ppm为基础的，其中 ADI 为 0.01 毫克/公斤/天。(按此值计算，糙米中的允许残留量应为 1 ppm，可能已考虑到杀虫脒的慢性毒性问题。稻米为水稻种植区人民的主食，在 ADI 未改变时，已将允许残留量降至 0.1 ppm)。但 1978 年 FAO/WHO 规定的 ADI 为 0.000 1 毫克/公斤/天，人的体重以 50 公斤计，每人每天吃稻米 0.5 公斤，则允许残留量为：

$$\frac{0.0001\times 50}{0.5}=\frac{0.005}{0.5}=0.01\text{ 毫克 / 公斤}(0.01\text{ ppm})$$

根据实验结果，杀虫脒在作物上的残留时间较长，如规定杀虫脒在水稻上的允许残留量为 0.01 ppm，实际上是规定不能在水稻上使用杀虫脒。

以上结果说明，从我国已大量使用杀虫脒防治水稻害虫的实际出发，必须限制用药量并把握好施药日期及施药次数，以减少杀虫脒在水稻上的残留量。

参考文献

[1] 12 国农机展览座谈会资料(1978).

[2] Pesticide Residues in Food,Report of the 1972 Joint FAO/WHO Meeting.

[3] Pesticide Residues in Food,Report of the 1975 Joint FAO/WHO Meeting.

[4] Pesticide Residues in Food,Report of the 1978 Joint FAO/WHO Meeting.

[5] 1974—1975 农药安全使用标准研究简明报告.农药安全使用标准协作组.

[6] 杀虫脒在大米、蔬菜中的残留动态.上海农药所、农药研究情况,第一期,1978

[7] 新农药"杀虫脒"在水稻上安全合理使用技术.湖北农科所(1976)

[8] 杀虫脒在水稻上的残留.广东农科所(1980)

[9] Geissbühler H,et al. J. Agr. Food Chem. 19,365(1971)

[10] 金泽纯.日本农业技术研究所报告 C.第 30 号(1976)

The Residue Problem of Chlordimeform in Rice

Qian Chuanfan,Liang Duxiang,Ming Jiuxue

Abstract Chlordimeform is an effective insecticide and acaricide. It was reported that Chlordimeform and its principal metabolites were carcinogenic in the mouse. It is proposed to use in the cotton fields only. But now in our country it is widely used in controlling rice stemborers and leaf rollers. According to the conventional application its residue is high. To find the right dosages,dates and times of application in order to diminish the residue is the aim of our work. If 100 g of 25% Chlordimeform water solution is used once,it should be applied at least 30～40 days before harvest. If 200 g is used once,it should be applied at least 70 days before harvest. In such cases the residues in unpolished rice is less than 0. 1 ppm. But the residues in rice husk and straw are high.

(注:此文原载于《北京农业大学学报》,1981,1,37-43)

有关杀虫脒在棉籽油中的残留问题

钱传范　明九雪

（北京农业大学农药研究室）

棉花上使用杀虫脒防治棉铃虫等害虫效果很好，兼有杀卵作用，并能杀螨。已在我国棉区广泛使用。农业部在“杀虫脒安全使用注意事项”文件中提出，杀虫脒可用于防治棉花害虫，但在食用棉籽油的地方，要严格控制用量和次数。究竟应该怎样控制用量和次数呢？我们正进行杀虫脒在棉籽油中残留的研究，实验还未结束；现将联合国粮农组织公布的有关资料介绍如下，以供参考。

自从发现杀虫脒及其代谢产物 N-甲酰(4-氯邻甲苯胺)和 4-氯邻甲苯胺对小鼠致癌后，曾暂时停止生产，但由于杀虫脒对一些害虫有特效，汽巴-加基公司 1978 年建议，可在控制条件下在棉田使用，规定限用飞机喷洒并监督杀虫脒的操作程序，使用大包装，大批量运输，用密闭管道输入飞机以减少操作人员直接接触。1979 年美国环保局亦批准杀虫脒在严格控制与周密防护下有限制地使用于棉田。目前在危地马拉、哥伦比亚，尼加拉瓜、萨尔瓦多和美国等地棉田使用杀虫脒；在澳大利亚、埃及、墨西哥和苏丹等地也考虑使用。杀虫脒比有机氯农药和其他一些农药的杀虫谱窄，在田间观察到它对许多益虫伤害较小，所以一些国家将它列入综合防治计划中，1976 年停止使用后，由于没有合适的农药代替，曾引起害虫严重的局面。

在棉花上使用的剂量

1972 年杀虫脒在棉花上的用量为每公顷 0.5～1.0 公斤，(以有效成分计，相当于每亩 33～66 克)，进一步研究发现，每公顷使用 0.125～0.25 公斤即能杀死棉铃虫卵并能有效地防治幼龄幼虫，所以 1973 年澳大利亚、美国等国家建议用此剂量，在成虫羽化开始或出现虫卵后的 3～5 天内使用杀虫脒乳剂或其盐酸盐溶液进行防治。而在其他一些国家如哥伦比亚、危地马拉；每公顷使用 1 公斤才能有效地防治红蜘蛛。

田间试验的残留结果

汽巴-加基和先令公司先后安排了一系列杀虫脒防治棉虫的田间试验，并测定了收获后的棉籽及棉籽加工产品中的残留量。分析方法是测定四氯邻甲苯胺，由于它是杀虫脒及其在动植物体内代谢产物的共同产物成分，折算成杀虫脒检出限度相当于 0.05 毫克/公斤的范围，回收率 80%。

多数是测定整棉籽中杀虫脒的残留，使用剂量从每公顷 0.125～3.6 公斤，使用 1～20 次(最高用量与次数均已超过实际使用情况)，最后一次施药到收获的间隔天数为 0～89 天，试验结果列于表 1。结果说明，使用剂量对残留影响最大，其次是最后一次施药到收获的间隔天数。表 2 是美国试验结果的总结。当比较施药日期与种子中的残留量时，发现施药日期愈晚，则残留量愈高，并证实最后一次施药日期即棉铃张开的数量对残留的影响大。而在一个生长季内施药次数对残留的影响较小；还比较了使用浓乳油和盐酸盐的残留量，证实棉籽中的残留量与使用剂型关系不大。

表 1 使用不同剂量杀虫脒对棉籽中残留的影响

使用剂量(公斤/公顷)(有效成分)	试验次数	残留范围(毫克/公斤)	平均残留量(毫克/公斤)
0.125	32	<0.05～0.49	0.1
0.25	2	<0.05	<0.05
0.5	9	<0.05～3.0	1.7
1.0	23	<0.05～5.7	2.3
2.0	6	0.05～5.6	1.9
3.6	1	13.1	13.1

最后一次施药到收获的间隔天数为 0～89 天。

表 2 杀虫脒施药与收获的间距对残留的影响

使用次数	使用剂量(有效成分)公斤/公顷	制剂	距收获间隔天数				
			3	7	10	14	21
6	1.0	乳油	1.8	1.6	2.3	1.9	
6	1.0	盐酸盐	2.0	1.8	2.4	1.6	
14	1.0	乳油	3.7	3.0	2.0	3.0	
14	1.0	盐酸盐	5.7	5.1	2.3	2.9	
20	0.5	乳油	2.0	1.0		1.0	0.81
20	0.5	乳油	3.0	1.6		1.3	0.92

同时测定了棉籽加工过程中每一步骤对杀虫脒残留的影响，结果列于表 3，说明在加工后，虽然大部分杀虫脒留在棉籽壳和棉籽饼内，但是粗油内仍有残留，经碱处理后，残留量减少并不多，但进一步漂白、氢化、去味后，所有试验中杀虫脒的残留量都低于最低检出量。

表 3 杀虫脒在棉籽加工品中的残留

有效成分使用剂量(公斤/公顷)	0.125	0.25	0.125	0.25	0.5	0.5	1.0	1.0	2.0	2.0
制剂	乳油	乳油	乳油	乳油	乳油	乳油	乳油	盐酸盐	盐酸盐	乳油
使用次数	12	12	17	17	9	10	15	15	15	15
最后一次施药距离收获的间隔天数	21	21	21	21	57	84	21	21	21	—
整棉籽(毫克/公斤)	0.29	0.20	0.22	0.40	0.22	2.3	2.9	3.4	—	—
棉籽壳(毫克/公斤)	0.86	0.50	0.90	0.75	0.20	3.1	3.75	4.0	—	—
棉籽饼(毫克/公斤)	0.18	0.10	0.17	0.15	0.09	0.73	0.37	0.38	0.8	3.3
棉油复料(毫克/公斤)	0.09	0.07	0.10	0.10	—	1.2	—	—	—	—
粗油(毫克/公斤)	0.10	0.07	0.11	0.08	0.17	—	—	—	—	—
精炼油(毫克/公斤)	0.07	0.05	0.08	0.07	0.14	1.3	—	—	—	—
精炼漂白去臭油(毫克/公斤)	<0.05	<0.05	<0.05	<0.05	—	—	<0.05	<0.05	0.06	<0.05
精炼漂白去臭氢化油(毫克/公斤)	<0.05	<0.05	<0.05	<0.05	—	—	<0.05	<0.05	<0.05	<0.05

关于残留量标准

综上所述，以杀虫脒防治棉花害虫时，残留的数量与使用剂量及施药时间有关，以上实验的棉籽及粗棉籽油中可以检出杀虫脒残留，但其残留量均低于联合国粮农组织和世界卫生组织暂订的允许残留量标准。该标准规定在棉籽中为2毫克/公斤，粗粮籽油中为2毫克/公斤。在漂白、氢化、去味后的食用油中的允许残留量为＜0.05毫克/公斤，实验亦证实食用油中的残留量低于0.05毫克/公斤。

杀虫脒在我国用于防治棉花红蜘蛛、棉铃虫、红铃虫等，将防治这些害虫的时间和剂量与上述资料相比，收获的棉籽及经加工后的棉籽油中的残留数量不至于超过允许标准。但是杀虫脒的分解产物及合成时的中间体或副产物四氯邻甲苯胺等的毒性比杀虫脒原药高，在我国曾有过多起杀虫脒施药人员的中毒事件：且杀虫脒易经皮肤吸收，并能较快地从尿中排出，尿中排出的四氯邻甲苯胺量与中毒症状相关。我国目前生产和使用杀虫脒的劳动条件尚未做到严格控制、周密防护，因此除了应不断改善劳动条件，减少一切直接接触外，建议在生产杀虫脒的工厂及大棉区对操作人员进行尿样检查，以预防急性及慢性中毒。

（注：此文原载于《植物保护》，1983，1，18-19）

农药环境毒理

钱传范
（北京农业大学农药研究室）

无论用什么方式施药，都是把农药撒布在环境之中，这些农药的性质是多种多样的，有的比较稳定不易分解，可长时间在生物和非生物环境中运转，有的容易分解，可通过化学的、生物的作用而降解，最终变成简单的化合物，在这个过程中，由于各种药剂的性质不同，代谢或降解产物不同，生物活性亦不同，必然对各种不同的生物界产生不同的影响，这就是环境毒理学的内容。由于农药和其他污染物质不同，一般污染物质都是三废，可以通过治理解决，而农药是由于本身的使用，污染了农畜产品和环境，这种污染涉及的人数很多，是对群体的影响问题。所以环境毒理学是研究农药在整个环境和生态系统中的作用。

早期人们并未认识这个问题，这是因为：

1. 人们对于农药在自然界、生物体中的运动规律的知识掌握不够。

2. 对农药的认识仅局限于它的急性毒性，忽视了农药的慢性毒害，直到 20 世纪 60 年代，美国生物学家卡逊女士写了“寂静的春天”一书，以夸张的手法描写了农药对环境的破坏，对生态系统的影响，认为“神秘莫测”的疾病袭击了人和禽畜，使他们都突然病倒或死亡，野生动物也被杀害，再也没有鸟儿歌唱和昆虫的鸣叫声，大地呈现出死一般的沉寂；虽然作者的论点是偏激和夸张的，但却对农药的危害敲起了警钟，在美国和世界各国引起了极大的反响，当时的美国总统肯尼迪组织了农药公害研究委员会，要求他们进行调查，提出对策，联合国的 FAO、WHO 亦成立了专门委员会进行调查研究，从此，环境毒理方面的研究有了突飞猛进的发展。但它所以能发展起来，是由于人们发现一些过去认为急性毒性不高即所谓安全性的药剂如 DDT 等，有可能引起癌症或其他病变，同时这类药剂在一些生物体中有积累性中毒的危险；接着人们发现虽然没有使用这类持久性的有机氯杀虫剂于野生动物（如鸟类和鱼类）上，却能引起它们死亡，所有这些问题，都要求我们从整个环境和生态系统来研究农药。

环境毒理学就是研究农药在整个生态系统中的分布、转移、变化、代谢、积累以及所有这些行为对人畜和野生生物种群的影响，可分为以下几个问题。

一、农药在环境中的残留代谢和降解

农药残留是田间使用农药后，在动植物体、土壤和环境中农药原药及其有毒的代谢物、降解转化产物和反应杂质的数量。过去曾经认为农药残留是植物保护的客观需要，如果农药的残效期较长，一次使用农药能够保护作物整个生长季节不受危害，当然是很好的；但由于多数农药对人及其他生物亦有毒害，从环境保护的角度考虑，目前认为应该尽可能明确防治目标，残效期不需长于药剂作用于防治对象所需的时间。

影响农药在环境中残留的因子是很多的，如农药的物理性质、化学稳定性、使用技术、作物、土壤和环境因子等，但农药本身的理化性质是影响其残留期的主要原因，一个农药的残留期，就是它的持久性，与它的化学结构稳定性有关，有的相当稳定，有的却很不稳定，易于分解，无论环境条件或外界因素怎样改变，有些农药在环境中总是分解得快些，如天然除虫菊有效期只有一天，速灭威亦只有几天，有机磷杀虫剂的药效期稍长些；反之化学性质稳定的农药，如有机氯杀虫剂，即使在环境不利的条件下，残留期也很长，又如含有汞、砷和铅等有毒元素制剂，经代谢分解后这些元素依然存在于环境中，对人畜有一定毒害。

1. 农药在作物上的残留

随着作物种类而不同，施在作物上的农药最初是以物理方式沉积于作物表面，但沉积量受各种作物的形状（即表面积）的影响，如茶叶、叶菜类，单位重量的表面积较其他作物大，在相同用药量情况下，有较高的原始沉积量，而苹果等果实，单位重量的表面积小，原始沉积量较低，有人对 20 多种农药在 60 多种作物上进行研究，证实在相同施药剂量时，其原始沉积量按以下作物依序递减：

牧草＞叶用作物＞饲料作物＞豆类＞谷类作物＞水果类，以 40％乐果 800 倍喷茶叶，其原始沉积量为 103～158 ppm，同样浓度乐果喷黄瓜，其原始沉积量为 0.38～0.85 ppm，此外作物的表面性质亦有影响，像杨梅果实，由于表面粗糙无毛，其农药沉积量就较大。

不同的施药方法对残留量的影响是很大的，如对果树或林木空中喷雾与地面喷雾时农药的分布是不一样的；在密度比较大的作物，飞机喷洒农药后，有的植物上部 1/3 中约占有总药量的 90％，内吸杀虫剂喷雾与土壤处理或根部吸收的药量大不相同，一般喷雾于叶面，残留期短，土壤处理或种子处理则药剂被缓慢吸收，残留期长。

用不同方法处理桑树后，1059 在叶上的动态见表 1。

表 1　桑树叶上 1059 残留(ppm)

	1 小时	10 天	20 天	30 天	40 天	50 天
喷雾	32	10	3.5	—	1.8	1.5
毒环包扎	—	—	22.1	38.5	42.6	37.5

现在南方水稻区，根区施药防治水稻害虫，亦是利用此原理延长其药效，不伤害天敌。

沉积在作物表面的农药可因日光蒸发、风吹、雨淋而分解消失，消失的难易往往受农药剂型的影响，乳剂不易消失，可湿性粉剂次之，粉剂最差。表面积大的叶菜类，受日光、风雨的影响分解消失快，所以其原始附着量虽大，但减少亦较迅速。

由于目前使用的农药大部分是亲油性的，沉积在作物表面的农药能很快地溶入蜡质层，就难以通过物理方式散失，但不是内吸传导型的农药，侵入植物内部深处的农药量并不大，多数农药存在于果皮，谷壳、糠、麸皮等外皮中，内吸性的农药多有一定亲水性，有的农药如乙拌磷等在作物体内迅速氧化成水溶性较高的砜与亚砜而移动，这类农药一般残留期较长，在作物体内受各种生理生化因素的影响而逐渐降解。此外如作物生长粗大迅速，则农药相对地稀释快。

一般用半衰期来表示农药在自然界的稳定性和持久性，半衰期是用来测量放射性消失的术语，用来解释农药在环境中的持久性。必须注意，因为某一农药的半衰期是它的化学性质和环境条件的函数，而环境条件是变化多端的，所以半衰期只能有限制地代表在某一特定环境条件下的情况。根据农药在作物上的残留消解动态的研究表明，它们都相类似地呈现二阶段的消解规律。

（1）迅速降解阶段，农药在作物表面上受日光、风和雨露的影响而迅速降解，其降解速度符合“一级反应动力学”法则，降解速度与原始沉积量有关。

但亦因不同农药品种而异，辛硫磷、杀螟松在茶叶上一天内可降解 80％～90％，杀虫脒在 3 天内仅降解 31％，在苹果上施 DDT 后，一天降解 12.2％，而 1605 则降解 50％。

（2）缓慢降解阶段，随着时间的推移，农药逐渐由植物表皮向叶表下部蜡质层渗透转移，日光雨露的淋洗作用日益减弱，农药消失速度缓慢，已成为一个比较复杂的过程，而不再遵守化学动力学一级反应的公式了。

若以农药喷施后的经过天数为横坐标，以作物体的残留量(ppm)为纵坐标(对数轴)，根据不同天数的残留量可绘制出农药降解消失曲线。多数情况下有一转折点。

①最初几天的降解线斜率大些，②以后则直线的斜率较平稳。

作为农药残留量的指标，农药的半衰期应该怎样计算呢？现在有两种解释：

(1)农药在作物体上的附着量减少到原始附着量的一半所需的时间，以农药残留的浓度与时间作图1，得一曲线，这实际上是许多复杂反应的最终结果，可以看作是一种巧合。

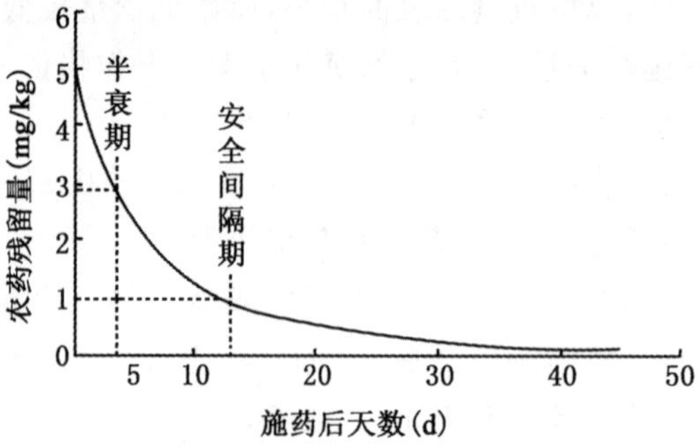

图 1　农药残留动态曲线(据 F. A. Gunther)。

图中：原始沉积量 6 mg/kg，半衰期约 3.75 d，最大残留限量 1 mg/kg，安全间隔期 14 d。

(2)把所使用农药的内吸量减少到一半所需的时间称为半衰期。但要严格规定作物对农药的内吸量是比较困难的，现在以黏附在植物表皮上的农药在物理因子作用影响下消失的最终浓度(即降解曲线的转折点)作为农药的内吸量，半衰期应该在同样的气候条件下进行比较。

以 DDT 在柑橘上的降解曲线为例，该曲线的转折点为喷药后 14 天，附着药量约为 1.3 ppm，约在喷药后 58 天才达到 0.65 ppm(即减少一半)，所以半衰期为 58－14＝44(天)，当时的允许残留量为 1 ppm，则安全间隔期为 30 天，现在允许残留量为 0.2 ppm，则柑橘上不能使用 DDT(图 2)。又如乐果在番茄上的降解曲线的转折点为喷药后 1.5 天，附着药量为 0.12 ppm，5 天后达到此浓度的一半，所以半衰期为 3.5 天(图 3)。

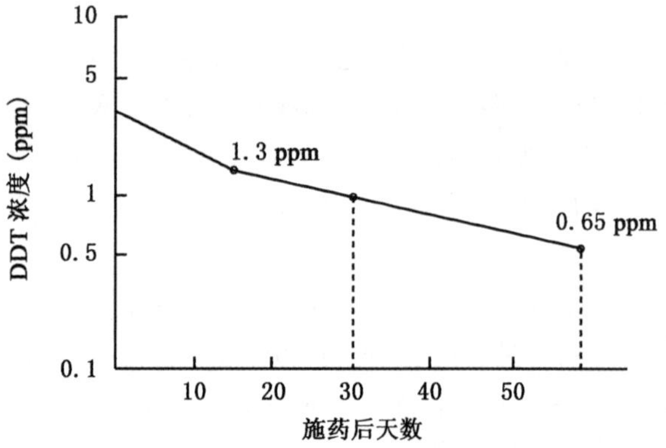

图 2　DDT 在柑橘上的消失曲线

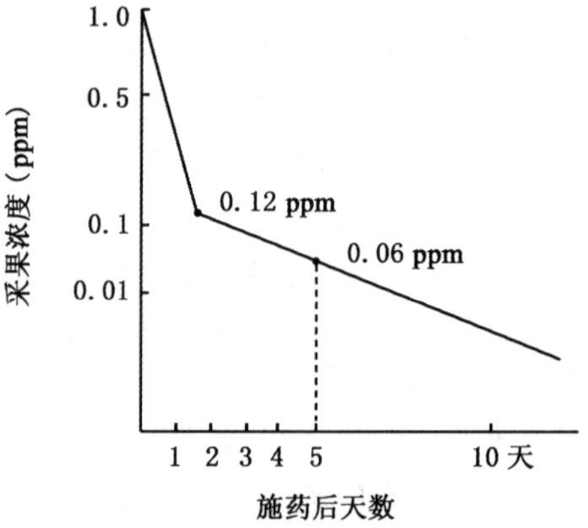

图 3　乐果在番茄上的消失曲线

环境因素中光对分解影响最大，如辛硫磷在阳光照射下 3 天后，茶叶中残留已低于允许量，在土壤中不受阳光直射，残效期可达 15 天以上。农用拟除虫菊酯的发展过程，亦就是解决该类药对光的不稳定性的过程，所以新的拟除虫菊酯又称耐光性拟除虫菊酯，研究光分解不仅可以及时解决实际使用存在的问题，而且是农药安全性评价不可缺少的资料。实验证实，农药在生物体的代谢产物与光分解的产物大多是一致的，在实验室模拟自然条件进行光分解实验，能够简便地得到一系列比较纯的分解产物，可为代谢研究提供线索。

光化学反应是化合物分子吸收光能而具有过剩能量或使分子成为激发状态，这种过剩能量可以通过多种途径释放出来，如以光（荧光、磷光）或热的形式放出，使分子回到原来的状态。当这些能量被用于化学反应时，就引起光化学反应，光分解是光化学反应的一种，分解的能量直接或间接地从光中得到。

光的能量如下式所示：$\Sigma = kc/\lambda$

Σ：能量，k：普期克常数，c：光速，λ：光波长

光的波长越短，它的能量越大。与光分解有关的光谱范围主要是紫外部分，但在太阳光到达地面之前，其中极短波长的紫外光被大气中臭氧等物质吸收或散射，到达地面的紫外线波长为 286 nm 以上，所以用人工紫外线来研究农药的光分解必须特别注意波长的选择。

除了农药分子直接吸收光能外，还有其他物质作为传递光能的介质。这种传递光能的作用称为光敏作用，传递这种能量的物质称为光敏剂，某种需要较高能量光才能引起的反应，如有光敏剂存在，可以在较低能量下发生。因此在日光下难以分解的农药，只要有光敏物质存在，就很容易分解；在植物、土壤和水中广泛存在有多种天然光敏物质：如代森类有机硫杀菌剂在自然界可以产生致癌物质乙撑硫脲，它不易水解，但在天然光敏物质作用下，很容易被光解为无毒化合物。

光解反应有多种，如光异构化、光氧化、光水解，取决于药剂的物理化学性质和环境条件，作为综合评价农药在环境中动态的前期工作，光分解的研究是有重要意义的，同时农药和光敏剂的作用可以缩短持久性农药的残留期，另一方面有些农药在室内效果显著，对人畜毒性低，但对光不稳定而不能应用，如能加入抗光解物质以抑制光解，即可实际使用，有人在拟除虫菊酯制剂中加入紫外光吸收剂，矿物油，起到了较好的抑制光解作用。

2. 农药在土壤中的残留

通常将农药在土壤中的残留时间，作为农药残留性的指标之一（表 2）。

农药在土壤中的消失途径有：蒸发，随水淋失，在日光、空气、水、黏土矿物和微生物的作用下分解等。温度、土壤质地、水分含量、有机质含量及耕作制度等都对残留有影响。

表 2　各类农药在土壤中的残留时间

农药	半衰期（年）
铅、砷、铜、汞农药	10～20
有机氯农药	2～4
有机磷农药	0.02～0.2
氨基甲酸酯农药	0.02～0.1
均三氮苯类除草剂	1～2
取代脲类	0.3～0.8
2,4－D,2,4,5－T	0.1～0.4

多数农药难溶于水，易被黏土和有机物吸附，随水淋失的数量是不大的；所以农药大部分存在于 20 厘米深的表土层中；物理因子中以蒸发为主，根据农药的蒸气压亦可看出它们在土壤中的残留性（表 3）。

表 3

农药	蒸气压（mm Hg 20℃）	一年后残存率
DDT	1×10^{-7}	80
狄氏剂	1×10^{-7}	75
林丹	9.4×10^{-6}	60

农药在土壤中的持续性关系到①药剂的有效期,②在土中残留毒性,③对下茬作物的影响。

沙土的吸附能力较壤土弱,所以在沙土中农药蒸发消失较快,土壤水分多亦能增强农药的蒸发消失;农药在土壤中的水解作用亦是消失的重要途径。近年来,特别重视土壤微生物对农药的分解作用,如化学性质极稳定的DDT,亦可被微生物分解,在淹水条件下,嫌气性微生物大量繁殖,能被这类微生物分解的农药易在淹水土壤中消失,如六六六各异构体在淹水条件下约经50天就有90%以上被分解,我国几十年来水田中大量施用六六六,而水田土壤未被六六六严重污染就是这个原因。

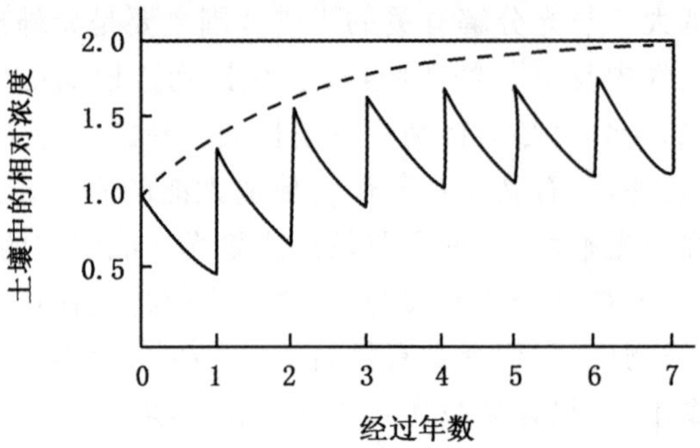

图4 每年施用半衰期为一年的农药一次时土壤中农药的相对浓度

如果连续多年施用残留性大的农药,在土壤中的含量会逐年增加,但残留量亦不会无限地增加下去,在理论上即使连年施用,若干年后亦会达到平衡状态,假如每年施用一次农药,施用后土壤中最初浓度为 C_0,一年后的浓度为C,施用几年后的浓度为 R_n,因此假设 $C/C_0=f$,如 $f<1$,则 $R_n/C_0=1+f+f^2+f^3+\cdots+f^{n-1}$,$R_\infty=C_0/1-f$,根据计算,如继续多年施用半衰期为一年的农药,每年一次,当施药后立即测得的浓度为第一年浓度的2倍时即可达到平衡。

土壤中的残留农药最直接的影响是残留农药被作物吸收而使食品受到污染,一般陆生植物吸收土壤内残留农药的量比土壤中原有的含量低得多,南京土壤所在测定棉区土壤中DDT和六六六的残留量后,停止使用这两种农药,种上棉花、赤豆、蚕豆、油菜、玉米、小米、花生、元麦、芝麻、山芋、胡萝卜、烟草等13种作物,发现花生、胡萝卜、烟叶、芝麻、芋头等作物较多吸收土壤中残留农药,其中块根作物和油料作物吸收能力较淀粉类作物强,特别是烟叶和胡萝卜最突出;还有报道花生种植在含有0.16 ppm七氯的土壤中,成熟的花生种子中的七氯高达0.67 ppm,为土壤中农药含量的4倍。

我国早已禁止在烟叶上直接喷DDT,但在未施用DDT的烟草上亦有其残留,这与土壤污染有关,南京土壤所在停止使用DDT和六六六后,采样分析土壤和烟草农药含量,发现烟草能从土壤中吸收该农药,如表4。

表4

	DDT含量(ppm)		六六六含量(ppm)	
	土壤中	烟草中	土壤中	烟草中
山东益都	0.057	1.14～5.92	0.050	0.656～1.55
藤县	0.207	19.24	0.073	1.264

除草剂在土壤中的稳定性亦是必须考虑的问题,下表所示为各种除草剂在玉米地的残效期:

草净津	2～3个月	草不绿	1～2个月
莠去津	4～12个月	毒草安	1～1.5个月

草达灭　　1.5～2 个月　　2,4-滴　　0.5～4 个月

莠去津的残效期长,玉米收获后影响下茬小麦的生长,应改用残效期短的药剂。

3. 农药的代谢

施用在田间的农药在作物体内外和环境中并不是静止不变的,而是发生着多种多样的变化,这种变化的总趋向是降解解毒,分解为较简单的分子,但在动植物体内可能先活化(增毒)而后再降解,代谢研究就是为了阐明农药在人畜和其他动植物体内的代谢途径是怎样的?代谢产物是什么?这些产物有的不具有毒性,有的毒性仍然存在,有的毒性还加强。

从以下几个典型例子可以看出:

(1)硫代磷酸酯杀虫剂在生物体内可由多功能氧化酶作用将 P═S 结构氧化成 P═O ,生物活性大大增强,如对硫磷氧化成对氧磷,对胆碱酯酶的抑制作用增加 10 000 倍。

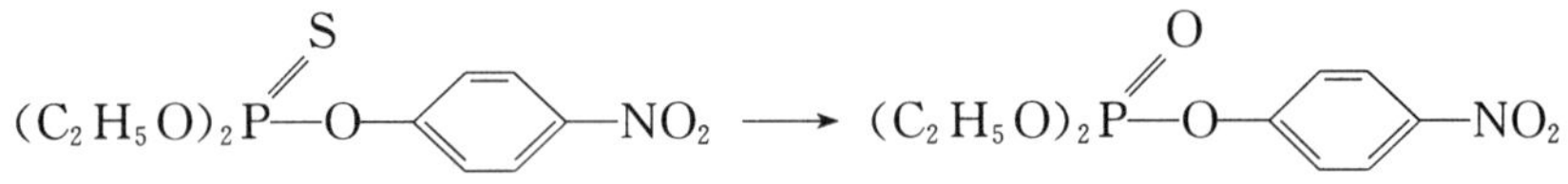

马拉硫磷的氧化物马拉氧磷亦有较高的毒性。

(2)硫醚的氧化

含有硫醚(—C—S—C—)结构的农药依次氧化成亚砜(—C—S(═O)—C—)和砜(—C—S(═O)₂—C—),一些含硫醚结构的内吸杀虫剂在动植物体内氧化为相应的亚砜和砜,不仅水溶性增大,生物活性也增强。有机磷杀虫剂一〇五九、三九一一;氨基甲酸酯杀虫剂及除草剂等都能发生此种氧化反应。

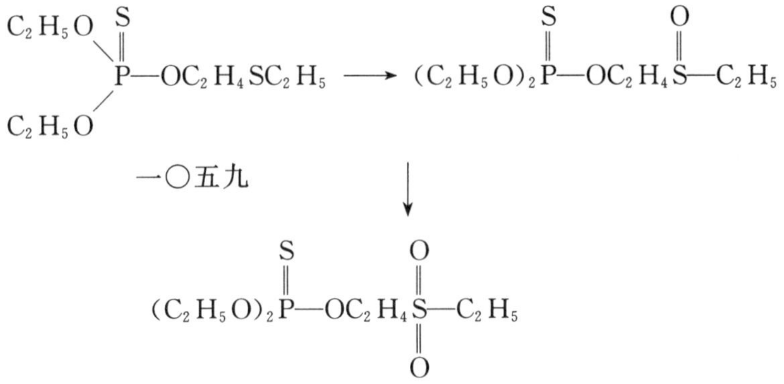

一〇五九

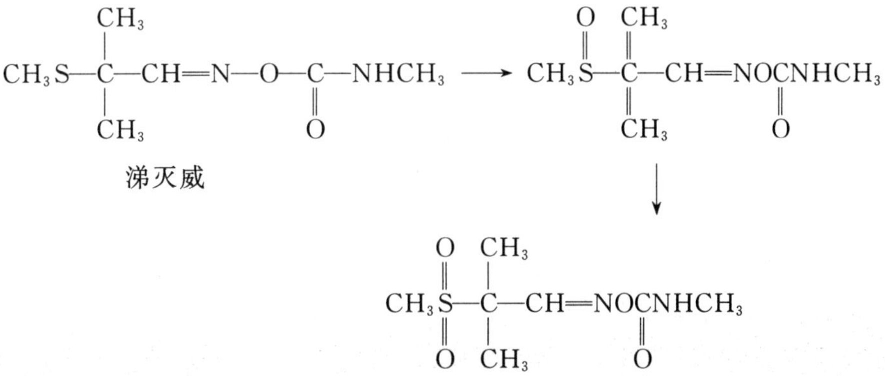

涕灭威

(3)芳基的羟基化

如呋喃丹氧化为相应的 3-羟基呋喃丹和 3-酮基呋喃丹,前者的毒性 LD_{50} 为 18 毫克/公斤,接近于

呋喃丹(8～14 毫克/公斤)。

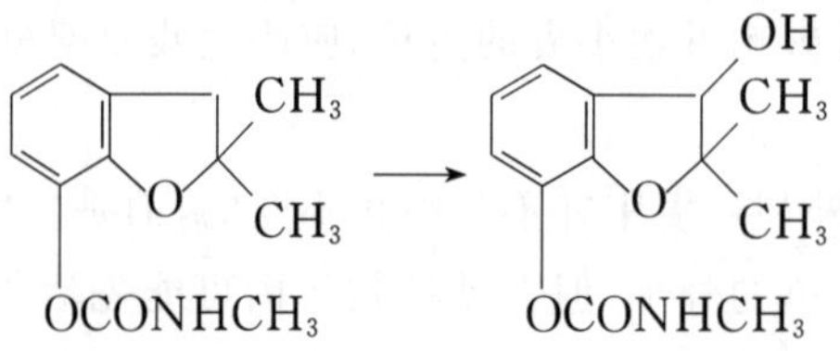

呋喃丹　　3-羟基呋喃丹

(4)水解

农药中磷酸酯、氨基甲酸酯、羧酸酯和酰胺化合物等,可在生物体被各种酯酶催化水解而失去活性,这是最常见的解毒反应,但有的农药水解产物比原化合物还毒,以杀虫脒为例,它的代谢产物 4-氯邻甲苯胺对小白鼠的致癌阈值比杀虫脒本身小 10 倍。

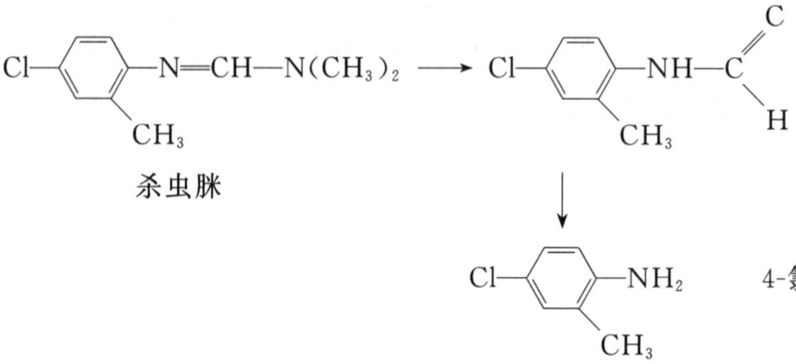

杀虫脒

4-氯邻甲苯胺

(5)有机氯杀虫剂的代谢

含有卤素的农药在生物体内脱卤化是很普遍的,如 DDT 被脱氯化氢酶转变为 DDE 是解毒,亦可能转化为 DDD。

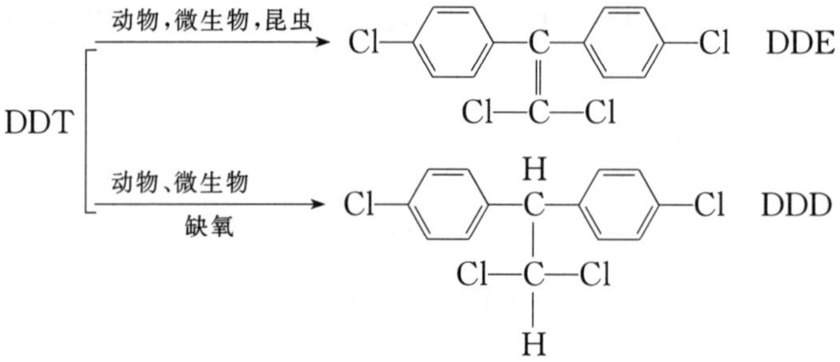

DDE、DDD 等均失去对害虫的毒性,但有人对此二化合物对小白鼠进行慢性毒性试验,发现 DDE 可增加肝细胞肿瘤发病率,DDD 使肺肿瘤增加。

有机氯农药在自然界消失缓慢,即使发生变化,其产物的毒性或增加或与原药类似,所以它们的残留毒性问题仍然是突出的。在测定 DDT 在环境和动植物体中的残留量时,除测定它的各种异构体外(p,p－DDT,o,p－DDT)还需要测定其代谢物 DDD 及 DDE,必须以这些化合物的总量来计算。在进行六六六残留量测定时,必须包括甲、乙、丙、丁各种异构体的总和。

敌百虫在生物体内可脱 HCl,并进行分子重排形成敌敌畏,生理活性大为增强。

(6)开链化合物关环形成环化合物

如托布津在作物体内能迅速形成苯并咪唑化合物多菌灵,所以测定托布津时,必须同时测定多菌灵。

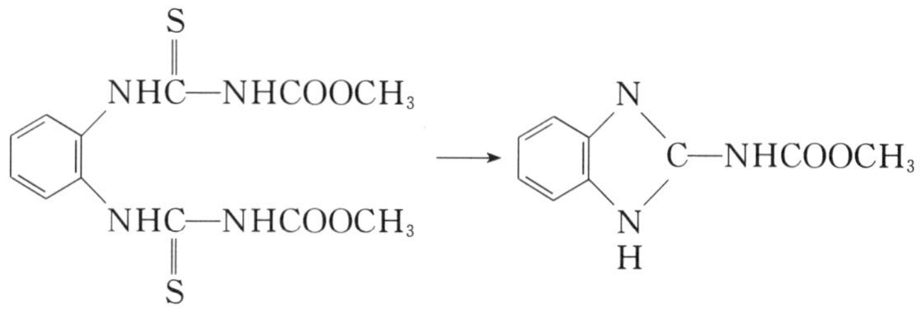

甲基托布津　　　　多菌灵

代森类杀菌剂代谢产物为乙撑硫脲，它有致甲状腺癌的作用，在残留测定时必须同时测定乙撑硫脲的数量，据报道它在环境中分解较快。

(7)还原反应

含有硝基的化合物被还原成氨基的反应，土壤中的根瘤菌，各种嫌气及好气性细菌都能进行此还原作用，是被微生物代谢的主要途径之一，对硫磷、杀螟松等有机磷剂，氟乐灵及二苯醚类除草剂都有此反应，但形成的氨基化合物一般均失去活性，因此这是解毒反应。

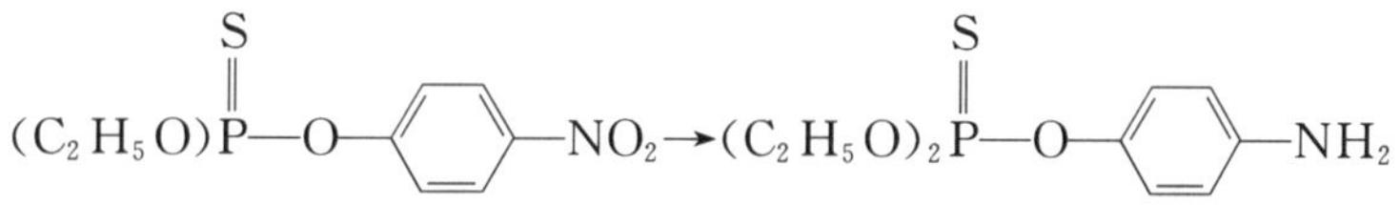

对硫磷

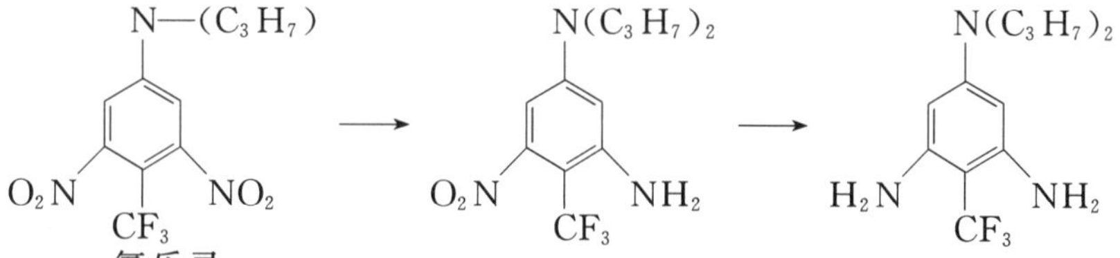

氟乐灵

研究农药在环境中的残留和变化，包括它们在生物体的代谢作用和非生物降解作用是环境毒理学的第一个问题，亦就是我们必须了解一种农药在环境中是否存在？以什么方式存在？存在多少？存在多久？然后才能了解它的分布、转移、积累及对人畜的危害。

二、农药在环境中的转移

不论使用什么方式施药，都是将农药散布到自然界，以喷洒为例，黏附在作物上的药量一般只有20%左右，其余大部分落入土壤中，部分漂浮于空气中，部分蒸发的农药气体和附着于尘埃微粒上的农药可随气流上升，漂浮到远处。土壤中的农药或被植物吸收或随雨水冲刷而进入水域；如将农药直接喷洒于水源和土壤则污染就更严重。

图 5 为环境中农药的循环和侵入人体的途径。

农药在某一点消失，可能是被降解解毒，也可能是转移了，有人报道在北极的动物脂肪中，南极的企鹅中都检出 DDT，说明在不施用农药的地方，也有污染的可能性，主要是以下途径传播和污染的。

(1)农药对水域的污染及由水传播农药有时是很严重的；施用农药后，由于地表水的流动、降雨或灌溉而流入沟渠和江河、污染水域，危害水生生物，在水田地区这两种污染最直接和明显。此外工厂排放的废水亦造成对水质的污染。美、英、日本等国使用有机氯杀虫剂后，在主要河流中都可检出，见表 5。

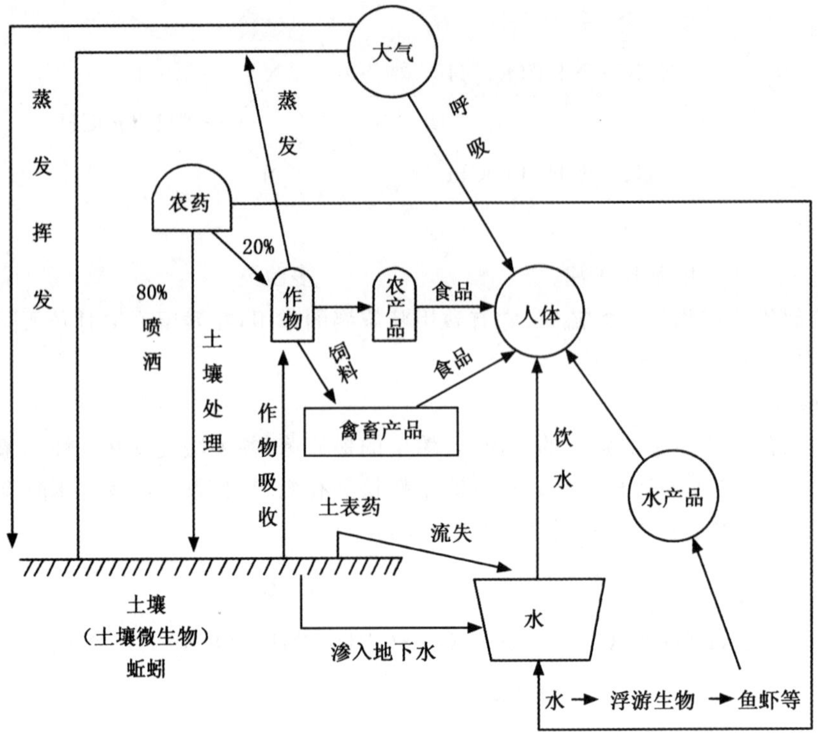

图 5 环境中农药循环和侵入人体途径

表 5

国家	检测时间	农药量(ppb)		
		滴滴涕类农药	六六六	狄氏剂
美国	1967	8.2	痕迹	6.9
英国	1969	1.6	18.7	3.3
日本	1969	3670	923.0	痕迹

各种环境水被污染的程度是不一样的，1969—1970 年对日本东京附近各种环境的分析结果表明，被有机氯杀虫剂的污染顺序是：雨水＞河水＞海水＞自来水＞地下水，见表 6。

表 6

	日本各种水源中六六六及 DDT 含量(ppb)					
	DDT	甲一六六六	乙一六六六	丙一六六六	丁一六六六	总一六六六
雨　水	195	545	220	388	171	1 233
河　水	367	309	320	178	114	923
海　水	8	52	20	25	11	108
自来水	2	27	16	8	10	61
地下水	＜1	1.4	＜1	1.6	1.4	5

我国南方水稻地区使用六六六每年施药期，池塘水中六六六含量明显增加，这是由于施药后农药随排灌水流入有关池塘，而且池塘水中总六六六含量与用药有相关性。

近年来我国对各种水质受农药污染情况做了不少调查，如官厅水库、渤海、黄海、太湖、洞庭湖等地调查，以及各地农田灌溉水和饮用水的污染情况调查，证实由于长期使用六六六，各种水质都受到不同程度的污染，但主要污染物是工厂排出废水。

(2)农药对空气的污染及由空气传播农药。喷洒农药时，有一部分药剂在空中被浮游尘埃所吸附，并向远处扩散。空中农药的浓度，视施药地点、施药经过的时间、距离和风向等条件而有所不同，有时空气飘移会成为污染源。如自1974年禁止在茶树上使用DDT、六六六后，至今多数产区的茶叶中DDT、六六六的残留仍超过国家允许标准(0.2 ppm)。

1980年对茶叶中六六六、DDT的抽检情况(进出口公司上海茶叶分公司)见表7。

表7

抽检样本数	六六六(ppm)						DDT(ppm)					
	0.2以下		0.2～0.4		0.4以上		0.2以下		0.2～0.4		0.4以上	
	样本数	%	样本数	%	样本数	%	样本数	%	样本数	%	样本数	%
321	48	15	144	44.8	129	40.2	248	77.3	40	12.5	33	10.2

中国农科院茶叶研究所对该场茶叶中有机氯污染来源进行了调查研究，认为DDT的残留量逐年下降，自1972年的28～63 ppm降至1979年的0.39 ppm已不是主要问题。但六六六的残留从1967—1979年始终在0.6～1.0 ppm之间，其主要原因是该场水稻中大量使用甲六粉。他们在喷药后于不同日期在顺风和逆风不同距离的茶园测定空气中的六六六浓度，并在喷药前测定空气中六六六浓度为基数。从测定结果看，茶园上空空气中六六六浓度一般在1～2微克/m^3，在喷药后半小时顺风50～100米处测定，浓度可高达1 000～1 586.7微克/m^3，1天后降至20～30 ppm，以后逐渐下降，大约20天后空气中浓度可恢复到基数水平。根据空气、土壤、茶叶三者中六六六、DDT含量的测定结果表明，全年茶园空气中六六六的浓度在7—10月间出现一个明显的高峰，而茶叶中的残留量亦在此时间出现高峰。

二块茶园空气中六六六浓度与茶叶中六六六含量的全年变化动态，见图6。

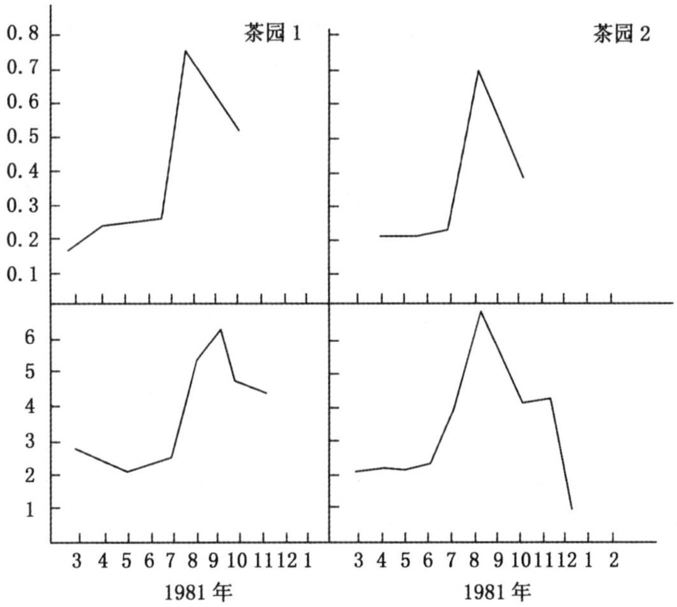

图6 茶园空气中六六六浓度与茶叶中六六六含量的全年变化动态

作者认为茶叶污染的主要来源是空气，而空气中的666、DDT主要来自水稻田引起的漂移，空气中漂移的农药通过三个途径进入茶树叶片(1)茶树的气体交换；(2)空气中漂移农药被尘埃吸附，然后直接沉降在茶树叶片表面;(3)空气中的农药通过雨水沉降到茶树叶表,作者还认为除了空气的来源外,土壤中的残留农药亦可能通过挥发而直接以气态进入空气或直接被茶树叶片所吸收,或通过根系随蒸腾液流进入茶树并输导到叶片中去,但这是次要的。

3.除了水、空气可以传播农药外,生物传播农药的方式是多种多样的,昆虫及各种动植物都可传播,最后人类的活动把带有残留的植物、食物和其他物品转移。

总之,农药虽然使用在局部地区,却分布得很广,污染整个自然界。

三、农药在环境中的生物富集和食物链

上面讨论了药剂可通过种种途径迁移、分布到环境中去,在生物传播农药的过程中,生物富集(生物浓缩)使农药在动物体内积累大大增加。

在自然界中,生物与生物,生物与环境之间大致可用下图来表示:

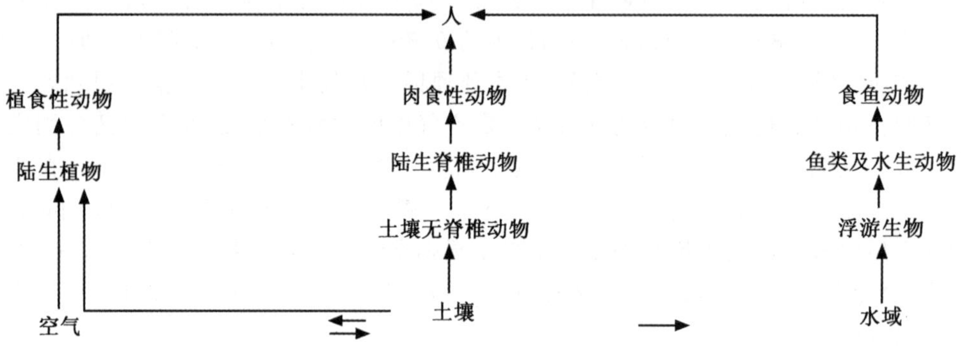

可以看出自然界食物链的大致情况:

①植物吸取空气中二氧化碳在土壤中生长,它是植食性动物的食料,植食性的动物又是人的食料。

②土壤中的农药,被土中无脊椎动物(蚯蚓)采食,陆生无脊椎(如鸟类)吃蚯蚓,鸟类又被肉食性动物采食,人可以采食动物。

③如水→浮游生物→鱼虾→人

食物链是指生物之间由于食物关系而形成的锁链式的形式,在此处是指动物吞食有残留农药的作物或其他生物,农药在生物体间的转移现象。这个食物链在农药的污染中起了重要作用,由于取食,污染可以加强,蚯蚓吃了土壤中的农药,体内含量可大大超过土中数量,如果蚯蚓再被鸟类采食,鸟类体内将积累更多的农药。由此可知,环境中虽然到处都有农药,但数量不多,它们可以通过食物链浓缩,因而在生物体内积累增加,这种现象称为生物富集现象。生物富集是指某种生物通过采食(主要的)或其他方式(如吸收),从环境中不断吸取低剂量的农药,并逐渐在体内积累的能力,这种通过食物链而发生的农药转移和浓缩是有方向性的,在食物链顶端的生物,富集农药的数量最大。

为预测一种农药在自然界可能的富集性,采用室内人工模拟生态系统,以鱼作生物体,简化为测定鱼体由水中吸取农药的数量,以生物富集系数来比较各种农药的富集性:

$$\text{生物富集系数}=\frac{\text{生物体中的农药}}{\text{水中的农药}}$$

它是化合物在生物体内和水中的平衡浓度的比值,是一种特殊形式的分配系数,根据此式,生物富集系数和化合物的水溶性呈负相关,见表8。

表 8 各种农药的生物富集系数

农药	生物富集系数的对数值	生物富集的可能性
DDT	4.80	高
氟乐灵	3.68	高
毒死蜱	2.65	中等
2,4-滴	1.30	低
西玛津	0.00	低

各种农药的生物富集系数不同，DDT、氟乐灵的生物富集系数高，易在鱼体内积累，而其他化合物则不易积累。

因此影响生物富集的因素是：

①农药的性质：脂溶性大，易积累。②该农药在环境中的数量，稳定性的农药在环境中的数量大，此外生物体的取食方式、食量及代谢与排泄都可影响农药在其中的积累数量，如 1960—1961 年间，有人对明湖及周围保护区的环境及生物污染情况进行了分析，发现鹈鹕脂肪体中所含 DDT 量比湖水中高 76 万多倍，估计鱼类和鸟类的大量死亡可能是由于 DDT 富集所致，可富集 76 万倍，如表 9 所示。

表 9 美国加利福尼亚明湖和下克拉马斯保护区生物富集

检测对象	DDT 含量(ppm)	富集倍数
湖水	0.000 6	
湖底沉积物	0.1～3.8	167～6.333
藻类(干重)	0.1～0.3	167～500
眼子菜(干重)	0～2.1	3.500
石斑鱼(全体)	0.1～1.6	26 000
塘鹅(死体)	63	105 000
鹈鹕(死体)	75.5	125 833
鹈鹕(脂肪体)	459.5	765 833

农药在生物体的富集，使污染中毒问题变得更为严重，虽然农药的污染是十分广泛的，而且滞留很久，但假如没有浓缩积累，问题还不至于这么严重。这也是导致一些杀虫药剂被禁用或限制使用的原因。

四、农药对生态系统的影响

由于人类的活动，可能使自然界的生物种类减少和生态系统结构简化，使用化学农药会加速这种演变过程。

化学农药对生态系统的影响比较错综复杂，由于生物富集，使在食物链中处于高级位置的生物，如捕食性鱼类、鸟类和野生动物，因农药残留的大量积累，直接引起死亡和繁殖率降低，以致种群减少。至于处在低级位置的动物，因残留含量较低或对化学农药具有抗性，得以继续生存，并且由于打破了自然界的相互制约作用，就可能得到大发展，从而破坏了生态系的自然平衡，下面从几个方面谈农药对生态系统的影响。

1. 对昆虫的影响

农药对环境的第一个影响是引起防治对象(如害虫)的再增猖獗和导致次要病虫害上升为主要危害。

为什么使用杀虫药剂一定时期后，害虫却大量发生？因为农药在消灭害虫的同时，也杀死食虫性益虫，打乱了存在于害虫和它们的寄生者或捕食者之间的平衡，益虫因害虫大量死亡而缺乏食物，就难于恢复，而害虫则有丰富的食料(作物)而得到发展；某些害虫本来处于天敌制约之下，不致于形成危害，现在由于破坏了生态系的自然平衡，就可能造成虫害的再次大发生，其危害程度甚至超过防治以前。如果园内红蜘蛛与包蝉螨、瓢虫、食虫椿象间在地里保持有一定的均势，使用 DDT 后，大量杀死了它的天敌，使苹果红蜘蛛严重危害。

次要病虫害上升为主要病虫害的例子亦不少，在使用六六六、1605 防治水稻螟虫后，使飞虱、叶蝉等害虫严重危害，这是因为药剂将其蜘蛛类捕食性天敌大量杀死，据报道每使用一次杀虫剂，蜘蛛死亡 40%～100%，同时大量使用农药，使寄生蜂对黑尾叶蝉卵的寄生率大大下降。1971 年浙江省黑尾叶蝉大暴发，造成矮缩病大流行，与天敌减少有关。

另一个严重的影响是使防治对象产生抗药性，这个问题已经专门讨论过了。

在大田施用农药对蜜蜂的安全性，是必须注意的问题，有时是蜜蜂直接接触药剂而死亡，有时是由于蜜蜂吸食有毒的花蜜或水而造成死亡。在花期喷药正值蜜蜂的活动较多时期造成大批蜜蜂死亡的事例不是罕见的，如 1972 年在江苏省由于飞机喷药曾造成大丰县的蜜蜂死亡 60%。在用飞机喷布粉剂后，最大的危险是蜜蜂可将带药的花粉带回蜂房，以至整群蜜蜂死亡。DDT 对蜜蜂比较安全，有机磷剂中大部分品种对蜜蜂高毒，主要是直接杀死。氨基甲酸酯类农药对蜜蜂亦有较高的毒力。

为了防止大批蜜蜂死亡。可采取以下措施：①避免在花期施杀虫剂；②喷药时应将附近蜂房盖住，尤其飞机喷药更为重要。

有的农药如杀虫双对蚕的毒性大，在水稻与桑树混杂地区使用时必须注意。如果喷雾则药剂漂移污染桑树，能毒死家蚕，应改用颗粒剂。

2. 对水生生物的影响

水生生物中以鱼虾类最为重要，尤其是农药对鱼的毒性，已列为农药开发中需要重点研究审核的内容之一。

全世界由于农药施用而发生大量鱼类死亡的事故，几乎都是由于用量过大或使用鱼毒性强的农药，如 1962 年日本九州发生的有明海事件，使用鱼毒性大的五氯酚钠于稻田，随即遇有暴雨，大量五氯酚钠流入水域，造成鱼贝类死，损失达 29 亿日元。美国 1965—1969 年五年间曾发生 293 次由于农药污染水质造成鱼类死亡事故。我们 20 世纪 70 年代也曾发生过北京官厅水库鱼死事件，主要是由于上游各工厂(包括农药厂)排污造成的。

农药对鱼类的影响，除可引起直接死亡外，有时可引起鱼的生理变化和行动异常，使处于种间或种内竞争不利的地位，此外鱼对农药富集较多，也能引起慢性中毒。

水稻栽培地区应十分重视农药对鱼的毒性，如使用呋喃丹、甲胺磷等剧毒农药时应慎重。日本已由政府公布鱼毒性的标准测定方法，以小鲤鱼为对象，求出致死中浓度，测定方法规定 48 小时，同时需记录 72 小时数据。

从表 10 可以看出，各类农药的急性毒性，慢性毒性和对鲤鱼的毒性之间的关系并不一致，有机氯的残留毒性和对鱼的毒性较高。以全面衡量，乐果、马拉松、西维因是比较安全的药剂。

表 10　几种杀虫剂的毒性比较

药剂		急性毒性(毫克/公斤)LD_{50}		慢性毒性(人体每日允许摄取量)(毫克/公斤/天)	对鲤鱼的毒性(48 小时致死中浓度)(ppm)
		经皮	口服		
有机氯类	狄氏剂	38	76	0.000 1	0.08
	艾氏剂	55	80	0.000 1	0.12
	七氯	520	68	0.000 5	0.30
	滴滴涕	250～500	300～400	0.005	0.11

续表 10

药剂		急性毒性(毫克/公斤)LD_{50}		慢性毒性(人体每日允许摄取量)(毫克/公斤/天)	对鲤鱼的毒性(48 小时致死中浓度)(ppm)
		经皮	口服		
有机磷类	六六六	>400	125～400	0.012 5	0.17
	对硫磷	22	5.0～10.4	0.005	3.2
	乐果	200	52～55	0.02	>40
	马拉松	4 400	369	0.02	4.5
西维因		1 100	265	0.01	>10

3. 农药对土壤生物的影响

农药对土壤生物产生各种有利或有害的影响，土壤生物对农药亦可进行分解作用，这是十分复杂的生态学问题。

一般杀虫剂在正常使用剂量下对土壤微生物都没有影响，但土壤杀虫剂，土壤熏蒸剂等除外，如氯化苦、滴滴涕剂能抑制根瘤作用，有些土壤熏蒸剂亦能抑制根瘤作用，对于土壤微生物的影响可以测定硝化作用的被抑制程度；也可以测定微生物的总活性，把用药和未用药处理的土壤样品放入玻璃柱内，让不含二氧化碳的空气流流过玻璃柱子，从流过柱子的空气流中收集土样中微生物呼吸释放出的二氧化碳量，可以测出土中微生物的总活性。

研究微生物对农药的作用，即微生物的代谢是有现实意义的，根据土壤中微生物降解丙体六六六的实验证明，农药在土壤中的分解速度是逐渐增加的，这是因为微生物对农药的分解过程也是微生物适应农药而繁殖增长的过程，多年施用某种农药的土壤中均栖有大量能分解该药的微生物优势菌生理群。此外土壤中有机质在一定范围内含量愈多，微生物分解的活性高，则农药的分解亦加快。此外土壤pH，阳离子交换量等对农药分解都有影响。

蚯蚓是土壤中的重要动物，它们取食植物的遗体，排出更易为细菌分解的物质，在植物养分循环中起着重要作用。蚯蚓在土壤表层钻洞或堆土，对土壤的结构是有利的。在土壤生态系和高等动物之间蚯蚓也是一个重要的链环。许多小鸟和哺乳动物是以蚯蚓为食料的。所以农药对蚯蚓的影响必须要与对土壤结构可能产生的影响及累积的残留农药对其他动物所构成的威胁联系起来考虑。如美国调查大批知更鸟死亡，是由于蚯蚓中富集了大量 DDT 所致。有机磷剂中甲拌磷对土壤蚯蚓影响较大，西维因、呋喃丹，亦可使土中蚯蚓大大减少，溴甲烷、D—D 混剂等不仅能杀死表土层蚯蚓，而且由于毒气扩散对深层土中的蚯蚓亦有影响。

4. 对鸟类的影响

农药对环境的影响之所以成为公众关切的事，最初主要是由高残留有机氯农药对鸟的影响引起的，在喷洒农药的区域中，经常有死鸟，尤其是以昆虫为食料的鸟类受到的影响最大，此外鸟类取食用农药处理过的种子亦是个问题，特别是当播种时覆盖不好或播种时种子从播种机撒落到地面的情况下影响大；取食蚓蚓而使鸟死亡的报道亦不少。

还有人研究过鸟体内有 DDT 积累后，可使其卵壳变薄，孵化时卵易破碎，因而繁殖率降低。

总之，根据上面所讨论的问题，农药对环境的影响应该从两个方面来考虑：

(1)农药在环境中的代谢降解和它的最终归宿。这种降解可能是纯化学的，它和 pH 值、温度、光照等环境因子有关，也可能是生物化学的，是在微生物或高等动物植物的酶系统中进行的，要了解农药在环境中的降解，必须测定农药及其主要代谢物在土壤、水和动植物体内的残留及在其中的动态。

(2)农药及其代谢物对各种生物的影响，这种影响不仅是急性和慢性毒性问题，而且是由于使用农药以后，打破了自然界生物之间的相互制约作用；破坏了生态系的自然平衡，所以农药对生态系的影响是个重要的问题。

五、我国农药污染的一些情况

农药对人体的污染主要是通过各类食品，所以必须制定各种农药的每人每日允许摄入量(ADI)，并根据人们的取食数量，制订出各种作物和食品中的允许残留量。

允许残留量的计算公式如下：

$$\text{允许残留量}=\frac{\text{ADI}\times\text{人体标准体重}}{\text{食品系数}}$$

我国人体标准体重以55公斤计算，食品系数有多种算法，通常以每人每天取食该食品的量(公斤)来计算。

其程序如下：

动物亚急性或慢性毒性试验

↓

对动物的最大无作用剂量

↓ $\times$安全系数(10^{-2}或10^{-3})

人每日允许摄食量(ADI毫克/公斤/天)

↓ 食品系数

某种食品中某农药的允许残留量(科学的)

↓ (考虑农业、经济、外贸等多方面因素后)

某种食品中某农药的最大允许残留量(法规性的)

规定的最大允许残留量是有法律意义的，它根据医学科研单位提出的ADI，考虑农业，经济、外贸等多方面而制订的，经有关部门共同批准后实施执行。一般某种农药在不同食物上的最大允许残留量是不一样的，如我国规定六六六在粮食中为0.3 ppm，蔬菜、水果0.2 ppm，鱼2 ppm。同一农药在相同食品中，各国的规定亦不一样，这与农业、外贸等有关。

由于我国生产的农药中高残留品种较多，农药污染问题是严重的。在60年代我国北部地区曾多次在苹果、梨等果树生长后期使用赛力散防治病害，污染了数万斤果实。最严重的一次是1971年浙江省某地在水稻抽穗后多次使用有机汞西力生防治稻瘟病，收获后稻谷中含汞量高，如检查150个样本，0.3 ppm以下38.7%，0.3～0.5 ppm为22.6%，0.5 ppm以上为8.7%。人、畜较长时间食用后，造成严重中毒事故，肝、肾、脑等处均有汞积累。另外对于高残留有机氯农药亦未限制使用，茶叶、苹果、蔬菜、烟叶上都使用DDT，茶叶上DDT残留量高达28～63 ppm，烟叶上9～32 ppm，又由于六六六的广泛使用，使蔬菜、粮食作物上六六六的残留量都很高。这不仅影响人民的健康，而且也影响了出口贸易，我国向瑞士出口的冰蛋，向西德出口的烟叶，向加拿大、南斯拉夫出口的冻鸡和蘑菇罐头以及向日本出口的茶叶，均因DDT、六六六或汞的残留量过高而不能出口，有的客户要求退货索赔，有的商品在国外被当众销毁。使我国遭受重大经济损失，影响了对外贸易、外贸部组织直属21个商品农药残留的普查，发现14种商品中，普遍有六六六的残留。中国医科院卫生所于1976—1977年组织了一次普查，检测了全国16个省市、自治区7 000多份粮食、果蔬、肉、乳、蛋水产、动植物油样品，表明各类食品中都有滴滴涕、六六六检出。根据残留数字，可以看出以下规律：

动物食品中含量＞植物性食品

动物性食品中脂肪含量多的样品中含量＞脂肪少的样品

家养的动物样品中含量＞野生的动物样品

植物性食品的污染程度是植物油＞粮食＞水果、蔬菜

在农业部环境保护办公室领导下，制订了29种农药在16种作物上的安全使用标准，该标准的目的在于在有效地防治病虫草害的情况下，控制农副产品中过量农药残留，防止污染，保护人体健康，保护环境。制订农药安全使用标准的理论基础是农药在作物的残留除了受药剂特性、药物特性和环境条件所影响外，还可以改变施药方法，减少使用量，使用次数，控制最后一次施药离收获的间隔天数（安全间隔期）以减少残留。同时还规定一些农药的使用范围。

实际使用时如严格按照该标准施用农药，在谷物中的残留量不会超过允许标准，以水稻上使用六六六防治螟虫为例，糙米中残留量为0.15 ppm（允许残留量为0.3 ppm），但稻草中的残留很高，甚至高达10 ppm以上，用这样的稻草喂奶牛时，则牛奶中六六六含量为0.4～3 ppm。同时稻谷、麦粒中各部位六六六的分布亦不一致，以麦麸、糠、壳中含量较高，从表11中可看出稻谷中以谷壳和米糠中最多。

表 11

粮食品种	六六六残留量(ppm)				
	全谷	糙米	白米	谷壳	米糠
粳谷	0.8	0.25	0.17	2.00	2.60
粳谷	1.10	0.25	0.06	2.10	1.80
籼谷	1.20	0.30	0.04	2.40	2.80
籼谷	0.65	0.20	0.04	1.20	1.90

糠、稻草、麸皮、果皮等都是家畜、家禽的饲料，带有六六六残留的饲料进入动物体后较难分解，如果继续被禽、畜摄取，因六六六不能及时分解排泄而在体内累积下来。积累于体内的农药还能转移到食品和牛奶中使多种畜产品被污染，这亦可以说明为什么动物食品中农药残留大于植物性食品，见表12。

表 12　1971 年日本公布的六六六残留数据

	六六六各异构体百分数(%)				总残留数(ppm)
	甲	乙	丙	丁	
稻谷	41	21	12	7	0.372
稻草	13	56	7	24	14.684
稻田土壤	27	51	11	11	2.019
市场牛奶	19	78	1	2	0.292
雨水	37	18	31	14	1.233
空气	42	4	31	23	0.249

其中有一个值得注意的问题，是乙体六六六的积累问题，工业六六六中，甲体68%～70%，乙体9%，丙体13%～15%，丁体8%。有杀虫作用的丙体六六六蒸气压高，分解快，而较难残留，乙体六六六蒸气压低，难分解而残留多。根据上表所示，在工业六六六中，丙体和乙体两者之比为1∶0.7，在稻草中的两者之比为1∶8，在牛奶中为1∶78。北京市五年来逐步用低残留农药来取代有机氯农药，经普查蔬菜、水果、粮食等基本上已超过允许标准，油、鸡蛋等仍有超过标准的，从测定结果看，各类食品中都有乙体六六六积累，所以六六六对农畜产品的污染主要是乙体六六六的积累。

人吃了含有六六六的动物性和植物性食品后，人体脂肪内和人乳内均有一定积累，浙江、北京、上海等地调查481例人体脂肪中，全部检出六六六含量为5.67～20 ppm，高于世界各国，福建调查63份人乳中，全部检出六六六和DDT，最高含量为1.124 ppm，最低为0.062 ppm，平均值为0.122 ppm，各异

物体比例为：

ppm	甲体	乙体	丙体	丁体	总六六六
平均	0.043	0.258	0.013	0.008	0.322
%	13.35	80.45	4.1	2.3	

其中乙体80%，乙体六六六在食物链中最易富集。

人在食物链中处于最高位置，农药对环境的影响最终是要考察它对人的影响，人体脂肪和人乳中六六六来自动植物食品。所以如继续长期使用六六六，它对于食品的污染尤其是禽畜产品的污染是解决不了的，我国人体及人乳中六六六的积累亦是始终存在。难于在动物内分解而累积下来的农药，称为生物浓缩性农药，对于这类农药的使用，必须严加限制。

停止使用六六六以后的情况会怎么样呢？农药所以在生物体内积累是由于它较难分解，而又继续被取食，六六六在体内会逐渐分解，日本禁止使用六六六后，禽畜产品及牛奶的污染都大大降低。

取代六六六的品种中有八个是有机磷和氨基甲酸酯杀虫剂，其中呋喃丹、甲胺磷和久效磷均为剧毒，1981年仅山东省有八万多人中毒，三千多人死亡。所以必须加强宣传和培训工作。

这二类型农药在环境中一般持续时间不长，但使用不当，亦会造成严重污染，尤其是必须注意收获前的安全间隔期，喷有机磷农药后立即收获的蔬菜中残留较高，往往引起中毒事故。

为了使环境不受农药污染，应采取以下措施：

1.禁止和限制使用部分剧毒和高残留农药。

2.制订最后一次使用农药与农产品收获的间隔日期，宣传贯彻农药安全使用标准。

3.贯彻综合防治的方针，控制用药量，减少使用次数，以减少农药对环境的污染。

4.采取措施解决农药厂排存出的污染物。

5.进行农畜产品及环境质量普查工作，以提出改进措施。

（注：此文原载于《新农药技术讲习会资料汇编》1983，中国植保学会，北京农药学会主编）

拟除虫菊酯杀虫剂在苹果和土壤中多残留分析方法的研究

钱传范　明九雪　薛占强
（北京农业大学土化系）

一、前言

拟除虫菊酯杀虫剂是近年来发展很快的一类杀虫剂。它不但具有高效、低毒、杀虫谱广等优点，而且在生物体内无积累、在自然界中能很快降解，是防治棉花、果树、蔬菜及粮食作物害虫的理想药剂。目前，我国已停止生产DDT、六六六等高残留农药，拟除虫菊酯在取代有机氯杀虫剂的品种方面占有很重要的地位。

目前主要的农用拟除虫菊酯杀虫剂是：氯菊酯（permethrin），氯氰菊酯（cypermethrin），氰戊菊酯（fenvalerate）和溴氰菊酯（decamethrin）。它们具有类似的化学结构、相似的理化性质和生物活性。至今已在八十多个国家的几十种农作物上使用，目前我国也在生产和使用。

天然除虫菊酯和拟除虫菊酯的残留分析约始于1953年，当时只能采用比色法和分光光度法。这两种方法不仅灵敏度低，而且不能分离除虫菊酯的光活性异构体。六十年代，采用薄层色谱法，可使除虫菊酯的光活性异构体及其代谢产物得到分离，且灵敏度显著提高。采用气相色谱仪，不但使除虫菊酯各种组分和光学异构体得以分离，而且与检测器结合起来，作为痕量农药的有效检测工具。

现在，各种拟除虫菊酯工业品的分析方法，以及各种拟除虫菊酯杀虫剂在各种作物和动物中的残留分析方法，国内外均有大量报道，但对拟除虫菊酯类杀虫剂在动物和植物体内的多残留分析而言，国内尚未见到多于两种以上拟除虫菊酯杀虫剂在动植物体和土壤中的多残留分析方法的报道，为了满足拟除虫菊酯类杀虫剂残留分析和代谢研究的需要，我们参考国内外有关拟除虫菊酯的分析方法及A.O.A.C.推荐的多残留分析方法，对上述四种拟除虫菊酯在土壤和苹果中的残留分析方法进行了研究，找出了适用于多种拟除虫菊酯的残留分析方法。

二、分析方法

（一）提取

1　苹果样本

称取50 g苹果，切碎、放入高速组织捣碎机内，加入丙酮（分析纯）70 mL，捣碎2分钟，抽滤，用少量丙酮洗涤滤渣，将滤液转入500 mL分液漏斗中，加入2%食盐水溶液200 mL，用60～90℃石油醚50，25，25 mL分三次提取。合并石油醚层，再将石油醚提取液用2%食盐水50 mL和25 mL各洗一次。弃去水相，将石油醚提取液通过无水Na_2SO_4漏斗滤入圆底烧瓶中，用旋转蒸发仪在50℃左右减压浓缩近干。用少量石油醚溶解残留物，转入10 mL刻度试管中，定容至10 mL，待过柱。

2　土壤样本

将土样过40目筛，然后称取50 g干土样本，放入250 mL具塞三角瓶中，加入20 g无水Na_2SO_4，100 mL丙酮石油醚混合提取液（$V:V=1:1$），放于康氏振荡器上，振荡2小时。抽滤，并用少量丙酮石油醚混合液洗涤滤渣。滤液转入500 mL分液漏斗中，加入200 mL 2%食盐水溶液，洗去丙酮。石油醚层再加入两倍于石油醚体积的2%食盐水溶液，洗涤。石油醚层通过无水Na_2SO_4漏斗，转入圆底烧瓶中，用旋转蒸发仪于50℃左右浓缩近干，用少量石油醚溶解残留物，定容至10 mL，待过柱。

(二)净化

在规格为1×25 cm玻璃层析柱中，底部垫上少量脱脂棉，再从下至上分别装入2 cm无水Na_2SO_4，4 g弗罗里硅土(130℃下活化48小时，不脱活，保存在干燥器中)，2 cm无水Na_2SO_4，轻轻蹾实。用10 mL石油醚预淋，然后将石油醚提取液2 mL(相当于10 g样本)倒入层析柱中。用5%乙酸乙酯-石油醚混合液淋洗，从加入样本后开始计算体积，接收0～50 mL淋洗液，该淋洗液直接进样测定或浓缩后测定。

(三)气相色谱测定

色谱条件Ⅰ

1 仪器

日本岛津GC-6A气相色谱仪，^{63}Ni电子捕获检测器。

2 标准样品

氯菊酯(93.3%，英国)、氯氰菊酯(95%，英国)、氰戊菊酯(95.1%，日本)、溴氰菊酯(100%，法国)均由农牧渔业部农药检定所提供，标准溶液用60～90℃重蒸石油醚配制。

3 色谱操作条件

1.5 m×3 mmU形玻璃柱，固定液：5%ov101，担体：Gas Chrom Q60～80目。柱温：250℃；进样口温度：270℃，检测室温度：270℃，载气：高纯氮；流速：70 mL/min；灵敏度：100；衰减：8；纸速：2.5 mm/min。

在此气谱条件下，四种拟除虫菊酯的分离较好。但就各异构体的分离而言，除氰戊菊酯的异构体分出两个峰外，氯菊酯和氯氰菊酯的异构体不能分离，均为一峰形很好的单峰，各峰保留时间在7～16分钟之内(图1)。

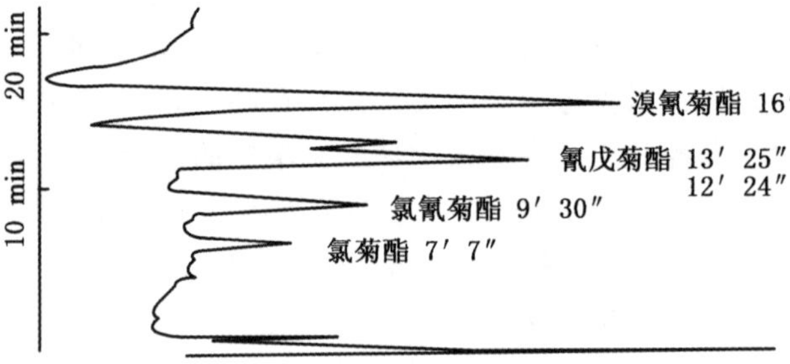

图1 拟除虫菊酯混合标样色谱图

色谱条件Ⅱ

1 仪器

日本岛津GC-9A气相色谱仪，^{63}Ni电子捕获检测器。

2 色谱操作条件

0.5 m×3 mmU形玻璃柱，固定液3%ov101+3%Apeizon，担体：Gas Chrom Q60～80目，柱温：240℃；检测室温度：250℃；进样口温度：250℃；载气：高纯氮；流速：70 mL/min；灵敏度：10；衰减：2；纸速：1.5 mm/min。

在此气谱条件下，四种拟除虫菊酯能很好分离，但四种拟除虫菊酯的异构体不分离，故便于计算每个拟除虫菊酯的总量，各色谱峰保留时间在5～14分钟之内(图2)。

四种拟除虫菊酯的最小检出量为：氯菊酯6×10^{-12} g，氰戊菊酯6×10^{-12} g，氯氰菊酯4×10^{-12} g，溴氰菊酯8×10^{-12} g。在土壤和苹果中的最小检出浓度为：氯菊酯0.006 ppm，氰戊菊酯0.006 ppm，氯氰菊酯0.004 ppm，溴氰菊酯0.008 ppm。

线性范围：氯菊酯进样量0.1～0.6 ng，氯氰菊酯0.02～0.2 ng，氰戊菊酯0.04～0.2 ng，溴氰菊酯0.1～0.6 ng范围内(不动放大器衰减，峰近满度)，进样量与峰面积有较好的线性关系(图3)。

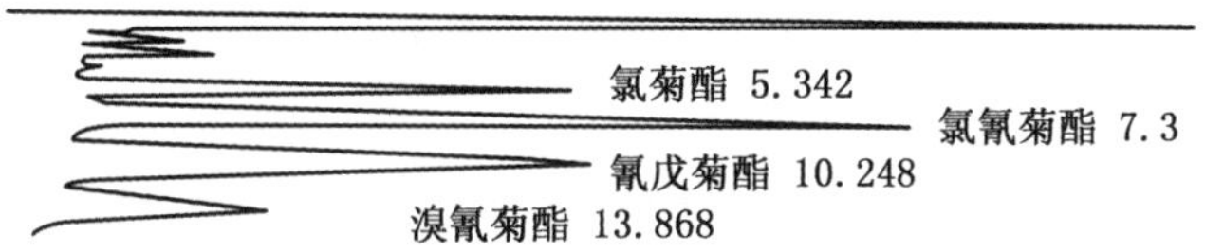

图 2 拟除虫菊酯混合标样色谱图

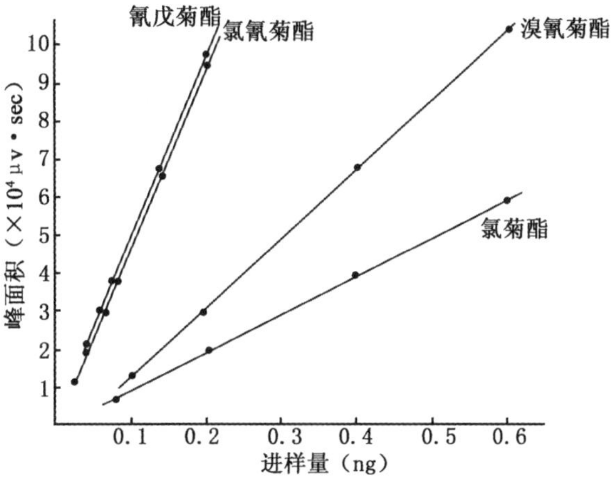

图 3 四种拟除虫菊酯的线性关系

(四)回收率试验

用 50 g 空白苹果和土壤，添加标准药量为 0.1 ppm 和 0.5 ppm 时，四种拟除虫菊酯的回收率为 80%～100%(表 1 至表 2)。

表 1 苹果样本中四种拟除虫菊酯的回收率

标样名称	样本重(g)	添加浓度(ppm)	添加量(μg)	实测量(μg)	回收率(%)
氯菊酯	50	0.2	10	8.39	83.9
		1	50	44.15	88.3
氯氰菊酯	50	0.1	5	4.04	80.7
		0.5	25	21.93	87.7
氰戊菊酯	50	0.1	5	4.63	92.6
		0.5	25	23.73	94.9
溴氰菊酯	50	0.1	5	4.99	99.7
		0.5	25	22.38	89.5

表 2 土壤样本中四种拟除虫菊酯的回收率

标样品称	样本重(g)	添加浓度(ppm)	添加量(μg)	实测量(μg)	回收率(%)
氯菊酯	50	0.2	10	9.78	97.8
		1	50	43.05	86.1
氯氰菊酯	50	0.1	5	4.99	99.8
		0.5	25	20.85	83.4
氰戊菊酯	50	0.1	5	4.775	95.5
		0.5	25	21.85	87.4
溴氰菊酯	50	0.1	5	4.045	80.9
		0.5	25	21.15	84.6

注：土壤含水量为 10%，有机质含量为 1.6%。

(五)讨论

1. 提取

根据 A. O. A. C. 推荐的多残留分析方法，苹果样本应采用乙腈提取，但乙腈毒性较高，因此改用丙酮提取,由于丙酮与乙腈极性相近,故改用丙酮提取后,得到较满意的结果,对于土壤样本,采用丙酮-石油醚混合提取液(V∶V= 1∶1),效果也较好。

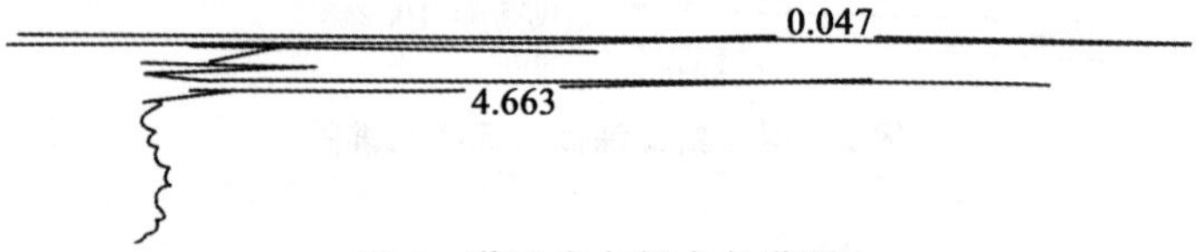

图 4 苹果空白样本色谱图

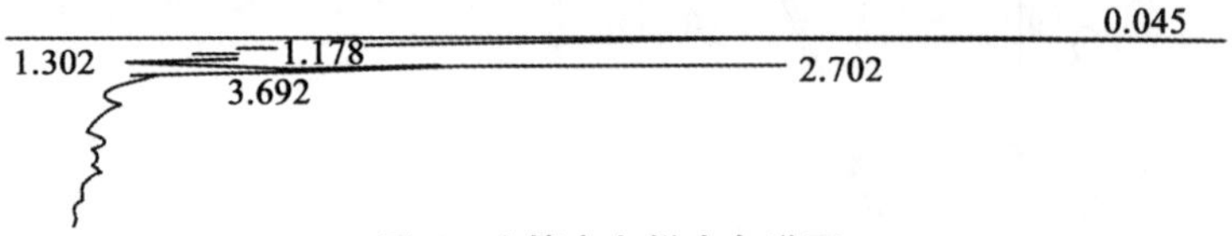

图 5 土壤空白样本色谱图

2. 样本净化

苹果提取液中含有大量的色素和其他杂质,土壤中有机质含量也较高。这些杂质对电子捕获检测器有很大干扰,因此,首先采用液液分配,将药剂从丙酮中转移到石油醚中,这样可除去大部分水溶性杂质,但仍达不到电子捕获检测器所要求的净化水平。因此,经过丙酮石油醚液液分配的样本还必须经过弗罗里硅土层析柱净化,采用 5%乙酸乙酯石油醚淋洗,收集 0~50 mL 流分,四种拟除虫菊酯标样过柱的回收率均接近 100%。

3. 色谱条件

两种气相色谱条件以后一种较好。它不仅柱温和检测室温度较低,而且保留时间亦较短,适于大量样本的分析,我们亦曾试图改变前一种色谱条件,降低柱温和检测室温度,但当柱温和检测室温度降低 10℃时,则不仅保留时间变长,而且色谱图也不很理想。

上述方法虽然只对四种拟除虫菊酯在苹果和土壤中的残留分析进行了试验,但对于其他作物,可根据其含水量和所含杂质的不同,采用相应的提取剂(如乙腈,正己烷,石油醚,苯,1∶1 丙酮石油醚混合液等)。改变柱层析条件,例如改变弗罗里硅土的含水量(弗罗里硅土用 1%~5%水脱活)和淋洗液(用 2%丙酮石油醚或 20%正己烷苯淋洗)。对于种类更多的拟除虫菊酯杀虫剂的多残留分析,则应改变固定液的涂置比例,增加色谱柱的长度以便达到预期的目的。

参考文献

[1] 戴正文等,农药,5,9(1983).
[2] 江苏农药研究所,农药,4,16(1983).
[3] Abd EI-Salam M. Marei et al. ,*J. Agric. Food Chem.* ,30(3),558(1982).
[4] Braun. H. E. and J. Stanek,*J. A. O. A. C.* ,65(3),685(1982).
[5] Chapman,R. A. and C. R. Harris,*J. of Chromatography*,166(2),513(1978).
[6] Luke, M,A. et al. ,*J. A. O. A. C.* 65(5),1187(1981).
[7] Chapman,R. A. and H. S. Simmons,*J. A. O. A. C.* ,60(4), 977(1977).
[8] Ambrus,A. et al. ,*ibid.* ,64(3),733(1981).
[9] Chapman,R. A. et al. , *Bulletin of Environmental Contamination and Toxicology*,26(4),513 (1981).
[10] Baker,P. G. and P. Bottmlcy,*Analyst*(London),107(1271), 206(1982).

(注:此文原载于《环境科学》,1985,6(1):68—72)

Accelerated Degradation of Organophosphorus Pesticides with Sodium Perborate

ChuanFan Qian[1], Paul F. Sanders[2], James N. Seiber[3]

Department of Environmental Toxicology, University of California, Davis, CA 95616

Most organophosphorus pesticides(OPs) exhibit high toxicity. Waste disposal is one of several operations with OPs that must take toxicity into consideration. Sodium perborate has been recommended as a detoxifying agent for hazardous OP wastes (Lae et al. 1984; Edwards 1976), but little data on the reactivity of sodium perborate with several widely used OPs are available in the literature.

Sodium perborate reacts with water to form hydrogen peroxide ion (HO_2^-) and boric acid:

$$BO_3^- + 2H_2O \rightleftharpoons HO_2^- + B(OH)_3$$

In alkaline solution significant concentrations of HO_2^- are present because of the equilibrium (Lee et al., 1984):

$$H_2O_2 \rightleftharpoons HO_2^- + H^+$$

HO_2^- is extremely reactive towards organophosphorus esters, attributable to its nucleophilicity (Edwards et al. 1962).

Fina and Edwards (1973) reported a study of the nucleophilic substitution of compounds with the general formulae:

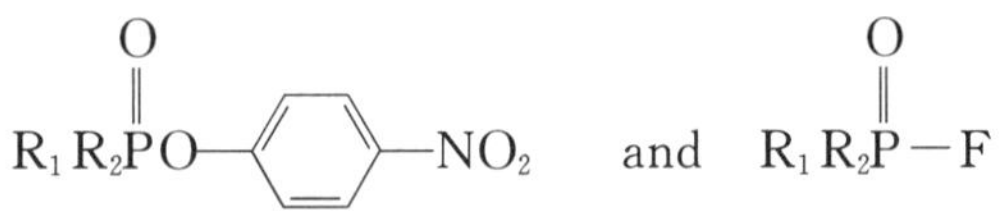

in which it was found that HO_2^- was the most reactive reagent. In spite of its considerably lower basicity, HO_2^- was about 100 times more reactive than OH^-. They suggested that the reactivity of HO_2^- might be enhanced by the presence of unshared electrons on an atom adjacent to the nucleophilic center (alpha effect). Epstein et al. (1956) had shown the reaction rate of HO_2^- with paraoxon was about 100 times as rapid as that of OH^-, and ascribed this to hydrogen bonding by HO_2^- in the transition state.

The purpose of this work was to study the rate of reaction of sodium perborate towards several common organophosphorus pesticides in aqueous solutions and in soil-water mixtures. The latter was included in order to explore the possibility of using sodium perborate to rapidly degrade OPs in waste water ponds where soil may be present. The 5 OPs selected were mevinphos, diazinon, methyl parathion, malathion and parathion. While many OPs have short residual lifetimes in aqueous environments, the hydrolysis data for diazinon and parathion indicate that these compounds under natural water conditions are characterized by residual lives that vary between 3～6 months (Gomaa et al. 1972). The disposal of wastewater containing these compounds could be facilitated if accelerated degradation took place before the wastewater was released to a disposal site, or as a treatment in the site itself.

---

[1] Permanent Address: Department of Agricultural Chemistry, Beijing Agricultural University, Beijing, China.

[2] Present Address: Environmental Protection Agency, College Station Road, Athens, Georgia 30605.

[3] To whom correspondence should be addressed.

MATERIALS AND METHODS

Sodium perborate tetrahydrate($NaBO_3 \cdot 4H_2O$), Mallinckrodt; sodium carbonate anhydrous powder, Mallinckrodt; mevinphos(E : Z isomer = 2 : 1) analytical grade, Shell Chemical; diazinon 87.2%, Ciba-Geigy; methyl parathion, 99.9%, Monsanto; malathion, 93.9%, American Cyanamid, parathion, 98.0%, Stauffer; ethyl acetate, Resi-analyzed, Baker; methanol, Resianalyzed, Baker.

Clay loam soil was from agricultural plow layer in Brentwood, CA (fine, mont-morillonitic, thermic typic xerocrepts). The soil was air dried and crushed to pass through a 2 mm sieve before storage. The soil was not sterilized.

Tap water, deionized water and lake water were from Davis, CA.

The gas chromatograph was a Hewlett Packard 5700A equipped with an NP-TSD detector and a 30 m×0.31 mm i. d. fused silica capillary column coated with a 0.25 μm film of DB-1 (J and W Scientific, Rancho Cordova, CA). The carrier gas was helium with a flow rate of 2.2 mL/min through the column; the split ratio was 1/73. The flow rates of hydrogen and air were 3 and 50 mL/min, respectively. The column temperature was 190℃ and the detector and injector temperatures were 200℃. Under these conditions the 5 OPs resolved one from another but the E and Z isomers of mevinphos eluted as a single peak. A methanol solution containing the 5 OPs (2 mg/mL of each) was prepared. Tap water (200 mL) contained in an Erlenmeyer flask was brought to 26℃ in a water bath. The methanol solution (1.0 mL) was added and mixed with magnetic stirring for 1 minute. An aliquot of the water solution (~10 ppm, 2 or 4 mL) was sampled and extracted with 2 or 4 mL of ethyl acetate by vortexing in a 15 mL centrifuge tube. After centrifugation the ethyl acetate was adjusted to an appropriate volume for GC analysis to measure the initial concentration of each pesticide.

To start the reaction, sodium perborate(0.9 g) was added to the solution, mixed and dissolved with magnetic stirring, this gave a concentration of 0.03 M and a pH of 10. The aqueous solution was sampled at intervals by the aliquot method mentioned above for analysis of the percentage of pesticide remaining versus time.

Deionized water and lake water were also used instead of tap water in measuring the degradation rate. For soil-water experiments, 0.1%, 1%, or 5% of Brentwood clay loam soil were added to water, then the pesticide solution and sodium perborate were added as mentioned above. Sodium carbonate (0.15 g in 200 mL water) was used as a control solution (pH 10, but no perborate) in all experiments.

RESULTS AND DISCUSSION

Sodium perborate accelerated the degradation rate of all 5 OPs when compared with the sodium carbonate control(Figure 1). Half-lives in sodium perborate tap water solution were less than 1 hr (Table 1) while the control half-lives were too long to measure within the experimental time except for malathion.

These experiments confirmed that HO_2^- is a much more reactive nucleophile toward electrophilic phosphorus than hydroxide ion for a selection of common OPs. Plots of the log percent of residual pesticides vs time were linear, indicating a pseudo first order reaction rate when perborate was in excess.

When lake water and deionized water were substituted for tap water, no significant changes in degradation rates were observed. The slightly lower rates in deionized water may have been due to the lower pH (9.68) used in this run when compared with the others(Table 1).

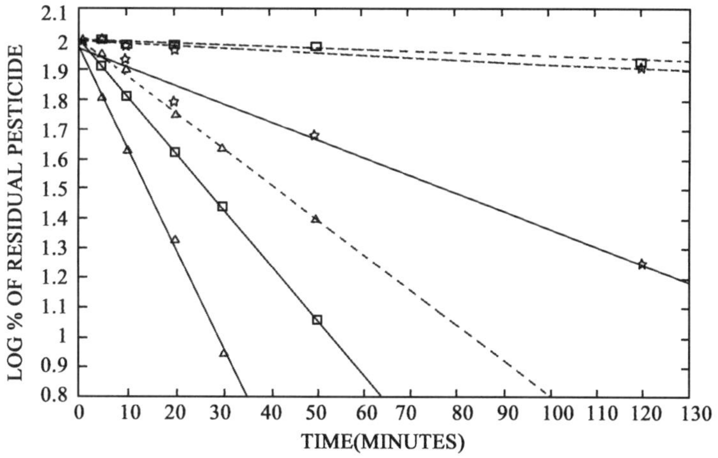

Figure 1. Comparison of degradation rate of three OP pesticides in sodium perborate (pH=10) and sodium carbonate (pH=10) solution

—— sodium perborate, - - - - sodium carbonate, △malathion, ☆diazinon, □parathion

Table 1 Half-lives (minutes) for degradation of pesticides with sodium perborate[a]

Pesticide	Tap water pH= 9.94[b]	Lake Water pH = 9.88[b]	Deionized water pH =9.68[b]	Tap water With 0.1% Soil pH= 9.98[b]	Tap water With 1% Soil pH= 9.98[b]	Tap water with 5% soil: pH=9.83[b]	Tap water with 5% soil: After centrifugation and addition of more sodium perborate[b]	Tap water with 5% soil: 0.12 M sodium perborate pH=9.98
Mevinphos	13.9±0.7	18.8±0.5	33.6±0.8	16.2±1.0	14.6±1.0	>240	16.1±0.4	6.1±0.7
Diazinon	16.0±1.0	21.3±0.3	27.2	16.6±0.2	20.3±3.0	>240	16.1±2.0	9.4±2.0
Me parathion	12.3±0.8	15.4±0.2	27.2	13.1±0.1	14.4±3.0	>240	12.1±0.8	6.4±0.6
Malathion	8.6±0.4	13.0±0.1	18.7±0.6	8.7	8.4±1.0	23.4±5.3	—	5.0±0.4
Parathion	48±6	64±3	103±7	51±2	>240	>240	44±3	34±4

a. When sodium carbonate was substituted for sodium perborate as a control, control half-lives were too long to measure within experimental time except for malathion which gave $t_{1/2}$ of 22, 34, and 30 minutes in tap water, tap water plus 1% soil, and tap water plus 5% soil, respectively. Triplicate runs at 26℃ and pH 10 except for some deionized water and tap water with 0.1% soil runs which were duplicates.

b. Contained 0.03 M sodium perborate at initiation.

There was no influence on degradation rate. when the amount of soil in the water reaction medium was 0.1% but, above that amount, soil did influence the degradation rates noticeably. At 1% soil in water most of the reactions slowed somewhat when compared with 0.1% soil or soil-free solutions. There was no change for malathion whose degradation rate was very fast ($t_{1/2}$ ~8 min), and a large change for parathion whose degradation rate was very slow($t_{1/2}$ for parathion changed from 50 min to >>240 min). When the amount of soil was increased to 5% the degradation reaction nearly stopped after 50 minutes except for malathion. In general, the presence of soil had less of an effect on degradation rates for pesticides such as malathion for which OH^- — mediated hydrolysis was rapid.

In one 5% soil-sodium perborate degradation experiment, the concentration of pesticides dissolved in water was measured after centrifugation to separate suspended soil. The percentage of pesticides remaining in water was nearly the same as in the unseparated soil-water mixture (Table 2), indicating that adsorption by soil was minimal. Thus the slowing of reaction in the presence of soil was not due to adsorption of the pesticides, but rather to the reaction of soil towards sodium perborate resulting in depletion of the reagent. To confirm this, 100 mL of clear supernatant was recovered from the 5% soil-water experiment after 120 min of reaction. At that time no malathion was left. When another portion of sodium perborate was added to this supernatant the degradation rates of the four remaining pesticides were nearly the same as in tap water (Table 1). This indicates that removal of soil from a soil-water mixture, or addition of a larger excess of sodium perborate to such mixtures may be required to effect complete degradation.

To test the latter, a 5% soil-water mixture was made 0.12 M in sodium perborate (4 times the prior concentration). The degradation reaction proceeded rapidly to completion. Half-lives of all pesticides were shorter than half-lives in water solution containing 0.03 M sodium perborate (Table 2). Thus, adding more sodium perborate can counteract the inhibition of the reaction by the soil.

Table 2 Percentage of residual pesticide remaining in 5% soil-water mixture containing 0.03 M sodium perborate.

Pesticide	Soil and Water (no centrifugation)		Water (after centrifugation)	
	120 min	240 min	130 min	250 min
Mevinphos	59±7	61±6	58±3	56
Diazinon	68±4	70±4	65±5	66
Me parathion	63±4	64±4	59±2	60
Malathion	14±6	<1	13±0	<1
Parathion	80±6	80±8	80±2	84

To check the possibility of using perborate to decompose other classes of pesticides, the tap water experiment was run with the carbamate pesticides molinate, propoxur and carbofuran. The degradation rate of molinate was very slow with sodium perborate or with sodium carbonate; at 240 min, the amounts degraded were 13% and 6%, respectively. The degradation rates of propoxur and carbofuran were faster in sodium carbonate solution than in sodium perborate solution. The half lives of propoxur in sodium perborate and sodium carbonate were 106±6 min and ~50 min, respectively; for carbofuran corresponding values were 76±2 min, and ~32 min, respectively. Further study of the reaction involving sodium perborate with other pesticides is needed, although these results indicate that the degradation of thiocarbamate and N-methyl carbamate pesticides is not accelerated by this reagent.

The dramatic effect of sodium perborate on OP degradation indicates that it could be used to rapidly degrade these pesticides in waste evaporation ponds. Given a pond volume of 40 000 liters (SCS Engineers 1979), 185 kg of sodium perborate would be required to achieve a 0.03 M solution. At the current cost of bulk technical sodium perborate tetrahydrate (35 cents a pound, Chemical Marketing Reporter, 1984) this treatment would cost $142. Further investigations are required to study the effect of other evaporation pond components, such as emulsifiers and oils, on the utility of this reagent. It is also possible that sodium perborate could be used for other purposes, such as detoxifying organophosphates spilled on paved surfaces or left in spent pesticide containers.

Acknowledgements. We thank J. S. Winterle for first alerting us to the potential utility of sodium perborate for pesticide waste control and D. K. Fujita for helpful comments on the manuscript.

REFERENCES

Behrman JE, Biallas MJ, Brass HJ, Edwards JO, Isaks M (1970) Reaction of phosphonic acid esters with nucleophiles. J Org Chem 35:3069-3075

Chemical Marketing Reporter(1984) 225:58

Edwards JO (1976)Reaction rate of electron pair donor molecules with pollutants in water. In: Symposium on nonbiological transport and transformation of pollutants on land and water, National Bureau of Standards, Washington, DC, p 45

Edwards JO, Pearson RG(1962) The factors determining nucleophilic reactivities. J Amer Chem Soc 84:16-24

Epstein J, Demek MM, Rosenblatt DH(1956)Reaction of paraoxon with hydrogen peroxide in dilute aqueous solution. J Org Chem 21:796-797

Fina NJ, Edwards JO(1973) The alpha effect. A review. Int J Chem Kin 5:1-26

Gomaa HM, Faust SD(1972)Chemical hydrolysis and oxidation of parathion and paraoxon in aquatic environments. In: Gould RF. (ed) Fate of Organic Pesticides in the Aquatic Environment, ACS Advances in Chemistry Series 111, Washington, DC. p 189

Lee G, Kenley RA, Winterle JS(1984)Reaction of sodium perborate with organophosphorus esters. In: Krueger RF, Seiber JN (eds) Treatment and disposal of pesticide wastes. ACS Symposium Series 259, Washington, DC, p 211

SCS Engineers(1979)Disposal of dilute pesticide solutions. EPA report, PB 297-985, National Technical Information Service, Springfield, VA, p 1

Received November 21, 1984, accepted December 6, 1984

（注：此文原载于 Bull Environ. Contam. Toxicol, 1985, 35, 682-688）

杀虫脒在棉籽油中的残留研究

钱传范　梁渡湘　明九雪*
（北京农业大学农药研究室）

杀虫脒在我国广泛地用于防治棉铃虫、红铃虫和棉花红蜘蛛等，对哺乳动物的急性口服毒性属于中等，但杀虫脒及其代谢产物 N-甲酰-(4-氯邻甲苯胺)和 4-氯邻甲苯胺对小鼠有致癌作用，生成结缔组织恶性血管内皮瘤，致癌作用和剂量相关，4-氯邻甲苯胺的致癌无作用剂量为 2 毫克/公斤，杀虫脒为 20 毫克/公斤。虽然对大鼠和其他动物未发现致癌作用，还必须密切注视它的慢性毒性问题。联合国粮农组织和世界卫生组织暂订杀虫脒及其代谢物在棉籽、粗棉籽油中的允许残留量为 2 ppm，但在经漂白、去味后的精制油中，允许残留量为＜0.05 ppm[1]。

为了解使用杀虫脒后的棉籽油是否可以食用，我们进行了杀虫脒在棉籽油中的残留研究。杀虫脒的残留分析一般都是将它水解为 4-氯邻甲苯胺，再采用不同的试剂与之反应后进行测定，上海市农药研究所[2]、浙江农业大学[3]是将 4-氯邻甲苯胺重氮化，然后和显色剂 N-乙基-2-萘胺在适当的 pH 溶液中进行偶联，生成重氮氨基化合物后，再在较强的酸性条件下重排形成稳定的紫色，经纤维素柱层析，除去干扰物，即可在 53～55 μm 处进行比色测定，该方法最低可测至 0.1 ppm，回收率在 80％以上，但操作繁琐。庄无忌等[4]用碘溴酸溶液使 4-氯邻甲苯胺直接碘化生成 4-氯-6-碘邻甲苯胺，用电子捕获检测器测定，直接碘化法较简便，但在生成 4-氯-6-碘邻甲苯胺的同时也生成 4-氯-6-溴邻甲苯胺，给定量工作带来麻烦。我组[5]使用重氮化碘化法测定稻谷中杀虫脒的残留量，先使 4-氯邻甲苯胺重氮化，再用碘、碘化钾溶液使之碘化，生成 2-碘-5-氯甲苯，用电子捕获检测器进行测定，此法操作步骤繁琐，反应时间长，衍生化条件不好掌握，回收率不稳定。本文在以上工作的基础上，改进了衍生化方法[6]，不使用碘、溴等试剂，简化了测定步骤，现将测定方法及结果总结如下。

一、原理

先在弱酸性条件下水解，然后在氢氧化钠溶液中进行强碱性水解，使杀虫脒及其代谢物和轭合物都水解成 4-氯邻甲苯胺，经水蒸气蒸馏、吸收、提取，最后用 2，4-二氯苯甲醛使其衍生化为 N-(2，4-二氯苄叉基)-2-甲基-4-氯苯胺。用电子捕获检测器进行测定，其反应过程如下：

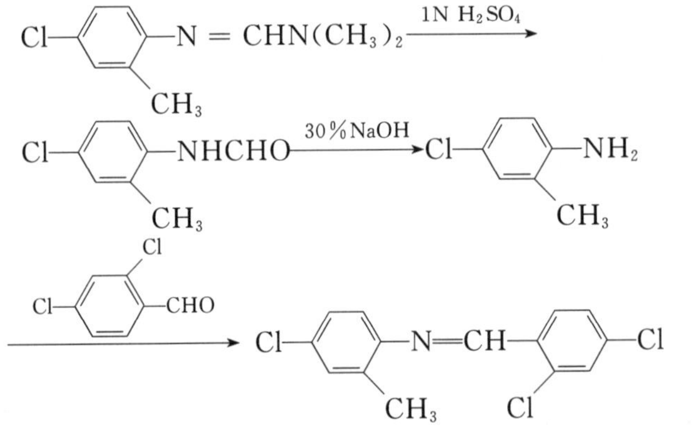

* 田间试验部分由河间县科协鲍立民等同志协助完成。

二、试验步骤

1. 水解、蒸馏和提取

称 5 克棉籽油于 1 升圆底烧瓶中，加入 100 毫升 1N H_2SO_4、250 毫升蒸馏水、5 毫升消泡剂、几粒沸石，装上回流冷凝器，加热回流水解 2 小时，冷却后取下回流冷凝器。水蒸气蒸馏和提取需用蒸馏提取头（如图），在其 U 形管中加蒸馏水到半满，再加入异辛烷到近满，将它的下臂接口装在 1 升水解液烧瓶上；另将异辛烷 60～70 毫升、几粒沸石加到 250 毫升圆底烧瓶中，连接到蒸馏提取头的上臂；将回流冷凝器移到蒸馏提取头的顶口，在水解液烧瓶中加入 100 毫升 30%氢氧化钠溶液和 5 毫升消泡剂，同时加热两个烧瓶。水解液烧瓶的热容套温度控制在 170～180℃，使水解液沸腾，提取液热容套控制在 120℃使异辛烷沸腾，在此条件下从提取头的毛细管中可观察到水和异辛烷的冷凝速度相接近。水解蒸馏提取连续进行 3 小时后冷却之，将提取头上臂烧瓶中的异辛烷倒入分液漏斗中，用 25 毫升 1N 硫酸提取振摇 1 分钟，静止分层后收集下层水溶液，再用 2×10 毫升 1N 硫酸提取两次后，用 50 毫升蒸馏水洗一次，倒掉异辛烷，合并全部水溶液，在其中加入 60 毫升 2N 氢氧化钠使之呈碱性，用 3×40 毫升二氯甲烷分三次提取，合并全部二氯甲烷到 500 毫升分液漏斗中，用 50 毫升蒸馏水洗一次，过无水硫酸钠层后，收集于三角瓶中。

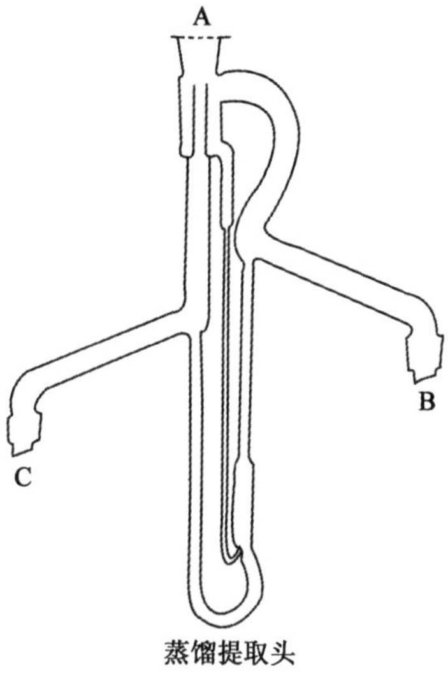

蒸馏提取头

A. 顶口　B. 上臂　C. 下臂

2. 衍生化

在二氯甲烷提取液中加入 1 毫升 2,4-二氯苯甲醛（每毫升含 10 毫克）和 5 毫升正丙醇，在超声波振荡器中振荡 20 分钟左右，再在 45～60℃水浴中用 K-D 浓缩器或旋转蒸发器减压浓缩，在浓缩过程中，分二次每次加入 25 毫升异辛烷，并减压浓缩近干，以赶走过量的 2,4-二氯苯甲醛，用 60～90℃石油醚溶解残留物，定容至 5 毫升待测。

3. 气谱测定条件

使用日本岛津 GC—6A 气相色谱仪，^{63}Ni 电子捕获检测器测定。玻璃柱长 1.0 米，内径 3 毫米，柱内填充涂有 6%QF_1 和0.6%环氧树脂（Ⅱ）的 Gas Chrom Q（80—100 目），注射口温度 230℃，柱温 185℃，灵敏度 100，衰减 16，脉冲间隔 200 微秒，载气为高纯氮，流速 50 毫升/分。保留时间 5 分 42 秒，最小检知量 2.34×10^{-10} 克，最小检知浓度为 0.05 ppm。

用外标法定量，以峰高对 4-氯邻甲苯胺量作图，得标准曲线，在进样量 0.1～1.2 毫微克范围内，峰高与药量呈线性关系。

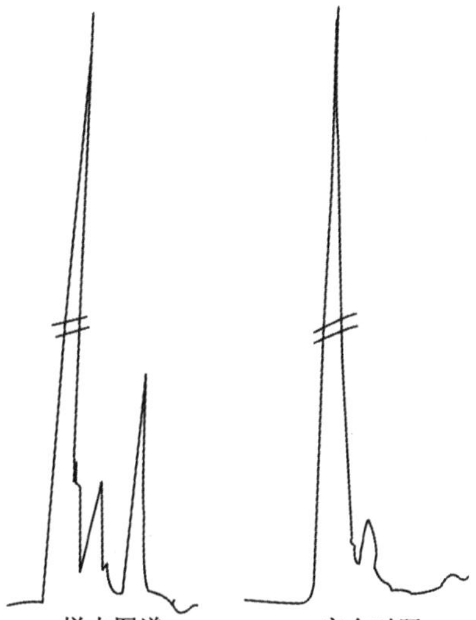

样本图谱　　空白对照

1 毫微克四氯邻甲苯胺 0.28 ppm 杀虫脒　　5 毫克样品

4. 方法回收率

称取 5 克棉籽油，分别加入 4 微克、2 微克杀虫脒，按上法测定，先测得 4-氯邻甲苯胺量，再换算为杀虫脒测得值，得回收率 80%左右。

三、田间试验

1981 年、1982 年两年在河北省河间县进行了田间试验，杀虫脒原药由西北大学提供，为 86.5%杀虫脒盐酸盐。田间试验：每个处理占地两分(20 丈×6 尺)，顺序排列，各小区之间设保护区，面积和试验区相等，全部试验占地 3 亩。

杀虫脒按使用量对水后，用“552 丙型”手压喷雾器均匀地喷布在植株各部位上，喷药次数：(1)每次每亩喷有效成分 30 克(折合原药 35 克)，共五个处理，分别喷药二、三、四、五、七次。(2)每次每亩喷有效成分 60 克(折合原药 70 克)，一个处理，共喷七次。(3)试验设不喷药对照区。

每个小区的棉花都分三次摘收，第一次在 9 月 21～27 日(距最后一次喷药 20～30 天)，第二次在 9 月 21 日～10 月 10 日(距最后一次喷药 30～40 天)，第三次在 10 月 10 日～10 月 20 日(距最后一次喷药 40～50 天)。及时晒干棉籽，分别保存，轧花，使用 ZL-70 小型榨油机榨成粗油。

四、结论

1. 本文所述测定方法，在衍生化方面作了较大改进。简化了操作手续，缩短了分析时间，回收率较为稳定，便于定量。

2. 根据两年结果可以看出，全部田间试验的粗棉籽油样，均可检出杀虫脒残留。用药量和最后一次施药距采收的间隔期对残留量影响较大；即使每亩使用杀虫脒有效成分高达 60 克，在棉花生长期连续施用 7 次之多，粗棉籽油样中杀虫脒残留量仅为 0.20～0.28 ppm，远低于联合国所规定的 2 ppm。

3. 根据江苏省三个棉籽加工厂食用油的抽检结果，所有油样中杀虫脒的残留量均低于 0.05 ppm，这些棉区的用药水平，在我国有一定的代表性，加之参照两年田间试验结果，可以看出，使用杀虫脒防治棉花害虫，在正常用量情况下，棉籽油中的残留量，不会超过允许标准。

参考文献

[1] FAO Pesticide Residues in food (1978～1979)
[2] 上海市农药研究所“杀虫脒在大米中残留测试方法的初步研究”1975.3
[3] 浙江农业大学化学教研组“杀虫脒在水稻上的残留研究” (1978)
[4] 庄无忌等《环境科学》4(1978)
[5] 钱传范等《北京农业大学学报》1(1981)
[6] Ciba-Geigy. *Agrochemicals Division*, 1976. Gas Chromatographic Determination of Chlordimeform Residues in Rice.
[7] 钱传范等《植物保护》1(1983)

(注：此文原载于《农药》，1985(1)，12-14)

玻璃毛细管色谱柱在氨基甲酸酯农药残留分析上的应用

李重九　钱传范　韩熹莱

氨基甲酸酯农药的广泛应用，给农药残留分析提出了新课题。此类化合物稳定性差，在色谱柱上极易分解；如用衍生化法解决此问题，往往使分析过程复杂[1]。T. A. Wehner 与 J. N. Seiber 曾用分离性能强的惰性石英毛细管柱分离了呋喃丹等氨基甲酸酯农药[2]。石英柱价格昂贵，国内商品化种类较少，在普通化学实验室中很难制备。玻璃毛细管柱价廉，易涂渍，但其活性表面在高温下能促使样品分解。本试验应用不同方法，对玻璃表面进行惰化，掩盖了其活性表面，解决了样品的分解问题，为分析氨基甲酸酯类农药提供新途径。

材料及方法

仪器及设备

毛细管柱拉制机（日本岛津公司，GDM—1B 型）毛细管柱处理机（日本岛津公司 MCT—1A 型），气相色谱仪（NPD）（日本岛津公司 GC—R_1A 型），马福炉。

试剂及实验材料

硅硼玻璃管（外径 8 mm，内径 3 mm），浓盐酸（优级纯），丙酮（分析纯），无水甲醇（分析纯），二氯甲烷（分析纯），二甲基二氯硅烷（DMCS），六甲基二硅胺烷（HMDS），PEG—20M 及 OV—101 固定液，SE—54 弹性石英柱。

方法

1. 将玻璃管用洗液浸泡 24 小时，依次用自来水，蒸馏水，丙酮冲洗后拉制成长 20 m，内径 0.25 mm 的毛细管。

2. 向管内充满 HCl 气体后，用火焰将柱两端开口封死，在马福炉内于 350℃下烘 24 小时，使柱内壁粗糙化。

3. 打开柱两端，以 30%浓盐酸充满柱长约 93%，用火焰封死入口，在另一端用真空泵抽气，直到液体到达柱口后用火焰封死。

4. 将柱在 170℃烘 24 小时后，打开柱两端，用浓盐酸冲洗除去金属离子后，依次用 1% HCl，水、丙酮冲洗，于 160℃通入干燥 N_2 4 小时，使柱内干燥。

5. 将毛细管柱分别用下述四种方法惰化：

(1)使柱内充满 HMDS，于 200℃加热 40 小时后，用丙酮冲洗柱内壁（柱 1）。

(2)使柱内充满 DMCS，于 200℃加热 40 小时后，用无水甲醇冲洗柱内壁（柱 2）。

(3)使 1%PEG—20M/CH_2Cl_2 溶液通过色谱柱后，两端封死，于 250℃烘烤 16 小时（柱 3）。

(4)将涂有 10%PEG—20M 的担体填入长 5 cm、内径 3 mm 的玻璃管内，将玻璃管插入色谱仪的汽化室中，下端连接待惰化的毛细管柱，向柱内通入 N_2，使汽化室温度为 258℃，柱箱温度 250℃，随着 N_2 气流，热解的 PEG—20M 进入毛细管柱使其惰化（柱 4）

(5)将上述毛细管柱分别以动态法涂渍 OV101 固定液，置于色谱仪柱炉内老化。老化温度为 50～200℃，升温速度 1℃/min，于 200℃保持过夜。

结果及讨论

1. 玻璃柱含有金属杂质和硅醇基，其活性较弹性石英柱强[3,4]，在分析过程中往往使不稳定的化合物分解。本方法首先在高温下，用强酸溶解并除去玻璃表面的金属杂质[5]，随之用硅烷化试剂（HMDS 或 DMCS）与玻璃表面的硅醇基起如下反应：

柱 1：

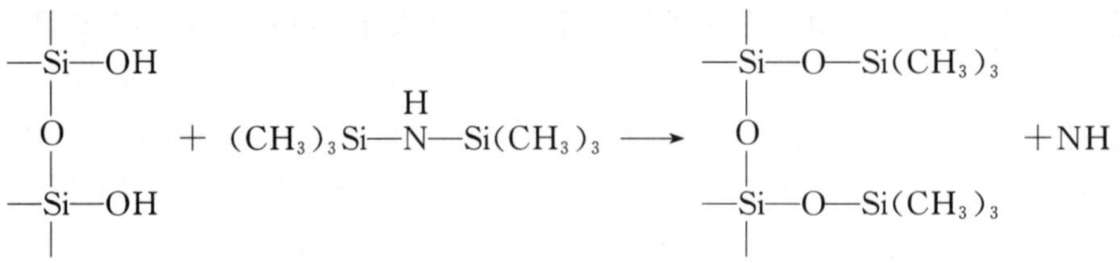

柱 2：

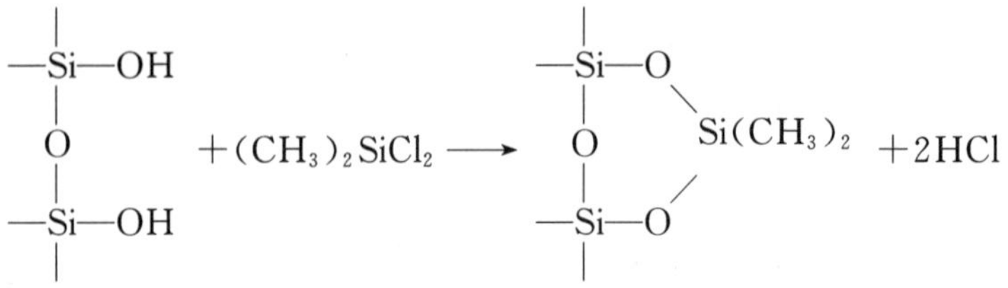

或者：

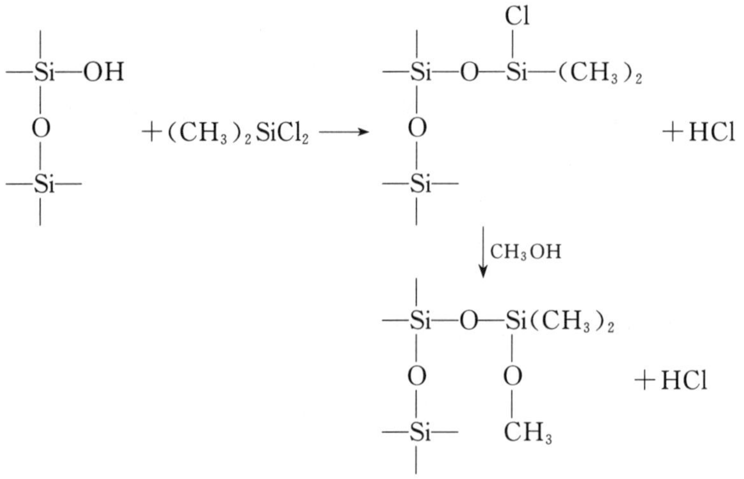

反应后，玻璃表面的活性中心硅醇基被掩盖。因此，酸洗、硅烷化处理加强了玻璃表面的惰性，避免了不稳定化合物在柱上的分解。使用氨基甲酸酯农药呋喃丹（CF）及易热解的 3-羟基呋喃丹（HOCF）测试上述四种色谱柱的惰化效果，在以 HMDS（柱 1）及 DMCS（柱 2）惰化的色谱柱上，HOCF 均可正常出峰（图 1）。CF 与 HOCF 峰高之比，柱 1 为 2.8∶1，柱 2 为 5∶1，弹性石英柱的峰高比为 2.7∶1。柱 1 的惰化效果接近弹性石英柱，本文使用柱 1 进行测定。

2. 柱 3 和柱 4 是在高温下，将 PEG—20M 裂解产物沉淀在玻璃表面，以改善其湿润性，使固定液便于涂布，并可降低玻璃表面的极性，减少极性化合物在柱上的拖尾现象，但未见用于分析不稳定化合物的报道。从实验结果可见，经 PEG—20M 处理的色谱柱，无论液态处理（柱 3）[6]，还是气态处理（柱 4）[7]，HOCF 均不能正常出峰，所以它不适于做不稳定化合物的保护剂。

3. 分离性能强的毛细管柱给农药及环境中其他有害物质的分析带来极大方便。首先，它不像使用填充柱那样需花费大量精力选择固定液的种类，含量及不同固定液的配比，其次，在残留分析中，它可有效地使植物中干扰物质与农药分开。图 2-a 为空白棉籽经提取净化后测定的结果,在 CF 和 HOCF 出峰时间均无干扰峰。棉籽添加回收率如图 2-b 所示。棉籽中干扰物质很多,但分辨率高的毛细柱可将干扰峰与农药峰分开。毛细管柱还可扩展用于其他作物的残留分析;更为重要的是,它可在短时间内分离多种组分,因而可用于多残留分析,使残留分析工作适应于目前农药的混合使用。图 3 为 8 种不同类型农药 10 分钟内在柱 1 上被分离的色谱图。

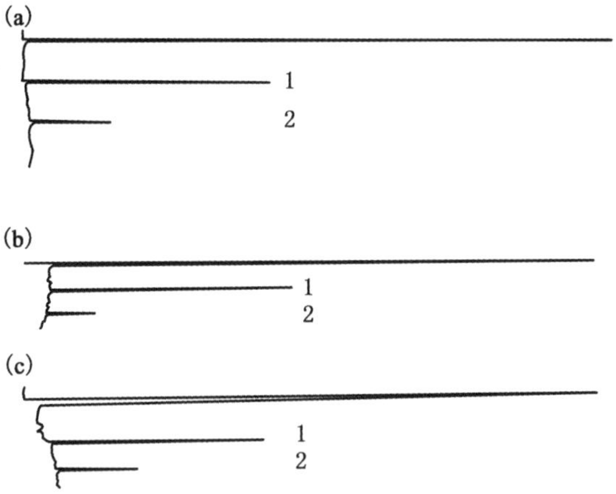

图 1 不同柱的惰化效果

a. 柱 1 b. 柱 2 c. SE-54 弹性石英柱 峰 1:CF 峰 2:HOCF 进样量:各 1 ng

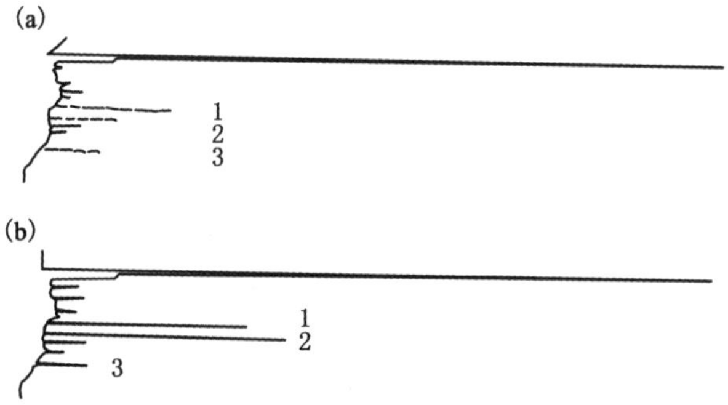

图 2 柱 1 的分离效率

1. 呋喃丹 2. 内标物(灭害威) 3. 3-羟基呋喃丹

(a)棉籽空白样本(10 mg) (b)棉籽添加回收率(0.2 ppm)

如图所示,柱 1 可将杂质峰与农药峰分开

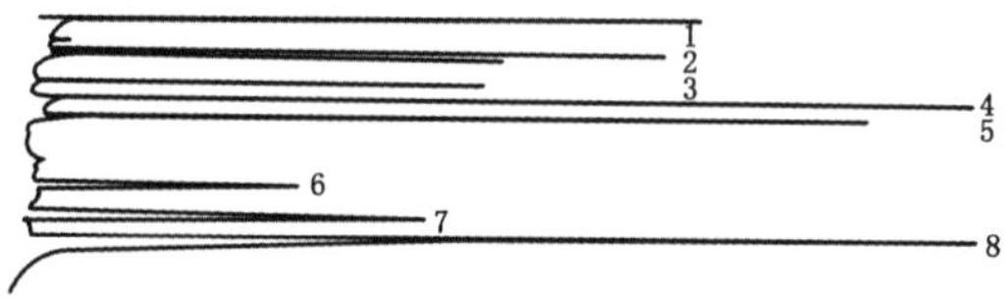

图 3 多种农药的分离(柱 1)

图中出峰顺序:1. 速灭威 2. 仲丁威 3. 害朴威 4. 杀虫脒

5. 呋喃丹 6. 3-酮基呋喃丹 7. 3-羟基呋喃丹 8. 杀螟松

4. 与填充柱相比,毛细管柱不含载体,内表面小,易于钝化。R. F. COOK 用填充柱直接测定 CF 及 HOCF 时,以纯化的 SE-30 制备填充柱,经过柱上硅烷化,每日再注入待分析样本以惰化柱上吸附点[8],操作复杂,使用不便,毛细管柱则无此弊病。但其柱容量小,进样量少,对进样技术要求严格,进样

误差会大大高于填充柱，对稳定性差的色谱系统尤为显著。另外，残留分析对象为生物样本，杂质量大，种类复杂，对于固定液膜薄的毛细管柱危害较大，因此，仍需进一步研究以改进柱的涂布技术及样本制备方法。

参考文献

[1] Moye H. A. 1981. Analysis of Pesticide Residue. New York
[2] Wehner T. A. and J. N. Seiber. 1981. J. H. R. C. &C. C. 4:348-351
[3] Jennings W. 原著，徐秉玖、官宜文译，1981，玻璃毛细管柱气相色谱。
[4] 孙传径 1979，气相色谱原理与技术，化学工业出版社。
[5] Grob K. and G. Grob. 1982. J. Chromatogr. 244:197-208
[6] Franken J. J. 1977. J. Chromatogr. 144:253-265
[7] Cronin D. A. 1974. J. Chromatogr. 97: 263-266
[8] Cook R. F. 1973. Carbofuran in G. Zweig, Analytical Methods for Pesticides and Growth Regulations. Vol. 7. Acedemic Press.

The Application of Glass Capillary Column in Residue Analysis of Carbamate Pesticides

Li Chongjiu, Qian Chuanfan, Han Xilai

Abstract Four kinds of methods were used to inert the surface of glass capillary columns. After silanization, the columns were coated with OV-101 using the dynamic packing technique. The results showed that the inertness of the columns treated with HMDS and DMCS are similar to the fused silica capillary columns.

The glass capillary columns made by authors were successfully used in the residue analysis of Carbofuran and 3-hydroxy Carbofuran in cotton seeds and to seperate 8 different pesticides in 10 minutes.

（注：此文载于《北京农业大学学报》，1986，12(3)，323-327）

涕灭威在不同类型土壤中的迁移

韩　农[1]　钱传范[2]
(1. 浙江农业大学；2. 北京农业大学)

摘要　本文研究了在室温和土壤水饱和条件下，涕灭威在不同类型土壤中的渗淋和上行迁移作用。由于涕灭威及其代谢物在水中的溶解度较高，土壤有机物对其吸附性较小，涕灭威较易于随土壤重力水渗淋，但在不同类型土壤中渗淋速度是不一样的。在涕灭威的上行迁移试验中，当水分尚未饱和时，土壤毛细管作用是主要因素；土壤水分饱和后，药剂的移动速度急剧下降，上行迁移速率将主要取决于水分蒸发等环境条件。研究证明，涕灭威具有污染地下水的可能性。

涕灭威(Temik)，化学名称 2-甲基-2-(甲硫基)-0-(甲氨基甲酰基)丙醛肟，是高毒、高效广谱性土壤处理剂，用于防治棉花、马铃薯、甜菜和花生等作物上的多种害虫。近几年来，国外陆续报道了涕灭威对地下水的严重污染[1-6]，例如在美国纽约州长岛的地下水中，最高可检出 180 ppb 的涕灭威，威斯康星州某些使用涕灭威地区的浅水井中，其残留量达 190 ppb，而地下水中涕灭威的最高允许量仅为 7 ppb[5]，Supak 等报道涕灭威在土壤中的迁移与其理化性质、施用剂量、土壤条件及降雨量等有关[8]。但 FAO(1979)曾认为涕灭威污染地下水的可能性很小，药剂的快速降解和上行迁移是消除或减少其渗淋移动的主要因素[9]。本试验的主要目的是研究在室温和土壤水饱和条件，涕灭威在不同类型土壤中的渗淋和上行迁移作用，以及在土壤固—液相同的分配情况，以了解涕灭威在田间条件下渗淋迁移的可能性。

试验方法

1. 仪器和试剂

GC-6A 气相色谱仪，配有 394 nm 硫滤光片和火焰光度检测器。

丙酮、二氯甲烷，分析纯、重蒸；10%碳酸氢钠溶液；无水硫酸钠。

过氧乙酸氧化剂：1∶1(V/V)冰醋酸和 30%过氧化氢，过氧化氢中加入 1%量的浓硫酸后，缓慢加入到冰醋酸中，配毕后 4 小时方可使用，避光贮存，每隔 7 天重新配制。

涕灭威、涕灭威亚砜和涕灭威砜标样，纯度分别为 99.4%、99.8%和 99.9%，美国联合碳化公司提供，用丙酮配制标准溶液。

2. 土柱的制备

选用有机质和黏粒含量不同的 5 种土壤(理化性质见表 1)阴干(含水量 3%～7%)，过 40 目筛。玻璃柱内径 15 mm，砂壤土按 1.55 g/cm³，其余土壤按 1.4 g/cm³ 容重装柱。淋洗柱和上行柱的制备，方法分述如下：

(1)淋洗柱装土高度为 18 cm，每 3 cm 土壤为一层，柱顶端 0～3 cm 层次土壤和定量涕灭威标准溶液均匀混合，待溶剂挥发后，将土壤装入柱内。用分液漏斗逐渐滴入 130 mL 蒸馏水，接收前 100 mL 淋洗液，分为 6 份接收，前 2 份为 10 mL，后 4 份为 20 mL，测定各份淋洗液和各层土壤中有毒涕灭威的总量。

(2)上行柱装上高度 12 cm，每 2 cm 土壤为一层。药剂添加在柱下端起第二层土壤中(8～10 cm 层次)，添加方式与淋洗柱相同，将柱末端的吸水材料棉花浸入蒸馏水中，当水一湿润土表，测定各层土壤中有毒涕灭威的总量；另一组为试验开始后 48 小时测定。

试验期间平均室温为 12～16℃。不论淋洗试验和上行试验，每个处理均重复 3 次。

3. 样品处理

涕灭威的残留量是其母体及氧化代谢物亚砜和砜的总和。本法用过氧乙酸氧化剂将涕灭威和涕灭威亚砜定量地氧化成涕灭威砜，以涕灭威砜量计算有毒涕灭威的总量。

土样加入 300 mL 1∶1 丙酮-水溶液，振荡提取 3 小时，过滤，准确量取 150 mL 滤液于具塞三角瓶中，加 8 mL 过氧乙酸氧化剂，搅拌半小时，加入 80 mL 10%碳酸氢钠溶液，再搅拌 20 分钟，用 100 mL 蒸馏水转入分液漏斗，加二氯甲烷萃取 3 次，每次 50 mL，二氯甲烷液经无水硫酸钠床滤入圆底烧瓶，将接收液在旋转蒸发仪上浓缩，用丙酮溶解残渣并转入容量瓶，定容后进样测定。

本试验水样本中涕灭威浓度较高，可直接加入一定量丙酮水溶液和过氧乙酸氧化剂，搅拌氧化半小时后加入 10%碳酸氢钠溶液，以下处理步骤与土壤样品基本相同。

4. 气谱测定

2 m 长，3 mm 内径玻璃柱，填充涂有 4%Carbowax20M 的 Gas Chromosorb Q(60～80 目)。进样口、检测器和柱箱温度分别为 300、260 和 160℃；氮气、空气和氢气的流速分别为 60、30 和 40 mL/分。涕灭威砜的保留时间为 6.5 分钟，标样检出限为 2.22 ng。

回收率试验：水和土壤样品分别添加涕灭威、涕灭威亚砜和砜标样，每种标样的添加浓度为 1、0.1 和 0.05 ppm，每个浓度重复 3～4 次，所有回收率均在 85%～105%，变异系数范围为 1.8～9.3。

表 1 土壤物理化学性质

项目 土壤编号	pH	有机质(%)	CEC(me/100 g)	黏粒(%)	吸湿水(%)	质地*
1	8.01	0.54	8.9	14.2	0.93	砂壤
2	8.25	1.0	15.3	25.1	2.19	轻壤
3	8.02	2.07	46.7	35.1	2.2	中壤
4	7.62	2.12	25.6	51.5	3.86	轻黏
5	8.38	2.77	36	61.8	5.84	中轻黏

* 按卡庆斯基级分类。

结果和讨论

表 2 为淋洗试验后土柱中各层次的涕灭威数量，表 3 为淋洗液中的检出量，土柱各层中的检出量仅为 0.3%～2.8%，即各柱均有 97%以上的药剂被淋洗出，其中前 20 mL 淋洗液中已占总检出量的 86.4%～95.7%。由此可见，涕灭威在供试土壤中均较易于随重力水渗淋，其在土壤固液二相的分配中，主要存在于土壤溶液中。

表 2 淋洗试验各层土壤中涕灭威检出量

土壤名称	砂壤土		轻壤土		中壤土		轻黏土		中轻黏土	
土壤深度(cm)	检出量[a](μg)	占总检出量[b]%	检出量(μg)	占总检出量%	检出量(μg)	占总检出量%	检出量(μg)	占总检出量%	检出量(μg)	占总检出量%
0～3	5.5	0.3	5.8	0.3	12.8	0.7	35.9	2.2	42.2	2.4
3～6	痕量	0	痕量	0	1.8	0.1	2.3	0.2	6.5	0.4
6～9	未检出	0	未检出	0	未检出	0	未检出	0	未检出	0

续表 2

土壤名称	砂壤土		轻壤土		中壤土		轻黏土		中轻黏土	
土壤深度 (cm)	检出量[a] (μg)	占总检出量[b]%	检出量 (μg)	占总检出量%	检出量 (μg)	占总检出量%	检出量 (μg)	占总检出量%	检出量 (μg)	占总检出量%
9～12	未检出	0	未检出	0	未检出	0	未检出	0	未检出	0
12～15	未检出	0	未检出	0	未检出	0	未检出	0	未检出	0
15～18	未检出	0	未检出	0	未检出	0	未检出	0	未检出	0
总计(%)		0.3		0.3		0.8		2.4		2.8

a. 检出量以涕灭威计，以下同。

b. 占总检出量(%)＝$\frac{\text{该层土壤检出量}}{\text{全柱土壤检出量}+\text{全柱淋洗液检出量}}\times 100$。

表 3 淋洗液中涕灭威检出量

土壤名称	砂壤土		轻壤土		中壤土		轻黏土		中轻黏土	
检出量 / 淋洗液编号	检出量[a] (μg)	占总检出量[b]%	检出量 (μg)	占总检出量%	检出量 (μg)	占总检出量%	检出量 (μg)	占总检出量%	检出量 (μg)	占总检出量%
1(10 mL)	1 785.74	92.6	1 688.44	90.8	1 312.61	71.9	1 094.25	67.6	1 123.05	63.8
2(10 mL)	60.43	3.1	78.64	4.2	382.60	21.0	347.69	21.5	398.52	22.6
3(20 mL)	42.44	2.2	38.25	2.1	50.21	2.8	54.31	3.4	82.75	4.7
4(20 mL)	11.23	0.6	22.84	1.2	30.08	1.7	38.46	2.4	50.08	2.8
5(20 mL)	10.68	0.5	17.91	1.0	23.95	1.3	29.21	1.80	34.38	2.0
6(20 mL)	7.45	0.4	8.61	0.5	12.11	0.7	17.87	1.1	23.78	1.4
总检出量(μg)[c]	1 929.30		1 860.53		1 826.17		1 819.98		1 761.21	
添加量(μg)[d]	2 000		2 000		2000		2 000		2 320	
回收率(%)	96.4		93.0		91.3		81.0		75.9	

a. 检出量以涕灭威计，以下同。

b. 占总检出量(%)＝$\frac{\text{该份淋洗液检出量}}{\text{该柱淋洗液检出量}+\text{该柱土壤检出量}}\times 100$。

c. 总检出量(μg)＝该柱淋洗液检出量＋该柱土壤检出量。

d. 添加量以涕灭威计，以下同。

本试验表明有机质吸附作用对涕灭威的渗淋有一定影响，土壤检出量随有机质含量的增加而增加，黏土中检出量是砂壤和轻壤的 8 倍。而在淋洗液中，前 10 mL 中的检出量则随有机质含量的增加而减少，砂壤土和中轻黏土分别为 92.6%和 63.8%；有机质的吸附作用使部分药剂滞后淋出，因本试验用的土柱较短，其吸附作用对第三份以后淋洗液中的药量影响不明显。Coppedge(1977)报道有机质对大多数农药的迁移有阻碍作用[10]，而 Awad(1982)认为有机质含量并不是影响涕灭威渗淋迁移的重要因素[11]。本试验说明，由于涕灭威有较强的水溶性，土壤对涕灭威的吸附作用很弱。

在不同类型土壤中，重力水渗淋的速度是极不相同的(图 1)，影响重力水渗淋速度的主要因素是土壤质地。对黏粒含量分别为 14.2%和 61.8%的砂壤土和中轻黏土，在前 20 mL 淋洗液中，淋出的药量分别为 95.7%和 86.4%，相差并不悬殊，而接收时间却相差 30 余倍，分别为 2.5 小时和 77 小时，因此对涕灭威的渗淋迁移，土壤质地是除有机质含量外又一重要影响因素。

试验结果表明，涕灭威的降解速度并不迅速，砂壤土和中轻黏土的回收率分别为 96.4%和 75.9%，但从中轻黏土接收 100 mL 体积的淋洗液需 15 天，即 15 天内，涕灭威约降解了 24%，据报道在田间涕灭威的半衰期通常为 1～4 周[9]，而在室内有毒代谢物总量的半衰期有时可达 56 天[11]。

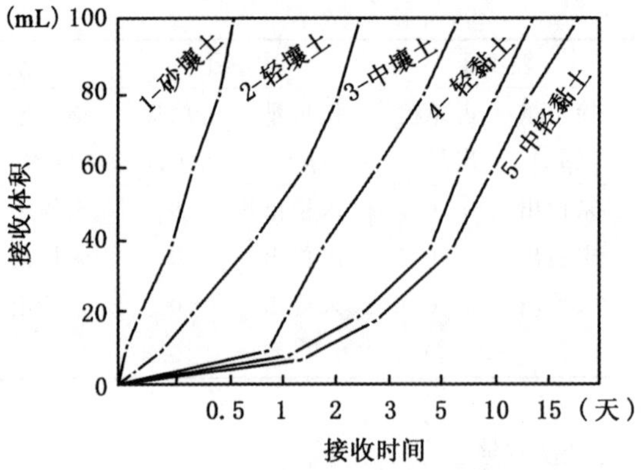

图 1　各类土壤淋洗液接收时间曲线

表 4　上行水湿润表土时各土层中涕灭威检出量

土壤名称	砂壤土		中壤土		中轻黏土	
检出量 / 土壤深度(cm)	检出量(μg)	占总检出量(%)	检出量(μg)	占总检出量(%)	检出量(μg)	占总检出量(%)
0～2	331.24	68.3	248.53	47.2	184.61	32.8
2～4	126.0	26.0	199.08	37.8	264.10	46.9
4～6	22.48	4.6	67.49	12.8	70.03	13.9
6～8	3.53	0.7	6.39	1.2	24.95	4.4
8～10	1.45	0.3	5.08	1.0	11.02	2.0
10～12	痕量	0	痕量	0	痕量	0
总检出量(μg)	484.7		526.57		562.71	
添加量(μg)	500		500		500	
回收率(%)	96.94		105.3		112.5	
上行时间(小时)	1		2.6		4.3	

表 4 是上行试验当水湿润表土时各层土壤中涕灭威检出量，砂壤土表层检出量为 68.3%，有机质和黏粒含量最高的中轻黏土，已有 32.8%迁移至表层，各土壤 0～4 cm 层次检出药量已达 79.7%～94.3%，而施药土层中含药量极少，最高仅 2%，本试验上行至土表的时间为 1～4.3 小时，在这段时间里，涕灭威上行迁移极为迅速，随着土壤有机质含量增加和质地的加重，第一层检出量降低而第二层检出量增加。试验进一步证实有机质和粘粒含量对其迁移有影响。

表 5 为上行 48 小时后各层土壤中农药量，说明从表土湿润到上行试验结束的 43 小时内，涕灭威的迁移速度急剧减慢，砂壤土中第一层药量仅增加了 8%，而第二层仍有 20.6%，中轻黏土表层虽增加了 20%，第二层仍可检出 40.7%，和表 4 相比较，可看出有机质和粘粒含量越高的土壤，第一层增加的药量越多。图 2 是根据表 4 和表 5 作出的涕灭威上行迁移曲线，可看出在土壤水分尚未饱和时，土壤毛管作用是涕灭威上行迁移的主要因素，迁移速度快；土壤水分饱和后，上行移动取决于影响土表水分蒸发的环境条件，在本试验条件下，药剂的移动速度急剧下降。Bull(1970)[12]，Supak(1977)[8]和 Leistra(1976)[13]认为温度、土壤湿度和土壤水分的蒸发与涕灭威的降解有密切相关。

表 5 上行 48 小时后各层土壤中涕灭威检出量

土壤名称	砂壤土		轻壤土		中壤土		轻黏土		中轻黏土	
检出总量(μg) / 土壤深度(cm)	检出量	占总检出量(%)	检出量	占总检出量(%)	检出量	占总检出量(%)	检出量	占总检出量(%)	检出量	占总检出量(%)
0～2	834.18	76.7	788.88	71.6	647.0	64.2	601.70	59.9	573.50	52.8
2～4	223.93	20.6	274.35	24.9	305.98	30.4	343.58	34.2	441.88	40.7
4～6	23.07	2.1	29.9	2.8	45.29	4.6	51.28	5.2	53.84	5.0
6～8	4.10	0.4	4.87	0.4	5.12	0.5	3.41	0.4	11.11	1.1
8～10	1.45	0.1	3.48	0.3	3.61	0.4	2.56	0.3	5.12	0.5
10～12	未检出	0	0.49	0.004	痕量	0	痕量	0	痕量	0
总检出量(μg)	1 086.73		1 101.91		1 006.8		1 002.53		1 085.45	
添加量(μg)	1 000		1 000		1 000		1 000		1 000	
回收率(%)	108.6		110.2		100.7		100.3		108.5	

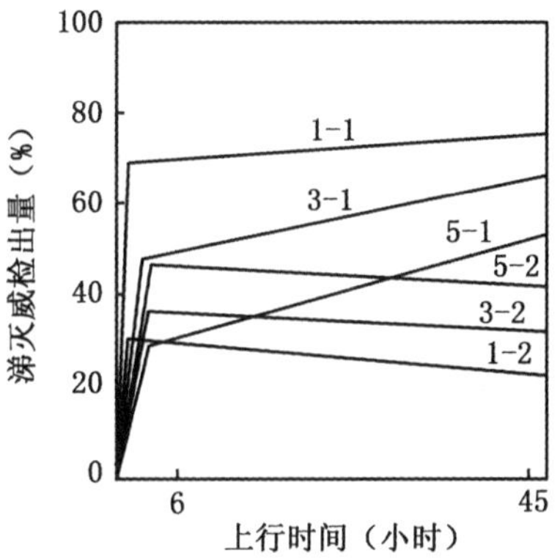

图 2 涕灭威上行迁移曲线

1-1 砂壤第一层土；1-2 砂黏第二层土；3-1 中壤第一层土；3-2 中壤第二层土；
5-1 中轻黏第一层土；5-2 中轻黏第二层土

结论

本研究表明涕灭威及其代谢物易于在土壤中迁移，迁移的方向和速率则取决于土壤的水分条件、有机质含量和质地。涕灭威易于随土壤重力水淋溶，而淋溶速率和数量则受土壤质地和有机质含量的影响；当土壤水不饱和时，土壤毛管作用是影响涕灭威上行移动的主要因素，在土壤水饱和条件下，涕灭威的上行速率急剧降低。综上所述，涕灭威具有污染地下水的可能性。

参考文献

[1] Anoymous, Pestic. and Toxic Chem. News 7(40):25(1979)
[2] Anonymous, Pestic, and Toxic Chem. News 10(43):22(1982)
[3] Anonymous, Time standard, 19, June 1983
[4] Rothschilol, E. R. et al. Ground water 20:437(1982)
[5] Mahfour, H. Z. et al. AJPH. Vol. 72 No. 12(1982)
[6] Gurrera, A. A. et al. Management and operation, 192(1981)

[7] Zaki, M. H. et al. Am. J. Public Health 72(10):139(1982)
[8] Supak, J. K. et al. Soil Sci. Soc. Amer. J. 42:244(1978)
[9] FAO Pesticide residues in food, 1979, 20, Sup.
[10] Coppedge, J. R. et al. Arch. Environ. Contam. and Toxicol. 5:129(1977)
[11] Awad, T. M. et al. Bull. Environ, Contam. Toxicol. 32:377(1984)
[12] Bull, D. I. et al. J. Econ. Entomol. 63(4), 1283(1970)
[13] Leistra, M. et al. Pestic. Sci. 7:471(1976)

Movement of Aldicarb in Different Types of Soil

Han Nong Qian Chuanfan

Abstract The leaching and upward movement of Aldicarb in different types of soil was simulated under flooding and room temperature conditions. Due to high solubility of Aldicarb, the adsorption of soil is not very strong, but the leaching velocity of Aldicarb in different types of soil is quiet different. The upward movement of Aldicarb with the capillary action was very fast, but its speed decreased drastically when the soil was saturated with water. The results showed the possibility of Aldicarb to pollute groundwater is existed.

(注:此文原载于《北京农业大学学报》,1987,13(4),447-452)

用毛细管色谱法和同位素技术研究呋喃丹及其有毒代谢物在棉籽和土壤中的残留

李重九　钱传范　韩熹莱
（北京农业大学应用化学研究所）

摘要　使用 OV-101 玻璃毛细管柱气相色谱法测定棉籽和土壤中的呋喃丹和 3-羟基呋喃丹，减少了农药在柱上的吸附和分解，分开了农药与植物中的干扰物质，减少了样本的前处理步骤，其回收率分别约为 80%，变异系数小于 20%，以 ^{14}C 标记呋喃丹测定各前处理步骤的损失率，表明农药的损失主要是由于酸解及固体物质的吸附，两年三地田间试验的结果说明，按照推荐药量在棉田使用呋喃丹，棉田和土壤中的残留均低于检测限。

关键词　毛细管气相色谱，呋喃丹，^{14}C 标记呋喃丹，棉籽残留，土壤残留

呋喃丹是广谱、残效期长的氨基甲酸酯内吸杀虫剂，在我国北方多用 3% 颗粒剂施于土壤中，防治棉田早期蚜虫。呋喃丹(CF)对人畜高毒，其 LD_{50}（大鼠口服）为 8～14 mg/kg，FAO/WHO 规定其 ADI 值为 0.01 mg/kg。呋喃丹(CF)在土壤及生物体内代谢为 3-羟基呋喃丹、3-酮基呋喃丹及相应的酚，其中 3-羟基呋喃丹(HOCF)毒性较高，LD_{50}（大鼠口服）为 18 mg/kg[1]，是具有毒理学意义的代谢物，在残留分析中应进行测定。有关呋喃丹在水稻及稻田土壤中的残留代谢已有报道[2]，但缺乏有关棉田使用后的残留数据。我们于 1983—1984 年在河北、山东等地进行了田间试验，测定了 CF 及 HOCF 在棉籽及棉田土壤中的残留。

关于 CF 及 HOCF 的测定，前人做了许多工作。CF 及 HOCF 分子中不含有电负性强的原子及官能团，无法直接使用高灵敏度的电子捕获检测器，HOCF 热稳定性差，在普通色谱柱上极易分解，在生物体和土壤中可形成轭合物[3]。若用盐酸水解释放 HOCF，会增加提取液中的干扰物，这些都给分析带来了困难. 目前在残留分析中多用填充色谱柱。为解决 HOCF 柱上吸附及热分解，一般采用衍生化法降低化合物极性[4]，或对色谱柱进行特殊处理，掩盖柱中活性吸附中心[5]。但由于填充柱分离效率低，致使样本净化过程十分复杂。Wehner 等曾用分离能力强的石英毛细管柱分离了 CF 及其他氨基甲酸酯农药的标准样品[6]，但未见用于残留分析的报道。本实验用廉价的玻璃毛细管柱及氮磷检测器，探讨了 CF 及 HOCF 残留分析法，解决了样品热解问题，简化了样本制备过程并测定了棉籽及土壤样本。

一、材料和方法

1. 试验材料

标准样品　呋喃丹（纯度 99.6%）；3-羟基呋喃丹（纯度 100%），均由 FMC 公司提供。

内标物　灭害威（结晶）。

试剂　二氯甲烷、石油醚、乙酸乙酯、正己烷、二甲苯（以上均为分析纯，经重蒸）；氯化钠、无水硫酸钠（经二氯甲烷处理）；闪烁液(PPO)。

仪器及设备　气相色谱仪（日本岛津公司 GC-R1A）配有氮磷检测器、液闪计数器（LKB-1217 型）、

层析柱(内含酸性氧化铝 2 g,活性炭/活性白土(1∶5)2 g,弗罗里硅土 10 g,上下各放无水硫酸钠 2 cm)。

2. 试验方法

(1)田间试验

我们于 1983 年在河北河间、邯郸,1984 年于河北河间、邯郸及山东济南进行。春播时将 3%呋喃丹颗粒剂随棉籽同时播入土壤,施药剂量分别为 1.5、2、3、4 kg/亩,1.5 kg/亩加秋初追施 1.5 kg/亩及不施药对照区。每一处理重复三次,小区面积为 20 m^2。棉籽样本于 9 月下旬、10 月中旬及 10 月下旬分三次采集,土壤样本于 10 月下旬采集。

(2)残留测定

a. 色谱条件

自制硅硼玻璃毛细管柱,柱长 20 m,内径 0.25 mm,经酸洗粗糙化后,用六甲基二硅胺烷惰化,再以动态法涂渍 OV-101,经老化后装于 GC-R1A 气相色谱仪[7]。色谱进样口及检测室温度为 250℃,柱温 180℃,气体流量:N_2 18 mL/min,H_2 3 mL/min,空气 30 mL/min,柱后补充 N_2 20 mL/min,分流比 1∶20。

用上述色谱条件,测定仪器最低检出量。对同一样品等体积连续进样 10 次,测定进样误差。

b. 样本的制备

将棉籽(10 g)或土壤(50 g)粉碎过筛,于 100 mL 0.25 mol/L HCl 中煮沸回流 1 h,然后过滤,除去残渣,向棉籽样品中加 NaOH,使其 pH 值为 4,溶液中产生沉淀,过滤除去沉淀后,再将 pH 调至 1。土壤样本不调 pH,直接进行下一步操作。

经 CH_2Cl_2 萃取后,弃去水相。第一次浓缩至体积 3～4 mL(旋转蒸发器),转移至层析柱上,用乙酸乙酯:石油醚(3∶7)预淋,除去杂质。用乙酸乙酯:正己烷(7∶3)淋洗,并收集淋洗液。第二次浓缩至 3～4 mL(旋转蒸发器)。第三次浓缩至 1 mL 待测(K-D 浓缩器)。

c. 样本制备中的损失

在样本制备过程中,待测化合物的损失可能来源于受热分解、物理吸附或溶解于被弃去部分的液体中。为此,对制备棉籽样本的几个主要过程进行下列试验:

在三角瓶中加入 0.25 mol/L HCl 100 mL 及 CF、HOCF 各 5 μg,经煮沸回流、萃取后用气相色谱测定其含量,与未经煮沸的样本相比,计算酸解损失率。

将分别加有 ^{14}C 标记 CF、HOCF 的两份棉籽,按前法制备成分析样本,于每一步骤从欲弃去部分的液体中吸取 1 mL,依次加入各闪烁杯中(内有 5 mL 4% PPO/二甲苯溶液),经液闪计数器测定并计算其 cpm 值。待柱层析完毕后,再用洗脱能力更强的乙酸乙酯继续淋洗层析柱。其 cpm 值反映了层析柱吸附造成的损失.所测 cpm 值与原始添加量相比,即为各步骤损失率。最终样本与加入样本 cpm 之差值,减去各步损失率,反映了固体残渣、容器壁吸附造成的损失。试验前测定了水的淬灭效率。

d. 测定土壤及棉籽的空白样本、最低检出浓度、添加回收率,计算分析重复性并测定土壤及棉籽样本。

(3)呋喃丹在土壤中消解动态的测定

在 10 cm×10 cm 的花盆中加入 1 500 g 土样(相当于干土 1 350 g),播入棉籽 3 颗(出苗后只留 1 株)。施颗粒剂于棉籽四周,施药浓度分别为 0.5、1 ppm。每处理重复三次,将花盆埋在阳光充足的地块,生长条件与管理措施与棉田相同。

于施药后 0、1、4、6、9、12、18、23、29 天取土样,提取净化后进行测定。

二、结果和讨论

1. 在自制硅烷化玻璃毛细管柱上，农药无显著分解。CF、HOCF 的最低检出量均小于 0.2 ng(图 1)。将同一样品连续进样 10 次，用内标法及自标法(纯品定量法)测定进样重复性，结果列于表 1。

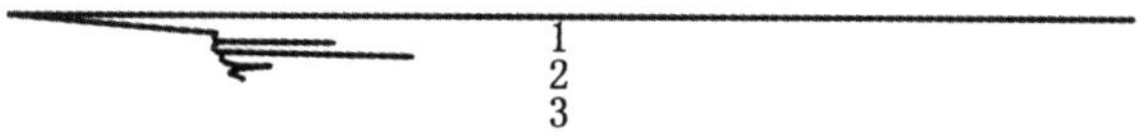

图 1 呋喃丹、3-羟基呋喃丹及内标物色谱图

Fig. 1:Chromatogram of CF, HOCF and internal standard

1. CF;2. 内标物;3. HOCF

表 1 进样重复性

Table 1 Reproducibility during injection

样品量(ng) / 进样序号	内标法		自标法	
	CF	HOCF	CF	HOCF
1	1.000	1.000	1.000	1.000
2	1.009	0.932	1.046	1.000
3	0.975	0.944	0.977	0.957
4	1.036	0.955	0.953	0.870
5	1.017	0.990	0.983	0.957
6	0.976	1.011	0.720	0.739
7	1.028	1.064	1.186	1.217
8	0.968	0.963	0.791	0.783
9	0.968	0.981	0.953	0.956
10	1.017	0.997	0.837	0.783
$\overline{X}$	0.999	0.984	0.952	0.926
$S(n-1)$	0.025	0.038	0.122	0.141

从表 1 可见，由于毛细管色谱进样量小，仪器稳定性差，自标法误差较大，以灭害威为内标物，用内标法可弥补这一缺陷。

2. 对空白棉籽及土壤样本提取净化后，其测定结果如图 2、图 3 所示。在 CF 与 HOCF 出峰时均无杂质干扰。尽管棉籽中干扰物质很多，但分辨率高的毛细管柱仍可将干扰峰与样品峰分开，不影响其定性定量测定。在棉籽及土壤样本进样量为 10 mg 的情况下，最低检出浓度均为 0.02 ppm。

图 2 棉籽空白样本(进样 10 mg)

Fig. 2 Unfortified cotton seeds sample

1. CF 2. 内标物 3. HOCF 纸速 3 mm/min

3. 土壤及棉籽回收率见表 2。平均回收率约为 80%，变异系数小于 20%，符合残留测定要求。

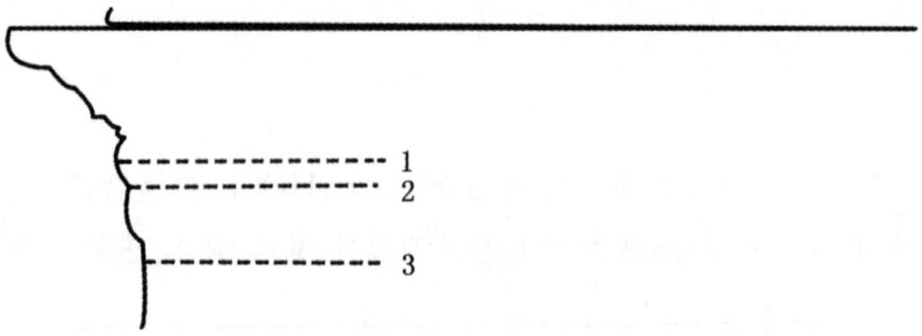

图 3　土壤空白样本(进样 10 mg)

Fig. 3　Unfortified soil sample

1. CF　2. 内标物　3. HOCF 纸速 5 mm/min

表 2　土壤和棉籽样本中呋喃丹及 3-羟基呋喃丹平均添加回收率

Table 2　Recoveries of CF and HOCF in cotton seeds and soil

样本	添加浓度(ppm)	重复次数	平均回收率 $\overline{X}$(%)		$S(n-1)$(%)	CV(%)
土壤	0.5 0.1 0.05	3	CF HOCF	94.2 82.7	8.28 8.51	8.8 9.5
棉籽	1.0 0.5 0.3 0.2 0.1	3	CF HOCF	83 88	13 10	15 12

4. 样本制备过程中各步骤损失见表 3。

表 3　样本制备过程中损失来源

Table 3　Sources of loss during sample preparation

损失来源	CF			HOCF		
	添加量	测出量	损失率(%)	添加量	测出量	损失率(%)
酸解	5 μg	4.32 μg	13.5	5 μg	4.80 μg	4.0
过滤时残渣及器皿表面吸附	322 135 cpm	32 849.9	10.3	414 600 cpm	47 622	11.4
萃取时遗留于水相中		5 170.5	1.6		27 094	6.5
第一次浓缩后遗留于蒸出溶剂中		2 009.7	0.62		2 256	0.5
柱层析时溶于预淋液中		217.5	0.067		1 488	0.36
吸附于层析柱上		186.6	0.058		15 657.6	3.7
第二次浓缩后遗留于蒸出溶剂中		1 163.2	0.36		1 003.2	0.24
第三次浓缩后遗留于蒸出溶剂中		4 180	1.2		4 433	1.1

从表 3 可见,CF 和 HOCF 的损失主要是由于酸解及固体物质吸附所造成,呋喃丹在中性条件下、温度高于 130℃时开始分解,但在酸性条件下分解的起点温度降低。Robinson[8] 曾观察到在 100℃时,CF 稳定范围为 pH 1.7～4.4,HOCF 为 pH 0.7～3.8。用 0.25 mol/L HCl(pH 0.8)煮沸回流 1 h,HOCF 稳定,而 CF 损失 10%～20%。本试验所测数据与上述结论符合,棉籽样本粉碎后表面积加大,其对农药有较强的吸附力,这是添加回收率损失的另一来源。此外,HOCF 的极性强于 CF,故遗留于萃取后的水相中及吸附在层析柱上的损失较 CF 多。

5. 与填充柱分析法相比，本方法测定过程简单，分析速度快，毛细管柱分离性能强，可有效地将干扰物质与样本分开，大大简化了样本净化过程。由于其柱内不含载体，内表面积小，易于钝化，故不必每天处理色谱柱或进行衍生化，给残留分析带来极大方便[9,10]。若实验改用石英毛细管柱，其寿命较玻璃毛细管柱长。

6. 在偏碱性的土壤中呋喃丹消解甚快，半衰期为 19～26 d，HOCF 在土壤中积累很少，1～6 d 含量较低，难以准确定量，第 8 天后未检出(图 4)。为进一步证实此现象，将 75%呋喃丹加入土壤中，使其浓度为 40 ppm。第 7 天测定，HOCF 含量仅为其母体的 0.3%。HOCF 为 CF 代谢中间产物，还可继续降解，碱性土壤加速了这种过程. 这一现象与文献报道相符[11]。

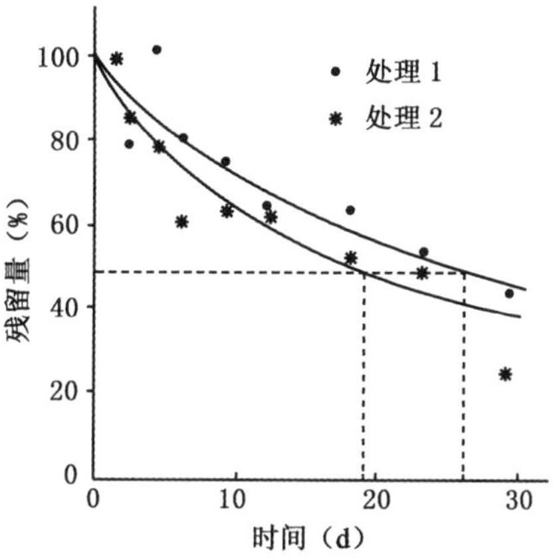

图 4 呋喃丹颗粒剂在土壤中的消解动态

Fig. 4 Disappearance of granular carbofuran in soil

7. 土壤和棉籽中农药的残留量。

从表 4、表 5 可见，土壤样本除秋初追施颗粒剂的小区测出呋喃丹含量为 0.047 ppm 外，其他小区土壤残留均小于 0.02 ppm。不同施药量和不同时间采集的棉籽样品中均未检出 CF 及 HOCF，这是由于偏碱性的土壤条件、施药距收获间隔时间长(大于 150 d)和棉花植株高大，造成对药剂的自然稀释所致。

表 4 呋喃丹在棉田土壤中的残留

Table 4 Residue of CF in soil

试验地点	施药剂量(kg/亩)	残留量(ppm)			
		1983 年		1984 年	
		CF	HOCF	CF	HOCF
山东济南	1.5			ND	ND
	3			ND	ND
	对照区			ND	ND
河北邯郸	2	ND	ND	ND	ND
	4	ND	ND	ND	ND
	对照区	ND	ND	ND	ND
河北河间	1.5	ND	ND	ND	ND
	3	ND	ND	ND	ND
	1.5+1.5			0.047	ND
	对照区	ND	ND	ND	ND

注：ND 为小于 0.02 ppm

表 5 呋喃丹在棉籽中的残留

Table 5 Residue of CF in cotton seeds

试验地点	施药剂量(kg/亩)	采样日期	残留量(ppm)			
			1983 年		1984 年	
			CF	HOCF	CF	HOCF
山东济南	1.5				ND	ND
	3	10 月下旬			ND	ND
	对照区				ND	ND
河北河间	1.5	9 月下旬	ND	ND	ND	ND
	3	10 月中旬			ND	ND
	1.5+1.5	10 月下旬	ND	ND	ND	ND
	对照区		ND	ND	ND	ND
河北邯郸	2	9 月下旬	ND	ND	ND	ND
	4	10 月中旬	ND	ND	ND	ND
	对照区	10 月下旬	ND	ND	ND	ND

注:1983 年将各次采集的样本分别测定;1984 年将三次采集的样本混合后再测定。

三、结论

毛细管柱分辨率高,给复杂的残留工作带来了极大的便利,既简化了样本的净化步骤,又减少了对农药的吸附或柱上分解。将毛细管柱与氮磷检测器相配合,可使许多氨基甲酸酯农药不经衍生化而直接分析,从而加快了分析速度,提高了回收率。

用本法分别测定了 CF 和 HOCF 在土壤和棉籽中的添加回收率,其结果符合残留测定要求。用同位素法测定回收率的损失时,^{14}C 标记农药未加载体稀释,故棉籽中添加浓度过低造成回收率偏低,但其结果仍可说明样本制备过程中各步骤的损失。

试验结果表明,呋喃丹在碱性土壤中消解较快,半衰期仅 20 天左右,按照推荐施药量在棉田使用呋喃丹,棉籽中的残留均低于检测限。

参考文献

[1] 农牧渔业部农药检定所残留室,农药检定,1,21(1984).

[2] 吴加伦,等. 环境科学学报,6(2),141(1986).

[3] Kuhr, R. J. et al., Carbamate Insecticides: Chemistry, Biochemistry and Toxicology, CRC Press, 1976.

[4] Seiber,J. N. et al., IRRI Research Paper Serles, No. 17, 1978.

[5] Cook,R. F.,Carbofuran,Analytical Methods for Pesticides and Growth Regulations(ed. by G. Zweig)Vol. 7. Academic Press,1973.

[6] Wehner,T. A. et al.,*J. H. R. C. & C. C.*,4,348(1981).

[7] 李重九等. 玻璃毛细管色谱柱在氨基甲酸酯农药残留分析中的应用. 北京农业大学学报 3,323(1986).

[8] Robinson,J. R. *J. Agric. Food Chem*,30,189(1982).

[9] Lee,Y. W. et al.,*J. Agric,Food Chem*,31,92(1983).

[10] 李本昌等. 农药检定, 1, 10(1984).
[11] Greenhalgh, R, et al. , *J. Agric. Food Chem*, 29, 231(1981).

Determination of Carbofuran and its Metabolite Residues in Cotton Seeds and Soil by Glass Capillary Column GC Technique

Li Chongjiu, Qian Chuanfan, Han Xilai
(*Institute of Applied Chemistry, Beijing Agricultural University*)

Abstract Glass capillary column coated with OV-101 was used to analyse carbofuran and 3-hydroxy carbofuran residues in cotton seeds and soil. The technique depressed the thermal decomposition and the absorption of the pesticides during the separation and could separate the components of interest from the interfering substances. The average recoveries of carbofuran and 3-hydroxy carbofuran in cotton seeds and soil using the technique were around 80 percent and the primary loss of the pesticides during the analysis was contributed to acid hydrolysis and absorption, according to the results of experiments using ^{14}C labeled pesticides.
Key words capillary column GC, carbofuran, pesticide residue, soil, cotton seeds

(注：此文原载于《环境科学学报》,1987,7(4),485-492)

涕灭威在棉籽和土壤中的残留研究*

韩农　钱传范　刘建波
（北京农业大学土壤农化系）

摘要　采用气相色谱火焰光度检测器测定了涕灭威及其有毒代谢物在棉籽和土壤中的残留，并对文献报道的方法作了改进。该方法的回收率为85%～105%。在棉籽和土壤中的最小检测量分别为0.006 ppm和0.004 ppm。

两年内在3个地区进行涕灭威在棉花上的田间和小区试验，结果表明，涕灭威主要滞留在0～10 cm的土壤中，最高检出量为0.039 ppm，而残留量与施药量呈正相关，在施药量大于1.2 kg/ha时，棉籽中有涕灭威检出，平均检出量为0.023 ppm，最高检出量为0.035 ppm。

涕灭威(Temik)，通用名为aldicarb，化学名称2-甲基-2(甲硫基)-0-(甲氨基甲酰基)丙醛肟，是高效高毒广谱性农药，具有杀虫、杀螨和杀线虫效能，在世界各国已大量使用，通常制成颗粒剂用作土壤处理。我国北方棉区在播种时同步施入涕灭威，可防治早期蚜虫，有效控制期约45天，麦收前可以不再施药。

涕灭威被植物根部吸收并传导到植株各部位，在植物体内先较快地被氧化成亚砜，进而缓慢地氧化成砜，然后水解成多种无毒的肟、腈、醛，醇和酸等水溶性产物，其中亚砜是杀虫活性的主要物质。涕灭威、亚砜和砜的毒性都很高，对小白鼠的口服LD_{50}分别为0.9、0.9和25 mg/kg，因此亚砜和砜均被认为是毒理学上有重要性的代谢物。研究它在作物和环境中的残留时，必须同时考虑以上3个化合物。

涕灭威在作物中残留的气相色谱分析方法国内尚未见有报道，作者参阅了有关文献[4,8-11]，对涕灭威在棉籽和土壤中残留的分析方法进行了研究，并于1983和1984两年在3个地区进行了田间试验，以了解使用涕灭威后在棉籽和土壤中的残留，为收获后的棉籽能否食用及棉田土壤是否被污染提供科学依据。

一、涕灭威在棉籽和土壤中残留的测定方法

用过氧乙酸氧化剂将样本中的涕灭威和亚砜定量地氧化成涕灭威砜，以涕灭威砜量计算涕灭威的总量。

1. 仪器和试剂

GC-6A型气相色谱仪，配有火焰光度检测器和394 nm硫滤光片。

丙酮、二氯甲烷和石油醚均为分析纯、重蒸，氟罗里硅土(60～100目)，无水硫酸钠，10%碳酸氢钠水溶液。

过氧乙酸氧化剂：1∶1(*V*/*V*)冰醋酸和30%过氧化氢，混合前加1%浓硫酸于双氧水中，配制后4

* 本文的田间试验是在河北农业大学庄建国老师协助下进行的，部分土壤样本由曹荣同志测定，特此致谢。本工作承韩熹莱先生指导，特此致谢。

小时方可使用，避光贮存，每隔 7 天重新配制。

涕灭威、涕灭威亚砜和涕灭威砜标准样品由美国联合碳化公司提供，纯度分别为 99.4%、99.8%和 99.9%。用丙酮配制标准溶液。

2. 样本制备

土壤样本：土样过 40 目筛，称取相当 100 或 150 g 土壤干样于 500 mL 具塞三角瓶中，加 300 mL 1：1 丙酮-水溶液，在振荡器上提取 3 小时后浸渍过夜，将上清液滤入 200 mL 量筒，准确量取 150 mL 滤液（相当 50 或 75 g 干土样）于 500 mL 具塞三角瓶中，加 8 mL 过氧乙酸氧化剂，在磁力搅拌器上搅拌氧化半小时，加入 80 mL 10%碳酸氢钠溶液，再搅拌 20 分钟，加入 50 mL 蒸馏水后转入 500 mL 分液漏斗。用二氯甲烷萃取 3 次，用量分别为 50、50 和 30 mL，下层有机相经 20 g 无水硫酸钠床滤入干燥的圆底烧瓶，最后以 20 mL 二氯甲烷冲洗无水硫酸钠床。将接收液在旋转蒸发仪上浓缩至近干，加入少量丙酮溶解残渣并转入 K. D. 浓缩瓶中，浓缩并定容至 1 mL，待进样测定。

棉籽样本：棉籽经浓硫酸脱去细绒后，用自来水冲洗至中性，阴干、粉碎，称取 50 g 样本于 500 mL 具塞三角瓶中，加 300 mL 丙酮和 20 g 无水硫酸钠，振荡提取 4 小时后浸渍过夜，倾出上清液，在离心机上中速离心 5 分钟，过滤。准确量取 150 mL 滤液（相当 25 g 棉籽样本）于 500 mL 具塞三角瓶中，加 4 mL 过氧乙酸氧化剂，搅拌半小时，加入 40 mL10%碳酸氢钠溶液，再搅拌 20 分钟，提取液用 150 mL 蒸馏水转入 500 mL 分液漏斗，加二氯甲烷萃取 4 次，用量分别为 50、50、40 和 40 mL，萃取液经无水硫酸钠床收集于圆底烧瓶中，用 20 mL 二氯甲烷冲洗无水硫酸钠床后，在旋转蒸发仪上浓缩，用二氯甲烷定容至 50 mL，准备过柱净化。

玻璃层析柱规格 1.5 cm×18 cm，柱内依次填充 2 cm 无水硫酸钠，13 cm 未活化的氟罗里硅土，2 cm 无水硫酸钠，干法装柱。用 10 mL 二氯甲烷预淋后，加入 50 mL 含涕灭威砜的二氯甲烷溶液先以 50 mL 2：8 丙酮-石油醚淋洗，弃去该淋洗液，再用 60 mL 1：1 丙酮-石油醚淋洗，并开始接收。该淋洗液中含涕灭威砜（淋洗曲线见图 3(2)），将接收液减压浓缩至近干，用丙酮定容到 0.5～1 mL，待进样测定。

3. 气谱条件

玻璃色谱柱长 2 m，内径 3 mm，柱内填充涂有 4% Carbowax 20M 的 Gas Chrom Q(60～80 目)。进样口温度 300℃，检测室温度 260℃，柱温 160℃，氮气流速 60 mL/分，空气流速 30 mL/分，氢气流速 50 mL/分。在气化室的石英管中填充少许玻璃棉经常更换并清洗[4]。

在上述气谱条件下，涕灭威砜的保留时间为 6.5 分钟，用外标法定量，以峰面积(mv・sec)对进样量(ng)作图，在 2.22×10^{-9}～13.33×10^{-9} g 范围的标准曲线见图 1。标样检出限为 2.22 ng，最大进样体积 8 μL，土壤和棉籽样品的最小检出浓度分别为 0.004 和 0.006 ppm。

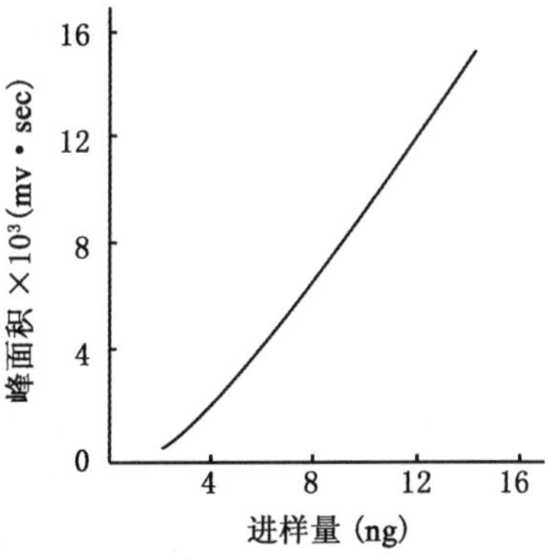

图 1　涕灭威砜标准曲线

4. 回收率试验

氧化效率 分别添加定量涕灭威、涕灭威亚砜于丙酮中，加入过氧乙酸氧化剂搅拌半小时，再加入10%碳酸氢钠溶液，搅拌20分钟后转入分液漏斗，用二氯甲烷萃取3次，减压浓缩后，用丙酮定容，进样测定，用下列公式计算氧化效率：

$$\text{氧化效率}(\%) = \frac{\text{测得的涕灭威砜量}}{\text{标样添加量} \times \text{分子量转换因子}} \times 100 \qquad (1)$$

式中的分子量转换因子为涕灭威砜与被氧化物分子量的比值，对涕灭威为1.17，对涕灭威亚砜为1.08，本试验分别用涕灭威及涕灭威亚砜各10 ng，3次重复平均的实测值依次为11.95及10.4 ng，氧化效率依次为102.1%及96.3%，均高于95%。

回收率 按上述土壤、棉籽样本制备方法和气谱条件，进行空白试验，空白土壤和棉籽中均无干扰峰(图2-a、图2-b、图2-c)。

在土壤和棉籽空白样本中分别添加涕灭威、亚砜和砜的标样进行回收率试验，每种标样的添加浓度为1、0.1和0.05 ppm，每个浓度重复3～4次。按(1)式进行计算，土壤和棉籽的平均回收率均在85%～105%(表1)。

表1 平均回收率

样本	添加浓度(ppm)	平均回收率(%)		
		涕灭威	涕灭威亚砜	涕灭威砜
土壤	1	99.2±1.8	105.2±3.7	85.6±0.78
	0.1	97.9±5.93	91.3±5.4	88.0±9.3
	0.05	98.3±14.9	95.9±7.9	97.0±5.0
棉籽	1	107.8±5.4	85.9±4.9	93.5±6.5
	0.1	104.5±7.3	96.6±7.1	97.0±1.4
	0.05	104.0±6.8	101.0±0.2	98.0±2.8

二、涕灭威在棉花上的残留试验

田间试验分别于1983年在河北省石家庄、晋县和1984年在束鹿县进行，采用国产5%颗粒剂和进口15%颗粒剂两种制剂。石家庄试验地为砂壤土，有机质含量1.22%，pH 8.45。施药方式分为沟施和拌种。设沟施0.5、1、1.5，拌种0.54，0.81 kg/ha(均指有效成分，下同)和对照共6个处理，每处理重复3次共18个小区，小区面积为5 m×5 m，采用随机排列方式。棉花品种冀棉8号，播前棉籽浸种催芽，于1983年4月25日播种时施药，开沟条播，每小区播6行，播时0～20 cm土层平均含水量为11%。于10月7日施药后167天采摘棉花，脱绒后按四分法取样0.5公斤，于－20℃低温保存。土壤取样在垂直方向分为0～10、10～20和20～40 cm三层，水平方向则分别在施药沟内、沟外取样，沟外取样在距沟沿15～20 cm处。用土钻采样，每小区随机采取20～25个土芯，按四分法取1公斤样，再将相同处理、不同小区的土样均匀混合后按四分法取样1公斤，于－20℃低温保存。晋县试验采用拌种处理，设0.6、0.9、1.2 kg/ha和对照4个处理，小区面积3～5亩不等，棉花品种为冀棉2号。

束鹿县试验地为粉砂壤土，有机质含量1.08%，pH8.17。设沟施0.5、0.75、1.0、1.5，拌种0.68 kg/ha及对照6个处理，共18个小区，小区面积4 m×8 m，播种时表层土壤平均含水量为18%，棉花品种为冀棉7号。于9月12日施药后142天采摘棉花，同时取沟内0～15 cm层次土壤样品。为验证小区试验的结果和比较不同耕作管理措施对涕灭威残留的影响，在束鹿县还进行了6个区共137亩的大田试验。

三、结果与讨论

本试验对涕灭威的气相色谱分析方法作了一些改进。在土壤样本处理过程中省略了国内外均采用的氟罗里硅土柱纯化步骤，杂质峰虽有增加，但经改变气谱条件后并不影响涕灭威的定量（图2-c、图2-e）。

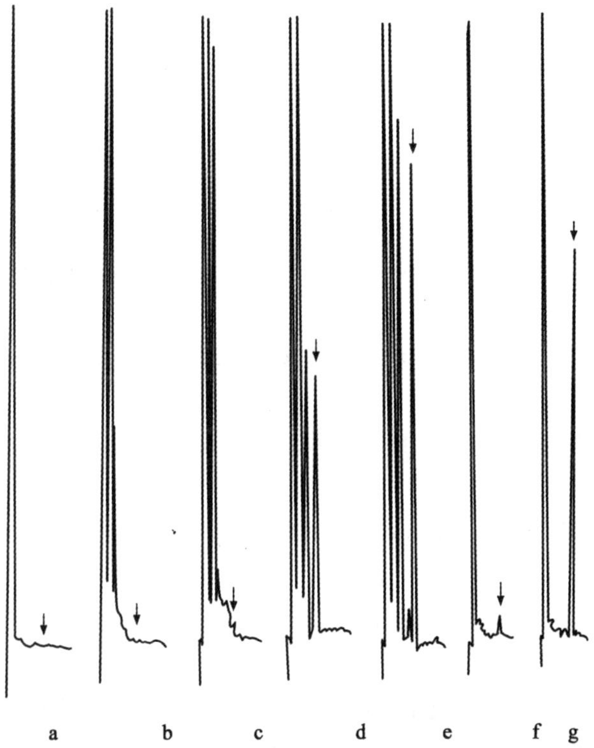

图2　涕灭威砜、空白和样本的色谱图

a. 试剂空白　b. 棉籽空白（125 mg棉籽）　c. 土壤空白（300 g土壤）

d. 棉籽样本（0.035 ppm）　e. 土壤样本（0.039 ppm）　f. 2.22 ng标样　g. 13.32 ng标样

棉籽样本的提取溶剂国外普遍采用毒性较大的乙腈[8-10]或其他的混合溶剂[6]，作者最初采用丙酮-水作提取剂，但萃取时产生严重的乳化现象，后以二氯甲烷、三氯甲烷、丙酮以及它们的混合溶剂进行试验，以丙酮作提取剂较为理想，不仅能完全消除乳化现象，回收率试验也均满意（表1）。

验证了几种较有代表性的柱纯化方法，这些淋洗方法均较繁琐，且淋洗效果不佳[4,8,11]。作者增加了氟罗里硅土的用量，同时加大了淋洗剂的极性而减少了用量。图3(1)是采用15 g氟罗里硅土，加入了100 mL含涕灭威砜的二氯甲烷溶液，依次用70 mL 3∶7和150 mL 2∶3丙酮-石油醚淋洗，接收2∶3丙酮-石油醚馏分得到的淋洗曲线，该淋洗方法虽有了改进，但药剂的分布谱较宽，而图3(2)是采用本文淋洗方法得到的淋洗曲线，药剂集中在前面40 mL内。

经试验，不论是土壤样本或棉籽样本，氧化剂加入量在2～10 mL间，氧化时间在15分钟至2小时内对氧化效率无明显影响。10%碳酸氢钠溶液加入量和氧化剂数量10∶1的比例较为合适，碳酸氢钠溶液过量易使涕灭威砜分解。此外，处理后的样本要尽快测定，以防止农药分解。

棉籽中涕灭威的残留量 两年3地的试验中仅在1.2 kg/ha以上剂量区检出涕灭威,平均检出量为0.025 ppm,最高检出量0.035 ppm。我国尚未制订涕灭威在棉籽中的残留标准,美国、巴西、阿根廷等国规定棉籽中的最高允许残留量为0.1 ppm[5]。本试验表明,在华北平原耕作管理措施下,施用剂量在1.5 kg/ha以下,播种时施药1次,或播种时和播种后2周各施药0.75 kg/ha,棉籽中涕灭威残留不会超过0.1 ppm,而庄建国报道,0.75 kg/ha剂量的涕灭威已能有效地防治棉蚜,在该剂量下,所有棉籽样本中涕灭威残留均在检出限以下。

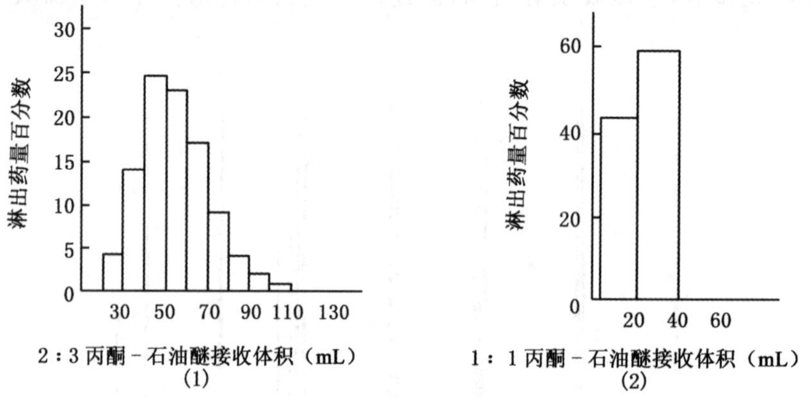

图3 涕灭威砜的淋洗曲线

土壤残留结果 施药沟外各层次土壤样本的残留均在检出限以下,施药沟内0～10 cm层次样本均检出残留,但数量甚小,最高残留量为0.039 ppm,施药量和土壤残留量间呈明显的正相关。沟内10 cm以下层次在1 kg/ha以下剂量组均未检出,只有在1.5 kg/ha高剂量处理区的土壤中,10～20 cm和20～40 cm层次分别为0.008 ppm和0.005 ppm。涕灭威、其亚砜和砜的水溶性都较高,在25℃时它们的溶解度分别为6 000 ppm、33 000 ppm和8 000 ppm,美国已有涕灭威经淋溶污染地下水的报道[1～3,7,12]。一般来说,如防治作物线虫时,用药量大(每公顷2公斤以上),土壤酸性,砂土质地,地下水位高,施药后降雨量大等几个条件综合起来,则涕灭威可被淋溶污染地下水,但在华北平原棉田中,涕灭威使用剂量不大,土壤为碱性壤土(pH 8.2～8.45),地下水位不高,施药后降雨量不大,对地下水污染的可能性是较小的,只有1.5 kg/ha高剂量处理组,在20～40 cm土壤中仍检出5 ppb涕灭威。

试验结果还表明,不同的施药方式和不同的播种方式,对涕灭威在棉籽和土壤中的残留量影响不大。

参考文献

[1] Anonymous 1979 Pestic. and Toxic. Chem. News, 2(40)25.
[2] Anonymous 1982 Pestic. and Toxic. Chem. News, 10(43)22.
[3] Anonymous 1983 Time Standard, 19, June.
[4] Dejonckheere W. et al. 1982 Pestic. Sci. , 13, 341.
[5] FAO 1979 Pesticide residue in food.
[6] Maitlen J. C. et al. 1982 J. Agric. Fcod chem. , 30, 589.
[7] Rothschild E. R. et al. 1982 Ground Water 20(4)437.
[8] Union Carbide Corporation 1970 Aldicarb-FPD-soil and Aldicarb-FPD-cots analytical series.

[9] Union Carbide Corporation 1971 Aldicarb-FPD-soil, April.
[10] Union Carbide Corporation 1973 Aldicarb-FPD-soil(short)May.
[11] Woodham D. W. et al. 1973 J. Agric. Food Chem. ,21,604.
[12] Zaki M. H. et al. 1982 Am. J. Public Health,72(12),1391.

The Residues of Aldicarb in Cotton Seeds and Soil

Han Nong Qian Chuanfan Liu Jianbo
(*Dept. of Soil Science and Agricultural Chemistry*)

The toxic residues of aldicarb in cotton seeds and soil were investigated by a modified gas chromatographic-flame photometric detection procedure. The recovery of the method ranges from 85% to 105% and the limits of detection in cotton seeds and soil are 0.006 ppm and 0.004 ppm respectively. The soil residues, as high as 0.039 ppm, mainly existed in 0～10 cm layer where the pesticide was applied and there was a positive linear correlation between the applied dosage and the residues. The highest residue of aldicarb in cotton seeds was 0.035 ppm and the average was 0.025 ppm only when the applied dosage was higher than 1.2 kg/ha.

（注：此文原载于《植物保护学报》,1987,14(2),131-136）

高效液相色谱法预测有机化合物在正辛醇-水中的分配系数

刘建波　钱传范

（北京农业大学）

摘要　用 RADIAL-PAK C_{18}反相柱、流动相为75％甲醇＋25％水，流速2.0 mL/min的高效液相色谱系统，研究了28种不同类别的有机化合物的保留时间（t_R）与其在正辛醇-水中的分配系数（K_{ow}）的关系。lg t_R 和 lg K_{ow}之间有较好的线性关系。结果表明，用高效液相色谱法可以快速简便地预测有机化合物的 K_{ow}。

有机化合物，尤其是具有环境污染潜在性的农药和工业排放物，在正辛醇-水中的分配系数（K_{ow}）是制约它们在环境中迁移行为的重要物理化学参数之一。K_{ow}可以用（1）式表示：

$$K_{ow} = \frac{C_{正辛醇}}{C_{水}} \tag{1}$$

式中，$C_{正辛醇}$、$C_{水}$ 分别为一定温度下有机物质在正辛醇和水中平衡时的摩尔浓度。

按照 Nernst 分配定律，（1）式只适合于单分子溶质所形成的溶液，如果化合物在正辛醇或水中部分解离或缔合，那么（1）式则为：

$$K_{ow} = \frac{(1 - a_{正辛醇})C_{正辛醇}}{(1 - a_{水})C_{水}} \tag{2}$$

式中，$a_{正辛醇}$和 $a_{水}$ 分别表示化合物在正辛醇和水相中的解离度或缔合度。K_{ow}在应用时通常以对数单位表示。

K_{ow}反映了有机物质疏水性或亲脂性的大小。K_{ow}越大，说明该化合物越易溶于非极性介质，环境保护工作者经常用 K_{ow}估计一种化合物的生物积累性。K_{ow}和诸如水溶解度（WS）、土壤有机吸附系数（K_{oc}）、生物浓缩因子（BCF）等其他与环境有关的物理化学参数之间，具有高度的相关性，应用数学方法，这些参数之间还可以相互推导和计算。

K_{ow}作为有机物质的基本物理化学参数，可以用来估计它们在环境中的变迁行为，特别是在水-土系统中的迁移趋势，它也是预言有机污染物在环境中归宿以及结构活性定量相关性的数学模式中必不可少的参数[1]。

测定 K_{ow}的经典方法是振荡烧瓶（shake-flask）法，但这种方法只适用于lgK_{ow}在－2.5～4.5范围的化合物，对具有表面活性作用或水溶性极小（lg K_{ow}＞6）的化合物，K_{ow}的测定是难以进行的，操作过程也比较繁琐、费时[2]。

一种有机物质在反相柱（C_8，C_{18}）上的色谱过程，基本上也是化合物在非极性物质（固定相）和极性物质（流动相）之间的分配过程。K_{ow}与液相色谱保留容量（$K'=(t_R-t_0)/t_0$）或 t_R 之间有高度的相关性[3-7]，因此可以通过 K'或 t_R 比较准确地预测 K_{ow}[2]，同时这种方法也弥补了振荡烧瓶法的不足，本文通过考查二十八种有机化合物在高效液相色谱上的行为，确立了它们的 t_R 和 K_{ow}之间的线性回归方程，并对 K_{ow}进行了预测。

实验部分

1. 材料

所用溶剂全部用全玻璃容器重蒸馏。化合物标准样品主要由美国环保局和瑞士 Ciba-Geigy 公司农药部提供。

2. 仪器

Waters 系列高效液相色谱器，附有 U6K 进样器和 730 数字处理仪，Lambda-Max 481 可变波长分光光度检测仪，C-18 Radial-Pak 色谱柱（10 cm×8.0 mm 直径）。

3. 色谱条件

流动相为 75%甲醇＋25%水（V/V），流速 2.0 mL/min。苯基取代尿素类化合物检测波长为 245 nm，苯系物为 254 nm，其他化合物通过紫外光谱仪扫描后选择最大吸收波长。

4. 实验步骤

用甲醇把被测化合物配制成 20 μg/mL 的标准溶液，选样 10 μL。对于响应值较低的样品，可以适当加大进样量，进样后，用秒表准确记录化合物的保留时间（t_R）。

结果与讨论

为使本方法能够简单易行、迅速而且通用，应该使用商品化的仪器和色谱柱。反相柱的选择应根据化合物在不同反相柱上的 t_R 和 K_{ow} 相关关系的好坏而定。由于条件的限制，实验未能对反相柱进行细致的筛选。

流动相的选择，是由被测化合物极性的大小决定的，选择不当，会导致过长的保留时间而影响试验结果。在常用的洗脱溶剂中，甲醇对反相高效液相色谱的分配过程干扰最小[2,8,10]。作者选用了 75%甲醇＋25%水作为流动相，而且未用预柱，使得象滴滴涕（DDT）、滴滴伊（DDE）等一些极性很小的化合物能够在 30 min 内出峰。

通过测定各化合物在高效液相色谱上的保留时间，建立了 t_R 和 K_{ow} 之间的关系（表 1）。

表 1 化合物的 t_R 值和 K_{ow} 值

化合物	lg t_R	lg K_{ow}	参考文献	化合物	lg t_R	lg K_{ow}	参考文献
乙酸乙酯	0.000	0.34	11	氯蜱硫磷	1.070 4	5.11	12
苯氰	0.315 6	1.56	11	皮蝇硫磷	1.030 5	4.33	12
苯	0.456 1	2.01	11	对硫磷	0.638 5	3.81	12
对二甲苯	0.744 3	3.50	4	异狄氏剂	1.100	5.34	7
甲苯	0.584 3	2.69	4	伏杀硫磷	0.720 3	4.30	12
邻二甲苯	0.718 8	3.12	4	甲氧隆	0.245 3	1.54	*
溴苯	0.611 0	2.99	4	灭草隆	0.303 3	1.89	*
萘	0.690 2	3.30	4	枯莠隆	0.377 2	2.54	*
对氧二苯	0.699 8	3.38	4	绿麦隆	0.379 0	2.38	*
滴滴涕	1.353 5	6.19	3	秀谷隆	0.377 1	2.32	*
滴滴伊	1.483 0	7.20	1	敌草隆	0.421 4	2.58	*
氟乐灵	1.093 4	5.05	7	氯溴隆	0.528 7	3.30	*
马拉松	0.452 3	2.89	12	枯草隆	0.549 1	3.70	6
杀螟松	0.524 0	3.38	12	草不隆	0.616 0	4.10	*

* 作者用 shake-flask 法测定值

对表 1 中的数据进行统计分析，可以得到线性回归方程：

$$\lg K_{ow} = 4.231\,9 \lg t_R + 0.673\,7 \qquad (n = 28, \gamma = 0.965\,8) \tag{3}$$

这些化合物 lg t_R 和 lg K_{ow} 之间的相关系数为 0.9658，两项之间有明显的线性关系（图 1）。因此，通过化合物在高效液相色谱上的保留时间可以简单而又快速地估计 K_{ow}。

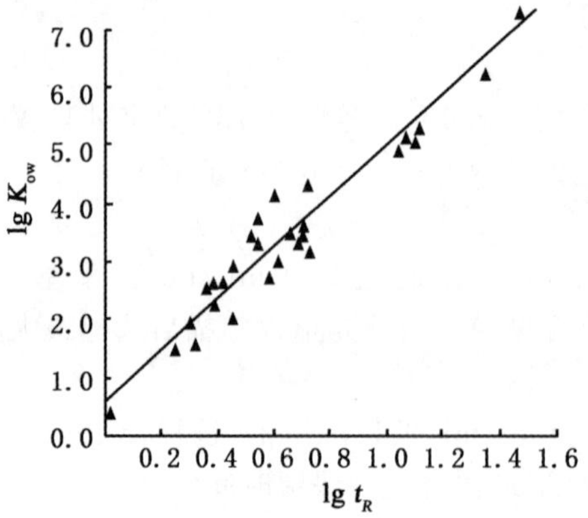

图 1 被测定化合物的 lg t_R 和 lg K_{ow} 的关系

为使化合物的 lg t_R 和 lg K_{ow}有更好的相关性，无论使用何种系列的反相高效液相色谱估计化合物的 K_{ow}，都需要用已知 K_{ow}的化合物与其相应的 t_R 值建立校正曲线[2,5]。基准化合物越多，估测的准确性越高。为了达到上述目的，需要对被测化合物进行分组或者建立两条校正曲线[2,5]。

在选择基准化合物时，应考虑如下条件：

1. 被选化合物在所用检测器上有较高的响应值；

2. lg K_{ow}要有较大的变化范围，尤其是在估计有机物的 K_{ow}时，应该选择如滴滴涕、滴滴伊等具有较大的 lg K_{ow}的化合物作基准，使得校正曲线有较大的范围；

3. 被选化合物在液相色谱流动相的 pH 范围内不分解；

4. 尽可能选择母体结构、取代基变化与被测化合物相似的物质作基准[2]。

根据上述条件，把表 1 中的化合物分为两组进行分析，并建立了校正曲线（表 2、表 3）。

表 2 第一组化合物 lg K_{ow}的预测值

化合物	lg t_R	lg K_{ow}实	lg K_{ow}预	Δlg K_{ow}
苯氰	0.315 6	1.56	1.47	0.09
甲苯	0.584 3	2.69	2.78	0.09
萘	0.690 2	3.30	3.29	0.01
皮蝇硫磷	1.030 5	4.88	4.94	0.06
滴滴伊	1.483 0	7.20	7.14	0.06
萘	0.456 1	2.01	2.15	0.14
对二甲苯	0.744 3	3.50	3.55	0.05
溴苯	0.611 0	2.99	2.90	0.09
对氯二苯	0.699 8	3.38	3.34	0.04
滴滴涕	1.353 5	6.19	6.51	0.32
氟乐灵	1.093 4	5.50	5.25	0.25
氯蜱硫磷	1.070 4	5.11	5.14	0.03
异狄氏剂	1.100	5.34	5.28	0.06

表 3 第二组化合物 lg K_{ow}的预测值

化合物	lg t_R	lg K_{ow}实	lg K_{ow}预	Δlg K_{ow}
甲氧隆	0.245 3	1.54	1.50	0.04
绿麦隆	0.379 0	2.38	2.40	0.02
氯溴隆	0.528 7	3.30	3.41	0.11

续表 3

化合物	$\lg t_R$	$\lg K_{ow}$实	$\lg K_{ow}$预	$\Delta\lg K_{ow}$
草不隆	0.616 0	4.10	4.00	0.10
灭草隆	0.303 3	1.89	1.89	0.00
枯莠隆	0.377 2	2.54	2.39	0.15
秀谷隆	0.377 1	2.32	2.40	0.08
敌草隆	0.421 4	2.58	2.70	0.12
枯草隆	0.549 1	3.70	3.55	0.15

在第一组中，选择苯氰、甲苯、萘、皮蝇硫磷、滴滴伊五个化合物作校正，校正曲线为：

$$\lg K_{ow} = 4.8569 \lg t_R - 0.0601 (n = 5, \gamma = 0.9994) \quad (4)$$

利用(4)式对化合物 $\lg K_{ow}$ 预测的结果表明，第一组化合物除氟乐灵和滴滴涕外，$\lg K_{ow}$ 预测值与实际值一致(±0.14 对数单位)。在第二组苯基取代尿素除草剂中，选择了甲氧隆、绿麦隆、氯溴隆，草不隆四个化合物作校正，校正曲线为：

$$\lg K_{ow} = 6.760 \lg t_R - 0.1594 \qquad (n = 4, \gamma = 0.9967) \quad (5)$$

利用(5)式对第二组化合物 $\lg K_{ow}$ 预测的结果也表明，预测值与实际值一致(±0.15 对数单位)(表 3)。

同时，通过对被测化合物进行分组统计分析，可以看出，第二组的预测结果(偏差±0.15 对数单位)比第一组的结果(偏差±0.32 对数单位)更好，这正是由于第二组化合物属于同一个系列，它们的取代基和母体变化比较一致的结果。

利用反相高效液相色谱法，预测有机化合物的 $\lg K_{ow}$ 的误差不是单方面的。有机物在正辛醇-水之间的分配不是纯粹的物理过程，其在单相或双相中氢键的形成对分配系数有较大的影响。由于有机物的极性变化甚大，不同操作人员利用 shake-flask 法测定的 K_{ow} 也不尽一致，因而作为基准化合物的 $\lg K_{ow}$ 本身也存在一定的误差。从本方法来说，由于理想的无活性残基反相柱几乎是没有的，这就造成被测有机物很难不与反相柱中硅烷醇活性残基之间，通过氢键发生作用而影响预测结果。据文献报导[2]，可以向流动相中加入改良剂，如 N,N-二甲基辛胺来钝化硅烷醇活性点，以弥补这一缺点。

小　结

本文通过对 28 种有机化合物在反相高效液相色谱上 t_R 和 K_{ow} 关系的考查和分组进行线性回归分析，表明本方法可以用来预测有机物的 K_{ow}，预测结果与文献值基本一致，方法具有快速而简便的优点。

但本方法也有一定的局限性。例如建立校正曲线时，基准化合物本身的 $\lg K_{ow}$ 还需要通过其他方法获得；建立适合于大量有机物 K_{ow} 预测的校正曲线也比较困难等，但是，如果能够针对被测物质的分子结构，对其进行分组分析，结果还是满意的，其准确性可以满足评价有机物在环境中迁移行为的要求。

参考文献

[1] Tulp M Th M, Hutzinger O, 1978. Some Thoughts on Aqueous Solubilities and Partition Coefficients of PCB, and the Mathematical Correlation between Bioaccumulation and Physico-chemical Properties, *Chemosphere*, (10): 846-860

[2] Eadsforth C V, Moser P, 1983. Assessment of Reverse-phase Chromatographic Methods for Determining Partition Coefficients. *Chemosphere*, 72(11/12): 1459-1475

[3] Ellgehausen H, D'Hondt C, Fuerer R, 1981. Reverse-phase Chromatography as a General Method for Determining Octanol/Water Partition Coefficients. *Pestic.*, *Sci.*, 12(2): 219-227
[4] Wasik S P, Miller M M, Tewari Y B et al., 1983. Determination of the Vapor Pressure, Aqueous Solubility and Octanol/Water Partition Coefficient of Hydrophobic Substances by Coupled Generator Column/Liquid Chromatography Methods. *Residue Reviews*, 85: 29-41
[5] Veith G D, Austin N M, Morris R T, 1979. A Rapid Method for Estimating lg P for Organic Chemicals. *Water Res.*, 13(1): 43-47
[6] Briggs G G, 1981. Theoretical and Experimental Relationships between Soil Adsorption, Octanol-Water Partition Coefficients, Water solubilities, Bioconcentration Factors, and the Parachor. *J. Agric. Food Chem.*, 29: 1050-1059
[7] Dao T H, Lavy T L, Dragun J, 1983. Rational of the Solvent Selection for Soil Extraction of Pesticide Residues. *Residue Reviews*, 87: 91-104
[8] Karger B L, Gant J R, Hartkopf A, Weiner P H, 1976. Hydrophobic Effects in Reverse-phase Liquid Chromatography. *J. Chromatog.*, 128: 65-78
[9] Haky J E, Young A M, 1984. Evaluation of a Simple HPLC Correlation Method for the Estimation of the Octanol-Water Partition Coefficients of Organic Compounds. *J. Liq. Chromatog.*, 7(4): 675-689
[10] Mirrlees M S, Moulton S J, Murphy C T et al., 1976. Direct Measurement of n-Octanol-Water Partition Coefficients by High-pressure Liquid Chromatography. *J. Med. Chem.*, 79(5): 615
[11] Braumann T, Weber G, Grimme L H, 1983. Quantitative Structure-Activity Relationships for Herbicides: Reversed-Phase Liquid Chromatographic Retention Parameter, lg K_{ow} Versus Liquid-Liquid Partition Coefficient as a Model of the Hydrophobicity of: Phenylureas, s-Triazines and Phenoxycarbonic Acid Derivatives. *J. Chromatog.*, 267: 329-343
[12] Freed V H et al., 1979. Physical Chemical Properties of Several Organophosphates: Some Implication in Environmental and Biological Behavior. *Pestic. Biochem. Physiol.*, 70: 203-211

ESTIMATION OF *n*-OCTANOL/WATER PARTITION COEFFICIENTS FOR ORGANIC COMPOUNDS BY USING HIGH-PERFORMANCE LIQUID CHROMATOGRAPHY

Liu Jianbo Qian Chuanfan
(Department of Agrochemistry, Beijing Agricultural University)

Abstract A rapid and simple technique based on reverse phase HPLC has been developed to estimate the *n*-octanol/water partition coefficients of organic compounds. The logarithm of retention time(lg t_R) of twenty-eight organic compounds of various kinds on a reverse phase high-performance liquid chromatograpy system was shown to be linearly related to the logarithm of *n*-octanol/water partition coefficient (lg K_{ow}). The liquid chromatograph was equipped with a Radial-Pak C-18 reverse phase column, eluted with 25% water + 75% methanol(*V*/*V*) at a flow rate of 2.0 mL/min.

(注：此文原载于《环境化学》，1988，7(1)，23-27)

拟除虫菊酯多残留气相色谱分析方法的研究*

明九雪　钱传范　刘州龙

摘要　本文报道了一个简单快速的拟除虫菊酯多残留气相色谱分析方法。样本经提取净化后，用^{63}Ni电子捕获检测器测定，色谱柱为0.5 m×3 mm U形玻璃柱，固定液3%OV-101+3%Apeizon，担体为Gas Chrom Q 60～80目，对溴氰菊酯等6种拟除虫菊酯在19分钟内完全分离。经河川水、土壤、水果、蔬菜、谷物等13种样本测定回收率在80%～100%，变异系数为0.8%～8.7%，6种农药的最小检测量在1×10^{-12}～5×10^{-12} g。最低检出浓度在0.001～0.006 ppm。

关键词　拟除虫菊酯，多残留，气谱法

前言

拟除虫菊酯类杀虫剂是目前发展最快的农药类型之一。实用化的品种和应用范围都在迅速扩大，为适应食品卫生，环境保护，进出口商品检验等领域拟除虫菊酯类农药残留测定的要求，我们以苹果和土壤样本中4种拟除虫菊酯农药残留测定方法为基础进行了6种拟除虫菊酯农药在13种样本中的残留快速测定方法的研究。实现了氯菊酯、氯氰菊酯、溴氰菊酯，氰戊菊酯、联苯菊酯、功夫菊酯在苹果、苹果罐头、橘子、橘肉、橘皮、橘罐头、土壤、河川水、番茄、黄瓜、小麦、水稻、洋白菜样本中一次提取和一次色谱分离。

材料和方法

一、仪器和试剂

日本岛津GC-9A气相色谱仪，带^{63}Ni电子捕获检测器，旋转蒸发器，组织捣碎机，康氏振荡器。

丙酮、石油醚、无水硫酸钠、氯化钠、乙酸乙酯皆为分析纯，弗罗里硅土(60～100目，使用前于130℃活化48 h，不脱活，保存于干燥器中)。

试验药剂	纯度(%)	来源
氯菊酯(permethrin)	93.3	英国壳牌公司
氯氰菊酯(cypermethrin)	96.5	英国 Mitchell cotts 公司
溴氰菊酯(deltamethrin)	98.0	法国罗索·尤克福公司
氰戊菊酯(fenvalerate)	94.3	日本住友化学工业公司
联苯菊酯(biphenthrin)	97.3	美国 FMC 公司
功夫菊酯(cyhalothrin)	97.2	英国卜内门公司

二、分析方法

(一)提取

1.苹果样本[1-4]　称50 g切碎的苹果，放入高速捣碎机内，加入丙酮70 mL，捣碎2 min。抽滤，用

*本项研究获得科学基金资助。

少量丙酮洗涤滤渣，将滤液转入500 mL分液漏斗中，加入2%NaCl水溶液200 mL，用60～90℃石油醚50，25，25 mL分三次提取。将石油醚通过无水Na_2SO_4滤入圆底烧瓶中，用旋转蒸发仪在40℃左右减压浓缩近干。用少量石油醚溶解残留物，待净化。

2. 橘皮样本　称取25 g橘皮，切碎，放入高速捣碎机内，加水25 mL，加丙酮70 mL，捣碎3 min。其他操作步骤同苹果。

3. 苹果罐头、橘子、橘肉、橘罐头、洋白菜、番茄、黄瓜样本的提取方法与苹果样本相同。

4. 小麦、水稻样本　称取粉碎的小麦(水稻)样本20 g，放入滤纸筒内，在索氏提取器中用100 mL丙酮石油醚($V:V=1:1$)抽提4 h。冷却后将提取液转入500 mL分液漏斗中。其他操作步骤同苹果。

5. 土壤样本　称取过40目筛的土壤样本50 g，放入300 mL具塞三角瓶中，加入20 g无水Na_2SO_4，100 mL丙酮石油醚混合提取液($V:V=1:1$)，震荡2 h，抽滤，并用少量丙酮石油醚混合液洗涤滤渣。将滤液转入500 mL分液漏斗中，加入200 mL 2% NaCl水溶液。其余操作步骤同苹果样本。

6. 水样[5]　取100 mL河川水，放入300 mL具塞三角瓶中，加入5 g NaCl。100 mL石油醚，振荡1 h，将瓶中溶液转入500 mL分液漏斗中，分离，弃去水层，再用100 mL 50℃左右温水洗涤一次石油醚层，将石油醚通过无水Na_2SO_4层滤入圆底烧瓶中，用旋转蒸发仪在40℃左右减压浓缩近干。其余操作步骤同苹果样本。

(二)净化[1,6]

在1 cm×25 cm玻璃层析柱底部垫上少量脱脂棉，再从下至上分别装入2 cm无水Na_2SO_4，4 g弗罗里硅土，2 cm无水Na_2SO_4，轻轻墩实。用10 mL石油醚预淋，然后将石油醚提取液2 mL(相当于10样本)倒入层析柱中。用5%乙酸乙酯-石油醚混合液淋洗，从加入样本开始计算体积，接收0～50 mL淋洗液，该淋洗液直接进样测定或浓缩后测定。

(三)气相色谱测定

气相色谱测定条件：0.5 m×3 mm U形玻璃柱；固定液3% OV-101＋3% Apeizon；担体：Gas chrom Q60～80目；柱温：240℃；检测室温度：250℃；进样口温度：250℃；载气：高纯氯；流速：70 mL/min；灵敏度：10；衰减：2^2；纸速：1 mm/min。在此条件下6种菊酯的保留时间为：联苯菊酯3′2″；功夫菊酯4′9″；氯菊酯7′0″；氯氰菊酯10′4″；氰戊菊酯15′0″；溴氰菊酯19′0″(图1)。最小检测量及13种样本的最小检出浓度见表1。

表1　6种拟除虫菊酯的最小检出浓度和最小检测量

样本 / 最小检测量及最小检测浓度 / 农药品种	水果、蔬菜、罐头、水		橘皮		水稻、小麦、土壤	
	最小检测量(g)	最小检测浓度(ppm)	最小检测量(g)	最小检测浓度(ppm)	最小检测量(g)	最小检测浓度(ppm)
联苯菊酯	2×10^{-12}	0.002	2×10^{-12}	0.003	2×10^{-12}	0.003
功夫菊酯	1×10^{-12}	0.001	1×10^{-12}	0.002	1×10^{-12}	0.001
氯菊酯	2×10^{-12}	0.002	2×10^{-12}	0.003	2×10^{-12}	0.003
氯氰菊酯	4×10^{-12}	0.004	4×10^{-12}	0.008	4×10^{-12}	0.005
氰戊菊酯	5×10^{-12}	0.005	5×10^{-12}	0.010	5×10^{-12}	0.006
溴氰菊酯	3×10^{-12}	0.003	3×10^{-12}	0.006	3×10^{-12}	0.004

结果与讨论

一、色谱分析

本研究所选用的色谱柱在上述色谱条件下，对联苯菊酯、功夫菊酯、氯菊酯、氯氰菊酯、氰戊菊酯、溴氰菊酯的分离情况，峰形和保留时间见图 1。从图 1 可以看出，选用的色谱柱虽然只有 0.5 m，但对 6 种拟除虫菊酯农药分离效果很好，峰形近乎正态分布，出峰时间紧凑而相互之间没有干扰，保留时间适宜，不到 20 min 6 种菊酯即出峰完毕，说明该色谱柱分离效率高分辨率强。适于大量样品的快速分离。

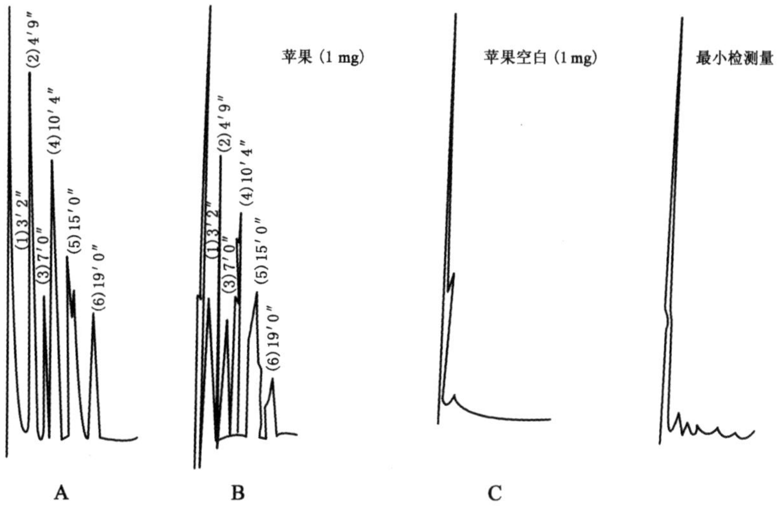

图 1

A 标样：[1]联苯菊酯(0.12 ng)；[2]功夫菊酯(0.12 ng)；[3]氯菊酯(0.8 ng)；
[4]氯氰菊酯(0.4 ng)；[5]氰戊菊酯(0.4 ng)；[6]溴氰菊酯(0.4 ng)

二、定量方法及结果计算

1. 定量方法：采用外标定量法，配制含 6 种浓度不同的拟除虫菊酯混合标准溶液。根据检样溶液的峰值(峰高或峰面积)，注入与该浓度近似的外标液，计算检样的含量。

2. 计算方法：各组分的残留量用以下公式计算。

$$C_x = \frac{h_x \cdot m_s \cdot V_{定}}{h_s \cdot V_{进} \cdot M_{样}}$$

式中，C_x：农药在样品中的浓度；h_x，h_s：未知样品与标样的峰高；m_s：标样进样量。$V_{进}$：未知样品进样体积；$V_{定}$：未知样品最终定容体积；$M_{样}$：未知样品量。

6 种拟除虫菊酯在 13 种样本中的添加回收率测定结果列于表 2，表 3，表 4。可以看出，6 种拟除虫菊酯在 13 种样本中按高、中、低三种浓度添加，重复三次所得平均回收率在 80%～100%，标准偏差的变化范围是±0.7%～7.0%，变异系数的变动范围在 0.8%～8.7%，结果说明本方法提取净化步骤的回收率是比较高的，重复可靠性也是比较好。

表 2　样本的添加回收率

项目 农药品名	添加浓度	苹果		苹果罐头		橘子		橘肉		橘皮	
	(ppm)	$\overline{X}$±S	C·V	$\overline{X}$±S	C·V	$\overline{X}$±S	C·V	$\overline{X}$±S	C·V	$\overline{X}$±S	C·V
联苯菊酯	0.03	81.0±1.5	1.9	82.0±3.6	3.2	81.2±1.9	2.3	84.5±3.4	4.0	78.4±3.3	4.2
	0.15	86.0±2.0	2.3	84.0±3.0	3.6	88.7±2.5	2.8	89.1±2.5	2.8	81.7±2.6	3.2
	0.3	93.7±1.5	1.6	92.7±5.9	6.4	94.8±1.5	1.6	96.1±1.2	1.2	93.1±2.9	3.1
功夫菊酯	0.03	85.7±3.0	2.3	81.0±4.4	5.4	84.3±2.5	3.0	87.7±4.1	4.7	90.2±3.6	4.0
	0.15	85.7±2.5	2.9	81.3±4.7	5.8	86.9±2.0	2.3	90.1±2.9	3.2	89.0±2.5	2.8
	0.3	95.0±2	2.1	90.0±7.8	8.7	95.6±3.7	3.9	94.5±1.6	1.7	77.9±3.5	4.5

续表 2

项目 农药品名	添加浓度(ppm)	苹果		苹果罐头		橘子		橘肉		橘皮	
		$\overline{X}$±S	C·V	$\overline{X}$±S	C·V	$\overline{X}$±S	C·V	$\overline{X}$±S	C·V	$\overline{X}$±S	C·V
氯菊酯	0.2	87.7±5.0	5.7	81.0±4.0	4.9	90.1±2.9	3.2	90.7±2.3	2.5	86.3±5.0	5.8
	1.0	90.7±2.5	2.8	83.7±7.0	8.4	85.8±2.6	3.0	89.9±1.2	1.3	82.9±3.6	4.3
	2.0	94.7±2.0	2.1	94.7±2.0	2.1	93.1±3.7	4.0	96.3±1.0	1.0	87.3±1.2	1.4
氯氰菊酯	0.1	83.0±3.6	4.3	79.0±3.6	4.6	86.1±2.7	3.1	92.7±2.8	3.0	82.7±3.6	4.4
	0.5	86.3±3.5	4.1	81.3±5.8	7.1	89.4±1.1	1.2	85.7±4.6	5.4	85.6±1.8	2.1
	1.0	89.7±2.0	2.2	90.3±4.2	4.7	95.9±2.3	2.4	91.9±2.0	2.2	87.1±2.3	2.6
氰戊菊酯	0.1	82.7±2	2.4	83.3±5.8	7.0	84.6±3.8	4.5	87.1±3.0	3.4	89±1.5	1.7
	0.5	85.7±5.8	6.8	87.0±4.0	4.6	90.1±3.1	3.4	89.6±1.8	2.0	80.9±2.6	3.2
	1.0	92.7±5.0	5.4	92.3±3.1	3.4	95.6±1.4	1.5	93.5±1.3	1.4	83.7±4.0	4.8
溴氰菊酯	0.1	82.3±3.8	4.6	86.0±6	7.0	91.2±2.2	2.4	92.1±2.5	2.7	82.1±4.5	5.5
	0.5	87.0±5.0	5.8	93.0±4.6	4.9	86.1±3.8	4.4	90.2±3.0	3.3	87.1±3.1	3.6
	1.0	92.3±4.9	5.3	93.3±1.5	1.6	93.4±1.4	1.5	94.5±2.1	2.2	83.5±2.6	3.1

表 3 样本的添加回收率

项目 农药品名	添加浓度(ppm)	橘罐头		洋白菜		番茄		黄瓜	
		$\overline{X}$±S	C·V	$\overline{X}$±S	C·V	$\overline{X}$±S	C·V	$\overline{X}$±S	C·V
联苯菊酯	0.03	86.3±2.2	2.5	82.3±1.5	1.8	80.7±1.2	1.5	81.2±1.9	2.3
	0.15	82.9±4.3	5.2	95.8±3.6	3.8	86.7±1.5	1.7	84.2±2.3	2.7
	0.3	91.9±2.5	2.7	97.7±3.2	3.2	94.3±1.5	1.6	91.9±1.2	1.3
功夫菊酯	0.03	91.3±5.0	5.5	80.0±1.0	1.3	83.1±4.0	4.8	82.5±4.0	4.8
	0.15	87.8±3.5	4.0	91.3±3.2	3.5	86.2±1.6	1.9	85.1±2.6	3.1
	0.3	95.3±1.3	1.4	78.3±3	3.8	92.6±3.5	3.8	95.2±1.3	1.4
氯菊酯	0.2	87.2±2.3	2.6	93.6±5.4	5.7	80.6±2.1	2.6	82.3±3.0	3.6
	1.0	90.6±1.9	2.1	94.8±1.7	1.8	85.1±3.2	3.8	87.1±2.1	2.4
	2.0	95.3±1.1	1.2	86.6±4.4	5.1	94.8±1.9	2.0	93.7±1.9	2.0
氯氰菊酯	0.1	87.8±1.8	2.1	90.4±3.3	3.7	81.1±2.3	2.8	82.8±3.5	4.2
	0.5	89.1±2.6	2.9	92.5±4.4	4.8	85.0±1.7	2.0	87.1±2.1	2.4
	1.0	93.4±2.0	2.1	84.0±5.6	6.7	90.9±2.7	3.0	96.1±1.3	1.4
氰戊菊酯	0.1	87.7±5.0	5.7	80.0±2.6	3.3	83.1±3.0	3.6	82.5±3.4	4.1
	0.5	85.5±1.8	2.1	91.6±3.7	4.0	86.3±1.3	1.5	87.1±2.7	3.1
	1.0	93.6±1.1	1.2	82.0±3.6	4.4	96.1±1.8	1.9	94.2±1.8	1.9
溴氰菊酯	0.1	90.1±3.3	3.7	88.5±6.1	6.9	83.1±2.0	2.4	84.0±3.1	3.7
	0.5	87.8±2.5	2.8	100±5.3	5.3	85.4±1.9	2.2	89.1±2.1	2.4
	1.0	95.1±2.1	2.2	91.2±3.9	4.3	96.1±1.2	1.2	95.0±1.4	1.5

表 4 样本的添加回收率

项目 / 农药品名	添加浓度 (ppm)	土壤		河川水		小麦		水稻	
		$\overline{X}\pm S$	C·V	$\overline{X}\pm S$	C·V	$\overline{X}\pm S$	C·V	$\overline{X}\pm S$	C·V
联苯菊酯	0.03	92.1±1.5	1.6	99.5±4.4	4.4	80.9±3.5	4.3	82.1±3.5	4.3
	0.15	87.2±3.5	4.0	86.1±2.8	3.3	84.2±2.7	3.2	86.2±5.0	5.8
	0.3	95.2±1.0	1.1	85.7±1.6	1.9	91.3±1.9	2.1	94.1±4.2	4.5
功夫菊酯	0.03	89.2±1.8	2.0	97.5±3.5	3.6	81.3±2.6	3.2	83.0±3.2	3.9
	0.15	90.2±4.0	4.4	84.4±1.6	1.9	84.2±1.9	2.3	86.5±1.9	2.2
	0.3	93.8±1.2	1.3	83.3±1.1	1.3	92.6±1.1	1.2	92.3±1.6	1.7
氯菊酯	0.2	90.1±2.3	2.6	93.0±3.6	3.9	83.2±2.8	3.4	81.9±3.7	4.5
	1.0	87.9±4.0	4.6	85.0±3.6	4.2	86.1±1.8	2.1	87.3±2.8	3.2
	2.0	94.8±1.9	2.0	82.2±4.7	5.7	92.7±2.3	2.5	95.1±1.2	1.3
氯氰菊酯	0.1	89.5±2.8	3.1	81.6±3.7	4.5	82.5±1.8	2.2	84.0±0.0	3.9
	0.5	87.8±1.7	1.9	83.1±2.8	3.4	84.6±2.3	2.7	89.0±1.2	1.3
	1.0	93.8±1.2	1.3	94.8±6.7	7.0	93.1±1.5	1.6	91.5±0.7	0.8
氰戊菊酯	0.1	90.1±1.9	2.1	85.2±3.0	3.5	84.2±2.6	3.1	82.9±5.6	6.8
	0.5	89.2±1.2	1.9	81.5±3.5	4.3	86.9±3.0	3.5	88.7±3.0	3.4
	1.0	95.1±2.0	2.1	82.8±4.0	4.8	94.6±1.2	1.3	92.9±1.2	1.3
溴氰菊酯	0.1	87.3±3.5	4.0	90.6±1.4	1.6	83.4±2.5	3.0	84.1±2.8	3.3
	0.5	90.6±2.3	2.5	84.4±5.0	5.9	86.5±1.6	1.8	87.6±2.1	2.4
	1.0	93.8±1.7	1.8	87.5±5.2	5.9	90.7±1.0	1.2	93.2±1.5	1.6

参考文献

[1] 钱传范,等.环境科学.1985,6(1):68～72
[2] Bernard D,等.J Agric Food Chem,1982,30:653～657
[3] Talekar Narayans. J of The AOAC. 1977,60(4):908～910
[4] Ralpa,Chapman et al. J of Chromalography. 1978,166:513～518
[5] Willy Dejonckheere et al. J Pestic Sci,1982,13:351～356
[6] Sammie Smith et al. J Agrie Food Chem,1983,31:610～612

Research on Multiresidue Analysis of 6 Pyrethroids in Different Samples by Using GC Method

Ming Jiuxue　Qian Chuanfan　Liu Zhoulong

Abstract　This article is about a simple and speedily analysis method of multiresidue of Pyrethroids. In this experiment GC-9A equipped with ECD was used to detect the residues of 6 Pyrethroids in 13 different samples (apple, orange, tomate, cucumber, wheat rice, soil, river water and so on). Under the given GC-conditions 6 Pyrethroids were completely seperated in 19 minutes. The recovery of method using in this experiment was 80%～100%. The coefficient of variation was 0.8%～8.7%. The limit of detection was 1×10^{-12}～2×10^{-12} g.

Key words　pyrethroids multiresidue; GC method

(注:此文原载于《北京农业大学学报》,1989,15(2),181-186)

20种农药在作物中多残留分析方法的研究*

沈在忠　钱传范
（北京农业大学）

摘要　报道了20种有机氯、有机磷和拟除虫菊酯类农药在作物中多残留气相色谱分析方法。9种有机磷农药的最低检测浓度为0.34～22.30 ppb。8种有机氯农药为0.13～9.76 ppb，8种拟除虫菊酯为1.63～17.00 ppb。20种农药在四种作物上的添加回收率大于80%，仅敌敌畏与速灭磷在低浓度（0.05 ppm）时，回收率偏低，变异系数都小于10%。

关键词　多残留分析；有机氯；有机磷；拟除虫菊酯农药。

国内外对农药多残留分析技术进行了许多研究，AOAC[1]和FDA[2]已建立了比较完善的农药多残留分析方法。但这些方法需用毒性较大的乙腈为提取剂，溶剂用量大、步骤复杂、分析时间较长。近年来，Luke[3]用丙酮为提取剂，利用气相色谱检测器的选择性，简化了实验过程，建立了快速检测有机磷和有机氮农药的分析方法。随着气相色谱的发展，Luke[4]采用选择性好的Hall检测器使实验过程进一步简化，快速。但Hall检测器未普及，应用上受到很大限制。我国在农药多残留分析方法上也作了许多研究。我们根据不同检测器对样品纯化要求不同，以及在纯化的同时分离不同类型农药的特点，对较常用的有机磷和拟除虫菊酯农药及有机氯农药的分析方法进行研究，探讨。

材料与方法

1. 试验材料

(1)仪器

GC-6A气相色谱仪，带火焰光度和电子捕获检测器，组织捣碎机，康氏振荡仪，旋转蒸发仪。

(2)试剂

丙酮（分析纯）加高锰酸钾重蒸，石油醚和二氯甲烷（分析纯）于全玻璃系统内重蒸。苯（分析纯），无水Na_2SO_4（分析纯）于700℃下烘5 h。中性氧化铝（80～100目，层析用），先在500℃下烘4 h，使用前在130℃下烘4 h，保存于干燥器内。硅胶（80～110目，层析用），在130℃下烘2 h，保存于干燥器内。

(3)农药标样及样本

敌敌畏（99%），速灭磷（97%），二嗪磷（98%），乐果（99%），甲基对硫磷（99%），杀螟硫磷（99%），对硫磷（99%），喹硫磷（99%），乙硫磷（95%），氯氰菊酯（95%），氰戊菊酯（95%），溴氰菊酯（100%），α-六六六，β-六六六，γ-六六六，δ-六六六，p，p′-滴滴依，o，p′-滴滴涕，p，p′-滴滴滴，p，p′-滴滴涕均为99%以上。苹果，黄瓜，面粉，大米。

2. 分析步骤

(1)提取和纯化

a. 苹果和黄瓜

称取50 g切碎样本，加入100 mL丙酮，在高速捣碎机上捣碎2 min，过滤，再用20 mL丙酮洗涤残

* 国家自然科学基金资助项目。

渣及器皿，合并滤液。

将滤液移入 500 mL 分液漏斗，加入 250 mL 2%硫酸钠水溶液，振荡，依次加入 30 mL，20 mL，20 mL 二氯甲烷分别萃取，合并萃取液，移入另一个 500 mL 分液漏斗中，加入 100 mL 2%硫酸钠水溶液洗涤，分层后，水层用 20 mL 二氯甲烷萃取，合并二氯甲烷层，过无水 Na_2SO_4 层，用少量二氯甲烷冲洗无水 Na_2SO_4 层，用旋转蒸发仪浓缩二氯甲烷至 10 mL，取出 2 mL，用于有机磷农药的测定，剩余 8 mL，用旋转蒸发仪浓缩近干，再二次分别各加入 10 mL 60～90℃石油醚，浓缩，并定容至 8 mL。

在 15 cm×1.0 cm 玻璃层析柱内，依次加入 2 cm 无水 Na_2SO_4，4 g 10%水脱活的中性氧化铝和 4 g 5%水脱活的硅胶，以及 2 cm 无水 Na_2SO_4，先用 20 mL 石油醚预淋，当预淋液的液面接近上层无水 Na_2SO_4 时，加入浓缩的提取液，待液面接近无水 Na_2SO_4 时，先用 100 mL 苯-石油醚(1∶9，V/V)淋洗液淋洗，再用 100 mL 苯-石油醚(3∶7，V/V)的淋洗液淋洗，分别收集二种淋洗液，将苯-石油醚(3∶7，V/V)淋洗液浓缩，定容至 5 mL，待气相色谱测定拟除虫菊酯农药。

将苯-石油醚(1∶9，V/V)的淋洗液，转移到 500 mL 分液漏斗内，加入 10 mL 浓硫酸，振荡 2 min，静止，分层后，弃去浓硫酸层，再加入 10 mL 浓硫酸振荡，如此往复，直至浓硫酸层为无色。用 2%硫酸钠水溶液洗涤有机溶剂层，至中性为止，将有机溶剂层过无水硫酸钠层，浓缩有机溶剂层，定容至 5 mL，待气相色谱测定有机氯农药。

b. 面粉和大米

称取 10 g 面粉样本(20 g 大米样本，磨碎过 40 目筛)，放入 250 mL 具塞三角瓶内，分别加入 50 mL 丙酮和 50 mL 石油醚，在康氏振荡仪上振荡 1 h，用布氏漏斗过滤，用 20 mL 丙酮洗涤残渣，滤液转移入 500 mL 分液漏斗中，以下各步操作与苹果和黄瓜相同。

(2)测定

气相色谱条件：有机磷农药测定条件(用火焰光度检测器)：色谱柱，4%OV-101/Chromosorb W·HP，装于长 2 m 直径 8 mm 玻璃柱内，汽化室温度为 240℃，柱温为 200℃，载气(N_2)流量为 60 mL/min，H_2 流量为85 mL/min 空气流量为 38 mL/min，衰减 16×，纸速 2.5 mm/min。

有机氯农药测定条件(用电子捕获检测器)：色谱柱，1.5%OV-17＋1.95%QF-1/Chromosorb W·HP。装于长 2 m，直径 3 mm 玻璃柱内，汽化室及检测器温度为 240℃，柱温 190℃，载气(N_2)流量 55 mL/min 衰减 16×，纸速 2.5 mm/min。

拟除虫菊酯农药的测定条件(用电子捕获检测器)：色谱柱：3%OV-101＋3% Apiezon/Gas Chrom Q 装于长 0.5 m，直径 3 mm 玻璃柱内。汽化室及检测室温度 240℃，柱温 230℃载气(N_2)流量 80 mL/min。衰减 8×，纸速 2.5 mm/min。

(3)定量和计算

以农药标准样品的保留时间定性，用外标法定量，以峰高计算，计算公式如下：

$$X_f = \frac{h_i \cdot Q_s \cdot V_2}{h_{si} \cdot V_1\ m} \times 10^2$$

式中，X_f——样本中 i 农药组分的含量，mg/kg；

h_i——i 农药组分的峰高，mm；

h_{si}——标样中 i 农药组分的峰高，mm；

Q_s——标样中 i 农药组分的进样量，ng；

V_1——进样体积，mL；

V_2——最后定容体积，mL；

m——样本的质量，kg。

结果和讨论

1. 色谱柱的选择

选择合适固定液对于农药多残留分析是至关重要的，我们用 1.5% OV-17+1.95%QF-1 混合柱，分离 8 种有机氯农药，3%OV-101+3%Apiezon 混合柱分离 3 种拟除虫菊酯农药，都取得良好分离效果(图 1)。有机磷农药品种多，分离较困难，据报道[3-7]，OV-101，OV-17，OV-210，OV-225，DEGS 对有机磷农药分离效果较好。我们对 4% OV-101，1.5% OV-17+1.95% QF-1 和 3% OV-210 三根色谱柱进行了研究，经过试验，9 种有机磷农药在 4% OV-101 柱上能够完全分离，其余二根色谱柱的分离效果不如此柱(图 2)，因此采用 4% OV-101 柱。

2. 纯化柱的选择

在多类农药残留分析中，农药的分离分组是重要的一个部分。对于有机磷农药，可以使用选择性检测器(火焰光度检测器)测定，有机氯和拟除虫菊酯农药，虽都使用电子捕获检测器测定，其色谱条件相差甚大。我们设想在气相色谱检测之前用纯化柱将两者分离。目前纯化用的吸附剂通常有弗罗里硅土，氧化铝，活性炭和硅胶等，其中弗罗里硅土纯化效果较好，但它的价格高，不易得到。选用经济、易得的中性氧化铝，活性炭和硅胶作为吸附剂，分两步进行研究。使用 4 g 10%水脱活的中性氧化铝和 4 g 5%水脱活的硅胶柱(Ⅰ)，0.1 g 活性炭和 8 g 10%水脱活的中性氧化铝柱(Ⅱ)和 8 g 10%水脱活的中性氧化铝柱(Ⅲ)，用不同比例的苯和石油醚淋洗，在柱(Ⅰ)上，先用 100 mL 苯-石油醚(1∶9，V/V)淋洗，将所有有机氯农药淋洗下来，再用 100 mL 苯-石油醚(3∶7，V/V)淋洗拟除虫菊酯农药，两类农药可以完全分离，而其余二根柱未能分离，其结果见表 1。进一步对柱(Ⅰ)进行试验，将中性氧化铝的含水量变为 5%和 19%，在 5%含水量的柱上，两类农药虽能分离，但效果不如柱(Ⅰ)，在 19%含水量的柱上，两类农药未能分离，见表 2，所以，含水量为 10%的柱分离效果最好。

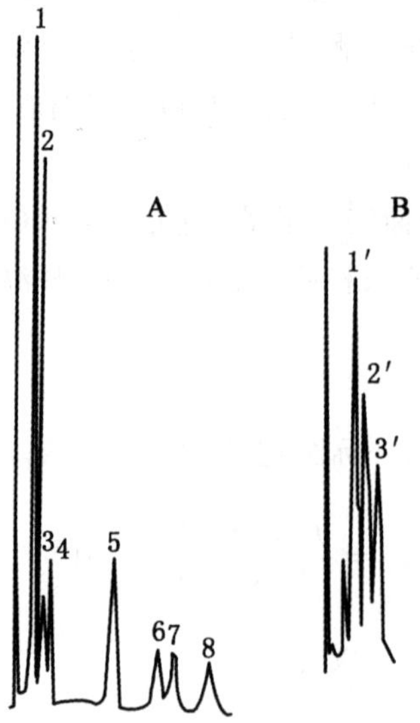

图 1　8 种有机氯和 3 种菊酯农药色谱图

Fig. 1　Chromatogram of a number of pesticides

A—1.5% OV-17+1.95% QF 混合柱　B—3%OV-101+3% Apiezon 混合柱

1. α-六六六；2. γ-六六六；3. β-六六六；4. δ-六六六；5. p，p′-滴滴依；

6. o，p′-滴滴涕；7. p，p′-滴滴滴；8. p，p′-滴滴涕，1′-氯氰菊酯，2′-氰戊菊酯，3′-溴氰菊酯

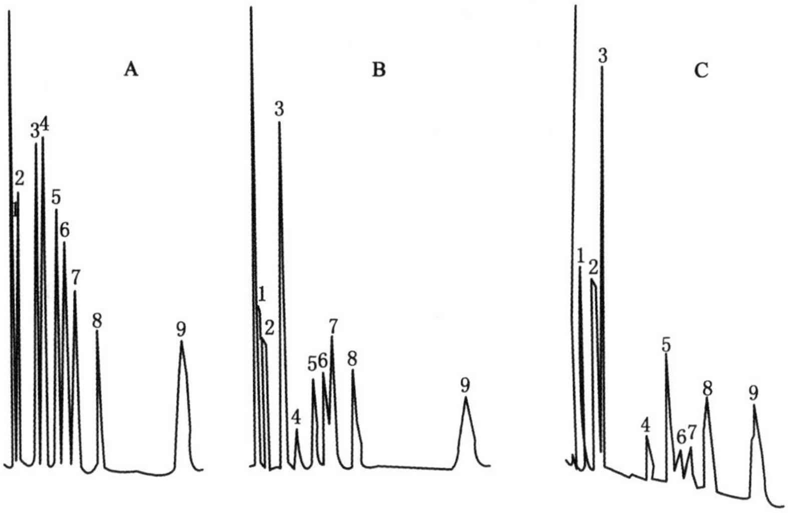

图2 有机磷农药在三根色谱柱上色谱图

Fig. 2 Chromatogram of pesticides using 3 different columns

A——4% OV-101/Chromosorb W·HP

B——1.5% OV-17+1.95% QF-1/Chromosorb W·HP

C——3% OV-210/Chromosorb W·HP

1.敌敌畏;2.速灭磷;3.二嗪磷;4.乐果;5.甲基对硫磷;

6.杀螟硫磷;7.对硫磷;8.喹硫磷;9.乙硫磷

表1 有机氯和拟除虫菊酯类农药在不同纯化柱上的淋洗结果

Table 1 Eluting patterns of organochlorinated and pyrethroid pesticides from different columns

农药品种	4 g 10%水脱活中性氧化铝和4 g 5%水脱活硅胶柱(Ⅰ)淋洗率(%)			0.1 g活性炭和3 g 10%水脱活中性氧化化铝柱(Ⅱ)淋洗率(%)			3 g 10%水脱活中性氧化铝柱(Ⅲ)淋洗率(%)	
	苯-石油醚(5:95, V/V)	苯-石油醚(1:9, V/V)	苯-石油醚(3:7, V/V)	苯-石油醚(1:9, V/V)	苯-石油醚(2:8, V/V)	苯-石油醚(4:6, V/V)	苯-石油醚(1:9, V/V)	苯-石油醚(3:7, V/V)
α-六六六	95	5		80	20		100	
β-六六六	83	17			50	50	80	20
γ-六六六	88	12		80	20		100	
δ-六六六	29	71				72	100	
p,p′-DDE	100			70	30		100	
o,p′-DDT	100			60	40		100	
p,p′-DDD	100			65	35		100	
p,p′-DDT	100			65	35		100	
氯氰菊酯			100			100	5	95
氰戊菊酯			100			100		100
溴氰菊酯			100			100		100

表 2　中性氧化铝含水量对农药淋洗特性的影响

Table 2　The influence of water content of neutral aluminum oxide on the eluting pattern of pesticides

农药品种	4 g 5%水脱活中性氧化铝和 4 g 5%水脱活硅胶柱的淋洗率(%)			4 g 19%水脱活中性氧化铝和 4 g 5%水脱活硅胶柱的淋洗率(%)		
	苯-石油醚 (5∶95,*V*/*V*)	苯-石油醚 (1∶9,*V*/*V*)	苯-石油醚 (3∶7,*V*/*V*)	苯-石油醚 (5∶95,*V*/*V*)	苯-石油醚 (1∶9,*V*/*V*)	苯-石油醚 (3∶7,*V*/*V*)
α-六六六	80	20		100		
β-六六六	75	25		95	6	
γ-六六六	80	20		100		
δ-六六六	10	90		90	10	
p,p′¹-DDE	90	10		100		
o,p-DDT	80	20		100		
p,p′-DDD	89	11		100		
p,p′-DDT	90	10		100		
氯氰菊酯			100		5	95
氰戊菊酯			100			100
溴氰菊酯			100			100

3. 最低检出浓度和添加回收率

表 3 给出 20 种农药的最低检出浓度，在每种作物上分别添加高、低两个浓度，每个浓度重复 3 次，农药在各种样本上各个添加浓度的回收率和变异系数见表 4。农药的色谱图见图 1 和图 2。空白样本的色谱图见图 3。

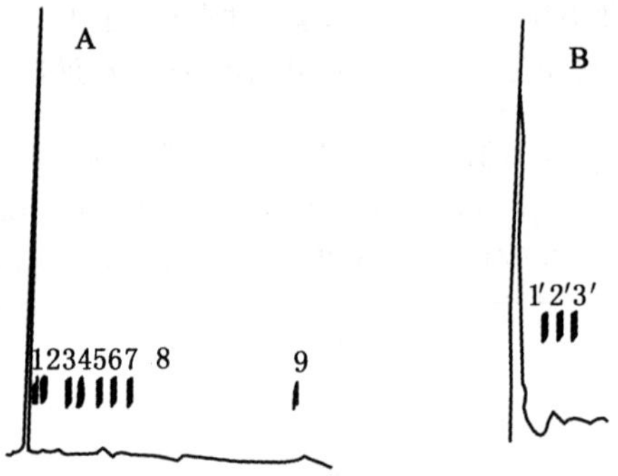

图 3　空白样本的色谱图

Fig. 3　Chromatogram of unfortified samples

A——测定 9 种有机磷农药时空白样本的色谱图

B——测定 3 种氯除虫菊酯农药时空白样本的色谱图

表 3　20 种农药在苹果、黄瓜、面粉和大米上的最低检出浓度(ppb)

Table 3　The limits of detection of 20 pesticides in apple ,cucumber,flour and rice(ppb)

农药品种	苹果	黄瓜	面粉	大米
敌敌畏	2.14	2.14	10.70	5.35
速灭磷	4.46	4.46	22.30	11.15
二嗪磷	0.34	0.34	1.70	0.85
乐果	2.13	2.13	10.66	5.33

续表 3

农药品种	苹果	黄瓜	面粉	大米
甲基对硫磷	1.14	1.14	5.70	2.85
杀螟硫磷	1.15	1.15	5.76	2.88
对硫磷	1.14	1.14	5.70	2.85
喹硫磷	1.19	1.19	5.96	2.98
乙硫磷	1.18	1.18	5.90	2.95
α-六六六	0.13	0.13	0.66	0.35
β-六六六	0.99	0.99	4.96	2.48
γ-六六六	0.16	0.16	0.80	0.40
δ-六六六	0.50	0.50	2.50	1.25
p,p'-DDE	0.63	0.63	3.16	1.55
o,p'-DDT	1.81	1.81	9.06	4.53
p,p'-DDD	1.80	1.80	9.00	4.50
p,p'-DDT	1.95	1.95	9.76	4.88
氯氰菊酯	1.63	1.63	8.16	—
氰戊菊酯	2.50	2.50	12.50	—
溴氰菊酯	3.40	3.40	17.00	—

表 4 20 种农药在四种作物上添加回收率(%)和变异系数(%)

Table 4 The recoveries and the coefficients of variation for 20 pesticides in 4 types of crops(%)

农药品种	添加浓度	苹果		黄瓜		面粉		大米	
	ppm	回收率	变异系数	回收率	变异系数	回收率	变异系数	回收率	变异系数
敌敌畏	0.05	66.17	6.24	59.67	3.18	51.28	6.78	85.59	4.13
	1.00	93.42	9.20	89.75	1.90	83.88	1.29	100.52	3.33
速灭磷	0.50	72.24	9.71	67.37	1.11	74.21	2.18	89.60	0.53
	2.00	94.14	8.14	88.03	1.16	88.95	1.84	90.49	3.04
二嗪磷	0.03	90.86	2.91	93.43	4.42	93.09	1.92	107.91	2.35
	0.50	90.68	4.66	106.59	2.84	117.58	4.74	105.13	1.86
乐果	0.05	93.39	2.95	88.65	0.86	88.33	1.84	97.66	2.08
	1.00	91.03	1.60	98.13	1.22	92.15	6.63	99.06	5.74
甲基对硫磷	0.05	95.74	1.85	94.19	3.49	89.45	2.00	94.43	3.15
	1.00	90.83	4.25	102.08	2.84	99.18	0.42	101.03	3.54
杀螟硫磷	0.05	96.90	1.99	95.81	2.38	92.12	1.60	96.78	2.79
	1.00	101.49	8.97	96.55	3.84	94.01	0.28	100.85	2.81
对硫磷	0.05	96.67	1.84	91.95	3.26	91.73	2.01	94.99	3.60
	1.00	96.20	8.97	95.11	3.85	98.16	1.57	92.55	2.47
喹硫磷	0.05	98.74	2.72	95.56	3.29	95.09	1.01	97.35	2.52
	1.00	94.95	8.11	94.60	1.64	104.10	0.62	85.74	3.60
乙硫磷	0.05	87.90	1.77	83.50	0.44	97.92	1.91	96.89	1.20

续表 4

农药品种	添加浓度	苹果		黄瓜		面粉		大米	
	ppm	回收率	变异系数	回收率	变异系数	回收率	变异系数	回收率	变异系数
	1.00	94.60	5.66	99.98	1.74	105.56	1.58	88.83	6.64
α-六六六	0.01	91.64	3.30	95.26	8.37	95.54	1.11	95.83	7.22
	0.1	92.53	3.57	99.19	2.23	100.35	2.40	89.85	3.46
β-六六六	0.02	97.65	4.28	97.54	5.22	95.99	2.81	95.69	2.16
	0.20	92.03	3.90	99.40	1.37	109.57	2.18	83.38	3.53
γ-六六六	0.01	94.23	9.33	102.34	1.48	91.05	2.67	93.83	1.45
	0.10	92.80	3.47	85.70	1.58	98.11	0.15	91.07	2.00
δ-六六六	0.04	93.12	4.26	84.66	3.28	97.78	0.69	96.04	2.01
	0.40	93.50	3.05	97.41	2.89	91.99	1.36	108.76	1.25
p,p'-DDE	0.10	96.04	2.03	86.18	1.88	101.39	1.12	99.80	1.50
	1.00	88.52	2.16	96.13	1.67	94.48	2.06	109.87	1.72
o,p'-DDT	0.20	94.55	3.83	85.88	0.67	108.80	4.01	95.66	2.10
	2.00	94.67	4.36	108.78	3.64	94.61	0.71	93.82	5.01
p,p'-DDD	0.20	103.44	0.91	91.36	2.49	108.80	4.01	93.53	2.18
	2.00	97.84	3.00	99.09	3.41	96.31	1.29	99.97	4.26
p,p'-DDT	0.40	93.47	9.88	88.51	4.03	103.01	2.01	101.51	2.50
	4.00	81.83	4.31	86.81	3.82	94.65	2.12	84.80	1.80
氰戊菊酯	0.05	90.92	3.27	98.57	5.44	104.39	2.62	/	/
	1.00	90.69	8.87	87.50	6.74	92.77	1.52	/	/
氯氰菊酯	0.05	86.04	3.55	96.08	3.53	99.58	1.68	/	/
	1.00	90.47	4.64	80.73	5.66	93.86	1.37	/	/
溴氰菊酯	0.05	94.54	3.40	94.87	4.68	101.63	1.84	/	/
	1.00	87.04	6.64	84.72	2.32	87.30	2.25	/	/

参考文献

[1] AOAC. Official methods of analysis. 13th Ed. Washington, DC, 1980, 29,001—29,017
[2] Food and Drug Administration. Pesticide Analytical Manual. Washington. DC, 1979, Vol. 1
[3] Luke MA, et al. J AOAC, 1975, 58:1020
[4] Luke MA, et al. J AOAC, 1981, 64:1187
[5] Prinsloo S, et al. J AOAC, 1985, 68:1100
[6] Storherr RW, et al. J AOAC, 1969, 52:511
[7] Bowmnn MC, et al. J AOAC, 1971, 54:1086
[8] 张乔,等.环境科学,1988,9(1):47
[9] 环境监测标准分析方法编写组.环境监测标准分析方法(试行),北京.1980,292—294
[10] 钱传范,等.环境科学,1985,6(1),68

Multiresidue Analysis of 20 Pesticides in Crops

Shen Zaizhong, Qian Chuanfan
(Beijing Agricultural University)

Abstract A multiresidue analysis method for 20 organochlorinate organo-phosphorous and pyrethroid pesticides in crops using GLC was developed. The samples were extracted with acetone or acetone-petroleum ether (1 : 1, V/V) and partitioned with methylene chloride to remove aqueous phase. The extracts were divided into two parts. One part was used for determination of organophosphorous pesticides by GLC FPD. The organochlorinated and pyrethroid pesticides in the another part were determined by GLC ECD after cleaning up. The efficiency of the clean up procedures and sensitivity of the analytical method were evaluated using apple, cucumber, flour and rice samples fortified with the pesticides.

Key words Multiresidue analysis, pesticides

（注：此文原载于《环境科学学报》，1991，11(2)，223-230）

免疫检测技术在农药残留分析中的应用

钱传范　肖协忠　单国民　申继忠
（北京农业大学农业应用化学系）

免疫检测法(Immunoassay)是将免疫反应与现代测试手段相结合而建立的超微量测定技术。免疫是机体识别和排除进入体内的抗原性异物的保护性反应。免疫反应，即抗体抗原反应，不仅发生在生物体内，在体外亦能进行，而且反应是高度特异性的，遵循质量作用定律。现代测试仪器快速灵敏，对于一些物质如荧光素、放射性同位素、酶等，在极微量时都可检出。因此上述两个方面的结合，建立了一系列的免疫检测方法，如用荧光素标记抗原或抗体的荧光免疫法(FIA)，用放射性同位素标记抗原的放射免疫法(RIA)，用酶标记抗原或抗体的酶免疫(EIA)等。这些方法选择性强，灵敏度高，简单快速，迅速发展成为现代生物化学、医学、临床化学和药物化学等研究领域的重要工具。

1968年，Centeno E. R等人制备了抗滴滴涕和马拉硫磷抗体，应用放射免疫法检测该2个农药，标志着农药免疫检测技术研究的开始。但当时大部分农药的残留量都可以使用气相色谱法等测定，免疫检测技术未被重视，随着农药新品种的开发利用和人们对环境污染、人体健康等问题的日益关注，对分析方法的选择性、灵敏度要求越来越高，原有检测方法的不足之处亦日趋明显，迫切要求新的检测方法。免疫检测技术的高度特异性和在检测超微量物质上的优越性，使其在近几年的农药残留研究领域中迅速发展。到目前为止，使用该技术测定的农药已达三十多种，遍及杀虫剂、杀菌剂、除草剂、植物生长调节剂等多种类型，见表1。

农药残留的免疫检测技术研究在我国刚刚起步，成功的方法还未见报道。该方法虽与常用的检测技术相似，但它毕竟是生物技术在农药残留研究中的应用，具有一定难度，本文拟对免疫检测技术在农药分析中的应用作一介绍，以推进我国对此项技术的研究。

表1　免疫测定技术在农药分析中的应用及其检测限量①

农药名称	免疫测定方法	抗体类型多克隆(P)或单克隆(M)	检测限量②	备注
杀虫剂				
涕灭威	RIA	P	300 ng/mL	
	EMIT	P	5 ng	
艾氏剂	RIA	P	700 ng	
狄氏剂	EMIT	P	10 ng	
	RIA	P	150 ng	
S-生物丙烯菊酯	FIA	P	1 μg	
	ELISA	P	0.5 ng	
氯丹	EIA	P	5.0 ng/mL	
除虫脲	ELISA	P	3.9 ng	
对氧磷	ELISA	P	275 ng	
	ELISA	M	1 μg	
对硫磷	RIA	P	4 ng	
	ELISA	P	7.8 ng	
	RIA	P	20 ng	

续表 1

农药名称	免疫测定方法	抗体类型多克隆(P)或单克隆(M)	检测限量②	备注
	ELISA	P	20 ng	
	ELISA	P	2.5 ng	
马拉硫磷	RIA	P	—	有报道,但未查到资料
氯氰菊酯	—	—	—	
氯菊酯	—	—	—	
滴滴涕	RIA	P	—	
苏云菌杆菌	ELISA	P	220 ng(I_{50})	
除草剂				
莠去津	ELISA	P	0.2 ng	
特丁草净	ELISA	P	4.8 ng	
氰草净	ELISA	P	0.5 ppb(水) 10 ppb(土)	
2,4-滴	RIA	P	13 ng	
	EMIT	P	2.5 ng	
2,4,5-涕	RIA	P	3.3 ng	
百草枯	RIA	P	10 ng,9.1 ng	
	ELISA	P	0.1 ng	
禾草灵	FIA	P	10 ng/mL	
	ELISA	P	23 ng/mL	
禾草特(草达灭)	ELISA	P	3 ng/mL	
氯磺隆	ELISA	P	0.1 ng/mL	
杀菌剂				
苯菌灵及其代谢物	FIA	P	0.1 ng	
	ELISA	P	350 ng/mL	
	RIA	P	1.25 ng	
甲霜灵	ELISA	P	63 pg/mL	
三唑酮	ELISA	P	1.0 ng/mL	
fenpropimorph	ELISA	P	13 pg/mL	
α-毒素	ELISA	P	0.5 ng	
舞毒蛾核多角体病毒	ELISA	P	0.01 μg	
植物生物调节剂				
脱落酸	RIA	P	66 pg	
	ELISA	P	13 pg	
	RIA	M	4 pg	
	ELISA	M	5 pg	
赤霉素	RIA	P	200 pg	
吲哚乙酸甲酯	RIA	P	200 pg	
	RIA	P	94 pg	
	ELISA	P	3 pg	
	RIA	M	940 pg	
	ELISA	M	44 pg	

续表 1

农药名称	免疫测定方法	抗体类型多克隆(P)或单克隆(M)	检测限量②	备注
	ELISA	M	200 pg	
抑芽丹	ELISA	M	6～100 ppb	
	ELISA	M	6 ppb	
其他				
二噁唊	RIA	P	1 ng	
	RIA	P	25 ng	

①引自：

1. Jung F. et al. ,Use of Immunochemical Techniques for the Analysis of Pesticides,1989,《Pesticide Science》vol. 26,303-317.

2. Mumma R. O. et. al. ,Immunological Assays for Agrochemicals;《Pesticide Science and Biotechnology》. Greenhalgh R. ,T. R. Roberts. 1987,341-348 pp. ,Black well Scientific publication.

②计量单位按原文,不再换算成一致的单位,以每孔加入的农药量或农药的浓度表示。

一、半抗原的制备

农药分子大都比较小(<1 000 道尔顿),不具有刺激动物机体产生抗体的能力,即不具有免疫原性,但有与相应抗体在体外发生吸附反应的能力,即有反应原性,这类小分子物质在免疫学上称为半抗原。但是,半抗原与大分子载体如蛋白质偶联后,就具有诱导动物产生相应于半抗原的抗体的能力,半抗原与蛋白质的复合物称为人工抗原。

半抗原分子上必须具有氨基($-NH_2$)、羧基(COOH)、羟基(—OH)或巯基(—SH)等反应活性基团才能与蛋白质偶联,还应具有 3～6 个碳链长度的间隔臂(Spacer arm),可以突出与蛋白质偶联后抗原分子表面上具有特殊立体构型和免疫活性的化学基团,即突出抗原决定簇。大多数农药不具备上述活性基团和间隔臂,必须进行衍生化,以除草剂禾草特(molinate)为例,衍生化后的为半抗原有带羧基(A,B)和氨基(C、D)的 4 种。衍生化时还应注意尽可能不改变半抗原分子中抗体识别基团的大小、形状、化学结构和立体构型等,因为半抗原分子结构的任何改变,都会影响抗体的特异性和亲和力。各种农药的衍生化方法,由该农药的化学结构和性质所决定;相同的农药亦可以在其分子的不同部位进行衍生化,得到不同特异性的半抗原。

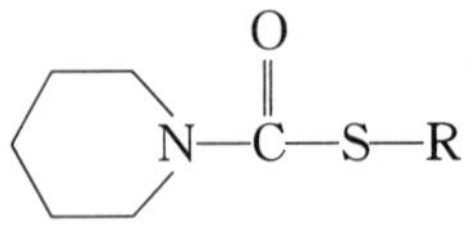

禾草特 $R=-CH_2CH_3$

羧基衍生物, $R=(CH_2)_nCOOH$ 氨基衍生物, $R=(CH_2)_n$—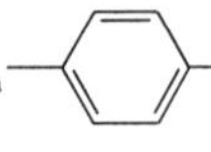—NH_2

A. n=2 B. n=5 C. n=1 D. n=2

二、人工抗原的制备

人工抗原的制备是将半抗原与蛋白质通过化学反应共价结合,反应中应注意不能使蛋白质沉淀变性,通常在水溶液中进行,反应条件温和,不宜在高温、低温、强酸、强碱条件下进行反应。

抗原制备方法是由半抗原分子上与蛋白质偶联的反应活性基团所决定,对于具有羧基的半抗原,常用混合酸酐法(又称活性酯法)和碳化二亚胺法。具有氨基的半抗原,常采用戊二醛法和重氮化法。具有羟基或巯基的半抗原,可以通过双官能团试剂(如琥珀酸酐)与蛋白质相联。

用作载体的蛋白质有许多种,最常用的是牛血清蛋白(BSA)和人血清蛋白(HSA),因为这两种蛋白具有多个可以与半抗原偶联的活性氨基,并且与半抗原偶联后仍具有很好的水溶性,其他蛋白质如兔血清蛋白(RSA)、卵清白蛋白(OA)亦可以使用。但载体蛋白亦能使动物产生抗体,所以在进行免疫测定时应考虑背景干扰。如要测定牛奶中对硫磷的残留量,在制备免疫抗原时,就不应使用牛血清蛋白作载体。

结合到载体上的半抗原分子与载体蛋白质的分子比,称为抗原结合比。目前对最佳的抗原结合比尚没有统一的认识,早期的研究都采用高结合比的抗原免疫动物,即每个载体蛋白分子上结合 10—40 个半抗原,获得了高效价的抗体,但是高结合比抗原易导致动物免疫麻痹,近期采用低结合比抗原,亦能产生抗体,而且抗体的效价和特异性均有提高。

三、抗血清的制备

当用外来大分子免疫动物时,机体内产生抗体,最常用的抗体是体液抗体,存在于动物血清中,因此抗体的制备,就是抗血清的制备,也就是动物免疫的过程。

供免疫用的动物有羊、家兔和鼠类等,由于家兔便于饲养,且采集的血清数量能满足测定需要,所以在农药免疫检测研究中都使用家兔,以 4～6 月龄的雄性新西兰纯种白兔最好。

免疫剂量是影响抗体生成的重要因素,剂量过大或过小,都会导致动物免疫麻痹,即动物对抗原不发生免疫反应。免疫剂量的大小是与半抗原的化学结构、性质以及抗原结合比等因素有关,不同动物的免疫耐受性也不一样,所以在免疫注射时,应多设几个免疫剂量,可以从每公斤体重几十个微克到十几毫克。

为了提高抗原的免疫原性,常在初次免疫时加入佐剂,如弗氏完全佐剂(羊毛脂、石蜡油、卡介苗)和弗氏不完全佐剂(羊毛脂、石蜡油)。一般每隔 1 周、2 周、1 个月或 2 个月注射一次。在最后一次免疫后第七天采血试效价。抗血清的效价是指抗体和抗原发生可见反应的最大稀释度,稀释度愈大,效价愈高。可采用双向免疫扩散法或酶联免疫吸附法测定效价。血清效价达到要求后,即可采血,采血时必须注意无菌操作。将血液在室温下静置凝固后,离心除去血红蛋白即可得抗血清,将抗血清分瓶包装于 −20℃以下存放,或冷冻干燥 4℃存放。

四、免疫检测技术

根据不同标记物质,免疫检测技术可以分为多种类型,现介绍在农药残留分析中常用的几类:

1. 荧光免疫法(FIA)

首先用荧光素将待测农药标记,在聚苯乙烯管中加入抗血清、待测农药、荧光标记的待测农药,经培育后加入 γ-球蛋白和分子量为 6 000 的聚乙二醇,使与待测农药和荧光标记农药结合的抗体蛋白沉淀下来;未被结合的荧光标记农药留在上清液中。当抗血清和荧光标记农药的量一定时,含待测农药多的试管中,抗体结合的荧光标记农药少,上清液中游离的荧光标记农药就多。即待测物含量与游离的荧光标记物含量成正比,测定上清液的荧光强度,即可算出待测物含量。

2. 放射免疫法(RIA)

在试管中加入抗血清与待测农药,培育一定时间后,加入同位素标记的待测农药,该同位素标记农药即和待测农药竞争与抗体发生结合反应,采用适当的方法将被抗体结合的和未被结合的标记农药分离,未被结合的放射性标记农药留在溶液中。待测农药含量越大,则标记农药被抗体结合的量越少,游离的标记农药就越多,溶液中的放射强度越大。待测农药的含量与反应后溶液中的放射强度成正比。根据放射性强度即可得知待测物含量。

3. 酶免疫测试法(EIA)

酶免疫测试法是用酶标记抗原、半抗原或抗体而建立的方法，根据其特点和步骤，可分为以下两类：

①酶联免疫吸附测试法(Enzyme linked immuno-sorbent assay，简称 ELISA)

ELISA 又可分为直接竞争法和间接竞争法。直接竞争法是将抗体包被到聚苯乙烯微孔反应板上，加入酶标记农药和待测农药，酶标记农药与待测农药之间发生与抗体的竞争结合反应，反应完成后，将反应液倒掉并进行洗涤，待测农药多，则被吸附到反应板上的酶标记农药少，即吸附到酶反应板上的酶标记农药的量与待测液中农药的含量成反比。加入酶底物显色后，进行比色，可以测定待测农药含量，如图 1。在直接竞争法中，也可以将人工抗原包被到酶反应板上，再加入酶标抗体和待测农药，待测农药和包被抗原发生与酶标抗体的竞争结合反应。反应完成后，将反应液倒掉并进行洗涤，溶液中与酶标抗体结合的农药倒出，盘上只有被包被抗原结合的酶标抗体，加入酶底物显色后，用比色法测定待测农药含量，吸附在酶反应板上的酶标抗体的量与溶液中待测农药的含量成反比(图 2)。间接竞争法的前一部分与抗原包被直接竞争法相同，只是不用酶标记农药抗体(一抗)，而是标记第二抗体，如酶标羊抗兔抗体，简称酶标二抗，在竞争结合反应之后，加入酶标二抗，发生一抗与酶标二抗的结合反应，被结合的酶标二抗的量与包被抗原结合的一抗的量的变化趋势是一致的，即被结合的酶标二抗的量与待测农药的含量成反比。此方法的特点是一个农药抗体可以结合多个酶标二抗，大大提高了方法的灵敏度(图 3)。

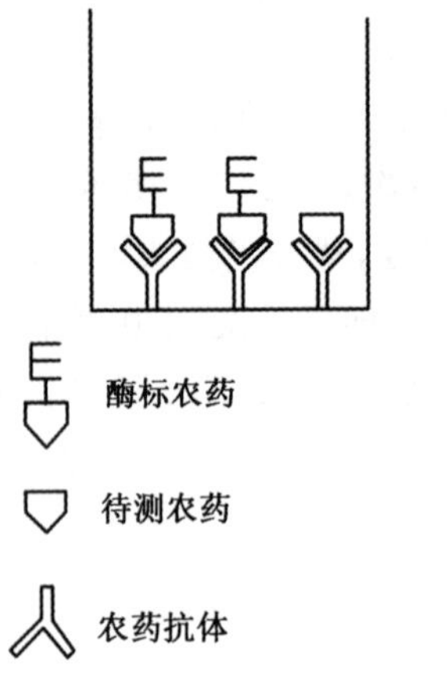

图 1　抗体包被直接竞争法

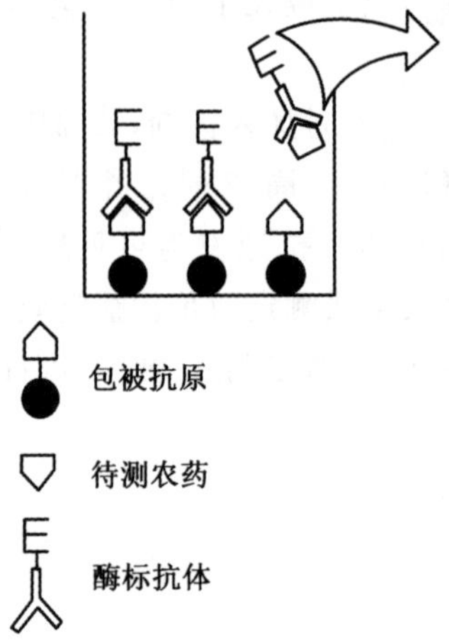

图 2　抗原包被直接竞争法

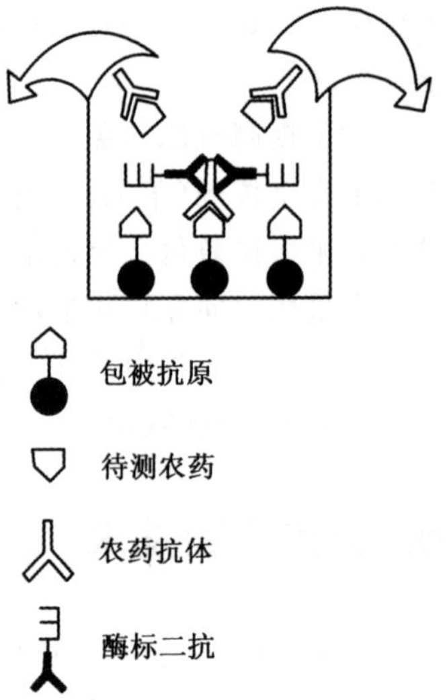

图 3　间接竞争法

②酶放大免疫测试法(Enzyme multiplied immunoassay technique，EMIT)

EMIT 是一种经典的均质酶免疫检测技术，基本原理是用特定的酶标记待测农药，然后将抗体、酶标记农药、待测农药同时加入反应管中进行竞争结合反应。酶标记的待测农药与抗体结合后，酶被抑制而失去活性，样本中待测农药多，则游离的未被抑制的酶较多。根据吸附反应后酶活性的改变可以测定出农药的含量。此方法的特点是不用固相载体，重复性好，适于一般实验室及野外操作，但是每一种待测农药都必须进行酶标记，限制了此方法的推广应用。

免疫检测技术特异性强，受杂质影响小，因此样本处理过程简单，不需纯化。但用有机溶剂提取样本中的农药时，测定前应将有机溶剂除去，以防止在测定时引起蛋白质变性。

五、免疫检测技术前景

在农药免疫检测研究初期，曾有人使用荧光免疫技术测定了 S-丙烯菊酯、禾草灵等少数几种农药。荧光免疫法灵敏度低(10^{-6} g 数量级)，很快被灵敏度很高(可达 10^{-16} g 数量级)的放射免疫检测技术取代。但是，放射免疫技术专用仪器化程度高，不能用于现场测试，标记源不易得，价格贵，且对人体有害，不宜推广使用。而酶免疫技术，特别是间接竞争 ELISA 法，不仅灵敏度高(可达 10^{-12} g 数量级)，而且安全、快速、仪器化程度低，适用现场监控，是农药免疫学检测技术中最有发展前途的方法。

免疫检测技术与常用的农药残留分析方法相比有很多优点，但是抗体制备难度较大，由于抗体有特异性，只适用于单一农药残留量的测定，不适合应用于多残留分析，而且并非所有的农药化合物均能用免疫化学方法测定。因此，免疫检测技术只是农药分析方法的一个补充，而不可能取代现行的气谱和液谱等方法。从酶联免疫吸附测试的优势判断，它将在用药现场监控，新鲜水果、蔬菜、食品、人畜中毒等农药微量分析方面得到广泛应用。

主要参考资料(略)

(注：此文原载于《农药科学与管理》，1991，4，27-32)

甲基托布津在小麦和土壤中的降解与残留研究*

单国民　钱传范
（北京农业大学农业应用化学系，北京）

摘要　采用高压液相色谱法研究甲基托布津在土壤及小麦中的消解动态和两年三地在小麦中的残留。其原理是将甲基托布津定量转化为它的有毒代谢物多菌灵进行检测。该方法的回收率达 80%以上，在麦粒、土壤、麦秆、小麦鲜绿茎叶中最小检测浓度分别为 0.03、0.03、0.05 和 0.05 ppm。甲基托布津在土壤中的半衰期 1.3～2.75 天。田间试验结果表明，按照推荐的剂量施药，在杭州、苏州地区最终残留低于允许标准 0.1 ppm，在北京地区，施药 2 次，其残留略有超过。

关键词　小麦，甲基托布津，残留测定，高效液相色谱

甲基托布津（thiophanate methyl）化学名为 1、2-二（3-甲氧羰基-2-硫脲基）苯，通用名为甲基硫菌灵，是高效、低毒、低残留、广谱的内吸性杀菌剂，兼具预防和治疗作用，对麦类、水稻和果蔬等多种作物的真菌病害有较好的防治效果和持效期，尤其对麦类赤霉病有特效，合理使用还能促进作物增产（Worthing 1983）。

甲基托布津在生物体内和环境中极不稳定，很快代谢为多菌灵，它是杀菌活性的主要作用物质，然后逐渐转化成无毒的 2-氨基-苯并咪唑和酯类等水溶性产物（Shiga 等 1985），在环境中多菌灵较甲基托布津稳定，因此在残留研究时转化成多菌灵后测定。

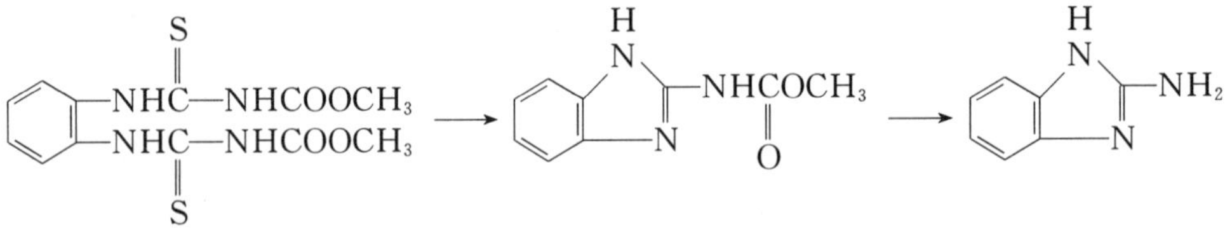

甲基托布津在果蔬样本上的分析有较详细报道，但回收率都不高（Gorbach 1980，Aten 1982），且在粮食作物上未见有报道。作者利用高压液相色谱法对甲基托布津在小麦、土壤中的残留进行了研究，并于 1987—1988 年在北京、江苏、浙江三地区进行了田间小区试验，以了解甲基托布津在小麦和土壤中的残留，为它在小麦上的安全使用提供了科学依据。

试验材料

1. 农药

99.6%的甲基托布津标样、99%多菌灵标样、50%甲基托布津胶悬剂由日本曹达公司提供。

2. 试剂

二氯甲烷、石油醚、甲醇、丙酮、氢氧化钠、盐酸、乙酸等溶剂及药品均为分析纯，其中溶剂均经重蒸纯化处理。

---

* 本研究承叶兴祥、于志光、屠予钦、王广祥等同志指导和协助，特此致谢。

3. 仪器及设备

Waters 高压液相色谱仪、康氏振荡器、旋转蒸发仪、回流-冷凝装置。

试验结果

一、测定方法

1. 原理

甲基托布津在环境中极不稳定，pH 和温度的变化即能引起其转化，甚至在提取和净化过程中，变化也很快，其主要代谢物多菌灵比较稳定。本试验在测定前使用化学方法将其转化成多菌灵，检测多菌灵总量，再换算成甲基托布津。

$$\text{甲基托布津}\xrightarrow[\text{加热回流}]{Cu(Ac)_2+HAc}\text{多菌灵}$$

2. 测定条件

色谱柱，径相柱 Radial-Pak，C-18；检测器，紫外分光光度检测器 Lambda-Max48；测定波长，282 nm；流动相，甲醇：水＝1：1，加入 0.6%氨水以改善峰形，消除拖尾；流速，1.0 mL/min；柱温，室温；进样量，10～40 μL。

3. 样本的制备

(1)提取：称取粉碎小麦麦粉 25 克或剪碎的麦秆 10 克置于 500 mL 具塞三角瓶中，加 80～100 mL 丙酮，振荡 1.5 小时过滤，用约 40 mL 丙酮洗涤滤渣，将滤液转入 250 mL 圆底烧瓶，准备进行氧化关环。

(2)氧化关环：用旋转蒸发仪将滤液浓缩至 5 mL 左右。转入 50 mL 圆底烧瓶，加 10～20 mL 50%乙酸(HAc)，100～200 mg 乙酸铜($Cu(Ac)_2$)，加热回流 30 分钟，冷却，将反应液转入分液漏斗；用 30 mL 0.1 mol/L 盐酸洗涤冷凝管和烧瓶，亦转入分液漏斗中。

(3)净化处理：用 50 mL 石油醚萃取 3 分钟，弃去醚层，水层中加 25 mL 二氯甲烷继续萃取，二氯甲烷层用 10 mL 1 mol/L 盐酸反萃取 5 分钟，弃去二氯甲烷层，合并水层转入烧杯，用 2 mol/L 氢氧化钠将 pH 调至 6.0～6.5，转入分液漏斗，用二氯甲烷萃取 3 次，每次用 50 mL 并振摇 5 分钟，合并二氯甲烷层浓缩至干，以甲醇定容后进行测定。

4. 添加回收率测定

在数份粉碎的空白样品中(土壤 25 g、麦粉 25 g、麦秆 10 g、小麦鲜绿茎叶 10 g)，分别加入不同量的甲基托布津标准溶液进行测定，重复 3 次，回收率见表 1。此方法最小检测量，多菌灵 1 ng，甲基托布津 2 ng，在麦粉、土壤、麦秆、鲜绿小麦茎叶中甲基托布津的最低检测浓度分别为 0.03、0.02、0.05 和 0.05 ppm。

表 1　甲基托布津在小麦和土壤中的回收率

样品	样品重(g)	添加浓度(ppm)	回收率	平均回收率
麦粒	25	1	90.8	98.6
	25	0.5	98.9	
	25	0.1	106.0	
土壤	25	1	98.4	103.4
	25	0.5	97.2	
	25	0.1	114.6	
麦秆	10	1	79.4	80.2
	10	0.5	81.0	
鲜绿茎叶	10	1	87.7	88.9
	10	0.5	90.2	

按照上述样本处理方法和色谱条件，对不施药对照样本进行测定，空白土壤、麦秆、麦粉、茎叶均无干扰峰(图 1)。

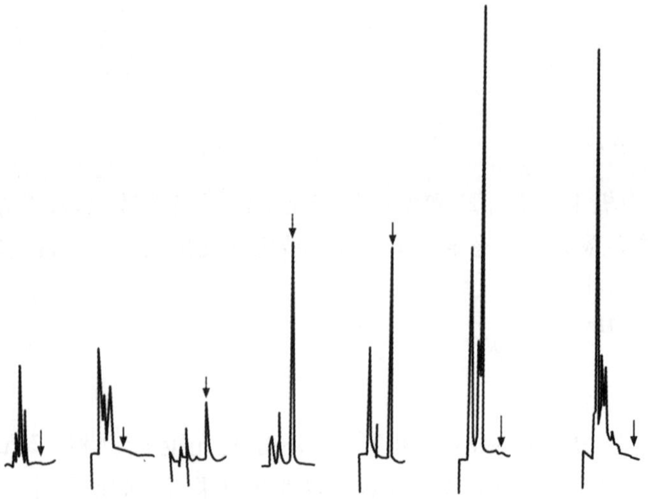

图 1 多菌灵、空白样本和样本的色谱图

注：1. 土壤空白(25 mg 土壤)，2. 麦粉空白(25 mg 麦粉)，3. 多菌灵标样(10 ng)，4. 土壤样本(1.2 ppm 土壤)，5. 小麦茎叶样本(1 ppm)，6. 茎叶空白(10 mg)，7. 麦秆空白(10 mg)。

二、田间小区试验

田间试验在北京、苏州、杭州三地进行，施药方式为兑水喷雾，小区面积为 33.3～40 m^2，各小区间设 3 m 保护行，每处理重复 3 次，设不施药为对照(表 2)。

表 2 田间试验方案

施药量	施药时间	用药次数	最终残留测定
100 g/666.6 m^2(有效成分)	始花期	1	籽粒 麦秆
	盛花期	1	籽粒 麦秆
	始花、盛花期	2	籽粒 麦秆
150 g/666.6 m^2(有效成分)	始花期	1	籽粒 麦秆
	盛花期	1	籽粒 麦秆
	始花、盛花期	2	籽粒 麦秆
CK	—	—	籽粒 麦秆

1. 甲基托布津的残留消解动态

(1)小麦上的消解动态：在北京、杭州两地田间进行，试验条件与最终残留相同，施药剂量为 150 g/666.6 m^2，于小麦盛花期施药，施药后 0、1、3、7、14、32 天分别采样测定，其结果见表 3、图 2。

(2)田间土壤消解动态：在麦田选择 6 m^2 小区使用 3 mL 50％甲基托布津胶悬剂，兑水 5 kg，在土壤表面喷雾，分别于施药后 0、1、3、7、14、28 天取 0～25 cm 深土样测定，结果见表 3、图 3。

(3)盆栽土壤消解动态：量取 0.4 mL 50％甲基托布津胶悬剂溶于少量丙酮，与少量土壤混匀，再加入共计 8.4 kg 过 20 目标准筛的风干麦田土于磨滚内混合均匀，将其分装于 12 个小瓦盆中，每天定时定量浇水，并将瓦盆置于室外，使之与田间气象条件一致，分别于施药后 0、1、3、7、14、28 天取样进行测定，结果见表3、图3。

表3　甲基托布津在土壤和小麦中消解动态

项　　目		施药后天数					
		0	1	3	7	14	28(32)
小麦植株	平均残留量(ppm)	52.1	41.5	19.5	18.6	2.84	0.51
(北京)	残留率(%)	100	79.7	37.4	35.7	5.4	0.98
小麦植株	平均残留量(ppm)	10.40	5.67	3.06	2.27	0.868	0.19
(杭州)	残留率(%)	100	54.5	29.4	21.8	8.3	1.8
土壤	平均残留量(ppm)	0.454	0.263	0.191	0.230	0.699	未检出
(田间)	残留率(%)	100	57.9	42.0	50.7	21.8	—
土壤	平均残留量(ppm)	14.10	9.10	5.44	5.40	3.34	0.075
(盆栽)	残留率(%)	100	64.5	38.6	33.3	23.7	0.53

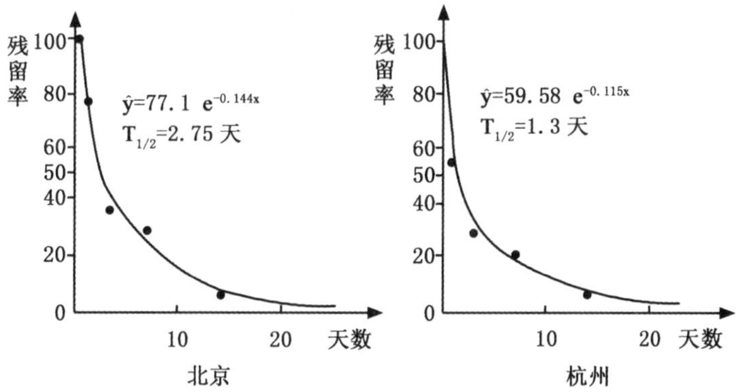

图2　甲基托布津在小麦上的消解动态

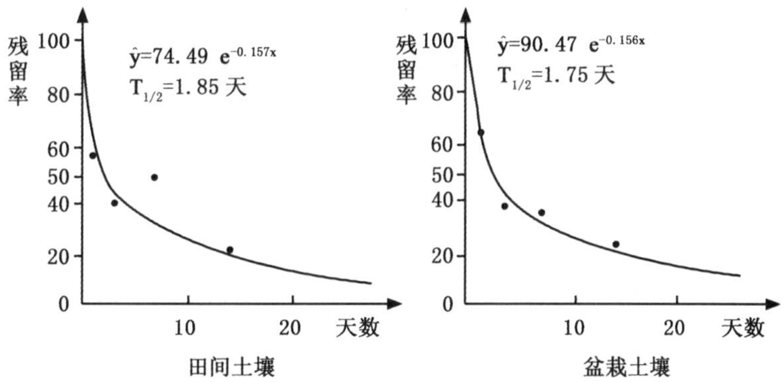

图3　甲基托布津在土壤中的消解动态(北京)

2. 最终残留试验

根据田间试验方案(表2)施药，于麦收时随机采收小麦整株样本，经晾干后脱粒，分别测定麦粒和麦秆中甲基托布津的最终残留(表4)。

表4 甲基托布津在小麦上的残留

地点\项目	施药量(有效成分) g/666.6 m^2	施药次数	施药与收获间隔天数	麦粒最终残留 ppm	麦秆最终残留 ppm
北京郊区 1987年	100	1	32	未检出	0.33
		1	26	0.032	0.76
		2	26	0.126	0.89
	150	1	32	0.03	0.55
		1	26	0.035	0.98
		2	26	0.22	1.58
	CK	—	—	未检出	未检出
北京郊区 1988年	100	1	33	0.04	1.11
		1	30	0.05	1.28
		2	30	0.14	2.21
	150	1	33	0.06	1.71
		1	30	0.06	1.74
		2	30	0.15	2.99
	CK	—	—	未检出	未检出
苏州郊区 1987年	100	1	33	未检出	未检出
		1	30	0.03	0.21
		2	30	0.05	0.16
	150	1	33	0.07	0.06
		1	30	0.04	0.12
		2	30	0.06	0.15
	CK	—	—	未检出	未检出
杭州郊区 1988年	100	1	31	未检出	0.19
		1	26	0.03	0.25
		2	26	0.05	0.43
	150	1	31	0.04	0.89
		1	26	0.04	0.27
		2	26	0.06	0.66
	CK	—	—	未检出	未检出

注:以上均为3个小区的平均试验结果。

讨论

1.甲基托布津在乙酸铜-乙酸溶液中加热回流,在控制条件下,可定量地转化为多菌灵。经过多次试验,关环转化率约为78%,试验中以多菌灵作标准曲线,检出的多菌灵可按下式换算为甲基托布津量:

$$甲基托布津量 = \frac{检出的多菌灵量}{0.78} \times K$$

其中,K=1.789,即为甲基托布津分子量(342)/多菌灵分子量(191.2)。

2.对各类样本的净化过程作了研究,采用提取后直接氧化关环再净化处理的顺序,并在石油醚萃取净化后,再用二氯甲烷萃取一次,去除色素,这样既简化了净化步骤,又消除了萃取时的乳化现象,得到较理想的回收率。

3.根据消解动态试验结果,甲基托布津在土壤和作物中的残留期属于中等,其半衰期为1.3~2.75天。在北京地区,小麦上施药1天后消解20%,7天后消解64%,2周后为95%;土壤中,施药1天后消解35%～42%,7天后50%～62%,2周后约为78%。从消解趋势来看,土壤中残留期略长,这可能是小麦植株的生长稀释和酶降解所致,但在前期(0～1天)土壤中消解率明显高于小麦,这是由于受光解、蒸发等因素的影响所致。而在小麦植株表面虽也会有蒸发和光解,但它很快被内吸到植株体内,避免外界对它的影响。在杭州地区,小麦上施药1天后消解45%,1周后为78%,2周后92%,消解速率明显高于北方。这是由于气候、温度、降雨等因素的影响,使杭州地区小麦上的半衰期(1.3天)略低于北京地区(2.75天)。

4.甲基托布津在小麦上的推荐使用剂量为50～100克/666.6 m^2,本试验采用推荐的高剂量100克/666.6 m^2 与加大剂量150克/666.6 m^2 施药。根据两年三地的田间试验结果表明,每666.6 m^2 施有效成分100～150克,于始花期(或盛花期)施药1次,小麦中的残留都低于最大残留限量0.1 ppm。于始花期、盛花期施药2次,苏州、杭州两地小麦中的残留均低于最大残留限量0.1 ppm。因此在南方各省使用甲基托布津防治小麦赤霉病,不论高剂量或加大剂量,施药1～2次,小麦中的残留量均低于允许标准;但在北京地区施药两次的麦粒中的残留,略高于允许标准。试验地麦秆中的残留较高,北京郊区麦秆中最终残留个别高达2.99 ppm,在处理麦秆时应考虑这一问题,因此北京地区以高剂量甲基托布津防治小麦病害时,只允许使用1次。

参考文献

[1] Worthing C. S. 1983 The pesticide manual, seventh edition, British Crop Protection Council.

[2] Shiga N. et al. 1985 Decomposition of thiophanate methyl in grape homogenate. J. Pesticide Science 10:713.

[3] Gorbach S. 1980 A review of methods for the residue analysis of the systemic fungicides benomyl, carbendazim, thiophanate methyl and thiabendzole. Pure Appl. Chem. 52:2567.

[4] Aten C. F. et al. 1982 Determination of thiophanate methyl as carbendazim by HPLC: Application to onions and cabbage, J. Agric. Food Chem. 30(3):610-611.

Degradation and Residue of Thiophanate Methyl in Wheat and Soil

Shan Guomin Qian Chuanfan

(Dapartment of Agricultural Applied Chemistry, Beijing Agricultural University)

Abstract The degradation and terminal residue of thiophanate methyl in wheat and soil had been studied for two years in Beijing, Hangzhou and Suzhou. Thiophanate methyl was quantitatively converted into its major metabolite—carbendazim (MBC) and was measured by high performance liquid chromatographic method. Recoveries of this method were 80%～103%. The limits of detection were 0.03 ppm in whea tand soil, and 0.05 ppm in wheat straw and green wheat straw. The half lives of thiophanate methyl were 1.3～2.75 days in soil and wheat. The terminal residues of thiophanate methyl in wheat in Hangzhou and Suzhou were negligible, but the terminal residues in Beijing slightly exceeded the MRL.

Key words wheat, thiophanate methyl, residue, high performance liquid chromatography

(注:此文原载于《植物保护学报》,1992,19(1),91-96)

甲基异柳磷在花生中残留分析方法的研究

——通用微量残留净化器的应用

杨利奎　钱传范

（北京农业大学）

摘要　本文研究了甲基异柳磷在花生中的残留分析方法，根据吹扫蒸馏法原理，使用通用微量残留净化器，进行样本净化，样本中的高沸点杂质留在净化管内，农药则由载气流带出而起到净化作用。该法具有高效、迅速、简便等特点，回收率及最低检出浓度均达到要求。

关键词　甲基异柳磷，通用微量残留净化器，吹扫蒸馏法，残留分析

甲基异柳磷（isofenphos-methyl）是我国开发研制的有机磷农药，化学名称为：O-甲基-O-（2-异丙氧基羰基苯基）-N-异丙基硫代磷酰胺。该药具有较强的触杀、胃毒和一定的内吸作用，是高效土壤杀虫剂和杀线虫剂，可防治蛴螬、蝼蛄、金针虫等地下害虫和小麦吸浆虫，对大豆孢囊线虫病、花生根结线虫病亦有显著防效。但在防治线虫病时，药剂施入土中，用药量较高，为了解施药后花生中甲基异柳磷的残留，本文研究了甲基异柳磷在花生中残留量的分析方法。花生含油量高，样本的前处理为关键技术。

在残留分析中，因为农药在作物中含量很少，仅有百万分之几（mg/kg）或10亿分之几（μg/kg），作物中大量的脂肪、蜡质、色素及其他成分是必须除去的杂质。含不同杂质的样本，其前处理方法不同。含油量高的花生必须除去大量油脂，花生样本经提取后，如采用液-液分配和柱层析等常规前处理方法，需要使用毒性大的乙腈等溶剂，且往往不能得到满意的结果。作者根据吹扫蒸馏法（Swept Co Distillation）的原理，使用澳大利亚SGE公司设计的，应用于农药残留分析的特殊仪器——通用微量残留净化器（Unitrex，即Universal Tracc Residue Extractor），对样本进行纯化。试验证明，该方法可以除去花生油及其他杂质，具有高效、快速、简便等特点。

通用微量残留净化器的原理和装置：吹扫蒸馏法是将含有残留农药的样本提取液注入分馏管中（即样本净化管），在较高温度下吹入载气（氮气），对农药进行强制性的挥发作用，提取液中脂肪、蜡质、色素等高沸点杂质留在净化管内，农药则随载气流带出而起到净化作用。通用微量残留净化器由10根分馏管和1个圆柱形电炉组成，10根分馏管围绕电炉以等距离分别安装在电炉内，其上端露在电炉外部，有进样口与载气入口，其出口端与收集管相连。分馏管的内管中不装填充物，外管装有直径约为1.5 mm硅烷化的玻璃珠，当经过预处理得到的花生样本提取液通过进样口注入分镏管的内管时，残留农药在一定温度下汽化，随载气经外管进入装有吸附剂的收集管中，被吸附剂吸附，油脂等高沸点杂质则留在分馏管外管的玻璃珠表面上，使残留农药与油脂分离，经过一定时间后，取下收集管，将农药淋洗下来，用气相色谱法测定。首先应进行淋洗剂的选择，应用微量残留净化器测定甲基异柳磷的条件和回收率，最后测定甲基异柳磷在花生中的添加回收率。

仪器和试剂

一、仪器

GC-9A 气相色谱仪；带有火焰光度检测器；

索氏提取器；

旋转蒸发仪；

通用微量残留净化器；

电动粉碎机。

二、试剂

丙酮：分析纯；

二氯甲烷：分析纯；

正己烷：分析纯；

无水硫酸钠：分析纯；

3%水脱活的弗罗里硅土。

试验方法和结果

一、气相色谱条件

色谱柱：5% SE-30/Gas Chrom Q(80～100 目)装于 1.5 m×3 mm(i.d.)玻璃柱内。

柱温：210℃

气化室：240℃

检测室：220℃

载气：N_2　80 mL/min

燃气：H_2　78 mL/min

助燃气：空气　45 mL/min

灵敏度：10^2

衰减：1/16

纸速：2.5 mm/min

在此条件下，甲基异柳磷的出峰时间为 2′30″，花生空白、花生样本和甲基异柳磷标样的色谱图见图 1，甲基异柳磷的标准曲线见图 2，方法的最小检测量为 5×10^{-12} g，样本的最低检出浓度为 1×10^{-8}。

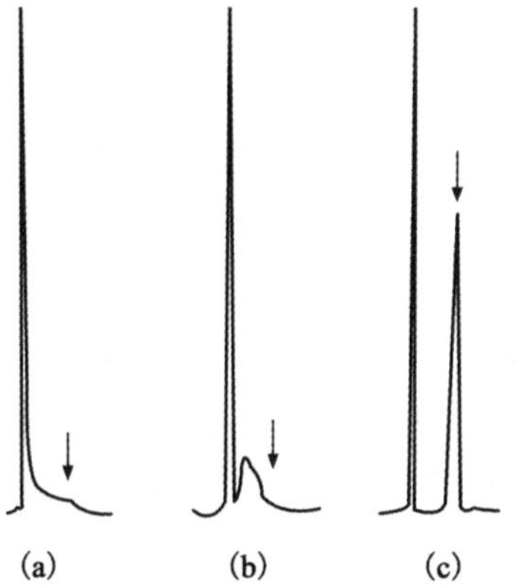

图 1　花生空白(a)、花生样本(b)和甲基异柳磷(c)的色谱图

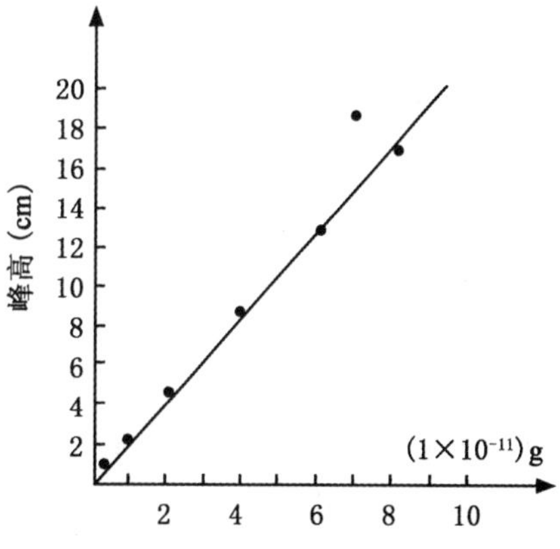

图 2　甲基异柳磷的标准曲线

二、不同淋洗剂的效果

在通用微量残留净化器的收集管内，首先装入 1/5 体积的无水硫酸钠，再装入 3%水脱活的弗罗里硅土，两端各塞上少许硅烷化的玻璃棉，然后添加 1 mg/L 的甲基异柳磷标样溶液 1 mL。待溶液挥发后，分别用 0∶10、3∶7、1∶1、6∶4、10∶0 的丙酮:正己烷混合溶剂淋洗，收集淋洗液，浓缩后用丙酮定容为 1 mL，用气相色谱法检测，每个配比重复 3 次，分别计算其回收率，结果见表 1。

表 1　不同淋洗剂对甲基异柳磷回收率的影响 (n=3)

淋洗剂(丙酮∶正己烷)	平均回收率(%)
0∶10	0
3∶7	96.3
1∶1	91.2
6∶4	97.1
10∶0	95.4

由表 1 可见，单独使用正己烷淋洗，回收率为 0，其余不同配比的丙酮与正己烷淋洗剂以及单用丙酮都可淋洗出添加的甲基异柳磷，回收率达到要求；但丙酮淋洗出的杂质较多，为了减少干扰，选用极性较弱的溶剂对，即丙酮∶正己烷=3∶7 为淋洗剂。

三、甲基异柳磷在花生油中的添加回收率

为了直接测定使用微量净化器的回收率，首先用索氏提取器从对照花生样本中提取花生油，将一定量的甲基异柳磷标样溶液加至 2 mL 花生油中(相当于 4 g 花生)，使其在花生中的添加浓度分别为 2×10^{-8}、1×10^{-7}、5×10^{-7}，根据甲基异柳磷的稳定性，选择吹扫温度为 210℃，N_2 流速为 250 mL/min，将分馏管装入电炉中，待温度和 N_2 流速稳定后，用进样器依次吸取上述花生油样 1 mL，分别缓慢注入分馏管中，用 N_2 吹扫蒸馏 45 min，取下收集管，用 12 mL 丙酮∶正己烷=3∶7 的溶剂淋洗，减压浓缩淋洗液后，以丙酮定容至 1 mL，用气相色谱火焰光度检测器测定，结果见表 2。

表 2　甲基异柳磷添加在花生油中的回收率 (n=2)

添加浓度(10^{-6})(以花生计)	平均回收率(%)
0.02	94.0
0.10	96.9
0.50	93.0

由表 2 可见，在对照花生油中添加不同量的甲基异柳磷，注入通用微量残留净化器，经吹扫蒸馏、收集、淋洗后测定，平均回收率达 93%以上，表明在此测定条件下甲基异柳磷没有分解，与油脂等杂质分离较好。

四、总添加回收率的测定

称取 5 g 磨碎的对照花生样本数份，添加一定量的甲基异柳磷标样，使添加浓度分别为 2×10^{-8}、1×10^{-7}、5×10^{-7}，置索氏提取器套筒中，用丙酮回流抽提 5 h 后，蒸去部分丙酮，转入分液漏斗，加入 2%硫酸钠水溶液，分别用 30～40 mL 二氯甲烷萃取 3 次，合并萃取液，减压蒸去全部溶剂，得到约 2.5 mL 含添加农药的花生油，取 1 mL 花生油注入残留净化器的进样口中，按上述条件测定，总添加回收率见表 3。

表 3 总添加回收率 (n=3)

添加浓度(ppm)	平均回收率(%)	S	CV(%)
0.02	92.8	5.1	5.5
0.10	76.8	2.3	3.0
0.50	78.2	3.4	4.3

由表 3 可见,添加农药于花生样本中的总回收率达 76.8%以上,基本符合农药残留分析要求,有的样本回收率偏低,可能是由于液-液分配发生乳化而损失部分农药所致。

综上所述,在研究甲基异柳磷的残留量分析时,对含油量 50%～60%的花生样本,根据吹扫蒸馏法原理,使用了通用微量残留净化器,以除去油脂等不挥发性杂质。该法使用方便,可以免去柱层析等步骤,节省溶剂,而且避免使用有毒的乙腈等溶剂,总回收率基本上能达到残留分析的要求,适用于测定含有一定挥发性和热稳定性农药的油料作物样本。

参考文献(略)

(注:此文原载于《农药科学与管理》,1993,4,29-31,38)

敌磺钠(敌克松)薄层比色分析方法研究*

钱传范　单国民　卫国平　邱立红　南瑞然
(北京农业大学农业应用化学系,北京　100094)

摘要　以三氯甲烷＋甲醇＋氨水＝75＋25＋2为混合展开剂,将敌磺钠与样本中杂质在硅胶薄层板上分离后,用亚硫酸钠提取,在波长435 nm测定溶液的吸光度。方法回收率在97.6%～100.8%,标准偏差为±0.50,变异系数为0.93%。

关键词　敌磺钠,薄层比色法
中图分类号　O 656.7;S 482.2

敌磺钠(敌克松)通用名为Fenaminosulf,化学名称为对二甲胺基苯重氮磺酸钠,结构式为:

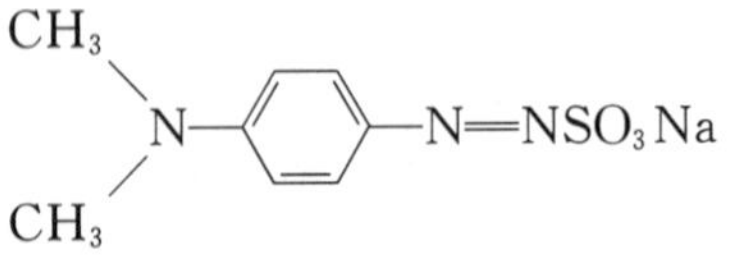

。它是优良的种子处理剂和土壤消毒剂,可防治小麦腥黑穗病、水稻烂秧病、立枯病、根腐病、棉花苗期炭疽病、立枯病、蔬菜的软腐病、枯萎病、猝倒病、炭疽病等。

国内外有关敌磺钠有效成分分析方法的报道有极谱法[1]和直接比色法[2]。极谱法操作繁琐,不适于在我国推广,直接比色法操作简单;但以上两法都不能除去工业品中的杂质,测定结果有一定的误差,因此研究了薄层比色法。

1　材料和方法

1.1　试验仪器和材料

可见分光光度计,砂芯漏斗G-4(或布氏漏斗),层析缸,亚硫酸钠0.2 mol·L^{-1}水溶液,二甲基甲酰胺,三氯甲烷,甲醇,氢氧化铵(以上试剂均为分析纯),硅胶G,薄层层析用,敌磺钠标准品,99.0%(本实验室提纯),敌磺钠工业品(吉林市农药厂)。

1.2　试验方法

试验溶液的配制:分别称敌磺钠标准样品及工业品0.05～0.1 g(准确至0.000 2 g)[含有效成分约50 mg],于2个10 mL棕色容量瓶中,用二甲基甲酰胺溶解并定容至刻度,作为母液。

测定:用0.1 mL移液管吸取0.1 mL母液,在制备好的硅胶薄层板(10 cm×20 cm)处均匀点样,点成一条窄小的直线,待溶剂挥发后,将薄板直立于含有三氯甲烷＋甲醇＋氨水＝75＋25＋2的混合展开剂的层析缸中展开,缸内衬有滤纸使溶剂的蒸气预先饱和,薄板浸入展开剂0.5～1 cm深,待展开剂前沿到达15 cm时,取出薄板置阴凉处晾干,刮下R_f值约在0.3处的黄色谱带,用0.2 mol·L^{-1}亚硫酸钠溶液洗涤,过滤,直至硅胶颜色变白,将滤液全部转移至100 mL棕色瓶中,加0.2 mol·L^{-1}亚硫酸钠溶液至刻度,摇匀。在435 nm处以0.2 mol·L^{-1}亚硫酸钠液为参比,测吸光度A。

1.3　计算

敌磺钠百分含量(x_1,%)按以下公式计算:

---

*收稿日期:1993-01-10

$$x_1(\%) = \frac{A_2 \cdot M_1 \cdot P}{A_1 \cdot M_2}$$

式中:A_1,在 435 nm 处标准品的吸光度;A_2,在 435 nm 处样品的吸光度;M_1,标准品质量(g);M_2,样品质量(g);P,标准品百分含量(%)。

2 结果和讨论

2.1 测定波长的确定

将敌磺钠纯品的亚硫酸钠溶液在 410～550 nm 波长范围扫描,在 435～440 nm 处有最大吸收,因此确定 435 nm 为测定波长(图 1)。

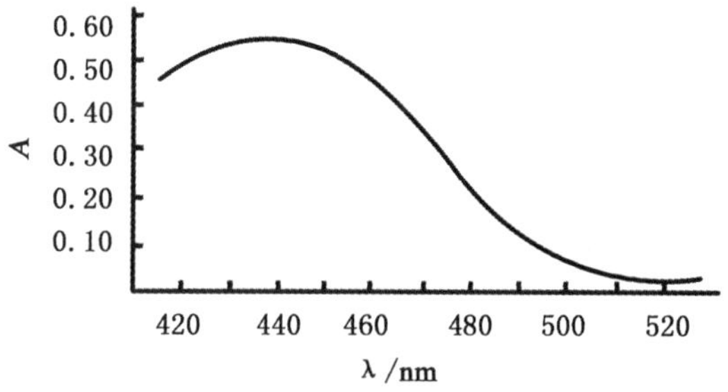

图 1 敌磺钠亚硫酸钠溶液扫描图谱

Fig. 1 The scanning spectrum of Fenaminosulf in soduim sulfite solution

2.2 展开剂的选择

为了使敌磺钠在硅胶板上与杂质分离及获得较理想的 R_f 值,对各种展开剂进行了筛选;通过试验,以三氯甲烷:甲醇:氨水=75:25:2(图 2)的配比最合适。

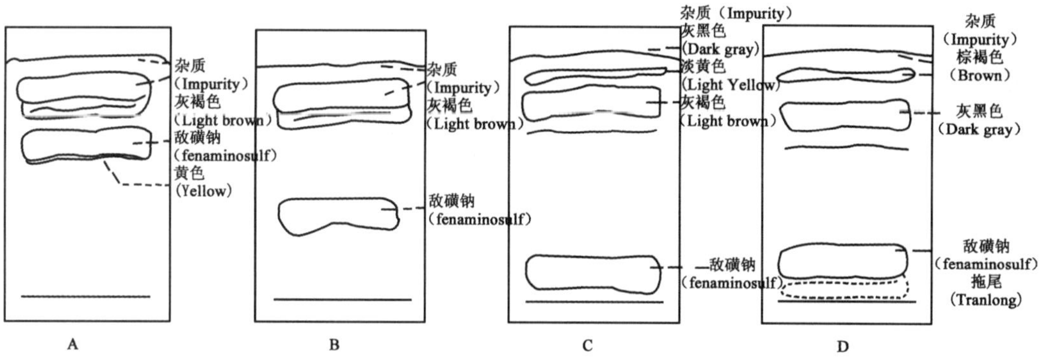

图 2 不同展开剂配比时敌磺钠样品的薄层色谱图

Fig. 2 The TLC chromatogram of Fenaminosulf at different ratios of developing solvents

A $CHCl_3+CH_3OH+NH_3 \cdot H_2O=70+30+2$ B $CHCl_3+CH_3OH+NH_3 \cdot H_2O=75+25+2$

C $CHCl_3+CH_3OH+NH_3 \cdot H_2O=80+20+2$ D $CHCl_3+CH_3OH=80+20$

2.3 标准曲线及线性范围

称取 0.05 g 敌磺钠纯品(准确至 0.000 2 mg)用 0.2 mol·L^{-1}亚硫酸钠溶解,转移至 250 mL 容量瓶中,用亚硫酸钠溶液定容。以此为母液,分别移取 0.10,0.25,0.50,1.0,1.5,2.0,2.5.3.0,3.5,4.0,5.0 mL 母液,定容至 100 mL,在 435 nm 处比色测定,标准曲线见图 3。敌磺钠浓度在 0.2～8 μg·mL^{-1}之间与其相应的吸光值呈线性关系。

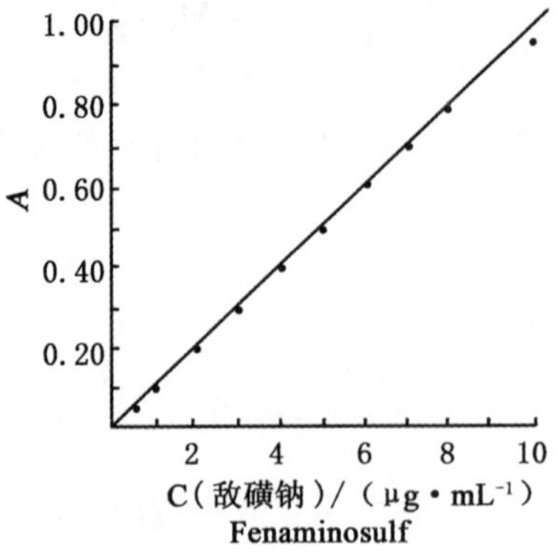

图 3 敌磺钠比色法的线性范围和标准曲线

Fig. 3 The standard curve and linear range of colorimetric methods of Fenaminosulf

3 精密度试验

准确称取一定量样本,先用二甲基甲酰胺溶解并定容至 10 mL,分别点样 100 μL 于 12 块板上,展开后提取 R_f 约为 0.3 的黄色敌磺钠谱带,用 0.2 mol·L^{-1}亚硫酸钠洗涤并定容至 100 mL,进行比色测定。测得该样本的平均含量为 53.50%,方法的标准偏差 $SD=0.50$,变异系数 $CV=0.93\%$(表 1)。

表 1 薄层-比色法精密度测定

Table 1 The precision of TLC-colorimetric method

No.	样本重 Sample weight m/g	测得重 Weight determined m/g	%	*d*
1	0.070 1	0.037 3	53.21	−0.29
2	0.070 1	0.037 2	53.07	−0.43
3	0.070 1	0.037 3	53.21	−0.29
4	0.089 1	0.047 4	53.20	−0.30
5	0.089 1	0.047 4	53.20	−0.30
6	0.089 1	0.047 5	53.31	−0.19
7	0.089 1	0.047 4	53.20	−0.30
8	0.089 1	0.047 6	53.42	−0.08
9	0.089 1	0.047 4	53.20	−0.30
10	0.089 1	0.048 5	54.43	0.93
11	0.089 1	0.048 4	54.32	0.82
12	0.089 1	0.048 3	54.21	0.71
m			53.50	

4 准确度试验

称取一定量敌磺钠标准品于同一已知准确含量的工业品样本中,用二甲基甲酰胺溶解并定容至 10 mL,用移液管吸取 100 μL 点样,展开后,刮取 R_f 值约为 0.3 的黄色谱带,用 0.2 mol·L^{-1}亚硫酸钠提取,洗涤并定容至 100 mL,比色测定。现将 8 次测定结果列于表 2,平均相对误差为 1.11%,回收率为 98.0%~100.7%。

5 结论

①为消除敌磺钠工业品杂质对测定的影响，本试验对薄层展开剂进行了筛选，选定了三氯甲烷＋甲醇＋氨水＝75＋25＋2 为最佳配比，使敌磺钠与样品中杂质在薄层板上得到了满意的分离效果。

表 2 薄层-比色法准确度测定

Table 2 The accuracy of TLC-colorimetric method

No.	样本重 Sample weight m/g	实测重 Weight determined m/g	误差 Error	相对误差 Relative error %	回收率 Recovery %
1	0.045 9	0.045 8	0.000 3	0.65	99.3
2	0.053 0	0.052 1	0.000 9	1.69	98.2
3	0.053 0	0.052 6	0.000 4	0.75	99.3
4	0.047 4	0.047 0	0.000 4	0.84	99.2
5	0.047 4	0.047 2	0.000 2	0.42	99.6
6	0.049 4	0.048 4	0.001 0	2.02	98.0
7	0.049 4	0.048 5	0.000 9	1.82	98.2
8	0.056 2	0.056 6	−0.000 4	−0.71	100.7
m				1.11	

②敌磺钠浓度在 0.2～8 $\mu g \cdot mL^{-1}$ 范围内，线性关系良好，方法的准确度和精密度均达到常量分析要求，方法回收率为 98.0%～100.7%，变异系数为 0.93%。

③敌磺钠见光易分解，因此薄层展开时应在避光处进行。

参考文献

[1] Zweig G. Analytical Methods for Pesticides, Plant Growth Regulators and Food Additives. New York: Academic Press. 1964, Vol Ⅱ: 49

[2] 吉林石化公司农药厂，吉 Q/SH 2-G 25-004-89 50%敌克松湿粉标准

Study on Formulation Analysis of Fenaminosulf by TLC-Colorimetry

Qian Chuanfan Shan Guomin Wei Guoping Qiu Lihong Nan Ruiran

(Dept. of Agroapplied Chemistry, Beijing Agricultural University, Beijing 100094)

Abstract A thin layer chromatography-colorimetric method for analyzing fenaminosulf has been studied. Technical grade of fenaminosulf could be separated from impurities on silica gel plate developed by a mixture of chloroform/methanol/$NH_3 \cdot H_2O$ solution. Fenaminosulf in silica gel was extracted by sodium sulfite and was detected by colorimetric method at 435 nm. The results showed that this method is suitable for formulation analysis of finaminosulf.

Key words fenaminosulf; TLC-colorimetric method

(注：此文原载于《北京农业大学学报》，1993，19(4)，57-60)

亚致死剂量苏云金杆菌蜡螟亚种对大蜡螟幼虫酯酶活力的影响

申继忠[1]　钱传范[1]　张书芳[2]
(1. 北京农业大学,北京　100094;2. 中国科学院动物研究所,北京　100080)

摘要　本文研究了亚致死剂量苏云金杆菌蜡螟亚种对大蜡螟幼虫以及幼虫肠道、血淋巴酯酶的影响。结果表明,经 B. t 晶体处理后大蜡螟整体幼虫和肠道酯酶比活力均下降,同功酶谱无明显变化;血淋巴酯酶同功酶活力及同功酶谱亦无明显变化。

关键词　苏云金杆菌蜡螟亚种,大蜡螟,酯酶

酯酶是昆虫体内的重要酶类。酯酶的主要功能是分解短链甘油酯及低级酸的酯类物质,这类酶主要在肠组织的细胞内行使其功能。酯酶是昆虫对有机磷酸酯类和氨基甲酸酯类杀虫剂的主要代谢酶,酯酶还可能参与拟除虫菊酯杀虫剂的代谢(Matsumura,1985;Hassall,1982)。研究 B. t. 晶体毒素对昆虫酯酶的影响,不但有利于揭示 B. t. 晶体毒素的致病生理、生化机制,还可为化学杀虫剂与 B. t. 混合防治害虫提供理论依据。据此,本实验研究了 *B. t. galleriae* 晶体蛋白对大蜡螟幼虫肠道、血淋巴以及低龄(1～2 龄)幼虫酯酶的影响。

材料和方法

一、实验材料

1. B. t. galleriae 79-GM 菌种:由动物所昆虫生理室提供,属于苏云金杆菌蜡螟亚种(*Bacillus thuringiensis* sub species *galleriae*),是从罹病大蜡螟(*Galleria mellonella* L.)幼虫分离得到的,对大蜡螟、棉铃虫(*Helioth is arm igera*)等多种鳞翅目幼虫有效。采用常规方法进行发酵,即于克氏瓶内固体培养基(蛋白胨 1%,牛肉膏 0.3%,琼脂 2.0%)上于 28～30℃ 培养 15 天,待芽孢、晶体完全分离后,收集菌苔。按液体双相法分离芽孢和晶体(王瑛等,1980),得到含有少量芽孢的晶体,冷冻干燥后作为试验材料。

2. 试虫:大蜡螟由动物所昆虫生理室提供。大蜡螟幼虫采用人工饲料在室内饲养,人工饲料配方为麦麸 100 g,玉米粉 100 g,面粉 100 g,奶粉 100 g,甘油 100 g,蜂蜜 100 g,蜂蜡 150 g,酵母粉 20 g。先将甘油 100 g,蜂蜜 100 g 混合,再将麦麸 100 g,玉米粉 100 g,面粉 100 g,奶粉 100 g 混合,两种混合物均在 60℃ 下烘干 6 小时(或 80℃ 烘干 4 小时);将酵母粉 20 g 与烘干后的固体混合物混合均匀,然后将此混合物与甘油、蜂蜜混合物再混合,最后再将熔化后的蜂蜡混入其中即可。将大蜡螟幼虫接到人工饲料上,置 30℃ 恒温培养箱内饲养。

二、实验方法

1. 试虫的处理:取 4～5 龄个头整齐的幼虫 300 头,置 30℃ 温箱内使饥饿 12 小时后待用。首先将 *B. t. galleriae* 晶体均匀混入到饲养幼虫所用的甘油和蜂蜜混合物中,然后与饲料的其他组分一起拌匀,制成含 B. t. 晶体的毒饲料作为处理饲料,处理剂量分别为 1.33 mg/g 饲料(1～2 龄),27 mg/g 饲料(4～5 龄),控制死亡率＜20%(亚致死剂量),以不拌 B. t. 晶体的饲料作为对照饲料。将对照和处理饲料分别分装进 3 个罐头瓶内,各瓶内接入饥饿 12 小时的幼虫 40～50 头。然后置 30℃ 温箱内饲养,不

同时间后，分别从3个瓶内随机采集幼虫20～30头，采集血淋巴和解剖摘取肠道备用。幼虫酯酶测定采用1～2龄小幼虫作为试虫。

2. 酯酶比活力测定：将肠道置0.04 M PBS(pH 7.0)缓冲液中，用玻璃匀浆器于冰浴中充分匀浆，然后于2℃，12 000 g离心，上清液适当稀释后作为酶液供酯酶比活力测定。酯酶活力测定参考van Asperen(1962)的方法，取稀释后的酶液0.1 mL，加入0.04 M PBS(pH 7.0)0.4 mL，混匀后加入3.0 mL 3×10^{-4} M α-乙酸萘酯作为底物，于30℃恒温水浴振荡器内振荡反应30分钟，然后加入0.5 mL显色剂(1%固兰B盐溶液和15% SDS，用前以2∶5混合)，同时中止反应，立即摇匀，再保温15分钟，然后用754分光光度计测 $\Delta OD_{600\ nm}$值。

3. 酯酶同功酶电泳分析：肠道、血淋巴、低龄幼虫整体匀浆物都采用聚丙烯酰胺凝胶电泳系统进行分析(Laemm li，1970)。取4 mL 30 m mol/L α-乙酸萘酯和30 m mol/L β-乙酸萘酯的丙酮溶液加入到含400 mg固兰RR盐的200 mL 0.2M PBS(pH6.0)中，配制成酯酶染色液。电泳结束后将凝胶取出置染色液中于30℃染色30分钟，酯酶带呈棕褐色。

4. 蛋白质含量测定：采用考马斯亮蓝G-250染色法(Bradford，1976)。

结果与讨论

一、肠道酯酶比活力

肠道酯酶比活力测定结果如图1所示，基本趋势是比活力下降。处理后24小时处理组酯酶比活力比对照组稍低，处理后48小时则显著低于对照组，处理后84小时处理组酯酶比活力又略高于对照组，是由于处理组幼虫恢复健康所致。

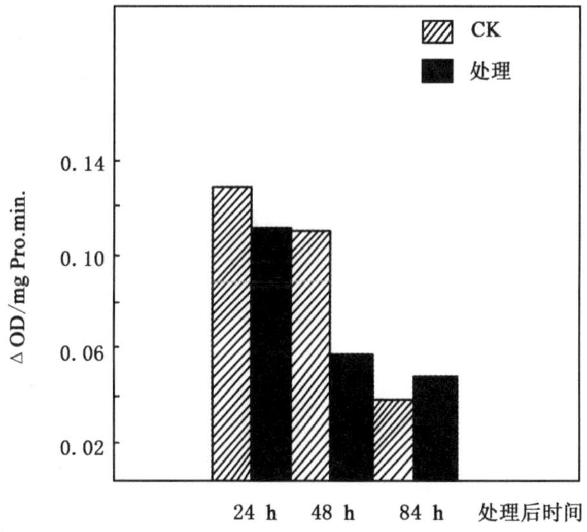

图1 *B. t. galleriae* 晶体对大蜡螟幼虫肠道酯酶比活力的影响
(27 mg/g饲料，4～5龄幼虫)

二、肠道、整体幼虫、血淋巴酯酶同功酶电泳分析

肠道酯酶同功酶聚丙烯酰胺凝胶电泳(PAGE)图谱如图2所示。可以看出除同功酶"←"所指酶带外，药剂处理使酯酶活力降低，但"←"所指带活力增强。血淋巴酯酶同功酶PAGE分析结果见图3。对照和处理之间无明显差异。低龄幼虫匀浆物酯酶同功酶分析结果见图4和图5(同功酶扫描图)。对照和处理间有明显差异，从扫描图可以清楚地看出处理组酯酶总活力降低，但"↓"所指带活

力反比对照组增强。

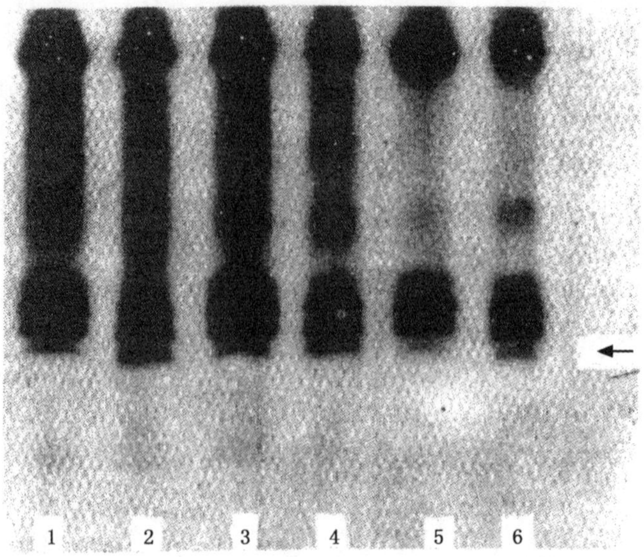

图 2　*B. t. galleriae* 晶体对大蜡螟幼虫肠道酯酶同功酶影响的电泳分析
(10% gel,60 μg 蛋白)(27 mg/g 饲料,4～5 龄幼虫)
注:图中 1,3,5 为对照;2,4,6 为处理;取样时间分别为 24 h(1,2),
48 h(3,4)和 72 h (5,6)。

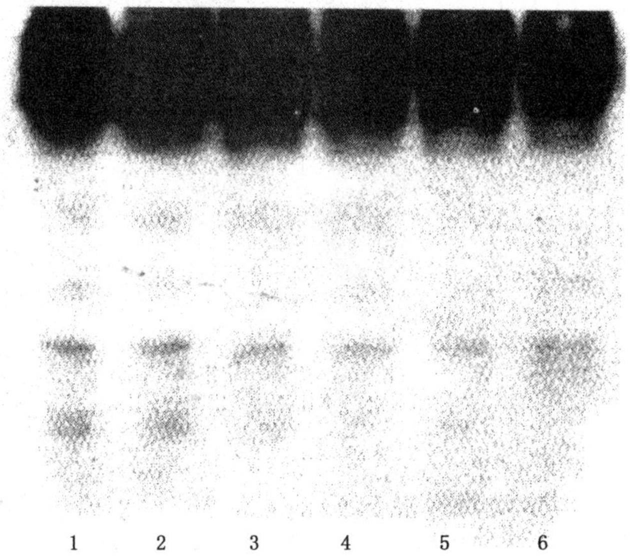

图 3　*B. t. galleriae* 晶体对大蜡螟幼虫血淋巴酯酶同功酶影响的电泳分析
(7.5% gel,10 μL 血淋巴)(27 mg/g 饲料,4～5 龄幼虫)
注:图中 1,3,5 为对照;2,4,6 处理;取样时间分别为 24 h(1,2),
48 h(3,4)和 84 h (5,6)。

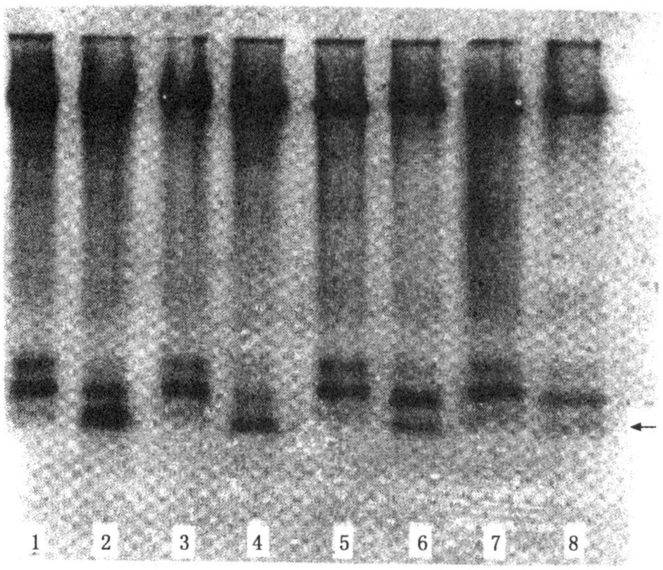

图 4 ***B. t. galleriae*** **晶体对大蜡螟幼虫酯酶同功酶影响的电泳分析**
(7.5% gel)(1.33 mg/g 饲料,1～2 龄幼虫)

注:图中 1,3,5,7 为对照;2,4,6,8 为处理;取样时间分别为
10 h(1,2),20 h(3,4),36 h(5,6)和 48 h(7,8)。

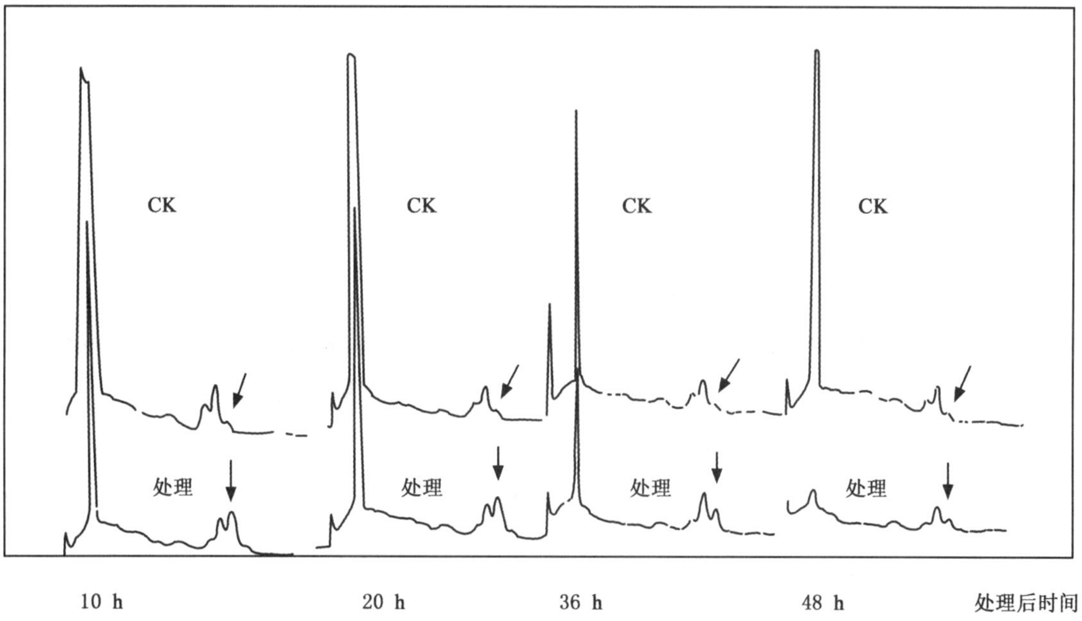

图 5 ***B. t. galleriae*** **晶体对大蜡螟幼虫酯酶同功酶影响的电泳图谱扫描**
(样品波长 680 nm,参比波长 700 nm)。

吴振廷(1988)报道,菜青虫(*Pieris rapae*)感染 *B. t. Kurstaki* HD-1 之后,血淋巴酯酶活力明显升高;沙槎云等(1992)的研究也表明 *B. t. kurstaki* T 84-9 和 *B. t. thuringiensis* 7417 亚致死剂量经口感染黏虫(*M. separata*)后血淋巴酯酶带有所增加。这说明 B. t. 对昆虫血淋巴酯酶的影响可能与供试虫种有关,也可能与 B. t. 亚种或处理剂量有关。苏云金杆菌对昆虫酯酶活力的影响,目前的研究还很少,酯酶活力变化的原因尚待进一步研究。

Justin 等(1989)曾报道,B. t. 处理棉铃虫和斜纹夜蛾(*Spodoptera litura*)幼虫增加了它们对硫丹、久效磷、氰戊菊酯及氯氰菊酯的敏感性，并且推测可能是由于 B. t. 对棉铃虫、斜纹夜蛾解毒酶系发生作用而造成的。Dabi 等(1988)也发现，*B. t. kurstaki* 亚种与亚致死剂量的西维因、硫丹、马拉硫磷、久效磷和稻丰散混用对棉铃虫 5 龄幼虫具有增效作用，但作者没有说明其增效机制。本实验结果表明，大蜡螟中毒后酯酶比活力降低，说明它对有机磷酸酯、氨基甲酸酯等杀虫剂的敏感性可能增强。我们认为，深入研究苏云金杆菌对昆虫解毒酶系的影响有助于了解它对昆虫发生作用的生理生化机制和为寻找 B. t. 杀虫剂的增效剂提供理论依据。

参考文献

[1] 沙槎云，谢强江. 感染苏云金杆菌黏虫血淋巴中血细胞数量，蛋白质和酯酶的变化，昆虫知识，1992，29:215～217.

[2] 吴振廷，等. 菜青虫感染苏云金杆菌 HD-1 血淋巴的生理变化，昆虫知识，1988，25:149～151.

[3] Bradford, M. M. A rapid and sensitive method for the quantitation of microgram quantities of protein utilizing the principle of protein-dye binding. Anal Biochem. ,1976,72:248-254.

[4] Dabi. R. K. et al. Synergistic response of low rate of *Bacillus thuringiensis* Berliner with sub-lethal dose of insecticides against *Heliothis armigera* Hubner. Indian J. Entomol,1988,50(1):28-31.

[5] Hassall, K. A. The Chemistry of Pesticides-Their Metabolism, Mode of Action and Uses in Crop Protection, pp46-66. The Micmillan Press Ltd. ,1982.

[6] Laemmli, U. K. Cleavage of structural proteins during the assembly of the head of bacteriophage T4, Nature,1970,227:680-685.

[7] Matsumura. F. Toxicology of Pesticides, Second edition, pp212-214 and pp318-320, Plenum Press, N. Y.

[8] Van Asperen, K, 1962. A study of housefly esterases by means of a sensitive colorimetric method. J. Insect Physiol,1985,8:401-416

Effects of Sub-lethal Doses of Bacillus Thuringiensis Galleriae on the Activities of Esterase in Galleria Mellonella Larvae

SHEN Jizhong　QIAN Chuanfan

(Department of Agricultural Applied Chemistry, Beijing Agricultural University, Beijing　100094)

Effects of sub-lethal doses of Bacillus thuringiensis galleriae(Bt) on the activities of esterase in the gut, hemolymph, and whole body of Galleria mellonella were studied. The results showed that specific activities of esterase in the gut and whole body of larvae treated with Bt decreased while no change was found in isozymic composition of esterase compared with the larvae in the non-treated control. The activities and isozymic composition of esterase in the hemolymph of G. mellonella larvae remained unchanged.

Key words: Bacillus thuringiensis galleriae, Galleria mellonella

(注：此文原载于《生物防治通报》，1994，10(2)，72-75)

苏云金杆菌对昆虫生理和代谢的影响

申继忠　钱传范
（北京农业大学，北京　100094）

A Review on the Effects of Bacillus Thuringiensis on the Physiology and Metabolism of Insects

SHEN Jizhong　QIAN Chuanfan
(Department of Applied Chemistry, Beijing Agricultural University, Beijing　100094)

摘要　本文简要综述了苏云金杆菌对昆虫血淋巴和肠道、神经传导及呼吸作用的生物化学影响。

多年来，科学家们一直在研究 B. t. δ-内毒素作用的组织病理学和 δ-内毒素的分子作用方式。但是 B. t. δ-内毒素作用于昆虫之后对其生理和代谢的影响，则研究很少。而这方面的研究对于阐明苏云金杆菌作用于昆虫的生理生化机制和指导苏云金杆菌杀虫剂的正确使用具有重要的理论意义。

昆虫血淋巴是昆虫生理学研究的主要对象之一，因为它含有昆虫生理和代谢所需要的重要物质，同时血淋巴本身也是昆虫生理和代谢的重要场所。昆虫血淋巴还可以产生抗菌物质和免疫物质以抵抗疾病（屈贤铭，1985；詹永乐，1988）。苏云金杆菌也是昆虫病原细菌，所以当敏感昆虫感病后，其血淋巴也可能会产生一些响应。Wittig(1965)曾用不同剂量的活菌和加热杀死的 *B. t.* subsp. *thuringiensis* 菌体注射到一点黏虫[*Pseudaletia unipuncta*（Haworth）]幼虫血腔内观察对昆虫血细胞数量及形态的影响。发现活菌和热杀死细菌可以被食微生物浆细胞和食大粒浆细胞所吞噬，但是活菌能导致血淋巴吞噬细胞解体；同时还观察到，急性败血症伴随着血细胞总量的减少和食大粒浆细胞比例的降低等现象，说明苏云金杆菌对昆虫血细胞的影响很复杂。Cheung 等(1978)把活的苏云金杆菌 kurstaki 亚种的营养体注射到美洲棉铃虫（*Heliothis zea*）3 龄幼虫血腔中也观察到了血细胞的吞噬作用，并且比较了各种血细胞数量的变化以及血淋巴蛋白质的变化；聚丙烯酰胺凝胶电泳分析表明，血淋巴蛋白质有些量的变化。王亚洲等(1990)报道，印度谷螟（*Plodia interpunctella*）幼虫经口感染 *B. t. galleriae* 后原血胞、粒血胞、浆血胞、球血胞、类降血胞、囊血胞均受到破坏，多数血胞出现空泡和变形，珠血胞珠粒之间相互脱离、细胞质外流、细胞膜破裂；囊血胞则有细胞质外溢现象。以上各变化均可在感染 8 小时后观察到。吴振廷等(1988)观察了菜青虫（*Pieris rapae*）感染 *B. t. kurstaki* HD-1 之后血淋巴蛋白质含量、氨基酸总量、酯酶活性和血淋巴总糖量的变化。结果表明血淋巴蛋白质含量由于感病而降低，感病幼虫和健康幼虫血淋巴氨基酸含量有明显差异，血淋巴总糖含量变化不大，而病虫血淋巴酯酶活力明显升高。沙槎云和谢强江(1992)采用 *B. t. kurstaki* T84-9 和 *B. t. thuringiensis* 7417 亚致死剂量经口感染粘虫（*Mythinna separata*）也观察到血淋巴蛋白质和酯酶的变化，感病幼虫血淋巴蛋白质带和酯酶同功酶带都有所增加，但没有观察到血细胞总量的变化。Rupp 和 Spence(1985)的研究发现，亚致死剂量 *B. t. kurstaki* HD-1 晶体处理烟草天蛾（*Manduca sexta*）72 小时之后血淋巴蛋白质带增加了一条，并认为与烟草天蛾对晶体毒蛋白的免疫响应有关。

昆虫肠道（中肠）是昆虫消化吸收饲料的重要场所，是苏云金杆菌杀虫毒素的作用部位，也是多年来

B. t. 杀虫机理研究所涉及的重要组织。但关于 B. t. 杀虫毒素对幼虫中肠细胞的生物化学影响的研究却很少。Rupp 和 Spence(1985)研究了 B. t. *kurstaki* HD-1 晶体蛋白亚致死剂量对烟草天蛾中肠围食膜蛋白组成的影响,处理后 24 小时,4 条主要糖蛋白带大大减弱或消失,同时出现了一条 32 kd 的新蛋白带,而且此蛋白带在处理后 72 小时,围食膜糖蛋白带恢复到对照样品水平时仍然存在;另外还发现经毒素处理 24 小时后的幼虫肠内含物中没有这些蛋白带。吴秋雁(1986)发现经 *B. t. israelensis* 亚种处理后的骚扰阿蚊(*Amigerse subabatus*)幼虫中肠肠壁细胞盐溶性蛋白比对照少一条带,其余区带含量也减少。吴秋雁(1986)、仇序佳和雷群帮(1986)等还研究了 *B. t. israelensis* 亚种晶体蛋白对蚊幼虫肠道蛋白酶活性的影响,都发现处理组蛋白酶活性低于对照组。English 和 Readdy(1989)在离体条件下还发现 60 nM δ-内毒素对烟芽夜蛾(*Heliothis virescens*)幼虫中肠细胞膜磷酸酶有抑制作用,对刷状边膜磷酸酶活性也有抑制作用。Cheung 等(1993)采用组织化学方法证明,感病东方粉蝶幼虫中肠上皮细胞的 PAS 染色(糖原染色)比正常幼虫弱;正常幼虫中肠上皮细胞含有大量的脂肪小球,而感病幼虫没有这种小球;碱性磷酸酶在正常中肠上皮细胞的微绒毛上发现,但这些细胞经苏云金杆菌感染后四小时便没有这些酶。

昆虫神经系统是昆虫信息传递的纽带,当代化学杀虫剂绝大多数都对昆虫的神经系统起作用以杀死昆虫。B. t. 杀虫剂主要作用于昆虫的肠道,对昆虫神经系统的作用研究很少。Cooksey(1969)根据 B. t. δ-内毒素可使昆虫肠道麻痹这一事实,首先研究了 *B. t. Mattes* 菌株晶体蛋白对美洲大蠊(*Perip laneta americana*)神经传导的阻断作用。结果发现 δ-内毒素能作用于前突触部位,使神经传导中断,对后突触及轴突无影响。Singh 和 Gill(1985)研究了 *B. t. israelensis* 晶体毒素对美洲大蠊的肌肉毒性和神经毒性,也认为 B. t. 晶体毒素作用于前突触末端,其神经毒性作用是由于干扰了神经传导物质的释放,后突触和轴突未受影响。另外,早在 1972 年,Koenigstedt 和 Groth 就发现 B. t. δ-内毒素对乙酰胆碱酯酶有抑制作用。Cheung 等(1985,1987)连续研究了 *B. t. israenlensis* 晶体毒素的神经毒性作用。Cheung 等(1985)首次报道了 B. t. δ-内毒素在活体内的神经肌肉毒性作用。后来他们又采用电生理学手段和生物化学技术深入研究了 *B. t. israelensis* δ-内毒素的神经毒性作用。他们从 *B. t. israelensis* 晶体蛋白分离出 25 kd 溶细胞蛋白,证明它的神经毒性比全部 δ-内毒素提取物强(Cheung, et al. ,1987)。

昆虫呼吸作用强弱是昆虫能量代谢的重要标志,环境条件,疾病等因素都会影响呼吸作用,但关于 B. t. δ-内毒素对呼吸作用的影响的研究几乎是空白。目前仅能见到两份有关的报道。首先是 Faust 等(1974)的研究,发现 *B. t. alesti*(HD-1)δ-内毒素与二溴苯酚相似,作为氧化磷酸化解偶联剂,能刺激家蚕(*Bambyxmori*)中肠线粒体对氧的吸收。在此基础上,Travers 和 Faust(1976)又研究了 *B. t. kurstaki* δ-内毒素对家蚕中肠上皮细胞线粒体呼吸作用的影响,发现 δ-内毒素能刺激线粒体对氧的吸收并抑制 ATP 的产生。目前尚未发现其他有关 B. t. δ-内毒素影响昆虫呼吸作用的研究报道。

另外,Vivares 等(1989)研究了 *B. t. israelensis* δ-内毒素对埃及伊蚊(*A edes aegyp ti*)脂质/碳水化合物功能关系的影响。Boctor 和 Salama(1983)研究了 *B. t. entan ocidus* 对埃及棉叶夜蛾(*Spodop tera littoralis*)脂肪酸代谢的影响。

如上所述,到目前为止,关于 B. t. δ-内毒素作用于昆虫后对敏感昆虫生理和代谢的影响研究极少,仅有一些零星报道,尚缺乏系统研究。而这方面的研究具有重要的理论意义和实践意义。

首先,研究 B. t. δ-内毒素作用于昆虫后对其生理和代谢的影响可以直接阐明 B. t. δ-内毒素作用的生理、生化机制和 B. t. δ-内毒素与昆虫中肠上皮细胞膜的相互作用,更全面地了解 B. t. δ-内毒素的致病机理。其次,苏云金杆菌杀虫剂在实际应用中还存在着杀虫效果差,持效期短等缺点,为克服这些缺点,需要将苏云金杆菌杀虫剂与化学杀虫剂、其他微生物杀虫剂(真菌、病毒杀虫剂)或与增效剂混合或配合使用,这就要求深入了解这些杀虫剂尤其是 B. t. 杀虫剂在单独使用或与其他杀虫剂混合、配合使用时对昆虫生理和代谢的影响,杀虫作用的生理生化机制及对昆虫的致死原因,为苏云金杆菌杀虫剂与化学杀虫剂、其他微生物杀虫剂(真菌、病毒杀虫剂)或与增效剂混合或配合使用提供理论依据。

参考文献

[1] 仇序佳,雷帮群.苏云金杆菌以色列变种的晶体及其对蚊幼虫中肠蛋白酶活性的影响.昆虫学报,1986,29:126～130.

[2] 王亚洲,等.感染苏云金杆菌后印度谷螟血细胞的病态变化.昆虫知识,1990,27: 20～21(62).

[3] 沙槎云,谢强江.感染苏云金杆菌粘虫血淋巴中血细胞数量,蛋白质和酯酶的变化.昆虫知识,1992,29:215～217.

[4] 吴秋雁.蚊幼虫感染苏云金杆菌以色列变种后病理的研究.昆虫学报,1986,29: 35～39.

[5] 吴振廷,等.菜青虫感染苏云金杆菌 HD-1 血淋巴的生理变化.昆虫知识,1988,25:149～151.

[6] 屈贤铭.昆虫免疫和抗菌物质的研究及其应用的可能性.蚕桑通报,1985,16:2～5.

[7] 詹永乐.蚕的免疫研究进展.安徽农学院学报,1988,15(4):87～95.

[8] Boctor,I Z,H. S. Salama. Effect of *Bacillus thuringiensis* on the lipid content and composition of *Spodoptera littoralis*. J. Invert Pathol,1983,41:381-384.

[9] Cheung, P. Y. K. et al. Hemolymph responses in *Heliothis zea* to inoculation with *Bacillus thuringiensis* or *Micrococcus Iysodeikticus*. J. Invert Pathol. ,1978,31:148-156.

[10] Cheung,P. Y. K. et al. The apparent *in vivo* neuromuscular effects of the δ-endotoxin of *Bacillus thuringiensis* var. *israelensis* in mice and insects of four orders Pestic. Biochem. Physiol,1985,23:85-94.

[11] Cheung,P. Y. K. et al. *Bacillus thuringiensis* var. *israelensis* δ-endotoxin:Evidence of neurotoxic action. Pestic Biochem. Physiol,1987,27:42-49.

[12] Cheung,W. W. K,Y. F. Lam. Histochemical studies on nomal and *Bacillus thuringiensis*-infected *Pieris canidia* larvalmidgut. Bull Inst. Zool,Academ ia Sinica,1993,32(1):12-22.

[13] Cooksey,K. E. Nerve blocking effect of *Bacillus thuringiensis* protein. J. Invert Pathol,1969,13:461- 462.

[14] Faust,R. M. ,G. Hallam. Preliminary investigation on the molecular mode of action of the δ-endotoxin produced by *Bacillus thuringiensis* var. alesti. J. Invert. Pathol. ,1974,23:259-261.

[15] Rupp,R. A. ,k. D. Spence. Protein alternation in *Manduca sexta* midgut and haemolymph following treatment with a sublethal dose of *Bacillus thuringiensis* crystal endotoxin. Insect Biochem. ,1985,15:147-154.

[16] Singh,G. J. P. ,S. S. Gill. Myotoxic and neurotoxic activity of *Bacillus thuringiensis* Var. *israelensis* crystal toxin. Pestic. Biochem. physiol,1978,24:406-414.

[17] Travers,K. S. et al. Effects of *Bacillus thuringiensis* var. *Kurstaki* δ-endotoxin on isolated Lepidop teran mitochondria. J. Invert. Pathol,1976,28:351-356.

[18] Vivares,C. P. et al. Alternation of the lipid/carbohydrate functional relationship in *Aedes aegypti* submitted to the δ-endo toxin of *Bacillus thuringiensis israelensis*. Pestic. Biochem. Physiol,1989,34:86-91.

[19] Wittig,G. Phagocytosis by blood cells in healthy and diseased Caterpillars. I Phagocytosis of *Bacillus thuringiensis* Berliner in *Pseudaletia unipuncta* (Haworth). J. Invert. Pathol. , 1965,7:474-488.

(注:此文原载于《生物防治通报》,1994,10(2),82-84)

敌磺钠离子对高效液相色谱分析方法研究

钱传范　贾明宏　单国民　邱立红
(北京农业大学农业应用化学系，北京　100094)

摘要　选用 C_{18} 色谱柱，以甲醇/水为流动相，加入氢氧化铵作为离子对试剂，用盐酸调 pH 至 8～9，流速为 0.7 mL·min^{-1}。使用紫外检测器，波长 265 nm，测定了敌磺钠工业品含量。结果表明：敌磺钠能与杂质完全分离；方法精密度、准确度均达要求：在 50～1 000 μg·mL^{-1} 浓度范围内，线性关系良好。该方法操作简单，测定快速，可减少光解和避免杂质干扰，较其他分析方法更为准确可靠。

关键词　敌磺钠，离子对，高效液相色谱

中图分类号　S482.26

敌磺钠为离子型化合物，纯品为淡黄色结晶，工业品为黄棕色粉末，200℃以上分解，可溶于水(100 mL 水可溶解 2.3 g 敌磺钠)和二甲基甲酰胺(DMF)，微溶于乙醇，不溶于丙酮、苯、石油醚等有机溶剂。其水溶液遇光分解[1]，敌磺钠在水溶液中呈重氮离子状态而徐徐分解[1]，放出氮气，同时，生成对二甲氨基苯酚而退色。

作者已完成的敌磺钠薄层-比色测定法的准确度比直接比色法有较大提高，但仍较繁琐、费时，薄层板必须放在避光处展开。否则，易受光解影响，为此，又研究了分析敌磺钠工业品的离子对高效液相色谱法。

1　材料与方法

1.1　仪器及材料

仪器：Varian 5 000 液相色谱仪(带 UV-100 检测器)，HP 33.90A 数据处理机，紫外波长扫描仪。

材料：敌磺钠标准品，99.0%(本实验室提纯)；敌磺钠工业品(吉林市农药厂)；甲醇，重蒸去离子水，盐酸 6 mol·L^{-1}，氢氧化铵，亚硫酸钠，DMF，氢氧化钠。以上试剂均为分析纯。

1.2　试验方法

1)离子对高效液相色谱测定条件：

色谱柱：Micropak M(H-5μ)，15 cm 长。(C_{18} 键合反相柱，可在 pH 9 条件使用)

柱温：室温。

流动相：$CH_3OH/H_2O/NH_3 \cdot H_3O=32/65/3$(盐酸调节 pH 9)

流速：0.7 mL·min^{-1}

检测：UV-100 紫外检测器。$\lambda_{uv}=265$ nm

进样量：10 μL

按上述色谱条件，敌磺钠的保留时间为 3.30 min(图 1)。

2)标准曲线和线性范围　精确称取敌磺钠标样 0.501 6 g(精确到 0.000 2 g)置于 100 mL 棕色容量瓶中。用 DMF 溶解，定容为 5.016 mg·mL^{-1}母液。再用移液管取不同体积的母液于 100 mL 棕色

容量瓶中，用 0.2 mol · L^{-1} Na_2SO_3 定容并配成系列浓度的标准溶液，按上述色谱条件测定。每个浓度重复进样 3 次，取平均值，以浓度(C)对峰面积(A)作标准曲线(图 2)。经回归计算得标准曲线方程为：$A=-8.6882+1.8111C$，相关系数 $r=0.9996$。可见，敌磺钠浓度在 50～1 000 mg · mL^{-1}，与其相应的峰面积线性关系良好。

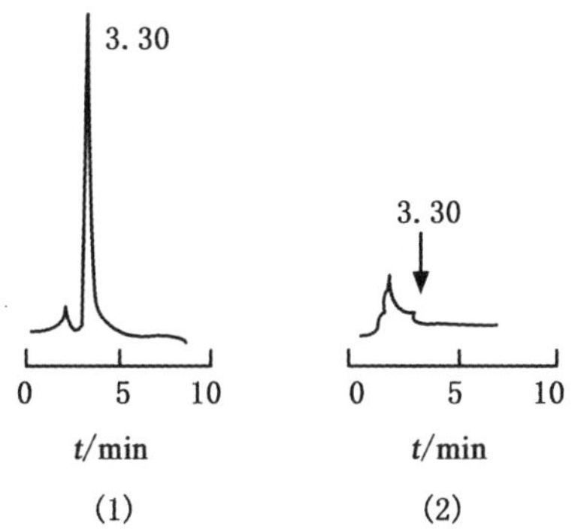

图 1　敌磺钠标准图谱

(1)正常图谱　Fenaminosulf；

(2)光解后图谱　Exposure to sunshine for 2 hours

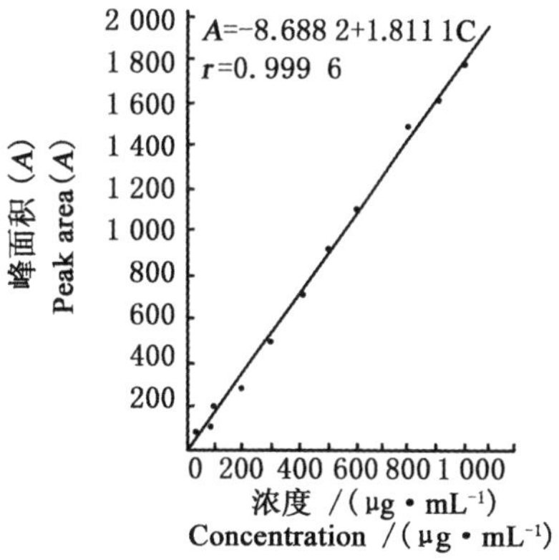

图 2　敌磺钠离子对高效液相色谱标准曲线

Fig. 2　Standard curve

3)敌磺钠样品测定：

①配制样品溶液，精确称取敌磺钠工业品，用 10 mL DMF 溶解，再用 0.2 mol · $L^{-1}$$Na_2SO_3$ 定容至 100 mL。

②在上述色谱测定条件下，每个样品重复测定 3 次，每次重复进样 2 针。具体步骤是先注入数针标准溶液，直至相邻两针敌磺钠色谱峰基本稳定后，按下列顺序进样分析：a. 标准溶液，b. 样品溶液，c. 样品溶液，d. 标准溶液。

③含量计算：根据 a，d 两针标准溶液和 b，c 两针样品溶液色谱图的峰面积，按下列公式计算样品中敌磺钠含量(x_2)：

$$x_2=\frac{A_x \cdot M_1 \cdot P}{A_s \cdot M_2}\times 100\%$$

式中，A_x：两针样品溶液峰面积平均值；A_s：两针标准溶液峰面积平均值；M_1：敌磺钠标准样的质量(g)；M_2：敌磺钠样品的质量(g)；P：敌磺钠标样的百分含量。

2　结果与讨论

2.1　敌磺钠紫外测定波长的选择

将敌磺钠纯品和其工业品中主要杂质对二甲氨基苯胺盐酸盐的 Na_2SO_3 溶液，分别在 190～310 nm 波长范围内进行紫外扫描，由图 3 可见，敌磺钠在 265 nm 处有最大吸收，而此处对二甲氨基苯胺的吸收很弱。因此，我们选择 265 nm 为紫外测定的吸收波长。

2.2　流动相的选择

敌磺钠属离子型化合物，在 C_{18} 柱上几乎没有保留，与所用溶剂 DMF、亚硫酸钠等一起流出，色谱峰重叠；此外，敌磺钠工业品中有对二甲氨基苯胺等杂质，为使敌磺钠与溶剂及有关杂质分离，根据离子对

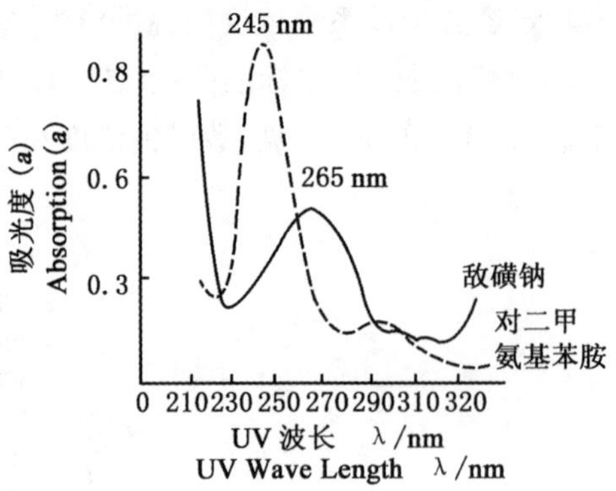

图 3 敌磺钠和对二甲氨基苯胺紫外吸收图谱

Fig. 3 UV absorption diagram

————敌磺钠紫外扫描图 Fenaminosulf

------------对二甲氨基苯胺紫外扫描图

N,N-dimethyl-P-Phenylenediamine

色谱原理[2~4],在 C_{18} 柱上分析离子型化合物,可在流动相中加入与待测化合物相反电荷的对离子试剂,两者形成中性分子,增强了在 C_{18} 柱上的保留。

敌磺钠在水溶液中离解为有机负离子,应选择带正电荷的季铵或铵离子为对离子,曾选用氢氧化四丁基铵,但形成的离子对在 C_{18} 柱上保留时间太长,色谱峰展宽,改用不带烃基的 NH_4OH 后,形成的离子对保留时间适中,效果良好,并用盐酸调节 pH 值,在此条件下敌磺钠与溶剂及杂质可完全分离,各组分的保留时间见表 1。

表 1 敌磺钠、杂质和溶剂保留时间

Table 1 Retention time of fenaminosulf, impurities and solvent

组分 Component	Na_2SO_3	$NaNO_2$	DMF	敌磺钠 Fenaminosulf	对二甲氨基苯胺 N,N-dimethyl-P-phenylendiamine
保留时间/min Retention time/min	1.65	1.69	1.90	3.20	6.71

2.3 光解产物

敌磺钠遇光易分解,为判明其光解产物是否干扰正常测定,将敌磺钠标样溶液在日光下放置 2 h 后测定,光解后原敌磺钠色谱峰消失,未见其他色谱峰(图 1)说明光解产物不干扰敌磺钠的正常测定。

2.4 精密度试验

精确称取上海 6 号样本 9 份,分别溶于少量 DMF 中,再用 0.2 $mol \cdot L^{-1}$ Na_2SO_3 定容至 100 mL,在上述条件下测定,每份样本进样 3 次,样本的平均含量为 70.2%,方法的标准偏差(SD)=1.12,变异系数=1.6%。

2.5 准确度试验

在上海 6 号样本中,分别加入已知量的敌磺钠标准品,溶于少量 DMF 中,再用 0.2 $mol \cdot L^{-1}$ Na_2SO_3,定容至 100 mL,共 7 份样本,在上述色谱条件下每份样本进样 3 次,方法的回收率为 99.7%~101.7%,平均相对误差为±0.72%。

2.6 三种不同测定方法比较

分别用直接比色法，薄层比色法和离子对高效液相色谱法测定敌磺钠工业品含量(表2)。直接比色法由于杂质干扰，结果偏高，不适用于工厂质量检验，薄层比色法和离子对液相色谱法可将杂质分离，测定结果接近，均可用于常量分析。

表2 3种不同测定方法比较

Table 2 The comparison of three different methods(colormetric,TLC-Colormtric and HPLC) %

样品号 Sample NO.	直接比色结果 Colormetric	薄层-比色结果 TLC-Colormetric	液相色谱测定 结果 HPLC
上海1 Shanghai 1	72.7	67.5	65.6
上海2 Shanghai 2	66.8	62.6	63.4
上海3 Shanghai 3	68.2	63.0	63.3
上海6 Shanghai 6	74.0	66.2	69.0
吉林3 Jilin 3	56.8	53.3	51.9
吉林10 Jilin 10	67.8	55.2	53.4
吉林11 Jilin 11	63.5	58.5	59.1
吉林13 Jilin 13	64.6	59.0	58.2

3 结论

①用离子对高效液相色谱法进行了敌磺钠工业品的含量分析研究。选择合适的流动相，以氢氧化铵为离子对试剂，并用盐酸调节pH，使敌磺钠与溶剂和杂质完全分离。试验表明，敌磺钠光解产物不干扰测定，方法的精密度和准确度均达到要求；在50～1 000 $\mu g \cdot mL^{-1}$浓度范围内，线性关系良好。

②本方法操作简便，测定快速，可避免光解及杂质的干扰，较其他分析方法准确，可用于工厂产品分析和质量控制，对该农药的残留分析研究也有一定参考价值。

参考文献

[1] Zweig G. Analytical Methods for Pesticides Plant Growth Regulators and Food Additives. Academic Press Inc. ,USA,1964,3:49

[2] 朱彭龄，云自厚，谢光华. 现代液相色谱. 兰州：兰州大学出版社，1989
[3] 年世芬，刘开泵. 离子色谱. 北京：科学出版社，1986
[4] 张振森，陶恭益. 离子色谱原理. 北京：北京大学出版社，1990

Study on Formulation Analysis of Fenaminosulf by Ionpair HPLC

Qian Chuanfan Jia Minghong Shan Guomin Qiu Lihong
(Dept. of Agroapplied Chemistry, Beijing Agricultural University, Beijing 100094)

Abstract An Ionpair HPLC method for analyzing fenaminosulf has been developed. A C_{18} column was used. Technical grade of fenaminosulf could be separated from impurties on C_{18} column eluted with methanol/water/$NH_3 \cdot H_2O$. pH value was regulated to 9 with hydrochloric acid and flow rate was 0.7 mL · min. Fenaminosulf was detected by UV detector at 265 nm. The results showed that this method is also suitable for formulation analysis of fenaminosulf.

Key words fenaminosulf; Ionpair; HPLC

（注：此文原载于《北京农业大学学报》，1994，20(1)，64-67）

亚致死剂量苏云金杆菌蜡螟亚种晶体蛋白对大蜡螟幼虫肠道消化酶的影响

申继忠　钱传范

（北京农业大学应用化学系，北京　100094）

摘要　本文研究了亚致死剂量苏云金杆菌蜡螟亚种晶体蛋白对大蜡螟幼虫肠道消化酶（蛋白酶、胰蛋白酶、淀粉酶）活性的影响。结果表明，经晶体蛋白处理后大蜡螟幼虫肠道蛋白酶和胰蛋白酶比活力均下降。电泳分析表明，淀粉酶两种同功酶的活力均增强，蛋白酶各同功酶活力均下降。

关键词　苏云金杆菌蜡螟亚种晶体蛋白，大蜡螟，蛋白酶，胰蛋白酶，淀粉酶

中图分类号　Q965.8；Q965.9

昆虫肠道（中肠）是昆虫消化吸收饲料的重要场所，是苏云金杆菌晶体蛋白作用部位，也是多年来苏云金杆菌杀虫机理研究所涉及的重要组织。但长期以来，关于苏云金杆菌晶体蛋白对敏感幼虫中肠细胞生物化学影响的研究却很少。昆虫肠道消化酶类（蛋白酶、淀粉酶等）是昆虫中肠上皮细胞分泌的消化蛋白质和碳水化合物等饲料成分的重要酶，研究苏云金杆菌晶体蛋白对这些消化酶的影响则是研究苏云金杆菌晶体蛋白对敏感幼虫中肠细胞生物化学影响的一个重要方面，对于阐明苏云金杆菌晶体蛋白的作用方式和致病机理具有重要意义。有研究表明，用苏云金杆菌以色列亚种晶体蛋白处理蚊幼虫可使肠道蛋白酶活力[1]以及胰蛋白酶、胰凝乳蛋白酶活力下降[2]。但关于苏云金杆菌其他亚种晶体蛋白对敏感幼虫肠道蛋白酶或消化酶的影响尚未见报道。本文则研究了亚致死剂量苏云金杆菌蜡螟亚种晶体蛋白对大蜡螟幼虫肠道蛋白酶、胰蛋白酶和淀粉酶活力的影响。

1　材料和方法

1.1　实验材料

1.1.1　苏云金杆菌蜡螟亚种（*Bacillus thuringinensis galleriae* 79-GM）菌种　由中科院动物所昆虫生理室张书芳先生提供。采用常规方法发酵，即于克氏瓶内固体培养基（蛋白胨 1%，牛肉膏 0.3%，琼脂 2.0%）28～30℃培养 15 d，待芽孢、晶体完全游离后，收集菌苔。按液体双相法分离芽孢和晶体[3]，得到含有极少量芽孢的晶体，冷冻干燥后作为试验材料。

1.1.2　试虫　大蜡螟（*Galleria mellonella* L.）虫种由中科院动物所昆虫生理室张书芳先生提供。大蜡螟幼虫采用人工饲料在室内饲养[4]。

1.2　实验方法

1.2.1　试虫的处理　取 4～5 龄个头整齐的幼虫约 300 头，置 30℃温箱内使饥饿 12 h 后待用。首先将苏云金杆菌蜡螟亚种晶体蛋白均匀混入到饲养幼虫所用的甘油和蜂蜜混合物中，然后与饲料的其他组分一起拌匀，制成含晶体蛋白的毒饲料作为处理饲料，以不拌晶体蛋白的饲料作为对照饲料。将对照和处理饲料分别分装进 3 个玻璃瓶内，各瓶内接入饥饿 12 h 的幼虫 40～50 头。

全部试验分3批进行:①处理剂量为2.7 mg·g^{-1}饲料,处理后24 h,48 h,84 h分别从3个罐头瓶内随机采集幼虫20～30头,解剖摘取肠道供蛋白酶比活力测定用。②处理剂量为2.0 mg·g^{-1}饲料,处理后24 h,48 h,72 h按①法取样供肠道胰蛋白酶比活力测定和蛋白酶同功酶电泳分析用。③处理剂量为2.0 mg·g^{-1}饲料,处理后24 h,48 h,84 h按①法取样供肠道淀粉酶电泳分析用。

1.2.2 肠道蛋白酶比活力测定 首先在不同pH条件下测定肠道蛋白酶比活力,确定活力测定最适的pH值为9.6。将大蜡螟幼虫肠道及其内容物置pH 9.6,0.05 mol·L^{-1}甘氨酸-NaOH缓冲液中用玻璃匀浆器于冰浴中充分匀浆,12 000转·min^{-1}(2℃)离心,取上清液作为酶液。测定蛋白酶活力时,取酶液0.2 mL,加入pH 9.6甘氨酸-NaOH缓冲液0.8 mL和事先预热5 min的0.5%酪蛋白溶液2 mL,再于37℃恒温水浴中振荡反应20 min,加入3 mL 10%三氨乙酸中止反应,再继续保温20 min,使蛋白质沉淀完全,离心(3 000转·min^{-1}),取上清液1.0 mL,加入5.0 mL 0.55 mol·L^{-1}碳酸钠溶液以及1.0 mL Folin试剂,摇匀后于37℃保温显色20 min,最后用754分光光度计于680 nm测ΔOD值。空白样品需在加入酪蛋白之前加入3 mL 10%三氯乙酸沉淀酶蛋白,其余步骤同上[5]。

1.2.3 肠道胰蛋白酶比活力测定 酶液制备同上,所用缓冲液为pH 8.0,0.05 mol·L^{-1}硼酸盐缓冲液。以对甲苯磺酰-L-精氨酸甲酯盐酸盐(TAME)为底物,参考Siegelman等[6]的方法进行测定。

1.2.4 肠道蛋白酶同功酶电泳分析 根据Roche等[7]的方法加以改进。具体操作步骤如下:采用10%聚丙烯酰胺凝胶电泳系统[9]对酶液进行电泳,电泳结束后取出凝胶置酪蛋白溶液(0.5 g酪蛋白溶于100 mL pH 9.6,0.05 mol·L^{-1}甘氨酸-NaOH缓冲液)中,于37℃轻轻振荡反应2 h,取出凝胶用蒸馏水洗涤3次,再于7%冰乙酸溶液中固定1 h,用0.1%考马斯亮蓝R-250染色液染色过夜,最后于脱色液中脱色,直至出现明显的蛋白酶带(酶带呈白色,背景为蓝色)。

1.2.5 肠道淀粉酶同功酶电泳分析 所用酶液为0.04 mol·L^{-1} PBS(pH 7.0)匀浆幼虫肠道后,于12 000转·min^{-1}(2℃)离心得到的上清液。采用7.5%聚丙烯酰胺凝胶电泳系统[9]进行电泳。电泳结束后把凝胶取出置于A液(1 g可溶性淀粉溶于100 mL 1.2% NaCl溶液)中于37℃轻轻振荡反应1.5 h,然后于B液(5%乙酸)中固定5 min,再用C液(3 g KI和1.3 g I_2溶于100 mL蒸馏水,使用时稀释100倍)中染色,观察染色情况,待酶带(酶带透明,背景为蓝色)清晰后立即停止染色。

1.2.6 酶液样品蛋白质含量测定 采用Bradford考马斯亮蓝G-250染色法[10],以牛血清白蛋白为标准蛋白。

2 结果与讨论

2.1 苏云金杆菌蜡螟亚种晶体蛋白对大蜡螟幼虫肠道蛋白酶比活力及同功酶活力的影响

对照组和处理组幼虫肠道蛋白酶比活力测定结果见图1,同功酶电泳分析结果见图2。从图1可以看出,大蜡螟幼虫经苏云金杆菌蜡螟亚种晶体蛋白处理后肠道蛋白酶比活力明显降低,尤其在处理后24 h和48 h内,处理组幼虫肠道蛋白酶比活力显著低于对照组;处理后84 h,处理组幼虫肠道蛋白酶比活力有所回升,其原因尚待进一步研究。电泳分析结果表明,处理后24 h和48 h对照组和处理组幼虫肠道蛋白酶同功酶谱基本相同,但处理组各同功酶活力均低于对照组;处理后72 h处理组幼虫肠道蛋白酶中有几条同功酶带消失,而此时对照组幼虫这几条同功酶带之活力也极弱(图2)。

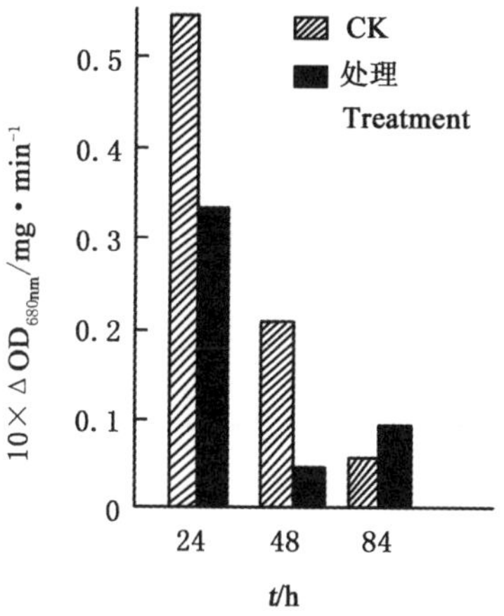

图 1 苏云金杆菌蜡螟亚种晶体蛋白对大蜡螟幼虫肠道蛋白酶比活力的影响

Fig. 1 Specific activities of proteases in elimentary canal of greater waxmoth larvae treated and untreated with *Bacillus thuringiensis galleriae* crystal

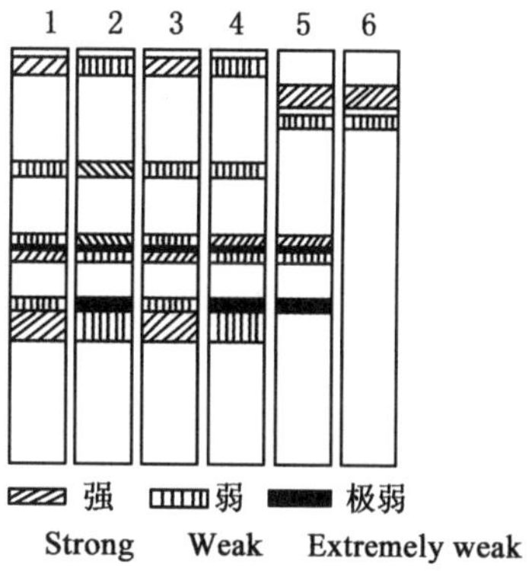

图 2 苏云金杆菌蜡螟亚种晶体蛋白对大蜡螟幼虫肠道蛋白酶同功酶的影响

(7.5%凝胶,30 μg 蛋白)

Fig. 2 7.5% PAGE of proteases in elimentary canal of greater waxmoth larvae with *Bacillus thuringiensis*

1,3,5 为“对照”CK:lanes 1,3 and 5;

2,4,6 为“处理”Treatment:lanes 2,4 and 6

2.2 苏云金杆菌蜡螟亚种晶体蛋白对大蜡螟幼虫肠道胰蛋白酶比活力的影响

对照组和处理组幼虫肠道胰蛋白酶比活力测定结果见图 3。从图 3 可以看出,大蜡螟幼虫经苏云金杆菌蜡螟亚种晶体蛋白处理后 24 h 肠道胰蛋白酶比活力显著低于对照组;但处理后 48 h 肠道胰蛋白酶比活力有所提高并略高于对照组,处理后 72 h 幼虫肠道胰蛋白酶比活力又降低。

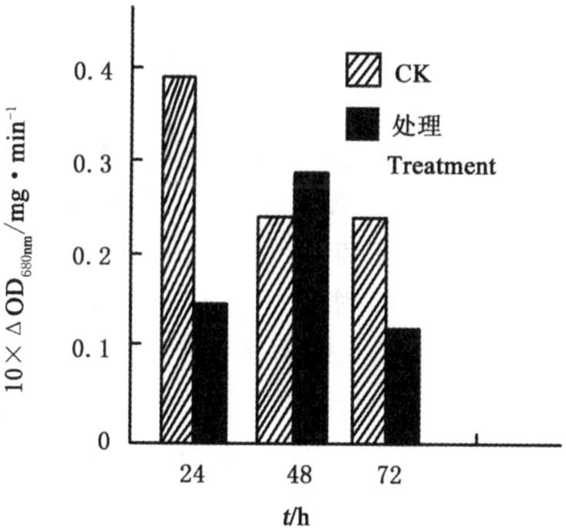

图 3 苏云金杆菌蜡螟亚种晶体蛋白对大蜡螟幼虫肠道胰蛋白酶比活力的影响

Fig. 3 Specific activities of trypsin in elimentary canal of greater waxmoth larvae treated and untreated with *Bacillus thuringiensis galleriae* crystal

综上所述,大蜡螟幼虫经苏云金杆菌蜡螟亚种晶体蛋白处理后,肠道蛋白酶比活力和胰蛋白酶比活力在处理后一定时间内均明显下降。笔者认为主要原因可能是由于大蜡螟幼虫取食苏云金杆菌蜡螟亚种晶体蛋白后产生拒食作用而导致蛋白酶分泌减少。因为“促分泌机制”认为,昆虫肠道蛋白酶的分泌与其所摄食的蛋白质的量有关[11]。当然,晶体蛋白在体内条件下是否对肠道蛋白酶和胰蛋白酶活性直接产生抑制作用尚待进一步研究。

2.3 苏云金杆菌蜡螟亚种晶体蛋白对大蜡螟幼虫肠道淀粉酶活力的影响

对照组和处理组幼虫肠道淀粉酶同功酶电泳分析结果见图 4。

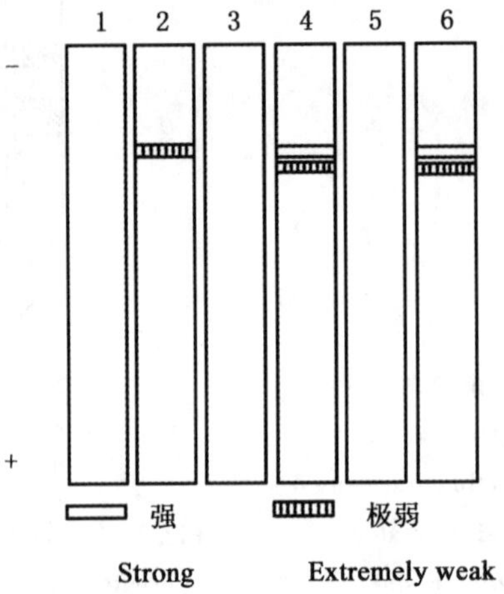

图 4 苏云金杆菌蜡螟亚种晶体蛋白对大蜡螟幼虫肠道淀粉酶同功酶的影响(7.5%凝胶,50 μg 蛋白)

Fig. 2 7.5% PAGE of proteases in elimentary canal of greater waxmoth larvae with *Bacillus thuringiensis*

1,3,5 为"对照"CK:lants 1,3 and 5; 2,4,6 为"处理"Treatment:lanes 2,4 and 6

大蜡螟幼虫经苏云金杆菌蜡螟亚种晶体蛋白处理后肠道淀粉酶变化与蛋白酶正好相反(图 4)。与处理组相比,对照组幼虫肠道淀粉酶活力非常低,以致于实验开始后 24 h,48 h 和 84 h 都未在电泳图谱上出现明显的淀粉酶活性。但处理组幼虫肠道淀粉酶活力则随处理时间延长活力逐渐增强,即处理后 24 h 开始出现微弱活力,处理后 48 h 明显增强,处理后 84 h 淀粉酶活力又稍有降低。大蜡螟幼肠道淀粉酶有两条同功酶带,靠近阴极的同功酶带活力很强,另一条活力较弱。可以说,大蜡螟幼虫经苏云金杆菌蜡螟亚种晶体蛋白处理后肠道淀粉酶活力显著增强。这种现象很难用上述解释蛋白酶活力变化的理论去解释。据报道,饲料中的糖,如蔗糖、葡萄糖可以在体内条件下降低 α-淀粉酶的绝对水平(与用淀粉作为碳水化合物养料的处理比较)[12]。大蜡螟幼虫人工饲料中含有大量的低聚糖和单糖,健康幼虫就可能优先利用这些低聚糖和单糖满足需要,而不必合成、分泌大量的淀粉酶去水解淀粉以提供低聚糖和单糖,所以淀粉酶活力较低。感病幼虫产生拒食作用,无法吸收利用人工饲料中的低聚糖和单糖,也没有淀粉可以消化利用,按此推测淀粉酶活性应该是较低的。但是,感病幼虫肠道淀粉酶活性却比健康幼虫强,其确切原因尚待进一步探讨。

综上所述,亚致死剂量苏云金杆菌蜡螟亚种晶体蛋白对大蜡螟幼虫肠道消化酶活性有明显的影响,这些影响可能是苏云金杆菌蜡螟亚种对大蜡螟幼虫的致死原因之一。

参考文献

[1] 吴秋雁.蚊幼虫感染苏云金杆菌以色列变种后病理的研究.昆虫学报.1986,29:35~39

[2] 仇序佳,雷帮群.苏云金杆菌以色列变种的晶种及其对蚊幼虫中肠蛋白酶活性的影响.昆虫学报,1986,29:126~130

[3] 王瑛等.苏云金杆菌晶体和芽孢分离的研究.微生物学报,1980,20(3):285～288
[4] 申继忠等.亚致死剂量苏云金杆菌蜡螟亚种对大蜡螟幼虫酯酶活力的影响,生物防治通报,1994,2:72～75
[5] 郭杰炎.蛋白酶活力的测定.微生物学实验手册,上海:上海科学技术出版社,1986,358～363
[6] Siegelman A M, et al, Investigation of serum trypsin and related substances I. The quantitative demonstration of trypsinlike activity in human blood serum by a micromethod. Archives of Biochem. Biophysics, 1962, 97:159～163
[7] Roche P C, et al. Comparative electrophoretic analysis of human and porcine plasminogen and casein. Biochimica et Biophysica, 1983, 45:82～89
[8] Uriel J. A method for the direct detection of proteoplytic enzymes atter electrophoresis in agar gel. Nature, 1960, 4753:853～54
[9] Laemmli U K. Cleavage of structural proteins during the assembly of the head of bacteriophage T4. Nature, 1970, 227:680～85
[10] Bradford M M. A rapid and sensitive method for the quantitation of microgram quantities of protein utilizing the principle of protein-dye binding. Anal Biochem, 1976, 72:248～254
[11] Applebaum S W. Biochemistry of Digestion in: Kerkut G A, Gilbert L I, eds. Comprehensive Insect Biochemistry and Pharmacology, Pergmon Press Ltd, 1985, 14, 279～311
[12] Hickèy D A, Benkel B. Regulation of amylase activity in Drosophila melanogaster: Effects of dietary carbohydrate. Biochem Genet, 1982, 20:1117～1129

Effects of Sub-lethal Dosages of *Bacillus thuringiensis galleriae* Crystal on the Activities of Digestive Enzymes in the Gut of *Galleria mellonella* Larvae

Shen Jizhong　Qian Chuanfan
(Dept. of Applied Chemistry, BAU, Beijing　100094)

Abstract Effects of sub-lethal dosages of *Bacillus thuringiensis galleriae crystal* on the activities of protease, trypsin and amylase in the gut of *Galleria mellonella* larvae were studied. The results showed that specific activities of protease and trypsin decreased, activities of two amylase isozymes increased in the gut of *Bacillus thuringiensis galleriae* crystal-treated *Galleria mellonella* larvae compared with normal larvae.

Key words *Bacillus thuringiensis galleriae crystal* protein, *Galleria mellonella larvae*, Protease, trypsin, Amylase

(注:此文原载于《北京农业大学学报》,1995,21(1),77-81)

三氮苯类除草剂的酶联免疫吸附测定(ELISA)方法研究*

单国民　钱传范
(中国农业大学农业应用化学系,北京　100094)
过琴媛　程　明　苏巧玲
(卫生部北京生物制品研究所)

摘要　根据三氮苯类除草剂的结构特征,合成了三种不同的抗原,制备了三种高效价抗体,建立了检测莠去津、西玛津、扑草净残留量的酶联免疫吸附测定(ELISA)方法,方法的检测极限分别为 1 ng·mL^{-1},0.5 ng·mL^{-1}和 2 ng·mL^{-1}。三种抗体对待检农药均有很高的特异性,H_1BSA 抗体对莠去津、西玛津、扑草净、西草净和环嗪酮的交叉反应分别为 100%,10%,7.1%,1.4%和 0;H_2BSA 抗体分别为 44.6%,100%,0.31%,0.25%和 0;H_3BSA 抗体分别为 50.1%,8.9%,100%,25.1%和 0.08%。对五种非三氮苯类除草剂丁草胺、氟乐灵、麦草畏、甲草胺、氟磺胺草醚均无交叉反应。

关键词　酶联免疫吸附测定,三氮苯类除草剂,残留分析
中图分类号　S482.42

三氮苯类除草剂是全球最大吨位除草剂之一,以莠去津(2-氯-4-乙胺基-6-异丙胺基-1,3,5-三氮苯),西玛津(2-氯-4,6-二乙胺基-1,3,5-三氮苯),扑草净(4,6-二异丙胺基-2-甲硫基-1,3-5-三氮苯)为代表,主要用于防除玉米,棉花、水稻等作物的杂草。我国于 70 年代后期开始生产,至今已广泛应用。但是三氮苯类除草剂在环境中比较稳定,半衰期长,极易污染土壤和地下水源。近年来,在我国华北地区由于玉米地大量使用莠去津,对下茬作物小麦等的药害问题已日益突出。另外,三氮苯类除草剂的含亚硝基衍生物和其他代谢产物潜在的致畸、致癌和致突变性也日益引起人们的关注。因此开发一种简单、快速,适于农药残留现场监控的痕量分析方法具有重要的现实意义。

检测三氮苯类除草剂残留量的常规方法有气相色谱法[1,2]和高效相色谱法[3,4]等。这些方法虽能达到残留分析的要求,但样本前处理过程复杂,工作量大,仪器昂贵等问题,而 ELISA 方法灵敏度高,特异性强,样本前处理简单,操作简便,便于进行现场监控,可以与常规分析方法互为补充[5]。近 10 年来它在农药残留分析领域的应用已越来越广泛,国外已有很多这方面的文献报道,其中包括三氮苯类除草剂如莠去津[6,7]、氰草津和去草净[8]。但在我国这方面的研究则刚刚开始,仅见有对硫磷 ELISA 方法的报道[9]。

本文根据三氮苯类除草剂的结构特征,从三氮苯的不同部位引入活性基团,合成了三种不同的抗原和相应的抗体,建立了可用于检测莠去津,西玛津、扑草净的 ELISA 方法。

1　材料与方法

1.1　实验材料和仪器

1.1.1　实验材料　莠去津等农药标样(农业部农药检定所);三聚氰氯(>99%)(吉林农药厂);牛血清

* 国家自然科学基金资助项目

白蛋白(BSA),卵清蛋白(OVA),巯基丙酸,巯基己酸,N-羟基琥珀酰亚胺(NHS),二环己基碳二亚胺(DCC)(为 Sigma 公司产品);辣根过氧化物酶(HRP)标记羊抗兔抗体(酶标二抗),正常羊血清,正常兔血清,弗氏不完全佐剂(FIA),弗氏完全佐剂(FCA)(北京生物制品所)。

磷酸缓冲液(PBS):0.02 mol・L^{-1},pH 7.2。

包被液:0.1 mol・L^{-1}碳酸钠-碳酸氢钠缓冲液,pH 9.6。

血清稀释液:0.02 mol・L^{-1}PBS 加 5%正常羊血清。

洗涤液(PBST):0.02 mol・L^{-1}PBS 含 0.1%吐温 20,pH 7.2。

封闭液:洗涤液加 1%低脂奶粉和 5%正常羊血清。

底物溶液:0.1 mol・L^{-1}柠檬酸-磷酸氢二钠缓冲液(pH5.0)内含 0.4 mg・mL^{-1}邻苯二胺,临用前按 0.4 μL・mL^{-1}加过氧化氢。

实验动物为新西兰青紫蓝兔。

1.1.2　仪器　酶联免疫测定仪,紫外分光光度计。

1.2　抗原的制备

1.2.1　半抗原的合成　由于常见的三氮苯类除草剂分子本身不具可直接与蛋白质偶联的活性基团,本文以莠去津为模板,以三聚氰氯为起始原料,分别从均三氮苯环的 2,4,6 三个不同部位引入活性羧基。为使半抗原分子与蛋白质偶联后,尽可能地暴露于载体表面,易于被动物机体识别,要求在半抗原与载体蛋白之间有一个 3~6 个碳链的间隔臂[5],选择了分别以巯基己酸、巯基丙酸取代莠去津三氮苯环上的乙基、异丙基和氯原子,得半抗原 H_1,H_2,H_3。

半抗原 H_1 的合成反应式如下:

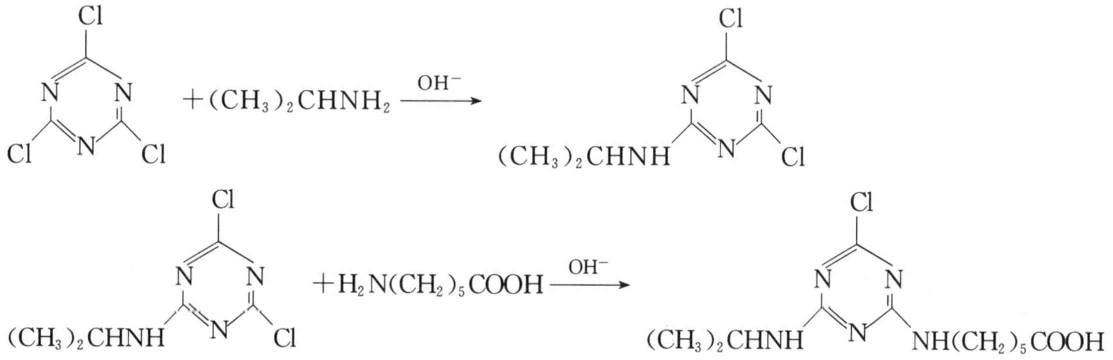

(b. p. 163~164.5℃
H₁ 半抗原)

半抗原 H_2 的合成反应式如下:

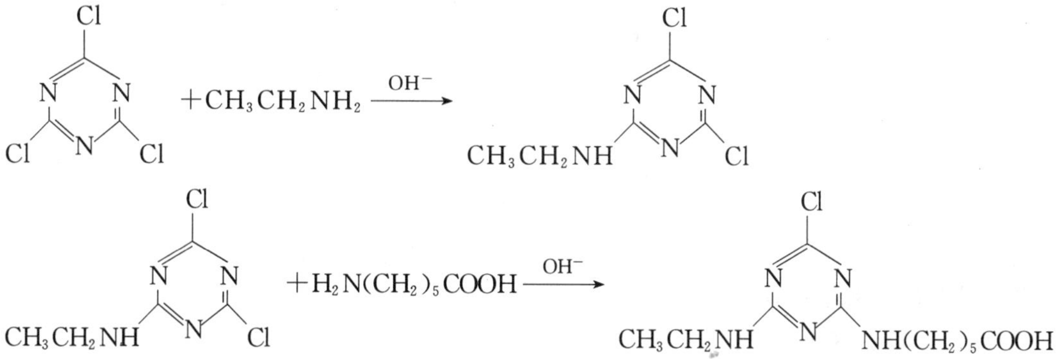

(b. p. 141~142℃
H₂ 半抗原)

半抗原 H_3 的合成反应式如下：

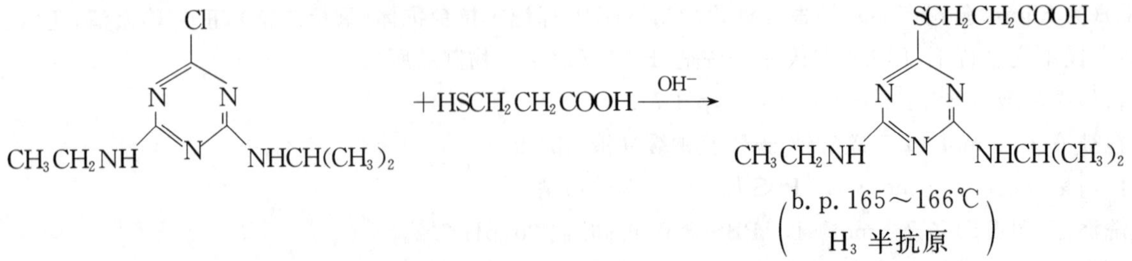

纯化后的三个半抗原经核磁共振仪、红外光谱仪、质谱仪鉴定其结构，加以确证。

1.2.2 半抗原与蛋白质的偶联 取 4.1 mmol 半抗原（H_1，H_2 或 H_3），溶于 1.5 mL DMF，加入 0.4 mmol NHS 和 0.44 mmol DCC，于室温反应 3 h，离心将上清液分两等份备用。

分别称取 50 mg BSA 和 36 mg OVA 于两个反应瓶中，各加 10 mL 蒸馏水溶解，并在搅拌下分别逐滴加入一等份上述上清液，18℃反应过夜，反应液用 PBS 透析 48 h，用紫外分光光度法测定抗原结合比。于－20℃冰箱保存。

半抗原与 BSA 的偶联复合物用作免疫抗原，与 OVA 的复合物作为包被抗原。

1.3 抗体的制备

实验动物用卡介苗致敏两周后，进行基础免疫，免疫剂量为 0.25 mg·kg^{-1}，抗原用生理盐水稀释，加等体积的弗氏完全佐剂，乳化后，注射腘窝淋巴和背部皮下。一个月后，进行加强免疫，剂量为 0.5 mg·kg^{-1}，抗原用生理盐水稀释，加等体积弗氏不完全佐剂，于背部皮下多点注射，以后每 2 周按同样的剂量和方法注射一次。从第三次免疫开始，每次注射后第 8 天，从兔子的耳缘静脉采血，测定抗体效价及特异性。

1.4 三氮苯类除草剂的 ELISA 测定方法

采用间接竞争酶联免疫分析方法。其测定原理是将农药与大分子载体偶联制得的包被用抗原吸附于固相载体上，制备成固相抗原，然后加入相应抗体和待测农药，固相抗原中的农药，待测农药与抗体进行竞争结合反应，待测农药含量多，则被结合在固相抗原上的抗体少，反应后加入酶标二抗（只能与被结合在固相抗原上的抗体特异结合），最后用酶的底物进行显色加以测定。当抗体量一定时，加入的待检农药量越多，与固相抗原结合的抗体就越少，发色反应减弱，抑制率增高；反之，则发色反应增强，抑制率减低。因而可根据已知量农药的标准曲线和待检样品的抑制率，推算出待测农药的浓度。

1.4.1 标准曲线的制备 96 孔聚苯乙烯微量滴定板经蒸馏水洗涤后，加入含包被抗原的包被液（5 μg·mL^{-1}）200 μL·孔$^{-1}$，37℃温育 2 h。将包被液吸干并用蒸馏水洗涤后，加封闭液 200 μL·孔$^{-1}$，37℃温育 1 h。封闭好的板吸干后，每孔加入系列已知浓度除草剂的 PBS 溶液 100 μL。再加入定量的抗血清液 100 μL，混匀后，在 37℃温育 45 min，弃去孔内液体，用洗涤液洗板 5 次，每孔加入 1∶4 万倍稀释的酶标二抗 100 μL，将板在 37℃温育 1 h，用洗涤液洗 5 次后，每孔再加入底物液 100 μL，室温避光反应 30 min 后，用 50 μL 终止液（1 mol·L^{-1} 硫酸）终止反应。在酶联仪上测定 490 nm 的吸光值。根据抑制率与农药浓度的对数作图即得标准曲线。

测定不同除草剂时，选用相应抗原和抗体：用 H_1OVA 固相抗原及 H_1BSA 抗体测定莠去津；用 H_2OVA 固相抗原及 H_2BSA 抗体测定西玛津；用 H_3OVA 固相抗原及抗 H_2BSA 抗体测定扑草净。

1.4.2 方法的特异性 利用所建立的方法对各种结构类似物进行测定，测出它们抑制 50%所需的浓度，再根据下式算出交叉反应率。

以 H_1BSA 抗体（测莠去津）为例

$$\text{交叉反应率} = \frac{\text{抑制率为 50\% 时莠去津的浓度}}{\text{抑制率为 50\% 时其他农药的浓度}} \times 100\%$$

2 结果与讨论

2.1 抗原结合比

根据半抗原-蛋白质结合物在紫外区域的吸收约等于游离蛋白质和半抗原的吸光值的简单加和的特点,可以通过测定三者在 280 nm 和 260 nm 的吸光值推算其可能的结合比。测定结果如下:

H_1-BSA 6∶1,H_2-BSA 10∶1,H_3-BSA 8∶1

H_1OVA 14∶1,H_2-OVA 12∶1,H_3-OVA 6∶1

2.2 抗体的效价及抗体与不同抗原的反应性

6 只兔子分别用三种抗原免疫 4～5 次,得到的抗血清的终点效价(阳性孔与阴性对照孔吸光值之比大于 2.1)均大于 12.8 万倍,工作效价(指 1/2 OD_{max}处的血清稀释度)均在 3.2 万倍以上。

图 1 至图 3 是三种抗体与三种不同固相抗原(H_1OVA,H_2OVA,H_3OVA)的交叉反应性。从图可以看出,各抗体在对应的抗原上均显示出最强的反应性(H_3BSA 抗体与 H_2OVA 和 H_3OVA 的反应有所交替,但基本趋势是一致的),这表明了抗体抗原结合反应对化学结构的高度特异性。

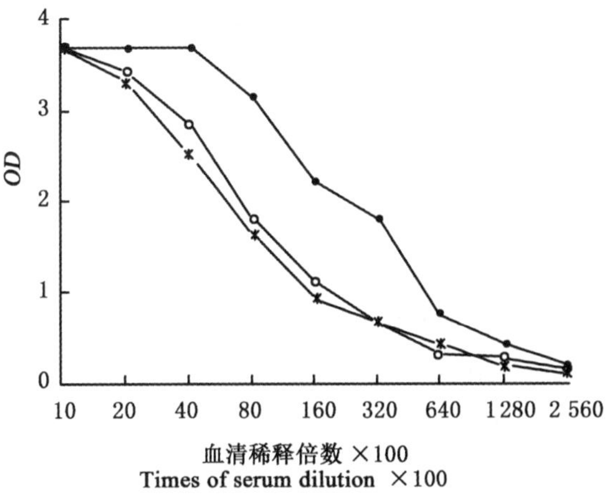

图 1 抗 H_1BSA 抗体与不同包被抗原的结合反应

Fig. 1 Antisera dilution curves for anti-H_1BSA serum from rabbits exposed to three coating antigens

—•—H_1OVA;—○—H_2OVA;—*—H_3OVA

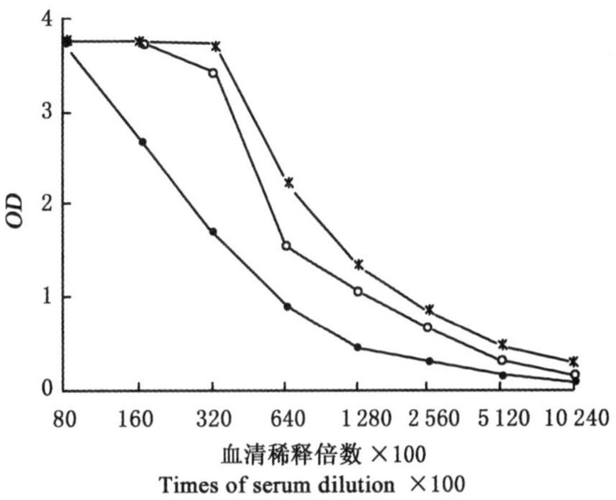

图 2 抗 H_2BSA 抗体与不同包被抗原的结合反应

Fig. 2 Antisera dilution curves for anti-H_2BSA serum from rabbits exposed to three coating antigens

—•—H_1OVA;—○—H_2OVA;—*—H_3OVA

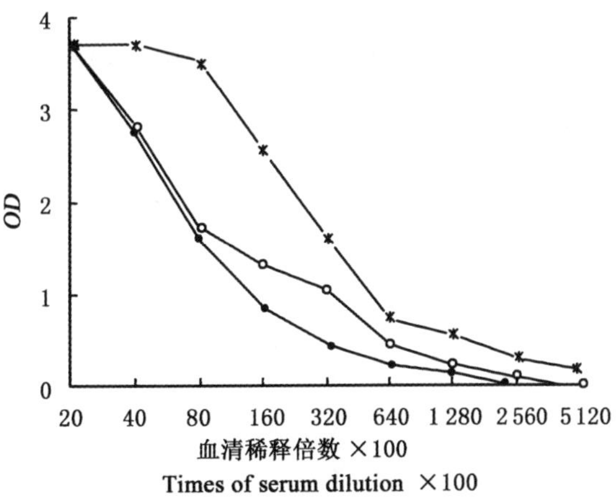

图 3 抗 H_3BSA 抗体与不同包被抗原的结合反应

Fig. 3 Antisera dilution curves for anti-H_3BSA serum from rabbits exposed to three coating antigens

—•—H_1OVA;—○—H_2OVA;—*—H_3OVA

2.3 ELISA 方法的标准曲线

ELISA 方法的标准曲线以抑制率与农药浓度的半对数曲线表示(图 4),抑制率以下式计算:

$$\frac{(OD_{\max}-OD_{\min})-(OD_x-OD_{\min})}{OD_{\max}-OD_{\min}}\times 100\%$$

式中:$OD_{\max}$为不加药时的吸光值,OD_x 为农药浓度为 x 时的吸光值,$OD_{\min}$为空白对照孔的吸光值。

由标准曲线可看出,H_1BSA 抗体测莠去津时,抑制率 50%时莠去津的检出浓度为 27 ng·mL^{-1},最低检测限(以直线部分最低点的浓度表示)为 1 ng·mL^{-1} H_2BSA 抗体测西玛津时,抑制率 50%时的检出浓度为 14 mg·mL^{-1}检测极限为 0.5 ng·mL^{-1} H_3BSA 抗体测朴草净时,抑制率 50%时的检出浓度和检出极限分别为 76 ng·mL^{-1}和 2 ng·mL^{-1}。

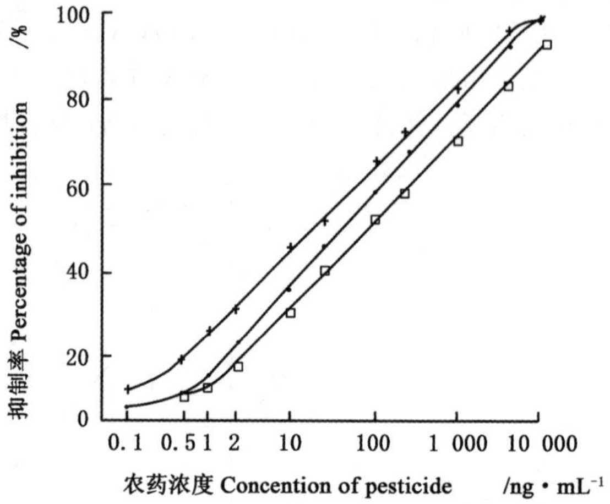

图 4 三种抗体测定农药的标准曲线

Fig. 4 Standard curves for three herbicides

—•—抗 H_1BSA 抗体测莠去津(for Atrazme),—×—抗 H_2BSA 抗体测西玛津(for Simazine),

—◇—抗 H_3BSA 抗体测扑草净(for Prometryne).

2.4 方法的特异性

为了检验方法的特异性,用三种不同的抗体及所建立的方法测定了莠去津、西玛津、扑草净、西草净、环嗪酮和非三氮苯类 5 种除草剂(表 1)。

表 1 三种抗体与不同农药的交叉反应率

Table 1 Cross-reactivity of three antibodies toward 10 herbicides %

农药名称 Kind of pesticide	H_1BSA	H_2BSA	H_3BSA
莠去津(Atrazine)	100	44.6	50.1
西玛津(Simazine)	10.0	100	8.9
扑草净(Prometryne)	7.1	0.31	100
西草净(Simetryme)	1.4	0.25	25.1
环嗪酮(Hexazinone)	<0.01	<0.01	0.08
西草胺(Butachlor)	<0.01	<0.01	<0.01
氟乐灵(Triflualin)	<0.01	<0.01	<0.01
麦草畏(Alachlor)	<0.01	<0.01	<0.01
甲草胺(Fomesafen)	<0.01	<0.01	<0.01
氟磺酰草醚(Dicamba)	<0.01	<0.01	<0.01

由附表可以看出,抗 H_1BSA 抗体表现出对莠去津的高度特异性,即使结构十分相近的西玛津和扑草净也只有10%和7.1%的交叉反应率,其余被测农药则基本无交叉反应,H_2-BSA 抗体对西玛津特异,而莠去津由于与其结构十分相似,有44.6%的交叉反应。H_3BSA 抗体与扑草净的反应最强,但对莠去津和西玛津也表现出一定的识别能力,分别为50.1%和25.1%。这充分表明抗体的特异性与相应的免疫抗原的结构密切相关,它们对被测物的化学结构极为敏感,其结构上的微小变化都可引起抗体的交叉反应性的很大差异。

3 结论

根据三氮苯类除草剂的结构特征,合成了三种活性半抗原,由它们制成的免疫抗原进行免疫,获得了三种高效价抗体,其工作效价均大于3.2万倍,远高于国外同类方法4 000~8 000倍的水平[7,10]。根据三种抗体的特异性,建立了三者测定莠去津、西玛津、扑草净的 ELISA 方法。虽然 H_2BSA 抗体和 H_3BSA 抗体的特异性不及 H_1BSA 抗体,但仍有很大的实际应用价值。一方面 H_2BSA 抗体可以作为同时检测西玛津,莠去津总量的有效手段,在没有使用西玛津的地区,可直接用于检测莠去津,H_3BSA 抗体也可同样应用。另一方面,扑草净多在南方水田使用,而莠去津多用于北方旱田,且我国目前常用的主要是莠去津,因此,该抗体在北方大部地区还可用于检测莠去津的残留水平。

参考文献

[1] Roseboom H, Herbold H A. Determination of triazine herbicides in various crops by capillary gas chromatography with thermionic detection. J Chromatogr, 1980, 202:431~438

[2] Bailey R, LeBEL G. Gas chromatography of triazine herbicide as heptafluorobutyryl derivatives and some applications to analysis in foods. J Chromatogr, 1978, 161:251~257

[3] Vermeulen N M J, Apostolides Z, Potgieter D J J. Separation of atrazine and some of its degradation products by HPLC. J Chtomatogr, 1982, 240:247~253

[4] Vickrey T M, Karlesky D L, Blackmer G L. Colorimetry and HPLC of atrazine residues in soil, comparison of methods. J AOAC, 1980, 63:506~510

[5] Jung F, Gee S J, Harrison R O, Goodrow M H, Karu A E, et al. Use of immunochemical techniques for the analysis of pesticides. Pesticde Science, 1989, 26:303~317

[6] Bushway R J, Perkin B, Savage S A, Lekousi S J, Ferguson B S. Determinaton of atrazine residues in water and soil by enzyme immunoassay. Bull Environ Contam Tocicol, 1988, 40:647~654

[7] Dunbar B, Riggle B, Niswender G. Development of enzyme immunoassay for the detection of triazine. J Agric Food Chem, 1990, 38:443~437

[8] Huber S T, Hock B. A solid-phase enzyme immunoassay for quantitative determination of the herbicide terbutryn. J Plant Dis Protection, 1985, 92:147~156

[9] 刘长武,王一茹,李治祥,张俊亭. 对硫磷的人工抗原全成与鉴定. 环境科学学报, 1992, 12:377~381

[10] Goodrow M H, Harrison R O, Hammock B D. Hapten synthesis, antibody development, and competitive enzyme immunoassay for S-triamne herbicide. J Agric Food Chem, 1990, 38:990~996

Study on Enzyme Linked Immunosobent Assay(ELISA)for Residue Determination of Triazine Herbicides

Shan Guomin Qian Chuanfan
(Dept. of Applied Chemistry,CAU,Beijing 100094)
Guo Qinyuan Cheng Ming Su Qiaoling
(National Vaccine and Serum Institute)

Abstract The enzyme linked immunosorbent assay(ELISA)for detecting triazine herbicides was studied. Three bioactive antigens were synthesized and three high titre antisera were prepared. The ELISA for residue analysis of atrazine, simazine, prometryne was established. Their limits of detection were 1 ng · mL^{-1}, 0. 5 ng · L^{-1} and 2 ng · L^{-1} respectively. The cross-reaction of anti-H_1BSA serum to atrazine, simazine, prometryne, simetryme, hexazinone was 100%, 10%, 7. 1%, 1. 4% and 0 respectively; of anti-H_2BSA serum was 44. 6%, 100%, 0. 31%, 0. 25% and 0 respectively; of anti-H_3BSA serum was 50. 1%, 8. 9%, 100%, 25. 1%, and 0. 08% respectively. Five non-triazine herbicides butachlor, trifluralin alachlor, fomesafen, dicamba were tested and there was no cross-reaction between them.

Key words emzyme linked immunosorbent assay, triazine herbicides; residue analysis

(注:此文原载于《中国农业大学学报》,1996,1(3),52-58)

梨中 Avermectin B_1 残留的酶联免疫吸附测定

李俊锁　钱传范
（中国农业大学应用化学系，北京　100094）

摘要　本文建立了检测梨中 Avermectin B_1 的间接竞争酶联免疫吸附测定法（ELISA）。以结合物 4″-O-（单）琥珀酰 Avermectin B_1-BSA 免疫家兔，制备特异性针对 Avermectin B_1 的多克隆抗体。梨样本经甲醇提取后用 ELISA 检测，在 6.0～60 μg/kg 添加浓度范围内，Avermectin B_1 的回收率为 86%～105%，变异系数（CV）为 4%～8%。样本检测限为 1 μg/kg。本方法简便、快速、灵敏，适宜对大批量样本进行快速测定。

关键词　Avermectin B_1，梨，酶联免疫吸附测定（ELISA）

Avermectins 是由放线菌 *Streptomyces avermitilis* 产生的具有优异杀虫活性的一类广谱抗生素，基本结构为五环十六元的大环内酯（Burg 等，1979）。商品化的 Avermectin B_1（AVM）是天然 Avermectins 8 个组分中 2 个活性最强的同系物的混合物（其中 Avermectin $B_{1a} \geqslant 80\%$，Avermectin $B_{1b} \leqslant 20\%$），商品的非专利名称为 Abamectin，结构见图 1。AVM 杀虫活性之强和杀虫谱之广（大多数线形和节肢动物）都堪称划时代的，且化学结构和作用机制独特（作用于昆虫神经—肌肉突触的 GABA 系统），被誉为近十几年来杀虫药物研究的重大突破。AVM 对棉花和果蔬的各种螨类和害虫均有极强的抑杀作用。各种作物的推荐使用剂量为 5.4～27 g/hm^2（Dybas，1989）。AVM 诸多方面的优越性使其很快投入市场，因此，建立有效、简便的 AVM 残留分析方法十分必要。AVM 使用剂量极小，农产品中 AVM 水平一般仅为 10～100 μg/kg，分离与检测均十分困难。目前国内外使用的测定 AVM 残留的方法大多是以荧光衍生化为基础的高效液相色谱法（Tway 等，1981；Wehner 等，1993；Cobin 等，1995）。这些常规分析方法需要繁琐的净化和荧光衍生化步骤，耗用大量有机溶剂。对于 AVM 这种意义重大而常规理化分析又十分困难的农药残留，很有必要研究其免疫测定方法。Karu 等（1990）曾使用抗 Ivermectin（22，23-二氢 Avermectin B_1）单克隆抗体检测草莓中的 AVM。本文使用本室研制的抗 AVM 多克隆抗体建立梨样本中 AVM 的酶联免疫吸附测定法（ELISA），并用于添加样本测定。

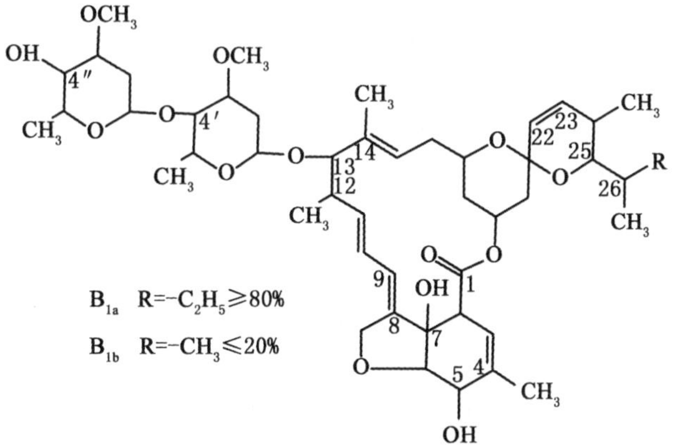

图 1　Avermectin B_1 的化学结构

1 材料与方法

1.1 试验材料

1.1.1 主要仪器设备 酶联免疫检测仪(DG—1型,上海),组织捣碎机(YQ—3型,江苏),超声波振荡器(CX—100型,北京),微量移液器(20～200 μL,北京),聚苯乙烯反应板(40孔硬板,江苏)。

1.1.2 主要试剂与溶液 过氧化氢酶标记羊抗兔抗体(HRP—IgG,工作浓度1∶1 000,中国军事医学科学院五所),其他试剂均为AR或GR级。ELISA所用溶液:磷酸盐缓冲液(PBS)(0.01 mol/L, pH7.4,0.15 mol/L NaCl),洗涤液与稀释液(PBST)(含0.5% Tween-20的PBS),抗原包被液(0.05 mol/L碳酸盐缓冲液,pH9.6),封闭液(0.1%明胶),底物液(OPD),终止反应液(2.5 mol/L H_2SO_4)。ELISA溶液的配制参照Chan(1987)的方法。

1.1.3 Avermectin B_1 及标准溶液 Avermectin B_1,白色粉末,含87.6%B_{1a}和7.2%B_{1b}(中国农大微生物工厂提供)。用甲醇配制100 μg/mL Avermectin B_1 贮备液,－20℃存放,临用时稀释配制工作标准液(可使用数天)。

1.2 试验方法

1.2.1 AVM人工抗原的合成及抗体的制备 通过以下步骤在AVM的C_4''—OH上构建间隔分子和活性基因(—$COCH_2CH_2COOH$),制成半抗原:①用叔丁基二甲基氯硅烷将C_5—OH选择性保护;②在对-二甲氨基吡啶催化下,用琥珀酸酐将C_4''—OH酰化;③用对甲苯磺酸去保护基,得到半抗原4″-O-(单)琥珀酰AVM。使用核磁共振氢谱(^{1}HNMR,500 MHz)和快原子轰击质谱(FABMS)对中间体和终产物进行结构鉴定。以N-羟基琥珀酰亚胺法合成4″-O-(单)琥珀酰AVM与牛血清白蛋白(BSA)和卵清蛋白(OVA)的结合物,即人工抗原。结合物经透析和凝胶色谱(Sephadex G—200)纯化后用紫外分光光度计测定浓度和半抗原与载体蛋白的结合比(每分子载体蛋白上连接的半抗原数目),－20℃分装冻存。将结合物4″-O-(单)琥珀酰AVM—BSA(结合比为1∶23)作为免疫原免疫新西兰白兔(按1.0 mg/kg剂量背部皮内多点注射),制备多克隆抗体或抗血清。该抗体对AVM有很高的选择性。3只家兔的ELISA阳性效价(P/N≥2)分别为1∶12 800,1∶25 600和1∶25 600(抗原合成、抗体制备及鉴定方面的详细资料另文发表)。

1.2.2 样本制备与提取方法 将梨样本去蒂和内芯,用组织捣碎机制成匀浆物,－20℃冻存,备用。取5.0 g解冻的样本,置30 mL捣碎杯中与10 mL甲醇混合,高速捣碎2 min,样品液转于50 mL聚丙烯离心管中。以适量甲醇冲洗捣碎杯及刀片并收集于离心管中,样品总体积定容为15.0 mL。样品经超声振荡30 min和4 000 r/min离心5 min后,取上清液适量与等体积的PBST混合(约含33%甲醇,*V/V*),直接用ELISA检测。

1.2.3 间接竞争ELISA和标准曲线绘制 ELISA包被原为4″-O-(单)琥珀酰AVM—OVA(结合比为1∶20)。利用方阵滴定优化包被原浓度为1.25 μg/mL,抗血清工作浓度($OD_{490\ nm}$≈1)为1∶3 200。间接竞争ELISA基本操作程序如图2。

取未经处理的梨样本适量,按上述方法提取和稀释后,用样品提取液配制系列浓度的AVM标准液,经ELISA检测后绘制AVM抑制标准曲线(B/B_0—LogC)(B_0,空白孔OD值;B,加样孔OD值;C,AVM浓度)。

1.2.4 样本添加回收试验 取未经处理的样本5.0 g,加入10～50 μL一定浓度的AVM甲醇溶液,混合,放置数分钟。按上述方法提取后,取1.0 mL样品液与1.0 mL抗血清工作液混合,室温下反应过夜,取200 μL进行ELISA检测。按样本标准曲线计算AVM浓度和回收率。

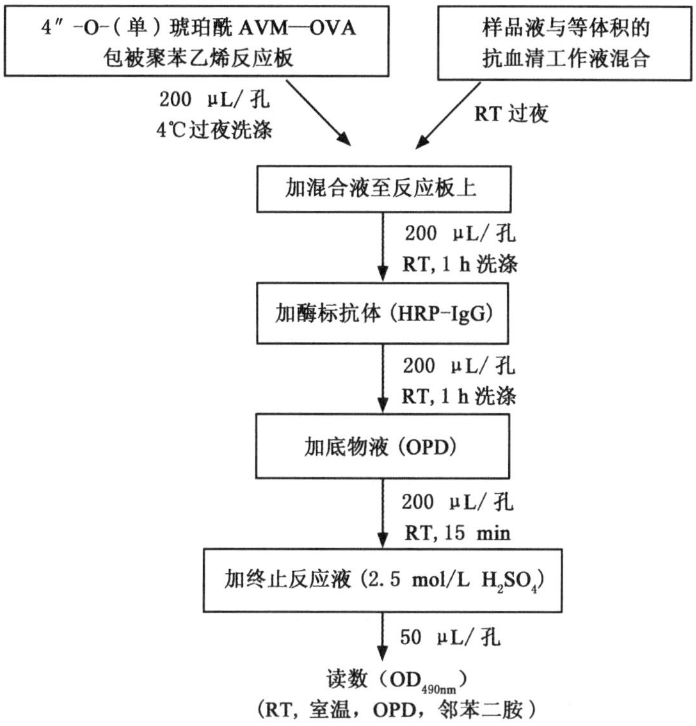

图 2　间接竞争 ELISA 基本操作程序

2　结果与讨论

ELISA 以简便、灵敏著称，近年来在农药残留分析中的发展速度已超过放射免疫分析(RIA)。本文采用的间接竞争 ELISA 检测半抗原物质(如农药等)有以下优点：①“二步”竞争法使反应的灵敏度和重复性得到提高，因为大多游离半抗原与抗体的亲和性低于包被原载体上的抗原决定簇，若将抗体预先同样品中的待测半抗原反应，然后再与包被原在反应板上竞争，可使抑制反应更加完全；②间接法虽使操作步骤增加，但避免了样本基质对酶标抗体(酶标二抗)酶活性的干扰；③大多数酶标二抗有商品出售，可省去对待测物或抗体的标记步骤。使用非免疫原 4″-O-(单)琥珀酰 AVM—OVA 做包被原，可避免针对载体的抗体与包被原结合，提高 ELISA 灵敏度。

本试验采用稀释样本提取液的方法降低样本基质和提取溶剂对竞争反应的影响，测定过程大大简化。以样本提取液(PBST 作 1∶1 稀释)为介质的 AVM 抑制标准曲线(半对数曲线)见图 3，产生 50% 抑制的 AVM 浓度(I_{50})为 9.3 ng/mL，斜率为 1.8(负值)。按(B_0—2SD)/B_0 对应的样本中 AVM 浓度计算，该方法的样本检测极限为 1 μg/kg。一般抗体与半抗原间的结合反应能耐受一定水平的水溶性有机溶剂(Russell 等，1989)，这对利用 ELISA 检测 AVM 这样的脂溶性有机农药非常有利。以往的试验表明，AVM 与抗体的结合反应可耐受 20%(*V*/*V*)的甲醇，本文中 ELISA 竞争反应介质中约含 16.7%(*V*/*V*)的甲醇，不会对 ELISA 测定有显著影响。免疫反应的高特异性和亲和性($K_D=10^{-6}\sim10^{-12}$)赋予了 ELISA 很高的选择性和灵敏性，这样，一方面可简化样本的前处理过程，通常仅需简单提取就足够了；另一方面，稀释样本可能不会影响对样本的实际检测。本试验抑制标准曲线的各项指标能满足对农产品中 AVM 残留的检测。

样本添加回收率试验结果见表 1。在 6.0～60 μg/kg 添加浓度范围内，回收率为 86%～105%，变异系数(CV)为 4%～8%。本试验的高回收率得益于简单的分析过程。样本仅需 1 次提取和稀释后即可进行检测，而目前使用的高效液相色谱法需要几十步操作。本文中 ELISA 的灵敏度亦高于目前的常规理化分析方法(检测限一般为 1～2 mg/kg)。

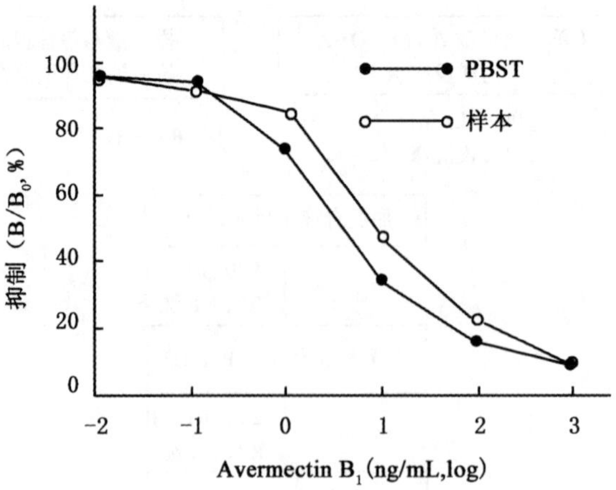

图 3 ELISA 测定 Avermectin B_1 的抑制标准曲线

注：B/B_0，$\overline{X}\pm SD$；B_0，n=10；B，n=4。

表 1 ELISA 测定梨样本中 Avermectin B_1 的添加回收率

添加浓度(μg/kg)	测定浓度(μg/kg)	回收率(%)	变异系数(CV)(%)
6.0	6.3±0.52	105	8
30.0	30.6±1.10	102	4
60.0	51.7±3.53	86	7

注：测定浓度为 $\overline{X}\pm SD$，n=4。

综上所述，本文建立的间接竞争 ELISA 测定梨样本中的 AVM 具有简便、灵敏、快速的特点，可用于批量样本中 AVM 残留的快速测定。

参考文献

[1] Burg R W et al. 1979. Avermectins, a new family of potent antihelmintic agents: producing organism and fermention. Antimicrob. Agents Chemother. 15(3): 361-367.

[2] Chan J E. 1987. Immunoassey: a practical guide. Academic Press Inc. , San Deigo. pp. 41.

[3] Cobin J A et al. 1995. Liquid chromatographic method for rapid determination of total avermectin B_1 and 8,9-Z-avermectin B_1 residues in apples. J. AOAC Int. 78(2): 419-423.

[4] Dybas R A. 1989. Abamectin use in crop protection, in Ivermectin and Abamectin, W. C. Campbell (Ed), Springer-Verlagm, New York. pp. 287-310.

[5] Karu A E et al. 1990. Avermectins, in Immunochemical Methods for Environmental Analysis, J. M. Van Emon(Ed), ACS, Washington, D. C. pp. 96-111.

[6] Russell A J et al. 1989. Antibody-antigen binding in organic solvents. Biochem. Biophysi. Res. Comun. 158(1): 80-85.

[7] Tway P C et al. 1981. Determination of ivermectin in cattle and sheep tissues using HPLC with fluorescence detection. J. Agric. Food Chem. 29: 1 059-1 063.

[8] Wehner T et al. 1993. Abamectin, in Comprehensive Analytical Profiles of Important Pesticides, J. Sherma & T. Cains(Eds), CRC Press, Boca Raton, FL. pp. 73-106.

An Enzyme-linked Immunosorbent Assay(ELISA) for Avermectin B_1 Residue in Pears

Li Junsuo Qian Chuanfan

(Department of Applied Chemistry, China Agricultural University, Beijing)

Abstract An indirect competitive enzyme-linked immunosorbent assay(ELISA) for determination of Avermectin B_1 residue in pears is developed. The polyclonal anti-Aver-mectin B_1 antibodies were obtained by immunizing rabbits with 4″-O-succinoylavermectin B_1. The sample was extracted with methanol, diluted with PBST, and then monitored by ELISA. Recoveries of Avermectin B_1 from pears fortified at 6.0～60 μg/kg levels were in a range of 86%～105%, with CV=4%～8%. The limit of detection was 1 μg/kg. This is a simple, sensitive and rapid method for monitoring Avermectin B_1 residue in pears.

Key words Avermectin B_1, pears, ELISA

(注：此文原载于《植物保护学报》,1996,23(4):333-337)

Determination of Avermectin B_1 in Biological Samples by Immunoaffinity Column Cleanup and Liquid Chromatography with UV Detection

Junsuo Li

Beijing Agricultural University, College of Veterinary Medicine, Department of Veterinary Pharmacology and Toxicology, Beijing 100094, Peoples Republic of China

Chuanfan Qian[1]

Beijing Agricultural University, Department of Applied Chemistry, Beijing 100094, Peoples Republic of China

Abstract: A simple and specific procedure for determination of avermectin B_1 in biological samples is described. A specific anti-avermectin B_1 immunosorbent was developed. Avermectin B_1 was extracted from cattle plasma, cattle meat, and pear samples. The extracts were cleaned up on a solid-phase extraction column (C_{18}) and an immunoaffinity column. Avermectin B_1 was determined by reversed-phase liquid chromatography with UV detection at 245 nm. Recoveries of avermectin B_1 from samples spiked at levels of 6 and 60 parts per billion(ppb) ranged from 80% to 86%, with coefficients of variation of 5%～14%. The limit of detection was 2 ppb. The procedure provides a simple and sensitive method for monitoring avermectin B_1 residues in biological matrixes.

Avermectins, which are produced by the actinomycete *Streptomyces avermitilis* are a new family of macrocyclic lactone compounds with the most potent broad spectrum against helminths and arthropods yet reported(1,2). Avermectin B_1 (AVM) is the major component of avermectins used in agriculture and veterinary medicine in China; it consists of approximately 80% avermectin B_{1a} and 20% avermectin B_{1b}. The current methods for monitoring avermectin B_1 residues are based on liquid chromatography(LC) with fluorescence detection(3-7). However, the methods are labor intensive and time consuming, requiring large amounts of organic solvents and a derivatization procedure.

An antibody-mediated cleanup(AMC) procedure, such as the immunoaffinity column cleanup, has a high specific retention of the analyte. The use of immunoaffinity chromatography(IAC) for cleanup and concentration and a physicochemical detection procedure, such as IAC-LC-UV, is an ideal and reliable strategy for residue analysis. The advantages and application of IAC for drug residue analysis have been reviewed(8,9). This paper presents a simple cleanup procedure for AVM in cattle plasma, cattle meat, and pear samples, based on IAC. The purified samples were analyzed by LC with UV detection.

Experimental

Apparatus

(a) *Homogenizer*. —Model YQ-3 blender, with 50 mL glass cups and stainless steel blades (Huangyan Instrument Factory, Jiangsu, PRC).

Author to whom correspondence should be addressed.

(b)*Ultrasonic bath*. —CX-100(Beijing Medical Instrument, Beijing, PRC).

(c)*Vortex mixer*. —WH861(Taicangluhe Biochemical Intrument Factory, Jiangsu, PRC).

(d)*Rotary evaporator*. —XZ-6(Beijing Kelong Instrument Factory, Beijing, PRC).

(e)*Magnetic stirrer*. —79HW-1(Recheng Electrical Equipment Factory, Zhejiang, PRC).

(f)*Centrifuge*. —LD4-2A(Beijing Medical Centrifuge Factory, Beijing, PRC).

(g)*Solid-phase extraction(SPE)column*. —PT-C_{18}, 0.5 g(Jingyang Filtration Aparatus Factory, Hebei, PRC).

(h)*UV-Vis spectrophotometer*. —751GW (Shanghai Analytical Instrument Factory, Shanghai, PRC).

(i)*LC column*. —SPHERI-5, Rp-18, 220 × 4.6 mm id(Applied Biosystems, Inc., Foster City, CA).

(j)*LC system*. —SP8810 pump, SP4270 integrator, SP8450 UV-Vis detector(Spectra-Physics, Inc., San Jose, CA).

(k)*Chromatographic conditions*. —Flow rate, 1.2 mL/min; injection volume, 10 μL; column, room temperature; detection wavelength, 245 nm; AUFS, 0.002.

Reagents

(a)*Diethylaminoethyl cellulose(DEAE-cellulose)*. —DE-52(Whatman, Maidstone, UK).

(b)*Agarose beads*. —Sepharose 4B(Pharmacia, S-751, Uppsala, Sweden).

(c)*Cyanogen bromide(CNBr)*. —97%(E. Merck, Darmstadt, Germany).

(d)*Methanol*. —LC grade(Beijing Chemical Reagent Co., Beijing, PRC).

(e)*Water*. —Redistilled with all-glass apparatus.

All other reagents were analytical reagent grade or better(Beijing Chemical Reagent Co.).

(f)*LC mobile phase*. —Methanol-water(9+1).

(g)*Phosphate-buffered saline(PBS)*. —0.2 g KH_2PO_4, 2.9 g $Na_2HPO_4 \cdot 12H_2O$, 0.2 g KCl, and 18.8 g NaCl were dissolved in 900 mL water. This solution was adjusted to pH 7.4 with 2.0M NaOH and diluted to 1 L with water.

(h)*Coupling buffer solution*. —4.4 g $NaHCO_3$ and 14.6 g NaCl were dissolved in 500 mL water. This solution was adjusted to pH 8.4 with 1.0M HCl.

Analytical Standard and Standard Solutions

(a) *Avermectin B_1*. —White powder (75.3% B_{1a} and 18.8% B_{1b}); Jingnong Co., BAU, Beijing, PRC.

(b)*Avermectin B_1 stock solution* (100 μg/mL). —10.00 mg avermectin B_1 was added to a 100 mL volumetric flask and dissolved in methanol. The solution was diluted to volume with methanol and shaken thoroughly. This stock solution was stored at −20℃.

(c)*Avermectin B_1 working solutions*(20, 50, 100, 250, 500, 750, and 1 000 ng/mL). —Aliquots of avermectin B_1 solution(1 μg/mL)were transferred to 100 mL volumetric flasks and diluted to volume with methanol. These working solutions were stored at −20℃, and could be used for several days.

Synthesis of Avermectin B_1 Hapten and Conjugate

4″-*O*-Succinoylavermectin B_1 (avermectin B_1 hapten)was synthesized according to the methods described by Mrozik et al. (10)for preparation of avermectin acyl derivatives. The hapten was coupled to bovine serum albumin(BSA)by *N*-hy-droxysuccinimide(NHS)ester procedures, which resulted in the conjugate containing 23 molecules avermectin B_1 per molecule BSA(11).

Antibody Preparation and Purification

Three New Zealand rabbits were immunized with 4″-*O*-succinoylavermectin B_1-BSA subcutaneously at a dose of 1 mg/kg body weight. The conjugate for immunization was emulsified with adjuvant(initially,Freund's complete adjuvant,and later,at 2-or 3-week intervals, with Freund's incomplete adjuvant). The rabbits were bled after 11 weeks(5 doses)by cardiac puncture. Antisera were prepared by the conventional method.

The immunoglobulin(IgG) against AVM was isolated from rabbit serum by ammonium sulfate precipitation. A 20 mL amount of deep-frozen antiserum was diluted with 20 mL 0.15M NaCl solution (4℃). The IgG fraction was precipitated successively with 50,35,and 35% ammonium sulfate saturation solutions. In each case,the suspension was stored at 4℃ for 60 min,and then centrifuged for 20 min at 4 000×*g*. Finally,the precipitate was redissolved in 5 mL 0.15M NaCl solution and dialyzed at 4℃ with three 2 L batches of phosphate buffer solution(pH 6.7,0.017 5M)over a period of 2 days. The IgG fraction was purified further with a DEAE-cellulose column(20×2.0 cm id),with phosphate buffer solution(pH 6.7,0.017 5M)as eluant. The first protein fraction was collected and determined spectrophotometrically in a 1 cm quartz cell by using $A^{1\%}_{280\ nm}=13.5$. A total of 217 mg purified IgG was obtained. Just before preparation of the immunosorbent,the IgG solution was diluted to 5 mg IgG/mL with coupling buffer solution.

Preparation of Immunosorbent

Caution:Perform activation step only in a well-ventilated fume hood! The CNBr activation and coupling procedures were based on the procedures provided by Dean et al. (12). In the coupling procedure,10 mL CNBr-activated Sepharose 4B and 100 mg IgG in 20 mL coupling solution were mixed and stirred slowly for 20 h at 4℃. The coupling efficiency was determined spectrophotometrically. The resultant immunosorbent was stored in PBS containing 0.1% NaN_3 at 4℃.

Determination of Column Capacity

The IAC column(80×7 mm id,1.0 mL bed volume)was rinsed initially with 5 mL methanol,and then equilibrated with5 mL water and 10 mL PBS at a flow rate of 1.2 mL/min. Air bubbles introduced into the gel by methanol were removed by carefully inverting the column several times.

The column capacity was determined as follows:Ca 50 mL solution containing 100 mg AVM/mL PBS-methanol(9+1) was added to the column continuously at a flow rate of 1.2 mL/min. Fractions (2 mL) were collected and monitored by LC. The column was saturated when the concentration of AVM in the eluate was the same as that added. The AVM-saturated column was washed with 10 mL PBS-methanol(9+1)and 5 mL water-methanol(9+1). AVM was then cluted with 4 mL methanol and determined by LC. The IAC column was regenerated after being equilibrated with 5 mL water and 10 mL PBS. The dynamic column capacity(ng AVM/mL gel)and specific column capacity(ng AVM/mg immobilized IgG)were calculated by the method described by Davis et al. (13).

Column Flow Rate Studies

The amount of AVM added was approximately one-half of the column capacity. Recoveries were determined at flow rates of 0.3,1.2,and 2.4 mL/min.

Reuse of Immunoaffinity Column

The total column capacities were determined after reuse and storage. In each case,the column was saturated with 10 mL PBS containing 500 ng AVM/mL and eluted with 4 mL methanol as before. The procedures(saturation,washing,elution,and regeneration)were repeated over a period of 1 month,during which the column was stored in PBS containing 0. 1% NaN_3 at 4℃ when not in use.

Preparation of Samples

Partially thawed cattle meat and pears were minced and homogenized. The homogenates were stored at −20℃ in sealed plastic bags.

Extraction

Cottle plasma.—Thawed plasma(10. 0 mL)was transferred to a 50 mL polypropylene centrifuge tube, and 20 mL methanol was added. The mixture was shaken with on Vortex mixer for 2 min, adjusted to 30 mL with methanol, and then shaken thoroughly again. The contents of the tube were sonicated for 30 min in an ultrasonic bath. After centrifugation for 5 min at 2 000×g, the supernatant was cleaned up.

Cattle meat and pears.—The thawed sample(10. 0 g) was transferred to a 50 mL homogenizer cup, and 20 mL methanol was added. The mixture was homogenized for 2 min, in a blender and transferred to a 50 mL centrifuge tube. The cup and blade were washed with a few milliliters of methanol, and the washes were collected in the tube. The contents of the tube were adjusted to 30 mL with methanol and shaken thoroughly. Other steps were the same as described above for extraction of plasma.

Cleanup

The SPE column(C_{18}) was previously conditioned with 10 mL methanol and 5 mL water. The 15 mL supernatant and 15 mL water were mixed and added to the SPE column with a glass syringe. The AVM was then eluted with 4 mL methanol. The eluate(only the meat sample) was stored for a few hours at −20℃ and centrifuged for 5 min at 2 000×g. The clear supernatant was collected and evaporated to near dryness with a rotary evaporator at 50℃. The residue was redissolved in 1 mL methanol with on Vortex mixer for 15 s and diluted with 9 mL PBS. This solution was subjected to immunoaffinity column cleanup.

The solution was drawn through the immunoaffinity column(1 mL bed volume)at a flow rate of 1. 2 mL/min. The column was rinsed with 10 mL PBS-methanol(9+1)and 5 mLwacer-methanol(9+1) and allowed to run dry. AVM was eluted with 4 mL methanol(the first 0. 5 mL was discarded). The eluate was collected in a 25 mL pear-shaped flask, and evaporated to dryness with a rotary evaporator at 50℃. The residue was redissolved in 0. 5 mL methanol by using a Vortex mixer for 15 s. This solution was analyzed by LC with UV detection.

The immunoaffinity columns were regenerated and stored as before.

Determination

The standard calibration curve(peak height vs concentration)for AVM was plotted in the range, of 20~1 000 ng/mL by using working solutions. The linear regression coefficient(r^2)was determined.

The amount of AVM in parts per billion(ppb)in samples was calculated with the following equation:

$$\text{Avermectin } B_1. \text{ ppb} = \frac{2 \times C \times V}{W}$$

where C(ng/mL)is the concentration of AVM in the final sample solution, determined from the standard curve, V(mL)is the volume of the final sample solution, and W(g or mL)is the weight or volume of the sample.

Fortifications

AVM stock solution was added to 10. 0 g blank cattle meat or pear homogenate, or 10. 0 mL blank cattle plasma. Fortified samples were analyzed by the procedure described above. Recoveries of AVM from each sample were calculated.

Results and Discussion

Immunoaffinity Column

The efficiency of IgG conjugation to CNBr-activated Sepharose 4B was 99.0%, which resulted in immunosorbent with IgG loading of 10 mg/mL gel. The dynamic column capacity was 4 150 ng AVM/mL gel; specific column capacity was 415 ng AVM/mg immobilized IgG. Because the AVM content of monitored samples was seldom>1 000 ng, a column bed volume of 1 mL was enough to separate the AVM residue from the sample matrix.

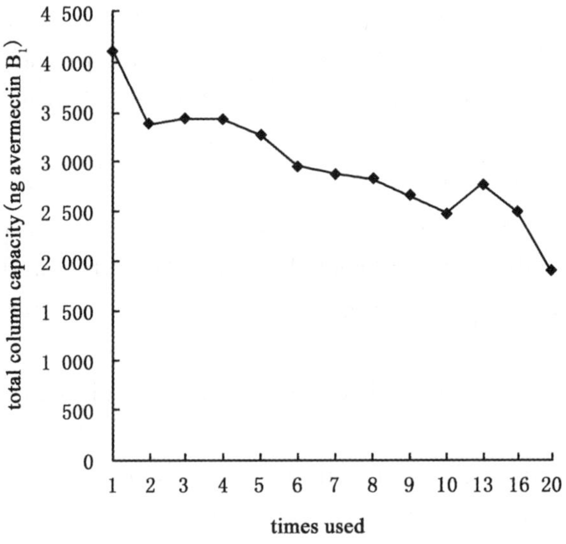

Figure 1. Total column capacity of the immunosorbent (1 mL bed volume) after reuse and storage (in PBS at 4℃, 0.1% NaN_3) over a period of 1 month. In each case, the column was saturated with 500 ng avermectin B_1/mL PBS-methanol (9+1) and then eluted with 4 mL methanol.

The water solubility of AVM is very low (only 7~10 μg/L at 20℃) (6). PBS containing 10% (*V*/*V*) methanol could increase the aqueous solubility of AVM without affecting antibody-AVM binding. In a previous experiment, the antibody-AVM binding tolerated 20% (*V*/*V*) methanol (unpublished data). Methanol was also a good solvent for elution of hapten from immunosorbent (13, 14); the eluate was easily subjected to other analytical procedures such as LC-UV However, the immunoaffinity column had to be washed with water before methanol elution to avoid crystallization of salts in PBS that would clog the column.

At all flow rates tested, AVM was almost completely retained: 98.9% retention at 0.3 mL/min, 100% at 1.2 mL/min and 2.4 mL/min. These results indicated that the binding of AVM to immobilized antibodies was nearly instantaneous and that the immunosorbent had sufficient binding sites with adequate accessibility to the solute. The selected flow rate in this experiment was 1.2 mL/min.

Reuse of immunoaffinity columns is important, because the IAC column needs a large quantiry of precious antibodies. After reuse and storage, the total column capacity was reduced gradually (Figure 1). One column was used 20 times during 1 month. After 10 uses, 60% (2 468 ng) of the original column capacity (4 130 ng AVM) remained; after 20 uses, 45.4% (1 876 ng) of the original column capacity remained.

IAC Cleanup Performance

The performance of IAC cleanup is shown in Figure 2. The highly selective nature of the immunosorbent was very evident in comparisons of the chromatograms of blank plasma obtained by LC without (Figure 2a) and with (Figure 2, b-d) IAC cleanup. Matrix interferences at the retention time of AVM were absent.

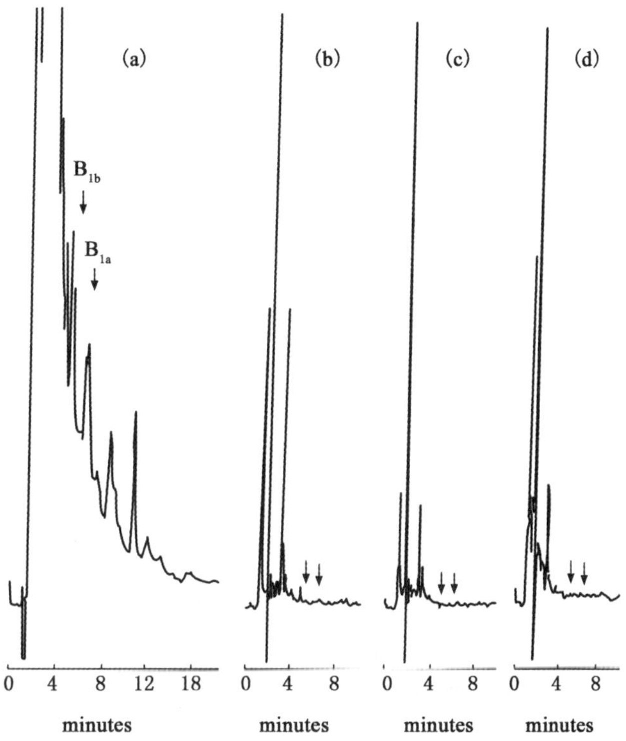

Figure 2. Performance of IAC cleanup: (a) chromatogram of blank cattle pleasma obtained by LC-UV without IAC cleanup; (b)-(d) chromatograms of blank cattle plasma, cattle meat, and pears, respectively, obtained by LC-UV with IAC cleanup. The LC conditions are described in the text.

Methanol was used as the extraction solvent. The extracts were easily subjected to IAC cleanup. If sample extracts were diluted with PBS and drawn directly through the IAC column, the large volume of solutions could clog the column. It was necessary, therefore, to concentrate the extracts by SPE(C_{18}) and defat the animal tissues by freezing and centrifugation. The extracts were finally redissolved in 10 mL PBS-methanol (9+1) and drawn through the IAC column easily.

LC Assay

The standard calibration curve for avermectin B_1 was linear ($r^2 = 1.00$) over a range of 20 – 1 000 ng/mL. Table 1 shows recoveries of avermectin B_1 from spiked cattle plasma, cattlemeat, and pears. The recoveries were 80%～86%(coefficients of variation, 5%～14%) at fortification levels of 6 and 60 ppb. The limit of detection for various samples was 2 ppb, based on the definition given in reference 15. The limit of determination was ≤6 ppb. Figures 2 and 3 show the typical liquid chromatograms of blank samples and avermectin B_1 in different samples. The method described in the present paper was much simpler than the conventional LC method for AVM(3-7), and only methanol and PBS were used in the total analytical procedure, because of the high selctivity of the immunosorbent. The application of AMC or IAC is still rather limited for drug residue analysis, but warrants attention.

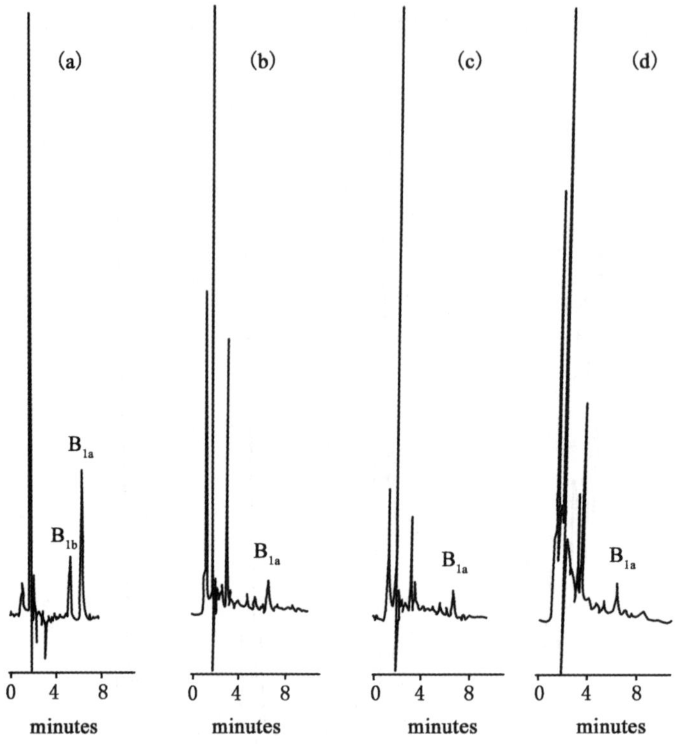

Figure 3. Typical liquid chromatograms of avermectin B_1: (a) avermectin B_1 in methanol (500 ng/mL); (b)-(d) cattle plasma, cattle meat, and pears, respectively, spiked with 10 ppb avermectin B_1. LC conditions are described in the text.

Table 1. Recoveries of avermectin B_1 from spiked cattle plasma, cattle meat, and pear samples

Sample	Avermectin B_1 added, ppb	Recovery, ppb[a]	Recovery, %	CV, %[b]
Plasma	6.0	5.2±0.25	86	5
	60.0	49.0±2.70	82	6
Meat	6.0	5.1±0.71	84	14
	60.0	49.0±4.00	82	8
Pear	6.0	5.2±0.68	86	13
	60.0	47.6±3.30	80	7

a Mean±SD; n=3 or 4.

b CV, coefficient of variation.

Acknowledgments

We thank Gue Zheng, Jingnong Co., BAU, Beijing, PRC, for providing avermectin B_1.

References

[1] Burg, R. W., Miller, B. M., Baker, E. E., Birnbaum, J., Currie, S. A., Hartmar, R., Kong, Y.-L., Monaghan, R. L., Olson, G., Putter, I., Tunac, J. B., Wallick, H., Stapley, E. O., Oiwa, R., & Omura. S. (1979) *Antimicrob. Agents Chemother*. 15, 361-367

[2] Campbell, W. C., Fisher, M. H., Stapley, E. O., Alber-Schonberg, G., & Jacob, T. A. (1983) *Science*. 221, 823-828

[3] Tolan, J. W., Escola, P., Fink, D. W., Mrozik, H., & Zimmerman, L. A. (1980) *J. Chromatogr.* 190, 367-376

[4] Tway, P. C., Wood, J. S., & Dowing, G. V. (1981) *J. Agric. Food Chem.* 29, 1 059-1 063

[5] Salisbury, C. D. C. (1993) *J. AOAC Int.* 76, 1 149-1 151

[6] Wehner, T., Lasota, J., & Demchak, R. (1993) in *Comprehensive Analytical Profiles of Important Pesticides*. Abamectin, J. Sherma & T. Cairns (Eds), CRC Press, Boca Raton, FL, pp. 73-106

[7] Degroot, J. M., De Bukanski, B. W., & Srebrnik, S. (1994) *J. Liq. Chromatogr.* 17, 1 419-1 426

[8] Van Ginkel, L. A. (1991) *J. Chromatogr.* 564, 363-384

[9] Katz, S. E., & Siewierski, M. (1992) *J. Chromatogr.* 624, 403-409

[10] Mrozik, H., Eskola, P., Fisher, M. H., Egerton, J. R., Cifelli, S., & Ostlind, D. (1982) *J. Med. Chem.* 25, 658-663

[11] Tijssen, P. (1985) *Practice and Theory of Enzyme Immunoassays*, Elsevier, Amsterdam, The Netherlands, pp. 283-285

[12] Dean, P. D. G., Johnson, W. S., & Hiddle, F. A. (1985) *Affinity Chromatography*, IRL Press Ltd, Oxford, UK, pp. 31-32

[13] Davis, G. C., Hein, M. B., & Chapman, D. A. (1986) *J. Chromatogr.* 366, 171-189

[14] Van De Water, C., & Haagsma, N. (1987) *J. Chromatogr.* 411, 415-421

[15] Thier, H.-P., & Zeumer, H. (1987) *Manual of Pesticide Residue Analysis*, DFG Pesticides Commission, VCH, Weinheim, Germany, pp. 37-44

(注：此文原载于《J. AOAC International》，1996，79(5)：1062-1067)

抗阿维菌素抗体的研制

李俊锁　钱传范
（北京农业大学，北京　100094）

摘要　本文合成了二个模拟阿维菌素（Avermectin B_1）特征结构的半抗原，4″-O-（单）琥珀酰阿维菌素和 5-O-（单）琥珀酰阿维菌素。将半抗原与载体蛋白（BSA、OVA 和 KLH）连接，制成人工抗原。用 4″-O-（单）琥珀酰阿维菌素-BSA 免疫家兔，制备针对阿维菌素的多克隆抗体。以间接 ELISA 方法对抗体进行了鉴定。

关键词　阿维菌素（Avermectin B_1），抗寄生虫药，抗体，酶联免疫吸附测定（ELISA）

阿维菌素（Avermectin B_1，AVM）是由放线菌 *Streptomyces avermitilis* 产生的一种新广谱抗寄生虫药，属大环内酯类化合物，最早由美国 Merck 公司的科学家在来自日本 Kitasato 研究所的土壤放线菌样品中发现[1]。商品化的 AVM 为八个化学结构十分相近的化合物中活性最强的 2 个同系物的混合物，其中 $B_{1a}\geqslant 80\%$，$B_{1b}\leqslant 20\%$，结构见图 1。AVM 的二氢还原产物即伊维菌素（Ivermectin，22，23-二氢 AVM），为另一重要的抗寄生虫药。AVM 对绝大多数有重要经济价值的寄生线虫和节肢动物均有很强的抑杀作用，其杀虫活性和杀虫谱都堪称划时代的，且作用机制独特（γ-氨基丁酸系统），使用方便，被誉为近十几年来抗寄生虫药物研究的重大突破[2]。目前，AVM 已在国内进行了新兽药登记，开始大规模生产和推广应用。因此，必须建立一套简便、可靠、灵敏的 AVM 残留检测方法，以便对动物性食品中的 AVM 进行检测与监控，亦对 AVM 的研究和应用有重要意义。AVM 的使用剂量很小（0.2～0.3 mg/kg b.w.），水溶性极低（7～10 μg/L），组织中药物水平一般为 10～100 μg/kg，最高残留限量为 10～15 μg/kg（肝、脂肪）[3]，因而对 AVM 残留的检测十分困难。目前，AVM 残留的常规分析方法仍是以 Tolan 等（1980）的荧光衍生化检测为基础的高效液相色谱法（HPLC）[4~8]，分析过程十分繁琐，操作条件苛刻，严重限制了其在实际中的可操作性。

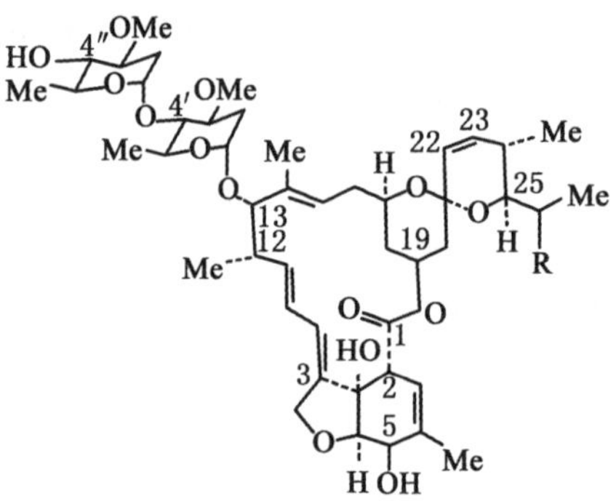

图 1　阿维菌素的化学结构

Fig. 1　Structure of Avermectin B_1

B_{1a}　$R_{26}=C_2H_5$（≥80%）　B_{1b}　$R_{26}=CH_3$（≤20%）

免疫分析技术以其高选择性、灵敏和快速著称。对于 AVM 这种意义重要而常规理化分析又十分困难的兽药残留，很有必要研究其免疫学分析方法，可望使测定过程、特别是样品前处理过程简化。性能优良的抗体是免疫分析技术的核心试剂。为此，本文首次合成了模拟 AVM 特征结构的半抗原及人工抗原，制备针对 AVM 的多克隆抗体，作为进一步研究的技术。

1 材料与方法

1.1 试验材料

1.1.1 阿维菌素 白色粉末，含量≥97%（其中 B_{1a}≈80%，B_{1b}≈20%），北京农大微生物工厂提供。

1.1.2 实验动物 成年新西兰白兔，购自中国军事医科院实验动物中心。

1.1.3 主要仪器设备 透析袋（截止分子量 1 000 dalton，Sigma，美国），聚苯乙烯酶联反应板（40 孔，浙江），微量移液器（20～200 μL，北京）酶联免疫检测仪（DG-1 型，南京），紫外-可见分光光度计（751GW 型，上海），高效液相色谱仪（SP8810 泵，SP8450 紫外检测器，SP4720 积分仪，Spectra-Physics，Inc.，美国），质谱仪（KYKY-ZK-P5，FAB，8Kev-Xe），高分辨核磁共振仪（Bruker A-500，美国）。

1.1.4 主要试剂 叔丁基二甲基氯硅烷（$t\text{-}BuMe_2Si\text{-}Cl$，含量>97%，Merck-Schuchardt，德国），4-二甲氨基吡啶（白色晶体，熔点 112.5～114℃，自制），对甲苯磺酸（CP，北京化工厂），琥珀酸酐（CP，上海试剂一厂），三乙胺（AR，北京化工厂），无水吡啶（加 KOH 回流，蒸馏收集 115～156℃馏分，加 KOH 保存），N-羟基琥珀酰亚胺（含量>98%，Merck-Schuchart，德国），乙基二甲氨基碳化二亚胺盐酸盐（EDC·HCl，含量>98%，Fluka，瑞士），硅胶 GF_{254}（200～400 目，青岛海洋化工厂），DEAE-纤维素（DE-52，Whatman，英国），Sephadex G-200（Pharmacia，瑞典），牛血清白蛋白（BSA，结晶品，Sigma，美国），卵清蛋白（OVA，Sigma），钥孔戚血兰蛋白（KLH，Sigma），过氧氢酶标记羊抗兔抗体（HRP-IgG，工作浓度 1∶1 000，中国军事医科院五所），弗氏完全佐剂（FCA）和弗氏不完全佐剂（FICA）（均购自中国兽药监察所），其他试剂均为 AR 级或 CP 级。

1.1.5 酶联免疫吸附测定（ELISA）所用溶液 溶液的配制方法均参照文献[9]。

1.2 试验方法

1.2.1 半抗原的合成 半抗原 4″-O-（单）琥珀酰 AVM 和 5-O-（单）琥珀酰 AVM 的合成路线设计参考了 Mrozik 等（1981）[10]和 Danishefsky（1989）[11]报道的合成 AVM 衍生物的方法。

1.2.1.1 $5\text{-}O\text{-}t\text{-}BuMe_2Si$ AVM 的合成：取 1.00 g（1.15 mmol）AVM 置 25 mL 三口鸡心瓶中，加 6 mL N，N-二甲基甲酰胺（DMF）溶解，机械搅拌下，依次加入 0.47 g（6.90 mmol）咪唑和 0.52 g（3.45 mmol）$t\text{-}BuMe_2Si\text{-}Cl$，30℃下搅拌 2 h，产物用乙酸乙酯提取，浓缩后用硅胶柱层析分离产物，产物经浓缩和真空干燥（24 h）后，得 0.77 g 白色粉末，收率为 65.7%。用快原子轰击质谱（FABMS）进行产物的结构和分子量鉴定，初步确认为预期产物 $5\text{-}O\text{-}t\text{-}BuMe_2SiAVM$。

1.2.1.2 $5\text{-}O\text{-}(t\text{-}BuMe_2Si)$-4″-O-（单）琥珀酰 AVM 的合成：取 0.50 g（0.46 mmol）$5\text{-}O\text{-}t\text{-}BuMe_2SiAVM$ 置 50-mL 三口鸡心瓶中，加 CH_2Cl_2 溶解，依次加入 0.28 g（2.30 mmol）4-二甲氨基吡啶、0.45 g（4.60 mmol）三乙胺和 0.92 g（9.2 mmol）琥珀酸酐，水浴中回流约 2.5 h，将产物在水和乙醚间进行分配，醚层浓缩后以适量 CH_2Cl_2 溶解，产物以制备薄层（PLC）纯化，真空干燥 24 h，得 380 mg 黄白色粉末，收率 69.0%。产物经 FABMS（负离子）初步确认为 $5\text{-}O\text{-}(t\text{-}BuMe_2Si)$-4″-O-（单）琥珀酰 AVM。

1.2.1.3 4″-O-（单）琥珀酰 AVM（半抗原）的合成：取步骤“1.2.1.2”中的产物 0.30 g（0.276 mmol）置 100 mL 三口反应瓶中，加 17 mL CH_3OH 溶解，室温（18～20℃）、搅拌下，逐滴加入 10 mL 含 0.26 g（1.384 mmol）水合对甲苯磺酸的 CH_3OH 溶液，继续搅拌 25 min，产物在水和乙酸乙

酯进行分配，乙酸乙酯层经浓缩后，产物以 PLC 纯化，真空干燥 24 h，得 128 mg 黄白色粉末，收率 47.8%。HPLC(流动相 CH_3OH : H_2O=9 : 1(v/v)，UV245 nm，AUFS 0.1)分析结果表明主要成分含量＞96%。产物的核磁共振氢谱(^{1}HNMR)和 FABMS(负离子)的试验结果如下—^{1}HNMR.(500 MHz，$CDCl_3$，TMS 内标)，δ(ppm) : 5.79(br d，1H)，5.71-5.66(m，3H)，5.48 (d，1H，J=9.86Hz，C'_1-H)，5.36-5.33(m，3H)，4.97-4.93(m，1H)，4.71(d，1H，C'_1-H)，4.65-4.59(m，3H，C'_4-H，C_8-CH_2)，4.24(d，1H，J=6.15Hz，C_5-H)，3.90(d，1H，J=6.19Hz，C_6-H)，3.87(S，1H)，3.80-3.77(m，2H)，3.85-3.54(m，2H)，3.41(d，1H，J=9.39Hz，C_{25}-H)，3.36(d，3H，C'_3-CH_3)，3.30(S，3H，C'_3-OCH_3)，3.23(S，1H，C_2-H)，3.17(t，1H，J=9.09Hz，C'_4-H)，2.66-2.56(m，4H，$COCH_2CH_2CO$)，2.46(brt，1H，C_{12}-H)，2.27-2.15(m，4H)，1.99-1.82(m，1H)，1.80(S，3H，C_4-CH_3)，1.72(br d，1H)，1.54-1.45(m，4H)，1.43(S，3H，C_{14}-CH_3)，1.36(S，1H)，1.30(d，J=5.54 Hz)，1.20-1.17(m)，1.10(d，3H，J=6.72Hz，C_{12}-CH_3)，1.07(d，3H，J=6.23Hz，-CH_3)，1.03(d，3H，J=6.90，-CH_3)，0.88-0.80(m)。FABMS(负离子)，底物为硝基苄醇，m/z(相对丰度)：971(2，4″-O-succinoyl B_{1a}-H)，957(0.5，4″-O-succinoyl B_{1b}-H)，566(1.0)，432(12)，153(100)，122(34)。

1.2.1.4 5-O-(单)琥珀酰 AVM(半抗原)的合成：取 0.1g(0.115 mmol) AVM 置 25-mL 三口鸡心瓶中，加 2.0 mL 无水吡啶溶解，加入 0.05 g(0.50 mmol)琥珀酸酐，40～50℃、机械搅拌下避光反应9～10 h，反应物在 3.6% HCl 和乙酸乙酯间分配。其他步骤同"1.2.1.3"。最终得到 57 mg 近白色粉末，收率 51.4%。主要成分含量约 92%(HPLC)，^{1}HNMR 测定结果如下—^{1}HNMR(500MHz，$CDCH_3$，TMS 内标)，δ(ppm) : 5.83(br s，1H)，5.75-5.72(m，3H)，5.52(brs，2H，C_6-H，C'_1-H)，4.62-4.58(m，2H，C_3-CH_2)，4.28(d，J=6.1Hz，4″-O-acylAVM 杂质的 C_5-H)，4.03(brs，1H)，3.95(d，1H，J=6.20)，3.91(S，1H，C_4-H)，3.82(m)，3.75(br t，1H)，3.60(m，1H)，3.46(d，1H，C_{26}-H)，3.42-3.39(m，4H)，3.23(t，1H，J=8.82Hz，C'_4-H)，3.15(t，1H，J=9.05Hz，C'_4-H)，2.76-2.51(m，4H，$COCH_3CH_2CO$)，2.29-2.22(m，4H)，2,03(brs，1H)，1.85(S，1H)，1.74-1.72(m，3H，C_4-CH_3)，1.53(m，3H)，1.47(S，3H，C_{14}-CH_3)，1.41(S，1H)，1.26-1.23(m)，1.14(br s)，1.07(d，1H，J=6.72Hz)，0.93-0.86(m)。

1.2.2 人工抗原的合成 采用 N-羟基琥珀酰亚胺酯法(NHS ester procedure)[12]合成半抗原与载体蛋白结合物即人工抗原。取 12mg (0.012 mmo1)4″-O-(单)琥珀酰 AVM 置 5 mL 圆底烧瓶中，加 0.4 mL DMF 使溶解，再依次加入 2.7 mg(0.023 mmol)NHS 和 4.7 mg(0.025 mmol)EDC・HCl，混合室温下，磁力搅拌 10～12 h，在约 1 h 内，将上述反应液逐滴加至 6 mL 含 30 mg BSA(4.5×10^{-4} mmol)的硼酸盐缓冲液(0.2 mol/L，pH9.4)－10%DMF(V/V)，继续搅拌 1 h，转至 4℃下搅拌过夜(10～12 h)，产物经透析(0.01 mol/LPBS，pH7.2)和 Sephdex G-200 纯化，测定浓度后分装－20℃下冻存。OVA 或 KLH，以及 5-O-(单)琥珀酰 AVM 合成人工抗原的方法同上。

利用紫外吸收光谱对半抗原与载体蛋白的连接进行鉴定，并计算结合比(每分子载体蛋白连接的半抗原数目)。

$$结合比=\frac{\varepsilon\,结合物\text{-}\varepsilon\,载体}{\varepsilon\,半抗原}(\varepsilon，摩尔吸光系数)$$

1.2.3 抗体的制备 以结合物 4″-O-(单)琥珀酰 AVM-BSA 作免疫原。取雌性成年健康新西兰白兔 3 只，体重 1 600～1 800 g，免疫前 1 周分别采血制备阴性血清。免疫程序：首免，剂量 1 mg/kg b.w.，加 FCA 将抗原制成油包水(w/o)乳浊液，背部皮下多点注射；隔 2 周做第二次免疫，加 FICA；此后，每隔 3 周免疫 1 次，方法同第二次免疫；最后 1 次免疫用加倍量抗原的生理盐水稀释液静注，1 周后心脏采血致死，制备抗血清，分装、－20℃下冻存。

1.2.4 抗体的鉴定与纯化：

1.2.4.1 间接竞争 ELISA 基本条件的建立：用方阵滴定的方法优化包被原（CAg）和抗血清稀释度（工作浓度）[12]。分别取 4″-O-（单）琥珀酰 AVM-OVA 和 5-O-（单）琥珀酰 AVM-OVA 作包被原。

1.2.4.2 抗体的亲和性和特异性（交叉反应）：选择 Ivermectin、4″-O-（单）琥珀酰 AVM、5-O-t-$BuMe_2SiAVM$、麦迪霉素（Medemycin）和乙酰螺旋霉素（Acetylspiramycin）进行竞争性抑制试验，根据抑制曲线计算产生 50％抑制率的各竞争物浓度（I_{50}），比较它们与抗体的亲和性。用下式计算其他竞争物对 AVM 的交叉反应性（反应介质为 PBS-10％CH_3OH）

$$\text{交叉反应性}(\%)=\frac{I_{50}(\text{AVM})}{I_{50}(\text{竞争物})}\times 100$$

1.2.4.3 抗体的纯化：按常规方法，首先将 IgG 成分用饱和硫酸铵沉淀法粗提和浓缩，再进一步用 DEAE-纤维素柱层析纯化，测定浓度后－20℃分装冻存、备用。

2 结果与讨论

2.1 抗原的合成与鉴定

AVM 属低分子量化合物（B_{1a}，873.1），需与载体蛋白偶联后才能刺激动物产生特异性抗体。根据免疫学理论和 AVM 的化学结构，拟在 C''_4-OH 上用琥珀酸酐酰化，构建间隔分子和活性基团 $-COCH_2CH_2COOH$，制成模拟 AVM 特征结构的半抗原，将其与载体蛋白的游离氨基偶联制成人工抗原。如此连接形成的免疫原有若干优点。其一，突出了 AVM 的特征结构部分——五环十六元的大环内酯。根据 Springer 等（1981）[13]用计算机模拟构出的 Avermectin B_{1a}优势构象，大环内酯部分为较刚性的、“粗糙”的近平面结构，而弯曲的双糖链恰似一个“勺柄”。将 C''_4-OH 端与载体蛋白连接能最大程度地突出并保持 AVM 最特征的结构部分。其二，突出了 AVM 免疫活性最强的非糖部分。免疫学理论认为，结构上具有相当复杂性的化合物才适于制备高特异性和亲合力的抗体，AVM 的非糖部分（包括大环内酯和双螺酮缩醇系统）含有 12 个手性碳、多个羟基，双键、醚键和内酯结构，免疫活性应较强，而且，亲脂性的非糖部分对诱导产生高选择性的抗体有利[12]。其三，根据 AVM 构效关系研究成果，AVM 的非糖部分对保持 AVM 的抗虫活性最重要，大多 AVM 的结构改造集中在糖链[9]，这一方面表明非糖部分可能易为生物系统识别，有益于刺激机体产生免疫反应，另一方面，突出 AVM 非糖部分制备的抗体将来有可能对 AVM 系列中的多种兽药残留进行检测，或制成免疫亲合吸附剂对多残留组分进行分离与纯化。据此，首先用 t-$BuMe_2$Si-Cl 将 C_5-OH 选择性保护，在对一二甲基吡啶催化下使 C''_4-OH 琥珀酰化，去保护基，得到半抗原 C''_4-O-（单）琥珀酰 AVM。产物的^{1}HNMR 谱中新出现了δ(ppm)＝2.66－2.56(m，4H)峰，根据化学位移和质子数目，判定为$-COCH_2CH_2CO-$吸收峰。δ(ppm)＝4.65－4.59(m，3H)是已向低场位移的 C''_4-H 与 C_3-H_2 的叠加峰。FABMS 显示产物的质量数为 972（4″-O-（单）琥珀酰 AVM B_{1a}），与预期产物一致。再综合 HPLC 和 UV 的试验结果，确认产物为 4″-O-（单）琥珀酰 AVM。

半抗原 5-O-（单）琥珀酰 AVM 可望用于制备高灵敏 ELISA 的包被原。5-O-（单）琥珀酰 AVM 由 AVM 在无水吡啶催化下直接酰化制取。产物的^{1}HNMR 谱中新出现了 δ(ppm)＝2.76－2.51(m，4H，$—COCH_2CH_4CO—$)峰，δ＝5.52 (br s，2H)为向低场位移的 C_4-H 与 C''_4-H 的叠加峰。4.28(d，J＝6.10Hz，C_5-H)峰很弱，可能是产物中极少量的副产物 4″-O-（单）琥珀酰 AVM 的吸收峰，因为二者在 PLC 上极难分辨。综合产物的 HPLC 和 UV 试验结果，初步确认为 5-O-（单）琥珀酰 AVM。

表 1 结合物的若干重要参数

Table 1 Some properties of conjugates

结合物 Cojugate	载体浓度 Conc. (carrier mg · mL^{-1})	ε 半抗原 ε hapten*	ε 载体 ε carrier**	ε 结合物 ε conj.	结合比 Ratio
4″-O-succinoylAVM-BSA	1.73	6 917	24 130	183 198	23
4″-O-succinoylAVM-OVA	1.54	6 917	19 812	155 228	20
4″-O-succinoylAVM-KLH	0.496	6 917	326 679	753 939	62
5-O-succinoylAVM-BSA	0.539	8 514	24 130	145 886	14
5-O-succinoylAVM-OVA	0.374	8 514	19 812	107 168	10

* λ=259 nm, in PBS(0.01 · mol · L^{-1}, pH7.4-0.15mol · L^{-1} NaCl)-10%DMF(*V/V*).

** 载体分子量(M.W.): BSA 66 000、OVA 45 000、KLH 360 000.

采用 NHS 酯法将带有羧基的半抗原与载体蛋白偶联(主要是通过载体蛋白的赖氨酸残基),该法偶联率高,对蛋白质的变性作用最小[12,14]。各结合物的 UV 吸收光谱呈现载体蛋白和半抗原的吸收特征(吸收峰为 λ=245 nm 和 λ=280 nm),根据 UV 吸收的加合性,可认为半抗原已与载体发生偶联。表 1 列出了各结合物的结合比(取 λ=259 nm 处计算)。

2.2 抗体的制备与鉴定

以 4″-O-(单)琥珀酰 AVM-BSA(结合比为 1∶23)作免疫原。免疫 5 次后(12 周),动物血清的琼扩效价均在 1∶32 以上,隔 3 周后作加强免疫,制备抗血清。取效价最高的一份血清建立 ELISA 方法,以鉴定抗体的亲和性和交叉反应性。

根据方阵滴定结果,选择 4″-O-(单)琥珀酰 AVM-OVA 的包被浓度为 1.25 μg/mL,相应抗血清工作浓度为 1∶3 200;5-O-(单)琥珀酰 AVM-OVA 包被浓度为 1.25 μg/mL,抗血清工作浓度为 1∶1 600,抗血清的滴度曲线见图 2。以 4″-O-(单)琥珀酰 AVM-OVA 为包被原,3 份抗血清的 ELISA 阳性效价(P/N≥2)分别为 1∶12 800、12 800 和 25 600。

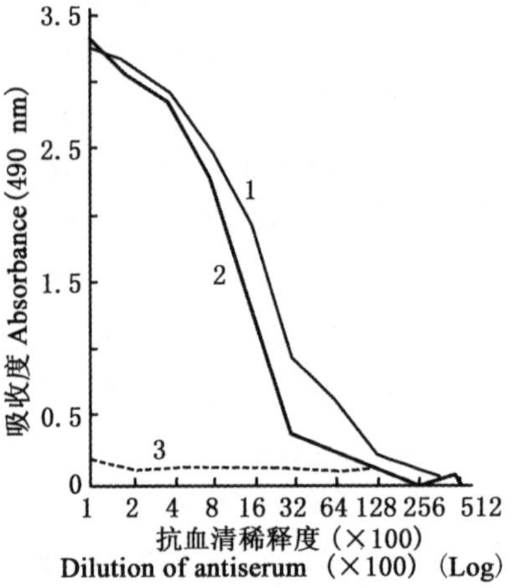

图 2 抗血清 ELISA 滴度曲线。

1. C_{Ag}为 1.25 μg/mL 4″-O-(单)琥珀酰 AVM-OVA。2. 1.25 μg/mL 5-O-(单)琥珀酰 AVM-OVA。

3. 阴性血清(C_{Ag},为 4″-O-(单)琥珀酰 AVM-OVA)。

Fig. 2 Antiserum titer curves by indirect ELISA.

1. 1.25 μg/mL 4″-O-succinoyl AVM-OVA as a C_{Ag}. 2. 1.25 μg/mL 5-O-succinoyl AVM-OVA as a C_{Ag}. 3. Negative antiserum.

选择若干 AVM 衍生物和具有与 AVM 相近结构部分的化合物(麦迪霉素和乙酰螺旋霉素),以评价抗体对 AVM 的特异性或交叉反应性,试验结果见表 2。试验表明,该抗体对 AVM 有很高的亲和性(I_{50}=5.6 ng/mL)和选择性。本试验未发现麦迪霉素和乙酰螺旋霉素的交叉反应(<0.5%)。该抗体亦可用于检测另一重要抗寄生虫药物伊维菌素(I_{50}=10.0 ng/mL)。5-O-t-BuMe$_2$Si AVM 的 I_{50}=251 ng/mL,较 AVM 高 20 倍之多,表明抗体对 AVM 的特征结构部分大环内酯有很强的选择性。

表 2 抗体的交叉反应性*

Table 2 Specificities and crossreactivities of antibodies for some competitors*

化合物 Competitor	I_{50}(ng/mL)	交叉反应性(%)Crossreactivity
Avermectin B_1(AVM)	5.6	100
Ivermectin	10.0	56
4″-O-succinoyl AVM	2.8	200
5-O-t-BuMe$_2$SiAVM	251.0	2.2
Medemycin	>1 000	<0.5
Acetylspiramycin	>1 000	<0.5

* 包被原:4″-O-(单)琥珀酰 AVM-OVA。C_{Ag}:4″-O-succinoylAVM-OVA。

综上所述,本试验合成了 2 个半抗原和 5 个人工抗原,并进行了签定;成功地制备了特异性针对 AVM 的多克隆抗体。

参考文献

[1] Burg R W et al. Avermectins,a new family of potent antihelmintle agents:producing organism and fermention,Antimicrob. Agents Chemother,1979,15(3):961~367.

[2] Campbell W C et al. Ivermectin,a potent new antiparasitic agent. Science,1983,221:823~828.

[3] FAO,Residues of some veterinary drug in animals and foods. Rome,1990,41(3):45~64.

[4] Tolan J W et al. Determination of avermectins in plasma at nanogram levels using HPLC with fluorescence detection. J. Chromatogr,1980,190:367~371.

[5] Tway P C et al. Determination of ivermectin in cattle and sheep tissues using HPLC with fluorescence detection. J. Agri. Food Chem,1981,29:1059~1063.

[6] Chem kasem N et al. Liquid chromatographic determination of abamectin in fruits and vegetable. J. AOAC Int,1993,76(3):691~694.

[7] Salisbury C D C. Modified method for the determination of ivermectin residue in animals tissue. J. AOAC Int,1993,76(5):1149~1151.

[8] Degroot J M et al. Determination of ivermectin residues in meat and liver by HPLC with fluorescence detection. J. Liquid Chromatogr,1994,17(6):1419~1426.

[9] Mrozik H et al. Avermectins acyl derivatives with antihelmintic activity. J. Med. Chem,1982,25:658~663.

[10] Liddell J E, Crye: A. A practical guide to monoclonal antibodies. John Wiley and Sons,1991,155~156.

[11] Danishefsky S J et al. The total synthesis of avermectin Ala. J. Am. Chem. Soc,1989,111:2980~2987.

[12] Tijsse. P. Practice and theory of enzyme immunoassays. Elsevier,Amsterdam,1985,279~291.

[13] Springer J P et al. The absolute stereochemistry and conformation of avermectin B_{1a} aglycon and avermectin B_{1a}. J. Am. Chem. Soc,1981,103:4221~4224.

[14] Weetall H H. Covalent coupling method for inorganic support materials, Methods Enzymol, 1976,44:139～148.

Development of Anti-Avermectin B_1 Antibodies

Li Junsuo[1], Qian Chuanfan[2]

([1]Department of Veterinary Pharmacology and Toxicology, College of Veterinary. Medicine., Beijing Agricultural University, Beijing 100094)

([2]Department of Applied Chemistry, Beijing Agricultural University, Beijing 100094)

Abstract The polyclonal anti-Avermectin B_1 (AVM) antibodies were developed. 4″-O-succinoyl AVM(hapten) and 5-O-succinoyl AVM(hapten) were synthetized successfully. The haptens were coupled to BSA, OVA and KLH by NHS ester procedure. The antibodies were obtained successfully by immunizing New Zealand rabbits with 4″-O-succinoyl AVM-BSA. The indirect competitive ELISA for AVM was established. The antibodies had high specificity and avidity for AVM(I_{50}=5.6 ng/mL), and can also recognized Ivermectin(I_{50}=10.0 ng/mL).

Key words Avermectin B_1, Antiparasitic agent, Antibodies, Enzyme-linked immunosorbent assay(ELISA)

(注：此文原载于《畜牧兽医学报》,1996,27(6):531-538)

农药残留分析中的检测限和测定限

李俊锁　钱传范　译
（中国农业大学）

检测限（Limit of Detection，LDC）是反映分析方法有效性的重要指标之一。针对农药残留分析的特定条件，提出了测定限（Limit of Determination LDM）的概念。在残留分析中，实际可能性与精确的统计计算之间的协调是必要的。

1　检测限的定义

检测限（LDC）是特定分析方法能检测到的样本中高于空白样本测定值的待测物的最低浓度（$p<0.05$）。

若样本中待测物的测定值高于 LDC，则认为已检出待测物；测定值高于 LDC 但低于 LDM，则试验结果不能用准确的数值表示，至多只能估计浓度的数量级范围。

2　测定限的定义

一般地，残留分析中的测定限（LDM）应为分析结果满足以下三项要求的样本中待测物的最低浓度：(1) LDM 大于或等于 LDC，详见"3"；(2) LDM 水平的灵敏度(S)大于或等于 0.70（译者注：在简单估算时，可用回收率代替 S），详见"4"；(3) LDM 水平的变异系数（V）等于或小于 0.2（相当于 20%），即：

$$V=\frac{\sigma}{q}\leqslant 0.2;\text{详见“5”} \tag{1}$$

同一分析方法测定不同样本时可能得出不同的 LDM，此时宜将这些相近的 LDM 按一定梯度分组，如 0.05、0.1、0.2、0.5、1.0 和 2.0 毫克/千克（详见 W. D. Weinmann and H. G. Nolting, Nachrichtenbl. Dtsch. Pflanzenschutzdienstes Braunschweig 33，137～141，1981）。

只有当分析方法的 LDM 明显低于最大残留限量（MRL）时，才可对样本中待测物在 MRL 水平进行准确测定。因而，要求 LDM 最高不超过 1/3MRL。如果可能，LDM＝1/5 MRL 或更低。如待测物的 MRL 为 0.05 毫克/千克时，LDM 应为 0.01 毫克/千克。

然而，一些分析手册所列的 LDM 值仅向使用者提供了方法，尚未更多地表明在作者实验室中该方法的有效性指标，使用者需针对自身实验室和具体的分析问题自行测定 LDM。测定 LDM 需要空白样本。

根据 LDM 定义，计算 LDM 需要下列参数：检测限（LDC）、灵敏度(S)和变异系数(V)。

3　检测限的测定

测定 LDC 需使用相应分析方法对空白样本进行分析。空白样本应来自对照试验并经平行测定无待测物存在,亦可使用已除去待测物污染的样本。

理论上这些空白样本应无待测物测定信号存在,但实际分析中可能出现“表观残留物”(apparent residues)信号,称为空白测定值(以下简称“空白值”)。空白值可由多种因素引起,如,未去除的共萃取物、溶剂或试剂中杂质、仪器干扰等。

若空白值(B)较稳定,根据测定数据 $B_1 \cdots B_i \cdots B_n$($n \geqslant 3$)按(2)式和(3)式分别计算其平均数 $\bar{B}$(厘米,峰高)和标准差 $\hat{\sigma}_B$:

$$\bar{B} = \frac{1}{n}\sum_{i=1}^{n} B_i \tag{2}$$

$$\hat{\sigma}_B = \frac{\sqrt{\sum_{i=1}^{n}(B_i - \bar{B})^2}}{n-1} \tag{3}$$

$f = n-1$ 为估算的自由度。

如果空白值变异较大,如由共萃取物未充分分离所致;或空白值呈现持续性增高或减小,如由某一污染物水平变化所致,此时样本测定值难以校正,使用者需对方法或其过程进行修改,必要时可适当增加净化步骤。

LDC 可用下列几种方法估算:

(1)根据空白值简单估算 LDC:对空白样本多次测定后,按(4)式计算 LDC(采用单侧 t 值),s 为分析方法的灵敏度,测定方法见“4”。注意 $\hat{\sigma}_B$ 和 s 的量纲,如 $\hat{\sigma}_B$ 的量纲为厘米峰高,相应 s 的量纲为$\frac{厘米}{毫克/千克}$。

$$\text{LDC} = \frac{2 \cdot t_{0.05}(f) \cdot \hat{\sigma}_B}{0.7}(毫克/千克) \tag{4}$$

LDC 也可根据仅 3 个空白值所得平均数的标准差简单计算。当 s 未知但高于 0.7 时,有:

$$\text{LDC} = \frac{2 \cdot 3 \cdot \hat{\sigma}_B}{0.7} \approx 9 \cdot \hat{\sigma}_B(毫克/千克) \tag{5}$$

(单侧 $t_{0.05(f=2)} \approx 3$),0.7 为方法灵敏度(回收率试验中校正曲线的斜率)的粗略估算值。

若方法的回收率近乎 100%($s \approx 1.0$),则 LDC$\approx 6 \cdot \hat{\sigma}_B$。

(2)根据回收率试验进一步估算 LDC:利用回收率试验测定 s 的方法见“4”。估算样本最低添加浓度测定值的标准差为 $\hat{\sigma}_A$,由 $\hat{\sigma}_A$ 和 $\hat{\sigma}_B$ 经下式算出加权标准差 $\hat{\sigma}_{com}$:

$$\hat{\sigma}_{com} = \sqrt{\frac{(m-1)\hat{\sigma}_A^2 + (n-1)\hat{\sigma}_B^2}{m+n-2}}(毫克/千克) \tag{6}$$

m 和 n 分别为最低添加浓度样本和空白样本的测定次数,自由度 $f = m+n-2$。用(4)式将 $\hat{\sigma}_{com}$ 代入 $\hat{\sigma}_B$,得(7)式:

$$\text{LDC} = \frac{2 \cdot t_{0.05(f)} \cdot \hat{\sigma}_{com}}{s}(毫克/千克) \tag{7}$$

4 灵敏度的测定

按若干浓度梯度向空白样本中添加待测物进行回收率试验，测定回收率并绘制校正曲线，其斜率即为方法的灵敏度 s。在整个测定范围内浓度与测定信号需呈线性关系。

校正曲线显示浓度与测定信号的相关性，其斜率表示方法的灵敏度。s 即单位浓度变化相应的测定信号的改变量，其量纲为测定信号的量纲（如厘米峰高）与浓度量纲（如毫克/千克）之比$\left(\frac{厘米}{毫克/千克}\right)$。

按添加浓度水平(q)范围(应包括预计的 LDM 至最终测定的浓度范围)加入待测物。合适的添加浓度水平应为 $q=0.003$、0.01、0.03、0.1 和 0.3 毫克/千克，或 $q=0.005$、0.01、0.05、0.1 和 0.5 毫克/千克。每一浓度水平至少重复测定 4 次($m\geqslant4$)，得到相应的 m 个测定值(y)。

用公式法，或更简便地使用带程序的袖珍或台式计算机对试验结果进行回归分析。回归直线的参数可由下式计算：

$$\hat{y}=a_0+\hat{s}\cdot q$$

q 为已知添加浓度(以毫克/千克计)，$\hat{y}$ 为相应的测定值(以厘米峰高计)，校正曲线的斜率 $\hat{s}$ 即为灵敏度估算值。

在气相色谱分析中，通常利用标准待测物的平行测定数据或校正曲线将测定信号(厘米峰高)转换为对应的浓度值(毫克/千克)，此时 $\hat{s}$ 成为无量纲参数。

5 变异系数的测定

根据测定灵敏度的回收率试验的结果(见“4”)，各添加水平 q 的变异系数 V 可由下式计算：

$$V=\frac{\hat{\sigma}_q}{q}$$

为测定最低添加浓度的 V 值，可用根据(6)式算得的加权标准差 $\hat{\sigma}_{wm}$ 代入上式计算而得。

6 测定限的规定

测定限是回收率试验中的最低添加浓度水平。并能满足“2”中的 2 个条件(1)、(2)，其变异系数 $V\leqslant0.2$。

7 实例

(1)根据空白值简单估算 LDC：

空白值 B_t：0.012、0.015、0.017 和 0.026 毫克/千克；

平均值 $\bar{B}$：由(2)式得 0.017 毫克/千克；

标准差 $\hat{\sigma}_B$：由(3)式得 0.006 毫克/千克，f(自由度)=3；

若 $s\geqslant0.70$，将上述参数代入(4)式，得：

$$\mathrm{LDC}=\frac{2\cdot2.353\cdot0.006}{0.70}=0.04(毫克/千克)$$

(2)根据回接率试验进一步估算 LDC：

空白值 B_i：0.007、0.010、0.012、0.021 毫克/千克；

平均值 $\overline{B}$：由(2)式得 0.012 毫克/千克；

标准差 $\hat{\sigma}_B$：由(3)式得 0.006 毫克/千克，f(自由度)=3；

回收试验最低添加浓度 q：0.10 毫克/千克；

测定值 A_i：0.090、0.091、0.093 和 0.098 毫克/千克；

平均值 $\overline{A}$：0.094 毫克/千克；

标准差 $\hat{\sigma}_A$：0.004 毫克/千克，f(自由度)=3；

加权标准差 $\hat{\sigma}_{com}$：由(6)式得 0.005 毫克/千克，$f=6$，由 $\overline{A}$ 和 q 简单估算 $\hat{s}=0.094$(毫克/千克)/0.10(毫克/千克)=0.94。将上述参数代入(7)式得 LDC：

$$\text{LDC}=\frac{2\cdot 1.943\cdot 0.005}{0.94}=0.02(\text{毫克/千克})$$

(3)根据回收率试验估算 LDC 和 LDM：

(a)回收率试验结果及有关统计量表：

添加浓度(毫克/千克) q	测定浓度(毫克/千克) y	平均数(毫克/千克) $\overline{A}$	平均数(毫克/千克) $\overline{B}$	标准差(毫克/千克) $\hat{\sigma}_A$	标准差(毫克/千克) $\hat{\sigma}_B$	变异系数 V
0(空白)	0.000 9		0.003 1			
	0.001 4					
	0.004 8					0.18
	0.005 1					
0.01	0.011	0.012 0		0.001 4		
	0.011					
	0.012					
	0.014					
0.05	0.041	0.043 5		0.001 7		0.03
	0.044					
	0.044					
	0.045					
0.10	0.071	0.081		0.003 3		0.09
	0.077					
	0.085					
	0.091					
0.50	0.46	0.482		0.022		0.044
	0.47					
	0.40					
	0.51					

(b)灵敏度的估算：由空白样本和添加回收率试验结果(已知 q，测定得 Y)，计算回归方程 $\hat{y}=a_0+\hat{s}\cdot q$的参数 $a_0=-0.003\ 12$，$\hat{s}=0.966$，即灵敏度的估算值为 0.97。

(c)LDC 的估算：根据空白值标准差 $\hat{\sigma}_B$ 和添加浓度 $q=0.01$ 毫克/千克的样本测定值标准差 $\hat{\sigma}_A$，按(6)式计算 $\hat{\sigma}_{com}=0.001\ 8$ 毫克/千克，$f=6$。将上述参数代入(7)式，得：

$$\text{LDC}=\frac{2\cdot 1.943\cdot 0.001\ 8}{0.97}=0.007\ 2(\text{毫克/千克})$$

(d)LDM 的估算:根据 $\hat{\sigma}_{com}$ 计算最低添加浓度水平(q=0.01 毫克/千克)的样本测定值变异系数 V=0.18(V≤0.2),满足"2"中条件(3);q=0.01 毫克/千克水平的回收率高于 70%(s≥0.7),满足条件(2);q=0.01 毫克/千克>LDC=0.007 2 毫克/千克满足条件(1)。所以,本方法的 LDM=0.01 毫克/千克。

(e)讨论:上述分析结果表明,当 q→0 时,由回归方程推算测定结果为负值,即 $\hat{y}=a_0$=-0.003 1,但空白样本实测平均值为 $\bar{B}$=0.003 1 毫克/千克。显然,不允许根据回收率试验得出的回归方程外推计算空白平均值。若试验无法取得空白样本,则空白平均值只能根据待测物水平低于方法 LDC 的样本的测定结果来估算。

8 要点

许多分析方法只提供常规测定限(Routine Limit of Determination),此常规测定限并非由统计学或本文所述的方法得出。常规测定限是作者或某实验室在建立方法时成功测定的待测物最低残留水平,或至少在此浓度水平可得出满意的分析结果。因此,常规测定限向分析方法的使用者提供了在其自身实验室内检验方法有效性(这项工作十分必要)的浓度范围。

附录

α—0.05 显著水平的 t 检测临界值表($f=m-l$ 或 $n-1$)

f	t(双侧)	t(单侧)	f	t(双侧)	t(单侧)
1	12.71	6.314	7	2.365	1.895
2	4.303	2.920	8	2.306	1.860
3	3.182	2.353	9	2.262	1.833
4	2.776	2.132	10	2.228	1.812
5	2.571	2.015	20	2.086	1.725
6	2.447	1.943	30	2.042	1.697

(注:此文原载于《农药译丛》,1997,19(2):52,56—59)

苏云金杆菌杀虫剂对棉铃虫取食行为和生长的影响*

申继忠　钱传范　王玉红　孙陪心
（中国农业大学应用化学系，北京　100094）

EFFECTS OF INSECTICIDE BASED ON *BACILLUS THURINGIENSIS* ON THE FEEDING BEHAVIOUR AND GROWTH OF *HELICOVERPA ARMIGERA* LARVAE

Shen Jizhong　Qian Chuanfan　Wang Yuhong　Sun Peixin
(Department of Applied Chemistry, China Agricultural University, Beijing)

苏云金杆菌(Bt)杀虫剂在棉铃虫综合治理中已广泛应用，但关于 Bt 杀虫剂对棉铃虫的作用机理尚无系统研究。Bt 杀虫剂是胃毒剂，昆虫取食作用对其杀虫效果有重要影响。已有研究表明，Bt 杀虫剂对某些昆虫有抑制取食的作用，对另一些昆虫无此作用。作者初步研究了不同剂量的 Bt 杀虫剂对棉铃虫取食行为和生长的影响，结果报道如下。

1　材料与方法

1.1　试验材料

Bt 杀虫剂原粉(*Bacillus thuringiensis* spp. Kurstaki HD-1)由湖北农科院植保所提供。试虫为室内人工饲料饲养的棉铃虫。

1.2　试验方法

1.2.1　Bt 杀虫剂对初孵幼虫取食行为的影响：用磷酸盐缓冲液(含 K_2HPO_4 6.0 g/L；KH_2PO_4 3.0 g/L；NaCl 8.5 g/L；0.1 mL 1%吐温－80)将 Bt 杀虫剂原粉配制成不同浓度的悬液。取各浓度的悬液分别加入到新配制的人工饲料中(于 50℃保温)，用电磁搅拌器搅拌均匀，使饲料中 Bt 杀虫剂原粉含量分别达 0.062 5～1.0 mg/g。方法 1：取正常饲料(对照)和不同浓度的含毒饲料各 2 块于 9 cm 玻璃培养皿内对角排列，取 20 头初孵幼虫置培养皿中央，盖上皿盖后用医用胶布封严，防止幼虫逃逸，每个浓度的含毒饲料重复 3 次，然后置养虫室内培养。处理后 3、6 天观察幼虫取食位置。方法 2：在 30 mL 塑料杯中加入正常饲料和含毒饲料，使两者与杯底呈 45°反向排列(呈"V"字形)，每杯接入初孵幼虫 1 头，每一处理接 10 头，其中 5 头接在正常饲料上，另 5 头接在含毒饲料上。处理后 1、2、3 天检查幼虫取食位置。

1.2.2　Bt 杀虫剂对初孵幼虫生长的影响：按上述方法制备含毒饲料，使饲料中 Bt 杀虫剂原粉含量达 0.006 25～0.1 mg/g，以正常饲料作对照。将各浓度饲料加入到 20 孔组织培养板的孔中，铺满孔底即可。每个浓度的饲料铺一块组织培养板。每孔接入初孵幼虫 2 头。然后将各组织培养板孔底对孔口叠在一起，最上面以空板作盖，用橡皮筋绷紧后置养虫室内于幼虫饲养条件下培养。处理后 6 天观察幼虫死亡情况，并称量存活幼虫体重。

1.2.3　Bt 杀虫剂对 2 龄幼虫生长的影响：按上述方法制备含毒饲料，使饲料中 Bt 杀虫剂原粉含量达

* 本研究得到中国农科院植保所植物病虫生物学国家重点实验室开放基金的资助。

0.031 8～0.5 mg/g。将正常饲料和含毒饲料分别装入 30 mL 白色塑料杯中，每杯接入 2 龄幼虫 1 头，每个浓度处理 30 头幼虫，然后于养虫室内饲养。处理后 3 天观察幼虫死亡情况，并称量存活幼虫体重。

1.2.4 Bt 杀虫剂对 3 龄幼虫生长的影响：按上述方法制备含毒饲料，使饲料中 Bt 杀虫剂原粉含量达 0.1～4.0 mg/g。将 3 龄幼虫单头分装在玻璃养虫管内，使其饥饿 6 h 后再加入正常饲料和不同浓度的含毒饲料，每个浓度处理 30 头幼虫，然后于养虫室内幼虫饲养条件下饲养。处理后 3 天观察幼虫死亡情况，并称量存活幼虫体重。

2 结果与分析

2.1 Bt 杀虫剂对棉铃虫初孵幼虫取食行为的影响

方法 1 结果表明，初孵幼虫经 Bt 杀虫剂处理后 3 天在各处理的正常饲料上取食的幼虫数占供试总虫数的 48%～60%，在各浓度含毒饲料上取食的幼虫数占供试总虫数的 32%～15%。处理后 6 天在正常饲料上取食的幼虫数和在各浓度含毒饲料上取食的幼虫数分别占各处理幼虫总数的 15%～30%和 3%～15%，各处理还有 2%～12%的幼虫在饲料外，幼虫死亡率为 43%～80%。在含毒饲料上取食的幼虫所占的权重比在正常饲料上取食的幼虫小。说明 Bt 杀虫剂在较低剂量下就对棉铃虫初孵幼虫产生很强的拒食作用，但处理剂量增加和处理时间延长对拒食作用的影响不大。另外，在各处理剂量下，幼虫的生长表现出两种趋势：一部分生长较正常，而另一部分生长受到明显的抑制。这是由于部分幼虫选择取食正常饲料所致。

方法 2 结果表明，当把棉铃虫初孵幼虫置于正常饲料上时，幼虫仍以在正常饲料上取食为主，另有一部分幼虫可转移到饲料外，只有极少数幼虫在含毒饲料上取食。当把棉铃虫初孵幼虫置于含毒饲料上时，多数幼虫则转移到饲料外，而在含毒饲料上取食的幼虫数很少，在正常饲料上取食的幼虫也很少，说明幼虫具有主动逃避含毒饲料的倾向。统计结果表明，不论幼虫的初始位置如何，幼虫主要分布在饲料外和正常饲料上，而在含毒饲料上取食的幼虫极少。

2.2 Bt 杀虫剂对棉铃虫初孵幼虫、2 龄及 3 龄幼虫生长的影响

结果表明，饲料中 Bt 杀虫剂的浓度为 0.006 25 mg/g 时，幼虫生长受抑制达 88%以上，但此时幼虫的死亡率仅 40%(<50%)。Bt 杀虫剂对棉铃虫 2 龄和 3 龄幼虫的生长也有较强的抑制作用。但 2 龄和 3 龄幼虫对 Bt 杀虫剂的敏感性明显低于初孵幼虫。在最低处理浓度 0.031 8 mg/g 时，2 龄幼虫的生长抑制率为 76.9%，校正死亡率为 16.7%。在最低处理浓度 0.1 mg/g 时，3 龄幼虫的生长抑制率为 72.4%，校正死亡率为 10.7%。加大 Bt 杀虫剂的处理剂量，可以明显提高幼虫死亡率，但在死亡率低于 50%的低剂量下便对幼虫生长有明显抑制作用。

（注：此文原载于《植物保护学报》，1997，24(3)：283－284）

小菜蛾抗药性研究进展

闫艳春　乔传令　钱传范
（中国科学院动物研究所　北京　100080；中国农业大学应用化学系　北京　100094）

1　小菜蛾抗药性的发展

小菜蛾 *Plutella xylostella* L. 属鳞翅目菜蛾科，是世界性十字花科的主要害虫，年发生代数多（一般在亚热带地区 8～12 代，热带地区 20 代以上）[1]，繁殖系数高（平均每头雌成虫产卵量在 170 粒以上），世代间虫口数量增长快，重叠现象严重，故其在热带地区的危害尤为猖獗，在我国北方地区也呈加重趋势[2]。

为了克服和防治小菜蛾的危害，长期以来，人们主要靠使用各种杀虫剂来达到目的。但随着杀虫剂广泛、大量地使用，加之小菜蛾生活史的特殊性，它对各种杀虫剂都发生了不同程度的抗药性，以致使许多原来很有效的杀虫剂相继地减弱或丧失了其防治效果。

Ankersmith[3] 于 1953 年首次报道小菜蛾对 DDT 产生了约 7 倍的抗性，且对毒杀芬也产生了抗性，随后在菲律宾、印度、新加坡、中美洲等地区和国家，都发现了小菜蛾抗药性问题[4]。Georghiou 和 Taylor[5] 在 1976 年召开的第十五届国际昆虫学会议上的报告中指出，小菜蛾已对 DDT、有机氯、有机磷和氨基甲酸酯类农药产生了抗药性。

1976 年以来，由于小菜蛾抗药性问题日趋突出和严重，在国际上引起了极大的关注，尤其在我国台湾、日本、菲律宾、泰国、马来西亚、新加坡、印度、印度尼西亚、美国夏威夷、中美洲和澳大利亚等地区和国家，进行了广泛的抗性调查研究[6,7]。据不完全统计，小菜蛾已对有机氯、有机磷、氨基甲酸酯、酰基脲、苏云金杆菌（Bt）等类，大约 50 种杀虫剂发生抗性[8,9]。在我国广东、上海等东南沿海地区，很早就反映使用有机磷、拟除虫菊酯等杀虫剂防治小菜蛾效果日趋下降，估计其抗性已很严重[10]，近年来在深圳地区又发现小菜蛾对抑太保（chlorfluazuron）等酰基脲类药剂产生了抗性[3]。

小菜蛾对杀虫剂的抗性水平，因药剂种类，地区及使用时间、频率、强度等不同而异。在小菜蛾常发或多发地区，长时间、连续多次、高剂量使用 1 种或同类型杀虫剂很容易产生抗性，如日本有些地方使用氰戊菊酯（fenvalerate）1～2 年，每年 10 次以上，致使小菜蛾产生极高抗性，最高达 12 000 倍[3]。从药剂种类看，对拟除虫菊酯的抗性发生普遍，发展速度快、抗性水平高，其中以氰戊菊酯为最高，在美国最高已达 82 475 倍[11]。泰国、马来西亚；我国台湾、广州、上海、武汉等地，在 80 年代初期使用氰戊菊酯、溴氰菊酯（deltamethion）等仅 3～5 年，抗性普遍高达数百倍至数千倍；氨基甲酸酯的抗性发展也比较快，灭多威（万灵 methomyl）在美国部分地区抗性达 42～780 倍，在深圳达 246 倍[3]，表现很高抗性；有机磷在国内外使用虽然普遍，时间也较长，但抗性发展就多数品种而言相对较慢，目前多数地区还处低至中抗水平，如上海使用敌敌畏（DDVP）、乐果（dimethoate）等防治小菜蛾至少 15 年，乙酰甲胺磷（acephate）使用也在 10 年以上，抗性增长 8～30 倍；抑太保等酰基脲类杀虫剂，过去被认为是不容易产生抗性的杀虫剂，但在深圳仅用 2～3 年，抗性增长 70 倍左右。在马来西亚小菜蛾对抑太保、农梦特（teflubenzuron）的抗性有 1 000～3 000 倍的报道；对 Bt 的抗性在日本 1 000 倍、马来西亚 113 倍、深圳 35 倍、广州 9 倍；沙蚕毒素类防治小菜蛾在国外使用很少，国内部分地区有使用，至今尚未见田间种群产生抗性的报告，以上 6 大类杀虫剂的抗性水平趋势是：拟除虫菊酯＞氨基甲酸酯＞酰基脲＞有机磷＞Bt＞沙蚕毒素。

如何克服和解决日益严重的抗药性问题，是近年来人们所关注的焦点之一。为解决这一问题，在抗性消长规律方面进行了不少工作。首先是 Sun 等[12]用地亚农（diazinon）和灭多威（methomyl）进行了抗性发展规律的探索，以后一些作者[13~15]又用其他药剂进行了研究，发现不同品系的小菜蛾，由于其遗传基础不同，对杀虫剂抗性发展规律也不尽一致。抗性消退的规律在不同品系中也有差异。但总的来说，有机磷类杀虫剂的抗性消退最快，其次为氨基甲酸酯类的抗性，而对拟除虫菊酯类的抗性所持续的时间最长。但其对各类杀虫剂的抗性在 5 代之内其抗性水平基本上是稳定的[13,16]。

在各类杀虫剂品种间除 Bt 外，多数都存在不同程度的交互抗性。由于不同抗性品系的抗性背景不一致，所得的交互抗性结果也不尽相同[1,7,17]。但总的来说，其交互抗性情况可归纳如下：①拟除虫菊酯、氨基甲酸酯、有机磷之间表现不同程度交互抗性；②拟除虫菊酯与酰基脲类不表现交互抗性；③对菊酯、有机磷产生的虫源，对沙蚕毒素类不表现交互抗性。反之，对沙蚕毒素类产生抗性（室内选育品系），而对有机磷、菊酯、氨基甲酸酯没有交互抗性，甚至表现为负交互抗性。这些研究结果，给防治小菜蛾带来了希望。

简言之，小菜蛾抗药性问题在国际上已引起极大关注，亚洲蔬菜研究开发中心（AVRDC）于 1985 年 3 月和 1990 年 12 月分别在台湾召开了第一、二届小菜蛾学术讨论会，与会者交流了小菜蛾的抗性情况和讨论了防治策略。日本和泰国为克服日趋严重的小菜蛾抗药性问题，于 1987 年 4 月开始进行了一项有关昆虫毒理学及小菜蛾抗性和综合防治的研究，参加者达 40 人之多。1988 年 3 月 9～12 日，在曼谷，他们又召开了一次联合研究成果报告会。会中指出，他们已在"小菜蛾毒力实验"，"田间药效实验"，"生命表制作等种群动态的研究"等方面进行了研究，并已得出一些初步结果。他们想通过这一研究，对小菜蛾的综合治理提出有效的防治策略。

在我国，小菜蛾在南部省份的抗性发展已造成对蔬菜生产的灾难性危害。如陈言群[18]在 1988 年的 1 次抗性调查中发现，广东省宝安县马田菜场由于小菜蛾抗性发展极为严重，造成了罕见的小菜蛾危害情况，致使各种杀虫剂都无济于事，结果只好弃之不管，使大片白菜地失收。目前问题最严重的当属深圳地区的供港菜场，在 1991 年底小菜蛾对抑太保的抗性达 71 倍，1992 年底对 Bt 制剂表现的抗性达 42 倍，小菜蛾在田间对 Bt 制剂表现的抗性是其他农业害虫所罕见的[2]。

从小菜蛾的抗性发展史中不难看出小菜蛾对多种药剂产生的抗药性问题是不容忽视的。有关这方面的研究、报道不少，但绝大部分研究多局限在小菜蛾的生活史、抗性监测、交互抗性、生化测定等常规方法中。依据现代遗传学理论推论，任何抗性都可以说它既是遗传性的，又是环境性的，抗性的发生几乎都是遗传与环境因素相互作用的结果，差别仅在于二者所起作用的程度不同[19]。但由于害虫遗传学理论尚不完善和缺乏抗性变异体的诊断技术等原因，以往对小菜蛾抗性机理研究多局限于生理学方面，而极少深入细胞和分子水平。笔者认为，是否应在生测、生化的基础之上再深入一步，从产生抗性的分子机制上研究小菜蛾产生抗性的原因，从而为小菜蛾的抗性治理提供理论依据和有效决策。

2 抗性对策

自从害虫或害螨的抗性出现后，降低选择压一直被认为是延缓或避免抗性发展的最可靠方法。有害生物综合治理（IPM）的防治策略，为此提供了极为有利的条件。可通过天敌的引入和培育、昆虫疾病的利用、作物栽培的改良、抗性作物及其他非化学防治等措施来降低药剂的选择压。这不仅可减低对害虫的选择压，而且还可保护天敌及其他非目标生物，减少环境污染和农民对毒物的接触，以及减少对植物的药害和残留毒性等。

对付广为传播的害虫抗药性，是采用治疗性的还是采用预防性的对策，曾经有过争论。Sawick[20]和 Forrest[21]认为，治疗性策略虽然被动而且要冒极大的风险，但对实行自由市场经济的国家将不得不依靠实施治疗性策略治理害虫抗药性问题。在自由市场经济的大环境中，一般的抗性预测预报很难说服各界人士放弃各自利益上的冲突而协同行动。只有抗性问题暴发而导致严重的社会和经济问题时，抗性治理才可能为各界所重视，从而自觉地按照抗性治理的一系列要求去做。

一般来说，在抗性尚未形成或抗性发展的初期阶段，如对新问世的农药品种，采用预防性的治理策略较为适宜，因为这样做简单易行、无需耗费大量人力物力、无需冒抗性突然暴发的风险，而且从容主动，只需在害虫综合防治中有计划、有节制地使用农药即可。一旦害虫对某类杀虫剂的抗药性明显形成，并成为生产上的问题，则应采取治疗性策略为主、预防性策略为辅的方针。这是因为，抗性一旦产生，既要着眼于治理业已存在的害虫对某类杀虫剂的抗药性，又要预见和兼顾对害虫来说潜在的和可能产生的新抗性，并同时采取必要的保护性措施防止可能形成的这种新的抗性。这一过程实际上必须贯穿于整个害虫抗药性治理的始终，才能最终解决问题。通常所说的“防重于治”、“预防为主、综合治理”的思想，在害虫抗药性治理中同样是正确的和适用的，应当一贯地推行下去。

害虫的抗药性治理涉及害虫本身的生物学和行为习性、药剂的特性、抗性的遗传规律、环境的因素以及人为的防治因素和社会因素等多个方面，是个非常复杂的系统工程。单从化学药剂的角度，亦存在多种的抗性治理理论和途径。Georghiou[22]认为至少存在下述 3 种策略可供选择。

2.1 适度治理

即通过减少用药次数、降低施药剂量和改变施药方式、使用残效期短的农药品种、放宽化学防治的经济阈值、利用生态系统的自控作用，以及保留一部分敏感世代或种群的方法，减轻田间选择压力。

这一策略的基本出发点，是认为害虫种群中的抗性杂合子(RS)和敏感性纯合子(SS)个体是人类治理抗药性所依赖的极珍贵的一种自然资源，对抗性而言它们是功能隐性，这种资源从长远而言是可耗尽的，并非自然赐给人类的无限礼物。因此，要尽可能地维护和保持这种资源。所以适度管理策略从药剂使用上强调低剂量和减少施药次数，从施药方法上主张条带式施药或镶嵌式施药，以便保留和建立敏感性个体的疵护区，延缓抗性(主要是 RR 纯合子的显性表达)的演进。

2.2 饱和管理

饱和管理也就是即通常所说的高杀死策略。这种方法利用高剂量杀虫剂有效地杀死抗性害虫个体，或者以低剂量杀虫剂加增效剂达到这一压制抗性发展的目标，从而创造利于敏感性害虫个体迁入的条件，最终克服抗性。

人们提出饱和管理的策略，是建立在下述 3 个前提或假定条件下的，即(1)害虫种群中，对抗性遗传表达而言，纯合抗性(RR)和杂合抗性(RS)型个体均为功能显性；(2)所用的高剂量药剂是可以大量杀死 RS 和 SS 型个体的，残存个体均为 RR 型个体；(3)施药后有大量 SS 型敏感个体迁入施药区。因此，这一策略更适合于抗性基因为 RS、RR 功能显性的，迁移运动能力较强的害虫种类。同时也可以看出，使用增效助剂提高药剂的田间防治效果以尽可能地杀死田间 RS、RR 型抗性个体，是抗性出现后治疗性治理的有效手段之一。

2.3 多路进攻策略

就是利用杀虫剂对生物的多位点作用机制，使杀虫剂的靶标不易产生抗性。具体做法多采用交替使用、混配、轮用以及施药空间上的棋盘式田间间隔布置等方法使用杀虫剂。

多路进攻策略是目前在抗性治理中应用最多的方法，其优点是简明易懂，易于推广。但是这一策略也是以下述理论假设为存在和应用前提的，否则，也容易使抗性治理被导入误区。(1)假设害虫的抗药性遗传是单基因控制的和不完全显性表达;(2)抗性个体的生物适应性较敏感性个体下降;(3)目前害虫对被纳入多样化使用的杀虫剂的抗药性机理是不同的。除此而外,目前困扰多路进攻策略实施的主要障碍是如何针对特定的害虫和药剂,确定药剂间轮用的恰当间隔期与频率。

然而由于生产实践中有多种因子(如农药的生产安排、供应计划、市场调节能力、科研开发能力、技术普及推广系统是否通畅、农民的接受能力等等)的制约,抗性计划治理中可供生产实际使用的策略常常是有限的。上述3种策略只是提供了一个可供参考的基本手段。从抗性治理已有的成功实例看,生产上使用的一般是以1种为主,或者三者兼有的策略。

作为短期的应急解决方法,已有的治疗性抗性治理策略可以达到暂时缓解和阻滞抗性发展,蔓延的目标。但要作根本的、长远的解决问题的打算,虽然也部分地在于新型杀虫剂的研制开发,但因农药新品种的研制速度远远低于害虫产生抗性的速度,以及新的农药品种迟早也会产生抗性。故此,推行预防性的策略,将现有的多种类型杀虫剂以多样化的形式提供到害虫综合防治中去,才有可能从根本上解决这一问题。

影响小菜蛾抗药性产生和发展的因素很多,既有农药使用不当的原因,也有害虫自身遗传学、生物学等因素,但农药使用不当往往是加速抗药性发展的重要原因。解决办法之一是要合理使用农药,以降低害虫对药剂的选择压,这是许多对策措施的中心问题。当然,对小菜蛾的抗性治理,应采用综合防治(IPM)措施,除了合理使用农药这个重要环节外,应充分保护利用自然天敌,即生物防治(生物制剂、天敌),还应利用基因工程的手段培养抗虫品种,合理用药也包括选用对害虫效果好,对天敌影响小的品种。据报道,在台湾高雄地区利用当地小菜蛾幼虫的菜粉蝶绒茧蜂 *Apantetes glomeratus* L. 和从印尼引进的1种姬蜂,大量释放这2种寄生蜂,使农药使用次数减少40%~50%,取得很好效果。在我国大陆很多地方的菜田,也有小菜蛾的寄生性和捕食性天敌,只要注意保护,在一定时间内也会起到自然控制作用。农业防治是一项根本措施,各地应根据情况充分利用,如在上海、北京等地区,春天种植早熟甘蓝品种,夏季推迟或减少夏甘蓝种植,切断虫源,以降低秋季虫口数量。也有在菜田采用甘蓝与番茄等间作,减轻小菜蛾对甘蓝危害的例子。

总而言之,小菜蛾的抗药性问题较为突出,抗性产生的原因是多方面的,抗性治理有一定的难度。目前切实可行的办法,应以合理用药为主,进行综合治理,以降低选择压,使抗药性问题逐步得以解决。

参考文献

[1] 陈言群,孙耘芹. 见:龚坤元主编. 害虫抗药性及其防治论文汇编. 陕西杨陵:天则出版社,1992.163~170.

[2] 赵建周. 植保技术与推广,1994(5):20~21.

[3] 吴世昌. 农药科学与管理. 1993(2):19~22.

[4] Kahr,R. J. *J. Econ. Entomol.* 1971,64:1373~1376.

[5] Georghiou,G. P. ,Talor,C. E. Proceedings of XV_{th} international congress entomology,Washington DC:College Park,1976,759~785.

[6] Miyata T. *Appl. Entomol. Zool.* 1982,17:539~543.

[7] Hama H. *Appl. Entomol. Zool.* 1987,22:166~169.

[8] Perng. F S. , Yao, M. C. , Hung, C. F. , *et al. Journal of economic Entomology*, 1988, 81:1277~1282.

[9] Tabashnick,B. E. *J. Econ. Entomol.* 1990, 83:1671~1676.

[10] 吴世昌,顾言真. 植物保护. 1986,12(3):19～20.
[11] Yu S. J. , Nguyen, S. N. *Pesticide Biochemistry and physiology*, 1992, 44:74～81.
[12] Sun Chin-Ning. *J. Econ. Entomol.* 1978, 71(3):551～554.
[13] Chen, J. S. , Sun, C. N. *Econ Entomol*. 1986, 79:22～26.
[14] Noppun, V. , Miyata, T. , Saito, T. *Crop Prot*. 1986, 5:531～536.
[15] Noppun, V. *J. Pestic. Sci.* 1987. 12:265～269.
[16] Noppun, V. , Miyata, T. , Saito, T. *Appl. Ent. Zool.* 1986, 19:531～536.
[17] Noppun, V. , Miyata T. , Saito T. *Appl. Entomol. Zool.* 1987, 21:98～102.
[18] 陈言群,孙耘芹. 昆虫学报, 1994, 37(3): 280～285.
[19] 闫艳春,陈年春. 世界农业, 1995(6):30～32.
[20] Sawicki, R M. , Denholm, I. , Forrester, N. W. *et al*. In: Green, M. , B. Lyon, D. J. de B. Eds. Pest management in cotton. Chichester, UK: Ellis Horwood Ltd. 1989, 31～43.
[21] Forrester, N. W. *Pestic. Sci.* 1990, 28:167～179.
[22] Georghiou, G. P. *Phytoprotection*, 1994, 75(suppl.):51～60.

(注:此文原载于《昆虫知识》,1997,34(5):310—314)

牛组织中阿维菌素残留的ELISA研究

李俊锁　钱传范
（北京农业大学，北京　100094）

摘要　本文探讨了检测牛组织（血浆、肌肉和肝）中阿维菌素（AVM）残留的间接竞争ELISA反应条件和样本前处理方法，并对添加样本进行了测定。竞争反应可耐受20%（V/V）的甲醇。使用4″-O-（单）琥珀酰AVM-OVA和5-O-（单）琥珀酰AVM-OVA作包被原，AVM标准液的I_{50}＝1.8～4.0 ng/mL，检测极限为0.02～0.2 ng/mL。样本经甲醇一次提取和稀释后直接进行检测，各样本介质中AVM的I_{50}＝3.6～30.2 ng/mL，样本检测极限为0.1～0.6 μg/kg。在6.0～60.0 μg/kg添加浓度范围内，回收率（%）＝87.9～108.8（95.0±8.0），变异系数（CV.%）＝2.8～16.9（10.0±5.2）。本方法适宜对大批量样本进行快速检测。

关键词　阿维菌素，牛组织，酶联免疫吸附测定（ELISA），残留分析

阿维菌素（Avermectin B_1，AVM）作为一种新高效广谱抗寄生虫药正在国内广泛应用。传统的阿维菌素残留分析方法十分繁琐[1～4]，目前在国内难以推广使用。免疫分析技术具有常规理化方法无可比拟的选择性，亦有极高的灵敏性，因而非常适于残留分析。免疫学分析技术仪器化程度低，操作简便，特别是对样本前处理要求简单，易于推广，国际上许多权威机构将其列为九十年代优先发展的分析技术之一[5,6]。Karu等（1990）曾试图用免疫分析法检测动物组织中的伊维菌素（Ivermectin）[7]。本试验拟使用本室制备的抗阿维菌素抗体（另文发表）研究建立检测牛组织中阿维菌素残留的间接竞争酶联免疫吸附测定法。

1　材料与方法

1.1　试验材料

1.1.1　试剂与溶液：阿维菌素（B_1含量＞97%，B_{1a}≈80%，B_{1b}≈20%，本校微生物工厂提供，配制100 μg/mL的甲醇贮备液，－20℃存放，用于配制工作标准液），抗AVM血清和包被原（本室制备），过氧化氢酶标记羊抗兔抗体（HRP-IgG，工作浓度1∶1 000，中国军事医科院五所），ELISA所用溶液（按常规方法配制）。其他试剂均为AR级。

1.1.2　试验器材：聚苯乙烯酶联反应板（40孔，浙江），微量移液器（20～200 μL，北京），酶联免疫检测仪（DG-1型，南京），组织捣碎机（YQ-3型，江苏），涡动混合器（SH861，江苏），超声波振荡器（CX-100型，北京）。

1.2　试验方法

1.2.1　ELISA竞争反应条件的选择：间接竞争ELISA基本操作程序参照Tijssen（1985）的方法[8]。反应的基本介质为PBST（0.01 mol/L，pH7.4—0.15 mol/L NaCl—0.5% Tween-20），以PBST为基础配制系列反应液，用以稀释AVM标准液和抗血清。

1.2.1.1　包被原（C_{Ag}）和抗血清稀释度（工作浓度）根据方阵滴定结果（见另文），C_{Ag}浓度和抗血清稀释度为：C_{Ag}1.25 μg/mL 4″-O-（单）琥珀酰AVM-OVA，1∶3 200抗血清；或C_{Ag}1.25 μg/mL5-O-（单）琥珀酰AVM -OVA，1∶1 600抗血清。

1.2.1.2 竞争反应 pH 值:用 2.0 mol/L NaOH 或 2.0 mol/L HCl 调节 PBST,配制如下 pH 值的反应液:pH5.4、pH6.4、pH7.4 和 pH8.4。

1.2.1.3 离子强度:配制含 0.05、0.10、0.50 和 1.5 mol/L NaCl 的一定 pH 值的 PBST。

1.2.1.4 有机溶剂:配制含 5%、10%、20%和 30% (V/V)甲醇的 PBST。

1.2.2 样本处理方法:研究不同提取溶剂对免疫反应的影响,样本包括空白牛血浆、肌肉和肝组,溶剂包括甲醇、乙醇、乙腈和丙酮。提取方法:取 5.00 g 样本置捣碎杯中与 10.0 mL 溶剂混合,高速捣碎 2 min(血浆在具塞聚丙烯离心管中与有机溶剂涡动混合 2 min),样品转至 50 mL 聚丙烯管中,捣碎杯和刀片以适量溶剂洗涤并定容至 15.0 mL。超声波振荡 30 min,−20℃冷冻 2～3 h,取出后立即以 2 000 g 离心 5 min,取上清液适量与等体积的 PBST 混合(有机溶剂含量约 33%,V/V),直接用 ELISA 检测。

1.2.3 样本介质的标准曲线:以选定的有机溶剂提取空白样本,提取液用 PBST 做 1∶1(V/V)稀释,以此配制 AVM 系列浓度:0.0、0.01、0.1、1.0、10.0、100 和 1 000 ng/mL。按已优化的 EL ISA 竞争反应条件操作,绘制各样本介质的标准曲线 B/B_0～LogC (B,加样孔的 O.D 值;B_0,空白孔的 O.D 值)。基本操作过程如下:

1.2.4 样本添加回收率测定:取 5.0 g 解冻的空白样(预绞碎),加入一定量 AVM 标准液,混合后放置数分钟,按上述方法提取和稀释后,取 1.0 mL 样本液与 1.0 mL 1∶3 200 稀释的抗血清混合,室温反应过夜,将 200 μL 反应液加至 1.25 μg/mL 4″-O-(单)琥珀酰 AVM-OVA 包被的酶联反应板上,进行 ELISA 测定。根据相应样本介质的标准曲线计算 AVM 浓度和回收率。

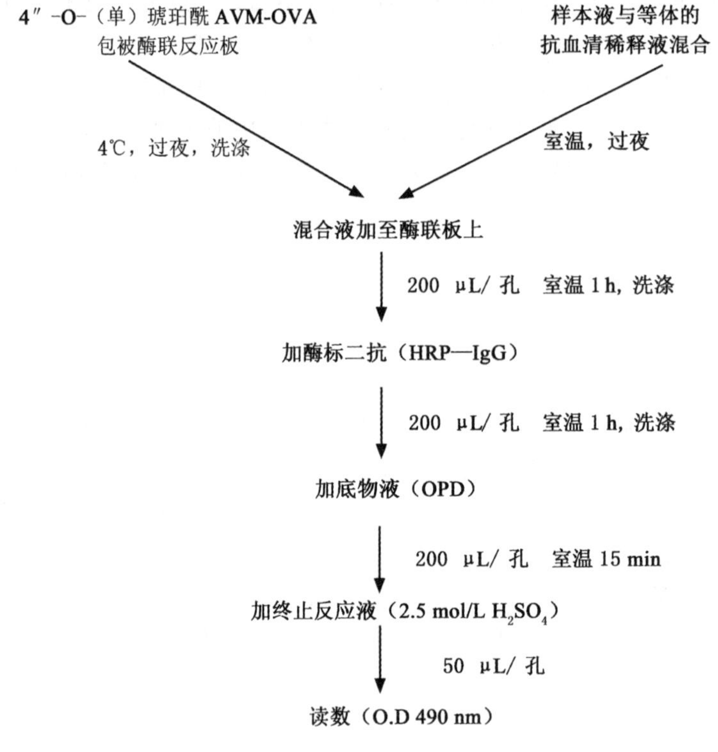

2 结果与讨论

2.1 ELISA 竞争反应条件优化 1971 年 Engvall 和 Perlman 首次建立 ELISA 方法[9],此后经过许多改进和发展,已成为免疫分析中最重要的技术之一。ELISA 以简便、灵敏著称,近年来有取代放射免疫测定法(RIA)的趋势。本文采用的间接竞争 ELISA 法测定半抗原或兽药具有许多优点:"二步(two-step)"竞争法使反应的灵敏度和重复性得到提高,因为大多数游离半抗原与抗体的亲和性不如包被原载体上的抗原决定簇,将抗体预先同样品中的待测半抗原反应,然后再与包被原在反应板上进行竞争,可使抑制反应更加完全;间接法虽使操作步骤增加,但避免了样本基质对酶活性的影响;大多数酶标二抗有商品出售,省去了待测物或抗体的标记程序。另外,选择非免疫原做包被原,可避免针对载体的部分抗体的结合,提高反应的灵敏度。

试验结果表明,pH 值(5.4～8.4)和离子强度(0.05～1.5 mol/L NaCl)对竞争反应无明显影响,为方便起见,选择 pH7.4,离子强度水平为 0.15 mol/L NaCl。AVM 与抗体的结合反应在 5%～10%(*V*/*V*)甲醇中不受影响(I_{50}=6.3 ng/mL),20%甲醇对反应有轻微抑制(I_{50}=10.0),30%甲醇则明显抑制竞争反应(I_{50}=39.8 ng/mL)。AVM 属脂溶性化合物,水中溶解度仅为 7～10 μg/L(21℃)[4],这给以水溶液为基本反应介质的免疫分析造成一定困难。向溶液中加入一定量有机溶剂可提高此类化合物在其中的溶解性。探讨非水介质对免疫反应的影响一直是设计低水溶性化合物免疫方法所关注的问题。Russell 等(1989)的研究认为,有机溶剂亲脂性越强,对半抗原与抗体间的结合反应影响越大[10]。另外,我们在研究中亦发现,溶液中适量的甲醇存在能显著降低 AVM 在容器壁上的吸附。所以,本试验重点探讨了甲醇对免疫反应的影响。这一试验结果有两方面意义。其一,在上述条件中,AVM 与抗体的结合对甲醇较敏感,推测 AVM 免疫反应中疏水交互作用的成分较大,但为了保证 AVM 的溶解性,实际应用中介质的甲醇含量宜控制在 10% (*V*/*V*),最高不超过 20%;其二,有可能对样本的有机溶剂提取液经适当稀释后直接测定,避免了样本的浓缩步骤,可加快测定速度。

优化的 ELISA 方法检测 AVM(介质为 PBST-10%甲醇)的标准曲线见图 1。4″-O-(单)琥珀酰 AVM-OVA 作包被原的 ELISA 方法标准曲线的 I_{50}=4.0 ng/mL,斜率=－2.0,检测极限为 0.2 ng/mL[(B_0-2SD)/B_0对应的 AVM 水平]。5-O-(单)琥珀酰 AVM-OVA 作包被原的 ELISA 方法标准曲线的 I_{50}=1.8 ng/mL,斜率=－2.4,检测极限为 0.02 ng/nL。前者的灵敏虽低于后者,但测定范围较大。

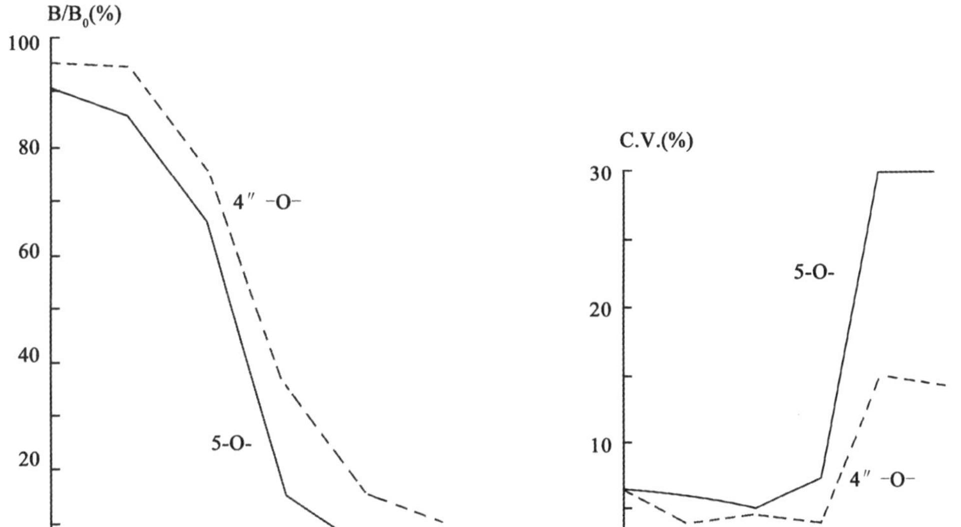

图 1　ELISA 标准曲线(介质为 PBST-10%甲醇,*V*/*V*)。包被原 4″-O-(单)琥珀酰 AVM-OVA(1.25 μg/mL),1∶3 200 抗血清;包被原 5-O-(单)琥珀酰 AVM-OVA(1.25 μg/mL),1∶1 600 抗血清。B_0,n=10;B,n=4。

Fig 1　ELISA standard curves for AVM prepared using PBST-10% MeOH(*V*/*V*). C_{Ag} 1.25 μg/mL 4″-O-succinoyl AVM-OVA and 1∶3200 antiserum;C_{Ag} 1.25 μ/mL. 5-O-succinoyl AVMOVA(1∶1600 antiserum). B_0,n=10;B,n=4.

2.2　样本前处理　免疫反应的高特异性和亲和性(Kd=10^{-6}－10^{-12}M)赋予了 ELISA 极高的选择性和灵敏性。高选择性使样本前处理十分简单,仅需提取可能就足够了;高灵敏性使得对样品的稀释不会影响对样本的检测。事实上，稀释样本或提取液已成为 ELISA 降低基质干扰的重要方法[10]。

AVM 组织结合性弱，易为有机溶剂提取[3]。表 1 为各种有机溶剂的牛血浆提取液(PBST 作 1∶1 稀释)对免疫反应的影响。显然，甲醇和丙酮对反应抑制最小。试验中主要选用甲醇作提取溶剂。

表 1 溶剂提取液对免疫反应的抑制作用

Table 1 Inhibitory effects of extracts

提取液* Medium/Extract*	PBST-10% CH_3OH	甲醇 Methanol	乙醇 Ethanol	乙腈 Acetonitrile	丙酮 Acetone
B_0 ($\bar{x}\pm SD$, n=4)	1.23±0.04	1.20±0.02	0.81±0.04	0.89±0.01	1.19±0.03
Inhibition(%)	—	2.4±1.80	34.0±3.30	28.1±1.10	3.0±2.30

* Bovine plasma

将甲醇提取液作 1∶1 稀释(样本被稀释 6 倍)，反应介质中甲醇含量约 16.7% (*V/V*)，不会对竞争反应有严重影响。另外，通常样本中 AVM 浓度为 10～100 μg/kg，稀释 6 倍后，AVM 浓度基本上在 I_{50} 附近，测定结果重复性高。

2.3 *样本标准曲线和添加回收率* 甲醇作提取溶剂的各样本标准曲线及一些重要参数见图 2 和表 2。添加回收率试验结果列于表 3。添加回收率为 2 周内的测定结果。各样本及不同添加水平(6.0 和 60.0 μg/kg)的回收率结果较为一致，即 87.9%～108.8% (95.0%±8.0%)，变异系数(CV)为 2.8～16.9% (10.0%±5.2%)。上述试验结果得益于简便的测定过程，样本仅需一步提取和稀释即可直接测定，较目前应用的 HPLC 荧光衍生化检测法的几十步操作大大简化。各样本 ELISA 的检测极限为 0.1～0.6 μg/kg，亦为常规理化方法(1～3 μg/kg)所不及。

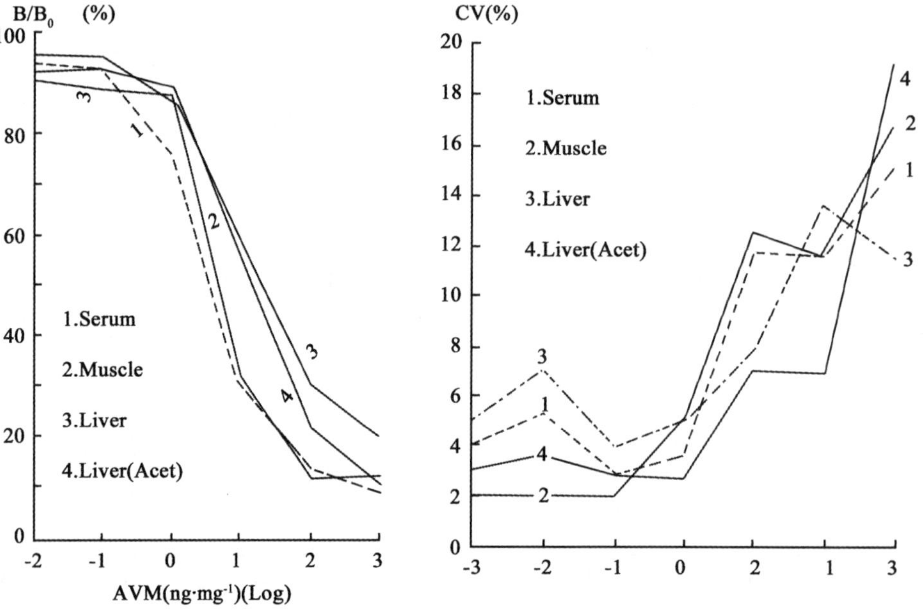

图 2 样本介质的 ELISA 标准曲线。包被原 4″-O-(单)琥珀酰 AVM-OVA (1.25 μg/mL)，1∶3 200 抗血清。B_0，n=10；B，n=4。

Fig 2 ELISA standard curves (semi-log) for AVM prepared by adding AVM to diluted MeOH extracts(1∶1 dilution). CAg, 4″-O-succinoyl AVM-OVA(1.25 μg/mL). Antiserum 1∶3200. Symbols represent the extracts from 1. Bovine plosma, 2 Bovine muscle, 3. Bovine liver, 4. Bovine liver(acetone extract). (B_0, n=10; B, n=4).

综上所述，本试验所建立的间接竞争 ELISA 方法的测定牛组织中 AVM，与常规理化方法相比具有简便、灵敏和快速的特点，可用于组织中 AVM 残留的快速检测。

表 2 样本标准曲线的若干参数(n=4)

Table 2 Sensitivity of ELISA for avermectin B_1 in samples(n=4)

样本 Sample	I_{50}(ng/mL)	斜率 Slope	检测极限(μg/kg)Lim it of detection
血浆 Plasma	3.6	−2.2	0.6
肌肉 Muscle	4.6	−2.6	0.6
肝 Liver	30.2	−1.6	0.1
肝* Liver	17.2	−1.9	0.1

* 丙酮提取物 Acetone extract

表 3 样本添加回收率

Table 3 Recoveries of Avermectin B_1 from spiked samples

样本* Sample	添加浓度 Added(μg/kg)	测定浓度** Rec(μg/kg)	回收率 Rec(%)	变异系数 CV(%)
血浆	6.0	6.0±0.70	100.4	11.6
Plasma	60.0	55.1±3.30	91.8	5.9
肌肉	6.0	5.2±0.32	87.9	9.1
Muscle	60.0	53.3±7.40	88.7	13.9
肝	6.0	5.8±1.00	97.0	16.9
Liver	60.0	65.3±1.91	108.8	2.8

* Bovine tissues; ** $\bar{x}\pm SD$, n=3～4

参考文献

[1] Tolan J W et al. Determination of avermectins in plasma at nanogram levels, using HPLC with fluorescence detection, J. Chromatogr, 1980, 190: 367～371.

[2] Markus J R. and O'Rangers J. Method I Liquid chromatography/fluorescence determination of ivermectin in animal tissue and plasma, J. AOAC Int, 1992, 75(4): 757～767.

[3] Campbell W C. Ivermectin and Abamectin, Springer-Verlag, New York, 1989, 144～148.

[4] Wehner T et al. Abamectin, in Comprehensive Analytical Profiles of Important Pesticides, CRC Press, Inc, 1993, 73～105.

[5] Vanderlann M. Immunoassays for Trace Chemical Analysis: Monitoring Toxic Chemicals in Humans, Food, and the Environment, ACSW ashington, D. C., 1991: 2～13.

[6] Conaway J E. New trends in analytical technology and methods for pesticide residue analysis, J. AOAC Int, 1991, 74(5): 715～717.

[7] Karu A E et al. Avermectins, in Immunochemical Methods for Environmental Analysis, ACS Washington, D. C, 1990, 96～109.

[8] Tijssen P. Practice and Theory of enzyme immunoassays, Elsavier, Amsterdam. 1985, 330～347.

[9] Engvall E and Perlman P. Enzyme-linked immunosorbent assay(ELISA): quantitative assay of immunoglobulin G, Immunochem, 1971. 8: 871～874.

[10] Russell A J et al. Antibody-antigen binding in organic solvents, Biochem. Biophysi Res Commun, 1989, 158(1): 80～85.

[11] Chan D W. Immunoassay, A Practical Guide. Academic Press, Inc, California. 1987.

Studies on elisa for Avermectin B_1 Residue in Cattle Tissues

Li Junsuo[1], Qian Chuanfan[2]

(1 Department of Veterinary Phamacology and Toxicology, College of Vet. Med., Beijing Agricultural University, Beijing 100094)

(2 Department of Applied Chemistry, Beijing Agricultural University, Beijing 100094)

Abstract A rapid and sensitive indirect competitive ELISA for avermectin B_1 (AVM) residue was developed. The competitive conditions of ELISA. were optimized in pH values, ionic strengths, and organic solvent. The ELISA can tolerate 20% (*V/V*) methanol. In PBS-0.5% Tween-20, the limits of detection for different C_{Ag} were 0.02~0.2 ng/mL for AVM, with half-maximal inhibition(I_{50}) 1.8~4.0 ng/mL. Samples (cattle plasma, muscle and liver) were extracted with methanol, and the extracts were determined by ELISA after diluted with PBS-0.5% Tween-20 (1 : 1, *V/V*). The I_{50} of standard curve for AVM ranged from 3.6 to 30.2 ng/mL for different samples. Limits of detection for AVM were 0.1~0.6 μg/kg At 6.0~60.0 μg/kg spiking levels, Recoveries(%) were 87.9~108.8(95.0±8.0), and CV(%) were 2.8~16.9(10.0±5.2). This can be used as a rapid method for detection of AVM in animal tissues.

Key words Avermectin B_1, Enzyme-linked immunosorbent assay (ELISA), Residue analysis

(注：此文原载于《畜牧兽医学报》1997,28(1):77－83)

兽药残留的免疫亲和色谱分析*

李俊锁[1]　钱传范[1]　扈洪波[2]　李喜旺[2]　王明安[1]
（中国农业大学动物医学院　北京　100094；[1]中国农业大学应用化学系，北京　100094；
[2]张家口农业专科学校兽医系，张家口　075100）

摘要　本文对免疫亲和色谱(IAC)及其在兽药残留分析中的应用进行了综述，包括IAC原理、抗体制备、免疫吸附剂合成、IAC技术及其在残留分析中的研究与应用进展，重点讨论IAC净化技术。

1　引言

兽药残留分析属复杂混合物中痕量组分的分析技术，样本分离过程是核心。对复杂样本中特定痕量组分的净化、分离和浓缩一直是残留分析、环境分析及生化分析的研究重点。

免疫亲和色谱(immunoaffinity chromatography，IAC)是以抗原与抗体间的特异性、可逆性结合反应为基础的色谱技术。这种相互作用的选择性是基于分子化学结构和立体化学方面的微妙差异，并涉及一系列复杂的范德华力、库仑力、疏水交互作用、氢键及立体构象互补等因素，因而具有常规理化方法无可比拟的选择性和很高的灵敏性。根据免疫学理论，结构上具有一定复杂性的任何有机小分子物质(MW<5 000)，如大多数兽药/农药及其他化学污染物，与大分子载体连接后可作为载体的抗原决定簇刺激动物产生特异性识别和结合原小分子化合物的抗体，且这种初级结合反应遵守质量作用定律。这是一切小分子免疫分析的免疫学和化学基础。所以，化合物的免疫学特征和IAC同样具有与其他色谱技术应用广泛和重要的研究意义。IAC可视为免疫分析与色谱分析的交叉技术，故又称免疫色谱(immuno-chromatography)，IAC的高度选择性和高效性无疑将使分析过程简化。兽药残留分析中，IAC最简便而且最有效的应用方式是作为理化测定技术(如HPLC，GC)的样本净化手段，这种联用方法可使免疫学技术和理化测定技术在选择性、分离能力、速度和灵敏性方面得到互补，并避免了免疫分析法(如ELISA，RIA)直接测定样本的诸多不足。

IAC并非一项新技术，六十年代末溴化氰活化琼脂糖载体的出现奠定了IAC的发展基础，IAC已成为免疫化学中最有效的分离手段之一。八十年代末IAC作为一项颇具发展潜力的残留分析技术开始受到关注。Van de Water(1987)首次将IAC引入氯霉素残留的测定[1]。近年来，我们对IAC及其在兽药残留分析中的应用进行了探索，以IAC为基础已建立了若干测定阿维菌素和伊维菌素残留的方法[2-6]。本文拟对IAC的原理、有关技术及其在兽药残留分析中的应用做一综述，重点讨论IAC净化技术。

2　原理

将特异性抗体与惰性基质偶联，制备免疫吸附剂、装柱。当含待测组分的混合物流过IAC柱时，固

---

* 国家自然科学基金资助项目

定抗体选择性地结合待测组分,其他不被识别的样本杂质则不受阻碍地流出 IAC 柱,经适当洗涤后,将抗原-抗体复合物解离、洗脱,待测组分得到净化或分离。IAC 柱经再生处理后可重复使用。

若抗体固相化后未改变其反应活性,则与自由溶液中相似,待测组分(H)与抗体(Ab)的初级结合反应遵守质量作用定律,即

$$Ab+H \underset{k-1}{\overset{k}{\rightleftharpoons}} Ab \cdot H \qquad ①$$

$$k_a=\frac{k_1}{k-1}=\frac{[Ab \cdot H]}{[Ab][H]} \qquad ②$$

k_a 为亲和常数。若 p 和 q 分别为待测组分和抗体结合位点的总浓度,B 和 F 分别为结合和游离的待测组分的平衡浓度,则

$$R=\frac{[Ab \cdot H]}{[H]}=\frac{B}{F}=k_a(q-B) \qquad ③$$

即 B/F 与结合待测物的浓度成正比,此为著名的 Scatchard 方程,由③式可计算免疫吸附剂的亲合常数(k_a)和吸附容量(q)。若另一种抗体亦参与结合反应(半抗原分析中极少见),则 R 与 B 的关系服从非线性四参数模型

$$R=k_{a1}(q_1-[Ab_1 \cdot H])+k_{a2}(q_2-[Ab_2 \cdot H]) \qquad ④$$

在色谱分析中,对被分离组分的保留可描述为

$$Ve=Vo+Vo \cdot k_D \qquad ⑤$$

Ve 为组分洗脱体积,Vo 为柱空体积,k_D 为分配系数,且有 k_D-R。合并③式和⑤式,可将平衡状态的免疫结合反应与色谱过程联系起来,即

$$Ve=Vo+Vo \cdot ka(q-B)$$

$$\frac{Ve}{Vo}=1+ka(q-B) \qquad ⑥$$

通过⑥式可预测洗脱条件、取样量和固定抗体浓度。

将 IAC 作为理化测定技术的净化手段,如 IAC-HPLC-UV、IAC-GC-MS,这种联用技术有许多显而易见的优点,非常适用于兽药残留分析。

(1)IAC 的高选择性使样本前处理过程大大简化,分析质量得到改善。一次层析即使待测组分得到高度净化,洗脱液通常可直接进样分析,避免了反复萃取和浓缩等操作,回收率高。IAC 的高选择性使得分析方法的检测限将主要取决于取样量,这是单纯理化手段难以达到的。

(2)IAC 对待测组分有很强的保留和浓缩能力。免疫后期抗体的亲和常数可达 $10^{10}\sim10^{12}$ L/mol,免疫吸附剂的等温吸附曲线曲率很高,只要加样量不超过 IAC 的柱容量,在实测样本条件下 IAC 对组分的保留能力几乎不受样本体积或组分浓度的影响。所以,IAC 非常适用于复杂样本中极稀组分的分析。Van Ginkel(1992)曾对 IAC 的组分保留能力进行了生动描述,根据⑥式,在高亲和力的 IAC 中待测组分几乎完全被结合,即 $B\approx p$,则

$$\frac{Ve}{Vo}=1+ka(q-p) \qquad ⑦$$

由⑦式计算,若使组分被有效保留(Ve/Vo>3),则需 $Ka(q-p)\geqslant 2$。表 1 列出了 IAC 对不同加样量的睾丸素的保留能力,即使当加样量接近柱容量(20 ng)如 p=19 ng 时,Ve/Vo=1 736,B=6 585×

10^{-8} mol/L，(98.8%p)。表 2 将常规的固相萃取(SPE)与 IAC 进行了比较。比较 p=q/2 时不同 ka 和 q 的 Ve/Vo，当 q=10^{-8}mol/L(典型的 IAC 柱容量)时，SPE 对组分几乎无保留能力。常规的 SPE 可通过增加柱容量来弥补其亲和性的不足，而且可方便地设计高容量的 SPE，但高容量在兽药残留分析中并不十分必要(被分离组分通常为 ng 水平)，特别是这种柱容量的增加是非特异性的，由此加大后续处理和检测的难度。由于高效选择性保留能力，IAC 能在较小的柱容量或柱床体积下完成净化过程，减少了非特异性吸附危险并节约珍贵的柱填料。

(3)多残留分析能力。一方面 IAC 对待测组分的高选择性使测定方法的样本通用性很强，另一方面固定有多种抗体或簇特异性抗体的 IAC 柱能同时对多种组分进行净化，即 MIAC。MIAC 使免疫分析技术实际具备了处理多残留组分的能力。

(4)对组分净化的同时提供定性信息。实际中 IAC 可以作为一种定性手段，如亲和脱除法(affinity subtraction)。

(5)水相操作，且 IAC 柱能重复使用，能节省大量有机溶剂，降低分析成本和环境污染。

(6)避免了单纯免疫测定技术直接检测样本的信息量太少(仅为吸收度或计数)、定量准确性差，或理化方法选择性低等不足，显示了免疫学技术和常规理化技术在分析机制方面的互补性。

表 1 IAC 柱对睾丸素的保护能力

p(ng)	q−p(mol/L)	Ve/Vo
1	6.59×10^{-8}	32 987
2	6.25×10^{-8}	31 250
5	5.21×10^{-8}	26 042
10	3.47×10^{-8}	17 361
15	1.74×10^{-8}	8 681
18	0.69×10^{-8}	3 450
19	0.35×10^{-8}	1 736
19.9	0.35×10^{-9}	174
19.99	0.3×10^{-10}	17

(ka=5×10^{10}L/mol，柱床=1.0 mL，q=$\times10^{-8}$mol/L)

表 2 ka 和 q 对组分保留能力的影响

ka(L/mol)	Ve/Vo	
	q=10^{-4}mol/L	q=10^{-8}mol/L
10^4	1.5(2)	1
10^5	6(11)	1
10^6	51(101)	1
10^7	501(1001)	1
10^8	5×10^3(10^4)	1.5
10^9	5×10^4(10^5)	6
10^{10}	5×10^5(10^6)	51
10^{11}	5×10^6(10^7)	501
10^{12}	5×10^7(10^8)	5×10^4

括号内为 p=0.5×10^{-8}mol/L 的 Ve/Vo

3 抗体

IAC系统中有三个基本要素：待测物、抗体和惰性基质。与其他免疫化学技术一样，抗体是核心试试，故样本的免疫净化法又称抗体介导的净化法(AMC)，IAC是AMC的典型方式。IAC的研究步骤一般包括半抗原合成、人工抗原合成、抗体制备、免疫吸附剂制备和IAC条件建立(吸附、洗涤、洗脱和再生)。

将半抗原与载体蛋白质偶联合成人工抗原、免疫动物制备抗体，这是一切小分子物质建立免疫分析方法的基本模式。半抗原的合成仍是制备抗体或IAC柱的关键步骤，详细内容参见文献[7]。使用簇特异性抗体是设计IAC最有效的方式，如利用针对N,N-叔丁基羟乙基结构的抗体制备的IAC柱能同时对5种β-受体激动剂进行净化[8]。目前，我们正在研制可识别对氨基苯磺酰胺(磺胺类药物的母核)的IAC柱。

单克隆抗体(McAbs)或多克隆抗体(PcAbs)均可用于制备IAC，尽管McAbs制备过程复杂，但在IAC中仍具有较多的优越性。其一，McAbs的突出优点是具有高度均一的亲和性和选择性，亦是高度纯化的，易于制备高容量的IAC柱(PcAbs中相关抗体含量在10%以下)，而且均一亲和性的免疫复合物在一定条件下同时解离、洗脱，可减少色谱峰展宽或拖尾、提高洗脱效率并降低洗脱体积。McAbs的这些性质对高效免疫亲和色谱(high-performance IAC，HPIAC)中峰定量有利。其二，制备IAC需耗用大量的高纯度抗体(一只典型的IAC柱所需的抗体可进行1 000次RIA测定)，但生产McAbs的杂交瘤技术或基因重组技术一旦建立，即可源源提供性能均一的McAbs，且试剂与方法易于标准化和商品化。但是，McAbs抵抗力较差，亲和性和选择性亦低于PcAbs。McAbs仅是免疫动物产生的众多抗体中极少的一部分，因而极可能是抵抗力不高的亚类，在冻融或洗脱条件下(pH，有机溶剂等)柱容量可能急剧下降甚至无法使用。PcAbs中则包含了所有的抗体亚类，其中有比例很小但抵抗力高的重要亚类，对变性条件具有McAbs所不具备的缓冲能力。因此，PcAbs制备的IAC柱有较长的使用寿命。一般认为，做为净化手段的IAC不必严格按照设计ELISA或RIA那样追求抗体的高选择性和亲合性：待测组分的分辨(分离)和检测是由测定系统如HPLC-UV或GC-MS完成的，故IAC对抗体的选择性要求不严格，而且对相关化合物有高交叉反应的抗体极可能适宜制备MIAC；太高亲合力的抗体与待测物形成的复合物需要更苛刻的解离或洗脱条件，易出现峰拖尾并影响IAC柱的使用寿命。

4 基质

IAC的绝大部分空间为基质所占据，其影响下可忽视。一个理想的基质必须既有优良的色谱性能又能满足IAC的特殊要求，如一定的刚性、理化性质稳定(惰性)、具有大量可供偶联的活性基团、疏松的多孔结构、无非特异性吸附等。

目前，低压IAC中使用最普遍的基质是珠状琼脂糖，商品名称为Sepharose(Pharmacia)或Bio Gel (Bio-Rad)，其一级结构是以1,3-连接的β-D-吡喃糖残基和1,4-连接的3,6-脱水-α-L-吡喃半乳糖为基本单位交替连接而成的。X-线衍射和扫描电镜分析表明，珠状琼脂糖与其他有机胶不同，其一级线形结构藉氢键作用形成较刚性的多糖双螺旋链，双螺旋链再聚合成螺旋束，螺旋束在一定位置上有规律地交联形成以五边形为基本单元的、结构有序的立体网状结构。上述结构决定了琼脂糖作为IAC基质所具备的独特性质疏松的网状结构(150～300 A°)能容许分子量达数百万的大分子自由扩散，这是抗体偶联和免疫结合反应所必需的；一定刚性和规则均一的网状结构、球形颗粒、优良的透性能提高IAC的分离质量;基质骨架有大量羟基供活化和偶联之用,加之其巨大的表面积和网孔结构有利于制备高容量的IAC柱;良好的亲水性(能溶胀自身100倍重量的水分)和几乎不带电荷的多糖骨架使非特异性吸附降至最低,亦有利于免疫反应的自由进行。珠状琼脂糖可耐受pH 4～9、高浓度的盐和水溶性有机溶剂(DMSO能溶解琼脂糖),最高柱压1 psi。珠状琼脂糖经2,3-二溴丙醇交联后机械性能和化学稳定性均大大增强,能耐受pH 2～14和有机溶剂,最高柱压6 psi,且可以高温消毒。

HPIAC需耐压的基质做填料,应用较多的是键合相硅胶或控制孔径的玻璃珠(CPG),能耐受pH2～8和1 000 psi以上的压力。

5 免疫吸附剂的制备

一般先将基质活化,再将间隔臂(如果必要)或抗体与之偶联制备免疫吸附剂,固相合成操作相对简便。基质活化与偶联过程是IAC非特异性吸附的重要来源,需慎重选择方法和操作。

5.1 基质活化

多糖基质的活化在IAC中占有重要位置,活化与偶联条件需相当温和。通常在基质骨架上引入亲电基团使之活化,再与间隔分子或抗体上的亲核基团如$-NH_2$、$-OH$、$-SH$等共价结合(偶联)。较有代表性的活化试剂如溴化氰(CNBr)、碳酰二咪唑(CDI)、环氧化物和高碘酸盐($NaIO_4$)。CNBr法最早由Axen等(1967)提出,属经典的活化方法,效果可靠、偶联率高、对抗体影响小。但是,本法有操作CNBr的危险,特别是引入了阴离子交换基团异脲衍生物($pK_a=10.4$),成为CNBr活化基质非特异性吸附的重要原因。该法制备的IAC柱在使用过程中可能存在固定抗体的"逸漏"问题。

Bethell等(1979)发展了目前被认为最优良的CDI活化法。CDI法活化与偶联反应的产物只有一个,即N-取代氨基甲酸酯衍生物,反应过程较CNBr法简单:CDI的活化效率较CNBr法高数十倍,而偶联率可与CNBr法相媲美。最重要的是CDI活化基质的活性基团咪唑氨基甲酸酯极易与含氮的亲核基团发生选择性取代,生成稳定、中性和亲水性的一碳间隔分子,试验表明这种结构的免疫吸附剂非特异性吸附和对抗体的影响均极小。反应过程如下:

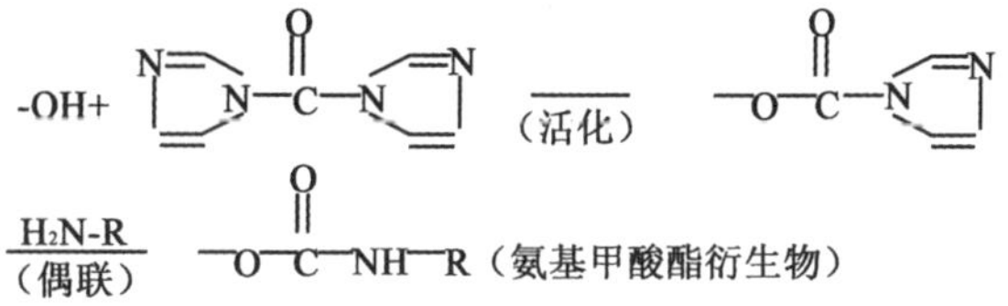

目前,已有多种商品活化基质出售,避免了危险的活化操作(多数活化试剂毒性较高),但价格昂贵。

5.2 偶联

如何使固定抗体保持最佳的活性状态,影响因素很多,主要有抗体浓度、偶联条件、偶联方式和间隔臂。

5.2.1 抗体浓度 根据③式可估计抗体的理论结合容量和所需的固定抗体浓度。一般推荐较低水平的固定抗体。高浓度的抗体由于空间位阻等原因肯定影响抗体对组分的结合效率,甚至导致柱容量下降。作者发现当基质中固定抗体浓度由5 mg/mL升至10 mg/mL时,抗体结合能力下降了15%,为获得适宜的柱容量,固定抗体浓度以5～10 mg IgG/mL为宜。

5.2.2 偶联反应条件 包括pH、时间和温度。许多研究者指出,抗体与基质的结合位点越多抗体活性越低。多点结合可能影响抗体的三维构象。游离的非质子化伯胺残基(主要来自赖氨酸)是抗体分子中最主要的偶联基团。一个中等大小的蛋白质分子与活化基质的接触表面(100×100 A°)有形成100个共价键的潜力(基质表面活化基团密度约若干$\mu mol/m^2$),事实上抗体与基质的接触表面不具备那么多供键合的游离氨基，但控制适当 pH 即氨基的非质子化水平显然有助于减少抗体的结合位点。如 IgG(pK_a=8～10)与 CNB,r 活化基质的偶联 pH 一般为 8.3～8.5。控制温度和反应时间亦有助于减少结合位点。

5.2.3　随机偶联与定向偶联　常规的随机偶联中，若键合位置靠近抗体的结合位点或将其置于有碍与待测物结合的空间中，则抗体的结合能力下降。通常固定抗体的结合活性仅为游离抗体的 1%～30%，表明改善固定抗体活性的潜力很大。

定向偶联，即使用特殊的活化或偶联方法使固定抗体 IgG 的 Fab 段指向流动相，必将大大提高抗体的结合效率和柱容量。早期的方法是借助蛋白-A 或蛋白-G 完成的。O'shannessy 和 Haffman (1987)提出了一种更为简便的高碘酸盐氧化抗体法，又称醛基抗体(aldo-antibodies)法，即使用 $NaIO_4$ 将 IgGFc 段特有的糖链氧化、开链成醛，带有醛基的 Fc 段直接与 CNBr/己二酰二肼活化的基质偶联，生成稳定的腙衍生物(无需还原)

$$—\overset{\overset{\large O}{\|}}{C}—NH—NH_2 + H\overset{\overset{\large O}{\|}}{C}—IgG \longrightarrow —\overset{\overset{\large O}{\|}}{C}—NH—N{=}CH—IgG$$

5.2.4　间隔臂　间隔臂能降低固定抗体与待测物结合时的空间位阻，并避免刚性的载体骨架及局部微化学环境对抗体的“扭曲”。目前趋于使用中性、不带电荷、亲水性间隔臂。长度应为 4～6 碳以上(不宜过长)。对于小分子固定配体或大分子待测组分使用间隔分子肯定是有益的，但对于固定抗体与半抗原之间的结合反应似无必要，而且间隔臂的引入特别是疏水性间隔分子极可能增加发生非特异吸附的机会。

5.3　免疫吸附剂的鉴定

包括选择性、亲和性和柱容量。柱容量是 IAC 中有重要实用价值的参数，可用前沿分析法或 Scatchard 分析法进行测定。柱容量可分为动态柱容量 (ng/mL 柱床)和绝对柱容量(ng/mg 固定 IgG)。若洗脱条件已经确定，测定柱容量最简便的方法是将一定浓度的、超过理论容量的待测组分通过 IAC 柱，经洗涤和洗脱后进行测定。使用和贮存过程中应定期监测柱容量变化。

6　IAC 技术

6.1　吸附

制备 IAC 之前一般均已建立了 ELISA 或 RIA，其反应条件可直接用于 IAC，如样品载液的 pH、离子强度、有机溶剂等。介质中必须保持适当的离子强度(至少为 0.15 mol/L 盐)以减少非特异性吸附。

6.2　洗涤和洗脱

通常采用 10 倍以上柱体积的平衡缓冲液(如 PBS)冲洗 IAC 柱，以除去柱床内滞留或非特异吸附的样本基质。免疫复合物亲合力较高，需用较强的解离条件减弱抗体与待测物间的相互作用，使 ka 值降低，用⑦式或实验法确定洗脱条件。兽药残留分析中均采用非特异性洗脱方式，如改变介质的 pH、离子强度、极性(加入甲醇、乙醇等)，或使用变性剂(脲、胍)、去垢剂或离子液序列高的离子，如 Cl^-、SCN^-、ClO_4^-、CF_3COO^-、CCl_3COO^- 等。残留分析中，水溶性有机溶剂/水或纯有机溶剂做为洗脱剂应用较多，洗脱液易于用 HPLC 或 GC 进行分析。

尽管 IAC 作为净化手段有极高的选择性，但这种选择性并非绝对的。非特异性吸附可能是每一个研究者或使用者面临的首要问题，特别在兽药残留分析中即使少量的非特异性吸附也可能对分析质量(如检测限)造成严重影响。非特异性吸附可来自基质骨架、活化与偶联过程、固定抗体及其他杂蛋白。

样本基质可通过离子交换(多数活化与偶联过程引入了一定的阴离子交换基团)、疏水交互作用、氢键或螯合作用等发生非特异性吸附。除了在IAC制备过程中加以控制，如基质活化及偶联方法选择、彻底封闭残余的活化位点等，洗涤和洗脱步骤必须作为一种分离过程来设计。在对肝组织中伊维菌素残留的分析中，我们使用40 mL PBS (pH7.4,0.5 mol/LNaCl)-甲醇(9∶1,*V/V*)和10 mL水-甲醇(8∶2,*V/V*)依次洗涤IAC柱(1 mL柱床体积)，用3 mL甲醇将伊维菌素洗脱，成功地除去了非特异性吸附的样本干扰杂质[6]。必要时应在IAC过程前后增加适当的净化步骤。

6.3 流速

低压IAC对流速要求不严格，0.4～4 mL/min(1～2 mL柱床体积)均有使用，但过高的流速产生的剪切力会加速固定抗体的逸失。必要时可对流速进行优化。

6.4 IAC再生与贮存

通常用10～15倍柱体积的平衡缓冲液冲洗IAC柱即可再生，一只IAC柱一般能使用数十至上百次。较长时间不使用时需存放于含0.1%叠氮钠的缓冲液中(4℃)。

7 IAC技术在兽药残留分析中的应用

7.1 IAC净化技术

目前绝大部分兽药残留分析中的IAC是作为样本净化方法。Ginkel(1991)根据固定抗体和待测物范围将IAC分为三类：IAC(1种抗体净化1种待测物)；(M)IAC(1种抗体净化多种待测物)；MIAC(多种抗体净化多种待测物)。表3列出了已报道的部分兽药残留的IAC分析法。

表3 免疫亲和色谱(IAC)技术在兽药残留分析中的应用

兽药	样本	方法	抗体	样本处理	检测限	文献
阿维菌素	肌肉、血浆	MIAC-HPLC-UV	P	甲醇/C_{18}/IAC	2ppb	3
	血浆(绵羊)	MIAC-HPLC-UV	P	IAC	2ppb	5
氯霉素	肌肉(猪)	IAC-HPLC-UV	M	水/IAC	1ppb	1
	蛋、乳	IAC-HPLC-UV	M	PBS/IAC	<1ppb	10
	肉、乳	HPIAC(在线)	M	PBS/IAC	<1ppb	9
	肝、肾、肉、尿	IAC-GC-ECD	P	乙腈/己烷/EtOAC/IAC/HADA/TMCS	0.2～2ppb	11
双氯醇胺	尿(牛)	IAC-ELISA	P	IAC	10ppt	14
	肝、尿	(M)IAC-GC-MS	P	水/IAC/MSTFA/TMCS	<10ppt	15
	肝、尿、饲料	MIAC-GC-MS	P	HCl/酶消化/IAC/BSTFA	<0.2ppb	8
克仑特罗	肝、尿	(M)IAC-GC-MS	P	水/IAC/MSTFA/TMCS	<10ppt	15
地塞米松	尿(马)	(M)IAC-HPLC-UV	P	IAC/C_{18}	1ppb	12
	尿	IAC-HPLC-UV或IAC-HPLC-MS	P	IAC	30ppb或1ppb	13
己烯雌酚	血浆、尿	(M)IAC-GC-MS	P	IAC/PFBBr	10ppt	16
	尿(牛)	IAC-GC-FABMS	P	IAC/C_{18}	2ppb	17
己二烯雌酚	血浆、尿	(M)IAC-GC-MS	P	IAC/PFBBr	10ppt	16
氟地塞米松	尿(马)	(M)IAC-HPLC-UV	P	IAC/C_{18}	1ppb	12
己烷雌酚	血浆、尿	(M)IAC-GC-MS	P	IAC/PFBBr	10ppt	16
伊维菌素	血清(绵羊)	MIAC-HPLC-UV	P	IAC	1ppb	4
	肝(猪)	MIAC-HPLC-UV	P	甲醇/IAC	2ppb	6

续表 3

兽药	样本	方法	抗体	样本处理	检测限	文献
甲基睾酮	肌肉	MIAC-GC-MS	P	酶消化/EtOAc/florisil/IAC/HFBA	<0.1ppb	18
马布特罗	肝、尿	(M)IAC-GC-MS	P	水/IAC/MSTFA/TMCS	<10ppt	15
	肝、尿、饲料	MIAC-GC-MS	P	HCl/酶消化/IAC/BSTFA	<0.2ppb	8
马喷特罗	肝、尿	(M)IAC-GC-MS	P	水/IAC/MSTFA/TMCS	<10ppt	15
19-去甲睾	尿(牛)	IAC-HPLC-UV	P	IAC/C_{18}	50ppt	19
酮(诺龙)	肌肉	MIAC-GC-MS	P	酶消化/EtOAc/florisil/IAC/HFBA	<0.1ppb	18
	肉、胆汁、尿	IAC-GC-MS	P	Tris 缓冲液/离子交换柱/IAC	50ppt	20
雌二醇	血浆、乳	IAC-RIA	P	IAC	30pg	22
羟甲基肾上	肝(牛)	IAC-HPLC-Fluor	P	0.01MHCl/IAC	100pg	21
腺素	肝、尿	(M)IAC-GC-MS	P	水/IAC/MSTFA/TMCS	<10ppt	15
	肝、尿、饲料	MIAC-GC-MS	P	HCl/酶消化/IAC/BSTFA	<0.2ppb	8
去甲雄三烯醇酮	尿(牛)	(M)IAC-HPLC-UV 或 (M)IAC-HPLC-HPTLC-Fluor	P	IAC	1-2ppb 或 0.5ppb	23
右环十四酮酚	尿(牛)	(M)IAC-GC-MS	P	酶消化/IAC/PFBBr	10ppt	24

注:(1)"样本处理"中未列出离心、过滤或中和操作;(2)"p"、"M"分别为多克隆、单克隆抗体;(3)"酶消化"中的酶可能包括葡糖苷酸酶、芳基硫酸酶或枯草杆菌蛋白酶 A;(4)MSTFA,N,N-甲基三甲硅烷基三氟乙酸铵;BSTFA,N,O-双三甲基硅烷基三氟乙酸铵;TMCS,三甲基氯硅烷;PFBBr,五氟溴苯;HFBA,七氟丁酸酐;HADA,六亚甲基硅氮烷;EtOAc,乙酸乙酯

7.2 HPIAC

若将 IAC-HPLC 看做二维分离过程,HPIAC 则是二者的精华部分即 IAC 的微妙选择性与 HPLC 高效(高速)分离的合璧。HPIAC 能实现对极少量样本或提取液的直接分析。但是,在兽药残留分析中由于抗体与待测物解离动力学原因和洗脱所致的基线波动给 HPIAC 准确定量造成困难。Haagsma 和 van de Water(1992)使用带柱切换装置的 HPIAC 成功地测定了乳中的氯霉素残留[9]。

8 结 语

IAC 技术,无论是 AMC 或 HPIAC,使兽药残留分析融免疫学方法的高选择性和传统理化方法的快速、灵敏于一体,避免了单纯免疫分析或理化分析方法的不足,理论上和实践上都是相当完善的分析技术,其优越性和实用性已毋庸置疑。一旦大量抗体的制备与供应问题得到解决,IAC 及其相关技术将使残留分析乃至整个环境分析化学的面貌大为改观。

参考文献

[1] Van de Water C, Haagsma N. J. Chromatogr, 1987, 411: 415~421
[2] 李俊锁,钱传范,畜牧兽医学报,1996,27(6):531~538
[3] Li J S, Qian C F. J. AOAC Int, 1996, 19(5): 1062~1068
[4] Li J S, Zhang S Q. J. AOAC Int, 1996, 19(6): 1300~1302
[5] 李俊锁,张士勤. 畜牧兽医学报,1997, 28(2): 181~184
[6] Li J S, Li X W, Hu H B. J. Chromatogr. (in press)

[7] 李俊锁,钱传范.中国兽医学报(已录用)
[8] Van Ginkel L A,Stephany RW,Van Rossum HJ,et al. ,J. AOAC Int,1992,75(3):554～560
[9] Haagsma N,van de Water C,in Agarwall V K(ed). Analysis of Antibiotic/Drug Residues in Food Products of Animal Origin,Plenum Press,New York,pp. 81～97
[10] Van de Water C,Haagsma N. ,J. Chromatogr,1989,478:205～215
[11] Gude T,Preiss A,Rubach K. J. Chromatogr. ,1995,673(2):197～204
[12] Gu X,Meleka Boules M,Chen CL,et al. , J. Capillary Electrophor. ,1996,3(1):43～49
[13] Creaser C S,Feely S J,Houghton E,et al. , Anal Commun,1996,33(1):5～8
[14] Pickett RJ H,Sauer M J. Anal Chim. Acta,1993,275:269～273
[15] Hooijerink H,Schilt R,van Bennekom EO,et al. , J. Chromatogr,1994,660:303～313
[16] Bagnati R,Castelli M G,Airoldi L. J. Chromatogr,1990,527:267～278
[17] Davoli E,Fanelli R,Bagnati R. Anal Chem,1993,65(9):2679～2685
[18] Van Ginkel L A,Stephany RW,van Rossum H J,et al. , J. Chromatogr,1989,489:111～120
[19] Farjam A,de Jong G L,Frei R W,et al. ,J. Chromatogr,1988,452:419～433
[20] Haasnoot W,Schilt R,Hamers A R M,et al. ,J. Chromatogr,1989,489:157～171
[21] Degroot J M,Bukanski B,Screbrink S,Z. Lebesm. Unters,1992,195(6):566～568
[22] Glencross R G,Abeywardene S A,Scorney S J,et al. ,J. Chromatogr,1981,223:193～197
[23] Van Ginkel L A,van Blitterswijk H,Zoontjes P W,et al. ,J. Chromatgr. 1988,445:385～392
[24] Bagnati R,Oriundi M P,Russo V,et al. ,J. Chromatogr,1991,564:493～502

(注:此文原载于《中国兽药杂志》,1997,32(4),49—52;1998,32(1):40—43)

九十年代农药残留分析新技术

刘曙照[1]　钱传范[2]

(1 扬州大学农学院,225009;2 中国农业大学应化系,100094)

摘要　综合叙述了国际上 90 年代农药残留分析技术和方法,包括免疫分析技术、液-质联用技术、毛细管区带电泳技术、超临界流体提取和超临界流体色谱技术、近红外衰减全反射光谱和表面增强拉曼光谱等光谱分析技术、生物传感器及实验室自动化等。

关键词:农药残留分析,新技术

农药的大量使用所造成的环境毒性问题,已引起人们的高度重视。加强对农药残留的监测和环境毒理研究,对于合理开发和正确使用农药,保护生态环境,保障人类健康,避免和减少不必要的农业损失等,具有重要的理论和实践意义,这已成为人们的共识。世界上许多国家,特别是经济发达国家在这方面投入大量的技术、资金和人力并制定了相应法规。随着超高效农药的开发应用和待检样品量的增加,特别是要求现场快速检测样品量的迅速增加,对分析的灵敏度、特异性和快捷性提出了更苛刻的要求。传统的波谱、色谱等理化分析手段难以适应 90 年代农药残留分析的要求。

80 年代以来,国际上农药残留分析新技术的开发和应用非常活跃,有些新技术逐步成熟,总的发展主要表现在以下几个方面:①传统的理化分析手段不断采用物理科学新的理论与成果,使理化分析的灵敏度和选择性等大大提高。②生物技术与现代理化分析手段相结合不断开发出新的分析技术,发展迅速,前景诱人。③基础分析方法发生变化,传统的应用理化手段在实验室进行样品分析将为二级测试方法所代替。即先应用简便、快捷的分析方法(如免疫分析、生物传感器等)进行现场快速初级监测,然后对初级监测中呈阳性反应的样品进行实验室确证。从而可大大减少分析工作量,提高分析效率。

进入 90 年代,现代分析化学技术日新月异,有些新技术已进入实用阶段,一些虽尚存在一些理论和技术性难题,但已显示出潜在的应用前景,这些新的分析技术包括现代光谱分析技术、现代色谱分析技术、波谱和色谱联用技术,生物传感和免疫分析技术、化学计量和信息技术以及实验室自动化等。

1　直接光谱分析技术

近红外衰减全反射光谱(Attenuated Total Reflectance Near Infrared Spectroscopy,Near IR-ATR)和表面增强拉曼光谱(Surface Enhanced Raman Spectroscopy,SERS)使光谱分析的灵敏度提高 $10^2 \sim 10^7$ 倍。这些快速、直接的光谱技术,只需要极少量的样品,具有很大的应用潜力。一系列激光光谱技术,如激光拉曼光谱等使光谱分析的灵敏度几乎达到极限——一个分子或原子的水平。这将为开发高灵敏度检测器提供可能的技术基础。目前,这些灵敏度极高的光谱技术尚需进一步研究开发才能进入广泛应用阶段。

2　毛细管区带电泳(Capillary Zone Electropheresis CZE)

毛细管区带电泳非常适用于那些难以用传统的液相色谱法分离的离子化样品的分离与分析。其分离效率可达数百万理论塔板数，操作简便。具很大灵活性，许多分离参数，如缓冲液的组成和 pH、毛细管的类型（空心管、填充管等）以及所使用电场的波形等都可以调节。毛细管电泳所需样品量极少，一般只需几纳升（nL）。目前，毛细管电泳尚缺乏灵敏度很高的检测器。可利用的紫外检测器能检测几个 pg，但因样品量只用几个 nL 的体积，故所用样品浓度被限制在 ppm 级。因此，只有研究开发灵敏度更高的检测系统，毛细管区带电泳的优势才能充分发挥出来。

3 超临界流体提取（Supercritical Fluid Extraction，SFE）和超临界流体色谱（Supercritical Fluid Chromatography，SFC）技术

农药残留的分离、提取和净化是农残分析中工作量最大、对残留分析结果起关键作用的步骤。农药残留的固相提取技术与液-液分配法相比，具有分离效率高、溶剂用量省、可避免乳化现象、可对农药残留物进行富集等优点，因而在农药残留，特别是在脂肪和蛋白质含量高的复杂样品中农药残留物以及农药多残留的分离、提取、净化和浓缩方面得到了广泛应用。超临界流体技术的开发和应用，为农药残留分析提供了一种强有力的工具。

超临界流体本质上是处于临界温度以上的高密度气体，既具有气体黏度小、扩散速度快、渗透力强的特点，又具有液体对样品溶解性能好、可在较低温度下操作的特点。超临界流体提取仪器的商品化，为复杂样品中农药残留物的选择性快速提取和样品的微量化提供了一种简便有效的方法，一般常用的是超临界 CO_2。超临界 CO_2 无毒，分子极性比较小，可用于提取非极性或弱极性农药残留。也可以加入适量极性调节剂，如甲醇等来调节其极性，据此可最大限度地提取不同极性的农药残留而最低限度地减少杂质的提取。应用超临界流体可以对被分析样品进行连续提取，提取效率高，可达到索氏提取器的提取水平，并且可以通过调节温度、压力和添加适当极性调节剂来选择性提取某种目标分析物。Wheeler 等用超临界 CO_2 提取土壤中 ^{14}C 标记的利谷隆（Linuron）和敌草隆（Diuron），只需 35 分钟，回收率达 99%。而用溶剂提取需要 3 天并消耗一升溶剂，回收率只有 82%～96%。很多农药及代谢物在植物体内呈轭合状态，即所谓的不可提取残留物，如 2,4-D 类除草剂的代谢物 2,4-二氯酚在植物体内与糖结合成糖苷。过去用酸水解提取需 6 小时，而用超临界 CO_2 提取只需 45 分钟（样品中加少量酸）。此外，超临界流体提取的样品可直接用于分析，因样本提取物可在室温常压下自然挥发去溶剂（超临界流体），免去样品浓缩过程和对后来分析的干扰。

以超临界流体作为色谱流动相的超临界流体色谱，可以使用各种类型的较长色谱柱；可以在较低温度下分析分子量较大、对热不稳定的化合物和极性较强的化合物；可与各种气相、高效液相色谱检测器匹配；可与红外、质谱联用；可以通过调节压力、温度、流动相组成多重梯度，选择最佳色谱条件，综合利用了气相色谱和高效液相色谱的优点，克服了各自的缺点，成为一种强有力的分离和检测手段。

超临界流体提取和超临界流体色谱在农药残留分析中显示出巨大的威力，也为真正意义上的自动化分离分析体系的建立提供了切实可行的技术基础。近年来，超临界流体提取和超临界流体色谱已在多种农药残留的分离提取和检测中得到应用，是农药残留分析最具吸引力的技术之一。

4 液相色谱-质谱联用技术（LC/MS）

气相色谱与质谱的联用技术（GC/MS）已经比较成熟。由于气相色谱本身的局限性，也使气质联用技术的应用范围受到一定限制。据统计，液相色谱可以分析的物质约占世界上已知化合物的 80%以上。但液相色谱尚缺乏高灵敏度和具结构分析功能的检测器。现在，一种内喷射式和粒子流式接口技

术将液相色谱与质谱连接起来，已成功地用于分析对热不稳定，分子量较大，难以用气相色谱分析的化合物。具有检测灵敏度高、选择性好、定性定量同时进行、结果可靠等优点。LC/MS 对简单样品可进行分析前净化并具备多残留分析的能力，用于对初级监测呈阳性反应的样品进行在线确证，其优势明显。但 LC/MS 仪器价格昂贵，液相色谱和质谱的接口技术尚不十分成熟。如果对一种用于毛细管电泳的新型电喷射接口加以改进使其适用于液-质联用仪，将可大大提高分析灵敏度。另外，研究开发毛细管液相色谱与离子捕获检测器的配合将会大大拓宽液相色谱用于高灵敏度分析的范围。因此，虽然 LC/MS 对分析技术和仪器的要求高，但它是一种很有利用价值的高效率、高可靠性分析技术。

5 免疫分析和生物传感器

免疫分析被列为 90 年代优先研究、开发和利用的农药残留分析技术，世界粮农组织(FAO)已向许多国家推荐此项技术，美国化学会将免疫分析与气相色谱、液相色谱共同列为农药残留分析的支柱技术。

免疫分析是基于抗原抗体特异性识别和结合反应为基础的分析方法。大分子量的农药(如苏云金杆菌毒素等)可以直接作抗原免疫脊椎动物，动物的免疫系统对进入体内的异源大分子量物质发生保护性应答反应。小分子量农药(MW<2 500)一般不具备免疫原性，不能刺激动物产生免疫反应。将农药小分子以半抗原的形式通过一定碳链长度的连接分子与分子量大的载体(一般为蛋白质)以共价键相偶联制备成人工抗原，以人工抗原免疫动物，使动物的免疫系统发生应答反应，产生对该农药具特异性的活性物质(免疫球蛋白或称抗体)来识别该农药分子并与之结合。这种结合反应不仅可在体内进行，也可在体外进行，符合质量作用定律，这就是免疫分析的基础。通过对半抗原或抗体进行标记(酶、荧光物质、放射性同位素标记等)，利用标记物的生物或物理或化学放大作用，对样品中特定的农药残留物进行定性定量检测。

免疫分析具有特异性强、灵敏度高(检测限可达 $10^{-9} \sim 10^{-12}$ g)、方便快捷、分析容量大、分析成本低、安全可靠等优点。一般不需要贵重仪器，可大大简化甚至省去前处理过程，对使用人员的专门技术要求不高，容易普及和推广。若开发成试剂盒，可广泛用于现场样品和大量样品的快速监测。对于大分子量的极性物质，如生物农药苏云金杆菌毒素蛋白等，免疫分析比常规生物测定和理化分析更具准确可靠、方便快捷的优点。

生物传感器通常是指由一种生物敏感部件与转换器紧密配合，对特定种类化学物质或生物活性物质具有选择性和可逆响应的分析装置。传感器的生物敏感层与复杂样品中特定的目标分析物之间(如酶与底物、抗体与抗原、外源凝集素与糖、核酸与其互补片断之间)的识别反应会产生一些物理化学信号(如光、热、声、质量、颜色、电化学等)的变化，这些变化通过不同原理的转移器(如光敏管、压电装置、光极、热敏电阻、离子选择性电极等)转换成第二信号(通常为电信号)，经放大后显示或记录。按照生物功能区分，生物传感器包括酶传感器、组织传感器，微生物传感器等。第三代生物传感器的主要特征是将生物技术与微电子技术相结合，光导纤维生物传感器则是近十多年来传感技术的一次重大发展。

利用农药对靶标酶(如乙酰胆碱酯酶)活性的抑制作用研制酶传感器，利用农药与特异性抗体结合反应特性研制免疫传感器，可用于对相应农药残留进行快速定性定量检测。微型化，响应速度快的生物传感器所需样品量极少，甚至可插入生物组织或细胞内实现超微量在线快速跟踪分析。目前，生物传感器存在的主要问题是分析结果的稳定性、重现性及使用寿命。

6 实验室自动化

世界上大多数先进的分析仪器，除具备数据处理功能外，还能够提供图谱文库检索对照等功能。对于色谱仪器，可以在输入最低限量的信息后预测实验条件，但真正专家系统的建立还需要大量基础研究工作的支持。90 年代的分析仪器，大量采用计算机技术，仪器的自动化程度大幅度提高，使分析工作者能够方便、快速地给仪器输入不同的方法和程序。规范化的实验室和实验室专家系统的建立将具备以下功能：①根据现有信息自主选择或开发分析程序；②训练新的操作人员；③对故障进行自我诊断甚至自行修复；④完全自动记录和提供文件数据；⑤仪器与实验室系统实行标准化匹配并与其他实验室联网，使新的实验室数据系统能够认读来自任何仪器和数据处理文件并传送和记录数据处理结果，获取最新和系统化的分析信息。

在一些发达国家，实验室机器人已商品化，但在农药残留分析和环境监测方面的应用还处于起步阶段，因为在许多情况下尚缺乏标准化的测试方法和修改机器人程序的灵活性。此外，使用机器人需要较大的实验室空间和一整套标准化的仪器设备及操作系统。运行速度快、体积小、使用方便灵活的机器人可提高分析效率，减轻劳动强度和对实验工作人员健康的影响，在未来的现代化实验室中将受到欢迎。

参考文献

[1] 高鸿. 分析化学前沿. 北京：科学出版社，1992
[2] 钱传范，等. 农药科学与管理，1991，4：27～32
[3] 杨曼君，农药科学与管理，1993，2：35～37
[4] Blum，L. J. and Coulet P. R.，Biosensor：Principles and，Applycations University Claude Bernard Lyon 1. Villeurbanne France 1991
[5] Conaway，J. E.，J. of AOAC.，1991，74(5)：715～717
[6] Ferguson，B. S. et al.，Pesticide Testing by Enzyme Immunoassay at Trace level in Environmental and Agricultural Samples，Science of the Total Environment，1993，132(2～3)：415～428
[7] Hedy，B. G. and Walt，D. R.，Anal. Chem. 1995，67 (24)：4471
[8] Lucas，A. D. et al.，J of AOAC. 1995，78(3)：585～591

New Technology for Pesticide Residue Analysis in the 1990s

Liu Shuzhao et al.
(Agricultural College，Yangzhou University，YangZhou 225009)

Abstract：This article summarized about the new technologies for pesticide residue analysis in the 1990s including new spectroscopic techniques(Near IR-ATR，SERS etc.)，CZE，SPLC/MS，SFE and SFC. Immunoassay and Biosensor and so on.

Key words：pesticide residue，analysis，new technology

(注：此文原载于《农药》，1998，37(6)：11－13)

电热蚊香液中右旋炔丙菊酯的气相色谱分析方法

明九雪　钱传范
（中国农业大学应用化学系，农业部农药化学及农药使用技术重点开发实验室，北京　100094）

摘要　本文介绍用5%SE-30/Chromosorb W-HP填充柱，用FID检测器对电热蚊香液中右旋炔丙菊酯进行定量分析，测得其相对偏差为0.30%，回收率在98.9%以上。方法简便、可靠。
关键词　炔丙菊酯，气相色谱

GC Determination of Prallethrin in Liquid Vaporiser

Ming Jiuxue　Qian Chuanfan
(Department of Applied Chemistry for China Agricultural University & Key Laboratory of Pesticide Chemistry and Pesticide Application Technique of the Ministry of Agriculture, P. R. China, Beijing　100094)

Abstract: A gas chromatographic method with 5% SE-30/ Chromosorb W-HP packed column and FID for quantitative determination of prallethrin in liquid vaporiser was reported. The results showed that the relative standard deviation and recovery of this method were 0.30 % and 99.8 % respectively.
Key words: prallethrin, GC

1　前言

右旋炔丙菊酯（prallethrin）属拟除虫菊酯类杀虫剂，具有杀蚊、驱蚊效果，是电热蚊香液的有效成分，其气相色谱分析方法国内尚未见报道。我们试验用5%SE-30柱，在适当的气相色谱条件下，得到有效成分、内标与杂质分离好，方法准确且重复性好的结果，可作为含有右旋炔丙菊酯有效成分的电热蚊香液的质量检测方法。

2　实验部分

2.1　仪器和试剂　日本岛津GC-RIA气相色谱仪（或其他带有氢火焰离子化检测器的气相色谱仪）；色谱数据处理机；色谱柱为2 m×3 mm玻璃柱，5%SE-30/ Chromosorb W-HP(80～100目)；10 μL微量注射器；分析纯氯仿；已知91.8%含量的右旋炔丙菊酯标样；15 mg/mL经氯仿定容的癸二酸二丁酯内标液。

2.2　色谱条件　温度：柱温190℃，气化室和检测器温度220℃；气体流量：(N_2)40 mL/min，(H_2) 66 mL/min，(Air) 400 mL/min：灵敏度10^2，衰减2^3；纸速1 mm/min；进样量2 μL。

在此条件下，右旋炔丙菊酯的保留时间为8.23 min，癸二酸二丁酯内标物的保留时间10.52 min(图1)。

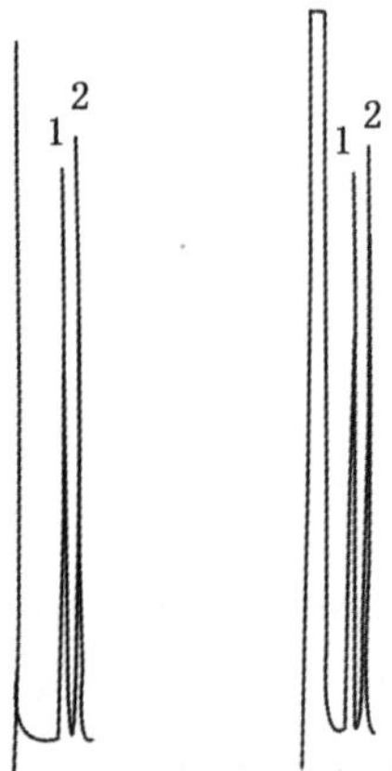

a 标准品　b 样品

图1　右旋炔丙菊酯的色谱图
（1 右旋炔丙菊酯；2 癸二酸二丁酯）

2.3　测定步骤　移取配制好的11.0 mg/mL右旋炔丙菊酯标样液于10 mL容量瓶中，加入1 mL上述内标溶液，用氯仿定容后备用：称取1.250 g电热蚊香液样品于10 mL容量瓶中，加入1 mL内标溶液，用氯仿定容制成样品溶液。

待仪器稳定后进样测定，内标法计算含量。

3　结果与结论

3.1　*方法的精密度与准确度*　对同一电热蚊香液样品重复测定8次，其含量平均为0.82%，方法的标准偏差为0.0025，相对标准偏差0.30%；以电热蚊香液样品作底液，加入不同量的右旋炔丙菊酯纯品，配成已知含量的试样，在上述操作条件下，测得平均回收率为98.9%。

3.2　*结论*　从色谱图可看出，选用此内标，在本法所确定的色谱条件下进行测定，具有分析速度快、操作简便的优点。

（注：此文原载于《农药科学与管理》，1998，19(3)：5，17）

多效唑在芒果中的残留

钱传范　明九雪
(中国农业大学应化系,北京　100094)

摘要　用80%甲醇水溶液提取样品中的多效唑,加2%硫酸钠水溶液后用二氯甲烷萃取,旋转蒸发至干,用甲醇溶解残余物,经过弗罗里硅土-活性炭柱净化后用高效液相色谱测定。在整个芒果生长期,每棵树施15 g 10%多效唑可湿性粉剂,均匀喷雾一次,最后测定多效唑在芒果中的残留量均低于最大允许残留限量。

关键词　多效唑,残留分析,高效液相色谱,芒果

多效唑在果树上使用可控制过量的营养生长,提前结果,提高坐果率和产量。有关多效唑在果树上的残留分析国内外均有报道[1~4],但多是用气谱法和液谱荧光检测器测定,前处理比较复杂,本文采用简便的净化处理,研究了用高效液相色谱紫外检测器测定多效唑在芒果中残留量的方法,并用该方法测定了多效唑在芒果中的残留量。

1　实验部分

1.1　仪器

高效液相色谱仪,美国 Varian Vista 5500 型带紫外可变波长检测器;积分仪;振荡器;旋转蒸发仪。

1.2　试剂

多效唑标准品,纯度99.5%

甲醇(GB 683-93),分析纯,用全玻璃仪器重蒸

二氯甲烷(Q/H 82-0031-94),分析纯蒸馏水,用全玻璃仪器重蒸

无水硫酸钠(GB 9853-88),分析纯 2%硫酸钠水溶液

弗罗里硅土,130℃下活化8小时,不脱活活性炭,美国进口

1.3　实验步骤

1.3.1　提取　称取50 g切碎的芒果样品,加70 mL 80%甲醇水溶液振荡30 min后抽滤,残渣用50 mL 80%甲醇水溶液洗涤。合并滤液转移到分液漏斗中,加入200 mL 2%硫酸钠水溶液,用2×50 mL二氯甲烷萃取,合并二氯甲烷相再用2×100 mL 2%硫酸钠水溶液洗去水溶性杂质,二氯甲烷相通过无水硫酸钠漏斗于圆底烧瓶中。用旋转蒸发仪在35℃左右蒸发近干,重复加入少量甲醇蒸发近干两次,用甲醇溶解残余物并转移到刻度试管中定容5 mL,待净化。

1.3.2　净化　在直径8 mm×10 cm的玻璃层析柱中,底部垫少许脱脂棉,从下至上依次加入少许无水硫酸钠,0.5 g弗罗里硅土-活性炭(8∶0.2 g),少许无水硫酸钠,装好后轻轻敲实。然后吸取4 mL定容后的样品液过柱,接收滤液,待上机测定。

1.3.3　高效液相色谱测定

色谱柱:C_{18}反相柱,4.6 mm×15 cm,10 μm

柱温:40℃

流动相:甲醇∶水=65∶35(V/V)

流速:1.0 mL/min

波长:220 nm

衰减:0.01

进样量:20 μL

纸速:5 mm/min

在上述条件下,多效唑的保留时间为 10.16 min。多效唑标样及最小检出量色谱图见图 1,最小检出量为 10 ng。

1.3.4　标准曲线

称取 0.0126 g 99.5%的多效唑标准品,定容至 25 mL,然后从中吸取 1.5 mL 定容至 25 mL,配成 30 mg/L 标准液,再从 30 mg/L 的标准液中分别吸取 0.2,0.5,1,2,5 mL 定容到 10 mL,配成多效唑系列浓度 0.6,1.5,3,6,15 mg/L,进样 20 μL。以峰高为纵坐标,以多效唑对应量为横坐标绘制标准曲线,见图 2。由图 2 可以看出,多效唑峰高与浓度呈线性关系,相关系数为 0. 9999。

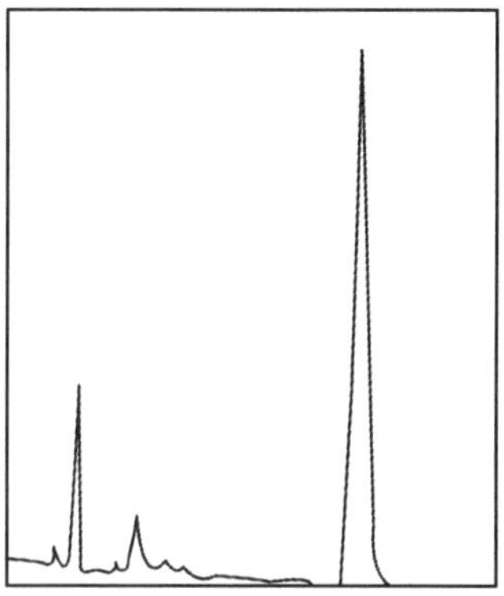

图 1　多效唑标样色谱图

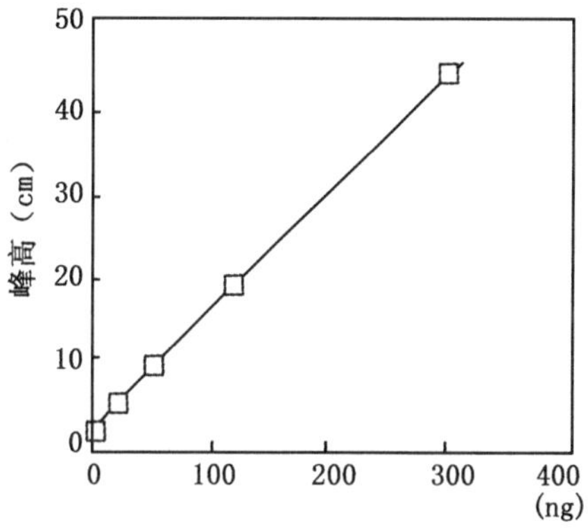

图 2　多效唑标准曲线色谱图

1.3.5　方法添加回收率

在空白芒果中添加多效唑标准液,添加浓度为 0.05,0.1,0.5 mg/kg,用上述方法提取,净化,高效液相色谱分析。结果表明,添加回收率在 96.2%～100.8%,相对标准偏差为 1.1%～3.2%,符合残留分析要求。方法的最低检测浓度为 0.05 mg/kg,见图 3,空白对照芒果基本无干扰,其色谱图及芒果样品的色谱图见图 4。

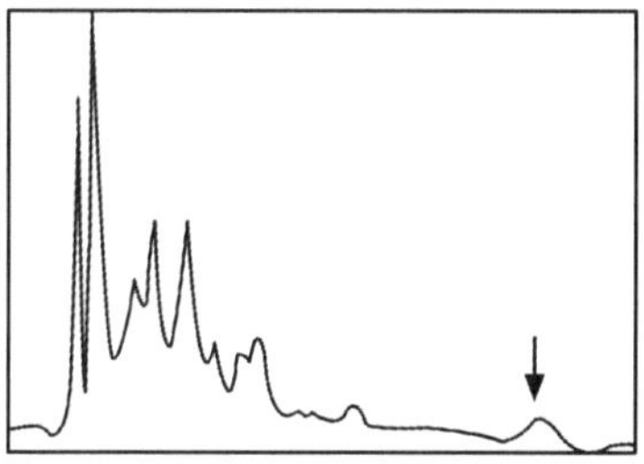

图 3　多效唑最低检测浓度色谱图

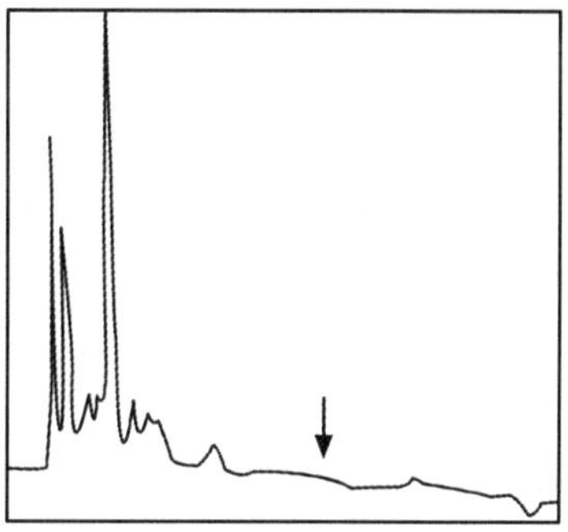

图 4　空白芒果色谱图

2　多效唑在芒果中的残留

本试验使用泰国卡赛萨特大学试验地五年龄的芒果树,选五棵为不施药对照,另选五棵为处理芒果树,于 1995 年 9 月 5 日施药,每棵树按 10%多效唑可湿性粉剂 15 g 与 1 L 水混合后的剂量喷施,1995

年12月15日为始花期，于1996年3月25日从每棵处理与对照树上各采集盛花期后69天尚未成熟的芒果5个，样本经处理后置于－20℃冰箱中贮存。再于1996年5月2日从每棵处理与对照树上各采集盛花期后107天芒果20个，从中各选取5个作为分析用样本，经处理后测定。

测定结果列于表1，本试验方法的最低检测浓度为0.05 mg/kg。由表1中可见，除69天芒果B_2样本中的残留为0.05 mg/kg外，其余69天和成熟芒果中均未检出多效唑残留，根据FAO/WHO1991年资料[5]，多效唑在苹果中的最高残留限量为0.5 mg/kg，在核果中为0.05 mg/kg。并未制订芒果中最高残留限量，如以0.05 mg/kg计，本试验地芒果中的多效唑均未超过最高残留限量。

表1　多效唑在芒果中的残留量

采样时间	芒果树号	残留量(mg/kg)	采样时间	芒果树号	残留量(mg/kg)
	B_1	未检出		D_1	未检出
1996年	B_2	0.050	1996年	D_2	未检出
3月25日	B_3	未检出	5月2日	D_3	未检出
69天果	B_4	未检出	107天果	D_4	未检出
(未成熟芒果)	B_5	未检出	(芒果成熟期)	D_5	未检出
	对照区	未检出		对照区	未检出

参考文献

[1] Reed Nathan A. Quantitation of Triazole and Pyrimidine Plant Growth Retardants, J. of Chromatogr. 1988, 438: 393～400

[2] Mauk C. S., Unzach C. R. Blankenship S. M. Improved Chemical Analysis of Exogenously-Applied 1, 2, 4-Triazoles Derived Form Apple Tree Tissues and Soil Residues, Acta Horticulture 1989, 239: 77～80

[3] Mauk C. S. Unzath C. R., Blandenship S. M. Rapid Quantitative Analysis of Gibberellin Inhibitor Using High-Performance Liquid Chromatographic Cartridge Columms, J. Plant Growth Regul. 1990, 9: 181～184

[4] 戴蕴青，等. 高校液相色谱法测定苹果中的多效唑含量. 色谱，中国色谱研究分析中心出版，1995，455～457

[5] 庄无忌. 各国食品和饲料中农药兽药残留限量大全，中国对外经济贸易出版社，1995

Study on Paclobutrazol Residue in Mango Fruits

Qian Chuanfan, Ming Jiuxue

(China Agricultural University, Department of Applied Chemistry, 100094)

Abstract: Paclobutrazol residue was extracted by 80% methanol-water, than transfer to methylene chloride. After the evaporation of methylene chloride, methanol was added and cleanup by a florisil-active carbon column. Paclobutrazol was detected by HPLC-UV. After the application of 15g paclobutrazol(10%WP) the residue in matured mango was none detectable.

Key words: paclobutrazol, residue, mango

(注：此文原载于《农药》，1998，37(9)：29－30)

莠去津对水稻的药害及 NA 解毒技术研究

范润珍[1]　钱传范[1]　卢向阳[2]

(1 中国农业大学应用化学系，农业部农药化学及农药使用技术重点开放实验室，北京　100094；2 北京市农林科学院植物保护研究所)

摘要　本文利用生测法测得土壤中莠去津对直播及移栽京稻 19 的药害极限浓度分别为 0.06 和 0.08 mg/kg。土壤中莠去津含量低于此极限浓度时对水稻的生长有促进作用，高于此限值则抑制水稻生长。试验结果以鲜重计，经回归分析求得直播京稻 19 和移栽京稻 19 的 EC_{10} 值分别为 0.094 mg/kg 和 0.124 mg/kg。NA 土壤处理浓度 8 mg/kg 以上及沾根处理 0.01%～0.04 g/株，能解除土壤中高达 0.6 mg/kg 莠去津对水稻的药害。而 NA 浸种处理 NA/种子重量百分比在 0.05～0.50 范围内无解毒效果。

关键词　莠去津，药害，水稻，NA

Study on the Phytotoxicity of Atrazine to Rice and the Method of Detoxification Using NA

Fan Runzhen Qian Chuanfan

(Dept. of Applied Chemistry CAU, Key Laboratory of Pesticide Chemistry & Application Technology of Ministry of Agriculture, Beijing　100094)

Lu Xiangyang

(Institute of Plant Protection Beijing Municipal Academy of Agricultural and Forestry Sciences)

Abstract　The highest tolerance levels of rice to atrazine in test soil were determined using bioassay in laboratory. They were 0.06 mg/kg (direct seeding rice Jing 19) and 0.08 mg/kg (transplanting rice Jing 19). If the concentration of atrazine in the soil was less than the value, it can stimulate the growth of rice, but it would inhibit growth if the concentration was higher than this value. The EC_{10} of direct seeding and transplanting of rice (Jing 19) were measured by means of regression analysis, they were 0.094 mg/kg and 0.124 mg/kg respectively.

NA has conspicuous detoxification when its concentration in soil was above 8 mg/kg in soil-treatment or between 0.01 and 0.04 g/per plant in root-dressing treatment. NA had no detoxification effect when it was used as seed-soaking.

Key words　atrazine, phytotoxicity, rice, NA

莠去津对玉米高度安全，是玉米田优良的除草剂。但其性质稳定，残效期长，极易对后茬敏感作物造成药害。水稻是一种对莠去津相当敏感的作物[1]。有关莠去津对后茬水稻生长的影响的研究已有报道[2,3]，但使用安全剂解除其对水稻药害的研究尚未见报道。本文通过盆栽试验系统地研究了莠去津对水稻的药害情况以及 NA 解毒剂的有效使用方法。

1　材料与方法

1.1　材料

除草剂：40%莠去津胶悬剂（宣化农药厂）；安全剂：1,8-萘二甲酸酐（NA）>98%，Fluka 产品；膨润土:河北滦平县农药厂;作物:京稻 19;土壤:轻壤土有机质含量 3.58% pH=5.6;仪器:MP1100-1 电子天平精度 0.000 1 LRH-250-G 光照培养箱;盆钵:塑料桶直径 16.27 cm,高 14.4 cm。

1.2 试验方法

1.2.1 溶液配制 准确量取 40%莠去津胶悬剂 2.5 mL 于 100 mL 容量瓶,用蒸馏水稀释至刻度得 10 000 mg/L的莠去津母液,再稀释成 100 mg/L 使用液备用。

准确称取 NA 原药 1.000 0 克于 100 mL 容量瓶中,先用少量丙酮溶解,再用蒸馏水稀释到刻度,即得到 10 000 mg/L NA 使用液,再稀释至 1 000 mg/L。

1.2.2 莠去津对直播水稻药害极限浓度的测定 塑料桶直径 16.2 cm,高 14.4 cm,每桶装土 1 700 g,向其中分别加入 0.00,0.34,0.68,1.02,1.36,1.70,3.40,6.80 mL 100 mg/L 的莠去津使用液,加适量水拌匀,使每桶土壤中莠去津的含量分别为 0.00,0.02,0.04,0.06,0.08,0.10,0.20,0.40 mg/kg,将露白的稻种播于其中,每桶 20 粒,每个浓度 3 次重复,温室培养,温度 35℃,光照时间为日照时间,34 d 后考察。

1.2.3 莠去津对移栽水稻药害极限浓度的测定 按上述相同处理,将秧龄 26 d 的水稻秧苗移栽于其中,每桶 15 株,每个浓度 3 次重复,温室培养 22 d 后考察。

1.2.4 莠去津对水稻药害的防范技术研究

1.2.4.1 NA 土壤处理 将预先混好含有 0.6 mg/kg 莠去津的土壤装于塑料桶,每桶 1 700 g,再分别加入 1 000 mg/L 的 NA 使用液 0,1.7,6.8,13.6,27.2,42.5 mL 混匀,使土壤中 NA 含量分别为 0,1.0,4.0,8.0,16.0,25.0 mg/kg,另设一个不含莠去津和安全剂的处理为空白对照,然后播种露白的京稻 19 稻种,每桶 20 粒,每个浓度 3 次重复,培养 37 d 后考察。

1.2.4.2 NA 沾根处理 将 NA 固体原药与膨润土按 1∶4 的比例混合均匀,每株水稻(秧龄 26 d)根沾此混合粉 0,0.05,0.10,0.20 g(相当于 NA 的量分别为 0.00,0.01,0.02,0.04 g)后移栽于含莠去津 0.6 mg/kg 的土壤中,每桶 20 株,每个浓度 3 次重复,培养 20 d 考察。

1.2.4.3 NA 浸种处理 以 NA/种子重量百分比 0,0.05,0.10,0.20,0.50,加适量水于烧杯中浸种 24 h,清洗后置光照培养箱催芽至露白箱温(30±1)℃,然后将露白稻种播于含 0.6 mg/kg 莠去津的土壤中,每个浓度 3 次重复,温室培养 35 d 后考察。

2 结果与讨论

2.1 莠去津对水稻药害极限浓度的测定

直播及移栽京稻 19 在不同莠去津含量土壤的生长情况,以鲜重计算结果见表 1。

表 1 莠去津对京稻 19 生长的影响

土壤中莠去津	直播京稻 19			移栽京稻 19		
含量/(mg·kg^{-1})	平均鲜重/(g·株$^{-1}$)	鲜重抑制率/%	几率值	平均鲜重/(g·株$^{-1}$)	鲜重抑制率/%	几率值
0.00	0.731	—	—	1.662	—	—
0.02	0.787	−7.59	−3.57	1.845	−11.01	−3.77
0.04	0.766	−4.70	−3.33	1.939	−16.67	−4.03
0.06	0.773	−5.72	−3.42	2.012	−21.66	−4.18
0.08	0.690	5.72	3.42	1.686	−1.44	−2.80
0.10	0.630	13.91	3.92	1.656	3.60	3.20
0.20	0.549	25.00	4.33	0.947	43.02	4.82
0.40	0.517	29.37	4.46	0.582	64.98	5.39

由表 1 可知,土壤中莠去津对直播及移栽京稻 19 的安全临界浓度分加为 0.06 和 0.08 mg/kg。当土壤中莠去津含量低于它们的临界值时,促进水稻生长,高于此临界浓度时抑制其生长,且抑制程度随莠去津含量的增大而增大。

以 $lg(C\times10^2)$ 为横坐标,鲜重抑制率几率值为纵坐标作回归直线,见图 1、图 2,回归方程分别为:$y=1.3544x+2.4052$,相关系数 $r=0.9138$(直播京稻 19);$y=3.6379x-0.2629$,相关系数 $r=0.9637$(移栽京稻 19)。由回归方程求得莠去津对直播及移栽京稻 19 的 EC_{10} 分别为 0.094 mg/kg 和 0.124 mg/kg。

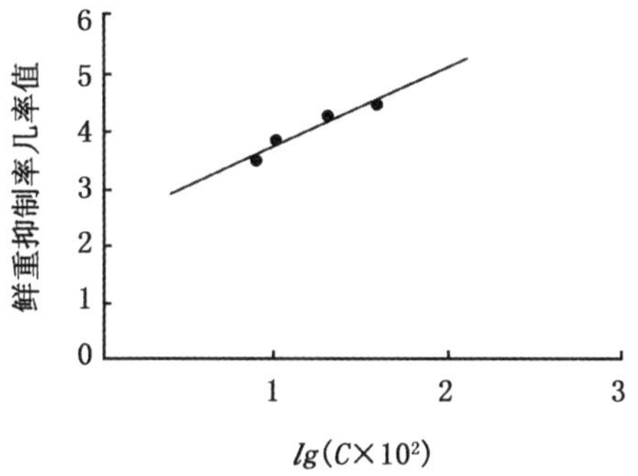

图 1　莠去津对直播京稻 19 的药害

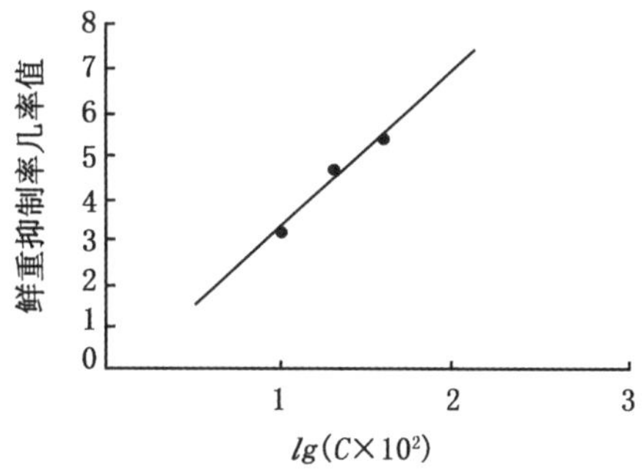

图 2　莠去津对移栽京稻 19 的药害

在实验中发现,将水稻种子直接播在含不同量莠去津土壤中,与 CK 比较,水稻的出苗无差异。当水稻生长进入苗期(约三叶),高剂量的莠去津处理表现出药害症状,株高明显低,叶尖枯干。说明苗期水稻对莠去津敏感。与移栽稻相比,它的安全临界浓度和 EC_{10} 值皆低于移栽稻,这说明水稻对莠去津的耐受力随秧龄的增大而增强。

2.2　NA 解毒效果

2.2.1　NA 土壤处理　NA 以不同用量进行土壤处理,以解除土壤中 0.6 mg/kg 莠去津对京稻 19 的药害,试验结果分别以平均鲜重和平均株高计,结果见表 2。

表 2　NA 土壤处理的解毒效果

NA 处理浓度/(mg·kg^{-1})	平均鲜重/(g·(10 株)$^{-1}$)	SSR		平均株高/cm	SSR	
CK	0.4420	A	a	10.25	A	a
0.00	0.0324	C	c	6.22	C	c
1.00	0.2800	B	b	9.94	B	b
4.00	0.3380	B	b	10.54	A	a
8.00	0.4000	A	a	10.71	A	a
16.00	0.4310	A	a	10.41	A	a
25.00	0.4600	A	a	11.00	A	a

注:大写字母代表 0.01%水平显著性检验,小写字母代表 0.05%水平显著性检验。

由表 2 可见,以鲜重计结果表明,NA 土壤处理浓度 8.00 mg/kg 以上,能解除土壤中高达 0.6 mg/kg 的莠去津对水稻的药害。由平均株高可以看出,NA 土壤处理浓度只有 4.00 mg/kg 时就能起到明显的解毒效果。

2.2.2　NA 沾根处理　水稻移栽前,每株水稻根沾 NA 与膨润土(1∶4)混合粉 0,0.05,0.10,0.20 g(相当于 NA0,0.01,0.02,0.04 g)后移栽到含莠去津 0.6 mg/kg 的土壤中,研究其解毒效果,结果列于表 3。

表 3 NA 沾根处理的解毒效果

NA 沾根量/(g·株$^{-1}$)	平均鲜重/(g·(10 株)$^{-1}$)	SSR		平均株高/cm	SSR	
CK	0.82	A	a	15.2	A	a
0.00	0.31	B	b	10.7	B	b
0.01	0.82	A	a	15.8	A	a
0.02	0.80	A	a	15.4	A	a
0.04	0.83	A	a	15.4	A	a

注：大写字母代表 0.01%水平显著性检验，小写字母代表 0.05%水平显著性检验。

表 3 表明，水稻移栽时，根沾 NA 与膨润土(1∶4)混合粉 0.05～0.20 g/株(相当于 NA0.01～0.04 g/株)后移栽到含 0.6 mg/kg 莠去津的土壤中，水稻能不受阿特拉津的影响而正常生长，由此可知，水稻根系能快速吸收 NA。

2.2.3 NA 浸种处理 以 NA 与种子不同重量百分比于烧杯中加适量水浸种 24 h，清洗后催芽至露白，然后播于含莠去津 0.6 mg/kg 的土壤中，观察 NA 浸种处理的解毒效果。以平均鲜重和平均株高为考察指标，数据如表 4 所示。

由表 4 可知，NA/种子重量百分比在 0.05%～1.0%范围内浸种，无解毒效果。这一方面可能是由于 NA 用量较低，另一方面也可能是由于在此 NA 处理剂量范围内，土壤中阿特拉津的含量太高，NA 的量尚不足以解处其药害。这有待于进一步研究。

表 4 NA 浸种处理解毒效果

NA 种子重/%	平均鲜重/(g·(10 株)$^{-1}$)	SSR		平均株高/cm	SSR	
CK	0.603	A	a	13.2	A	a
0.00	0.382	B	b	10.5	B	b
0.05	0.375	B	b	12.0	A	b
0.10	0.392	B	b	10.7	B	c
0.20	0.382	B	b	11.8	B	b
0.50	0.340	B	b	10.8	B	b
1.00	0.307	B	b	10.7	B	b

注：大写字母代表 0.01%水平显著性检验，小写字母代表 0.05%水平显著性检验。

参考文献

[1] 苏少泉等. 除草剂概论. 北京：科学出版社，1986
[2] 米长虹等. 水田环境中阿特拉津允许浓度研究. 农业环境保护，1996. 15(2)：89～90
[3] 喻如俊等. 阿特拉津防除玉米田杂草应用技术及对后茬水稻的影响，上海农业学报，1989，5(3)：8
[4] 林荫年. 浅谈除草剂解毒剂，农药工业，1979，5，33～34
[5] Padvarko A T et al. The anlydride of naphthalin 1，8-dicarboxylic acid as a means of protecting wheat from residues of soil applied herbicides. Agrokhimiya，1989，11：85～88
[6] Jain M，et al. Efficacy of antidote for NR activity under pesticide treatment. Indian Journal of Plant Physiology，1989，32(2)：185～187

(注：此文原载于《中国农业大学学报》，1998，3(增刊)：111－115)

苏云金杆菌制剂毒素蛋白的SDS-PAGE-TLC定量分析

刘丰茂　钱传范　江树人
(中国农业大学应用化学系,农业部农药化学及农药使用技术重点开放实验室,北京　100094)

摘要　为了更合理地评价生物农药苏云金杆菌产品的质量,研究了苏云金杆菌制剂中毒素蛋白定量测定的方法。样品经溶解后,用SDS-PAGE对毒素蛋白(130 kD)进行分离,用薄层扫描仪扫描区带面积定量。该方法RSD为3.01%～5.10%,准确度为96.61%～99.74%,蛋白含量与经生物测定得到的毒力效价之间有较好的相关性,可以作为评价我国苏云金杆菌产品质量的标准化方法。

关键词　苏云金杆菌,伴孢晶体,SDS-PAGE,薄层扫描,定量分析

苏云金杆菌(*Bacillus thuringiensis*,以下简称Bt)是目前应用最广泛的微生物杀虫剂。它的主要杀虫成分是伴孢晶体中的毒素蛋白。然而,却没有一种较好的方法对毒素蛋白进行定量分析。目前采用生物测定法评价Bt制剂质量需要饲养大批健康、生理状态一致的供试昆虫,测定时间长、繁琐,且准确度差,不能检测产品中是否含有化学农药[1]。因此,在生物测定的同时,有必要测定毒素蛋白的含量,以更好地反映制剂的质量。

前人用Lowry法及染色定量法[2]对晶体总蛋白进行了定量研究,火箭免疫电泳法、酶联免疫测定法、高效液相色谱法[3]等也有报道,但都没有在实际生产中得到推广。作者在Brussock等人[3]研究的基础上,结合本实验室条件,用碱性溶液处理伴孢晶体,使其降解为毒素蛋白,通过十二烷基硫酸钠-聚丙烯酰胺凝胶电泳(SDS-PAGE),依据分子量差异,使毒素蛋白与其他杂蛋白分离,再用薄层扫描仪对毒素蛋白区带进行扫描,实现了对毒素蛋白的定量。本试验选用目前应用最广的Kurstaki亚种Bt制剂对其主要毒素蛋白(130 kD)进行定量研究,达到了比较理想的效果。

1　材料与方法

1.1　材料

1.1.1　仪器及试剂:DYYⅢ28A电泳仪、板状电泳槽、1.5 mm凝胶模板,CS-920薄层扫描仪(High Speed TLC Scanner CS-920),HZQ-C空气浴振荡仪,LG10-2.4A离心机(10 000 r/min),琼脂:B.R.,过硫酸铵:A.R.,四甲基乙二胺:A.R.,氢氧化钠:A.R.。

1.1.2　溶液的配置:30%丙烯酰胺(w/v):30 g丙烯酰胺,0.8 g甲叉双丙烯酰胺,溶于100 mL水中,过滤,于4℃暗处贮存备用;1 mol/L、pH8.8 Tris-HCl缓冲液:Tris30.25 g溶于水中,用浓盐酸调至pH8.8,用水定容至250 mL;1 mol/L、pH6.8Tris-HCl缓冲液:Tris12.10 g溶于水中,用浓盐酸调至pH6.8,用水定容至100 mL;电极缓冲液:Tris3.03 g,甘氨酸14.42 g,SDS 1 g,溶于水,并定容至1 000 mL;3×LammLie缓冲液[4]:1 mol/L、pH6.8 Tris-HCl 18.75 mL,SDS 6 g,甘油30 mL,巯基乙醇15 mL,少许溴酚蓝,用水定容至100 mL;染色液:考马斯亮蓝(CBB)R-250 1 g,甲醇450 mL,冰醋酸100 mL,水450 mL,溶解后过滤使用;脱色液:甲醇100 mL,冰醋酸35 mL,加水定容至1 000 mL;漂洗液:无水乙醇30 mL,冰醋酸10 mL,水60 mL,混合均匀后使用。

1.1.3　待测样品及标准品来源:标准品为毒素蛋白(分子量为130 kD)含量为9.3%的原粉,由湖北Bt

中心提供；待测样品为原粉、可湿性粉剂(WP)、悬浮剂(SC)(主要毒素蛋白分子量为 130 kD)。

1.2 测定方法

1.2.1 样品前处理：标准原粉、原粉、WP：称取标准原粉和待测样品各 20 mg(精确至 0.01 mg)，加 2.00 mL水振摇，使充分悬浮；SC：量取样品：10 mL，准确称重后，用水定容至 100 mL，充分摇匀后取 2 mL稀释液。

1.2.2 溶解：在上述 2 mL 稀释液样品中添加 0.55 mol/L NaOH 0.45 mL，放置 5 min，再加入 3× Lammlie 缓冲液 1.30 mL，使最终体积为 3.75 mL，于 100℃沸水中加热 6 min，2 000 r/min 离心10 min 后取上清液，备电泳上样[3]。

1.2.3 SDS-PAGE 分离毒素蛋白：①参照周顺武的方法[5]，制备 8%～10%聚丙烯酰胺凝胶，采用不连续缓冲系统。②上样。取一定体积的溶解液上清液(毒素蛋白含量约为 5 μg)，加到凝胶上样孔中，注入电极缓冲液，接通电源。③电泳。初期电压为 100 V，待样品进入分离胶后，加大电压到 120V，当指示剂前沿到达距底端 1 cm 左右时停止电泳，取出凝胶，在 7.5%的醋酸中浸泡 30 min。④染色。用 CBB R-250 染色液染色过夜。⑤脱色。先用漂洗液洗涤凝胶，之后用脱色液于 37℃下脱色至背景清晰。

1.2.4 毒素蛋白含量测定：凝胶经脱色后，可清晰地看到 130kD 蛋白区带，用 CS-920 薄层扫描仪扫描该区带，扫描波长为 600 nm。样品中毒素蛋白的含量按式(1)进行计算。

$$毒素蛋白含量(\%)=\frac{m_1V_1}{m_2V_2}\times 100 \tag{1}$$

式中 m_1 为从标准曲线上查得的样品中毒素蛋白的量(μg)；V_1 为注入凝胶上样孔的样品体积(μL)；V_2 为样品最终定容体积(3.75 mL)；m_2 为 2 mL 稀释液中样品的质量(mg)。

1.2.5 生物测定：本试验以小菜蛾为供试昆虫，参照苏云金芽孢杆菌制剂方法[6]，对 Bt 原粉、SC 及 WP 进行生物测定，得出各样品的效价，并结合毒素蛋白含量考察二者之间的相关性。所用标准品由湖北 Bt 中心提供，血清型为 H3a3b，效价为 15 000 IU/mg。

2 结果与讨论

2.1 毒素蛋白的量与扫描面积的关系

称取 20 mg 标准原粉，按上述方法处理和溶解后，取上清液上样于 SDS-PAGE，经电泳、染色、脱色后测定各区带的面积，结果见图 1。

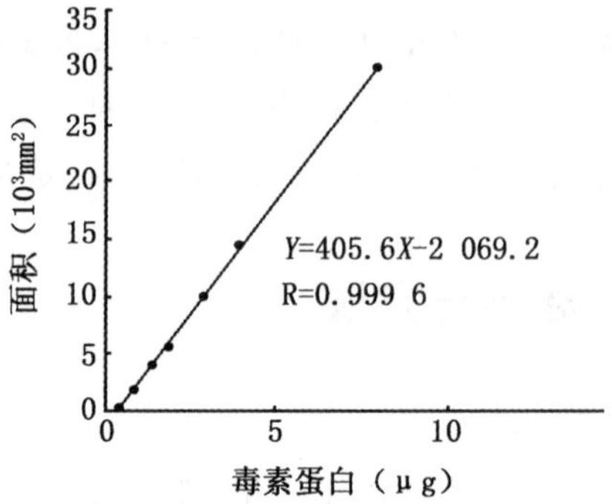

图 1 毒素蛋白与扫描面积的关系

由图 1 可知，毒素蛋白在 0.50～7.94 μg 范围内与扫描面积成正比关系，在实际测定中，用 20.60 mg 标准原粉配制的上清液分别上样 6、8、10、12、14 μL(毒素的量在 3～7 μg)，进行电泳(图 2)。相同条件下测定样品面积，按式(1)计算样品的毒素蛋白含量。

2.2 方法的精密度

分别对原粉、WP、SC 样品进行多次重复测定，其标准偏差(SD)分别为 0.23%、0.04%、0.18‰，相对标准偏差(RSD)为 3.01%～5.10%，在 Bt 的生物效价测定中，RSD 小于 20%即为有效测定[2]，可见本方法有较高的精密度(表 1)。

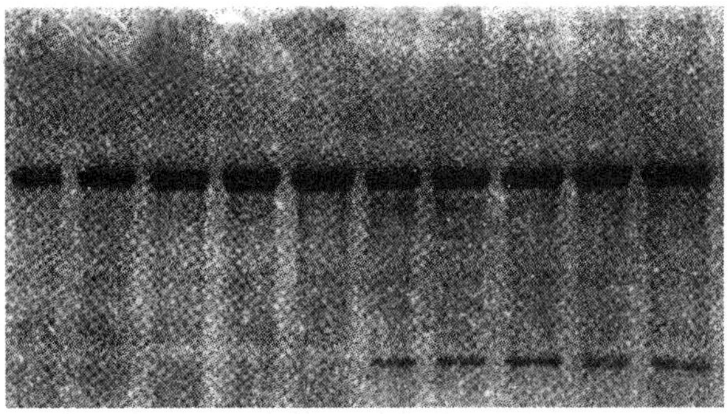

图2 标准原粉、原粉样品的SDS-PAGE图谱

注：1～5为标准原粉，毒素蛋白含量分别为3、4、5、6、7 μg；6～10为原粉样品，毒素蛋白含量为5 μg。

表1 精密度试验

项目	毒素蛋白含量平均值	测定次数	SD	RSD(%)
原粉	7.51%	8	0.23%	3.01
WP	1.18%	7	0.04%	3.07
SC	3.53‰	8	0.18‰	5.10

2.3 方法的准确度

2.3.1 标准原粉的回收率试验：称取约20 mg标准原粉，经前述处理后测定毒素蛋白区带面积，按方程(2)计算回收率。测得量按方程(1)进行计算，结果见表2。由表2可知，标准原粉毒素蛋白回收率为92%～104.8%，平均回收率为98.43%，SD为4.22%，RSD为4.29，说明标准原粉溶解程度保持稳定。

$$回收率(\%)=\frac{毒素蛋白测得值}{标准原粉中毒素蛋白真实含量}\times 100 \tag{2}$$

表2 标准原粉的回收率试验

标准原粉(mg)	毒素蛋白含量(mg)	毒素蛋白测得值(mg)	回收率(%)	标准原粉(mg)	毒素蛋白含量(mg)	毒素蛋白测得值(mg)	回收率(%)
19.50	1.81	1.77	97.39	18.40	1.71	1.70	99.24
19.50	1.81	1.83	100.87	18.40	1.71	1.68	98.39
22.90	2.13	2.23	104.76	15.10	1.40	1.35	95.96
22.90	2.13	2.13	99.85	15.10	1.40	1.30	92.24
21.10	1.96	2.03	103.51	15.10	1.40	1.29	92.04

2.3.2 样品的回收率试验：在已知毒素蛋白含量的原粉、WP、SC中，添加一定量标准原粉，经前进处理后测区带面积，按方程(3)计算回收率，结果见表3。由表3可知，样品添加回收率为96.61%～99.74%，SD为4.00%～5.61%，RSD为4.14%～5.79%，有较好的准确度。

$$回收率(\%)=\frac{样品与添加标准原粉中毒素蛋白测得值}{样品与添加标准原粉中毒素蛋白测得值真实含量}\times 100 \tag{3}$$

表3 样品的回收率试验

样品	样品量(mg)	标准原粉量(mg)	重复次数	平均回收率(%)	SD(%)	RSD(%)
原粉	12.97(0.97)	8.36(0.78)	2	96.61	4.00	4.14
	18.47(1.39)	11.98(1.11)	3			

续表 3

样品	样品量(mg)	标准原粉量(mg)	重复次数	平均回收率(%)	SD(%)	RSD(%)
	21.50(1.61)	8.20(0.76)	2			
WP	14.80(0.17)	7.50(0.70)	2	96.82	5.61	5.79
	36.70(0.43)	10.00(0.93)	2			
	40.50(0.48)	9.40(0.87)	3			
SC	220.00(0.78)	13.42(1.25)	8	99.74	4.64	4.65

注:括号内数字为样本或标准原粉中所含毒素蛋白量。

2.4 SDS-PAGE-TLC 法与生物测定法的比较

为了考察 SDS-PAGE-TLC 方法与生物测定法之间的相关性,对 Bt WP 及 SC 样品的生物效价进行了测定,同时用 SDS-PAGE-TLC 测定各样品毒素蛋白含量,结果见表 4。

表 4 毒素蛋白含量与生物效价的关系

项目	1	2	3	4	5	6	7
Y 蛋白含量(%)	1.72	1.55	1.17	0.282	0.273	0.253	0.235
X 效价(IU/mg)	22 500	15 714	12 692	2 930	2 590	2 885	2 374
线性方程			$Y=11\ 967X-561.4$	$r=0.9\ 848$			

由表 4 可以看出,毒素蛋白含量与毒力效价之间有较好的相关性。

3 结论

用 SDS-PAGE-TLC 方法对 Bt 制剂中毒素蛋白含量进行测定,方法简单,精密度、准确度高,耗时较生物测定法短,且与生物测定效价有较好的相关性,因此可以与生物测定法一起作为评价 Bt 制剂质量的手段,以加快我国 Bt 制剂的标准化进程。不同的蛋白结合 CBB R-250 的能力不同。因此,测定时标准蛋白与待测蛋白的种类应一致。对于不同分子量的毒素蛋白,应有其相应标样,这方面的工作有待进一步研究。本文只测定了分子量为 130 kD 的毒素蛋白(图 2),它主要对鳞翅目害虫有效。

致谢 本研究得到了湖北 Bt 中心、山东科贝尔生物工程公司、中国农科院植保所农药室的大力支持和帮助,谨此致谢。

参考文献

[1] 喻子牛,苏云金杆菌.北京:科学出版社,1990,229~233,324~325

[2] 顾真荣等,苏云金芽孢杆菌发酵液中晶体蛋白定量测定方法的探讨,微生物学通报,1992,19(4):197~200

[3] Hickle L. A et al. Analytical chemistry of *Bacillus thuringiensis* (ACS. Symp. Ser. 432). Washington,DC,American Chemical Society,1990, 1~8, 72~77, 78~87

[4] Laemmli U K. Cleavage of structural proteins during the assembly of the head of Bacteriophage T4. Nature,1970,227:680~685

[5] 周顺武.生物化学实验技术.北京:北京农业大学出版社,1989,96~105

[6] 中华人民共和国农业行业标准.苏云金芽孢杆菌制剂.1995.6.6 发布

Quantitative Method of Toxic Proteins in *Bacillus Thuringiensis* Products by SDS-PAGE-TLC

Liu Fengmao Qian Chuanfan Jiang Shuren
(Department of Applied Chemistry, China Agricultural University, Key Laboratory of Pesticide Chemistry & Application Technology of Ministry of Agriculture, Beijing)

Abstract This article presents a quantitative method of toxic proteins in Bt products for evaluating the Bt products in the market. The toxic proteins are dissolved and separated by SDS-PAGE. The band of toxin protein is quantified by TLC. RSDs of the method vary from 3.01% to 5.10%. Its fortified recoveries vary from 96.61% to 99.74%. In some instances, the assay data correlate with bioassay data. This method can be used as the standard method of Bt products.

Key words *Bacillus thuringiensis*, parasporal crystal, SDS-PAGE, TLC, quantitative analysis

(注：此文原载于《植物保护学报》,1998,25(4):359—363)

肉鸡组织中马杜霉素残留检测的研究

沈建忠　钱传范　杨汉春　江海洋

（中国农业大学，北京　100094）

摘要　用混合酸酐法和活化酯法合成5种马杜霉素结合抗原。用其中2种免疫家兔制备出对马杜霉素具有极高亲和性和特异性的抗体；用其余3种作包被原，发现马杜霉素分子羧基上连接一个6个碳分子后再与卵清蛋白结合成的包被抗原（M-C_6-OVA），能大大提高ELISA检测灵敏度。首次制备针对马杜霉素的特异性高容量免疫亲和色谱柱（Ⅰ柱动态柱容量为3 750 ng/mL胶，Ⅱ柱为7 160 ng/mL胶）。组织样品用甲醇提取，经免疫亲和色谱（IAC）柱分离纯化，ELISA检测，即建立IAC-ELISA方法。检测时，只需制备PBST-10%甲醇为介质的标准曲线即可，组织样品添加回收率测定结果证明了这一点。以不同剂量马杜霉素添加于饲料饲喂肉鸡，测得马杜霉素主要残留于脂肪，其次是肝脏，最少是肌肉。以5.0 mg·kg^{-1}剂量马杜霉素混拌料饲喂肉鸡，停药2～3 d，鸡组织中马杜霉素的残留量就低于最高残留限量的规定。

关键词　马杜霉素，肉鸡，免疫亲和色谱（IAC），酶联免疫吸附测定（ELISA），残留

马杜霉素（maduramicin）是由微生物 *Actinam adia yumaense* 发酵产生的一种聚醚类离子载体抗生素[4,5]。具有用量小、抗球虫谱广、抗球虫活性高和球虫不易产生抗药性等特点。自1987年首次投放国内市场以来，使用量不断上升，现在国内使用的抗球药物中已占据主导地位。但是，马杜霉素毒性较大，对人畜具有潜在危害性，安全范围较窄，易引起鸡中毒现象发生[6]，随之而来的是残留和环境污染问题。马杜霉素缺乏紫外吸收和电化学特征，无法用紫外检测器检测，又因其分子量大和结构中多功能团的存在，难以用GC检测，加之马杜霉素铵盐或钠盐水溶性极低，故动物组织中马杜霉素的分离和检测十分困难。到目前为止，国外对马杜霉素在动物组织中残留研究的报道很少，国内还未涉及这方面的研究。本文试图合成马杜霉素结合抗原，制备高特异性抗体，改变包被原的结构，以提高酶联免疫吸附测定（enzyme-linked immuno sorbent assay，ELISA）灵敏度，利用免疫亲和色谱（IAC）分离技术分离纯化组织样品中的马杜霉素，旨在建立一种简便、可信、快速、灵敏的马杜霉素残留分析方法，以对组织中马杜霉素残留进行监控，保证畜禽产品的质量。通过喂养试验，研究鸡组织中马杜霉素残留的消除，提出用药方案，以指导养鸡生产上安全有效地使用马杜霉素。

1　材料与方法

1.1　试验材料

1.1.1　试剂及溶液　马杜霉素铵盐和钠盐（纯度大于95%，北京微量化学研究所）；N，N-二甲基甲酰胺（DMF，Fluka）；N-羟基琥珀酰亚胺（NHS，Merck-Schw chardr）；乙基二甲氨基碳化二亚胺盐酸盐（EDC·HCl，Fluka）；1，6-己二胺（Sigma）；牛血清白蛋白（BSA，Sigma）；卵清白蛋白（OVA，Sigma）；血蓝蛋白（KLH，Sigma）；羊抗兔酶标二抗（HRP-IgG，北京）；聚丙烯酰胺凝胶和十二烷基硫酸钠（SDS，Sigma）；DEAE-纤维素（DE-52，Whatman）；CNBr活化Sepharose 4B（Pharmacia）。ELISA试液：磷酸盐缓冲液（0.01 mol·L^{-1}PBS＋0.15 mol·L^{-1}NaCl）pH7.4和pH7.6两种，碳

酸盐缓冲液(0.05 mol·L^{-1},pH9.6),洗涤液和反应稀释液(PB ST,PBS+0.05%吐温 20),底物液(OPD)。

1.1.2 仪器设备 紫外可见光分光光度计(751GW,上海),酶联免疫测定仪(5Ⅱ型,上海),红外测定仪(IR435,Shimadzu),高分辨核磁共振仪(AM500,Bruker),质谱仪(MAT711,Zabspec),旋转蒸发仪(X2-6,北京),组织捣碎机(Am-6,日本)。

1.1.3 试验动物及饲料 1日龄AA肉鸡(北京肉鸡生产联营公司);饲料按NRC标准配制,饲料中除添加马杜霉素外,不含任何其他药物。

1.2 试验方法

1.2.1 马杜霉素半抗原($M\text{-}C_6$)合成 取1.0 g马杜霉素铵盐溶于10 mL甲苯(含少量三乙胺)中,加入100 μL氯甲酸乙酯反应30 m in。称1.23 g 1,6-己二胺溶于10 mL甲苯中,将上述马杜霉素酸酐滴加到己二胺甲苯溶液中,4℃下反应1.5 h后加冰水除去盐,55℃下旋转蒸发至近干,加6 mL无水乙酸乙酯溶解,用硅胶柱层析分离,TLC检测分离一元物($M\text{-}C_6$)和二元物($M\text{-}C_6\text{-}M$)。将一元物干燥结晶,计算收获率,并用^{13}C核磁共振(^{13}C NMR),快原子轰击质谱(FABMS)以及红外光谱(IR)对$M\text{-}C_6$进行分子结构与分子量的分析鉴定。

1.2.2 马杜霉素结合抗原合成 采用混合酸酐法(MA)和活化酯法(AE)[7~9]合成免疫抗原M-BSA(AE)、M-KLH(AE)和包被抗原$M\text{-}C_6$-OVA(AE)、M-OVA (AE)、M-OVA(MA),用水平薄层SDS聚丙烯酰胺凝胶电泳法[1]测半抗原与载体蛋白结合物的结合比,并与Bio-Rad Protein Assay Kit法[2]对比。

1.2.3 抗体的制备与鉴定 用免疫原M-BSA(AE)和M-KLH(AE)按程序[4]免疫新西兰大白兔(免疫剂量约1 mg·kg^{-1}体重)分别制备抗血清Ⅰ和抗血清Ⅱ。选择马杜霉素铵盐、钠盐,$M\text{-}C_6$、莫能霉素钠、盐霉素钠、拉沙洛菌素钠、甲基盐霉素钠、磺胺嘧啶钠、盐酸土霉素、盐酸金霉素、酒石酸泰乐菌素、乙酰螺旋霉素、氟哌酸、盐酸环丙沙星、硫酸链霉素、盐酸林可霉素,杆菌肽锌和伊维菌素等进行间接竞争性抑制试验,根据抑制曲线计算50%抑制抗原抗体结合的各竞争物浓度(I_{50})和竞争物对马杜霉素的交叉反应性[10],比较它们对抗体的亲和性。

1.2.4 IAC柱的制备与鉴定[3,11,12]

(1)用饱和硫酸铵(SAS)盐析法和DEAE-纤维素离子交换法纯化抗血清Ⅰ和抗血清Ⅱ,制备抗体ⅠIgG和抗体Ⅱ IgG。

(2)将CNBr活化Sepharose 4B分别与抗体ⅠIgG和抗体Ⅱ IgG偶联制备免疫亲和吸附剂。

(3)取制备好的免疫亲和吸附剂压积1.0 mL(玻璃柱100 mm×8 mm,G_3滤板),用10 mLPBS平衡。将含200 ng·mL^{-1}马杜霉素的PBS-10%甲醇溶液加到IAC柱上,自然重力下流出(流速0.8~1.0 mL·min^{-1}),分管收集流出液,用ELISA检测。当柱结合能力饱和后,依次用10 mL PBS-10%甲醇和5 mLH_2O-10%甲醇洗柱,除去干扰杂质,最后用4 mL洗脱液(甲醇:水=9:1,V/V)洗脱马杜霉素,分管收集,ELISA检测。按Davis等的方法计算动态柱容量和绝对柱容量。

1.2.5 组织样品的提取纯化及ELISA检测 取组织样品(肌肉、肝脏和脂肪)6.0 g置捣碎杯中,加10 mL甲醇混合,高速捣碎30 s。洗涤样品并移至100 mL聚丙烯离心管中,加甲醇至60 mL,旋涡振荡30 min。冷冻去脂,离心。取上清液50 mL,减压蒸发至约4 mL,加PBS-10%甲醇至20 mL,过IAC柱分离纯化,用4 mL洗脱剂洗脱,洗脱液加PBST定容至20.0 mL,即得样品提取纯化稀释液。用$M\text{-}C_6$-OVA (AE)1.25 μg·mL^{-1}包被96孔酶标板(200 μL/孔),4℃下存放过夜,用PBST洗涤酶标板3次;甩干板后用0.1%明胶封闭(200 μL/孔),洗涤;取样品提取纯化稀释液与稀释抗血清Ⅰ(1:1600)等体积混合,37℃下放置1 h后,加入酶标板(100 μL/孔)中。37℃下反应1 h,洗涤:加HRP-IgG(100 μL/

孔)；37℃下反应 1 h，洗涤；加底物显色液(150 μL/孔)室温下反应 10～15 min；加终止液(50 μL/孔)，在490 nm下测 OD 值。同时，以 PB-ST-10％甲醇和以组织样品(肌肉、肝脏和脂肪)提取纯化稀释液为介质分别绘制标准曲线。根据 PBST-10％甲醇为介质的标准曲线，计算各组织样品(添加 30.0、60.0 和 120.0 $\mu g \cdot kg^{-1}$ 3 个马杜霉素水平)的添加回收率。

1.2.6 鸡组织中马杜霉素残留及残留消除 选取 1 日龄健康 AA 肉鸡 240 只，随机分成 5 组(每组 48 只)，其中 4 个马杜霉素剂量组(每千克饲料中分别含 3.0、5.0、7.0 和 9.0 mg 马杜霉素铵，含量经 IAC-ELISA 测定符合要求)和 1 个健康对照组。试验鸡分笼饲养，并于 42 日龄停药。于停药当天(0 d)以及第 1、2、3、4、5 和 7 天每组屠宰 5 只鸡，分别取肌肉(胸肌)、肝脏(全肝)和脂肪(腹脂)，用建立的 IAC-ELISA 方法进行测定。

2 结果与分析

2.1 半抗原、结合抗原的合成与鉴定

反应产物用硅胶柱层析分离，经 TLC 测得两组组分的 R_f 值分别为 0.27 和 0.91，根据化合物的极性可初步推断第二组分(R_f 值为 0.91)为一元物($M\text{-}C_6$)，其收获率为 31.5％。对一元物进一步鉴定结果如下：$M\text{-}C_6$ 熔点为 165～167.5℃，说明该物质纯度较高：IR 谱和^{13}CNMR 谱均表明马杜霉素铵已经连接了己二胺，并且它是单酰化反应；在 FABMS 谱中，清晰地观测到 m/z 1015 的$[M+H]^+$峰以及 m/z997的$[M^+-H_2O]$峰和 m/z 839 的$[M^+\text{-}H_2O\text{-}CH_2CONH(CH_2)_6NH_2]$峰，这进一步证明该产物就是 $M\text{-}C_6$。SDS 聚丙烯酰胺凝胶电泳法测得结合抗原的结合比 M-OVA(MA)为 5.5，M-BSA(AE)为 8.6，M-OVA(AE)为 10.8，M-KLH(AE)为 25，$M\text{-}C_6$-OVA(AE)为 10.3，与用 Bio-Rad Protein Assay Kit 法测得的结果相似。

2.2 抗体的鉴定和 ELISA 条件优化

方阵滴定结果显示抗血清Ⅰ和抗血清Ⅱ的工作浓度为 1∶1600 和 1∶12800。最佳包被原(CAg)水平：M-OVA(MA)为 2.5 $\mu g \cdot mL^{-1}$，M-OVA(AE)为 1.25 $\mu g \cdot mL^{-1}$，$M\text{-}C_6$-OVA(AE)为1.25 $\mu g \cdot mL^{-1}$。间接竞争抑制试验测得马杜霉素铵盐、钠盐和 $M\text{-}C_6$ 的 I_{50}为 30.5～32.0、28.9～30.2 和 31.8～34.3 $ng \cdot mL^{-1}$，而莫能霉素钠等 15 种药物的 I_{50}值均大于 10^4 $ng \cdot mL^{-1}$。试验结果表明，抗血清对马杜霉素具有高度的亲和性和选择性，而对其他 15 种药物无交叉反应(＜0.5％)。经测定，反应介质 PBST 的 pH 为 7.4，离子浓度为 0.15 $mol \cdot L^{-1}$ NaCl，甲醇含量为10％，抗血清与马杜霉素预反应时间为 60 min 时合适。以 PBST-10％甲醇为介质，应用 3 种包被原分别绘制 3 个标准曲线(见图 1)。从试验结果可见，$M\text{-}C_6$-OVA(AE)作包被原时，ELISA 检测

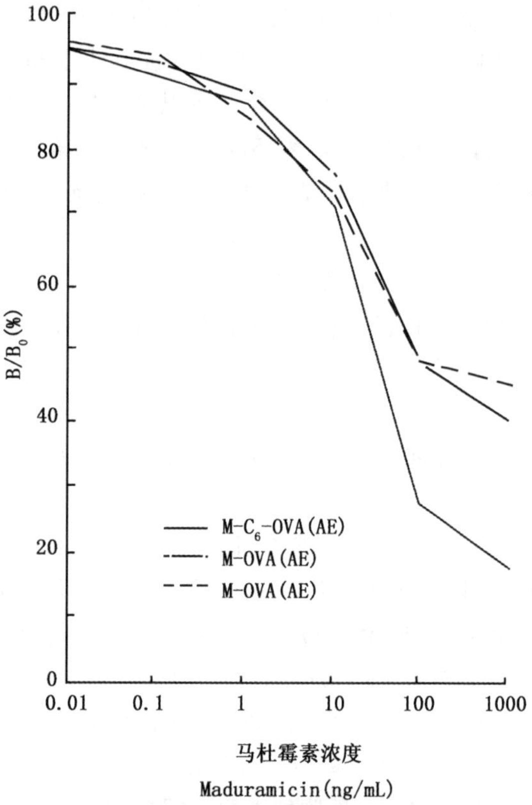

图 1 标准曲线(抗血清Ⅰ)

Fig. 1 Standard curves of different coating antigens (antiserum Ⅰ)

灵敏度(I_{50}为 32.3 ng·mL^{-1})大大高于 M-OVA(AE)和 M-OVA(MA)作包被原时的检测灵敏度(I_{50}为 88.0 ng·mL^{-1}和 97.5 ng·mL^{-1}),而且测定范围宽(1～100 ng·mL^{-1}内线性较好)。本试验选择抗血清Ⅰ,CAg 为 M-C_6-OVA(AE)进行 ELISA 检测。

2.3 IAC 柱制备与鉴定

试验测得抗体Ⅰ IgG 和抗体Ⅱ IgG 的偶联率分别为 95.1%和 99.5%,说明抗体 IgG 与 CNBr 活化 Sepharose 4B 的偶联很好。本试验采用洗脱液(甲醇:水=9:1)进行恒溶剂洗脱 IAC 柱,用 3 mL 洗脱液就可使全部马杜霉素洗脱下来。考虑到实际操作中的诸多因素,本试验选用 4 mL 洗脱液洗脱 IAC 柱。经测定,Ⅰ柱和Ⅱ柱的动态柱容量分别为 3 750 和 7 160 ng/mL 胶,Ⅰ柱和Ⅱ柱的绝对柱容量分别为 469 和 895 ng/mL IgG。结果表明,Ⅱ柱的动态柱容量和绝对柱容量均明显高于Ⅰ柱。但无论是Ⅰ柱还是Ⅱ柱,都能满足马杜霉素残留分析的要求。

2.4 组织样品添加回收率测定

以 PBST-10%甲醇和组织样品提取纯化稀释液为介质制备的标准曲线的一些参数见表 1。试验结果表明,以各组织样品提取纯化稀释液为介质制备的标准曲线,其 I_{50} 值均与以 PBST-10%甲醇为介质的标准曲线相近,在 1～100 ng·mL^{-1}浓度范围内标准曲线基本吻合,检测极限为 1.0～2.8 ng·g^{-1}。测定组织样品时,根据 PBST-10%甲醇为介质的标准曲线来计算添加回收率(表 2)。各样品添加不同水平的马杜霉素,其回收率为 76.4%～107.5%,变异系数为 3.8%～16.4%,说明其 IAC-ELISA 方法的灵敏性和可靠性均达到残留检测的要求。

2.5 鸡组织中马杜霉素残留及残留消除

用 IAC-ELISA 方法测定鸡组织中马杜霉素的残留(表 3)。从表 3 可见,给肉鸡饲喂含不同水平马杜霉素的饲料后,脂肪中马杜霉素的残留量最高,其次是肝脏,肌肉中最少。停药 2～3 d 后,各剂量组鸡体内马杜霉素的残留量:脂肪<0.48 mg·kg^{-1},肝脏<0.72 mg·kg^{-1},肌肉<0.24 mg·kg^{-1}。

表 1 标准曲线的一些参数

Table 1 Parameters of standard curves

样品 Sample	抑制率 I_{50}(ng·mL^{-1})	检测极限 Limits of detection(ng·g^{-1})
PBST-10%甲醇 PBST-10% methanol	32.3	1.2
肌肉 Muscle	33.3	1.0
肝脏 Liver	35.3	2.8
脂肪 Fat	33.8	1.5

表 2 组织样品添加回收率(n=5)

Table 2 Recoveries of maduramicin for spiked samples

样品 Sample	添加量 Added maduramicin(μg·kg^{-1})	回收率 Recovery(%)	变异系数 Coefficient of variation(%)
肌肉 Muscle	30.0	79.0±10.0	12.7
	60.0	89.2±5.7	6.4
	120.0	107.5±58.3	7.8
肝脏 Liver	30.0	76.4±12.0	16.4
	60.0	89.2±4.8	5.4
	120.0	88.9±3.9	3.8
脂肪 Fat	30.0	82.0±10.0	12.2
	60.0	90.7±4.8	5.3
	120.0	88.3±5.6	6.3

表3 马杜霉素在鸡体内的残留量($mg \cdot kg^{-1}$)

Table 3 Residues of maduramicin in broiler chicken tissues

组别 Group	组织 Tissue	0 d	1 d	2 d	3 d	4 d	5 d	7 d
健康对照组 Control	组织 Tissues	—	—	—	—	—	—	—
3.0 $mg \cdot kg^{-1}$	肌肉 Muscle	0.15	0.06	<0.03	—	—	—	—
	肝脏 Liver	0.48	0.21	0.08	0.004	<0.03	—	—
	脂肪 Fat	0.62	0.28	0.13	0.07	0.040	<0.03	—
5.0 $mg \cdot kg^{-1}$	肌肉 Muscle	0.27	0.10	0.10	0.04	<0.03	—	—
5.0 $mg \cdot kg^{-1}$	肝脏 Liver	1.08	0.49	0.27	0.10	0.04	<0.03	—
	脂肪 Fat	0.12	0.53	0.30	0.19	0.19	0.05	0.04
7.0 $mg \cdot kg^{-1}$	肌肉 Muscle	0.33	0.16	0.11	0.07	<0.03	—	—
	肝脏 Liver	1.24	0.55	0.35	0.10	0.05	0.04	<0.03
	脂肪 Fat	1.42	0.66	0.37	0.20	0.11	0.06	0.04
9.0 $mg \cdot kg^{-1}$	肌肉 Muscle	0.45	0.20	0.12	0.09	0.05	<0.03	—
	肝脏 Liver	1.40	0.75	0.33	0.11	0.07	0.04	<0.03
	脂肪 Fat	1.59	0.70	0.42	0.27	0.15	0.06	0.05

3 讨论

3.1 Wong[8]曾提出，在合成半抗原时，先用^3H标记马杜霉素，反应产物用柱层析纯化，通过调节洗脱液成分的比例洗脱并经放射活性检测，最后将一元物分离纯化。本试验中反应产物经柱层析纯化时，只需用恒定洗脱液(甲醇：乙酸乙酯：三乙胺＝80：18：2，$V/V/V$)洗脱，并经TLC检测，就可很好地分离纯化一元物，其过程无需制备放射性标记药物和使用该类专用设备，操作简单方便。马杜霉素无紫外吸收，本试验采用水平薄层SDS聚丙烯酰胺凝胶电泳法测定马杜霉素与载体蛋白结合物的分子量，通过比较结合物分子量和载体蛋白分子量来测定结合比，同时用Bio-Rad Protein Assay Kit法测定比较，测定结果基本一致。证明该方法是一种简便可行的测定结合比(尤其是非紫外吸收结合抗原)的方法。

3.2 ELISA法自1971年Engvall和Perlmann[13]首次建立以来，经过20余年的方法改进和发展，现已成为残留分析中最重要的分析技术之一。一般来讲，抗体的亲和性越高，包被原包被水平越低，抗体稀释度越大，ELISA检测越灵敏。如果免疫原和包被原具有不同的载体蛋白和不同的键合部分结构，在ELISA检测中，包被原不能结合载体蛋白抗体和键合部分抗体，这样半抗原与包被原之间只能竞争唯一的半抗原抗体，从而大大提高了半抗原对抗血清抗体的竞争性，可使ELISA检测灵敏度提高。本试验通过在马杜霉素分子与载体蛋白分子之间构建一个6个碳的间隔臂，并与蛋白分子中的羧基结合(免疫原中是蛋白分子中的氨基与马杜霉素分子中的羧基相连，载体蛋白也不同)制备包被原M-C_6-OVA(AE)。试验结果表明，M-C_6-OVA(AE)作包被原时，其ELISA检测灵敏度比另外两种作包被原时高2～3倍以上。因此，要提高ELISA检测灵敏度，改变包被原或免疫原中的键合部分结构是有效的途径之一。马杜霉素抗血清具有极高的亲和特异性，这对实际样品(含未知药物残留)中马杜霉素残留的定性与定量测定均有较高的价值。

3.3 制备高容量的IAC柱，可通过选用高滴度的纯化抗体或提高抗体的取代水平来达到，但提高抗体的取代水平必将降低绝对柱容量[14]。本试验在抗体IgG取代水平相同的情况下，选用不同抗体滴度的纯化抗体(抗体Ⅰ IgG1：1 600，抗体Ⅱ IgG1：12 800)制备IAC柱。结果证明，高滴度抗体既能使动态柱容量提高，又能使绝对柱容量增加。高动态柱容量还能减少IAC柱体积，从而减少洗脱液的体积，提高洗脱液中待测物的浓度。

3.4 免疫反应的特异性和极高的亲和常数($K_a=10^{-12}\sim10^{-16}$),使 ELISA 具有极高的选择性与灵敏度。高选择性使样本前处理较理化分析方法简便,但是提取液中干扰物质的存在,会影响抗原抗体的结合反应,导致 ELISA 灵敏性下降。自 Water 和 Haagsma[15](1987)首先在残留分析中应用 IAC 柱以来,IAC 柱几乎都是作为样本的纯化手段。Water 等[15,16]用 IAC 柱对组织、乳和蛋中的氯霉素残留进行分离纯化后,直接用 HPLC 检测,结果证明 IAC 洗脱液中无任何干扰物存在。上述结果表明,经 IAC 柱纯化后的组织提取纯化液中,除含马杜霉素外,基本不存在干扰物,这样消除了干扰物对抗原抗体结合反应的影响,增加了 ELISA 检测灵敏度。实际工作中,用 IAC-ELISA 法检测马杜霉素残留时,只需绘制 PBST-10%甲醇为介质的标准曲线就可用于各种组织中马杜霉素残留的检测。因此,本文建立的 IAC-ELISA 法具有更强的方便性、灵敏性和实用性,是目前国内外较理想的马杜霉素残留检测方法。

3.5 对 42 日龄鸡停药后,检测组织中马杜霉素的残留及残留的消除。试验证明,脂肪中马杜霉素的残留量最高,其次是肝脏,肌肉中残留量最少,而且随着饲喂剂量的增大,马杜霉素在鸡各组织中的残留量也相应增大,但马杜霉素在组织中的消除很快。以常用剂量 5.0 $mg\cdot kg^{-1}$ 拌料饲喂肉鸡,停药 2~3 d,鸡组织中马杜霉素的残留就低于我国对马杜霉素在鸡组织中最高残留限量的规定要求(肌肉 0.24 $mg\cdot kg^{-1}$,肝脏 0.72 $mg\cdot kg^{-1}$,脂肪 0.48 $mg\cdot kg^{-1}$)。这一研究成果对于国内饲养条件下,合理使用马杜霉素,保证肉鸡产品质量,保障人民健康,具有较高的科学价值和实际意义。

参考文献

[1] 郭尧严. SDS 电泳技术的实验考虑及最新进展. 生物化学与生物物理进展 1991,18(1): 32~37

[2] 金声,等. 酶联免疫吸附法直接测定血清雌二醇. 分析化学. 1994,22(2): 115~120

[3] 周顺伍. 生物化学实验技术. 北京农业大学出版社, 1994:10~20

[4] Kantor S,et al. CL 259,971:a potent new polyether anticoccidial 1. battery efficacy and safety. Poultry Science 1984,63:1497~1505

[5] Liu CM,et al. Culturing a strain of nocardia to produce antibiotic X-14868A. U. S Patent 1983

[6] Laczay P,et al Study of the maduramicin tolerance in broilers Magyar-Allator-Vosok-Lapia. 1989,44(9):529~532

[7] Tijssen P. Practice and Theory of Enzyme Immunoassays Elsevier. Amsterdam. New York Ovford 1985

[8] Wong R B. An enzyme-linked immunosorbent assay (ELISA) for maduramicin in poultry feed A-C-S-Symp-Ser. 1990,442:211~220

[9] Eilanger B F. The Preparation of antigenic hapten-carrier conjugates:a survey. Methods in Enzymology. 1980,70:85~104

[10] Chan DW. Immunoassay: A practical guide Academic Press Inc San Diego. 1987

[11] Dean D D G, et al. Affinity chromatography:apractical approach. IRL Press Ltd. 1985:31~33

[12] Davis G C,et al. Evaluation of immunosorbents for the analysis of smallmolecules:isolation and purification of cytokinins J. of Chromatography. 1986, 366:171~189

[13] Engvall E,Perlmann. P. Enzyme-linked immunosorbent assay (ELISA):quantitative assay of immunoglobulin G. Immunochem. 1971,8:871~874

[14] Nordlander I,Johnson H. Determination of ivermectin in swine tissue——a improved clean up residue using solidphase extraction,Food Addi Contam. 1990,7(1):79~82

[15] Water C V D,Haagsma N. Determination of Chloramphenicol in swine muscle tissue using a monoclonal antibodymediated clean up procedure J. Chromatography. 1987, 411: 415~421

[16] Water C V D, et al Monoclonal antibody-mediated clean up procedure for the high performance liquid chrom atography analysis of chloramphenicol in milk and egg. J. Chromatography. 1989, 478:205～215

Study on Residue of Maduramicin in Broiler Chicken Tissues

Shen Jianzhong Qian Chuanfan Yang Hanchun Jiang Haiyang

(China Agricultural University, Beijing 100094)

Abstract Five antigens of maduramicin were synthesized by mixed anhydride method (MA) and active ester method (AE). Two of the 5 antigens were used to immunize New Zealand rabbits for high affinity and specificity antibodies of maduramicin while the other 3 were coating antigens(CAg). It was shown that using M-C_6-OVA (AE) as coating antigen increased sensitivity of ELISA. The high capacity immunoaffinity chromatography columns (IAC) were prepared (dynamic column capacity: column I with 3750 ng · mL^{-1} gel, column Ⅱ with 7160 ng · m^{-1} gel) at first time. The IAC-ELISA method is that the sample extracts were subjected to IAC clean up after extraction with methanol and the eluates were detected by ELISA. In the range of 1～100 ng · mL^{-1}, the I_{50} of standard curves for maduramicin in sample eluatespurified by IAC were 33. 3～35. 3 ng · mL^{-1}, which were in accord with the I_{50} of the standard curve for maduramicin in blank matrix (PBST-10% methanol), the limits of detection were 1. 0～2. 8 ng · g^{-1}. So in practical IAC-ELISA, the latter could replace the former ones. This result has been testified through recoveries for spiked samples. The residue levels and residue elimination of maduramicin were evaluated by feeding AA broiler chickens with different maduramicin levels in diet. The residue levels of maduramicin from high to low were fat, liver and muscle in turn. At 5. 0 mg · kg^{-1} level in diet, the concentrations of maduramicin residues in various tissues were below MRL after drug withdrawal of 2～3 d.

Key words Maduramicin, Broiler chicken, Immunoaffinity chromatography(IAC), Enzyme-linked immunosorbent assay(ELISA), Residue

(注:此文原载于《中国农业科学》,1998,31(6):62-68)

兽药残留免疫分析及其进展

李俊锁，钱传范
（中国农业大学动物医学院，北京　100094；中国农业大学应用化学系）

免疫分析是以抗原与抗体的特异性、可逆性结合反应为基础的分析技术。免疫反应涉及抗原与抗体分子间的立体化学、电荷、氢键和偶极间的综合作用，因而具有常规理化分析技术无可比拟的选择性和很高的灵敏度，非常适用于复杂基质中痕量组分的分析，如动物组织中兽药残留的分离与检测。Yelow 等[1]于 1959 年创立的放射免疫测定法（RIA）被公认为有机痕量分析化学方面的重大突破[1]，并为此荣获 1977 年诺贝尔生物医学奖。尽管这种分析方法的免疫学和化学方面的理论基础早已[2,3]并在药物临床化学和生物医学中的应用获得巨大成功[4]，但直到 20 世纪 80 年代才逐渐应用于兽药残留分析。其主要原因是：（1）80 年代以前气相色谱法（GC）已经广泛应用，可满足大多数兽药残留的测定。（2）近十几年来，兽药的种类和应用规模剧增，化学结构日益复杂，并日趋高效或低剂量化，特别是人们对长期摄入低水平兽药及其他化学污染物所致的各种慢性和远期效应的关注，以及国际间贸易等原因，使分析对象、样本数量和测定难度大大增加。常规的理化分析方法，主要是样本前处理过程通常十分复杂，效率低，分析成本高，难以满足实际测定需求，迫切需要发展简便、快速和灵敏的分析技术，免疫分析无疑是最有发展和应用潜力的技术之一。（3）兽药残留的免疫分析是免疫学与分析化学相结合的一项技术，涉及免疫化学、分析化学和合成化学等学科，研究工作较复杂。另外，残留分析不同于临床化学分析，如基质复杂性、待测物水平、分析目的及分析策略等。90 年代初，美国化学学会（ACS）出版了 2 本食品和环境中化学污染物免疫分析方面的论文集，标志着免疫分析技术作为一种分析手段正日趋成熟并为分析化学界接受[5,6]。

根据免疫学理论，结构上具有一定复杂性的任何有机小分子化合物（即半抗原，分子量＜5 000），如大多数兽药、农药及其他各种化学污染物，与大分子载体物质连接后，可作为载体的抗原决定簇刺激动物产生能特异性结合原小分子化合物的抗体。所以，在残留分析乃至整个痕量分析化学中待测物的免疫化学特性应具有与其色谱行为近乎同等重要和广泛的应用意义。作为一种分析手段，免疫学技术可以渗透到残留分析的各个环节，包括提取、净化、分离和检测。其高度的选择性和灵敏性能使分析过程简化。目前应用的兽药残留免疫分析技术主要分为两大类：一为相对独立的分析方法，即免疫测定法（immunoassays，IAs），如 RIA、ELISA、固相免疫传感器（solid phase immunosensor）等；二是将免疫分析技术与常规理化分析技术联用，如利用免疫分析的高选择性作为理化测定技术中的净化手段，典型的方式为免疫亲和色谱（immunoaffinity chromatography，IAC）。

鉴于人们对兽药残留问题的日益关注和常规理化分析方法的局限性，兽药残留的免疫分析研究正方兴未艾，几乎所有重要的兽药都已建立或试图建立 IAs。国际上许多机构在资助或进行这方面的研究，如美国国家环保署（EPA）、食品与药物管理局（FDA）、农业部食品安全调查处（FSIS）、Lawrence Livelmore 国家实验室等。90 年代以来北京农业大学等在国内开展了农药/兽药残留的免疫分析研究，已建立了若干残留物和测定方法。本文对动物组织中兽药残留免疫分析方法的建立、主要技术进展和应用等进行了综述。

1　兽药残留免疫分析方法的建立

包括待测物选择、半抗原合成、人工抗原合成、抗体制备、测定方法建立、样本前处理方法和方法评价。待测物、抗体和标记物是免疫分析中的3个基本要素，其中抗体是核心试剂。通常情况下半抗原合成是方法建立中最具挑战性和关键性步骤。

1.1　半抗原合成

兽药小分子须与大分子物质连接后才能刺激动物产生抗体，这已成为小分子免疫分析的基本模式，因此需要首先合成可直接与载体(一般为蛋白质)偶联，并能最大程度模拟待测物分子结构的半抗原(hapten)。理想的增抗原，一方面应具备待测物的特征结构，特别是立体化学特征：另一方面与载体连接后应保证该特征结构能最大程度地为免疫活性细胞识别和结合，以制备出具有预期选择性和亲和性的抗体。因此，重要的是半抗原结构中应具备适当的末端带有活性基团的“间隔臂”(space arm)。常见的活性基团有—NH_2、—COOH、—OH、—SH 等。由于免疫系统对载体远端的半抗原结构部分识别最强，间隔臂应选远离待测物的特征结构部分和官能团，如—NH_2、—NO_2、—COOH、—OH 或杂原子等，以有利于诱导高选择性和高亲和性的抗体。因此，在待测物衍生化制备半抗原中，对某些活性基团进行选择性保护和去保护是常用的合成手段，如合成阿维菌素(avermectin B_1)半抗原时，阿维菌素结构中有C_5—OH、C_7—OH 和 C_4''—OH 3个活性基团，其中 C_5—OH 空间位阻最小，C_7—OH 位阻最大。为使阿维菌素的特征结构五环十六元大环内酯和螺酮缩醇系统处于载体的远端，需在双糖链末端的 C_4''—OH 上构建间隔臂和活性基团。首先用高位阻的叔丁基二甲基氯硅烷将 C_5—OH 选择性保护；用琥珀酸酐将 C_4''—OH 酰化；去保护基，生成带有—$COCH_2CH_2$—COOH 的半抗原 4″-O-半琥珀酰阿维菌素[7]。间隔臂长度以4～6碳(0.5～0.8 nm)为宜。太短，则载体的空间位阻将影响免疫系统对半抗原的识别，并可能由于载体局部的微化学环境使半抗原结构发生“形变”；过长，则可能因氢键(某些极性间隔臂)或疏水交互作用(非极性间隔臂)使半抗原发生“折叠”。间隔臂一般应为非极性，且除供偶联的活性基团外，不应有其他高免疫活性的结构，如苯环、杂环等，以降低抗体对间隔臂的识别和间隔臂对待测物特征结构的影响。常见的间隔臂有—$(CH_2)_n$—COOH，—$(CH_2)_n$—NH_2 等。

半抗原通常由待测物直接衍生化制备，亦可由原料合成。待测物的代谢或降解产物可能是有用的半抗原。对于某些分子太小或不稳定的兽药，可制备针对其衍生物的抗体，此可称为免疫分析中的化学衍生化分析。半抗原设计中亦应考虑到有毒理学意义的代谢产物，以及测定对象是单一的兽药或某一类兽药，设计中需相应地突出特定兽药的结构或一类兽药中共有的特征结构部分，对应的抗体称为化合物特异性(compound-specific)或簇特异性(class-specific)抗体。如，磺胺类药物半抗原合成中，若测定特定的磺胺药残留，如磺胺二甲基嘧啶[8]，需将芳伯氨基(N^4)重氮化，生成的半抗原与载体蛋白连接后突出的是 N^1 上不同磺胺类药物特有的杂环取代基；若测定磺胺类药物，则需在 N^1 上构建间隔臂和活性基团，半抗原突出的是该类药物共同的结构部分对氨基苯磺酰胺[9]。需要强调的是，半抗原的设计与合成必须缜密考虑，其影响肯定会在抗体制备和测定方法设计中体现出来(特别是方法的检测限和选择性)。

1.2　人工抗原合成

基本方法是先将半抗原活化，然后在水介质及温和的条件下将半抗原与载体蛋白质偶联。偶联方法取决于半抗原的活性基团，含—COOH 和—NH_2 的半抗原，一般借用合成肽的方法[10]；含—SH 或—OH 半抗原，需用双功能团试剂，如琥珀酸酐、卤代脂肪酸等。生成带—COOH 或—NH_2 的化合物再进行偶联。脂溶性半抗原偶联时，应于反应介质中加入适量的水溶性有机溶剂，如 N,N-二甲基甲酰胺，以改善半抗原在介质中的溶解性和反应效率。各种蛋白质参与反应的基团相同，如赖氨酸或 N-端的氨基，天门冬氨酸、谷氨酸或 C-端的羧基，酪氨酸的酚基，组氨酸的咪唑基。半抗原结合比过高或过低均影响抗体的生成，如血清蛋白载体，结合比以10左右为宜，但低结合比有助于提高抗体的选择性和亲和力。

1.3　抗体制备

包括动物免疫、抗体纯化和鉴定[11～13]。免疫方案应考虑抗体的应用目的。对于 IAs，倾向于获得高亲和力的抗体以提高检测的灵敏度，宜小剂量免疫并延长免疫注射间隔和免疫时间；对于 IAC，倾向于获得高选择性的抗体，而高亲和力的抗体与待测物形成的复合物需更严格的洗脱条件，宜适当缩短免疫时间。抗体的亲和性用亲和常数 K 表示，可由 Scatchard 分析法计算[14]；交叉反应性一般用竞争试验测定[12]。抗血清滴度亦为评价抗体质量和设计测定方法的重要指标之一。一般认为，单克隆抗体(McAbs)在残留分析中并未显示出较多克隆抗体(PcAbs)更明显的优越性[15,16]。McAbs 在试剂的商业化生产和方法标准化方面优于 PcAbs，但其亲和性、抵抗力和选择性低于 PcAbs，研制成本高；PcAbs 适宜建立高灵敏的 IAs，McAbs 更适宜建立 IAC(容量大、峰形好)。目前大多数兽药残留免疫分析方法是以 PcAbs 为基础建立的。但是，McAbs 是免疫化学技术的重要发展方向之一，随着 McAbs 制备技术和性能的改进，McAbs 在兽药残留分析中的应用肯定会有更大的发展。

1.4 免疫测定方法(IAs)

基本原理是竞争结合分析。已知量的标记物(H^*)与未知量的待测物(H)竞争结合一定量的抗体(Ab)，这种竞争反应遵循质量作用定律，通过检测标记物与抗体的复合物($H^* \cdot Ab$)的变化(竞争性抑制)即可测定待测物含量[3]，即

$$H^* + Ab \rightleftharpoons H^*Ab$$
$$+$$
$$H \rightleftharpoons H \cdot Ab$$

$]\text{-}Ab + H\text{-}E + H \rightleftharpoons]\text{-}Ab \cdot H\text{-}E +]\text{-}Ab \cdot H$(抗体包被的直接竞争法)

$]\text{-}H + Ab\text{-}E + H \rightleftharpoons]\text{-}H \cdot Ab\text{-}E + H \cdot Ab\text{-}E$(抗原包被的直接竞争法)

$$]\text{-}H + Ab_1 + H \rightleftharpoons \text{-}H \cdot Ab_1 + H \cdot Ab_1$$
$$+$$
$Ab_2\text{-}E \rightleftharpoons]\text{-}H \cdot Ab_1 \cdot Ab_2\text{-}E$(间接竞争法)

注：]-Ab 或]-H 为包被抗体或包被抗原，E 为标记酶，Ab_2-E 为酶标二抗

亲和常数 $K=k_1/k_{-1}$。实际测定中，Ab、H^*、反应介质的 pH 值、离子强度和有机溶剂等需根据灵敏性和可靠性的原则及样本性质进行优化。

一旦制备出特异性抗体，IAs 有许多模式供选择，灵活多样，使新的分析手段和应用不断出现，这是几十年来对 IAs 的研究经久不衰的重要原因。继 RIA 后，又出现了许多替代(alternative)或非同位素 IAs，IAs 已发展成为一门跨学科的新型分析技术。按照标记物或检测体系，IAs 可分为 RIA、酶免疫测定法(EIA)、荧光免疫测定法(FIA)、化学发光免疫测定法(CIA)、自旋标记免疫测定法(SIA)、固相免疫传感器、脂质体免疫测定法等；按反应介质分为均相或非均相($H^* \cdot Ab$ 需分离后检测)免疫测定法；按反应状态分为平衡态或非平衡态免疫测定法；按分析目的分为筛选性或定量免疫测定法。

EIA 是 70 年代后迅速发展起来的非同素 IAs，其发展速度已超过 RIA，研究与应用文献颇多[17]。EIA 有均相或非均相技术，并吸取了 RIA 的许多优点，其典型代表是 Engvall 和 Perlman(1971)创立的 ELISA(非均相技术)[18]。ELISA 为目前残留分析中应用最普遍的 IAs，固相载体很多，如微量滴定板、磁性颗粒、有机薄膜(如免疫滤过测定法，IFA)等，操作简便，仪器化程度低，灵敏度可达 $10^{-10} \sim 10^{-11}$ mol/L。残留分析中常用的 3 种 ELISA 竞争模式为：

FIA 为仅次于 EIA 的非同位素 IAs，其中镧系元素时间分辨荧光测定法(Tr-FIA)是目前最灵敏的 IAs[19]。固相免疫传感器属一种以电化学检测为基础的 IAs[20]，有便携性好和快速的特点，适宜现场特殊条件下使用。流动注射免疫测定法(FIA)中免疫反应代替了传统的化学反应体系，属非平衡 IAs，可将单个样品的测定时间由数小时降至数分钟，但分析结果变异较大[21]。

1.5 样本前处理方法

样本前处理步骤最能体现 IAs 的优越性。常规的理化测定技术，如高效液相色谱(HPLC)或 GC，通常需要繁琐的样本前处理操作(样本提取、净化、浓缩和衍生化)，前处理至少占用 70%以上的分析工

作量。IAs有很高的选择性，前处理要求简单，一般仅需提取就足够了，少数情况如高脂肪样本需一定净化步骤；IAs有很高灵敏性，可使用稀释样本或提取液的方式消除基质的干扰，能进一步简化操作，如动物组织中氯霉素[22]、磺胺二甲基嘧啶[8]和阿维菌素[7]残留的测定。

样本提取溶剂的选择需考虑到溶剂对免疫反应和酶活性的影响，而且IAs最终必须以水溶液作为基本反应介质（待测物须透过抗体表面的水膜与抗体结合）。Russell等[23]和Stoecklein等[24]曾就有机溶剂对免疫反应的影响进行了专门研究，认为溶剂的脂溶性愈高，对免疫反应抑制愈大；水溶性有机溶剂对过氧化物酶抑制作用大小为四氢呋喃＞乙腈＞乙醇＞甲醇。一般认为，一方面IAs直接测定的样品溶液中不能含有非水溶性溶剂，如己烷、异辛烷、乙酸乙酯、氯仿等，这些溶剂存在形成的非均相介质干扰待测物的自由扩散和与抗体的结合；另一方面允许反应介质中有适量水溶性有机溶剂存在，如甲醇、乙腈、丙酮、二甲基亚砜、α-丙二醇等，不但可方便和简化操作，而且能增加兽药特别是脂溶性待测物在介质中的溶解性，降低其在实验器皿表面的吸附损失和破坏样本基质的亲脂性胶束。介质中水溶性有机溶剂的最佳含量因抗体而异，需在测定方法设计中作为反应条件进行优化。上述原则同样适用于IAC。

1.6 方法评价

IAs在本质上属使用生化试剂的理化分析技术，其质量控制原则与常规分析方法一致[25]，但目前仍缺乏有关的专业或官方标准。与常规理化分析技术相比，以使用微量滴定板的ELISA为例，IAs最突出的优点是分析成本低、效率高、灵敏。IAs取样量少、前处理简单、容量大、仪器化程度低，检测限可方便地达到10^{-9}级，分析效率约为HPLC或GC的几十倍；IAs不存在HPLC或GC对待测物蒸气压、热稳定性、卤素、发色团等理化性质的限制，特别适用于难气化或难分离的高极性/离子型兽药、或大分子化合物的分析。但是，IAs提供的待测物组成或结构方面的信息太少（仅为吸收度或计数），几乎无多残留分析能力；结果易出现假阳性，而且一旦出现问题难以查究，方法难以标准化；IAs的初期研究比较复杂，某些兽药的半抗原难以合成。所以，IAs适用于用药历史已知的大批量样本中某些兽药残留的快速筛选性检测和常规分析技术测定困难的兽药的分析。IAs不可能取代目前使用的常规分析技术，只能作为其重要补充。

2 免疫分析技术与其他分析技术的联用

各种分析技术联用是现代分析化学的发展特点，联用技术可以取长补短，获得单一分析技术难以达到的效果。将免疫分析技术与常规理化分析技术联用，可避免单独IAs信息量太少等缺欠，并且弥补了理化分析方法选择性差等不足，使整个分析方法简化或进一步提高检测效率，显示了免疫分析与理化分析在分析机制方面的互补性，其中最引人注目的是免疫分析技术与HPLC的联用。

IAC-HPLC或IAC-GC联用技术中，将IAC作为理化测定技术的样本净化手段，避免了IAs直接测定样本的诸多不足，IAC的高选择性和高效性无疑使样本前处理大大简化，通常一次层析即可使待测物得到高度净化和富集，并提供了待测物的定性信息；使用多种抗体制备的IAC柱（MIAC）使免疫分析实际具备了处理多残留组分的能力[26,27]。这种联用技术无论在理论上还是实践上都是相当完善的分析方法，如组织中氯霉素[28]、阿维菌素/伊维菌素[7]的测定。MIAC是兽药残留免疫净化方法的重要发展方向。HPLC-IA系一种将HPLC的强大分离效能与IAs的高选择性、灵敏性相结合的联用技术，适用于常规检测器无响应或极难分离的残留组分的测定[29]。高效免疫亲和色谱（HPLC）使用耐压的免疫吸附剂做填料，可看作IAC的微妙选择性与HPLC高效分离的合璧，具有对极少量样本或提取液直接测定的能力[30]。

将薄层层析（TLC）或超临界流体萃取（SFE）作为IAs的样本净化手段，即TLC-IA或SFEIA，通常不需要溶剂转换，且有速度快、样本容量大的特点，能进一步提高IAs检测样本特别是复杂样本的效率[31~33]。

3 应用与前景

目前已建立免疫分析方法的兽药中，使用范围广、影响大和常规分析方法复杂的兽药占绝大部分，如抗生素、激素类兽药。

兽药残留免疫分析技术预期在现场或实验室大批量样本快速测定中发挥重要作用，其发展将主要集中在以下 4 个方面：(1)标准化抗体的生产与供应。标准化抗体的供应目前仍是兽药免疫分析技术推广应用的主要限制因素，单克隆抗体生产技术，如杂交瘤技术或基因重组技术是解决这一问题的有效途径。(2)兽药多残留组分免疫测定技术(MIAs)。多残留组分微点免疫测定法(multianalyte microspot immunoassays,MMIAs)[34]。(3)发展更灵敏和抗干扰性强的标记物或检测方法，如克隆酶给予体免疫测定法(cloned enzyme donor immunoassay, CEDIA)、金属有机化合物标记物、脂质体(liposome)免疫测定法等。CEDIA 为目前最灵敏的均相 IAs (10^{-11}mol/L)，发展前景广阔[35]。(4)免疫分析与其他分析技术联用。发展重点在样本免疫净化或分离方面，以改进现有的常规分析技术。

参考文献

[1] Yallow R S *et al*. Nature,1959,184:1648～1653

[2] Leindsteiner K. The Specificity of the Serological Reactions. Cambridge: Harward University Press,1945

[3] Campfied L A. Mathematical analysis of competitive protein binding assays. In:OdellW,Franchimont P,eds. Principles of Competicive Protein-Binding Assays. 2nd ed New York:John Wiley & Sons,1983,125～148

[4] 尹伯元主编. 放射免疫分析在医学中的应用，北京：原子能出版社，1991

[5] Van Emon J M *et al*. Immunochemical methods for environmental analysis Washington,D C:American Chemical Society,1990

[6] Vanderlaan M *et al*. Immunoassays for trace chemical analysis:montoring toxic chemicals in humans,food,and the environment Washington,D C:American Chemical Society,1991

[7] 李俊锁. 环境中 Avermectins 残留的分离与检测研究-ELISA,IAC-HPLC-UV:[学位论文]. 北京：北京农业大学. 1995

[8] Dixon-Holland O *et al*. J AOAC Int,1988,71(6):1137～1140

[9] Sheth H B *et al*. J Agric Food Chem,1991,39:1696～1700

[10] Erlanger B F. Pharmacological Review,1973,25(2):271～280

[11] Tijssen P. Practice and Theory of Enzyme Immunoassays Amsterdam:Elsevier,1985

[12] Chan D W *et al*. Immunoassay:a practical guide, San Diego:Academic Press Inc,1987

[13] Liddell J E *et al*. A practical guide to monoclonal antibodies Chichester. John Wileg & Sons,1991

[14] Scatchard G. Ann N Y Acad Sci,1949,51:660～672

[15] Chappey ON *et al*. Pharm Res,1992,9:1375～1379

[16] Van Emon J M *et al*. Immunoassay techniques for pesticide analysis In:Sherma J ed. Analytical Methods for Pesticide and Plant Growth Regulators San Diego: Academic Press Inc, 1989, 217～263

[17] Avrameans S *et al*. 25 Years of Immunoezymatic Techniques Amsterdam:Elsevier,1992

[18] Engvall E *et al*. Immunochem,1971,8:871～874
[19] Diamandis E P *et al*. Anal Chem,1990,62(22):1149A～1157A
[20] Nakamura R *et al*. Immunochemical Assays and Biosenser Technology for the 1990's Washington,D C:American Society for Microbiology,1992. 291～309
[21] Schmid R D. Flow injection analysis(FIA) based on ezymes or antibodies Weinheim. :VCH,1991
[22] Van de Water C *et al*. J AOAC Int,1990,73(4):534～540
[23] Russell A J *et al*. Biochem Biophys Res Commun,1989,159: 80～85
[24] Stoecklein W FM *et al*. AnalAbstr,1995,57:2203
[25] Jung F *et al*. Pestic,Sci,1989,26:303～317
[26] Van Ginkel L A. J Chromatogr,1991,564:403～409
[27] Katz S E. J Chromatogr,1992, 624: 403～409
[28] Van de Water C *et al*. J Chromatogr,1987,411:415～421
[29] Martlbauer E *et al*. Analyst,1994,119:2543～2548
[30] Haagsm a N *et al*. Immunochemical methods in the analysis of veterinary drug residues. In: Agarw al V K ed. Analysis of Antibiotic/Drug Residues in Food Products of Aninal Origin. New York:Plenum Press,1992,81～87
[31] Elling W *et al*. Environ Pollut. ,1987,48:77～82
[32] Mc Nally M E P. J AOAC Int,1996, 79(2):380～387
[33] Wong J M *et al*. Agric Food Chem,1991,39:1802～1807
[34] Ekins R P *et al*. Clin Chem,1991,37: 1955～1967
[35] Engel W D *et al*. J Immunol Methods,1992,150:99～102

(注:此文原载于《中国兽医学报》,1998,18(4),411－415)

胺苯磺隆对水稻的药害研究

路　凯[1]　钱传范[1]　刘曙照[2]　王爱民[2]
(1 中国农业大学应用化学系，北京　100094；2 扬州大学农学院植保系，扬州　225009)

摘要　胺苯磺隆对油菜安全，对水稻有药害。(1)水培条件下，以幼根长度计，胺苯磺隆对水稻幼苗的 EC_{50} = 1 mg/L。(2)土培条件下，浸种露白后直接播种于含胺苯磺降的土壤，培养 20 天，以植株鲜重计，药液在土壤中的 EC_{50} 为 13.08 μg/kg。育秧 4 天、7 天的秧苗移栽于含胺苯磺隆的土壤，培养 20 天，以植株鲜重计，药液在土壤中的 EC_{50} 分别为 46.52 μg/kg、44 μg/kg。(3)7 天秧苗进行移栽培养，由胺苯磺隆处理浓度可知：在土壤中胺苯磺隆的临界浓度是 2.22 μg/kg，胺苯磺隆浓度在 2.22 μg/kg 以下时，对水稻生长有促进作用，药剂浓度超过 2.22 μg/kg 后逐渐升高，抑制作用逐渐增大。

关键词　胺苯磺隆，水稻，EC_{50}，临界浓度

油菜是我国重要农作物之一。一般采用禾本科除草剂如：禾草克、稳杀得、盖草能等。但随着此类除草剂的使用，双子叶杂草危害日益严重。胺苯磺隆的投产和使用很好地解决了这一难题[2~4]。但是，胺苯磺隆在使用中也存在着问题。残效期长，通过对下茬作物影响试验的研究表明，水稻对其敏感[5]。1995 年在江苏油菜田施用胺苯磺隆，其土壤残留使油菜的下茬作物水稻大面积受害。

本文研究水培和土培条件下，胺苯磺隆对水稻的药害。

1　材料与方法

1.1　供试材料

除草剂样品：95%胺苯磺隆原药、25%胺苯磺隆可湿性粉剂(由沈阳化工研究院提供)。水稻品种：籼稻 18-2，发芽率 96%(农业部药检所提供)。土壤：江苏省扬州大学农学院稻田土，过筛、风干后使用(有机质含量为 1.2 %；pH=6.67；含水量为 5.2%)。

1.2　试验方法

1.2.1　水培法测定胺苯磺隆对水稻的 EC_{50}：(1)用胺苯磺隆标样配置 200 mg/L 母液。将胺苯磺隆母液配制成 10^{-2}、10^{-1}、1、5、10 mg/L 溶液。(2)直径 15 cm 培养皿 18 个，在底部铺上滤纸后，再铺一层纱布，将上述药液各倒入 25 mL/皿，3 个重复，以蒸馏水 25 mL/皿代替药液，3 个重复，为空白对照。(3)浸种至稻种露白，每皿 50 粒，使露白侧贴于纱布，盖好皿盖。(4)将培养皿与地平面呈 15°放置，放入 26℃光照培养箱中，每天光照 12 小时。(5)培养 3 天后，测量水稻根、芽长度，并分别求平均值，与 CK 相除，求其抑制百分率及几率值。以浓度 1 000 倍的对数值(X)与其抑制率的几率值作回归分析求 EC_{50}。

1.2.2　土培法测定胺苯磺隆对水稻的 EC_{50}，使用直径 17 cm，高 7 cm 的红塑料盆，每盆装土 1 350 g，将 25%胺苯磺隆配制成不同浓度药液，每盆喷洒 300 mL。(1)25%胺苯磺隆可湿性粉剂用自来水配制成 10^{-4}、10^{-3}、10^{-2}、10^{-1}、1、10 mg/L 溶液作为第 1 组，配制成 10^{-2}、5×10^{-2}、10^{-1}、1、10 mg/L 溶液作为第 2 组，配制成 10^{-4}、10^{-3}、10^{-2}、10^{-1}、1 mg/L 溶液作为第 3 组(均以胺苯磺隆的有效成分计)。每个药剂浓度 3 个重复，每组各设 3 个空白对照 CK(加自来水)。(2)将稻种浸种催芽至露白。将露白种子1/3种于第 1

组药液处理土壤的盆中，每盆播种 30 粒，轻轻压入土中，放入温室中培养，将剩余 2/3 种子分作两批，一批育秧 4 天后移栽于用第 2 组药液处理土壤的盆中，每盆 30 株秧。另一批育秧 7 天后移栽于用第 3 组药液处理的盆中，每盆 30 株秧。(3)上述三组，各自从栽入盆中算起，20 天后，第 1 组测量株高、鲜重、干重，求鲜重/株；干重/株；高/株。求1 g(胺苯磺隆浓度$\times 10^4$)-鲜重抑制率的线性回归及 EC_{50}。第 2 组测量鲜重、干重，求 1 g(胺苯磺隆浓度$\times 10^2$)-鲜重抑制率的线性回归及 EC_{50}。第 3 组测量鲜重、干重，求 1 g(胺苯磺隆浓度$\times 10^4$)-鲜重抑制率的线性回归及 EC_{50}。

2 结果与分析

2.1 水培试验测 EC_{50}

水培结果见表 1：水稻幼苗在胺苯磺隆各处理浓度下，对幼根可不同程度的抑制，随着浓度升高，抑制越来越明显，回归方程：$Y=3.95+0.35X$，$EC_{50}=1$ mg/L，R=0.982 9。药剂处理幼芽组的试验抑制作用不明显。

2.2 土培试验测 EC_{50}

由表 2 可知：浸种露白后水稻种子播种于含胺苯磺隆的土壤中，培养 20 天，其株高、鲜重、干重随着胺苯磺隆浓度的升高受抑制越来越明显。以 1 g(胺苯磺隆浓度$\times 10^4$)-鲜重抑制率求线性回归方程：$Y=6.01+15.88X$，以土壤中农药浓度计 $EC_{50}=13.08\ \mu g/kg$，R=0.960 6。

表 1 水培条件下胺苯磺隆对籼稻苗幼根生长影响

处理浓度(mg/L)	幼根长度(cm)	抑制百分率(%)	几率值
0	17.4	—	—
0.01	13.6	21.84	4.22
0.1	10.6	39.08	4.72
1	8.1	53.45	5.09
5	7.3	58.05	5.20
10	6.8	60.92	5.28

表 2 土培条件下胺苯磺隆对水稻生长的影响——露白后直接培养

药液浓度(mg/L)	土壤中农药浓度(mg/kg)	株高(cm)	鲜重(g/株)	鲜重抑制率(%)	干重(g/株)
ck	ck	27.6	0.233	—	0.046
10^{-4}	2.22×10^{-5}	26.8	0.198	15.0	0.037
10^{-3}	2.22×10^{-4}	26.1	0.196	15.9	0.034
10^{-2}	2.22×10^{-3}	25.6	0.176	24.5	0.029
10^{-1}	2.22×10^{-2}	9.7	0.092	60.5	0.014
1	2.22×10^{-1}	3.5	0.059	74.7	0.009
10	2.22	2.5	0.038	83.7	0.008

由表 3 可知：将 4 天秧苗移栽于含胺苯磺隆的土壤中，培养 20 天，鲜重、干重随着胺苯磺隆浓度的升高受抑制越来越明显。以 1 g(胺苯磺隆浓度$\times 10^4$)-鲜重抑制率求线性回归方程：$Y=16.93+25.03X$ 以土壤中农药浓度计 $EC_{50}=46.52\ \mu g/kg$，R=0.895 6。

表 3 土培条件下胺苯磺隆对水稻生长的影响——4 天秧苗培养

药液浓度(mg/L)	土壤中农药浓度(mg/kg)	鲜重(g/株)	鲜重抑制率(%)	干重(g/株)
ck	ck	0.194	—	0.047
10^{-2}	2.22×10^{-3}	0.195	0	0.045
5×10^{-2}	1.11×10^{-2}	0.121	37.6	0.020
10^{-1}	2.22×10^{-2}	0.081	58.6	0.015
1	2.22×10^{-1}	0.044	77.3	0.010
10	2.22	0.041	78.9	0.009

由表 4 可知:7 天秧苗移栽于含胺苯磺隆的土壤中,培养 20 天,鲜重、干重随着胺苯磺隆浓度的升高受抑制越来越明显。以 1 g(胺苯磺隆浓度$\times10^4$)-鲜重抑制率求线性回归方程:$Y=32.33X-59.58$ 以土壤中农药浓度计 $EC_{50}=44\ \mu g/kg$,R=0.974 2。此外土壤中胺苯磺隆浓度 2.22 μg/kg 是临界浓度,在 2.22 μg/kg 以下浓度时,对水稻生长有促进作用,2.22 μg/kg 以上浓度时对水稻有药害作用,且随着处理浓度升高,药害程度加深。

表 4 土培条件下胺苯磺隆对水稻生长的影响——7 天秧苗培养

药液浓度(mg/L)	土壤中农药浓度(mg/kg)	鲜重(g/株)	鲜重抑制率(%)	干重(g/株)
ck	ck	0.220	—	0.040
10^{-4}	2.22×10^{-5}	0.326	−48.2	0.053
10^{-3}	2.22×10^{-4}	0.298	−35.5	0.048
10^{-2}	2.22×10^{-3}	0.221	0	0.037
10^{-1}	2.22×10^{-2}	0.095	56.8	0.024
1	2.22×10^{-1}	0.072	67.3	0.017

3 讨论

3.1 水培试验测胺苯磺隆对水稻幼苗的抑制作用,培养 3 天后幼根受抑制明显、易测量。所以以幼根长度为测试指标。

3.2 由 7 天秧苗培养测定结果可知:土壤中胺苯磺隆浓度 2.22 μg/kg 是临界浓度。由 4 天秧苗培养测定结果可以看到:土壤中胺苯磺隆浓度 2.22 μg/kg 鲜重抑制率为零,由于在 2.22 μg/kg 以下浓度未做试验,所以不能肯定它是 4 天秧苗的临界浓度。

3.3 由土培 EC_{50}值的对比可知:移栽苗比露白后直播处理抗药害能力强。

参考文献

[1] 王焕民. 农药科学与管理,1995,1:18~21
[2] Buchanan,F. S. Can J Plant Sci,1990,70:873~877
[3] Lichtner,F. T. et al. Pesticide Biochemistry and Physiology,1995,52:12~24
[4] 翟其楷等. 杂草科学,1993,4:44~45
[5] 黄建中等. 杂草学报,1995,9(1):38~42

Studies on the Phytotoxicity of Ethametsulfuron to Rice

Lu Kai et al.

(Department of Applied Chemistry, China Agricultural University, Beijing 100094)

Abstract Canola was tolerant and rice was sensitive to ethametsulfuron. (1) When the germinated rice seed had been cultivated in the ethametsulfuron solution for three days, the EC_{50} value was 1 mg/L. (2) When the germinated rice seed, 4-day-old and 7-day-old rice seedlings had been cultivated for 20 days in the ethametsulfuron soil, it was indicated from fresh weight that the EC_{50} value was 13.08 μg/kg, 46.52 μg/kg, 44 μg/kg (according to concentration of ethametsulfuron in soil). (3) 7-Day-old rice seedlings had been cultivated in the ethametsulfuron soil for 20 days, the results according to the inhibition of fresh weight showed that the critical concentration was at 2.22 μg/kg. When the concentration was lower than 2.22 μg/kg, the rice seedlings growth could be accelerated. When the concentration was higher than 2.22 μg/kg, the seedlings growth was inhibited.

Key words ethametsulfuron, rice, EC_{50}, critical concentration

（注：此文原载于《农药》，1999，38(3)：14－15）

以植保为中心的绿色食品质量保证体系建设

钱传范　秦玉川

（中国农业大学，北京　100094）

摘要　本文介绍了中国 AA 级和 A 级绿色食品生产中的植物保护措施和基地建设，以北京地区苹果生产为例，重点讨论了 A 级绿色食品生产中以生防为重点的综合防治体系，还介绍了中国绿色食品最终产品的监测。

绿色食品是无污染的、安全、优质、营养类食品的统称。生产绿色食品必须从产地条件、生产操作规程、质量卫生条件到产品外包装等四个方面符合规定条件。绿色食品的内在质量是核心，但如果产地的土壤、水源、大气被污染，会导致有害物质在农产品中聚积，生产操作中不合理使用化学农药和肥料、食品加工中不适当地使用化学色素和添加剂，可使有害物质在食品中的残留量增加，此外在加工或贮存过程中亦可能被微生物污染。

绿色食品生产中优良的植物保护措施是十分重要的环节。中国 AA 级绿色食品标准生产操作规程中规定，禁止使用有机合成的化学杀虫剂、杀螨剂、杀菌剂、除草剂和植物生长调节剂，有限度地使用农用抗生素和微生物农药，允许使用植物源杀虫剂、杀螨剂、杀菌剂、除草剂和拒避剂，允许释放捕食性天敌动物，允许在害虫捕集器中使用昆虫外激素和植物源引诱剂，允许使用矿物油乳剂和植物油乳剂以及允许使用矿物原农药中的硫制剂和铜制剂。这样的生产基地必须有计划地选择适宜地区进行，如国家计划委员会批准农业部建设两个绿色食品特色农业示范区，北方在天津市蓟县，重点建设以绿色食品为主要的粮食、水产品、果品、蔬菜及其加工等；南方设在广东省农垦区，重点建设热带水果、蔬菜及其加工、水产养殖、冷藏、保鲜等；又如江西雾源县的云雾茶，云南省丽江的芸豆，山东荣成市、沂水县的花生，黑龙江绥化市的大豆等，都属于 AA 级产品。

根据农业生产实际与病虫草危害情况，中国规定可以生产 A 级绿色食品，A 级绿色食品在生产过程中允许限量使用限定的化学物质，中国植保工作者在 70 年代就提出“预防为主，综合防治”的植保措施；80 年代，又提出综合防治是对有害生物进行科学管理的体系，从农业生态系统总体出发，根据有害生物和环境之间的相互关系充分发挥自然控制因素的作用，因地制宜协调应用必要的措施，将有害生物控制在经济受害允许水平之下，以获得最佳的经济、生态和社会效益，如在水稻病虫害防治上，提出以选用抗病品种为主，加强栽培管理，恶化病虫生活条件，辅以合理用药，保护灭敌的协调措施，以达到高产的目的。20 多年来，以生物防治为重点的综合防治体系已在粮、果、蔬、茶等多种作物和广大的生产基地推广应用。

1992—1994 年，绿色食品农产品基地环境条件与生产技术研究课题组在北京南口农场二分场和北京巨山农场苹果园进行试验，针对该苹果园基地的主要病虫害，以改善苹果园生态条件、提高树体抗性和农业防治为基础，实行科学预测预报，依据经济阈值进行以生物防治为主的综合防治。主要采取以下措施：

1　害虫害螨的防治

主要针对以下害虫（螨）如苹果大小卷叶螨、苹果全爪螨、山楂叶螨、桃小食心虫、绣线菊蚜等采取的措施是：

(1)搞好预测预报　根据经济阈值确定防治指标，抓住关键时期进行以生物防治为主的综合防治，如3月下旬卷叶蛾越冬幼虫出蛰期，在树主干或主枝涂以6 cm的油环，定期观察，出蛰率累计为50%时为防治适期；亦可在5月中旬用卷叶蛾性信息素诱蕊制成水筒诱捕器，雄蛾数明显上升时为第一代卵的防治适期。

(2)保护利用和释放天敌　①人工释放松毛虫赤眼蜂防治苹果大小卷叶蛾，使卷叶蛾卵块寄生卵达80%。②土施芜菁夜蛾线虫防治桃小食心虫。根据预报5月下旬至6月初果园内见到越冬代雄蛾时，在苹果树盘内进行地面喷雾，该线虫能通过害虫的肛门、气门、口腔等侵入体内，并释放出所携带的寄生菌，2年的结果证明效果是可行的。③果园生草，在北京巨山农场种植紫花苜蓿3年后天敌种类和数量大幅度增加，对叶螨的控制作用明显。

(3)使用Bt、华光霉素、苦参素等生物农药

(4)冬季休眠期清除地面枯枝落叶，刮老树皮、剪除病虫枝等　压低了叶螨和卷叶蛾的越冬基数。

针对苹果绿色食品基地的主要害虫(螨)提出了"以使用生物性农药、引殖天敌、生草和清园防治为核心，辅以科学预测预报，依据经济阈值的综合配套技术"。

2. 病害的防治

主要针对斑点落叶病和苹果腐烂病，提出了"增强树势为基础，实行清园，辅以生物、矿物性农药防治"的配套技术。

研究工作还提出了适用于苹果绿色食品基地以农业防治和生物防治为基础的综合防治配套方案，可以预见，坚持实行此综合防治方案势必会建立起具有生态良性循环的果园。

中国是农业大国，化肥与化学农药使用量是很大的。中国政府重视农药对食品的污染问题，50年代末期，开始研究有机氯、有机磷杀虫剂和汞制剂的残留，70年代在农业部组织下制订了20多种常用农药在作物中的安全使用标准，80年代由农业部农药检定所组织的农药残留协作组，制订了五批农药合理安全使用准则，包括140种农药在19种作物中的300个标准。在这些工作的基础上，中国已具有一批熟练从事农药残留分析工作的技术人员和专家。为了保证绿色食品的质量，中国绿色食品发展中心在全国范围内委托8个食品监测机构和省级环保监测机构形成的监测网络，承担绿色食品的生态环境及产品质量监测任务。绿色食品的农药使用准则中规定的项目比国家标准严格得多，但绿色食品的最终产品必须由绿色食品发展中心指定的食品监测部门监测合格。

绿色食品是新兴的事业，中国绿色食品的开发，不仅可以保护农业生态环境，保障人们身体健康，还提高了农业和食品加工业的经济效益，增强了产品在国际市场上的竞争力。8年来，中国绿色食品事业在不断蓬勃发展，并在推动中国农业现代化，逐步实现经济效益、社会效益、生态效益的良性循环和农业的持续发展做出贡献。

(注：此文原载于《中国食物与营养》，1999(2)：28—29)

用敌克松解除莠去津对水稻的药害

范润珍　钱传范
（中国农业大学应用化学系　农业部农药化学及农药使用技术重点开发实验室，北京　100094）
卢向阳
（北京市农林科学院植物保护研究所）

近年来，因莠去津的残留对水稻造成药害的事故时有发生[1]。目前，除采用混用来解除莠去津的药害外，使用安全剂也是一条有效的解毒途径[2,3]。苏少泉和张殿京报道敌克松可阻止莠去津对大豆的药害，而以敌克松解除莠去津对水稻药害的研究在国内外尚未见报道。本文通过盆栽试验系统地研究了莠去津对水稻的药害情况以及用敌克松解毒的有效方法。

1　材料与方法

1.1　材料

供试除草剂为40%莠去津胶悬剂(宣化农药厂)；安全剂为50%敌克松可溶性粉剂(吉化江成化工有限责任公司农药厂)；膨润土由河北滦平县农药厂生产；作物品种为京稻19；土壤为轻壤土，有机质含量3.58%，pH=5.6。

1.2　溶液配制

准确量取40%莠去津胶悬剂2.5 mL于100 mL容量瓶，用蒸馏水稀释至刻度制得10 g/L的莠去津母液，再稀释至100 mg/L备用。

准确称取敌克松粉剂1.000 0 g于100 mL容量瓶中，先用少量丙酮溶解，再用蒸馏水稀释至刻度，即得到10 000 mg/L的敌克松使用液，再稀释至1 000 mg/L备用。

1.3　直播水稻对莠去津的最高耐受极限浓度的测定

塑料桶 d16.2 cm，h14.4 cm，每桶装土1 700 g，其中分别加入不同量的莠去津使用液，加适量水拌匀，使每桶土壤中莠去津的含量分别为0、0. 02、0.04、0.06、0.08、0.10、0.20、0.40 mg/kg，然后将露白的稻种播于其中，每桶20粒，每个浓度3次重复，温室培养，温度35℃，光照时间为日照时间(以下皆同)，34 d后考察。

1.4　移栽水稻对莠去津的最高耐受极限浓度测定

按上述相同处理，将秧龄26 d的水稻秧苗移栽于其中，每桶15株，每个浓度3次重复，温室培养22 d后考察。

1.5　敌克松解毒方法研究

1.5.1　土壤处理　将混有0.6 mg/kg莠去津的土壤装入塑料桶，每桶1 700 g，再分别加入不同量的1 000 mg/L的敌克松，将药液混匀，使土壤中敌克松含量分别为0、1.0、4.0、8.0、16.0、25.0 mg/kg。另设一个不含莠去津和敌克松的处理为空白对照，每桶播种20粒露白的稻种，每个浓度重复3次，培养37 d后考察。

1.5.2　沾根处理　将敌克松可溶性粉剂与膨润土按1∶4的比例混合均匀，每株水稻(秧龄26 d)根沾此混合粉 0、0.05、0.10、0.20 g(相当于敌克松的量分别为 0、0.01、0.02、0.04 g)后移栽于含莠去津 0.6 mg/kg的土壤中,每桶 20 株,每个浓度 3 次重复,培养 20 d 考察。

1.5.3 浸种处理 以敌克松与种子重量百分比 0、0.05、0.10、0.20、0.50,加约 100 mL 水于烧杯中浸泡稻种 24 h,清洗后置光照培养箱(30±1)℃催芽至露白,然后将露白稻种播于含 0.6 mg/kg 莠去津的土壤中,每个浓度重复 3 次,温室培养 35 d 后考察。

2 结果与讨论

2.1 水稻对土壤中莠去津的最高耐受极限浓度

直播及移栽京稻 19 在不同莠去津含量土壤中的生长情况,以鲜重计,结果见表 1。

表 1 莠去津对京稻 19 生长的影响

土壤中莠去津	直播京稻 19			移栽京稻 19		
含量(mg/kg)	平均鲜重(g/株)	鲜重抑制率(%)	几率值	平均鲜重(g/株)	鲜重抑制率(%)	几率值
0	0.731	—	—	1.662	—	—
0.02	0.787	−7.59	−3.57	1.845	−11.01	−3.77
0.04	0.766	−4.70	−3.33	1.939	−16.67	−4.03
0.06	0.773	−5.72	−3.42	2.012	−21.06	−4.20
0.08	0.690	5.72	3.42	1.686	−1.44	−2.80
0.10	0.630	13.91	3.92	1.656	3.60	3.20
0.20	0.549	25.00	4.33	0.947	43.02	4.82
0.40	0.517	29.37	4.46	0.582	64.98	5.39

由表 1 可知,直播及移栽京稻 19 对土壤中的莠去津的最高耐受极限浓度分别为 0.06 和 0.08 mg/kg。当土壤中莠去津含量低于它们的耐受限值时,促进水稻生长,高于此限值时抑制其生长,且抑制程度随莠去津含量的增大而增大。

在实验中发现,将水稻种子直接播在含不同量莠去津土壤中,与 CK 比较,水稻的出苗无差异。当水稻生长进入苗期(约 3 叶),高剂量的莠去津处理表现出药害症状,植株明显矮小,叶尖枯干,说明苗期水稻对莠去津敏感。与移栽稻相比,直播稻的耐受极限浓度低,说明水稻对莠去津的耐受力随秧龄的增大而增强。

2.2 敌克松对莠去津的解毒效果

2.2.1 土壤处理 在含 0.6 mg/kg 莠去津的土壤中拌入不同剂量的敌克松处理液,将露白的京稻 19 种子播于其中,每桶 20 粒,每个浓度重复 3 次,水稻生长情况见表 2。

表 2 敌克松处理土壤解除莠去津对水稻药害的效果

药剂浓度(mg/kg)	稻苗鲜重(g/10 株)	*SSR*		稻苗株高(cm)	*SSR*	
CK	0.442	A	a	10.25	A	a
0	0.032	C	c	6.22	B	b
1.0	0.389	B	b	10.18	A	a
4.0	0.395	B	b	10.60	A	a
8.0	0.448	A	a	10.98	A	a
16.0	0.448	A	a	10.66	A	a
25.0	0.448	A	a	10.72	A	a

* 大写字母代表 0.01 水平显著性检验,小写字母代表 0.05 水平显著性检验,下同。

从水稻鲜重表明，施敌克松 8.0 mg/kg 以上，能解除土壤中高达 0.6 mg/kg 的莠去津对水稻的药害。由株高可以看出，敌克松用量只有 1.0 mg/kg 时就能起到相同的解毒效果。

2.2.2 沾根处理 将水稻秧苗(秧龄 26 d)根沾不同量的敌克松后移栽到含 0.6 mg/kg 莠去津的土壤中，每处理重复 3 次，以鲜重和株高考察水稻生长状况，结果见表 3。

表 3 敌克松沾根解除莠去津对水稻药害的效果

药剂沾根量(g/株)	稻苗鲜重(g/10 株)	*SSR*		稻苗株高(cm)	*SSR*	
CK	0.82	A	a	15.2	A	a
0	0.31	B	b	10.7	B	b
0.01	0.80	A	a	15.1	A	a
0.02	0.79	A	a	14.9	A	a
0.04	0.81	A	a	15.3	A	a

水稻移栽前，每株水稻根沾敌克松 0.01～0.04 g 后移栽到含 0.6 mg/kg 莠去津的土壤中，水稻生长正常。因为水稻在苗期，根系才具备吸收土壤中药剂的能力，因此此时采用水稻根沾安全剂敌克松的方法来解除莠去津的药害是一种非常适时的解毒办法。

2.2.3 浸种处理 以敌克松与种子不同重量百分比加约 100 mL 水，清洗后催芽至露白，然后播于含莠去津 0.6 mg/kg 的土壤中，研究敌克松浸种处理的解毒效果。每处理重复 3 次，结果如表 4。

表 4 敌克松浸种解除莠去津对水稻药害的效果

药剂/种子重(%)	稻苗鲜重(g/10 株)	*SSR*		稻苗株高(cm)	*SSR*	
CK	0.603	A	a	13.2	A	a
0	0.382	B	b	10.5	B	b
0.05	0.333	B	b	10.2	A	b
0.10	0.356	B	b	9.6	B	c
0.20	0.374	B	b	9.3	B	b
0.50	0.360	B	b	8.9	B	b
1.00	0.349	B	b	10.3	B	b

敌克松与种子重量百分比在 0.05%～1.00%范围内浸种，无解毒效果。在实验中发现用敌克松浸种后对稻种有损害，降低水稻种子的发芽率，故不宜采用此种处理方法。

3 小结与讨论

水稻在不同生长时期对莠去津的敏感程度不同，苗期最敏感，莠去津不影响水稻的出苗。直播及移栽京稻 19 对土壤中莠去津的最高耐受极限浓度分别为 0.06 mg/kg 和 0.08 mg/kg。

敌克松对莠去津有明显的解毒效果。以敌克松土壤处理 8.0 mg/kg 以上或沾根处理 0.01～0.04 g/株能解除土壤中 0.6 mg/kg 的莠去津对水稻的药害，水稻生长正常。

参考文献

[1] 米长虹，等. 水稻环境中阿特拉津允许浓度研究. 农业环境保护，1996，15(2)：89-90.
[2] 喻如俊，等. 阿特拉津防除玉米田杂草应用技术及对后茬水稻的影响. 上海农业学报，1989，5(3)：8.

(注：此文原载于《植物保护》，1999，3：41－43.)

农药残留的免疫分析及其进展

李俊锁　钱传范
（中国农业大学应用化学系，100094）

摘要　本文对农药残留免疫分析的原理、研究与应用进展和前景进行了评述，内容包括农药半抗原的设计与合成、免疫测定、免疫亲和色谱及其他联用技术。

关键词　农药残留，免疫分析，半抗原，抗体

The Immunosorbent Analysis and Its Progress of Pesticide Residue

Li Junsuo　Qian Chuanfan
(Department of Applied Chemistry for China Agricultural University, Beijing　100094)

Abstract　A review is presented on the principles, development and future of immuno analysis and its application for analysis of pesticide residues, including design and synthesis of haptens, immunoassays, immunoaffinity chromatography and other hyphenated techniques.

Key words　pesticide residues, immunoanalysis, hapten, antibody

1　引言

免疫是机体识别和清除进入体内的抗原性异物的保护性反应；免疫反应，即抗体抗原反应，不仅发生在生物体内，在体外亦能进行，而且反应是高度特异性的，遵循质量作用定律。免疫分析是以抗原与抗体的特异性、可逆性结合反应为基础的分析技术。免疫反应涉及抗原与抗体分子间立体化学、互补基础上的疏水亲脂、静电、氢键和偶极等综合作用，因而具有常规理化分析技术无可比拟的选择性和很高的灵敏度（$K=10^{6}-10^{12}M^{-1}$），非常适宜于复杂基质中痕量组分的分析，如动植物组织中农药残留的分离与检测，Yallow 和 Berson(1959)创立的放射免疫测定法（RIA）被公认为是有机痕量分析化学方面的重大突破[1]，对人们在分子水平上定量研究生命过程具有划时代的意义，并因此荣获 1977 年诺贝尔生物医学奖。尽管这种分析技术的免疫学和化学方面的理论基础早已确立，并且在药物临床化学和生物医学中应用获得巨大成功[2]，但直到 80 年代才逐渐应用于农药残留分析，主要原因是：①80 年代前气相色谱法（GC）已经广泛应用，可满足大多数农药残留的测定；②残留的免疫分析是免疫学与分析化学相结合的一项技术，涉及免疫化学、分析化学和合成化学等学科，研究工作较复杂，而免疫化学对分析化学家是一个陌生的领域。另外，农药残留分析不同于医学临床化学分析，测定基质复杂。但是近十多年来农药的种类和应用规模剧增，并且日趋低剂量化，分子结构日益复杂，特别是人们对长期摄入低水平农药残留所致的各种慢性，累积性或远期效应的关注和国际间贸易等原因，使测定对象、样品数量和难度大大增加。常规的理化分析方法通常十分复杂、分析成本高，难以满足实际测定需求，迫切需要发展简便、快速和灵敏的分析技术，免疫分析无疑是最有发展和应用潜力的分析方法之一。90 年代初美国化学学会（ACS）出版了两本食品和环境中化学污染物残留免疫分析方面的论文集，标志着免疫分析技术作为一种残留分析手段正日趋成熟并为分析化学界接受[3,4]。

根据免疫理论,结构上具有一定复杂性的任何有机小分子化合物(即半抗原,分子量<5000),如大多数农药及其他各种化学污染物,与大分子载体物质连接后可作为载体的抗原决定簇刺激动物产生能特异性结合原小分子化合物的抗体。所以,在残留分析乃至整个痕量分析化学中待测物的免疫化学特性应该具有与色谱行为几乎同等重要和广泛的应用意义。作为一种分析手段,免疫学技术可以渗透到残留分析的各个环节,包括提取、净化、分离和检测。其高度的选择性和灵敏性能使分析过程简化。目前应用的农药残留免疫分析技术主要分为:①作为相对独立的分析方法,即免疫测定法(Immunoassays,IAs),如放射免疫测定法(RIA),酶联免疫吸附测定法(ELISA)、固相免疫传感器等;②将免疫分析技术与常规理化分析技术联用,如利用免疫分析的高选择性,将其作为理化测定技术的样本净化手段,典型的方式为免疫亲和色谱(Immuoaffinity chromatography,IAC)。

鉴于人们对农药残留问题的日益关注和常规理化分析方法的局限性,近十几年来农药残留的免疫分析研究方兴未艾,许多重要的农药都已建立或试图建立 IAs。国际上许多机构在资助或进行这方面的研究,如美国国家环保署(EPA)、食品与药物管理局(FDA)、分析化学家协会(AOAC)、加州大学(Davis)昆虫与环境毒理系等。90 年代以来北京农业大学应用化学系等单位在国内开展了小分子免疫分析的研究,已建立了若干农药和兽药残留的 IAs。本文拟对农药残留免疫分析方法的建立过程、主要技术研究及应用进展做一综述,以推动国内开展这项研究。

2 农药残留免疫分析方法的建立

农药残留免疫分析方法的建立包括待测物选择、半抗原合成、人工抗原合成、抗体制备、测定方法建立、样本前处理方法和方法评价。待测物、抗体和标记物是免疫分析中的 3 个基本要素,其中抗体是核心试剂,因此免疫分析又称抗体为分析工具的分析技术。通常情况下半抗原的合成是制备抗体和建立分析方法的挑战性和关键性步骤。

2.1 半抗原合成

农药小分子必须与大分子物质连接后才能刺激动物产生特异性抗体,这已成为小分子免疫分析的基本模式。所以,需首先合成能直接与载体(一般为蛋白质)偶联并能最大程度模拟待测分子结构的半抗原(hapten)。理想的半抗原一方面应具备待测物的特征结构、特别是立体化学特征,另一方面半抗原与载体连接后应保证待测物的特征结构能最大程度地为免疫活性细胞识别和结合,以制备出具有预期选择性的抗体。①半抗原通常由待测物衍生化制备,或由原料合成,待测物的代谢或降解物往往是有用的半抗原。②除待测物特征结构外,在半抗原结构的末端需有可直接与载体蛋白质偶联的活性基团,常用的活性基团有-NHa,COOH,OH,-SH 等,这些基团能直接或间接地在温和的条件下与载体蛋白连接。③在活性基团与载体之间必须有间隔臂,以便使半抗原突出于载体表面,易为机体免疫系统识别。间隔臂的长度以 4~6 碳(5~8 Å)为宜,太短则载体的空间位阻影响免疫系统对半抗原的识别,过长则可能因氢键(某些极性间隔臂)或疏水交互作用(非极性间隔臂)使半抗原发生“折叠”。间隔臂应为非极性,除供偶联的活性基团外不应有其他高免疫活性的结构,如苯环、—OH、杂环等,以降低抗体对间隔臂的识别和间隔臂对待测物特征结构的影响,常用的间隔臂如—$(CH_2)_n$—COOH、—$(CH_2)_n$—NH_2等;④由于免疫系统对载体远端的结构识别最强,间隔臂应远离待测物的特征结构部分和官能团,如—NH_2、—NO_2、—COOH、—OH 或杂原子等,有利于制备高选择性和亲和性的抗体,这在半抗原设计中十分重要。所以,在待测物衍生化制备半抗原时对某些活性基团进行选择性保护和去保护是常用的合成手段。如合成阿维菌素[5](avermectin Bl)半抗原,阿维菌素结构中有 5-OH、7-OH 和 4″-OH 3 个活性基团,其中 5-OH 空间位阻最小,7-OH 最大。为使阿维菌素的特征结构五环十六元大环内酯和螺酮缩醇系统处于载体远端,需在双糖链末端的 4″-OH 上构建间隔臂和活性基团。首先使用高位阻的叔丁基二甲基氯硅烷将 5-OH 选择性保护;用琥珀酸酐将 4″-OH 酰化;去保护基,生成带有间隔臂和活性基团($1-COCH_2CH_2COOH$)的半抗原4″-O-半琥珀酰阿维菌素。除草剂灭草松(苯达松,bentazon)的化学结构,在1、2、3位置均可构建间隔臂,为使特异的杂环部分和官能团远离载体,间隔臂应建在3位置,合成中需对2位置进行保护和去保护[6]。以莠去津为模板,以三聚氯氰为起始原料,分别从均三氮苯环的2、4、6三个不同部位引入间隔臂与活性羧基,如以巯基乙酸、巯基丙酸取代莠去津三氮苯环上的乙基、异丙基和氮原子,得3种活性半抗原H_1,H_2、H_3[7]。⑤半抗原设计应考虑到农药原型和有毒理学意义的代谢物,以及测定对象是单一的农药或某一类农药。设计中应相应地突出特定农药的结构,或一类农药中共有的结构部分,对应的抗体称为化合物特异性(Compound-specific)或簇特异性(Groupspecific)抗体。如磺胺类药物半抗原合成中,若测定特定的磺胺药,可将芳伯胺基(N4)重氮化,生成的半抗原与载体蛋白的酪氨酸残基偶合,半抗原突出的是N^1上不同磺胺类药物特有的杂环取代基;若测定磺胺类化合物,则在N^1上构建间隔臂,半抗原突出的是本类药物共同的结构部分对氨基苯磺酰胺;⑥机体的免疫应答是个十分复杂的生化过程,半抗原诱导的抗体的选择性和亲和性尚难预测,多数情况下宜合成几种结构的半抗原进行研究,而且这些半抗原在测定方法的优化设计中可能非常有用。另外,在药物研制过程中一般有大量的前体化合物或类似物被合成,亦可作为潜在的半抗原。最后强调,半抗原的设计与合成必须周到、缜密考虑,其影响肯定将在抗体制备和测定方法设计中体现出来,是其他措施难以替补的。

2.2 人工抗原的合成[8]

基本方法是首先将半抗原活化,然后在水介质及温和的条件下将半抗原与载体蛋白质偶联。偶联方法取决于半抗原的活性基团,含—COOH和—NH_2的半抗原一般借用合成肽的方法;含有—SH和—OH的半抗原需用双功能团试剂,琥珀酸酐、卤代脂肪酸等,生成带—COOH和—NH_2的化合物后再进行偶联。脂溶性半抗原偶联时应在反应介质中加入适量水溶性有机溶剂,如N,N-二甲基甲酰胺,以改善半抗原在介质中的溶解性和反应效率。各种蛋白质参与反应的基团相同,如氨基、羧基、酚基、咪唑基等。常用的蛋白有牛血清蛋白、人血清蛋白、卵清蛋白、血兰蛋白等。

每个分子载体上连接的半抗原分子平均数目称为结合比。结合比过高或过低均影响特异性抗体的生成能力。以血清蛋白为例,结合比一般为10~40,早期多采用高结合比的抗原免疫动物,但高结合比抗原易导致动物免疫麻痹,近期认为以10左右为宜。结合比有助于提高抗体的选择性和亲合力。

2.3 抗体制备[9,10]

包括免疫动物、抗体纯化和鉴定。免疫方案应考虑抗体的应用目的,对于IAS,倾向于获得高亲和力的抗体以提高检测的灵敏度,宜小剂量免疫并延长免疫注射间隔和免疫时间;对于IAC,倾向于获得高选择性的抗体,因为太高亲和力的抗体与抗原形成的复合物需要更苛刻的洗脱条件,会影响IAC柱的使用寿命并造成拖尾。

抗原与抗体间的初级反应遵守质量作用定律。抗体的亲和性用亲和常数K_a表示。

$$\text{L(抗体)}+\text{S(抗原)}\underset{K_2}{\overset{K_1}{\rightleftharpoons}}\text{LS}$$

$$K_a\text{(亲和常数)}=K_1/K_2=[LS]/[L][S]$$

交叉反应性一般用竞争试验测定,各竞争物的交叉反应率由下式计算:

$$\text{交叉反应率(\%)}=\frac{I_{50}\text{(待测物)}}{I_{50}\text{(其他竞争物)}}\times 100$$

I_{50}为产生50%最大抑制率的浓度。

抗血清的滴度是达到指定分析反应指标的抗血清最高稀释倍数,是评价抗血清质量和设计测定方法的重要指标之一。一般认为,单克隆抗体(McAbs)在残留分析中并未显示出明显的优越性,McAbs

在试剂的商业化生产和方法标准化方面优于多克隆抗体(PcAbs),但其亲和性、抵抗力和选择性低于PcAbs,且研制成本高;PcAbs适宜于建立高灵敏的IAs,McAbs更适宜于建立IAC,其柱容量高,峰形好。目前大多数农药残留免疫分析方法是以PcAbs为基础建立的,但McAbs是免疫化学技术的重要发展方向之一,随着农药残留免疫分析技术的研究和推广,McAbs的应用肯定将逐渐增多。

2.4 免疫测定方法(IAs)

IAs的基本原理为竞争结合分析。已知量的标记物(H^*)与未知量的待测物(H)竞争结合一定量的抗体(Ab),这种竞争反应遵循质量作用定律,通过检测标记物与抗体的复合物(H^*、Ab)的变化(竞争性抑制)即可测定待测物含量。

$$\begin{array}{l} H^* + Ab \rightleftharpoons H^* \cdot Ab \\ \ \ + \\ \ \ H \rightleftharpoons H \cdot Ab \end{array}$$

实际测定中,Ab、H^*、反应介质的pH值、离子强度和有机溶剂等需根据方法要求及样本性质进行优化。

IAs方法有多种。继Yellow和Bearson(1959)首创RIA后,又出现了许多非同位素IAs,已发展成为一门跨学科的新型分析技术:按照标记物或检测体系,IAs可分为RIA、酶免疫测定法(EIA)、荧光免疫测定法(FIA)、化学发光免疫测定法(CIA)、固相免疫传感器等;按反应介质分为均相或非均相免疫测定法;按反应状态分为平衡态与非平衡态免疫测定法;按分析目的分为筛选性或定量免疫测定法。

酶免疫测定法发展最快,其中以酶联免疫吸附测定法(ELISA)在残留分析中应用最普遍,固相载体很多,如微量滴定板、磁性颗粒、有机薄膜等。ELISA操作简便、仪器化程度低,灵敏度可达10^{-10}~10^{-11} mol/L。常用的3种ELISA竞争模式为:

抗体包被的直接竞争法:

$$\}Ab + H\text{-}E + H \rightleftharpoons \}Ab \cdot H - E + \}Ab \cdot H$$

抗原包被的直接竞争法:

$$\}\text{-}H + Ab\text{-}E + H \rightleftharpoons \}\text{-}H \cdot Ab\text{-}E + H \cdot Ab\text{-}E$$

间接竞争法:

$$\}\text{-}H + Ab_1 + H \rightleftharpoons \}\text{-}H \cdot Ab_1 + H \cdot Ab_1 + Ab_2 \rightleftharpoons \}\text{-}H \cdot Ab_1 \cdot Ab_2\text{-}E$$

式中}Ab为包被抗体;}-H为包被原;-E为标记酶;Ab_2-E为酶标二抗。

FIA的使用仅次于EIA,非同位素IAs,是目前最灵敏的免疫分析技术。固相免疫传感器是以电化学检测为基础的IAs。

2.5 样本前处理方法

IAs有很高的选择性,前处理要求简单,一般仅需提取即可,少数情况需一定净化处理。提取溶剂的选择需考虑到溶剂对免疫反应和酶活性的影响,而且IAs最终必须以水溶液作为基本反应介质(待测物须透过抗体表面的水膜与抗体结合)。有人曾研究了有机溶剂对免疫反应的影响,认为亲脂性溶剂对免疫反应抑制大;亲水性溶剂抑制小,其对过氧化物酶抑制作用大小为四氢呋喃>乙腈>乙醇>甲醇。IAs直接测定的样本溶液中不能含有非水溶性溶剂,如己烷、异辛烷、乙酸乙酯、氯仿等,其形成的非均相介质干扰待测物的自由扩散和与抗体的结合;允许少量水溶性溶剂如甲醇、乙腈、丙酮、二甲基亚砜、α-丙二醇等,一方面可方便和简化操作,还可增加农药在介质中的溶解性、降低其在实验器表面的吸附损失和破坏样本基质的亲脂性胶束。

2.6 方法评价

IAs在本质上属使用生化试剂的理化分析技术,其质量控制原则应与常规分析方法一致,但目前仍缺乏有关的专业或官方标准。与常规理化分析相比,以使用微量滴定板的ELISA为例,其突出的优点是分析成本低、效率高、灵敏。IAs取样量少、前处理简单、一次测定的样本多、仪器化程度低、检测限可方便地达到ng/kg,分析效率约为HPLC和GC的几十倍;特别适用于难气化或难分离的高极性/离子型农药或大分子化合物的分析。但IAs提供的待测物组成或结构方面的信息太少(仅为吸光度和计数);几乎无多残留分析能力;结果易出现假阳性,一旦出现问题,难以查究,方法难以标准化;IAs初期研究比较复杂,某些农药半抗原难以合成。所以IAs适于已知用药历史的大批量样本中某些农药残留的快速筛选性检测和常规分析技术测定困难的农药分析。IAs不可能取代目前使用的常规分析技术,只能作为其重要补充。

3 免疫分析技术及其他分析技术的联用

各种分析技术联用是整个现代分析化学的发展特点,联用技术可以取长补短,获得单一分析技术难以达到的效果。将免疫分析技术与常规理化分析技术联用,可避免单独IAs信息量太少等缺点,并弥补了理化分析方法选择性差等不足,使整个分析方法简化或进一步提高检测效率,显示了免疫分析技术与理化分析在分析机制方面的互补性,最引人注目的是免疫分析技术与HPLC的联用。

IAC-HPLC或IAC-GC联用技术中,将IAC作为样本净化手段,避免了IAs直接测定样本的不足,IAC的高选择性和高效性使样本前处理大大简化,通常一次层析即使农药高度净化和富集,并可提供其定性信息。如动物组织和梨样本中阿维菌素/伊维菌素的测定。利用多种抗体制备的IAC柱(MIAC)使免疫分析实际具备了处理多残留组分的能力。MIAC是农药残留免疫净化方法的重要发展方向。

HPLC-IA是一种将HPLC的强大分离效能与IAs的高选择性、灵敏性相结合的联用技术,适用于常规检测器无响应或极难分离的残留组分的测定。高效免疫亲和色谱(HPIAC)使用耐压的免疫吸附剂做填料,这种IAC的选择性与HPLC高效分离兼备的分析技术可对极少量样本或提取液进行直接测定。将TLC或超临界流体萃取(SFE)作为IAs的样本净化手段,即TLC-IA或SFE-IA,通常不需溶剂转换,且速度快,测定样本数量多,能进一步提高IAs检测样本特别是复杂样本的效率。

4 应用

农药小分子化合物免疫分析检测技术现状表列出了已报道的部分农药残留的免疫分析方法,表中P表示多克隆抗体;空白处指文献信息不详。从表中看出,免疫分析检测技术自70年代开始以来发展迅速,而且由于其灵敏度高,特异性强,尤其适合于农药残留的分析检测。

5 发展前景

农药残留免疫分析技术预期将在现场或实验室大批量样本快速测定中发挥重要作用,其发展将主要集中在以下4个方面:(1)标准化抗体的生产与供应目前仍是农药免疫分析技术推广应用的主要限制因素,单克隆抗体生产技术,如杂交瘤技术或基因重组技术是解决这一问题的有效途径。(2)农药多残留组分免疫测定技术(MIAS),其中固相MIAS发展较快。(3)发展更灵敏和抗干扰性强的标记物或检测方法。(4)免疫分析与其他分析技术联用,发展重点在样本免疫净化或分离方面,以改进现有的常规分析技术。

参考文献

[1] Yallow R S. Berson S A. Nature. 1959,184:1648－1653

[2] 尹伯元主编.放射免疫分析在医学中的应用.北京:原子能出版社,1991

[3] Van Emon J M. Mumma RO. Immunochemical Methods for Environmental Analysis. Washington, D. C. American Chemical Society. 1990

[4] Vanderlaan M,Stanker L H,Watkins B E et al. Immunoassays for Trace Chemical Analysis. Monitoring Toxic Chemicals in Humans, Food and The Environment. Washington D. C. American Chemical Society. 1991

[5] 李俊锁.环境中 Avermectins 残留的分离与检测研究:Elisa,IAC-HPLC-UV(北京农业大学博士学位学位论文).北京:北京农业大学.1995

[6] Li Q X,Hammock B D,Seiber J N. J. Agric. Food Chem. 1991. 39:1537～1544

[7] 单国民,钱传范,等.中国农业大学学报,1996,1(3):52～56

[8] 钱传范,肖协忠,等.农药科学与管理,1991,4:27～32

[9] Van Emon J. M. Seiber J. N. Hammock. B. D. Immunoassay techniques for pesticide analysis Inc Sherma J,eeed. Analytical Methods for Pesticide and Plant Growth Regulators. San Diego, Academic Press Inc. 1989. 217～263

[10] Hammock B. D,Gee S. J,Harrison R. O. et al. Immunochemical technology in environment analysis. & Immunochemical Methods for Environmental Analysis,Washington D. C,American Chemical Society. 1990,112～139

(注:此文原载于《农药科学与管理》,1999 增刊:37－42,46)

甲萘威酶联免疫吸附分析技术研究

刘曙照[1]　冯大和[1]　钱传范[2]

(1 扬州大学植物保护系,扬州　225009;2 中国农业大学应化系,北京　100094)

摘要　合成了两种不同结构的甲萘威半抗原并与载体蛋白质共价偶联制备人工抗原。以人工抗原免疫动物获得对甲萘威具特异性的高效价抗体,建立并优化了痕量甲萘威的竞争性酶联免疫吸附测定法。该法测定甲萘威的线性浓度范围为 $10^1 \sim 10^{-4}$ μg/mL,检测限低于 0.01 ng/mL。其他结构类似的氨基甲酸酯类杀虫剂对甲萘威的分析无干扰。

关键词　甲萘威,半抗原,人工抗原,酶联免疫吸附测定法

1　引言

甲萘威(Carbaryl)又名西维因,是世界上第一个商品化并大量使用的高效低毒氨基甲酸酯类杀虫剂,广泛用于防治稻、麦、棉、果树、蔬菜等作物害虫,畜禽外寄生虫和卫生害虫[1]。近十多年来的研究发现:甲萘威能引起哺乳动物肝脏微粒体酶的变化[2],抑制 HL-2 依赖型 T 细胞的增殖[3];长时间接触甲萘威可引起亚慢性神经中毒[4];离体培养条件下引起大型粒状淋巴细胞免疫功能的改变[5]。由于甲萘威对环境的污染和在食品、水果(如苹果、葡萄及其制成品)中残留出现频率的不断增加[6,7],需要开发特异性强、灵敏度高、方便快捷的甲萘威残留监测技术。现有甲萘威残留测定的方法有光谱分析法[8]和色谱分析法[9,10]等。由于甲萘威的热稳定性差,难以直接应用气相色谱法进行分析,液相色谱法受灵敏度限制。此外,理化分析法对仪器化程度要求高,样本前处理繁复。为获得理想的分析灵敏度和稳定性,需要进行衍生化处理,难以适应大量样本快速检测的要求。小分子化合物免疫分析技术为复杂样本中痕量农药残留的快速分析开辟了新的道路,已成为现今国际上农药残留分析很活跃的研究领域之一。我国农药小分子免疫分析技术研究近年来刚刚起步,氨基甲酸酯类农药免疫分析化学研究迄今尚未见报道。

2　材料和方法

2.1　主要试剂、材料和仪器

2.1.1　试剂和材料　α-萘乙酸 CP,上海化学试剂公司;α-萘酚 CP,上海试剂三厂;亚硫酰氯 CP,金山兴塔化工厂;6-氨基己酸 BR,上海化学试剂三厂;琥珀酸酐 AR,天津化学试剂一厂;N-羟基琥珀酰亚胺(NHS)、N,N'-二环己基碳二亚胺(DCC),M erck-Schuchardr;过碘酸钠 AR,天津天大化工试验厂;硼氢化钠 AR、Sephadex G50、Sephadex G200,上海进口分装;牛血清白蛋白(BSA)、人血清白蛋白(HSA)、卵清蛋白(OVA)、弗氏完全佐剂、弗氏不完全佐剂 BR,Sigm a;辣根过氧化物酶(HRP)RZ>3.0,上海东风试剂厂;DEA E-纤维素 D-E32,Whatman; HRP 标记羊抗兔酶标二抗 1∶1 000,军事医学科学院五所;磷酸盐缓冲液(PB)0.02 mol/L pH6.8、pH7.2、pH7.6、pH8.0;碳酸盐缓冲液 0.05 mol/L pH9.5;样品稀释液(PBST),0.02 mol/L pH6.8 PB-0.14 mol/L,NaCl-0.05%吐温-20;封闭液,0.5%明胶;底物液 0.1 mol/L 柠檬酸(AR)溶液 24.3 mL,0.2 mol/L Na_2HPO_4(AR)溶液 25.7 mL,水 50 mL,临用前加 40 mg 邻苯二胺(AR),溶解后加 80 μL 30% H_2O_2,混匀;中止液,2 mol/L H_2SO_4;洗涤液,生理盐水加 0.05%吐温-20;克百威含量>98%,江苏太仓金龙集团;混灭威原油,常州农药厂;灭多威含量> 95%,无锡惠山农药厂;甲萘威含量>99%,成都化学试剂厂;透析袋(最大允

许透过分子量<6000)，上海进口分装：96、40 孔酶标板，浙江黄岩；8 孔酶标条，NUNC；实验动物：新西兰白兔，兔龄5～6 个月，体重 2.5～3 kg，江苏农科院畜牧所。

2.1.2 主要仪器设备 紫外可见分光光度计 CHART 200-91522D，日本岛津；酶免疫检测仪 DG-I，华东电子管厂；低温冰箱－30℃，日本三洋；电热恒温水浴 HH-8，常州国华仪器厂；红外光谱仪 N ICOL ET FT-IR；核磁共振仪 ACF-300M HZ，BRU KER；有机质谱仪 ZAB-HS，英国 VG 公司；高效液相色谱仪美国 Waters 公司；高速冷冻离心机 TGLL-18B，江苏太仓医疗器械厂；旋转蒸发仪 ZQ F85A，上海医械专机厂。

2.2 甲萘威半抗原的合成

2.2.1 N-(萘乙酰基)-6-氨基己酸($CBRH_1$)的合成 在反应瓶中加入 30 mL 苯和 2.8 g α-萘乙酸，溶解后加入 18 mL 亚硫酰氯，室温搅拌反应半小时，升温回流反应 4 小时(反应生成的 HCL 气体经碱瓶吸收)。将反应液冷却至室温，搅拌下逐滴加入 6-氨基己酸溶液(4.5g KOH 溶于 75 mL 水，加 6-氨基己酸 3 g，搅拌反应 10 分钟，冷却至室温)，搅拌反应 3 小时，反应液 pH10 左右。静置分层，取水相，苯层用碳酸盐缓冲液 20 mL×2 洗涤。合并水相。冰浴下用 2 mol/L HCl 调节至 pH 2～3，析出白色结晶。过滤，30 mL pH2～3 的水洗涤结晶 2 次。滤液用乙醚 20 mL×3 萃取。合并乙醚液，无水硫酸钠干燥，蒸除乙醚又得部分结晶。合并结晶，用少量乙醚重结晶 1 次，共得产物 2.65 g，m.p. 90～92℃，收率 59%。

2.2.2 3-(α-萘氧羰基)丙酸($CBRH_{II}$)的合成 2.88 g α-萘酚置反应瓶中，用 20 mL 四氢呋喃溶解。加琥珀酸酐 3 g 和三乙胺 4 mL，避光搅拌回流反应 12 小时。减压蒸除三乙胺和大部分溶剂，残留物用 30 mL乙酸乙酯溶解。冷却至 4℃，搅拌下用 0.1 mol/L HCl 调节至 pH3～4，加水 20 mL。静置，分取酯相。水相再用乙酸乙酯 10 mL×3 萃取。合并酯相，无水硫酸钠干燥后浓缩至 20 mL。将此溶液用硅胶 H 柱层析净化，收集目标组分，减压蒸除溶剂得白色结晶。用少量冰冷的乙醚洗涤结晶后干燥，得产物 4 g，产率 82%，m.p. 112～114℃。

2.3 甲萘威人工抗原的合成与鉴定

称取 60 mg $CBRH_1$ 和 28 mg NHS 置反应瓶中，加 1 mL 无水 DMF 溶解。另取 80 mg DCC 溶于 4 mL无水 DMF，将此溶液加入反应瓶，室温搅拌反应 5 小时。反应液置 4℃条件下密闭静置 2 小时以上。离心，取上清活性酯液。

称取载体蛋白 BSA、HSA、OVA 各 40 mg，分别溶于 4 mL 0.05 mol/L pH8.0 的 PB。搅拌下将上述活性酯液等量分次加到三种蛋白质溶液中，约 30 分钟加完。室温缓慢搅拌反应 1 小时，4℃缓慢搅拌反应过夜。次日将反应液置透析袋内，于 0.01 mol/L pH6.8 的 PB 中 4℃搅拌透析，每 4 小时换一次透析液，直至透析液中测不出半抗原的 OD_{292} 为止。精确计量透析后偶联物溶液的体积，计算蛋白质浓度。以最后一次的透析外液作空白，分别对偶联物溶液、半抗原溶液、载体蛋白溶液进行紫外扫描，根据扫描图谱确定半抗原是否与载体蛋白发生了偶联。根据各自的 OD_{292} 和浓度分别计算摩尔吸光系数 e_{292}，按下式估算半抗原与载体蛋白结合的分子数之比(结合比)。结合比＝($e_{292(\text{偶联物})}$-$e_{292(\text{载体蛋白})}$)/$e_{292(\text{半抗原})}$。偶联物溶液分装于冻存管，－20℃保存。

2.4 抗体的制备与纯化[11]

选择结合比 20～30/1 的偶联物 $CBRH_1$-BSA 和 $CBRH_{11}$-BSA 作免疫原，$CBRH_{11}$-HSA、$CBRH_1$-OVA 和 $CBRH_{11}$-OVA 作包被原。首次免疫采用由弗氏完全佐剂乳化的免疫原，于兔背部皮内多点注射免疫。首免后间隔四周、以后每隔二周用由弗氏不完全佐剂乳化的免疫原，于兔背部和颈部皮下多点注射加强免疫，免疫剂量为每公斤兔体重 2 mg(以载体蛋白计)。从第四次开始，每次免疫后一周，兔耳缘静脉采少量血，分离血清。琼脂双扩散法测定抗血清效价达 1∶16 以上、间接 ELISA 法测定中点效价(酶促显色反应产物的 OD 值≈1.0 时抗血清的稀释倍数)达 2×10^4 时，兔颈动脉采全血，分离血清。经 35%饱和度的硫酸铵三步盐析分离和 DEAE 纤维素反相吸附纯化，聚丙烯酰胺凝胶电泳法鉴定抗体纯度后冻干，纯化抗体于－20℃保存。

2.5 抗体与半抗原的酶标记[12]

抗体与半抗原均采用 HRP 标记，抗体的酶标记采用改良的过碘酸钠法，Sephadex G200 柱层析纯化。半抗原的酶标记采用混合酸酐法，Sephadex G50 柱层析纯化。酶标记物于 50%甘油中－20℃保存。酶标抗体和酶标半抗原的效价测定分别采用包被抗原和包被抗体直接 ELISA 法。

2.6 抗体的免疫化学特性考察

分别采用间接竞争，包被抗体(E-H)、包被抗原直接竞争 ELISA 法测定甲萘威对不同抗原抗体组合结合反应的抑制率。甲萘威的浓度设置为 $10^2 \sim 10^{-5}\mu g/mL$。甲萘威对抗原抗体结合的反应抑制率越高，表明抗体与甲萘威的亲和力越高。进一步的研究采用与甲萘威亲和力高的抗 CBRH I-BSA 纯化抗体。

2.7 甲萘威免疫分析方法的建立与条件优化

2.7.1 抗原抗体最适工作浓度 分别对间接竞争 ELISA 法，包被抗体、包被抗原直接竞争 ELISA 法的工作条件(包括包被介质、反应介质、抗原和抗体的浓度等)进行试验，试验采用方阵滴定法。根据试验结果，选择甲萘威对抗原抗体结合反应抑制灵敏度高，甲萘威空白对照 OD 值≈1.0，抗原和抗体用量均少的试验组合为最佳工作条件组合。

2.7.2 甲萘威标准抑制曲线的建立 分别在间接竞争 ELISA 法，包被抗体、包被抗原直接竞争 ELISA 法的最佳工作条件下，测定不同浓度甲萘威对抗原抗体结合反应的抑制率(I%)，$I=100[(OD_{对照}-OD_{甲萘威})/OD_{对照}]$。以抑制率为纵坐标，甲萘威浓度(C)为横坐标绘制标准曲线。通过回归分析，建立回归方程 $I=B\log C+A$，计算抑制中浓度(IC_{50})和检测限(IC_{20})并进行相关分析。

2.8 抗体的特异性考察

在优化的包被抗体直接竞争 ELISA 分析条件下，分别测定其他常用氨基甲酸酯杀虫剂、α-萘酚和半抗原对固相抗体与酶标半抗原结合反应的 IC_{50}、甲萘威的 IC_{50} 与其他被测物 IC_{50} 的百分比值，即为交叉反应率。

3 结果与分析

3.1 半抗原的结构分析结果

3.1.1 $CBRH_I$ (

)红外光谱(IR，KBr 压片)cm^{-1}：3247(s，vN-H)；3080(m，A r-H，δN-H 倍频)；2931(s，vC-H)；2760～2540(w，COO-H，缔合)；1700(s，C=O，羧酸)；1636(s，C=O，酰胺)；1566(m，δN-H)。

核磁共振氢谱(H'NM R，TMS 为内标，共振频率 300.133 MHz，溶剂 CDC13)δ(ppm)：1.01～1.11(p，2H，$-CH_2-$)；1.23～1.32(p，2H，$-CH_2-$)；1.40～1.50(p，2H，$-CH_2-$)；2.16～220(t，2H，$-CH_2$-C-O)；3.07～3.13(q，2H，CN-CH_2-)；4.01(s，2H，A r-CH_2-C-)；5.44～5.48(t，1H，N-H)；7.37～7.94(m，7H，A r-H)。

质谱(M S，EI70ev) m/e (relative intensity)：299.1(11.85，M^+)；240.1[1.13，M^+-59(CH_2COOH)]，199.1[0.53，$(M+1)^+$-101(C_4H_8COOH)]；186.1[23.62，$(M+1)^\pm$ 114(C_5H_9COOH)]；142 1[100，M^+-157($OCNCCH_2)_5COOH$]；141，1(79.49，M^+-158)；115.0(19.06，$C_5H_{10}COOH^+$)；69.1(14.99，$C_5H_9^+$)；55.1(9.45，$C_4H_7^+$)。

3.1.2 $CBRH_{II}$ (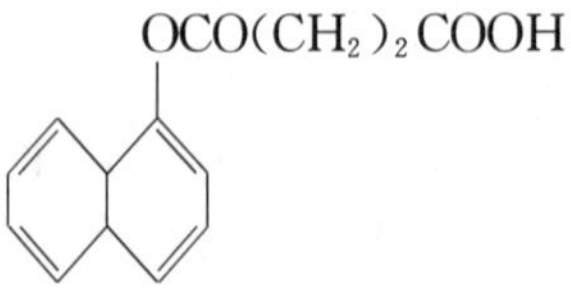

)红外光谱(IR，KBr 压片)cm^{-1}：3052(m，A r-H)；2933(m，C-H)，2800～2540(m，COO-H，缔合)，1760 (vs，C=O，酯)；1707 (vs，C=O，羧酸)，1597(m，C=C)；1226(s，C-O-C)

核磁共振氢谱(H'NMR,TMS 作内标,共振频率 300.133MHz,溶剂 $CDCl_3$)δ(ppm):2.87～2.94(t,2H,—CH_2—),3.01～3.08(t,2H,—CH_2—),7.22～7.91 (m, 7H,Ar—H),9.36(s,1H,O—H)

3.2 人工抗原的鉴定结果

半抗原与载体蛋白共价偶联后,所得偶联物的紫外吸收光谱兼具载体蛋白和半抗原的特征,摩尔吸光系数明显增加。根据紫外吸收的加和性和半抗原、载体蛋白及偶联物的摩尔吸光系数 e_{292} 计算,$CBRH_Ⅰ$与 BSA、HSA、OVA 的结合比分别为 23/1、21/1、11/1,$CBRH_Ⅱ$与 BSA、HSA、OVA 的结合比分别为 24/1、22/1、12/1。CBRH I-BSA 和 $CBRH_Ⅱ$-BSA 作免疫原,$CBRH_Ⅰ$-HSA、$CBRH_Ⅰ$-OVA 和 $CBRH_Ⅱ$-OVA 作包被原。

3.3 抗血清、纯化抗体、酶标抗体、酶标半抗原的效价

间接 ELISA 法测定抗 $CBRH_Ⅰ$-BSA 血清与 $CBRH_Ⅰ$-OVA、BSA、OVA 结合的中点效价分别为 1×10^4、1.6×10^3、4×10^2,终点效价分别为 4×10^4、10^4、10^3。抗 $CBRH_Ⅱ$、BSA 血清与 $CBRH_Ⅱ$-OVA、BSA、$CBRH_Ⅱ$-BSA 结合的中点效价分别为 4×10^2、10^4、3.2×10^3,终点效价分别为 6.4×10^3、1×10^5、5×10^4。抗 $CBRH_Ⅱ$-BSA 血清与 BSA 的结合效价高于与 $CBRH_Ⅱ$-BSA 的结合效价,表明该抗血清与半抗原无亲和能力,预示着该抗血清与甲萘威的亲和力也低。可能原因是 $CBRH_Ⅱ$分子为酯类结构,在动物体内易被酯酶水解脱掉半抗原,只留下载体蛋白部分作抗原。因此,要获得对农药分子具高特异性和亲和力的抗体,关键是要制备在化学上和在动物体内均具有较高稳定性、并保留目标分析物分子结构特征的半抗原和人工抗原。间接 ELISA 法测定抗 $CBRH_Ⅰ$-BSA 纯化抗体与 $CBRH_Ⅰ$-OVA 结合的中点效价和终点效价(以浓度计)分别为 1.6 μg/mL 和 0.3 μg/mL。直接 ELISA 法测定 HRP 标记抗 $CBRH_Ⅰ$-BSA 纯化抗体与 $CBRH_Ⅰ$-OVA,HRP-$CBRH_Ⅰ$与纯化抗体结合的中点效价和终点效价均分别为 8×10^2 和 3.2×10^3。

3.4 甲萘威与抗体的亲和性

图1为不同浓度甲萘威对不同抗原抗体组合结合反应的抑制曲线。从图1可以看出,甲萘威与抗

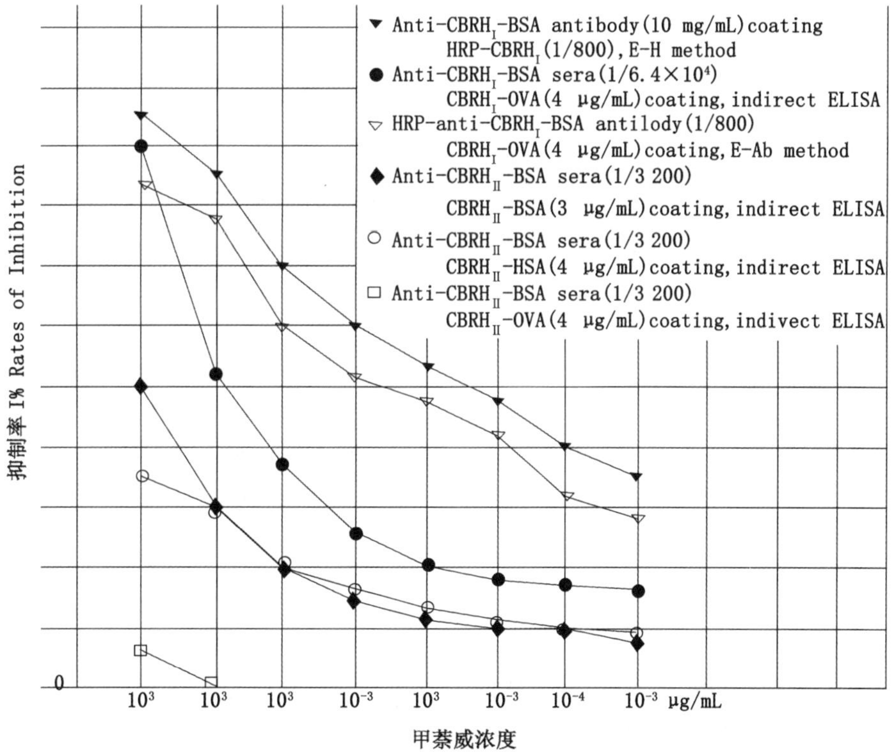

图 1 甲萘威对不同抗原抗体组合结合反应的抑制曲线

Fig. 1 Inhibition curves of carbaryl to different antigen-antibody reaction

$CBRH_{Ⅰ}$-BSA 血清及其纯化抗体的亲和力高，因而对抗 $CBRH_{Ⅰ}$-BSA 血清及其纯化抗体与有关抗原结合的抑制灵敏度高（IC_{50}低），表明利用该抗体测定甲萘威的灵敏度高。甲萘威与抗 $CBRH_{Ⅱ}$-BSA 血清亲和力低。表明以 $CBRH_{Ⅱ}$-BSA 免疫兔未获得对甲萘威具高亲和力的特异性抗体。从图 1 还可以看出，HRP 标记的抗 $CBRH_{Ⅰ}$-BSA 抗体与甲萘威亲和力较低。可能原因有：抗体标记与纯化不完全，酶标抗体纯度低；酶标抗体的抗原结合部位结构发生变化，与甲萘威的亲和力降低。

3.5　甲萘威 ELISA 分析最佳工作条件及分析标准曲线

经试验筛选，在间接竞争 ELISA 法和 E-Ab 直接竞争 ELISA 法中，用 0.05 mol/L pH9.5 碳酸盐缓冲液将 $CBRH_{Ⅰ}$-OVA 稀释成 4 μg/mL 作包被原。在 E-H 直接竞争 ELISA 法中，用 pH7.6 PB 将抗 $CBRH_{Ⅰ}$-BSA 纯化抗体稀释成 6 μg/mL 包被酶标板。抗 CBRH Ⅰ-BSA 血清、HRP 标记抗 $CBRH_{Ⅰ}$-BSA 抗体、HRP-$CBRH_{Ⅰ}$ 的工作效价分别为 10^4、8×10^2、8×10^2。在上述优选条件下测定不同浓度甲萘威对抗原抗体结合的标准抑制曲线，结果见图 2。从图 2 可以看出，E-H 法直接竞争 ELISA 法分析灵敏度最高，在甲萘威浓度 $10^1\sim10^{-4}$ μg/mL 范围内，回归方程 I＝9.46logC＋73.6，r＝0.995 1，IC_{50}＝3.06 ng/mL，检测限（IC_{20}）0.002 ng/mL。间接竞争 ELISA 法的灵敏度次之，在甲萘威浓度 $10^1\sim10^{-4}$ μg/mL 的范围内，回归方程 I＝9.82 logC＋63.34，r＝0.9845，IC_{50}＝43.74 ng/mL，检测限为 0.039 ng/mL。E-Ab 直接竞争 ELISA 法的灵敏度低，在甲萘威 $10^1\sim10^{-2}$ μg/mL 范围内，回归方程 I＝16.44 logC＋44.92，r＝0.9431，lC_{50}＝2 μg/mL，检测限 30.49 ng/mL。

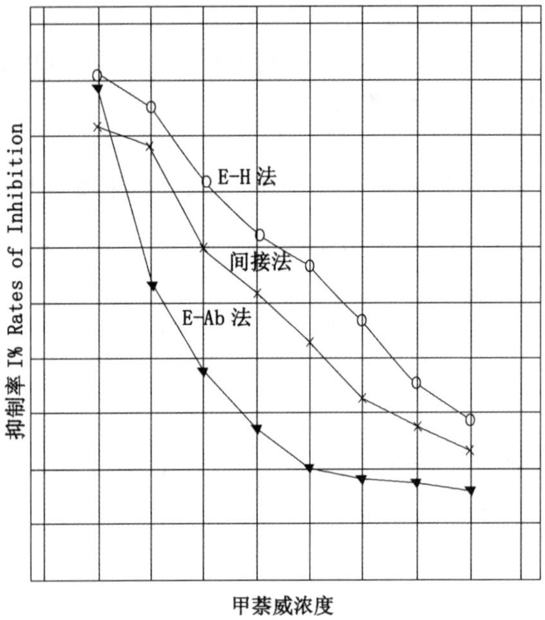

图 2　甲萘威对抗原抗体结合反应的标准抑制曲线

Fig. 2　Standard inhibition curves of carbaryl to antigen-antibody reaction

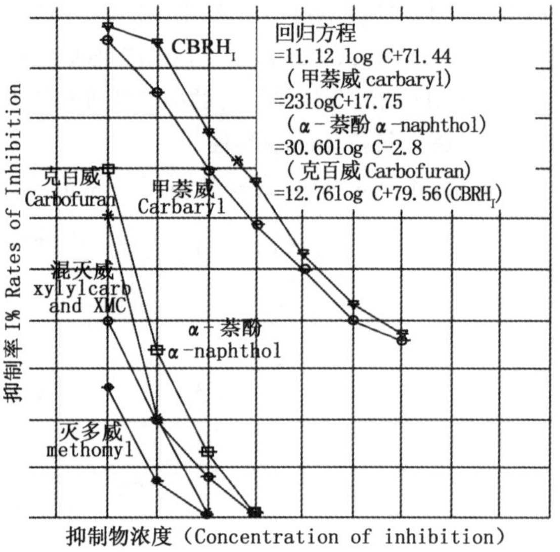

图 3　常用氨基甲酸酯类杀虫剂、α-萘酚、$CBRH_{Ⅰ}$ 对抗原抗体结合反应的抑制曲线

Fig. 3　Inhibition curves of some common used carbamate pesticides, α-naphthol and $CBRH_{Ⅰ}$ to antigen-antibody reaction

3.6　抗体的特异性

采用 E-H 直接竞争 ELISA 法同时测定了甲萘威、α-萘酚（甲萘威的主要降解产物）、克百威、混灭威、灭多威及 $CBRH_{Ⅰ}$ 对抗原抗体结合反应的抑制情况，结果见图 3。根据抑制曲线进行回归分析，计算 $CBRH_{Ⅰ}$、α-萘酚、甲萘威、克百威、灭多威、混灭威的 IC_{50}（μg/mL）分别为 0.0048、2.52、0.0118、53.15、1 860、307.5。交叉反应率（%）分别为 246、0.47、100、0.022、0.001、0.003 8。α-萘酚和其他常用氨基甲酸酯类杀虫剂对甲萘威的分析无干扰。该法具灵敏度高、特异性强、简便快速、不需要贵重仪器等特点，可开发应用于复杂样本中甲萘威残留的高灵敏度快速检测。

参考文献

[1] Worthing C. R. ,Hance R J. In the Pesticide Manual:A World Compendium. 7th ed,BCPC Publications, Berks,UK,1983

[2] Lechner D. W. and A bdelz-Rahm an M. S. ,*A rch. Environ. Contam. Toxicol.* ,1985,14:451～457

[3] Casale G. P. ,et al. *Immunophamacol. Immunotoxicol*,1993,15:199～215

[4] Branch R. A. and Jacqz E. ,*Am. J. M ed.* ,1986,80:741～745

[5] Bavari S. et al. *Fundam. Appl. Tox icol..* ,1991,17:61～74

[6] Yess N. J. and Gunderson E L. , United States Food and Drug Administration. Chem. ,1995,43(8):2308～2315

[7] Schattenberg H. J. and Hsu J. P. ,Pesticide Residue Survey of Produce from 1989 to 1991. *J. of AOAC Int*, 1992,75:925～933

[8] Chiba M. A. ,*J. Agric Food Chem.* ,1981,29:118～121

[9] Wallbank B. E,*J. Chramatogr.* ,1981,208:301～311

[10] Mc Garvey B. C. ,*J. Chramatogr.* ,1993,642:89～105

[11] 李成文编著. 现代免疫化学技术. 北京:中国科学技术出版社,1990

[12] 蒋成淦编著. 酶免疫测定法. 北京:人民卫生出版社,1984

Studies on Enzyme-linked Immunosorbent Assay for the Determination of Carbaryl

Liu Shuzhao Feng Dahe Qian Chuanfan

(Department of Plant Protection, Yangzhou University, Yangzhou, 225009;

Department of App lied Chemistry, China Agricultural University, Beijing, 100094)

Abstract Two kinds of haptens, $CBRH_I$ and $CBRH_{II}$,for carbaryl had been synthesized and covalently conjugated to bovine serum (BSA), human serumin albumin (HSA) orovalburnin (OVA) to prepare synthetic antigens (immunogens) and coating antigens. The polyclonal antibody which is specific to carbarylwas obtained from New Zealand white rabbit's sera by using the $CBRH_I$-BSA as immunogen. The hapten and antibody were tagged by horseradish peroxidase and three formats of enzyme-linked immunosorbent assays (ELISA) were established for the determination of carbaryl. With the optimized format and the conditions of ELISA, the detection limit was lower than 0. 01 ng/mL, and there were no interference caused by other common used carbamate in secticides.

Key words carbaryl, hapten, synthetic antigen, enzyme-linked Immunosorbent assay

(注:此文原载于《农药学学报》,1999,1(1):62－68)

Quantitative Analysis of Toxin Proteins in Bacillus Thuringiensis Products

Liu Fengmao Qian Chuanfan① Jiang Shuren

(Department of Applied Chemistry, China Agricultural University, Key Laboratory of Pesticide Chemistry and Application Technology of Ministry of Agriculture, Beijing 100094)

Abstract The quantitative method, Sodium Dodecyl Sulphate Polyacryamide Gel Electrophoresis (SDSPA GE)-Colorimetry, of toxin proteins in various *B. t.* commercial products was presented *B. t.* samples were pretreated with aqueous NaOH at high pH, and treated with Laemmli sample buffer, then electrophoresis was carried out. After stained with Coomassie Brilliant Blue (CBB) R-250, the band of 130KD-toxin proteins was cut out, and the absorbed CBB R-250 was eluted with pyridine. The absorbance of the eluted dye was measured at 605 nm. This method characterized by relatively high accuracy and precision. Relative standard deviation (RSD) was nearly 5%. The fortified recoveries varied from 94.6%～99.2%. There were no significant differences between the data from SDS-PAGE-Colorimetry and SDS-PAGE-TLC-Scanner. The relationship between the percentage of 130KD-toxin protein and the potency of insect bioassay was studied.

Key words *Bacillus thuringiensis*, Quantitative analysis, Electrophoresis, Colorimetry

1 Introduction

Bacillus thuringiensis (*B. t*) is a species of gram positive aerobic soil bacterium, which shows high toxicity to the larvae of various insects including L. epidoptera, Coleoptera and Diptera. It is one of the bioinsecticide products which has been developed fastest and used widest in the world.

The first approach to assess the potency of *B. t.* was to count the variable spores Based on the ability of most strains to produce one crystal and one spore, spore count could be related to amount of crystal and thence to potency. Afterwards people realized that a single cell may produce crystals of varying sizes and varying relative proportions of its toxin protein constituent based on the subtle environmental change[1]. This method has been taken the place of by the insect bioassay. Insect bioassay is the standard method for comparing the efficacy of different *B. t.* strains. Quantification of products has been in the terms of international units (IU's), based on insect bioassay activity of a product compared to that of a standard[2]. Although this bioassay technique is efficacious, it suffers from the requirements of high variability, space and personnel in the United States, Environmental Protection Agency in *B. t.* Registration Standard requires that all labels of *B. t.* product be listed the amount of

①Corresponding authors: Qian Chuanfan, female, 68, Professor, Tel. 010-62891845, E-mail: cfqian@cau.edu.cn; Liu Fengmao, male, 27, Ph. D. student, Tel. 010-62892949 toxin protein as percentage of active ingredient (by weight). Then some methods have been studied to measure toxin proteins in *B. t.* products.

Andrews *et al.*[3] developed Rocket Immunoelectrophoresis Assay to quantify *B. t. kurstaki* parasporal crystals Enzyme-linked Imm unosorbent Assay (ELISA)is also used to detect the toxin proteins of *B. t.* by WIE[4]. In both methods, the development of unique antibody reagents is required for each *B. t.* strain; these reagents limit the shelf life[1].

The application of High Performance Liquid Chromatography (HPLC) to determine *B. t. sandiego* toxin protein quantitatively was described by Wittwer[5]. HPLC method to analyze the larger *B. t.* proteins has not been found.

Beyond the problem there was a need to find a new quantitative method which was faster and more accurate than the above methods and did not need special equipment Brussock reported Sodium Dodecyl Sulphate-Polyacrylam ide Gel Electrophoresis (SDS-PA GE) for the detection of *B. t.* toxin protein[6]. This method is sensitive, but it needs expensive scanning equipment It is difficult to popularize in the developing countries In this paper, SDSPA GE-Co lorimetry method was presented 130KD-toxin protein in *B. t. kurstaki* was separated by SDS-PA GE, then the Coomassie Brilliant Blue (CBB)R-250 absorbed by toxin protein in the gelwaseluted with 25% pyridine The absorbance of the eluted dye was analyzed at 605 nm. The data from this method correlated with those from SDS-PA GE-TLC-Scanner, the method of Brussock, and insect bioassay. This assay is quick and easy to perform and does not require specialized reagents or apparatus. Hence, this method can be used as a complementary to bioassay evaluation of *B. t.* products.

2 Experimental

2.1 Apparatus and analytical reference standard

DYY Ⅲ28A Electrophoresis apparatus; DYY Ⅲ28 Electrophoresis cell(with 12 well) (the thickness of the gel: 1.5 mm; the size of the gel: 145 mm×100 mm)(Beijing Liuyi Instrument Factory)

Analytical reference standard(RS) (H3a3b): 9.3% toxin protein (130KD) was obtained from *B. t.* Research and Development Center in Hubei, China

2.2 Method

In order to establish SD S-PA GE-Colorimetry method for quantitative determination of toxin proteins, the relationships between the concentration of CBB R-250 and its absorbance, between the amount of toxin protein and the absorbance of the eluted dye, and between the percentage of toxin protein and the potency of in sect bioassay were studied respectively.

2.2.1 Preparation of samples

Samples: *B. t.* technical material(TC), wettable powder (WP), suspension concentrate(SC) (MW of major toxin protein was 130kD).

RS, TC, and WP: 20.0 mg of RS, TC or WP samples were suspended in 2.0 mL of water in the centrifugal tube respectively.

SC: Weighed 10 g of SC sample to 0.1 mg, transferred to a 100 mL volumetric flask, diluted to volume with water, stirred and removed 2.0 mL of diluted liquid into the centrifugal tube.

The aliquot was treated with NaOH for 5 min, the final concentration of NaOH was 0.1 mol/L, then 0.5× volume of 3× Laemmli sample buffer[7] was added. The mixture was heated at 100℃ for about 5 min. Each sample was centrifuged at 4 000 r/min for 10 min to pellet insoluble substances (Centrifuge, LG 10-2. 4A, 10 000 r/min)[6].

2.2.2 Separation of toxin proteins by SDS-PAGE

2.2.2.1 Gels containing 5%(stacking gel) and 10% of acrylamide were prepared from a stock solution of 30% of acrylamide and 0.8% of *N* , *N*′-bis-methylene-acrylamide by weight The electrode buffer (pH8.3) contained 3.03 g/L Tris (A.R.) and 14.42 g/L glycine(A.R.) and 0.1% SDS. The final concentration of Laemmli sample buffer was: 0.0625 mol/L Tris-HCl (pH6.8), 2% SDS, 10% glycerol, 5% mercaptoethanol (C.R.) and 0.001% bromophenol blue as the dye. All procedures for electrophoresis including staining and destaining of gels were just the same as the method of Laemmli[7] and Zhou[8].

2.2.2.2 Samples prepared (about 15 μg of 130KD-toxin protein) were loaded to the gel. The volume of RS solution in each lane was 15, 20, 25, 30, and 40 μL(about 7.5~20 μg of toxin protein) respectively. When SDS-PAGE-TLC-Scanner method was applied, the volume of RS solution in each lane was 6,8,10,12,and 14 μL(about 3~7 μg of toxin protein)respectively. The loaded samples contained about 5 μg of toxin protein.

2.2.2.3 Gel electrophoresis: Electrophoresis was carried out at 100 V in stacking gel and at 120 V in running gel until the bromophenol blue marker reached 1 cm of the bottom of the gel. The gels were dialyzed in 7.5% acetic acid for 30 min and stained with CBB R-250 solution(0.1% CBB R-250 in 10% acetic acid and 45% methanol)for overnight, The gels were washed by the solution of 30% (*V/V*) ethanol and 10% (*V/V*) acetic acid and they were destained with successive changes of 10% (*V/V*) methanol and 3.5% (*V/V*) acetic acid at 37℃ until the backgrounds were colorless.

2.2.3 Toxin protein determination

2.2.3.1 SDS-PAGE-Colorimetry

The stained 130kD-toxin protein bands were cut out from the gel with a razor blade, and CBB R-250 absorbed in the band was eluted with 3.0 mL of 25% pyridine (A.R.) in water(*V/V*) in a tube at 37℃ with shaking (150 r/min) for about 4 h. The absorbance of the resultant solution was read at 605 nm by 721 Spectrophotometer(Shanghai No. 3 Analytical Instrument Factory). Then the amount of toxin protein in the sample was calculated by using the equation (1).

$$\text{Toxin protein}\ (\%)=\frac{\mu\text{g toxin protein from standard curve}}{\mu\text{L sample loaded}}\times\frac{1}{\text{mg/mL concentration of original sample solution}}\times 100 \quad (1)$$

2.2.3.2 SDS-PAGE-TLC-Scanner[9]

The 130kD-protein bands were scanned at 600 nm with High Speed TLC Scanner CS-920(Shinadzu, Kyoto, Japan), then the amount of 130 kD-toxin protein (See Fig 1) was calculated by using the equation (1).

2.3 Potency Determination

Based on the method of Beegle[3] and Chen *et al.*[10], a bioassay against *Plutella xylostella* to determ ine the potency of the samples was performed.

Bioassay standard (H3a3b) was obtained from *B. t.* Research and Development Center in Hubei, China. Its potency was 15 000 IU/mg.

Potencies were calculated by using the following equation.

$$\text{Potency of sample}=\frac{LC_{50}\ \text{standard}}{LC_{50}\ \text{sample}}\times\text{potency of standard} \quad (2)$$

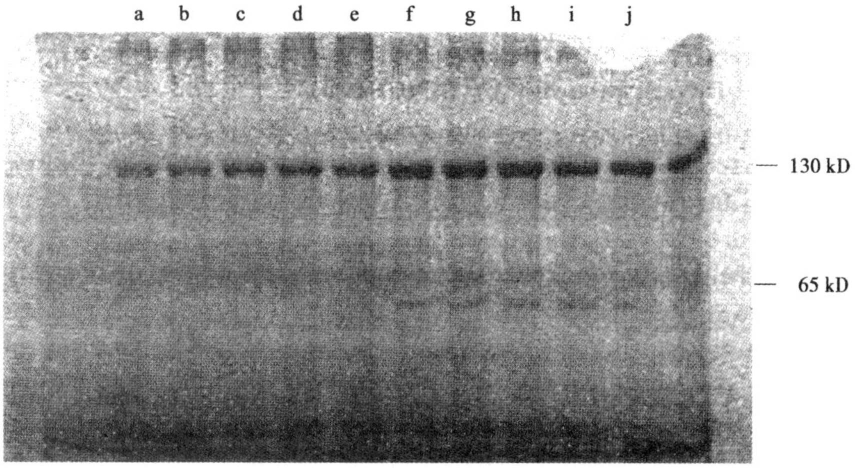

Fig 1 SDS-PAGE of the RS and samples of *B. t.*

Note: Lanes a-e are SDS-PAGE of the RS. The toxin protein in the lane is 3,4,5,6,7 μg respectively. Lanes f-j are SDS-PAGE of the sample Each lane contains approximately 5 μg of toxin protein.

3 Results and discussions

3.1 Determination of B. t. toxin protein by SDS-PAGE-Colorimetry

3.1.1 The absorption wavelength of CBB R-250

The maximum absorption wavelength(λ_{max})of CBB R-250 was 545～560 nm and then the pyridine shifted it to 605 nm. This result was similar to that of Fernner[11], so the absorbance of the eluted dye was determined at 605 nm.

3.1.2 Linear correlation test

The relationship between the concentration(C) of CBB R-250 and its absorbance (A)was measured. The result showed that the concentration of CBB R-250 from 4 μg/mL to 40 μg/mL correlated with its absorbance The regression equation was $A=0.0224C+0.0022$, the correlation coefficient was 0.9997.

The relation ship between the absorbance of the eluted dye and the concentration of toxin protein was also studied. The concentration of the toxin protein in the range of 1.5 μg/mL to 7.0 μg/mL correlated with the amount of the eluted dye. Their regression equation was $A=0.0962C-0.0174$, the correlation coefficient was 0.9982. It showed that protein absorbed CBBR-250 quantitatively, 25% of pyridine(V/V)could extract CBB R-250 quantitatively from the stained protein on the gel, and the concentration of the toxin protein correlated with the eluted dye.

3.1.3 Precision test

The amount of 130 kD-toxin protein in TC, WP and SC samples was determined respectively. The result was presented in Table 1. The standard deviation (SD) was between 0.03% and 0.20%. Relative standard deviation (RSD) varied from 1.59% to 4.76%.

Table 1 The repeatability of various *B. t.* samples by SDS-PAGE-Colorimetry

	1	2	3	4	5	6	7	Mean value	SD	RSD%
Shandong TC(%)	1.62	1.53	1.53	1.57	1.58	1.48		1.55	0.03	2.14
MP-342 TC(%)	7.43	7.92	7.81	7.56	7.88	7.57		7.70	0.20	2.61
Hubei WP(%)	1.21	1.19	1.20	1.17	1. 10	1.18	1.11	1.17	0.04	3.73
Turex WP(%)	1.61	1.56	1.66	1.64	1.50	1.58	1.60	1.59	0.05	1.59
Agree 50 WP(%)	1.79	1.78	1.68	1.74	1.56	1.70	1.78	1.72	0.08	4.76
MP-342 SC(%)	3.51	3.48	3.56	3.49	3.44	3.57	3.38	3.49	0.07	1.90

3.1.4 Accuracy test

3.1.4.1 Recoveries of RS

About 20 mg of RS was treated as above, the absorbance of the eluted dye was measured, and then the recoveries of RS were calculated. The results were presented in Table 2.

Table 2 Recoveries of *B. t.* RS by SDS-PAGE-Colorimetry

	1	2	3	4	5	6	7
RS/mg	19.7	19.7	19.7	11.4	21.5	21.5	22.2
toxin protein/mg	1.83	1.83	1.83	1.06	2.00	2.00	2.07
Toxin protein measured/mg	1.84	1.80	1.73	1.04	2.02	1.97	2.14
Fortified recovery(%)	100.55	98.36	94.54	98.11	101.00	98.50	103.38
Mean fortified recovery (%)				99.21			
SD(%)				2.79			
RSD(%)				2.81			

As shown in Table 2, recoveries of toxin protein in RS varied from 94.54% to 103.38%; mean value of recoveries was 99.21%; SD was 2.79% and RSD was 2.81%. It showed that the solubility of toxin protein in analytical reference standard was relatively constant and the toxin protein in solution was stable. In order to compare the data above with SDS-PAGE-TLC-Scanner method, similar experiment was carried out. The recoveries of SDS-PAGE-TLC-Scanner method varied from 92.04% to 104.76%; the mean recoveries was 98.43%; SD was 4.22%, and RSD< 5%.

3.1.4.2 Fortified recoveries of samples

Known amount of toxin protein in TC, WP and SC were added to the RS. The mixture Was treated as above, then the fortified recoveries were calculated by the equation (3). The results were presented in Table 3.

Table 3 Fortified recoveries of various *B. t.* samples by SDS-PAGE-Colormetry

Samples	Amount of samples/mg	Amount of RS/mg	Toxin protein measured/mg	Fortified recovery(%)	Mean value(%)	SD(%)	RSD(%)
MP-342 TC	13.0(1.00)	8.4(0.78)	1.70	95.27	97.03	4.58	4.72
			1.82	102.26			
			1.79	100.56			
	18.4(1.42)	9.0(0.84)	2.07	91.59			
			2.19	96.90			
			2.20	97.35			

Table 3 Continued

Samples	Amount of samples/mg	Amount of RS/mg	Toxin protein measured/mg	Fortified recovery(%)	Mean value(%)	SD(%)	RSD(%)
	18.5(1.42)	12.0(1.12)	2.33	91.73			
			2.65	104.33			
			2.37	93.31			
Hubei WP	14.8(0.17)	7.5(0.70)	0.89	102.60	98.57	3.98	4.04
	36.7(0.43)	10.0(0.93)	1.37	100.59			
			1.25	92.01			
	40.5(0.47)	9.4(0.87)	1.34	100.10			
			1.35	100.60			
			1.28	95.52			
MP-342 SC	220(0.77)	11.1(1.03)	1.71	94.74	94.56	4.67	4.94
		9.7(0.90)	1.66	99.13			
		9.5(0.88)	1.48	89.80			

Note: In parentheses are the values of 130 KD-toxin protein in samples or in RS

$$\text{Fortified recovery}(\%) = \frac{\text{the measured amount of toxin protein in samples and RS}}{\text{the amount of toxin protein in samples and RS}} \times 100 \quad (3)$$

As shown in Table 3, the accuracy of samples varied from 89.80% to 104.33%; SD varied from 3.98% to 4.67%; RSD varied from 4.04% to 4.94%. The recovery of samples measured by SDS-PAGE-TLC-Scannermethod varied from 90.30% to 107.10%, SD varied from 4.00% to 5.61%, and RSD varied from 4.14% to 5.79%.

3.2 Comparison between the results obtained from SDS-PAGE-Colorimetry and SDSPAGE-TLC-Scanner

The results of quantitative determination of toxin protein by SDS-PA GE-Colorimetry and SDS-PAGE-TLC-Scanner were listed in Table 4. In order to test whether there was random error between them, significance tests[12] were carried out. As shown in Table 4, F of samples $< F_{table}$, $t < T_{table}$. Hence, there were no significant differences between SDS-PAGEColorimetry and SDS-PAGE-TLC-Scanner.

Table 4 The significance tests of the results of two methods

Samples	SDS-PAGE-TLC-Scanner			SDS-PAGE-Colorimetry			F	F_{table}	T	T_{table}
	n_1	X_1(%)	SD(%)	n_2	X_2(%)	SD(%)				
MP-342TC	8	7.51	0.23	6	7.70	0.20	1.32	4.88	1.76	2.18
HubeiWP	7	1.18	0.04	7	1.17	0.04	1.00	4.28	0.47	2.18
CentariWP	7	4.82	0.10	6	4.83	0.11	1.21	4.39	0.18	2.20
MP-342 SC(A)	7	0.353	0.010	7	0.349	0.007	2.04	4.28	1.07	2.18
MP-342 SC(B)	4	0.345	0.008	9	0.339	0.011	1.89	8.85	1.25	2.20

3.3 Relationship between the amount of toxin protein in samples and their potency of insect bioassay

The relationship between the amount of toxin protein from SDS-PAGE-Colorimetry and the potency of insect bioassay against *Plutella xylostella* was listed in Table 5.

Table 5 The relation ship between the percentage of toxin protein and the potency of insect bioassay of *B. t.* samples

Samples	Toxin protein(%)	Potency/(IU/mg)
TurexWP	1.59	10 161
CentariWP	4.83	2 4231
HubeiWP	1.17	12 692
MP-342 SC	0.349	2 560
Yangzhou SC	0.235	2 374
Shandong SC	0.124	1 571

From the data of Table 5, the relationship between the amount of toxin protein(X) and potency (Y) was studied. The result showed that the regression equation was $Y=4\ 743.8X+2\ 361.3$, the correlation coefficient was 0.9614. The data of the amount of toxin protein were positively correlated with bioassay data except the datum of individual Centari WP. The authors considered that the potency is not only the contribution of 130KD-toxin protein but also the spores and some other toxin proteins. In different types of *B. t.* spores and some other toxin proteins have different activities. 130KD-protein is the main toxin in most *B. t.* products, which has activity to larvae of Lepidoptera and Diptera, so the content of 130KD-toxin protein is the main parameter to detect the activities of products. The combination of the content of toxin protein and the potency of bioassay may be more effective and scientific to evaluate the quality of products.

4 Conclusion

4.1 The method of quantitative determination of toxin protein in *B. t.* samples(TC, SC, WP) was described. *B. t.* samples diluted with water were treated at high pH and then Laemm li sample buffer was added. Separation of toxin protein was done by SDS-PAGE. The dye absorbed by protein was eluted with 25% pyridine, and the absorbance of the eluted dye was determined. This method is simple and possesses relatively high repeatability and accuracy.

4.2 The comparison of the data obtained from SDS-PAGE-Colorimetry with SDS-PAGE-TLC-Scanner showed that there were no significant differences between two methods.

4.3 As compared with the insect bioassay, quantitative determination of toxin protein in *B. t.* products in this method was simple and less time consuming. It had relatively high repeatability and accuracy. The data correlated with bioassay data. This method can be used as a complement in evaluation of *B. t.* products.

65kD-toxin protein is active to larvae of Lepidoptera and Diptera. Its content should be detected, however, 130kD-toxin protein is the most important toxin, only the correlation between the content of 130kD-toxin protein and the toxicity was studied.

4.4 Further work is under way to determine the other toxin protein in *B. t.* preparation and engineering *B. t.* It is necessary to use a separate standard for each type of δ-endotoxin to be quantified.

5 Acknowledgements

We thank *B. t.* Research and Development Center in Hubei, China, for supporting RS of *B. t.* and the Institution of Plant Protection of the Chinese Academy of Agricultural Sciences for providing the instrument of CS-920.

References

[1] Hickle L. A. , Fitch W. L. ,Analytical Chemistry of *Bacillus thuringiensis* ,ACS Symp. Ser. 432, Washington D. C,1990:1～8

[2] Beegle C. C,Analytical Chemistry of *B acillus thuringiensis* ,ACS. Symp. Ser. 432,Washington D. C. ,1990:14～21

[3] Andrew s R. E. , Jr. Iandolo B. S. J. J. , Campbell, *et al* , *Appl. Environ Microbiol* , 1980, 40: 897～900

[4] Wie S. I,Andrews R. E. Jr. ,Hammock *et al.* ,*Appl Environ. Microbiol*,1982,43:891～894

[5] Wittwer L. ,Colburn D. ,Hickle L. A. *et al.* ,Analytical Chemistry of *Bacillus thuringiensis* ,ACS Symp. Ser. ,432,Washington D. C. ,1990,72～77

[6] Brussock S. M. Currier T. C. , Analytical Chemistry of *Bacillus thuringiensis*, ACS. Symp. Ser. 432,Washington D. C. ,1990:78～87

[7] Laemm liU. K,*Nature*,1970,227: 680～685

[8] Zhou S W. , Method of Biochemistry Experiment(in Chinese), Beijing Agricultural University Press,Beijing,1989

[9] Liu F. M. , Qian C. F. , Jiang S. R. , Acta Phytophylacica Sinica (in Chinese), 1998, 25 (4): 359～363

[10] Chen J. F. ,Jiang H. . Gu B. G *et al.* ,*Pesticide Science and Administration*(in Chinese),1994,15 (4):26～30

[11] Fenner C. ,Traut R. R. ,Mason D. T. *el al* ,*Anal. Biochem.* ,1975,63:595～602

[12] Zhu S. H. , Quantitative Analysis (in Chinese), Beijing A gricultural University Press, Beijing,1994

苏云金杆菌制剂毒素蛋白定量分析

刘丰茂　钱传范　江树人

(中国农业大学应用化学系　农业部农药化学及使用技术重点开放实验室　北京　100094)

摘要　本文研究了苏云金杆菌制剂中毒素蛋白的 SDS-PAGE-洗脱比色定量分析方法 *B. t.* 样本用 NaOH 溶液处理,然后加 Laemm li 缓冲液处理,离心,取上清液进行电泳。用考马斯亮蓝(CBB) R-250 染色后,刮下 130 kD-毒素蛋白区带,用吡啶洗脱蛋白吸附的 CBBR-250,于 605 nm 测定溶液的吸光度,间接对毒素蛋白进行定量。本方法准确度高、精密度好。RSD 在 5%左右。添加回收率介于 94.6%～99.20%。本方法与 SDS-PAGE-TLC-扫描法结果相比没有显著差异。130KD-毒素蛋白的量与生物测定得到的效价之间也具有较好的相关性。

关键词　苏云金杆菌(*B. t.*),定量分析,电泳,比色

(注:此文原载于《农药学学报》,1999,1(2):73-81)

马杜霉素在鸡组织中残留检测方法的研究

Ⅰ.酶联免疫吸附测定(ELISA)*

沈建忠　钱传范　杨汉春　江海洋

(中国农业大学,北京　100094)

摘要　本文用混合酸酐法和活化酯法合成4种马杜霉素结合抗原。用其中一种作免疫原,免疫家兔产生抗体;用其余三种作包被原,探讨不同包被原于ELISA检测马杜霉素残留时,对其灵敏度(I_{50})和方法回收率的影响。试验结果表明,马杜霉素结合抗原免疫家兔制备的抗体对马杜霉素具有很高的特异性、亲和性和选择性。在间接竞争ELISA中,使用M-C_6-OVA(AE)、M-OVA(MA)和M-OVA(AE)作包被原时,马杜霉素标准工作曲线的I_{50}值分别为32.3、97.5和88.0 ng/mL,这证明M-C_6-OVA(AE)作包被原能大大提高ELISA检测的灵敏度。添加回收率试验测得鸡各组织样本回收率为77.7%～104.3%,变异系数为3.8%～18.0%,检测极限为3.0～8.0 μg/kg。

关键词　马杜霉素,鸡组织,ELISA,残留分析

马杜霉素(Maduramicin)是由微生物Actinamadia yumaense发酵产生的一种高效、广谱的新型聚醚类离子载体抗球虫药物添加剂[1]。由于其具有高的抗球虫活性、用量小、价格合理和球虫不易产生抗药性等特点,自1987年在我国批准使用以来,深受国内养鸡业的欢迎,销售量直线上升。但是,马杜霉素的毒性较大,对人畜具有潜在危害性,马杜霉素在鸡组织中的残留问题日渐重视。由于马杜霉素实际使用量(5 mg/kg)少,通常在鸡组织中的残留水平很低,加之马杜霉素铵盐或钠盐的水溶性极低,样品中马杜霉素的分离和检测十分困难,又因马杜霉素分子量大和多功能团的存在,无法用GC检测,此外其缺乏紫外吸收和电化学特征,无法用紫外检测器检测。到目前为止,国外对马杜霉素在动物组织中残留的研究报道很少,国内还未涉及这方面的研究。本文试图用不同抗原合成法合成马杜霉素结合抗原,并对包被原结构加以改变,探讨在ELISA检测马杜霉素残留时,不同包被原对其检测灵敏度的影响,旨在建立一种简便、可靠、快速、灵敏的马杜霉素残留检测方法,以便对饲料和动物组织中的马杜霉素残留进行监控、保证畜禽产品的质量。

1　材料和方法

1.1　试验材料

1.1.1　仪器设备:紫外可见分光光度计(751GW,上海),电子天平(Satorius公司),酶联免疫测定仪(5Ⅱ型,上海),微量熔点测定仪(北京),离心机(LD4-2A,北京),红外测定仪(IR435,Shimadzu),高分辨核磁共振仪(AM500,Bruker),质谱仪(MAT711,Zabspec),电泳仪(北京),透析袋(USA),酶标板(浙江)。

1.1.2　试剂及溶液:马杜霉素铵盐(纯度95.8%,北京微量化学研究所),马杜霉素钠盐(纯度>96%,北京微量化学研究所),N,N-二甲基甲酰胺(DMF,Fluka公司),N-羟基琥珀酰亚胺(NHS,纯度>98%,Merck-Schwchardr公司),氯甲酸乙酯(北京),乙基二甲氨基碳化二亚胺盐酸盐(EDC·HCl,纯

*本文承蒙朱蓓蕾教授指导和审阅,谨致谢意。

度99%,Fluka公司),硅胶GF_{254}薄层板(青岛海洋化工厂),1,6-己二胺(Sigma公司),牛血清白蛋白(BSA,Sigma公司),卵清白蛋白(OVA,Sigma公司),羊抗兔酶标二抗(HRP-IgG,北京华美生物工程公司),弗氏完全和不完全佐剂(FCA和FICA,中监所),聚丙烯酰胺凝胶和十二烷基硫酸钠(SDS,Sigma公司)。

酶联免疫测定用试液:磷酸盐缓冲液(PBS,0.01 mol/L,pH7.4和pH7.6—0.15 mol/L NaCl),包被液(碳酸盐缓冲液0.05 mol/L,pH 9.6),洗涤液与反应稀释液(PBST,0.01 mol/L,pH 7.4+0.05%吐温-20),底物液(OPD)。

1.1.3　试验动物:本实验室在饲料中未添加任何药物添加剂的条件下,饲养的AA肉鸡(42日龄),屠宰后取肌肉(胸肌)、肝脏(全肝)、肾脏和脂肪(腹脂)作空白样本。

1.2　试验方法

1.2.1　马杜霉素结合抗原的合成:采用混合酸酐法(MA)和活化酯法(AE)[2~4]:(1)M-OVA(MA)的合成:取52 mg马杜霉素铵盐溶于DMF中,先后加入30 μL三乙胺,20 μL氯甲酸乙酯,充分反应约30 min后,该反应液逐滴加入含有60 mg OVA的硼酸盐缓冲液(0.2 mol/L,pH 9.3～10%DMF)中,4℃下搅拌反应4 h,对反应液进行透析和离心,用分子排阻色谱(SephadexG-200,洗脱剂PBS)纯化,并用水平薄层SDS聚丙烯酰胺凝胶电泳法[5]和Bio-Rad Protein Assay Kit法[6]测半抗原与载体蛋白的结合比。(2)M-BSA(AE)和M-OVA(AE)的合成:取一定量的马杜霉素铵盐溶于乙酸乙酯中,用HCl酸化,重蒸水洗涤,干燥。取52 mg干燥产物溶于DMF中,依次加入12.1 mg NHS和30.2 mg EDC,室温下反应12 h,把上述溶液逐滴加入含载体蛋白(100 mg BSA或60 mg OVA)的硼酸盐缓冲液中,4℃下搅拌反应12 h,对反应液进行透析和离心,用分子排阻色谱纯化。水平薄层SDS聚丙烯酰胺凝胶电泳法和Bio-Rad Protein Assay Kit法测结合抗原的结合比。(3)M-C_6-OVA (AE)的合成:a.一元物(M-C_6)的合成:取1.0 g马杜霉素铵盐溶于10 mL甲苯(内含少量三乙胺)中,加入100 μL氯甲酸乙酯,反应30 min。称1. 23 g 1,6-己二胺溶于10 mL甲苯中,将上述马杜霉素酸酐滴加到己二胺甲苯溶液中,4℃下反应1.5 h,立即加冰水除去盐,55℃下旋转蒸发至近干,加6 mL无水乙酸乙酯溶解,用硅胶柱层析分离,TLC检测,将M-C_6(一元物)和M-C_6-M(二元物)分离。将一元物干燥结晶,计算收获率。用核磁共振(^{13}CNMR),快原子轰击质谱(FABMS)以及红外光谱(IR)对一元物进行分子结构与分子量的分析鉴定。b. M-C_6-OVA (AE)的合成:取一定量的一元物溶于DMF中,加入30 mL蛋白液(OVA 120 mg)中。取24.2 mg NHS和61.3 ng EDC分别溶于0.05 mol/L PBS(pH7.6)中,依次加到上述蛋白一元物混合液中,在室温下反应18 h,反应产物经透析、纯化后,用水平薄层SDS聚丙烯酰胺凝胶电泳法测M-C_6-OVA(AE)的结合比。

1.2.2　抗体的制造与鉴定:(1)制备抗体:将免疫原M-BSA(AE)加完全佐剂或不完全佐剂,按程序[2]免疫家兔(免疫剂量约1 mg/kg b·w)制备抗血清。方阵滴定确定最佳抗血清工作浓度和包被原浓度。(2)交叉反应:选择马杜霉素铵盐,马杜霉素钠盐,一元物(M-C_6),莫能霉素钠,盐霉素钠,拉沙洛菌素钠,甲基盐霉素钠,磺胺嘧啶钠,盐酸土霉素,盐酸金霉素,酒石酸泰乐菌素,乙酰螺旋霉素,氟哌酸,盐酸环丙沙星,硫酸链霉素,盐酸林可霉素,杆菌肽锌和伊维菌素等进行间接竞争性抑制试验,根据抑制曲线计算50%抑制抗原抗体结合的各竞争物浓度I_{50}(ng/mL),比较它们对抗体的亲和性。用下式计算竞争物对马杜霉素铵盐的交叉反应性[7]。

$$交叉反应率(\%)=\frac{I_{50}(马杜霉素)}{I_{50}(竞争物)}\times 100$$

1.2.3　ELISA竞争条件优化:分别配制不同pH值,离子强度及有机溶剂的PBST作为ELISA竞争反应介质,比较灵敏性以确定最佳反应条件,同时设定游离半抗原与抗体不同的预先反应时间,比较竞争反应的灵敏性。在此条件下,选择M-C_6-OVA(AE),M-OVA(AE)和M-OVA(MA)作为包被原,制备马杜霉素标准曲线，比较标准曲线的 I_{50} 值和斜率。

1.2.4　组织样本的提取和添加回收率的测定：取解冻的空白样本（肌肉，肝脏，肾脏和脂肪）3.0 g，置于 50 mL 具塞试管中，加入一定量的马杜霉素标准液（设 30，60 和 120 μg/kg 3 个添加水平）混合放置数分钟，加甲醇至 30.0 mL 刻度，旋涡振荡，－20℃冷冻，离心。取上清液 20 mL，60℃减压蒸发至近干，用甲醇定容至 2 mL。取此提取液与 3 倍体积的 PBST 混合，即成 1∶3 稀释的样本提取液。用 M-C_6-OVA（AE）1.25 μg/mL 包被 96 孔酶标板，每孔加 200 μL，4℃下过夜，用 PBST 洗涤酶标板 3 次；甩干板后用 0.1%明胶封闭（200 μL/孔），洗涤；取 1∶3 稀释样本提取液与稀释抗血清等体混合，37℃下放置1 h后，加入酶标板中（100 μL/孔），37℃下反应 1 h，洗涤：加羊抗兔酶标二抗（HRP-IgG，1∶1 000），100 μL/孔，37℃下，反应 1 h，洗涤；加底物显色液（OPD），150 μL/孔；加终止液，50 μL/孔，在酶联免疫检测仪 490 nm 下测 OD 值。同时，以各组织 1∶3 稀释样本甲醇提取液为介质，制备各组织（肌肉，肝脏，肾脏和脂肪）样本的标准曲线，根据相应各组织提取液为介质的标准曲线，计算各组织样本的添加回收率。

2　结果与分析

2.1　半抗原的合成与鉴定

反应产物用柱层析纯化时，出现两组组分，用薄层色谱检测，R_f 值分别为 0.27 和 0.91，而马杜霉素铵盐标准品的 R_f 值为 0.28，EDC，NHS 和 DMF 在薄层层析板上无明显斑点。根据化合物的极性试验初步断定第二组合（R_f 值 0.91）为一元物，其收获率为 31.5%。对一元物进一步鉴定结果如下：马杜霉素铵盐熔点为 165.5～168℃，一元物熔点为 165～167.5℃，这说明一元物纯度较高。红外光谱图和 ^{13}C 核磁共振谱图均表明马杜霉素铵已经连接了己二胺，并且该酰化反应是单酰化反应。在快原子轰击质谱图中，清晰地观测到 m/z1015 的 $[M+H]^+$ 峰以及 m/z997 的 $[M^+-H_2O]$ 峰和 m/z839 的 $[M^+-H_2O-CH_2CONH(CH_2)_6NH_2]$ 峰。从而进一步证明该产物是一元物（M-C_6）。合成半抗原的分子结构式，见图 1。

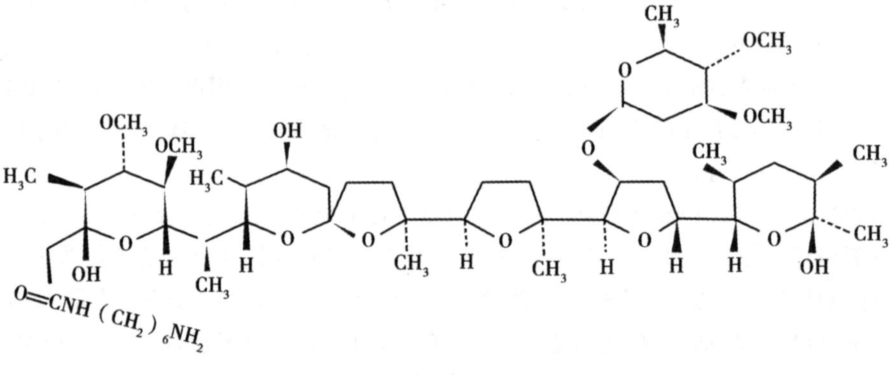

图 1　合成半抗原的分子结构式

Fig. 1　Molecular structure of hapten of Maduramicin

2.2　结合抗原的合成与鉴定

经用 SDS 聚丙烯酰胺凝胶电泳法测得结合比：M-OVA（MA）为 5.5，M-BSA（AE）为 8.6，M-OVA（AE）为 10.8，M-C_6-OVA（AE）为 10.3，这与用 Bio-Rad Protein Assay Kit 法测得的结果相似。试验结果表明马杜霉素和一元物通过混合酸酐法（MA）和活化酯法（AE）均可以一定的结合比与载体蛋白连接。本试验用 M-BSA（AE）作为免疫原，M-OVA（MA），M-OVA（AE）和 M-C_6-OVA（AE）作为包被原。

2.3 抗体的亲和性与特异性

方阵滴定的结果显示抗血清的工作浓度为 1∶1 600，最佳包被原(CAg)水平：M-OVS(MA)为 2.5 μg/mL，M-OVA(AE)1.25 μg/mL，$M-C_6-OVA(AE)$为 1.25 μg/mL。间接竞争抑制试验测得马杜霉素铵盐、马杜霉素钠盐和一元物的 I_{50}分别为 32.0、30.2 和 34.3 ng/mL。莫能霉素钠等 15 种药物的 I_{50}值均大于 10^4 ng/mL，它们对马杜霉素铵盐、钠盐的交叉反应率均小于0.5%。上述结果表明，抗血清对马杜霉素铵盐、钠盐及一元物具有高度的亲和性和选择性，而对莫能霉素等 15 种药物无交叉反应(<0.5%)。

2.4 ELISA 竞争反应条件优化

经测定 PBST 的 pH 值在 5.4～8.4 范围内对竞争反应无明显影响；PBST 的离子强度越大，其 I_{50}值越少；PBST 中含有甲醇在 5%～15%时，对竞争反应影响很少；抗血清与待测物马杜霉素预先反应时间为 60～120 min 时，可提高 ELISA 的灵敏度。考虑到马杜霉素的溶解性及其残留检测的要求，本试验选择 PBST 的 pH 值为 7.4；离子强度为 0.15 mol/L NaCl；PBST 中甲醇含量为 10%；抗血清与马杜霉素预先反应时间为 60 min。以 PBST—10%甲醇为介质，应用三种包被原分别制备 3 个标准曲线(见图 2)，标准曲线的参数见表 1。由图和表可看出，$M-C_6-OVA(AE)$作包被原时，ELISA 检测灵敏度(I_{50}为 32.3 ng/mL)大大高于 M-OVA(AE)和 M-OVA(MA)作包被原时的灵敏度(I_{50}分别为 88.0 和 97.5 ng/mL)，其曲线的斜率较后两种大，而且测定范围宽(在 1～100 ng/mL 内线性较好)。

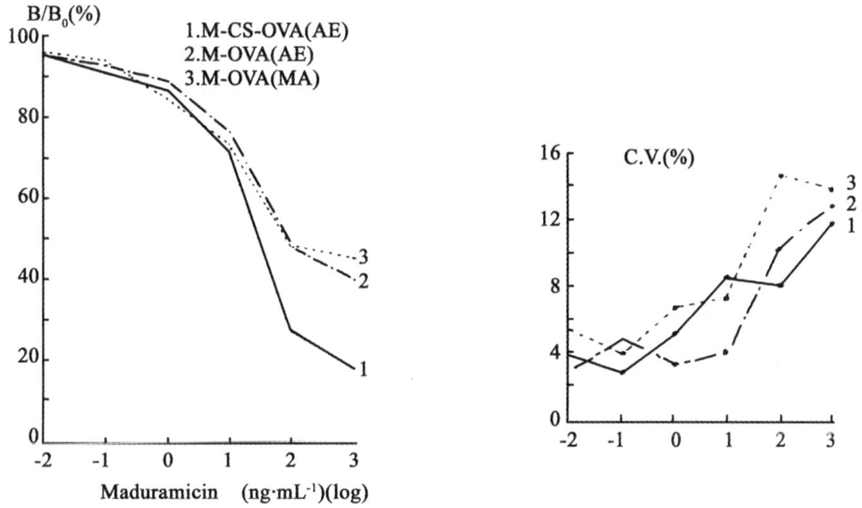

图 2　标准曲线

Fig. 2　Standard curves of different coated antigens

2.5 回收率测定

用 1∶3 稀释的组织样本甲醇提取液为介质制备的标准曲线和以 PBST—10%甲醇为介质制备的标准曲线的一些参数见表 2。从表中可以看出，与以 PBST—10%甲醇为介质制备的标准曲线比较，以 1∶3 稀释的样本提取液为介质(PBST—约 10%甲醇提取液)制备的标准曲线，其 I_{50}值均增高，尤以肝脏和肾脏提取液为介质的标准曲线的 I_{50}值增高最为明显，而且曲线的斜率也不同。试验设 3 个添加水平，根据 1∶3 稀释各组织样本提取液的标准曲线计算回收率。经测定，回收率结果见表 3。由表 3 可见，各样本添加 30.0 μg/kg 水平下，测得的回收率为 77.7%～83.3%(平均 80.2%)，变异系数为 12.2%～18.0%(平均 16.3%)；各样本添加 60.0 μg/kg 水平下，测得的回收率为 85.8%～93.0%(平均 89.2%)，变异系数为 7.2%～14.6%(平均 10.8%)；各样本添加 120.0 μg/kg 水平下，测得的回收率为 90.2%～104.3%(平均 96.6%)，变异系数为 4.3%～13.7%(平均 7.3%)。试验结果说明，用甲醇提取样本中的马杜霉素较完全，而且 ELISA 方法可靠。

表 1 标准曲线的一些参数

Table 1 Parameters of standard curves

包被原 Coated antigen	Bo(X±SD)	半数抑制率 I_{50}(mg/mL)	斜率 Slope	检测极限 Limit of detection(ng/mL)
M-C_6-OVA(AE)1.25ng/mL	0.985±0.042	32.3	-2.20	0.18
M-OVA(AE)1.25 ng/mL	0.950±0.044	88.0	-1.40	0.40
M-OVA(MA)2.5 ng/mL	0.947±0.059	97.5	-1.30	0.40

注(Note)：n=4。

表 2 标准曲线的一些参数

Table 2 Parameters of standard curve

样本 Sample	半数抑制率 I_{50}(ng/mL)	斜率 Slope	检测极限 Limit of detection(μg/kg)
空白 Blank	32.3	-2.20	3.0
肌肉 Muscle	44.2	-1.95	3.5
肝脏 Liver	60.0	-1.80	8.0
肾脏 Kidney	65.6	-1.75	7.2
脂肪 Fat	47.3	-1.75	5.0

表 3 样本添加回收率

Table 3 Recovery of Maduramicin added to samples

样本 Sample	添加量 Added level(μg/kg)	回收量 Recovery level(μg/kg)	回收率(%)Recovery	变异系数(%)C.V
	30.0	25.0±3.0	83.3	12.2
肌肉 Muscle	60.0	54.3±3.9	90.5	7.2
	120.0	125.1±6.4	104.3	5.1
	30.0	23.6±4.0	78.7	16.9
肝脏 Liver	60.0	52.1±7.6	86.8	14.6
	120.0	11.6±6.8	93.0	6.1
	30.0	23.2±4.2	77.7	18.0
肾脏 Kidney	60.0	51.5±6.1	85.8	11.8
	120.0	108.2±14.8	90.2	13.7
	30.0	24.4±4.4	81.3	18.0
脂肪 Fat	60.0	55.8±5.3	93.0	9.5
	120.0	118.4±5.1	98.7	4.3

注：(Note)：$\bar{X}$±SD(n=5)。

3 讨 论

3.1 Wang(1990)[3]曾提出，在合成半抗原时，先用^3H标记马杜霉素，反应产物用柱层析纯化，通过调节洗脱液成分的比例洗脱并经放射活性检测，最后将一元物分离纯化。本试验中反应产物经柱层析纯化时，只需用恒定洗脱液甲醇：乙酸乙酯：三乙胺(80：18：2，*V/V/V*)洗脱，并经 TLC 检测，就可很好地分离纯化一元物，其过程无需制备放射性标记药物和使用该类专用设备，操作简单方便。马杜霉素酸的分子量为 916，己二胺分子量为 116，当己二胺仅有一个氨基被酰化时，其一元物的分子量应为 1 014，这正好与在 FAB-MS 谱中观察到该产物的$[M+H]^+$ m/z1015 一致。同时，我们测定了一元物的

^{13}C NMR谱和 IR 谱,并与马杜霉素^{13}C NMR 谱和 IR 谱比较,结果证明该产物确是一元物($M\text{-}C_6$)。

3.2 由于马杜霉素无紫外吸收,故常用的紫外法不能用于马杜霉素与载体蛋白结合物结合比的测定。本试验采用水平薄层 SDS 聚丙烯酰胺凝胶电泳法测定马杜霉素与载体蛋白结合物的分子量,通过比较结合物分子量和载体蛋白分子量来测定结合比。同时用 Bio-Rad Protein Assay Kit 法测定比较,发现测定结果基本一致。

3.3 利用免疫化学原理测定药物残留具有相对较高的灵敏度和特异性。目前常用的免疫化学分析方法主要有 ELISA 和 RIA 两种。后者因受合成放射性标记物和专门设备条件的限制而较少采用[8]。ELISA 法自 1971 年 Engvall 和 Perlmann[9]首次建立以来,经过约 20 年的方法改进和发展,现已成为残留分析中最重要的分析技术之一。Scatchard 提出,抗体的亲和性越高,包被原包被水平越低,抗体稀释度越大,ELISA 检测越灵敏。一般来讲,一个合成抗原免疫动物可产生相应的半抗原抗体、载体蛋白抗体以及半抗原与载体蛋白键合部分抗体等抗体。如果免疫原和包被原具有相同的载体蛋白和相同的键合部分结构,在 ELISA 检测中,半抗原只能与包被原竞争抗血清中半抗原抗体,这时抗血清中的载体蛋白抗体和键合部分抗体可结合到包被原上,而半抗原无力与包被原竞争这部分抗体,结果大大降低了半抗原对抗血清抗体的竞争性,使 ELISA 检测灵敏度下降。反之,如果免疫原和包被原具有不同的载体蛋白和不同的键合部分结构,在 ELISA 检测中,包被原不能结合载体蛋白抗体和键合部分抗体,这样,半抗原与包被原之间竞争唯一的半抗原抗体,从而大大提高了半抗原对抗血清抗体的竞争性,可使 ELISA 检测灵敏度提高。本试验通过在马杜霉素分子与载体蛋白分子之间构建一个 6 个碳的间隔臂,并与蛋白分子中的羧基结合(免疫原中是蛋白分子中的氨基与马杜霉素分子中的羧基相连,二者载体蛋白也不同),制备包被原 $M\text{-}C_6$-OVA(AE),这样使包被原中的键合部分结构与免疫原中的键合部分结构完全不同。试验结果表明,$M\text{-}C_6$-OVA(AE)作包被原时,其 ELISA 检测灵敏度比用另外两种作包被原时高两到三倍以上,这就证明了上述观点。因此,要提高 ELISA 检测灵敏度,改变包被原或免疫原中的键合部分结构是有效的途径之一。

3.4 马杜霉素与莫能霉素、盐霉素、拉沙洛菌素和甲基盐霉素同属聚醚类抗生素,其基本结构类似,但本试验未发现马杜霉素抗血清对这几种药物有交叉反应(<0.5%),这说明本试验得到的马杜霉素抗体对马杜霉素具有较高的亲和性和选择性。另外,该抗体对 SD-Na 等 11 种目前兽医上常用药物也未见有交叉反应(<0.5%),这一结果对实际样品(含未知药物残留)中马杜霉素残留的定性与定量检测均有较高的价值。

3.5 从测得的各组织样本的回收率来看,本试验建立的 ELISA 方法灵敏、可靠,完全能满足马杜霉素残留检测的要求。但是,由于 PBST-10%甲醇为介质的标准曲线与 1∶3 稀释各组织样本提取液为介质的标准曲线有差异,故实际检测时,必须先制备以组织提取稀释液为介质的标准曲线,根据它们来计算组织样本中马杜霉素的残留量。如用 PBST-10%甲醇为介质的标准曲线来代替,测定结果有较大误差,故实际测定时不可采用。

参考文献

[1] Kantor S, et al. CL259,971: a potent new polyether anticoccidial. 1. battery efficacy and safety. Poultry Science, 1984, 63: 1497～1505

[2] Tijssen P. Practice and theory of enzyme immunoassays. Elsevier, Amsterdam, New York , Ovford, 1985

[3] Wong R B. An enzyme-linked immunosorbent assay(ELISA) for maduramicin in poultry feed. A-C-S-Symp-Ser, 1990, V442, 211～220

[4] Eilanger B F. The preparation of antigenic hapten-Carrier conjugates: a survey. Methods in Enzy-

mology,1980,Vol. 70,85～104
[5] 郭尧严. SDS 电泳技术的实验考虑及最新进展. 生物化学与生物物理进展,1991,18(1):32～37
[6] 金声,等. 酶联免疫吸附法直接测定血清雌二醇. 分析化学,1994,22(2):115～120
[7] Chan D W. Immunoassay:A practical guide. Academic Press Inc. ,San Dego,1987
[8] Arena T E,et al. Mol. Pharmacol,1991,40,368
[9] Engvall E and Perlmann P. Enzyme-linked immunosorbent assay(ELISA):quantitative assay of immunoglobulin G. Immunochem,1971,8:871～874

Study on Residue Determination of Maduramicin in Chicken Tissues I. Enzyme-linked Immunosorbent Assay

Shen Jianzhong　Qian Chuanfan　Yang Hanchun　Jiang Haiyang
(China Agricultural University,100094)

Abstract Four antigens of Maduramicin were synthesized by mixed anhydride method (MA) and active ester method(AE),one of which was used to immunize New Zealand rabbits for antibody,the others were coated antigens(CAg). The effects of different coated antigens on sensitivity and recovery were detected by ELISA. The result demonstrated high specificity, affinity and selectivity of the antibody for maduramicin. In indirect competitive ELISA,the I_{50} of standard curves using M-C_6-OVA (AE),M-OVA (MA) and M-OVA(AE) were 32. 3,97. 5 and 88. 0 ng/mL,which indicated that use of M-C_6-OVA (AE)as coated antigen increased the sensitivity of ELISA determination. Recoveries ranged from 77. 7% to 104. 3%,with coefficients of variation of 3. 8%～18. 0%. The limit of detection of ELISA was 3. 0～8. 0 μg/kg.

Key words Maduramicin,Chicken tissue,Enzyme Linked Immunosorbent Assay(ELISA), Residue determination

(注:此文原载于《畜牧兽医学报》,1999,30(2):172—179)

马杜霉素在鸡组织中残留检测方法的研究

Ⅱ.免疫亲和色谱—酶联免疫吸附法(IAC—ELISA)*

沈建忠　钱传范　江海洋　杨汉春

(中国农业大学动物医学院,北京　100094)

摘要　本文首次报道 IAC—ELISA 方法测定鸡组织中马杜霉素的残留。制备针对马杜霉素的特异性抗体 IgG 和高容量 IAC 柱(Ⅰ柱动态柱容量为 7 160 ng·mL^{-1}gel,Ⅱ柱为 3 750 ng·mL^{-1}gel)。组织样品用甲醇提取,经 IAC 柱分离纯化,ELISA 检测,即 IAC-ELISA 方法。本试验揭示,以组织样本提取纯化稀释液为介质制备的标准曲线(I_{50}为 33.3～37.1 ng·mL^{-1},斜率为 1.95～2.20,检测极限为 1.0～2.8 ng·g^{-1}),其 I_{50} 值和斜率与以 PBST-10%甲醇为介质的标准曲线相符,实际 IAC-ELISA 检测时,各组织的标准曲线可用后者代替,使操作大为简化、实用。各组织添加马杜霉素 30.0～120.0 μg·kg^{-1}水平下,测得样本回收率为 76.4%～109.0%,变异系数为 3.8%～16.4%。结果证明了该方法的可靠性。本文建立的 IAC-ELISA 法是目前国内外唯一报道的最简便、灵敏的马杜霉素残留检测方法。

关键词　马杜霉素,免疫亲和色谱(IAC),酶联免疫吸附法(ELISA),肉鸡,残留分析

1983 年,Liu[1]和 Labeda[2]用微生物发酵法发现了一种新的聚醚类化合物—马杜霉素。由于其抗球虫活性高、用量小、球虫不易产生耐药性等优点,自 1987 年首次投放国内市场以来,使用量大幅度上升,现已成为养鸡业中最常用的抗球虫药物之一。但近几年马杜霉素的大量使用,尤其是有些地方滥用,造成鸡中毒现象不断发生,随之而来的是残留和环境污染问题。因此,必须建立一套简便、可靠、快速、灵敏的马杜霉素残留分析方法,以便对动物组织中的马杜霉素残留进行监控,保障养殖业的健康发展和人们的健康。作者曾进行过马杜霉素残留的 ELISA 检测研究报道[3]。本文试图在 ELISA 检测的基础上,采用免疫亲和色谱分离技术,对组织样品进行分离纯化,并尽可能地消除杂质引起的非特异性免疫反应和交叉反应,使样品的前处理过程和制备标准曲线过程大为简化,以满足实际检测工作中快速、简便、灵敏的要求。

1　材料与方法

1.1　材料

1.1.1　仪器设备:酶联检测仪(5Ⅱ型,上海),紫外一可见分光光度计(751GW,上海),组织捣碎机(Am-6,日本),电子天平(Satorius 公司),旋转蒸发仪(X2-6,北京),透析袋(10 000dalton,USA),酶标板(96 孔,天津)。

1.1.2　试剂与溶液:马杜霉素铵贮备液,用甲醇配制 100 μg·mL^{-1}贮备液,—20℃存放备用。马杜霉素抗血清,抗血清 C[免疫原为 M-BSA(AE)],工作浓度为 1∶1 600,抗血清 E(免疫原为 M-KLH(AE),工作浓度为 1∶12 800,均由本实验室制备。DEAE-纤维素,DE-52,Whatman 公司。CNBr 活化 Sepharose 4B,Pharmacia 公司。IAC 所用溶液:磷酸盐缓冲液(PBS,0.01 mol·L^{-1},pH7.4-0.5 mol·L^{-1}NaCl),Tris-HCl 缓冲液(0.1 mol·L^{-1},pH8.0-0.5 mol·L^{-1} NaCl),碳酸盐缓冲液(0.1 mol·

*本论文承蒙朱蓓蕾教授指导和审阅,谨致谢意!

L^{-1},pH11.3),碳酸氢钠溶液(0.1 mol·L^{-1},pH8.4-0.5 mol·L^{-1} NaCl),醋酸盐缓冲液(0.1 mol·L^{-1},pH4.0-0.5 mol·L^{-1}NaCl),硼酸盐缓冲液(0.1 mol·L^{-1}pH8.0-0.5 mol·L^{-1} NaCl),ELISA所用溶液,参见沈建忠等的报道[3]。

1.2 试验方法

1.2.1 马杜霉素结合抗原的合成、抗体的制备与鉴定以及ELISA的建立:试验方法参见沈建忠等的报道[3]。

1.2.2 抗体(IgG)的纯化:分别将抗血清C和抗血清E正进行纯化。用饱和硫酸铵(SAS)盐析法将免抗血清中的IgG进行粗提和浓缩,再用DEAE-纤维素离子交换法将IgG进一步纯化[4]。最后得到用于制备免疫亲和色谱柱(IAC)的纯化抗体IgG(抗体CIgG和抗体EIgG)。

1.2.3 IAC柱的制备与鉴定:(1)免疫吸附剂的制备[5]:将CNBr活化Sepharose 4B分别与抗体CIgG和抗体EIgG偶联。(2)装柱及柱容量测定:取上述制备好的免疫亲和吸附剂压积1.0 mL装柱(玻璃柱100×8 mm,G3滤板)。依次用10 mL PBS、5 mL H_2O和5 mL甲醇洗柱,除去结合力弱的IgG,再以10 mL PBS平衡。将含200 ng·mL^{-1}马杜霉素的PBS-10%甲醇溶液连续加到IAC柱上,自然重力下流出(流速0.8~1.0 mL·min^{-1}),分管收集流出液,用ELISA方法检测[3]。当柱结合能力饱和后,依次用10 mL PBS-10%甲醇和5 mL H_2O-10%甲醇洗柱,除去干扰杂质,最后用4 mL洗脱液(甲醇:H_2O,9:1,V/V)洗脱马杜霉素,分管收集流出液,ELISA检测,按Davis等[6]的方法计算动态柱容量和绝对柱容量。(3)流速与IAC回收率:将约1/2柱容量的马杜霉素分别以0.4~0.5 mL·min^{-1},0.8~1.0 mL·min^{-1}(自然重力下流速)和1.7~2.0 mL· min^{-1}的流速加至IAC柱上,洗脱后用ELISA测定回收率。

1.2.4 组织样品的提取与分离纯化:取组织样品(肌肉、肝脏、肾脏和脂肪)6.0 g置捣碎杯中,加10 mL甲醇混合,高速捣碎30 s。洗涤样品并转至100 mL聚丙烯离心管中,加甲醇至60 mL,旋涡振荡30 min。冷冻去脂,离心。取上清液50 mL,减压蒸发至约4 mL时,加PBS-10%甲醇至20 mL,过IAC柱分离纯化。用4 mL洗脱剂洗脱,洗脱液加PBST定容至20 mL,即得样品提取纯化稀释液,ELISA检测[3]。

1.2.5 样品添加回收率测定:(1)标准曲线:以PBST-10%甲醇和以各组织样品提取纯化稀释液为介质分别绘制标准曲线。(2)样品回收率测定:组织样品中添加30.0、60.0和120.0 μg·kg^{-1}3个马杜霉素水平,进行回收率测定。

2 结果与分析

2.1 结合抗原和抗血清的制备与鉴定

经测得马杜霉素与载体蛋白的结合比:M-BSA(AE)为8.6:1,M-KLH(AE)为25.0:1,M-C_6-OVA (AE)为10.3:1。本试验用M-BSA(AE)和M-KLH(AE)作免疫原免疫家兔分别产生抗血清C和抗血清E。方阵滴定结果显示抗血清C的工作浓度为1:1 600,抗血清E的工作浓度为1:12 800。间接竞争抑制试验测得抗血清C和抗血清E对马杜霉素具有高度的亲和性与特异性,而对莫能霉素等15种药物均无交叉反应(<0.05)[3]。在IAC-ELISA检测时,选用M-C_6-OVA (AE)作包被原,抗血清C为抗体。

2.2 偶联率

抗体IgG与CNBr活化Sepharose 4B偶联时,其偶联率计算公式如下:

$$偶联率=\frac{偶联前\ IgG\ 总量-未偶联\ IgG\ 量}{偶联前\ IgG\ 总量}\times 100\%$$

结果测得抗体 CIgG 和抗体 EIgG 的偶联率分别为 95.1%和 99.5%，这表明抗体 IgG 与 CNBr 活化 Sepharose 4B 的偶联率很高。

2.3 洗脱方法与柱容量

本试验采用洗脱液（甲醇:H_2O，9∶1）进行恒溶剂洗脱，使用Ⅰ柱（偶联抗体 EIgG 的 IAC 柱）和Ⅱ柱（偶联抗体 CIgG 的 IAC 柱）时，用 3 mL 洗脱液均可使马杜霉素全部洗脱下来。试验结果说明甲醇∶H_2O(9∶1)是马杜霉素有效的洗脱剂。考虑到实际操作中的诸多因素，本试验选用 4 mL 洗脱液洗脱 IAC 柱。IAC 柱容量测定结果见表 1。试验结果表明，Ⅰ柱的动态柱容量和绝对柱容量均明显高于Ⅱ柱。但无论是Ⅰ柱还是Ⅱ柱，都能满足马杜霉素残留分析的要求（实际分析样品中马杜霉素含量一般不超过 3 000 ng）。

表 1　IAC 柱的柱容量

Table 1　IAC column capacity

IAC 柱 IAC Column	偶联 IgG 量 Coupled IgG ($mg \cdot mL^{-1}$ gel)	动态柱容量 Dynamic column capacity($ng \cdot mL^{-1}$ gel)	绝对柱容量 Specific column capacity($ng \cdot mg^{-1}$ IgG)
Ⅰ柱 ColumnⅠ	8.0	7 160	895
Ⅱ柱 ColumnⅡ	8.0	3 750	469

2.4 流速与 IAC 柱回收率

Ⅰ柱和Ⅱ柱的加样量为 4 000 ng 和 2 000 ng 马杜霉素。测定结果见表 2。结果表明，0.4～2.0 $mL \cdot min^{-1}$ 的流速不会对Ⅰ柱的回收率有任何影响，0.4～1.0 $mL \cdot min^{-1}$ 流速不会对Ⅱ柱产生影响，但 1.7～2.0 $mL \cdot min^{-1}$ 流速对Ⅱ柱的回收率有一定影响。本试验选用Ⅰ柱并采用自然重力下的流速对组织样品进行分离纯化。

表 2　IAC 柱流速与回收率

Table 2　Flow and recovery of IAC column

流速($mL \cdot min^{-1}$)Flow	Ⅰ柱回收率(%)Recovery	Ⅱ柱回收率(%)Recovery
0.4～0.5	98.7	101.9
0.8～1.0	102.0	98.7
1.7～2.0	98.6	82.6

2.5 标准曲线

用 PBST—10%甲醇和组织样品提取纯化稀释液为介质制备标准曲线，其曲线的参数见表 3。试验结果表明，除肾脏稍有差异外，以各组织样品提取纯化稀释液为介质制备的标准曲线，其 I_{50} 值和斜率与以 PBST—10%甲醇为介质制备的标准曲线相近，标准曲线基本吻合。实际 IAC—ELISA 检测时，可用 PBST-10%甲醇为介质的标准曲线来代替。

表 3　标准曲线的一些参数

Table 3　Parameters of standard curves

样品 Sample	抑制率 I_{50}($ng \cdot mL^{-1}$)	斜率 Slope	检测限 Limits of detection($ng \cdot g^{-1}$)
PBST-10%甲醇 Methanol	32.3	−2.2	1.2
肌肉 Muscle	33.3	−2.2	1.0
肝脏 Liver	35.3	−1.95	2.8
肾脏 Kidney	37.1	−1.95	2.4
脂肪 Fat	33.8	−2.10	1.5

2.6 组织样品添加回收率

测定组织样品时，根据PBST-10%甲醇为介质制备的标准曲线来计算回收率。测得结果见表4，各样品添加不同水平的马杜霉素，其回收率为76.4%～107.5%，变异系数为3.8%～16.4%，试验结果表明，该检测方法的回收率符合马杜霉素残留检测的要求。

表4 组织样品添加回收率

Table 4 Recovery of maduramicin for spiked samples

样品 Sample	添加量 Added maduramicin(μg·kg^{-1})	回收量 Recovery level of maduramicin(μg·kg^{-1})	回收率 Recovery (%)	变异系数 Coefficient of variation(%)
肌肉 Muscle	30.0	23.7±3.0	79.0	12.7
	60.0	53.5±3.4	89.2	6.4
	120.0	129.0±10.0	107.5	7.8
肝脏 Liver	30.0	22.0±3.6	76.4	16.4
	60.0	53.5±2.9	89.2	5.4
	120.0	106.7±4.7	88.9	3.8
肾脏 Kidney	30.0	23.6±3.0	78.7	12.7
	60.0	48.2±6.3	80.3	13.1
	120.00	108.7±6.0	90.6	5.5
脂肪 Fat	30.0	24.6±3.0	82.0	12.2
	60.0	54.4±2.9	90.7	5.3
	120.0	106.0±6.7	88.3	6.3

注(Note)：$\bar{X}$±SD，n=5。

3 讨 论

3.1 制备高容量的IAC柱，可通过选用高滴度的纯化抗体或提高抗体的取代水平来达到，但提高抗体的取代水平必将降低绝对柱容量[7]。本试验在抗体IgG取代水平相同的情况下，选用不同抗体滴度的纯化抗体(抗体CIgG 1∶1 600，抗体EIgG 1∶12 800)制备IAC柱。结果证明，高滴度抗体既能使动态柱容量提高，又能使绝对柱容量增加。高动态柱容量还能减少IAC柱体积，从而减少洗脱液的体积，提高洗脱液中待测物的浓度。另外，根据Hage和Walters[8]的IAC动力学理论，高容量的IAC柱能容许更高的流速，这样使操作更为方便，本试验的结果证实了这一点。

3.2 免疫反应的特异性和极高的亲和常数($K_\alpha=10^{-12}\sim10^{-16}$)，使ELISA具有极高的选择性与灵敏度。高选择性使样本前处理较理化分析方法简便。但是，提取液中干扰物质的存在，会影响到抗原抗体的结合反应，导致ELISA灵敏性下降。自Water和Haagsma[9](1987)首先在残留分析中应用IAC柱以来，IAC柱几乎都是作为样本的纯化手段。Water等[9,10]用IAC柱对组织、乳和蛋中的氯霉素残留进行分离纯化后，直接用HPLC检测，结果证明，IAC洗脱液中无任何干扰物存在。本试验样品用甲醇提取后经IAC柱纯化，以各组织样品提取纯化稀释液为介质绘制的标准曲线基本一致(I_{50}为33.3～37.1 ng·mL^{-1})，而且与以PBST-10%甲醇为介质绘制的标准曲线(I_{50}为32.3 ng·mL^{-1})基本吻合。而对同一组织样本用甲醇提取后未经IAC纯化，以各组样本提取稀释液为介质绘制的标准曲线不一致，而且其I_{50}值大(I_{50}为44.2～65.6 ng·mL^{-1})，与以PBST-10%甲醇为介质绘制的标准曲线差异更大[3]。上述结果表明，经IAC柱纯化后的组织提取纯化液中，除含马杜霉素外，基本不存在干扰物，这样消除了干扰物对抗原抗体结合反应的影响，增加了ELISA检测灵敏度。因此,实际工作中,用IAC-FLISA法检测马杜霉素残留时,只需绘制PBST-10%甲醇为介质的标准曲线就可满足各种组织中马杜霉素残留检测的要求,使实际操作大为方便和实用。组织样品添加回收率测定是确定该检测方法可靠性的标志,本试验测得IAC-ELISA方法回收率数据符合马杜霉素残留分析的要求。从结果看,组织添加回收率与作者报道ELISA方法[3]检测马杜霉素残留时的组织添加回收率基本一致,但是,用ELISA法[3]测定马杜霉素残留时,须根据各组织提取稀释液为介质的标准曲线来计算组织残留量,这样才能扣除干扰物对测定结果的干扰,不可用PBST-10%甲醇为介质的标准曲线来代替。因此,本文建立的IAC-ELISA法具有更强的方便性、灵敏性和实用性,是目前国内外最理想的马杜霉素残留检测方法。

参考文献

[1] Liu C M, et al. Culturing a strain of nocardia to produce antibiotic X-14868A. U. S. Patent. 1983

[2] Labeda D P, et al. Process for producting antibiotic X-14868A. U. S. Patent, 1983

[3] 沈建忠,等.马杜霉素在鸡组织中残留检测方法的研究Ⅰ.酶联免疫吸附测定(ELISA),畜牧兽医学报,1999,3(2):172～179

[4] 周顺伍.生物化学实验技术.北京农业大学出版社,1994,10～20

[5] Dean D D G, et al. Affinity chromatography: a practical approach, IRL Press Ltd., 1985, 31～33

[6] Davis G C, et al. Evaluation of immunosorbents for the analysis of small molecules: isolation and purification of cytokinins. J of Chromatography, 1986, 366, 171～189

[7] Nordlander I and Johnson H. Determination of ivermectin in swine tissue-a improved clean up residue using solid-phase extraction. Food Addi. Contam., 1990, 7(1), 79～82

[8] Hage D S, Walters R R. Split-peak affinity chromatographic studies of the immunobilization-dependent absorption kinetics of protein A. Anal Chem, 1986, 58, 274～279

[9] Water C V D, Haagsma N. Determination of Chloramphenicol in swine muscle tissue using a monoclonal antibody -mediated clean up procedure. J Chromatography, 1987, 411, 415～421

[10] Water C V D, et al. Monoclonal antibody-mediated clean up procedure for the high performance liquid chromatography analysis of chloramphenicol in milk and egg. J Chromatography, 1989, 478, 205～215

Study on Residue Determination of Maduramicin in Chicken Tissues

Ⅱ. Immunoaffinity Chroma to Graphy-enzymelinked Immunosorbent Assay(IAC-ELISA)

Shen Jianzhong　Qian Chuanfan　Jiang Haiyang　Yang Hanchun

(China Agricultural University, 100094)

Abstract The concentrations of maduramicin residues in chicken tissues were determined by IAC-ELISA. The anti-maduramicin IgG and high capacity column were prepared (dynamic column capacity: one with 7 160 ng maduramicin per mL gel, the other 3 750 ng · mL^{-1} gel). The IAC-ELISA method is that the sample extracts were subjected to IAC clean up after extraction with methanol and the eluates were detected by ELISA. The I_{50} of standard curves for maduramicin in sample eluates purified by IAC were 33.3～37.1 ng · mL^{-1}, with slope of 1.95～2.20, which were in accord with the I_{50} and slope of standard curve for maduramicin in blank matrix (PBST－10%methanol), so in practical IAC-ELISA determination, the latter could replace the former ones. Recoveries ranged form 76.4%～109.0% for samples at 30.0～120.0 μg · kg^{-1} spiking levels, with coefficients of variation of 3.8%～16.4%. It was reported that IAC-ELISA was the simplest and most sensitive method for maduramicin residue determination at present in the world.

Key words Maduramicin, Immunoaffinity Chromatography (IAC), Enzyme-linked immunosorbent assay(ELISA), Broiler chicken, Residue determination

(注:此文原载于《畜牧兽医学报》,1999,30(6):548－553)

活性氧对苏云金芽孢杆菌伴孢晶体的损伤作用

王文军　钱传范　申继忠　杨韶松

（中国农业大学应用化学系　北京　100094）

摘要　用 SDS-PAGE 电泳分析和生物测定方法研究了过氧化氢（H_2O_2）和羟自由基（·OH）对苏云金芽孢杆菌（*Bacillus thuringiensis*）伴孢晶体的损伤作用。结果表明，这两种活性氧对伴孢晶体均有一定程度的损伤作用，这种损伤作用与活性氧的浓度呈正相关，并且·OH 对伴孢晶体的损伤作用明显强于 H_2O_2。

关键词　过氧化氢，羟自由基，苏云金芽孢杆菌伴孢晶体

分类号　S482.7　文献标识码 A　文章编号　0001-6209(1999)05-0469-74

研究报道，X-射线、γ-射线、紫外线等辐射以及生物体内进行的许多生命活动都涉及活性氧的产生或作用，活性氧对蛋白质的氧化损伤是自由基生物学与医学的前沿研究领域[1]。活性氧对蛋白质的作用有以下几种形式[2~4]：①修饰氨基酸残基使蛋白质变性，导致蛋白质功能丧失。②使蛋白质交联。氧自由基对蛋白质分子有抽提氢作用，蛋白质分子中的酪氨酸被·OH 抽提氢后形成双酪氨酸，半胱氨酸的-SH 被抽提氢后形成二硫键，这样便造成了蛋白质的交联。蛋白质发生交联后，溶解性能下降。③使肽链断裂。蛋白质被·OH 断裂是一个有选择性的过程，·OH 抽提某个氨基酸 α-碳原子上的氢，最后使肽链断裂。

苏云金芽孢杆菌的伴孢晶体是一种具有杀虫活性的蛋白质。它不溶于水，易被紫外线钝化而丧失杀虫活性。Ignoffo 等人研究发现紫外线辐射苏云金芽孢杆菌伴孢晶体、核多角体病毒的包涵体（PIB）等病原微生物的水悬液时，加入过氧化物酶或抗氧化剂可起到一定的保护作用。据此，他们推测紫外线对苏云金芽孢杆菌伴孢晶体、PIB 及其他病原微生物的钝化作用可能是由于紫外线辐射产生的 H_2O_2 或过氧化物自由基所致[5~7]。但目前为止，尚无任何实验证据证明活性氧对病原微生物的直接作用。本文依据上述推测，研究了 H_2O_2 和·OH 对苏云金芽孢杆菌库斯塔克变种（*Bacillus thuringiensis* var. *Kurstaki*）HD-1 菌株的伴孢晶体的直接损伤作用。

1　材料和方法

1.1　菌体培养与伴孢晶体的提纯

1.1.1　供试菌株：苏云金芽孢杆菌库斯塔克变种（*Bacillus thuringiensis* var. *kurstaki*）HD-1 菌株。

1.1.2　液体培养基组成：牛肉膏 6 g，细菌蛋白胨 6 g，右旋葡萄糖 5 g，KH_2PO_4 1 g，混合盐溶液（$MgSO_4 \cdot 7H_2O$ 2.5%，$ZnSO_4 \cdot 7H_2O$ 0.3%，$FeSO_4 \cdot 7H_2O$ 0.4%）0.5 mL，氯化钙溶液（$CaCl_2 \cdot 2H_2O$ 3.5%）0.5 mL，定容至 1 L。固体培养基为在液体培养基中添加 1.7%的琼脂。

1.1.3　菌体培养与伴孢晶体的提纯：加热使培养基溶解后用 NaOH 溶液调 pH 为 7.0～7.2。高温灭菌，用斜面复壮菌接种，200 r/min，30℃培养到菌体完全成熟。收获菌体，参照 Pendleton 等的液体双相法[8]提纯伴孢晶体。将提纯的伴孢晶体悬浮于适量蒸馏水中，储于 4℃备用。

1.2　毒力测定用昆虫

棉铃虫（*Heliothis armigera*）初孵幼虫。

1.3 SDS-PAGE 电泳分析

1.3.1 H_2O_2 对苏云金芽孢杆菌伴孢晶体的作用：在 10 支小离心管中，分别加入一定体积的苏云金芽孢杆菌伴孢晶体的水悬液和过氧化氢溶液，使 H_2O_2 终浓度（V/V）依次为 0，0.01%，0.05%，0.1%，0.5%，1%，5%，10%，20%，30%。将各管在 37℃振摇 5 h 后立即离心、水洗，反复数次，弃去上清液。然后在各管中加入 0.075 mol/L Tris-HCl 缓冲液（含 5%巯基乙醇，pH8.4），37℃下振荡 30 min。加入 SDS 和甘油使其终浓度分别为 2%和 10%。将各管于沸水浴中处理 5 min，离心，取上清液进行 SDS-PAGE 电泳。

1.3.2 ·OH 的产生及其对苏云金芽孢杆菌伴孢晶体的作用：·OH 的产生体系为 Fe(Ⅱ)-EDTA-H_2O_2。取 18 支离心管，分为两组，每组九支，编号均为 2～10 号，按表 1 在各管中分别加入以下试剂。

表 1 ·OH 的产生体系及其与苏云金芽孢杆菌伴孢晶体的作用

Table 1 Treatment of *Bacillus thuringiensis* parasporal crystals with hydroxyl radicals produced by the system Fe(Ⅱ)-EDTA-H_2O_2

编号(No.)	2	3	4	5	6	7	8	9	10
Bt PC[a]/μL	200	200	200	200	200	200	200	200	200
去离子水/μL Deionized water	1 800	900	1 200	1 640	1 450	1 200	900	600	300
20 mol/L Fe(Ⅱ)/μL	0	300	0	50	100	150	200	250	300
20 mmol/L EDTA/μL	0	600	0	100	200	300	400	500	600
2% $H_2O_2^b$/μL	0	0	600	10	50	150	300	450	600

a：Bt PC 表示苏云金芽孢杆菌伴孢晶体的水悬液；b：2～10 号管中 H_2O_2 的浓度（V/V）依次为 0，0，0.6%，0.01%，0.05%，0.15%，0.3%，0.45%，0.6%。

b：Bt PC：Suspension of aqueous *Bacillus thuringiensis* parasporal crystals；b：Concentration of H_2O_2 is 0，0，0.6%，0.01%，0.05%，0.15%，0.3%，0.45%，0.6%，respectively，in centrifugal tubes from No. 2 to No. 10。

将上述两组离心管在 37℃分别振摇 1.5 h 和 3.0 h 后取出，立即离心、水洗，反复数次，弃去上清液。然后在各管中加入 0.075 mol/L Tris-HCl 缓冲液（含 5%巯基乙醇、2%SDS、10%甘油、pH8.4），于沸水浴中处理 5 min，离心，取上清液进行 SDS-PAGE 电泳。

1.3.3 SDS-PAGE 电泳：电泳胶片制作参照 Laemmli 方法[9]，浓缩胶浓度为 5%，分离胶浓度为 9%，用考马斯亮蓝 R-250 染色。

1.4 生物测定

取 4 支离心管，编号为 1～4 号。每管中加入苏云金芽孢杆菌伴孢晶体的水悬液 300 μL，3、4 号管中分别加入 300 μL 200 mmol/L Fe(Ⅱ)，再分别加入 600 μL 20 mmol/L EDTA。然后在 1～4 号管中分别加入一定体积的去离子水或过氧化氢溶液，使 H_2O_2 终浓度（V/V）依次为 0，0.30%，0，0.30%。将各管在 37℃振摇 1.5 h 后立即离心，收集上清液和沉淀，并将他们分别与一定的饲料混合饲喂棉铃虫的初孵幼虫。每组处理 48 头虫，在 28℃下饲喂 48 h 后，统计幼虫死亡数，计算校正死亡率和伴孢晶体的残留生物活性。残留生物活性用 OAR%值表示。

$$OAR\% = \frac{\text{处理后的校正死亡率\%}}{\text{处理前的校正死亡率\%}} \times 100$$

2 结 果

2.1 H_2O_2 对苏云金芽孢杆菌伴孢晶体的作用

HD-1 菌株的伴孢晶体在含还原剂的碱性缓冲液中可溶解释放出 135 kD 和 65 kD 两种原毒素蛋白，

在鳞翅目昆虫中肠内可降解为小分子毒性多肽，毒性多肽作用于昆虫中肠上皮细胞使中肠麻痹或通过中肠进入血腔，最终使昆虫死亡[10]。H_2O_2 是一种氧化剂，具有杀菌作用。它对苏云金芽孢杆菌伴孢晶体具有一定程度的损伤作用。图 1 是经不同浓度 H_2O_2 处理后的伴孢晶体的 SDS-PAGE 电泳图谱。从图谱可以看出，随 H_2O_2 浓度从 0 增加到 30%，伴孢晶体在含巯基乙醇的 Tris-HCl 缓冲液中溶解得到的 135 kD 和 65 kD 两种原毒素蛋白的电泳谱带逐渐变模糊，最终基本消失。这表明 H_2O_2 对伴孢晶体具有损伤作用，使伴孢晶体的溶解性能发生变化。表 2 的生物测定结果也证明了这一点。1 号样品为未经活性氧处理的正常的伴孢晶体，其沉淀物对棉铃虫初孵幼虫的生物活性很高，校正死亡率达93.5%，以其残留生物活性为 100%计；其上清液没有杀虫活性。2 号样品为经 0.3% H_2O_2 处理后的伴孢晶体，其沉淀物的生物活性相对较低，校正死亡率为 51.9%，与正常的伴孢晶体相比，残留生物活性下降了 44.5%；其上清液亦没有杀虫活性。1、2 号样品的上清液均无杀虫活性表明 H_2O 和 H_2O_2 均不能使伴孢晶体溶解释放出原毒素蛋白，2 号样品生物活性的降低表明 H_2O_2 对伴孢晶体具有一定程度的损伤作用。

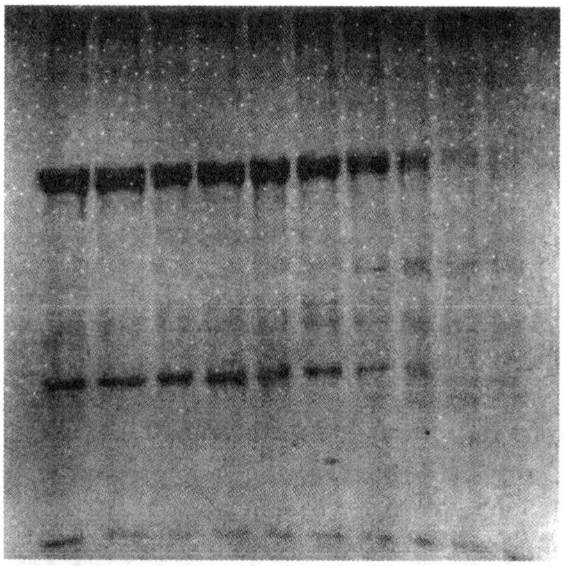

图 1　Bt 伴孢晶体受 H_2O_2 作用后的 SDS-PAGE 图谱(37℃ 作用 5 h)

Fig. 1　SDS-PAGE of Bt parasporal crystals injured by hydrogean peroxide(37℃ for 5 h)

1. 对照(control)；2. 0.01% H_2O_2；3. 0.05% H_2O_2；4. 0.1% H_2O_2；5. 0.5% H_2O_2；6. 1% H_2O_2；7. 5% H_2O_2；8. 10% H_2O_2；9. 20% H_2O_2；10. 30% H_2O_2.

表 2　活性氧对 Bt 伴孢晶体生物活性的影响

Table 2　Effect of reactive oxidants on Bt parasporal crystals in activity

处理 Treatment	1Bt PC		2Bt PC+0.3% H_2O_2		3Bt PC+Fe(Ⅱ)+EDTA		4Bt PC+Fe(Ⅱ)+EDTA +0.05% H_2O_2	
	沉淀 Precipitate	上清液 Supernatant	沉淀 precipitate	上清液 Supernatant	沉淀 Precipitate	上清液 Supernatant	沉淀 Precipitate	上清液 Supernatant
校正死亡率/% Adjusted mortality	93.5	0.0	51.9	6.0	89.3	1.9	13.9	1.9
残留生物活性 OAR/%	100	—	55.5	—	95.5	—	14.8	—

OAR/%表示伴孢晶体的残留生物活性，以未经活性氧处理的伴孢晶体(1 号)的残留生物活性为 100%计。

OAR/%——Percentage of original activity remaining, based upon 100% activity for No. 1.

2.2 ·OH 对苏云金芽孢杆菌伴孢晶体的作用

·OH 是氧化性最强、杀伤力最大的自由基，它可引起蛋白质(特别是膜蛋白)的交联，导致蛋白质溶液性能下降，功能丧失[2]。·OH 对苏云金芽孢杆菌的伴孢晶体有极其明显的损伤作用。图 2 是伴孢晶体经·OH 及其产生体系 Fe(Ⅱ)-EDTA-H_2O_2 中不同因子作用后的 SDS-PAGE 电泳图谱。从图 2 可以看出，Fe(Ⅱ)和 EDTA 对伴孢晶体没有影响，低浓度的 H_2O_2 对伴孢晶体的损伤作用也不显著(图 1)。然而，在 Fe(Ⅱ)和 EDTA 存在下，0.01%H_2O_2 产生的·OH 对伴孢晶体的损伤作用十分显著，当体系中 H_2O_2 浓度达到 0.15%时，伴孢晶体溶解产生的 135 kD 和 65 kD 两种原毒素蛋白的电泳谱带基本消失。·OH 的这种损伤作用随·OH 产生体系中 H_2O_2、Fe(Ⅱ)和 EDTA 浓度的增加而显著增强，与作用时间关系不明显(这可能是因为·OH 生产体系在短时间内即可完成反应，反应生成的具有高反应活性的·OH 瞬间即可与伴孢晶体或其他物质发生反应而消失)。·OH 对伴孢晶体生物活性的影响见表 2。3 号样品代表经 Fe(Ⅱ)和 EDTA 处理后的伴孢晶体，其沉淀物对棉铃虫初孵幼虫的生物活性很高，校正死亡率为 89.3%，而上清液亦无杀虫活性，这与正常的伴孢晶体基本一致。这表明 Fe(Ⅱ)和 EDTA 对伴孢晶体没有影响。4 号样品表示 Fe(Ⅱ)和 EDTA 存在时，由 0.3%产生的·OH对伴孢晶体生物活性的影响。可以看出，样品离心得到的上清液无杀虫活性，而沉淀物具有一定的杀虫活性。其对棉铃虫初孵幼虫的校正死亡率为 13.9%，与正常的伴孢晶体相比，它们的残留生物活性下降了 85.2%。这表明·OH 及其产生体系本身也不能使伴孢晶体溶解释放出原毒素蛋白，但是·OH使伴孢晶体的生物活性显著下降或丧失，证明·OH 对伴孢晶体有很强的损伤作用。

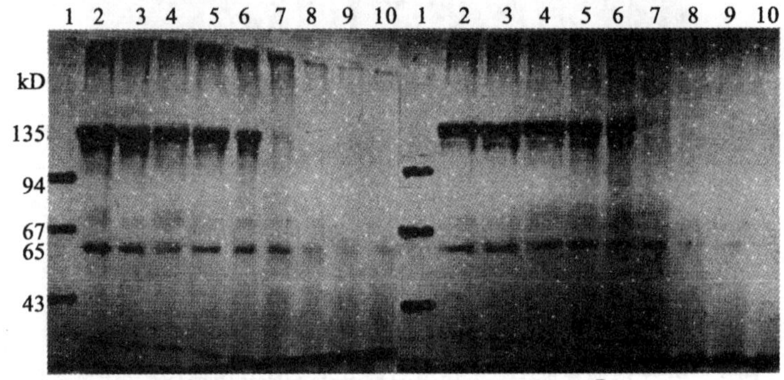

图 2 Bt 伴孢晶体受不同因子作用后的 SDS-PAGE 图谱

A:37℃作用 1.5 h;B:37℃作用 3.0 h

Fig. 2 SDS-PAGE of Bt parasporal crystals injured by various factors.

A:37℃for 1.5 h and B:3.0 h

1. 标准分子量蛋白(Molecular weight markers of standard protein); 2. 对照(Control);3. 3.0 mmol/L Fe(Ⅱ)-6.0 mmol/LEDTA;4. 0.6%H_2O_2;5. 5.0 mmol/L Fe(Ⅱ)-1.0 mmol/L EDTA-0.01%H_2O_2;6. 1.0 mmol/L Fe(Ⅱ)-2.0 mmol/L EDTA-0.3%H_2O_2;7. 1.5 mmol/L Fe(Ⅱ)-3.0 mmol/L EDTA-0.15%H_2O_2;8. 2.0 mmol/L Fe(Ⅱ)-4.0 mmol/L EDTA-0.3%H_2O_2;9. 2.5 mmol/L Fe(Ⅱ)-5.0 mmol/L EDTA-0.45%H_2O_2;10. 3.0 mmol/L Fe(Ⅱ)-6.0 mmol/L EDTA-0.6%H_2O_2

3 讨 论

阳光中的紫外线能迅速钝化以苏云金芽孢杆菌为代表的病原微生物使其杀虫活性下降或丧失，这是造成微生物农药田间防效差的最主要原因之一[5]。但是关于紫外线使病原微生物钝化的详细机理目前还不清楚，仅存在两种假设：一种假设认为阳光中的紫外线诱导病毒的 DNA 链发生有害的交联，断裂或形成易变位点，结果使病毒失去致病力；另一种假设认为阳光中的紫外线诱导产生的高反应活性的自由基（H_2O_2、·OH、单线态氧等）使病原微生物的致病力下降或丧失[7]。

本文的实验结果证明 H_2O_2 和·OH 对苏云金芽孢杆菌的伴孢晶体有一定程度的破坏作用。SDS-PA GE 电泳分析和生物测定结果表明，H_2O_2 和，·OH 均改变了伴孢晶体的溶解性能，并导致伴孢晶体生物活性下降或丧失。此外，它们对伴孢晶体的作用程度与其浓度呈正相关；·OH 对伴孢晶体的损伤作用明显强于 H_2O_2。·OH 作用较强，H_2O_2 作用较弱，可能是因为 H_2O_2 氧化性较弱，反应活性较低，需转化为·OH 等活性氧后破坏伴孢晶体。在没有金属离子和络合剂或缺乏光照的条件下，这种转化较慢。在 Fe(Ⅱ)和 EDTA 存在时，H_2O_2 可迅速转化为氧化性极强和反应活性极高的·OH，·OH 的行程十分短，自产生部位起只能运行 15 埃[2]。因此，由 Fe(Ⅱ)-EDTA-H_2O_2 体系生成的大量的·OH产生后可能随即作用于周围的伴孢晶体，造成对伴孢晶体的明显损伤。

HD-1 菌株产生的伴孢晶体大而呈规则菱形，表面显示明显的条纹（长宽均为几千埃以上），内部有品格，晶体的表面有一层包膜，这层包膜可用稀碱洗涤除去或用超声波处理除去[10]。对于这种水不溶且体积较大规则的伴孢晶体而言，·OH 究竟如何与之作用，并引起结构改变，最终导致其溶解性能的改变和生物活性的下降或丧失，有待进一步研究。依据本实验结果和 HD-1 菌株伴孢晶体的形态结构及·OH 的化学性质，初步认为·OH 可能作用于伴孢晶体表面的包膜组织，引起膜蛋白的交联，从而导致膜溶解性能下降，结果使膜在含还原剂的碱性溶液或昆虫中肠内不能正常溶解，导致包膜内的伴孢晶体无法暴露出来，不能被溶解或降解为原毒素蛋白或毒性多肽，最终导致伴孢晶体生物活性下降或丧失。

阳光中的紫外线、X 射线、γ 射线均可产生·OH 及其他活性氧自由基，因此，阳光对苏云金芽孢杆菌等病原微生物的损伤，可能除了这些射线本身对病原微生物的直接作用外，很大程度上可能还与·OH及其他活性氧自由基的作用有关。

参考文献

[1] 莫简. 生物化学及其生物物理进展，1983，38(2)：23～29.
[2] 林克椿，吴本阶. 医学生物物理学. 北京：北京医科大学、中国协和医科大学联合出版社，1996.
[3] 李培峰，方允中. 生命化学，1994，14(6)：1～2.
[4] 刘时中. 生理科学进展，1983，14(2)：147～152.
[5] Ingoffo C M，Hostetter D L，Sikorowski P P *et al*. *Environ Entomol*，1977，6(3)：411～414.
[6] Ignoffo C M，Garcia C. *Environ Entomol*，1978，7(2)：270～272.
[7] Ignoffo C M，Garcia C. *Environ Entomol*，1994，23(4)：1025～1029.
[8] Pendleton I R，Morris R B. *Nature*，1966，12：728～729.
[9] Laemmli U K. *Nature*，1970，227：680～685.
[10] 喻子牛. 苏云金芽孢杆菌. 北京：科学出版社，1990.

The Effects of Reactive Oxidants on Bacillus Thuringiensis Parasporal Crystals

Wang Wenjun Qian Chuanfan Shen Jizhong Yang Shaosong
(Department of Applied Chemistry, China Agricultural University, Beijing 100094)

Abstract The effects of hydrogen peroxides(H_2O_2) and hydroxyl radicals(· OH) on the purified parasporal crystals from *Bacillus thuringiensis* var. *Kurstaki* HD-1 were studied by SDS-PAGE and bioassay. The results showed that to some extent H_2O_2 and · OH produced a direct and deleterious effect. Hydroxyl radicals from the system Fe(Ⅱ)-EDTA-H_2O_2 indicated more serious damage than hydrogen peroxides. There was a 44.5 % loss in activity against 12-h-old larvae of *Heliothis armigera* when parasporal crystals were treated with 0.3 % H_2O_2 only. However, 85.2 % activity lost when parasporal crystals were treated with 0.3 % H_2O_2 in the presence of iron(Ⅱ) and EDTA.

Key words Hydrogen peroxide, Hydroxyl radical, *Bacillus thuringiensis* parasporal crystal

(注：此文原载于《微生物学报》,1999,39(5):469-474)

猪肌肉组织中磺胺类药物的MSPD净化和HPLC测定*

张素霞　李俊锁　钱传范
（中国农业大学动物医学院，北京　100094）

摘要　本文以基质固相分散（MSPD）和高效液相色谱为基础，建立了猪肌肉组织中磺胺类药物多残留快速分析法。将0.5 g肌肉组织与适量C_{18}填料混合，研磨，制成半固态装柱，磺胺类药物经二氯甲烷洗脱后直接用反相高效液相色谱测定（UV270 nm）。在0.1～0.5 mg/kg添加浓度范围内7种磺胺类药物的平均回收率为70.6%±20.3%。检测限为0.01～0.1 mg/kg。

关键词　磺胺类药物，猪肌肉组织，基质固相分散（MSPD），高效液相色谱（HPLC）

近十几年来，磺胺类药物（SAs）被广泛用作饲料添加剂，已成为残留问题最严重的兽药之一，研究食品中兽药多残留快速分析技术对残留监控和进出口商检具有重要意义。目前，HPLC是SAs残留测定的主要方法[1,2]，SAs可直接用紫外检测器检测，无需衍生化，因此较为简便。但传统样品处理方法涉及繁琐、冗长的操作步骤，需耗用大量溶剂，是提高分析效率的主要限制因素。

基质固相分散（Matrix solid phase dispersion，MSPD）是由Barker（1989年）首次提出并给予理论解释的一种样品处理技术[3~5]。MSPD将常规的固相分散技术与反相键合填料相结合，组织匀浆、提取和净化在同一操作中完成，分析环节大为减少、操作简化。本文以MSPD为基础，选择国内常用的9种SAs药物建立多残留快速分析技术，并对MSPD样品处理过程和HPLC分离方法进行了探讨。

1　材料和方法

1.1　主要仪器

高效液相色谱仪：SP8810泵，SP8450UV-Vis检测器，SP4270积分仪（Spectra-Physics，Inc. USA）。旋转蒸发仪（Z2-6，北京科龙仪器厂），涡动混合器（MVS-1，北京北德科学器材有限公司）。

1.2　标准品及溶液

标准品：9种磺胺类药物购自Sigma公司。名称及缩写为：磺胺（SN），磺胺噻唑（ST），磺胺嘧啶（SD），磺胺-6-甲氧嘧啶（SMM），磺胺-2，6-二甲氧嘧啶（SDM），磺胺二甲嘧啶（SM_2），磺胺甲氧嗪（SMP），磺胺甲 唑（SMZ），磺胺喹 啉（SQX）。标准溶液：分别准确称取一定量的各种药物，用甲醇溶解配制成100 μg/mL的贮备液（－20℃下存放）。用流动相将贮备液稀释配制成系列浓度的工作标准液：0.05，0.10，0.20，0.40，0.50，1.0 μg/mL。

1.3　主要试剂

C_{18}填料：购自Alltech公司（美国），40 μm。称取22 g C_{18}填料，装入50 mL玻璃注射器，分别用两个柱体积的正己烷、二氯甲烷和甲醇依次洗涤，真空干燥，贮于磨口玻璃容器内。甲醇和乙腈（HPLC级，天津四友），重蒸水（全玻璃仪器重蒸）。其他试剂均为市售分析纯。

---

* 国家“九五”攻关子专题

1.4 试验方法

1.4.1 色谱条件：分析柱，C_{18}，5 μm，250×4.6 mmid(Suppelco，USA)；流动相，0.017 mol/L 磷酸-乙腈(80+20)，流速 1.0 mL/min；检测波长 270 nm，AUFS=0.05；纸速 0.25 cm/min；进样体积 10 μL。

1.4.2 样品处理：称取 2 g C_{18}填料置于玻璃研钵中，将 0.5 g 剪碎的猪肌肉组织加至 C_{18}填料上，用玻璃杵轻轻研磨 30 s，使样品与填料均匀混合；取 5 mL 玻璃注射器，下端垫一片滤纸，加无水硫酸钠至0.2 mL 体积，将样品装入，上垫一片滤纸，压至体积为 4.2 mL；用 8 mL 正己烷洗涤，真空抽干后用12 mL二氯甲烷洗脱药物于鸡心瓶中，加 0.1 mL 乙二醇，用旋转蒸发仪除去二氯甲烷；残留物用 0.4 mL 流动相溶解(涡动混合 15 s)，转入玻璃离心管中，2 000 *g* 离心 10 min，取上清液进样测定。

1.4.3 添加回收率：称 2 g C_{18}填料置玻璃研钵中，将 0.5 g 剁碎的猪肌肉组织样品加到研钵中的 C_{18}填料上，向组织中添加一定量的标准溶液，放置数分钟后按"1.4.2"方法进行处理和测定。

2 结果与讨论

2.1 色谱条件的选择

测定磺胺药物的反相 HPLC 流动相体系主要有三类：乙酸铵-乙腈/甲醇，磷酸盐缓冲液-乙腈/甲醇，磷酸-乙腈/甲醇[6~8]。经反复对比试验，磷酸-乙腈体系中 SAs 在较短的时间内分离效果最好，且柱压较低。SAs 属两性化合物，因此通过简单地调节流动相的 pH 值能够改善分离和控制 SAs 的保留时间。试验表明，在 pH6.5～2.5 范围内，较低 pH 可明显增加对 SAs 的分离能力(个别 SAs 顺序可发生改变)，但保留时间延长。本试验选择 0.017 mol/L 磷酸-乙腈(80+20，pH=2.7)做流动相，在此条件下，除 ST 和 SD 外，其他 7 种 SAs 在 30 min 内均达基线分离。

2.2 标准曲线

取各浓度的 SAs 标准工作液在选定的色谱条件下进行测定，在 0.05～1.0 μg/mL 浓度范围内色谱峰高与浓度的相关系数(r^2)为 0.999 8～0. 999 4。

2.3 样品处理

样品和 C_{18}填料应混合为均质的半固态物质，研磨动作要轻柔，以免破坏填料的颗粒结构。装柱时应压实(但不宜用力过大)，以便于淋洗和洗脱。洗脱曲线表明，用 12 mL 二氯甲烷可将药物全部洗出。样品净化结果见图 1，比较三个色谱图，可以看出除 SD 外其他药物出峰位置基本没有干扰峰。最初将样品液除去二氯甲烷后用流动相直接溶解、离心后进样，回收率很低(约为 40%)。在样品浓缩前加入 0.1 mL 乙二醇，回收率显著提高。SAs 极性极强，直接蒸干时 SAs 可能与玻璃器皿和样品基质发生强烈吸附，造成回收率降低。

2.4 添加回收率

试验结果见表 1，在 0.1，0.2 和 0.5 mg/kg 的添加浓度下，猪肌肉组织中 7 种磺胺药物平均回收率为 70.6%±20.3%，检测限为 0.01～0.1 mg/kg(3 倍基线噪声)。

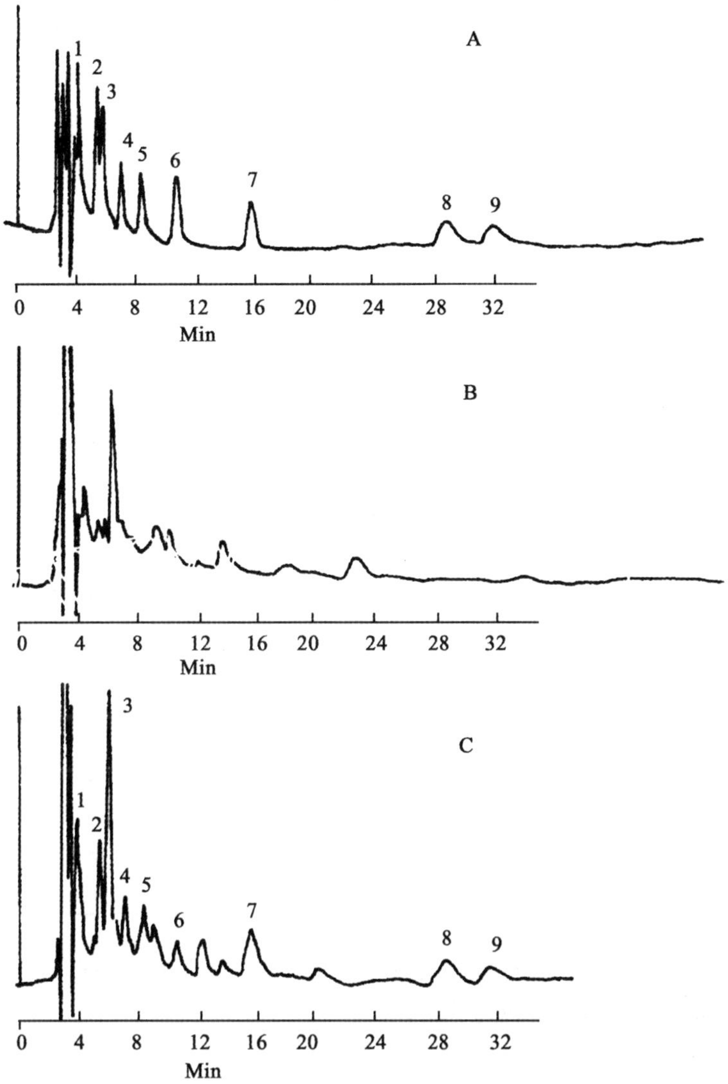

图 1 磺胺类药物的高效液相色谱图

(A)0.2 μg/mL 标准液,(B)空白样品,(C)0.2 mg/kg 添加样品。(1)磺胺 SN(2)磺胺噻唑 ST(3)磺胺嘧啶 SD(4)磺胺甲氧嗪 SMP (5)磺胺甲唑 SM_Z(6)磺胺单甲氧嘧啶 SMM(7)磺胺二甲嘧啶 SM_2(8)磺胺间甲氧嘧啶 SDM(9)磺胺喹啉 SQX

Fig. 1 Chromatograms of sulfonamides

(A) Sulfonamides in mobile phase (0.2 μg/mL), (B) Blank tissue and (C) Sulfonamides added to tissue(0.2 mg/kg).
(1) Sulfanilamide, (2) Sulfathiazole, (3) Sulfadiazine, (4) Sulfamethoxypyridazine, (5) Sulfamethoxazole, (6) Sulfamonomethoxine, (7) Sulfamethazine, (8) Sulfadimethoxine and (9) Sulfquinoxaline

表 1 猪肌肉组织中磺胺类药物的添加回收率

Table 1 Recoveries of sulfonamides added to pig muscles(n=3) $\bar{x}\pm SD$

药物 Drug	添加浓度(mg/kg)Added	检测浓度(mg/kg)Determined	回收率(%)Recovery	变异系数(%)C.V
磺胺 SM	0.1	—	—	—
	0.2	—	—	—
	0.5	0.27±0.03	53.4	13.3
磺胺噻唑 ST	0.1	0.08±0.005	75.9	11.2
	0.2	0.18±0.01	91.1	5.6

续表 1

药物 Drug	添加浓度(mg/kg)Added	检测浓度(mg/kg)Determined	回收率(%)Recovery	变异系数(%)C. V
	0.5	0.38±0.03	76.9	8.5
磺胺嘧啶 SD	0.1	—	—	—
	0.2	—	—	—
	0.5	0.32±0.07	63.7	23.2
磺胺甲噁氧嗪 SMP	0.1	0.06±0.005	58.2	5.4
	0.2	0.15±0.005	74.6	3.7
	0.5	0.35±0.08	70.8	24.0
磺胺甲噁唑 SMM	0.1	0.07±0.01	68.2	16.7
	0.2	0.11±0.01	56.0	14.2
	0.5	0.37±0.08	74.7	21.6
磺胺单甲氧嘧啶 SMX	0.1	0.04±0.005	35.3	14.3
	0.2	0.09±0.01	42.9	11.1
	0.5	0.28±0.07	56.6	26.7
磺胺二甲嘧啶 SMZ	0.1	0.08±0.02	80.9	26.9
	0.2	0.19±0.005	97.6	4.2
	0.5	0.45±0.06	89.2	13.4
磺胺间甲氧嘧啶 SDM	0.1	0.08±0.02	83.3	28.8
	0.2	0.15±0.05	73.3	25.8
	0.5	0.44±0.10	87.5	24.9
磺胺喹噁啉 SQX	0.1	0.07±0.005	72.2	6.7
	0.2	0.13±0.01	64.0	10.8
	0.5	0.32±0.13	63.9	26.7

所以，本文建立的磺胺药物残留分析方法具有速度快、溶剂用量少的特点，可在 1 h 内完成 7 种磺胺药物的测定，适宜于磺胺药物多残留快速分析。

参考文献

[1] Michael D. Smedley, et al. Liquid chromatographic determination of multiple sulfonamide residues in bovine milk. J AOAC Int, 1990, 73: 875～879

[2] Vipin K A. High-performance liquid chromatographic method for the determination of sulfonamides in tissue, milk and eggs. J Chromatography, 1992, 624: 411～423

[3] Steven A B, et al. Isolation of drug residues from tissues by solid phase dispersion. J Chromatography, 1989, 475: 353～361

[4] Steven A B, et al. Preparation of milk samples for immunoassay and liquid chromatographic screening using matrix solid-phase dispersion. J AOAC Int, 1994, 77: 845～854

[5] Calvin C W, et al. Extraction and liquid chromatographic analysis of sulfadimethoxine and 4-N-acetylsulfadimethoxine residues in channel cat fish muscle and plasma. J AOAC Int, 1994, 77: 1460～1466

[6] Austin R L, et al. Multiresidue method for the determination of sulfonamides inpork tissue. J Agric Food Chem, 1990, 38: 423～426

[7] Joe O B, et al. Determination of sulfadimethoxine and sulfamethazine residues in animal tissues by liquid chromatography and thermospray mass spectrometry. J AOAC Int, 1995, 78: 651～658
[8] Masakazu Horie, et al. Simultaneous determination of sulfonamides in honey by Liquid chromatography. J AOAC Int, 1992, 75: 786～789

MSPD Clean-up and HPLC Determination of Sulfonamides in Swine Muscle

Zhang Suxia　Li Junsuo　Qian Chuanfan
(College of Veterinary Medicine, China Agricultural University, Beijing　100094)

Abstract　A multiresidue method for analysis of nine sulfonamides in swine muscle based on MSPD clean-up was described. The mixture of swine muscle and C_{18} packing material was used to prepare a column. After washing with hexane. sulfonamides were eluted with methylene chloride and determined by HPLC with UV detection at 270 nm. Average recovery of sulfonamides from fortified samples of 0. 1～0. 5 mg/kg levels was 70. 6%±20. 3%. The limits of detection ranged 0. 01～0. 1 mg/kg in a 0. 5 g sample.

Key words　Sulfonamides, Swine muscle, Matrix solid-phase dispersion (MSPD), High-performance liquid chromatography (HPLC)

(注：此文原载于《畜牧兽医学报》,1999,30(6):531－535)

麦谷宁生测方法及其对玉米的安全性研究

范志金[1]　钱传范[1]　党宏斌[1]　李正名[2]　王玲秀[2]

(1 中国农业大学应用化学系,农业部农药化学及农药使用技术重点开放实验室,北京　100094;
2 南开大学元素有机化学所,元素有机化学国家重点实验室,天津　300071)

摘要　选用种植面积较大且抗逆性较强的玉米品种农大 108 为指示植物,研究了麦谷宁的玉米沙培试验方法。结果表明,浸种催芽,播种后先盖覆沙量的一半后加药 60 mL,再盖沙至 2 cm 厚,于 25℃黑暗培养 3 d,可获得满意的结果。回归分析表明,麦谷宁浓度的对数与玉米主根长抑制率相对应的几率值成很好的线性关系,r^2 均大于 0.90。就大面积种植的 16 个玉米品种对麦谷宁的敏感性测定结果表明,掖单 12 对麦谷宁较敏感,农大 3138 对麦谷宁耐药力最强,各品种对麦谷宁的 IC_{50} 值均大于 7.38 $\mu g \cdot kg^{-1}$,感性介于烟嘧磺隆和氯磺隆之间。

关键词　麦谷宁,烟嘧磺隆,氯磺隆,沙培生测法,玉米主根长,安全性

磺酰脲除草剂属超高效除草剂,在作物和杂草之间有良好的选择性,它通过抑制植物体内乙酰乳酸合成酶(ALS)而使支链氨基酸(缬氨酸、亮氨酸和异亮氨酸)的生物合成受阻,杂草正常的生长受到破坏而死亡。自其问世以来,世界各大农药公司均投入大量人力物力进行研究开发。80 年代起,我国先后使用了苄嘧磺隆、氯磺隆、甲磺隆和胺苯磺隆等品种,90 年代又创制出新品种麦谷宁。

麦谷宁与已经商品化的其他磺酰脲除草剂相比在杂环部分只有一个取代基,其化学名称是 *N*-[2′-(4′-甲基)嘧啶基]-2-硝基苯磺酰脲,在生物活性的选择性上显示出一定的优越性。初步试验结果表明,它可用于小麦、玉米及谷子等田间除草及这些作物的轮作地中,也可与其他除草剂混配使用。该药对双子叶杂草防效较好,对单子叶杂草也有一定防效。在小麦地是氯磺隆很好的替代品种,在玉米地该药的除草效果也很理想。

对作物和杂草的选择性是除草剂应具备的最基本条件。不同作物对除草剂的选择性不同,同一作物不同品系对除草剂的选择性也不尽相同。若对该类除草剂的选择性和残留降解规律了解不够,应用不当,往往会对后茬作物有药害而造成损失。1992 年,河北曾因麦田施用甲磺隆而导致对后茬玉米的大面积药害;1994 年,江苏油菜田施用胺苯磺隆也使后作水稻产生大面积药害;1995 年沈阳发生过氯磺隆污染稻田的重大事故,致使近 8 000 亩水稻受害,其中一半受害极为严重。氯磺隆在我国部分地区已被禁用。残留药害问题已成为磺酰脲类除草剂发展和推广应用的严重障碍。

为研究不同玉米品种对麦谷宁的敏感性提供可靠的方法,为该药在玉米地的安全使用提供理论依据,本文选用已推广应用的高产且抗逆性强的玉米品种农大 108 为试材,进行玉米主根长沙培研究。同时还选择了大面积推广应用的 16 个玉米品种,研究它们对麦谷宁敏感性的差异;对敏感性最强和耐药力最高的两个品种,用麦谷宁与烟嘧磺隆和氯磺隆进行了对比试验,在室内就麦谷宁对玉米的安全性做了初步评估。

通讯联系人,钱传范教授,电话:010-62892949。国家自然科学基金(No. 29832050)重点项目和南开大学元素有机化学国家重点实验室开放基金(No. 9804)资助项目。

1 材料与方法

1.1 试验材料

供试除草剂：麦谷宁，纯度 94.9%(南开大学元素所提供)；烟嘧磺隆，纯度 94.8%(日本石原株式会社提供)；氯磺隆，纯度 95.0%(中国化工进出口总公司提供)。玉米品种和培养基质：玉米品种有掖单2、4、12、14、21B，农大108、0638、3138、1236，高油115，京垦18、119，沈单7，西玉3，唐抗5，川单13(分别由山东省农科院，四川省农科院种子中心、中国农业大学农学系和中国农科院种子中心提供)；轻质河沙，洗去有机质。仪器：LRH-250-G 光照培养箱(广东省医疗器械厂)；隔水式电热恒温培养箱(上海市跃进医疗器械厂)；黑暗恢复室(中国农业大学应化系生测室)。

1.2 试验方法

1.2.1 麦谷宁标准溶液的配制 准确称取麦谷宁标准品 0.052 8 g 于 50 mL 容量瓶中，用 DMF 溶解，甲醇定容得 1 000 mg·L^{-1}母液。将母液用蒸馏水稀释成 3 200 μg·L^{-1}的溶液，根据预备实验结果，再选择配制成 1 600、800、400、200、100、50、25、12.5、6.25 μg·L^{-1}中的 7 个浓度梯度备用。

1.2.2 烟嘧磺隆标准溶液的配制 准确称取烟嘧磺隆标准品 0.010 6 g 于 10 mL 容量瓶中，用甲醇溶解并定容得 1 000 mg·L^{-1}母液。用前再将母液用蒸馏水稀释到 8 000、4 000、2 000、1 000、500、250、125、62.5、31.25 μg·L^{-1}中的 7 个浓度备用。

1.2.3 氯磺隆标准溶液的配制 准确称取氯磺隆标准品 0.026 3 g 于 100 mL 容量瓶中，用甲醇溶解并定容得 250 mg·L^{-1}母液。用前再将母液用蒸馏水稀释到 400、200、100、50、25、12.5、6.25、3.125 μg·L^{-1}中的 7 个浓度备用。

1.2.4 玉米种子的前处理方式和培养时间的影响 种子不催芽处理在 25℃浸种 12 h 后挑选色泽、大小和形状一致者 10～15 粒播种；种子催芽处理则在 25℃浸种 12 h，使玉米吸足水分后，于 27℃催芽至根长 1 mm 左右播种。不催芽处理培养时间分别为 4、5、6、7 和 8 d，催芽处理分别为 2、3、4、5 和 6 d。沙土中用药浓度为 17.14 μg·kg^{-1}，其余培养条件见下述试验，每处理重复 3 次。培养结束后测定主根长并计算平均抑制率，确定最佳培养时间。主根长抑制率按下式计算：

主根长抑制率=(对照组单株平均根长－处理组单株平均根长)/对照组单株平均根长×100%

1.2.5 培养期间光照和温度的影响 培养期间光照的影响分每隔 12 h 昼夜循环光照(光照培养箱中进行)和昼夜黑暗(黑暗恢复室中进行)两种处理方式。温度的影响分别设 20℃、25℃、30℃和 35℃(恒温培养箱中进行)4 个处理。沙土中药剂浓度为 17.14 μg·kg^{-1}，其余培养条件由其他试验确定，每处理放玉米种子 10～15 粒，各处理重复 3 次。测定主根长并计算平均抑制率，确定最佳光照方式和培养时间。

1.2.6 加药方式和覆沙厚度的影响 覆沙厚度分别设 1 cm、2 cm 两种处理方式。培养结束后测定主根长并计算平均抑制率，确定最佳培养。加药方式分以下三种处理进行：A)先在烧杯中加 350 g 河沙，60 mL 100 μg·L^{-1}的药液，待药液完全浸入沙中再放入 10～15 粒玉米种子，然后覆沙(幼嫩的根尖和芽不接触药剂)。B)先装 300 g 河沙，放入 10～15 粒玉米种子，盖覆沙量的一半(约 50 g)后加入 60 mL 100 μg·L^{-1}的药液，待药液完全浸入沙中后再覆盖剩余量的河沙(幼嫩的根尖和芽完全埋入药沙中)。C)先装 350 g 河沙，放入 10～15 粒玉米种子后再加 60 mL 100 μg·L^{-1}的药液，待药液完全浸入沙中再覆沙(幼嫩的根尖和芽短时间接触药剂)，其余培养条件与上述试验相同。各浓度重复 3 次，测定主根长并计算平均抑制率，确定最佳培养方式。

1.2.7 最佳培养条件的确定和数据处理模型的建立 设计 5～7 个浓度梯度，在上述各条件下培养，培养结束后，取出玉米植株，用水冲净河沙，测量主根长，计算平均抑制率。用 Casio fx-3600PV 对浓度对数和抑制率相应的几率值作回归分析，建立数据回归模型，并计算抑制中浓度(IC_{50}值)。

1.2.8 不同玉米品种对麦谷宁敏感性及其安全性试验 在250 mL烧杯中放入300 g洗净的河沙，铺平后再均匀放入10～15粒已挑选好的玉米种子，然后覆沙50 g，加入所需浓度的药液60 mL，再覆沙2 cm左右。最后放入25℃完全黑暗的恢复室或隔水式电热恒温培养箱中培养3 d。每浓度设3次重复，各品种重复1～2次。培养结束后取出玉米苗，冲净河沙，测量主根长度，计算单株平均根长并按下式计算抑制率。利用浓度对数和抑制率相应的几率值进行回归分析，并计算IC_{50}值。

2 试验结果

2.1 种子不同处理方式和不同培养时间的影响

不同种子处理方式对培养时间的影响较大，不催芽处理对玉米主根长的抑制率在第6 d达到最大值(平均抑制率为35.07%±3.13%)，以后抑制率趋于平缓，而催芽处理则在第3 d即达到最大抑制率(平均抑制率为35.16%±1.89%)(图1)。不催芽难以辨别其内在的差异且培养时间长。作者选用催芽至根长约1 mm的种子培养3 d的处理。培养3 d后主根长平均抑制率逐渐下降，下降的原因可能是随着培养时间的延长，玉米生长营养不良(来自胚乳)和药剂的降解所致。

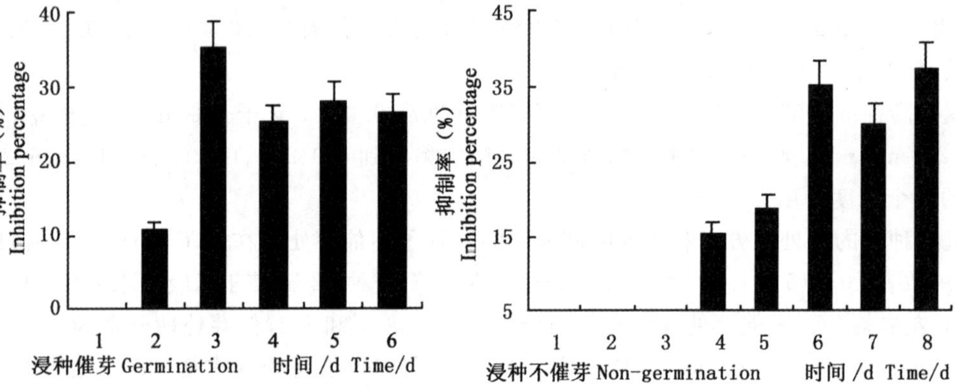

图1 种子不同处理方式和培养时间对生测结果的影响

Fig. 1 Influence of seed treatment and incubation time on bioassay results

2.2 培养期间光照和温度的影响

研究结果表明，循环光照和黑暗培养条件下的平均抑制率分别为45.59%±2.31%和46.07%±5.39%，3次重复试验结果的F值为5.42，小于$F_{0.05}$(19.00)，因此，F检验统计分析得出结论，两者差异不显著。完全黑暗处理，操作管理方便，更为经济，因而采用完全黑暗进行生物测定。温度对测定结果的影响见表1。由表1可见，随培养温度的升高，平均抑制率逐渐上升，到30℃后升高趋于平缓，30℃是最佳培养温度，但IC_{50}值与其他测定结果偏离较大，而25℃的结果更接近其他测定结果(见表2)，因而选择25℃作最佳培养温度。

表1 培养温度和覆沙厚度及加药方式对生测结果的影响

Table 1 Effects of temperature and thickness of sands and methods of herbicide application on the result of bioassay

培养条件 Condition	培养温度/℃ Temperature/℃				沙厚/cm Sand thickness/cm		加药方式 Herbicide application		
	20	25	30	35	1	2	A	B	C
平均抑制率(%) Average inhibition	23.24±4.29	35.16±1.89	49.78±2.61	52.33±2.53	33.08±1.94	27.56±3.87	27.56±3.87	44.54±1.84	20.60±3.82

2.3 加药方式和覆沙厚度的影响

有研究表明，一次性加药且不拌土优于两次加药[1]。但植物的幼嫩部分即刚催出的根和芽对药剂的敏感性因加药方式的不同而导致的差异尚未见报道。研究结果(表1)表明,以B方式加药,其平均抑制率最高。这一处理方式能保证种子的新生敏感部位与药剂充分接触,药效发挥最佳。

研究结果(表1)显示,覆沙厚度对根的生长影响不显著。为防止玉米根系生长时会将沙土顶起,导致根系悬空而不能接触药土,影响药剂的吸收而使实验结果出现较大的偏差,作者选择覆沙2 cm作为最适培养条件可保证玉米生长期间根接触药剂。

2.4 数据处理模型的建立、最佳培养条件的确证及生测结果的重现性

将玉米播种于含不同浓度梯度药剂的沙土中,培养结束后测定主根长抑制率,数据处理结果表明,麦谷宁浓度对数(x)与主根长抑制率对应的几率值(y)呈很好的线性关系,相关系数平方值(r^2)均大于0.9,回归模型为:$y=ax+b$。用该模型对前面的条件选择试验数据进行处理(见表2),发现培养3 d的IC_{50}值最低,30℃和35℃抑制率较25℃大,但25℃更接近田间实际,且25℃的IC_{50}值与其他条件测定结果更为接近;加药方式以玉米种子全部埋入药土中抑制最明显;而不同覆沙厚度以2 cm覆沙IC_{50}值最小;光照方式的影响在IC_{50}值上有一定反映,完全黑暗处理的IC_{50}值与其他条件结果(表1)一致。以此得出生测最佳培养条件是玉米浸种12 h后,催芽至根长1 mm左右,先装沙后放玉米种再盖覆沙量一半的沙土,浸药后再覆沙到2 cm厚,于25℃黑暗培养3 d。其结果与由平均抑制率选出的结果基本一致,说明这一模型有较好的实用价值。在此条件下进行2次重复试验,其回归曲线、方程及相关系数见图2,由此计算得出对农大108品种的抑制中浓度分别为Ⅰ:58.81 $\mu g \cdot kg^{-1}$,Ⅱ:51.83 $\mu g \cdot kg^{-1}$,重现性较好。

表2 麦谷宁玉米主根长沙培生测最佳条件的回归分析结果

Table 2 Regressive analysis of optimum condition of Maiguning using maize main root by sand bioassay

条件 Condition		回归方程 Regression equation	r^2	$IC_{50}/(\mu g \cdot kg^{-1})$
时间/d Time/d	2	$y=0.9701x+2.5430$	0.9761	511.17
	3	$y=0.5686x+3.9884$	0.9872	60.13
	4	$y=0.5388x+3.9319$	0.9770	96.03
	5	$y=0.5570x+3.6757$	0.9251	238.62
	6	$y=0.7654x+3.4224$	0.9137	172.38
温度/℃ Temperature	20	$y=0.7273x+3.4450$	0.9723	137.40
	25	$y=0.7247x+3.7177$	0.9812	58.81
	30	$y=0.5339x+4.4556$	0.9908	20.92
	35	$y=0.8993x+3.7213$	0.9484	26.41
用药方式 Herbicide application methods	A	$y=0.8257x+3.3964$	0.9585	87.52
	B	$y=0.5530x+4.0400$	0.9023	54.45
	C	$y=0.9448x+3.0340$	0.9964	120.45
覆沙厚度/cm Thickness of sand	1	$y=0.7352x+3.5502$	0.9248	93.75
	2	$y=0.8990x+3.2766$	0.9609	82.61
光照方式 Light or dark	完全黑暗 Darkness	$y=1.1411x+3.0435$	0.9956	51.83
	循环光照 Recycle light	$y=1.0758x+3.2581$	0.9675	41.61

2.5 不同玉米品种对麦谷宁的敏感性

为排除因土壤性质的差异造成对麦谷宁毒力的影响,本研究采用轻质河沙并洗去有机质来研究不同玉米品种对麦谷宁的敏感性。实验结果表明,所测定的16种玉米对麦谷宁的敏感性各不相同(见表3),IC_{50}值在7.38~84.38 $\mu g \cdot kg^{-1}$之间,相差超过13倍,其中掖单12最敏感,农大3138耐药能力最强。以平均IC_{50}值计,其敏感性按下列次序依次减弱:掖单12>掖单14>掖单4>京垦18>农大1236>沈丹7>京垦119>掖单21B>农大0638>西玉3>唐抗5>高油115>掖单2>农大108>川单

13＞农大 3138。

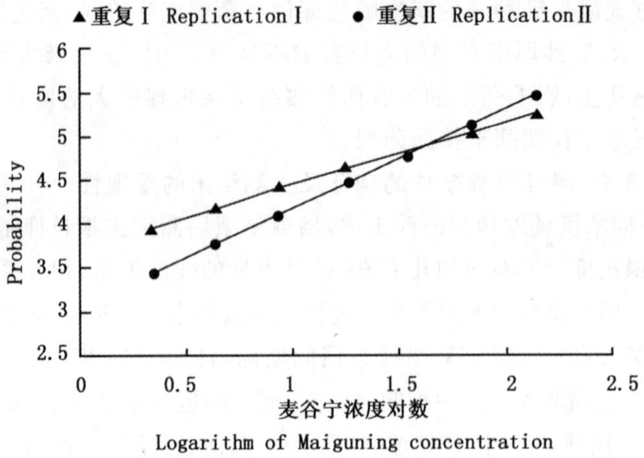

图 2 麦谷宁玉米主根长生测方法的回归曲线及方法的重现性

Fig. 2 Regressive curve and repeatability of maize main root length bioassay of Maiguning

注(Note)：重复Ⅰ：$y=0.724\ 7x+3.717\ 7$ 重复Ⅱ：$y=1.141\ 1x+3.043\ 5$

ReplicationⅠ：$r^2=0.981\ 2$ ReplicationⅡ：$r^2=0.995\ 6$

表 3 不同玉米品种对麦谷宁的敏感性

Table 3 Sensitivities of different corns to herbicide Maiguning

品种 Breed	回归方程 Regression equation	r^2	$IC_{50}/(\mu g\cdot kg^{-1})$	平均 Average $IC_{50}/(\mu g\cdot kg^{-1})$
掖单 2(Yedan 2)	$y=1.1328x+3.2781$	0.9627	32.75	36.02
	$y=0.9135x+3.5436$	0.9939	39.30	
掖单 4(Yedan 4)	$y=0.7261x+4.1225$	0.9285	16.16	11.08
	$y=0.508\ 3x+4.6048$	0.9924	5.99	
掖单 12(Yedan 12)	$y=0.596\ 0x+4.441\ 4$	0.958 0	8.65	7.38
	$y=0.581\ 3x+4.543\ 3$	0.971 2	6.10	
掖单 14(Yedan 14)	$y=0.534\ 8x+4.490\ 0$	0.967 9	8.99	10.33
	$y=0.956\ 7x+3.979\ 3$	0.971 6	11.67	
掖单 21B(Yedan 21B)	$y=1.049\ 7x+3.740\ 5$	0.970 0	15.85	21.20
	$y=0.749\ 4x+3.932\ 9$	0.913 9	26.54	
农大 108(CAU 108)	$y=1.141\ 1x+3.043\ 5$	0.995 6	51.83	55.17
	$y=0.724\ 7x+3.717\ 7$	0.981 2	58.81	
农大 3138(CAU 3138)	$y=0.292\ 3x+4.455\ 9$	0.929 9	72.68	84.38
	$y=0.551\ 6x+3.906\ 4$	0.979 7	96.07	
唐抗 5(Tangkang 5)	$y=0.810\ 6x+3.911\ 7$	0.974 2	22.01	30.00
	$y=0.850\ 4x+3.656\ 7$	0.903 8	37.98	
农大 0638(CAU 0638)	$y=1.161\ 7x+3.347\ 9$	0.974 0	26.43	
农大 1236(CAU 1236)	$y=0.435\ 6x+4.502\ 8$	0.993 7	13.85	
京垦 18(Jingken 18)	$y=0.885\ 5x+4.016\ 8$	0.959 9	12.89	
京垦 119(Jingken 119)	$y=1.029\ 8x+3.721\ 1$	0.957 1	17.45	
西玉 3(Xiyu 3)	$y=0.584\ 7x+4.146\ 5$	0.982 1	28.82	
沈丹 7(Shendan 7)	$y=0.939\ 6x+3.877\ 6$	0.926 5	15.65	
川单 13(Chuandan 13)	$y=0.582\ 5x+3.936\ 8$	0.976 7	66.87	
高油 115(Gaoyou 115)	$y=0.875\ 6x+3.685\ 9$	0.992 4	31.68	

2.6 麦谷宁对玉米安全性的室内评估

在相同条件下，以沙培生物测定法分别测定了农大1236和对麦谷宁耐药力最高的农大3138对烟嘧磺隆和氯磺隆的敏感性，其IC_{50}值见表4。由表4可见，玉米对麦谷宁的IC_{50}值介于烟嘧磺隆和氯磺隆之间，两个玉米品种对玉米地的优良除草剂烟嘧磺隆均有较好的耐药能力，而都对氯磺隆最为敏感。农大3138对麦谷宁的敏感性是其对氯磺隆的约1/5倍，是其对烟嘧磺隆的约5倍；农大1236对麦谷宁的敏感性是其对氯磺隆的约1/3倍，是其对烟嘧磺隆的约3倍。本研究由室内沙培方法进行，且玉米经催芽后初生的根系直接接触药剂，这一阶段的作物对药剂比其他生长阶段更为敏感。用河沙为介质，而田间土壤中的有机质和矿物质可能吸附和降解药剂。因而，田间应用的安全性可能高于室内生物测定的结果。由此可见，若有适当的安全剂保护，并采用苗后施药，麦谷宁可望用作田间耐药玉米地的除草剂，这有待田间试验的进一步研究。

表4 麦谷宁对玉米的相对安全性

Table 4 Relative safety of Maiguning to different maize

品种 Breed	除草剂名称 Herbicide	回归方程 Regression equation	r^2	IC_{50}/($\mu g\cdot kg^{-1}$)	平均 Average IC_{50}/($\mu g\cdot kg^{-1}$)
农大3138(CAU3138)	烟嘧磺隆 nico sulfuron	$y=0.8106x+2.9532$	0.9416	335.00	415.54
		$y=1.1726x+1.8392$	0.9839	496.08	
	麦谷宁 Maiguning	$y=0.2923x+4.4559$	0.9299	72.68	84.38
		$y=0.5516x+3.9064$	0.9797	96.07	
	氯磺隆 chlorsulfuron	$y=0.7949x+3.9988$	0.9811	18.18	15.73
		$y=0.4518x+4.4927$	0.9972	13.27	
农大1236(CAU1236)	烟嘧磺隆 nico sulfuron	$y=0.6585x+3.9668$	0.9418	37.07	37.07
	麦谷宁 Maiguning	$y=0.4356x+4.5028$	0.9937	13.85	13.85
	氯磺隆 chlorsulfuron	$y=0.3360x+4.7879$	0.9847	4.28	4.28

3 讨论

1)本文详细研究了麦谷宁的玉米沙培生测方法。结果表明，玉米经浸种，催芽至1 mm左右，幼嫩根尖全部直接接触药剂，并覆沙至2 cm左右于黑暗条件下、25℃培养3 d后测定，药剂作用发挥稳定，试验结果好，方法重现性高。

2)关于氯磺隆玉米生测结果的数据处理，已提出过不同的方法，并建立了多种模型[1~4]，这些方法各有自己的特点。作者用本研究中农大108重复2次试验的数据套用氯磺隆浓度(Y)和玉米主根长抑制率(X)的$Y=aX^b$($r>0.90$)模型[1]，得IC_{50}为：47.23 $\mu g\cdot kg^{-1}$(重复Ⅰ)($Y=12.73X^{0.3420}$，$r=0.9695$)和46.21 $\mu g\cdot kg^{-1}$(重复Ⅱ)($Y=4.58X^{0.5909}$，$r=0.9813$)，该模型计算结果重复性好，可以用作麦谷宁生物测定数据处理模型，但相关性不及浓度对数-几率值模型好，其IC_{50}值的计算结果为浓度-主根长抑制率模型较浓度对数-几率值模型低。作者选用玉米主根长抑制率对应的几率值和浓度对数回归模型，是常规农药生测数据处理方式，处理方便易行，准确性和相关性都很好，有实际应用价值。

3)同一作物不同品种对除草剂敏感性的差异是一种普遍现象。不同的玉米品种对磺酰脲除草剂的敏感性差异很大，多者达4 000倍以上[5]。本研究以玉米主根长测得高浓度的麦谷宁对玉米生长有一定的抑制作用，而低浓度药剂可以促进玉米的生长，生长促进作用因玉米品种的不同而异，麦谷宁对农大3138、唐抗5和掖单4的临界浓度分别为6.38、0.60和0.54 $\mu g\cdot kg^{-1}$。不同玉米品种对麦谷宁的敏感性差异也较大，最多达13倍。姚东瑞等也发现[6]，掖单系列玉米品种对氯磺隆的敏感性也存在一定差异。有研究表明，磺酰脲类除草剂对玉米敏感性的差异来自玉米根中ALS含量的不同[7]，ALS浓度越大，耐药力越强。而ALS的水平是由品种间固有的遗传基因调控的，而且根系中ALS的浓度较叶片中的高，这正是玉米主根长用作某些磺酰脲类除草剂生物测定指标的理论依据。作者研究的16个常见玉米品种对麦谷宁的耐药能力差异较大，其 IC_{50} 值均大于7.38 $\mu g \cdot kg^{-1}$，其中，掖单12对麦谷宁较敏感，该玉米品种可用作麦谷宁残留量生物测定的指示植物；而农大3138耐麦谷宁的能力较强，麦谷宁与玉米地较为优良的除草剂烟嘧磺隆在敏感性上相差仅5倍。产生这些差异的原因有待于从ALS酶的水平和代谢降解的途径和速率等方面进行深入研究。

参考文献

[1] 姚东瑞，宋小玲，陈杰. 植物保护学报，1998，25(2)：161～ 165

[2] 蔡立. 农村生态环境学报，1995，11(1)：22～25

[3] Groves K. M. ，Foster R. K. *Weed Sci.* ，1985. 33：825～828

[4] Sunderland S. L. ，Santelmann P. W. ，Baughman T. A. . *Weed Sci.* ，1991， 39：296～298

[5] 苏少泉. 农药，1998，37(4)：1～7

[6] 姚东瑞，宋小玲，李庆康. 江苏农业科学，1996，3：40～45

[7] Forlani G，Nielsen E. ，L andi P. *et al.* . *Weed Sci.* ，1991，39(3)：553～557

Study on the Bioassay of Maiguning and the Safety Assessement of Maiguning to Maize(*Zea mays* L.)

Fan Zhijin[1] Qian Chuanfan[1] Dang Hongbin[1] Li Zhengming[2] Wang Lingxiu[2]

(1 Department of Applied Chemistry，China Agricultural University，Key Laboratory of Pesticide Chemistry&Application Technology of Ministry of Agriculture，Beijing 100094；2 Institute of Elemento-Organic Chemistry，Nankai University，National Key Laboratory of Elemento-Organic Chemistry，Tianjin 300071)

Abstract A bioassay method of Maiguning，a new sulfonylurea herbicide，on the maizemain root length was reported，using the wide-planted tolerant maize *Zea mays* L. (CAU 108) as indicative plant. This proceduce includes：germination，dissemination，covering 1 cm sand on the seeds，herbicide application，covering another 1 cm sand and cultivating 3 days in the darkness at 25℃. The study showed that there's a good linear relationship between the logarithm of concentration of herbicide Maiguning and the probability corresponding to the inhibition percentage of the main root length. The sensitivity of 16 varieties of widely planted maize to Maiguning was studied by bioassay methods. The results indicated that Yedan No. 12 is sensitive to Maiguning. while CAU 3138 is the most tolerant IC_{50} values of Maiguning to all these maize species are higher than 7.38 $\mu g \cdot kg^{-1}$. The sensitivities of different variety to Maiguning are lower than chlorsulfuron and higher than nicosulfuron.

Key words Maiguning，Nicosulfuron，Chlorsulfuron，Maizemain root length，Sand bioassay，Safety

(注：此文原载于《农药学学报》，2000，2(1)：63－70)

有机磷和有机氯杀虫剂在谷物籽粒中多残留分析方法的研究

刘 丹 钱传范
（中国农业大学应用化学系，北京 100094）

摘要 对谷物中常用的8种有机磷和2种有机氯杀虫剂的多残留分析方法进行了研究。样本前处理采取凝胶色谱柱净化方法。选取稻米、小麦、玉米3种谷物籽粒进行了不同浓度的添加回收实验，结果表明，农药在谷物样本上的添加回收率介于81.74%～101.60%，变异系数为0.60%～12.53%，均达到残留分析要求。
关键词 多残留分析，凝胶色谱，有机磷杀虫剂，有机氯杀虫剂

国内有关农药多残留分析的报道很多，但多偏重某一类农药的多残留分析，而且样本前处理尤其净化方法复杂[1～3]，需用大量的溶剂，费时、费力。对不同类型农药多残留分析同时测定的报道很少。本文对谷物中常用的8种有机磷和2种有机氯杀虫剂的多残留分析方法进行了研究，样本前处理采用凝胶色谱柱净化方法（GPC法），能同时测定农药多种组分。

1 材料与方法

1.1 仪器与试剂

半自动凝胶色谱仪（KL-SX-3型），凝胶柱为10 mm(id)×200 mm(L)玻璃柱；GC-14A气相色谱仪，带FPD(P)检测器，色谱柱为OV-101、10m×0.25 mm熔融石英毛细管柱；HP-4890气相色谱仪，带ECD检测器，色谱柱为HP-5、15 m×0.53 mm熔融石英毛细管柱。聚苯乙烯凝胶Bio-Beads SX-3；中性氧化铝（层析用）；活性炭（经酸洗处理）；丙酮、环己烷、乙酸乙酯，均为分析纯并经重蒸馏；无水Na_2SO_4、NaCl，均为分析纯。

1.2 农药标样

有机磷杀虫剂：甲胺磷（99.9%），乙酰甲胺磷（95%），久效磷（99.5%），杀螟硫磷（98%），甲基对硫磷（99%），甲基嘧啶磷（100%），马拉硫磷（96.85%），毒死蜱（99%）。

有机氯杀虫剂：林丹（99%），硫丹（98%）。标样均由农业部农药检定所提供。

1.3 样本

未施药的稻米、小麦、玉米籽粒（磨碎，过20目筛）。

1.4 实验方法

1.4.1 提取 称取20 g样本，加入一定量上述混合标样、50 mL水、15 g氯化钠、80 mL丙酮、50 mL环己烷：乙酸乙酯（1：1），振荡1 h，静置分层。取上清液，加入30 g无水硫酸钠，摇动，静置0.5 h。用量筒量取65 mL上清液，通过装有无水硫酸钠的分液漏斗，收集于圆底烧瓶中，再用3×20 mL环己烷：乙酸乙酯（1：1）淋洗无水硫酸钠层，淋洗液并入圆底烧瓶中。将圆底烧瓶置于旋转蒸发器上浓缩至近干，吹干，用2 mL环己烷：乙酸乙酯（1：1）定容，待净化。

谷物种子中甲胺磷、乙酰甲胺磷等水溶性强的有机磷农药，可采取如下方法提取：将样本磨碎过20目筛、混匀。称取10 g置于具塞锥形瓶中，加入0.5 g中性氧化铝、0.2 g活性炭及30 mL环己烷：乙酸乙酯（1：1），振荡0.5 h。抽滤，滤液用无水硫酸钠干燥后浓缩至近干，用2 mL环己烷：乙酸乙酯（1：1）定容待净化。

1.4.2 凝胶色谱柱净化

1.4.2.1 凝胶柱的填充 称取 7 g Bio-BeadsSX-3(200～300 目)浸泡在 50 mL 环己烷:乙酸乙酯(1:1)中至少 5 h,吸涨后的 Beads 保持在液面下。根据半自动凝胶色谱仪的操作手册规定,在 N_2 气的压力下将吸涨的 Bio-BeadsSX-3 转移到凝胶玻璃柱内,然后在 N_2 气的压力下将淋洗液环己烷:乙酸乙酯(1:1)通过凝胶柱,流速调至 1 mL·min^{-1},稳定后待用。

1.4.2.2 样本净化 将 1 mL 提取浓缩液注入柱内,弃去前段 8 mL,收集 8～35 mL 淋洗液,在旋转蒸发器上浓缩至近干,吹干,用乙酸乙酯定容待测。

1.4.3 仪器测定

8 种有机磷杀虫剂使用 GC-14A FPD(P)分析。

进样口温度:210℃;检测器温度:250℃。

柱温:100℃(1 min)$\xrightarrow{10℃\cdot min^{-1}}$150℃(15 min)

衰减:2^3;纸速:1 mm·min^{-1};灵敏度:10;柱压 H_2 1.0 kg·cm^{-2},Air 0.6 kg·cm^{-2},$N_2$1.0 kg·cm^{-2};补充气(N_2): 30 mL·min^{-1}。

进样量 1 μL(不分流进样)。

2 种有机氯杀虫剂使用 HP-4890 ECD 分析。

进样口温度:210℃;检测器温度:250℃。

柱温:100℃(1 min)$\xrightarrow{10℃\cdot min^{-1}}$150℃(20min)$\xrightarrow{10℃\cdot min^{-1}}$170℃(10 min)

气体流速(N_2): 10 mL·min^{-1};补充气(N_2):30 mL·min^{-1}。

进样量:1 μL(不分流进样)。

2 结果与讨论

2.1 杀虫剂在气相色谱仪上的线性范围

在上述气谱条件下,8 种有机磷和 2 种有机氯杀虫剂的最小检出量为 10^{-10}～10^{-12} g,其线性关系见表 1。结果表明,本方法在此条件下具有很好的相关系数和很高的灵敏度。

2.2 杀虫剂标样在凝胶色谱柱上流出曲线

测试药剂标样直接上柱,用淋洗液洗脱,每 1～2 mL 流出液收集于一个试管中,收集到 35 mL。用气相色谱仪检测各个馏分中农药的含量。检测结果表明:8 种有机磷杀虫剂在 8～19 mL 之间流出;林丹、硫丹在 10～31 mL 之间流出,结果见表 2。结果表明,上述 10 种农药标样过凝胶色谱柱,弃去前 8 mL,收集 8～35 mL 馏分,测定其中农药的含量,平均回收率范围在 90%～104%。由此可见,收集 8～35 mL 的流出液可较好地回收上述农药。

表 1 杀虫剂在气相色谱仪上测定的线性关系

Table 1 The linearity of in secticides with GC

农药品种 Insecticide	线性范围/ng The range of linearity	线性方程 Linear equation	相关系数 r
甲胺磷 metham idophos	0.042～6	$y=12218x-2343.8$	0.9929
乙酰甲胺磷 acep hate	0.2～7	$y=34591x-3352.8$	0.9972
久效磷 monocrotophos	0.5～6	$y=4476.2x-354.5$	0.9922
甲基对硫磷 parathion-methyl	0.1～6	$y=9008x-135.2$	0.9961
杀螟硫磷 fenitrothion	0.1～6	$y=9193.7x-1413.7$	0.9942
甲基嘧啶磷 pirimiphos-methyl	0.1～6	$y=11092x-1130$	0.9979
马拉硫磷 malathion	0.5～6	$y=12648x-1199.8$	0.9968
毒死蜱 chlorpyrifos-ethyl	0.2～6	$y=1354x-3342$	0.9963

续表 1

农药品种 Insecticide	线性范围/ng The range of linearity	线性方程 Linear equation	相关系数 r
林丹 lindane	0.02～5	$y=547078x-1096.2$	0.9954
α-硫丹 α-endosulfan	0.1～5	$y=213644x+26314$	0.9921
β-硫丹 β-endosulfan	0.1～5	$y=103184x+19830$	0.9917

表 2 杀虫剂标样在凝胶色谱柱上流出情况

Table 2 The eluting pattern of the standard insecticides

农药品种 Pesticide	收集体积/mL Fraction collected	农药品种 Pesticide	收集体积/mL Fraction collected
甲胺磷 methamidophos	8～15	杀螟硫磷 fenitrothion	9～17
乙酰甲胺磷 acephate	8～17	马拉硫磷 malathion	9～19
久效磷 monocrotophos	8～11	毒死蜱 chlorpyrifos	9～17
甲基对硫磷 parathion-methyl	9～19	林丹 lindane	10～31
甲基嘧啶磷 pirimiphos-methyl	9～17	硫丹 endosulfan	10～26

2.3 添加回收率试验

在稻米及小麦、玉米籽粒上分别添加 8 种有机磷和 2 种有机氯杀虫剂的混合标样。每种农药添加 2～3 个浓度，每个浓度重复 3 次，同时做空白试验，农药在各种样本上的不同添加回收率和变异系数见表 3。此方法的最小检出浓度为 0.001～0.020 mg·kg^{-1}。有机磷杀虫剂标样图和添加样本的色谱图见图 1，有机氯杀虫剂标样图和添加样本的色谱图见图 2，空白样本均未检出。样本的谱图均以稻米为例。

表 3 有机磷、有机氯杀虫剂在谷物中添加回收率

Table 3 The recoveries of the OP and OC1 insecticides in fortified grain samples

农药品种 Insecticide	添加浓度 Fortification /mg·kg^{-1}	稻米 Rice			小麦 Wheat			玉米 Corn		
		平均回收率 Average recovery(%)	标准偏差 SD(%)	变异系数 CV(%)	平均回收率 Average recovery(%)	标准偏差 SD(%)	变异系数 CV(%)	平均回收率 Average recovery(%)	标准偏差 SD(%)	变异系数 CV(%)
甲胺磷	0.05	91.24	1.90	3.55	92.71	0.64	1.21	94.00	2.55	4.70
methamidophos	0.5	94.72	3.10	5.67	91.01	2.04	3.89	91.52	2.98	5.63
乙酰甲胺磷	0.05	91.75	2.21	4.17	90.51	1.98	3.78	92.47	1.12	2.09
acephate	0.5	93.82	082	1.51	93.53	4.48	8.30	97.70	1.05	1.85
久效磷	0.05	93.25	1.07	1.98	97.38	3.71	6.60	90.61	0.79	1.51
monocrotophos	0.1	86.46	2.94	5.88	92.05	2.19	4.12	85.68	2.82	5.70
	0.5	88.54	1.93	3.78	94.80	0.68	1.23	82.46	1.61	3.37
甲基对硫磷	0.05	97.20	2.61	4.65	96.54	3.07	5.50	92.37	1.79	3.36
parathion-methyl	0.1	93.40	2.47	4.58	91.65	2.31	4.36	93.44	2.42	4.48
	0.5	98.80	0.34	0.60	83.75	0.98	2.03	89.30	1.01	1.96
杀螟硫磷	0.05	90.13	3.69	7.09	91.05	2.98	5.66	88.91	2.27	4.42
fenitrothion	0.1	96.10	2.31	4.16	88.67	2.33	4.56	91.11	2.37	4.51
	0.5	95.90	2.30	4.16	85.70	1.50	3.03	92.27	0.42	0.79
甲基嘧啶磷	0.05	85.71	1.38	2.80	95.69	1.57	2.83	84.95	1.84	3.74
pirimiphos-methyl	0.1	91.33	1.75	3.32	85.12	0.91	1.86	97.76	2.44	4.34
	0.5	95.38	0.97	1.76	85.94	2.76	5.57	85.81	2.94	5.93
马拉硫磷	0.05	85.54	2.32	4.70	90.23	5.29	10.15	84.96	1.42	2.90
malathion	0.1	95.76	1.03	1.87	92.26	2.15	4.03	89.23	1.29	2.50
	0.5	92.69	4.56	8.51	81.88	0.96	2.03	88.82	1.87	2.32
毒死蜱	0.05	85.53	1.80	3.66	86.36	3.11	6.24	85.28	0.96	1.95
chlorpyrifos-ethyl	0.1	91.90	2.56	4.80	89.40	2.77	5.37	98.32	0.10	1.75
	0.5	97.09	1.55	2.77	88.08	2.17	4.27	88.25	0.93	1.84
林丹	0.05	88.93	0.89	1.73	87.43	3.48	6.88	84.51	6.12	12.53
lindane	0.1	83.56	0.92	1.90	95.80	2.42	4.38	86.69	1.62	3.23

续表 3

农药品种 Insecticide	添加浓度 Fortification /mg·kg^{-1}	稻米 Rice 平均回收率 Average recovery(%)	稻米 Rice 标准偏差 SD(%)	稻米 Rice 变异系数 CV(%)	小麦 Wheat 平均回收率 Average recovery(%)	小麦 Wheat 标准偏差 SD(%)	小麦 Wheat 变异系数 CV(%)	玉米 Corn 平均回收率 Average recovery(%)	玉米 Corn 标准偏差 SD(%)	玉米 Corn 变异系数 CV(%)
	0.5	90.76	3.06	5.84	87.99	3.09	6.09	94.66	0.50	0.92
α-硫丹 α-endosulfan	0.05	92.82	5.05	9.43	84.97	2.55	5.20	86.82	3.30	6.59
	0.1	88.70	2.04	3.97	86.07	3.27	6.58	87.38	2.08	4.12
	0.5	94.83	4.10	7.50	88.16	4.13	8.12	89.63	2.21	4.28
β-硫丹 β-endosulfan	0.05	89.14	3.28	6.37	81.74	3.43	7.28	82.54	1.76	3.70
	0.1	95.69	1.77	3.21	86.60	3.21	6.42	93.53	2.52	4.67
	0.5	90.86	3.85	7.34	101.60	1.35	2.30	92.32	5.02	9.42

本试验采取凝胶色谱柱净化方法，利用凝胶对不同大小分子的排阻效应进行分离。相对分子质量较大的干扰物质如油脂、蛋白质、叶绿素等先随流动相流经色谱柱。绝大多数的农药分子比较小，扩散进入凝胶孔内，较晚流出色谱柱，从而使农药与杂质分离。由表 3 可知，农药在谷物样本上添加回收率介于 81.74%～101.60%，变异系数为 0.60%～12.53%，均符合残留分析要求。因此，整个分析方法是可行的。图 1 和图 2 结果表明，各类谷物样本提取液经 Bio-Beads SX-3 凝胶色谱柱净化，接收 8～35 mL的流出液可有效除去谷物中的油脂和杂质，净化效果较好，干扰小，气相色谱检测峰形好。

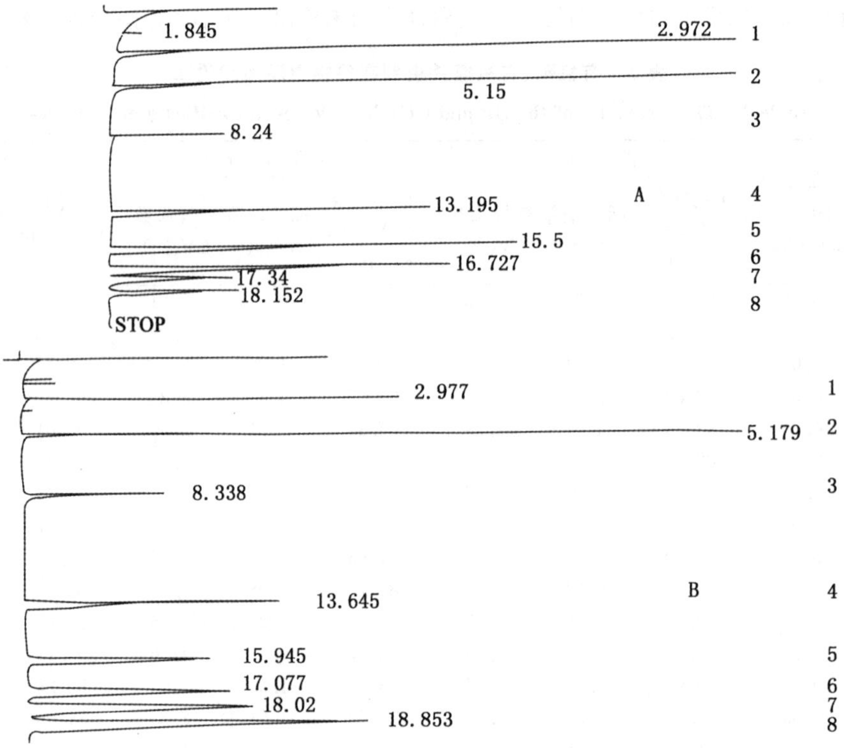

图 1　8 种有机磷杀虫剂标样和样本的色谱图

Fig. 1　GC/FPD chromatograms of 8 organic phosphorus insecticides and of that in the rice sample

A：标样图 The standard chromatography　B：样本图 The rice sample chromatography，下同 Same as below.

1 甲胺磷 metham idophos　2 乙酰甲胺磷 acephate　3 久效磷 monocrotophos　4 甲基对硫磷 parathion-methyl　5 甲基嘧啶磷 pirimiphos-methyl　6 杀螟硫磷 Fenithothion　7 马拉硫磷 malathion　8 毒死蜱 chlorpyrifos

国外文献报道凝胶色谱柱净化方法很多，但大多使用体积较大的凝胶色谱柱，淋洗液的用量高达 100～200 mL[4,5]。而本实验用小型的凝胶色谱柱，淋洗液的用量仅有 30 mL，大大节省了有机溶剂，并且能有效去除谷物中的油脂和杂质，操作简单、方便、快速。此外，凝胶色谱柱能反复使用于样本净化，是一种较理想的测定谷物样本中农药残留的净化方法。

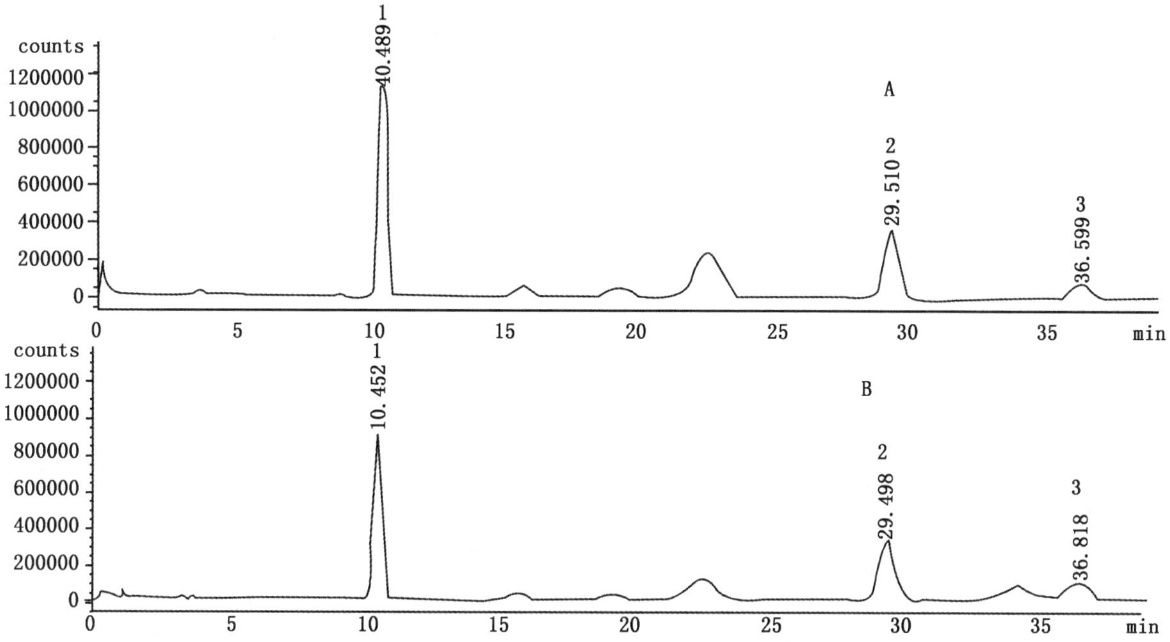

图 2　2 种有机氯杀虫剂标样和样本色谱图

Fig. 2　GC/ECD chromatograms of 2 organic chlorinated insecticides and of that in the rice sample

1 林丹 lindane　2 α-硫丹 α-endosulfan　3 β-硫丹 β-endosulfan

作者用此方法只对一些有机磷、有机氯杀虫剂进行了在 3 种谷物上的添加回收试验，其他类型的农药多残留分析方法还有待进一步摸索。

参考文献

[1] 张乔，李伟格，黄士忠等. 环境科学学报，1988，8(3)：367～371

[2] 李洪波，王绪卿. 农药，1993，32(2)：12～13

[3] 陈清火. 环境科学，1990，11(5)：56～60

[4] Sannino A.. *Journal of AOAC international*，1998，81(5)：1048～1053

[5] Specht W.，Pelz S.，Gilsbacb W.. *Fresenlus J. of Anal. Chem.*，1995，353：183～190

Study on Multi-residue Analysis of OP and OCl Insecticides in Grain

Liu Dan　Qian Chuanfan

(Department of Applied Chemistry, China Agricultual University, Beijing　100094)

Abstract　The multi-residue analytical method of 8 OP and 2 OCl insecticides that applied in rice, wheat and maize were reported. A gelpermeation chromatography clean-up method was introduced. The fortified average recovery and variation coefficient of the above insecticides in these 3 crops were 81.74%～101.60% and 0.60%～12.53% respectively.

Key words　Multi-residue analysis, Organophosphorus insecticides, Organochlorinated insecticides, Gel permeation chromatography

（注：此文原载于《农药学学报》，2000，2(2)：77－82）

水中12种农药的固相萃取及GC-MS测定方法研究

刘丰茂　钱传范　江树人

（农业部农药化学及农药使用技术重点开放实验室，中国农业大学应用化学系，北京　100094）

摘要　利用气相色谱法进行测定，用已烷和丙酮做洗脱溶剂，用 Isolute^{TM}ENV＋SPE 柱对水中12种农药的固相萃取方法进行了研究，并用MS选择离子模式进行了定量分析。水中添加浓度为1、5、10 $\mu g \cdot L^{-1}$三个水平，其中11种农药的添加回收率在62.3％～105.0％，只有克百威的回收率较低。

关键词　固相萃取，农药，水，GC-MS

随着人们环保意识的逐步加强，农药对环境的污染也越来越受到社会的广泛关注[1]。如何监测农药对环境的污染程度以及如何减少农药对环境的污染是我国面临的一个急需解决的问题[2]。在发达国家，农药对环境水的污染监测体系基本已经成型，但在我国，这方面还处于空白状态。

在国外农药对水污染检测中，固相萃取技术应用广泛[3~7]，它能避免液液分配所带来的许多问题，如不完全的相分离、昂贵易碎的玻璃器皿和大最的有机废液等。与液液分配相比，固相萃取更有效，容易达到定量萃取、快速和自动化，同时也减少了溶剂用量和工作时间。目前，国外也有用固相萃取技术提取水果、蔬菜[8,9]、土壤、植物[10]样本中农药的报道，但国内报道较少。

在多残留分析中，MS检测器一般作为确证方法，很少用于定量分析，而选择离子模式MS用于化合物的定量分析，可以降低定量分析时对分离度的要求，实现快速、准确分析。本文首次在国内选择我国常用的几种农药，研究了 Isolute^{TM}ENV＋固相萃取柱及选择离子模式MS检测器在水中农药残留分析方面的应用。

1　材料与方法

1.1　农药标准品

乙草胺（97％），莠去津（99％），甲萘威（99.7％），克百威（99.0％），乐果（99％），马拉硫磷（98.1％），异丙甲草胺（97.8％），嗪草酮（99.8％），对硫磷（83.0％），甲基对硫磷（99.6％），西玛津（99.2％），三唑酮（99.6％），均由 RdH Laborchemikalien GmbH&Co. 提供。

1.2　试剂

NaCl，乙腈，正已烷，丙酮，乙酸乙酯，甲醇，正丁醇，均为分析纯。

1.3　仪器

真空泵；GC-MS Varian 2000，MS 3800，SPE 柱：ISOLUTE^{TM}ENV＋200 mg/3 mL 柱体积，LichrolutTM SPE 装置（Merck 公司）。

1.4　固相萃取操作方法

1.4.1　水样预处理　先用缓冲液调整水样pH为7～8，再向水样中添加2％～3％ CH_3CN，目的是活化SPE填料。在利用SPE提取之前，向水样中加入2％NaCl，如果是环境水样，最好先过滤，以防固体颗粒堵塞SPE柱。

通讯联系人：钱传范教授，电话：010-62892949

1.4.2 SPE柱活化 常压状态下，用2×2.5 mL *n*-己烷（每次在柱中浸润5 min）洗涤SPE柱，真空抽干，再用2×2.5 mL丙酮（每次在柱中浸润5 min）洗涤SPE柱，真空抽干。用蒸馏水洗涤SPE柱，并使柱中保留部分蒸馏水，以备添加水样。

1.4.3 水样提取 用蒸馏水洗涤SPE柱后，添加水样，在小于20 MPa的压力下提取，保持流速为5 mL·min^{-1}（呈滴状）。当所有的水样都通过小柱后，用2×2.5 mL蒸馏水洗涤小柱，继续抽空以除去柱中残余的水分。

1.4.4 样本洗脱 在常压下，首先用2×2.5 mL *n*-正己烷洗涤小柱（每次在柱中停留5 min），真空抽干，再用2×2.5 mL丙酮洗涤小柱（每次在柱中停留5 min），真空抽干后，合并提取液到10 mL刻度试管中。

1.4.5 样本浓缩 首先向每个试管中添加50 μL正丁醇作保持剂，用氮气流吹扫溶剂，温度保持在40℃以下，当溶剂体积小于1 mL时，取出并用丙酮定容至1 mL，以备气谱测定。

1.5 色谱条件

毛细管柱：Cp Sil 8CB，30 m×0.25 mm×0.25 μm（Chrompack公司）。

进样口程序升温：70℃（0.1 min），以300℃·min^{-1}速度程序升温至200℃，保持7 min。

不分流进样：0～2.50 min，分流比为0；2.50～4.00 min，分流比为100∶1；4.00～20.00 min，分流比为10∶1；20 min后分流比为0。

载气（He）：1.2 mL·min^{-1}。

柱温：60℃保持0.5 min，20℃·min^{-1}升温至160℃，5℃·min^{-1}升温至230℃，25℃·min^{-1}升温至285℃，保持1 min。

2 结果与讨论

2.1 定量方法

利用选择离子进行定量分析。表1给出了各农药用气相色谱分析时的保留时间，以及MS定量分析时各化合物所采用的定量离子。

表1 GC-MS定量分析方法及保留时间

Table 1 Selected ions and retention time of pesticides analyzed by GC-MS

农药名称 Pesticide name	保留时间/min Retention time	离子1 Ion 1	离子2 Ion 2
乐果 dimethoate	10.00	87	125
克百威 carbofuran	10.15	164	
西玛津 simazine	10.22	201	138
莠去津 atrazine	10.32	216	173
乙草胺 acetochlor	12.20	224	147
嗪草酮 metribuzin	12.32	198	
甲基对硫磷 parathion-methyl	12.47	263	
甲萘威 carbaryl	12.69	144	
马拉硫磷 malathion	13.56	127	173
异丙甲草胺 metolachlor	13.67	163	238
对硫磷 parathion	14.02	109	291
三唑酮 triadimefon	14.12	208	

MS检测器通常用于化合物的定性分析，在未知样本检测中，常作为其他分析方法的确证方法。本研究除采用MS对化合物定性分析外，还利用选择离子模式对化合物进行了定量分析，这种方法降低了

对化合物分离度的要求及分析条件的研究强度，从而可以实现快速、准确分析。色谱图见图 1。

2.2 线性范围

通过测定 0.04、0.08、1.00、2.50、5.00、10.00、20.00 mg·L^{-1}不同浓度的混合标样，得到线性方程及相关系数，见表 2。

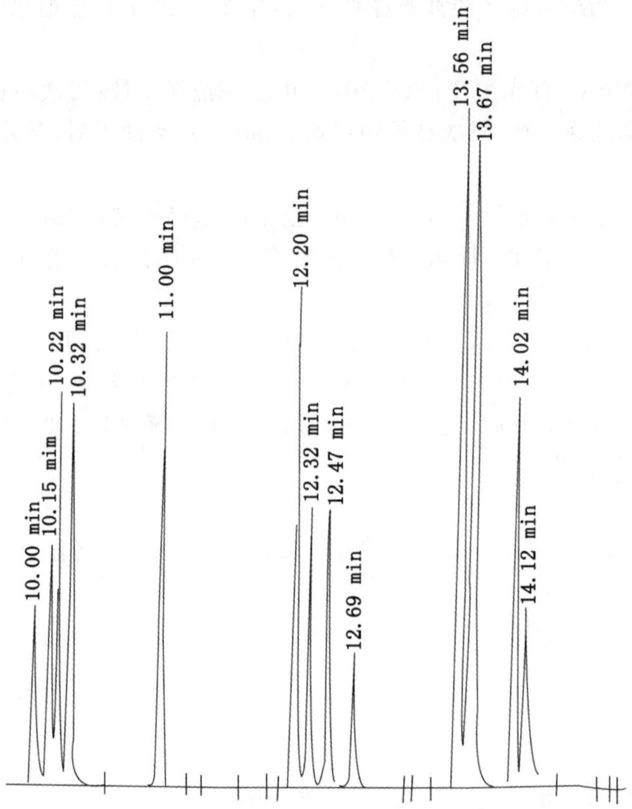

图 1 12 种农药的 GC-MS 色谱图

Fig. 1 GC-MS total ion chromatography of 12 pesticides

表 2 分析方法的线性关系

Table 2 Linearity of the analysis

农药 Pesticide	线性方程 Regressive equation	相关系数 Linear correlation
乐果 dimethoate	$y=11\ 495x-102\ 171$	0.998 1
克百威 carbofuran	$y=85\ 498x-63\ 850$	0.996 2
西玛津 simazine	$y=75\ 121x-4\ 289.3$	0.998 7
莠去津 atrazine	$y=220\ 557x-436\ 992$	0.988 1
乙草胺 acetochlor	$y=138\ 969x-85\ 311$	0.996 2
嗪草酮 metribuzin	$y=144\ 519x-21\ 712$	0.999 6
甲基对硫磷 parathion-methyl	$y=91\ 887x-37\ 963$	0.999 0
甲萘威 carbaryl	$y=72\ 263x-22\ 479$	0.995 5
马拉硫磷 malathion	$y=247\ 024x-101\ 320$	0.998 4
异丙甲草胺 metolachlor	$y=332\ 938x-59\ 309$	0.996 1
对硫磷 parathion	$y=62\ 798x-64\ 445$	0.998 4
三唑酮 triadimefon	$y=39\ 864x-16\ 965$	0.995 3

从表 2 可以看出，用 MS 选择离子模式进行定量分析，各化合物的线性相关系数均达到多残留分析的要求。

2.3 水样添加回收率

取 1 000 mL 实验室用水，添加 1 mL 农药混合液(调整混合液浓度，使最终浓度分别为 10、5、1 $\mu g \cdot L^{-1}$)，按上述试验步骤进行添加回收率试验，结果见表 3。

表 3 水样添加农药的回收率

Table 3 Fortified recoveries of pesticides in water

农药品种 Pesticide	添加浓度 Fortified level/ $\mu g \cdot L^{-1}$	回收率 1 Recovery1 (%)	回收率 2 Recovery2 (%)	回收率 3 Recovery3 (%)	平均回收率 Mean recovery (%)	标准偏差 *SD* (%)	相对标准偏差 *RSD*(%)
乐果 dimethoate	10	80	70	95	81.7	12.5	15.4
	5	97	59	77	77.7	19.0	24.5
	1	64	77	78	73.0	7.8	10.7
克百威 carbofuran	10	60	84	53	65.7	16.2	24.8
	5	30	58	44	44.0	14.0	31.8
	1	46	51	50	49.0	2.6	5.4
西玛津 simazine	10	89	80	70	79.7	9.5	11.9
	5	104	84	91	93.0	10.1	10.9
	1	82	88	90	86.7	4.2	4.8
莠去津 atrazine	10	94	71	61	75.3	16.9	22.5
	5	112	82	93	95.7	15.2	15.9
	1	97	109	109	105.0	6.9	6.6
乙草胺 acetochlor	10	93	79	91	87.7	7.6	8.6
	5	86	82	87	85.0	2.6	3.1
	1	79	97	92	89.3	9.3	10.4
甲基对硫磷 parathion-methyl	10	94	76	84	84.7	9.0	10.7
	5	69	74	83	75.3	7.1	9.4
	1	63	93	87	81.0	15.9	19.6
甲萘威 carbaryl	10	76	59	64	66.3	8.7	13.2
	5	59	77	69	68.3	9.0	13.2
	1	64	81	73	72.7	8.5	11.7
马拉硫磷 malathion	10	85	70	81	78.7	7.8	9.9
	5	82	70	79	77.0	6.2	8.1
	1	61	75	78	71.3	9.1	12.7
异丙甲草胺 metolachlor	10	99	88	81	89.3	9.1	10.2
	5	106	84	93	94.3	11.1	11.7
	1	75	96	96	89.0	12.1	13.6
对硫磷 parathion	10	94	79	101	91.3	11.2	12.3
	5	102	79	87	89.3	11.7	13.1
	1	75	93	91	86.3	9.9	11.4
三唑酮 triadimefon	10	91	82	75	82.7	8.0	9.7
	5	111	74	89	91.3	18.6	20.4
	1	56	64	67	62.3	5.7	9.1
嗪草酮 metribuzin	10	94	86	80	86.7	7.0	8.1
	5	95	78	91	88.0	8.9	10.1
	1	78	96	101	91.7	12.1	13.2

从表 3 可知，12 种农药在水中的回收率基本上都达到了残留分析的要求，只有克百威回收率较低，有待进一步优化方法；表中各农药的回收率标准偏差及变异系数均较高，是由于添加水平很低，均在 $\mu g \cdot L^{-1}$ 数量级。

作者利用此方法对环境水中农药进行了实际样本的测定，具体研究正在进行中。

致谢：本研究是在德国 Hohenheim 大学进行的，期间得到了 Hurle 教授、Uwe 博士、Frank 博士和 Rigina 博士的热心帮助，在此表示感谢。

参考文献

[1] 朱忠林. 农药科学与管理，1994，3：34～37.
[2] 周文敏，傅德黔，孙宗光. 中国环境监测，1990，6(4)：1～3
[3] Elek B. ，Naresh C. A. . *Fresenius J. Anal. Chem.* ，1991，339：423～430
[4] Bizink M. ，Przyjazny A. ，Czerwinski J. *et al*. *J. Chromatography A*，1996，754：103～123
[5] Anna B. . *J. Chromatography A*，1996，754：125～135
[6] Jinno K. ，Muramatsu T. ，Saito Y *et al*. *J. Chromatography A*，1996，754：137～144
[7] Tanabe A. ，Mitoke H. ，Kawata K. *et al*. *J. Chromatography A*，1996，754：159～168
[8] Viana E. ，Moltó J. C. ，Font G. . *J. Chromatography A*，1996，754：437～444
[9] Torres C. M. ，Picó Y. ，*Manes* J. . *J. Chromatography A*，1996，754：301～331
[10] Tekel J. ，Hatrik S. . *J. Chromatography A*，1996，254：397～410

SPE of 12 Pesticides in Water and Their Ion Trap GC-MS Analysis

Liu Fengmao　Qian Chuanfan　Jiang Shuren
(Key Laboratory of Pesticide Chemistry and Application Technology;
Department of Applied Chemistry, China Agricultural University, Beijing　100094)

Abstracts　The analysis of 12 pesticides by ion trap GC-MS under selected ion monitoring mode was presented. Isolute™ ENV+SPE column was used to extract 12 pesticides from water. The eluted solvents were hexane and acetone. The fortified level was 1、5、10 $\mu g \cdot L^{-1}$ respectively. The result showed that the fortified recoveries of 11 pesticides were 62.3%～105.0% except carbofuran.

Key words　SPE, Pesticide, Water, GC-MS

（注：此文原载于《农药学学报》，2000，2(2)：89—93）

对克百威具高度特异性的免疫分析技术研究*

刘曙照[1]　冯大和[1]　陈美娟[1]　钱传范[2]

(1 扬州大学植物保护系，扬州，225009；2 中国农业大学应化系，北京，100094)

摘要　合成了保留氨基甲酸酯结构的克百威半抗原，并采用活性酯法与载体蛋白质共价连接制备突出克百威分子结构特征的合成抗原。以合成抗原免疫新西兰白兔获得对克百威具高亲和力的抗血清，采用硫酸铵盐析和DEAE纤维素反相吸附法分离和纯化抗体。以辣根过氧化物酶采用改良的过碘酸钠法标记抗体、混合酸酐法标记半抗原。在此基础上分别建立了对克百威具高度特异性的间接竞争，包被抗原、包被抗体直接竞争酶联免疫吸附测定(ELISA)法。在优化条件下，克百威测定的线性浓度范围为10^0～10^{-4}μg/mL，检测限≤0.01 ng/mL，其他常用氨基甲酸酯类杀虫剂和呋喃酚不干扰克百威的测定。

关键词　克百威，半抗原，合成抗原，抗体，酶联免疫吸附测定(ELISA)

中图分类号：TQ 453.23；O503　**文献标识码**：A

克百威是当前国内外生产和应用的氨基甲酸酯类杀虫剂主要品种之一，广泛用于防治粮、棉、油、糖、烟、茶、水果等作物和观赏植物的多种害虫、螨类及线虫[1,2]。克百威为不可逆胆碱酯酶抑制剂，对人、畜禽、鱼、鸟等毒性极高[3]，一般加工成颗粒剂或种衣剂进行土壤或种子处理。药剂在土壤中残效期长，植物能通过根、茎、叶或种子吸收传导，在叶缘积累较多，误食染药植物可能引起中毒。土壤中的克百威还可能通过径流和渗透污染地面和地下水源。因此，建立高效快速的克百威检测技术，对于环境和农副产品中克百威残留的监测及克百威中毒的准确快速诊断和有效治疗，保障人类健康具有重要意义。

克百威对热和化学环境敏感，常规气相色谱条件下容易分解[4]。目前已报道的克百威残留理化分析方法有衍生化气相色谱法[5,6]和高效液相色谱法[7,8]。但这些方法需经提取、净化、浓缩和衍生等复杂的样品前处理，对实验室和仪器化程度要求高，难以适应大量样本和现场检测的要求。小分子化合物免疫分析技术对复杂样本中痕量农药残留物的快速检测具有独到的优势[9-11]。我国氨基甲酸酯类农药免疫分析技术研究刚刚开始(刘曙照等，1999)[12]，克百威免疫分析技术研究尚未见报道。本文研究制备了突出克百威分子结构特征的合成抗原，免疫动物获得了对克百威具高亲和力的抗体，建立了对克百威具高度特异性的免疫分析技术。

1　实验部分

1.1　主要试剂材料和仪器设备

呋喃酚(BFOH)、呋喃丹(CBF)，含量＞98%，江苏太仓金龙集团；10%光气甲苯溶液，江苏如东农药厂；6-氨基己酸BR，上海化试三厂；合成抗原、抗体、酶标记物的制备和酶联免疫分析所用试剂材料及主要仪器设备见文献[12]。

1.2　实验方法

1.2.1　克百威半抗原的合成 1 g NaOH溶于8 mL水，加入3.3 g呋喃酚，50～60℃搅拌反应1 h。冷却至5℃，搅拌下慢慢滴加30 mL 10%光气甲苯溶液。加毕，室温搅拌反应3 h(光气有毒，必须在排风

---

* 基金项目：国家高校博士点基金

很好的通风橱内操作，反应瓶出口接碱液瓶）。反应毕，通 N_2 或减压（通过碱瓶）除去未反应的光气。静置后取上层浅棕红色甲苯相，10%盐水 20 mL×3 洗涤，无水硫酸钠干燥后过滤。滤液减压浓缩至约 10 mL，硅胶 H 柱负压层析，二氯甲烷/已烷=4/3 洗脱。取第二个洗脱组分，减压蒸除溶剂得无色透明黏稠液体、低温下干燥得水晶状无色透明晶体（2，3-二氢-2，2-二甲基-7-苯并呋喃基氯甲酸酯，DDB FCF）2.6 g，产率 56%。

2.3 g DDB FCF 溶于 4 mL 1，4-二氧六环并冷却至 4℃，搅拌下将此溶液与 2.5 mL 4 mol/L NaOH 一起，分 5 次加到冷的 6-氨基已酸溶液（2.5 g 6-氨基已酸溶于 2.5 mL 4 mol/L NaOH）中，每次间隔至少 10 min。加毕，继续搅拌反应 2 h。冰浴下用浓 HCl 将反应液酸化至 pH 4，乙酸乙酯 15 mL×3萃取。酯相用 10%NaCl 20 mL×2 洗涤，无水硫酸钠干燥、过滤。滤液减压浓缩至约 10 mL，加等量正已烷，析出白色结晶。滤取结晶，滤液用 0.5 mol/L 碳酸钠 10 mL×3 萃取。合并水相，冰浴下用浓 HCl 酸化，滤取析出的结晶，冰水洗涤、干燥。合并结晶，用少量已烷/乙酸乙酯（3/2）重结晶 1 次，得白色结晶[2，3-二氢-2，2-二甲基-7-苯并呋喃基-N-（5-羧基戊烷基）氨基甲酸酯（$CBFH_1$）]2 g，产率 62%，m. p. 94～96℃。

1.2.2 克百威合成抗原的制备与鉴定[12] 称取 60 mg $CBFH_I$ 制备活性酯，然后分别与载体蛋白 BSA、HSA、OVA 各 40 mg 进行共价结合反应，所得反应液对 0.01 mol/L pH6.8 的 PB 透析除去游离的半抗原，精确计量透析后偶联物溶液的体积，紫外吸收光谱法鉴定合成抗原并计算半抗原与载体蛋白的结合率。结合率=$(\varepsilon_{280(偶联物)}-\varepsilon_{280(载体蛋白)})/\varepsilon_{280(半抗原)}$。偶联物溶液分装于冻存管，－20℃保存。

1.2.3 抗体的制备与纯化 选择结合率 20～30/1 的 $CBFH_I$-BSA 作免疫原免疫新西兰白兔。首免用弗氏完全佐剂乳化免疫原，加强免疫用弗氏不完全佐剂乳化免疫原。免疫程序、免疫剂量及抗血清效价试验同文献[12]。当琼脂扩散法测定抗血清效价达 1∶32、间接 ELISA 法测定中点效价≥2×10^4 时，兔颈动脉采全血，分离血清。采用 35%饱和度的硫酸铵三步盐析和 DEAE 纤维素反相吸附法分离纯化血清中的抗体，聚丙烯酰胺凝胶电泳法鉴定抗体纯度后冻干，－20℃保存[13]。

1.2.4 抗体与半抗原的酶标记 抗体与半抗原均以 HRP 标记。抗体的酶标记采用改良的过碘酸钠法[14]，Sephadex G200 柱层析纯化。半抗原的酶标记采用混合酸酐法[15]，Sephadex G50 柱层析纯化。酶标记物于 50%甘油中－20℃保存。酶标抗体和酶标半抗原的效价测定分别采用包被原包被（酶标抗体，E-Ab）和抗体包被（酶标半抗原，E-H）直接 ELISA 法。

1.2.5 克百威免疫分析方法的建立及条件优化 分别采用间接竞争，E-Ab、E-H 直接竞争 ELISA 法考察克百威对抗原抗体结合反应的抑制活性并对各种 ELISA 法的工作条件（包括包被介质、反应介质、抗原和抗体使用浓度等）采用方阵滴定法进行筛选，选择克百威对抗原抗体结合反应抑制率高，克百威空白 $OD_{\lambda max}\approx1.0$，抗原抗体用量少的试验组合为最佳工作条件组合。然后在优化条件下测定不同浓度克百威对抗原抗体结合反应的抑制率 $I\%=100\%[(OD_{对照}-OD_{克百威})/OD_{对照}]$。绘制 I 对克百威浓度（c）标准曲线，建立回归方程 $I=B\log c+A$ 并进行相关分析，计算抑制率达 50%时克百威的浓度（I_{C50}）和检出限（I_{C20}）。

1.2.6 抗体的特异性考察 采用 E-H 直接竞争 ELISA 法，在相同条件下测定常用氨基甲酸酯类杀虫剂、呋喃酚和半抗原对抗原抗体结合反应的 I_{C50}，克百威的 I_{C50} 与其他被测物 I_{C50} 的百分比为该被测物与抗体的交叉反应率，交叉反应率越低，对克百威测定的干扰越小。

2 结果与讨论

2.1 半抗原的结构分析结果

IR（KBr 压片）cm^{-1}：3 362（s，N-H），3 041（m，Ar-H），2 942、2 867（s～m，C-H），2 770～2 498（w，O-H），1 720（s，C=O，酯），1 697（s，C=O，羧酸），1 618、1 602（w，C=C），1 530（s，δN-H），

1 484、1 464、1 444、1 429、1 413(s～m,δCH_2),1 385、1 371(w～m,$C(CH_3)_2$。H'NMR δ(ppm):1.52 (s,6H,CH_3),1.40～1.69[m, 6H,$-(CH_2)_3-$)],2.33～2.38(t,2H,$-CH_2CO-$),3.03 (s,2H,$-CH_2-$,呋喃环中),3.21～3.28(q,2H,N-CH_2-),5.22～5.24(t,1H,N-H),6.75～6.98 (m,3H,Ar-H),10.01(s,1H,OH)。MSm/e:321.1(0.09,M^+),262.2[0.03,M^+-59(CH_2CO_2H)],220.1[0.11,262.2-42(C_3H_6)],164.1[100,M^+-157($OCNCH_2CH_2CH_2CO_2H$)],123.1[12.79,164.1-41(C_3H_5)],55.1(34.92,$C_4H_7^+$)。

2.2 合成抗原的鉴定结果

将半抗原、载体蛋白和合成抗原稀释适当倍数后进行紫外扫描,结果见图 1。从图 1 可以看出:合成抗原紫外吸收光谱兼具半抗原和载体蛋白的紫外吸收特征,表明半抗原已与载体蛋白结合。按摩尔吸光系数法计算,$CBFH_I$ 与 BSA、HSA、OVA 的结合率分别为 26∶1、22∶1、8∶1。

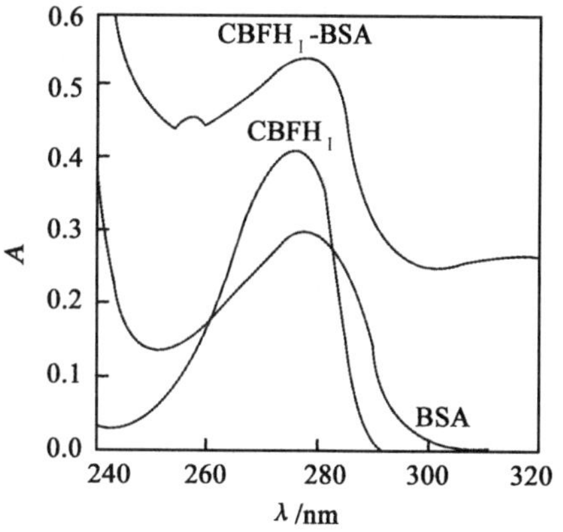

Fig. 1 UV spectra of $CBFH_I$, BSA, $CBFH_I$-BSA

2.3 抗血清、纯化抗体、酶标抗体和酶标半抗原的效价

间接 ELISA 法测定抗血清与包被原 $CBFH_I$-HSA、$CBFH_I$-OVA 结合的中点效价分别为 2×10^4、6.4×10^3。纯化抗体电泳分离呈单一谱带。纯化抗体(冻干粉)、酶标抗体(溶液)与包被原 $CBFH_I$-HSA 结合的中点效价为 2×10^6、2×10^3。酶标半抗原(溶液)与包被抗体结合的中点效价为 2×10^4。

2.4 竞争性酶联免疫吸附法测定克百威的最佳条件

在间接竞争 ELISA 法中,用 0.05 mol/L、pH9.5 碳酸盐缓冲液将 $CBFH_I$-HSA 稀释成 2.5 μg/mL 包被酶标板,抗血清稀释 2.4×10^4 倍。在 E-Ab 直接竞争 ELISA 法中,包被条件与间接竞争 ELISA 法相同,酶标抗体稀释 1.2×10^3 倍。在 E-H 直接竞争 ELISA 法中,用 0.02 mol/L、pH7.6PB 将抗体稀释成 5 μg/mL 包被酶标板,酶标半抗原稀释 2×10^4 倍。反应介质均采用 0.02 mol/L、pH 6.8～7.2 的 PB,酶的底物为邻苯二胺。反应介质中甲醇含量<10%、丙酮含量<5%对分析基本无影响。

2.5 克百威 ELISA 法测定标准曲线

在上述优化条件下,克百威对不同抗原抗体组合结合反应的竞争性抑制曲线见图 2。从图 2 可以看出:ELISA 法测定克百威标样的线性浓度范围为 10^0～10^{-4} μg/mL。回归分析结果如下:在间接竞争 ELISA 法中,包被原为 CB FH_I-HSA 时的回归方程为 $I=9.997\log c+72.38$,相关系数 $r=0.9958$。$I_{C50}=5.8$ ng/mL,4 次重复测定的变异系数为 CV=5.32%～6 82%,检出限 0.006 ng/mL。在 *E*-Ab 直接竞争 ELISA 法中,回归方程为 $I=8.950\log c+68.80$,$r=0.9862$。$I_{C50}=7.9$ ng/mL,CV=4.58～7.76%,检出限 0.004 ng/mL。在 E-H 直接竞争 ELISA 法中,回归方程为 $I=11.26\log c+76.29$,$r=0.9925$。$I_{C50}=4.6$ ng/mL,CV=2.84%～5.84%,检出限 0.01 ng/mL。

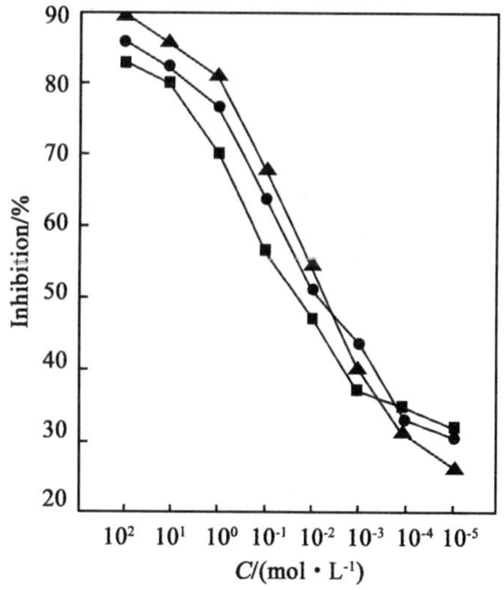

Fig 2 Inhibition curves of carbofuran to antibody-antigen reaction

▽:E-H direct competitive ELISA;

○:Indirect competitive ELISA;

☆:E-A b direct competitive ELISA

2.6 抗 $CBFH_I$-BSA 抗体的特异性

采用 E-H 直接竞争 ELISA 法在相同条件下测定不同浓度常用氨基甲酸酯类杀虫剂、呋喃酚和 $CBFH_I$ 对抗体与酶标半抗原结合的抑制率，计算各自的 I_{C50} 和交叉反应率。克百威、甲萘威、灭多威、混灭威、呋喃酚和 $CBFH_I$ 的 I_{C50}（μg/mL）分别为 0.004 6、52.28、1 439、248、0.893、0.002 8。甲萘威、灭多威、混灭威和呋喃酚与抗体的交叉反应率分别为 0.009、<0.001、0.002 和 0.52，不干扰对克百威的分析。$CBFH_I$ 与抗体的交叉反应率为 164%，但 $CBFH_I$ 是本研究中合成的半抗原，不可能存在于实际样本中。因此，本研究所建立的竞争性 ELISA 法对克百威的分析具高度的特异性和灵敏度，可开发应用于环境、生物、食品等复杂样本中，克百威残留的快速分析。本文作者已成功采用 E-H 直接竞争 ELISA 法监测克百威在土壤和水中的残留动态，土壤和水中标准添加 5 ng/g 和 5 ng/mL 克百威测定的回收率分别为 86.6%～118.2%和 83.0%～93.6%，5 次测定的变异系数分别为 9.29%和 4.76%，符合残留分析的要求（另文发表）。

参考文献

[1] Tomlin C. In The Pesticide Manual: A World Compendium[M]. 10th ed, U K, 1994

[2] 农业部农药检定所主编. 新编农药手册[M]. 北京：农业出版社，1989：103～107

[3] Gupta R C. Carbofuran Toxicity[J], J. Toxicol Environ, Health, 1994, 43: 383～418

[4] Mueller H M, Stan H J. Thermal degradation observed with different injection techniques: quantitative estimation by the use of thermolabile carbamate pesticides[J], J. High Resolut Chromatogr. 1990, 13: 759～763

[5] Bakow ski R S, Ali M S, White J D, Philippo E T, Elilis R L. Gas chromatographic/mass spectrom etric confirmation of ten N-methylcarbamate insecticides in liver[J], J. AOAC Int, 1994, 77: 1568～1574

[6] Ballesteros E, Gallego M, Valcarcel M. Automatic gas chromatographic determination of N-methylcarbamates in milk with electron capture detection[J], Anal Chem., 1993, 65: 1773～1778

[7] Mc Garvey B D. High performance liquid chromatographic methods for the determination of Nmethylcarbamate pesticides in water, soil, plant and air[J], J. Chromatogr., 1993, 642: 89～105

[8] Rule G S. Determination of carbofuran by on-line immunoaffinity chromatography with coupled-column liquid chromatography/mass spectrometry[J], Anal Chem., 1994, 66: 230～235

[9] Antonio A, Maria J M and Angel M J. Development of monoclonal antibody-based immunoassay to the N-methylcarbamate pesticide carbofuran[J], J. Agric Food Chem., 1999, 47: 2475～2485.

[10] Dankw ardt A, Hock B. Enzyme immunoassays for analysis of pesticides in water and food[J], Food technol Biotechnol, 1997, 35: 164～174

[11] Kaufman B M, Clower M Jr. Immunoassay of pesticides[J], J. Assoc Off. Anal. Chem., 1991, 74: 239～247

[12] 刘曙照等. 甲萘威酶联免疫吸附分析技术研究[J]，农药学学报，1999，1(1)：62～68

[13] 李成文编著. 现代免疫化学技术[M]，上海：上海科学技术出版社，1992：109～120，235～238

[14] 蒋成淦编著. 酶免疫测定法[M]，北京：人民卫生出版社，1984

[15] Rajkowski K M, Cittanova N, desfosses B, Jayle M F. The conjugation of testosterone with horseradish peroxidase and a sensitive enzyme assay for the conjugate[J], Steroids 1977, 29: 701～713

Study on A Highly Specific Enzyme-Linked Immunosorbent Assay for Cabofuran

LIU Shu-zhao* ,FENG Da-he,CHEN Mei-juan
(Department of Plant Protection,Yangzhou University,Yangzhou,225009;
QIAN Chuan-fan
Department of Applied Chemistry,China Agricultural University,Beijing,100094)

Abstract A hapten (CBFH$_I$)preserving the carbamate group was synthesized and covalently conjugated to carrier proteins by the method of modified active ester to prepare synthetic antigens in which the structure of carbofuran was protruded. The antiserum with high affinity to carbofuran was obtained from New Zealand white rabbits by using synthetic antigen as immunogen. The polyclonal antibodies were separated from antiserum by salting out method and purified by reversed phase adsorption of DEAE-cellulose. The horseradish peroxidase (HRP) tagged antibody was prepared by means of modified $NaIO_4$ method and the HRP tagged hapten was prepared by means of mixed anhydride method. Based on these, the indirect competitive ELISA, antibody or Twenty-two points, plus triple-word-score, plus fifty points for using antigen-coated direct competitive ELISA, which are highly specific to carbofuron, were established. With optimized conditions of ELISA, the linear concentrations ranged from $10^0 \sim 10^{-4}$ $\mu g/mL$ and the detection limit was lower than 0. 01 ng/mL for the determination of carbofuran. Some common used carbamate insecticides and BFOH didn't interfere with the analysis of carbofuron.

Key words Carbofuran, Hapten, Synthetic antigen, Polyclonal antibody, Enzymelinked immunosorbent assay(ELISA)

(注:此文原载于《分析科学学报》,2000,16(5),373—378)

固相抗体直接竞争 ELISA 法测定氯黄隆在土壤中的残留动态*

刘曙照[1]　袁树忠[1]　徐　暄[1]　钱传范[2]

(1 扬州大学植物保护系，扬州　225009；2 农业部农药化学及农药使用技术重点开放实验室，中国农业大学应化系，北京　100094)

摘要　采用包被抗体直接竞争 ELISA 法测定了氯黄隆在盆土中的残留动态和农田土壤中氯黄隆的残留量。结果表明：ELISA 法测定土壤中氯黄隆的检测限＜0.1 ng/g，标准添加回收率为 85.4%～118%，变异系数为 8.95%～16.14%，符合残留分析的要求。在本实验条件下，氯黄隆在土壤中的半衰期为 22～26 d，60 d 降解 80%以上。麦茬大田连续两年使用氯黄隆 22.5 g/hm²、45 g/hm²，第一年麦收时中性沙质土壤和弱碱性沙壤土中氯黄隆的残留量分别为 0.24、0.56 ng/g 和 0.30、0.96 ng/g，第二年分别为 0.28、0.67 ng/g 和 0.38、1.09 ng/g，与平行进行的高效液相色谱法、生物测定法测定结果基本一致。

关键词　氯黄隆，土壤，残留，酶联免疫吸附测定(ELISA)

1　引言

氯黄隆是磺酰脲类除草剂主要品种之一，其用量仅 10～30 g/hm²，对人畜低毒，除草活性高、杀草谱广、效果稳定、成本低廉。但氯黄隆在土壤中残留期较长，对一些敏感作物的致害浓度很低，多年使用易造成残留药害，且其药害具有区域差异[1,2]，因此，目前对氯黄隆推广应用的意见分歧很大。开发利用特异灵敏、方便快捷的氯黄隆残留检测技术来监测土壤中氯黄隆残留现状并进行区域差异分析，将为除草剂使用的安全高效和农业的增收节支提供可靠依据。目前已报道的氯黄隆残留分析方法有衍生化气相色谱法[3,4]、高效液相色谱法[5]、毛细管电泳法[6]和敏感植物生物测定法[7]等。理化分析法仪器化程度要求高、样品前处理繁复，生物测定时间长、难以定性，不能适应大量样本实际检测的要求。Kelly 等[8]开发的氯黄隆残留 ELISA 法与其他结构类似的磺酰脲类除草剂(如甲黄隆)有较明显的交叉反应。本文采用作者已研究开发的对氯黄隆具高度特异性的抗体和酶标记半抗原，建立氯黄隆含量固相抗体直接竞争 ELISA 法，用于测定土壤中氯黄隆的残留及其变化动态，并以高效液相色谱法和生物测定法加以验证。

2　材料与方法

2.1　试剂、材料与仪器

2.1.1　试剂与材料　氯黄隆：原粉重结晶，含量 98%(江苏激素研究所)；辣根过氧化物酶标记氯黄隆半抗原：工作效价 5×10^4，对氯黄隆具特异性的纯化抗体(自制)；包被液：0.02 mol/L、pH7.6～7.8 磷酸盐缓冲液(PB)；洗涤与稀释液：0.02 mol/L、pH 7.2PB(含 0.02 mol/L EDTA)；封闭液：0.05%明胶；底物液：0.1 mol/L 柠檬酸溶液 26 mL、0.2 mol/LNa_2HPO_4 溶液 24 mL、水 50 mL，临用前加 0.25 mL 1% TMB(3',3',5',5'-四甲基联苯胺)溶液和 0.1 mL 30% H_2O_2 混匀；中止液：2 mol/L，H_2SO_4；0.05 mol/L pH9.6 的碳酸盐缓冲液；丙酮、甲醇、二氯甲烷，均为 A.R.(上海化学试剂公司)；40 孔酶标

* 国家自然科学基金(39670497，29977028)资助项目

板(浙江黄岩);8 孔酶标条(丹麦 NUNC)。

2.1.2 主要仪器 高效液相色谱仪(美国 Waters 公司);低温冰箱(日本三洋公司);酶标仪 DG-1(华东电子管厂);TGLL-18B 高速冷冻离心机(江苏太仓医疗仪器厂);旋涡混合器 SK-1(常州国华仪器厂);加液器:0～50 μL 单道连续可调(丹麦),50～250、100～500、0～1 000 μL 单道可调,100 μL 四道(上海求精仪器厂),20～200 μL,八道可调(德国)。

2.2 方法

2.2.1 氯黄隆固相抗体直接竞争 ELISA 法的建立与方法特异性的考察 纯化抗体用包被液稀释成 2 μg/mL 加入酶标板,100 μL/孔(以阴性血清作对照),4 ℃吸附过夜(或 37℃ 2 h),吸干,洗板 3 次,加封闭液 150 μL/孔,37 ℃放置 1.5 h。吸干,洗板 3 次,4℃保存备用。1 mg/mL 氯黄隆标样丙酮溶液用稀释液稀释成 10^4～10^{-2} ng/mL 的标准系列,酶标半抗原稀释 5×10^4 倍。将不同浓度的氯黄隆标样(或样本)溶液分别与酶标半抗原稀释液 1∶1 混合后加入用抗体包被好的酶标板,100 μL/孔,以稀释液为对照,37℃反应 1.5 h。吸干,洗板 3 次,加底物液 100 μL/孔,37℃反应 10 min,加终止液 50 μL/孔,在酶标仪上测定光密度 OD_{490}。计算不同浓度氯黄隆对抗原抗体结合反应的抑制率($I\%$),$I=100(OD_{CK}-OD_{待测})/OD_{CK}$。以抑制率为纵坐标,氯黄隆标样浓度为横坐标绘制标准抑制曲线。以抑制率对氯黄隆浓度($\log C$)进行回归分析,计算抑制中浓度(IC_{50})和检测限(IC_{20})。在相同条件下,测定氯黄隆主要降解产物和其他常用磺酰脲类除草剂的 IC_{50},氯黄隆的 IC_{50} 与被测物 IC_{50} 的百分比值为该被测物与抗体的交叉反应率。交叉反应率越低,对氯黄隆测定的干扰越小。在实际样本测定时,用空白样本提取液代替稀释液稀释氯黄隆标样,建立标准工作曲线,同时测定样本提取液对抗原抗体结合反应的抑制率,根据工作曲线计算样本中氯黄隆的含量。

2.2.2 土壤中氯黄隆残留的分离提取与净化 取未使用过氯黄隆、经风干过筛的农田土壤,添加氯黄隆标样(溶液)使其含量分别为 1 000、10、0.5 ng/g(以干重计),混匀。以未添加的土壤作空白,分别按下述程序提取:

程序 1(按文献[4]加以改进):取土样 20 g,加 0.5%冰乙酸甲醇溶液 40 mL 振荡提取 1 h,静置(或离心)取上清液 20 mL,用 1%NaOH 调节至 pH 7～8,减压浓缩(或 N_2 吹)至约 2 mL,Sep-Pak 硅胶柱净化浓缩至 1 mL 用于 HPLC 分析,或减压浓缩至 0.5 mL 以下、稀释液稀释至 2 mL 用于 ELISA 测定。

程序 2(按文献[5]加以改进):取土样 20 g 加碳酸盐缓冲液 40 mL,振荡提取 0.5 h,静置(或离心)取上清液 20 mL,冷却下用 0.1 mol/L HCl 调节至 pH 3～4,二氯甲烷 10 mL×3 萃取,去水相。有机相加碳酸盐缓冲液 0.5 mL,减压浓缩(或 N_2 吹)至约 2 mL,Sep-Pak 硅胶柱净化浓缩至 1 mL 用于 HPLC 分析,或减压浓缩除去二氯甲烷后用稀释液稀释至 2 mL 用于 ELISA 分析。

2.2.3 土壤基质干扰的考察 分别按程序 1、程序 2 中用于 ELISA 分析的提取步骤提取空白土壤样本,所得提取液稀释不同倍数后作氯黄隆标样的稀释液,按 2.2.1 分别建立 ELISA 工作曲线,同步建立标准曲线,比较工作曲线与标准曲线的拟合程度。

2.2.4 回收率测定 依 2.2.1 步骤,测定按不同程序提取的氯黄隆标准添加样本溶液对抗原抗体结合反应的抑制率,根据平行试验所得工作曲线计算氯黄隆含量,实测量占添加量的百分率为回收率。试验重复 3 次。

2.2.5 HPLC 法对 ELISA 法测定结果的验证 参照文献[5]的 HPLC 条件(改用 UV 检测器,检测波长 254 nm)测定平行提取并经 Sep-Pak 硅胶柱层析净化的标准添加土样中氯黄隆含量。氯黄隆标样浓度设置为 4、20、100、500、2 500 ng/mL,按工作曲线法计算标准添加回收率,与平行进行的 ELISA 法测定结果进行比较验证。

2.2.6 氯黄隆在盆土中的残留变化动态试验 取不含氯黄隆的粉沙壤土(pH 7.43,有机质含量 2.35%)1 000 g(干重)加入塑料盆(ϕ18 cm,高 8 cm),分别按 1 000、10 ng/g 添加氯黄隆并混匀,置临窗自然光下,保持土壤水分 10%～15%,每个浓度 3 个重复。分别于添加当天,以后每隔 3 d,30 d 后每隔

7 d 取土样，按程序 2 提取，ELISA 法测定土壤中氯黄隆的残留量，绘制残留变化曲线，建立残留动态方程。试验地点为扬州大学。

2.2.7 氯黄隆在农田土壤中的残留试验 分别在扬州大学植物保护系实验圃旱作地（灰潮粉沙土，pH 6.79，有机质含量 1.59%）和扬州大学实验农牧场稻麦两茬地（灰潮粉沙壤土，pH7.43，有机质含量 2.35%）连续两年于麦苗二叶一心期按 22.5 g/hm^2、45 g/hm^2 的用量用氯黄隆可湿粉兑水喷雾进行麦田除草，试验小区面积 80 m^2。分别于施药当天和麦收时取 12 cm 深度耕作层土样（对角线五点取样，四分法缩分）。一部分土样按程序 2 提取，ELISA 法测定氯黄隆残留量，另一部分土样用于生物测定。以未施药小区为空白对照。

2.2.8 农田土壤中氯黄隆残留的生物测定[8] 将各试验小区所取土样分别放入塑料盆，每盆 1 000 g（以干重计）。另取若干塑料盆，每盆加 1 000 g 未用药小区土样，均匀添加氯黄隆标样使其含量分别成 0.00、0.05、0.10、0.50、1.00、2.50、5.00、10.00 ng/g。挑选大小一致、发育良好的玉米种子（掖单 13 号），每盆播种 30 粒，每处理重复 2 盆，于室内临窗自然光下室温培养，喷水保湿。15 d 后用水冲洗除去玉米根部泥土，吸干表面水分，分别计量单株平均根、茎叶鲜重和干重。本文以单株平均根鲜重为指标建立氯黄隆对根系生长的标准抑制曲线，并根据用药小区土壤样本对玉米根系鲜重的抑制率，计算氯黄隆的残留量。

3 结果与分析

3.1 氯黄隆 ELISA 分析标准曲线及方法的特异性

氯黄隆分析标准曲线见图 1。从图 1 可以看出：固相抗体直接竞争 ELISA 法测定氯黄隆对抗原抗体结合反应产生抑制的线性浓度范围为 $10^0 \sim 10^3$ ng/mL。经回归分析，抑制率（I）对氯黄隆浓度（$\log C$）的回归方程为 $I=13.26 \log C+75.70$，相关系数 0.986 1，变异系数（$n=8$）为 2.84%，抑制中浓度（IC_{50}）为 11.30 ng/mL，检测限（IC_{20}）为 0.06 ng/mL。常用磺酰脲类除草剂甲黄隆、苯黄隆、胺苯磺隆、苄嘧黄隆、烟嘧黄隆与抗体的交叉反应率均<0.05%，氯黄隆的主要降解产物邻氯苯磺酰胺与抗体的交叉反应率为 0.69%，不干扰氯黄隆的分析。

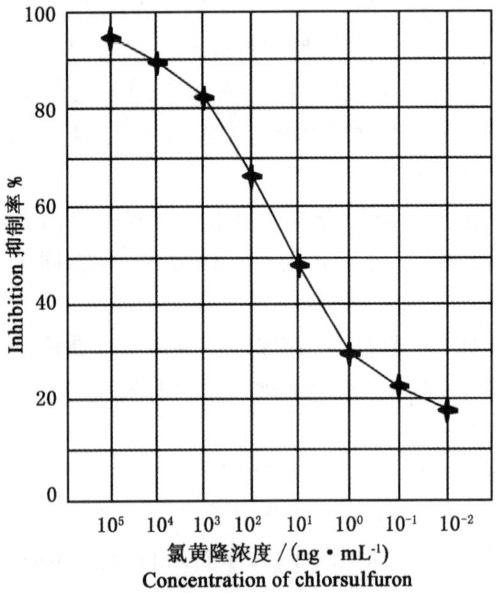

图 1 氯黄隆 ELISA 分析标准曲线

Fig. 1 ELISA standard curve of chlorsulfuron

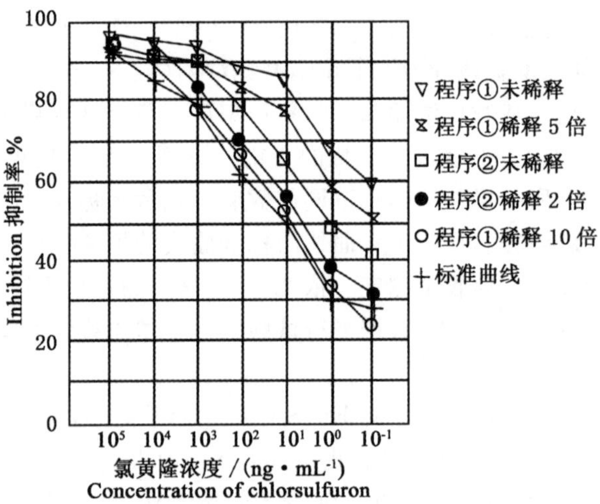

图 2 土壤基质对氯黄隆 ELISA 分析曲线的影响

Fig. 2 Influence of soil substrate on ELISA curve of chlorsulfuron

3.2 土壤基质对 ELISA 分析的干扰

不同提取程序中土壤基质的干扰情况见图 2。从图 2 可看出：程序 1 虽然简便，但空白土壤提取液对 ELISA 分析干扰较大，稀释 10 倍后对 ELISA 分析的干扰基本消除。但对于氯黄隆残留量低的土壤样本，过度稀释会使检测灵敏度不够。程序 2 空白土壤提取液对 ELISA 分析干扰小，不需要层析净化，稀释 2 倍后作氯黄隆标样的稀释液，所得 ELISA 工作曲线与标准曲线接近。程序 1 和程序 2 的样品提取液用于 HPLC 分析均需经 Sep-Pak 硅胶柱层析净化。

3.3 土壤中氯黄隆含量 ELISA 与 HPLC 分析结果的比较

按程序 2 提取净化的方法添加土壤样本，按 2.2.5HPLC 条件进行测定，氯黄隆色谱峰高(H)对氯黄隆浓度($\log C$)的回归方程为 $H=18.88\log C+68.58$，相关系数 0.976 8，检测限 2 ng/mL。HPLC 法和 ELISA 法测定标准添加回收率结果见表 1。

表 1 土壤样本中氯黄隆含量 HPLC 法与 ELISA 法测定结果的比较

Table 1 Comparison of chlorsulfuron content in soil determined by HPLC and ELISA

土壤类型 Type of soil	添加氯黄隆浓度/($ng\cdot g^{-1}$) Spiked concentration of chlorsulfuron	ELISA 法测定结果		HPLC 法测定结果	
		平均回收率 Recovery(%)	CV(%)(n=3)	平均回收率 Recovery(%)	CV(%)(n=3)
旱地沙土	0.5	88.4	8.95	84.6	12.3
Sand	10	85.4	12.71	81.4	11.84
	1 000	92.8	9.22	104.5	10.62
水旱地沙壤土	0.5	94.2	9.87	89.6	11.82
Sand loam	10	118.0	16.14	107.1	14.35
	1 000	109.1	11.63	98.6	8.91

表 1 表明：ELISA 法测定氯黄隆的标准添加回收率>80%，与 HPLC 法分析结果基本吻合，方法的准确度和精密度符合残留分析的要求。按程序 2 进行样本提取供 ELISA 测定，不需要层析净化，降低了分析成本，加快了分析速度。HPLC 法检测氯黄隆的灵敏度比 ELISA 法低 1～2 个数量级，氯黄隆残留量<0.5 ng/g 的土壤样本提取液需浓缩 10 倍以上用于 HPLC 分析。ELISA 法具有特异灵敏、简便快捷、分析成本低、样品容量大、不需要贵重仪器等优点。进一步研究开发成试剂盒，可用于氯黄隆用药区土壤残留现状调查及区域差异分析。

3.4 氯黄隆在盆土中的残留变化动态

ELISA 法测定氯黄隆在盆土中残留动态结果见图 3。在本试验条件下，当土壤中氯黄隆起始含量为 1 000 ng/g 时，其残留动态方程为 $y=0.992\,1e^{-0.026\,4x}$，相关系数－0.990 1，氯黄隆的半衰期为 26 d。当土壤中氯黄隆起始含量为 10 ng/g 时，其残留动态方程为 $y=11.14e^{-0.036\,5x}$，相关系数－0.988 7，氯黄隆的半衰期为 22 d。60 d 后氯黄隆在土壤中的降解率>80%。

3.5 氯黄隆在农田土壤中的残留

1996 年、1997 年两年连续在旱地和稻麦两茬地用氯黄隆进行麦田除草，于用药当天和麦收时取土样，分别以 ELISA 法和生物测定法测定氯黄隆的含量，结果见表 2。

表 2 大田土壤中氯黄隆残留量测定结果

Table 2 Chlorsulfuron residues in cropland soil determined by ELISA and bioassay

土壤类型 Types of soil	用药时间 Date of spread	用药量 /($g\cdot hm^{-2}$)	取样时间 Date of sampling	测定时间 Date of analysis	氯黄隆残留量/($ng\cdot g^{-1}$) ELISA	Bioassay
旱地沙土	1996.12.9	22.5	1996.12.9	1996.12	9.60	
sand			1997.6.17	1997.6	0.24	0.18
	1997.11.6		1998.5.26	1998.6	0.28	0.35

续表 2

土壤类型 Types of soil	用药时间 Date of spread	用药量 /g·hm^{-2}	取样时间 Date of sampling	测定时间 Date of analysis	氯黄隆残留量/(ng·g^{-1}) ELISA	 Bioassay
	1996.12.9	45.0	1997.6.17	1997.6	0.56	0.48
	1997.11.6		1998.5.26	1998.6	0.67	0.73
水旱地沙壤土	1996.12.1	22.5	1996.12.1	1996.12	9.18	
sand loam			1997.6.4	1997.6	0.30	0.23
	1997.11.23		1998.5.26	1998.6	0.38	0.45
	1996.12.1	45.0	1996.12.1	1996.12	21.78	
			1997.6.4	1997. 6	0. 96	1.08
	1997. 11.23		1998.5. 26	1998.6	1.09	1.57

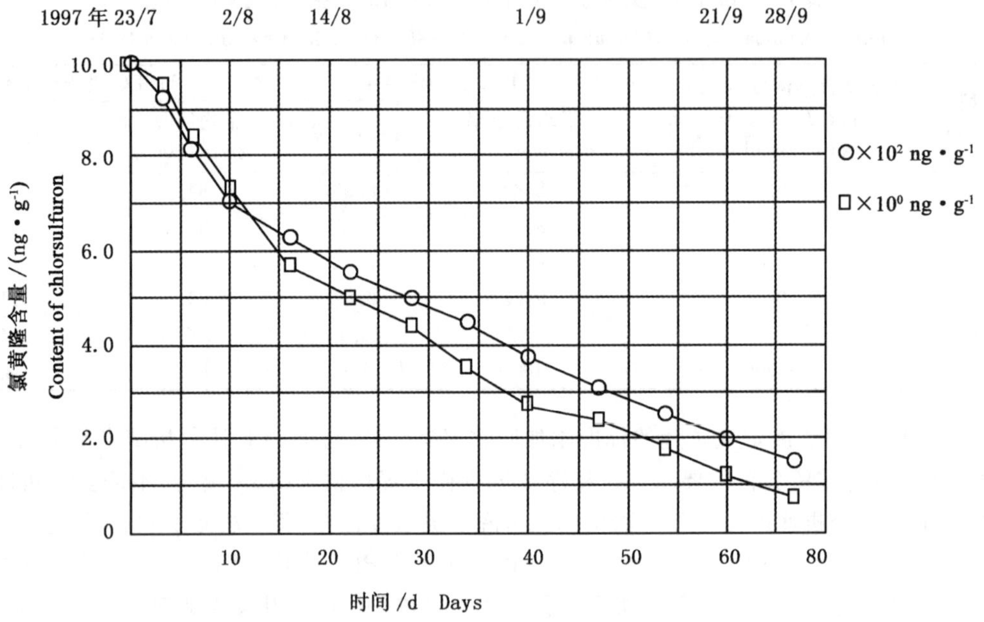

图 3 氯黄隆在盆土中的残留动态

Fig. 3 Dynamics of chlorsulfuron residue in potted soil

表 2 表明,连续两年使用氯黄隆 22.5 g/hm^2 或 45 g/hm^2 进行麦田除草,麦收时旱地沙土和稻麦两茬地沙壤土耕作层中氯黄隆残留均有少量累积,ELISA 法与生物测定法测定结果基本一致。土壤中氯黄隆的残留对后茬玉米等敏感作物的生长可能会产生一定影响。在用药量相同的情况下,有机质含量较高的弱碱性土壤中氯黄隆的残留量高于有机质含量低、中性偏酸的沙质土壤。这是因为氯黄隆在偏碱性条件下稳定,土壤有机质对氯黄隆也可能有一定吸附作用,而中性偏酸、有机质含量低的沙质土壤有利于氯黄隆的降解和淋溶。

致谢:张纪彬、张桥、李红、黄云美、吴艳红、朱小平、戴忠军、孔勇同学参加部分实验工作,特此致谢。

参考文献

[1] 郑晓明,李品刚,姚东瑞等. 氯黄隆研究与应用,北京:中国农业科技出版社,1996
[2] Brown H. M.. *Pestic. Sci.* ,1990,29:263～281
[3] Ahmad I Craw ford G.. *J. Agric. Food Chem.* ,1990,38:138～141

[4] Cotterill E G.. *Pestic. Sci.* ,1992,34:291～296
[5] Zahnow E. W.. *J. Agric. Food Chem.* ,1982b, 30: 854～857
[6] Krynitsky A. J. ,Swineford D. M.. *J. of AOAC*,1995,78(4):1091～1096
[7] Rahman A.. *Hydrobiologia*,1989,188/189:367～375
[8] KellyM. M. ,Zahnow E. W. ,Petersen W. C. *et al.*. *J. Agric. Food Chem.* ,1985, 33:962～965

Residue Dynamics of Chlorsulfuron in Soil Determined by Antibody Immobilized Direct Competitive ELISA

Liu Shuzhao Yuan shuzhong Xu Xuan
(Department of Plant Protection, Yangzhou University, Yangzhou 225009)
Qian Chuanfan
(Key Laboratory of Pesticide Chemistry and Application Technology, Department of Applied Chemistry, China Agricultural University, Beijing 100094)

Abstract A highly specific and sensitive direct competitive (immobilized antibody, enzyme tagged hap ten)ELISA was developed to rapidly monitor the residue dynamics of chlorsulfuron in potted soil and cropland soil The limit of detection was lower than 0. 1 ng/g, the recoveries were 85. 4%～118%, the CVs(%) were 8. 95%～16. 14% and the half lives were 22, 26 days for chlorsulfuron in potted soil at 10, 1 000 ng/g spiking levels. The residues, at the time of wheat harvest, were 0. 24 ng/g and 0. 56 ng/g in sandy soil from nonirrigated cropland, 0. 30 ng/g and 0. 96 ng/g in sandy loam from wheat-rice land for the first year, 0. 28 ng/g and 0. 67 ng/g, 0. 38 ng/g and 1. 09 ng/g for second year when 22. 5 g/hm^2 and 45 g/hm^2 of chlorsulfuron had been used to control wheat land weed for two years. The results from ELISA were well correspondent with that from HPLC and bioassay.

Key words Chlorsulfuron, Soil, Residue, Enzyme-linked immunosorbent assay(ELISA)

(注:此文原载于《农药学学报》,2000,2(2):57－62)

萘二甲酸酐减轻胺苯磺隆对水稻药害的作用机制

路　凯[1]　钱传范[2]

(1 中国预防医学科学院环境卫生监测所，北京　100021；2 中国农业大学应用化学系，北京　100094)

摘要　通过在离体和活体条件下萘二甲酸酐(NA)对水稻乙酰乳酸合成酶(ALS)活力的影响，进行 NA 减轻胺苯磺隆对水稻药害作用机制研究。离体条件下，NA 对水稻幼苗 ALS 的活力影响很小，且未能减轻胺苯磺隆对 ALS 活力的抑制作用。活体条件下，NA 提高幼苗 ALS 活力达 40%，且抵消胺苯磺隆对 ALS 活力的抑制作用，说明 NA 减轻胺苯磺隆对水稻药害的作用机制是 NA 间接激活靶标酶 ALS。

关键词　水稻，胺苯磺隆，萘二甲酸酐(NA)，乙酰乳酸合成酶(AIS)

油菜是我国重要农作物，过去常采用禾草克、稳杀得、盖草能等除草剂防除油菜田禾本科杂草。但随着这些除草剂的使用，双子叶杂草为害日益严重。胺苯磺隆的投产和使用很好地解决了这一难题，它是用于油菜田的磺酰脲类除草剂，其作用靶标为乙酰乳酸合成酶(ALS)，即合成支链氨基酸[缬氨酸、亮氨酸、异亮氨酸]第一阶段关键性酶[1]。胺苯磺隆具有以下优点：(1)对油菜田现用除草剂不能防除的杂草如：野田芥、遏蓝菜、播娘蒿等有效；(2)有很高的选择性，用量为 10～30 g/hm^2，用超过常用量的 4 倍对油菜亦很安全；(3)杀草谱广，对猪殃殃、日本看麦娘有特效，显示了对单子叶杂草的除草活性。但胺苯磺隆在使用中也存在残效期长等问题。对下茬作物影响的试验表明，水稻对其敏感[2]。1995 年在江苏油菜田施用胺苯磺隆，其土壤残留使油菜的下茬作物水稻大面积受害。

萘二甲酸酐(NA)是第一个化学安全剂，可以对主要的禾本科作物提供不同程度的保护来减轻或抵消包括磺酰脲类、咪唑啉酮类等除草剂的药害。所以本试验选用 NA 作为除草剂的安全剂。通过生测试验发现：NA 浸种处理和土壤处理均可减轻土壤中残留的胺苯磺隆对水稻的药害(数据未列出)。作者通过 NA 对 ALS 活力的影响初步探索 NA 减轻胺苯磺隆对水稻药害的解毒机制。

1　材料与方法

1.1　材料

除草剂样品：95%胺苯磺隆原药，25%胺苯磺隆可湿性粉剂，由沈阳化工研究院提供。安全剂样品：NA>98%，Fluka 产品。试剂：黄素腺嘌呤二核苷酸(FAD)、焦磷酸硫胺素(TPP)，Sigma 产品，乙酰甲基甲醇(Acetoin)，Fluka 产品，其余均为国产分析纯试剂。配制溶液：(1)酶提取液：含 1 mmol/L 丙酮酸钠、0.5 mmol/L $MgCl_2$、0.5 mmol/L TPP、10 μmol/L FAD，pH＝7.0，50 mmol/L K_2HPO_4-KH_2PO_4 缓冲液。(2)酶溶解液：含 20 mmol/L 丙酮酸钠、0.5 mol/L $MgCl_2$，pH＝7.050 mmol/L K_2HPO_4-KH_2PO_4 缓冲液。(3)酶反应液：含 24 mmol/L 丙酮酸钠、0.6 mmol/L $MgCl_2$、1 mmol/L TPP、20 μmol/L FAD，pH＝7.0，50 mmol/L K_2HPO_4-KH_2PO_4 缓冲液。水稻品种：籼稻 18-2，发芽率 96%，农业部药检所提供。土壤：江苏扬州大学农学院稻田土，过筛、风干后使用，有机质含量为 1.2%，pH＝6.67，含水量为 5.2%。

1.2　方法

1.2.1　ALS 的提取[3]

所有提取步骤均在冰浴 0～4℃下进行。将 5.0 g 水稻幼芽剪碎放入研钵中，加入 3 倍于水稻鲜重的酶提取液，加少许石英砂快速研磨后，用 8 层纱布过滤，定容 20 mL 然后于 25 000 *g*、4℃离心 20 min，取上清液慢慢加入 7.5 g($(NH_4)_2SO_4$ 粉末调至 50%饱和度，0℃沉降 2 h 后，于 25 000 *g*、4℃离心30 min，弃去上清液，沉淀溶于 15 mL 酶溶解液中，此酶溶解液是直接用于活力测定的酶液。

1.2.2 ALS 的活力测定[4]

ALS 活力的单位以 nmol 乙酰甲基甲醇/mg 蛋白质/h 表示。这是因为加入酶反应底物丙酮酸钠后，经过 ALS 催化反应生成的产物是乙酰乳酸，加入硫酸脱羧后，生成乙酰甲基甲醇，所以通过测量乙酰甲基甲醇的量来计算乙酰乳酸的量。即在含乙酰甲基甲醇的溶液中加入肌酸和溶于 NaOH 溶液的 α-萘酚进行显色反应来测量乙酰甲基甲醇的量，从而计算 ALS 活力。

蛋白质含量的测定：采用考马斯亮蓝方法。ALS 活力测定：取 0.4 mL 酶液，加入 0.1 mL 50 mmol/L 磷酸缓冲液，再加入 0.5 mL 酶反应液，摇匀后放于 35℃恒温水浴暗处反应 1 h；然后加入 0.1 mL 3 mol/L 硫酸终止反应，放于 60℃恒温水浴 15 min 进行脱羧反应；最后进行乙酰甲基甲醇的测量，依次加入 0.5 mL 0.5%肌酸和 0.5 mL 5%α-萘酚溶液(溶于 2.5 mol/L NaOH 溶液中)，60℃反应 15 min，于 525 nm 处比色。试验平行测定 3 次，整个试验重复 2 次。

1.2.3 NA 对水稻幼苗 ALS 的影响及其解毒机制

离体试验方法：浸种至露白的种子放入培养皿中，加入 50 mL 蒸馏水，26℃避光培养 3 昼夜后，再加 50 mL 蒸馏水，避光培养 3 昼夜，剪断幼芽作为 ALS 的提取样本，进行 ALS 提取和测定。在离体 ALS 活力测定中，将上述方法中磷酸缓冲液用 0.1 mL 不同浓度的 NA、胺苯磺隆或二者混合液代替，其他步骤同 ALS 测定步骤。求得酶活力百分率，用浓度(X)-百分率(Y)作图，或者以浓度(X)-酶活力(Y)作图来比较 NA 对胺苯磺隆抑制 ALS 的影响，以及 NA 对 ALS 的作用。用 t 检验求显著性差异。

活体试验方法：(1)测量 NA 对 ALS 活力的影响：用蒸馏水或者含不同 NA/种子百分比浓度的溶液浸种至露白，放入培养皿加 50 mL 蒸馏水，26℃避光培养 3 昼夜后，再加 50 mL 蒸馏水，避光培养 3 昼夜，剪断幼芽作提取 ALS 样本，ALS 提取和活力测定如上所述。(2)测量 NA 对胺苯磺隆抑制 ALS 活力的影响：将上述“再加 50 mL 蒸馏水”换成“再加 50 mL 不同浓度的胺苯磺隆药液”，其他如上所述。

2 结果与分析

2.1 离体试验

离体条件下，NA 各处理浓度之间对水稻幼苗的 ALS 活力无显著性差异(图 1)，即 NA 不影响 ALS 活力。胺苯磺隆对 ALS 抑制强烈，浓度越高，抑制作用越强，结果见图 2“NA=0 μg/L”的曲线。由图 2“NA=1 μg/L，100 μg/L”曲线看出：NA 在 1 μg/L 和 100 μg/L 不能减轻胺苯磺隆对 ALS 的抑制作用。综上所述，可知 NA 并不直接作用于 ALS。

2.2 活体试验

活体条件下 NA 对 ALS 作用见图 3，从图 3 可知，NA(g)/种子(g)在 0.1%以上时，NA 可以提高 ALS 活力达 40%以上，但在 0.1%以上各处理浓度之间没有显著性差异。由图 4“NA=0”的曲线看出：活体条件下胺苯磺隆对 ALS 有一定抑制作用。从图 4“NA=0.2%”的曲线看出：NA 在浸种条件为0.2%时，可以抵消胺苯磺隆对水稻苗 ALS 的抑制作用。综上所述，可知 NA 对 ALS 有间接激活作用。

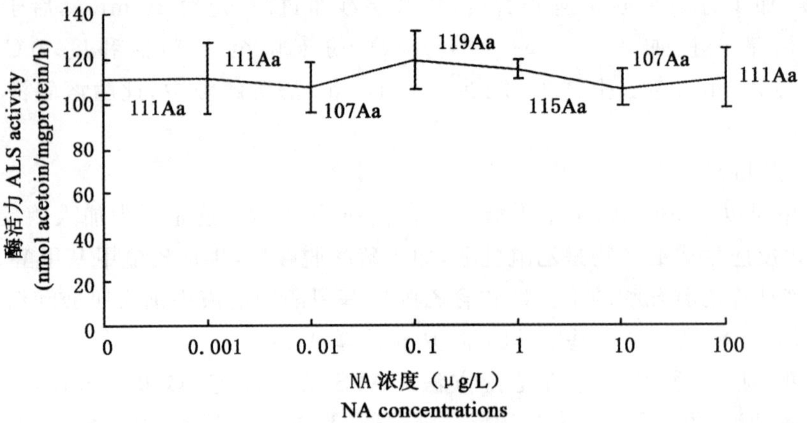

图 1 离体条件下 NA 对 ALS 的作用

Fig. 1 *In vitro* rice ALS activity at various NA concentrations

注：大写字母代表 0.05 差异显著性，小写字母代表 0.01 差异显著性，字母不相同代表有差异。下同。The capital and small letters indicate significance at 0.05 and 0.01 level respectively, different letters differ significantly. The same bellow.

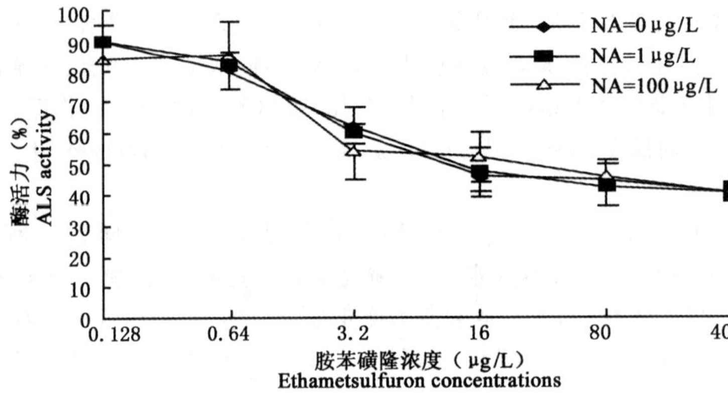

图 2 离体条件下 NA 对胺苯磺隆抑制 ALS 活力的作用

Fig. 2 *In vitro* effect of various ethametsulfuron concentrations on the ALS activity in extracts from unadded and added seedlings at 1 and 100 μg/L NA concentration

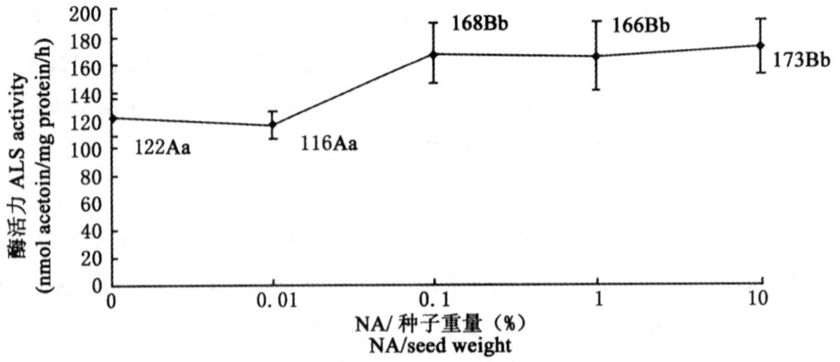

图 3 活体条件下 NA 对 ALS 的作用

Fig. 3 *In vivo* rice ALS activity at various NA concentrations

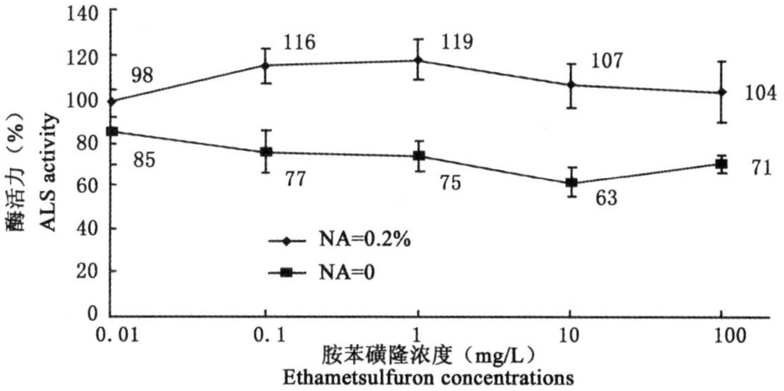

图 4 活体条件下 NA 对胺苯磺隆抑制 ALS 活力的作用

Fig. 4 *In vivo* effect of various ethametsulfuron concentrations on the ALS activity in extracts from unsafened and pretreated seedlings at 0.2% (W/W) NA concentration

3 讨论

研究 NA 保护作物免于磺酰脲类及咪唑啉酮类除草剂(其作用靶标也是 ALS)药害作用机制主要从三方面入手:(1)NA 对作物吸收传导除草剂的影响;(2)NA 对作物代谢除草剂的影响:(3)NA 对 ALS 作用。

目前对于 NA 影响 ALS 及 NA 影响磺酰脲类和咪唑啉酮类除草剂抑制 ALS 活力看法不一。如 Barrett[5]认为活体条件下,灭草喹对玉米 ALS 活力有抑制作用,NA 可以抵消灭草喹对 ALS 作用。而 Milhomme[6]试验结果与此相反,即活体条件下,灭草喹对玉米 ALS 活力没有影响,NA 对灭草喹抑制 ALS 作用也没有影响。这是由于玉米品种和试验方法的差异造成的。而本试验结果表明,NA 减轻胺苯磺隆对水稻药害的作用机制是 NA 间接激活 ALS。

参考文献

[1] 王焕民. 磺酰脲类及咪唑啉酮类除草剂的特性及其应用问题. 农药科学与管理. 1995,1:18－21

[2] 黄建中,等,胺苯磺隆和灭草喹对水稻及玉米幼苗生长的影响,杂草学报. 1995,9(1). 38－42

[3] Milhomme H et al. Uptake and phytotoxicity of the herbicide mesnlfiron menhyi in corn root tissue in the presence of the safener 1,8-naphthalic anhydride. Plant Physiol. ,1990,93:730－738

[4] Westerfeld W W. Acolorimetric determination of blood acetoin. J. Biol. Chem. ,1945,161:495－502

[5] Barrett M. Reduction of imazaquin injury to corn(zea mays)and sorghum(sorghum bicolor)with antidotes. Weed Science,1989,37:34－41

[6] Milhomme H et al. Safeners as corn seedling protectants acetolactate synthase inhibitors. Z. Naturforsch,1991,46e:945－949

Studies on the Mechanism of Action of 1,8-Naphthalic Anhydride(NA) Protecting Rice from the Phytotoxicity of Ethametsulfuron

Lu Kai[1] Qian Chuanfan[2]

(1 Institute of Environmental health Monitoring, Chinese Academy of Preventive Medicine, Beijing 100021;
2 Department of Applied Chemistry, China Agricultural University, Beijing 100094)

Abstract The mechanism of NA reducing the phytotoxicity of ethametsulfuron to rice was studied through the experiments on the influence of NA to rice ALS activity *In vitro* and *In vivo*. The results showed that *In vitro* NA had almost no effect on the activity of acetolactate synthase (ALS). NA could not reduce the inhibition of ethametsulfuron to ALS. *In vivo* NA could enhance the activity of ALS a large degree(40%). NA could counteract the inhibition of ethametsulfuron to ALS. It indicated that the mechanism of NA reducing the pytotoxicity of ethametsulfuron to rice was not direct but indirect action on the target enzyme.

Key words rice, ethametsulfuron, acetolactate synthase (ALS), 1, 8-naphthalic anhydride (NA)

(注：此文原载于《植物保护学报》,2000,27(3):268—272)

胺苯磺隆在土壤中的残留及对玉米的药害研究*

刘曙照[1]　袁树忠[1]　戴忠军[1]　钱传范[2]

(1 扬州大学植物保护系,扬州　225009;2 中国农业大学应用化学系,北京　100094)

摘要　分别采用土培和水培法测定了不同含量胺苯磺隆对玉米根、芽和茎叶生长的影响。结果表明,土培15天,胺苯磺隆对玉米根鲜重和干重的 I_{50} 分别为5.69 ng/g 和16.18 ng/g,IC_{10} 分别为0.14 ng/g 和0.42 ng/g。对玉米茎叶鲜重和干重的抑制率低于对根鲜重和干重的抑制率。水培4天,胺苯磺隆对玉米根鲜重的 IC_{50} 和 IC_{10} 分别为17.04 ng/mL 和1.37 ng/mL。胺苯磺隆对玉米根鲜重的抑制灵敏度高,线性关系好。以根鲜重为指标采用土培法分别测定了油菜田连续两年使用不同剂量胺苯磺隆、后茬作物栽种前土壤中胺苯磺隆的残留量。

关键词　胺苯磺隆,残留,玉米,生物测定

胺苯磺隆是油菜田选择性磺酰脲类除草剂,能有效防除野田芥、播娘蒿、遏蓝菜等多种杂草、对猪殃殃、日本看麦娘有特效。超过常规用量4倍对油菜安全[1,2],但胺苯磺隆在土壤中残效期长,容易造成对后茬敏感作物的残留药害[3,4,5]。本文分别采用土培法和水培法测定了玉米对胺苯磺隆的敏感性[3,6],并应用于农田土壤中胺苯磺隆残留量的测定。

1　材料和方法

1.1　试验材料

25%胺苯磺隆(DPX-A7881)可湿性粉剂、95%胺苯磺隆原药(沈阳化工研究院提供);玉米种子掖单13(扬州市种子公司);塑料盆直径18 cm、高7 cm;电子天平,精度1 mg(上海天平仪器厂)。

1.2　试验方法

1.2.1　水培法

将胺苯磺隆试样配制成1.0、5.0、10.0、20.0、40. 0 ng a. i. /mL 的溶液。在垫有一层滤纸,直径9 cm 的培养皿中加入10 mL 药液,以清水为对照。挑选大小一致、发育良好的玉米种子,每皿放10粒,每个处理3个重复,加后置室内临窗自然光下室温培养,4天后测定玉米的根长、芽长、根鲜重。

1.2.2　土培法

取直径18 cm、高7 cm 的塑料盆,每盆放入1 050 g 风干、过筛、细度均匀的未用药土壤(有机质含量1.2%,pH=6.67,含水量2.3%),加250 mL 不同浓度的药液使成1.0、2.5、5.0、10.0、20.0、40.0、80. 0 ng a. i/g 土,对照则加250 mL 清水。挑选大小一致、发育良好的玉米种子,每盆播30粒,播种深度为1 cm,每个处理2个重复,放置室内临窗自然光下室温培养,每日喷水保湿;15天后,洗净根上的泥土,吸水纸吸干表面水分,切下植株的茎叶和根系,分别测定每个处理的茎叶与根的鲜重和干重,计算土壤中不同胺苯磺隆含量对玉米根系和茎叶生长的抑制率,并进行回归分析,以根鲜重抑制率达10%时土壤中胺苯磺隆的含量为致害阈限。用药大田土壤对玉米根、茎叶生长的抑制率在相同环境下进行平行测定。

---

* 国家自然科学基金(39670497)资助项目部分研究结果。

1.2.3　田间试验及残留测定

分别于1996年11月和1997年11月连续两年采用常规喷雾法在油菜四叶期用胺苯磺隆可湿粉进行油菜田化学除草，旱地(扬州大学植保系实验地)用量分别为30 g a.i./hm^2、60 g a.i./hm^2，水旱两茬地(扬州大学实验农场)用量分别为15 g a.i./hm^2、30 g a.i./hm^2、60 g a.i./hm^2，以喷清水的小区为空白对照，小区面积66 m^2。连续两年用药后，1998年5月28日取土，按1.2.2步骤进行测定，以根鲜重为指标，根据田间土样对玉米根系生长的抑制率和标准回归方程计算田间土壤中胺苯磺隆残留量。

2　结果与分析

2.1　玉米对胺苯磺隆的敏感性

试验结果表明，无论是在水培还是在土培条件下，玉米都对胺苯磺隆表现出相当的敏感性。水培4天，玉米根系对胺苯磺隆的敏感性高于芽对胺苯磺隆的敏感性。当浓度为40 ng/mL时，对根长的抑制率达72.9%，根系鲜重减少66.5%；而对芽长的抑制率只有42%，见表1。

表1　水培条件下胺苯磺隆对玉米生长的影响

胺苯磺隆浓度(ng/mL)	根长(cm)	抑制率(%)	根鲜重(g)	抑制率(%)	芽长(cm)	抑制率(%)
1.0	10.19	−6.3	0.098 9	6.3	4.01	−2.6
5.0	5.82	39.3	0.071 1	32.6	3.61	7.7
10.0	4.08	57.5	0.062 8	40.5	3.49	10.7
20.0	3.08	67.9	0.053 8	49.0	2.96	24.3
40.0	2.60	72.9	0.035 3	66.5	2.26	42.2
CK	9.59	—	0.105 5	—	3.91	—

"—"为促进作用

对根系鲜重抑制率与胺苯磺隆浓度进行相关分析，得回归方程 $y=3.5585+1.1706x$，相关系数 $r=0.9882^{**}$。根据回归方程计算，玉米根系鲜重抑制率达50%时的胺苯磺隆浓度(IC_{50})为17.04 ng/mL，抑制率达10%时的胺苯磺隆浓度(IC_{10})为1.37 ng/mL。

土培试验结果见表2。

土培试验结果进一步证明：玉米根系对胺苯磺隆的敏感性高于茎叶对胺苯磺隆的敏感性，这与水培试验结果趋向一致。当土壤中药剂浓度为1.0 ng/g时，对根鲜重的抑制率为20.5%，对根系干重的抑制率为14.7%，而对茎叶生长的抑制表现不明显。对土培条件下的根系鲜重抑制率与胺苯磺隆浓度进行相关分析，得回归方程 $y=4.3961+0.7994x$，$r=0.9648^{**}$，$IC_{50}=5.69$ ng/g，$IC_{10}=0.14$ ng/g。对根系干重抑制率与胺苯磺隆浓度进行相关分析，得回归方程 $y=4.0207+0.8101x$，$r=0.9831^{**}$，$IC_{50}=16.18$ ng/g，$IC_{10}=0.42$ ng/g。土培试验，根系的 $IC_{50(干重)}/IC_{50(鲜重)}$、$IC_{10(干重)}/IC_{10(鲜重)}$ 都大于2，因此用根系鲜重比用根系干重更能表现玉米对胺苯磺隆的敏感性。

表2　土培条件下胺苯磺隆对玉米生长的影响

胺苯磺隆浓度(ng/g)	根鲜重(g)	抑制率(%)	根干重(g)	抑制率(%)	茎叶鲜重(g)	抑制率(%)	茎叶干重(g)	抑制率(%)
1.0	0.448 7	20.5	0.047 1	14.7	1.083 7	−13.3	0.100 8	−5.1
2.5	0.329 7	41.9	0.042 8	22.5	0.932 0	2.6	0.102 2	−6.6
5.0	0.247 5	56.1	0.032 8	40.6	0.855 9	10.5	0.093 6	2.4
10.0	0.227 3	59.7	0.029 9	45.8	0.899 3	6.0	0.094 9	1.0
20.0	0.168 8	70.1	0.024 8	55.1	0.808 9	15.4	0.084 6	11.8

续表 2

胺苯磺隆浓度(ng/g)	根鲜重(g)	抑制率(%)	根干重(g)	抑制率(%)	茎叶鲜重(g)	抑制率(%)	茎叶干重(g)	抑制率(%)
40.0	0.167 7	70.3	0.022 0	60.1	0.732 0	23.5	0.074 5	22.3
80.0	0.110 1	80.5	0.017 0	69.2	0.580 0	39.4	0.067 0	30.1
CK	0.564 3	—	0.055 2	—	0.956 6	—	0.095 9	—

"—"为促进作用

水培 4 天,玉米根系鲜重的 IC_{50}、IC_{10} 都高于土培 15 天玉米根系鲜重的 IC_{50}、IC_{10},在土培玉米的前 7 天内,玉米植株的株高、叶色等形态在各处理间差异不明显。土培 15 天,玉米对胺苯磺隆的敏感性表现明显。

2.2 胺苯磺隆在农田土壤中的残留

连续两年使用胺苯磺隆进行油菜田除草,翌年 5 月 28 日取耕作层土壤(15 cm),按 1.2.2 测定胺苯磺隆残留量,结果见表 3。

表 3 农田土壤中胺苯磺隆残留的生物测定结果

用药田块	用量(g/hm^2)	残留量(ng/g)
旱作地	30	2.22
	60	4.23
水旱两茬地	15	0.203
	30	1.19
	60	3.11

3 分析与讨论

3.1 玉米对胺苯磺隆十分敏感,当土壤中胺苯磺隆浓度达 0.14 μg/kg 时,就开始对玉米根系的生长产生明显抑制作用,故以 IC_{10} 作为胺苯磺隆对玉米生长的致害阈值。

3.2 胺苯磺隆对水培玉米的 IC_{50} 和 IC_{10} 高于对土培玉米的 IC_{50} 和 IC_{10},因此土培 15 天,玉米对胺苯磺隆的敏感性更能得到充分显示。

3.3 在土培条件下,玉米根系对胺苯磺隆表现出比茎叶更高的敏感性。随着土培天数的增加,玉米地上部分在形态上表现出受抑制的程度变得更加显著,15 天已比较明显。

3.4 玉米对胺苯磺隆的敏感性反应,有良好的试验规律性和重现性,利用根系对胺苯磺隆的高度敏感性,可以在建立标准曲线的基础上进行土壤中胺苯磺隆残留的生物测定。

3.5 无论是旱作地还是水旱两茬地,使用胺苯磺隆 30 g/hm^2 以上进行油菜地除草,对后茬玉米均可能产生一定药害。

参考文献

[1] 沙家骏,张敏恒,姜雅君等编. 国外农药新品种手册. 北京:化学工业出版社,1992,8

[2] 苏少泉. 中国农田杂草化学防治. 北京:中国农业出版社,1995

[3] 路凯,钱传范,刘曙照等. 胺苯磺隆对水稻的药害研究. 农药,1999,38(3):14～15

[4] Alister M A. Review of the activity fate and mode of action of sulfonylurea herbicide. Pestic. Sci., 1988,22:195～219

[5] Norris R F. Efficacy and carryover of herbicides for winter annual weed control in wheat. 1981,

Proc. West Soc. Weed Sci. Res. Prog. Rep. 88
[6] Rahman A. Sensitive biositive bioassaay for determining residues of sulfonylurea herbicides in soil and their availability to crop plants. Hydrobiologia, 1989, 188/189: 367～375

Research on the Residue of DPX-A7881 in Soil and Its Effects on Maize

Liu Shuzhao et al.
(Department of Plant Protection, Yangzhou University, Yangzhou 225009)

Abstract The influence of DPX-A7881 on the growth of maize were measured by cultivating it in water and soil in which different amount of DPX-A7881 were contained. The results showed that, after breeding maize in soil for 15days. the IC_{50} were 5. 69 ng/g and 16. 18 ng/g, the IC_{10} were 0. 14 ng/g and 0. 42 ng/g for DPX-A7881 to fresh weight of root and dry weight of root respectively. The IC_{50} of DPX-A7881 to stem and leaves were much higher than that of DPX-A7881 to root. After cultivating maize in water for 4days, the IC_{50} and IC_{10} of DPX-A7881 to fresh weight of root were 17. 04 ng/mL and 1. 37 ng/mL. The residue of DPX-A7881 in rape land soil were measured according to the inhibited rate of fresh weight of root by breeding maize in this kind of soil.

Key words DPX-A7881, residue, maize, bioassay

（注：此文原载于《农药》，2000，39(11)：40－41，39）

抗性库蚊酯酶基因在大肠杆菌中的克隆和表达*

闫艳春[1,2]　乔传令[2]　尚宏宇[3]　钱传范[4]

（1 山东农业大学生命科学学院　泰安　271018；2 中国科学院动物研究所　北京　100080；
3 Madison WI53703　USA；4 中国农业大学应用化学系　北京　100094）

摘要　用抗性库蚊酯酶基因，引入原核表达载体 pRL439，转化大肠杆菌 HB101 细胞，获得表达。通过酶切、Southern 杂交鉴定重组质粒。研究了重组菌酯酶的活性，重组质粒 pRLB1 表达的酯酶具有高酶活并能高效降解酯酶的特异性底物 α-乙酸萘酯（α-NA）和 β-乙酸萘酯（β-NA）；经对重组菌进行细胞固定化后降解农药三氯杀虫酯（7504），反应时间短，降解效率高。

关键词　酯酶基因，基因表达，大肠杆菌，降解农药

中图分类号：Q768　**文献标识码**：A　**文章编号**：0001-6209(2000)02-0126-31

抗性尖音库蚊五带亚种（*Culex pipiens quinque fasciatus*）的酯酶基因至少扩增 250 倍，抗性倍数达 500 倍[1]。利用该酯酶基因的表达产物可将农药降解而使其失去毒杀作用，将该基因克隆到质粒 pRL-439 中，再将重组质粒转入大肠杆菌，高效表达该酯酶基因。所得工程菌经细胞固定化后制成生物反应器用于被农药污染水体的净化，将是一种被看好的生物治理发展方向。由于固定化微生物处理废水技术的显著优点而日益受到国内外专家和学者的重视[2~4]，利用转基因微生物降解有机污染物更是一研究热点[5~6]。

本文报道了将抗性库蚊的酯酶基因克隆、在大肠杆菌中的表达以及表达产物酶活的提高。将该工程菌固定化后对有机氯农药 7504 进行降解，结果表明，固定化的工程菌能高效降解此类农药。国内外尚未见到有关该酯酶基因表达产物的研究报道。随着环境治理水平的不断提高，该研究旨在研究生物反应器用于净化被有机磷、有机氯和拟除虫菊酯等农药污染了的水，为达到快速、安全、经济地治理环境提供科学依据。

1　材料和方法

1.1　材料

1.1.1　细菌与质粒：大肠杆菌 HB101，转化受体菌。大肠杆菌质粒 pRL-439 上有启动子 P_{psbA}，这是一个在叶绿体、大肠杆菌和蓝藻中都很强的启动子，本研究中用于启动 B1 的表达；此外还包含氨苄青霉素抗性基因 Amp^r，P_{psbA} 下游有一个 *Eco*RI 和一个 *Bam*HI 位点，*Eco*RI 位点用于克隆 B1-cDNA，*Bam*HI 用于连接时鉴定正向克隆，该质粒由中国科学院植物研究所施定基教授提供。大肠杆菌质粒 pUC19-B1 是目的基因，在该 1.33 kb 的 B1-cDNA 距 3′端不到 300 bp 处有一 *Bam*HI 位点，抗性标记为 Amp^r，由法国蒙贝利埃大学 Michel Raymond 教授提供。

1.1.2　培养基：LB 培养基按文献[7]配制。

1.1.3　抗生素：氨苄青霉素。

1.1.4　主要酶制剂：所用工具酶包括各种限制性内切酶、RNase、溶菌酶、DNA 聚合酶 Ⅰ 大片段、

* 国家自然科学基金资助项目（39680001）；山东省自然科学基金资助课题（Y98D16064）

T4DNA 连接酶、牛小肠碱性磷酸酶等购自美国 Promega 公司。

1.2 方法

1.2.1 DNA 的操作:质粒提取、限制酶酶切反应、琼脂糖凝胶电泳、DNA 片段的分离与回收、DNA 连接、转化以及 Southern 杂交等均按文献[7～8]方法进行。

1.2.2 大肠杆菌感受态细胞的制备和转化:按文献[7～8]方法进行。

1.2.3 DNA 探针的制备及纯化:按文献[7～8]方法进行。

1.2.4 重组菌的酯酶酶活分析[9]:酯酶与其特异性底物 α-乙酸萘酯(α-NA)和 β-乙酸萘酯(β-NA)作用后,反应产物的生成最与 *OD* 值成正比,据此测定重组菌酯酶酶活。取不同细菌体积的不同世代进行测定。(1)挑取转基因的大肠杆菌单菌落,转入 20 mL LB 液体培养基中(含氨苄青霉素 100 μg/mL),于 37℃培养过夜。(2)按表 1 组成反应系统:(3)向各试管加入 0.5 mL DBLS,静置 15 min。(4)测定 OD_{600}(β-NA 为 OD_{555})吸收值。

表 1 重组菌酯酶酶活分析体系组成

Table 1 Enzyme analysis system of recombinant bacteria

No. of tube	Phosphate buffer/mL	α-NA(β-NA) * /μL	*E. coli*/mL	Culture time/h
1	1.5	50	1.0	1.5
2	1.3	50	1.2	1.5
3	1.1	50	1.4	1.5
4	0.9	50	1.6	1.5
5	0.7	50	1.8	1.5
6	0.5	50	2.0	1.5

* Con. 0.011 17 g/mL。

各溶液的配制:磷酸缓冲液(pH7.0):57.7 g Na_2HPO_4,42.3 g NaH_2PO_4,溶于 100 mL 水中,加入 1%的 TritonX-100。DBLS 溶液:1%固兰 B 加 5%SDS(1%固兰 B∶5%SDS=2∶5),现配现用。试剂空白:用乙醇代替试样。

1.2.5 工程菌的固定化[10]:(1)挑取转基因的大肠杆菌菌落,转入 250 mL LB 液体培养基中(含氨苄青霉素 100 μg/mL),于 37℃培养过夜;(2)5 000 r/min 离心 7 min,收集细胞;(3)用 ddH_2O 洗涤细胞二次;(4)取 1 g 湿重细胞,加入到 9 g 3%的海藻酸钠(pH7.0)中,充分混匀;(5)用内径 3 mm 的滴管向 3%的 $CaCl_2$(pH7.0)溶液中滴加上述混合菌液,滴加时应不断搅拌;(6)成球后静置 1 h;(7)取出固定球,用 ddH_2O 洗涤三次,以除去多余离子。

1.2.6 固定化大肠杆菌与农药三氯杀虫酯(7504)的作用及气相色谱(GC)检测[11]:(1)将转基因大肠杆菌按步骤 1.2.5 固定;(2)将固定化的细胞小球转入 100 mL 三角瓶中;(3)加入 20 mL H_2O,1 mL 2%TritonX-100,5 μL 7504 (2.72 mg/mL),充分混匀后置于 30℃摇床摇动,使其充分反应;(4)每隔1 h 取出 1 mL 处理液置于 5 mL 试管中;(5)1 mL 样品中加入 1 mL 重蒸正己烷,在混旋器上振荡 3 min 充分混匀;(6) 6 500 r/min 离心 15 min,取上清液留作检测用;(7)取出上清液后的剩余部分中再加入 1 mL重蒸正己烷,在混旋器上振荡 3 min 充分混匀;(8)6 500 r/min 离心 15 min,取上清液并与上次取出的上清液合并后作为检测样品;(9)气相色谱检测。

气相色谱(GC)条件:电子捕获检测器,25 m HP-1 毛细柱,内径 0.32 mm,检测器温度 320℃,进样口温度 290℃,柱温 250℃,载气为高纯 N_2,流速为 1 mL/min。

2 结果和讨论

2.1 pRL B1 的构建

将 pUC19-B1、pRL-439 质粒分别用 EcoRI 消化，连接、转化大肠杆菌，获克隆化质粒 4.0 kb 的 pRL-B1(图 1)。18 个重组子中随机取 5 个阳性克隆(编号为 1～5)进行电泳以检验目的片段是否插入(图 2)，其中两个片段大于 5.148 kb(C 道和 D 道)，由 B1-cDNA(1.33 kb)及 pRL-439(2.70 kb)的长度可判断大于 5.148 kb 的重组子中有双拷贝 B1-cDNA 基因插入。三个(E、G、H 道)约为 4.0 kb，这三个重组子中有单拷贝 B1-cDNA 基因插入。取这三个含单拷贝 B1-cDNA 基因的重组子(1、2、3 号)用 *Bam* HI 酶切，同时以 pUC19-B1 (A 道)的 *Eco* RI 酶切质粒、3 号(E 道)的 *Xba*I 酶切片段作为对照(图 3)。其中 1、2 号(C、D 道)切得一条片段，为反向克隆。3 号(B 道)切得两条可见片段。根据质粒图谱可知，若为正向克隆，*Bam* HI 应切出两段，一段与 pRL-439 分子量相近(稍大于 2.7 kb)，另一段分子量略小于 B1-cDNA(小于 1.33 kb)，3 号重组子所切片段大小与理论推测一致，为正向重组子，以下使用正向重组子 pRL-B1。

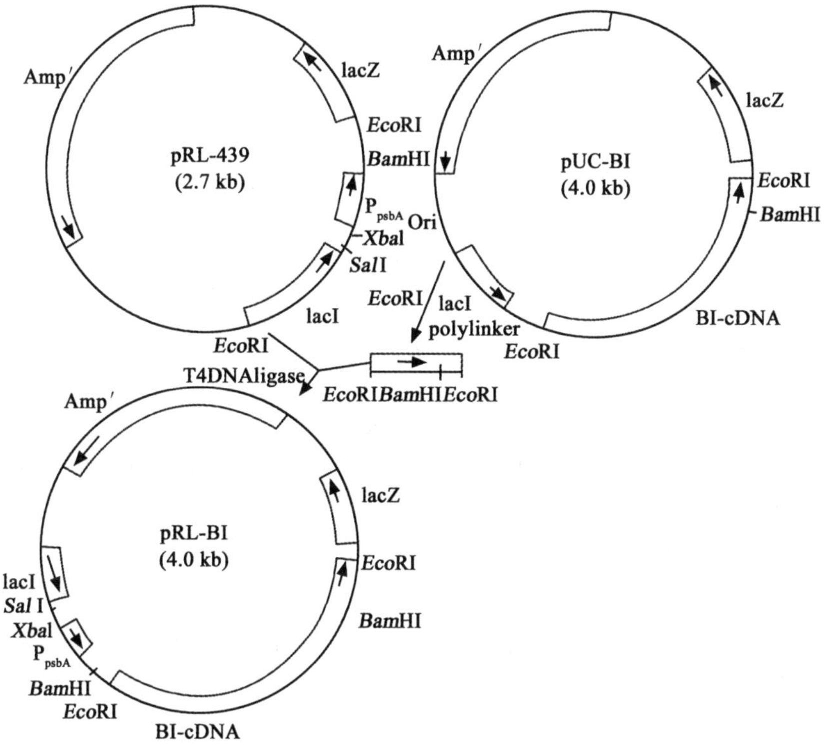

图 1 重组质粒 pRL-B1 的构建

Fig. 1 Construction of recombinant plasmid pRL-B1

2.2 重组质粒 pRL B1 的 Southern 杂交

用[α-^{32}P]dATP 标记 pUC19-B1 的 *Eco* RI 酶切回收片段，以此为探针，对重组质粒 pRLB1 进行 Southern 杂交(图 4)。pRL-439 为阴性；未酶切的 pRLB1(pRLB1 道)有杂交条带出现，初步判断目的片段已插入载体质粒：酶切后的重组子中插入片段大小正确与否通过用 *Eco*RI 对 B1 和 pRLB1 酶切(B1/E1，pRLB1/E1)鉴定，pRLB1 所切得的片段大小与 B1 相同，证明目的片段 B1 cDNA 已插入载体 pRL-439 的多克隆位点。

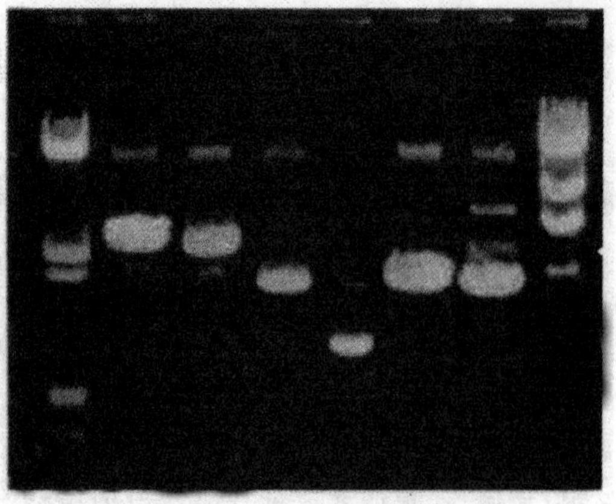

图 2　五个阳性克隆 *Xba*I 酶切后 0.8% 琼脂糖凝胶电泳

Fig. 2　0.8% agarose gel electrophoresis of five recombinant plasmid DNAs digested by *Xba*I

B. λDNN/*hind*Ⅲ + *Eco*RI; C. No. 5/*Xba*I; D. No. 4/*Xba*I; E. No. 3/*Xba*I; F. pRL-439/*Rco*RI; G. No. 2/*Xba*I; H. No. 1/*Xba*I; I. λDNA/*Hind*Ⅲ.

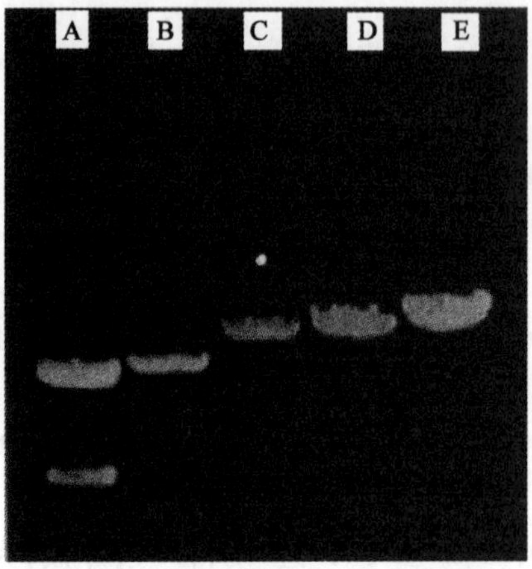

图 3　三个重组子 *Bam*HI 酶切后 0.8% 琼脂糖凝胶电泳鉴定正向克隆

Fig. 3　Restriction patterns of three recombinant plasmids DNAs digested by *Bam*HI, *Eco*RI and *Xba*I A. pUC-B1/*Eco*RI; B. No. 3/*Bam*HI; C. No. 2/*Bam* HI; D. No. 1/*Bam* HI; E. No. 3/*Xba*I.

2.3　工程菌的酯酶活性测定

为了检测酯酶基因 B1 的表达，以酯酶的特异性底物 α-NA 和 β-NA 为底物测定酶的活性。第一代工程菌 HB101/pRL-B1 共重复 4 次(以 HB101/pRL-439 做对照)，反应趋势一致，HB101/pRL-B1 的菌液初始 OD_{600} = 0.653 2，HB101/pRL-439 的菌液初始 OD_{600} = 1.200 0(图略)。第二代工程菌 HB101/pRL-B1 从第一代实验知 B1 基因得到表达，表达性状是否能稳定遗传，需做工程菌 HB101/pRL-B1 对 α-NA 降解的继代研究。取第二代工程菌菌液进行研究，同时以 HB101/pRL-439 做对照。重复 4 次，反应趋势一致，HB101/pRL-B1 的菌液初始 OD_{600} = 0.783 5，HB101/pRL-439 的菌液初始 OD_{600} = 1.492 0，实验结果见图 5。

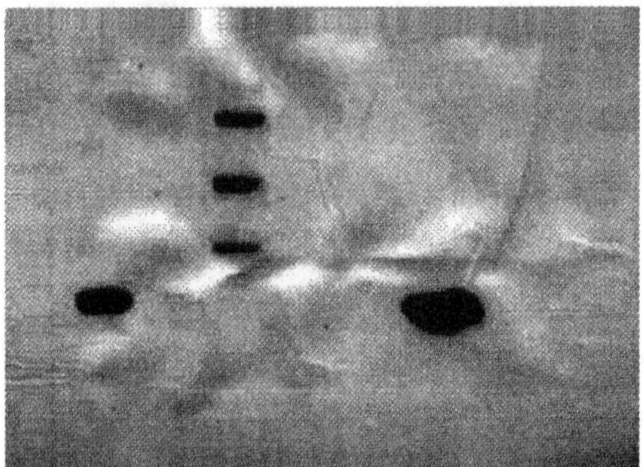

图 4　重组质粒 pRL-B1 的 Southern 杂交分析

Fig. 4　Southern hybridization of recombinant plasmid p RL-B1

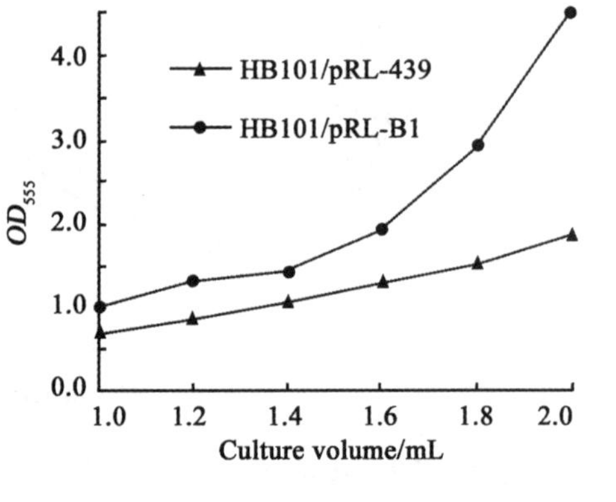

图 5　HB101/pRL-B1 脱毒功能分析

Fig. 5　Enzyme activity analysis of detoxification of HB101/pRL-B1

从第一代、第二代的实验数据得知，B1 基因已得到表达且能稳定遗传，为更进一步证实该菌株的表达可稳定遗传，又做了第三代研究（以 HB101/pRL-439 做对照），HB101/pRL-B1 的菌液初始 OD_{600} = 0.715 2，HB101/pRL-439 的菌液初始 OD_{600} = 1.348 6，反应趋势基本同于第二代。

由上述三代实验可得到以下几点结论：(1)一定波长下，pRL-B1 组的吸收值显著高于对照组，说明 B1-cDNA 不仅插入载体 pRL-439 的多克隆位点，而且在 *E. coli* 中具有较高的表达效率；(2)随着菌液体积的增加，pRL-B1 的吸收值增加明显，而 pRL-439 组曲线近于平坦；(3)从传代实验中可看出，pRL-B1 至少可稳定遗传三代；(4)在细胞这种微环境中，质粒 pRL-B1 中酯酶基因的表达同抗性库蚊中的抗药性机理一致（抗性基因扩增引起抗药性），其机制可能也是酯酶基因扩增，由此引起表达产物（酯酶）的大量增加，所以在同该酶的底物作用时活性呈明显增加趋势。据此推测重组质粒中的酯酶基因将会随农药的选择而逐代扩增，从而使酯酶活性逐代增强，对农药的降解亦将呈增加趋势。

工程菌 HB101/pRL-B1 对 α-NA(β-NA)的高效分解正是酯酶的特性，由此可知它不仅可表达酯酶 B1，而且具有高的表达效率。

2.4 工程菌的固定化

为使工程菌的应用更趋于实际，更有应用价值，充分发挥酯酶的活力，首要的步骤是将工程菌固定化，为制得降解有毒、有害、难降解物质的生物反应器提供依据。根据质粒 pRL-B1 在 *E. coli* 中的高效表达，我们研究了 *E. coli* 中质粒 pRL-B1 的固定化。

用 3%的海藻酸钠按方法 1.2.5 对含有质粒 pRL-B1 的 *E. coli* 包埋固定，细胞湿重一般在 10%～20%。根据多次实验，本研究取细胞的包埋量为 10%。

本实验还进行了包埋细胞经脱毒使用活化再生的实验，一般包埋细胞的活性可保持一周。将包埋有细胞的固定小球在使用两周后，放入 LB 培养液中，在包埋前的培养条件下进行活化再生。活化后的固定细胞仍具有很高的降解 α-NA 和 β-NA 的能力。说明 pRL-B1 的固定化细胞具有良好的活化再生性能（图略）。

2.5 固定化细胞对农药三氯杀虫酯(7504)的降解

对样品用重蒸正己烷抽提，HB101/pRL-B1 的菌液初始 OD_{600} = 0.715 2，HB101/pRL-439 的菌液初始 OD_{600} = 1.348 6，抽提液用于 GC 检测分析。分析结果如图 6 所示。

由图得知：(1)降解速率差异最大处在 0～1 小时间，此区间固定化细胞工程菌 HB101/pRL-B1 对 7504 快速降解，而 HB101/pRL-439 则几乎没有；大于 1 小时后，HB101/pRL-B1 对 7504 的降解速率亦趋于平缓。(2)由以上包埋细胞对 7504 的降解实验知，工程菌 HB101/pRL-B1 是可包埋的，且活化、再生性能良好。

由上结果可知，包埋后的细胞对 7504 等农药有好的降解效果，因此该菌株可作为研制生物反应器的工程菌。

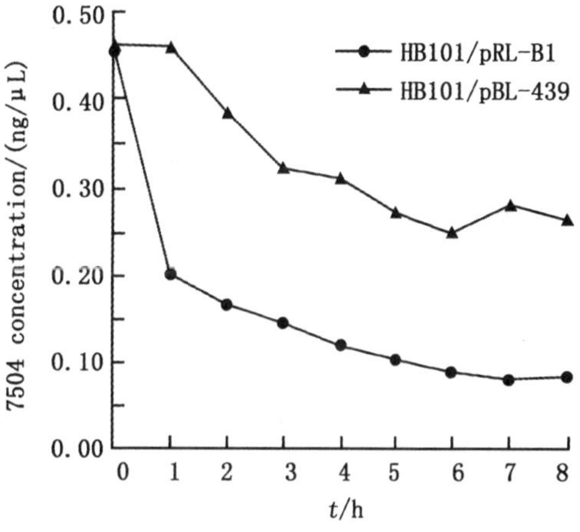

图 6 固定化细胞 HB101/pRL-B1 对农药 7504 的降解

Fig. 6 Degradation of 7504 by immobilized cells HB101/pRL-B1

参考文献

[1] Mouchès C, Pauplin Y, Agarwal M, *et al*. *Proc Natl Acad Sci USA*, 1990, 87: 2574～2578.

[2] 吴晓磊，余毓馨，钱易. 环境科学，1994，25(4)：50～52.

[3] Norton S, Watson K, D'Amore T. *Appl Microbiol Biotechnol*, 1995, 43(1): 18～24.

[4] Ohta T, Ogbonna J C, Tanaka H, *et al*. *Appl Microbiol Biotechnol*, 1995, 42(2~3): 246~250.
[5] Pimentel D. *Bio Science*, 1991, 41: 402~409.
[6] Kurit Z T, Wolk C P. *Appl Env. Microbiol*, 1995, 61: 234~238.
[7] Sambrook J, Fritsch E F, Maniatis T. (金冬雁等译)分子克隆实验指南. 北京:科学出版社, 1992.
[8] 卢圣栋. 现代分子生物学实验技术. 北京:高等教育出版社, 1993.
[9] Ellman G L, Courtney R d, Andres V, *et al*. *Biochem. Pharmacol*. 1961, 7: 88~95.
[10] 韩树琴,杨惠芳. 微生物学通报, 1992, 19 (2): 88~91.
[11] 冷欣夫,乔传令. 科学通报, 1986, 19: 1505~1508.

Cloning and Expression of a Resistant Culex Gene in *Escherichia Coli* *

Yan Yanchun[1,2] Qiao Chuanling[2] Shang Hongyu[3] Qian Chuanfan[4]

(1 Life Sciences of College, Shandong Agricultural University, Taian 271018;
2 Institute of Zoology, Chinese Academy of Sciences, Beijing 100080;
3 Madison, WI 53703, USA; 4 China Agricultural University, Beijing 100094)

Abstract Recombinant plasmid pRLB1 was constructed from detoxifying gene B1 of pesticide resistant *Culex pipiens quinquefasciatus* and from plasmid pRL439 contained the strong promoter PpsbA. The positive clone was identified by digestion and Southern analysis. Expression of recombinant plasmid containing esterase gene was detected. An engineered bacterium possessing high enzyme activity was obtained and immobilized. It can effectively degrade the specific substrate α-naphthyl acetate (α-NA) and β-naphthyl of esterase enzyme. Assays showed that pesticide acetofenate (7504 an organic choride pesticide) was degraded by the immobilized cells within one hour.

Key words Esterase gene, Gene expression, *Escherichia coli*, Degradation pesticide

(注:此文原载于《微生物学报》, 2000, 4(2), 126—131)

牛肌肉组织中苯并咪唑类药物的基质固相分散-高效液相色谱多残留分析法*

张素霞，李俊锁，钱传范
（中国农业大学动物医学院，北京　100094）

摘要　将基质固相分散（MSPD）与酸碱萃取相结合，对组织中的残留物进行净化。反相高效液相色谱（HPLC）测定，流动相为乙腈-0.017 mol/L 磷酸（7+3），检测波长 290 nm。建立了牛肌肉组织中 4 种苯并咪唑类药物的基质固相分散-高效液相色谱（MSPD-HPLC）多残留分析法。在 0.05～0.40 mg/kg 添加范围内，4 种苯并咪唑类药物的平均回收率为（69.2±12.4）%。本方法检测限为 0.01～0.05 mg/kg。

关键词　牛肌肉，苯并咪唑类药物，基质固相分散（MSPD），高效液相色谱（HPLC）
中图分类号：S859.8　**文献标识码**：A　**文章编号**：1005-4545(2000) 06-0569-03

苯并咪唑类药物是一类重要的广谱抗蠕虫药，在兽医临床上应用广泛。这类药物曾被认为是十分安全的，但 70 年代以来的临床实践和一系列试验研究表明，大多数苯并咪唑类药物具有明显的致畸作用和一定的致突变作用。动物组织中的最高残留限量（MRL）一般为 0.1 mg/kg。

动物组织中苯并咪唑类药物残留的分析方法种类较多，主要有高效液相色谱法[1~4]，荧光分光光度法[5]和酶联免疫分析法[6]等。本试验以基质固相分散（MSPD）和微体积酸碱萃取净化法为基础，建立了牛肌肉组织中 4 种苯并咪唑类药物的基质固相分散-高效液相色谱（M SPD-HPLC）多残留分析法。

1　材料与方法

1.1　药品与试剂

苯并咪唑类药物标准品甲苯苯咪唑（mebendazole，MBZ）、苯咪氨甲酯（carbendazim，CBM）、噻苯咪唑（thiabendazole，TBZ）、丙硫苯咪唑（albendazole，ALB），购自 Sigma 公司；C_{18} 填料，40 μm，美国 Alltech 公司。

1.2　主要仪器

高效液相色谱仪（SP8810 泵，SP8450UV-Vis 检测器，SP4270 积分仪，Spectra-Phisics，Inc，USA），色谱柱：C_{18} 5 μm，250 mm×4.6 mm id (Supelco，USA)，流动相为 0.017 mol/L，磷酸-乙腈（3+7），流速 1.0 mL/min，波长 290 nm，AUFS 0.01，进样体积 50 μL。

1.3　C_{18} 填料的预处理

称取 22 g C_{18} 填料，装入 50 mL 玻璃注射器，分别用 2 个柱体积的正己烷、二氯甲烷和甲醇依次洗涤，真空干燥，贮于磨口玻璃容器内，备用。

1.4　标准贮备液的配制

分别准确称取一定量的各种药物，用甲醇溶解配制成 100 mg/L 的贮备液，－20℃下避光存放。

1.5　标准曲线的绘制

用流动相将 4 种苯并咪唑类药物的贮备液稀释，配制成系列质量浓度工作液（0.05、0.10、0.20、

* 基金项目：国家“九五”科技攻关项目(96-005-02-04-04)

0.40、0.80 mg/L)，绘制出 4 种苯并咪唑类药物的标准曲线。

1.6 添加回收试验

1.6.1 组织样本制备 将牛肌肉组织剪碎后，于−20℃下保存。

1.6.2 样本前处理 称取 2 g C_{18} 填料置于玻璃研钵中，取 0.5 g 牛肌肉组织加至 C_{18} 填料上，用玻璃杵轻轻研磨 30 s，使样品与填料均匀混合；取 5 mL 玻璃注射器，下端垫一片滤纸，加无水硫酸钠至 0.2 mL 体积，将样品装入，上垫一片滤纸，压至体积为 4.2 mL；8 mL 正己烷洗涤，真空抽干后用 8 mL 乙酸乙酯洗脱药物于鸡心瓶中，用旋转蒸发仪将洗脱液浓缩至近 1 mL，加 0.1 mol/L HCl 1 mL，反复萃取 3 次，合并盐酸相:1 mol/L NaOH 调至 pH12，用水饱和的乙酸乙酯 2 mL 萃取，反复萃取 3 次，合并乙酸乙酯相，减压蒸发近干，残留物用 0.5 mL 流动相溶解后，进样测定。

1.6.3 添加回收率的测定 称取 2 g C_{18} 填料置玻璃研钵中，将 0.5 g 牛肌肉组织样品加到研钵中的 C_{18} 填料上，向组织中添加一定量的标准溶液，放置数分钟后按 1.6.2 方法进行处理和测定。

2 结果

2.1 标准曲线

在 0.05～0.8 mg/L，范围内色谱峰高与药物的质量浓度呈线性关系，其回归方程和相关系数(r^2)见表 1。苯并咪唑类药物的高效液相色谱图见图 1。

2.2 添加回收率

见表 2。在 MBZ 和 TBZ 的添加量为 0.05、0.10、0.20 mg/kg，CBM 和 ALB 的添加量为 0.10、0.20、0.40 mg/kg 的条件下，牛肌肉组中 4 种苯并咪唑类药物的平均回收率为(69.2±12.4)%，用该方法测定牛肌肉组织中苯并咪唑类药物残留的检测限为 0.01～0.05 mg/kg(3 倍基线噪音)。

表 1 苯并咪唑类药物的标准曲线

药物	回归方程	相关系数(r^2)
MBZ	$y=18.2x+0.16$	0.994
CBM	$y=3.45x+0.06$	0.992
TBZ	$y=20.20x+0.21$	0.994
ALB	$y=4.79x+0.07$	0.994

表 2 牛肌肉组织中苯并咪唑类药物的添加回收率($n=3$)

药物	添加量/(mg·kg^{-1})	检测量/(mg·kg^{-1})	回收率/%	变异系数 CV/%
MBZ	0.05	0.03±0.003	66.6	7.8
	0.1	0.62±0.01	61.8	10.4
	0.2	1.27±0.02	63.7	13.2
CBM	0. 1	0.65±0.01	64.5	11.6
	0.2	1.44±0.02	72.2	15.6
	0.4	3.01±0.03	75.2	8.5
TBZ	0.05	0.04±0.01	71.4	14.5
	0.1	0.08±0.01	82.1	11.8
	0.2	1.26±0.03	76.9	20.3
ALB	0.1	0.06±0.01	63.8	15.4
	0.2	1.29±0.01	64.6	7.3
	0.4	2.70±0.03	67.6	12.7

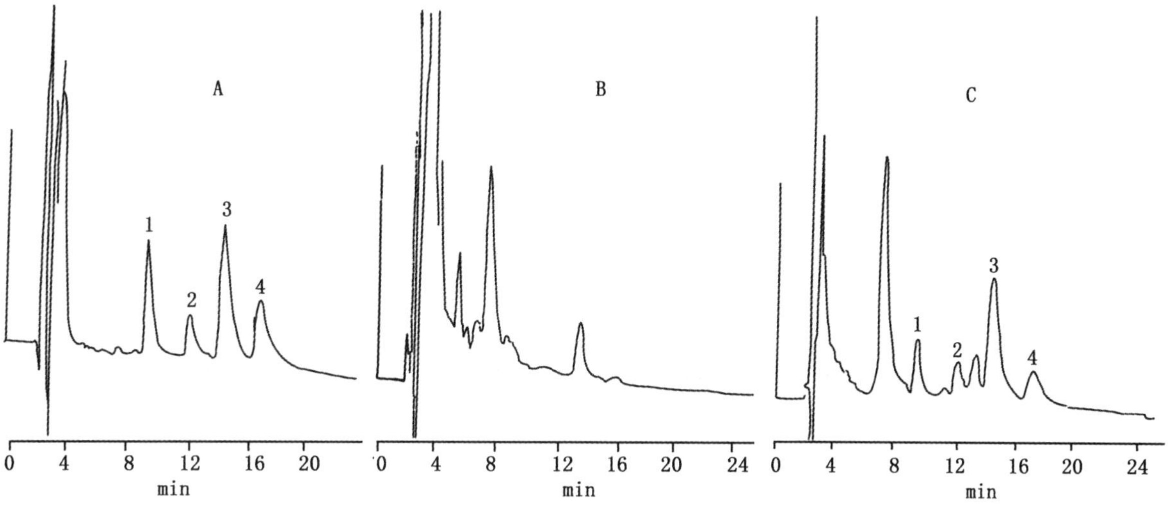

图 1 苯并咪唑类药物的高效相色谱图

A. 标准溶液，B. 空白样品，C. 标准添加样品(0.2 mg/kg)；1. MBZ，2. CBM，3. TBZ. 4. ALB

3 讨论

苯并咪唑类药物属于弱碱性药物，因此流动相的 pH 对药物的保留时间影响较大。测定苯并咪唑类药物的反相 HPLC 流动相主要为磷酸盐缓冲液-乙腈/甲醇，磷酸-乙腈/甲醇。本试验采用 0.017 mol/L磷酸-乙腈(3+7)流动相体系，在 20 min 内 4 种药物即达到基线分离，且峰型较好，没有拖尾现象。另外，由于 4 种药物的最大吸收波长不同，峰高差异很大，资料报道的测定波长为 298 nm 和 290 nm，经过比较试验，选择 290 nm 检测 4 种药物灵敏度较高。

比较 3 个色谱图(图 1)，可以看到药物出峰位置没有干扰峰。苯并咪唑类药物属于中等极性的药物，用正己烷可以洗去干扰苯并咪唑类药物分析的脂溶性杂质。本试验最初采用 MSPD 方法，乙酸乙酯洗脱，浓缩后用流动相溶解，直接进行 HPLC 测定，结果在前 2 个药物 MBZ 和 CBM 的出峰位置处出现大量的干扰峰，即有许多极性杂质干扰测定。进一步将洗脱液通过氧化铝和硅胶柱进行净化，仍有许多杂峰干扰，净化效果不理想。

根据文献资料报道[3,4]，最常用于提取苯并咪唑类药物的净化方法是酸-碱液分配法。因为苯并咪唑类药物属于弱碱性药物，pH 变化对其溶解度影响明显，如在酸性条件下，在水溶液中的溶解度很大，而在碱性条件却不溶于水中，而易溶于乙酸乙酯或氯仿等有机溶剂中。因此，通常是将有机提取液用酸性溶液(盐酸或磷酸溶液等)萃取，然后将酸性溶液碱化(调至 pH 8 以上)后，再用适当的有机溶剂进行萃取分配。本试验将 MSPD 的洗脱液浓缩后，在离心管中进一步进行酸碱萃取后，进行 HPLC 检测，结果表明净化效果较好，4 种苯并咪唑类药物能同时进行检测，均无杂峰干扰。

本试验方法平均回收率为(69.2±12.4)%，检测限为 0.01～0.05 mg/kg，低于规定的最大允许残留限量，能满足兽药残留分析的要求。方法速度快、溶剂用量少，净化效果好，可在 1 h 内同时完成 4 种苯并咪唑类药物的测定，适宜于苯并咪唑类药物的多残留快速分析。

参考文献

[1] Arenas R V，Rahman H R，Johnson N A. Determination of thiabendazole residues in white and

sweet potatoes by liquid chromatography with fluorescence detection[J]. J AOAC Int, 1995,78(6):1455~1458.

[2] Morovjan G,Csokan P,Makranszki L,*et al*. Determination of fenbendazole,praziquantel and pamoate in dog plasma by high-performance liquid chromatography[J]. J AOAC. Int. 1998,797:237~244.

[3] Hajee C A J, Haagsma N. Liquid chromatographic determination of mebendazole and its metablites,aminomebendazole and hydroxy mebendazole in eel muscle tissue[J]. J AOAC Int,1996,79(3):645~651.

[4] Hiemstra M,Joosten J A,Kok A. Fully automated solid-phase extraction cleanup and on-line liquid chromatographic determination of benzimidazole fungicides in fruit and vegetables[J]. J AOAC Int,1995,78(5):1267~1274.

[5] Capitan-Vallvey L F C, Avidad R,Vilchez J L. Determination of thiabendazole residues in pears by solid-phase spectrofluorimetry[J]. J AOAC. Int,1994,77(6):1651~1654.

[6] Bushway R J. Young B E S, Paradis L R. *et al*. Determination of thiabendazole in fruits and vegetables by competitive-inhibition enzyme immunoassay[J]. J AOAC Int. 1994,77(5):1243~1246.

MSPD Clean-up and HPLC Determination of Benzimidazoles in Beef Muscle

Zhang Suxia,Li Junsuo,Qian Chuanfan

(College of Veterinary Medicine,China Agricultural University,Beijing 100094,China)

Abstract A MSPD-HPLC method for simultaneous detection of four benzimidazole residues in beef muscles was established. By combining the MSPD with acid-alkli extraction,the method efficiently clean up the large interfering components. The four benzimidazoles were detected by HPLC at 290 nm with the mobile phase 0.017 mol/L H_3PO_4-acetonitrile(7+3). The average recovery of four benzimidazoles was (69.2+12.4)% with the detection limit of 0.01~0.05 mg/kg.

Key words beef muscles, benzimidazoles, matrix solid-phase dispersion(MSPD), high performance liquid chromatography(HPLC)

(注：此文原载于《中国兽医学报》,2000,20(6),569－571)

马杜霉素在鸡组织中残留消除及临床毒性的研究

沈建忠　钱传范　江海洋　刘金凤
（中国农业大学动物医学院，北京　100094）

摘要　本文报道以 3.0、5.0、7.0 和 9.0 mg/kg 马杜霉素剂量水平添加到饲料中饲喂 AA 肉鸡，研究马杜霉素对肉鸡的毒性作用及其在鸡组织中的残留消除。从临床症状、增重与饲料转化、死亡率、血清生化参数以及组织病理学等方面研究结果表明，饲料中添加 3.0～5.0 mg/kg 剂量马杜霉素对肉鸡是安全的，未见任何毒副作用，而 7.0～9.0 mg/kg 剂量则引起肉鸡中毒，中毒表现为，增重和饲料转化率明显下降，血清 AST 异常升高，心脏和肝脏出现病理变化。残留消除研究表明，马杜霉素主要残留于肉鸡的脂肪和肝脏，其次是肾脏，肌肉中残留最少。马杜霉素以 5.0 mg/kg 剂量添加于饲料中饲喂肉鸡，停药 2～3 d 肉鸡组织中马杜霉素的残留量低于最高残留限量的规定。

关键词　马杜霉素，肉鸡，IAC，ELISA，临床毒性，残留消除

中图分类号：S859.84　**文献标识码**：A　**文章编号**：0366-6964(2000)05-0458-06

鸡球虫病是当今集约化养鸡业中最常见的疾病之一，全球每年因球虫病暴发造成的经济损失数以亿计。现今常用的合成类抗球虫药物由于本身的特点和缺乏科学的使用，球虫虫株对此均不同程度地产生了抗药性。人们担心抗球虫药的更新难以赶上抗药虫株产生的速度，而聚醚类抗球虫药物的出现，在一定程度上大大缓解了人们的这种忧虑。1983 年，Liu 和 Labeda 等发现了马杜霉素这种新型的聚醚类抗球虫药物[1,2]。它具有极高的抗球虫效能和极广的抗球虫谱[3]，并且不易产生抗药性，已在我国使用的抗球虫药物中占据主导地位。但是，马杜霉素毒性大，安全范围较窄，实际应用中马杜霉素引起鸡中毒现象时有发生。国内外有关马杜霉素对鸡的毒性研究均有报道[4～6]，但结果不尽一致。另外，马杜霉素对人也会有潜在危害，对其在食用动物组织中的残留问题值得重视。本文以不同剂量水平马杜霉素拌料饲喂肉鸡，从鸡的生长情况、饲料转化率、死亡率、血清学及组织病理学等方面研究马杜霉素对鸡的毒性作用，找出马杜霉素的安全剂量范围，同时，应用作者建立的 IAC-ELISA 方法研究鸡组织中马杜霉素的残留消除，提出休药期，以指导养鸡生产上安全有效地使用马杜霉素。

1　材料与方法

1.1　材料

1.1.1　仪器设备：酶联免疫测定仪（5 Ⅱ 型，上海），电子天平（Satorius 公司），离心机（LD4-2A，北京），旋转蒸发仪（X2-6，北京），组织捣碎机（Am-6，日本），组织切片机（上海），奥林巴斯显微镜（日本），生化分析仪（优利 Ⅱ 型，意大利），IAC 柱（本室制备）。

1.1.2　试剂与溶液：马杜霉素铵盐（纯度 95.8%，北京微量化学研究所），马杜霉素铵预混剂（含量 1%），血清生化指标测定试剂盒（丙氨酸氨基转移酶试剂盒、天门冬氨酸氨基转移酶试剂盒、肌酐试剂盒、尿酸试剂盒，北京中生生物工程高技术公司）。

1.1.3　试验动物：1 日龄 AA 肉鸡 240 只，由北京肉鸡生产联营公司提供。

1.1.4　饲料，本室自配，饲料中除添加马杜霉素外，不含其他任何抗球虫药物。

1.2　试验方法

1.2.1　饲料中马杜霉素含量的测定：(1) 含不同剂量马杜霉素饲料的配制：参照 NRC《肉鸡营养需要

量》[7]配制肉鸡全价饲料。饲料分1号(0～3周龄)、2号(4～6周龄)和3号(7周龄)3个阶段,除3号饲料外,1号和2号分别配制每千克饲料中含3.0、5.0、7.0和9.0 mg 4个剂量马杜霉素的饲料。(2)IAC-ELISA测定[8]:取饲料样本20.0 g,加甲醇至200 mL,旋涡振荡30 min,离心、过滤。取上清液2.0 mL,加PBS至20.0 mL,过IAC柱纯化,收集约4.0 mL,加PBST定容至20.0 mL,即成样品提取纯化稀释液,ELISA检测。

1.2.2　肉鸡喂养试验:(1)试验分组:选1日龄健康AA肉鸡240只,随机分成5组(每组48只),即3.0、5.0、7.0和9.0 mg·kg^{-1}4个马杜霉素剂量组以及1个健康对照组。试验鸡分笼饲养,按正常程序防疫。(2)测定指标:a.观察鸡群的临床变化,记录死亡鸡数,并对死亡鸡进行剖检,观察脏器的病理变化,取病料做组织切片观察,试验结束时,各组分别取一定数量鸡进行病理剖检,观察病变,取组织做组织切片观察。b.于1、21和42日龄称各组试验鸡的重量和饲料消耗,计算增重率和饲料转化率。试验结束时,进行屠宰指标和脏器系数的测定。(3)于21日龄和试验结束(42日龄)时,取鸡血,分离血清进行丙氨酸氨基转移酶(AL T)、天门冬氨酸氨基转移酶(AST)、肌酐(Cre)和尿酸(UA)等生化指标的测定[9]。

1.2.3　鸡组织中残留消除:试验鸡于42日龄停药,并于停药当天(0 d)以及第1、2、3、4、5和7天每组屠宰5只鸡,分别取肌肉(胸肌)、肝脏(全肝)、肾脏(全肾)和脂肪(腹脂),用IAC-ELISA方法进行测定,观察马杜霉素在鸡组织中残留及其消除。

2　结果与分析

2.1　饲料中马杜霉素含量的测定　饲料样品添加5.0和7.5 mg·kg^{-1}马杜霉素标准品进行回收试验,测得回收率为98.0%和94.7%,变异系数为6.1%和5.6%,结果表明,IAC-ELISA法测饲料中马杜霉素含量可靠。对4种含药饲料的测定结果见表1。试验结果说明,本试验配制的4种饲料中马杜霉素的含量均符合试验规定要求。

2.2　临床观察　以7.0和9.0 mg/kg剂量马杜霉素饲喂一周后,部分肉鸡表现精神不好,食欲下降等症状,随后出现鸡呆立,有的蹲伏,胸部着地,两腿后伸,羽毛松乱,啄羽,开始死亡。7.0和9.0 mg/kg剂量组鸡的死亡率(12.5%和18.8%)高于3.0 mg/kg、5.0 mg/kg及健康对照组(分别为2.1%、4.2%和4.2%)。对鸡进行剖检发现,7.0和9.0 mg/kg剂量组鸡胸腿部肌肉出现不同程度散在出血点,肌胃有出血点并有溃疡病灶,心脏表面血管充血,呈现心包炎和肝周炎,严重者心肌出血。7.0 mg/kg组鸡的临床症状和病理变化较9.0 mg/kg组鸡轻些。3.0和5.0 mg/kg组鸡未见上述症状和病理变化。

表1　试验饲料中马杜霉素含量

Table 1　Maduramicin level in tested feeds

名称 Name	添加水平 Added level (mg/kg)	回收水平 Recovery level (mg/kg)	回收率 Recovery rate (%)	变异系数 Coefficient of variation(%)
饲料 Feeds	3.0	3.2±0.3	106.7	9.4
	5.0	4.9±0.4	98.0	8.2
	7.0	7.1±0.5	101.4	7.0
	9.0	9.4±0.6	104.4	6.4

2.3　增重与饲料转化　试验鸡分三段饲养,其结果见表2。从表中看出,无论是1～21日龄阶段、22～42日龄阶段,还是1～42日龄(全期)阶段,7.0和9.0 mg/kg马杜霉素组鸡的增重率明显低于3.0 mg/kg、5.0 mg/kg和健康对照组($P<0.05$),料肉比指数明显高于3.0 mg/kg、5.0 mg/kg和健康对照组($P<0.05$),而3.0和5.0 mg/ kg组鸡的增重和料肉比指数与健康对照组比较无明显差异($P>0.05$)。

试验结果表明，以 3.0～5.0 mg/kg 剂量的马杜霉素拌料长期饲喂肉鸡，不会影响肉鸡的增重和饲料转化率，而 7.0～9.0 mg/kg 剂量马杜霉素则明显抑制鸡的生长，降低饲料转化率，9.0 mg/kg 剂量尤为明显。

表 2 肉鸡增重和饲料转化

Table 2 Weight gain and feed conversion of broiler chickens

组别 Group	动物数 Number of Chickens	1～21 日龄 days		22～42 日龄 days		1～42 日龄 days	
		增重率 Weight gain (%)	料肉比指数 Feed conversion (%)	增重率 Weight gain (%)	料肉比指数 Feed conversion (%)	增重率 Weight gain (%)	料肉比指数 Feed conversion (%)
健康对照组 Control	48	100	100	100	100	100	100
3.0 mg/kg	48	103.0	96.9	102.1	100.5	102.3	100.0
5.0 mg/kg	48	103.5	97.7	102.0	100.0	102.4	99.4
7.0 mg/kg	48	87.3*	129.7*	68.9*	113.6*	74.0*	115.2*
9.0 mg/kg	48	85.5*	121.9*	63.2*	127.3*	69.4*	123.0*

注(Note)：* $P<0.05$

2.4 *屠宰试验及脏器系数* 经测定，与健康对照组(屠宰率为 92.5%，全净膛率为 68.1%)比较，除 9.0 mg/kg 剂量马杜霉素组鸡的屠宰率(86.6%)和全净膛率(60.3%)明显降低($P<0.05$)外，其他各剂量马杜霉素组鸡的屠宰率和全净膛率则无明显差异($P>0.05$)。与健康对照组比较，除 9.0 mg/kg 剂量组鸡的肝脏系数增大($P<0.05$)外，其余各剂量组的各脏器系数(肝、心、脾、肺)均无明显差异($P>0.05$)。试验结果表明，9.0 mg/kg 剂量的马杜霉素会影响屠宰指标，并使肝肿大。

2.5 *组织切片观察* 组织切片经 H.E 染色后，镜检发现 7.0 mg/kg 和 9.0 mg/kg 剂量鸡的心脏和肝脏出现程度不同的病变，心脏病变主要表现在心肌细胞颗粒变性，肌纤维肿胀，间隙增大，红细胞浸润，9.0 mg/kg 剂量组鸡甚至出现心肌纤维断裂。肝脏病变主要表现在肝中央静脉周围肝细胞颗粒变性，细胞肿胀，细胞排列无序，部分肝细胞出现坏死，还见有炎性细胞浸润，9.0 mg/kg 剂量组鸡甚至出现被膜下肝细胞发生变性坏死。3.0 mg/kg 和 5.0 mg/kg 剂量组鸡的心肌和肝脏未见明显的病理变化。另外，马杜霉素各剂量组鸡的脾脏和脑组织未见病变产生。

2.6 *血清生化指标* ALT、AST、Cre 和 UA 是检查肝、肾功能的重要指标。经测定，结果见表 3。试验结果表明，7.0 和 9.0 mg/kg 剂量马杜霉素可使鸡血清的 AST 值异常升高，而 3.0 和 5.0 mg/kg 剂量马杜霉素(除 21 日龄时 5.0 mg/kg 组鸡的 AST 值升高外)对鸡血清的 AST 值无明显影响。另外，各剂量马杜霉素对鸡血清中的 ALT、Cre 和 UA 值均无明显影响。

表 3 鸡血清生化指标

Table 3 Serum biochemical parameters in broiler chickens

组别 Group	21 日龄(21 d)				42 日龄(42 d)			
	ALT (μ/L)	AST (μ/L)	Gre (mg/dL)	UA (mg/dL)	ALT (μ/L)	AST (μ/L)	Cre (mg/dL)	UA (mg/dL)
健康对照组 Control	10.7±1.3	185.0±11.1	0.33±0.10	3.50±0.60	8.9±1.0	191.0±9.2	0.32±0.10	3.01±0.82
3.0 mg/kg	12.7±1.9	201.0±6.1	0.41±0.09	4.52±1.13	8.5±1.4	207.0±7.2	0.42±0.07	5.21±1.21
5.0 mg/kg	11.2±2.3	246.0±14.5	0.40±0.11	7.10±0.75	9.1±2.2	195.0±14.3	0.42±0.05	6.64±0.89
7.0 mg/kg	18.4±3.4	281.4±31.3	0.45±0.14	10.50±1.03	11.3±3.0	272.0±16.9	0.43±0.11	7.43±0.77
9.0 mg/kg	20.6±2.7	304.0±27.1	0.40±0.09	11.70±1.10	12.2±3.3	286.0±8.5	0.43±0.04	7.14±0.68

注(Note)：n=5，正常值[10](Normal Value)，ALT 为 9.5～37.2 μ/L，AST 为 88～208 μ/L，Cre 为 0.9～1.85 mg/dL，UA 为 1.5～6.3 mg/dL。

2.7 鸡组织中马杜霉素残留消除 用IAC—ELISA方法测定鸡组织中马杜霉素残留。试验显示，随着饲料中马杜霉素添加剂量的增加，鸡组织残留水平相应提高。在每千克饲料添加5 mg马杜霉素常规使用量时，停药2 d，鸡肌肉、肝脏、肾脏和脂肪中马杜霉素残留量分别为0.10、0.27、0.12和0.30 mg/kg；最高添加量(9 mg/kg饲料)时，停药3 d，鸡肌肉、肝脏、肾脏和脂肪中马杜霉素残留量分别为0.09、0.11、0.11和0.27 mg/kg。试验结果表明，给肉鸡饲喂含不同剂量马杜霉素的饲料后，鸡体内脂肪和肝脏中马杜霉素的残留量最高，其次是肾脏，肌肉最少。停药2 d后，各剂量组鸡体内马杜霉素的残留量：脂肪中降至0.48 mg/kg以下，肝脏中降至0.72 mg/kg以下，肌肉中降至0.24 mg/kg以下，肾脏中降至0.26以下。

3 讨论

3.1 采用IAC—ELISA方法测定饲料中马杜霉素的含量，从样品添加回收率来看，其检测方法简便、可靠。是目前理想的检测方法。本试验对4种含药饲料的测定结果表明，饲料中马杜霉素混合均匀，含量达到试验要求，这是本试验成功的前提。

3.2 国内外有关马杜霉素防治鸡球虫病方面的报道很多，它的抗球虫作用无可置疑。但是，马杜霉毒性大，安全范围窄，易引起鸡中毒。Donev等[4]报道，以饲料中添加5.0 mg/kg剂量马杜霉素喂鸡，对鸡的增重和饲料转化无明显影响，当剂量达到10 mg/kg时，可引起鸡生长受阻，饲料转化率下降。Laczay等[5]报道，当饲料中马杜霉素剂量达7.5 mg/kg时，可使鸡增重和饲料转化率下降，而Cinger的研究表明，饲料中添加马杜霉素7.5 mg/kg(含7.5 mg/kg)以下对鸡是安全的，至于马杜霉素对鸡的毒性作用的更深入研究报道很少。本文以不同剂量马杜霉素拌料饲喂肉鸡，从临床症状、增重、饲料转化率、死亡率、血清血化指标和组织病理学等方面研究鸡对马杜霉素的耐受剂量以及马杜霉素对鸡的毒性作用。结果表明，饲料中添加3.0～5.0 mg/kg剂量马杜霉素对肉鸡是安全的。当饲料中马杜霉素的添加量超过7.0 mg/kg(含7.0 mg/kg)时，会出现鸡生长抑制，饲料转化率下降，死亡率上升，血清AST值异常升高，心脏和肝脏呈现明显病理变化。这一结果对于生产实际中安全合理使用马杜霉素具有重要的价值。

3.3 有关马杜霉素在鸡组织中残留的研究至今未见公开报道。氰胺(Cyanamid)公司Kleiner曾用RIA法进行过马杜霉素残留的研究，但未作公开报道。本文以不同剂量马杜霉素拌料饲喂肉鸡42 d后停药，检测组织中马杜霉素的残留及残留的消除。试验证明，鸡脂肪和肝脏中马杜霉素的残留量最高，其次是肾脏，肌肉中残留量最少，而且随着饲喂剂量的增大，马杜霉素在鸡各组织中的残留量也相应增大，但马杜霉素在组织中的消除很快。以常用剂量5.0 mg/kg饲喂肉鸡，停药2～3 d，鸡组织中马杜霉素的残留就低于我国对马杜霉素在鸡组织中最高残留限量的规定要求[11]。这一研究成果对于国内饲养条件下，合理使用马杜霉素，保证肉鸡产品质量，保障人民健康，具有较高的科学价值和实际意义。

参考文献

[1] Liu C M, et al. Culturing a strain of nocardia to produce antibiotic X-14868A[P]. U. S. Patent, 1983.

[2] Labeda D P, et al. Process for producing antibiotic X-14868A[P]. U. S. Patent, 1983.

[3] Kantor S, et al. CL259,971: a potent new polyether anticoccidial. 1. battery efficacy and safety[J]. Poultry Science, 1984, 63, 1497～1505.

[4] Donev B, et al. Tolerance of maduramicin(Cygro) in chicks[J]. Veterinaria-Sbirka, 1989, 87(6): 38～42, 14ref.

[5] Laczay P, et al. Study of the maduramicin tolerance in broilers[J]. Magyar-Allator-Vosok-Lapia,

1989,44(9):529～532.
[6] 曹玉军.鸡马杜霉素中毒[J].禽业科技,1996,12(4):40.
[7] 洪平.饲料原料要览[M].海洋出版社,1996.
[8] 沈建忠,等,马杜霉素在鸡组织中残留检测方法的研究:Ⅱ免疫亲和色谱-酶联免疫吸附法(IAC-ELISA)[J].畜牧兽医学报,1999,30(6):548～553.
[9] 中科院中生生物工程高技术公司.生化指标测定试剂盒[R],1996.
[10] 卢宗潘.家畜及实验动物生理生化参数[M].农业出版社,1983.
[11] 农业部文件,关于发布《动物性食品中兽药的最高残留限量(试行)》的通知,农(牧)字第5号[R],1994.

Study on Residue Elimination and Clinical Toxicity of Maduramicin in Chicken Tissues

Shen Jianzhong, Qian Chuanfan, Jiang Haiyang, Liu Jinfeng
(China Agricultural University, 100094)

Abstract The toxicity and residue elimination of maduramicin were evaluated by feeding AA broiler chickens with 3.0, 5.0, 7.0 and 9.0 mg/kg maduramicin in diet, respectively. 3.0～5.0 mg/kg maduramicin in feeds was safe through examination of clinical signs, weight gain, feed conversion, mortality, biochemical parameters and pathologic histological changes, but 7.0～9.0 mg/kg maduramicin level affected significantly with slow weight gain and feed conversion, high AST of serum and pathologic changes in the cardiac muscle and liver. The residue levels of maduramicin from high to low were fat, liver, kidney and muscle. At 5 mg/kg level, the concentrations of maduramicin in various tissues were below MRL after drug withdrawal of 2～3 days.

Key words Maduramicin, Broiler chicken, IAC, ELISA, Clinical toxicity, Residue elimination

(注:此文原载于《畜牧兽医学报》,2000,31(5),458－463)

A Pesticide Monitoring Program for Ground, Surface and Rainwater——First Results

F. M. Liu[1], C. F. Qian[1], S. R. Jiang[1], K. Hurle[2]

(1. Department of Applied Chemistry, China Agricultural University, Beijing 100094, China. cfqian@cau. edu. cn;

2. University of Hohenheim, Institute of Phytomedicine, Weed Science Department, D-70593 Stuttgart, Germany)

Abstract The aim of this project is to establish analytical methods for the detection of more than 30 pesticides in water and to set up a pesticide monitoring program for ground, surface, and rainwater. Two extraction methods and GC-NPD were used for sample preparation and detection respectively and verification was carried out with GC-MS. The monitoring has been done in the Beijing area. The results show that rainwater and surface water was contaminated with herbicides and insecticides. No pesticide residues were found in deep wells. In rice growing areas, surface water was mainly contaminated with butachlor and molinate, while rain water had very high concentrations of dichlorvos.

Key words Herbicides, pesticide analysis, water

INTRODUCTION

Contamination of water with pesticides has become a matter of public concern in recent years. This applies especially to ground water that is used for drinking water purposes. It is mainly herbicides that cause contamination and the concentrations can be relatively high(Table 1).

Table 1 Maximum herbicide concentrations in ground water as reported for western countries(Pico, 1994: Stan, 1995; Vighi, 1995; Zhu, 1994).

Herbicide	$\mu g \cdot L^{-1}$	Herbicide	$\mu g \cdot L^{-1}$
Alachlor	3 000	Propanil	700
Metolachlor	1 800	Picloram	490
Atrazine	1 500	Dicamba	320
Metribuzin	940	Molinate	154
Simazine	940	Trifluralin	14. 9

Many countries have established monitoring systems and put forward regulations to prevent pesticide contamination of drinking water. The US e. g. has introduced a maximum contamination level (MCL)for each pesticide, which is based on its individual toxicity(Stan, 1995). In contrast to the US the European Union follows a more general and restrictive approach. There the maximum concentration is 0. 1 $\mu g \cdot L^{-1}$ for a single pesticide. and 0. 5 $\mu g \cdot L^{-1}$ is more than one pesticide present, regardless of the toxicity of the compounds.

China is one of the world's largest pesticide producers and users. Insecticides are still most used (72%), followed by herbicides (15%) and fungicides (13%). Although the use of herbicides in China is relatively small in comparison to insecticides, they become more and more important in agricultural production. During the last ten years the most common herbicides were butachlor, 2,4-D butylate, chlortoluron, MCPA, glyphosate, atrazine, trifluralin, acetochlor, molinate, paraquat and nitrofen. The latter is now not anymore available. These ten compounds comprised 72% of the total Chinese herbicide production in 1999 (Shu 1999). Much attention should be paid to their contamination of ground and surface water since herbicides are early applied in the season and hence much of it gets on the soil surface and is exposed to leaching and runoff.

Beijing is one of the big cities with severe water-shortage. The mean annual available water resource is 4.333 billion m^3 of which 2/3 are ground water and 1/3 surface water. The per capita water resource of Beijing is only 1/8 of the national average, and far below of the international average.

Despite pesticide use is increasing, safety and environmental aspects are not considered adequately. One main requirement is to establish an environmental monitoring system for ground and surface water in order to protect water quality for people and ecology. In China only a few studies have focused on pesticide residue analysis of water.

The aim of this project is a) to set up a monitoring system for pesticide contamination of water. Besides ground water and surface water, rainwater is included which will contribute some information about the pesticide contamination of the atmosphere, and b) to develop a pesticide multiresidue analysis for water. First results are reported.

MATERIAL AND METHODS

Monitoring program

All water sampling was done in the Beijing area. The surface water samples were taken from an irrigation canal (Jingmi Irrigation Canal) and two rivers (the Wanquan River and the Nansha River). The rainwater and ground water was collected in the Haidian District, which is located northwest of Beijing. The sampling period was from March/April until October 2000.

Surface water Jingmi Irrigation Canal: This canal provides the city of Beijing with drinking water, and is one of the city's main drinking water sources. To a lesser extent the water is also used for irrigation. The water comes from the Miyun Reservoir, about 100 km northeast of Beijing. The catchment area of the reservoir is a mountain area with little agricultural activity and pesticide use. Along the canal there is high agricultural intensity, and the crops grown are mainly rice and wheat (The People's Government of Haidian District, 1996). Samples were taken at 5 sites: at the Miyun Reservoir, and 30 km, 50 km and 70 km downstream and where the canal enters the city area of Beijing.

Branch Ⅰ: the branch is fed by the Jingmi Irrigation Canal, and provides water for the wheat, maize and rice fields. Samples have been taken at the Dongbeiwang experimental field, about 5 km from the main canal.

Branch Ⅱ: the branch is also fed by the Jingmi Irrigation Canal, and provides water mainly for the rice fields. Samples have been taken at the Tun dian Village, about 5 km from the main canal.

The Wanquan River and the Nansha River: Both rivers are in the Haidian District. In this area rice is dominating(about 4 400 ha) but also wheat, corn and vegetables are cultivated. The Wanquan River is relatively small and only 8.5 km long. At this river there was one sampling site halfway. The Nansha River, which is 21 km long, flows through the main rice growing area, and ends in the Shahe Reservoir (The People's Government of Haidian District 1996). The three sampling sites were every 5 km downstream, and started at Daoxiang Lake, which is the origin of the river.

At all sites sampling was done at least once a month. The samples were taken with a bucket from a bridge and transferred to brown glass bottles.

Rainwater There were seven sampling sites: one in a village (Dongbeiwang), two in the city of Beijing[Campus of China Agricultural University(city Ⅰ) and Xiaojiahe(city Ⅱ)], two in agricultural fields[Dongbeiwang(field Ⅰ), and Shangzhuang(field Ⅱ)], two in a mountain area[Baiwang mountain (mountain Ⅰ) and Miyun(mountain Ⅱ)]. Rain was sampled with 50 cm(diam.) permanently open collectors(material: steel) into brown 2 L glass bottles. With this type of collector wet and dry deposition is sampled. Samples were taken after every rain.

Ground water Ground water was pumped from two wells, both 100 m deep: One at the Dongbeiwang experimental field where the water is used for irrigation. The other well was in the Shangzhuang village, where the water is used as drinking water. Samples were taken once a month.

If any possible all the surface, rain and ground water samples were analyzed right after sampling or stored in glass bottles in a dark and cool room, not longer than one week.

Pesticide analysis

Materials and instruments The pesticides used mainly in agriculture in the Beijing area were analyzed. These were 12 herbicides, 16 insecticides, and 3 fungicides: Acetochlor, alachlor, atrazine, butachlor, carbaryl, carbofuran, chlorothalonil, chlorpyrifos, desethylatrazine, dichlorvos, dimethoate, diuron, ethoprophos, isofenphosmethyl, isoproturon, malathion, methamidophos, metolachlor, metribuzin, metsulfuronmethyl, molinate, monocrotophos, omethoate, paclobutrazol, parathion, parathionmethyl, pendimethalin, pirimicarb, propoxur, simazine, triadimefon. All compounds were of analytical or technical grade, and obtained from ICAMA (Institute for the Control of Agrochemicals, Ministry of Agriculture, China). All reagents were of analytical grade: dichloromethane(redistilled), ethyl acetate, acetonitrile, hexane, acetone, sodium chloride, anhydrous sodium sulfate. Buffer solution for pH adjustment: weigh 34 g of potassium dihydrogenphosphate to 2.5 L of distilled water; adjust to pH 6.0 with sodium hydroxide.

Solid phase extraction column: Isolute® ENV+ and vacuum extraction tool: Lichrolut™ Vacuum manifold, Merck Co.; vacuum evaporator; gas chromatograph(GC) and mass spectrometer(MS): Varian 3 800 GC equipped with a nitrogen-phosphorous detector(NPD); Hewlett Packard HP-5973 GC-MS.

Liquid-liquid extraction(LLE) Divide 2 000 mL of water sample into four 1 000 mL separatory funnel. Add 50 g of sodium chloride and 25 mL of buffer solution to each funnel. Extract the water with 50, 50, 30 mL of dichloromethane. Collect all dichloromethane extract, dehydrate with anhydrous sodium sulfate, concentrate to 0.5 mL under 40℃, and then dry with cool wind. Dissolve it with 1 mL of ethyl acetate; the extract is ready for GC-NPD and GC-MS determination.

Solid phase extraction(SPE) Adjust pH of water sample to 6.5~7.5 and activate the SPE column with 2%~3% acetonitrile. Wash the column with n-hexane, acetone and distilled water respectively, and then extract the water sample. When the water sample is through the column, dry it with airflow. Elute the column with acetone and n-hexane. Concentrate the combined eluate less than 1 mL(<40℃), then adjust to 1 mL with ethyl acetate; the solution is ready for GC-NPD and GC-MS(Liu, 2000).

Operating conditions of GC-NPD OV-101 capillary column(25 m×0.25 mm); injection volume: 1 μL; split ratio: 30 : 1. column temp. program: 110℃ keep 1 min, raise to 140℃ at 10℃/min, raise to 190℃ at 3℃/min, then raise to 205℃ at 5℃/min, keep 10 min; injection temp.: 230℃; detector temp: 300℃; carrier gas helium: 18 psi, make-up gas(nitrogen): 25 mL/min, hydrogen: 4.0 mL/min, air: 175 mL/min.

Operating conditions of GC-MSD HP-5 capillary column; injection volume: 1 μL; splitless injection, split ratio is 30 : 1; column temp. program: 80℃ keep 1 min, raise to 140℃ at 15℃/min, raise to 220℃ at 5℃/min, keep 20 min; injector temp.: 260℃; constant column flow(He): 1.2 mL/min.

GC-MSD was used for verification of GC results.

RESULTS AND DISCUSSION

Pesticides analysis

Except for diuron, isoproturon, methamidophos, monocrotophos, omethoate and propoxur, all compounds could be analyzed by GC-NPD. The recovery from fortified water samples (0.1 and 10 $\mu g \cdot L^{-1}$) with LLE and SPE was between 70% and 110%. The efficacy of LLE and SPE was similar. However, SPE is superior to LLE since it needs less solvent and is less time-consuming(Conaway, 1991). Therefore for all water samples the SPE procedure was used. For most of the GC results additionally GC-MS measurements were carried out for verification.

Monitoring program

Surface water Out of the 113 surface water samples 11% were contaminated with pesticide residues. The compounds detected were three herbicides: butachlor, metolachlor and molinate, and three insecticides: chlorpyrifos, diazinon and dichlorvos. As Table 2-4 show, herbicides were dominating. The concentrations were similar for herbicides and insecticides and were in the range of $<0.1\ \mu g \cdot L^{-1}$ to $5.1\ \mu g \cdot L^{-1}$.

No pesticides were detected in the main Jingmi Irrigation Canal (Table 2) although it flows through an intensively used agricultural area. It seems that the official regulations to prevent contamination of this canal are very effective. One of the two branches(Ⅰ)was contaminated with dichlorvos but only at the end of August, while the other(Ⅱ) showed significant contamination with butachlor and molinate at the end of May, and some minor residues of metolachlor, chlorpyrifos and butachlor in April, July and August. The situation is similar with the Nansha River(Table 3) and the Wanquan River(Table 4). Again butachlor and molinate were dominating, and highest concentrations occurred in May. It is quit interesting to note that the Daoxiang Lake, the origin of the Nansha River, was contaminated to a similar extent as the two sampling sites 5 and 10 km downstream. Since branch Ⅱ of the Jingmi Irrigation Canal, and the two rivers flow through rice growing areas, and butachlor as well as molinate are the predominating herbicides in rice, it is obvious that the source of contamination is chemical weed control in rice. Both compounds are applied mid May and as the results demonstrate, highest concentrations of these two chemicals occur about at the same time. It is not clear how these chemicals get into the surface water, but one may assume that it is linked up with the water management in the paddies after herbicide application. Although butachlor and molinate have a moderate persistence in soil(Ahrens, 1994). it is common knowledge that even shortlived compounds persist for a long time in water.

Table 2 Pesticides detected in the Jingmi Irrigation Canal(μg · L^{-1})

Sampling date	Main Canal	Branch Ⅰ	Branch Ⅱ
March 22	n. d.	—	—
April 5		n. d.	
April 16	—		buta<0. 1;chlo<0. 1;meto<0. 1
April 20	n. d.	n. d.	—
May 21	n. d.	—	—
May 29	—	n. d.	buta 0. 6;moli 2. 4
June 23	n. d.	—	—
July 18	n. d.	n. d.	meto<0. 1
August 21	n. d.	—	—
August 27	—	dich 0. 9	buta<0. 1

Note: buta, butachlor; chlo, chlorpyrifos; dich, dichlorvos; meto, metolachlor; moli, molinate; n. d. , not detectable; — , no sample

From the insecticides it was dichlorvos which had the highest concentrations, while the others were of minor importance. Dichlorvos is used for pest control in fruit trees in spring and late summer. It occurred at that time in branch I of the Jingmi Irrigation Canal and the Wanquan River, In both areas peaches, apples and pears are grown, and it is assumed that dichlorvos water contamination is related with the pest control measures in fruit plantations. Whether spray drift or other processes led to the contamination of these surface waters is unknown.

In none of the water samples fungicides were detected.

Table 3 Pesticides detected along the Nansha River(μg · L^{-1})

Sampling date	Daoxiang lake	5 km downstream	10 km downstream
April 16	n. d.	diaz<0. 1	—
April 20	—	—	buta 1. 4;diaz<0. 1;meto<0. 1
May 12	Buta 5. 1;moli 0. 2	diaz<0. 1	—
May 21	—	—	buta 0. 4;moli<0. 1
May 29	Buta 2. 9;moli 0. 2	diaz 0. 1;moli 0. 2	—
June 23	Moli 0. 3	moli 2. 6	—

Note: buta, butachlor; meto, metolachlor; moli, molinate; diaz, diazinon; n. d. , not detectable; — , no sample

Table 4 Pesticides detected in the Wanquan River(μg · L^{-1})

Sampling date	The Wanquan River
March 24	n. d.
April 30	dich 0. 4
May 12	n. d.
May 29	buta 1. 9;moli 0. 2
June 23	n. d.
July 18	n. d.
August 13	dich 3. 8
August 27	n. d.
September 13	n. d.

Note: buta, butachlor; dich, dichlorvos; moli, molinate; n. d. , not detectable

Rainwater During the period from March to October 75 rainwater samples were collected at various places. The results are presented in Table 5. 25%of the samples showed pesticide residues. Out of the herbicides there were atrazine, metolachlor and molinate, and of the insecticides dichlorvos and parathion. Dichlorvos was the dominating compound especially from mid July until the end of August with concentrations up to 24 $\mu g \cdot L^{-1}$. Parathion only was present in May and at a much lower level. Dichlorvos was present in the rain at all sampling sites except mountain Ⅱ. This mountain is in the same region as the Miyun Reservoir, an area with low agricultural intensity. The highest dichlorvos concentrations were found in the rainwater collected in the village and city Ⅱ. It is not clear where this insecticide in the rainwater comes from. It is assumed that these residues originate from the excessive use of dichlorvos for pest control in houses. Out of all compounds dichlorvos has the highest vapour pressure (2.1Pa, 25℃; Tomlin, 1994), and hence it may be expected in the atmosphere and consequently in rain. Whether dichlorvos in the rain collected in the field and on mountain I originates from its use in houses nearby or from agriculture, is not known. However, it seems, that non-agricultural use contributes to a great extent to the occurrence of this chemical in rainwater.

Table 5 Pesticides detected in rainwater samples($\mu g \cdot L^{-1}$)

	Field Ⅰ	Field Ⅱ	Village	City Ⅰ	City Ⅱ	Mount. Ⅰ	Mount. Ⅱ
March 14	n. d.	—	—	n. d.	n. d.	—	—
April 20	—	n. d.	—	n. d.	n. d.	n. d.	n. d.
May 9	—	n. d.	n. d.	n. d.	dich 35.7	n. d.	n. d.
May 14	para 0.2	meto 0.3	dich 1.8	n. d.	—	para 0.5	—
May 27	n. d.	—	—	n. d.	n. d.	moli<0.1	n. d.
June 24	—	—	—	atra 2.4	—	n. d.	—
July 5	—	—	atra 0.2; meto 0.9	n. d.	n. d.	n. d.	—
July 16	n. d.	n. d.	Dich 24.4	n. d.	—	n. d.	—
August 2		n. d.	n. d.	n. d.	n. d.	n. d.	n. d.
August 8	dich 3.7	—	Dich 5.8	n. d	n. d.	n. d.	—
August 12	—	dich 24.5	Dich 15.2	dich 0.5	—	n. d.	n. d.
August 22	n. d.	—	n. d.	n. d.	n. d.	dich 11.2	n. d.
August 27	—	n. d.	n. d.	dich 1.5	dich 9.5	n. d.	—
September 4	n. d.	n. d.	Moli<0.1	n. d.	n. d.	n. d.	—
October 11	dich 0.4	n. d.	n. d.	n. d.	n. d.	n. d.	n. d.

Note: atra, atrazine; meto, metolachlor; moli, molinate; para, parathion; dich, dichlovos; n. d., not detectable; —, no sample

In comparison to dichlorvos the concentrations of the herbicides were much lower. Except for a very small residue of molinate(<0.1 $\mu g \cdot L^{-1}$)in September, herbicides were only present in the rain from May to July. The reason for atrazine and metolachlor in rain is probably their use in spring and summer maize for weed control. Although their vapour pressure is rather low (0.039 mPa and 4.2 mPa, resp., at 25℃; Tomlin, 1994), it is well documented that these compounds do occur in rainwater(Oberwalder, 1992). They are applied pre-or early post-emergence, i. e. at a time when no or hardly any plants cover the soil surface. Even low wind velocities can make small soil particles onto which the compounds are adsorbed, airborne. The particles finally are washed out from the air when it is raining. As with dichlorvos it is not clear whether the contamination of rain comes from the local or from a more remote use of the compounds. However, since no pesticides were detected in the rainwater at mountain Ⅱ, it is assumed that for the compounds studied no significant long-distance transport occurs.

All compounds, which had been detected in surface water, were also present in rainwater, except for butachlor, which was the dominating compound in the rice growing areas. As with surface water, no fungicides were detected.

Ground water From the 15 ground water samples none showed pesticide contamination. Since the wells are about 100 m deep and considering the geological situation in the Beijing area, it is most probable that ground water at that depth is not recently recharged, and therefore pesticide contamination is very unlikely.

The results demonstrate clearly, that pesticides used in the investigated area do contaminate surface water and rainwater. The analytical methods proved to be adequate for such a monitoring program. These first results should help to focus on the general problem of the agricultural use of pesticides and the undesirable contamination of the environment. Although the data presented are limited, they should be a signal for agriculture to minimize this pollution, and develop adequate strategies in order to have a satisfactory but also environmentally safe crop protection.

ACKNOWLEDGEMENTS

The investigation was carried out in the framework of the Sino-German project "Environmental acceptable and sustainable agriculture on high production and productivity level in the North Chinese Plain". Sponsoring agency: Ministry of education, science, research and technology (BMBF), Federal Republic of Germany and NKBRSF, P. R. China, No. G 1999—045706.

LITERATURE CITED

Ahrens, W. H. 1994. Herbicide handbook (seventh edition). Weed Science Society of America, USA. 41-43, 205-206.

Conaway, J. E. 1991. New trends in analytical technology and methods for pesticide residue analysis. J. Assoc. Off. Anal. Chem., 74(5): 715-717.

Liu, F. M. et al. 2000. Solid phase extraction of 12 pesticides in water and GC-MS analysis. Acta of Pesticide Science (in Chinese), 2(2): 89-93.

Oberwalder, C. et al. 1992. Vorkommen von pflanzeschutzmitteln im Niederschlag Baden-Württembergs. Z. PflKrankh. PflSchutz. Sonderh. XIII, 363-376

Pico, Y. et al. 1994. Monitoring of pesticide levels in natural waters of the Valencia community (Spain). Bull. Environ. Contam. Toxicol., 53: 230-237.

Shu, F. 1999. Trend of pesticide requirement in China in 1999. Pestic. Sci. and Administration (in Chinese), 20(1): 39-40

Stan, H,-J. 1995. Analysis of pesticides in ground and surface water 1. Printed in Germany, 23-25, 36-40, 80-81, 102-107.

The People's Government of Haidian District, 1996. The Place name records of Haidian District of Beijing. Beijing topographic planning and research institute (in Chinese). Tomlin, L. 1994. The Pesticide Manual. British Crop Protection Council. 1341pp.

Vighi, M. et al. 1995. Pesticide Risk in Groundwater, by CRC Press. Inc.

Zhu, Z. L. 1994. Rational application of pesticides, prevention of ground water contamination. Pestic. Sci. and Administration (in Chinese), 3: 34-37.

(注：此文原载于 The Proc. of the 18th Asi an-Pacific Weed sci, soc, conf, 2001, May 28-June 2, Beijing, China, 682-689)

Observations of Pesticides in the Beijing Area (Air, Rain and Surface Water)

U. Deuerlein[1], F. M. Liu[2], C. F. Qian[2], S. R. Jiang[2], K. Hurle[1]

(1. University of Hohenheim, Institute of Phytomedicine, Weed Science Department, 70593 Stuttgart, Germany, email: deuerlei@uni-hohenheim. de;

2. China Agricultural University, Department of Applied Chemistry, Beijing 100094, P. R. China)

1. Aims

China is one of the world's largest pesticide producers and users. Pesticide used in China is increasing. but safety and environmental aspects are not considered adequately so far.

The aims of the investigations presented here were to establish a monitoring program for surface, ground, rainwater and air, to contribute data about pesticide occurrence in the environment.

For air monitoring a newly developed passive sampler was tested.

2. Methodology

2.1 Monitoring program-sampling sites

All water sampling was done in the Beijing area, in the year 2001.

2.1.1 Surface water

Jingmi Irrigation Canal: This canal provides the city of Beijing with drinking water, and is one of the city's main drinking water sources. To a lesser extent the water is also used for irrigation. The water comes from the Miyun Reservoir, about 100 km northeast of Beijing. The catchment area of the reservoir is a mountain area with little agricultural activity and pesticide use. Along the canal there is high agricultural intensity, and the crops grown are mainiy rice and wheat (The People's Government of Haidian District. 1996). Samples were taken at 5 sites: at the Miyun Reservoir, and 30 km, 50 km and 70 km downstream and where the canal enters the city area of Beijing.

Branch I: the branch is fed by the Jingmi Irrigation Canal, and provides water for the wheat, maize and rice fields. Samples have been taken at the Dongbeiwang experimental fleld, about 5 km from the main canal.

Branch II: the branch is also fed by the Jingmi Irrigation Canal, and provides water mainly for the rice fields. Samples have been taken at the Tun dian Village, about 5 km from the main canal.

Wanquan River and Nansha River: Both rivers are in the Haidian District. In this area rice is dominating (about 44 km^2) but also wheat, corn and vegetables are cultivated. The Wanquan River is relatively small and only 8.5 km long. At this river there was one sampling site halfway. The Nansha River. which is 21 km long. flows through the main rice growing area, and ends in the Shahe Reservoir. The three sampling sites were every 5 km downstream, and started at Daoxiang Lake, which is the origin of the river.

At all sites sampling was done at least once a month. The samples were taken with a bucket from a bridge and transferred to brown glass bottles.

2.1.2 Rainwater

There were seven sampling sites: one in a village (Dongbeiwang), two in the city of Beijing (Campus of China Agricultural University and Xiaojiahe), two in agricultural fields (Dongbeiwang, and Shangzhuang), two in a mountain area (Baiwang mountain and Miyun mountain). Rain was sampled with 50 cm(diam.) permanently open collectors (material: steel) into brown 2 L glass bottles. With this type of collector wet and dry deposition is sampled. Samples were taken after every rain.

2.1.3 Ground water

Ground water was pumped from two wells, both 100 m deep: One at the Dongbeiwang experimental field where the water is used for irrigation. The other well was in the Shangzhuang village, where the water is used as drinking water. Samples were taken once a month.

If any possible all the surface, rain and ground water samples were analyzed right after sampling or stored in glass bottles in a dark and cool room, not longer than one week.

2.2 Air monitoring

2.2.1 Active sampling

Investigations were done in a greenhouse in Beijing near the China Agricultural university. Chlorothalonil was applied to tomato plants (500 g a. i. /ha). 90 minutes after application air sampling was started with high volume samplers (flow-rate 1.67 L/h). and passive samplers. Sampling was done daily (24 h samples) until 4 days after application. One background sample was taken the day before application.

2.2.2 Passive sampling

Besides active sampling, passive sampling was tested for its suitability for air monitoring. The tube-type sampler was made from aluminium with an inner diameter of 11 cm, a diffusion length of 2 mm and a teflon membrane as draught shield. XAD4 was used as adsorbent. The sampler is shown in Fig. 1.

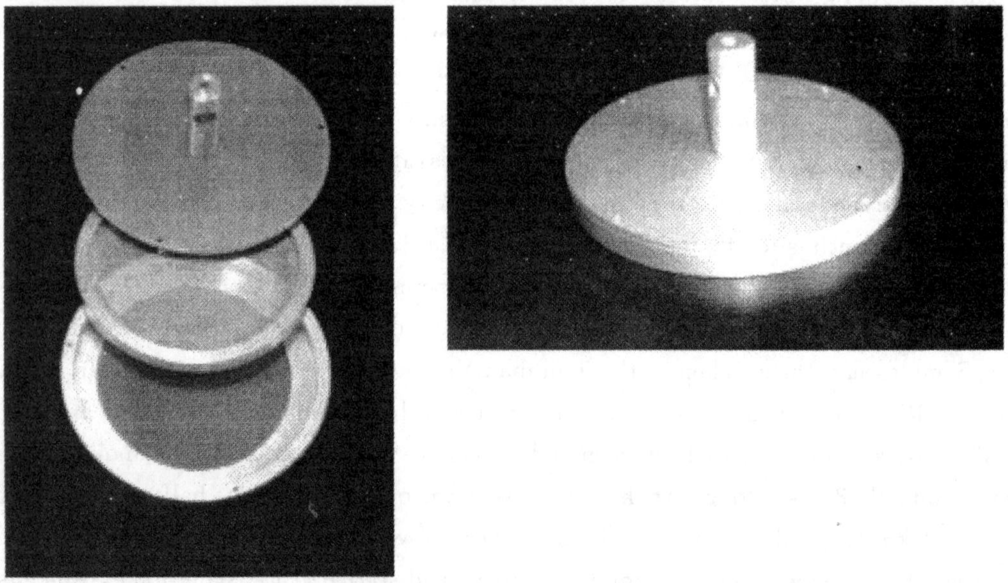

Fig. 1 Diffusive sampler-dismantled and assembled

Samples with the passive sampler were taken on day 1 (24 h), days 2+3 (48 h), days 3+4 (48 h), days 14 (96 h) and the day before application (24 h).

2.3 Pesticide analysis

2.3.1 Water samples

31 pesticides of major use in agriculture in the Beijing area were included in analysis. Water samples were extracted via liquid-liquid extraction and solid phase extraction (SPE). Extracts were concentrated and analyzed by GC-NPD and GC-MS.

2.3.2 Air samples

Polyurethane foams from active sampling and XAD4 resins were solvent extracted, concentrated and analyzed by GC-MS.

3. Results

3.1 Monitoring program-water

3.1.1 Surface water

Out of the 113 surface water samples 11% were contaminated with pesticide residues. The compounds detected were three herbicides: butachlor, metolachlor and molinate, and three insecticides: chlorpyrifos, diazinon and dichlorvos. The concentrations were similar for herbicides and insecticides and were in the range of<0.1 μg/L to 5.1 μg/L.

No pesticides were detected in the main Jingmi Irrigation Canal although it flows through an intensively used agricultural area. One of the two branches (Ⅰ) was contaminated with dichlorvos but only at the end of August, while the other (Ⅱ) showed significant contamination with butachlor and molinate at the end of May, and some minor residues of metolachlor, chlorpyrifos and butachlor in April, July and August. The situation is similar with the Nansha River and the Wanquan River.

From the insecticides it was dichlorvos which had the highest concentrations. while the others were of minor importance. It occurred at that time in branch I of the Jingmi Irrigation Canal and the Wanquan River.

In none of the water samples fungicides were detected.

3.1.2 Rainwater

During the period from March to October 75 rainwater samples were collected. From the 75 samples collected, only 4 showed pesticide residues. Out of the herbicides there were atrazine, metolachlor and molinate, and of the insecticides dichlorvos and parathion. Dichlorvos was the dominating compound especially from mid July until the end of August with concentrations up to 24 μg/L. Dichlorvos was present in the rain at all sampling sites except the Miuyun mountain. The highest dichlorvos concentrations were found in the rainwater collected in the village and Shangzhuang village. In comparison to dichlorvos the concentrations of the herbicides were much lower. Except for a very small residue of molinate (<0.1 μg/L) in September, herbicides were only present in the rain from May to July.

All compounds, which had been detected in surface water, were also present in rainwater, except for butachlor, which was the dominating compound in the rice growing areas. As with surface water, no fungicides were detected.

3.1.3 Ground water

From the 15 ground water samples none showed pesticide contamination.

3.2 Air monitoring in greenhouses

3.2.1 Active sampling

Chlorothalonil concentrations(gaseous)measured by active sampling showed a peak concentration of 2.3 $\mu g/m^3$ on the first day after application. The concentrations on the following days decreased to 0.22 $\mu g/m^3$ on day 4 after application. Chlorothalonil was also detected the day before application at a concentration of 0.14 $\mu g/m^3$.

3.2.2 Passive sampling

With passive samplers, chlorothalonil was detected on day 1 after application (24 h exposure) and days 1—4 (96 h exposure). In all other samples chlorothalonil was below the detection limit.

Chlorothalonil concentrations measured by passive sampling correlate well with the corresponding concentrations measured by active sampling. Chlorothalonil concentrations measured with two passive samplers on day 1 after application were 1.7 and 3.0 $\mu g/m^3$. The average concentration of 2.2 $\mu g/m^3$ correlates well with the concentration of 2.3 $\mu g/m^3$ determined by active sampling. This also applies to the 96 h average concentration from days 1 to 4 after application (0.70 $\mu g/m^3$: active sampling, 0.84 $\mu g/m^3$: passive sampling). All concentration data are shown in Table 1.

4 Conclusions

4.1 Monitoring program-water

Since branch Ⅱ of the Jingmi Irrigation Canal, Wanquan and Nansha River flow through rice growing areas, and butachlor as well as molinate are the predominating herbicides in rice, it is obvious that the source of their contamination is chemical weed control in rice.

It is assumed, that the occurrence of dichlorvos in branch I of the Jingmi Irrigation Canal and the Wanquan River is related with pest control measures in the fruit plantations in this area. Whether spray drift or other processes led to the contamination of these surface waters is unknown.

The reason for the rather high concentrations of dichlorvos in the rainwater of villages is not clear. It is assumed that the excessive use of dichlorvos for pest control on houses contributes to a great extent to air contamination and hence to the contamination of rainwater.

Out of all compounds dichlorvos has the highest vapour pressure, and hence it may be expected in the atmosphere and consequently in rain. Whether dichlorvos in the rain collected in the field and on mountain I originates from its use in houses nearby or from agriculture, is not known. However, it seems, that non-agricultural use contributes to a great extent to the occurrence of this chemical in rainwater.

No pesticides were detetcted in groundwater. This is most likely due to the geological situation in the area.

The results demonstrate clearly, that pesticides used in the investigated area do contaminate surface water and rainwater. These first results should help to focus on the general problem of agricultural use of pesticides and the undesirable contamination of the environment. Although the data presented are limited, they should be a signal for agriculture to minimize this pollution, and develop adequate strategies in order to have a satisfactory but also environmentally safe crop protection.

4.2 Air sampling in greenhouses

Higher concentrations of chlorothalonil could be detected with passive samplers.

The reason for the big difference in measured air concentrations between the two samples taken on the first day after application is not clear.

Due to its much lower sampling rate (8.3 L/h compared to 6000 L/h of active sampling), passive sampling needs much longer exposure times than active sampling. To determine short-time concentrations in air, the passive samplers are not adequate. However, this experiment indicates that the developed passive sampler can be used for environmental pesticide air monitoring, provided that exposure times are long enough.

5. Reference

Liu F. M., Qian C. F., Jiang S. R., Hurle K. (2001), Proceedings of the 18th Asian-Pacific Weed Science Society Conference, Beijing, China, pp. 682—689

(注：此文原载于 the Proceedings of the International Workshop. Slowly Degradable Organics in the Atomosphere Environment and Air-Sea Exchange, November 2001, Hamburg, Germany, 39—43)

Development of an Enzyme-Linked Immunosorbent Assay for the Determination of Maduramicin in Broiler Chicken Tissues

Jianzhong Shen, * Chuanfan Qian, Haiyang Jiang, Hanchun Yang
(College of Veterinary Medicine, China Agricultural University,
Beijing 100094, People's Republic of China)

Abstracts Maduramicin is one of the most widely used coccidiostats in the world. A rapid and accurate analytical method for this drug should provide producers and users with an effective management tool. The current chromatographic methods are sensitive but labor-intensive. This paper reports the development of an enzyme-linked immunosorbent assay (ELISA) based on an immunoaffinity chromatography cleanup procedure for the analysis of maduramicin in broiler chicken tissues (including muscle, liver, and fat). Recoveries from fortified tissue homogenates at levels of 30.0～120.0 μg · kg^{-1} ranged from 76.4% to 107.5% with coefficients of variation of 3.8%～16.4%. The limits of detection were 1.0 ng · g^{-1} in muscle, 2.8 ng · g^{-1} in liver, and 1.5 ng · g^{-1} in fat. The ELISA results from the analysis of incurred residue in tissue samples showed the cleanup procedure is viable.

Key words Maduramicin; residue; broiler chicken; immunoaffinity chromatography (IAC); enzyme-linked immunosorbent assay (ELISA)

INTRODUCTION

Maduramicin, discovered in the early 1980s, is a polyether ionophore, a major class of antimicrobials that have very potent broad spectrum anticoccidial activity[1] and improve feed utilization by ruminants[2]. The chemical structure is shown in Figure 1. Maduramicin is registered for use as a feed additive at concentrations of 5～6 mg · kg^{-1} to control coccidiosis in broiler chickens worldwide and has been marketed in all of the poultry-producing countries[3]. Poisoning can often occur in broilers when they are fed maduramicin above these recommended levels, and the residues in broiler tissues can also do harm to humans and animals. Because of its great toxicity and narrow margin of safety, rapid and convenient methods for monitoring maduramicin in broiler chicken tissues are needed. Maduramicin is commonly found in the form of a nonvolatile ammonium or sodium salt, making it difficult to analyze by gas chromatography. Also, because maduramicin does not possess a chromophore, it cannot be readily detected spectrophotometrically without prior derivatization. To circumvent this limitation, a high-performance liquid chromatography (HPLC) method was first developed for the analysis of ma-

* Corresponding author [telephone(8610)6289-2803; fax (8610)6246-4487; e-mail sjzwyo@public.bta.net.cn].

duramicin in feed[4]. Martinez and Shimoda[5] and Asukabe et al. [6] made fluorescent derivatives of the various polyether ionophores (including maduramicin) to detect them in liver tissue and animal feeds, respectively. Both methods required extensive sample purification prior to derivatization, and additional purification of the derivatized mixture was necessary before separation by HPLC and fluorescence detection[7-9]. Moreover, the method requires the conversion of maduramicin to a fluorescent derivative, which is very difficult because maduramicin has little ultraviolet absorbency. The dosage of maduramicin for broiler chickens is low, and the residue in tissues is lower, so separation and analysis are difficult[10].

Our group has reported the development of an enzymelinked immunosorbent assay (ELISA) without immunoaffinity chromatography (IAC) treatment for maduramicin in broiler chicken tissues[11]. Four maduramicin-conjugated antigens were synthesized according to the mixed anhydride method(MA) and the active ester method(AE), and an antibody that recognized maduramicin was pro-

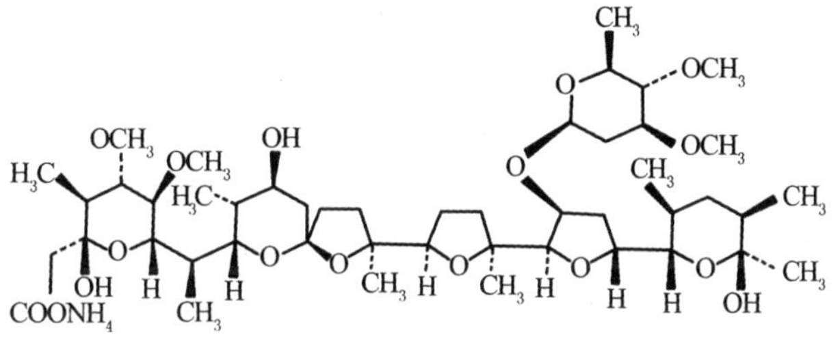

Figure 1 Molecular structure of maduramicin.

duced. The antibody exhibited little cross-reactivity with structurally similar ionophoric coccidiostats (salinomycin, monensin, lasalocid, etc). The method could detect <8.0 ng of maduramicin in a 1 g test sample. The sensitivity of our method was similar to that of Kennedy et al.'s method[12]. Buffer extracts of chicken tissues (muscle, liver, and fat), which were fortified with maduramicin at concentrations from 0.01 to 1 000 ng • mL^{-1}, were analyzed using the method. Maduramicin recovery was quantitative in this range. The purpose of this study was to further modify the sample pretreatment procedure to improve the limit of detection of the method and enhance the accuracy of the method. This paper reports our successful development of an ELISA method based on pretreatment of tissue samples cleaned up on the IAC column.

MATERIALS AND METHODS

Chemicals and Supplies. The following chemicals and supplies were purchased: ammonium or sodium salt of maduramicn (Beijing Microchemistry Institute, Beijing, PRC). *N*,*N*-dimethylformamide (DMF)(Fluka, Buchs, Switzerland), methanol (Beijing Chemical, Beijing, PRC), *N*-hydroxysuccinimide(NHS)(Merck-Schwchoridr Co.), cyanogen bromide (CNBr)-activated Sepharose 4B (Pharmacia, Uppsala, Sweden), 1-ethyl-(3-dimethylaminopropyl) carbodiimide hydrochloride(EDC)(Pierce, Rockford, IL), ethyl chloroformate (Beijing Chemical), and horseradish peroxidase-labeled goat anti-rabbit immunoglobulin G(Beijing Huamei Bio, Beijing, PRC). 1,6-Hexanediamine, bovine serum albumin, polyacrylamide gel, sodium dodecyl sulfate, and ovalbumin were from Sigma (St. Louis, MO). All other reagents were of analytical grade or better. All tissues used were obtained from broiler chickens fed with drug-free rations. The instruments used were a homogenizer, model AM-6 (Nihonseiki Kaisha, Japan), a Vortex mixer, model WH861(Taicang Biochemical Instrument, Jiangsu, PRC), a magnetic stirrer, model 79HW-1 (Recheng Electrical Equipment, Zhenjiang, PRC), a rotary evaporator, model XZ-6(Kelong Instrument, Beijing, PRC), a shaking apparatus, model SHZ-82 (Taicang Biochemical Instrument), a centrifuge, model LD4-2A(Beijing Medical Equipment, Beijing, PRC), a UV-vis spectrophotometer, model 751GW (Shanghai Analytical Instrument, Shanghai, PRC), a 96-well flat-bottom microtiter plate (Tianjin Biochemical, Tianjin, PRC), a Vmax Reader, model 5 Ⅱ (Shanghai Immune Instrument, Shanghai, PRC), and a glass column for packing immunosorbent, 10×0.17 cm i. d., with a fritted disk (porosity=40~60 fm) sealed into the bottom and a 50-mL reservoir connected to the top with ground-glass joints (Beijing Chemical).

Buffers. Phosphate-buffered solution (PBS, 0.01 mol • L^{-1}, pH 7.4~0.15 mol • L^{-1} NaCl) was prepared by dissolving 0.27 g of KH_2PO_4, 2.86 g of Na_2HPO_4, 0.2 g of KCl, and 8.8 g of NaCl in 900 mL of distilled water. This solution was adjusted to pH 7.4 with 2.0 M NaOH and diluted to 1 L with water. The coating solution was obtained by dissolving 1.59 g of Na_2CO_3 and 2.92 g of $NaHCO_3$, adjusted to pH 9.6, and diluted to 1 L with water. Blocking buffer contained PBS and 0.1%(w/v)gelatin. Washing and assay solution contained PBS and 0.01%(*V*/*V*)Tween 20 (PBST).

Maduramicin Conjugates Preparation. Maduramicin conjugated to bovine serum albumin (M-BSA) or ovalbumin (M-OVA) had been prepared in our previous study[11]. Estimation of the extent of conjugation was accomplished by determining the protein concentration by thin-layer SDS PAGE assay[13] and Bio-Rad protein assay kit[14].

Synthesis of M-C_6NH_2-Ovalbumin Conjugate (M-C_6-OVA). The synthesis was based on the method of Wong[15] and the previous paper[11]. One gram of maduramicin ammonium was dissolved in 10 mL of toluene containing 100~160 μL of triethylamine. One hundred microliters of ethyl chloroformate was diluted in 15 mL of toluene and added to the cold maduramicin solution and allowed to stir at 4℃ for 30 min. 1,6-hexanediamine (1.23 g) was dissolved in 10 mL of toluene and added. After 1.5 h of reaction at 4℃, ice-cold water was added to remove salts and clarify the toluene solution. The product was removed by anhydrous sodium sulfate and evaporated to dryness at 55℃. Maduramicin with 1,6-hexanediamine (M-C_6NH_2) was purified by silica gel column chromatography using a consistent solvent(methanol/ethyl ester/triethylamine, 80∶18∶2,*V*/*V*/*V*)as the mobile phase. The product was stored in toluene at 4℃. M-C_6NH_2 was dissolved in 1 mL of DMF and added to 30 mL of BSA or OVA solution at a 40∶1 molar ratio of ligand to protein. NHS and EDC were separately dissolved in 5 mL of PBS (pH 7.6) and added to the protein ligand mixture in sequence. The reaction solution was stirred at room temperature for 18 h. Excess reagent was removed by dialysis. This conjugate was compared to M-OVA as the coating antigen in constructing standard curves of PBST −10% methanol.

ELISA Development. The indirect competitive ELISA procedure used here was an adaptation and modification of the previously reported method[11,15]. The coating antigens (M-C_6-OVA or M-OVA) were diluted in PBS and 0.05% (*V*/*V*) Tween20 (PBST). Polystyrene 96-well microtiter plates were coated with M-C_6-OVA or M-OVA (100 μL) for 18~20 h at 4℃. The coated wells were washed four times with PBST. Blocking buffer (200 μL) was then added to the wells for 1 h at 37 ℃ and the wells were washed again. When sample analysis or standard curves were performed, antibody and maduramicin working solution or sample solution(50 μL each)were mixed for 1 h and added to the coated microwells, reacting for 1 h. After washing with PBST, horseradish peroxidase-conjugated goat anti-rabbit IgG solution was added and incubated for 1 h. Freshly prepared substrate OPD (1 : 1000 dilution with PBS, 150 μL) was added after washing with PBST to remove the unbound enzyme. The absorbance was determined at 490 nm after 2.0 mol • L^{-1} of sulfuric acid (50 μL) was added. The optimal concentrations of coating antigens and antiserum titer were obtained by the determination of indirect noncompetitive ELISA. Incubation and quantitation were the same as described above.

Antibody Preparation. The antibody was obtained by immunizing New Zealand rabbits with M-BSA in Freund's complete adjuvant and biweekly boosts with Freund's incomplete adjuvant 4 weeks after the initial immunization. The immunoglobulin G (IgG) in the antiserum was purified by ammonium sulfate precipitation and diethylaminoethylcellulose anion-exchange chromatography[16] and stored at −20 ℃.

Immunosorbent Preparation and Column Capacity Determination. Immunosorbent was prepared by coupling CNBr-activated Sepharose 4B to IgG[17]. The coupling efficiency was determined with a UV−vis spectrophotometer. The immunosorbent solution was transferred to a column (glass column, 100 mm×8 mm, G_3 or G_4 filter) for 1.0-mL bed volume. After washing with 10 mL of PBST, 5 mL of H_2O, and 5 mL of methanol in sequence, 20 mL of PBS−10% methanol solution containing 200 ng • mL^{-1} maduramicin was added to the IAC column continuously at a flow rate of 0.8～1.0 mL • min^{-1} by natural gravity. The flowing solution was collected in batch with several tubes and was determined by ELISA. The maduramicin-saturated column was washed with 10.0 mL of PBS with 10% (*V*/*V*) methanol and 5 mL of H_2O with 10% (*V*/*V*) methanol. Maduramicin was eluted with 4 mL of eluant (methanol/H_2O, 9 : 1, *V*/*V*) and detected by ELISA. The column was regenerated by washing with 5 mL of water and 10 mL of PBS and stored in PBS−0.02% sodium azide at 4℃. The column capacity was determined and calculated according to the method developed by Davis et al. [18].

Sample Extraction/IAC Cleanup. Tissue sample (muscle, liver, or fat, 6.0 g each) was transferred to a tube, and 10 mL of methanol was added. The mixture was homogenized for 30 s and transferred to a 100-mL graduated polypropylene centrifuge tube. After methanol was added to a total volume of 60 mL and 30 min of shaking, the mixture was frozen at −20 ℃ overnight and centrifuged to remove fat drops. The supernatant was evaporated with a rotary evaporator in a vacuum at 55 ℃. To the remaining residue was added 20 mL of PBS−10% methanol, and this was subjected to the IAC cleanup procedure. The steps for adsorption, washing, and elution were the same as described under Immunosorbent Preparation and Column Capacity Determination. To the collected solution was added PBST to a volume of 20 mL, which was used directly in ELISA.

Calibration Curves and Fortification. The standard calibration curves of sample matrices without and with IAC treatment and of PBST−10% methanol for maduramicin, using M-C_6-OVA (1.25 μg • mL^{-1}) as the coating antigen. covered a concentration range of 0～10^3 ng • mL^{-1}. Antibody was diluted 1 : 1600 with PBS (optimal dilution). Absorbance at 490 nm was inversely proportional to the concentration of maduramicin in the standards and samples. Absorbance values were normalized by dividing by the absorbance value of a negative control (0 ng • mL^{-1} maduramicin). The normalized absorbance values (B/B_0) of the maduramicin standards were plotted against the values of the maduramicin concentration. Blank tissue samples were fortified with maduramicin at 30.0, 60.0, and 120.0 μg • kg^{-1} and mixed thoroughly. After 10～15 min, the samples were extracted, cleaned up, and determined as described earlier.

Maduramicin Feeding Study. One-day-old AA broiler chickens (mean weight ± SD = 40.5 ± 2.1 g) were randomly assigned to three treatment groups of 48 birds each. Throughout the experiment. the birds were supplied with water and an unmedicated diet that contained levels of critical nutrients recommended by the National Research Council(1984)(control diet)ad libitum. One of the treatment groups was given only the control diet(no-dose group). The other treatment group was fed the same control diet with the addition of the recommended dose of ammonium maduramicin (5.0 mg of ammonium maduramicin/kg of feed, 5.0 mg · kg^{-1} group). The birds in each group were treated for 42 days. On day 43, five chickens from each of both treatment groups were killed by cervical dislocation, and their muscles. livers, and fat were immediately removed and frozen at −70 ℃ until processed. The remaining birds in each of the treatment groups were immediately given control feed and sacrificed 72 and 120 h later(5 birds/group/time period). The birds were handled as described previously.

Determination of Maduramicin in Broiler Chicken Tissues from the Incurred Residue Study by ELISA. Each set of samples consisted of a kind of tissue(muscle. liver, or fat)obtained from one bird from each treatment group per withdrawal time and a control tissue sample spiked to 1.0 μg · kg^{-1}. One complete set of samples was analyzed at a time, and five complete sets were evaluated. Tissues were thawed at room temperature, homogenized, and stored at 4℃ prior to analysis. Tissue extracts were subjected to IAC cleanup procedure for ELISA as described above. The maduramicin concentrations were calculated by using the standard curve made in PBST−10% methanol and M-C_6-OVA.

RESULTS AND DISCUSSION

Maduramicin Conjugates Preparation. Maduramicin ammonium salt is an organic molecule with a molecular weight of 934.14. Because of its small size, it was conjugated to the carrier protein BSA to make it an immunogen. This M-BSA was one of the maduramicin conjugates that had been prepared in a previous study[11] and was used(to immunize New Zealand rabbits. The M-OVA was compared to thc coating antigen of M-C_6-OVA in constructing a maduramicin standard curve of the PBST−10% methanol matrix. The molecular weight of the protein can be determined by thin-layer SDS-PAGE assay, and the numbers of maduramicin linking to BSA or OVA were calculated by comparison of the molecular weights of the protein before and after conjugation. A Bio-Rad protein assay kit was used to determine the amount of free amino in BSA or OVA, so the binding ratio of maduramicin to protein was obtained by comparing the total free amino to the rest after conjugation. The results of both methods were similar. M-BSA and M-OVA conjugates were determined and calculated to contain 8.6 and 10.8 mol of protein, respectively, and M-C_6-OVA contained 10.3 mol.

Importance of Coating Antigen. The two coating antigens(M-C_6-OVA and M-OVA) were used to construct standard curves, and the results are shown in Figure 2. Compared to the M-C_6-OVA curve, the M-OVA curve is shallow, and the displacement of antibody binding to M-OVA cannot be accomplished completely by maduramicin. However, the standard curve using M-C_6-OVA as coating antigen has a linear response to maduramicin concentrations (1～100 ng · mL^{-1}). It was found that using a six-carbon bridge between maduramicin and the coating protein was sufficient to generate a linear dose response to maduramicin and to improve the specificity and sensitivity of the ELISA.

IAC Columns. The coupling efficiency of antibody IgG to CNBr-activated Sepharose 4B, calculated by the following equation, was nearly 99.5%, which resulted in the immunosorbent with IgG loading of 5 mg · mL^{-1} gel.

$$Z = \frac{A-B}{A} \times 100\%$$

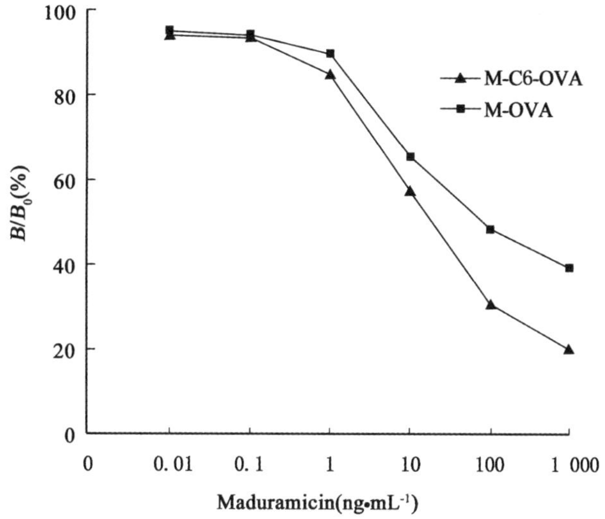

Figure 2 Comparison of maduramicin standard curves, made in PBST—10% methanol and the coating antigens M-C_6-OVA (1.25 μg · mL^{-1}) and M-OVA (1.25 μg · mL^{-1}), respectively, after B/B_0 transformation of OD readings (490 nm). In the range of 1~100 ng · mL^{-1}, the standard curve of M-C_6-OVA has a linear response to maduramicin concentration.

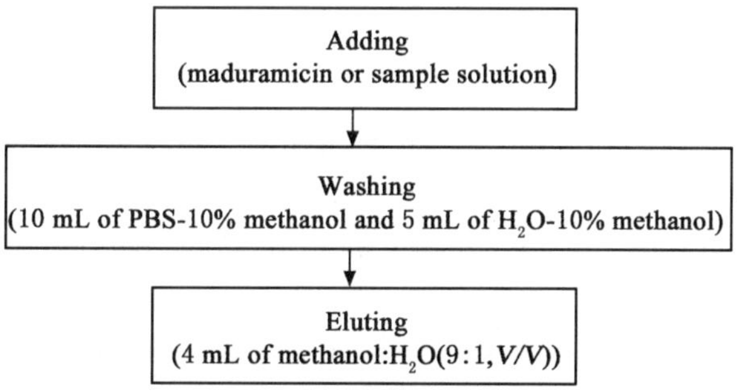

Figure 3 IAC cleanup procedure.

Z is the coupling efficiency, A is the total of IgG, and B is the amount of uncoupled IgG.

The dynamic column capacity was 3750 ng of maduramicin mL^{-1} of gel, and the specific column capacity was 469 ng · mg^{-1} of immobilized IgG. Preparation of IAC columns with high capacity could be achieved by selecting purified antibody with high titer or improving the displacement level of antibody. The latter, however, would decrease the specific column capacity[19]. The results confirmed high-titer antibody not only improved dynamic column capacity but also increased specific column capacity. Thus, high capacity could reduce eluant volume and improve the concentration of drug in the eluate in the IAC cleanup procedure shown in Figure 3.

Table 1 Parameters of Maduramicin ELISA Standard Curves of Different Matrices

parameter	PBST-10%	tissue samples without IAC treatment			tissue samples with IAC treatment		
	methanol	muscle	liver	fat	muscle	liver	fat
I_{50}^{a}	32.3	44.2	60.0	47.3	33.3	35.3	37.1
slope	2.20	1.95	1.80	1.75	2.20	1.95	1.95

[a] I_{50} is the concentration of 50% inhibition(ng · mL^{-1}) to antigenantibody conjugation.

Table 2 Recoveries of Maduramicin in Fortified Tissue Samples

sample	added($\mu g \cdot kg^{-1}$)	recovery[a](%)	CV(%)
muscle	30.0	79.0±10.0	17.2
	60.0	89.2±5.7	6.4
	120.0	107.5±8.3	7.8
liver	30.0	76.4±12.0	16.4
	60.0	89.2±4.8	5.4
	120.0	88.9±3.9	3.8
fat	30.0	82.0±10.0	12.2
	60.0	90.7±4.8	5.3
	120.0	88.3±5.6	6.3

[a] Values are mean±standard derivation, $n=4$.

Extraction and Cleanup. Methanol was used for extraction, not only because it can extract maduramicin from tissues quantitatively and precipitate protein well but also because this extract can easily be subjected to the IAC cleanup procedure. Maduramicin has extremely low water solubility. Therefore, PBST(or water)-methanol was used throughout the cleanup procedure to increase the solubility of maduramicin in aqueous media and reduce the adsorption of maduramicin on glassware. Prewetting glassware(especially the reservoirs of IAC columns) with a few milliliters of methanol can improve the recoveries of maduramicin. Methanol is usually used in eluting haptens from immunosorbent during the IAC cleanup procedure, and maduramicin can be completely eluted from a maduramicin-saturated column of 1-mL bed volume with only 4 mL of methanol. Thus, only one solvent was used in the preparation of the sample, which simplified the extracting and eluting procedures. Through theoretical calculation and experimental confirmation, 3 mL of eluant was enough for the cleanup of maduramicin, but due to many conditions in practical operation, 4 mL of eluant was used for washing IAC columns.

Determination and Fortification. The standard calibration curves of sample matrices without and with IAC treatment and PBST—10% methanol for maduramicin were linear in the concentration range of 1～100 ng • mL^{-1}. The parameters of these standard curves shown in Table 1. The earlier-reported ELISA[11] without the IAC treatment did not work well in the analysis of maduramicin in broiler chicken tissues because of matrix interference. At the same maduramicin standard concentration in the range of 1～100 ng • mL^{-1}, the B/B_0 value gained by ELISA[11] without. IAC treatment was ～5% higher than that gained by ELISA with IAC treatment. On the other hand, the conjugation of maduramicin with antibody was obviously influenced by matrix interference, and the sensitivity and accuracy were reduced. The IAC columns were prepared in the present paper. The curves based on matrices of purified tissue extracts showed no interference existed after the IAC cleanup procedure. Therefore, the recoveries were calculated according to the standard curve of PBST10% methanol using M—C_R—OVA while determining residue in tissues.

The results of fortification studies are shown in Table 2. Fortified at different levels, recoveries of maduramicin were 76.4%～107.5%, with coefficients of variation (CVs) of 3.8%～16.4%. The limits of detection, defined as the lowest concentration that can be determined to be statistically different from a blank, were 3.5 ng • g^{-1} in muscle, 8.0 ng • g^{-1} in liver, and 5.0 ng • g^{-1} in fat[11]. In this study the limits of detection were 1.0 ng • g^{-1} in muscle, 2.8 ng • g^{-1} in liver, and 1.5 ng • g^{-1}

in fat.

Table 3. ELISA Analysis of Maduramicin in Chicken Tissues from an Incurred Residue Study(μg · g^{-1})

treatment	tissue	0 h	72 h	120 h
no dose	muscle	—[a]	—	—
	liver	—	—	—
	fat	—	—	—
5.0 mg · kg^{-1}	muscle	0.27	0.042	—
	liver	1.08	0.095	—
	fat	1.12	0.19	0.05

[a] Below limits of detection: 1.0 ng · g^{-1} in muscle, 2.8 ng · g^{-1} in liver, and 1.5 ng · g^{-1} in fat, $n=5$.

Determination of Maduramicin in Chicken Tissues from the Incurred Residue Study. A positive control spiked tissue sample (1.0 μg · kg^{-1}) was used and analyzed in parallel with each set of incurred residue samples to verify efficient maduramicin recovery and detection. The mean recovery of maduramicin from these samples was 90.5%(CV=7.2%, $n=5$), which indicated nearly quantitative recovery under these conditions.

Table 3 is a summary of the results from the incurred residue study. To include all of the data in the analysis, sample determinations that were below the method's limit of detection were designated zero. The incurred residue data obtained by using the ELISA method with IAC treatment provide information concerning the disappearance of maduramicin from tissues. Residues are present immediately following withdrawal from medicated feed and are below the limits of maduramicin residues(muscle, 0.24 mg · kg^{-1}; liver, 0.72 mg · kg^{-1}; and fat, 0.48 mg · kg^{-1}) after 48 h approved by the China Ministry of Agriculture.

Conclusions. High recovery and sensitivity were due to the specificity of the IAC columns. The above analytical results of recovery were consistent with those determined by ELISA without a cleanup procedure. However, the latter method, in which the recovery of each tissue sample can be determined only by using the standard curve based on homologous tissue extract, was disturbed by matrix interferences and was inconvenient and unfit for practical determination. In this method, the recovery of maduramicin in various tissues can be determined on the basis of a PBST−10% standard curve due to the IAC cleanup procedure. The method is one of the simplest methods for determining maduramicin residue in broiler chicken tissues yet reported, with only one chromatographic separation step involved in the cleanup procedure. The ELISA results from the analysis of incurred residue in tissue samples showed the cleanup procedure is viable. This method is sensitive and reliable enough for determining maduramicin in various tissues.

This work demonstrates the high specificity of an antibody-mediated cleanup(AMC)procedure. It is certain that AMCs, such as the IAC cleanup, can simplify the preparation of samples and improve analytical quality. However, it is also shown that AMCs cannot always or completely eliminate matrix interference of samples. In the analysis of pesticide/drug residues in biological samples, even small nonspecific adsorption would have significant or deleterious effects on analytical performances, such as the limit of detection and selectivity. Suitable coupling and washing steps are the key to a well-designed IAC cleanup procedure.

ABBREVIATIONS USED

ELISA, enzyme-linked immunosorbent assay; IAC, immunoaffinity chromatography; HPLC, high-performance liquid chromatography; DMF, dimethylformamide; NHS, *N*-hydroxysuccinimide; EDC, 1-ethyl-(3-dimethylaminopropyl) carbodiimide; OVA, ovalbumin; BSA, bovine serum albumin; M-OVA, maduramicin-conjugated ovalbumin; M-BSA, maduramicin-conjugated bovine serum albumin; M-C_6-OVA. maduramicin with 1,6-hexanediamine-conjugated ovalbumin; AMC, antibody-mediated cleanup.

ACKNOWLEDGMENT

We thank Prof. Zhu Beilei and Dr. Li Junsuo, Department of Pharmacology and Toxicology, College of Veterinary Medicine, China Agricultural University, for providing technical information and valuable contributions to the completion of this project. We also thank Hou Xiaolin for synthesizing antigens and Liu Jinfeng for preparing test materials.

LITERATURE CITED

[1] Kantor, S.; Schenkel, R. H. CL259, 971: a potent new polyether anticoccidial. I. Battery efficacy and safety. *Poult. Sci.* 1984. 63,1497—1505.

[2] Pressman, B. C.; Fahim, M. Biological application of ionophores. *Annu. Rev. Biochem.* 1976, 45, 501—530.

[3] McDougald, L. R. Control of coccidiosis: chemotherapy. In *Coccidiosis of Man and Domestic Animals*; Long, P. E., Ed.; CRC Press: Boca Raton, FL, 1990; pp 307—320.

[4] Johnson, N. A. Determination of maduramicin by liquid chromatography with atomic absorption spectrometric detection. *J. Assoc Off. Anal. Chem.* 1989, 72(2),235—237.

[5] Martinez, E. E.; Shimoda, W. Liquid chromatographic determination of multiresidue fluorescent derivatives of ionophore compounds monesin, salinomycin, narasin, and lasalocid, in beef liver tissuc. *J. Assoc. Off. Anal. Chem.* 1986,69,637—641.

[6] Asukabe, H.; Murata, H.; Harada, K.; Suzuki, M.; Oka, H.; Ikai, Y. Improvement of chemical analysis of antibiotics. 21. Simultaneous determination of three polyether antibiotics in feeds using high-performance liquid chromatography with fluorescence detection. *J. Agric. Food Chem* 1994, 42, 112—117.

[7] Goras, J. T.; LaCourse, W. R. Liquid chromatographic determination of sodium salinomycin in feeds, with postcolumn reaction. *J. Assoc. Off. Anal. Chem.* 1984,67,701—706.

[8] Blanchflower, W. J.; Rice, D. A.; Hamilton, J. T. G. Simultaneous high-performance liquid chromatographic determination of monesin, narasin, and salinomycin in feeds using post-column derivatisation. *Analyst* 1985,110, 1283—1287.

[9] Lapointe, M. R.; Cohen, H. High-speed liquid chromatographic determination of monesin, narasin, and salinomycin in feeds, using post-column derivatization. *J. Assoc. Off. Anal. Chem.* 1988, 480—484.

[10] Pressman, B. C.; Fahim. M. Pharmacology and toxicology of the monovalent carboxylic ionophores. *Annu. Rev. Pharmacol. Toxicol.* 1982, 71, 480—484.

[11] Shen Jianzhong; Qian Chuanfan; Yang Hanchun; Jiang Haiyang. Study on residue determination of maduramicin in chicken tissues I. Enzyme-linked immunosorbent assay. *Acta Vet. Zootech. Sin* 1999, 30(2), 172—179.

[12] Kennedy, D. G.; Blanchflower, W. J.; O'Dornan, B. C. Development of an ELISA for maduramicin and determination of the depletion kinetics of maduramicin residues in poultry. *Food Addit. Contam.* 1997. 14(1), 27—33.

[13] Guo Yaojun. Laboratory consideration and newest development of SDS electrophoresis technique. *Prog. Biochem. Biophys.* 1991, 18(1), 32—37.

[14] Jin Sheng; Zhou Huanfang; Chang Wenbao; Ci Yunxiang; Guo Zhenquan. Determination of estradiol in serum by enzyme-linked immunosorbent assay. *Chinese J. Anal. Chem.* 1994, 22(2), 115—120.

[15] Wong, R. B. An enzyme-linked immunosorbent assay (ELISA) for maduramicin in poultry feed. *ACS Symp. Ser.* 1990. No. 442, 211—220.

[16] Zhou Shunwu. *Laboratory Technique in Biochemistry*; Publishing House of Beijing Agricultural University: Beijing, China. 1994; pp 10—20.

[17] Dean, D. D. G.; Johnson, W. S.; Middle, F. A. *Affinity Chromatography: A Practical Approach*; IRL Press: Oxford, U. K., 1985; pp 31—33.

[18] Davis, G. C.; Hein, M. B.; Chapman, D. A. Evaluation of immunosorbents for the analysis of small molecules: isolation and purification of cytokinins. *J. Chromatogr.* 1986. 366, 171—189.

[19] Nordlander, I.; Johnsson, H. Determination of ivermectin residues in swine tissues-an improved cleanup procedure using solid-phase extraction. *Food Addit. Contam.* 1990. 7(1), 79—82.

Received for review December 27, 2000. Revised manuscript received March 20, 2001. Accepted March 20, 2001.

(注：此文原载于 J Agric. Food chem, 2001, 49(6), 2697-2701)

紫外线对 Bt 伴孢晶体的损伤和腐殖酸的保护作用

王文军　钱传范　申继忠　程雪梅
（中国农业大学应用化学系，北京　100094）

摘要　用 SDS－PAGE 电泳分析和生物测定等方法研究了紫外线对苏云金芽孢杆菌（*Bacillus thuringiensis*，简称 Bt）伴孢晶体的损伤及腐殖酸对 Bt 伴孢晶体的保护作用。结果表明，紫外线对 Bt 伴孢晶体有明显的损伤，伴孢晶体经紫外线辐射 3 h 后溶解性能及生物活性基本丧失。腐殖酸对紫外线有较强的吸收作用，能有效地减轻紫外线对 Bt 伴孢晶体的损伤。

关键词　苏云金芽孢杆菌伴孢晶体，紫外线，腐殖酸

Bt 是世界上应用最为广泛的一类微生物农药，其杀虫物质主要是伴孢晶体。阳光中的紫外线能迅速地使 Bt 伴孢晶体失活，它是造成 Bt 制剂田间防效差的首要原因[1,2]，喷洒于田间的 Bt 制剂经过 2～3 d 的日光照射，其生物活性基本丧失[3]。此外，活性氧在自然界广泛存在，研究表明，羟自由基（·OH）、H_2O_2 等也能损伤 Bt 伴孢晶体，导致其生物活性的下降或丧失[4]。由此推测，对紫外线有较强的吸收作用，又能清除活性氧的物质，将能有效地保护 Bt 伴孢晶体。

腐殖酸是一类易溶于水的天然高分子化合物，对环境无污染，对人和有益生物安全，对紫外线有很强的吸收作用，并能清除·OH 等活性氧自由基[5]，其可能对 Bt 伴孢晶体有较强的保护作用。

1　材料与方法

1.1　腐殖酸的光学性质、菌体培养与伴孢晶体的提纯

用分光光度计（Shimadzu Spectrophotometer UV-120-20）测定腐殖酸水溶液（浓度为 0.005%）的紫外吸收光谱。菌体培养与伴孢晶体的提纯同参考文献 4。

1.2　紫外线处理

准确移取定量的 Bt 伴孢晶体水悬浮液到培养皿（ϕ4 cm）中，一组加入腐殖酸，用去离子水调节使腐殖酸的终浓度为 0.1%或 0.05%，另一组改加同量的去离子水，摇匀，然后置紫外灯（30 W，高度 30 cm）下照射，保湿并经常振摇，在规定时间取出进行 SDS-PAGE 电泳和生物测定。

1.3　棉铃虫幼虫肠道酶液的制备[6]

取 5 龄棉铃虫幼虫的围食膜及内含物，加 0.075 mol/L Tris-HCl 缓冲液（含 5%的 β-巯基乙醇，pH9.5），冰盐浴研磨，高速冷冻离心，上清液即为酶液。酶液现制现用。

1.4　SDS-PAGE 电泳分析

1.4.1　样品处理

将经紫外线处理的样品转移到小离心管中，离心、水洗，去除腐殖酸后，加入定量的 0.075 mol/L Tris-HCl 缓冲液，并加入 SDS 和甘油使其终浓度分别为 2%和 10%（碱解）或加入棉铃虫幼虫肠道酶液，在 37℃下振荡 2 h 后，再加入 SDS 和甘油（酶解），然后将样品于沸水浴中振摇 5 min，离心，取上清液进行 SDS-PAGE 电泳。

1.4.2　SDS-PAGE 电泳

电泳胶片制作参照 Laemmli 方法[7]。浓缩胶浓度为 5%，分离胶浓度为 9%，用考马斯亮蓝 R-250

染色。

1.5 薄层扫描测定

将脱色后的胶片置于 CS-920 薄层扫描仪上进行扫描，扫描波长为 605 nm。记录伴孢晶体碱溶产生的 135 kD 和 65 kD 及酶解产物(<65 kD)相应谱带的面积，计算其相对残留量，用 OQR(%)值(The Percentage of Original Quantity Remaining)表示。

$$\text{OQR}(\%)=\frac{\text{处理后所得原毒素蛋白(或毒性肽)带的面积}}{\text{处理前所得原毒素蛋白(或毒性肽)带的面积}}\times 100$$

1.6 生物测定

将经紫外线处理的样品用定量的磷酸缓冲液转移到 50 g 混合饲料中，充分搅拌，搅匀后立即倒入培养皿中，待冷却后切成小块，装入 24 孔培养盘中，每孔接棉铃虫 2 龄幼虫 1 头，用塑料薄膜封口，然后置 30℃培养箱中培养 48 h 或 72 h，统计死亡率，计算伴孢晶体的残留生物活性，用 OAR(%)值(The Percentage of Original Activity Remaining)表示。

$$\text{OAR}=\frac{\text{处理后的校正死亡率}}{\text{处理前的校正死亡率}}\times 100$$

2 结果与分析

2.1 腐殖酸的光学性质

腐殖酸是一类极其复杂的富含羰基、醌基等生色团和多种助色团的混合物[8]，对紫外线波段的光均有一定的吸收，特别是对低波段的光吸收作用很强，浓度为 0.005%的腐殖酸在 190～300 nm 范围内，吸光度为 1.74～1.17。

2.2 紫外线对 Bt 伴孢晶体的损伤

阳光中的紫外线是影响 Bt 杀虫剂田间稳定性的重要因素之一，它能迅速杀灭芽孢，破坏伴孢晶体的结构，导致 Bt 杀虫剂杀虫活性的下降或丧失。HD-1 菌株的伴孢晶体在含还原剂的碱性缓冲液中可产生出 135 kD 和 65 kD 两种主要的原毒素蛋白，在敏感昆虫中肠内则降解为小分子毒性多肽，毒性多肽作用于昆虫中肠上皮细胞使中肠麻痹或通过中肠进入血腔，最终使昆虫死亡[9]。当 HD-1 菌株的伴孢晶体受到紫外线辐射时，其碱溶性和酶解性能均发生了变化，生物活性也发生了相应变化。

图 1(左)是 HD-1 菌株的伴孢晶体受紫外线辐射 0～8 h 后碱溶时的 SDS-PAGE 图谱。由图 1 可以看出，未受紫外线辐射的伴孢晶体在 Tris-HCl 缓冲液中溶解释放出 135 kD 和 65 kD 两种原毒素蛋白，其谱带十分清楚。然而，受紫外线辐射 1 h 后的伴孢晶体在 Tris-HCl 缓冲液中产生的蛋白的谱带大大减弱，辐射 2 h 后，蛋白谱带几乎消失。可见，紫外线辐射导致伴孢晶体的碱溶性发生了改变。图 1(右)是 HD-1 菌株的伴孢晶体受紫外线辐射 0～4 h 后碱溶(左)和酶解(右)时的 SDS-PAGE 图谱对照可以看出，伴孢晶体在 Tris-HCl 缓冲液和棉铃虫幼虫中肠酶液的共同作用下(酶解)降解为分子量<65 kD 的毒性多肽，紫外线辐射导致伴孢晶体的酶解性能下降或丧失，其变化和碱溶性的变化完全一致。

Bt 伴孢晶体经紫外线辐射不同时间碱溶和酶解产生的蛋白的相对残留量通过薄层扫描予以测定(表 1)。以未经紫外线辐射的伴孢晶体碱溶或酶解形成的原毒素蛋白(135 kD、65 kD)和毒性多肽(<65 kD)的相对残留量(OQR)为 100%计。紫外线辐射 1 h 后，两种原毒素蛋白和毒性多肽的 OQR 值分别降低到 39.5%、58.3%和 69.6%；辐射 2 h 后，分别降低到 12.2%、1.9%和 16.9%；辐射 3 h 后，依次降低到 4.7%、0 和 1.1%；辐射 4 h 后，OQR 值均为 0。这证明，紫外线在短时间内即能引起 Bt 伴孢晶体结构的改变，导致其碱溶和酶解性能的改变。

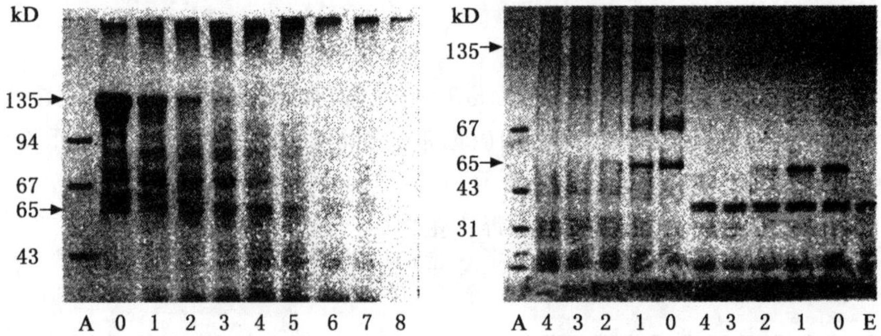

图 1　Bt 伴孢晶体经紫外线辐射不同时间后的 SDS-PAGE 图谱

Fig 1. SDS-PAGE for Bt parasporal crystals irradiated by ultraviolet light

注：A：标准分子量蛋白(Molecular weight markers of standard protein)；0～8 对应于被紫外线辐射相应时间(h)的伴孢晶体(The numbers 0～8 represent the parasporal crystals irradiated by ultraviolet light for the corresponding time(h))；E：棉铃虫幼虫中肠酶液(The proteases from the midgut of *H. armigera*)。

表 1　Bt 伴孢晶体经紫外线辐射不同时间后蛋白的相对残留量

Table 1　The OQR values of proteins from Bt parasporal crystals irradiated by ultraviolet light

蛋白相对残留量 OQR(%)		紫外线辐射时间(The irradiated time，h)				
		0	1	2	3	4
碱溶 Treated by base	135 kD	100	39.5	12.2	4.7	0
	65 kD	100	58.3	1.9	0.0	0
酶解 Treated by protease	<65 kD	100	69.6	16.9	1.1	0

HD-1 菌株的伴孢晶体对鳞翅目昆虫有很强的致病力，它们在昆虫中肠内首先溶解释放出 135 kD 和 65 kD 两种原毒素蛋白，随即又被中肠酶液降解为具有杀虫活性的小分子毒性多肽[9]。棉铃虫幼虫对其十分敏感，摄入少量的 Bt 伴孢晶体，就表现出很强的拒食现象。Bt 伴孢晶体受紫外线辐射后，其生物活性受到严重影响。将紫外线辐射不同时间后的 Bt 伴孢晶体与一定的饲料混合饲喂棉铃虫 2 龄幼虫，分别于 48 h 和 72 h 统计死亡率，并计算伴孢晶体的残留生物活性 OAR(%)。结果发现：随紫外线辐射时间的延长，幼虫死亡率迅速降低，OAR 值显著下降；随观察时间的延长，幼虫死亡率增加(表 2)。当紫外线辐射 3 h 后，48 h 内幼虫的校正死亡率从 34%下降到 2.1%，OAR 值下降到 6.2%；72h 内幼虫的校正死亡率从 64.4%下降到 10.9%，OAR 值下降到 16.9%。这表明，紫外线对 Bt 伴孢晶体有很强的钝化作用。

表 2　紫外线对 Bt 伴孢晶体生物活性的影响

Table 2　The effect of ultraviolet on the bioactivity of Bt parasporal crystals

项目 Item		紫外线辐射时间(The irradiated time，h)					
		0	1	2	3	6	12
校正死亡率(%)	48 h	34.0	12.5	4.2	2.1	3.1	2.8
Adjusted mortality	72 h	64.4	43.5	18.6	10.9	6.2	8.8
残留生物活性 OAR(%)	48 h	100.0	36.8	12.4	6.2	9.1	8.2
	72 h	100.0	67.5	73.8	16.9	9.6	13.7

综上所述，Bt 伴孢晶体并不表现出杀虫活性，真正起杀虫作用的是伴孢晶体在敏感昆虫中肠特定的条件下经碱溶、酶解两个过程形成的小分子毒性多肽。因此，伴孢晶体碱溶产生的原毒素蛋白的含量及酶解最终形成的毒性多肽的含量与其杀虫毒力紧密相关。表 1 和表 2 的数据表明，随紫外线辐射时

间的延长，由 Bt 伴孢晶体碱溶或酶解产生的原毒素蛋白或毒性多肽的相对残留量呈现迅速下降趋势，与此同时，伴孢晶体对棉铃虫幼虫的残留生物活性也迅速下降，二者表现出很好的一致性。

2.3　腐殖酸对 Bt 伴孢晶体的保护作用

紫外线对 Bt 伴孢晶体有很强的损伤作用，为减轻紫外线对伴孢晶体的损伤，通常在 Bt 制剂中加入紫外线吸收剂或屏蔽剂[10]。腐殖酸对紫外线有较强的吸收作用，能有效地减轻紫外线对 Bt 伴孢晶体的损伤(图 2)。在 HD-1 菌株的伴孢晶体的水悬浮液中加入 0.1%的腐殖酸，紫外线辐射长达 24 h，伴孢晶体碱溶产生的 135 kD 和 65 kD 两种原毒素蛋白的 SDS-PAGE 谱带几乎无任何变化。这表明在腐殖酸存在下，紫外线对 Bt 伴孢晶体碱溶性能的影响大大减弱。

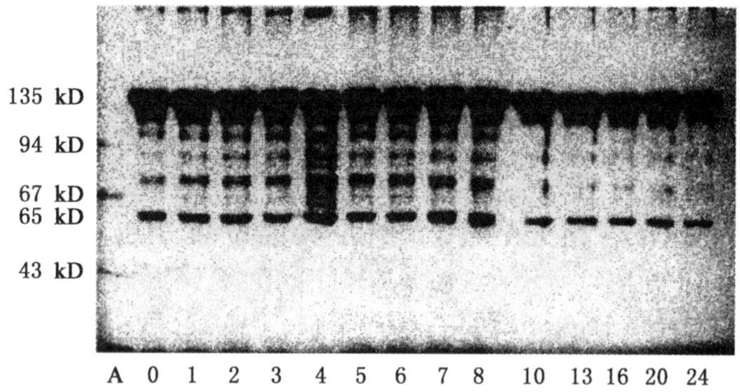

图 2　加入 0.1%腐殖酸，Bt 伴孢晶体经紫外线辐射不同时间的 SDS-PAGE 图谱

Fig. 2　SDS-PAGE for Bt parasporal crystals irradiated by ultraviolet light in the present of humic acids(0.1%)

注：A：标准分子量蛋白(Molecular weight markers of standard protein)；0～24 对应于被紫外线辐射相应时间(h)的伴孢晶体(The numbers 0－24 represent the parasporal crystals irradiated by ultraviolet light for the corresponding time(h))。

腐殖酸对 Bt 伴孢晶体的保护作用通过生物测定进行了证明。添加不同浓度的腐殖酸到 HD-1 菌株伴孢晶体的水悬浮液中，紫外线辐射 6 h 后，采用混合饲料染毒法，以棉铃虫 2 龄幼虫为试虫进行生物测定，以残留生物活性(OAR)值评价腐殖酸对伴孢晶体的保护效果。OAR 值愈大，保护效果愈好，相反，保护效果不理想。规定未经紫外线处理的 Bt 伴孢晶体的 OAR 值为 100%，不含任何保护剂的伴孢晶体经紫外线处理不同时间后的 OAR 值为 0。结果表明，腐殖酸对 Bt 伴孢晶体有良好的保护作用，并随其浓度的增加而增强。在紫外线辐射 6 h，腐殖酸浓度为 0.01%、0.05%和0.1%时，伴孢晶体的 OAR 值依次为 72.8%、74.6%和 79.7%。由表 2 可知，在没有保护剂作用下，经紫外线辐射 3 h 以上，Bt 伴孢晶体的 OAR 值接近 0。由此可见，腐殖酸对 Bt 伴孢晶体有很强的保护作用。

3　结论

以 Bt 为代表的病原微生物具有对环境安全、选择性强等优点，广泛用于农林害虫的防治，但是它们容易受环境因素和生物因素的影响而失活，这大大限制了它们的推广和应用。阳光中的紫外线是影响各类病原微生物田间防效的最重要原因之一，提高 Bt 等微生物农药田间稳定性的根本措施在于降低其对紫外线等环境因子的敏感性。一个行之有效的方法是在其制剂中添加理想的紫外线吸收剂或屏蔽剂，并且，这些保护剂应具有对环境安全、价廉等特点。目前，多采用人工合成有机染料做 Bt 等微生物农药的保护剂，这些物质往往代价高，更重要的是对环境不利。腐殖酸是一类易溶于水的天然高分子化合物，价格低廉，对人类和有益生物安全，对环境无污染，对紫外线有很好的吸收作用，其水溶液具有良好的黏性，可以增强 Bt 等制剂耐雨水冲刷的能力。此外，腐殖酸在农林业应用与化学农药混用方面具有良好的应用基础。作者用浓度为0.1%的腐殖酸就能很大程度地减轻紫外线对Bt伴孢晶体的损伤。因此,选择腐殖酸作Bt等微生物农药的保护剂具有很好的前景。

参考文献

[1] Ignoffo C M, Hostetter D L, Sikorowski P P et al. Inactivation of representative species of entomo-pathogenic viruses, a bacterium, fungus, and protozoan by an ultraviolet light source. Environ. Entomol., 1977, 6(3): 411-415.

[2] 崔云龙,田明,邵宗泽,紫外线使苏云金杆菌伴孢晶体失活机理的研究. 微生物学通报,1993,20(4): 193-195.

[3] 张益. Bt杀虫剂的残效期研究. 微生物学通报,1984,11(2):49-50.

[4] 王文军,钱传范,申继忠,等. 活性氧对苏云金芽孢杆菌伴孢晶体的损伤作用. 微生物学报,1999,39(5):469-474.

[5] 曾述之,张岩,张穗芳,等. 泥炭黄腐酸物质的清除氧自由基作用. 腐殖酸,1993(3):5-8.

[6] 沙槎云,白成. 昆虫肠道蛋白酶对苏云金杆菌晶体作用的比较. 昆虫学报,1982,25(3):244-248.

[7] Laemmli U K. Cleavage of structural proteins during the assembly of the head of bacteriophage T4. Nature, 1970, 227: 680-685.

[8] 王天立,王书奇,王栓柱. 关于黄腐酸界定条件的讨论. 腐殖酸,1996,(4):6-8.

[9] 喻子牛. 苏云金杆菌,北京:科学出版社,1990.

[10] 申继忠,钱传范. 苏云金杆菌杀虫剂增效途径研究进展. 生物防治通讯,1994,10(3):135-140.

The Inactivation of *Bacillus Thuringiensis* Parasporal Crystals by Ultraviolet and the Protective Action of Humic Acids

Wang Wenjun Qian Chuanfan Shen Jizhong Cheng Xuemei

(Dept. of Applied Chemistry, China Agricultural University, Beijing 100094)

Abstract The ultraviolet-mediated impairment and inactivation of purified HD-1 parasporal crystals were studied by the means of SDS-PAGE and bioassay. HD-1 parasporal crystals which were irradiated by ultraviolet light for less than 3 h lost the normal ability of dissolution in aqueous base and in proteases from the midgut of *Helicoverpa armigera* (Hübner), and lost the original insecticidal activity against *H. armigera*. Humic acids, soluble natural substances, characterized by the strong absorption of the light of the 200－400 nm range, and acted as the protectants of parasporal crystals, were very effective on retarding the impairment and inactivation of Bt crystals by ultraviolet. HD-1 crystals with 0.1% humic acids as ultraviolet absorbers exhibited the good solubility in aqueous base and proteases and retained 79.7% of their original insecticide activity after irradiated by ultraviolet light for 6h.

Key words *Bacillus thuringiensis* parasporal crystals, ultraviolet, humic acids

(注:此文原载于《植物保护学报》,2001,28(1),49-54)

新磺酰脲除草剂单嘧磺隆的 HPLC 分析及其在土壤中吸附性能研究*

胡继业，范志金，钱传范
（中国农业大学农业部农药化学及农药使用技术重点开放实验室，北京 100094）

摘要 研究了利用高效液相色谱仪测定单嘧磺隆的残留分析方法。结果表明，用 250 mm ×4.6 mm 不锈钢 ODS 5 μm 球形硅胶填料色谱柱，甲醇：水＝53：47 为流动相（水相用磷酸调 pH＝3），0.8 mL·min^{-1} 的流速，紫外检测波长 254 nm，能较好的将单嘧磺隆与样本杂质分开。选择了 3 种不同类型的土壤即东北黑土、山东土、江西红土对单嘧磺隆的吸附行为进行了研究，用平衡法测得了它们的吸附常数，给出了吸附等温线，并对结果进行了讨论。

关键词 单嘧磺隆，高效液相色谱分析，土壤、吸附
中图分类号：X131 文献标识码：A 文章编号：1000-0267(2001)01-0012-03

Determination of Monosulfuron New Sulfonylurea Herbicide by HPLC and Its Adsorption in Soil

Hu Ji-ye, Fan Zhi-jin, Qian Chuan-fan
(China Agricultural University, Key Laboratory of Pesticide Chemistry and Application Technology of Ministry of Agriculture, Beijing 100094, China)

Abstract The analytical method of Monosulfuron residue in soil by reversed phase-high performance liquid chromatography (RP-HPLC) was established. A column of stainless steel packed with ODS 5 μm, with 250 mm×4.6 mm was utilized. The operation parameters were optimized as: mobile phase, methanol/water(pH=3,53：47,*V/V*), flow rate, 0.8 mL·min^{-1}, a UV detection with wavelength of 254 nm. In addition, a study on the adsorption of Monosulfuron in three different kinds of soil was performed. Adsorption isotherms were obtained using batch equilibrium, and adsorption coefficients were calculated. The comparison of the results was given.

Key words monosulfuron, HPLC, soil, adsorption

磺酰脲除草剂是随着农业生产发展的需要应运而生的一类新型除草剂。单嘧磺隆是由南开大学元素有机化学研究所研究创制的超高效磺酰脲类除草剂。商品名称麦谷宁，试验代号 92825，化学名称2-硝基-N-[2'-(4'-甲基嘧啶基)]苯磺酰脲，其结构式为：

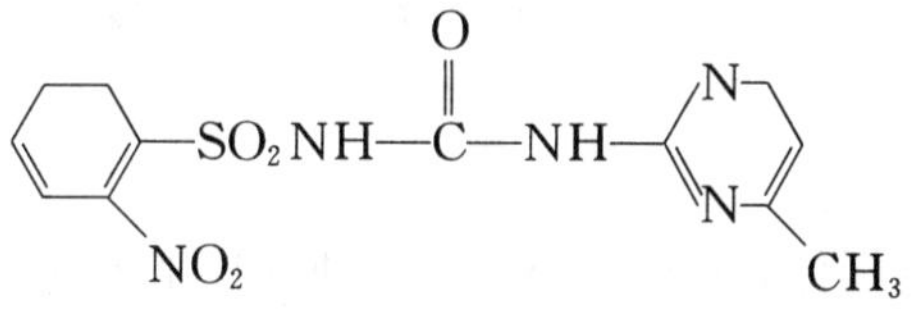

* 基金项目：国家自然科学基金资助项目(29832050)。

该农药主要防治小麦田里的播娘蒿、荠菜、麦节草等杂草。作用机制在 ALS 酶。单嘧磺隆是我国独自开发研制的超高效磺酰脲类除草剂，其残留分析研究，国内外均没有文献报道。本试验建立了该药在土壤中的残留分析方法，并用此方法对该药在 3 种不同土壤中的吸附规律进行了研究。农药进入土壤后，首先与土壤发生吸附作用，它影响农药在土壤中的移动和挥发，也影响农药在土壤中的活性和降解过程，它是评价农药环境行为的一个重要指标。

1 材料和方法

1.1 主要供试材料与仪器

1.1.1 土壤

将采自东北的黑土、山东土、江西红土自然风干，过 60 目筛供实验，并测定其理化性质，见表 1。

表 1 供试土壤的基本性质

Table 1 The properties of the soil tested

土样	pH	有机质含量(ORG)%	阳离子交换量 CEC/($cmol \cdot kg^{-1}$)	土壤质地
东北黑土	6.99	4.528	33.44	黏壤土
山东土	6.64	1.221	12.94	沙质黏壤土
江西红土	6.20	1.179	6.69	黏土

1.1.2 试剂

单嘧磺隆标样(99.4%)，10%单嘧磺隆可湿性粉剂，南开大学提供。

丙酮，二氯甲烷，石油醚，无水硫酸钠，无水氯化钙，磷酸，以上试剂均为分析纯。

甲醇、水重蒸后使用。

1.1.3 仪器设备

VISTA5500 高效液相色谱仪，UV-200 紫外可变波长检测器，Varian 公司。

BFS 7510 A(H)色谱数据处理器，北京分析仪器厂。

Shaker M-Wl 振荡器，日本。

旋转蒸发仪，德国 BUCHI Rotarapor R-14。

PHS-25 型 pH 计，上海精科雷磁。

电子天平(0.000 1 g)。

分液漏斗及各种玻璃仪器。

1.2 单嘧磺隆的 HPLC 分析方法

1.2.1 单嘧磺隆的 HPLC 操作条件

色谱柱 250 mm×4.6 mm 不锈钢 ODS 5 μm 球型硅胶填料色谱柱。

紫外检测器、波长 254 nm。

流动相：甲醇/水=53/47(其中水用磷酸调 pH=3)。

流速 0.8 $mL \cdot min^{-1}$，柱温 40℃，纸速 2.5 $mm \cdot min^{-1}$，灵敏度 0. 02 $Au \cdot mV^{-1}$，衰减 0；进样体积 20 μL。

1.2.2 单嘧磺隆标准溶液的配制

准确称取 0.020 1 g 单嘧磺隆标样，置于 100 mL 容量瓶中，用甲醇：氨水=1：1 的混合液(其中氨水的浓度为 0.2 $mol \cdot L^{-1}$)溶解，定容，摇匀得 200 $mg \cdot L^{-1}$ 的单嘧磺隆标准溶液备用。将上述单嘧磺隆的标准液稀释成 6 个浓度梯度：0.5、1.0、1.5、2.0、2.5、5.0 $mg \cdot L^{-1}$，按上述操作条件进行测定得出相应的峰面积(表 2)。

表 2　进样量与峰面积的关系

Table 2　Relationship between peak areas and injected sample amounts of monosulfuron

浓度/(mg·L^{-1})	0.5	1.0	1.5	2.0	2.5	5.0
进样量/ng	10	20	30	40	50	100
峰面积	177.5	368.5	598.5	866.5	1 206	2 415

1.3　土壤平衡吸附试验

研究农药在土壤中吸附性能的方法有平衡法和土壤柱法[2]。土壤柱法虽然能较好、真实地反映农药施入土壤表面的吸附性能,但由于难以控制农药加入土壤后淋溶水的速度而产生较大的差异。平衡法简单可行,本试验使用此法。

实验所用水土比为东北土样 10∶1;江西土样 5∶1;山东土样 5∶1。

在 250 mL 具塞玻璃瓶中加入一定量单嘧磺隆丙酮标准溶液,吹干。按实验所用的水土比加入 10 g 土壤样品和相应的 0.01 mol·L^{-1} $CaCl_2$ 二次蒸馏水溶液,将瓶塞紧,摇匀,放在恒温振荡器上在 30 ℃振荡 16 h[1],将土壤悬浮液转移到离心管中,以 4 000 r·min^{-1}的速度离心 15 min,吸上清液。取一定量的平衡水溶液,用磷酸酸化至 pH=3,用 3×30 mL 二氯甲烷萃取,萃取液经无水硫酸钠干燥后,于旋转蒸发仪中浓缩至微干,然后用氮气吹干。用甲醇∶氨水=1∶1(其中氨水的浓度为 0.2mol·L^{-1})的溶液定容到 2 mL,供 HPLC 分析。每个实验设 4 个浓度梯度,至少重复 1 次。

2　结果与讨论

2.1　色谱条件的选择

在 200~400 nm 范围内对单嘧磺隆的甲醇溶液进行扫描,单嘧磺隆在 254 nm 有较强吸收,故选择了 254 nm 作为检测波长。选择甲醇∶水=53∶47(水用磷酸调 pH=3)作流动相,流速=0.8 mL·min^{-1},单嘧磺隆能很好得到分离,无干扰,基线平稳,峰型对称。

2.2　单嘧磺隆标准曲线的制作

以浓度为横坐标,峰面积为纵坐标作图 1,回归方程 $y=25.036x-117.84$,$r^2=0.997\ 5$。

2.3　方法的线性相关与灵敏度

该方法的相关性好,$r^2=0.997\ 5$;灵敏度高,最低检出限量 4 ng。

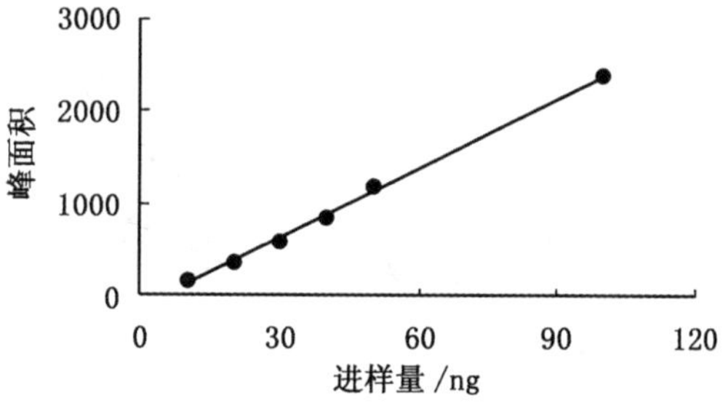

图 1　单嘧磺隆标准曲线

Figure 1　The quantitative standard curve of monosulfuron

2.4　土壤平衡吸附试验结果分析

农药在土壤中的吸附行为,一般可用 Freundich 吸附等温方程式表示,$C_s = K_d\ C_{eq}^{1/n}$,式中:C_s 为平衡时吸附在土壤粒子上的农药浓度(mg・kg^{-1}),C_{eq}为平衡时土壤溶液中农药的浓度(mg・L^{-1}),K_d 为吸附常数,n 为经验常数。Karichoff 确认,当平衡溶液农药的浓度低于 10^{-5} mol・L^{-1}或低于农药水溶解度的一半时,$1/n=1$。此时,$C_s=K_d C_{eq}$[1]。

土壤平衡吸附法的实验要求是:①试药浓度最好不要超过农药最大溶解度,对于难溶于水的农药,可用少量有机溶剂助溶(如乙腈)。用量不得超过 0.2%(V/V)。②测定土壤对农药的吸附等温线时,至少要用 3 种性质差异较大的有代表性的土壤和 4 种不同的农药浓度。③提供土壤 pH 值,有机质含量,代换量,土壤质地等。④水土比一般为 5∶1,20∶1,100∶1,视 K_d 大小选择其中之一[3]。⑤通常用过 60 目的风干土。

平衡吸附试验结果表明,单嘧磺隆在水土两相的分配可在 16 h 内达到平衡,水相中的浓度可直接测得,土壤吸附相中的浓度由添加总量与水相中该农药总量之差,除以土壤总量而求得。将不同初始浓度下达到平衡后所测得溶液中和土壤吸附的单嘧磺隆的量与 Freundlich 方程拟合,在双对数坐标上作图(图 2),求得 K_d 和 $1/n$ 值和相关系数 r,如表 3 所示。

表 3 土壤对单嘧磺隆的吸附特性

Table 3 The characterized adsorption of soil on monosulfuron

土壤	C_o/(mg・kg^{-1})	C_e/(mg・L^{-1})	C_s/(mg・kg^{-1})	K_d	$1/n$	r
东北黑土	0.0	ND	ND	9.90	0.999	1.000
	0.2	0.014 26	0.142			
	1.0	0.027 3	0.273			
	2.5	0.238	2.363			
	5.0	0.286 5	2.866			
山东土	0.0	ND	ND	4.01	0.815 5	0.982 2
	0.2	0.017 7	0.117 0			
	1.0	0.082 8	0.586			
	2.5	0.195	1.524			
	5.0	0.621	4.688			
江西红土	0.0	ND	ND	2.17	1.058 9	0.995
	0.2	0.041 4	0.072 8			
	1.0	0.143 3	0.303			
	2.5	0.364	0.668			
	5.0	0.697	1.542			

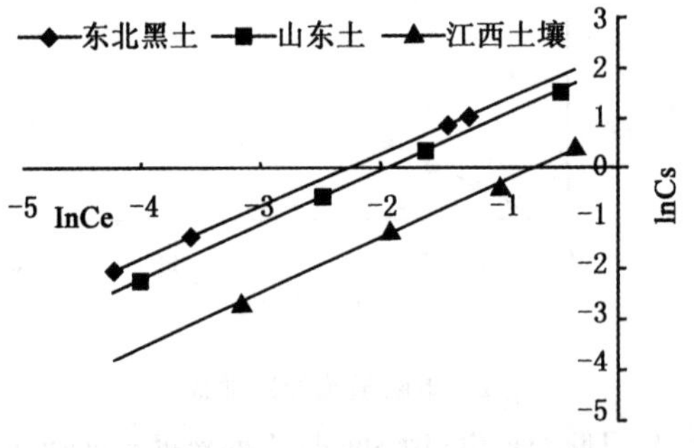

图 2 单嘧磺隆在 3 种土壤中的吸附性能曲线

Figure 2 The adsorptive curves of monosulfuron in the soils tested

由表 3 和图 2 可知，东北黑土的吸附常数 K_d 值比江西、山东土的 K_d 值高得多，这说明黑土对单嘧磺隆的吸附作用最强。土壤对农药的吸附性能与土壤有机质含量、pH 值、土壤质地、阳离子代换量有关，且有机质含量是影响吸附的主要因素。吸附能力与有机质含量成正相关，与 pH 负相关[4]。本试验 3 种土壤 pH 相差不明显，黑土中有机质含量最高，吸附最强，因此试验所得结果与 McCall 的结论相符。山东土壤有机质含量比江西土壤高，故其 K_d 值比江西土壤的高。

参考文献

[1] 无进海，张连中，戴广茂. 农药在土壤中的吸附[J]. 环境化学，1989，8(5)：21-27.

[2] 蒋新明，蔡道基. 化学农药对生态环境安全性评价研究(八)——农药在土壤中吸附解吸[J]. 农村生态环境，1987，(4)：11-14.

[3] 单正军，朱忠林，蔡道基. 砒虫啉的环境行为研究[J]. 农药科学与管理，1998，4：11-15.

[4] McCall P J et al. Test procols for environmental fate and movement of toxicants. Washington D. C：Proc of Symp AOAC，1980：89-109.

(注：此文原载于《农业环境保护》，2001，20(1)：12－14)

粗径毛细管气相色谱法测定F8426在土壤和小麦中的残留量

韩丽君　钱传范　张　慧

(中国农业大学应用化学学院，农业部农药化学及使用技术重点开放实验室，北京　100094)

摘要　用气相色谱法测定了快灭灵40%干悬浮剂中F8426在土壤和小麦中的残留量。用丙酮—水(体积比为80∶20)溶液提取土壤和小麦样本中的F8426，然后用石油醚萃取。石油醚相经浓缩后过弗罗里硅土和活性炭(0.97 g+0.03 g)混合小柱净化，再用OV-1701粗径毛细管柱分离，用电子捕获检测器(ECD)测定。该方法对F8426的最小检出量为0.02 ng，在小麦和土壤中F8426的最低检出限分别为2 μg/kg和1 μg/kg，对土壤和小麦空白样本的平均添加回收率为89.60%～97.53%，变异系数为4.42%～8.67%。该方法可用于F8426的残留量分析，并为其他新型芳基三唑酮类化合物的分离分析提供了参考依据，具有较高的实用价值。

关键词　气相色谱，残留，F8426，除草剂，小麦，土壤

中图分类号:O658　**文献标识码**:A　**文章编号**:1000-8713(2001)06-0569-03

1　前言

快灭灵40%干悬浮剂(Affinity 40 DF)是由美国食品和机械公司(FMC)生产、开发的新型除草剂，化学分类为芳基三唑衍生物，其有效成分为F8426(carfentrazone－ethyl)(分子结构见图1)。F8426是一种原卟啉氧化酶抑制剂，主要用于防除禾本科作物田中的阔叶杂草[1]，尤其对长期使用磺酰脲类除草剂的田间出现的难除杂草，如小麦田的猪殃殃、苘麻、裂叶牵牛、红心藜、麦家公等，苗后早期使用效果较好[2,3]。

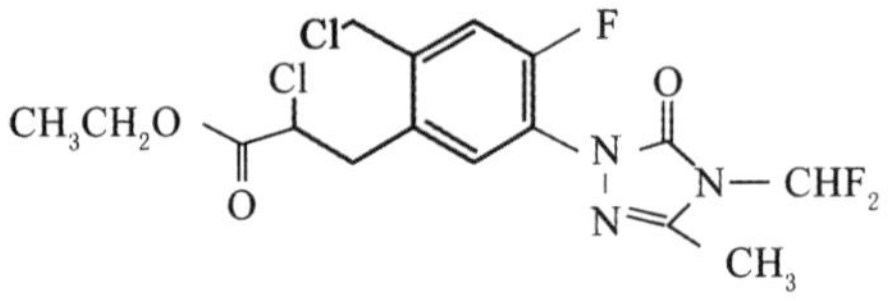

图1　F8426的分子结构

Fig. 1　Molecular structure of carfentrazone－ethyl(F8426)

Dayan等人[4]对F8426的选择性、作用方式及其在大豆中的代谢归趋作了研究。他们采用^{14}C同位素标记的药剂处理作物及杂草，然后用薄层色谱法对样本提取液进行分离，最后用扫描仪测定放射性同位素的分布状况。他们认为F8426在大豆中具有较快的代谢速度，而在杂草中的代谢速度较慢，这也正是F8426在作物和杂草之间具有选择性的原因之一。

Thompson等人[5]研究了F8426在大豆、玉米和苘麻中的吸收和代谢归趋。他们采用同位素^{14}C标记的F8426进行叶面处理。作物或杂草样本用10 mL甲醇-水(体积比为9∶1)匀浆，然后分别用液体闪烁光度计和HPLC进行在线^{14}C检测。结果表明，F8426在玉米和大豆中代谢很快，半衰期分别为1 h和7 h，而在苘麻中的代谢半衰期为40 h。

另有报道证实[6]，F8426 在贫瘠土壤中能被强烈吸收，并通过微生物降解而减少；在非贫瘠土壤中，其转化为游离酸，继而降解为无毒产物。在实验室土壤中的半衰期仅为几小时，降解成的游离酸的半衰期也仅为 2.5～4 d。F8426 在土壤中的快速分解也保证了后茬作物的高度安全。

F8426 在高温条件下不易分解，并含有电负性较强的氯原子，可采用气相色谱法并用灵敏度高的电子捕获检测器(ECD)来检测。但有关 F8426 在土壤和作物中的残留量的检测方法国内尚未见报道。本方法采用丙酮和水混合溶剂进行样本提取，然后过微型柱净化，用粗径毛细管柱分析，具有操作简单、净化分离效果好、检测灵敏度高等特点。

2 实验部分

2.1 仪器和试剂

BUCHI R-114 型旋转蒸发器；DWT90 型植物粉碎机；HZQ-C 型空气浴振荡器；岛津 GC-14A 气相色谱仪(带电子捕获检测器)；岛津 R-6A 数据处理机。

快灭灵 40%干悬浮剂及 F8426 标准品(质量分数为 90.1%)均由美国 FMC 公司提供；丙酮、石油醚、乙酸乙酯和正己烷均为分析纯试剂，所用溶剂均经重蒸和净化处理[7]；弗罗里硅土(60～100 目)，于 130℃下活化 12 h。

2.2 样本前处理

取土深度为 0～10 cm，土样过 40 目筛。小麦样品用粉碎机磨碎。

2.2.1 样本提取 称取干重约为 30 g 的土壤或 10 g 小麦样品，置于 250 mL 三角瓶中，加 30～50 mL 丙酮-水(体积比为 80∶20)溶液，振荡提取 30 min，抽滤，残渣用 50 mL 丙酮洗涤，合并滤液，用旋转蒸发仪在 50℃下蒸去部分丙酮后，转入 250 mL 分液漏斗中，再加入 30 mL 10%的 NaCl 水溶液，然后用 30 mL，20 mL 和 20 mL 石油醚分 3 次萃取，石油醚相过无水硫酸钠漏斗滤入 250 mL 圆底烧瓶，用旋转蒸发仪在 50 ℃下浓缩近干，吹干，用正己烷定容为 5 mL。

2.2.2 样本净化 净化柱的制备：在 5 mL 小柱中，底部放少许脱脂棉，先装入 1～2 g 无水硫酸钠，然后装入 1 g 弗罗里硅土(0.97 g)和活性炭(0.03 g)的混合物，再装入 1～2 g 无水硫酸钠，装好后，用 3 mL石油醚-乙酸乙酯(体积比为80∶20)和 3 mL 石油醚预淋洗。

取 2.5 mL“2.2.1”节中得到的样本提取液加至净化柱中，用 12 mL 石油醚-乙酸乙酯(体积比为 80∶20)淋洗，同时用圆底烧瓶接收，接收液用旋转蒸发仪在 50℃下浓缩近干，吹干，用正己烷定容至 1 mL，待 GC 测定。

2.3 测定

2.3.1 气相色谱条件 日本岛津 GC-14A 型气相色谱仪，带电子捕获检测器；色谱柱：OV-1701 粗径石英毛细管柱，12 m×0.53 mm i. d.；进样口温度：230℃；柱温：210℃；检测器温度：250℃；载气(N_2)流量：10 mL/min；尾吹气流量：40 mL/min；衰减：2^5；灵敏度：10^1。

2.3.2 标准曲线的制作 准确称取 F8426 标准品，用正己烷作溶剂配制成 1 000 mg/L 的储备液，再稀释成一系列 F8426 标准溶液，在上述色谱条件下进样测定，以峰面积 Y 对绝对进样量 X(ng)作标准曲线，其回归方程为 $Y=355\ 056X+15\ 393$，$r=0.999\ 5$，线性很好，符合测定要求。

2.4 回收率和精密度

在空白土样和空白小麦样品中添加 F8426 标准溶液(设 3 个添加水平，分别为 0.05 mg/kg，0.1 mg/kg和 0.5 mg/kg)，经振荡平衡 10 min 后，分别用前述方法提取、净化和进行气相色谱分析，测得样本中 F8426 的含量，再与实际添加量相比得到添加回收率值。测定结果列于表 1 中。结果表明，各试样的平均添加回收率为89.60 %～97.53%，相对标准偏差为4.42 %～8.67%，符合残留分析的要求，说明本方法是准确可靠的。

表 1 F8426 的添加回收率试验结果(n=3)

Table 1 Fortified recovery of F8426(n=3)

Sample	Added(μg)	Average recovery(%)	SD(%)	RSD(%)
Wheat(10 g)	0.5	89.60	4.09	4.56
	1.0	94.41	5.80	6.14
	5.0	97.53	4.31	4.42
Soil(30 g)	1.5	90.20	6.67	7.39
	3.0	95.58	8.29	8.67
	15.0	92.72	7.14	7.43

3 结果与讨论

(1)将小麦和土壤样本用丙酮-水(体积比为 80∶20)溶液提取，通过装有 1 g 弗罗里硅土(0.97 g)和活性炭(0.03 g)混合物的微型柱净化，再用 OV-1701 粗径毛细管气相色谱柱进行 GC-ECD 分析。在“2.3.1”节所述色谱条件下，F8426 的保留时间为 14 min，最小检出量为 0.02 ng，在小麦、土壤中的最低检出限(以信噪比为 2 计)分别为 2 μg/kg 和 1 μg/kg。而 FMC 推荐的 F8426 在小麦中的最高残留限量为 0.1 mg/kg，因此本方法可以满足残留分析要求。

(2)粗径毛细管柱具有柱容量大和分离效果好的优点，即使在保留时间较长的情况下仍然会得到较好的色谱峰形，非常适于农药残留量分析。从图 2 的色谱图可以看出，F8426 与小麦和土壤中的杂质峰可以得到很好的分离，使定量测定不受干扰。这说明本方法样本前处理过程中净化较好，色谱柱和色谱条件选择得当，不失为测定 F8426 残留量的简便、经济的方法。

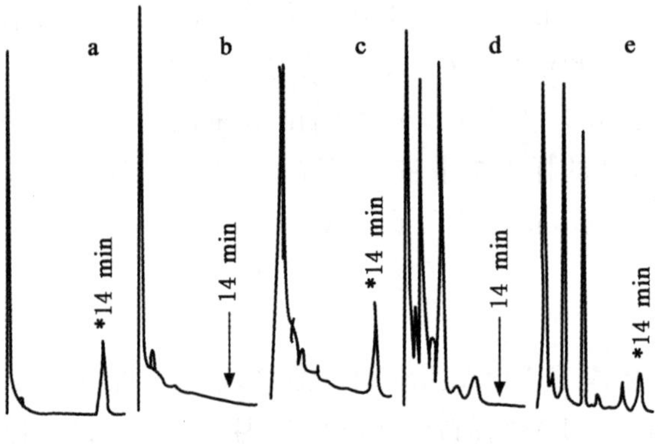

图 2 F8426 的气相色谱图

Fig. 2 Gas chromatograms of F8426

a. standard sample of F8426; b. blank in wheat; c. F8426 in wheat; d. blank in soil; e. F8426 in soil.

(3)土壤和小麦中的杂质成分复杂，常规使用溶剂提取和液-液分配后，杂质会严重影响 GC 测定。采用微型柱对提取液进行净化，方法简便，关键是要找到合适的柱填料和淋洗剂，以解决除掉杂质和提高回收率的矛盾。我们比较了弗罗里硅土、硅胶和活性炭的各种组合搭配，结果发现，用硅胶基本上起不到净化作用；用弗罗里硅土有一定的净化效果，但仍可检测到很多杂质峰，影响测定；选用弗罗里硅土和活性炭(8 g+2 g)进行净化，净化效果很好，但由于活性炭的吸附性能强，使回收率降低到只有 50%左右。最后选择弗罗里硅土和少量活性炭的组合(0.97 g+0.03 g)作为净化柱填料，用石油醚和乙酸乙酯(体积比为 80∶20)混合溶剂作为淋洗剂，得到了较好的净化效果和满意的添加回收率。

参考文献

[1] ZHANG Jian-zhong, ZHAO Cun-cai, QI Fengming, et al. Inner Mongolia Agricultural Science and Technology,1999,3:14-15. 张建中，赵存才，齐凤鸣，等. 内蒙古农业科技，1999,3:14-15

[2] WANG Zhen-rong, LI Bu-qing. Comprehensive manual of pesticide products. Beijing: China Business Press,1996. 720. 王振荣，李布青. 农药商品大全. 北京：中国商业出版社，1996. 720

[3] XIA Ying-san. Plant Doctor,1999,12(3):45. 夏英三. 植物医生，1999,12(3):45

[4] Dayan F E, Duke S O, Weete J D, et al. Pesticide Science,1997,51:65-73

[5] Thompson W M, Nissen SJ. Weed Sci,2000,48(1):15-19

[6] ZHANG Hui. Plant Doctor,1998 ,11(6):47—48. 张辉. 植物医生，1998,11(6):47-48

[7] FAN De-fang. Pesticide residue analysis and detection. Shanghai: Shanghai Science and Technology Press,1986. 9—10. 樊德方. 农药残留最分析与检测. 上海：上海科学技术出版社. 1986. 9-10

Determination of Carfentrazone-Ethyl(F8426)Residue in Soil and Wheat by Wide-Bore Capillary Gas Chromatography

HAN Li-jun, QIAN Chuan-fan, ZHAN G Hui

(Agriculture Ministry Key Laboratory of Pesticide Chemistry and Application Technology, College of Applied Chemistry, China Agricultural University, Beijing 100094,China)

Abstract An efficient method for determining F8426 of Affinity 40 DF in soil and wheat is described. F8426 was extracted from the soil and the wheat sample with acetone-water(80∶20,volume ratio), and the extract was partitioned with petroleum ether. Then the upper layer was concentrated and cleaned up on a micro-column of Florisil and activated carbon mixture. Finally F8426 was separated from other interfering components through wide-bore capillary gas chromatographic column (OV-1701, 12 m×0.53 mm i. d.), and was detected by electron capture detector(ECD). The lowest detection limit for F8426 was 0.02 ng. The lowest detectable concentrations in wheat and soil was 2 μg/kg and 1 μg/kg respectively. The average recovery and coefficient of variation of this method were 89.60%～97.53% and 4.42%～8.67% respectively. This method is simple, sensitive and suitable for residue analysis of F8426.

Key words gas chromatography, residue, carfentrazone-ethyl, herbicide, wheat, soil

(注：此文原载于《色谱》,2001,19(6):569-571)

固相抗体直接竞争 ELISA 法测定小白菜和苹果中的甲萘威残留

刘曙照[1,*]　冯大和[2]　钱传范[3]　Sergei A. Eremin[4]

(1 扬州大学植物保护系；2 扬州大学 理化测试中心，扬州　225009；

3 中国农业大学应用化学学院，北京　100094；

4 Faculty of Chemistry, M. V. Lomonosov Moscow State University, 119899Moscow, Russia)

摘要　采用固相抗体直接竞争 ELISA 法测定小白菜和苹果中的甲萘威残留量，并以高效液相色谱法进行验证。结果表明：ELISA 法测定小白菜和苹果中甲萘威残留的检测限为 0.4 ng/kg；样本中添加 0.1 mg/kg 和 10.0 mg/kg 甲萘威标样，以该法测定的回收率分别为 80.9%～116%和 86.7%～96.3%，变异系数分别为 9.62%～16.9%和 7.34%～11.4%；实际样本中甲萘威残留 ELISA 测定的变异系数为 6.89%～10.3%，符合残留分析的要求。方法简便快速，测定结果与高效液相色谱法测定结果基本一致。

关键词　甲萘威，小白菜，苹果，残留，酶联免疫吸附测定(ELISA)

甲萘威(carbaryl)是广谱、高效、低毒氨基甲酸酯类杀虫剂，用于防治稻、麦、棉、蔬菜、果树的多种害虫和畜禽外寄生虫，与有机磷农药混用对多种农业害虫有明显的增效作用[1]。80 年代以来通过对甲萘威毒副作用的研究发现，甲萘威能引起哺乳动物肝脏微粒体酶的变化[2]；抑制 HL-2 依赖型 T 细胞的增值[3]；离体培养下引起大型粒状淋巴细胞免疫功能的改变[4]；长期接触甲萘威可引起亚慢性神经毒性[5]。甲萘威及其复配制剂的广泛应用，使环境和食品，特别是新鲜蔬菜、水果中残留频率不断增加[6]。现有甲萘威残留分析方法主要有光谱分析法[7]和色谱分析法[8,9]。由于氨基甲酸酯类农药热稳定性差，难以直接用气相色谱分析。光谱和高效液相色谱(HPLC)分析对样品前处理要求高且灵敏度有限。本研究采用固相抗体直接竞争 ELISA 法测定小白菜和苹果中的甲萘威残留，方法简便快捷、特异性强、灵敏度高，样品容量大，分析成本低廉。

1　材料和方法

1.1　试剂与材料

99%甲萘威(carbaryl)标样(成都化学试剂厂)；98%克百威(carbofuran)(江苏太仓金龙集团)；90%混灭威(dimethacarb)原油(常州农药厂)；95%灭多威(methomyl)原粉(无锡惠山农药厂)；对甲萘威具特异性亲和力的抗体，辣根过氧化物酶标记甲萘威半抗原(自制)[10]；磷酸盐缓冲液(PB)：0.02 mol/L，pH6.8、pH7.6；封闭液、底物液、终止液(参见文献[10])；40 孔酶标板(浙江黄岩)；8 孔酶标条(NUNC 公司)；丙酮、二氯甲烷、氯仿、正己烷为分析纯，重蒸；乙腈为色谱纯。Sep-pak 硅胶柱(Millipore 公司)。

1.2　主要仪器设备

484 型高效液相色谱仪(美国 Waters 公司)；低温冰箱，－30℃(日本三洋)；DG-1 酶标仪(华东电子

---

* 通讯联系人

国家自然科学基金(29977028)国际合作项目(中国-俄罗斯)。

管厂)；HH-8 恒温水浴(常州国华仪器厂)；TGLL-18 B 高速冷冻离心机(江苏太仓医疗器械厂)；ZQF85A 旋转蒸发仪(上海医械专机厂)；DY89-1 型高速匀浆器(宁波新芝科器研究所)；加液器：丹麦产 0～50 μL 单道可调，芬兰产 20～200 μL、50～1 000 μL 单道可调，德国产 20～200 μL 八道可调。

1.3 试验方法

1.3.1 甲萘威固相抗体直接竞争 ELISA 法的建立与方法特异性的考察 抗体用 pH7.6 磷酸盐缓冲液(PB)稀释成 6 μg/mL 包被酶标板，100 μL/孔，以阴性血清作对照，4℃吸附过夜。吸干，洗板 3 次，加封闭液 150 μL/孔，37℃保温 1.5 h。吸干，洗板 3 次，吸干，4℃保存备用。将甲萘威用乙腈溶解成 1 mg/mL 储备液，然后用 pH6.8 PB 稀释成 10^5～10^{-3} ng/mL 的标样系列，酶标半抗原稀释 3 000 倍。将不同浓度的甲萘威标样(或样本)溶液分别与酶标半抗原溶液 1∶1 混合后加入用抗体包被好的酶标板，100 μL/孔，以 pH6.8 PB 为对照，37℃反应 1.5 h。吸干，洗板 3 次，加底物液 100 μL/孔，37℃反应 10 min。加终止液 50 μL/孔，在酶标仪上测定光密度 OD_{490}。计算不同浓度甲萘威对抗体与酶标半抗原结合的抑制率(I%)，$I=100[OD_{490(ck)}-OD_{490(样)}]/OD_{490(ck)}$。以抑制率为纵坐标，甲萘威标样浓度为横坐标绘制标准曲线。以抑制率(I)对甲萘威浓度($\log C$)进行回归分析，计算抑制中浓度(IC_{50})和检测限(IC_{20})。在相同条件下测定常用氨基甲酸酯类杀虫剂和甲萘威主要代谢产物 α-萘酚的 IC_{50}，甲萘威的 IC_{50} 与被测物 IC_{50} 的百分比为该被测物与抗体的交叉反应率。交叉反应率越低，对甲萘威分析的干扰越小。在实际样本测定时，用空白样本提取液代替 pH6.8 PB 稀释甲萘威标样，建立标准工作曲线，同时测定样本提取液对抗体与酶标半抗原结合的抑制率，根据标准工作曲线计算样本中甲萘威的含量。

1.3.2 样本处理 在小白菜 *Brassica chinensis* 4 叶期用含 19%甲萘威和 1%氰戊菊酯的复配剂稀释 150 倍均匀喷雾；在苹果收获前一个月用相同复配剂稀释 200 倍喷雾，分别设清水对照，用药后 7d 取样，分别测定小白菜和苹果中的甲萘威残留。

1.3.3 小白菜和苹果中甲萘威残留的提取与净化 程序①：50 g 样品加 95 mL 丙酮和 5 mL 水，于匀浆器中高速匀浆 2 min，振荡 5 min。匀浆液经铺有双层滤纸和助滤剂 Celite 的布氏漏斗抽滤，用丙酮洗涤容器和滤渣 3 次，每次 20 mL。合并滤液于分液漏斗中，加 4%硫酸钠 400 mL，用二氯甲烷萃取 3 次，每次 50 mL，弃水相。合并萃取液，无水硫酸钠脱水后在旋转蒸发器上于 30℃浓缩至约 2 mL，残余二氯甲烷用氮气吹干，用 5 mL 正己烷溶解残渣，过 Sep-pak 硅胶柱，30 mL 正己烷淋洗，7 mL 氯仿洗脱。氮气吹除氯仿，用 1 mL 乙腈溶解后 HPLC 分析，或将该乙腈溶液用 pH6.8 PB 稀释 10 倍用于 ELISA 测定。程序②：10 g 样品加 18 mL 乙腈和 2 mL 水，于小型匀浆器中匀浆，浆液经铺有双层滤纸和助滤剂 Celite 的小型布氏漏斗抽滤，用乙腈洗容器和滤渣 3 次，每次 5 mL。合并滤液于分液漏斗中，加 4%硫酸钠 80 mL，用二氯甲烷萃取 3 次，每次 10 mL，弃去水相。合并萃取液，经无水硫酸钠脱水后在旋转蒸发器上于 30℃浓缩至约 2 mL，残余二氯甲烷用氮气吹干，用 1 mL 乙腈溶解，再用 pH6.8 的 PB 稀释 10 倍用于 ELISA 测定。

1.3.4 样本基质干扰的考察 分别按程序①和程序②提取空白样本，所得提取液用 pH6.8PB 稀释不同倍数后用于配制甲萘威标样系列，建立甲萘威分析工作曲线，比较其与甲萘威 ELISA 标准曲线的吻合程度。

1.3.5 标准添加回收率测定和方法验证 分别在未使用过甲萘威的小白菜和苹果样本中添加甲萘威 0.100 mg/kg、10.0 mg/kg，然后按程序①处理，用于 HPLC 和 ELISA 分析，按程序②处理用于 ELISA 测定，计算回收率。HPLC 分析采用化学键合 C18 柱，流动相为乙腈∶水＝4∶1，流速 1 mL/min，紫外检测波长 282 nm。比较 ELISA 和 HPLC 分析结果。

2 结果与分析

2.1 甲萘威 ELISA 分析标准曲线及方法的特异性

甲萘威分析标准曲线见图 1。固相抗体直接竞争 ELISA 法测定甲萘威的线性浓度范围是 10～10^{-3} μg/mL。经回归分析，甲萘威抑制抗体-酶标半抗原结合的百分率(I)对甲萘威浓度($\log C$)的回归方程为 $I=9.46\log C+73.6$，相关系数 0.995 1，抑制中浓度(IC_{50})为 3.06 ng/mL，检测限(IC_{20})为 0.02 ng/mL。经测定，常用氨基甲酸酯类杀虫剂克百威、混灭威、灭多威和 α-萘酚与抗体的交叉反应率分别为 0.022%、0.004%、<0.001%和 0.476%，不干扰甲萘威的测定。甲萘威半抗原与抗体的交叉反应率为 245%，但甲萘威半抗原属实验室合成物，不可能存在于实际样本中。

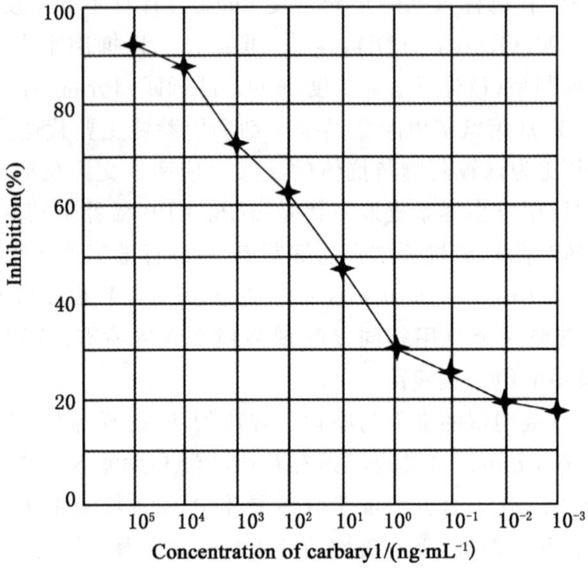

Fig. 1 ELISA standard curves of carbaryl

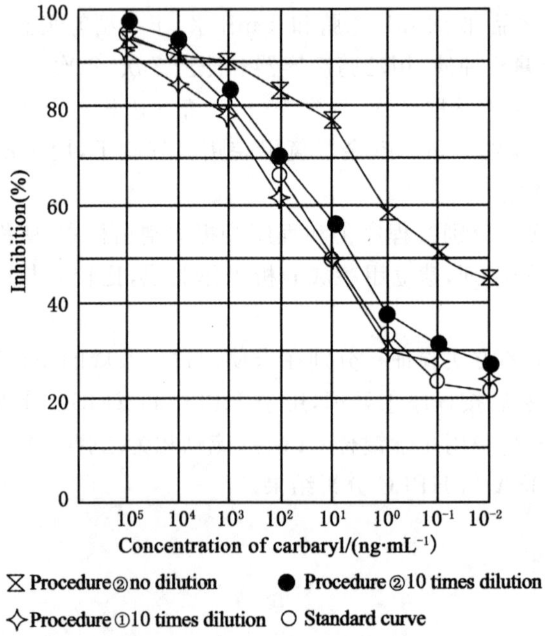

Fig. 2 Influence of sample substrate on ELISA of carbary1

2.2 小白菜和苹果基质对 ELISA 和 HPLC 分析的影响

按程序①、程序②提取的空白样本溶液对 ELISA 的干扰情况见图 2。从图 2 可以看出：程序①空白样本提取液经过 Sep-pak 柱层析净化，稀释适当倍数(乙腈含量低于 10%)后对 ELISA 基本无影响，程序②省去了层析净化步骤，空白样本提取液稀释 10 倍对 ELISA 分析亦基本无影响。程序①提取净化后的标准添加样本浓缩液可用于 HPLC 分析，但程序②提取浓缩液对 HPLC 分析的干扰严重，不能直接进样分析。

2.3 小白菜、苹果中甲萘威残留 ELISA 与 HPLC 分析结果的比较

程序①提取的标准添加小白菜、苹果样本，按 1.3.5HPLC 条件进行测定，同时按 1.3.1 试验样本 ELISA 条件测定。程序②提取的样本只用于 ELISA 分析。实际样本的前处理和分析与标准添加样本相同，以空白样本为对照，结果见表 1。

Table 1 The comparison of carbaryl content in *Brassica chinensis* and apple determined by ELISA and HPLC

Type of sample		Procedure of sample preparation	Spiked/ ($mg \cdot kg^{-1}$)	Results(n=4)					
				Found/($mg \cdot kg^{-1}$)		Recovery(%)		CV(%)	
				ELISA	HPLC	ELISA	HPLC	ELISA	HPLC
Brassica chinensis	CK	①	0.100	0.107	0.114	107	114	11.2	16.2
		①	10.0	8.96	8.25	89.6	82.5	9.06	12.1
		②	0.100	0.081	/	80.9	/	10.5	/
		②	10.0	8.67	/	86.7	/	8.47	/
	Sample	①	/	0.78	0.67	/	/	10.3	9.76
		②	/	0.75	/	/	/	6.89	/
Apple	CK	①	0.100	0.116	0.106	116	106	16.9	14.2
		①	10.0	9.63	9.05	96.3	90.5	11.4	9.39
		②	0.100	0.100	/	99.6	/	9.62	/
		②	10.0	8.85	/	88.5	/	7.34	/
	Sample	①	/	0.45	0.42	/	/	9.26	12.4
		②	/	0.41	/	/	/	8.45	/

从表 1 可以看出：小白菜、苹果中分别添加甲萘威 0.100 mg/kg、10.0 mg/kg，按程序①提取净化，ELISA 法测定的回收率为 89.6%～116%，变异系数为 9.06%～16.9%。HPLC 法测定的回收率为 82.5%～114%，变异系数为 9.39%～16.2%。ELISA 与 HPLC 测定结果基本吻合。按程序②进行样本处理供 ELISA 分析，不需要层析净化，降低了分析成本，加快了分析速度，其标准添加回收率为 80.9%～99.6%，变异系数为 7.34%～10.5%。实际样本和标准添加样本分析结果趋势一致，方法的灵敏度、准确度和精密度符合残留分析的要求。此外，ELISA 法对甲萘威的最低检测浓度为 0.4 ng/mL，样品容量大，可多个样本同时分析。HPLC 法的最低检测浓度为 50 ng/mL，一次进样只能分析一个样品。表明 ELISA 法具有特异性强，灵敏度高，简便快捷，分析成本低，不需要贵重仪器等优点，进一步开发成试剂盒，可用于大量样品的快速检测。

参考文献

[1] 王振荣，李布青主编. 商品农药大全，北京，中国商业出版社，1996：231～233

[2] Lechner D. W.，Abdelz-Rahman M. S.. *Arch. Environ Contam. Toxicol*，1985，14：451～457

[3] Casale G. P.，Vennerstrom J. L.，Bavari S. *et al*. *Immunopharmacol. Immunotoxicol*，1993，15：199～215

[4] Bavari S. ,Casale G. P. ,Gold Q.. *Fundam. Appl. Toxicol.* ,1991,17(1): 61～74
[5] Branch R. A. ,Jacqz E. *Am.* ,*J. Med.* ,1986,80:741～745
[6] Schattenberg H. J. , Hsu J. P.. *J. AOA C Int*, 1992,75:925～933
[7] Yanez-Sedeno P. , Nova N. C. , PoloDiez L. M.. *Microchem. J.* , 1988,38:370～375
[8] Wallbank B. E. *J. Chromatogr.* ,1981,208:301～311
[9] Mc Garvey B. D.. *J. Chromatogr.* ,1993,642:89～105
[10] 刘曙照,冯大和,钱传范. 农药学学报, 1999,1(1): 62～68.

The Residue of Carbaryl in Brassica chinensis and Apple Determined by Method of Antibody-Immobilized Direct Competitive ELISA

Liu Shuzhao[1*] Feng Dahe[2] Qian Chuanfan[3] Sergei A. Eremin[4]
(1 Department of Plant Protection;2 Testing Center, Yangzhou University, Yangzhou 225009;
3 College of Applied Chemistry, China Agricultural University, Beijing 100094;
4 Faculty of Chemistry, M. V. Lomonosov Moscow State University, 119899 Moscow, Russia)

Abstract The method of antibody-immobilized direct competitive ELISA was developed to monitor the residue of carbaryl in *Brassica chinensis* and apple. The results showed that the limit of detection was 0. 4 ng/kg, the recoveries were 80. 9%～116% and 86. 7%～96. 3%, the *CVs* were 9. 62%～16. 9% and 7. 34%～11. 4% at 0. 100 mg/kg and 10. 0 mg/kg spiking levels respectively. For the ELISA of carbaryl residue in real samples, the *CV* s were 6. 89%～10. 3%. The ELISA method is simple and rapid, the results from ELISA were well correspondent with those from HPLC.

Key words Carbaryl,Residue,*Brassica chinensis*,Apple,ELISA

(注:此文原载于《农药学学报》,2001,3(4),69－73)

牛奶中四环素类药物多残留分析方法研究
——MSPD-HPLC-UV

张素霞，李俊锁，钱传范
（中国农业大学动物医学院，北京　100094）

摘要　本文建立了牛奶中四环素类药物的 MSPD-HPLC-UV 分析法。将 C_{18}、EDTA-Na_2、草酸和样品研磨混合，制成半固态装柱、淋洗、反相 HPLC 测定。在 0.10～0. 50 μg/mL 添加浓度范围内，4 种四环素类药物的平均回收率为 78.7%～90.2%，变异系数在 2.4%～18.8%之间，方法检测限为 0.02～0.05 μg/mL。

关键词　牛奶，四环素类药物，基质固相分散（MSPD），高效液相色谱（HPLC）
中图分类号：S859.84　**文献标识码**：A　**文章编号**：0366-6964(2002)01-0051-04

近十几年来，四环素类药物被广泛用作饲料添加剂来预防动物疾病和提高饲料利用率。用药动物食品中药物的残留会对消费者的健康造成威胁，并且长期用药会产生耐药菌株。在许多国家食品中四环素类药物残留都是重要的监控对象。

已报道四环素类药物残留的分析方法有微生物学方法[1]、薄层色谱法[2]，毛细管区域电泳法[3]和高效液相色谱[4-11]等。高效液相色谱法是四环素类药物残留的主要分析方法，但需要一系列繁琐的样品提取和净化步骤。四环素类药物稳定性差，对样品处理方法要求严格。

Long 等[4,8]（1989）首次提出了基质固相分散净化技术，MSPD 集样品匀化、提取和净化过程于一体，操作简单。本试验以 MSPD 和 HPLC 为基础建立了一种牛奶中 4 种四环素类药物的多残留快速分析法。

1　试验材料

1.1　标准品

四环素类药物购自 Sigma 公司：土霉素（OTC）90%，四环素（TC）92.4%，金霉素（CTC）84%，强力霉素（DMC）84%。

1.2　主要试剂

C_{18}填料（40 μm，美国 Alltech 公司），甲醇和乙腈（色谱纯，天津四友生物技术开发公司），正己烷（分析纯，北京化工厂），乙酸乙酯（色谱纯，天津四友生物技术开发公司），依地酸二钠盐（EDTA-Na_2）（分析纯，北京市红星化工厂），草酸（分析纯，北京市红星化工厂），乙二醇（分析纯，上海试剂三厂），重蒸水（全玻璃仪器重蒸）。

1.3　主要仪器

高效液相色谱仪（SP8810 泵，SP8450UV-Vis 检测器，SP4270 积分仪，SpectraPhisics，Inc.，USA），旋转蒸发仪（X2-6，北京科龙仪器厂），涡动混合器（MVS-1，北京北德科学器材有限公司），离心机（LD4-2A，北京医用离心机厂），电子天平（d=0.01 mg，Sartorius 公司），真空泵（2XZ-0.5，浙江黄岩求精真空泵厂），磁力搅拌器（79HW-1，浙江乐成电器厂）。

1.4　HPLC 条件

色谱柱：C_{18}，5 μm，250×4.6 mm id（Supelco，USA），流动相：甲醇-乙腈-0.01 mol/L 草酸（2+3+

5)，流速：1.0 mL/min，检测波长：365 nm，AUFS：0.05，进样体积：20 μL。

2 试验方法

2.1 C_{18}填料的预处理

称取 22 g C_{18}填料，装入 50 mL 玻璃注射器，分别用两个柱体积的正己烷、二氯甲烷和甲醇依次洗涤，真空干燥，贮于磨口玻璃容器内，备用。

2.2 标准贮备液的配制

分别准确称取一定量的各种药物，用甲醇溶解配制成 100 μg/mL 的贮备液(－20℃下避光存放)。

2.3 标准曲线的绘制

用流动相将 4 种四环素类药物贮备液稀释，配制成系列浓度工作液：0.05，0.10，0.20，0.40，0.50 和 1.0 μg/mL。按上述色谱操作条件用 HPLC 测定，绘制出 4 种四环素类药物的标准曲线。

2.4 添加回收试验

2.4.1 样本前处理：称取 2 g C_{18}填料置于玻璃研钵中，分别加入 0.05 g EDTA-Na_2 和草酸，将 0.5 mL 牛奶样品加至 C_{18}填料上，用玻璃棒轻轻研磨 30 s，使样品与填料均匀混合；取 5 mL 玻璃注射器，下端垫一片滤纸，加无水硫酸钠至 0.2 mL 体积，将样品装入，上垫一片滤纸，压至体积为 4.2 mL；8 mL 正己烷洗涤，真空抽干后用乙酸乙酯-乙腈(1＋3)洗脱药物于鸡心瓶中，加 0.1 mL 乙二醇，用旋转蒸发仪除去溶剂(50℃)；残留物用 0.4 mL 流动相溶解(涡动混合 15 s)，转至玻璃离心管中，2 000 g 离心 10 min，取上清液进样测定。

2.4.2 添加回收率的测定：称 2g C_{18}填料置于玻璃研钵中，分别加入 0. 05 g EDTA-Na_2 和草酸，再量取 0.5 mL 牛奶样品加到研钵中的 C_{18}填料上，分别向样品中添加 5～25 μL 标准液，放置平衡数分钟后，用玻璃杵轻轻研磨 30 s，使均匀混合，经上述方法净化后，HPLC 测定。计算四环素类药物的回收率。

3 试验结果

3.1 标准曲线

在 0.05～1.0 μg/ml 浓度范围内色谱峰高与浓度呈线性关系，其回归方程和相关系数(r^2)见表 1。四环素类药物的高效液相色谱图见图 1。

表 1 四环素类药物的标准曲线

Table1 Calibration curves of tetracyclines

药物 Drug	回归方程 Equation of regression	相关系数 r^2
土霉素 OTC	$y=5.679x+0.152$	0.992
四环素 TC	$y=3.579x+0.114$	0.991
金霉素 CTC	$y=1.650x+0.075$	0.984
强力霉素 DMC	$y=1.464x+0.020$	0.997

3.2 添加回收率

试验结果见表 2，在 0.1，0.2 和 0.5 μg/mL 的添加浓度上，牛奶样品中四环素类药物平均回收率为 83.2%±7. 58%，检测限为 0.02～0. 05 μg/mL。

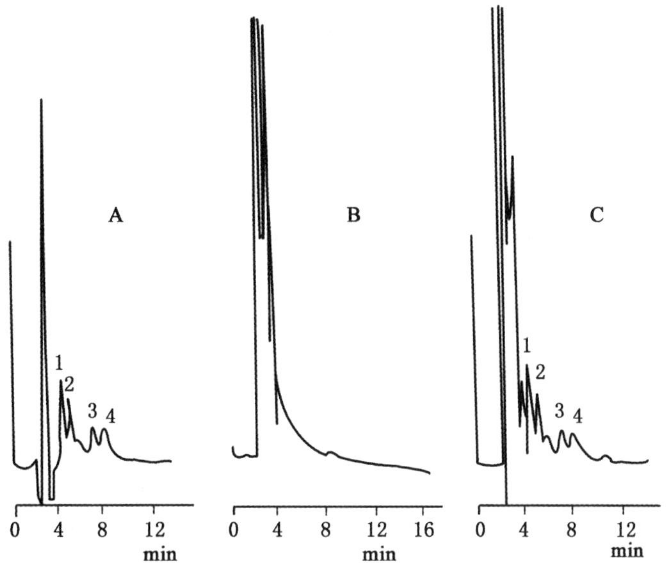

图 1 四环素类药物的高效液相色谱图(A)标准溶液,(B)空白样品,(C)标准添加样品(0.2 μg/mL),(1)土霉素,(2)四环素,(3)金霉素,(4)强力霉素

Fig 1. Chromatograms of tetracyclines: (A) working solution, (B) blank milk, (C) tetracyclines added to milk (0.2 μg/mL). (1) OTC. (2) TC. (3) CTC. (4) DMC

表 2 牛奶中四环素类药物的添加回收率

Table2 Recoveries of tetracyclines added to milk

药物 Drug	添加浓度 Added (μg/mL)	检测浓度 Determined(μg/mL)	回收率 Recovery(%)	变异系数 C. V(%)
土霉素 OTC	0.1	0.09±0.01	93.8	12.2
	0.2	0.19±0.01	96.7	4.6
	0.5	0.40±0.01	80.0	3.3
四环素 TC	0.1	0.08±0.01	80.7	11.3
	0.2	0.19±0.04	98.9	18.8
	0.5	0.37±0.01	74.7	2.4
金霉素 CTC	0.1	0.08±0.005	79.0	6.5
	0.2	0.16±0.01	80.5	4.6
	0.5	0.39±0.02	77.5	4.9
强力霉素 DMC	0.1	0.08±0.004	80.8	5.5
	0.2	0.15±0.02	75.0	11.1
	0.5	0.40±0.02	80.4	5.8

* $\overline{X}\pm SD, n=3$

4 讨论

4.1 色谱条件的选择

根据文献资料的报道,测定四环素类药物的反相 HPLC 流动相体系主要为草酸-乙腈/甲醇。Long 等[4]采用草酸-乙腈流动相对奶中 3 种四环素类药物进行了有效分离。草酸能与金属离子螯合,有效的消除金属离子对四环素类药物分析的干扰。在现有色谱柱条件下,本试验采用草酸溶液-乙腈流动相对

HPLC 色谱条件进行了摸索，结果对 4 种四环素类药物不能有效分离。改变流动相中乙腈和草酸比例，分离效果无明显提高，但加入甲醇后，药物的出峰位置发生改变。通过多次试验确定了甲醇-乙腈-0.01 mol/L 草酸(20＋30＋50)为流动相，4 种四环素类药物得到了较好的分离效果，在 10 min 之内即全部流出。4 种四环素类药物的高效液相色谱图见图 1。

4.2 样品处理

土霉素、四环素、金霉素和强力霉素在一定的 pH 和温度条件下稳定性有差异，在水溶液中的降解特性不同。另外，四环素类药物易与无机离子结合，从而使生物基质的分离更加困难。通过向提取液中加入 EDTA 可以克服这个问题。

EDTA 与无机离子螯合从而释放出四环素类药物。还可以加入一些酸化剂如：盐酸、磷酸和柠檬酸等调节 pH 以改善四环素类药物的提取效果。因此，经典的四环素类药物提取方法费时费力，繁琐的步骤和化学处理使测定结果的重现性不好。

MSPD 方法净化奶样品中四环素类药物，采用基质改性剂 EDTA 和草酸获得了较好的效果。不加改性剂时试验条件下难以洗脱四环素类药物，而加入 EDTA 和草酸可以明显提高四环素类药物的回收率。采用等比例的 EDTA 和草酸回收率最高。EDTA 的作用是螯合无机离子以便从基质中释放出药物。草酸既能螯合无机离子还能降低样品的 pH(3.0)，从而提高四环素类药物的洗脱效率。

通过试验还确定了最佳的溶剂洗脱程序和比例，当加入改性剂的 C_{18}/奶基质混合物用 100%的乙酸乙酯提取时，回收率只有 50%，用 100%乙腈洗脱时回收率较高，但提取液需要进一步处理后才能进 HPLC 测定。对乙酸乙酯和乙腈的比例进行试验，表明乙腈比例加大可以提高回收率，选择乙酸乙酯和乙腈比例为 1∶3，这时干扰杂质少，易蒸发，回收率也能满足分析要求。

本方法所用样品量小，洗涤和洗脱溶剂分别只用 8 mL，而且不需要将四环素类药物转化成脱水形式的加热步骤。大大简化了分离步骤，缩短了分析时间。本试验在浓缩前加入 0.1 mL 乙二醇做保持剂，可以减少吸附，回收率有明显提高。

4.3 添加回收率的测定

从表 2 中可以看出，本试验在添加 0.10，0.20，0.50 μg/mL 浓度下，牛奶样品中四环素类药物平均回收率分别为土霉素，90.2%；四环素，84.8%；金霉素，79.0%；强力霉素，78.7%；变异系数范围为 2.4%～18.8%。结果表明，该残留检测方法可靠，重现性好，精密度和准确度均能达到残留分析的要求。另外，应用本试验建立的检测方法，测定牛奶样品中 4 种四环素类药物的最低检测限均达到 0.05 μg/mL。试验结果表明，采用基质改性的 MSPD 法分离四环素药物，简化了分析步骤，提高了样品分析效率，适宜于四环素类药物多残留快速分析。

参考文献

[1] Korsrud GO，Boison J O，Nouws J D，et al. Bacterial inhibition tests used to screen for antimicrobial veterinary drug residues in slaughtered animals[J]. J AOAC Int，1998，81(1)：21～24.

[2] Hisao O，Yoshitomo I，Junko H. Improvement of chemical analysis of antibiotics. Part X I X：Determination of tetracycline antibiotics in milk by liquid chromatography and thin-Layer chromatography/fast atom bombardment mass spectrometry[J]. J AOAC Int，1994，77(4)：891～895.

[3] Chao L C，Xuelin G. Determination of tetracycline residues in bovine milk，serum，and urine by capillary electrophoresis[J]. J AOAC Int，1995，78(6)：1369～1377.

[4] Austin R L，Lily C H，Malbrough，et al. Matrix Solid-Phase dispersion(MSPD)Isolation and liquid chromatographic determination of oxytetracycline，tetracycline，and chlortetracycline in milk [J]. AOAC Int ，1990，73(3)：379～384.

[5] Ashworth R B. Liquid chromatographic assay of tetracyclines in tissues of food-producing animals [J]. AOAC Int, 1985, 68(5):1013～1018.

[6] Tyczkowska K,Aronson A L. Simultaneous liquid chromatographic determination of some tetracyclines in serum[J]. J AOAC Int,1986,69(5):760～762.

[7] Okra H,Ikai Y, Kawamura J , et al. Photodecomposition products of tetracycline in qaueous solution[J]. J Agric Food Chem, 1989, 37(1):226～231.

[8] Long A R,Hsien L C, Malbrough M S, et al. Matrix solid phase dispersion isolation and liquid chromatographic determination of oxytetracycline in catfish muscle tissue[J]. J AOAC Int, 1990, 73(6):864～867.

[9] Jeffery R M, Guy R S, William H G. Liquid Chromatographic determination of oxytetracycline in edible fish fillets from six species of fish[J]. J AOAC Int,1998,81(4):702～708.

[10] White C R,Moats W A,Kotula K L. Optimization of a liquid Chromatographic method for determination of oxytetracycline, tetracycline, and chlortetracycline in milk[J]. J AOAC Int, 1993,76 (3):549～554.

[11] Carson M C,Breslyn W. Simultaneous determination of multiple tetracycline residues in milk by metal chelate affinity chromatography: collaborative study[J]. J AOAC Int,1996,79(1):29.

MSPD Clean-up and HPLC Determination of Tetracyclines in Milk

Zhang Su-xia, Li Jun-Suo, Qing Chuan-fan

(College of Veterinary Medicine, China Agricultural University, Beijing 100094, China)

Abstract The MSPD-HPLC-UV method for simultaneous isolation and detection of four tetracyclines residues in milk was developed. The matrix modified agents in the MSPD isolation method was also studied. Blank and tetracycline fortified milk samples were blended with C_{18} containing 0. 05 g each of oxalic acid and disodium ethylendiamineteraacetic. A column made from the C_{18}/milk matrix was first washed with hexane. Tetracyclines were eluted with ethyl actateacetonitrile and detected by HPLC at 365 nm. The average recovery of four tetracyclines was 78. 7%～90. 2%. The CV ranged from 2. 4 %～18. 8%. The detection limit was 0. 02～0. 05 mg/ kg.

Key words Tetracyclines, Milk, Matrix solid-phase dispersion(MSPD), High performance liquid chromatography(HPLC)

(注:此文原载于《畜牧兽医学报》,2002,33(1),51-54)

农药残留中的有毒杂质与代谢物

钱传范
（中国农业大学应用化学学院）

农药残留是使用农药后在人或动物的食品中及在环境中的农药原药、其有毒代谢物以及在毒理学上有重要意义的降解产物和杂质的数量。所以在研究农药残留时，不仅要检测农药的有效成分，还要考虑它的有毒代谢物、降解产物和杂质，尤其是其急性毒性比较高和慢性毒性有问题时，则必须考虑。

人们可以通过以下途径接触农药，如生产和施药过程中直接接触、再进入(re-entry)施药区、每日摄入、受环境中农药残留的影响、职业性或事故性等方式接触农药。通常人们以农药有效成分的毒性来衡量，但不同的合成路线、条件、副反应、原料中的杂质等条件下生产的农药其成分很不相同，尤其是其中的杂质成分与含量。这些杂质会影响农药的毒性，改变其理化性状，造成药害，残留于食品和环境中。因此在评价商品农药的安全性时，应有以下三方面：

(1)≥1%有毒和对环境有影响的杂质必须阐明其化学结构与确证。≥0.1%杂质的特性应阐明。

(2)在农药的规格标准中，应提出有关杂质的允许含量。

(3)建立相应的杂质分析方法。

同时，农药在动植物体内代谢的研究也是不可少的，它不仅是毒理研究的一部分，亦是为农药残留分析提供测定对象——其有毒代谢物和降解产物的基础资料。

人的内分泌系统包括大脑及体内有关的器官和组织，如脑垂体、甲状腺、肾上腺等腺体及生殖系统。这些器官和组织向血液中分泌各种激素，以调节组织的生长、发育和其功能，并协调各种代谢过程。尤其重要的是男性的雄激素和女性的雌性激素。

内分泌干扰化合物(简称 EDCs)是指那些人工合成或天然的能够影响动物体内正常激素功能的化合物。如己烯雌酚(DES)具有干扰内分泌作用，作孕妇保胎以防止流产的药物。它可造成阴道明细胞癌变和使女婴生殖畸变，或造成男婴生殖缺陷。另外如异黄酮、植物甾醇类等，它们具有很强的雌激素活性。

环境内分泌干扰物(EEDs)指人工合成的最终在环境中形成污染的化合物，主要包括多氯联苯、二噁英、化学农药和其他一些有机物等。加拿大某组织列出 70 种怀疑对象，“痛失未来”(Our Stolen Future) 一书中列出 50 种怀疑对象，有的书列出 67 种。其中被怀疑的农药及其代谢物等就有 60 多种。

国际上很重视环境内分泌干扰物，进行了大量的调查和研究(表 1)。2001 年 5 月 22 日在瑞典由 80 多个国家的环境保护部部长参加讨论通过的斯德哥尔摩公约，提出 12 类优先有机污染物，都是含氯的有机化合物，有艾氏剂、氯丹、狄氏剂、异狄氏剂、七氯、灭蚁灵、毒杀酚、DDT、六氯苯、多氯联苯(PCBs)、多氯苯并二噁英(PCDDs)和多氯苯并呋喃(PCDFs)。其中艾氏剂、氯丹、狄氏剂、异狄氏剂、七氯、灭蚁灵、毒杀芬等七种杀虫剂目前已在 50 多个国家禁止生产和使用；DDT 只允许 25 个国家可在 WHO 指导下为防疟疾治蚊使用；六氯苯是杀菌剂，曾作种子处理剂，因其高残留已在许多国家禁止使用。多氯联苯是变压器和电容器中使用的绝缘材料，将于 2025 年禁止使用。多氯苯并二噁英和多氯苯并呋喃是最后两类优先有机污染物，它们有许多异构体组成。其中有的是目前所知的最毒的有机化合物。

表 1　干扰内分泌的农药及其代谢物

农药类别	化合物
杀虫剂、杀螨剂	α-六六六、β-六六六、γ-六六六、δ-六六六、开蓬、毒杀芬、六氯苯、七氯、环氧七氯、艾氏剂、狄氏剂、异狄氏剂、甲氧滴滴涕、灭蚁灵、O，P-DDE、P，P-DDE、P，P-PDD、O，P-DDD、P，P-DDT、α-硫丹、β-硫丹、硫丹硫酸酯、顺式氯丹、反式氯丹、氧化氯丹（氯丹代谢物）、甲萘威、涕灭威、克百威、敌百虫、马拉硫磷、亚砜磷、对硫磷、毒死蜱、乐果、氯菊酯、氯氰菊酯、氰戊菊酯、苯醚菊酯、三氯杀螨醇、双甲脒
杀菌剂	苯菌灵、多菌灵、腐霉利、代森锌、代森锰锌、代森铵、福美锌、乙烯菌核利、戊菌唑、丙环唑、氟环唑、十三吗啉、咪酰胺
除草剂	2，4-D、2，4，5-T、五氯酚（PCP）、西玛津、莠去津、氟乐灵、杀草强、嗪草酮、除草醚、甲草胺、利谷隆
熏蒸剂	二溴氯丙烷

苯并二噁英、苯并呋喃和联苯醚的结构式如图 1 所示。从结构式可见，在分子的不同部位可以有 1～8 个氯原子取代，一个氯原子取代的苯并二噁英，有两个异构体，一个氯原子取代的苯并呋喃，有四个异构体。依次类推，根据氯原子的数量和位置多氯苯并二噁英和多氯苯并呋喃各有 75 和 135 个异构体，见表 2。

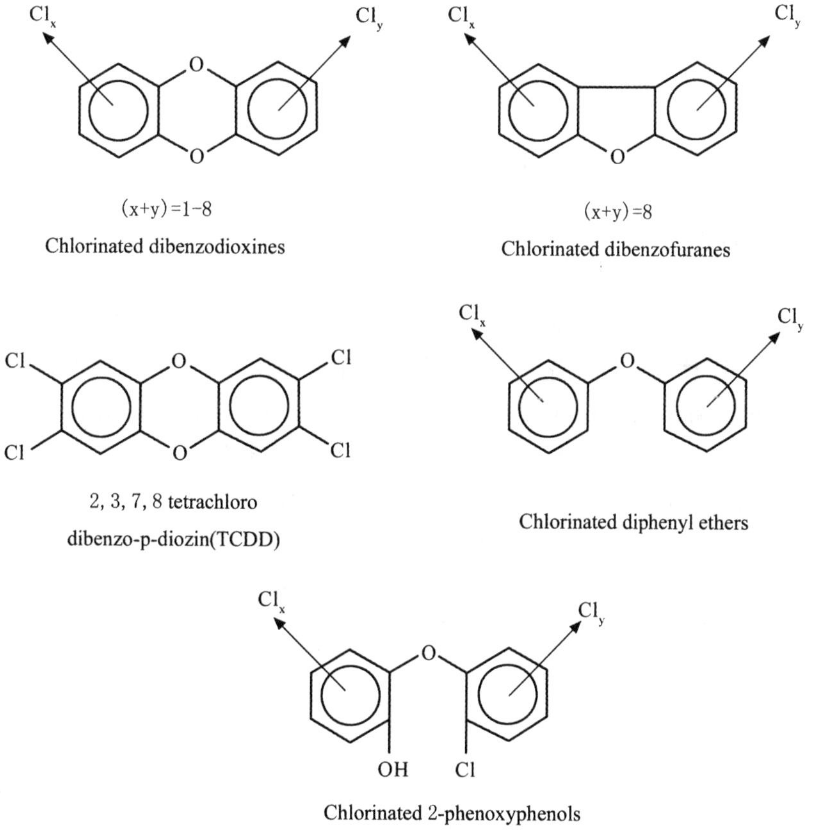

图 1　苯并二噁英、苯并呋喃和联苯醚的结构式

表 2　PCDD 和 PCDF 位置异构体

氯取代数	异构体数			
	PCDDs		PCDFs	
	No.	首字母组词	No.	首字母组词
Monochloro-1Cl	2	M_1CDD	4	M_1CDF
Dichloro-2Cl	10	D_2CDD	16	D_2CDF
Trichloro-3Cl	14	T_3CDD	28	T_3CDF
Tetrachloro-4Cl	22	T_4CDD	38	T_4CDF
Pentachloro-5Cl	14	P_5CDD	28	P_5CDF
Hexachloro-6Cl	10	H_6CDD	16	H_6CDF
Hepachloro-7Cl	2	H_7CDD	4	H_7CDF
Octachloro-8Cl	1	O_8CDD	1	O_8CDF
总计	75	135		

总起来说，形成 PCDD 可有几个途径，主要来源于焚烧和化工生产，2、3、7、8(侧位)被氯取代的毒性最强(LD_{50}在 0.6 μg/kg 范围)。焚烧包括带氯有机物或无机物的热反应，如城市废弃物及化学废弃物的焚烧，钢铁和某些金属冶炼及汽车尾气排放。除了垃圾焚烧过程中可以产生外，其他大部分是由于不合理的化工和农药生产和使用中造成的，如在合成苯氧乙酸除草剂时，三氯苯酚中的杂质；氯代苯水解，生成氯苯酚，或从氯代二苯醚水解等；纸浆造纸中的氯化漂白及其他工业生产中；环境污染主要是前述二噁英的初级污染，人体暴露则归结于污染的饮用水、空气和食品等二级污染源。我国对二噁英的研究起步较晚，仅包括个别污染源污染调查及环境行为研究，很多领域未涉及。

某化工厂六六六热解制造五氯酚钠过程中生成二噁英，尤其是其废渣中二噁英含量高，是我国目前最大的二噁英生成源。

现将几类农药的有毒杂质与代谢物介绍如下：

1　有机氯农药的问题

DDT 和六六六是高残留农药，工业六六六的杂质乙体六六六在作物、食品、饲料和土壤中都有积累，如在工业六六六中，丙体和乙体之比是 1∶0.7，而在稻草中两者之比为 1∶8，在牛奶中为 1∶78(表 3)。如 DDT 被脱氯化氢酶转化为 DDE 和 DDD 是解毒代谢过程。DDE 和 DDD 都不具有杀虫活性，但其毒性或增加或与原药相似。实际上在动物性脂肪或人乳中积累的总 DDT 中，代谢物 p,p-DDE 占总量的 70%～90%，这是因为 p,p-DDE 的理化性质使它在生物体和环境中更易于富集(表 4)。因此有机氯农药在动植物食品、环境和人及其他生物体内的残留物主要是其代谢产物和杂质。

表 3　六六六各异构体在不同介质中的百分数*

	六六六各异构体含量，%				总残留量 mg/kg	丙体/乙体比值
	甲	乙	丙	丁		
工业六六六	68	9	15	8		1∶0.8
林丹			99			
稻谷	41	21	12	26	0.372	1∶1.75
稻草	13	56	7	24	14.682	1∶8
稻田土壤	27	51	11	11	2.019	1∶4.6
市场牛奶	19	78	1	2	0.292	1∶78
雨水	37	18	31	4	1.233	
空气	42	4	31	23	0.249	

* 取自日本环境厅水质保全局土壤农药课，许泳峰译，《农药污染》，农业出版社，1983 年。

我国于 1980 年福建地区检测人乳中各 DDT 异构体的含量，结果如下：

	p,p′-DDT	p,p′-DDE	p,p′-DDD	o,p-DDT	总计
mg/kg	0.033	0.312	0.024	0.16	0.385
%	8.8	81	6.2	4.2	100

表 4 苯氧乙酸类除草剂和三氯杀螨醇的杂质与有毒代谢物

有效成分杂质的 化学成分	最高允许浓度 max. conc①.	报道的浓度 Reeported conc②	
2,4,5-T 2,3,7,8-tetrachloro dibenzo-*p*-dioxin (TCDD)free phenols max:	0.01 mg/kg 5 g/kg③	0.1～55 mg/kg	文献 3
2,4-D 2,7-dichloro-dioxins(2,7-二氯二噁英) 1,3,7-trichloro-dioxins(1,3,7-三氯二噁英) 1,3,6, 8/1,3,7,9-tetrachlorodioxins 2,3,7,8-tetrachlorodioxin(2,3,7,8-四氯二噁英) free phenols free phenols:	0.01 mg/kg 3 g/kg④ 5 g/kg⑤	12～23 μg/kg⑥ 2～5 μg/kg⑦	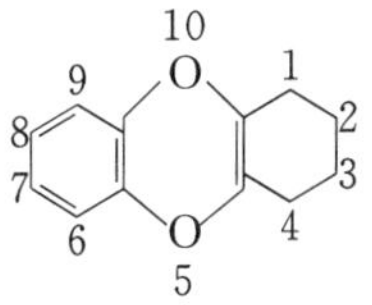 dioxins 文献 6 文献 3
2,4-DB 2,4-滴丙酸 Dichlorprop free phenols	15 g/kg⑧		文献 3
Dicofol 三氯杀螨醇 o,o′-DDE, o,m′-DDE, o,p′-DDE m,p′-DDE, p,p′-DDE, o,p′-chloro-DDT, p,p′-chloro-DDT	1 g/kg	≤57.5[a] g/kg	文献 3 a:文献 4
百菌清 Chlorothalonil hexachlorobenzene	0.1[a],0.3 g/kg	3	文献 7[a]
五氯硝基苯 Quintozene hexachlorobenzene	75 mg/kg		文献 3

①FAO,澳大利亚(CAG)or 荷兰的农药标准
②商品农药中的杂质
③以 2,4,5-三氯酚表示(2,4,5- trichlorophenol)
④以 2,4-二氯酚表示(2,4-dichlorophenol)
⑤以 2,4-二氯酚表示(2,4-dichlorophenol)
⑥在 2,4,-D 中，总二噁英含量为 11～16 300 μg/kg，主要是二氯-、三氯-二噁英
⑦在 2,4-D 胺盐中，总二噁英含最为 1～3 339 μg/kg，主要是二氯-、三氯-二噁英
⑧以 2,4-二氯酚表示(2,4-dichlorophenol)

2 苯氧乙酸类除草剂和三氯杀螨醇

在 2,4,5-T、2,4-D、五氯酚钠等农药中，必须严格控制其二噁英含量；三氯苯酚是生产这类农药的主要原料，在 2,4,5-三氯苯酚生产过程中，是由四氯苯(加入 NaOH) -2,4,5-三氯苯酚钠盐(加入 HCl)而得。该反应可在高温下缩合成苯并二噁英。从表 2 可见，2,4,5-T 中的 TCDD 可以高达 55 mg/kg，2,3,7,8-二噁英的急性毒性最高，对雌豚鼠的 $LD_{50}=0.6$ μg/kg，对大鼠、猴的毒性低 10 倍，对小鼠和兔的毒性低 100 倍。中毒时肝、胸腺、淋巴等组织的血液效应和病理变化。体重急剧下降。它可诱发肝癌。美国在越南战争中使用的'橙剂'是 50%/50% 2,4-D 和 2,4,5-T 的混合物，战后多年根据流行病学调查当地居民致癌致畸率比其他地区增高，尤其是畸胎率较高。如特大头颅，短腿，短手臂等畸形人。所以 TCDD 的急性毒性和慢性毒性都是很严重的。1999 年比利时政府宣布，450 个鸡场、500 个猪场、70 个牛场的肉不能销售，有可能被二噁英污染，主要是因为饲料加工厂中的加工机器使用的润滑剂中

加入了大量五氯酚和五氯酚钠，其中含有 TCDD，造成了很大的经济损失。

生产三氯杀螨醇或三氯杀螨砜的原料是 DDT，在欧洲 1988 年以前生产的三氯杀螨醇中，有关 DDT 类似物高达 57.5 g/kg，目前在欧盟国家已规定在 1～7 g/kg 范围内。我国生产的亦有 2%～8% DDT，是造成茶叶和果树中 DDT 残留高的原因。

百菌清和五氯硝基酚的杂质是六氯苯，也必须控制其含量。

3 有机磷农药

如硫酮磷酸酯(对硫磷、杀螟松)、二硫代磷酸酯乐果等的氧化代谢物是有毒代谢物，许多带硫醚基有机磷农药砜和亚砜代谢物亦是必须进行测定的。该类农药在生物体或含水基质中迅速进行氧化作用，作者在研究有机磷制剂时发现，一〇五九在水溶液中迅速氧化为对马血胆碱酯酶抑制作用强的代谢物，表 5 为不同剂量一〇五九水溶液对酶的抑制作用。8 h 后对酶的抑制作用增加，0.5 和 1 μg 剂量组增加 3～5 倍，7 天后对酶的抑制作用保持平衡，实验证实许多酶抑制剂在非酶水溶液中能迅速进行活化。

表 5 0.1%一〇五九水溶液对马血胆碱酯酶的抑制作用

	不同一〇五九含量(μg)对酶的抑制作用(%)			
	0.5	1	2	3
配制后测定	8	29.2	66.4	92.0
8 h 后	45.7	95.6	100.0	100
1 昼夜后	21.8	59.8	93.1	100
4 昼夜后	—	16.0	46.0	71.6
7 昼夜后	8.8	14.0	44.5	64.9
20 昼夜后	4.4	14.1	44.3	63.0

毒死蜱是中等毒性的农药，贮存四年后可分别测出 3,5,6-三氯吡啶醇(TCP)和硫特普(sulfotep) 0.40%～0.57%。一个贮存 2 年后含有 13.8%TCP、0.65%硫特普和微量氧化毒死蜱的样本，直接用于防治体外寄生虫时，造成 50 头公牛死亡。硫特普毒性高，很多国家规定了在毒死蜱中硫特普的最高浓度不能超过 0.3%～0.5%，但据报道有的国家生产的毒死蜱中含有 17%硫特普。在光、空气、高温时可促使农药二嗪磷生成 O,S-特普和特普，它们都是高毒，O,S-特普对胆碱酯酶的抑制作用比二嗪磷高14 000 倍。马拉硫磷贮存一年后，转化为异马拉硫磷和马拉氧磷；在巴基斯坦使用马拉硫磷防治蚊子，虽然安全防护措施不力，但杂质含量高是重要原因，纯的马拉硫磷的 LD_{50} 为 12 500 mg/kg，而当地使用的 LD_{50} 为 325 mg/kg。喹硫磷在 30℃贮存 6 个月，可大量转化为异喹硫磷和喹硫氧磷(图 2 和表 6)。

马拉硫磷与乙酰甲胺磷在生物体中的酯酶作用下，可进行水解反就，如图 3 所示，马拉硫磷经羧酸酯酶水解降解为毒性很低的马拉硫磷-羧酸；而乙酰甲胺磷不易在生物体中的酯酶作用下，水解为甲胺磷。目前在对蔬菜样本的检测时尤其是北方地区，常检出微量甲胺磷，但调查后又未发现使用甲胺磷，是否与乙酰甲胺磷可以在一定条件下转化为毒性很高的甲胺磷有关，还需进一步研究。

表 6 有机磷农药的有毒杂质与代谢物

有效成分 Active ingredient 杂质的化学名称或分子式	最高允许浓度 max. conc[①].	Reported[②] References[③] conc
乙酰甲胺磷 Acephate		
$(CH_3O)_2P(O)NH_2$	5 g/kg	
$(CH_3O)_2P(S)\ NHC(O)CH_3$	1 g/kg	文献 3
$(CH_3O)_2P(O)SCH_3$		
乙酰胺 acetamide	1 g/kg	

续表 6

有效成分 Active ingredient 杂质的化学名称或分子式	最高允许浓度 max. conc①.	Reported② References③ conc
毒死蜱 Chlorpyrifos 硫特普，治螟灵 sulfotep[b,c] 3,5,6-trichloropyridinol 2,5,6-三氯吡啶酚$(C_2H_5O)_2P(S)$ $PYCl_2$(Cl are in 3,6 or 5,6positions) $(C_2H_5O)_2P(S)PYCl_3$(Cl are in 3,4,6;4,5,6 positions) $(C_2H_5O)_2P(S)PYCl_4$ (C_2H_5O) $(C_2H_5S)P(O)PYCl_3$	0.01%[b] 0.15～0.65%[c] <0.05～0.57%	b:文献 8 c:文献 9 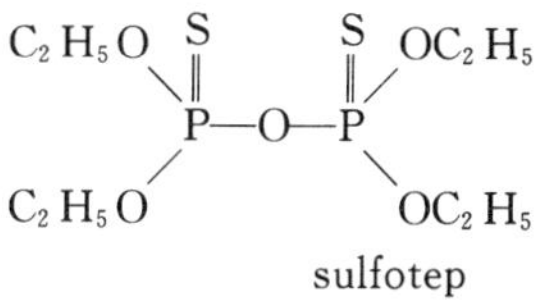 sulfotep 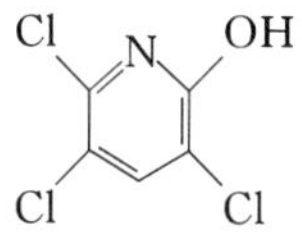 3,5,6-trichloropyridin-2-ol
乐果 Dimethoate O,O,O′,O′-tetramethyldithiopyrophosphate $(CH_3O)_2P(O)SCH_2CONHCH_3$ (Omethoate)	5 g/kg 5 g/kg	文献 7
杀螟硫磷 Fenitrothion S-methyl fenitrothion fenitrothion-oxon	20[a] g/kg	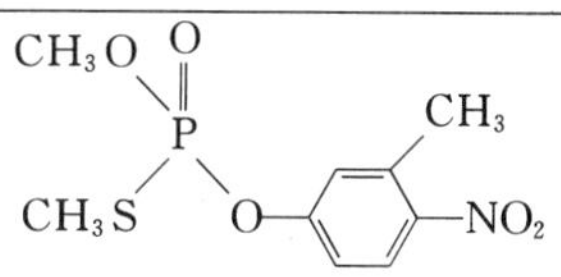 S-methyl fenitrothion 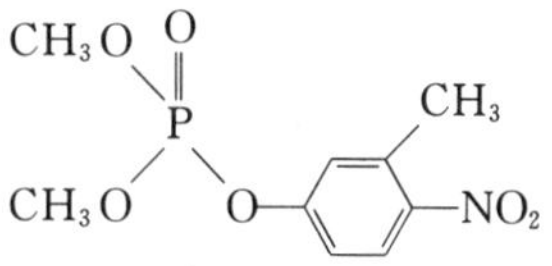 fenitrothion oxon
马拉硫磷 Malathion malaoxon isomalathion $(CH_3S)_2P(O)OCH_3$	1 g/kg 2 g/kg 1.8%[4]	文献 7 文献 7
Parathion sulfotep paraoxon S-ethyl parathion $(C_2H_5O)_2P(O)OH$ free p-nitrophenol	2 g/kg 1.0%⑤	文献 7 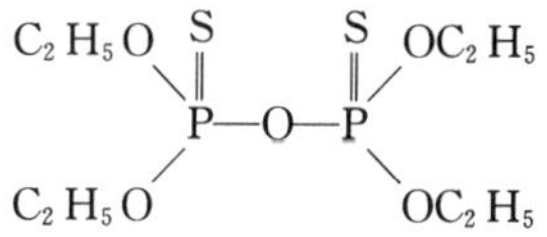 sulfotep 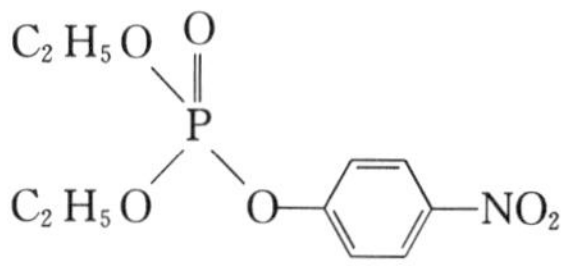 paraoxon 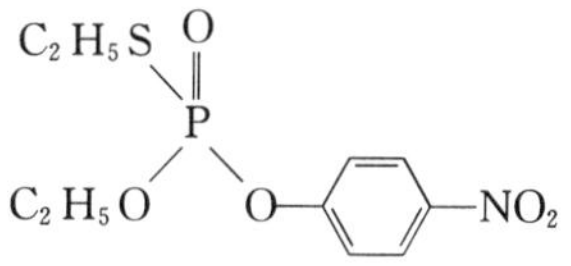 S-ethyl-parathion

①Max concentrations given in either by FAO, Australian (CAG) or Dutch national specifications

②Impurities found in commercial samples

③Authors reported the impurities in commercial pesticides are indicated with superscript letters, while the authors described the impurities are listed without any marks

④After stability test at 54℃ for 6 days (note: the normal test is 14 days)

⑤Including p-nitrophenol from easily hydrolysed Impurities

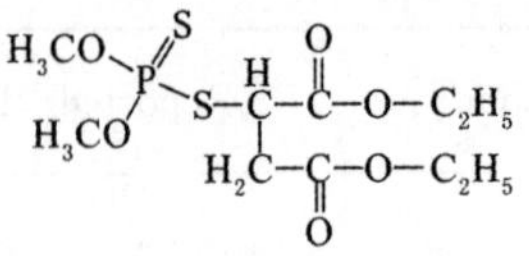

Malathion

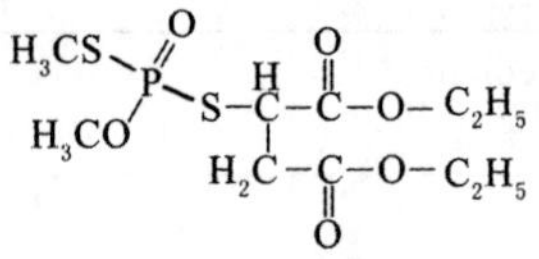

iso-malathion

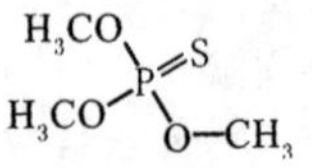

O,O,O-trimethyl phosphorothioate

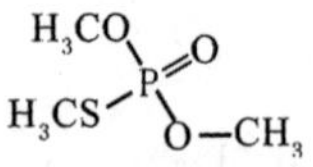

O,O,S-trimethyl phosphorothioate

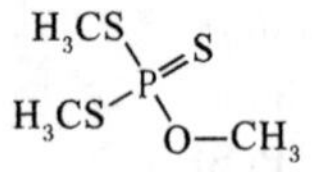

O,S,S-trimethyl phosphorothioate

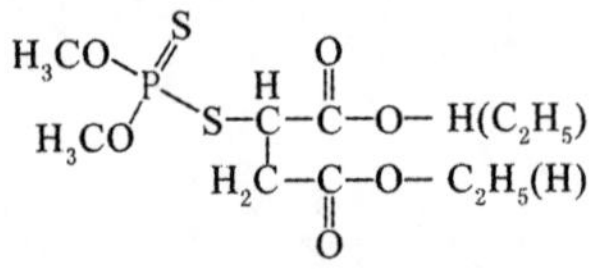

O,O-dimethyl-S-(1-carboxy-2-carboethoxy)-ethyl phosphorodithioate or corresponding ethyl analoge

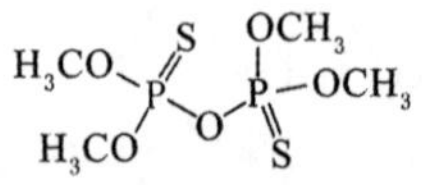

O,O,O′,O′,-tetramethyl dithiopyrophosphate

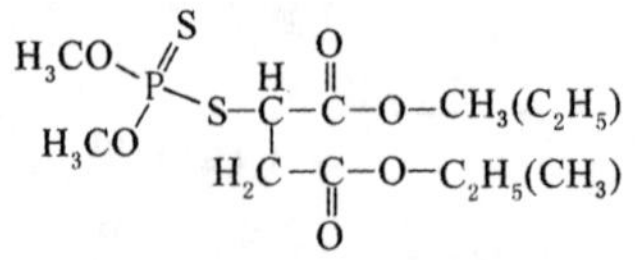

O,O-dimethyl-S-(1-carbomethoxy-2-carboethoxy)-ethyl phosphorodithioate or corresponding ethyl analoge

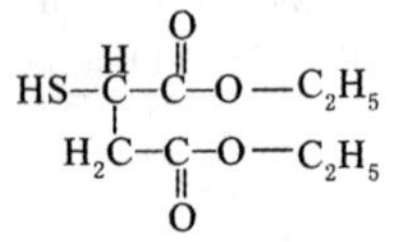

diethyl 2-thiolsuccinate

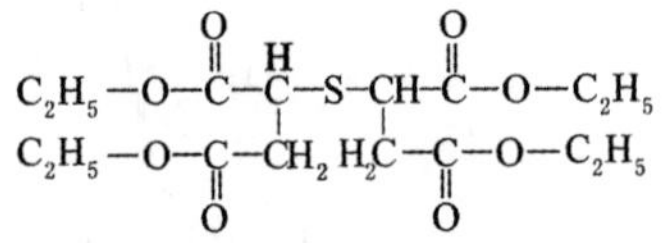

tetraethyl thiodisuccinate

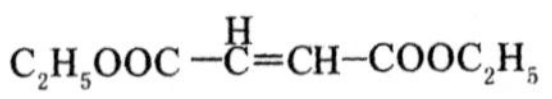

diethyl furmarate

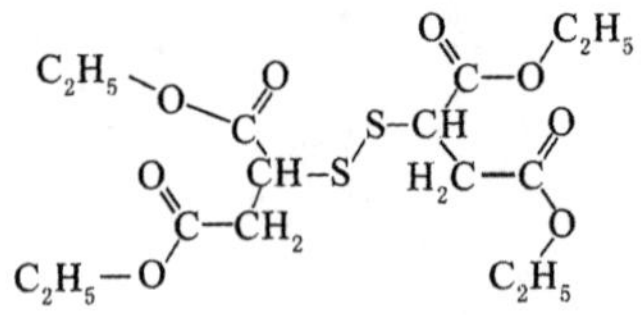

tetraethyl dithiodisuccinate

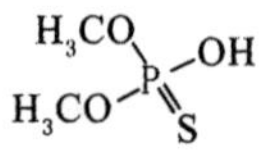

O,O-dimethyl phosphorothioic acide

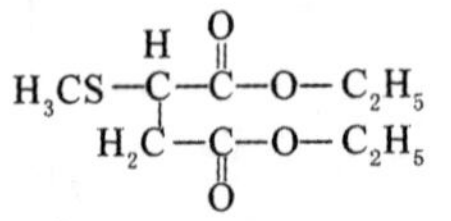

diethyl 2-methyl-thiolsuccinate

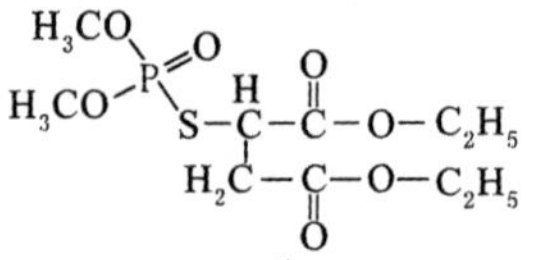

malaoxon

图 2 马拉硫磷工业品中的杂质

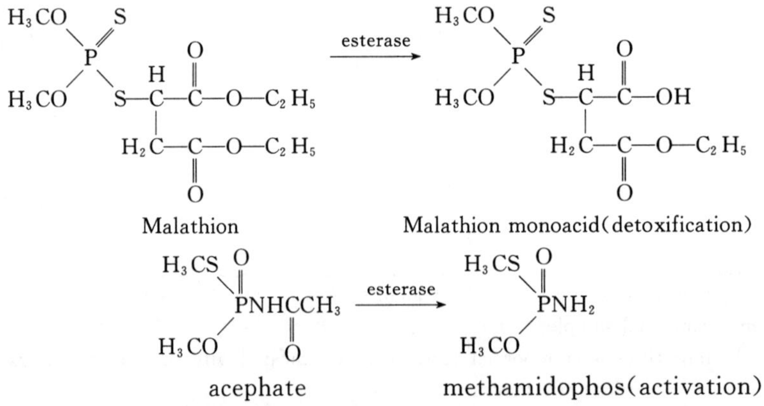

图 3 马拉硫磷与乙酰甲胺磷在生物体中的酯酶水解

杀菌剂的杂质与代谢物是残留分析工作不能忽视的问题,如又报道代森类杀菌剂的代谢产物乙撑硫脲有人可能致甲状腺癌作用,因此规定在工业品中其最高允许浓度为0.5%,在残留量测定中应同时测定乙撑硫脲。三唑酮工业品中应控制对氯酚含量不得超过0.5%,在残留测定中必须同时检测其代谢产物羟基三唑酮(即三唑醇)(表7)。我组在测定甲基托布津残留时,发现添加至香蕉中的甲基硫菌灵迅速转化消失,1 h消失30%,24小时约转化87.75%,在甲基硫菌灵转化消失的同时,产生了多菌灵,而在煮熟的香蕉中基本无此转化。按使用浓度以甲基硫菌灵悬浮液浸沾整根香蕉,15天后测定,香蕉肉中未检出甲基硫菌灵,多菌灵为0.1 mg/kg,香蕉皮中甲基硫菌灵约为2 mg/kg.多菌灵约为1 mg/kg,因此对甲基硫菌灵或苯菌灵等多菌灵的前体农药的残留测定,必须同时测定原药和多菌灵。

表7　杀菌剂的有毒杂质与代谢物

有效成分 Active ingredient 杂质的化学名称或分子式	工业品中最高允许浓度 max. conc	
代森类 Ethylenebisdithiocarbamates 乙撑硫脲 ethylenethiourea	0.5%	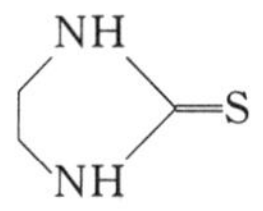 ethylenethiourea
三唑酮 Triadimefon 4-氯酚 4-chlorophenol	0.5%	

近年来在有机氮农药的残留研究中,这类问题遇到的就更多,因为含氮农药的代谢物多数具有一定的毒性,它们或比原药的毒性高或具有致癌性,进行残留测定时必须包括这些代谢物;但多数含氮农药对热不稳定,在通常的色谱条件下易分解,热离子检测器可用来测定含氮化合物,为了提高灵敏度常将有机氮农药衍生化,使其转化为对热稳定的衍生物(表8)。如已禁止使用的杀虫脒对哺乳动物的急性口服毒性属中等,但其原药及代谢物N-甲酰基(4-氯邻甲苯胺)和4-氯邻甲苯胺对小鼠致癌作用,可生成结缔组织恶性血管内皮瘤,杀虫脒的致癌无作用剂量为20 mg/kg,而4-氯邻甲苯胺为2 mg/kg,FAO/HAO资料规定其残留测定必须是杀虫脒及其代谢物的总和,常用的方法是将原药、其代谢产物、轭合物等在酸、碱性条件下水解形成最小的、稳定的有毒组4-氯邻甲苯胺,再进行测定。如果不进行水解,直接用有机溶剂提取,不能将轭合部分提取出来,所以杀虫脒的总残留为有机溶剂可提取部分与轭合残留部分的总和。

表8　有机氮农药的有毒杂质与代谢物

有效成分 Active ingredient 杂质的化学名称或分子式	工业品中最高允许浓度 max. conc
杀虫脒 chlordimefon	
四氯邻甲苯胺 4-Cl-o-methylaniline	必须测定
双甲脒 Amitraz	
2,4-二甲苯胺 2,4-dimethylaniline	3 mg/kg
涕灭威	必须测定
涕灭威 Aldicarb	必须测定
涕火威砜 Aldicarb sulfoxide	必须测定
呋喃丹	必须测定
三羟基呋喃丹	必须测定
敌草隆 Diuron	必须注意原料:3,4-二氯苯胺及其纯度
利谷隆 Linuron	必须注意原料:3,4-二氯苯胺及其纯度
N-亚硝基二正丙基胺,1 mg/kg	1 mg/kg
敌稗 Propanil	必须注意原料:2,4-二氯苯胺及其纯度
氟乐灵 Trifluralin	1 mg/kg

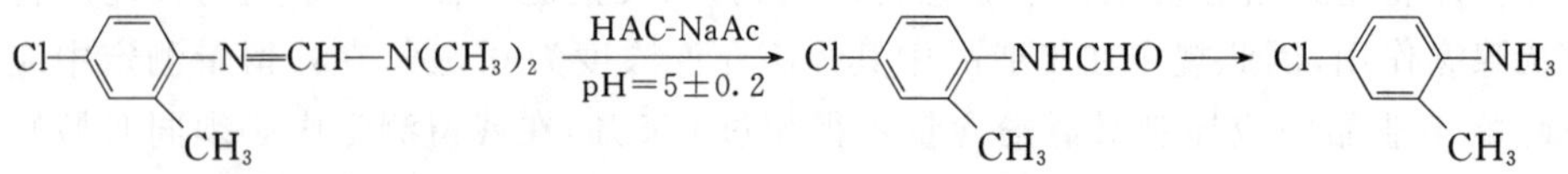

正因为杀虫脒的残留是测定其最大的、稳定的有毒组分，凡是在作物上施用过杀虫脒，其残留量必然高，即杀虫脒在作物或环境中降解为对害虫和螨类无效的产物，仍然是其有毒代谢物而被检测出，因此无论从毒理上和从残留上杀虫脒都必须禁止使用。

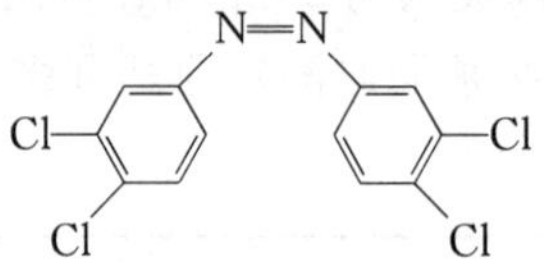

3,3′,4,4′-tetrachloroazobenzene

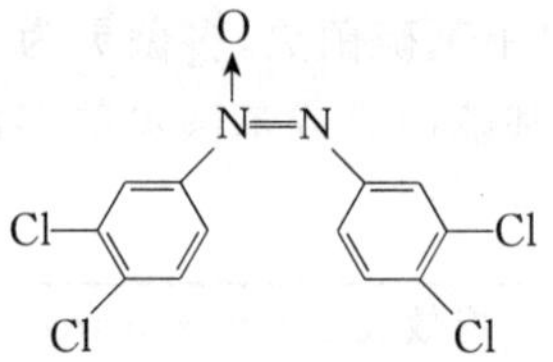

3,3′,4,4′-tetrachloroazoxybenzene

涕灭威在棉花播种时施于土壤中防治早期蚜虫、红蜘蛛，被根部吸收后，转移到木质部，进入细胞后立即转化为亚砜和砜，涕灭威，亚砜和砜的毒性都很高，对小白鼠的口服 LD_{50} 分别为 0.9，0.9 和 25 mg/kg。亚砜和砜的杀虫效果和原药相当，在作物上的残留主要是亚砜和砜，最初亚砜的数量多，然后逐渐下降，而砜的数量在一定时间内维持动态平衡。所以研究涕灭威在作物、土壤和水中的残留时，是以原药、亚砜和砜的总量计算的，作者用过氧乙酸将样本中涕灭威和亚砜定量地氧化成涕灭威砜，以涕灭威砜量计算有毒涕灭威的总量，该法的氧化效率达 95%以上。棉籽、土壤和水样本的添加回收率在 85%～110%。亚砜和砜的水溶性比较高，三者溶解度分别为 0.6%，33%，0.8%，在土壤中易淋溶而污染地下水。呋喃丹对大鼠口服 LD_{50} 为 8～14 mg/kg，它有两条代谢路线。一条是水解为相应的酚，另一条是呋喃环的甲烷基氧化为 3-羟基呋喃丹（LD_{50} =18 mg/kg）和 3-酮基呋喃丹（LD_{50} =68 mg/kg），3-羟基呋喃丹的毒性接近呋喃丹，在植物体内形成葡萄糖酐，因此在进行残留测定时，必须同时测定呋喃丹与 3-羟基呋喃丹，而 3-酮基呋喃丹毒性较低且含量极少。可以不测定。

敌草隆、利谷隆和敌稗等以 3,4-二氯苯胺为原料的除草剂，工业 3,4-二氯苯胺中含有 3,3′,4,4-四氯偶氮苯（TCAB），其结构类似 TCDD，TCAB 可以使鸡的胚胎致畸。加拿大农业部曾对 23 个敌稗样本进行测定，其中 TCAB 含量为 1.1～30 mg/kg。

二硝基苯胺类除草剂如氟乐灵等，在合成过程中可能生成副产物 N-亚硝基二正丙基胺（图 4），已知 N-亚硝基甲基胺可对动物致癌。在氟乐灵工业品中，曾测出 154 mg/L 的 N-亚硝基二正丙基胺（图 4）。

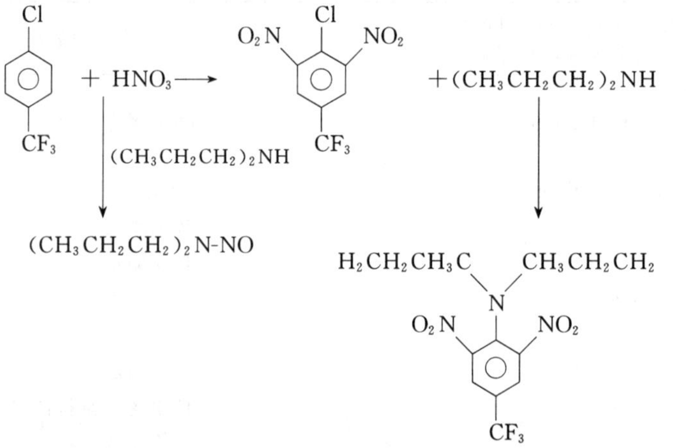

图 4　N-亚硝基二正丙基胺

综上所述，研究和测定农药在农产品和环境中的残留时，首先要研究农药原药中有毒理学意义的杂质，其次是研究农药在生物体和环境中降解转化的有毒理学意义的产物，最后研究相应农药及其杂质的分析方法。目前国内外已经规定了不少农药必须测定其杂质和代谢物，但限于方法的局限性，尚不能在残留水平上测定某些农药的有毒杂质和代谢物。随着进一步研究的深入和方法的完善，以上问题是可以很好解决的。

参考文献

[1] 许泳峰译，农药污染. 日本环境厅水质保全局土壤农药课，农业出版社，1983

[2] 陈万义，屠予钦，钱传范. 农药与应用. 化学工业出版社，1991

[3] R. W. Stornerr et al. J. AOAC, 54, 218～219, 1971

[4] FAO Specification for Plant Protection Products, 2000

[5] M. J. Gillespie et al. J. Pesticide Sci. 42, 305～314, (1994)

[6] FAO/WHO Pesticide Residues in Food. ,FAO Recent publications

[7] FAO/IAEA Training and Reference Centre for Food and Pesticide Control, Significance of Impurities in the safety Evaluation of Crop Protection Products, A. Ambrus et. al. 2000

[8] R. Turle et. al. Bull. Environ. Contam. Toxicology, 38, 793～797, 1987

（注：此文原载于《农药残留研究进展. 第一卷》. 85—95，查显才，王兴禄，岳永德主编，中国农业出版社，2003）

氯磺隆和苯磺隆对玉米乙酰乳酸合成酶抑制作用的研究*

范志金[1,2]，钱传范[1]，于维强[2]，陈俊鹏[2]，李正名[2]，王玲秀[2]
([1] 中国农业大学应用化学学院/农业部农药化学及农药使用技术重点开放实验室，北京 100094；
[2] 南开大学元素有机化学研究所，元素有机化学国家重点实验室，天津 300071)

摘要 用玉米沙培主根长度法测定了玉米品种农大 3138 和农大 108 对氯磺隆和苯磺隆的相对敏感性。结果表明，农大 3138 耐药能力比农大 108 强，氯磺隆对玉米生长的影响比苯磺隆大。有关玉米离体乙酰乳酸合成酶(ALS)的研究结果表明，氯磺隆和苯磺隆对两种玉米离体 ALS 酶具有强烈的抑制作用，是玉米 ALS 酶的非竞争性抑制剂，氯磺隆对两种玉米 ALS 酶的抑制作用强于苯磺隆。低浓度的氯磺隆和苯磺隆对活体 ALS 酶无抑制作用，高浓度下才抑制活体 ALS 酶的活性。

关键词 氯磺隆，苯磺隆，乙酰乳酸合成酶，玉米

Study on Enzymatic Inhibition of Acetolactate Synthase from Maize (*Zea mays* L.) by Chlorsulfuron and Tribenuron-methyl

FAN Zhi-jin[1,2], QIAN Chuan-fan[1], YU Wei-qiang[2], CHEN Jun-peng[2],
LI Zheng-ming[2], WANG Ling-xiu[2]
(1 College of Applied Chemistry, China Agricultural University/Key Laboratory of Pesticide Chemistry and Application Technology of Ministry of Agriculture, Beijing 100094; 2 State Key Laboratory of Elemento Organic Chemistry, Institute of Elemento Organic Chemistry, Nankai University, Tianjin 300071)

Abstract The relative sensitivity of maize (*Zea mays* L.) varieties Nongda108 and Nongda3138 to sulfonylurea herbicide chlorsulfuron and tribenuron-methyl was studied by using maize main root length in sand culture. Results showed that Nongda3138 had higher tolerance to chlorsulfuron and tribenuron-methyl than Nongda108. Chlorsulfuron had stronger growth inhibitory effect on maize varieties Nongda108 and Nongda3138 than tribenuron-methyl. Study on target enzyme of sulfonylurea herbicide acetolactate synthase (ALS) showed that chlorsulfuron and tribenuron-methyl inhibited ALS *in vitro* violently and they were non-competitive inhibitors to ALS. At the same concentration of inhibitors, chlorsulfuron had stronger inhibitory effect on ALS activity than tribenuron-methyl. Lower level of chlorsulfuron and tribenuron-methyl had no inhibitory effect on ALS activity *in vivo*, and the inhibitory effect on ALS activity only occurred in the condition of high concentration of chlorsulfuron and tribenuron-methyl *in vivo*.

Key words Chlorsulfuron, Tribenuron-methyl, Acetolactate synthase (ALS), Maize (*Zea mays* L.)

磺酰脲类除草剂属超高效除草剂，其作用靶标是乙酰乳酸合成酶(ALS)，也称乙酰羟基酸合成酶

基金项目：国家自然科学基金资助项目(20107003)，国家自然科学基金重点资助项目(29832050)，教育部高等学校重点实验室访问学者基金以及农业部农药化学及农药使用技术重点开放实验室基金资助项目。

(AHAS),它抑制支链氨基酸——缬氨酸、亮氨酸和异亮氨酸的生物合成[1]。目前,除草剂对 ALS 的抑制情况和 ALS 酶的结构及调控机制并不清楚,许多研究试图弄清 ALS 酶的结构或者其与抑制剂结合物的结构,以期为新农药的创制提供理论依据和基础,现已取得一定的进展[2,3]。另外,ALS 与杂草对磺酰脲类除草剂的抗性密切相关[4,5]。由于我国耕作制度中存在后茬甚至多茬作物,因此农药残留及其对后茬作物的影响是农业生产中特别值得关注的问题之一。磺酰脲类除草剂在发挥超高效的同时,也带来了对非靶标作物的药害问题。长残效和对作物的药害及环境安全性问题是阻碍该类除草剂发展的重要因素[6]。因此,开发低残留、易降解、环境相容性好的新磺酰脲类除草剂是适合我国国情的选择。氯磺隆是小麦田很好的除草剂,但由于其长残留及容易对后茬作物产生药害,现已在我国大部分地区禁用,而苯磺隆在我国的应用面积和范围却相当广泛,为明确两者对后茬玉米生长的影响,本文从生物测定和靶标 ALS 酶两个方面就氯磺隆和苯磺隆对玉米生长的影响进行了详细的研究。

1 材料与方法

1.1 试验材料

1.1.1 供试除草剂 氯磺隆,质量纯度为 95.00%,由中国化工进出口总公司提供;苯磺隆,质量纯度为 97.40%,由农业部农药检定所提供。玉米品种:农大 108,农大 3138,由中国农业大学农学系提供。

1.1.2 生化试剂和化学试剂 黄素腺嘌呤二核苷酸(flavin adenine dinucleotide),Sigma 产品;乙酰甲基甲醇(acetoin),Fluka 产品;丙酮酸钠(sodium pyruvate),Fluka 产品;氯化硫胺素焦磷酸盐(thiamine pyrophosphate),由中国科学院上海生物化学研究所提供;牛血清白蛋白(bovine serum albumin),中国科学院东方仪器设备公司生化部产品;肌酸单钠盐(creatine monohydrate),上海化学试剂站分装厂产品:α-萘酚(α-naphthol),分析纯,北京化学试剂三厂产品;考马斯亮蓝 G250,英国进口分装,由中国医药公司北京采购供应站提供;石英砂(quartz sand washed and clinched),纯度>99.8%,天津石英钟厂霸州市化工分厂产品;其他试剂均为国产分析纯。

1.1.3 供试仪器 LRH-250-G 光照培养箱,广东省医疗器械厂产品;UV-754 紫外可见分光光度计,上海第三分析仪器厂产品;SHZ-88-1 型台式水浴恒温振荡器,江苏太苍鹿河生化仪器厂产品;PHS-25 酸度计,上海雷磁仪器厂产品;超速冷冻离心机(Sorvall RC 26 Plus),美国 Sorvall 公司产品。

1.2 试验方法

1. 2.1 不同玉米品种对氯磺隆和苯磺隆的相对敏感性试验 用玉米沙培主根长试验,参照范志金等的方法进行[7]。

1.2.2 ALS 酶的提取方法 参照 Fan 等的方法[8]。将催芽和避光培养 3 d 的玉米苗 5 g 剪碎放入研钵中,加入 2 倍于玉米鲜重的酶提取液(含 1 mmol・L^{-1} 丙酮酸钠,0.5 mmol・L^{-1} $MgCl_2$,0.5 mmol・L^{-1} TPP,10 μmol・L^{-1} FAD,pH 7.0 的 50 mmol・L^{-1} K_2HPO_4-KH_2PO_4 的缓冲液),在石英砂中快速研磨后用 8 层纱布过滤,定容到 10 mL,于 25 000×g,4℃离心 20 min,上清液用 $(NH_4)_2SO_4$ 粉末调至约 50%饱和度,0℃沉降 2 h 后,于 25 000×g,4℃离心 30 min,弃去上清液,其沉淀即为所需的 ALS 酶。该酶溶于 5~10 mL 酶溶解液(含 20 mmol・L^{-1}丙酮酸钠,0.5 mmol・L^{-1} $MgCl_2$,pH7.0 的 50 mmol・$L^{-1}$$K_2HPO_4$-$KH_2PO_4$ 的缓冲液)中直接用于活力的测定。

1.2.3 离体 ALS 酶的测定 参照 Fan 等的方法[8]。将含 0.1 mL 不同浓度的除草剂样本溶液和 0.5 mL酶反应液(含 24 mmol・L^{-1}丙酮酸钠,0.6 mol・L^{-1} $MgCl_2$,1 mmol・L^{-1} TPP,20 μmol・L^{-1} FAD,pH 7.0 的 50 mmol・L^{-1} K_2HPO_4-KH_2PO_4 的缓冲液)及 0.4 mL 酶液的体系在 35℃恒温水浴中暗反应 1 h,用 0.1 mL 3 mol・L^{-1} H_2SO_4 终止反应,60℃脱羧 15 min。用 0.5 mL 0.5%肌酸和 0.5 mL 5 %α-萘酚溶液(溶于 2.5 mol・L^{-1}的 NaOH 溶液),60℃显色 15 min,在 525 nm 处比色,以 nmol 乙酰甲基甲醇・mg^{-1}蛋白质・h^{-1}表示。蛋白含量采用考马斯亮蓝法测定[9]。

1.2.4 离体 ALS 酶反应进程与抑制剂关系的测定 参照 Ray 的方法进行[10]。取 10～12 支具塞刻度试管，分别加入 10 nmol・L^{-1}的除草剂样本溶液 0.1 mL，在各管中加入 0.5 mL 酶反应液和0.4 mL酶液，摇匀后在 35℃恒温水浴中暗反应，间隔 0 min、5 min、10 min、20 min、30 min、40 min、50 min、60 min、75 min、90 min、105 min 各取 1 支试管进行 ALS 酶活力的测定，其余测定条件同 1.2.3 节，整个试验重复 3 次。

1.2.5 离体 ALS 酶 K_m 和 V_{max}的测定 参照 Rathinasabapathi 等的方法进行[11]，用双倒数法计算 K_m 和 V_{max}。

1.2.6 活体乙酰乳酸合成酶(ALS)的测定 参照 Fan 等的方法[8]。在 5 mL 具塞刻度试管中分别加入 0.1 mL 缓冲液和 0.4 mL 活体提取的酶液及 0.5 mL 酶反应液，按 1.2.3 节的方法测定活体活性。

2 结果与讨论

2.1 两种玉米对氯磺隆和苯磺隆的相对敏感性

沙培玉米主根长试验结果见表 1。表 1 表明，氯磺隆和苯磺隆对玉米农大 108 和农大 3138 的主根的生长都有抑制作用，氯磺隆的抑制作用比苯磺隆强烈，苯磺隆对农大 108 的平均 IC_{50}是氯磺隆的近 6 倍，苯磺隆对农大 3 138 的平均 IC_{50}是氯磺隆的 2.7 倍；而且，农大 3138 对氯磺隆和苯磺隆的耐药能力较农大 108 强。因此，氯磺隆比苯磺隆更易对后茬玉米产生药害。

表 1 两种玉米品种对氯磺隆和苯磺隆的相对敏感性

Table 1 Relative sensitivity of two maize cultivars to chlorsulfuron and tribennuron-methyl

品种 Cultivar	药剂 Herbicide	回归方程 Regression equation	r^2	IC_{50} (μg・kg^{-1})	平均 IC_{50} Average(μg・kg^{-1})
农大 108 Nongda108	苯磺隆 Tribenuron-methyl	$y=0.8217x+3.9263$	0.984 7	20.26	20.26
	氯磺隆 Chlorsulfuron	$y=0.3341x+4.8202$	0.981 2	3.45	3.45
农大 3138 Nongda3138	苯磺隆 Tribenuron-methyl	$y=0.5960x+4.0314$	0.994 3	42.19	42.19
	氯磺隆 Chlorsulfuron	$y=0.7949x+3.9988$	0.981 1	18.18	15.73
		$y=0.4518x+4.4927$	0.997 2	13. 27	

2.2 玉米离体 ALS 酶反应进程与抑制剂的关系

离体条件下测得 10 nmol・L^{-1}的氯磺隆和苯磺隆对农大 3138 的 ALS 酶反应进程曲线见图 1。

由图 1 可见，ALS 酶比活力与反应时间的关系符合 Michaelis-Meten 方程，在无抑制剂存在的情况下，ALS 酶的比活力与反应时间几乎都呈线性关系，酶的比活力随反应时间的延长而增加，在 10 nmol・L^{-1}氯磺隆或苯磺隆的存在下，ALS 酶的比活力的变化也存在同样的趋势。另外，氯磺隆对 ALS 酶的抑制作用比相同浓度的苯磺隆更强，这与生物测定的研究结果一致。

2.3 玉米 ALS 酶 K_m 和 V_{max}的测定结果

抑制剂对酶的作用分可逆抑制与不可逆抑制，可逆抑制又分竞争性抑制、非竞争性抑制和反竞争性抑制 3 种类型。竞争性抑制指酶不能同时与底物结合又与抑制剂结合，而底物或抑制剂与酶的结合都是可逆的，抑制剂的存在会影响酶和底物的结合，酶的米氏常数(K_m)增加，最大反应速度(V_{max})不变，双倒数曲线在 1/s 轴上有一交叉点。非竞争性抑制条件下，抑制剂和酶的结合不受底物存在与否的影响，所以 K_m 不变，V_{max}减小，双倒数曲线在 1/s 轴上有一交叉点。在反竞争性抑制中，酶仅与底物结合后才能与抑制剂结合，因此，K_m 和 V_{max}都减小，双倒数曲线是相互平行的直线。不同浓度的氯磺隆和苯磺隆对玉米 ALS 酶在不同底物浓度下的双倒数曲线见图 2 和图 3。

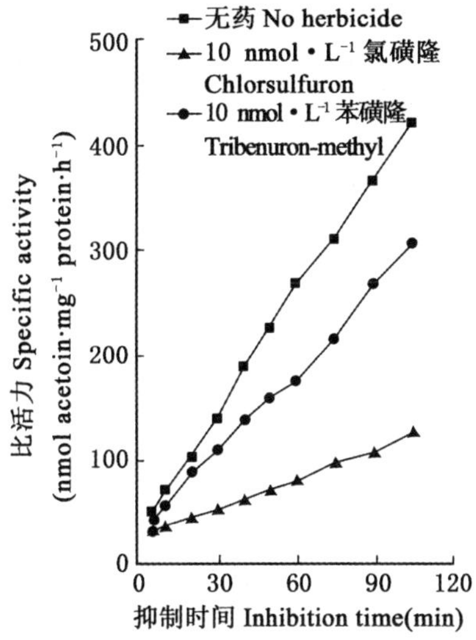

图 1　氯磺隆和苯磺隆存在时农大 3138 的 ALS 酶的反应进程曲线

Fig. 1　Effect of chlorsulfuron and tribenuron－methyl on ALS activity of Nongda 3138 under different inhibition time

由图 2 和图 3 可见，氯磺隆和苯磺隆对玉米 ALS 酶的双倒数曲线几乎在横轴上相交于一点，这种抑制作用属非竞争性抑制，这一抑制作用的类型与除草剂的结构无关。

对每一种玉米来说，V_{max} 随着除草剂浓度的增加而减小，但 K_m 变化很小，几乎不变，利用双倒数曲线计算得出玉米农大 108 ALS 酶的 K_m 为 6.92 mmol·L^{-1}；玉米农大 3138 ALS 酶的 K_m 为 7.22 mmol·L^{-1}，K_m 在玉米品种间无显著差异。总体表观 K_m 为 7.32±1.68 mmol·L^{-1}（表 2）。

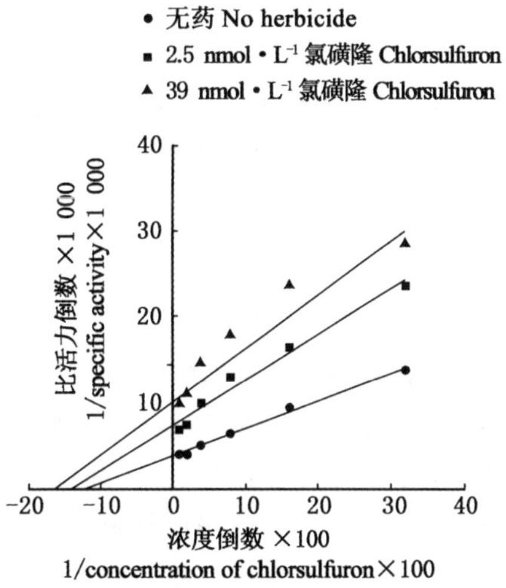

图 2　不同浓度氯磺隆存在时农大 108 的 ALS 酶的双倒数曲线

Fig. 2　Double reciprocal Lineweaver-Burk plot of velocity data at varying levels of chlorsulfuron for ALS from maize Nongda108(*in vitro*)

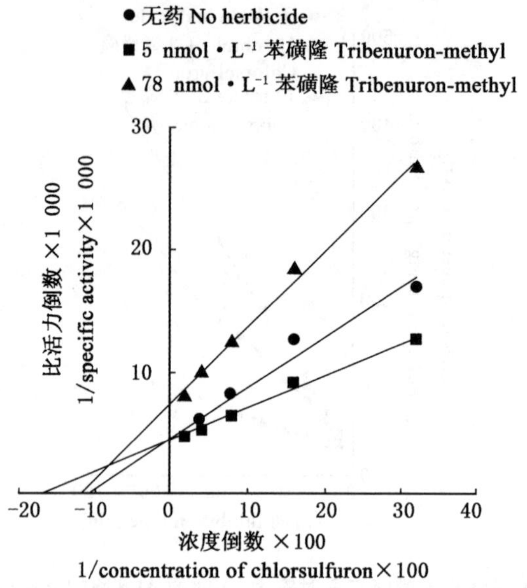

图 3 不同浓度苯磺隆存在时农大 3138 的 ALS 酶的双倒数曲线

Fig. 3 Double reciprocal Lineweaver-Burk plot of velocity data at varying levels of tribenuron-methyl for ALS from maize Nongda 3138(*in vitro*)

表 2 两种玉米 ALS 酶 K_m 和 V_{max} 的测定结果

Table 2 Apparent K_m and V_{max} of two maize cultivars

品种 Cultivar	药剂 Herbicide	浓度 Concentration (mmol · L^{-1})	回归方程 Regression equation	r^2	V_{max}/specific activity	K_m (mmol · L^{-1})
农大 108	氯磺隆	39	$y=0.4837x+9.1760$	0.960 1	108.98	5.27
Nongda108	Chlorsulfuron	2.5	$y=0.5211x+7.2519$	0.971 5	137.89	7.19
		0	$y=0.3133x+3.7699$	0.991 4	265. 26	8.31
农大 3138	苯磺隆	78	$y=0.6206x+7.5034$	0.993 3	133.27	8.27
Nongda3138	Tribenuron-methyl	5	$y=0.2617x+4.4059$	0.991 5	226.97	5.94
		0	$y=0.4096x+4.5707$	0.966 8	218.79	8.96

2.4 氯磺隆和苯磺隆对两种玉米离体 ALS 酶活性的影响

离体 ALS 酶试验结果(表 3)表明,氯磺隆和苯磺隆对农大 108 和农大 3138 的 ALS 酶都有抑制作用,氯磺隆对玉米 ALS 的抑制作用较苯磺隆强烈,对农大 108 和农大 3138ALS 的抑制作用分别是苯磺隆的约 7 倍和 8 倍;同一除草剂对不同玉米品种 ALS 酶的抑制作用都在同一水平上,差别很小。这与生物测定发现同一除草剂对不同玉米品种的抑制作用存在差异的结果不同,产生这一差异的原因在于,生物测定是采用玉米主根长度法,根系从萌发便开始与药剂接触,随后药剂被作物吸收并在植株体内传导,药剂在植株体内吸收和传导的差异以及被其他的酶系如多功能氧化酶(MFO)等代谢解毒速度的差异可能导致生物测定结果的不同,而 ALS 酶的测定是使用避光培养的玉米整株幼苗,药剂仅在测定期间接触 ALS 酶,不存在吸收、传导和代谢解毒的差异,这有待于从吸收、传导和代谢方面做进一步研究。研究结果还表明,氯磺隆比苯磺隆更易对后茬玉米产生药害;仅从靶标的敏感性考虑,氯磺隆或苯磺隆对玉米产生药害的程度在玉米品种间差异不大。当然,产生药害的原因还包括药剂降解乃至环境因素的影响等其他因素,应综合考虑。

表 3 氯磺隆和苯磺隆对两种玉米 ALS 酶的离体抑制作用测定结果

Table 3 ***In vitro* ALS inhibition of chlorsulfuron and tribenuron-methyl to two maize cultivars**

玉米品种 Cultivar	药剂 Herbicide	I_{50} (nmol·L^{-1})	平均 I_{50}±95%置信限 Average I_{50}±95% confidence interval(nmol·L^{-1})
农大 108 Nongda108	苯磺隆 Tribenuron-methyl	25.97	24.68±2.15
		25.04	
		23.03	
	氯磺隆 Chlorsulfuron	3.34	3.33±0.82
		4.69	
		3.10	
		2.20	
农大 3138 Nongda3138	苯磺隆 Tribenuron-methyl	17.99	18.51±0.72
		18.53	
		19.00	
	氯磺隆 Chlorsulfuron	2.40	2.15±0.60
		1.66	
		2.39	

2.5 氯磺隆和苯磺隆对两种玉米活体 ALS 酶活性的影响

由图 4 和图 5 可见，两种除草剂的抑制曲线都存在同样的趋势，即低浓度的两种除草剂对玉米活体 ALS 均无抑制作用，反而使 ALS 的酶活比对照的高，高浓度才对玉米活体的 ALS 酶有抑制作用，到一定浓度时，抑制曲线趋于平直，且氯磺隆对玉米活体 ALS 酶的抑制作用较相同浓度的苯磺隆强。低浓度的除草剂对 ALS 酶活性不产生影响或稍微升高，可能是由于药剂的刺激引起植物自身的应激反应。与离体试验结果相比两种除草剂对玉米活体 ALS 酶的抑制作用远远低于离体试验的结果，这说明低浓度的氯磺隆和苯磺隆可能促进了玉米 ALS 酶活性的提高或者玉米体内存在对氯磺隆和苯磺隆的快速代谢机制。由于活体试验是测定 ALS 酶反应的最终产物乙酰乳酸，除草剂在玉米培养过程中一直存在于玉米植株中，因此，除草剂在活体玉米组织中很容易被降解而不能到达或者很少到达靶标而产生抑制作用。就活体靶标而言，可能产生的药害在玉米品种之间和除草剂品种之间差异不大，实际产生药害的

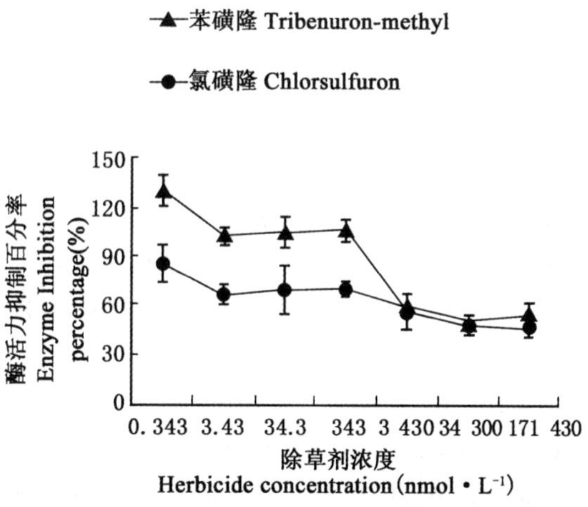

图 4 氯磺隆和苯磺隆对活体农大 108 ALS 酶的抑制作用

Fig. 4 Inhibition of chlorsulfuron and tribenuron-methyl to ALS from maize Nongda108(*in vivo*)

差异可能主要产生在玉米对药剂的代谢方面,这有待于谷胱甘肽-s-转移酶(GST)和 MFO 等方面的进一步详细研究。有关 GST 和 MFO 在代谢降解过程中起重要作用的研究也有报道[12,13]。

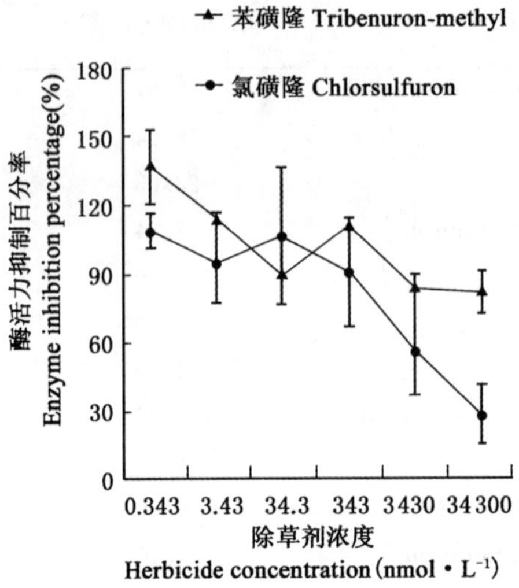

图 5 氯磺隆和苯磺隆对活体农大 3138 ALS 酶的抑制作用

Fig. 5 Inhibition of chlorsulfuron and tribenuron-methyl to ALS from maize Nongda3138(*in vivo*)

3 结论

生物测定结果表明,农大 3138 对氯磺隆和苯磺隆的耐药能力较农大 108 强,氯磺隆对两种玉米生长的抑制作用又比苯磺隆强;相应的靶酶研究表明,氯磺隆和苯磺隆对 ALS 酶活性的影响与玉米品种无关,氯磺隆对两种玉米 ALS 酶的抑制作用都比苯磺隆强,且离体抑制作用较活体抑制作用强烈;氯磺隆和苯磺隆对玉米 ALS 酶的抑制作用是非竞争性抑制,ALS 酶的总体表观 K_m 为 7.32 ± 1.68 mmol · L^{-1}。

References:

[1] Duggleby R G, Pang S S. Acetohydroxyacid synthase. *J. Biochem. and Mol. Bio.* 2000,33(1):1-36.

[2] Sprague C L, Stoller E W, Wax L M. Common cocklebur (*Xanthium strumarium*) resistance to selected ALS—inhibiting herbicides. *Weed Technol.* 1997,11:241-247.

[3] Wright T R, Bascomb N F, Sturner S F, Penner D. Biochemical mechanism and molecular basis for ALS-inhibiting herbicide resistance in sugarbeet(*Beta vulgaris*) somatic cell selections. *Weed Sci.* 1998,46:13-23.

[4] Pang S S, Guddat L W, Duggleby R G. Crystallization of the catalytic subunit of *Saccharomyces cerevisiae* acetohydroxyacid synthase. *Acta Cryst. D*,2001,57:1321-1323.

[5] Pang S S, Duggleby R G, Guddat L W. Crystal structure of yeast acetohydroxyacid synthase: a target for herbicidal inhibitors. *J Mol. Biol.* 2002, 317:249-262.

[6] 范志金,刘丰茂,钱传范,磺酰脲除草剂的现状和发展趋势分析. 农药,1999, 38(5):6-9. Fan Z J, Liu F M, Qian C F. The present situation and development of sulfonylurea herbicides. *Pesti-*

cides, 1999, 38(5):6—9.(in Chinese)

[7] 范志金,钱传范,党宏斌,李正名,王玲秀.麦谷宁生测方法及其对玉米的安全性研究.农药学学报,2000,2(1):63—70. Fan Z J ,Qian C F, Dang H B, Li Z M, Wang L X. Study on the bioassay of maiguning and the safety assessement of maiguning to different maize(*Zea mays* L.). *Chinese Journal of Pesticide Science*, 2000, 2(1):63—70.(in Chinese)

[8] Fan ZJ, Qian C F, Li Z M, Wang L X. Specific activity determination of acetolactate synthase from maize(*Zea mays* L.). In: Han W N, Zhen G Y. eds. *The Proceedings of the* 18 *th Asia-Pacific Weed Science Society Conference*. 515—522. May 28—June 2, 2001. Beijing: Standards Press of China.

[9] Bradford M M. A rapid and sensitive method for the quantitative of microgram quantities of protein ultilizing the principle of protein-dye binding. *Anal. Biochem.* 1976, 72:248—254.

[10] Ray T B. Site of action of chlorsulfuron. *Plant Physiol*. 1984,75:827—831.

[11] Rathinasabapathi B, King J. Herbicide resistance in *Datura innoxia*. Kinetic characterization of acetohydroxyacid synthase from wild-type and sulfonylurea—resistant cell variants. *Plant Physiol*. 1991, 96:255—261.

[12] Thalacker F W, Swanwon H R, Frear D S. Characterization,purification and reconstruction of an inducible cytochrome P450-dependent triasulfuron hydroxylase from wheat. *Pestic. Biochem. Physiol.* 1994, 49:209—223.

[13] Reade J P H, Cobb A H. Glutathione S-transferases in blackgrass(*Alopecurus myosuroides* Huds.):Properties and involvement in herbicide resistance. *Pestic. Sci.* 1999, 55:349—351.

(注:此文原载于《中国农业科学》,2003,36(2):173—178)

单嘧磺隆对小麦的安全性及在麦田除草效果的研究*

范志金[1,2],钱传范[1],陈俊鹏[2],李正名[2],王玲秀[2],党宏斌[1]
(1 中国农业大学 理学院应用化学系,农业部农药化学及农药使用技术重点开放实验室,北京 100094;
2 南开大学元素有机化学研究所,元素有机化学国家重点实验室,天津 300071)

摘要 小麦主根长法测定结果表明,小麦品种对单嘧磺隆的相对敏感性有差异,以氯磺隆和苯磺隆为对照测定了单嘧磺隆对 9 个小麦品种的相对安全性,结果表明,单嘧磺隆对小麦的安全性与苯磺隆基本相当。温室盆栽试验结果显示,茎叶处理和土壤处理,0.06 kg/hm² 施药量时油菜产生药害;低于 0.06 kg/hm² 施药量时对玉米安全;低于 0.12 kg/hm² 时,小麦和谷子的生长均不受影响。田间试验表明,10%单嘧磺隆可湿性粉剂能有效防除麦田杂草如碱茅[*Puccinellia disants*(L.)]、播娘蒿[*Descurainia sophia*(L.)Schur.]、荠菜[*Capsella bursapastoris*(L.)Medic.]、早熟禾(*Poa annual* L.)等杂草,而对小麦安全,且茎叶处理优于土壤处理。

关键词 单嘧磺隆,除草效果,作物安全性

Safety Assessement of Wheat to Monosulfuronand the Herbicide Efficacy of Monosul Furonin Wheat(*Triticum aestivum* L.)Field

Fan Zhijin[1,2], Qian Chuanfan[1], Chen Junpeng[2], Li Zhengming[2], Wang Lingxiu[2], Dang Hongbin[1]
(1 Key Laboratory of Pesticide Chemistry & Application Technology of Ministry of Agriculture, Department of Applied Chemistry, College of Science, China Agricultural University, Beijing 100094;
2 Institute of Elemento Organic Chemistry, Nankai University, State Key Laboratory of Elemento Organic Chemistry, Nankai University, Tianjin 300071)

Abstract The relative sensitivity of different wheat cultivars to monosulfuron existed among wheat cultivars as detected by wheat taproot bioassay, the relativety tests using Chlorsulfuron and Tribenuron-methyl as contrast to 9 wheat cultivars showed that, the safety of Monosulfuron to different wheat was equal to that of Tribenuron—methyl. Pot research of foliate spray and soil treatment showed, there existed harmful hurt to oil seed rape when Monosulfuron application dosage was 0.06 kg/hm². Maize was safe when Monosulfuron was applicated under the dosage of 0.06 kg/hm² application; wheat and millet were safe when Monosulfuron was applicated under the dosage of 0.12 kg/hm² application. Field trials in the wheat indicated that 10% Monosulfuron wettable powder had good efficacy on *Puccinellia disants* (L.)、*Descurainia sophia* (L.) Schur. and *Capsella bursapastoris* (L.) Medic、*Poa annual* L. et al. while wheat was safe. The efficacy of foliate spray was better than that of soil treatment.

Key words Monosulfuron, Herbicide efficacy, Safety of crop

---

* 基金项目:国家自然科学基金项目(批准号 20107003);教育部高等学校重点实验室访问学者基金及农业部农药化学及农药使用技术重点开放实验室基金资助项目。

磺酰脲类除草剂的应用遍及小麦、玉米、大豆、水稻和油菜、甘蔗等许多粮食作物和经济作物及非耕地[1]。磺酰脲类除草剂分子包含芳环、磺酰脲桥和杂环3个特征结构单元,已商品化的30多个品种在杂环部位均为双取代[2]。嘧磺隆(NK ＃92825)由南开大学研制开发,已获中国国家发明专利[3]。

单嘧磺隆化学名称为N-[2′-(4′甲基)嘧啶基]-2-硝基苯磺酰脲,原药大白鼠急性经口、经皮$LD_{50}>$ 4 640 mg/kg;对大白兔眼及皮肤无刺激发生;无三致(致癌、致畸、致突变)问题;无繁殖毒性。单嘧磺隆属乙酰乳酸合成酶(ALS)抑制剂[4]。在北京土壤中的半衰期为约9 d;在山东泰安土壤中的半衰期为约14 d,其残留期与苯磺隆相当[5]。按推荐剂量(0.06 kg/hm^2)和推荐剂量的加倍量(0.12 kg/hm^2)施药,当小麦生长至拔节期施药1次,小麦收获时采收的土壤和小麦样品中,单嘧磺隆最终残留均为未检出[5]。在推荐剂量下使用,单嘧磺隆残留对后茬玉米、谷子、大豆、花生均无生长抑制作用,而对棉花和油菜的生长有不同程度的影响。单嘧磺隆主要用于玉米地、小麦地和谷子地的杂草防除双子叶杂草和大部分的单子叶杂草,尤其对华北地区难治杂草碱茅防效很好[6],对目前尚无很好防治药剂的谷田杂草也有显著的防效。笔者就单嘧磺隆对小麦的安全性进行了详细研究,并对单嘧磺隆在麦田的除草效果进行了评价。

1 材料与方法

1.1 试验材料

1.1.1 供试除草剂 单嘧磺隆原药,质量纯度94.9%,农药国家工程研究中心(天津);10%麦谷宁可湿性粉剂,农药国家工程研究中心(天津);氯磺隆,质量纯度95.00%,中国化工进出口总公司;苯磺隆,质量纯度97.40%,农业部农药检定所;甲磺隆,质量纯度为99.00%,农业部农药检定所;氯嘧磺隆,质量纯度为95.60%,农业部农药检定所。

1.1.2 作物和杂草 小麦(*Triticum aestivum* L.)品种:农大95,324 5;京冬6,8;原冬6;京核1,941 0;京411,京942 8,京F39 0,京92-112:冀麦26,30,38;川麦28,30;扬麦158;徐州25;天植;铁丰。中国农业大学农学系。玉米(*Zea mays* L.)品种:唐抗5。谷子(*Panicum miliaceum* L.)品种:豫谷2号。油菜(*Brassica campestris*)品种:四月曼。

1.2 试验方法

1.2.1 不同小麦品种对于单嘧磺隆的相对敏感性试验 参照范志金等2000的方法进行[7],以小麦主根长为生物测定指标,以IC_{50}值或IC_{10}值比较相对敏感性。

1.2.2 单嘧磺隆对小麦的室内安全性评估 以氯磺隆和苯磺隆为对照药剂,按1.2.1的方法进行,IC_{50}值或IC_{10}值为指标比较相对安全性。

1.2.3 单嘧磺隆对几种作物生长影响的盆栽试验 单嘧磺隆施药量分别为有效剂量0.06、0.12、0.24 kg/hm^2,分别做土壤处理和茎叶处理,各处理重复3次,同时设空白对照,试验作物为小麦、玉米、谷子和油菜,播种于大小基本一致的塑料花盆中,每盆放30粒种子,土壤处理的播种后1月测定株高抑制率,茎叶处理者在作物出苗后1周施药,3周后测定株高抑制率。株高抑制率小于20%者为安全,20%～40%为轻微药害,大于80%者为药害。

1.2.4 单嘧磺隆麦田除草试验 冬小麦播后苗前土壤处理,试验安排在1997年天津市武清县南蔡村,土质为砂壤土,有机质含量1.4%,pH为8.0,前茬作物为玉米,小麦品种为京冬8号,麦田主要杂草为:碱茅[*Puccinellia disants*(L.)]、播娘蒿[*Descurainia sophia*(L.)Schur.]、荠菜[*Capsella bursa-pastoris*(L.)Medic.]、早熟禾(*Poa annual* L.)等。10月4日播种,10月8日施药,单嘧磺隆10%可湿性粉剂施药量为0.225、0.45、0.90 kg/hm^2。药后25 d及次年小麦返青后调查药效,同步进行安全性调查，即测量小麦株高、分蘖数，收获测产，用 DmRT 法进行显著性测定。冬小麦返青后(3 月 24 日)茎叶处理，单嘧磺隆 10%可湿性粉剂施药量为 0.30、0.45、0.90 kg/hm^2，其余条件均与土壤处理相同，20 d 和 40 d 调查药效和小麦的安全性。试验同时设人工管理和空白对照，各处理重复 4 次，采用随机区组排列，每小区面积 40 m^2。

2 结果与分析

2.1 不同小麦品种对于单嘧磺隆的反应

用沙培生物测定方法，以主根长为生测指标研究了 20 种不同小麦品种对于单嘧磺隆的反应，结果见表 1。由表 1 可见，以小麦主根长为生测指标，其测定结果的重复性好，对川麦 30 两次重复试验 IC_{50} 值分别为 62.82 和 88.41 μg/kg，IC_{10} 则分别为 2.48 和 2.43 μg/kg；冀麦 26 和铁丰的两次重复试验也是如此，测定结果的相关性好(相关系数平方值均在 0.9 以上)。在测定的 20 个品种中，川麦 28，京核 9410 和徐州 25 及冀麦 38 对单嘧磺隆耐药力很强；而冀麦 30，杨麦 158，川麦 30，京冬 8 和农大 95 则相对比较敏感。由此可见，小麦品种间的差异在对于单嘧磺隆的敏感性上得到了相应的表现。

2.2 单嘧磺隆对小麦安全性的室内评估

测定同一小麦品种对于单嘧磺隆、氯磺隆和苯磺隆 3 种磺酰脲类除草的不同反应可对单嘧磺隆的相对安全性作出初步评价，研究结果见表 2。由表 2 可见，以 IC_{50} 值计，京核 9410 对单嘧磺隆的耐药能力较氯磺隆和苯磺隆都强，三者的 IC_{50} 值分别为 131.39、114.09 和 85.18 μg/kg；单嘧磺隆对其余小麦品种的 IC_{50} 值均小于氯磺隆而与苯磺隆接近。若以 IC_{10} 值而言，川麦 28 对单嘧磺隆的 IC_{10} 值是氯磺隆的 1/3，是其对苯磺隆的 2 倍，即单嘧磺隆对川麦 28 的安全性比苯磺隆高出 1 倍；京核 9410 对单嘧磺隆的 IC_{10} 值与其对氯磺隆和苯磺隆的 IC_{10} 值均很接近；徐州 25 对单嘧磺隆的 IC_{10} 值与其对氯磺隆和苯磺隆的 IC_{50} 值仅低 2～3 倍。因此，单嘧磺隆对小麦的安全性与苯磺隆相当。

表 1 不同小麦品种对于单嘧磺隆的敏感性

品种	回归方程	r^2	IC_{50}/μg/kg	IC_{10}/μg/kg
农大 3245	$y=0.8803x+3.2512$	0.932 1	96.96	3.41
农大 95	$y=0.8599x+3.5839$	0.989 6	44.34	1.44
京冬 6	$y=0.8455x+3.3113$	0.930 9	99.38	3.04
京冬 8	$y=0.5249x+4.1474$	0.975 6	42.10	0.15
京 F390	$y=1.3905x+2.2107$	0.948 6	101.38	12.17
京 411	$y=1.0178x+2.9552$	0.922 7	102.10	5.64
京 92112	$y=1.0099x+2.9059$	0.940 0	118.46	6.40
京 9428	$y=1.0417x+2.8722$	0.972 5	110.31	6.51
川麦 28	$y=1.1714x+2.4877$	0.993 8	139.54	11.27
川麦 30	$y=0.9123x+3.3596$	0.960 8	62.82	2.48
川麦 30	$y=0.8205x+3.4029$	0.990 5	88.41	2.43
京核 1	$y=0.9396x+3.5146$	0.954 5	38.59	1.65
京核 9410	$y=1.3409x+2.1592$	0.976 1	131.39	14.59
冀麦 26	$y=0.6715x+4.0412$	0.949 7	26.78	0.33
冀麦 26	$y=0.6065x+4.1813$	0.991 4	22.38	0.17
冀麦 30	$y=0.9218x+3.6823$	0.991 4	26.88	1.10
冀麦 38	$y=1.5933x+1.5957$	0.971 6	136.97	21.54
天植	$y=1.0478x+2.9655$	0.992 2	87.44	5.25

续表 1

品种	回归方程	r^2	IC_{50}/μg/kg	IC_{10}/μg/kg
原冬 6	$y=1.5513x+1.8032$	0.900 3	115.01	17.20
铁丰	$y=0.8495x+3.4765$	0.960 7	62.15	1.93
铁丰	$y=0.6255x+3.8885$	0.972 0	59.84	0.54
杨麦 158	$y=1.0310x+3.2646$	0.938 8	42.22	2.77
徐州 25	$y=1.3563x+1.8624$	0.977 3	205.76	23.42

表 2　小麦对单嘧磺隆安全性的沙培试验结果

品种	除草剂	回归方程	r^2	IC_{50}/μg/kg	IC_{10}/μg/kg
京核 9410	单嘧磺隆	$y=1.3409x+2.1592$	0.976 1	131.39	14.59
京核 9410	氯磺隆	$y=1.6510x+1.6035$	0.992 8	114.09	19.14
京核 9410	苯磺隆	$y=1.4783x+2.1464$	0.970 3	85.18	11.60
徐州 25	单嘧磺隆	$r=1.3563x+1.8624$	0.977 3	205.76	23.42
徐州 25	氯磺隆	$y=1.4616x+1.3686$	0.997 1	305.17	40.32
徐州 25	氯磺隆	$y=1.8437x+0.3091$	0.947 8	350.18	70.80
徐州 25	苯磺隆	$y=1.5978x+1.0363$	0.990 4	302.50	47.82
京 9428	单嘧磺隆	$y=1.0417x+2.8722$	0.972 5	110.31	6.51
京 9428	氯磺隆	$y=1.3442x+1.9088$	0.999 8	199.37	22.25
京 9428	苯磺隆	$y=1.5468x+1.6486$	0.991 0	146.78	21.83
京 411	单嘧磺隆	$y=1.0178x+2.9552$	0.922 7	102.10	5.64
京 411	氯磺隆	$y=1.1781x+2.3096$	0.996 2	192.17	15.75
京 411	苯磺隆	$y=1.8356x+0.9722$	0.995 8	156.41	31.40
川麦 28 单	嘧磺隆	$y=1.1714x+2.4877$	0.993 8	139.54	11.27
川麦 28	氯磺隆	$y=1.4654x+1.5033$	0.971 1	243.32	32.56
川麦 28	苯磺隆	$y=0.9333x+2.9611$	0.993 1	152.97	6.50
川麦 30	单嘧磺隆	$y=0.9123x+3.3596$	0.960 8	62.82	2.48
川麦 30	单嘧磺隆	$y=0.8205x+3.4029$	0.990 5	88.41	2.43
川麦 30	氯磺隆	$y=1.5746x+0.9762$	0.997 7	359.29	55.28
川麦 30	苯磺隆	$y=1.6743x+1.4716$	0.983 9	128.05	22.02
农大 3245	单嘧磺隆	$y=0.8803x+3.2512$	0.932 1	96.96	3.41
农大 3245	氯磺隆	$y=1.6178x+0.9717$	0.990 1	309.02	49.98
农大 3245	氯磺隆	$y=1.7606x+0.5086$	0.994 3	349.35	66.69
农大 3245	苯磺隆	$y=1.9765x+0.4562$	0.941 1	199.03	44.80
铁丰	单嘧磺隆	$y=0.8495x+3.4765$	0.960 7	62.15	1.93
铁丰	单嘧磺隆	$y=0.6255x+3.8885$	0.972 0	59.84	0.54
铁丰	氯磺隆	$y=1.6211x+0.9663$	0.996 1	307.79	49.96
铁丰	氯磺隆	$y=1.5547x+0.9728$	0.966 5	389.35	58.48
铁丰	苯磺隆	$y=1.7373x+1.2034$	0.989 7	153.23	28.09
冀麦 26	单嘧磺隆	$y=0.6715x+4.0412$	0.949 7	26.78	0.33
冀麦 26	单嘧磺隆	$y=0.6065x+4.1813$	0.991 4	22.38	0.17
冀麦 26	氯磺隆	$y=0.8737x+3.2782$	0.993 1	93.48	3.20
冀麦 26	氯磺隆	$y=1.2511x+2.1542$	0.999 8	188.21	17.85
冀麦 26	苯磺隆	$y=2.3453x-0.8076$	0.919 4	299.41	85.21

2.3　单嘧磺隆对几种作物安全性的盆栽试验

施药量分别为有效剂量 0.06、0.12、0.24 kg/hm^2 时，利用小麦、玉米、谷子和油菜为试验作物，单嘧磺隆土壤处理和茎叶处理的温室盆栽法试验结果见表 3。表 3 表明，单嘧磺隆以 0.06 kg/hm^2 剂量使用，无论茎叶处理还是土壤处理，油菜都很敏感，药害严重；而小麦、玉米和谷子生长正常；0.12 kg/hm² 施用，玉米已出现药害症状，小麦和谷子依然生长正常；当剂量加大到 0.24 kg/hm² 时，3 种作物都出现了不同程度的药害。因此，单嘧磺隆在小麦和谷子地施用，剂量应控制在 0.12 kg/hm² 以下，在玉米地施用，剂量应控制在 0.06 kg/hm² 以下，严禁将单嘧磺隆用于油菜作物上。

表 3 单嘧磺隆对几种作物安全性的盆栽试验结果

处理方式	施药量/kg/hm²	小麦	玉米	谷子	油菜
茎叶处理	0.06	安全	安全	安全	轻微药害
	0.12	安全	轻微药害	安全	药害
	0.24	轻微药害	药害	轻微药害	药害
土壤处理	0.06	安全	安全	安全	轻微药害
	0.12	安全	轻微药害	安全	药害
	0.24	轻微药害	药害	轻微药害	药害

2.4 单嘧磺隆麦田除试验结果

目前，单嘧磺隆在麦田的除草药效已在天津、河北、山东、黑龙江、山西和湖北等地进行了充分试验和证实。1997 年和 1998 年在天津小麦地茎叶处理和土壤处理的田间试验结果见表 4。

表 4 10%单嘧磺隆 WP 不同处理方式对麦田杂草的防除效果和小麦的安全性

冬小麦播后苗前土壤处理(1997 年秋天)									
药剂施药量	药后 25 d 单株防效/%			返青期单株防效/%			药后 25d	抽穗期	收获期产量
	单子叶	双子叶	合计	单子叶	双子叶	合计	分蘖数	株高/cm	/kg/hm²
10%单嘧磺隆 WP 0.225 kg/hm²	82.68	63.41	77.21	96.52	74.78	94.17	2.53	87.55	5 615
10%单嘧磺隆 WP 0.45 kg/hm²	93.95	85.25	91.48	97.50	88.10	96.48	1.90	80.33	3 701
10%单嘧磺隆 WP 0.90 kg/hm²	96.55	93.44	95.67	99.33	90.43	98.37	0.80	67.20	3 163
人工管理	—	—	—	—	—	—	3.43	87.70	5 603
空白对照	38.5 株	15.25 株	53.75 株	236.92 株	28.75 株	263.67 株	3.63	81.30	3 343
10%单嘧磺隆 WP 0.30 kg/hm²	86.81	57.30	64.10	89.95	84.47	86.48	3.6	31.81	5 173
10%单嘧磺隆 WP 0.45 kg/hm²	91.73	76.40	79.99	92.16	91.26	91.59	3.4	33.01	5 355
10%单嘧磺隆 WP 0.90 kg/hm²	100	89.89	92.06	94.97	92.23	93.24	3.7	31.45	5 055
人工管理	—	—	—	—	—	—	3.0	31.50	5 250
空白对照	5.08 株	22.5 株	28.33 株	14.92 株	20.42 株	25.75 株	2.8	33.10	4 913

由表 4 可见，10%单嘧磺隆土壤处理 0.225 kg/hm² 用药量的除草效果较好，小麦的分蘖数和株高以及单位产量与人工管理的差异不显著；0.45 kg/hm² 和 0.90 kg/hm² 用药量的除草效果较好，但对小麦的生长和产量都有不同程度的影响，尤其是高剂量的影响显著。因此，田间 10%单嘧磺隆作土壤处理时用药量应该控制在 0.225 kg/hm² 以下。10%单嘧磺隆可湿性粉剂作茎叶处理，在小麦返青后施药时除草效果好，整个试验过程中，最高剂量的单嘧磺隆 0.90 kg/hm² 对小麦都安全，产量的差别不显著。总之，10%单嘧磺隆能有效防除麦田杂草如碱茅[*Puccinellia disants* (L.)]、播娘蒿[*Descurainia sophia* (L.) Schur.]、荠菜[*Capsella bursapastoris* (L.) Medic.]、早熟禾(*Poa annual* L.)等，但对已经出土的杂草防效较差，土壤封闭作用优于茎叶处理作用；但茎叶处理较土壤处理对小麦更安全。

3 结论与讨论

不同的作物品种对于除草剂敏感性的差异是一种普遍现象，这是除草剂对作物的一种种间选择性。

同一作物不同品系对于除草剂的反应也不尽相同，这一差异若能足够大，便可形成种内选择性。前者是一可以实际应用的选择性，而后者实际应用的报道较少。所有这些差异是确定一种除草剂应用范围和对象的前提条件。不同玉米品种和不同小麦品种对于双取代杂环的磺酰脲除草剂的敏感性差异早有报道，不同玉米品种敏感性的差异多达 4 000 倍以上[8]，曹坳程等也报道过不同小麦品种之间的差异[9]。笔者的研究发现，不同小麦品种对于单取代杂环的磺酰脲除草剂的相对敏感性也有差异。这些差异产生的基础仍有待生理生化和吸收传导方面的进一步研究。

室内安全性评估结果表明，单嘧磺隆对小麦的安全性与苯磺隆相当。以上研究采用催根处理，其结果是初生根系对药剂敏感性较强而且直接接触药剂；但田间实际应用浓度低于研究中的应用浓度，且初生根系难以接触药剂（芽后施药），尤其是田间条件下土壤中的有机质、矿物质和微生物对药剂有吸附和降解作用。田间试验表明，在推荐剂量下用药，单嘧磺隆对作物安全，除草效果优良，且茎叶处理较土壤处理安全。

单嘧磺隆属磺酰脲类除草剂，许多磺酰脲类除草剂对作物幼嫩的根系和芽较敏感，在生产中应尽量避免播后芽期施药。因为即使是过去小麦地优良的除草剂氯磺隆，它对当茬小麦也可能产生药害，其药害的原因是多方面的，除了药剂的原因以外，土壤条件，施药因素和环境条件也是重要原因[10]。因此，只要针对当地的耕作制度，因地制宜，探索配套的应用技术，单嘧磺隆便是小麦地的优良除草剂。

参考文献

[1] Brown. H. M.. Mode of action, crop selectivity and soil relations of the sulfonylurea herbicides. Pestic. Sci. 1990, 29, 263～281.

[2] Tomilin, C. D. S.. The pesticide manual(12th edition), 2000, British Crop Protection Council, British, London

[3] 李正名，贾国峰，王玲秀，等. 防治玉米田杂草组合物. 中国专利[51]Int. Cl^5, C07D 239/69, CN1080116A, ZL93101976.11994-01-05

[4] 范志金，陈俊鹏，党宏斌，等. 单嘧磺隆对靶标乙酰乳酸合成酶活性的影响，现代农药，2003(2)：15～17

[5] 胡继业，钱传范，范志金. 单嘧磺隆在土壤中的残留分析和消解动态研究，农药学学报，2000, 2(4)：60～65

[6] Gao Fawang, Chen Junpeng, Meng Hesheng, et al. Chemical control of weeping alkaligrass by Monosulfuron 10% WP in winter wheat fields. The Proceedings of the 18th Asia-Pacific Weed Science Society Conference, Beijing: Standards Press of China. 2001, 637～641

[7] 范志金，钱传范，党宏斌，等. 麦谷宁生测方法及其对玉米的安全性研究，农药学学报，2000, 2(1)：63～70

[8] 苏少泉. 玉米田磺酰脲除草剂品种述评，农药，1998, 37(4)：1～7

[9] 曹坳程，华燕，孙晓卿，苑军. 不同小麦品种对氯磺隆、甲磺隆的敏感性测定. 见：郑晓明. 氯磺隆研究与应用. 北京：中国农业科技出版社，1996, 199～202

[10] 范志金，钱传范，于维强，等. 氯磺隆和苯磺隆对玉米 ALS 酶抑制作用的研究. 中国农业科学，2003, 36(2)：173～178.

（注：此文原载于《中国农学通报》，2003，19(3)：4—8）

免疫亲和色谱及在农药残留分析中的应用*

邵秀金[1]，刘曙照[1]**，冯大和[2]，钱传范[3]
(1.扬州大学植物保护系，江苏 扬州 225009；
2.扬州大学理化测试中心，江苏 扬州 225009；
3.中国农业大学应用化学系，北京 100094)

摘要 免疫亲和色谱可用于复杂样本中微量目标分析物的选择性分离富集。综述了免疫亲和色谱的基本原理、方法的建立过程(包括抗体的制备、固相基质的筛选、抗体与基质的偶联、免疫亲和色谱条件的优化)、免疫亲和色谱在农药残留分析中的应用现状及发展趋势。

关键词 免疫亲和色谱，农药残留
中图分类号：O657.7；R392-33 **文献标识码**：A **文章编号**：1008-7303(2003)04-0009-06

化学农药在农业有害生物防治中发挥了非常重要的作用，但大量使用农药造成的环境和农产品污染问题也引起了人们的高度重视。加强农药残留监测对于农业的可持续发展和保障人类健康具有重要意义。

传统的农药残留分析主要依靠波谱、色谱等理化分析手段[1,2]，但理化分析需要经过繁杂的提取、净化、衍生化等前处理过程。特别是对于那些超高效农药如绿磺隆等，田间用量仅 7.5～30 g/hm^2，复杂的前处理不仅耗时耗力，而且样本中极微量的农药容易丢失。此外，传统的样品前处理方法选择性差，样品基质中一些理化性质相近的化合物难以被有效去除，影响残留分析结果的准确性和可靠性。这就迫切需要开发具有选择性分离富集功能的纯化技术。本文对免疫亲和色谱技术及其在农药残留分析中的应用进行综述。

1 农药残留免疫亲和色谱基本原理

免疫亲和色谱(Immunoaffinity Chromatography，IAC)是利用抗原与抗体的高亲和力、高专一性和可逆结合的特性而建立的一种色谱方法。将针对目标农药的特异性抗体固定到适当的固相基质上，制备成免疫亲和色谱固定相。利用农药小分子的反应原性、抗原抗体结合的特异性以及抗原抗体复合物在一定条件下能可逆解离的性质进行色谱分离。当含有目标分析农药的样本粗提液经过免疫亲和色谱柱时，提取液中对抗体有亲和力的目标农药就被结合到抗体上，淋洗去掉非目标分析物后采用适当条件将结合在抗体上的农药洗脱下来，从而使超微量的目标农药被选择性地提取与浓缩。所得提取物可直接采用 GC、HPLC、ELISA 等方法进行检测，有效地简化了样品前处理过程，减少了有机溶剂的用量和提取过程中样品的损失。IAC 通常只需"加样－洗涤－洗脱"一步层析就可使复杂样本中痕量的特定组分得到高度纯化和浓缩，具有特异性强、结合容量大、洗脱条件温和、色谱柱可以方便地再生并重复使用等特点，所以非常适用于复杂样本中痕量农药残留的分离、分析。

IAC 的雏形出现在 20 世纪 50 年代，但直到 20 世纪 80 年代末，人们才真正认识到该方法的重要应

* 基金项目：国家自然科学基金 29977028；国家自然科学基金 20177019 资助项目。
** 作者简介：刘曙照(1952－)，男，江苏镇江人，理学博士，教授，主要从事农药残留与环境毒理研究。

用价值。小分子化合物免疫分析技术的研究与发展，扩展了 IAC 技术的应用领域。目前，IAC 的应用已从医学扩展到环境分析和食品安全检验等领域，从单纯的样本纯化深入到在线定性定量分析之中。

2 IAC 的建立程序

2.1 抗体的制备

抗体是 IAC 固定相的配体，制备对目标分析物具特异性亲和力的抗体最为关键。当抗原注入动物体内时，动物机体免疫系统被激活产生相应的抗体，并能与该抗原发生专一性的结合。完全抗原应当具备较大的相对分子质量，而一般化学合成的农药其相对分子质量小，不具备免疫原性，需要将其衍生化，使其含有末端羧基、氨基、羟基等活性基团，再通过这些活性基团与载体蛋白质共价偶联制备人工抗原，免疫动物获得多克隆抗体，或应用杂交瘤技术制备单克隆抗体[3]。从 20 世纪 90 年代开始，利用基因工程生产抗体的研究工作逐渐开展起来，这将为规模化生产抗体和 IAC 提供有力的技术支持，展现出良好的应用前景。

2.2 IAC 固相基质的选择

近年来，商品化的 IAC 基质越来越多，但选择基质的标准未变。理想的 IAC 基质应该具备如下特性：高度亲水，使亲和色谱固定相易与水溶液中的生物高分子接近；基质惰性，非专一性吸附尽可能小；具有相当量的化学基团可供活化或修饰；有较好的物理、化学稳定性和良好的机械性能，能承受配基固定化和亲和层析时所可能采用的各种条件（如温度、压力、pH、离子强度、去污剂等）的影响；具有多孔的网状结构，能使被亲和吸附的分子自由地通过从而增加配基的有效浓度；最好是均一的珠状颗粒，以保证亲和色谱柱有较好的流速。

早期，人们使用纤维素作为 IAC 的基质，但因其流动性较差未被继续使用。现在常用的基质材料的特性如下：

（1）多聚糖类[4]：pH 适用范围广（2～14），亲和容量高，价格比较便宜。但质软，不耐高压。

（2）硅胶：机械强度高，有很好的流体动力学性质和化学稳定性，不溶于有机溶剂，无生物降解，孔径和形状易人为控制。但非特异性吸附强，只适用于低 pH（<8）范围。

（3）葡聚糖包敷的硅胶[5]：结合了多聚糖凝胶亲和容量高和硅胶机械强度好的优点，较大程度地克服了硅胶非特异性强的缺陷。

（4）纤维素：pH 适用范围广（1～14），但流动性差。

（5）多孔玻璃：不溶解，几乎不受洗脱液、压力、流速、pH 和离子强度变化的影响，但非特异性吸附较强，适合在低 pH（<8）范围内使用。

（6）聚丙烯酰胺：有良好的化学稳定性，与生物大分子有良好的生物兼容性，pH 适用范围较广（3～10）。

2.3 基质的活化与偶联

大部分基质在与抗体偶联之前，均需要进行化学活化。通常在基质骨架上引入亲电基团使之活化，再与间隔分子或抗体上的亲核基团（如—NH_2、—OH、—COOH 等）共价结合。

在小配体的亲和色谱中，常在基质和配体之间插一个间隔臂，以减少空间位阻的影响。对于农药残留 IAC，配体是对农药具特异性亲和力的抗体，相对分子质量大，抗体与抗原间的相互作用一般不受空间位阻的影响，如果引入间隔臂，特别是引入疏水性间隔臂，反而增加了非特异性吸附的机会。因此，制备农药残留 IAC 固定相时一般不引入间隔臂。目前常用的有代表性的活化试剂包括溴化氰（CNBr）、羰酰二咪唑（CDI）、环氧氯丙烷（ECD）和高碘酸盐（$NaIO_4$）等，见表 1。

Table 1 The compounds most in use for the activation of matrices of immunoaffinity chromatography

Active compounds	Activated group	References
Cyanogen bromide	NH_2	[6]
Dioxirane	NH_2,OH,SH	[7]
Benzoquinone	NH_2	[8]
Carbonyl diimidazole	NH_2	[9]
Periodate	NH_2	[10]
Divinyl sulfone	NH_2,OH,SH	[11]
Epichlorohydrin	NH_2	[12]
Hydrazine	NH_2	[12]
N-Hydroxysuccinimide	NH_2,OH	[12]
Trifluroethylsulfonylchloride	NH_2,SH	[13]

CNBr 法最早由 Axen 等[14]提出，属经典的活化方法，具有活化效果好、方法简单等优点。CNBr 法的缺点有：CNBr 毒性高，使用时要注意安全；活化时引入了阴离子交换基团异脲衍生物(pKa=10.4)，可能使活化基质产生非特异性吸附；该法制备的 IAC 固定相在使用过程中可能发生固定抗体的流失问题。

Bethell 等[15]建立了目前被认为最优良的 CDI 活化法，该法活化效率较 CNBr 法高数十倍。活化基质与配体(以 NH_2R 表示)的偶联反应专一性强，产物单纯，即 *N*-取代氨基甲酸酯衍生物。整个反应过程较 CNBr 法简单，与配体的偶联率可与 CNBr 法相媲美[16]。CDI 法反应过程如下：

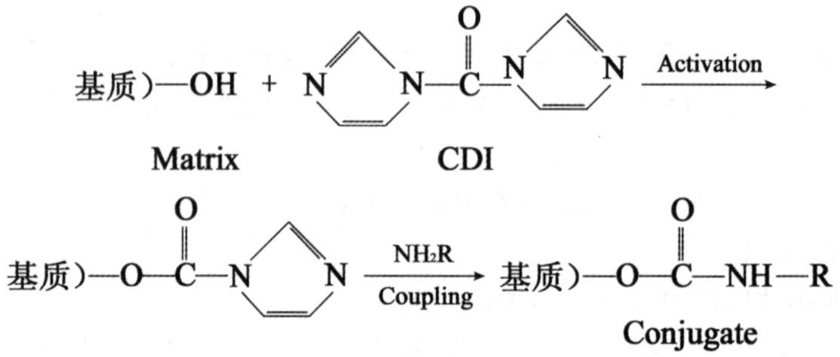

抗体与活化基质的偶联方式有随机偶联与定向偶联两种。随机偶联时，基质与抗体的结合位点不固定，存在如下问题：①抗体与基质偶联时，抗体的抗原结合位点可能被占。②抗体与基质多点结合改变了抗体上抗原结合位点的空间结构，降低或失去与抗原的亲和力。③当基质上偶联的抗体过多时，抗体分子间挨得较近，在空间上阻碍了抗原接近其结合位点。因此，随机偶联后抗体的免疫学活性一般仅为游离抗体的 1%～30%[16]。

定向偶联是先将蛋白 A(Protein A)或蛋白 G(Protein G)固定在基质上，Protein A 或 Protein G 只与 IgG 的 Fc 区相结合，然后用二甲基庚二酸酯等化学交联剂使抗体(多抗或单抗)与 Protein A 或 Protein G 定向偶联，抗体上的抗原结合位点则处于游离状态。定向偶联还可采用在抗体与基质偶联之前先改造抗体的方法来进行。第一种方案也是最常用的方案是将抗体 Fc 区碳水化合物中的羟基在温和条件下用高碘酸钠氧化，或使末端半乳糖残基与半乳糖氧化酶反应，形成醛基后与含酰肼的基质偶联。第二种方案是将抗体或抗体的 F(ab′)2 片段用 β-巯基乙醇还原，在它们的绞链(Hinge)区生成—SH，然后与含碘乙酰基团的基质反应，形成稳定的硫醚键而偶联于基质上。定向偶联的优点是：留出正确定向的抗原结合位点，能够提高 IAC 固定相的结合容量。

2.4 IAC 固定相性能的考察与 IAC 条件的选择

2.4.1 IAC 固定相的柱容量 IAC 固定相的柱容量是 IAC 中具有重要实用价值的参数，分为动态柱容量(每 mL 柱床对靶标物质的最大吸附量，ng/mL)和绝对柱容量(每 mg 固定化抗体对靶标物质的最大结合量，ng/mg)，可用前沿分析法或 Scatchard 分析法进行测定[17]。若洗脱条件已经确定，测定柱容量最方便的方法是将一定浓度、待测组分超过理论容量的溶液通过 IAC 柱，免疫反应平衡后洗涤去除未被结合的游离部分，在适当条件下洗脱被结合的部分进行定量测定。IAC 柱在使用和储存过程中应定期监测柱容量变化。

2.4.2 反应与洗涤介质 采用一系列不同 pH、离子强度及化学组成的缓冲液作为免疫反应与洗涤柱子的介质，测定不同条件下的柱容量，选择柱容量最大时所用缓冲液作为反应、平衡和洗涤介质。

2.4.3 洗脱条件 农药残留 IAC 中多采用非特异性洗脱方式，如改变介质的 pH、离子强度、使用极性有机溶剂(如甲醇等)，或使用变性剂(脲、胍等)、去垢剂或离子序列高的离子。对于农药残留 IAC，采用有机溶剂洗脱后，多数可直接采用 HPLC、GC 进行分析。为了更好地排除复杂样本中非特异性组分的干扰，必要时应在 IAC 之前增加适当的净化步骤。

2.4.4 IAC 柱的再生与储存 通常先用一定体积的极性有机溶剂洗柱除去非特异性吸附的杂质，然后用 10～15 倍柱体积的平衡缓冲液冲洗 IAC 柱，即可再生使用。一根柱子一般可再生使用数十次，暂时不用时可用含 0.02%叠氮钠或 0.01%硫柳汞的缓冲液平衡，于 4℃冰箱中保存。

3 IAC 技术在农药残留分析中的应用

目前 IAC 技术在农药残留分析中主要用于样本的净化与浓缩，其最大的优点是大大简化了样品前处理过程，提高了分析的灵敏度。例如对萝卜、芹菜、玉米、葡萄、洋葱、土豆、草莓等样本中苯基脲类除草剂的残留检测，采用 IAC-反相高效液相色谱法，检测水平可达 2～5 μg/kg，远低于常规样品前处理-HPLC 的检测限 0.1 mg/L[18]。水中多菌灵经 IAC 柱净化浓缩后，采用高效液相色谱检测，最低检测限可达 0.1 μg/L[19]。猪肝中残留的阿维菌素[16]，小麦、玉米、羊尿等样本中残留的咪唑啉酮类除草剂和花生中残留的 Thifluzamide[20]，土壤和水中残留的百草枯[21]等，样本提取液采用 IAC 柱净化浓缩后，均取得了很好的检测效果。

目前笔者成功地采用羰酰二咪唑(CDI)活化法制备了绿磺隆 IAC 柱，柱容量高达 3.5 μg/mL 柱床体积。配制 1 μg/L 的绿磺隆溶液 500 mL，经 IAC 吸附浓缩后，用 2 mL 80%甲醇就能洗脱下来，可直接用于 HPLC、GC 分析。农田土壤中绿磺隆残留量一般在 ng/g 以下，样本提取后不经 IAC 柱分离富集难以达到色谱分析的最低检出浓度。笔者采用 IAC 对土壤提取液中的绿磺隆残留进行了净化浓缩，ELISA 检测，HPLC 法验证，回收率>90%。

4 IAC 技术的发展趋势

IAC 在农药残留分析样本前处理中所显示出来的高选择性、高灵敏度及高效能，使其在残留分析领域中处于越来越重要的地位。IAC 正从离线分析向在线分析、从单残留分析向多残留分析发展。多残留免疫亲和色谱(MIAC)是将多种抗体或簇特异性抗体固定到一根柱子上，或将固定有不同抗体的不同柱子串联起来，同时对多种目标组分进行净化浓缩。MIAC 使免疫分析技术实际具备了处理复杂样品中多组分残留的能力。同时 IAC 作为理化检测方法的分离纯化手段，使残留分析集免疫反应的高选择性、快速与理化检测方法的准确性于一体，避免了单纯免疫分析或理化分析的不足[22]。但应当注意到：IAC 在实际应用中有时存在着基质的非特异性吸附等问题，而且抗体的大量制备和供应也存在一定的局限性，有待于在今后的研究工作中不断改进、发展与完善。

参考文献

[1] Valverde A. Chromatographic pesticide residue analysis[J]. *J AOAC Int*,2000,83(3):679
[2] 段文仲,郝冬生.高效液相色谱法同时测定水果中多种农药残留量的研究方法[J]. 农药,2000,37(8):20—22
[3] 金涌.单克隆抗体在食品卫生检验中的应用[J].农牧产品开发,2001,(5):9—12
[4] Rees D A. Shapely polysaccharide[J]. *The Biochem J*,1972,126(2):257—275
[5] Lakhiari H, Muller D, Jozefonvicz J. Interaction mechanisms between insulin and *N*-acetyl-neuram in ic acid in affinity chromatography[J]. *J Chromatogr A*,1995,711(1):93—103
[6] Kennedy J F,Barnes J A. Immunochemical studies of the non-specific interactions of cyanogen bromide-activated macroporous agarose-based immunoadsorbents[J]. *J Chromatogr A*,1983,281:83—93
[7] Porath J, Fornstedts N. Group fractionation of plasma proteins on dipolarion exchanger[J]. *J Chromatogr*,1970,51:479—489
[8] Stubbings D, Bubb M O, Conradie J D. Two methods for the introduction of amino groups into agarose-basedmatrices: Their use immunoaffinity chromatography[J]. *Analytical Biochemistry*, 1993,210(1):159—162
[9] Bethell G S,Ayers J S, Hearn J W, *et al*. Investigation of the activation of various insoluble polysaccharides with 1,1′—carbonyldiimidazole and the properties of the activated matrices[J]. *J Chromatogr A*,1987,219(3):361—371
[10] Ferrua B, Maiolin R, Masseyeff R. Coupling of gamma—globulin to microcrystalline cellulose by periodate oxidation[J]. *J Immunol Methods*,1979,25(1):49—53
[11] Porath J, Sundberg L. High capacity chemisorbents for protein immunobilization[J]. *Nature New Biol*, 1972,238(87):261—262
[12] 黄昕,邱宗荫.免疫亲和色谱定向偶联方法的研究[J].重庆医科大学学报,1999,24(2):132—134
[13] Nillson K, Mosbach K. Immobilization of enzymes and affinity ligands to various hydroxyl group carrying supports using highly reactive sulfonyl chlorides[J]. *Biochem Biophys Res Commun*, 1981,102(1):449—457.
[14] Axen R, Porath J, Ernback S. Chemical coupling of pesticides and proteins to polysaccharides by means of cyanogen halides[J]. *Nature*,1967,214(5095):1 302—1 304
[15] Bethell G S, Ayers J S, Hancock W S. A novel method of activation of cross-linked agaross with 1,1′— carbonyldiimidazole which gives a matrix for affinity chromatography devoid of additional charged groups[J]. *J Biol Chem*,1979,254(8):2 572—2 574
[16] Li J S, Li X W,Hu H B. Immunoaffinity column cleanup procedure for analysis of ivermectin in swine liver[J]. *J Chromatography B*, 1997,696(1):166—171
[17] Li J S, Li X W, Yuan J X, *et al*. Determination of sulfonamides in swinemeat by immunoaffinity chromatography[J]. *J A OA C Int*, 2000,83(4):830—836
[18] Lawrence J F, Menard C, Hennion M C,*et al*. Use of immunoaffinity chromatography as a simplified cleanup technique for the liquid chromatographic determination of phenylurea herbicides in plant material[J]. *J Chrom atography A*, 1996,732(2):277—281
[19] Thomas D H, Lopez-Avila V, Betow ski L D, *et al*. Determination of carbendazim in water by

highperformance immunoaffinity chromatography on-line with high performance liquid chromatography with diode-array or mass spectrometric[J]. *J Chromatography A*, 1996,724(1－2): 207－217

[20] Rejeb S B, Cleroux C, Lawrence J F, *et al*. Development and characterization of immunoaffinity columns for selective extraction of a new developmental pesticide: Thifluzamide from peanuts [J]. *Anal Chim Acta*, 2001,432(2):193－200.

[21] Spinks C A, Wang B, Mills E N, *et al*. Development of an ELISA for paraquat: Improvement of antibody characteristics by reversed affinity chromatography [J]. *Analyst*, 1999, 124 (6): 847－850.

[22] New kirk D K, Benson R W, Howard P C, *et al*. On-line immunoaffinity capture, coupled with HPLC and electrospray ionization mass spectrometry, for automated determination of fumonisins [J]. *J A gric and Food Chemistry*,1998,46(4):1 677－1 688

Immunoaffinity Chromatography and its Application in Pesticide Residue Analysis

Shao Xiujin[1], Liu Shuzhao[1*], Feng Dahe[2], Qian Chuanfan[3]

(1. Department of Plant Protection; Yangzhou University, Yangzhou 225009, China;
2. Center of Physical and Chemical Analysis, Yangzhou University, Yangzhou 225009, China;
3. Department of Applied Chemistry, China Agricultural University, Beijing 100094, China)

Abstract Immunoaffinity chromatography(IAC) could be used for the separation and enrichment of trace target small molecular compounds such as pesticides in complicated samples with high specificity. The review is on the principle of IAC, the developmental procedure of IAC(including the preparation of antibody, the selection of matrix, the coupling of antibody to matrix, and the optimization of IAC condition), the application of IAC in pesticide residue analysis and the trend of this technology.

Key words immunoaffinity chromatography, pesticide residue

(注:此文原载于《农药学学报》,2003,5(4),9－14)

甲基对硫磷人工抗原的合成与鉴定*

贾明宏[1],钱传范[1],韩丽君[1,**],李成文[2],张　冰[1]
(1.中国农业大学理学院,北京　100094;2.军事医学科学院,北京　100850)

摘要　根据甲基对硫磷的结构特征,分别从甲基对硫磷的硝基一端或磷酸酯基甲氧基一端引入一定长度的间隔臂和活性基团,设计并合成了4种结构的半抗原;针对各种半抗原所带活性基团的性质,通过多种方法制备了与不同的载体蛋白偶联的人工抗原。进行动物免疫后,得到了针对甲基对硫磷的高效价抗体。

关键词　酶联免疫吸附分析,甲基对硫磷,人工抗原

中图分类号:Q503;TS207.53　文献标识码:A　文章编号:1008-7303(2003)02-0022-11

甲基对硫磷是一种生产量大、应用广泛的高毒有机磷酸酯类杀虫剂,主要用于防治水稻、棉花、玉米等农作物上的多种害虫。由于其毒性较高,近年来已被禁止在蔬菜、水果上使用,但在农产品的进出口贸易、食品和环境安全的监督检测中,甲基对硫磷等一类高毒化合物仍然是常规检测的重要污染物。

甲基对硫磷的常规残留分析方法是气相色谱法或液相色谱法,但传统的分析方法对仪器条件要求高,前处理操作相对复杂、耗时。由于不同样本基质成分复杂,性质各异,需要对不同的样品建立不同的前处理方法,这很难满足快速检测的需要。因此开展农药残留的快速检测研究具有重要的现实意义。

近年来,酶联免疫吸附分析(Enzyme Linked Immuno Sorbent Assay,简称ELISA)技术以其抗原抗体反应的高度专一性,以及测定方法简单、快速、灵敏度高等优点,在农药残留分析和环境监测中开拓了广泛的应用前景[1]。已经成功开发的农药ELISA分析方法多数是针对除草剂和一些结构稳定的杀虫剂、杀菌剂等,对有机磷农药免疫化学分析方法的研究也有所进展,已见的报道有马拉硫磷[2]、对硫磷[3,4]、对氧磷[5,6]、苏门神经毒气(Soman)[7,8]、杀螟硫磷[9]等。有关甲基对硫磷的免疫化学分析研究,王刚垛等人进行了甲基对硫磷单克隆抗体的研究[10],并已将其建立的ELISA方法用于职业病检测方面[11]。他们合成半抗原的方法[12]是将甲基对硫磷的硝基还原成为氨基,然后通过重氮化法与载体蛋白偶联形成人工抗原,这种方法突出了甲基对硫磷的磷酸酯一端,步骤较少,是常用的人工抗原合成方法。

为了了解人工抗原的结构特征对抗体免疫学特性的影响,笔者根据甲基对硫磷的结构特征,一方面从甲基对硫磷的硝基部位进行了抗原的合成,另一方面借鉴了硫代磷酸酯类化合物的合成方法,从甲基对硫磷的磷酸酯甲氧基部位引入一定长度的间隔臂和活性基团,依此设计并合成了不同结构的半抗原,并针对半抗原所带活性基团的性质,采用不同的方法合成了6种人工抗原。采用不同的人工抗原进行动物免疫,对抗血清的免疫亲和性和特异性进行了研究。旨在为进一步建立甲基对硫磷的ELISA分析方法并应用于农药残留分析奠定基础。

1　材料和仪器

1.1　实验材料及试剂

甲基对硫磷等农药标样(标准物质研究所提供);牛血清白蛋白(BSA),卵清蛋白(OVA),人血清蛋

---

* 基金项目:国家科技攻关计划课题"设施蔬菜有害残留快速检测技术研究"(基金号2001BA 503B－03);国家高新技术研究发展计划"863计划"(2001AA 249062)子课题项目。

** 作者简介:韩丽君(1972－),女,山西人,讲师,在职博士生,主要从事农药分析与环境毒理方面的研究。

白(HSA),兔血清蛋白(RSA),钥孔蓝蛋白(KLH),*N*-羟基琥珀酰亚胺(NHS),二环己基碳二亚胺(DCC)等(均为 Sigma 公司产品);酶标二抗,弗氏完全佐剂(FCA),弗氏不完全佐剂(FIA)等(均为北京生物制品研究所提供)。实验动物为纯种新西兰大白兔(军事医学科学院实验动物中心提供)。Folin-酚试剂 A,Folin-酚试剂 B(购自中国农业大学动物医院)。

1.2 酶联免疫测定(ELISA)用试液

包被液:0.01 mol/L、pH 9.6 的碳酸盐缓冲溶液;封闭液:正常羊血清以包被液稀释至 1∶10(体积比);磷酸盐缓冲液(PBS):0.01 mol/L,pH=7.4($Na_2HPO_4 \cdot 12H_2O$ 3.43 g+KH_2PO_4 0.068 g+H_2O 1 000 mL);反应稀释液:0.01 mol/L,pH=7.4 的 PBST(即含体积分数为 0.05%吐温-20 的 PBS);洗涤液:同反应稀释液;底物液:柠檬酸磷酸盐缓冲液 pH=5,内含 0.4 mg/mL 邻苯二胺,临用前加 30%过氧化氢;终止液:2 mol/L 硫酸或盐酸水溶液;酶标二抗:辣根过氧化物酶标记羊抗兔 IgG(简写 HRP-兔 IgG)。

1.3 仪器

酶联免疫测定仪(MPR-180);电热恒温培养箱;紫外-可见分光光度计(Shimadzu);红外测定仪(Shimadzu IR435);核磁共振仪(JEOL FX-90);质谱仪(MS-50)。

2 实验方法及结果

2.1 甲基对硫磷半抗原的合成与鉴定

农药小分子不具有免疫原性,只有反应原性,必须与大分子物质连接后才能刺激动物产生特异性抗体,这也是小分子免疫分析的基本模式。所以,首先需要合成能直接与载体蛋白偶联并能最大限度模拟待测物分子结构的半抗原。

由于甲基对硫磷的分子结构中不含有可直接与载体蛋白相偶联的活性基团,因此需要对其分子进行改造,使分子内产生羧基、氨基等活性基团。笔者在设计、合成半抗原的过程中,主要是使甲基对硫磷的特征结构形成活性基团,并尽可能连接一定长度的间隔臂,以便与载体蛋白相连,并保证在与蛋白连接后不会改变甲基对硫磷分子的空间结构或构型。基于这一思路,采用化学合成方法设计并合成了 4 种甲基对硫磷的半抗原,分别简称为 MP-1、MP-4、MP-5 和 MP-6(注:MP-2,MP-3 见人工抗原的制备)。

2.1.1 半抗原 *O*,*O*-二甲基-*O*-[4-氨基苯基]硫代磷酸酯(MP-1)的合成

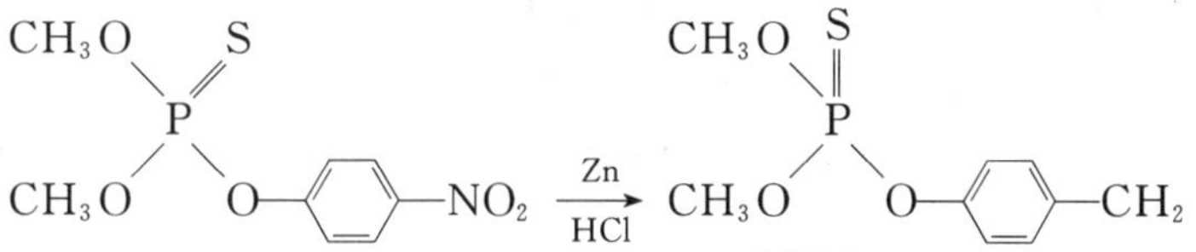

合成方法参见文献[12]。

2.1.2 半抗原 *O*,*O*-二甲基-*O*-(4-单琥珀酰氨基苯基)硫代磷酸酯(MP-4)的合成

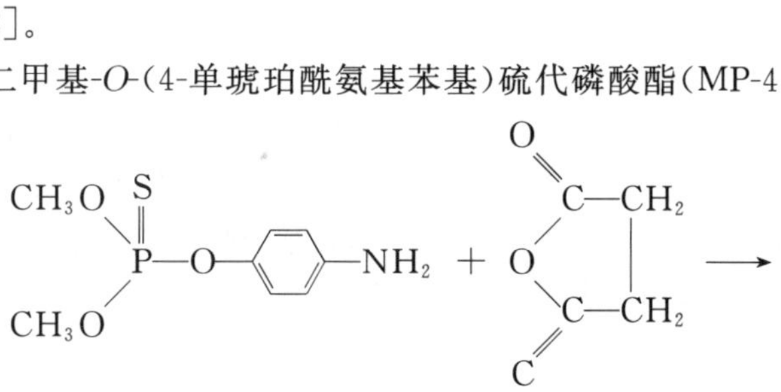

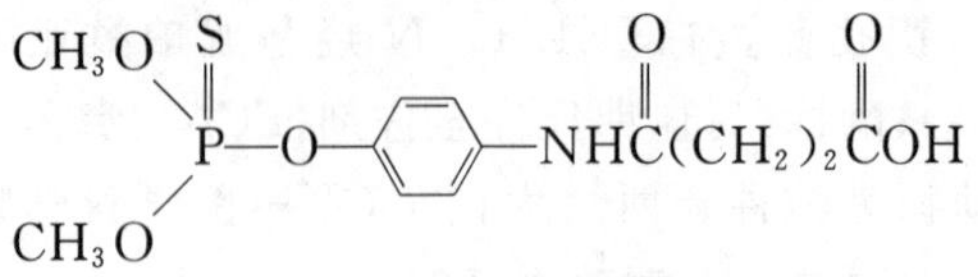

MP-4

称取制备的MP-1 0.5 g，溶于CH_2Cl_2中；再称取琥珀酸酐0.2 g，溶于CH_2Cl_2中。混合两溶液。滴入1～2滴浓硫酸，加热回流4 h。用无水$MgSO_4$干燥，蒸去溶剂得白色固体，用乙醚重结晶得白色针状晶体MP-4约0.5 g，产率75%。

2.1.3　半抗原*N*-甲基-*N*-(6-羧基己氨基)-*O*-(4-硝基苯基)硫代磷酸酯(MP-5)的合成

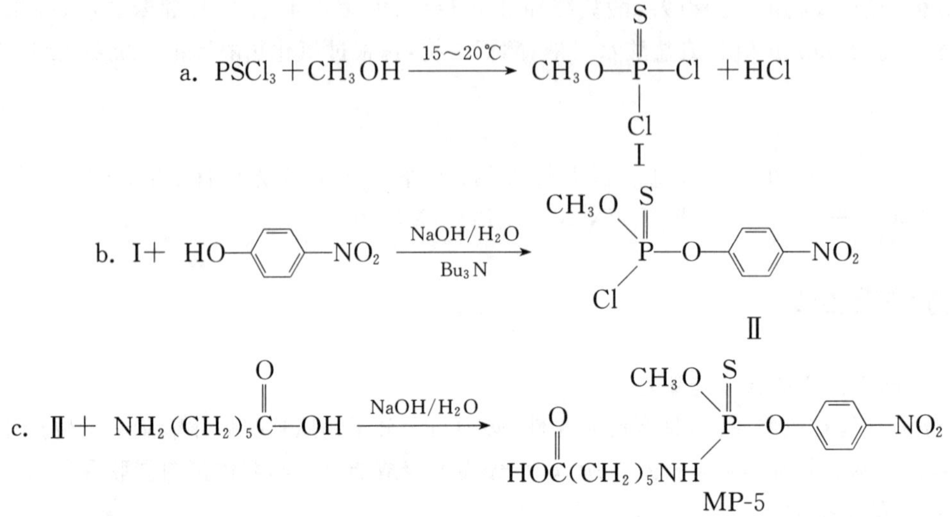

a. 称取54.0 g $PSCl_3$，于15℃下逐滴加入38.5 g无水甲醇，反应1 h后用水洗涤反应液，得浅黄色油状物Ⅰ 45.0 g，产率85.5%。

b. 称取Ⅰ 40 g，加入对硝基苯酚33 g，搅拌下加入3 mol三正丁胺，反应20 min后滴加6 mol/L的NaOH溶液40 mL，反应1 h。过滤，用乙醚提取，乙醚相依次用质量分数为5%的NaOH水溶液和蒸馏水洗涤，无水$MgSO_4$干燥，得黄色油状物。柱层析，用石油醚/乙醚(7∶1，体积比)淋洗，得淡黄色油状物Ⅱ约40 g，产率54%。

c. 称取6-氨基己酸1.3 g溶于NaOH溶液中，冷至0～10℃，滴入Ⅱ 2 g，搅拌下慢慢滴加2.5 mol/L的NaOH 4 mL。升温至5～15℃，反应4 h。用石油醚/乙醚(7∶1，体积比)洗涤，水层调pH＝2.0后用乙醚提取，无水硫酸钠干燥，蒸去溶剂，得浅黄色油状物(M P-5)2.5 g，产率57%。

2.1.4　半抗原*N*-甲基-*N*-[(4-羧基环己基)甲氨基]-*O*-(4-硝基苯基)硫代磷酸酯(MP-6)的合成

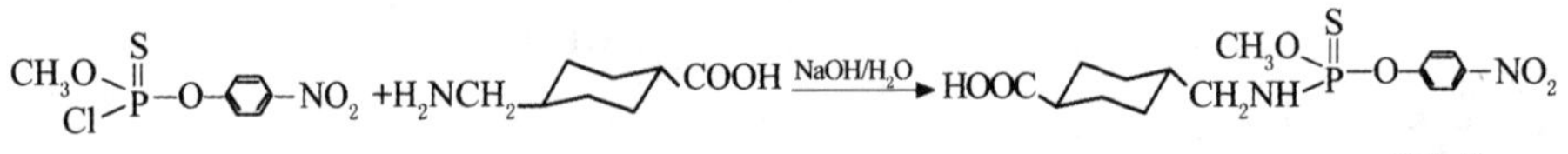

MP-6

称取2.3 g反-4-氨基甲基环己烷羧酸溶于6 mL 3 mol/L的NaOH溶液中，冷至0～10℃后，加入到盛有4.2 g Ⅱ的三口瓶中。慢慢滴加3 mol/L NaOH溶液6 mL，反应至pH呈中性。调pH＝10，用石油醚/乙醚(7∶1，体积比)洗涤。水相调pH＝1～2，过滤，晾干得白色粉末(MP-6)4.5 g，产率65%。

四种半抗原的结构鉴定数据列于表1。

表 1 IR, ¹HNMR, M S data of hapten

Hapten	IR v/cm^{-1}	¹H NMR(δ, $CDCl_3$)	M S(70 ev)m/z(Relative intensity)
MP-1	3 320(w, N-H), 2 940(s, C-H), 1 620(s, C=C), 1 510(s, P=S), 1 425(s, C-N), 1 200(s, P-O)	3.48(s, 2H, NH_2), 3.76(s, 3H, CH_3), 3.92(s, 3H, CH_3), 7.55～8.10(m, 4H, Ar-H)	233(55, M^+), 125(29), 124(62), 109(15), 108(39), 93(21)
MP-4	3 320(s, N-H), 2 920(s, C-H), 1 710(s, C=O), 1 655(s, NC=O), 1 620(s, C=C), 1 510(s, P=S), 1 405(s, C-N), 1 204(s, P-O)	2.65～2.85(m, 4H, -CH_2CH_2-), 3.78(s, 3H, CH_3), 3.95(s, 3H, CH_3), 6.98～7.77(m, 4H, Ar-H)	333(24, M^+), 233(55), 124(26), 108(12), 101(18)
MP-5	3 300(s, N-H), 1 720(s, C=O), 1 600(s, C=C), 1 500(s, P=S), 1 340(s, N=O), 1 220(s, P-O)	1.12～1.88(m, 6H, $CH_2CH_2CH_2$), 2.24～2.50(t, 2H, CH_2CO-), 2.88～3.18(m, 2H, CH_2N-), 3.45～3.50(d, 1H, NH), 3.62～3.88(d, 3H, CH_3), 7.24～8.26(m, 4H, A r-H)	362(5, M^+), 345(2), 329(21), 261(20), 249(9), 232(15), 224(1), 207(37), 200(19), 139(12), 130(25), 114(100)
MP-6	3 320(s, N-H), 1 700(s, C=0), 1 600(s, C=C), 1 500(s, P=S), 1 340(s, N=O), 1 220(s, P-O)	0.70～1.75[m, 5H, $CH_2(CH_2)$CH-], 1.75～2.50(m, 5H, $CH_2(CH_2)$CHCO-), 2.80～3.08(q, 2H, CH_2N-), 3.75(d, 3H, CH_3), 3.85～4.20(d, 1H, NH), 7.24～8.38(m, 4H, Ar-H),	388(4, M^+), 370(1), 355(21), 261(72), 249(32), 232(34), 200(19), 156(12), 140(24), 110(28), 94(24)

2.2 甲基对硫磷人工抗原的合成与鉴定

人工抗原的合成主要是将半抗原与载体蛋白质通过化学反应共价结合，通常是采用适当的双官能团试剂使半抗原与载体蛋白质偶联。为了防止蛋白质在反应过程中沉淀变性，通常反应在水溶液中进行，且反应条件较为温和。

用作载体的蛋白质有多种。笔者采用牛血清白蛋白(BSA)、卵清蛋白(OVA)、人血清蛋白(HSA)、钥孔蓝蛋白(KLH)和兔血清蛋白(RSA)作为载体蛋白，分别制备了相应的甲基对硫磷人工抗原，并对偶联物的蛋白含量和结合比(又称偶联比)进行了测定。

2.2.1 MP-1-Protein 的合成 即 MP-1 以重氮化法与载体蛋白连接(分别简写为 MP-1-BSA、MP-1-OVA、MP-1-HSA、MP-1-KLH、MP-1-RSA)。

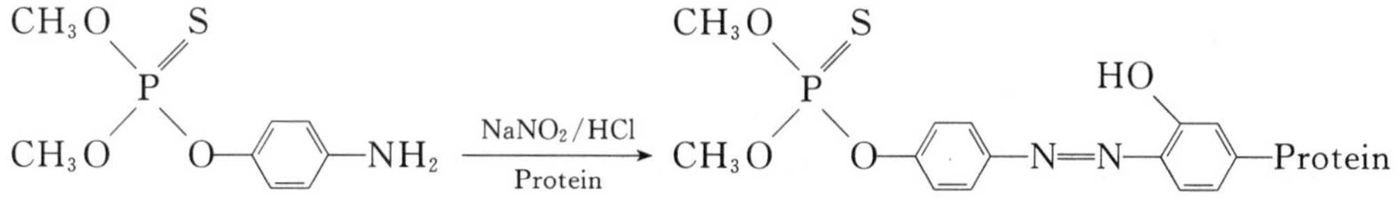

合成方法同文献[4]。

2.2.2 MP-2-Protein 的合成 即 MP-1 以戊二醛法与载体蛋白连接(分别简写为 MP-2-BSA、MP-2-OVA、MP-2-HSA、MP-2-KLH、MP-2-RSA)。

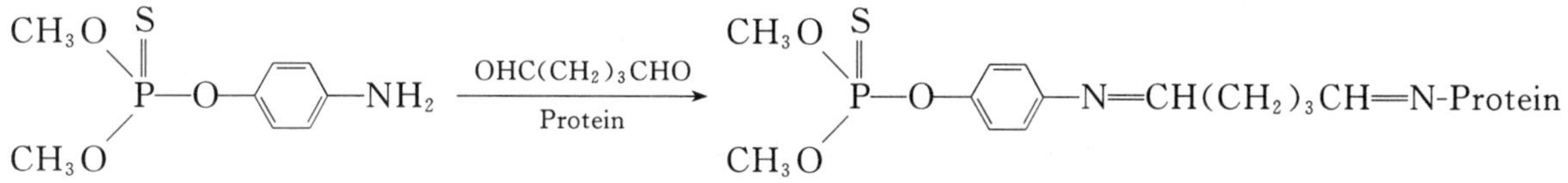

将 MP-1 50 mg(0.2 mmol)溶于 pH=7.4 的 PBS 和二氧六环的混合液(2∶1，体积比)中。加入 60

mg(0.35 mmol)戊二醛，反应 20 min。加入到预先用上述 PBS 和二氧六环混合液溶解的 100 mg 蛋白质中，反应 3 h。反应液装入透析袋，透析 3～4 d。

2.2.3 MP-3-Protein 的合成 即 MP-1 以甲苯二异氰酸酯法与载体蛋白连接(分别简写为 MP-3-BSA、MP-3-OVA、MP-3-HSA、MP-3-KLH、MP-3-RSA)。

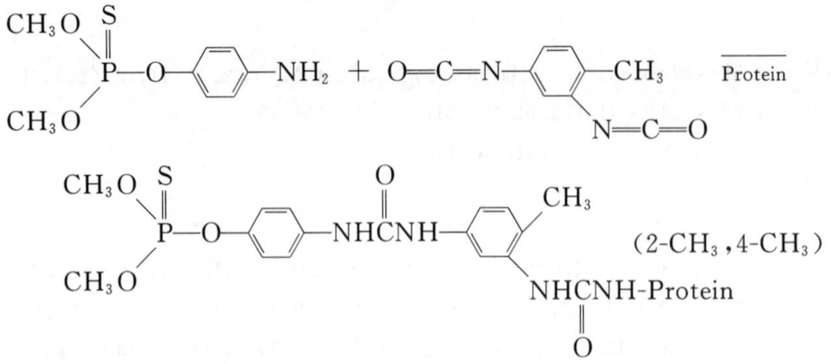

将甲苯二异氰酸酯 35 mg(0.2 mmol)溶于 5 mL 无水 *N*,*N*-二甲基甲酰胺(DMF)中，滴入一滴三乙胺，冰浴下将 50 mg(0.2 mmol)MP-1 的 DMF 溶液逐滴加入，反应 30 min。称取蛋白质 50 mg，溶于 pH＝7.4 的 PBS 中，然后将上述反应液逐滴加入到该蛋白质溶液中，室温反应 30 min 后，37℃反应 1 h。将反应液装入透析袋，于蒸馏水中透析 3～4 d。

2.2.4 MP-4-Protein 的合成

2.2.4.1 半抗原 MP-4 以混合酸酐法与载体蛋白质偶联[分别简写为 MP-4-BSA(MA)、MP-4-OVA(MA)、MP-4-HSA(MA)]。

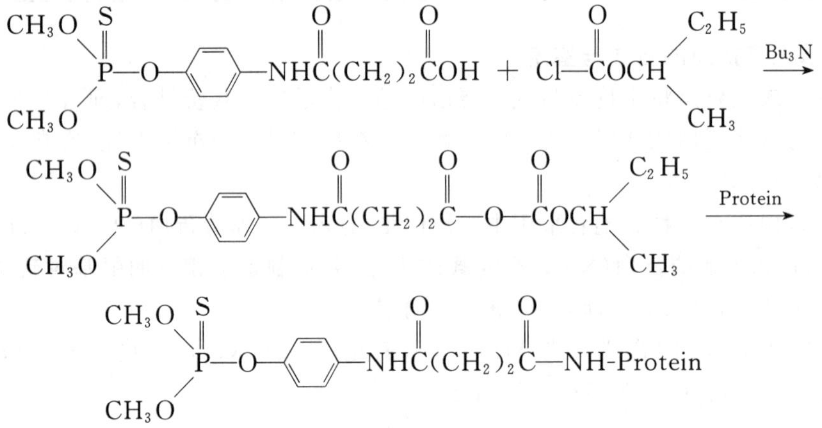

合成方法参见文献[13]。

2.2.4.2 半抗原 MP-4 以活性酯法与载体蛋白质偶联[分别简写为 MP-4-BSA(AE)、MP-4-OVA(AE)、MP-4-HSA(AE)、MP-4-KLH(AE)、MP-4-RSA(AE)]。

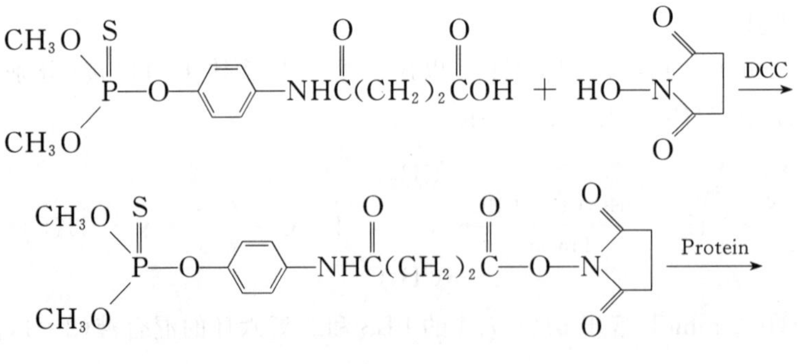

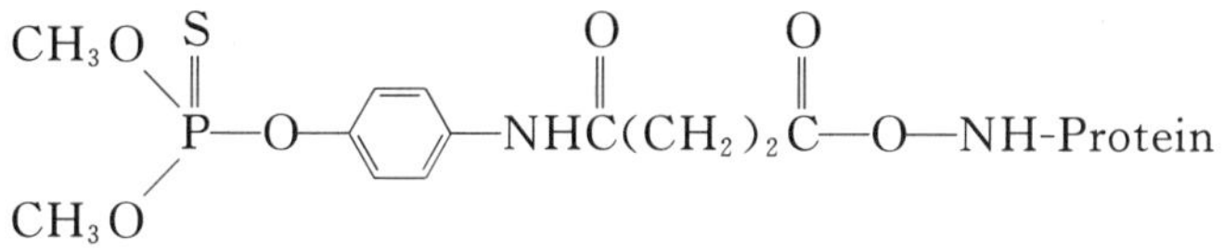

合成方法参见文献[14]。

2.2.5　MP-5-Protein 的合成　半抗原 MP-5 带有羧基活性基团，采用混合酸酐法（简称 MA）与各种载体蛋白质偶联，分别简写为 MP-5-BSA(MA)、MP-5-OVA(MA)、MP-5-HSA(MA)、MP-5-KLH(MA)、MP-5-RSA(MA)。合成方法基本同 2.2.4.1。

采用活性酯法（简称 AE）与各种载体蛋白质偶联，分别简写为 MP-5-BSA(AE)、MP-5-OVA(AE)、MP-5-HSA(AE)、MP-5-KLH(AE)、MP-5-RSA(AE)。合成方法基本同 2.2.4.2。

2.2.6　MP-6-Protein 的合成　与 MP-5-Protein 的合成相似。

2.3　人工抗原蛋白含量及结合比的测定

人工抗原的蛋白含量采用 Lowry 法测定[15]，结合物中磷的含量采用灰化定磷法[16]测定，通过计算得到结合比。

2.3.1　蛋白含量的测定　取 0.1 mL 蛋白质结合物溶液，用 PBS 稀释 10 倍，取稀释液 0.5 mL，加新配制的 Folin-酚试剂 A 0.4 mL，10 min 后加入 Folin一酚试剂 B 0.5 mL，30 min 后于 500 nm 处比色，与标准对照，测得蛋白浓度。

2.3.2　灰化定磷法测定结合物中磷的含量　将蛋白质偶联物通过强氧化剂浓硝酸、浓硫酸和高氯酸，氧化磷元素为最高价态即磷酸盐，在还原剂抗坏血酸和酸性条件下，磷酸盐与钼酸铵作用生成蓝色物质，在 660 nm 处比色可定量测定磷元素的含量。实验操作中应以磷酸盐标准曲线对照，以求得待测液的磷含量。

2.3.3　结合比的计算　蛋白偶联物中磷的含量与蛋白含量的比值（摩尔比），即为结合比。

2.4　抗体的制备

以上 6 种结构的人工抗原中，每种结构选择 2 种蛋白偶联物作为免疫原，进行动物免疫。

选取成年的大耳新西兰白兔[17]，观察一周后进行基础免疫。免疫剂量为 1.0 mg/kg，抗原用生理盐水稀释，加入等体积弗氏完全佐剂，乳化后，进行背部多点皮内注射。

三周后，进行加强免疫，免疫剂量同上，加入等体积弗氏不完全佐剂，背部多点皮下注射。以后每三周按同样的剂量和方法免疫一次。从第三次免疫开始，每次免疫后一周，从兔子的耳缘静脉采血，测定抗体效价及特异性。

2.5　抗体的免疫化学特性考察

采用间接酶联免疫分析方法[18]测定免疫所得的抗血清与不同包被原的结合效价（或称滴度 titration），即将抗血清稀释成一系列的稀释倍数，与包被原进行结合反应。抗血清的稀释倍数越大，抗体与包被原的结合就越少，酶促颜色反应就越弱，反之越强。经一定波长测定 OD 值的差异，即可测得抗原抗体的结合效价。

以上述测定得到的效价较高的抗体一包被原组合为测试体系，用间接竞争 ELISA 方法测定抗体与甲基对硫磷及其结构类似物的亲和反应性。

3　结果与讨论

3.1　人工抗原的合成与鉴定

笔者根据甲基对硫磷的结构特征，从苯环硝基一端合成了 MP-1 和 MP-4 两种半抗原，从磷酸酯甲氧基一端合成了 MP-5 和 MP-6 两种半抗原。将半抗原分子 MP-1 通过重氮化法、戊二醛法和甲苯二异氰酸酯法 3 种方法与载体蛋白偶联，合成了 3 种人工抗原。将半抗原分子 MP-4、MP-5 和 MP-6 通过混合酸酐法和活性酯法与几种载体蛋白偶联，合成了另外 3 种人工抗原。对所合成的人工抗原均测定了其蛋白含量及结合比，测定结果列于表 2。数据表明，大部分载体蛋白均结合了一定量的甲基对硫磷半抗原分子。半抗原 MP-1 以重氮化法、戊二醛法及甲苯二异氰酸酯法等 3 种方法与蛋白的结合率均较高，而 MP-4 与载体蛋白的结合率较低，通过混合酸酐法的结合率甚至为 0。其原因可能是在与蛋白连接或透析过程中，水解使硫代磷酸酯脱落造成的。MP-5 和 MP-6 通过混合酸酐法和活性酯法与蛋白的结合率也相对较高，均可用于动物的免疫。

3.2 抗血清的结合效价

从制备的各类人工抗原中，每种结构选择 2 种结合比适当的蛋白偶联物作为免疫原(表 2 中标明抗原类型为 Ⅰ)，进行动物免疫。采用间接 ELISA 方法对免疫后得到的各个抗血清进行效价测定，以考察所得的抗血清与以上合成的所有不同包被原的结合效价。

结果表明，大部分抗血清都可与多种包被原表现较高的结合效价，多数效价可达 5 000～45 000 倍。一些结合效价较低者，大部分是由于包被原或免疫原结合比较低造成的。

此外，从甲基对硫磷硝基部位与载体连接得到的免疫原(编号为 MP-1、MP-4)所产生的抗血清既可与从硝基部位连接蛋白的包被原产生较高的结合效价，也可与一些从磷酸酯甲氧基部位连接蛋白的包被原有较高的结合效价，说明这一类抗体对载体上结合的各结构半抗原均具有相当的识别能力和亲和性；而在甲基对硫磷分子甲氧基部位连接载体的免疫原(编号为 MP-5、MP-6)则只能识别从相同位置连接载体的包被原，结合效价较高，对于从硝基部位连接载体的包被原几乎不识别，结合效价较低，亲和性较弱。说明从该部位连接蛋白产生的抗原具有了不同的抗原决定簇，其连接部位与免疫特异性和亲和性有密切关系。

表 2 Protein concentration and conjugation ratio of hapten-protein conjugates

Hapten-protein conjugates	Protein concentration/$(mg \cdot mL^{-1})$	Conjugation ratio	Type of antigen*
MP-1-BSA	2.23	1∶38	I
MP-1-OVA	2.45	1∶17	C
MP-1-HSA	2.02	1∶12	C
MP-1-KLH	1.25	1∶195	I
MP-1-RSA	2.11	1∶40	C
MP-2-BSA	4.44	1∶46	I
MP-2-OVA	2.50	1∶21	C
MP-2-HSA	3.23	1∶33	I
MP-2-KLH	2.22	1∶12	C
MP-2-RSA	1.60	1∶31	C
MP-3-BSA	6.67	1∶11	C
MP-3-OVA	6.25	1∶15	C
MP-3-HSA	5.00	1∶18	I
MP-3-KLH	1.39	1∶95	I
MP-3-RSA	1.57	1∶2	C
MP-4-BSA(MA)	2.07	1∶0	—
MP-4-OVA(MA)	2.31	1∶0	—
MP-4-HSA(MA)	2.14	1∶0	—
MP-4-BSA(AE)	2.63	1∶4	I
MP-4-OVA(AE)	2.94	1∶2	C

续表 2

Hapten-protein conjugates	Protein concentration/(mg · mL^{-1})	Conjugation ratio	Type of antigen*
MP-4-HSA(AE)	2.98	1∶6	I
MP-4-KLH (AE)	0.95	1∶8	C
MP-4-RSA(AE)	1.33	1∶2	C
MP-5-BSA(MA)	8.25	1∶20	C
MP-5-OVA(MA)	9.52	1∶2	C
MP-5-HSA(MA)	9.09	1∶24	C
MP-5-KLH(MA)	1.43	1∶111	I
MP-5-RSA(MA)	1.77	1∶36	C
MP-5-BSA(AE)	4.76	1∶37	I
MP-5-OVA(AE)	3.49	1∶44	C
MP-5-HSA(AE)	2.78	1∶42	C
MP-6-BSA(MA)	5.13	1∶28	C
MP-6-OVA(MA)	2.54	1∶17	C
MP-6-HSA(MA)	4.17	1∶24	I
MP-6-BSA(AE)	3.70	1∶45	C
MP-6-OVA(AE)	3.70	1∶47	C
MP-6-HSA(AE)	3.33	1∶17	C
MP-6-KLH(AE)	0.83	1∶33	I
MP-6-RSA(AE)	1.38	1∶40	C

* I:Immunogen; C:Coating antigen

3.3 各抗血清与甲基对硫磷的反应性

由于结合效价较高的抗体/包被原组合较多,作者分二步进行了考察筛选。

首先在上述效价实验的基础上,选择效价较高、并在结构特征上有一定代表性的抗体一包被原体系进行甲基对硫磷的高浓度(10 mg/L)抑制实验,以抑制率变化初步考察各抗血清与甲基对硫磷的亲和反应性强弱。表 3 列出了抑制率大于 50%的抗体一包被原组合体系。结果表明,以各种连接方式形成的免疫原产生的抗体都对甲基对硫磷表现了一定的亲和反应性,而且,与之相匹配的最优包被原并不一定具有与之相同的连接方式。这说明在某些情况下,与小分子化合物连接的蛋白偶联物可能不是一个很好的免疫原,但却可能成为一个优良的包被原。

在此基础上对这些体系进行不同浓度甲基对硫磷的抑制实验,筛选出了对甲基对硫磷抑制作用最强的几个抗体一包被原组合体系,列于表 4。结果表明,具有较强抑制作用的几个体系中,采用的抗体均是由甲基对硫磷分子的甲氧基部位连接载体的免疫原产生的,反映出此部位连接载体具有某些免疫学优势、易刺激肌体产生特异性抗体。

表 3 The antibody-coating antigen system with the inhibition ratio≥50% by high concentration (10 mg/L) of parathion-methyl

Immunogen	Coating antigen
MP-1-BSA	MP-2-HSA;MP-3-HSA
MP-1-KLH	MP-3-OVA
MP-2-BSA	MP-3-HSA
MP-2-HSA	MP-5-KLH(MA)
MP-3-KLH	MP-4-BSA(AE)

续表 3

Immunogen	Coating antigen
MP-3-HSA	MP-3-KLH；MP-5-KLH(MA)
MP-4-BSA(AE)	MP-1-HSA
MP-5-KLH(MA)	MP-6-OVA(MA)
MP-5-BSA(AE)	MP-5-KLH(MA)；MP-6-OVA(MA)；MP-6-KLH(AE)
MP-6-KLH(AE)	MP-6-OVA(MA)；MP-6-OVA(MA)；MP-5-KLH(MA)；
MP-6-HAS(MA)	MP-5-RSA(MA)；MP-6-RSA(AE)

表 4　The antibody-coating antigen system with the lowest I_{50}

Immunogen	Coating antigen	I_{50}/(ng・mL^{-1})
MP-5-BSA(AE)	MP-5-KLH(MA)	33.6
MP-6-HAS(MA)	MP-5-KLH(MA)	67.0
MP-6-HAS(MA)	MP-5-RSA(MA)	82.6
MP-6-HAS(MA)	MP-6-OVA(MA)	104.1

3.4　抗体特异性

采用表 4 中列出的前两种抗体-包被原体系，在相同条件下对甲基对硫磷的其他有关结构类似物进行交叉反应实验，以考察抗体的特异性。结果表明，大部分结构类似的化合物，如杀螟硫磷、马拉硫磷、甲基毒死蜱、乐果等，对甲基对硫磷抗体均不显示交叉反应，$I_{50}>10^5$ ng/mL。对于对硝基酚，交叉反应也很弱，$I_{50}=7.1\times10^4$ ng/mL，交叉反应率 CR=0.05%。只有结构非常相似的对硫磷产生了较强的交叉反应，$I_{50}=39.4\sim83.7$ ng/mL，CR=34.5%～80.0%。说明从甲基对硫磷甲氧基部位连接蛋白的免疫原充分突出了甲基对硫磷对硝基苯基磷酸酯的结构，因而产生的抗体对对硫磷亦有较高的特异性。

4　结论

根据甲基对硫磷的结构特征，合成了具有不同间隔臂的半抗原分子，由它们分别与几种蛋白载体结合，形成了可用于免疫或包被的人工抗原分子。在合成的每种结构的人工抗原中，选择其中两种人工抗原作为免疫原进行动物免疫。最后用间接 ELISA 方法对获得的抗血清进行结合效价测定。结果表明，从甲基对硫磷硝基部位与载体连接得到的免疫原所产生的抗血清，能与许多非免疫原载体的包被原产生较高的结合效价；而从甲基对硫磷分子甲氧基部位连接载体的免疫原所产生的抗体只能识别从相同位置连接载体的包被原，结合效价较高，对于从硝基部位连接载体的包被原几乎不识别，结合效价低，亲和性弱。说明从不同部位连接蛋白产生的抗原具有了不同的抗原决定簇，因此表现出不同的免疫亲和性。

利用间接竞争 ELISA 方法分两步筛选对甲基对硫磷表现较强抑制作用的抗体-包被原组合体系，得到抑制作用最强的体系。具有较强抑制作用的几个体系中，采用的抗体均是由甲基对硫磷分子的甲氧基部位连接载体的免疫原产生的，对甲基对硫磷的抑制 I_{50}可达 33.6～67.0 ng/mL。大部分与其结构类似的化合物对甲基对硫磷抗体均不显示交叉反应，$I_{50}>10^5$ ng/mL。对硝基酚的交叉反应也很弱，$I_{50}=7.1\times10^4$ ng/mL，交叉反应率 CR=0.05%。只有结构非常相似的对硫磷产生了较强的交叉反应，$I_{50}=39.4\sim83.7$ ng/mL，交叉反应率 CR=34.5%～80.0%。表明所产生的抗体对甲基对硫磷具有很高的特异性识别能力，且对对硫磷也表现了一定的特异性。

参考文献

[1] 金小雷译. 农药及其代谢物的免疫测定[J]. 农药译丛,1988,10,3:46-48

[2] Hass J H, Guardia E J. Production of antibodies against insecticide-protein conjugates[J]. *Proc Soc Exp Biol Med*, 1968,129:546-551

[3] Ercegovich C D, Vallejo R P, Gettig R P, *et al*. Development of a radio immunoassay for parathion [J]. *J Agric Food Chem*,1981,29: 559-568

[4] 刘长武,王一茹,李治祥. 对硫磷的人工抗原合成与鉴定[J]. 环境科学学报,1992,12(3):377-381

[5] Hunter K W, Lenz D E. Detection and quantification of the organo-phosphate insecticide paraoxon by competitive inhibition enzyme immunoassay[J]. *Life Sci*,1982,30:355-356

[6] Brimfiled A A, Lenz D E, Graham C, *et al*. Mouse monoclonal antibodies against potential regents for immunoassay with constant immuno-chemical characteristics[J]. *J Agric Food Chem*, 1985, 33:1 237-1 242

[7] Hunter K W, Lenz D E, Grimfield A A, *et al*. Quantification of the organophosphorus nerve agent soman by competitive inhibition enzyme immunoassay using monoclonal[J]. *FEBS Lett*, 1982,149:147-151

[8] Buenafe A C, Rittenburg M B. Combining site specificity of monoclonal antibodies to the organophosphate hapten soman[J]. *Mol Immunol*, 1987,24:402-407

[9] McAdam D P, Hill A S, Beasley H L, *et al*. Nono-and polyclonal antibodies to organophosphate fenitrothion[J]. *J A gric Food Chem*,1992,40:1 466-1 470

[10] 王刚垛,鱼涛,马兆扬,等. 甲基对硫磷单克隆抗体的研制及鉴定[J]. 中华劳动卫生职业病杂志, 2001,19(4):265-267

[11] 王刚垛,何凤生,鱼涛,等. 甲基对硫磷 ELISA 分析方法的建立及初步应用[J]. 中国工业医学杂志,2001,14 (6):327-330

[12] 王刚垛,马兆扬,鱼涛,等. 甲基对硫磷人工抗原的合成及鉴定[J]. 卫生研究,2000,29(2): 69-70

[13] Gendloff E H, Casale W L, Ram B P, *et al*. Hapten-protein conjugates prepared by the mixed anhydride method[J]. *Journal of Immunologica*, *Method*,1986,92:15—20

[14] Weetall H H. Covalent coupling method for inorganic, surpport materials[J]. *Methods Enzy mol*,1976,44: 139-148

[15] 李成文. 现代免疫化学技术[M]. 上海:上海科技出版社,1992

[16] Chem P S. Micro-determination of phosphorus[J]. *Analytical Chemistry*,1957,28:1 756-1 758

[17] 吉林斌,苟仕金. 动物免疫学实验技术[M]. 长春:吉林科技出版社,1989

[18] 钱传范,肖协忠,单国民,等. 免疫检测技术在农药残留分析中的应用[J]. 农药科学与管理,1991, 4:27-32

Synthesis and Identification of Antigenic Conjugate against Parathion-methyl

Jia Ming-hong[1], Qian Chuan-fan[1], Han Li-jun[1*], Li Cheng-wen[2], Zhang Bing[1]
(1. College of Science, China Agricultural University, Beijing 100094, China;
2. Academy of Millitary Medical Sciences, Beijing 100850, China)

Abstract Four kinds of hapten with the similar structure of parathion-methyl were designed and synthesized. These four haptens were coupled with different length and structural spacerarms through nitrogroup or methoxyphosphate group of parathion-methyl. Then six kinds of hapten-protein conjugates were synthesized by different methods. The immune program yielded high specific and high affinity antibodies for parathion-methyl.

Key words ELISA, parathion-methyl, synthesized antigenic conjugate

（注：此文原载于《农药学学报》,2003,5(2),22-32)

Activity of Acetolactate Synthase from Maize (*Zea mays* L.) as Influenced by Chlorsulfuron and Tribenuron-methyl

Fan Zhi-jin[1,2], Chen Jun-peng[1], Hu Ji-ye[2],
Qian Chuan-fan[2], Li Zheng-ming[1]
(1 State Key Laboratory of Elemento Organic Chemistry, Institute of Elemento Organic Chemistry, Nankai University, Tianjin 300071, P. R. China; 2 College of Applied Chemistry, China Agricultural University/Key Laboratory of Pesticide Chemistry and Application Technology, Ministry of Agriculture, Beijing 100094, P. R. China)

Abstract Study on relative sensitivity of maize(*Zea mays* L.) Nongda108 and Nongda3138 to sulfonylurea herbicide chlorsulfuron and tribenuron-methyl using maize taproot length by sand bioassy indicated that, Nongda3138 had higher tolerance to chlorsulfuron and tribenuron-methyl than Nongda108 did. Chlorsulfuron had stronger growth inhibition to maize Nongda108 and Nongda3138 than tribenuron-methyl did. Study on target enzyme of sulfonylurea herbicide acetolactate synthase(ALS) showed that, chlorsulfuron and tribenuron-methyl inhibited ALS *in vitro* strongly, and non-competitively. In the same concentration of inhibitors, chlorsulfuron had stronger ALS activity inhibition than tribenuron-methyl did. Lower level of chlorsulfuron and tribenuron-methyl has no ALS activity inhibition *in vivo*, the ALS inhibition only occurred in the condition of high concentration of chlorsulfuron and tribenuron-methyl *in vivo*.

Key words Chlorsulfuron, Tribenuron-methyl, Acetolactate synthase(ALS), Maize (*Zea mays* L.)

Sulfonylurea herbicides provide extremely high herbicide potency, its mode of action is to inhibit acetolactate synthase (ALS), thereby block the biosynthesis of the branched-chain amino acids valine, leucine and isoleucine[1]. ALS also called acetohydroxyacid synthase, it is the target of several structurally diverse classes of herbicides, however, no experimentally determined structure of this kind of whole enzyme from any source has been reported, and the regulation mechanism of this kind of enzyme also remains unclear. In order to guide new pesticide development, many studies tried to elucidate the structure of ALS and the structures of conjugates of ALS and its' inhibitors, great achievements have been gained recently[2,3]. On the other hand, ALS has close relationship to weed resistance to sulfonylurea herbicides[4,5]. There exist many crops in China, at the time of sulfonylurea herbicides expressing its high activity of weed killing, the phototoxicity of sulfonylurea herbicides to non target crops becomes an important factor affecting the application of sulfonylurea herbicides. Therefore, weed resistance, phototoxicity to crops, longer period of residue and safety to environment are the most important reasons hindering the development of new sulfonylurea herbicides[6]. The best choice fitting for the situation of China is to develop new sulfonylurea that has characters of shorter period of residue, easiness for metabolism and decomposition by water, soil, plant and microbe, good compatibility with environment. Chlorsulfuron is a good herbicide for weed control in wheat field, because of its longer period of residue and phototoxicity to succeeding crops, chlorsulfuron has been prohibited in crop field for weed control by our government, while tribenuronmethyl played a significant role by substituting chlorsulfuron. In order to elucidate the effect of chlorsulfuron and tribenuron-methyl residues on the growth of succeeding maize, the sensitivity of maize and relative sensitivity of ALS from maize to chlorsulfuron and tribenuron-methyl were studied in detail.

1 Materials and Methods

1.1 Materials

1.1.1 Herbicides Chlorsulfuron: 2-chloro-N-[[(4-methoxy-6-methyl-1, 3, 5-triazin-2-yl)amino]-carbon-yl]benzenesulfonamide(purity, 95.00%) and tribenuron-methyl: methyl 2-[4-methoxy-6-methyl-1,3, 5-triazin-2yl-(methyl)-carbamoylsufamoyl] benzoate (purity, 97.40%) were purchased from Institute of the Control of Agrochemicals, Ministry of Agriculture, China. Maize cultivar: Nongda108 and Nongda3138 were purchased from the Department of Agronomy, China Agricultural University. Sands with no organic matter were prepared by washing.

1.1.2 Biochemical and chemical reagents Flavin adenine dinucleotide(FAD), Sigma Company; Acetoin, Fluka Company; Sodium pyruvate, Fluka Company; Thiamine pyrophosphate(TPP), Institute of Biochmistry of Chinese Academy of Sciences in Shanghai; Bovine serum albumin (BSA), Department of Biochemistry of Orental Instrument Co. of the Chinese Academy of Sciences; Creatine monohydrate, Chemical Reagent Station of Shanghai; α-naphthol, analysis grade, Number 3 Factory of Beijing Chemical Reagent; Quartz sand washed and clinched, purity more than 99.8%, Coomassie blue G250, bovine serum albumin (BSA) and other chemicals and biochemical reagents used in the present studies were all of analytical reagent grade.

1.2 Instruments

LRH-250-G lighting culture tank; Lambda Bio 40 UV-754 spectrometer; SHZ-88-1 Electrothermal water tank (range 20-100℃, temperature change ±1℃); PHS-25 acidometer; Sorvall centrifuges (Sorvall RC 26 plus).

1.3 Methods

1.3.1 Relative sensitivity of chlorsulfuron and tribenuron-methyl to different maize cultivars. The seedling treatment and bioassay protocols were the same as those described by Fan et al[7], using maize taproot length as indicator by sand bioassay.

1.3.2 Extraction of ALS The ALS extraction and assay protocols were conducted according to the describe of Fan et al[8]. 5 g of maize plant cultivated for 3 days in the dark after germination was homogenized in 10 g of ALS extraction solutions(pH 7.0, 50 mmol · L^{-1} K_2HPO_4-KH_2PO_4 buffers containing 1 mmol · L^{-1} pyruvate, 0.5 mmol · L^{-1} $MgCl_2$, 0.5 mmol · L^{-1} TPP, and 10 μmol · L^{-1} FAD). The homogenate was filtered through 8 layers of cheesecloth and centrifuged at 25 000×g for 20 min under the temperature of 0−40℃, the supernatant fluid was precipitated by $(NH_4)_2SO_4$ at about 50% of saturation for 2 h at 0℃. The enzyme pellet after centrifugation at 25 000×g for 30 min under the temperature of 0−4℃ was dissolved in ALS dissolving solutions (pH 7.0, 50 mmol · L^{-1} $K_2HPO_4^-$ KH_2PO_4 buffers containing 20 mmol · L^{-1} pyruvate, 0.5 mmol · L^{-1} $MgCl_2$). This solution of crude enzyme was used immediately for ALS specific activity determination.

1.3.3 Specific activity determination of ALS *in vitro* The procedure of *in vitro* ALS assay was conducted according to the method of Fan et al[8]. 0.1 mL aliquot of inhibitor was added to 0.4 mL enzyme and 0.5 mL enzyme reaction solution (pH7.0, 50 mmol • L^{-1} K_2HPO_4-KH_2PO_4 buffers containing 24 mmol • L^{-1} pyruvate, 0.6 mmol • L^{-1} $MgCl_2$, 1 mmol • L^{-1} TPP, and 20 μmol • L^{-1} FAD), then heated to 35±1℃ for 1 h in the dark. 100 μL of 3 mol • L^{-1} H_2SO_4 was added and incubated at 60±1℃ for 15 min to decarboxylate, then, a 0.5 mL 5.0% aliquot of freshly prepared α-naphthol in 2.5 mol • L^{-1} NaOH and 0.5 mL 0.5% creatine was added to the mixture to determine the acetoin by color development at 60±1℃ for 15 min. The red color complex was cooled to temperature by water and the absorbance was measured at 523 nm. ALS specific activity was demonstrated as (nmol acetoin mg^{-1} protein h^{-1}). Protein has been measured by the method of Coomassie blue according to Bradford[9].

1.3.4 The progress of ALS reaction as influenced by clorsulfuron and tribenuron-methyl The relationship between incubation time of ALS reaction and ALS inhibitors was measured according to the description of Ray[10]. 0.1 mL of 10 nmol • L^{-1}。 chlorsulfuron or tribenuron-methyl and 0.5 mL of enzyme reaction solutions were added to 0.4 mL of ALS solution respectively, the mixture was heated by water bath in the dark at 35℃ , and then sampling at intervals of 0, 5, 10, 20, 30, 40, 50, 60,75, 90, 105 min to determine the ALS specific activity according to the procedure of 1.3.3, the whole experiment was triplicated, average specific activity was used to plot the progress curve of ALS reaction as influenced by chlorsulfuron and tribenuron-methyl.

1.3.5 Apparent K_m for pyruvate and V_{max} determination of maize ALS *in vitro* K_m and V_{max} of ALS *in vitro* were determined by double reciprocal Lineweaver-Burk plot according to the method of Rathinasabapathi and King[11].

1.3.6 Specific activity determination of ALS *in vivo* *In vivo* ALS activity was determined according 1.3.3 by substituting 0.1 mL of ALS inhibitor and 0.4 mL of enzyme solution by 0.5 mL of enzymeextracted from maize planted in the medium containing inhibitor.

Table 1 Relative sensitivity of two maize cultivars to chlorsulfuron and tribennuron-methyl

Cultivar	Herbicide	Regression equation	r^2	IC_{50} (μg • kg^{-1})	Average IC_{50} (μg • kg^{-1})
Nongda108	Tribenuron-methyl	$y=0.8217x+3.9263$	0.9847	20.26	20.26
	Chlorsulfuron	$y=0.3341x+4.8202$	0.9812	3.45	3.45
Nongda3138	Tribenuron-methyl	$y=0.5960x+4.0314$	0.9943	42.19	42.19
	Chlorsulfuron	$y=0.7949x+3.9988$	0.9811	18.18	15.73
		$y=0.4518x+4.4927$	0.9972	13.27	

2 Results

2.1 The relative sensitivity of two maize to chlorsulfuron and tribenuron-methyl

The result of sand bioassay using maize taproot as indicator was listed in Table 1. Table 1 showed that, chlorsulfuron and tribenuron-methyl both inhibited the taproot of maize Nongda108 and Nongda3138, the inhibition by chlorsulfuron was stronger than that by tribenuron-methyl, the IC_{50} value of tribenuron-methyl to maize Nongda108 was about 6 times to that of chlorsulfuron, the IC_{50} value of tribenuron-methyl to maize Nongda 3138 was 2.7 times to that of chlorsulfuron. Maize Nongda3138 had higher tolerance to chlorsulfuron and tribenuron-methyl than maize Nongda108 did. Therefore, chlorsulfuron can cause severe phototoxicity to succeeding maize than tribenuron-methylcan.

2.2 The progress of ALS reaction as influenced by chlorsulfuron and tribenuron-methyl

The effect of 10 nmol • L^{-1} of chlorsulfuron and tribenuron-methyl on ALS of maize Nongda3138 at different time of incubation was described in Fig. 1. The relationship between ALS specific activity and time of incubation accord with MichaelisMenten equation, the amount of ALS specific activity increased with prolonged incubation time linearly in the absence of herbicide. This situation remained the same as in the reaction system containing 10 nmol • L^{-1} of chlorsulfuron and tribenuronmethyl. The ALS inhibition of chlorsulfuron was stronger than that of tribenuron-methyl at the same concentration, the result accorded with the study on sand bioassay described above.

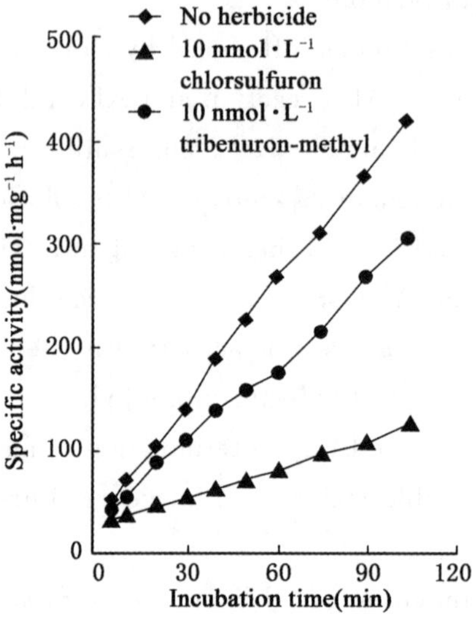

Fig. 1 Effect of chlorsulfuron and tribenuron-methyl on ALS activity of Nongda3138 under different incubation time

2.3 Apparent K_m for pyruvate and V_{max} of maize ALS

Double reciprocal plot of velocity *versus* pyruvate concentration indicated that inhibition of maize ALS by chlorsulfuron and tribenuron-methyl approximated to a non-competitive inhibition pattern (Figs. 2 and 3), all lines almost intercepted at the axis of 1/s. Apparent K_m for pyruvate and V_{max} of two maize ALS were listed in Table 2. From Table 2, it was shown that V_{max} decreased as the increase of concentration of inhibitor, however, in all cases, K_m remained largely unchanged, apparent K_m of maize Nongda108 for pyruvate was 6.92 mmol • L^{-1}, apparent K_m of maize Nongda3138 for pyruvate was 7.22 mmol • L^{-1}, the difference between two maize cultivars was very small, overall apparent K_m was 7.32±1.68 mmol • L^{-1}. Therefore, the conjugation of inhibitor and ALS enzyme had no relationship to the existence of substrate pyruvate.

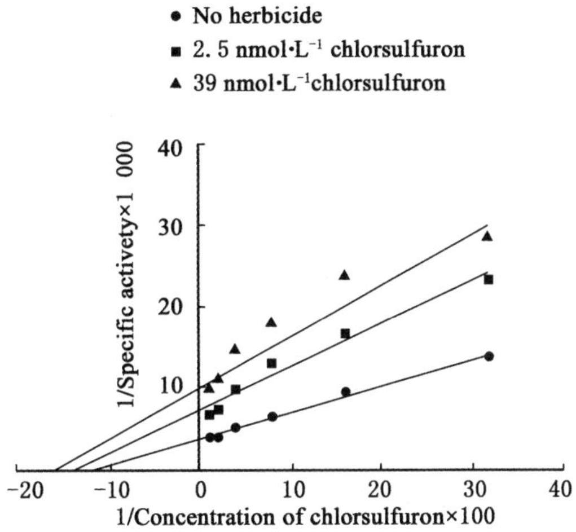

Fig. 2 Double reciprocal Lineweaver-Burk plot of velocity data at varying levels of chlorsulfuron for ALS from maize Nongda108(*in vitro*)

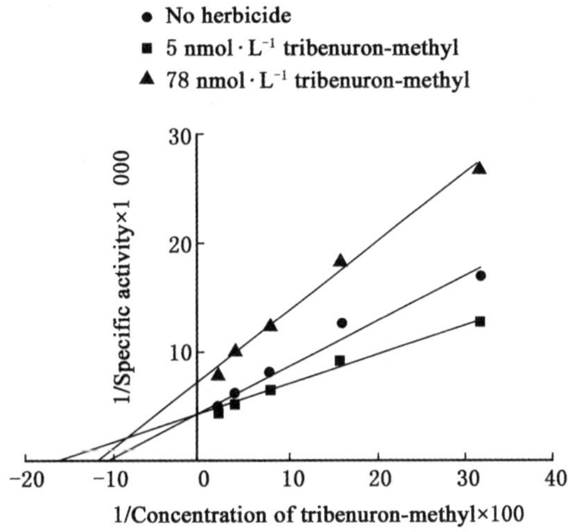

Fig. 3 Double reciprocal Lineweaver-Burk plot of velocity data at varying levels of tribenuron-methyl for ALS from maize Nongda3138(*in vitro*)

Table 2 Apparent K_m for pyruvate and V_{max} of ALS of two maize cultivars

Cultivar	Herbicide	Concentration (mmol · L^{-1})	Regression equation	r^2	V_{max} (Specific activity)	K_m (mmol · L^{-1})
Nongda108	Chlorsulfuron	39	$y=0.4837x+9.1760$	0.960 1	108.98	5.27
		2.5	$y=0.5211x+7.2519$	0.971 5	137.89	7.19
		0	$y=0.3133x+3.7699$	0.991 4	265.26	8.31
Nongda3138	Tribenuron-methyl	78	$y=0.6206x+7.5034$	0.993 3	133.27	8.27
		5	$y=0.2617x+4.4059$	0.991 5	226.97	5.94
		0	$y=0.4096x+4.5707$	0.966 8	218.79	8.96

2.4 *In vitro* ALS specific activity of two maize cultivars as influenced by chlorsulfuron and tribenuron-methyl

The results of *in vitro* ALS specific activity determination was listed in Table 3.

The results indicated that chlorsulfuron and tribenuron-methyl inhibited ALS activity of maize Nongda108 and Nongda3138, the inhibition of chlorsulfuron to ALS of two maizes was stronger than that of tribenuron-methyl, I_{50} values of chlorsulfuron to ALS of Nongda108 and Nongda3133 were about 7 and 8 times lower than that of tribenuron-methyl did. Difference of inhibitions of the same herbicide between two maize cultivars was very small. This result differed from the result of sand bioassay. Two possible reasons could cause this difference. First, the taproot of maize emerged in the herbicide during the course of sand bioassay, the preliminary root was very sensitive to sulfonylurea herbicide since its germination, while sulfonylurea herbicide contacted the ALS only in the course of reaction during the *in vitro* ALS specific activity determination. Second, sulfonylurea herbicide uptaken by maize could be transported and metabolized by whole plant, other enzymes such as multifunctional oxidase(MFO) and glutathione-S-transferase(GST) metabolizing sulfonylurea herbicide existed in living maize during the period of sand bioassay, while other enzymes metabolizing herbicide did not exist in the system of ALS specific activity determination, difference of metabolism would be the main reason causing this result. The results also indicated that chlorsulfuron would hurt maize more easily than tribenuron-methyl. As sensitivity of target considered only, the chance of hurting maize between chlorsulfuron and tribenuron-methyl was both slim, however, metabolism and environment were most important integrated factors affecting the phototoxicity to maize.

Table 3 *In vitro* ALS inhibition of chlorsulfuron and tribenuron-methyl to two maize cultivars

Cultivar	Herbicide	I_{50} (nmol · L^{-1})	Average I_{50} ±95% confidence interval(nmol · L^{-1})
Nongda108	Tribenuron-methyl	25.97	24.68±2.15
		25.04	
		23.03	
	Chlorsulfuron	3.34	3.33±0.82
		4.69	
		3.10	
		2.20	
Nongda3138	Tribenuron-methyl	17.99	18.51±0.72
		18.53	
		19.00	
	Chlorsulfuron	2.40	2.15±0.60
		1.66	
		2.39	

2.5 *In vivo* ALS specific activity of two maize cultivars as influenced by chlorsulfuron and tribenuron-methyl

The results of *in vivo* ALS specific activity of two maize cultivars as influenced by chlorsulfuron and tribenuron-methyl were shown in Fig. 4 and Fig. 5.

Inhibition curve of the two sulfonylurea herbicides had the same trend, lower concentration of herbicide had no inhibition to ALS of maize *in vivo*, only higher concentration of herbicide could inhibit the activity of ALS of maize *in vivo*. When the concentration of herbicide reached to certain amount, the curve became flattened, the *in vivo* inhibition of chlorsulfuron to the same maize cultivar was

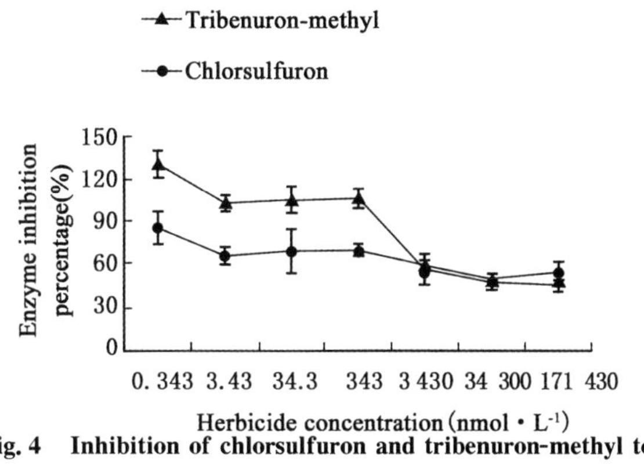

Fig. 4 Inhibition of chlorsulfuron and tribenuron-methyl to ALS from maize Nongda108 (*in vivo*)

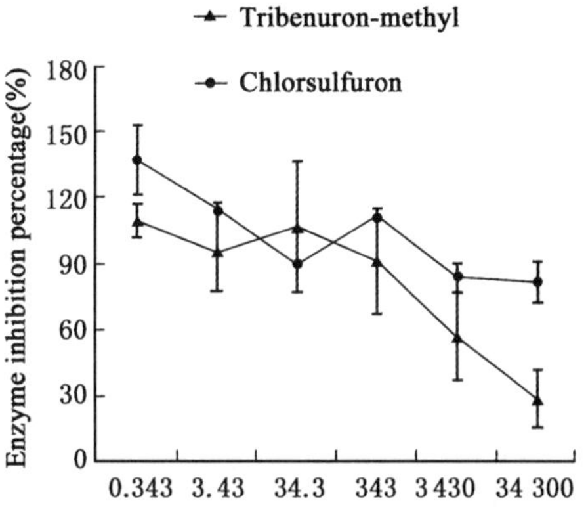

Fig. 5 Inhibition of chlorsulfuron and tribenuron-methyl to ALS from maize Nongda3138 (*in vivo*)

stronger than that of tribenuron-methyl too. The inhibition of maize ALS *in vivo* by chlorsulfuron and tribenuron-methyl was much lower than that of maize ALS *in vitro*, this indicated that lower concentration of chlorsulfuron and tribenuron-methyl could stimulate the activity of ALS *in vivo* or there existed the mechanism of rapid herbicide metabolization. ALS *in vivo* study was conducted by terminal product acetolactate determination, herbicide existed in the plant of maize since the beginning of the experiment, after metabolization by other enzymes existing in maize, the amount of herbicide that reached to the target enzyme ALS was lower, inhibition of ALS *in vivo* decreased too. This needs further study on GST, MFO and etc. in detail. There were many reports on the importance of GST and MFO in sulfonylurea herbicide metabolism[12,13].

3 Conclusions

Sand bioassay indicated that maize Nongda3138 had good tolerance to chlorsulfuron and tribenuron-methyl than maize Nongda108 had, and chlorsulfuron had stronger growth inhibition to maize than tribenuron-methyl had. However, study on the target enzyme ALS indicated that the ALS activity affected by chlorsulfuron and tribenuron-methyl had no relation to maize cultivars, inhibition of chlorsulfuron to two maize cultivars was stronger than that of tribenuron-methyl, and the ALS inhibition under the condition of *in vitro* was higher than that under the condition of *in vivo*. , Chlorsulfuron and tribenuron-methyl were the non-competitive inhibitors of maize ALS, the overall apparent K_m

of maize ALS was 7.32±1.68 mmol · L^{-1}.

Acknowledgements

The authors are grateful to Professor Xi Zhen for his careful revising of this manuscript. This study was supported by the National Natural Science Foundation of China(20107003, 29832050),Visiting Scholar Foundation of Key Laboratory in University and Foundation of Key Laboratory of Pesticide Chemistry and Application Technology of Ministry of Agriculture of China.

References

[1] Duggleby R G, Pang S S. Acetohydroxyacid synthase. *Journal of Biochemistry and Molecular Biology*, 2000, 33(1) :1-36.

[2] Sprague C L, Stoller E W, Wax L M. Common cocklebur(*Xanthium strumarium*)resistance to selected ALS-inhibiting herbicides. *Weed Technology*, 1997, 11:241-247.

[3] Wright T R, Bascomb N F, Sturner S F, Penner D. Biochemical mechanism and molecular basis for ALS-inhibiting herbicide resistance in sugarbeet(*Beta vulgaris*)somatic cell selections. *Weed Science*, 1998, 46:13-23.

[4] Pang S S, Guddat L W, Duggleby R G. Crystallization of the catalytic subunit of *Saccharomyces cerevisiae* acetohydroxyacid synthase. *Acta Crystallography*, 2001, D57, 1 321-1 323.

[5] Pang S S, Duggleby R G, Guddat I, W. Crystal structure of yeast acetohydroxyacid synthase: a target for herbicidal inhibitors. *Journal of Molecular Biology*, 2002, 317: 249-262.

[6] Fan Z J, Liu F M, Qian C F. The present situation and development of sulfonylurea herbicides. *Pesticides*,1999,38(5):6-9.(in Chinese)

[7] Fan Z J, Qian C F, Dang H B, Li Z M, Wang L X. Study on the bioassay of maiguning and the safety assessement of maiguning to different maize(*Zea mays* L.). *Chinese Journal of Pesticide Science*, 2000, 2(1):63—70.(in Chinese)

[8] Fan Z J, Qian C F, Li Z M, Wang L X. Specific activity determination of acetolactate synthase from maize (*Zea mays* L.). In: Hanwen Ni, Zhenguo You, eds. *The Proceedings of the 18th Asia-Pacific Weed Science Society Conference*. Beijing: Standards Press of China, May 28—June 2, 2001;515-522.

[9] Bradford M M. A rapid and sensitive method for the quantitative of microgram quantities of protein ultilizing the princile of protein-dye binding. *Analytical Biochemistry*, 1976,72:248-254.

[10] Ray T B. Site of action of chlorsulfuron. *Plant Physiology*,1984,75:827-831.

[11] Rathinasabapathi B, King J. Herbicide resistance in *Datura innoxia*. Kinetic characterization of acetohydroxy acid synthase from wild-type and sulfonylurea-resistant cell variants. *Plant Physiology*, 1991,93:255-261.

[12]Thalacker F W, Swanwon H R, Frear D S. Characterization,purification and reconstruction of an inducible cytochrome P450-dependent triasulfuron hydroxylase from wheat. *Pesticide Biochemistry and Physiology*,1994,49,209-223.

[13] Reade J P H, Cobb A H. Glutathione S-transferases in blackgrass(*Alopecurus myosuroides* Huds.):Properties and involvement in herbicide resistance. *Pesticide Science*, 1999,55:349-351.

(注:此文原载于 Agricultural Sciences in China,2003,2(2):176-182)

1,8-萘二甲酸酐对高浓度单嘧磺隆胁迫下玉米的解毒作用*

范志金[1,2],钱传范[1],陈俊鹏[2],王玲秀[2],李正名[2]
(1.中国农业大学理学院,农业部农药化学及农药使用技术重点开放实验室,北京 100094;
2.南开大学元素有机化学研究所,元素有机化学国家重点实验室,天津 300071)

摘要 为避免单嘧磺隆对后茬玉米的药害、评估单嘧磺隆原药中存在的主要杂质对玉米生长的影响,利用室内毒力测定、温室栽培试验和生理生化试验,对单嘧磺隆对玉米的毒力及其高浓度胁迫下1,8-萘二甲酸酐(NA)对玉米的解毒作用进行了研究。试验结果表明,单嘧磺隆对玉米掖单13和农大3138的IC_{50}值分别为6.42和84.38 μg/kg,对玉米生长有抑制作用:而原药中的主要杂质对玉米生长的抑制作用很小,其IC_{50}值均大于619 μg/kg。单嘧磺隆对玉米离体乙酰乳酸合成酶(ALS)的I_{50}值在15.15~66.73 nmol/L,高浓度单嘧磺隆对玉米活体ALS的活性也有抑制作用。温室盆栽试验结果表明,1 000 μg/mL的NA对171.44 μg/kg单嘧磺隆胁迫下的玉米掖单13和农大3138有解毒作用;游离辅氨酸含量和叶绿素含量测定结果表明,NA对自身抗逆性较强的玉米品种农大3138的游离辅氨酸含量和叶绿素生物合成影响不显著,但能明显提高单嘧磺隆胁迫下自身抗逆性较差的玉米品种掖单13的游离辅氨酸含量,并在一定程度上提高叶绿素的含量。因此,NA对单嘧磺隆胁迫下玉米的解毒作用与NA提高了玉米的抗逆性有关。

关键词 单嘧磺隆,乙酰乳酸合成酶,玉米,1,8-萘二甲酸酐

中图分类号:S482 4 文献标识码:A 文章编号:1008-7303(2004)04-0055-07

Detoxification of Naphthalic Anhydride to Maize(*Zea Mays* L.) Treated with High Concentration of Monosulfuron

Fan Zhi-jin[1,2], Qian Chuanfan[2], Chen Junpeng[1], Wang Lingxiu[1], Li Zhengming[1]
(1. College of Science, China Agricultural University, Key Laboratory of Pesticide Chemistiy & Application Technology of Ministry of Agriculture, Beijing 100094, China; 2. Institute of Elem ento-Organic Chemistiy, State Key Laboratory of Elem ento-Organic Chemistry, Nankai University, Tianjin 300071, China)

Abstract In order to search for the rational application of monosulfuron and avoid possible phytotoxicity to succeeding maize(*Zea Mays* L.), evaluate the effect of the main mpurities in monosulfuron technicalon the growth of maize, detoxification of naphthalic anhydride(NA) to maize treated with high concentration of monosulfuron were studied by laboratory potbioassay, by determination of the activity of acetolactate synthase(ALS) and other physiological and biochemical indicators such as content of chlorophyll and proline. The results of bioassay indicated that maize CAU 3138 was tolerant to monosulfuron with IC_{50} 84.38 μg/kg and Yedan 13 was sensitive to monosulfuron with IC_{50} 6.42 μg/kg. Impurities in monosulfuron technical had little herbicidal activity on CAU 3138 and Yedan 13 with IC_{50} more than 619 μg/kg ALS activity determination *in vitro* indicated that I_{50} of monosulfuron for inhibi-

* 基金项目:国家自然科学基金(批准号 20107003);国家重点基础研究发展计划"973"项目(2003CB114406);农业部农药化学及农药使用技术重点开放实验室基金资助项目。

tion of ALS activity in three maize cultivars was 15.15～66.73 nmoL/L, while inhibition of monosulfuron to ALS *in vivo* was weak. Pot bioassay indicated that, 1 000 μg/mL of NA had detoxification to maize cultivars Yedan 13 and CAU 3138 when treated with monosulfuron at high concentration of 171.44 μg/kg. Determination of free proline and chlorophyll indicated that NA did not affect the content of free proline and total chlorophyll of CAU 3138, a powerful resistant maize cultivar obviously. Under the stress of monosulfuron, NA obviously increased the free proline content of a less resistant maize cultivar Yedan 13, but the increase of total chlorophyll was moderate. This indicated that the detoxification of maize under the stress of monosulfuron has direct relation to the increasing of maize tolerance due to the application of NA.

Key words monosulfuron; acetolactate synthase; maize(*Zea mays* L.);1, 8-naphthalic anhydride

磺酰脲类除草剂已在我国许多地区和作物上广泛使用。由于我国人口多、可耕地面积少,为了充分利用土地资源,大部分地区存在后茬甚至多茬现象,在北方寒冷地区的保护地中后茬也越来越多。在这些地区应用磺酰脲类除草剂,其残留容易对后茬作物造成药害,氯磺隆在我国大部分地区已被禁用于多种作物上就是典型的例子。因此,创制药效适当、环境友好的新农药对适应我国耕作特点具有重要意义。目前对磺酰脲类除草剂的创制开发均集中在杂环部位是两个取代基的化合物上[1]。南开大学经系统的研究后发现,在杂环部位为单一取代基的化合物具有超高效的除草活性,单嘧磺隆即是其中的代表品种[2,3]。室内残留试验表明,单嘧磺隆在酸性和强碱性土壤中的降解较在中性和弱碱性土壤中降解快,田间试验表明,单嘧磺隆在山东和北京土壤中的半衰期小于14d[4]。研究发现,单嘧磺隆原药中的主要杂质分别是邻硝基苯磺酰胺、邻硝基苯磺酰氨基甲酸乙酯和2-氨基-4-甲基嘧啶(结果将另文发表于《高等学校化学学报》2005年第2期)。前文报道了单嘧磺隆对不同玉米品种生长的影响[5],为了避免单嘧磺隆对小麦或谷子的后茬作物玉米产生药害,明确单嘧磺隆原药中的主要杂质对玉米生长的影响,为单嘧磺隆的应用提供一定的理论指导,作者又从靶标乙酰乳酸合成酶和生理生化方面对高浓度单嘧磺隆胁迫下1,8-萘二甲酸酐(NA)对玉米的解毒作用进行了较为详细的研究,结果报道如下。

1 材料与方法

1.1 试验材料

1.1.1 供试药剂和玉米品种 单嘧磺隆(monosulfuron)原药(质量纯度98.16%)、邻硝基苯磺酰氨基甲酸乙酯(质量纯度97.90%)、邻硝基苯磺酰胺(质量纯度98.34%)、邻硝基苯磺酰氯(质量纯度96.45%)和2-氨基-4-甲基嘧啶(质量纯度97.14%)均由农药国家工程研究中心(天津)提供。玉米掖单13、农大1236、农大108、农大3138由中国农业大学农学系提供。

1.1.2 生化试剂和化学试剂 黄素腺嘌呤二核苷酸(FAD)(Sigma公司产品);3-羟基-2-丁酮(acetoin)和丙酮酸钠(sodium pyruvate)(Fluka公司产品);氯化硫胺素焦磷酸盐(TPP)(中国科学院上海生物化学研究所提供);牛血清白蛋白(BSA)(中国科学院东方仪器设备公司生化部):肌酸(creatine)(上海化学试剂站分装厂);1-萘酚(1-naphthol,分析纯)(北京化学试剂三厂);考马斯亮蓝G-250(英国进口分装,中国医药公司北京采购供应站);石英砂,质量纯度>99.8%(天津石英钟厂霸州市化工分厂);磺基水杨酸(sulfosalicylic acid,分析纯)(北京国华化学试剂厂);脯氨酸(proline,层析纯)(第二军医大学政翔化学试剂研究室):水合茚三酮(triketohydrindene hydrate)(德国进口分装,中国医药公司北京采购供应站);1,8-萘二甲酸酐(NA),纯度>98% (Fluka公司产品);其他试剂均为国产分析纯。

1.1.3 供试仪器 LRH-250-G光照培养箱(广东省医疗器械厂);UV-754紫外可见分光光度计(上海第三分析仪器厂):SHZ-88-1型台式水浴恒温振荡器(江苏太苍鹿河生化仪器厂):超速冷冻离心

机(Sorvall RC 26 Plus)(美国 Sorvall 公司)。

1.2 试验方法

1.2.1 单嘧磺隆及其原药中主要杂质对玉米生长的影响 对单嘧磺隆原药及其组分的定性和定量分析结果表明,单嘧磺隆原药中的主要杂质分别是邻硝基苯磺酰胺、邻硝基苯磺酰氨基甲酸乙酯和2-氨基-4-甲基嘧啶,为了了解其对玉米生长的影响,用玉米芽主根长法分别测定了单嘧磺隆和邻硝基苯磺酰氨基甲酸乙酯、邻硝基苯磺酰胺、邻硝基苯磺酰氯以及 2-氨基-4-甲基嘧啶对玉米的相对敏感性,试验按文献[5]的方法进行。在 250 mL 烧杯中装入 300 g 洗去有机质的河沙,放入在 25℃下浸种 12 h 并催根至根长 1 mm 左右的玉米种子 10~15 粒,覆沙 50 g 后加入 60 mL 一定浓度的药液,待药液完全浸入沙中后再覆沙 50 g,于 25℃完全黑暗培养 3 d 后测量玉米芽主根长,用药剂浓度的对数值与玉米芽主根长抑制率对应的几率值进行回归分析并计算抑制中浓度(IC_{50}值)。

1.2.2 NA 对单嘧磺隆胁迫下玉米生长的解毒作用 取 16 个花盆,每盆装土 1 350 g 备用。将催芽到根长 1 mm 的农大 3138 和掖单 13 玉米种子在 25℃下分别用 NA(0.1 g 溶于 100 mL 蒸馏水中)浸泡 12 h,对照以水浸泡。将经过 NA 浸种和未用 NA 浸过的农大 3138 和掖单 13 分别各种 4 盆。每盆放约 25 粒玉米种子,每个品系、每种处理各取 2 盆加 180 mL 水作对照,另 2 盆加 180 mL 单嘧磺隆使其在土壤中的浓度为 171.43 μg/kg。播种后的 16 个花盆放在温室中于 27℃培养,隔日浇水一次,14 d 后测量株高,计算抑制率,同时测量脯氨酸及叶绿素含量。

1.2.3 乙酰乳酸合成酶(ALS)的提取方法和测定 参照文献[6]的方法进行。ALS 酶的活性以单位时间单位蛋白质产生的 3-羟基-2-丁酮的量表示,蛋白含量采用考马斯亮蓝法测定。

1.2.4 游离脯氨酸含量的测定

1.2.4.1 脯氨酸标准曲线的制作 取 7 支 15 mL 具塞试管,编号,分别向各试管中准确加入脯氨酸标准液(每 mL 含脯氨酸 10 μg)0、0.2、0.4、0.8、1.2、1.6、2.0 mL,用蒸馏水将体积补至 2 mL,摇匀。再向各试管加入冰醋酸和酸性茚三酮溶液各 2 mL,摇匀并在沸水浴中显色 30 min,取出后冷至室温,向各试管中加入 5 mL 甲苯,充分摇动以萃取红色产物。避光静置 4 h 以上,待其完全分层后,用吸管吸取甲苯层测定 OD_{520} 值。以脯氨酸含量为横坐标,OD_{520} 值为纵坐标绘制标准曲线。

1.2.4.2 游离脯氨酸的提取与测定 采用磺基水杨酸提取法[7]。称取新鲜玉米叶片 1.0 g 放入具塞试管中,加入 5 mL 质量分数为 3%的磺基水杨酸溶液,浸入沸水浴中提取 15 min,过滤。取滤液 2 mL按 1.2.4.1 的方法显色测定游离脯氨酸的含量。测定结果按下式计算:

$$\text{脯氨酸}(\%) = \frac{c \times v \div a}{w \times 10^6} \times 100$$

式中:c=从标准曲线上查得的脯氨酸量(μg);v=提取液总体积(mL);a=测定时取用提取液的量(mL);w=样品干重(g)。

1.2.5 叶绿素含量的测定 采用混合液提取法[8]。称取新鲜叶片 1.0 g,剪碎置研钵中,加少量碳酸钙和石英砂,并加入 3 mL 蒸馏水,研成匀浆,再加入 10 mL 丙酮,继续研磨至组织变白无绿色。将提取液倒入小烧杯,加少量丙酮冲洗研钵,静置数分钟,用经丙酮湿润过的滤纸过滤,再用丙酮将纸上色素冲洗干净,定容至 25 mL 容量瓶中,摇匀。吸取叶绿素丙酮提取液 2 mL,加 80%丙酮 2 mL 稀释后倒入比色杯中,分别测定 645、663 和 652 nm 处的光密度,以 80%丙酮为空白对照。叶绿素的含量按下式计算:

$$C_a = 12.72\, OD_{663} - 2.59 OD_{645}$$

$$C_b = 22.88 OD_{645} - 4.67 OD_{663}$$

$$C_T = \frac{OD_{652} \times 10^3}{34.5}$$

式中,C_a:叶绿素 a 的含量;C_b:叶绿素 b 的含量;C_T:总叶绿素的含量;单位:mg/L。

叶绿素在叶片中的含量为：

$$叶绿素含量(mg/g,鲜重) = \frac{C_T \times 提取液体积(L) \times 稀释倍数}{样品重(g) \times 10^3}$$

2 结果与讨论

2.1 单嘧磺隆及其原药中主要杂质对玉米生长的影响

结果(表 1)表明：单嘧磺隆对玉米的生长有影响，不同玉米品种之间所受影响存在差异，农大 3138 耐药力强，掖单 13 较敏感；而合成单嘧磺隆的原料以及原药中的主要杂质如邻硝基苯磺酰氨基甲酸乙酯、邻硝基苯磺酰胺、邻硝基苯磺酰氯以及 2-氨基-4-甲基嘧啶对玉米生长的影响很小，IC_{50} 值均大于 619.6 μg/kg，是单嘧磺隆的 60 多倍。因此，单嘧磺隆对玉米生长的影响与其合成原料以及原药中的杂质无关。

Table 1 Maize growth influenced by monosulfuron and main impurities in its technical

Cultivar	Name of compound	Regression equation	r^2	IC_{50} (95% CI)/μg·kg^{-1}
Yedan 13	monosulfuron	$Y=0.5234x+4633.2$	0.9828	5.02±2.33
		$Y=1.0032x+4.1039$	0.9693	7.82±2.53
	2-nitrobenzenesulfonylchloride	$Y=4.3019x-9.0091$	0.9782	1805.06±126.34
	2-amino-4-methylpryrmidine	$Y=1.9172x-1.6090$	0.9040	2800.37±282.01
CAU 3138	monosulfuron	$Y=0.2923x+4.4559$	0.9299	72.68±13.06
		$Y=0.5516x+3.9064$	0.9797	96.07±17.06
	2-nitrobenzenesulfonylchloride	$Y=1.3839x+0.9268$	0.9710	877.56±75.59
	2-nitrobenzenesulfonamide	$Y=2.2190x-1.8975$	0.9734	1325.77±113.92
	2-amino-4-methylpryrimidine	$Y=3.5046x-6.6380$	0.9909	2093.04±353.66
	ethyl 2-nitrobenzenesulfonylcarbamate	$Y=1.1134x+1.8913$	0.9716	619.55±51.09
CAU 1236	monosulfuron	$Y=0.4356x+4.5028$	0.9937	13.85±4.07
	2-nitrobenzenesulfonyl chloride	$Y=3.1880x-5.9391$	0.9814	2699.83±387.57
	2-nitrobenzenesulfonamide	$Y=1.8776x-0.6501$	0.9909	1021.44±150.84
	2-amino-4-methylpryrimidine	$Y=3.1337x-5.5755$	0.9575	2370.09±311.24
	ethyl 2-nitrobenzenesulfonyl carbamate	$Y=2.6955x-4.0658$	0.9331	2308.39±344.05

2.2 单嘧磺隆和 NA 对玉米离体 ALS 活性的影响

单嘧磺隆对 3 个玉米品种离体 ALS 活性的抑制作用测定结果见表 2。表明，单嘧磺隆对离体 ALS 的抑制作用在不同玉米品种之间存在一定的差异，I_{50} 值差异最大为 4 倍。而 NA 是一种常见的除草剂解毒剂，并非 ALS 抑制剂，在低浓度下 NA 对玉米 ALS 的活性有轻微的刺激作用，NA 大于 10 mg/L，时对 ALS 的活性几乎不产生影响(图 1)。

Table 2 *In vitro* ALS inhibition of monosulfuron to three maize cultivars

Cultivar	A verage I_{50} ±95% CI/(nmol·L^{-1})
Yedan 13	15.15±2.65
CAU 108	66.73±6.95
CAU 3138	32.05±8.31

2.3 单嘧磺隆对几种玉米活体 ALS 酶活性的影响

活体测定结果(图 2)表明,低浓度的单嘧磺隆对玉米 ALS 均无抑制作用,高浓度的单嘧磺隆则可抑制玉米 ALS 的活性。氯磺隆和苯磺隆对玉米 ALS 活性影响的研究也有类似结果。

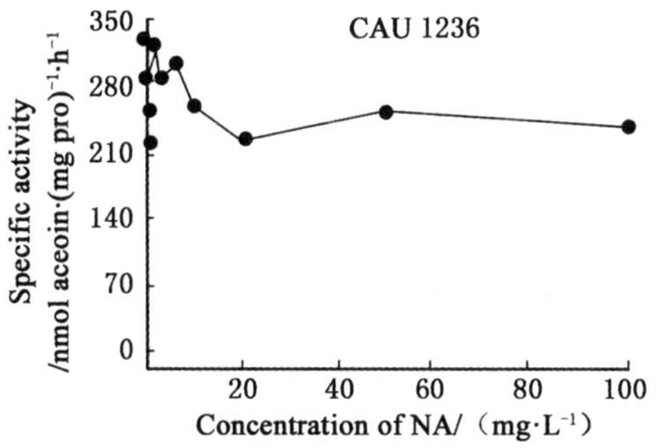

Fig. 1 *In vitro* ALS activity of maize cultivar CAU 1236 influenced by NA

2.4 NA 对单嘧磺隆的解毒作用

试验结果见表 3。NA 对单嘧磺隆对玉米生长的抑制作用有所缓解,其缓减的程度在玉米品种间存在差异。在相同条件下(NA 1 000 μg/mL,单嘧磺隆 171.44 μg/kg),NA 使单嘧磺隆对掖单 13 的抑制作用降低了约 8%,使单嘧磺隆对农大 3138 的抑制作用降低了约 27%,因此,NA 对农大 3138 的解毒作用较对掖单 13 的明显。但 NA 本身也是一种除草剂,对农大 3138 也有一定的抑制作用,而对掖单 13 却有轻微的促进作用。另外,从对照玉米的生长可以看出,农大 3138 的生长比掖单 13 旺盛,株高也长出约 20 cm。

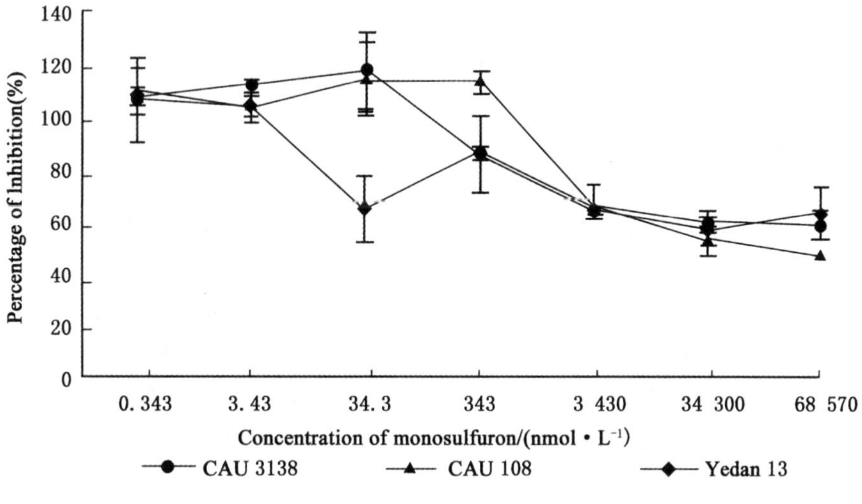

Fig. 2 *In vivo* activity of ALS from maize influenced by monosulfuron

Table 3 Growth inhibition of NA and monosulfuron to maize and detoxification of NA

Maize cultivar	Treatment	Average of shoot height/cm	Inhibition percentage(%)
CAU 3138	CK	54.6±2.3	
	monosulfuron	25.0±1.2	54.21±3.0
	NA	37.6±1.1	31.14±2.8

续表 Table 3

Maize cultivar	Treatment	Average of shoot height/cm	Inhibition percentage(%)
	NA+monosulfuron	40.0±1.6	26.74±2.3
Yedan 13	CK	31.8±2.5	
	monosulfuron	18.6±1.6	41.51±3.1
	NA	34.2±2.8	−7.55±1.5
	NA+monosulfuron	21.0±1.2	33.96±3.2

2.5 游离脯氨酸含量的测定

游离脯氨酸含量的提高与作物的抗逆性呈正相关，不同处理方式下玉米游离脯氨酸含量的测定结果见图3，每种玉米对照和NA处理之间的游离脯氨酸含量差异不大。

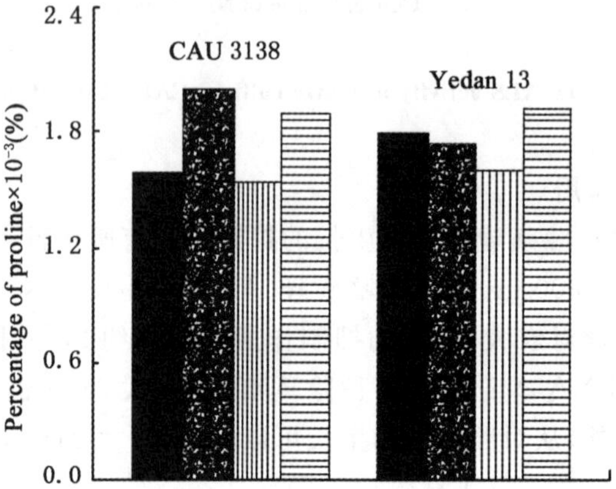

Fig. 3 Proline content in two maize oultivars(CAU 3138 and Yedan 13)after treatm ents of monosulfuron and NA

由于NA本身具有除草活性，NA处理后两种玉米的游离脯氨酸含量均较相应的对照低，农大3138本身抗逆性好，对照和NA处理的测定结果差异小，而掖单13由于自身的抗逆性差，对照和NA处理的测定结果差异较大；同样，由于农大3138本身抗逆性好的原因使得单嘧磺隆处理后的游离脯氨酸含量反而升高，以至于NA与单嘧磺隆同时处理时游离脯氨酸的含量较单嘧磺隆单独处理的测定结果稍低，两者的差异不显著，但掖单13由于自身的抗逆性差，单嘧磺隆处理并未提高游离脯氨酸的含量，而NA+单嘧磺隆处理时游离脯氨酸含量却有显著的提高，说明其中NA提高游离脯氨酸含量的作用明显。由此可见，游离脯氨酸含量的提高使两种玉米的抗逆性增强，这一作用在本身抗逆性较强的农大3138中表现不明显，但在本身抗逆性较差的品种掖单13中表现较为明显。

2.6 叶绿素含量的测定

叶绿素含量的提高有利于植株对逆境的抵抗，不同NA和单嘧磺隆处理条件下叶绿素含量的测定结果见图4。

由于NA对单嘧磺隆胁迫下的玉米农大3138有明显的解毒作用，加之该玉米品种自身的抗逆性好，所以，各处理叶绿素a和叶绿素b及总的叶绿素含量均几乎相同，差别不大。而对掖单13来说，由于单嘧磺隆的影响，加之该品种本身的抗逆性较差，所以，单嘧磺隆对该玉米植株总叶绿素含量的影响最严重，测定结果比对照低，差异也最明显：NA处理后的总叶绿素含量也较对照低，差异不显著：NA+单嘧磺隆处理时玉米植株总叶绿素含量均较对照和NA单独处理低，但较单嘧磺隆单独处理高。因此，NA对单嘧磺隆胁迫下玉米掖单13的总叶绿素生物合成所受影响有缓减作用，但可能由于NA和单嘧磺隆的浓度太高,其缓减作用仍难以恢复到对照的水平。

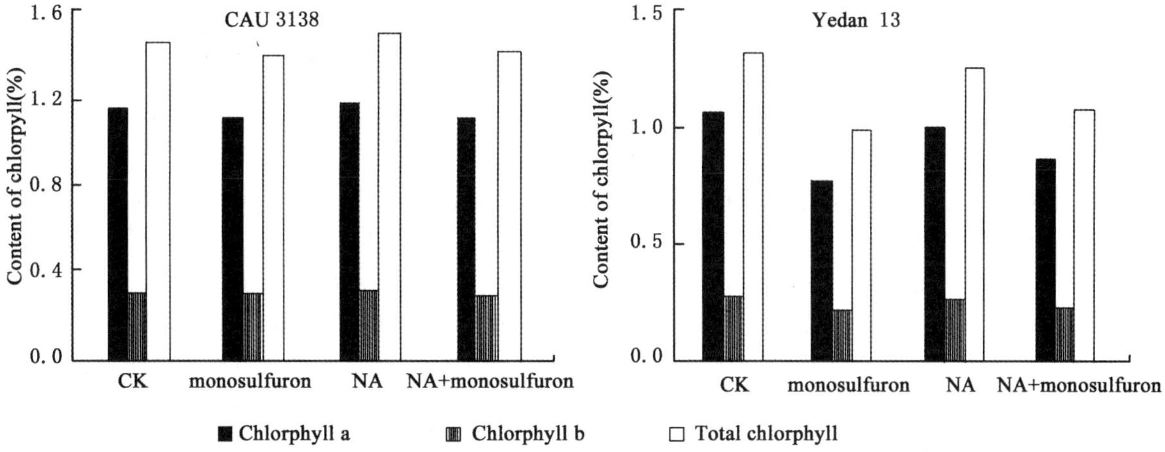

Fig. 4　Chlorophyll content in two maize cultivars(CAU 3138 and Yedan 13)after treatments of monosulfuron and NA

本研究根据叶绿素对可见光的吸收光谱,利用分光光度计在某一特定波长下测定其光密度,而后用公式计算出叶绿素含量,此方法精确度高、方便而不需分离就能分别测出叶绿素 a、b 的含量[8]。

有研究发现[9],NA 并未减轻氯磺隆和甲磺隆对玉米 ALS 活性的抑制作用,氯磺隆和甲磺隆对玉米的药害也非药剂直接作用于 ALS 的结果,NA 可通过提高玉米叶绿素含量,提高玉米的抗逆性来解毒,即对玉米的次生抑制作用有缓解作用。本研究的结果表明,NA 对自身抗逆性较强的玉米品种农大 3138 叶绿素的生物合成无显著的影响,NA 能部分提高自身抗逆性较差的玉米品种掖单 13 在单嘧磺隆胁迫下植株叶绿素的生物合成,但总叶绿素的含量并未恢复到对照的水平,可能是由于 NA 和单嘧磺隆均具有除草活性,而且两者使用浓度均较高所致。

3　小结

以上初步研究结果表明,高浓度的单嘧磺隆对玉米生长及 ALS 有抑制作用,其抑制作用与原药中的杂质无关:单取代杂环的磺酰脲类化合物也具有除草活性。NA 对高浓度单嘧磺隆胁迫下玉米的解毒作用是由于 NA 提高了受单嘧磺隆胁迫玉米的游离脯氨酸含量和玉米的抗逆性。解毒剂在磺酰脲类除草剂的开发和应用中具有重要作用,由于单嘧磺隆是我国少数具有自主知识产权的产品,为扩大该品种的使用范围,应进一步加强对新安全剂的研究开发及已有安全剂在单嘧磺隆产生药害条件下解毒作用的研究。

参考文献:

[1] Tomlin C D S. The Pesticide Manual(13rd Edition)[M]. London:BCPC,2004

[2] FAN Zhi-jin(范志金),QIAN Chuan-fan(钱传范),CHEN Jun-peng(陈俊鹏),*et al*. 单嘧磺隆对小麦的安全性及在麦田除草效果的研究[J]. *Chin Agric SciBull*(中国农学通报),2003,19(3): 4—8

[3] YE Guo-zhong(野国中),FAN Zhi-jin(范志金),LI Zheng-ming(李正名),*et al*. 新磺酰脲类化合物的合成及生物活性[J]. *Chem J*,*Chin Univ*(高等学校化学学报), 2003,24(9):1 599—1 603.

[4] Fan Z J,Hu J Y,A i Y W,*et al*. Residue analysis and dissipation of monosulfuron in soil and wheat[J]. *J Environ Sci*,2004,16(5):717—721.

[5] FAN Zhi-jin(范志金),QIAN Chuan-fan(钱传范), DANG Hong-bin(党宏斌),*et al*. 麦谷宁生测方法及其对玉米的安全性研究[J]. *Chin J Pestic. Sci*(农药学学报),2000,2(1): 63－70.
[6] FAN Zhi-jin(范志金),QIAN Chuan-fan(钱传范),YU Wei-qiang(于维强),*et al*. 氯磺隆和苯磺隆对玉米ALS酶抑制作用的研究[J]. *Scientia Agricultura Sinica*(中国农业科学),2003,36(2):173－178
[7] ZHANG Dian-zong(张殿宗),WANG Pei-hong(汪沛洪),ZHAO Hui-xian(赵会贤). 测定小麦叶片游离脯氨酸含量的方法[J]. *Plant Physioloy Communications*(植物生理学通讯),1990,26(4):62－65
[8] SHEN Wei-qi(沈伟其). 测定水稻叶片叶绿素含量的混合液提取法[J]. *Plant Physioloy Communications*(植物生理学通讯),1988,24(3): 62－64
[9] YANG Xiao-yu(杨小育). Studies on the residual injuries of chlorsulfuron and metsulfuron-methyl to corn (*Zea mays*)and the mechanism of 1,8-naphthalic anhydride(NA)reducing the phytotoxicity of these two herbicides(氯磺隆、甲磺隆土壤残留对玉米的药害及1,8-萘二甲酸酐减轻药害作用机制的研究)[D]. Beijing(北京):Institute of Plant Protection,Chinese Academy of Agricultural Sciences.(中国农业科学院植物保护研究所). 1991.

(注:此文原载于农药学学报,2004,6(4):55－61)

薄层色谱法半定量分析抑制光合作用的除草剂的残留*

刘　丹，钱传范，孔祥雨
（中国农业大学理学院应用化学系，北京　100094）

关键词　薄层色谱法，除草剂，抑制光合作用，希尔反应，半定量分析
中图分类号：O658　文献标识码：A　文章编号：1000-8713(2004)05-0567-01

我们采用希尔反应对 9 种能抑制光合作用的除草剂在薄层色谱（TLC）上的定位及半定量进行了探索。除草剂在薄层板上展开后，喷有小麦嫩叶离体的叶绿体和 2,6-二氯酚靛酚钠盐的混合溶液在光照射下，在板上无除草剂的部位水分解，放出氧。2,6-二氯酚靛酚钠盐被还原后，颜色由蓝色变成无色，而板上有除草剂的部位抑制了希尔反应，不能产生氧气。因此，在薄层板上显色的背景是绿色，除草剂的斑点是蓝灰色，据此可以检测除草剂的残留。

1　实验部分

1.1　仪器与试剂

半自动凝胶色谱仪，旋转蒸发仪，薄层硅胶 G 板，微量点样器。硼砂缓冲液：350 mL 0.05 mol/L 硼砂溶液与 150 mL 0.1 mol/L HCl 混合。2.6-二氯酚靛酚钠盐缓冲液：称取 200 mg 2,6-二氯酚靛酚钠盐溶于 500 mL 硼砂缓冲液中。农药标准溶液：以重蒸的乙酸乙酯为溶剂将各农药标准品配制成 1.0 g/L 母液备用，使用时直接稀释成不同质量浓度的工作液。农药混合标准溶液：分别取一定体积的农药标准品母液，混合后用乙酸乙酯定容，配制成 3 组混合标准溶液（A、B 和 C 组）。混合标样 A 组的组成为绿麦隆和甲氧隆，B 组为西玛津和灭草松，C 组为异丙隆、莠去津、秀谷隆、嗪草酮、扑草净。实验中所用的试剂均为分析纯。

1.2　实验方法

（1）点样、展开和显色　点样：将一种农药点在一块薄层板上，点样量依次增大。为了使定性准确，以莠去津为对照，在每块薄层板上的最后一个点点上一定量的莠去津。展开：展开剂为乙酸乙酯。希尔反应显色：将生长 2 周的嫩小麦叶剪成边长为 2～4 mm 的碎片，称取 30 g 放入研钵中，加入 3 mL 甘油、15 mL 重蒸水和 5 g 石英砂，研磨成匀浆液。匀浆液经 4 层纱布挤压至小烧杯中，得叶绿素提取液。取约 10 mL 2,6-二氯酚靛酚钠盐缓冲液逐滴加入叶绿素提取液中，混匀，得叶绿素工作液（pH 为 9～10）。将叶绿素工作液均匀喷雾至板面上，放在 100 W 钨灯下照射几分钟，直至在绿色背景下有蓝色斑点出现，迅速记录斑点的直径。

（2）除草剂在稻米中添加回收率实验　样本前处理：称 20 g 稻米粉，加 20 mL 蒸馏水搅拌均匀，分别将 A、B、C 混合标样以 0.1 mg/kg 水平加入样本中，加 100 mL 乙酸乙酯、10 g 碳酸氢钠、70 g 无水硫酸钠混匀后振荡 0.5 h，取出静置。取 50 mL 上清液过无水硫酸钠漏斗后收集于圆底烧瓶中，置于旋转蒸发仪上浓缩至近干，用氮气吹干。用 1 mL GPC 溶剂（环己烷-乙酸乙酯，体积比为 1∶1）溶解定容。取 0.5 mL 浓缩液进凝胶色谱柱，用 GPC 溶剂淋洗，收集第 925 mL 洗脱液，浓缩淋洗液至近干，用氮气

* 基金项目：世界粮农组织/国际原子能机构（FAO/IAEA）协作项目（项目号：CRP 9903）

吹干，丙酮溶解定容，待测。同时作空白实验。薄层色谱检测：取 10 μL 空白稻米样本提取浓缩液分别点在薄层硅胶板上，再取一定系列浓度、一定体积的除草剂标准品溶液点在该薄层板上，分别测定每种农药的检测限。在添加回收率实验中，分别点待测样本和不同浓度的混合农药标准溶液于薄层板上，各重复 3 次。混合标样 A、B 在待测样本中采用展开剂为乙酸乙酯：混合标样 C 在待测样本中采用两种展开体系同向展开，第一次展开后，取出薄层板，待展开剂挥发后将此薄层板进行第二次展开。第一次展开剂为石油醚-乙酸乙酯(8∶2，体积比，下同)，第二次展开剂为石油醚-乙酸乙酯-甲醇(8∶1∶1)。半定量计算方法见文献[1]。

2 结果与讨论

2.1 比移值(R_f)、与莠去津的相对比移值(R_{fr})、最小检出量及检测限

用薄层色谱-希尔反应法测定 9 种除草剂有较好的相关系数($r>0.975\ 0$)，其平均 R_f 为 0.310～0.645，R_{fr} 为 0.487～1.013，最小检出量：秀谷隆 20 ng，灭草松 8 ng，其余 7 种除草剂均小于 5 ng。可见，该法对能抑制光合作用的除草剂的检测具有很高的灵敏度。用该法检测西玛津、异丙隆、莠去津、秀谷隆、嗪草酮、扑草净、绿麦隆、甲氧隆、灭草松在稻米中的检测限分别为 20，10，10，200，20，30，10，50，80 μg/kg。

2.2 除草剂在稻米样本中的添加回收率

实验中的部分除草剂在硅胶 G-乙酸乙酯展开系统中的 R_{fr} 值相近，为了便于检测，将上述 9 种除草剂分成 3 组：A 组中绿麦隆和甲氧隆的 R_{fr} 值分别是 0. 646 和 0 487；B 组中西玛津和灭草松的 R_{fr} 分别是 0.894 和 0.487；C 组中异丙隆、莠去津、秀谷隆、嗪草酮、扑草净的 R_{fr} 值分别是 0. 610，1，0.944，0.974，1.013。其中 C 组中的莠去津、秀谷隆、扑草净、嗪草酮的 R_{fr} 很相近，在乙酸乙酯展开剂中很难分开。为了使其有较好的分离，最终选择同一方向的两次展开，第一次展开剂为石油醚-乙酸乙酯(8∶2)：第二次展开剂为石油醚-乙酸乙酯-甲醇(8∶1∶1)。半定量分析稻米样本中的上述除草剂，其添加回收率和相对标准偏差(RSD)分别为 79.19%～98.52%和 3.00%～14.29%，均符合残留分析要求。秀谷隆在稻米中的检出限为 0.2 mg/kg，因此在 0.1 mg/kg 的添加水平上秀谷隆未检出。

参考文献

[1] 樊德方. 农药残留量分析与检测. 上海：上海科学技术出版社. 1982. 51

(注：本文原载于《色谱》2004，22(5)5677)

气相色谱法测定杀菌剂咪鲜胺及其代谢物在水稻中的残留量

韩丽君，钱传范，江才鑫，王武杰
（中国农业大学理学院，农业部农药化学及使用技术重点开放实验室，北京　100094）

1　引言

咪鲜胺(prochloraz)是一种咪唑类广谱杀菌剂，主要通过抑制甾醇的生物合成而起作用。咪鲜胺在环境中首先降解成为 BTS 44 595 和 BTS 44 596，最后都降解为 2，4，6-三氯苯酚。尽管咪鲜胺属低毒杀菌剂，但其最终代谢产物 2，4，6-三氯苯酚是环境中的重要污染物之一。因此，在进行咪鲜胺残留研究时，应同时检测其代谢产物。

咪鲜胺的残留检测方法有 HPLC 法和 GC 法，国内有采用 GC 方法研究咪鲜胺及其代谢物在柑橘上的残留的报道。目前尚未有咪鲜胺在水稻上的残留分析报道。本实验先将咪鲜胺及代谢物在高温下与吡啶盐酸盐反应，转化为最终代谢物 2，4，6-三氯苯酚，然后用 GC 测定 2，4，6 三氯苯酚的量，即可同时检测水稻中咪鲜胺及其代谢物的残留量。

2　实验部分

2.1　仪器及试剂

HP 4890D 气相色谱仪(带 ECD 检测器)；DS200 高速组织捣碎机；DüCH IR-114 旋转蒸发仪；DWT-90 型植物粉碎机；MW1 型振荡器；沙浴锅。咪鲜胺标准品(质量分数为 98.3%)、2、4、6-三氯苯酚标准品(质量分数为 98.0%)，均由中国农科院植保所提供：丙酮、甲苯、二氯甲烷、石油醚、正己烷、吡啶盐酸盐等均为分析纯试剂。

2.2　实验方法

植株样品经粉碎称取 5 g，土壤样品过筛后称取 10 g，分别置于三角瓶中，加 5 mL 饱和食盐水，5 mL 蒸馏水，2 mL1.0 mol/L 盐酸和60 mL 丙酮振荡 1 h，抽滤。将滤液减压蒸去丙酮，转入分液漏斗，加饱和食盐水 40 mL，蒸馏水 60 mL，然后用 60 mL 二氯甲烷萃取两次。有机相减压浓缩至 5 mL，转入 25 mL 反应瓶中，继续浓缩近干，吹干。在反应瓶里，加吡啶盐酸盐 8 g 和少量沸石，接冷凝管置沙浴中于 220～250℃反应 1 h，冷却后加40 mL蒸馏水将反应液转移至分液漏斗中，加入 1 mL 1 mol/L 盐酸，分别用石油醚-甲苯(16 mL＋4 mL)和石油醚-甲苯(18 mL＋2 mL)萃取。合并有机相，用 0.1 mol/L NaOH 溶液 50 mL 提取两次，弃有机相。水相用 5 mL 1 mol/L 盐酸酸化后，用 30 mL 石油醚萃取两次。有机相减压浓缩至近干，用正己烷定容至 10 mL，GC-ECD 测定。

3　结果与讨论

3.1　样品前处理方法的选择

在提取剂中加入少量的酸能提高回收率，尤其是对于土壤和稻秆样品，在不加酸的情况下回收率较差。提取液需要经初步净化，否则在高温下转化分解的过程中少量杂质炭化，转化产物难以完全转移，影响回收率。咪鲜胺及其代谢物转化为2、4、6-三氯苯酚后，作者曾试图采用弗罗里硅土净化柱和硅胶型固相萃取柱进行净化，但净化效果不好，色谱图杂峰很多，影响残留量的测定。根据2,4,6-三氯苯酚在不同酸碱条件下的分配差异，采用多次酸碱转化和液液分配，达到净化的目的。虽然前处理过程略微复杂，但是样品经前处理后，色谱图杂质较少，净化效果很好，而且采用本方法能一次性地将母体及其代谢物全部检测出来。

3.2　分解转化率测定

实验中，咪鲜胺是否完全转化成2,4,6-三氯苯酚将直接影响方法的可靠性和准确度，因此，实验进行了分解转化率测定。添加19.00 mg/L咪鲜胺标准溶液1 mL，置于25 mL反应瓶中，按前述方法测定三氯苯酚的含量。结果表明，3次测定的转化率均接近100%，说明咪鲜胺完全得到了转化，将咪鲜胺转化成代谢产物后进行测定是可行的。但是当样本中同时存在其他也能转化成为2,4,6-三氯苯酚的污染源时，检测结果将会偏高。

3.3　线性及灵敏度

配制一系列标准溶液绘制标准曲线，回归方程为$Y=56.85X+10\,183$，相关系数$r=0.999\,5$，符合测定要求。在所建立的色谱条件下，2,4,6-三氯苯酚的保留时间为9.5 min，最小检出量为0.01 ng，色谱图中杂峰较少。咪鲜胺在稻苗、稻米和土壤中最低检出浓度均为0.02 mg/kg，在稻秆中为0.04 mg/kg。目前咪鲜胺在水稻中的最高残留限量只有台湾省有规定，为0.5 mg/kg，本方法的检出限远低于该值。

3.4　回收率与精密度

在稻米、稻苗、稻秆或土壤空白样本中添加咪鲜胺标准溶液，振荡平衡10 min后测定，平均添加回收率为72.9%～103.4%；相对标准偏差为1.46%～9.38%，符合残留分析的要求。

（注：本文原载于《分析化学》，2005，33(7)，1049）

酶联免疫吸附分析法测定土壤中的毒死蜱*

韩丽君[1]，钱传范[1]，李文明[2]，江树人[1]，王小如[1]

（1. 中国农业大学理学院，北京　100094；2. 河南农业大学植物保护学院，河南 郑州　450002）

摘要　采用自制多克隆抗体，考察了 pH 值和甲醇含量对竞争反应的影响，并对反应体系进行了优化，最终建立了土壤中毒死蜱的残留检测 ELISA 方法。试验表明，毒死蜱对抗体竞争性结合的 I_{50} 为 76.8 μg/L，方法检出限为 5.2 μg/L。土壤样品经简单前处理后，分别采用 EL ISA 和 GC 测定，用 ELISA 方法测得土壤中毒死蜱的添加回收率为 80.33%～83.36%，CV 为 5.28%～9.83%，最低检出限为 0.005 mg/kg，与 GC 测定结果基本相当，符合农药残留分析的要求。

关键词　酶联免疫吸附测定法，毒死蜱，土壤，残留检测

中图分类号：S433　文献标识码：A　文章编号：1004-3268(2005)08-0053-04

Determination of Chlorpyrifos in Soil by ELISA

Han Lijun, Qian Chuanfan, Li Wen-ming, Jiang Shuren, Wang Xiaoru

(1. College of Science, China Agricultural University, Beijing　100094, China;

2. College of Plant Protection, Henan Agricultural University, ZhengZhou　450002, China)

Abstract　Using the self-made poly-clonal antibody, the effect of pH and the methanol content on the competitive reaction were investigated, and the reaction system was optimized. An indirect enzymelinked immunosorbent assay(ELISA)for the determination of chlorpyrifos residue in soi1 was developed. The results showed that the chlorpyrifos concentration(I_{50}) that inhibits 50% of antibody-antigen binding was 76.8 μg/L, the detection limit I_{20} was 5.2 μg/L. Soil samples were detected with ELISA and GC after simple pre-procession. The fortified recovery of ELISA were 80.33%～83.36 %, CV were 5.28%～9.83%, the determination limit was 0.005 mg/kg. The results of the ELISA were verified by GC method.

Key words　ELISA, Chlorpyrifos, Soil, Pesticides residue test

毒死蜱是一种中等毒性的广谱有机磷杀虫剂，化学名称：*O*，*O*-二乙基-*O*-(3，5，6-三氯-2-吡啶基)硫逐磷酸酯。近年来，在我国农业生产实践中，毒死蜱作为高毒剧毒农药的替代品而大量使用。毒死蜱对害虫、害螨具有触杀、胃毒和熏蒸作用，在叶面上持效期较短，在土壤中持效期较长，达 2～4 个月，药效不受土壤温湿度及施肥的影响[1]。目前，毒死蜱在土壤中的残留量测定常用气相色谱法(GC)[2]。气谱法准确度好，精密度高，但对仪器条件要求高，前处理操作复杂、耗时较长。近年来，酶联免疫吸附分析(ELISA)技术以其抗原抗体反应的高度专一性和特异性、测定方法简单、快速、灵敏度高等优点，在农药残留分析和环境监测中得到广泛应用。

关于毒死蜱的酶免疫化学研究，Manclfis 等人[3]从毒死蜱中三氯吡啶环上通过亲电反应引入一个

* 基金项目：国家“863”项目(2001AA249061)

2-巯基丙酸、合成了半抗原和人工抗原，通过动物免疫获得了特异性抗体。该研究采用一种更简便的合成方法，从毒死蜱的磷酸酯乙氧基部位引入间隔臂，进行毒死蜱的酶免疫化学研究，制备了具有高度特异性的抗体，对相应的ELISA方法进行了优化，最终开发出土壤中毒死蜱的残留量检测方法。该方法比传统的残留分析方法具有简单、快速、灵敏度高等优点。

1 材料与方法

1.1 试剂和仪器

毒死蜱等农药标样(标准物质研究所提供)；牛血清白蛋白(BSA)，卵清蛋白(OVA)，酶标二抗(北京生物制品所提供)。包被抗原和多克隆抗血清为自制。

包被缓冲液：0.01 mol/L pH9.6的碳酸盐缓冲溶液；封闭液：2%明胶，以包被缓冲液配制；磷酸盐缓冲液(PBS)：0.01 mol/L，pH7.4；反应稀释液(洗涤液)：含0.05%吐温-20的PBS(PBST)；底物缓冲液：柠檬酸磷酸盐缓冲液pH5；终止液：2 mol/L硫酸水溶液；酶标二抗：辣根过氧化物酶标记羊抗兔IgG(简写HRP-兔IgG)，稀释1 000倍使用。

96孔酶标板，酶标测定仪，恒温振荡器、8孔道微量加样器。

1.2 试验方法

1.2.1 标准溶液的配制 将毒死蜱和其他结构类似化合物标准品在无水甲醇中配制成1 000 mg/L储备溶液，使用时分别用PBS稀释成10^5，10^4，10^3，10^2，10，1，0.1，0.01 μg/L的系列标准溶液。

1.2.2 多克隆抗体的制备 从毒死蜱的磷酸酯乙氧基部位引入间隔臂，制备了半抗原。利用半抗原与载体蛋白的偶联物免疫新西兰白兔，从第4次免疫开始测定抗体效价，待效价不再升高时采血，分离得到抗血清。

1.2.3 ELISA操作步骤 采用间接竞争ELISA方法[4]将包被抗原(OVA偶联物)稀释为5 μg/ mL，100 μL/孔加样，于4℃过夜。洗涤，加封闭液200 μL/孔，37℃封闭30 min。洗涤，加入毒死蜱标准溶液(测定样本时加待测样本液)50 μL/孔，加一定稀释倍数的抗血清50 μL/孔，于37℃孵育1 h。洗涤，加入酶标二抗100 μL/孔，37℃培养30 min。洗涤后加入底物液150 μL/孔，室温避光显色10 min。加终止液50 μL/孔，测定OD_{492nm}的吸光值。加样孔(加有一定浓度的竞争物)测得的OD_{492nm}值(B)与空白孔(不加竞争物)测得的OD_{492nm}值(B_0)的之间的比值即为结合率，结合率$=B/B_0$(%)。

1.2.4 土壤样本的前处理方法 选择土壤样本进行毒死蜱的添加回收试验，设定3个添加水平，每个水平重复3次测定。样本用有机溶剂提取，经过简单的前处理后，分别用所建立的ELISA方法和常规气相色谱分析方法进行测定，以便对方法进行比较和验证，见图1。

2 结果与分析

2.1 抗体的制备及特异性

免疫的4只白兔当中，有2只血清效价达到了1∶25 600。选择效价最高的抗血清对毒死蜱、甲基毒死蜱、2-羟基-3，5，6-三氯吡啶等结构类似的化合物进行ELISA试验。结果表明，大部分化合物对抗体不显示交叉反应性，抗血清对与其结构非常相似的甲基毒死蜱表现了较高的交叉反应性，交叉反应率(CR%)为66.9%；但是对2-羟基-3，5，6-三氯-吡啶的交叉反应较弱，CR%为11.2%。表明抗体对毒死蜱有很好的特异性，除甲基毒死蜱外，其他化合物均不会干扰毒死蜱的测定。

2.2 ELISA方法的建立和优化

首先，采用间接非竞争性ELISA方法进行方阵滴定试验，确定包被原浓度为1.25 μg/mL，抗血清

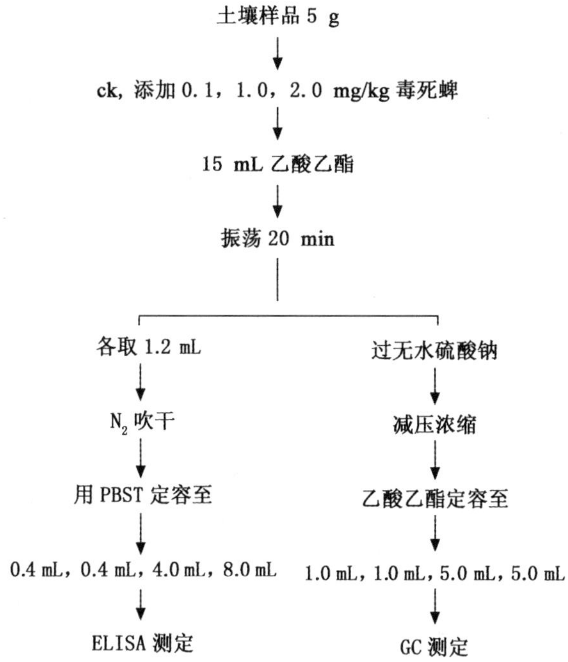

图 1　土壤中毒死蜱的检测方法

稀释度为 1∶25 600。在对实测样本进行测定时.样本提取液的 pH 值和有机溶剂含量会对 ELISA 测定造成影响，我们对反应体系甲醇含量及 pH 因素进行了考察。根据不同条件下得到的抑制曲线进行回归计算，计算回归曲线的斜率(slope)及产生 50%抑制(或结合)的竞争物浓度 I_{50}，并利用这些参数来比较各种因素对抗原抗体之间竞争性结合反应的影响。

2.2.1　反应体系 pH 值的影响　用 2.0 mol/L NaOH 或 2.0 mol/L HCl 调节 PBST，配制如下 pH 值的反应液：pH 5.2、pH6.5、pH7.4 和 pH8.5。以此稀释毒死蜱标准液和抗血清，进行抑制试验。结果见表 1。由结果可知，pH 值 5.2 和 6.5 时，毒死蜱对抗原抗体反应的竞争性抑制作用有一定减弱，而在 pH7.4 和 8.5 时，介质 pH 值对竞争反应无显著影响，pH 值 7.4 为最佳。

表 1　pH 值对毒死蜱抑制作用的影响(n=3)

项目目	pH 值			
	5.2	6.5	7.4	8.5
I_{50} (μg/L)	184	127	74.5	89.5
Slope($\times 10^{-1}$)	−1.74	−1.76	−2.02	−1.63

2.2.2　反应体系有机溶剂的影响　配制含有 5%，10%，20%和 30%(*V*/*V*)甲醇的 PBST，以此稀释毒死蜱标准液和抗血清进行抑制试验。结果表明(表 2)，5%～10%甲醇的加入对毒死蜱的竞争性抑制作用没有明显影响，但随着甲醇含量的增加，20%～30%甲醇即表现出对抗原抗体结合反应的抑制，I_{50} 逐渐增大，表明过量甲醇的存在抑制了抗体的亲和性。同时少量有机溶剂会增强其溶解效果，本试验应用中选择 5%甲醇含量最佳。

表 2　甲醇含量对毒死蜱抑制作用的影响

项目	MeOH(*V*/*V*)			
	5%	10%	20%	30%
I_{50} (μg/L)	78.5	76.4	124	243
Slope($\times 10^{-1}$)	−2.13	−1.96	−2.21	−0.89

2.3 标准曲线及灵敏度

采用上述优化的反应体系条件稀释竞争物标准液和抗血清。将稀释好的一系列毒死蜱标准品进行间接竞争抑制试验。以竞争物浓度的对数值为横坐标，以结合率为纵坐标，绘制标准曲线，见图2。结果表明，所建立的ELISA方法在5.0～750 μg/L范围内，抗原抗体结合率B/B_0(%)与毒死蜱的浓度对数(logC)呈线性相关，抑制50%时的毒死蜱浓度I_{50}=76.8 μg/L，以80%结合率为最低可检区，则此方法对毒死蜱的检出限为5.2 μg/L。标准曲线的回归方程为：$B/B_0=-25.54\ \log C+98.17$，相关系数r=0.996 8，在线性范围内4次检测的相对标准偏差介于5.1%～11.2%，具有较高的精密度。

2.4 土壤样本中的添加回收试验及方法验证

选择土壤样本进行添加回收试验，经简单前处理后分别用所建立的ELISA方法和常规气相色谱方法进行测定，结果列于表3。

结果表明，采用ELISA方法测定土壤空白与PBST空白得到的OD值无显著性差异，说明基质空白对抗原抗体结合反应不产生干扰。采用ELISA方法测得土壤中毒死蜱的添加回收率为80.33%～83.36%，CV为5.28%～9.83%，与GC测定数据基本吻合，符合农药残留分析的要求。在检验标准品时，ELISA方法会比GC方法具有更高的检测灵敏度，但是在测定土壤样本时，由于ELISA方法的取样量很低，导致其灵敏度与GC相当，但完全可以满足我国规定的最大残留限量(MRL)的要求。可作为毒死蜱的残留快速测定方法加以开发利用。

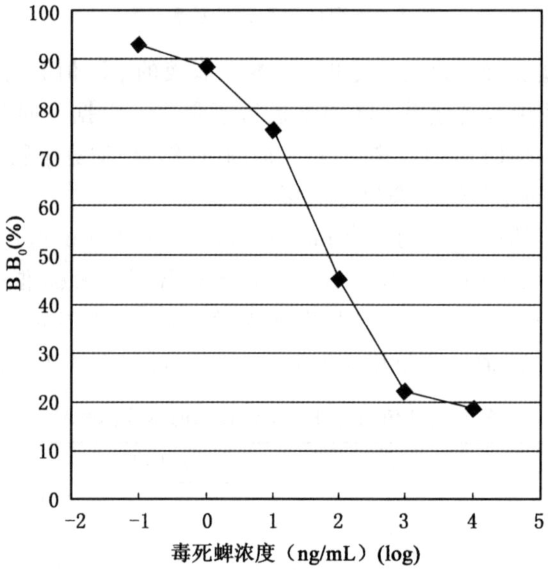

图2 毒死蜱的标准曲线

表3 毒死蜱在土壤样本中的添加回收率

添加水平(mg/kg)	ELISA测定结果		GC测定结果	
	平均回收率(%)	CV(%)	平均回收率(%)	CV(%)
0.1	80.33	7.75	89.03	10.40
1.0	83.36	5.28	86.75	7.91
2.0	82.97	9.83	91.23	13.21
最低检出浓度(mg/kg)	0.005		0.005	

3　结论

通过研究，制备得到了高特异性的毒死蜱多克隆抗体。建立了土壤中毒死蜱残留量测定的间接竞争性酶联免疫吸附分析方法，方法准确度和精密度都符合残留测定的要求，与目前常用的残留分析方法相比，该方法的优点在于样品前处理简单，检测方法简便，不需要昂贵的仪器设备，灵敏度高，适合于进一步制备免疫检测试剂盒推广应用。

参考文献

[1] 石利利，林玉锁，徐亦钢，等. 毒死蜱农药环境行为研究[J]. 土壤与环境，2000(1)：36-38.

[2] 李莹，高成仁，吴剑英，等. 40%毒死蜱乳油在稻田中的消解动态[J]. 农药，2000，39(6)：25-26.

[3] Manclfis J J. Development of ELISA for insecticide chlorpyrifos[J]. J Agric Food Chem，1996，44(12)：4 052-4 062.

[4] 钱传范，肖协忠，单国民，等. 免疫检测技术在农药残留分析中的应用[J]. 农药科学与管理，1991(4)：27-32.

（注：本文原载于《河南农业科学》，2005，8，53－56）

单嘧磺隆原药组成的定性和定量分析

范志金[1]，钱传范[2]，艾应伟[3]，陈俊鹏[1]，李正名[1]
（1. 南开大学元素有机化学国家重点实验室，天津 300071；
2. 中国农业大学理学学院，农业部农药化学及农药使用技术重点开放实验室，
北京 100094；3. 四川大学生命科学学院，成都 610065）

关键词 单嘧磺隆原药，磺酰脲类除草剂，高压液相色谱-质谱联用仪
中图分类号 O656 **文献标识码** A **文章编号** 0251-0790(2005)02-0235-03

磺酰脲类除草剂作用于乙酰乳酸合成酶（ALS），对温血动物几乎无毒[1,2]. 磺酰脲活性分子必须含有胍桥，在胍桥间位须为双取代，而对位不能有任何取代基，分子中还须有一个杂环系统[3]，前文[4]从室内筛选出发，发现部分单一取代杂环的磺酰脲化合物也具有足够的除草活性，其中单嘧磺隆（M＝NO_2，R_1＝H，R_2＝CH_3，X＝C）除草活性高，在田间残留期适中[2,5]，为明确单嘧磺隆原药中杂质对该药药效可能产生的影响，本文对单嘧磺隆原药及其组分进行了定性和定量分析。

1 实验部分

1.1 仪器与试剂

X-4 数字显示显微熔点测定仪；Yanaco CHN CORDER M T-3 元素分析仪；Bruker Avance DPX 300 Hz 核磁共振仪，TMS 为内标；Shimadzu IR-435 红外光谱仪，KBr 压片法；Lambda Bio 40 紫外可见分光光度计；ESQU IRE-LC 惠普 5989 质谱仪（配备 ESI 源）；HPLC-MS 联用仪（配备 Pesiex API 3000 LC/MS System，Turbo Jonspray 离子源和 Perkin Elmer 785 AU/V IS Detector）；Waters 高效液相色谱仪（配备 2487 双波长 UV 检测器和 515 泵）。所用试剂均为分析纯或光谱纯。

1.2 合成与制备

参照文献[4]方法合成邻硝基苯磺酰胺，收率 58%；用光谱纯甲醇重结晶得标样。参照文献[5]方法制备邻硝基苯磺酰氨基甲酸乙酯，产率 72%；分别用分析纯和光谱纯乙腈重结晶得标样。2-氨基-4-甲基嘧啶粗品经甲苯和光谱纯乙腈重结晶得标样. 单嘧磺隆参照文献[4]方法制备，总收率 60.8%，粗品经乙腈洗涤后于光谱纯乙腈中回流，过滤，滤液减压脱乙腈得标样。

1.3 单嘧磺隆原药的 HPLC/MS 分析

HPLC 条件：用 250 mm×4.6 mm 不锈钢 ODS 5 μm 球型硅胶填料色谱柱，流动相 $V(CH_3OH)$ ∶ $V(H_2O)$＝ 60 ∶ 40（用磷酸调 pH＝3.0）；流速 0.8 mL/min；柱温为室温；检测波长 225 nm；进样量 20 μL；MS 条件：ESI 源，喷雾电压 4.5 kV；分流进样，分流比为 10 ∶ 1，载气为 N_2 气；气化室温度为室温。

1.4 单嘧磺隆原药中有效成分和杂质含量的 HPLC 分析

按上述的色谱条件进样，用 Waters 800 色谱工作站以峰面积用外标法定量，通过标准曲线计算样

基金项目：国家重点基础研究发展计划项目（批准号：2003CB114406）和国家自然科学基金（批准号：20107003）资助

本中相应检测组分的含量。

2 结果与讨论

2.1 单嘧磺隆原药中有效成分和杂质标样的结构参数

单嘧磺隆标样及其原药中杂质标样的理化参数和结构鉴定数据列于表 1 和表 2。由表 1 可见，各化合物的^{1}HNMR 均与其结构一致，元素分析结果也在允许误差范围内。由表 2 可见，单嘧磺隆在 200 和 230 nm 处有最大吸收峰，4 个化合物在 225 nm 均有较强的紫外吸收。因此，选择 225 nm 作 HPLC 分析的紫外检测波长 IR 测定均显示出各化合物的特征吸收，MS 检测到相应的(M+1)峰或(M+Na)和(M+K)峰。

2.2 单嘧磺隆原药的 HPLC/MS 分析结果

将过量的单嘧磺隆原药用甲醇超声波溶样以浓缩杂质，滤液用于 HPLC/MS 分析，其总离子流图见图 1，相应的保留时间和质谱信息见表 3。

Table 1 Physico-chemical data of standards of monosulfuron and the main impurities

Compd	m. p/℃	^{1}HNMR, δ	Elem. anal(%, calcd)		
			C	H	N
2-Nitrobenzene-sulfonamide	193～194 $CDCl_3$	7. 24 (2H, s, NH_2), 7. 74－8. 22 (4H, m, Ph－H)	35. 71 (35. 64)	3. 00 (2. 99)	13. 84 (13. 86)
Ethyl 2-nitrobenzene-sulfonyl carbamate	150～151 $CDCl_3$	1. 24 (3H, t, CH_3), 4. 19(2H, q, CH_2), 7. 76－8. 37(4H, m, Ph-H)	39. 38 (39. 42)	3. 67 (3. 68)	10. 19 (10. 21)
2-Amino-4-methyl-pryrin idine	158～159 $CDCl_3$	2. 33(3H, s, CH_3), 5. 25(2H, s, NH_2), 6. 47(1H, d, Pyrim-H), 8. 14(1H, d, Pyrim-H)	55. 13 (55. 03)	6. 48 (6. 47)	38. 54 (38. 50)
Monosulfuron	189～190 D-DMF	13. 71(1H, s, NH), 10. 99(1H, s, NH), 8. 08－8. 57 (4H, m, Ph-H), 7. 24(1H, s, Pyrim-H), 6. 49(1H, s, Pyrim-H), 2. 57 (3H, s, CH_3)	42. 68 (42. 73)	3. 28 (3. 29)	20. 72 (20. 76)

Table 2 UV. IR and M Sidentification of active ingredient and impurities of monosulfuron

Compd	λ_{max}/nm	IR, $\tilde{v}$/cm^{-1}(KBr)	M S, m/z
2-Nitrobenzene-sulfonamide	200	3 371. 9, 3 259. 1, 3 097. 1, 1 595. 2, 1 542. 3, 1 364. 0, 1 337. 5, 1 298. 5, 1 162. 0, 1 127. 3, 1 061. 0, 929. 0, 855. 1, 786. 9, 739. 01, 701. 11, 657. 3	225. 0[M+Na]$^+$, 241. 0(M+K)
Ethyl 2-nitrobenzene-sulfonyl carbam ate	200	3 480. 0, 3 103. 8, 2 991. 2, 2 878. 3, 1 750. 4, 1 594. 8, 1 542. 0, 1 439. 0, 1 355. 0, 1 235. 0, 1 161. 0, 1 118. 5, 921. 4, 833. 7, 768. 1, 689. 2. 651. 6	297. 0[M+Na]$^+$, 312. 9[M+K]$^+$
2-Amino-4-methyl-pryrimidine	225, 300	3 343. 0, 3 282. 0, 3 230. 0, 3 169. 0, 300. 4, 2 923. 0, 2 806. 7, 1 664. 3, 1 588. 9, 1 564. 5, 1 478. 2, 1 373. 6, 1 343. 8, 1 212. 1, 1 024. 1, 798. 0	110. 2(M+1)
Monosulfuron	200, 230	3 400, 3 050, 2 900, 1 730, 1 600, 1 580, 1 540, 1 460, 1 420, 1 360, 1 300, 1 160, 1 060, 1 040, 1 020, 880, 740	338. 0(M+1), 360. 0 [M+Na]$^+$, 376. 0 [M + K]$^+$, 110. 2, 136. 1, 186. 0

Table 3 HPLC-MS information of monosulfuron

Peak No.	t_R/min	MS information, m/z	Composition
1	4.1	110(M+1)	2-Am ino-4-methylpryrimidine
2	5.0	241[M+K]$^+$,186,136	2－N itrobenzenesulfonamide
3	5.7	121,149,197,261,278,359,386	Unknown impurity after enrichment
4	6.3	186,275(M+1)	Ethyl2-nitrobenzenesulfonylcarbamate
5	7.4	338(M+1),360[M+Na]$^+$,376[M+K]$^+$,110.2,136.1,186.0	Monosulfuron

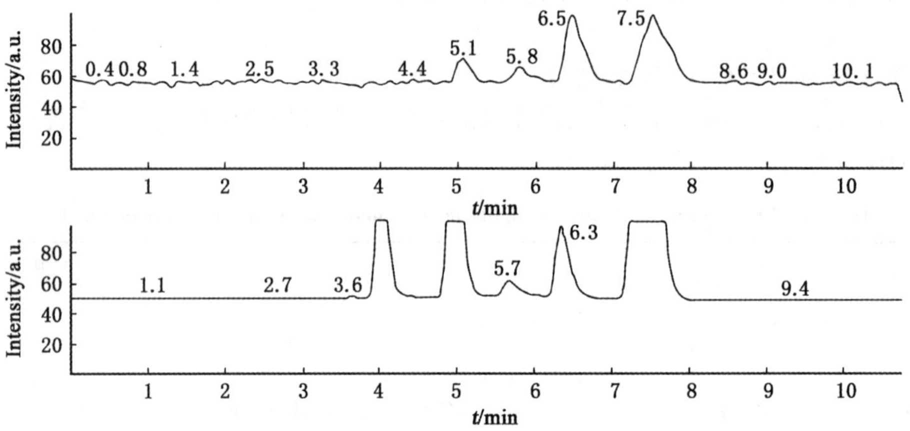

Fig. 1 TIC and UV chromatograph of monosulfuron by HPLC/MSanalysis

由图 1 和表 3 可见，单嘧磺隆原药的有效成分和主要杂质与其相应标样的质谱一致，在高度浓缩样本的 HPLC/MS 图中出现未知杂质峰 3，而在实际样本中检测不到该组分(<0.1%色谱图未列出)。

2.3 单嘧磺隆原药中有效成分和杂质含量的 HPLC 分析

以峰面积对药剂浓度作标准曲线，单嘧磺隆的回归方程为 $y=1.313\ 2\times10^6x-0.135\ 0\times10^6$，$r^2=0.999\ 6$；邻硝基苯磺酰氨基甲酸乙酯的回归方程为 $y=0.081\ 6\times10^6x+1.905\ 0\times10^6$，$r^2=0.994\ 4$；2-氨基-4-甲基嘧啶的回归方程为 $y=0.044\ 1\times10^6x-0.042\ 1\times10^6$，$r^2=0.999\ 6$；邻硝基苯磺酰胺的回归方程为 $y=0.011\ 1\times10^6x-0.101\ 1\times10^6$，$r^2=0.998\ 9$；所有成分的分析在线性范围内相关性很好。

Table 4 Contents of active ingredient and impurities in monosulfuron by HPLC analysis

Compd.	No.	Average content (%)			Means(%)	Standard deviation (%)	Coefficient of variation (%)
Ethyl2-nitrobenzen-sulfonyl carbamate	9901-1	1.43	1.44	1.39	1.41	0.02	1.34
	9901-2	1.41	1.43	1.39			
2-Nitrobenzen-sulfonamide	9901-1	3.31	3.31	3.30	3.32	0.05	1.56
	9901-2	3.38	3.40	3.24			
2-Amino-4-methyl-pryrimidine	9901-1	0.47	0.47	0.46	0.47	0.01	1.74
	9901-2	0.48	0.45	0.47			
Monosulfuron	9901-1	92.00	92.41	92.99	91.98	0.64	0.70
	9901-2	91.63	91.89	90.93			

选择纯度较低的一批单嘧磺隆原药进行有效成分和杂质含量的测定，结果列于表4，可见，所有成分测定结果的精密度好，4个组分的总含量为97.18%。

在已知含量的单嘧磺隆原药样本中添加一定量的标样，然后进行含量测定，并计算样本添加回收率，单嘧磺隆的平均添加回收率为100.2%，邻硝基苯磺酰氨基甲酸乙酯的平均添加回收率为100.1%，2-氨基-4-甲基嘧啶的平均添加回收率为100.8%，邻硝基苯磺酰胺的平均添加回收率为99.2%，所有测定的平均添加回收率在99.2%～100.8%，可满足各成分测定的要求。

参考文献

[1] Duggleby R. G. , Pang S S. Journal of Biochemistry and Molecular Biology[J],2000,33(1):1－36

[2] FAN Zhi-Jin, HU Ji-Ye, A I Ying-Wei *et al*. Journal of Environmental Sciences[J],2004,16(5):717－721

[3] YE Guo-Zhong(野国中), FAN Zhi-Jin(范志金), LI Zheng-Ming(李正名) *et al*. Chem. J. Chinese Universities(高等学校化学学报)[J],2003,24(9):1 599－1 603

[4] LI Zheng-Ming(李正名), JIA Guo-Feng(贾国峰), WANG Ling-Xiu(王玲秀) *et al*. CN 1 080 116A [P],1994

[5] Dong X C, Wang N. , Wang S L. *et al*. Journal of Chromatography A[J], 2004,1057:13－19

Identification and Quantification Analysis of Active Ingredient and Main Impurities in Monosulfuron

Fan Zhijin[1*], Qian ChuanFan[2], Ai YingWei[3], Chen JunPeng[1], Li ZhengMing[1]

(1. State Key Laboratory of Elemento-Organic Chemistry, Nankai University, Tianjin 300071, China; 2. Key Laboratory of Pesticide Chemistry & Application Technology of Ministry of Agriculture, College of Science, China Agricultural University, Beijing 100094, China; 3. College of Life Science, Sichuan University, Chengdu 610065, China)

Abstract Monosulfuron was identified by m. p. , IR, NMR, M S, UV and HPLC/MS analysis in this study, the results indicate that, the active ingredient of monosulfuron was *N*-[2′-(4′-methyl)pyrimidyl]-2-nitrobenzensulfonylurea, Its main impurities were 2-amino-4-methylpryrimidine, 2-nitrobenzen-sulfonamide and ethyl 2-nitrobenzensulfonyl carbamate. The method of reverse HPLC analysis for active ingredient and main impurities in monosulfuron were established by using 250 mm×4.6 mm stainless column of ODS 5 μm with $V(CH_3OH):V(H_2O)=60:40$ containing H_3PO_4 (pH 3.0) as a mobile phase, 0.8 mL/min of flow rate, 225 nm as UV determination wave length. All components of monosulfuron which consisted of more than 0.1% were quantitated.

Key words Monosulfuron, Sulfonylurea herbicide, HPLC/MS(Ed:K,G,x)

(注：此文原载于《高等学校化学学报》,2005,26(2):235-237)

酶联免疫吸附分析法测定水样中的毒死蜱*

韩丽君[1]，钱传范[1]，李文明[2]，江树人[1]，王小如[1]

(1. 中国农业大学 理学院，北京 100094；2. 河南农业大学 植保学院，荆州 450002)

摘要 自制了毒死蜱多克隆抗体，考察了离子强度和甲醇含量对抗原抗体竞争反应的影响，对反应体系进行了优化，最终建立了水样中毒死蜱的残留检测 ELISA 方法。结果表明，毒死蜱对抗体竞争性结合的 I_{50} 为 76.8 μg/L，方法检出限为 5.2 μg/L。河水样品经简单前处理后分别采用 ELISA 和 GC 测定，用 ELISA 方法测得水样中毒死蜱的添加回收率为 93.40%～102.1%，C. V 为 4.04%～5.18%，在水样中的最低检出浓度为 0.08 μg/L，检测灵敏度远高于 GC，符合农药残留检测的要求。

关键词 酶联免疫吸附测定法，毒死蜱，水样，残留检测

中图分类号：X830.2 文献标识码：A 文章编号：1003-6504(2006)03-0035-03

毒死蜱是一种中等毒性的广谱有机磷杀虫剂，化学名称：O，O-二乙基-O-(3，5，6-三氯-2-吡啶基)硫逐磷酸酯。近年来在我国农业生产实践中，毒死蜱作为高毒剧毒农药的替代品而大量用于蔬菜及其他农作物的防治。毒死蜱对高等动物毒性中等，经皮毒性较低，但对鱼、虾等非靶标水生生物高毒[1]。因此毒死蜱在水体中的残留不可忽视。目前毒死蜱的残留量测定常用气相色谱法[2]。气谱法准确度好，精密度高，但对仪器条件要求高，前处理操作复杂，耗时较长，不能满足快速监测的需要。近年来酶联免疫测定技术以其抗原抗体反应的高度专一性和特异性，测定方法简单、快速、灵敏度高等优点，在农残分析和环境监测中开拓了广泛的应用前景，尤其在样本量较大或现场筛查检测中，具有其他方法不可替代的优势。

关于毒死蜱的酶联免疫化学研究，Manclfis 等[3]从毒死蜱的三氯吡啶环上通过亲电反应引入一个2-巯基丙酸，合成了半抗原和人工抗原，通过动物免疫获得了特异性抗体。本研究采用更简便的合成方法，从毒死蜱的磷酸酯乙氧基部位引入间隔臂，并通过免疫制备了具有高度特异性的抗体。本文对相应的 ELISA 方法进行建立和优化，开发了水体中毒死蜱的残留量检测方法。该方法比传统的仪器分析方法具有简单、快速、灵敏度高等优点。

1 材料与方法

1.1 试剂和仪器

毒死蜱等农药标样(标准物质研究所)；牛血清白蛋白(BSA)，卵清蛋白(OVA)，酶标二抗，(均由北京生物制品所提供)。包被抗原和多克隆抗血清为自制。

包被缓冲液：0.01 mol/L pH=9.6 的碳酸盐缓冲溶液；封闭液：2%明胶，以包被缓冲液配制：磷酸盐缓冲液(PBS)：0.01 mol/L，pH=7.4；反应稀释液(洗涤液)：含 0.05%吐温 20 的 PBS；底物缓冲液：柠檬酸磷酸盐缓冲液 pH=5；终止液：2 mol/L 硫酸水溶液；酶标二抗：辣根过氧化物酶标记羊抗兔 IgG (简写 HRP-兔 IgG)，稀释 1 000 倍使用。

96 孔酶标板，酶标测定仪，恒温振荡器，8 孔道微量加样器。

---

* 基金项目：国家“863”项目(2001AA249061)

1.2　实验方法

1.2.1　标准溶液的配制

将毒死蜱标准品在无水甲醇中配制成 1 000 mg/L 储备溶液，使用时分别用 PBS 稀释成 10^5、10^4、10^3、10^2、10、1、0.1、0.01 μg/L 的系列标准溶液。

1.2.2　多克隆抗体的制备

从毒死蜱的磷酸酯乙氧基部位引入间隔臂，制备了半抗原。利用半抗原与载体蛋白的偶联物免疫新西兰白兔，待抗体滴度不再升高时采血，分离得到抗血清。

1.2.3　ELISA 操作步骤

采用间接竞争 ELISA 方法[4]。将包被抗原（OVA 偶联物）稀释为 5 μg/mL，100 μL/孔加样，于4℃过夜。洗涤后加封闭液 200 μL/孔，37℃封闭 30 min。洗涤，加毒死蜱标准溶液（测定样本时加待测样本液）50 μL/孔，加一定稀释倍数的抗血清 50 μL/孔，于 37℃反应 1 h。洗涤，加入酶标二抗 100 μL/孔，37℃培养 30 min。洗涤后加入底物液 150 μL/孔，室温避光显色 10 min。加终止液 50 μL/孔，然后测定 $OD_{492\ nm}$的吸光值。加样孔（加有竞争物）测得的 $OD_{492\ nm}$值（B）与空白孔（不加竞争物）测得的 $OD_{492\ nm}$值（B_0）的之间的比值即为结合率，结合率＝B/B_0（%）。

1.2.4　水样中毒死蜱的检测

取河水样本进行毒死蜱的添加回收试验。设定 3 个浓度，重复 3 次测定。样本经简单前处理后（见图 1），分别用所建立的 ELISA 方法和常规气相色谱法进行测定，以便对方法进行比较和确证。

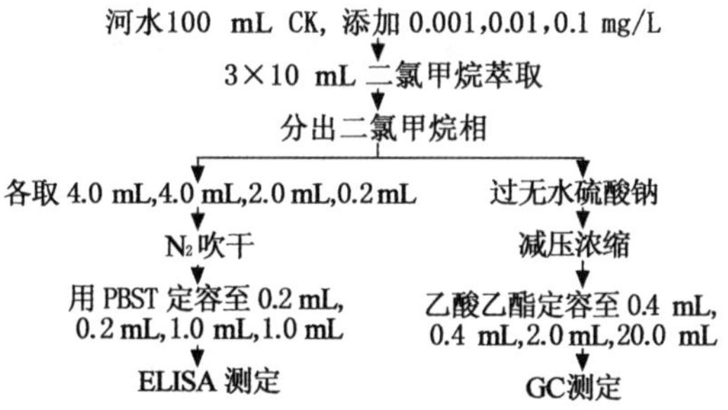

图 1　水样中毒死蜱的检测方法

2　结果与讨论

2.1　抗体的制备及特异性

免疫的 4 只白兔中，有两只血清效价达到了 1∶25 600。选择效价最高的抗血清对毒死蜱、甲基毒死蜱、2-羟基-3,5,6-三氯吡啶等结构类似的化合物进行 ELISA 试验。结果说明，大部分化合物对抗体不显示交叉反应性。抗血清对与其结构非常相似的甲基毒死蜱表现了较高的交叉反应性，CR%为66.9%；但是对 2-羟基-3,5,6-三氯-吡啶的交叉反应较弱，CR%为 11.2%。表明抗体对毒死蜱有很好的特异性，除甲基毒死蜱外，其他化合物均不会干扰毒死蜱的测定。

2.2　ELISA 方法的建立和优化

首先采用间接非竞争性 ELISA 方法进行方阵滴定试验，确定包被原浓度为 1.25 μg/mL，抗血清稀释度为 125 600 倍。在对实测样本进行测定时，样本提取液的离子强度和有机溶剂含量会对 ELISA 测定造成影响，本文对反应体系离子强度及甲醇含量等因素进行了考察。根据得到的抑制曲线进行回归计算，计算回归曲线的斜率（slope）及产生 50%抑制（或结合）的竞争物浓度 I_{50}，比较各种因素对抗原抗体之间竞争性结合反应的影响。

2.2.1 反应体系离子强度的影响

配制含 0.05、0.15、0.50 和 1.50 mol/L NaCl 的 PBST,以此稀释毒死蜱标准液和抗血清进行抑制试验,结果见表 1。数据表明,适当提高 NaCl 的浓度可以改善毒死蜱的抑制能力,但同时也造成了初始 OD 值 B_0 的降低。理论上来说,适量 NaCl 的存在会减少抗体在反应板上的非特异性吸附,因此在介质中保持一定水平的离子强度是有益的,但高浓度的 NaCl 可能会对抗原或抗体的反应活性形成一定的抑制,这以 1.50 mol/L NaCl 尤为突出。而且高浓度的 NaCl 也会导致竞争物在反应液中的溶解度降低,从而增加竞争物对反应板的吸附。本试验中选用含 0.15 mol/L NaCl 的 PBST 最佳。

表 1 离子强度对毒死蜱抑制作用的影响($n=3$)

NaCl(mol/L)	0.05	0.15	0.50	1.50
I_{50} (μg/L)	188	75.6	72.3	115
Slope($\times10^{-1}$)	− 2.05	−2.13	−2.23	−2.15
B_0	1.013	0.985	0.754	0.633

2.2.2 反应体系有机溶剂的影响

配制含有 5%、10%、20%和 30%(V/V)甲醇的 PBST,以此稀释毒死蜱标准液和抗血清进行抑制试验。结果见表 2。结果表明,5%～10%甲醇的加入对毒死蜱的竞争性抑制作用没有明显影响,但随着甲醇含量的增加,20%～30%甲醇即表现出对抗原抗体结合反应的抑制,I_{50} 逐渐增大,表明过量甲醇的存在抑制了抗体的亲和性。同时少量有机溶剂会增强其溶解效果,本实验应用中选择 5%甲醇含量最佳。

表 2 甲醇含量对毒死蜱抑制作用的影响

MeOH%(V/V)	5%	10%	20%	30%
I_{50} (μg/L)	78.5	76.4	124	243
Slope($\times10^{-1}$)	−2.13	−1.96	−2.21	−0.89

2.3 标准曲线及灵敏度

在上述优化的体系条件下,将一系列毒死蜱标准溶液进行间接竞争抑制试验。以竞争物浓度的对数值为横坐标,以结合率为纵坐标,绘制标准曲线见图 2。结果表明,所建立的 ELISA 方法线性范围在 5.0～750 μg/L,抑制 50%时的毒死蜱浓度 $I_{50}=76.8$ μg/L,以 80%结合率为最低可检区,则方法对毒死蜱的检出限为 5.2 μg/L。标准曲线的回归方程为:$B/B_0=-25.54\ \log C+98.17$,相关系数 $r^2=0.9936$。在线性范围内四次检测的相对标准偏差介于 5.1%～11.2%,具有较高的精密度。

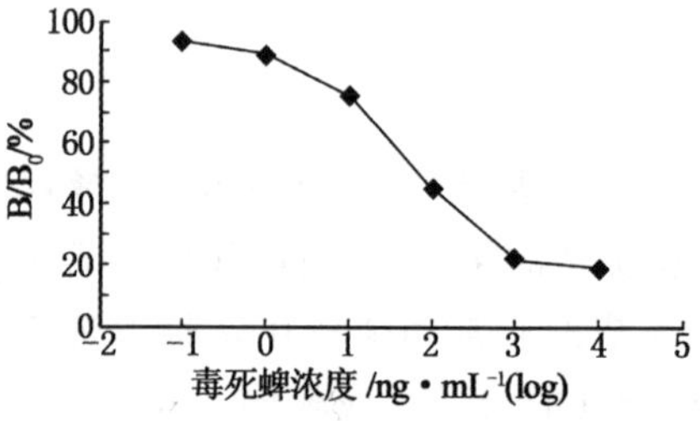

图 2 毒死蜱的标准曲线

2.4 水样中的添加回收试验及方法确证

选择河水样本进行添加回收试验,经简单前处理后分别用所建立的 ELISA 方法和常规气相色谱方法进行测定,结果列于表 3。结果表明,采用 ELISA 方法测定水样空白与 PBST 空白得到的 OD 值无显著性差异,说明基质空白对抗原抗体结合反应不产生干扰。采用 ELISA 方法测得水样中毒死蜱的添加回收率为 93.40%～102.1%,CV 为 4.04%～5.18%,与 GC 测定数据基本吻合。采用所建立的 ELISA 方法检测水样中的毒死蜱，前处理方法采用图1中CK的处理方法，即100 mL水样经3×10 mL二氯甲烷萃取后取4 mL，定容至0.2 mL，浓缩倍数为66倍，ELISA方法的检出限为5.2 μg/L，由此得到水样中毒死蜱的最低检出浓度为0.08 μg/L。常规GC-FPD方法对毒死蜱的仪器检出限为0.05 mg/L，按照图1中CK的处理方法，浓缩倍数为250倍，因此在水样中毒死蜱的最低检出浓度为0.2 μg/L。可见ELISA方法的检测灵敏度比GC法高，该方法操作简单，适用于水中毒死蜱的残留量检测。

表3 毒死蜱在水样中的添加回收率

添加水平	ELISA测定结果		GC测定结果	
(mg/L)	平均回收率(%)	CV(%)	平均回收率(%)	CV(%)
0.001	102.1	4.04	90.53	8.16
0.01	93.40	5.17	91.23	11.34
0.1	98.87	5.18	87.20	3.72
最低检出浓度	0.08 μg/L		0.2 μg/L	

3 结论

通过本研究，制备得到了高特异性的毒死蜱多克隆抗体，建立了水样中毒死蜱残留量测定的间接竞争性酶联免疫吸附测定方法，方法的准确度和精密度都符合残留测定的要求。与目前常用的仪器分析方法相比，本方法的优点在于样品前处理简单，检测方法简便，不需要昂贵的仪器设备，灵敏度高，适合于进一步制备免疫检测试剂盒推广应用。

参考文献

[1] 郑光，周志俊．毒死蜱的毒理学研究进展[J]．中国公共卫生，2002，18(4)：496-498.

[2]李莹，高成仁，吴剑英，等．40%毒死蜱乳油在稻田中的消解动态[J]．农药，2000，39(6)：25-26.

[3] Manclfis J J. Development of ELISA for insecticide chlorpyrifos[J]. J. Agric. Food Chem. 1996, 44(12)：4 052-4 062.

[4] 钱传范，肖协忠，单国民，等．免疫检测技术在农药残留分析中的应用[J]．农药科学与管理，1991，(4)：27-32.

（注：此文原载于《环境科学与技术》，2006，29(3)：35～37）

Determination of Endocrine Disrupting Chemicals in Surface Water and Industrial Wastewater from Beijing, China

Jing Ge　Jian Cong　Ying Sun　Guoxue Li
Zhiqiang Zhou　Chuanfan Qian　Fengmao Liu
Received: 30 July 2009/Accepted: 5 March 2010/Published online: 30 March 2010

Abstract An analytical method was developed for determination of some endocrine-disrupting chemicals in water samples from Beijing, China. Fifty two surface water and 50 industrial wastewater samples were analyzed. The residue was detected in 26 industrial wastewater and 19 surface water samples. Atrazine was detected in 8 samples at different levels ranging from 0.12 to 5.16 $\mu g\ L^{-1}$, and phenolic compounds were detected in 19 samples ranging from 0.8 to 26.1 $\mu g\ L^{-1}$. The results show that the main pollutants of surface water samples were atrazine and octylphenol. In industrial wastewater samples, bisphenol A and octylphenol were most commonly found.

Key words Water Determination, EDCs, Beijing

Environment hormones namely endocrine-disrupting chemicals (EDCs) released by human use have become a major concern among the scientific field due to their potential threats to the health of human and wildlife in recent years. Since the normal functions of all organ systems are regulated by endocrine factors, small disturbances in endocrine function, especially during early stages of the life cycle such as development, pregnancy, and lactation, can lead to profound and lasting effects (Kavlock et al. 1996). EDCs widely exist in air, water and soil et al. Many pesticides and phenols are considered as the important sources of EDCs. Large-scale use of pesticides in agriculture is one of the major causes of pollutions in surface and ground water (García de Llasera and Bernal-González 2001). Recently phenolic compounds are also grouped as an important source of water pollutions because of their potential toxicity, even at low environmental concentrations (Faraji 2005). Monitoring of these environmenral hormones in water will be of great importance for both human and environmental use of water resource. Whereas many newly developed methods have only been laboratory applications. Difficulties relating to the presence of metabolites produced environmentally and great variety of possible matrix effects can only be evaluated correctly by the analysis of considerable number of real samples (Fernandez-Alba et al. 1998). Consequently, there are strict programs to control and monitor the levels of these contaminants in water resources. In China, these programs have not been implemented, and on-

J. Ge, J. Cong, Y. Sun, Z. Zhou, C. Qian, F. Liu, College of Science, China Agricultural University, 100193 Beijing, People's Republic of China, e-mail: liufengmao@yahoo.com

G. Li, College of Resources and Environment, China Agricultural University, 100193 Beijing, People's Republic of China ly a few studies have been performed. Several methods for analyzing pesticides and phenols are available in the literature. Because of low concentrations of trace organic pollutants in water samples, preconcentration steps such as liquid-liquid extraction (LLE)or solid phase extraction(SPE)are commonly applied prior to GLC, and GC-MS analysis(Azevedo et al. 2001; Bielicka-Daszkiewicz et al. 2006; Faraji 2005;García de Llasera and Bernal-González 2001; Vink and van der Poll 1996; Wang et al. 2007; Wissiack et al. 2000;Yokley et al. 2002). So far, analysis of phenols has mainly been accomplished by GC-MS or LC-MS, and LC with various detectors(Chang et al. 2005; Moral et al. 2005; Peng et al. 2006; Stuart et al. 2005).

The purpose of this work was to develop a method for determination of some important endocrine disrupting chemicals in environmental water samples utilizing off-line SPE extraction followed by GC/LC analysis.

Materials and Methods

The analytes monitored in this study included 11 pesticides, 4 phenolic compounds, as identified in Table 1. The standards used were 98.5%~100% pure. Fenvalerate, cypermethrin, deltamethrin, bifenthrin, parathion-methyl, malathion, parathion were from ICAMA (Beijing, China), atrazine, acetochlor, alachlor, metribuzin were from Riedel-de Haen (USA), Bisphenol A, octylphenol were from Sigma-Aldrich Company (USA), heptylphenol, nonylphenols were from Lancaster Company (UK). Stock solutions of 1 000 mg • L^{-1} were prepared and then stored at −20℃.

Methanol(HPLC grade)was from Fisher Scientific, HPLC grade acetonitrile was from Tedia Company, and analytical reagent *n*-hexane, isopropyl alcohol were purchased from Beijing Chemical Reagents Company. All solutions were prepared on a volume/volume basis. SolidPhase Extraction Columns, the 500 mg/6 mL capacity ODS C18 Bond II SPE columns were obtained from Agilent Company.

Table 1 Correlation coefficient, recovery, RSD and LOQ of the compounds

Compounds	*tR*(min)	Calibration equation	R^2	Rec(%)	RSD(%)	LOQ(μg/L)	MCL/HAL(μg/L)
GC-NPD							
Atrazine	20.7	$y=14\ 694x-3\ 709$	0.994	87	13.3	0.05	3
Alachlor	23.3	$y=2\ 365.4x-779$	0.997	82	17.2	0.15	2
Acetochlor	24	$y=2\ 242.4x-386$	0.993	85	16.9	0.15	2
Metribuzin	24.9	$y=5\ 151.6x-1\ 122$	0.994	27	5.7	0.15	200[a]
Parathion-methyl	25.9	$y=15\ 044x-11\ 286$	0.988	84	23.0	0.08	2[a]
Malathion	26.7	$y=12\ 039x-7\ 725$	0.994	95	18.0	0.08	100[a]
Parathion	29	$y=23\ 592x-12\ 813$	0.991	90	16.4	0.07	2.3[a]
GC-ECD							
Bifenthrin	15.4	$y=2E+06x-24\ 848$	0.992	96	9.7	0.01	—
Cypermethrin	22.3—23.1	$y=2E+06x-79\ 221$	0.988	79	8.7	0.01	—
Fenvalerate	26.5, 27.5	$y=1E+06x-1E+06$	0.988	74	15.4	0.01	—

续表 Table 1

Compounds	tR(min)	Calibration equation	R^2	Rec(%)	RSD(%)	LOQ(μg/L)	MCL/HAL(μg/L)
Deltamethrin	29.5, 30.8	$y=78\ 370x-76\ 411$	0.984	68	3.7	0.01	—
LC-UVD							
Bisphenol A	6.8	$y=54.912x-5.977$	0.998	72	12.9	0.5	5
Heptylphenol	17.4	$y=41.173x+7.021\ 1$	0.939	77	10.3	0.8	—
Octylphenol	18.3	$y=20.461x+2.460\ 2$	0.998	83	14.9	1	25
Nonylphenols	19.4	$y=19.756x+2.959\ 4$	0.997	91	4.5	1	100

—, Not available

[a] HAL data

About 50 industrial wastewater samples were collected from 18 sampling sites in Beijing area and 52 surface water samples were collected from 52 sample sites of 5 main surface systems which were mainly used for agricultural irrigation and drinking water in Beijing area. Samples were collected in 1 L precleaned, amber glass bottles, filtered through 1.2 and 0.45 μm glass fiber filters to remove suspended particles and stored at 4℃ in dark until analyzed.

The C-18 SPE column was conditioned with 2×1 mL acetonitrile and 2×1 mL methanol. Twenty gram Sodium chloride(NaCl)was added to a 1 000-mL aliquot portion of water sample(fortification at the appropriate concentration level could be done at this time, if desired, for procedural recovery purposes). The water sample was loaded onto the SPE column under low vacuum with a flow rate of about 3 mL · min^{-1}. When all but 1 mL of the sample had entered the SPE column, the glass bottle previously containing the water sample was rinsed with 5 mL of redistilled water and was then added to the SPE column. After the sample had completely entered the sorbent bed of the SPE column, the column was dried under vacuum for a minimum of 10 min. The analytes were eluted with two 2-mL isopropanol and *n*-hexane, respectively and then the elute was subjected to rotary evaporation at 40℃ to dryness then reconstituted to 1 mL with *n*-hexane for GC analysis or with acetonitrile for LC analysis.

Samples from different sources were analyzed by Agilent GC 4890 with electron capture detector (ECD) for determination of Pyrethroids, by Agilent GC 4 890 with nitrogen phosphorus detector (NPD) for determination of organophosphorus and by HP 1 100 LC with ultraviolet(UV)detection for phenols. The instrumental operating parameters were as follows: GC-ECD analyses were carried out with the use of a 0.25 mm×30 m HP-5 capillary column(supplied by Agilent Company). Nitrogen was used as the carrier gas at a flow-rate of 1 mL · min^{-1}. The column temperature was held at 120℃ for 1 min, then ramped at 20℃ min^{-1} to 230℃ and held for 2min, then at 20℃ min^{-1} to 270℃ held for 22 min. The injector and detector temperature were 280 and 300℃, respectively, the inject volume was 1 μL.

The analysis with GC-NPD was carried out with the use of a 0.25 mm×30 m HP1701 capillary column(supplied by Agilent Company). Nitrogen was used as the carrier gas at a flow-rate of 1 mL · min^{-1}. Hydrogen was at a flow rate of 3.5 mL · min^{-1}. The column temperature was held at 80℃ for

1 min, ramped at 10℃ min^{-1} to 200℃, then at 3℃ min^{-1} to 220℃ held for 20 min, then at 10℃ min^{-1} to 240℃ and held 2 min. The injector and detector temperature were 240 and 260℃, respectively. The inject volume was 1 μL.

Phenolic compounds separation was performed on LC-UVD (HP series 1100), the column was Kromasil C_{18} (25 cm×4.6 mm). Gradient elution was carried out with LC solvent acetonitrile and water according to the following program: 50%~100% acetonitrile in 14 min. After 11 min at 100% acetonitrile, mobile phase returned to initial conditions in 5 min and after more 5 min of stabilization, the next sample was injected. Flow rate was 1 mL · min^{-1}; 10 μL was injected each time. The wavelength was 215 nm.

Redistilled water was used. Compounds were spiked in 1 000 mL water to give a final concentration of 1.0 or 5.0 μg · L^{-1} for pesticides and 0.5 or 5 μg · L^{-1} for phenols. Five replicates were carried out for each spiked level. The water sample was acidified, and then extracted with the C-18 SPE column.

Calibration plots were performed by solvent standard. Calibration equations for the different compounds were constructed and were linear over the range 0.5—5.0 mg · L^{-1}. The LOQs were calculated using a signal-to-noise ratio of 10. Average recoveries and LOQs are shown in Table 1.

External standard calibration was used to quantify extracts. Calibration was by plotting peak area versus amount injected. Calibration curves were constructed with the aid of standard solutions. Linearity of the system was measured at 4-5 points for all compounds at concentrations: 0.5, 1.0, 2.0, 3.0, 4.0 and 5.0 mg · L^{-1}. Calibration equations and R^2 values are in Table 1.

Results and Discussion

Recoveries of most of the basic/neutral pesticides and acidic/phenolic compounds followed the C-18 cartridge treatment were satisfied. Compounds with a low or high affinity to the C-18 material showed lower recoveries. An improvement may be achieved by using cartridge with more sorbent material or using larger volumes of eluents. Metribuzin shown in our study had very low recovery. Therefore we can use larger volumes of eluents or switch to other eluents with more similar polarity. Calibration curves were linear over the range of interest. Most of the correlation coefficients were > 0.99, indicating good performance of the instruments.

Limit of quantitations of the proposed method were calculated using a signal-to-noise ratio of 10. For most of the compounds, the LOQs were well below their maximum contaminant levels (MCLs) or health advisory levels (HALs) as shown in Table 1.

Fifty industrial wastewater and 52 surface water samples collected from Beijing (China) areas were analyzed following the sample preparation procedures described above. The residue was detected in 45 out of 102 samples (44.2% of total samples). The residues were found in 26 industrial wastewater samples and 19 surface water samples. Residue levels in the 102 samples are shown in Tables 2 and 3. Atrazine was detected in a total of 8 samples at different levels ranging from 0.12 to 5.16 μg · L^{-1} and 7 of them were from surface water samples. Potential water contamination due to atrazine has accelerated the issue of regulations aimed at restricting or prohibiting its use in agriculture. Pyrethroid (fenvalerate, cypermethrin, deltamethrin, bifenthrin) was detected mainly in industrial wastewater samples. Due to their instability under environmental conditions, only 4 surface water samples were detected to contain fenvalerate or cypermethrin. Deltamethrin and bifenthrin were not detected in surface water samples. Phenolic compounds were detected in 19 samples at different levels ranging from 0.8 to 26.1 $\mu g \cdot L^{-1}$. The most commonly found phenolic compounds were bisphenol A and octylphenol. Bisphenol A was mainly found in industrial wastewater samples because it is an important raw material for organic chemical manufactures. However. bisphenol A was also detected in some surface water samples, which indicated that surface water had been contaminated in some sites. Bisphenol A and octylphenol accounted for17.6%(18/102)of analyzed samples. These findings indicate that, triazine herbicides and phenolic compounds have become the major water pollutants in these sites. Actions should be taken to solve the problem.

Residues of diverse classes of pesticide and phenol detected in this study show that the proposed method is rapid, simple, sensitive and more environmental friendly(less organic solvent is used). It properly should be applied for the rapid monitoring of water pollutants in areas with potential pesticide or phenol contaminations.

Table 2 Residues of compounds in wastewater samples and their concentrations

Sample ID	Pesticides found	Concentration(μg/L)	Detector
GD7	Acetochlor	0.96	NPD
GD8	Acetochlor	2.51	NPD
GD9	Acetochlor	4.02	NPD
GD10	Acetochlor	1.47	NPD
GD22	Parathion	1.81	NPD
GD23	Parathion	2.05	NPD
GD44	Malathion	0.11	NPD
GD47	Atrazine	0.34	NPD
GD2	Cypermethrin	0.099	ECD
	Fenvalerate	0.052	ECD
GD5	Cypermethrin	0.101	ECD
	Fenvalerate	0.216	ECD
GD6	Bifenthrin	0.279	ECD
	Cypermethrin	0.92	ECD
	Fenvalerate	0.352	ECD
	Deltamethrin	0.32	ECD
GD7	Bifenthrin	0.014	ECD
	Cypermethrin	0.073	ECD
	Fenvalerate	0.034	ECD
GD10	Bifenthrin	0.013	ECD
	Cypermethrin	0.438	ECD
	Fenvalerate	0.36	ECD
	Deltamethrin	0.632	ECD
GD11	Bifenthrin	0.013	ECD
	Cypermethrin	0.183	ECD
	Fenvalerate	0.349	ECD
	Deltamethrin	0.056	ECD
GD12	Fenvalerate	0.247	ECD
GD13	Fenvalerate	0.051	ECD
GD14	Fenvalerate	0.068	ECD

Continued Table 2

Sample ID	Pesticides found	Concentration(μg/L)	Detector
GD15	Cypermethrin	0.121	ECD
	Fenvalerate	0.28	ECD
GD22	Cypermethrin	0.969	ECD
GD24	Cypermethrin	0.658	ECD
	Fenvalerate	1.246	ECD
	Deltamethrin	0.587	ECD
GD1	Octylphenol	5.8	UVD
GD2	Octylphenol	5.1	UVD
GD3	Bisphenol A	1.9	UVD
	Octylphenol	5.4	UVD
GD4	Bisphenol A	21.3	UVD
	Octylphenol	5.6	UVD
GD5	Octylphenol	1.1	UVD
GD6	Octylphenol	1.4	UVD
GD17	Bisphenol A	1.1	UVD
GD18	Bisphenol A	1	UVD
GD20	Bisphenol A	15.2	UVD
	Octylphenol	6	UVD
GD21	Bisphenol A	26.1	UVD
	Octylphenol	11.4	UVD
GD22	Heptylphenol	5.5	UVD
GD35	Bisphenol A	18.2	UVD
	Heptylphenol	1.3	UVD
GD36	Bisphenol A	3.1	UVD

Table 3 Residues of compounds in surfacewater samples and their concentrations

Sample ID	Pesticides found	Concentration(μg/L)	Detector
ZH20	Atrazine	0.41	NPD
ZH23	Atrazine	0.21	NPD
ZH39	Parathion-methyl	0.54	NPD
ZH45	Atrazine	0.2	NPD
ZH47	Atrazine	0.16	NPD
ZH57	Metribuzin	35.09	NPD
ZH60	Atrazine	5.16	NPD
ZH62	Atrazine	0.12	NPD
ZH116	Atrazine	0.25	NPD
ZH5	Cypermethrin	0.325	ECD
ZH123	Fenvalerate	0.017	ECD
ZH126	Fenvalerate	0.021	ECD
ZH152	Cypermethrin	0.012	ECD
ZH52	Octylphenol	1.2	UVD
ZH53	Octylphenol	1.6	UVD
ZH55	Octylphenol	1.1	UVD
ZH131	Octylphenol	1	UVD
ZH149	Bisphenol A	0.8	UVD
ZH162	Octylphenol	1	UVD

A rapid, simple and sensitive method was developed for determination of some endocrine disrupting chemicals in aquatic environment using GC/LC. The target compounds were extracted simultaneously using solid phase extraction, and the method gave good recoveries for most target compounds. The analytical method was successfully applied to determination of these compounds in industrial wastewater samples and river water samples in Beijing, China. This paper shows that SPE treatment followed by GC/LC can be used in routine monitoring programs. The herbicides atrazine and phenolic compounds Bisphenol A and octylphenol were most commonly found pollutants in the water samples. Other pesticides such as parathionmethyl, fenvalerate and nonylphenols also appeared in some samples. This study will lay a foundation for establishing a monitoring program for some common pesticides and phenolic compounds in the region and its surroundings. The results will be helpful to the government in setting up relevant management policies. Further study on the distribution of compounds that are harmful to the environment and on the estimate of magnitude to which human is exposed is urgent.

Acknowledgments The authors appreciate Beijing Natural Science Foundation of China for the financial support of this study (No. 8000001).

References

[1] Azevedo DA, Lacorte S, Viana P, Barceló D (2001) Analysis of priority pesticides and phenols in Portuguese river water by liquid chromatography-mass spectrometry. Chromatographia 53: 113-118

[2] Bielicka-Daszkiewicz K, Voelkel A, Szejner M, Osypiuk J (2006) Extraction properties of new polymeric sorbents in SPE/GC analysis of phenol and hydroquinone from water samples. Chemosphere 62:890-898

[3] Chang CM, Chou CC, Lee MR (2005) Determining leaching of bisphenol A from plastic containers by solid-phase microextraction and gas chromatography-mass spectrometry. Anal Chim Acta 539:41-47

[4] Faraji H (2005) β-Cyclodextrin-bonded silica particles as the solidphase extraction medium for the determination of phenol compounds in water samples followed by gas chromatography with flame ionization and mass spectrometry detection. J Chromatogr A 1 087:283-288

[5] Fernandez-Alba AR, Agüera A, Contreras M, Peñuela G, Ferret I, Barceló D(1998) Comparison of various sample handling and analytical procedures for the monitoring of pesticides and metabolites in ground waters. J Chromatogr A 823:35-47

[6] García de Llasera MP, Bernal-González M (2001) Presence of carbamate pesticides in environmental waters from the northwest of Mexico: determination by liquid chromatography. Water Res 35: 1 933-1 940

[7] Kavlock RJ, Daston GP, Creteal DeRosa (1996) Research needs for risk assessment of the USEPA-sponsored workshop. Environ Health Perspect 104:715-740

[8] Moral A, Sicilia MD, Rubio S, Pérez-Bendito D (2005) Determination of bisphenols in sewage based on supramolecular solidphase extraction/liquid chromatography/fluorimetry. J Chromatogr A 1100:8-14

[9] Peng X, Wang Z, Yang C, Chen F, Mai B (2006) Simultaneous determination of endocrine-disrupting phenols and steroid estrogens in sediment by gas chromatography-mass spectrometry. J Chromatogr A 1116:51-56

[10] Stuart JD, Capulong CP, Launer KD, Pan X (2005) Analyses of phenolic endocrine disrupting chemicals in marine samples by both gas and liquid chromatography-mass spectrometry. J Chromatogr A 1079:136-145

[11] Vink M, van der Poll JM (1996) Gas chromatographic determination of acid herbicides in surface water samples with electron-capture detection and mass spectrometric confirmation. J Chromatogr A 733:361-366

[12] Wang S, Zhao P, Min G, Fang GZ (2007) Multi-residue determination of pesticides in water using multi-walled carbon nanotubes solidphase extraction and gas chromatography-mass spectrometry. J Chromatogr A 1165:166-171

[13] Wissiack R, Rosenberg E, Grasserbauer M (2000) Comparison of different sorbent materials for on-line solid-phase extraction with liquid chromatography-atmospheric pressure chemical ionization mass spectrometry of phenols. J Chromatogr A 896:159-170

[14] Yokley RA, Mayer LC, Huang SB, Vargo JD (2002) Analytical method for the determination of metolachlor, acetochlor, alachlor, dimethenamid, and their corresponding ethanesulfonic and oxanillic acid degradates in water using SPE and LC/ESIMS/MS. Anal Chem 74:3 754-3 759

（注：此文原载于 Bull Environ Contam Toxicol,2010,84,401—405）

钱传范先生指导(含合作指导)的硕士研究生学位论文摘要

呋喃丹及其有毒代谢物(3-羟基呋喃丹)残留分析方法的研究

李重九,1984

应用毛细管柱及 NPD,探讨了呋喃丹及 3-羟基呋喃丹的气谱残留分析方法。玻璃毛细管柱经六甲基二硅胺烷处理,涂以 OV-101 固定液,能较好地分离呋喃丹及未经衍生化的 3-羟基呋喃丹。作物样本(棉籽、大米、甘蔗、西瓜)经 0.25 N 盐酸水解 1 小时,用二氯甲烷萃取,弗罗里硅土-活性炭-酸性氧化铝柱净化。最低检出浓度为 0.02～0.01 ppm,样本中添加剂量为 1～0.05 ppm 时,平均回收率为 80%左右,重复性(变异系数)小于 20%。回收率损失主要来源于酸解及固体残渣的吸附。本方法与其他分析方法相比,分离效能高,净化过程简化,分析快速。毛细管柱尤其有利于多残留分析。

氨基甲酸酯农药涕灭威在土壤和棉籽中残留与在不同类型土壤中迁移作用的研究

韩农,1985

在验证国外报道的氨基甲酸酯类农药涕灭威(Temik)残留分析方法的基础上,对测定方法进行了一些改进,使之更简便、可行。

本试验进行了二年三地的小区和大田土壤、棉籽涕灭威残留试验,涕灭威土壤残留主要在于施药沟内 0～10 cm 土壤层次中,施药量和土壤残留呈密切的线性相关关系,土壤涕灭威最高检出量为 0.039 ppm。涕灭威棉籽残留量仅在 1.2 kg/ha 和 1.5 kg/ha(试验最高施用剂量)剂量区检出,平均检出量为 0.023 ppm,最高检出量为 0.035 ppm。

针对国外涕灭威土壤迁移试验的缺陷,在室温和土壤水分饱和条件下进行了涕灭威渗淋和上行迁移模拟试验。5 种供试土壤均有占总检出量 97%以上的药剂被渗淋出柱,其中前 10 mL 的接收液检出药量占各柱总检出量的 65%～93%。不同类型土壤间涕灭威渗淋速率差异很大,造成不同类型土壤间涕灭威渗淋速率差异的因素主要为主壤水分常数 K 值,而土壤吸附性并不是主要的因素。

在湿度小的土壤中,涕灭威随土壤自由水毛细管作用的上行迁移速率是很快的,在 1～4 小时内,各柱均有占总检出量 87%以上的药剂上行移动了 4 cm 以上的距离。而在水分饱和的土壤中,涕灭威上行移动速度大为减慢。

和前人的结果比较,本文更强调了涕灭威的渗淋作用,并减弱了涕灭威上行迁移对其渗淋的调节作用,肯定了涕灭威渗淋污染地下水的可能性。

利用反相液相色谱技术预测有机化合物的正辛醇/水分配系数、土壤有机吸附系数和生物浓缩因子的可行性研究

刘建波，1987

本文研究了50种有机化合物的正辛醇/水分配系数（*K*ow）、土壤有机吸附系数（*K*oc）、生物浓缩因子（BCF）和其在反相高效液相色谱上保留时间（t_R）之间的关系。对部分化合物的*K*ow，*K*oc进行了测定，而且对其测定方法亦进行了改进。

利用紫外光谱法测定了10种苯基取代脲和13种均三嗪类除草剂的正辛醇/水分配系数。利用批量平衡法测定了除草剂甲氧醚隆，甲氧隆、绿麦隆、草净津的土壤吸附系数。在利用批量平衡法测定土壤吸附系数时，去掉了样本处理过程中常用的高速离心、萃取、浓缩等步骤，而采用微膜过滤法处理样本。试验证实这种改进后的方法简单、迅速和可行。

利用由Radial-pakC_{18}（10 cm×0.8 cm i.d.）反相色谱柱和由75％甲醇＋25％水（体积比）组成的反相高效液相色谱系统，研究了50种有机化合物的Logt_R和Log*K*ow、Log*K*oc、LogBCF之间的关系。结果表明，Logt_R和Log*K*ow、Log*K*oc、LogBCF之间存在着很好的线性关系。证明了利用反相液相色谱技术可以快速简单地预测有机化合物的*K*ow，*K*oc和BCF。

常用农药在几种作物上多残留分析方法的研究

沈在忠，1988

本文采用气相色谱法对我国比较常用的9种有机磷和3种拟除虫菊酯农药，以及在环境中仍有残留的8种有机氯农药的多残留分析方法进行了研究，不同类型的农药通过利用气相色谱检测器的选择性和纯化柱的分离，分别用不同检测器检测各类农药。样本用丙酮或丙酮-石油醚（1∶1）提取，对于有机磷农药，直接用FPD检测器检测，能够达到快速的测定。对于有机氯和拟除虫菊酯农药，用中性氧化铝和硅胶柱分离和纯化这两类农药，具有价廉、易得的特点。因此本文提供的分析方法具有快速、简便、经济，能够检测有机磷、有机氯和拟除虫菊酯农药的特点。这样的分析方法在国内未见报道。在苹果、黄瓜、面粉和大米上，9种有机磷农药的最小检测浓度为0.34～10.76 ppb，添加浓度为0.03～2.00 ppm时，平均回收率为51.28％～117.18％，变异系数为0.28％～9.71％，8种有机氯农药的最小检测浓度为0.13～9.76 ppb，添加浓度为0.01～4.00 ppm时，平均回收率为81.83％～109.57％，变异系数为0.67％～9.33％。3种菊酯农药在苹果、黄瓜、面粉上，其最小检测浓度为1.63～17.00 ppb，添加浓度为0.05～1.00 ppm时，平均回收率为84.72％～104.39％。变异系数为1.37％～8.87％，在高低两个添加浓度上，对于农药的多残留分析来说，其平均回收率和变异系数均达到试验要求。

甲基异柳磷在土壤作物中的残留动态及降解规律的研究

杨利奎,1989

本文研究了甲基异柳磷在不同环境条件下的土壤降解及其在黄瓜中的残留消解动态。此外,还探讨了富油作物—花生中的农药残留分析方法,并对花生及其土壤中的甲基异柳磷最终残留进行了检测。

土壤、黄瓜样本用丙酮抽提,瓜样抽提液再用二氯甲烷萃取、浓缩定容后,进气相色谱火焰光度检测器(P片)检测,方法回收率在95.4%～100.3%,最小检出量为2.32×10^{-11}克,样本中最小检出浓度为:土壤11.6 ppb;黄瓜2.3 ppb。

在分析花生中甲基异柳磷残留过程中,采用吹扫蒸馏法净化去油,收到良好的效果,回收率为74.56%～104.71%,花生中最小检出浓度为5.8 ppb。

甲基异柳磷在土壤中残存期较长,半衰期为14.4～32.3天不等,黄瓜生长期土壤施药后,迅速被黄瓜吸收,2～3天内达到高峰,最大残留值达0.11 ppm,随后很快被降解,在苗移栽期施药,收获的黄瓜中甲基异柳磷残留甚微。防治花生地线虫及地下害虫,按推荐剂量施药,收获期甲基异柳磷在花生中的残留均未检出,在土壤中的残留皆低于0.2 ppm。

甲基异柳磷的土壤降解研究——农药的土壤降解研究方法

于　露,1989

本实验试用标准化的土壤降解研究方法,以探讨农药在土壤中归趋的两个主要问题:

1.确定农药分解总速率——平均半衰期;

2.分析环境因子对降解速率的影响。

在确定分解总速率的工作中,笔者测定了在标准培养条件下,甲基异柳磷等四种农药在六种不同类型土壤中的降解动力学和半衰期,提供了以平均半衰期为指标的降解速率总测定值。

为定量分析环境因子和降解速率间的关系,笔者应用统计学上的因子设计方法,建立了特定环境下的数学模型,并利用模型定量地描述了各环境因子对降解速率的影响,为预测农药在不同环境下的归趋奠定了基础。

实验选用的农药是我国自行开发研制的新型土壤杀虫剂——甲基异柳磷。

IKI-7899 残留分析方法的研究及其在测定大白菜残留动态中的应用

尚胡兰，1989

本文研究了利用高压液相色谱测定 IKI-7899 残留量的方法。结果表明：用十八烷基键合相色谱柱，甲醇：水(85：15)为流动相，1.0 毫升/分的流速洗脱，能较好地将 IKI-7899 与样本中的杂质分离。样本(大白菜和土壤)，经丙酮提取，二氯甲烷萃取，弗罗里硅土柱净化，即可进行测定。最低检出浓度大白菜和土壤分别为 0.01 ppm 和 0.02 ppm。样本添加浓度为 0.05～1 ppm 时，回收率为 80%～110%，重复性(变异系数 n=3)小于 12%，皆完全符合残留测定要求。这种方法与气相色谱法相比，最大的优点是不必将 IKI-7899 衍生化，而是直接进行测定，净化过程简单，快速，是 IKI-7899 残留分析较为理想的方法。

应用这一方法，对 IKI-7899 在大白菜上的残留动态进行了研究。设计了一年两地的残留动态和最终残留试验，以及在室内模拟条件下，IKI-7899 在土壤中的降解试验。结果表明：IKI-7899 在大白菜中消解的速度较快，半衰期为 4～6 天，而在土壤中消解的速度较缓慢，半衰期为 69 天。最终残留量按推荐剂量和高 1 倍剂量用药时，均低于最大允许残留量 0.5 ppm，为国家制定农药安全使用标准提供了科学依据。

多菌灵残留量的酶联免疫吸附测定(ELISA)研究

肖协忠，1991

酶联免疫吸附测定(ELISA)是用于痕量分析的快速免疫化学测定技术。本文进行了黄瓜样本中多菌灵残留量的酶联免疫吸附测定研究，合成了较高纯度的抗原，制备了高效价的抗血清。用稀盐酸提取多菌灵残留物。采用抗血清稀释倍数为 10 000 时，最小检出量为 1 ng/孔，线性范围为 1～200 ng/孔。在黄瓜样本中的添加回收率为 84.7%～113.9%，变异系数小于 9.3%，最低检出浓度为0.012 5 ppm。采用抗血清稀释倍数为 2 000 时，最小检出量为 0.1 ng/孔，线性范围为 0.1～20 ng/孔。在黄瓜样本中的添加回收率为 77.4%～113.0%，变异系数小于 11.5%，最低检出浓度为0.001 ppm。抗血清对多菌灵的特异性强，甲基托布津、2-氨基苯并咪唑(2-AB)、2-脲基苯并咪唑(2-UB)和邻苯二胺(OPD)等四种与多菌灵结构近似的化合物与抗多菌灵血清的交叉反应均不显著。与 HPLC 方法比较，本方法具有简单、回收率高、快速、灵敏、选择性强等优点。实验结果表明，本文建立的 ELISA 方法能够解决多菌灵经典分析方法所存在的一些问题。

莠去津残留量的酶联免疫吸附测定(ELISA)研究

单国民,1993

本文研究了测定土壤和水样本中莠去津残留量的酶联免疫吸附测定方法。根据莠去津均三氮苯结构的特征,合成了三种较高生物活性的人工抗原,制备了三种对载体(BSA)只有低度交叉反应的高效价抗体,建立了标记抗原的抗原竞争抑制 ELISA 方法用于检测样本中莠去津残留量。该方法的最小检出量为 0.03 ng,检测极限为 0.3 ng/mL。检测线性范围为 0.1～100 ng/mL。

土壤样本用甲醇+水提取后,再经液液分配,可消除样本杂质;水样本不经任何处理直接添加 EDTA 到 25 mM 即可,土壤和水样莠去津的添加回收率为 84.2%～104.0%和 84.1%～107.6%。

三种抗体对莠去津的特异性较强,1 号抗体对莠去津、西玛津、扑草净、西草净,环嗪酮的交叉反应分别为 100%、10%、7.1%、1.4% 、0;2 号抗体分别为:100%、100%、0.71%、0.56%、0;3 号抗体分别为 100%、17.8%、100%、50.1%、0.16%。三种抗体对 5 种非三嗪类除草剂丁草胺、氟乐灵、百草敌、拉索、虎威均无交叉反应。与高效液相色谱法和气谱法比较,本方法具有简单、快速、灵敏、回收率高、选择性强等优点。

苏云金杆菌制剂毒素蛋白的定量分析研究

刘丰茂,1997

本文研究了苏云金杆菌制剂及发酵液中毒素蛋白定量测定的方法,并对毒素蛋白含量与生物测定效价做了相关性研究。具体内容主要包括以下几个部分:

1. B. t. 样品的处理。待测样品中均含有 130 kD 毒素蛋白,对鳞翅目昆虫有杀虫活性。样品用高 pH 溶液处理以抑制蛋白酶,防止毒素蛋白在溶解过程中发生降解,然后加 Laemmli 缓冲液,于 100℃下加热 6 分钟以溶解毒素蛋白,离心取上清液进行 SDS-PAGE 操作。

2. SDS-PAGE-TLC 扫描法测定。B. t. 毒素蛋白含量研究。经 SDS-PAGE 对毒素蛋白(130 kD)进行分离,用 CBB R-250 染色后,用薄层扫描仪扫描区带面积,对毒素蛋白进行定量。试验结果表明,蛋白量与扫描面积呈很好的相关性。此方法精密度、准确度较高,RSD 在 2.74%～3.07%,标准原粉添加回收率为 98.43%,样品添加回收率在 96.61%～99.74%。

3. SDS-PAGE-洗脱-比色法测定。B. t. 毒素蛋白含量研究。经 SDS-PAGE 对毒素蛋白(130 kD)进行分离,用 CBB R-250 染色后,刮取蛋白区带,用 25%吡啶洗脱蛋白所吸附的 CBB R-250,于 605nm 测定其 A 值,间接对毒素蛋白进行定量。试验结果表明,CBB R-250 的浓度与其 A 值呈很好的相关性,且一定量的蛋白能吸附一定量的 CBB R-250。此方法精密度、准确度较高,RSD 在 1.90%～3.73%,标准原粉添加回收率为 99.21%,样品添加回收率在 94.56%～98.57%。

4. 两种测定方法的比较研究。SDS-PAGE-洗脱-比色法所用仪器简单,但自动化程度低,耗时较长;SDS-PAGE-TLC 扫描法需要特殊的仪器,且价格昂贵。通过比较二者的准确度、精密度可知,两种方法测定结果之间没有明显的系统误差。

5.毒素蛋白含量与生物测定效价的相关性研究。用 SDS-PAGE-洗脱-比色法测得的毒素蛋白含量与经生物测定得到的毒力效价之间进行比较,结果表明二者之间有较好的相关性,因此,可用毒素蛋白定量方法做为辅助生测法对苏云金杆菌制剂质量进行评价的手段。

胺苯磺隆对水稻的药害及安全剂1.8-萘二甲酸酐作用机制的研究

路 凯,1997

胺苯磺隆对油菜和水稻有很高的选择性,对油菜安全,对水稻敏感。(1)水培条件下,以幼根长度计,胺苯磺隆对水稻幼苗的 $EC_{50}=1$ mg/L。(2)土培条件下,浸种露白后直接播种于含胺苯磺隆的土壤,培养 20 天,以植株鲜重计 $EC_{50}=13.33$ μg/kg。育秧 4 天、7 天秧苗移栽于含胺苯磺隆的土壤,培养 20 天,以鲜重计 EC_{50} 分别为 16.44 μg/kg、18.44 μg/kg。(3)7 天秧苗进行移栽培养,由胺苯磺隆处理浓度可知:在土壤中胺苯磺隆的临界浓度是 2.22 μg/kg。胺苯磺隆浓度在 2.22 μg/kg 以下时,对水稻生长有促进作用,药剂浓度超过 2.22 μg/kg 后逐渐升高,抑制作用逐渐增大。(4)将 7 天秧苗移栽于含胺苯磺隆 17.78 μg/kg 的土壤中,采用不同的 NA 施用方法,培养 20 天后,以植株鲜重计可知:NA 茎叶喷雾无安全效果,土壤处理在 3.70~14.82 mg/kg 有安全效果。用 NA 浸种露白后,播种于含胺苯磺隆13.33 μg/kg土壤中,培养 20 天,以鲜重计结果可知:NA 浸种在 0.2%~1%[NA (g)/种子(g)]有安全效果。

离体条件下,NA 对水稻幼苗乙酰乳酸合成酶(ALS)的活力影响很小,且未能减轻胺苯磺隆对 ALS 活性的抑制作用。活体条件下,NA 提高水稻苗 ALS 酶活力达 40%,且完全抵消胺苯磺隆对 ALS 活力的抑制作用,说明 NA 减轻胺苯磺隆对水稻药害的作用机制是 NA 间接激活靶标酶 ALS。

紫外线和活性氧对 *B. t.* 伴孢晶体的损伤及腐殖酸的保护作用

王文军,1998

本文通过 SDS-PAGE 电泳分析、薄层扫描和生物测定等方法,研究了紫外线(Ultraviolet,简称 UV)和活性氧对苏云金芽孢杆菌库斯塔克变种(*Bacillus thuringiensis* Var. *kurstaki*)HD-1 菌株的伴孢晶体的损伤作用及损伤机理,并研究了腐殖酸(Humic Acid,简称 HA)类物质对伴孢晶体的保护作用和保护机理。

结果如下:

1. UV 对伴孢晶体有明显的损伤作用。UV 辐射 3 h 内可导致伴孢晶体碱溶产生的两种主要原毒素蛋白的相对残留量分别降低到 4.7% (135 kD)和 0(65 kD);酶解产生的毒性多肽的相对残留量降低到 1.1%(<65kD)。与此相应,伴孢晶体对棉铃虫幼虫的残留生物活性也下降到 6.2% (48 h 统计结果)和 16.9% (72 h 统计结果)。

2. H_2O_2 对伴孢晶体有一定程度的损伤作用。0.3% H_2O_2 作用 1.5 h (37℃),可导致伴孢晶体对棉铃虫幼虫的残留生物活性降低到 55.5%。

3. ·OH 对伴孢晶体有非常显著的损伤作用。在 Fe(Ⅱ)和 EDTA 存在下,由 0.05%和 0.3% H_2O_2 转化成的·OH 作用 1.5 h(37℃),可导致伴孢晶体对棉铃虫幼虫的残留生物活性分别降低到 51.0%和 14.8%。

4. 超氧阴离子自由基(O_2^-)对伴孢晶体无明显影响。

5. HA 对伴孢晶体有良好的保护作用,其保护作用随其浓度的增加而增强。在伴孢晶体的水悬浮液中加入 0.1%HA,即使 UV 辐射 12 h,伴孢晶体的残留生物活性仍达 67.8%。HA 的保护作用是由于其对 200~400 nm 范围内的 UV 光有强烈的吸收作用,从而减轻了 UV 对伴孢晶体的直接损伤,而与其能否清除活性氧自由基关系不大。

莠去津对几种敏感作物的药害及解毒技术研究

范润珍,1998

莠去津(Atrazine)对玉米高度安全,是玉米田优良的除草剂。但该药性质稳定,残效期长,极易对后茬敏感作物造成残留药害。本文利用生测法测得几种敏感作物水稻、大白菜、油菜、甘蓝、黄瓜及番茄对莠去津的无抑制最高耐受极限浓度分别为 0.080 mg/kg(大白菜)、0.091 mg/kg(黄瓜)、0.102 mg/kg(油菜)、0.104 mg/kg(甘蓝)、0.126mg/kg(番茄)、0.070 mg/kg(直播京稻 19)、0.081 mg/kg(直播粳稻)、0.086 mg/kg(移栽京稻 19)和 0.180 mg/kg(移栽粳稻)。当土壤中莠去津含量低于它们各自的最高耐受极限时,促进生长,而高于此限值时,则抑制生长,且抑制程度随莠去津含量的增大而加重。

夏玉米田(轻壤土,有机质含量 1.60%)苗前亩施 48%乙莠 SE125 g、48%丁莠 SE 206.9 g 和单用 40%莠去津 SC 200 g,药后 91 天,测得土壤中莠去津的含量分别为 0.026、0.032 和 0.049 mg/kg。盆栽试验结果表明,上述莠去津单用在土壤中的残留影响京稻 19 的生长,而混剂却无影响。

NA 及敌克松土壤处理浓度在 8.0 mg/kg 以上(包括此量)及沾根量 0.01~0.04 g/株时,对莠去津有明显的解毒效果,能消除土壤中高达 0.6 mg/kg 的莠去津对水稻的药害。而 NA 及敌克松以浸种方式处理稻种时无解毒效果,以敌克松浸种后,对水稻种子有损害,严重影响水稻的发芽。

手性毛细管色谱柱的研制和手性农药及中间体异构体的气谱分离

李 楠,1999

本文使用气相色谱法,通过手性毛细管柱尝试对几种手性农药、农药手性原料和中间体进行色谱分离。论文的主要工作包括:固定相合成,毛细管色谱柱的制备和柱性能考核,待分离样品的衍生化及气谱分离条件的选择。

β-环糊精经实践证明是一种具有手性选择性的色谱固定相。但它兼有熔点高,在大多数分析温度下难以液化;适合于它的溶剂少,而且沸点都很高,极性强,因而导致可涂性差等问题。为解决以上问题，本课题对β-环糊精进行烷基化和三氟乙酰化改性。经过改性的β-环糊精可溶于多种低沸点溶剂，涂渍性能大为改善，成膜性好。并且，大部分改性环糊精在室温下是黏稠液体，有利于中低温度下的气液色谱。合成采用糖醚化反应，对氢氧化钠和氢化钠催化工艺和结果进行比较，认为用氢氧化钠催化效果不亚于用氢化钠催化，并且操作设备和手续更为简单。本课题用两种方法合成了十二种β-环糊精的烷基化和三氟乙酰化产物。

毛细管色谱柱的制备是本课题的一个重要环节。由于石英柱材柔韧性好，强度高，其内表面活性点少，惰性好，不用对其内表面进行硅烷化去活。因而，确定使用石英毛细管作为柱材。固定液涂渍之前对毛细管内表面进行粗糙化改性，可克服固定液的表面张力，使其能够均匀牢固附着于毛细管内壁。本课题采用物理改性——氯化钠微晶沉积法，探讨了沉积温度，速度对沉积效果的影响。减少了堵柱或粗糙面不均匀等现象。用自行合成的β-环糊精衍生物对完成了粗糙化程序的毛细管进行涂渍。为获得高柱效，必须使涂渍后形成的液膜薄而均匀，本试验在对成膜状况，溶液黏度等进行比较后，确定涂布液的浓度为5%，涂布速度为1 cm/sec。以1‰萘，C_6，C_7，C_{10}混合液测定柱效，分离度，容量因子，表明大多数色谱柱涂渍效果良好。用2-丁醇，2-氯丁烷，十氢化萘等对色谱柱的手性选择性进行了测试。

手性农药及农药手性中间体光学异构体的分离是本课题的主要目的。由于环糊精衍生物固定相的使用温度通常不能高于200℃，不适用于分离分子量大，蒸汽压低的农药。本试验选定农药丙烯菊酯，三唑酮，S-3308等，中间体α-氯丙酸，菊酸，苯氧丙酸等进行试分离。分离前，对含羧基中间体进行甲酯化。结果为：二丁基-3-O-三氟乙酰基β-环糊精对菊酸甲酯的顺反异构体能进行部分分离，分离度较低。而此顺反异构体在2,6-O-二戊基-3-O-三氟乙酰基柱上可获基线分离。二戊基-β-环糊精对α-氯丙酸甲酯的对映体拆分效果理想，此固定相对三唑酮和苯氧丙酸甲酯的对映体也都具拆分能力。生物丙烯菊酯的一对非对映体在几种固定相上都得到了完全分离。

本课题对自制毛细柱固定相的稳定性进行了考核，2,6-O-二戊基-β-环糊精和2,6-O-二戊基-3-O-三氟乙酰基-β-环糊精两种固定相在毛细柱制备一年后，柱效及对C_6，C_7，C_{10}的分离性能未降低。

农药在谷物、土壤中多残留分析方法的研究

刘　丹，2000

本论文采用小型凝胶色谱仪对谷物、土壤样本中的几种农药进行净化，用气相色谱仪检测；通过薄层—植物酶显色法对样本中有机磷和氨基甲酸酯杀虫剂进行定性和定量研究：将希尔反应用在薄层色谱检测谷物、土壤样本中抑制光合作用的除草剂，在国内还是首次。同时比较了薄层色谱法和气相色谱法的优缺点。

本文尝试用小型半自动凝胶色谱仪净化，气相色谱仪（ECD、FPD、NPD）检测，对稻米、小麦、玉米，土壤中有机磷、有机氯杀虫剂和除草剂的多残留分析方法进行了研究。凝胶色谱净化技术是基于凝胶对不同大小分子的排阻效应进行分离。在200 mm×10 mm玻璃柱内装有7 g聚苯乙烯凝胶SX-3，淋洗液为环己烷：乙酸乙酯（1：1），前9 mL弃去，收集9～35 mL的流出液可较好回收上述农药，回收率在90%～106%。

结果表明，此方法简单、快速、溶剂用量少、对环境污染小、成本低，凝胶色谱柱可以反复多次使用，并可以对几类农药同时净化。在谷物样本中添加回收率的平均值介于81.74%～101.60%，变异系数为0.60%～12.53%。对土壤采取凝胶色谱柱净化方法也作了研究，均达到了预期的效果。

本论文用薄层色谱法对几类农药在硅胶G-乙酸乙酯系统通过显色法对19种农药在薄层板上进行

了 R_f 值,以莠去津为参照的相对比移值 RR_f 值的定性研究和最小检出量(MDQ)的检测。同时选择上述有代表性的农药添加到稻米、小麦和土壤中,样本的前处理也采取了凝胶色谱净化,净化浓缩液直接点板进行定量研究。添加回收率的平均值介于 84.55%~98.65%,变异系数为 3.00%~14.29%,符合残留分析要求。有机磷和氨基甲酸酯类杀虫剂通过植物酶抑制法显色,除草剂则通过希尔反应显色。结果表明,此类方法简单、快速、经济,具有一定的实用价值,适于普及。

本文对所研究农药进行检测的气相色谱法和薄层色谱法进行了比较。薄层色谱法进行农药残留分析时,可对农药进行初步筛选,同时可作为气相色谱和液相色谱的补充验证。将薄层色谱与气相色谱和液相色谱结合用于农药的多残留分析具有很好的发展前景。

单嘧磺隆在小麦和土壤中的残留及其在土壤中吸附和移动性研究

胡继业,2000

本文研究了新磺酰脲除草剂单嘧磺隆的残留分析方法,单嘧磺隆在土壤中的消解动态和在土壤、小麦中最终残留以及单嘧磺隆在土壤中的吸附、移动性能。

土壤、小麦经甲醇/氨水混合液提取(小麦用丙酮/水混合液提取),液液分配及 C_{18} 小柱净化、浓缩后用带紫外检测器的高效液相色谱仪进行测定。单嘧磺隆的最低检出量为 4 ng,在土壤和小麦中的最低检出浓度 0.02 mg/kg。本方法的平均添加回收率为 91.17%~103.8%,变异系数为 1.47%~11.8%,符合农药残留分析的要求。

应用上述方法,测定了单嘧磺隆在北京、山东土壤中的消解动态以及在土壤、小麦中的最终残留。结果表明:单嘧磺隆在土壤中消解的速度较慢。北京半衰期为 9.24 d;山东泰安半衰期为 13.59 d。当按推荐剂量施药,小麦收获时,在土壤和小麦中,北京、山东两地均未检出单嘧磺隆。

应用吸附平衡法和土壤薄层法,分别对单嘧磺隆在土壤中的吸附性和移动性进行了研究。结果表明:单嘧磺隆在土壤中是属于吸附性较小、而移动性较大的农药。

蔬菜中有机磷杀虫剂多残留分析方法研究

陈 静,2004

本研究用两种检测器(氮磷检测器和火焰光度检测器仪器)和两种不同极性色谱柱(中极性毛细管色谱柱 DB-1701、非极性毛细管色谱柱 DB-1)作为研究手段,比较了 20 种有机磷杀虫剂在两种色谱柱(DB-1、DB-1701)、两种检测器(FPD、NPD)上的保留时间及最小检测量,建立了用不同极性色谱柱上有机磷农药的保留时间可作为有机磷农药双柱定性确证的方法;建立了 DB-1701,GC-FPD 测定蔬菜中 20 种有机磷杀虫剂的气相色谱法,该方法的最小检测量为 $5\times10^{-11}\sim2\times10^{-12}$ g,线性范围在 $2\times10^{-9}\sim1\times10^{-11}$ g时,相关性良好。

通过四种提取方法的比较,确立了蔬菜中 20 种有机磷杀虫剂多残留的分析方法为:乙酸乙酯提取剂、高速匀浆法提取,经离心,浓缩,GC-FPD 法测定。该方法的添加回收率 73%~121%,相对标准偏差 0~16.2%,最低检测浓度 0.002~0.05 mg/kg,符合农药残留分析要求。

对蔬菜中20种有机磷杀虫剂多残留分析净化处理进行了探讨，分别做了20种有机磷杀虫剂在三种层析柱(弗罗里硅土、中性氧化铝和活性炭＋助滤剂545混合填料)柱上回收率试验，用葱、卷心菜试样做空白、添加农药标准样本的柱上净化试验，结果表明弗罗里硅土和中性氧化铝层析柱可有效除去卷心菜中的干扰物，活性炭混合填料层析柱能部分除去葱样本里的干扰物。

对云南省昆明市蔬菜中9种有机磷杀虫剂残留进行了测定，152个蔬菜实测样本有51个蔬菜样本被检出有超标农药，超标率为34.2％。

钱传范先生指导(含合作指导)的
博士研究生学位论文摘要

紫草中抗病毒活性物质及其作用方式的研究

李重九，1992

本文研究抗病毒天然活性物质及其作用方式，依次用 CH_2Cl_2，CH_3OH，热 CH_3OH，热水提取紫草根(*Lithospermum erythrorhizon* Sieb. et Zncc.)，发现只有紫草根的 CH_2Cl_2 提取物有抗病毒活性。病毒接种前或者接种同时施用 1%提取物，在烟草上对 TMV 病斑的抑制率达 100%，接种后 5 小时施用，抑制率为 95%。进而用柱层析(CLC)，薄层层析(TLC)及高效液相色谱(HPLC)从紫草的 CH_2Cl_2 提取物中分离出九种萘醌类化合物，并进行结构鉴定，它们为紫草素及其衍生物。其中丙酰紫草素为首次在紫草中发现，它的分子结构为 2-(1-丙酰氧基-4-甲基-3-戊烯)5，8-二羟基-1，4-萘醌。生测结果表明，丙酰紫草素抗病毒活性最强，其次为乙酰紫草素；浓度为25 mM时，它们对病斑的抑制率分别为99.9%及 78.7%；浓度为 5 mM 时，分别为 86.1%及 73.2%。β-羟基异戊酰基紫草素 25 mM 时有药害，5 mM 时对病斑的抑制率为 44%。紫草素没有抗病毒活性，其他化合物也不同程度地减少了病斑的产生。以丙酰紫草素为代表，对这类化合物的作用方式进行了探讨。药剂在体外对病毒有钝化作用，但这种作用可以通过用溶剂萃取除去药剂而解除。1%药剂处理 3 小时后，病毒的沉降系数及紫外-可见光谱并不改变，这意味着药剂不能使病毒粒子解离，而是吸附在病毒粒子上，形成药剂-病毒粒子复合体。用这种复合体感染寄主 3 小时后，发现被病毒脱去的衣壳蛋白的量比正常 TMV 少，而完整的病毒粒子量增加；即它使病毒脱衣壳蛋白受到阻碍。寄主被感染 6 小时后施药，处理样本的 ELISA 值下降，药剂可抑制病毒的增殖。药剂使病毒及寄主对 ^3H-亮氨酸及 ^3H-尿苷的吸收下降，但是对病毒的抑制强于对寄主的抑制。在系统寄主上(Nicotiana tabacum L. CV. White burley)，TMV 对 ^3H-亮氨酸的吸收率下降到 18.6%，寄主植物的吸收率下降到60.1%；在枯斑寄主上(N. tabacum L. CV. Xanthi nc)，二者的吸收率分别为 3%及 9.5%。在系统寄主上，病毒对 ^3H-尿苷的吸收率为 18.7%，寄主为59.0%。此外，药剂可以增强寄主的抗性。接种前施药，病斑数减少 64%，且病斑形成速度减慢。接种后施药，经 35℃处理，病斑面积减小 59.5%。在过氧化物同工酶的分析中，病株较健株增加了两条谱带：b 带及 g 带。药剂处理的病株和健株，e 带增强而 g 带消失。

苏云金杆菌蜡螟亚种对大蜡螟幼虫生理和代谢的影响

申继忠，1993

本论文系统地研究了亚致死剂量苏云金杆菌蜡螟亚种(*B. t. galleriae*)对大蜡螟(*Galleria mellonella*)幼虫生理和代谢的影响。经 *B. t. galleriae* 处理后：大蜡螟(*G. mellonella*)幼虫肠道蛋白酶和胰蛋白酶比活力下降；两种淀粉酶同功酶活力均增强；肠道蛋白酶各种同功酶比活力均下降，但同功酶谱无明显变化。幼虫肠道和整体幼虫酯酶比活力下降，肠道酸性磷酸酶比活力升高，肠道和整体幼虫碱性磷酸酶活力降低，同功酶谱无明显变化，酯酶同功酶谱亦无明显变化：组织化学染色结果也表明，中肠细胞碱性磷酸酶活力下降。幼虫血淋巴碱性磷酸酶和酯酶比活力及同功酶谱都没有明显变化。大蜡螟整体幼虫和肠道超氧化物歧化酶(SOD)以及整体幼虫过氧化物酶(POX)活力增强，整体幼虫 POX 同功酶增加一条谱带，但 SOD 同功酶谱无明显变化。整体幼虫乙酰胆碱酯酶(AChE)比活力下降，AChE 同功酶谱无明显变化。感病幼虫耗氧量下降:中肠糖原、组蛋白及 RNA 的合成减少,整体幼虫和血淋巴可溶性蛋白质的合成也减少。由此可见,亚致死剂量的 *B. t. galleriae* 对大蜡螟幼虫的代谢酶系,呼吸作用和物质合成有显著的影响。试验结果可为阐明 *B. t. galleriae* 作用的生理、生化机制和开发 B. t. 杀虫混剂或寻找 B. t. 增效剂提供理论依据。

农药小分子免疫化学研究及其在残留分析中的应用

贾明宏,1994

本研究从不同的化学途径制备了多种结构的甲磺隆和甲基对硫磷人工抗原。以甲磺隆分子甲氧甲酰基苯磺酰胺部分,通过丁二酸与载体蛋白质连接制备的免疫原,产生了对甲磺隆分子该部分结构亲和性较高的特异性抗体。从甲基对硫磷甲氧基部位以不同长度和结构的"间隔臂"与载体蛋白质连接制备的偶合物作为免疫原,获得了多种对甲基对硫磷亲和性较高、特异性较好的抗体。该抗体只能识别从甲基对硫磷甲氧基部位与载体蛋白质连接的包被原,不能识别从甲基对硫磷硝基部位与载体蛋白质连接的包被原。交叉试验表明,大部分与半抗原结构稍有差别的化合物,包括两种农药的部分代谢物,均不与抗体产生交叉反应。具有甲氧甲酰基苯磺酰胺结构的磺酰脲除草剂,能被甲磺隆抗体所识别;对硫磷对甲基对硫磷抗体有抑制作用。对两种农药的抗体进行了纯化,制备的酶标抗体和酶标半抗原既保持了免疫化学特性,又保持了酶的活性,可用于免疫分析。

探讨了 pH 和离子强度对甲磺隆抗原、抗体的亲和作用的影响。实验证明 pH 在 5.3～6.8,抗原抗体亲和性最强,偏离该 pH 范围,亲和作用大为减弱。由此推测免疫球蛋白上的组氨酸残基,可能是该抗原抗体反应的有效结合位点。其结合力可能是由氢键,库仑引力和结构因素共同作用的结果,pH 的变化将影响结合力的强弱。这一性质为免疫亲和柱的使用提供了方便。离子强度的影响表现为,离子强度增强,提高了抗体识别甲磺隆的灵敏性和特异性。

成功地开发了多种类型的 ELISA 分析方法,比较了各方法的特点,优化了分析测定参数,排除了基质的干扰。添加回收率试验表明,方法可检测样本中 ppb 级的农药残留。土壤和水中甲磺隆的添加回收率为 79.5%～109.5%;对土壤、水、苹果和稻米中甲基对硫磷的添加回收率为 89.4%～94.5%。确证实验表明,方法灵敏度、准确性较好,简化了传统分析方法前处理,适于大量样本快速筛选,可作为快速测定工具予以开发和利用。

用超临界流体提取了土壤和稻米中的甲基对硫磷,与有机溶剂提取对比,具有提取效率高,污染少,简单、快速等特点,与各种测定方法具有较好的匹配性。

环境中 Avemectins 残留的分离与检测研究-ELISA,IAC-HPLC-UV

李俊锁,1995

Avermectins(AVMs)是由放线菌 *Streptomyces avermitilis* 产生的、具有优异抗虫活性的一类新型广谱杀虫剂,基本结构为五环十六元的大环内酯。本文合成了 Avermectin Bl(AVM)抗原,制备出特异性针对 AVM 的 PcAbs 和 IAC 柱,设计了检测 AVM 残留的 ELISA 和 IAC-HPLC- UV。

首先用 t-BuMe$_2$Si-Cl 将 AVM 结构中的 C_5-OH 选择性保护,在对-二甲氨基吡啶(DMAP)催化下使 C_4-OH 琥珀酰化。最后,利用对甲苯磺酸去保护基,得到半抗原 4″-O-succinoylAVM。半抗原 5-O-succinoylAVW 由 AVM 在无水吡啶中直接酰化制备。利用 FABMS(8-keV, Xe)和^{1}HNMR(500 MHz)对半抗体原结构进行鉴定。以 NHS 活性酯法合成了 5 个抗原或结合物。根据 UV 吸收光谱对载体和半抗原的连接进行了研究和确认。载体蛋白质(OVA、BSA 和 KLH)与半抗原的摩尔结合比为 1∶(10~62),适宜做免疫原。

主要以 4″-O-succinoylAVM-BSA 免疫动物制备 PcAbs(新西兰白兔)和 McAbs(Balb/c 小鼠)。Balb/c 小鼠对免疫原的反应性很低,形成的杂交瘤在克隆过程中丧失分泌抗体的能力。抗原在家兔体内具有强的免疫原性,制备的 PcAbs(兔抗血清)对 AVM 有很高的特异性和亲和性。ELISA 滴度为1∶(1 600-3 200),抗血清阳性滴度为 12 800。间接竞争 ELISA(分别使用包被原 5-O-succinoylAVM-OVA 和 4″-O-succinoylAVM-OVA)中,AVM 的 I_{50}=1.8~4.0 ng·mL^{-1}(PBST-10% MeOH 介质),检测极限为 0.02~0.2 ng·mL^{-1}。交叉反应性试验表明,抗体对 AVM 的特征结构有很高的选择性。该抗体亦能识别和检测 Ivermectin(I_{50}=10 ng·mL^{-1})。用 DEAE-纤维素对部分抗体进行了纯化。

探讨了 AVM 与抗体反应条件(CAg、抗血清稀释度、pH、离子强度、有机溶剂和竞争反应时间)和样本处理方法。ELISA 可耐受 20%的甲醇(V/V)。样本(血清、肌肉、肝组织和梨)用有机溶剂一次提取和稀释后直接进行检测。各种样本标准曲线的 I_{50}=3.6~30.2 ng·mL^{-1},样本检测极限为 0.1~0.6 μg·kg^{-1}。在 6.0~60.0 μg·kg^{-1}添加浓度范围内,Rec.(%)=86.1~108.8(aver. 96.4),C. V.(%)=2.8~16.9(aver. 8.7),本文所设计的方法为目前所见报道的最简便的 AVM 残留测定法,适宜对大批量样本进行快速检测。

本论文首次制备了特异性针对 AVM 的高容量 IAC 柱,并对 IAC 的制备方法和一些性质进行了探讨。IAC 的动态柱容量为 3 450~4 130 ng·mL^{-1}gel,绝对柱容量达 415-490 ng·mL^{-1} IgG。连续使用 20 次,动态容量降为 46%,仍不影响使用。样本(井水、血清、肌肉和梨)经一次提取、C_{18}柱富集和脱脂后,IAC 纯化,洗脱液用 HPLC-UV 检测。IAC 对样本(井水、血清、肌肉和梨)有很强的分离纯化能力,各种样本检测极限为 2~3 μg·kg^{-1}。在 6.0~60.0 μg·kg^{-1}添加浓度范围内,Rec.(%)=72.9~86.4(aver. 81.5). C. V.(%)=5.3~22.6(aver. 11.0)。

作为一个确定性检测方法,IAC 使前处理过程大大简化,特别是省去了荧光衍生化操作,利用IAC-HPLC-UV 达到与荧光衍生化检测法相近的结果,展示了 IAC 在残留分析中的应用前景,应做进一步研究和发展。未来 IAC 发展的首要限制因素是大量抗体的获取,其次是低水溶性待测物在水介质的溶解与吸附问题。

解毒酶基因在大肠杆菌和蓝藻中的克隆与对农药的降解

闫艳春,1997

环境是人类活动空间及其周围一切要素的综合,是人类发展的前提和基础。环境的优美是生活质量和经济发展的主要标志。资源是人类赖以生存和发展的基础,是人类生产资料和生活资料的基本源泉。我们正在迈进 21 世纪,中国的现代化已经进入一个新的阶段。我们的资源与环保能否支撑国民经济的快速发展?经济的快速发展会不会以资源过度耗竭和环境的破坏为代价?

本论文针对为控制害虫而大量使用杀虫药剂后带来的“三 R”问题:抗性(Resistance),害虫再猖獗

(Resurgence)及残留(Residue)所产生的后果;针对每年几十万吨农药的使用对我们赖以生存环境的威胁,拟研制可以降解残留在水和土壤中的杀虫药剂等难降解有毒有害化合物的转基因工程菌和转基因蓝藻,最终研制生物反应器。

在明确了杀虫药剂抗性机制的基础上,从杀虫药剂抗性库蚊中分离出解毒酶基因,并以质粒pRL-439为载体,用限制性核酸内切酶EcoRI将解毒酶基因和载体质粒pRL-439消化,用低熔点胶回收消化片段,纯化;纯化后的载体脱磷后,在T4DNA连接酶作用下进行体外连接,构建载体质粒pRL-B1。经转化大肠杆菌(*E. coli* HB101),在100 μg/mL氨苄青霉素(Ampicillin)平板上挑选阳性克隆。对此阳性克隆进行斑点杂交,Southern分析,放射性自显影后表明为转基因工程菌。用转基因工程菌分别与解毒酶基因的特异性底物α-乙酸萘酯(α-NA)和β-乙酸萘酯(β-NA)作用,结果表明该工程菌能高效表达解毒酶基因。通过传代表达的研究,揭示了该解毒酶基因在细胞这种微环境中仍保持了在蚊虫体内的基因扩增机制,因此脱毒后的工程菌再活化后更具其脱毒活力。

为了使工程菌更具有实际应用价值,我们研究了转基因工程菌细胞的固定化,用固定化细胞分别降解α-NA和β-NA,测定固定化细胞的酶活。再用固定化细胞降解有机氯酸酯类杀虫药剂三氯杀虫酯(7504)和拟除虫菊酯类杀虫药剂溴氰菊酯,对反应物用正己烷抽提,用HP5890Ⅱ气相色谱仪进行分析,结果表明固定化细胞对有机氯酸酯、拟除虫菊酯类杀虫剂均具有较理想的解毒效果。

用限制性核酸内切酶SalI将质粒pRL-B1和载体质粒pDC-8消化,低熔点胶回收消化片段,纯化;纯化后的载体脱磷后,在T4DNA连接酶作用下进行体外连接,成功地构建了穿梭表达载体pDC-B1(pDC-B2)。经转化E. coliHB101后,在抗生素氨苄青霉素(ampicillin,30 μg/mL)和卡那霉素(kanamycin,30 μg/mL)平板上挑选阳性克隆,将此阳性克隆的细胞、蓝藻和结合质粒以三亲接合转移的方式转入蓝藻 *Anabaena* sp. PCC 7120,*Synechococcus* sp. PCC 7942和 *Synechocystis* sp. PCC 6803,经新霉素筛选后的转基因单藻落已获得,并进行了大量液体培养。斑点杂交,Southem分析已证明 *Synechococcus* sp. PCC 7942的转基因藻已获得,其他两个藻种正在进行大量液体培养、检测。这些工作为转基因藻细胞的固定化乃至蓝藻光生物反应器的制备奠定了良好的基础。

马杜霉素残留检测,鸡体内消除规律及临床毒性研究

沈建忠,1997

马杜霉素(Maduramicin)是由微生物 Actinamadia yumaense 发酵产生的一种高效、广谱的新型聚醚类离子载体抗球虫药物添加剂。本文合成5种结合抗原,制备出针对马杜霉素的特异性抗血清和IAC柱。建立检测马杜霉素在动物组织中残留和饲料中含量的ELISA和IAC-ELISA方法。通过肉鸡喂养试验,研究鸡对马杜霉素的耐受剂量以及马杜霉素对鸡的毒性作用,并研究了不同剂量的马杜霉素在鸡体内的消除规律。

首先用混合酸酐法和活化酯法合成5个抗原,采用Bio-Rad Protein Assay Kit测定法和SDS聚丙烯酰胺凝胶电泳(SDS-PAGE)法对载体蛋白与半抗原的连接进行研究和确认。载体蛋白(BSA,OVA和KLH)与半抗原的结合比为1∶(5.0~25.0),适宜作为免疫原。同时,通过反应,在马杜霉素分子的羧基上连接一个己二胺分子,制成合成半抗原,再与载体蛋白OVA连接,制成包被原。

用制备的结合抗原免疫新西兰大白兔制备抗血清,其中M-BSA (AE)和M-KLH(AE)在家兔体内具有很强的免疫原性,制备的兔抗血清对马杜霉素具有很高的特异性和亲和性。抗血清的工作浓度为

1∶1 600～25 600,间接竞争 ELISA 中,使用 M-C_6-OVA(AE)作包被原时,马杜霉素标准曲线的 I_{50} 值为 30.1～32.3ng·mL^{-1},斜率为 2.20～2.25(介质为 PBST－10%甲醇);使用 M-OVA (AE)作包被原时,马杜霉素标准曲线的 I_{50} 值为 86.1～97.5 ng·mL^{-1},斜率为 1.30～1.50。试验结果表明,M-C_6-OVA(AE)作包被原能大大提高 ELISA 的灵敏度。交叉反应试验表明,抗体对马杜霉素的特征结构具有极高的选择性。

本文探讨了马杜霉素与抗体反应的优化条件:CAg 用 M-C_6-OVA (AE)1.25 μg·mL^{-1},pH 值为 7.4,离子强度为 0.15 mol·L^{-1} NaCl、有机溶剂甲醇和丙酮的浓度不超过 15%,马杜霉素与抗血清预反应时间为 60 min。以 PBST－10%甲醇为介质制备标准曲线的 I_{50} 值为 30.1～32.3 ng·mL^{-1}。斜率为 2.20～2.25。以各样本甲醇提取稀释液为介质的标准曲线的 I_{50} 值为 42.4～65.6 ng·mL^{-1},斜率为 1.75～2.10。在 30.0～120.0 μg·kg^{-1} 添加水平下,样本回收率为 77.7%～104.3%,变异系数为 3.8%～18.0%,最低检测限为 3.0～8.0 μg·kg^{-1}。

本试验首次制备了针对马杜霉素的特异性高容量 IAC 柱,IAC 柱的动态柱容量为 3 750～7 160 ng·mL^{-1} gel,绝对柱容量达 469～895 ng·mg^{-1} IgG。以各样苯甲醇提取经 IAC 柱纯化后所得的提取纯化液为介质制备的标准曲线的 I_{50} 值为 31.5～37.1 ng·mL^{-1},斜率为 1.95～2.20,其 I_{50} 值和斜率与以PBST—10%甲醇为介质的标准曲线的 I_{50} 值和斜率相近。因此,实际 IAC-ELISA 检测时.可用 PBST－10%甲醇为介质的标准曲线来代替。在 30.0～120.0 μg·kg^{-1} 添加水平下,样本回收率为 76.4%～109.0%,变异系数为 3.8%～17.9%。本文建立的 IAC-ELISA 方法为目前唯一报道的最简便、灵敏的马杜霉素在动物组织中残留测定方法。本方法也适用于饲料和预混剂中马杜霉素含量的测定。

本文首次用 IAC-ELISA 方法揭示了马杜霉素在鸡体内残留的消除规律,马杜霉素主要残留于脂肪和肝脏,其次是肾脏和肌肉,血清中马杜霉素的残留与肌肉相近。以 5 mg·kg^{-1} 剂量饲喂肉鸡,休药期 2～3 天,鸡体内各组织中马杜霉素的残留量低于最高残留限量的规定,这一结果对生产实际具有指导意义。从临床症状,增重与饲料转化、死亡率、血清生化参数以及病理等角度研究认为 3～5 mg·kg^{-1} 剂量对肉鸡是安全的,而 7～9 mg·kg^{-1} 剂量会引起鸡中毒,中毒主要损害心脏和肝脏,这一结果对于临床上诊治马杜霉素中毒提供了依据。

氯磺隆、甲萘威、克百威残留免疫分析化学研究

刘曙照,1998

本研究从不同化学途径分别合成了不同结构的氯黄隆半抗原两种,甲萘威半抗原 4 种,克百威半抗原 2 种并经结构鉴定。利用合成的半抗原分别与不同种类的载体蛋白质(BSA、HSA、OVA)以共价键相偶联,制备出多种结构的半抗原-载体蛋白偶联物。对各偶联物进行了紫外光谱鉴定并测定了半抗原与载体蛋白的结合比。

选择结合比适当(20～30)∶1 的偶联物作免疫原,(另一部分则作为免疫分析中的包被原)免疫新西兰白兔制备多克隆抗体。其中以氯黄隆分子的特异性部分(邻氯苯磺酰胺)通过丁二酸酐与载体蛋白连接制备的偶联物(CSH_1-HSA)作免疫原获得了对氯黄隆具特异性亲和力的高效价抗血清,抗血清与固相包被原结合的中点效价和终点效价(以稀释倍数表示)分别为 3×10^4 和 1.6×10^5;以 α-萘乙酰氯通过 6-氨基己酸与载体蛋白连接制备的偶联物($CBRH_1$-BSA)作免疫原获得了对甲萘威具特异性亲和力的高效价抗血清。抗血清与固相包被原结合的中点效价和终点效价分别为 10^4 和 5×10^4;以呋喃酚氯

甲酸酯通过6-氨基己酸与载体蛋白连接制备的偶联物($CBFH_1$-BSA)作免疫原获得了对克百威具特异性亲和力的高效价抗血清,抗血清与固相包被原结合的中点效价和终点效价分别为 2×10^4 和 $>5\times10^4$。

以硫酸铵分步盐析和DEAE-纤维素反相吸附相结合的方法分别制备了抗 CSH_1-HSA,抗 $CBRH_1$-BSA 和抗 $CBFH_1$-BSA 纯化抗体并制成抗体冻干粉。PAGE法鉴定达电泳纯水平。

对纯化抗体和相应半抗原(CSH_1,$CBRH_1$,$CBFH_1$)用HRP进行标记并经Sephadex柱层析纯化。所获标记物既保留了各自的免疫化学活性又保留了酶活性。其中氯黄隆酶标抗体和酶标半抗原与相应固相包被原和固相抗体结合的中点效价分别为 2×10^4 和 3×10^4;甲萘威酶标抗体和酶标半抗原与相应固相包被原和固相抗体结合的中点效价均为 8×10^2;克百威酶标抗体和酶标半抗原与相应固相包被原和固相抗体结合的中点效价分别为 1.2×10^3 和 10^4。各酶标抗体和酶标半抗原均成功地用于免疫分析。

分别对氯黄隆、甲萘威、克百威的免疫分析方法和条件进行了试验和筛选,并在此基础上进行优化,从而成功地建立了三种农药分析的间接ELISA法,E-Ab直接ELISA法和E-H直接ELISA法。在优化条件下建立了氯黄隆、甲萘威、克百威的标准抑制曲线和回归方程。不同ELISA法测定氯黄隆标样对抗原抗体结合反应的 I_{50} 为2.5～17 ng/mL,I_{20}(检测限)为0.01～0.06 ng/mL;E-H直接ELISA法和间接ELISA法测定甲萘威标样对相应抗原抗体结合反应的 I_{50} 分别为3 ng/mL和43.74 ng/mL,I_{20}(检测限)分别为0.002 ng/mL和0.039 ng/mL;不同ELISA法测定克百威标样对相应抗原抗体结合反应的 I_{50} 为4.6～7.9 ng/mL,I_{20}(检测限)为0.004～0.01 ng/mL。以E-H直接ELISA法研究了土壤基质对ELISA测定的干扰。样本提取液(1 mL/g)稀释20倍以上或采用合适的样本提取方法可大大降低或避免基质干扰。土壤中添加氯黄隆1 μg/g和10 ng/g,E-H直接ELISA法测定回收率分别为86.8%～131.4%和80.7%～140.3%,C.V%分别为9.22～18.16和12.1～26.83,检测限为0.05%～0.1 ng/g。土壤中添加克百威0.5 μg/g和5ng/g,E-H直接ELISA测定其回收率分别为89.4%～126.0%和86.6%～129.2%,C.V%分别为8.08～10.38和9.95%～14.63%,检测限为0.1 ng/g。自来水中添加克百威0.5 μg/mL和5 ng/mL,E-H直接ELISA法测定其回收率分别为104.4%～118.2%和83.0%～93.6%,C.V%2.83～6.72,检测限0.05 ng/mL。水果和蔬菜中添加甲萘威10 ng/g和1 μg/g,E-H直接ELISA测定的回收率分别为79.6%～126.3%和88.5%～117.5%,C.V%=6.38～16.90,检测限0.4 ng/g。水中添加甲萘威1 μg/mL和10 ng/mL的回收率分别为96.8%～106.8%,C.V%=4.28～5.15,检测限0.08 ng/mL。在运用ELISA法测定标准添加回收率的同时,分别用HPLC法进行平行测定,ELISA法和HPLC法测定结果基本吻合。

分别采用土培法测定添加不同浓度氯黄隆的土壤对玉米根系和茎叶生长的影响,并平行测定麦田施用氯黄隆后和后茬作物栽种前土壤中氯黄隆的残留量,与同时采用ELISA测定的数据进行比较。结果表明:在本实验条件下,土壤中氯黄隆对玉米茎叶鲜重和干重的 IC_{50} 分别为8.91 ng/g和43.4 ng/g,检测限(IC_{10})分别为0.54 ng/g和6.99 ng/g;氯黄隆对玉米根鲜重和干重的 IC_{50} 分别为1.60 ng/g和4.61 ng/g,检测限(IC_{10})分别为0.13 ng/g和0.25 ng/g。土壤中氯黄隆残留生测结果与ELISA分析结果相近,特别是根鲜重法,测定灵敏度高,与ELISA分析结果吻合性好。经生物测定,将 IC_{10} 定为氯黄隆对玉米的致害阈值。

以建立的氯黄隆E-H直接ELISA法测定了氯黄隆在含水量为10%左右盆土中的残留动态。以E-H直接ELISA法和生测法同时测定了麦田施用氯黄隆后及后茬作物栽种前大田土壤中氯黄隆的残留量。结果表明:在本实验条件下,盆土中氯黄隆起始浓度为1 μg/g和10 ng/g时,其半衰期分别为26天和22天。在有机质含量低的沙性农田土壤中施用氯黄隆22.5 g/ha和45 g/ha,6个月后氯黄隆残留量分别为0.24 ng/g和0.56 ng/g;同样用药量下有机质含量较高的沙壤土中,6个月后氯黄隆的残留量分别为0.30 ng/g和0.96 ng/g。对后茬玉米等敏感作物仍可产生一定负面影响。

以建立的克百威残留 ELISA 分析法(E-H 直接法)研究了克百威在土壤和水中的残留变化动态。夏季 7—8 月份(平均气温 27.2℃),在含水量 10%左右的盆土中,当克百威的起始浓度为 0.5 μg/g 和 5 ng/g 时,其半衰期分别为 27.18 天和 17.17 天;水中克百威起始浓度为 0.5 μg/g 和 5 ng/g 时,其半衰期分别为 12.41 天和 8.71 天。

本论文首先建立了对氯黄隆具有高度特异性的 ELISA 分析技术,解决了国际上原有氯黄隆 ELISA 分析法特异性不强,只能用于测定与氯黄隆结构相似的一类磺酰脲除草剂的问题。本论文所建立的甲萘威 ELISA 分析技术,其灵敏度、特异性等技术指标达到了国际上现有甲萘威 ELISA 技术的水平。而克百威免疫化学分析技术的开发,国内外迄今未见公开报道,本文所建立的克百威 ELISA 分析技术在灵敏度、特异性和简便性等方面均优于现有克百威理化分析法。

本论文所建立的三种农药的 ELISA 分析技术,其特异性、灵敏度和实用性等方面,较现有理化分析法具明显优势。进一步研究开发试剂盒,可适用于大量样本和现场样本的快速检测。

动物组织中兽药多残留组分分离与检测方法的研究

张素霞,1999

本论文以磺胺类、四环素类和苯并咪唑类药物为研究对象,对动物组织中兽药多残留组分的基质固相分散(MSPD)净化方法进行了研究。通过选择固相填料的组成及淋洗方式,建立了一种兽药多残留快速分析方法。

本文建立了猪肌肉组织中磺胺类药物多残留 MSPD 净化、高效液相色谱(HPLC-UV)检测的快速分析方法,对组织中兽药多残留组分的基质固相分散萃取方法的机制进行了研究,方法如下:将 0.5 g 肌肉组织与适量 C_{18} 填料混合,研磨,制成半固态装柱。磺胺类药物经二氯甲烷洗脱后直接用反相 HPLC 测定(270 nm)。在 0.1～0.5 mg/kg 添加浓度范围内,七种磺胺类药物的平均回收率为 70.6%±20.3%。检测限为 0.01～0.1 mg/kg。本试验用电子扫描显微镜观察 MSPD 分离效果,表明肌肉组织细胞破碎彻底,并均匀分布在固相填料表面。

本试验首次研究建立了 MSPD-HPLC-UV 方法对牛奶中的四种四环素类药物同时进行快速分离和检测的方法。并对 MSPD 净化方法中的基质改性剂进行了研究,发现加入 EDTA 二钠盐和草酸可改变洗脱特性,净化效果好,回收率高。方法如下:称取 2 g C_{18} 填料置于玻璃研钵中,分别加入0.05 g EDTA 二钠盐和草酸,将 0.5 mL 牛奶样品加至 C_{18} 填料上,轻轻研磨使样品与填料均匀混合,制成半固态物质装柱、淋洗,以甲醇-乙腈-0.01 M 草酸(20+30+50)作为流动相,用反相 C_{18} 柱在波长365 nm处检测。将四种四环素类药物分别以 0.10,0.20,0.50 μg/mL 分别添加到空白牛奶样品中,测得四环素类药物在牛奶样品中的平均回收率分别为:土霉素 90.2%,四环素 84.8%,金霉素 79.0%,强力霉素 78.7%。四种四环素类药物变异系数范围在 2.4%～18.8%。用该方法测定牛奶中四环素类药物残留的最低检测限为 0.05 μg/mL。

本文还首次对检测牛肌肉组织中四种苯并咪唑类药物的 MSPD-HPLC-UV 方法进行了研究。将 MSPD 净化方法与酸碱萃取相结合,有效的除去了大量的干扰物质,净化效果满足了残留分析的要求。方法如下:称取 2 g C_{18} 填料置于玻璃研钵中,将 0.5 g 牛肌肉组织样品加至 C_{18} 填料上,轻轻研磨使样品与填料均匀混合,制成半固态物质装柱,以乙腈-0.05N 磷酸(70+30)作为流动相,用反相 C_{18} 柱在波长 290 nm 处检测。在甲苯苯咪唑和噻苯咪唑的添加浓度为 0.05,0.10,0.20 mg/kg,苯咪胺甲酯和丙硫苯咪唑的添加浓度为 0.10,0.20,0.40 mg/kg 的条件下,牛肌肉组织中四种苯并咪唑类药物的平均回收率为69.2%±12.4%。用该方法测定牛肌肉组织中苯并咪唑类药物残留的检测限为0.01 mg/kg。

综上所述，本论文首次建立了动物组织中磺胺类、四环素类和苯并咪唑类兽药多残留的MSPD净化、HPLC-UV检测的快速分析方法。将样品前处理中提取和净化步骤一次完成，从而简化操作步骤、提高样品分析效率和降低了分析成本，适用于用药情况未知的大批量样本的速测。本论文的研究结果为其他兽药的残留检测方法研究提供了一条崭新的借鉴途径。

农药雾滴沉积流失规律以及降低容量喷雾技术研究

袁会珠，2000

针对我国广泛使用的大雾滴、大容量喷雾方法的弊端以及农药使用技术单一的现状，本文探讨了不同作物叶片的润湿性差异以及影响农药雾滴在叶片上沉积流失的因素，探讨了作物群体结构对农药沉积量的影响以及施药剂量、雾滴密度、施药液量与病虫害防治的关系，提出了降低容量和降低农药田间投放量的可行性和途径。

润湿方程的引入是研究不同特性药液在作物叶片上沉积、流失规律的基础。清水中添加表面活性剂，在0.005%这样低浓度下即可把表面张力(γ)从71.5 mN・m^{-1}降低到32.2～53.8 mN・m^{-1}，可是其在水稻叶片表面的接触角(θ)仍维持在134°。降低表面张力并不意味着降低了接触角，表面张力不能简单地作为药液是否润湿作物叶片的直接参数，可以用黏附张力($\gamma\times\cos\theta$)、黏附力($\gamma\times(\cos\theta+1)$)来定量表示作物叶片被液体润湿的能力。

用微量称重法可以方便地测定作物叶片的流失点(POR)和最大持留量(R_m)。用浸渍法和喷雾法测定R_m的结果不同。浸渍法测定的R_m与黏附张力有关，用喷雾法测定的作物叶片R_m，结果显示与药液的黏附功有关。对于水稻这样难润湿的作物叶片，添加表面活性剂可以提高R_m；反之，对于棉花、黄瓜这样易被润湿的作物叶片，添加表面活性剂反而会降低R_m。

在不超过叶片R_m时，药液中添加一定浓度的表面活性剂可以增加药液在难润湿叶片(小麦、甘蓝)上的沉积量；但是，药液中表面活性剂在高浓度时也可降低药液在易润湿叶片(油菜、莴笋、小白菜等)上的沉积量。因而，添加表面活性剂对药液在作物叶片上沉积过程是把"双刃剑"，是否能增加药剂沉积量应视作物叶片上的表面特性而定。

叶片倾斜角度(α)对药液沉积量的影响视作物叶片特性、药液特性和施药液量而定，一般情况下，倾斜叶片对药液沉积的影响只是由于雾滴与倾斜叶面撞击几率降低而降低。在不发生流失条件下喷雾，倾斜叶片沉积量与水平叶片沉积量的比值(R)与叶片倾角余弦值($\cos\alpha$)相等。

用试验测得的R_m与理论R_m的比值作为作物叶片的表面结构参数(M)，采用液力式喷头，在施药液量从低到高三种条件下，药液在作物叶片上沉积量分别为：

$$D_1=\frac{Q\times\cos\alpha\times\{1.33\times\ln[M\times\gamma\times(\cos\theta+1)]-2.13\}}{500} \tag{1}$$

$$D_2=\frac{Q\times\cos\alpha\times\{0.86\times\ln[M\times\gamma\times(\cos\theta+1)]-1.14\}}{500} \tag{2}$$

$$D_3=\frac{Q\times\cos\alpha\times[0.015\times M\times\gamma\times(\cos\theta+1)-7.5\times10^{-4}\times M^2\times\gamma^2\times(\cos\theta+1)+0.96]}{500} \tag{3}$$

其中：Q为施药液量；M为叶片表面结构参数；γ为药液表面张力，θ为接触角，α为叶片倾角。

作物田间群体结构与农药雾滴在叶片上的沉积密切相关。黄瓜苗期株冠层为开放式群体结构，大雾滴、大容量喷雾农药有效沉积率只有34.1%，降低施药液量后有效沉积率可提高到44.5%；随着黄瓜株冠层转变为封装式群体结构,大雾滴、大容量喷雾方法农药有效沉积率可提高到48.1%,降低施药液量后有效利用率提高到59.3%。因而,田间喷雾应根据作物群体结构调整施药方案。

农药雾滴田间雾滴密度、药剂沉积量、沉积分布变异系数与病虫害防治效果的关系紧密。室内试验表明:雾滴体积中径(VMD)为85 μm,氧乐果药液有效成分为1.0、1.5、2.0、3.0 g·L^{-1}条件下,蚜虫致死90%时雾滴密度LN_{90}分别为336、238、209和115 cm^{-2};氧乐果雾滴密度为26、50、102 cm^{-2}条件下,蚜虫致死90%药液浓度LC_{90}分别为29.5、7.2和4.0 g·L^{-1}。田间采用泰山-18BC机动喷雾机水平顺风喷雾,雾滴体积中径(VMD)为173 μm,施药液量75 L·hm^{-2}和150 L·hm^{-2}条件下,麦穗上平均雾滴密度分别为132 cm^{-2}和280 cm^{-2};药液浓度分别为1.2、1.6、2.0和2.4、3.2、4.0 g·L^{-1}时,对麦蚜的防治效果差异不明显。生产中用泰山-18BC机动喷雾机防治麦蚜时,建议采用75 L·hm^{-2}施药液量和2.4 g·L^{-1}氧乐果药液,可以显著降低施药剂量和施药液量,节省农药和节约大量水。

田间喷雾,药剂在小麦植株上的水平沉积分布和垂直沉积分布都不是均匀一致的。施药液量越小,水平沉积分布变异系数越大,在75 L·hm^{-2}条件下,旗叶上药剂沉积量变异系数高达114.5%;施药液量增加到150 L·hm^{-2}和300 L·hm^{-2}后,沉积量变异系数降低到52.3%和27.6%。在施药剂量90 g·hm^{-2}、120 g·hm^{-2}和施药液量75 g·hm^{-2}、150 L·hm^{-2}条件下,采用泰山-18BC机动喷雾机喷雾,三唑酮对小麦白粉病的防治效果与采用手动喷雾器在120 g·hm^{-2}和750 L·hm^{-2}操作条件下防治效果差异不显著,施药后7 d防效在79.7%~92.7%。说明与传统大容量喷雾方法相比,采用机动喷雾器喷洒三唑酮防治小麦白粉病,可把施药液量从120 g·hm^{-2}降低到90 g·hm^{-2},施药液量从750 L·hm^{-2}降低到75 L·hm^{-2}。

与田间平均沉积量相比,药剂在田间沉积量的变异系数与棉铃虫防治效果的关系更为密切。在施药液量只有75 L·hm^{-2}条件下,尽管相同施药剂量下三氟氯氰菊酯乳油在棉花株冠层平均沉积量与150 L·hm^{-2}和300 L·hm^{-2}施药剂量条件下差异不显著,但由于药剂沉积分布变异系数为54.8%,远大于后两者的34.6%和21.8%,因而,防治效果不如后两者。在棉田用泰山-18BC机动喷雾机防治病虫害,施药液量应设为150 L·hm^{-2},远低于常规在容量喷雾的750 L·hm^{-2}施药液量。

新磺酰脲类除草剂单嘧磺隆环境行为研究

范志金,2000

单嘧磺隆是我国自行创制的磺酰脲类除草剂。利用熔点、红外光谱、核磁共振谱、质谱和紫外吸收光谱及HPLC-MS对单嘧磺隆原药的定性鉴定结果表明,单嘧磺隆原药的有效成分为N-[2′-(4′-甲基)嘧啶基]-2-硝基苯磺酰脲,主要杂质分别为邻硝基苯磺酰胺,邻硝基苯磺酰胺基甲酸乙酯和2-氨基-4-甲基嘧啶。在定性分析的基础上建立了单嘧磺隆原药有效成分及其主要杂质的HPLC分析方法,含量分析表明,有效成分含量≥90%,有意义的杂质含量低于4%。单嘧磺隆原药中DMF不溶物、干燥减量、水分含量和酸度及灼烧试验均用标准方法进行。

HPLC实验测得,单嘧磺隆在双重蒸水和pH7.0缓冲液中的K_{ow}分别为3.90和2.19,说明生物体对单嘧磺隆有中等程度的富集能力。单嘧磺隆在各种有机溶剂和不同酸度缓冲液中达到溶解平衡的时间差异较大。单嘧磺隆易溶于强极性的非质子有机溶剂,在DMF中的溶解度最大为32 885.39±206.26 mg·L^{-1},在甲醇中的溶解度最小为223.22±5.97 mg·L^{-1}。单嘧磺隆在碱性缓冲液中的溶解性比在中性和弱酸性缓冲液中强。单嘧磺隆在强极性溶剂和强酸强碱性缓冲液中不稳定,在DMF和甲醇中的半衰期小于6 d,在pH3.0的缓冲液中半衰期为8.64 d,在pH11.0的条件下半衰期小于 1 d。

室内降解研究表明，单嘧磺隆在酸性土壤中降解较快，在中性和弱碱性土壤中降解慢，在江西、石家庄和江苏及黑龙江的土壤中降解半衰期分别为 41.01，48.47，86.64 和 83.51 d。

选用大面积种植且抗逆性较强的玉米（*Zea mays* L.）品种农大 108 为指示植物，研究了单嘧磺隆的玉米沙培试验方法。结果表明，高浓度的单嘧磺隆对玉米的根尤其是主根的抑制作用十分明显，回归分析表明，单嘧磺隆浓度的对数与玉米主根长抑制率相对应的几率值成很好的线性关系，r^2 均大于 0.90。玉米主根长是单嘧磺隆理想的生测指标。试验表明，低浓度的单嘧磺隆对玉米生长有促进作用，其临界浓度随玉米品种的不同而异。农大 3138，唐抗 5 和掖单 4 三种玉米生长的临界浓度分别为 6.38 $\mu g \cdot kg^{-1}$，0.60 $\mu g \cdot kg^{-1}$ 和 0.54 $\mu g \cdot kg^{-1}$。就大面积种植的 17 个玉米品种对单嘧磺隆的敏感性测定结果表明，单嘧磺隆发挥除草活性的作用位点是 ALS，掖单 13 对单嘧磺隆较敏感，农大 3138 对单嘧磺隆耐药力最强。单嘧磺隆原药中的主要杂质对玉米几乎无植物毒力，单嘧磺隆对玉米的安全性介于烟嘧磺隆和氯磺隆之间。

不同小麦（*Triticum aestivum* L.）品种对单嘧磺隆的相对敏感性测定结果表明，川麦 28，京核 9410 和徐州 25，冀麦 38 等对单嘧磺隆耐药力很强，而冀麦 26、冀麦 30、杨麦 158、川麦 30、京冬 8 和农大 95 对单嘧磺隆相对比较敏感。单嘧磺隆原药中的主要杂质对小麦也无植物毒力。对比研究单嘧磺隆与氯磺隆和苯磺隆对 9 个小麦品种的反应发现，单嘧磺隆发挥除草活性的作用位点是 ALS，单嘧磺隆对小麦的安全性低于氯磺隆，几乎与苯磺隆相当。

通过玉米 ALS 酶反应条件和乙酰甲基甲醇显色条件的研究确定了玉米 ALS 酶活性测定的条件。用缓冲液或稀氨水溶解待测化合物而不引进其他有机溶剂，选择反应体系中最终含丙酮酸钠 20 $mmol \cdot L^{-1}$，TPP 0.5 $mmol \cdot L^{-1}$，FAD10 $\mu mol \cdot L^{-1}$ 和 $MgCl_2$ 0.5 $mmol \cdot L^{-1}$，以含约 2.9% 的 H_2SO_4 于 60℃脱羧 15 min 后，在含 0.5%肌酸 0.5 mL 和 5%的碱性 α-萘酚 0.5 mL 的 2 mL 体系中显色15 min 为 ALS 酶活力测定的条件。

在离体条件下分别测定了单嘧磺隆、氯磺隆、苯磺隆和烟嘧磺隆对农大 108，农大 3138 和掖单 13 三个玉米品种 ALS 酶活性的影响，结果表明，单嘧磺隆的作用靶标是 ALS 酶，单嘧磺隆对农大 108，农大 3138 和掖单 13ALS 的 I_{50} 分别为 66.73、32.05，15.15 $nmol \cdot L^{-1}$，ALS 对单嘧磺隆的敏感性在玉米品种间有一定的差异，但三种玉米 ALS 酶对苯磺隆和氯磺隆的敏感性无差异。苯磺隆和单嘧磺隆及烟嘧磺隆对同一玉米品种 ALS 活性的影响差异不大，但氯磺隆对同一玉米品种 ALS 活性的影响与其他三种药剂之间存在显著差异，多达 20 倍以上。单嘧磺隆原药中的主要杂质在离体条件下几乎对 ALS 酶无抑制作用。

研究结果表明，单嘧磺隆、氯磺隆、苯磺隆和烟嘧磺隆对同一玉米品种 ALS 酶的抑制作用属同一类型，同一药剂对农大 108，农大 3138 和掖单 13 三个玉米品种 ALS 酶的抑制作用也属同一类型，均属非竞争性抑制。随着除草剂浓度的增加，ALS 酶的 V_{max} 减小，而 K_m 几乎不变，其平均 K_m 为 7.57 $mmol \cdot L^{-1}$。

活体研究发现，低浓度的单嘧磺隆、氯磺隆、苯磺隆和烟嘧磺隆对玉米 ALS 酶均有促进作用，不同的玉米品种促进作用的程度有差异；高浓度的药剂则可抑制玉米活体的 ALS 酶，其作用在玉米品种和除草剂品种之间无规律。单嘧磺隆原药中的主要杂质仍几乎无 ALS 活体抑制作用。

NA 对单嘧磺隆胁迫下的玉米掖单 13 和农大 3138 有解毒作用。其解毒作用机制与 NA 提高单嘧磺隆胁迫下玉米的叶绿素含量和抗逆性有关。

地表水、地下水和雨水中农药污染监测研究

刘丰茂,2000

目前农药的使用越来越广泛,而地表水资源却日益短缺。农药对水体的污染引起了各国的广泛关注。我国是世界上农药生产和使用大国,农药结构不合理,高毒农药生产和使用率高,而且我国是一个缺水国家,农药对水体的污染就更应该加以重视。然而目前我国尚没有饮用水中农药最高允许限量标准,对水体中农药污染的监测、调查及评价工作尚未全面开展。本研究就是为适应这种现状,系统地对农药污染监测体系进行研究,建立一套对水体中农药提取、定量和定性分析的方法,并对北京市海淀区水体中农药污染情况进行监测调查。

本研究依据北京地区农药生产使用情况、农药污染情况以及它们的理化性质,初步确定了43种待研究农药,包括22种除草剂、17种杀虫剂、3种杀菌剂、1种生长调节剂。

本文对HPLC-UVD体系在环境监测中的应用进行了研究。测定了29种农药的紫外吸收图谱,用Discovery C_{18}柱,采用梯度洗脱(甲醇:水为58:42,保持10 min,10 min内转换为70:30,保持5 min,在5 min内回到58:42)、梯度波长体系,对21种农药的保留时间、线性范围及灵敏度进行了研究。结果显示21种农药在30 min内可以达到较好的分离,该方法可用于环境监测,但由于紫外检测器的灵敏度不高(农药的最小检出量在2～120 ng之间),限制了HPLC在监测中的应用。

多种农药在不同气相色谱检测器(氮磷检测器NPD、火焰光度检测器FPD、质谱检测器MSD)、不同色谱柱(OV-101石英毛细管柱、HP-5毛细管柱、Cp Sil 8 CB毛细管柱、HP-5MS毛细管柱)的测定方法研究结果证明,在毛细管柱保证有较高的分离度情况下,对含氮、磷农药具有较高的灵敏度的NPD最适合对农药污染进行监测,MSD在环境监测中的作用在于它的同时定性、定量功能。NPD、MSD的结合使用,是目前农药污染监测的最有力手段,本研究对多种农药在NPD、MSD的行为进行了研究。用GC-NPD测定时,31种农药在45 min内有较好的分离,检出灵敏度为:有机磷农药小于0.05 ng,多数有机氮农药的最小检出量在0.1～1 ng,只有敌草隆、残杀威、异丙隆灵敏度较低。质谱检测器是环境监测体系中主要的定性确证手段,本研究选用SIM模式建立了32种农药的确证体系。

环境水中的农药浓度是极低的,一般仅有$\mu g \cdot L^{-1}$级,有效提取并浓缩是进行监测的基础,本文对常用的液液分配法和固相萃取法进行了比较和研究,结果表明两种方法适合大多数水中农药的提取,但一些水溶性极强的极性农药如甲胺磷、久效磷、异丙隆等回收率很低,有待进一步研究。固相萃取尤其适合大体积水样中农药的提取,本文对固相萃取技术进行了研究,比较了不同淋洗溶剂、不同浓缩方式(旋转蒸发仪浓缩法、加热挥发浓缩法、氮气吹干法)对常用农药回收率的影响,结果表明大部分农药的固相萃取回收率达到残留分析的要求。

根据以上研究,最终确定固相萃取水中农药,GC-NPD进行定性、定量分析,最后用GC-MS对检出农药进行确证的环境水监测体系,并通过调查确定采样点位置及采样时间,初步拟定了海淀区环境水中农药的监测体系。

在监测海淀区部分水域水样本时,从雨水中检测到了甲萘威、马拉硫磷、乙草胺、敌敌畏、异丙甲草胺;从地表水中检测到了敌敌畏、毒死蜱;从地下水中检测到了异丙甲草胺。结果表明农田用药威胁着水体安全。

农药淋溶性大小是评价农药对地下水是否有污染影响的一个重要指标。本研究选用土壤薄层层析法对实验田中不同深度土壤中9种农药的淋溶行为进行了比较研究。初步探讨了农药污染水体的机

理。结果表明：不同农药在同一种土壤中淋溶性不同；同一种农药在不同深度的土壤中淋溶性不同；降解物脱乙基莠去津的淋溶性大于其母体莠去津；农药在深层土中的淋溶性大于表层土。

农药监测体系还有待进一步完善，农药污染的机理以及农药使用与农药污染水体的关系有待进一步研究。

大气中农药污染的研究

吴学民，2001

近年来，世界农药使用量的不断增加，在施药时和施药后有大量的农药因为挥发和微粒携带进入大气，并随着大气转移到其他地方，对环境造成了严重的污染。我国是农业大国，同时也是农药生产和使用大国，并广泛使用一些高毒农药品种，使我国面临更加严峻的农药环境污染问题。作为农药转移的主要载体，大气中农药污染在整个环境污染中占有重要地位。目前我国尚无大气中农药污染的监测体系，建立一整套大气中农药污染的采样、提取、分析检测方法，了解我国大气农药的污染情况是当务之急。本论文根据我国农药的使用情况，建立了一套适合我国实际情况的大气农药污染的监测方法，并在北京地区进行了局部监测试验。同时对一些药剂对大气对挥发扩散情况进行了研究。

根据依据我国农药的使用情况、农药本身的理化性质、文献中大气中农药的污染情况、农药的剂型及施用方法，初步确定 13 种除草剂、21 种杀虫剂、6 种杀菌剂、1 种植物生长调节剂共 41 种农药作为待研究药剂。

在采样、提取方法的研究中，对吸附剂的纯化、提取溶剂的选择和方法的添加回收率进行了研究。结果表明使用丙酮对多孔聚亚胺酯泡沫(PUF)回流清洗 96 h 后可以除去干扰杂质达到使用要求；建立了冷压提取法，并对冷压提取法和热循环洗脱法进行了比较，结果表明两种方法对大多数药剂均可达到满意的回收效果，其中冷压提取法对敌草隆的回收率较低。对洗脱溶剂进行研究结果表明使用石油醚：丙酮＝40：60 作洗脱溶剂时，达到最好的洗脱效果。

本论文使用不同气相色谱检测器(电子捕获检测器 ECD、火焰光度检测器 FPD、氮磷检测器 NPD、质谱检测器 MSD)对多种农药进行了测定方法研究，结果表明，在毛细管柱保证有较好分离度的情况下，对于大多数含有氮、磷的农药使用灵敏度很高的氮磷检测器 NPD 测定十分有效，而对于一些含有卤素和强电负性原子农药的测定电子捕获检测器 ECD 灵敏度明显高于其他检测器，其中对硫丹、林丹、百菌清等药剂，检出灵敏度小于 0.1 pg，对于一些有机磷农药 FPD 是灵敏度很高的检测器，MSD 在环境监测中的作用在于它同时具有定性、定量功能，MSD、ECD、NPD、FPD 结合使用，是大气农药污染监测的最好方法。HPLC 是对一些无法用气谱测定农药分析方法的补充，本文 HPLC-UVD 在大气环境监测中的应用进行了研究。使用 Discovery C_{18} 柱测定了 14 种农药的保留时间、线性范围及灵敏度，但由于紫外检测器灵敏度不高(农药的最小检出量在 14～100 ng 之间)，使其在环境监测中的应用受到限制。

挥发度是对一种农药进入大气数量的决定因素，在研究农药对大气污染时，了解农药的挥发度十分重要。本论文应用微空气动力学模型对两种我国最常用农药敌敌畏和莠去津的挥发度进行了探索研究，并对比田间测定与风洞模拟条件下两种药剂挥发度的不同。并在风洞中对两种药剂分别从植物与土壤表面挥发扩散情况进行了研究。结果表明：在风洞中敌敌畏在小麦上的挥发度为 13.24%，莠去津在玉米上的挥发度为 9.61%；两种药剂在土壤中的挥发度分别是 7.18%和 6.72%。在田间用水平流量积分法(IHF)测得两种药剂的挥发度分别是敌敌畏 4.132%；莠去津 1.3%。利用微空气动力学测定的田间结果都比风洞中低。莠去津虽然蒸气压(40 μPa/20℃)很低,但挥发度并不低。可见一种农药的挥发度并不完全由蒸气压决定。

根据以上研究,建立了主动采样、冷压提取、GC-NPD进行定性、定量分析,最后用GC-MS对检出农药进行确证的大气农药环境污染监测体系,并根据这个体系对北京地区大气农药污染情况进行了初步监测。在监测的大气样本中,检测到了敌敌畏、莠去津、丁草胺和百菌清,其中敌敌畏和莠去津的浓度达到零点几个 ng/m^3 的水平,说明这些药剂对大气环境已造成一定威胁。

大气农药污染监测体系还需进一步完善,同时对农药在田间挥发度的测定也有待进一步研究。

有机磷农药的酶免疫化学研究

韩丽君,2003

农药小分子的酶免疫化学研究可以是针对单个化合物制备特异性抗体,也可以针对一类化合物制备“簇特异性”抗体从而进行多残留免疫分析。本论文第一部分首次较为系统地针对常用的二甲氧基(硫代)磷酸酯类农药化合物的共性结构进行了多残留酶免疫分析研究,合成了三种具有共性结构特征的半抗原,并成功地得到了两种具有“宽谱特异性”的抗体。

根据我国常用的有机磷酸酯类农药的结构特征,将它们归为三类:(1)芳环硫代磷酸酯类,如甲基对硫磷、杀螟硫磷、甲基嘧啶磷等;(2)直链硫代磷酸酯类,如乐果、马拉硫磷等;(3)乙烯基磷酸酯类,如久效磷、磷胺、速灭磷等农药,分别针对它们的共性结构合成了三种半抗原(分别简称为MP、SP和VP),以期得到对结构类似化合物具有“宽谱特异性”的多克隆抗体。针对这三种半抗原的活性基团特征,通过直接氨解法、重氮化法、混合酸酐法或活性酯法等方法,使之与不同的载体蛋白偶联,分别合成了人工抗原。以各种半抗原与BSA的偶联物作为免疫原进行动物免疫,分别得到了针对半抗原MP和SP的高效价抗体(VP免疫未成功)。获得的MP和SP抗血清与相应包被原结合的中点效价均为1∶12 800倍,终点效价均大于50 000倍。

采用间接竞争性ELISA方法,分别以甲基对硫磷和SP半抗原作为小分子竞争物,对其免疫分析条件进行了试验和筛选,在优化条件下建立了针对甲基对硫磷和SP半抗原的标准抑制曲线和回归方程。在此基础上进行了其他结构类似化合物的抑制试验。结果表明,甲基对硫磷对MP抗原抗体结合反应的 I_{50} 为0.13 μg/mL,该抗体对杀螟硫磷和倍硫磷表现了较高的交叉反应性,二者的 I_{50} 分别为0.50 μg/mL和0.35 μg/mL。方法对这三种农药的检测限(I_{20})分别为6.7、20.9和12.1 ng/mL,说明产生的抗体对三种农药均有识别能力,可用于三种农药的多残留检测。采用所建立的ELISA方法测得黄瓜中甲基对硫磷、杀螟硫磷和倍硫磷三种农药的添加回收率分别为83.10%~93.46%,80.45%~95.78%和74.89%~86.78%;C.V分别为2.36%~10.36%,5.14%~7.14%和4.40%~6.34%,结果与GC测定数据基本吻合,在黄瓜中的最低检出浓度分别为0.003、0.01和0.006 mg/kg,均低于相应的MRL值,符合残留分析的要求。

SP产生的抗体对乙酰甲胺磷、乐果、甲基对硫磷和马拉硫磷都表现了一定的交叉反应,四种化合物对SP抗原抗体结合反应产生抑制的 I_{50} 分别为2.66、3.31、8.26和14.9 μg/mL,方法检测限(I_{20})分别为0.05、0.15、0.19和0.53 μg/mL。表明针对这种化合物的共性结构产生的抗体对这些结构类似的化合物能够有一定的识别能力。

毒死蜱是一种中等毒性的广谱有机磷农药,在国内外农业生产中大量使用。本论文第二部分在国内首次进行了毒死蜱的免疫化学研究,并成功制备了针对毒死蜱的特异性抗体。从毒死蜱的磷酸酯乙氧基部位引入5-C间隔臂，通过混合酸酐法和活性酯法与不同的载体蛋白偶联，制备了人工抗原。以其BSA偶联物作为免疫原进行动物免疫，得到了对毒死蜱具有高度特异性和亲和力的高效价抗体。抗血清与包被原结合的中点效价为12 800倍，终点效价大于50 000倍。采用间接竞争性ELISA方法对免疫分析条件进行了试验和优化，建立了毒死蜱的标准抑制曲线和回归方程。毒死蜱对抗原抗体结合反应的I_{50}为76.8 ng/mL，方法对毒死蜱的检测限(I_{20})为5.2 ng/mL。除甲基毒死蜱以外(CR为66.9%)，抗体对其他有机磷农药均不表现交叉反应。土壤、黄瓜和河水中毒死蜱的添加回收率分别为73.81%～89.45%、76.93%～102.8%和89.30%～103.2%，C.V分别为5.28%～9.83%、7.62%～12.25%和4.04%～5.18%，与GC测定数据基本吻合，最低检出浓度分别为0.005 mg/kg、0.003 mg/kg和0.08 μg/L，均低于其在蔬菜中的MRL值，符合残留分析的要求。利用抗体进行的酶免疫分析方法灵敏度、准确性较好，操作简便，适于大量样本的快速筛选，可作为快速测定工具予以开发和利用。

附　录

钱传范先生发表论文总目录

[1] 黄瑞纶,钱传范.使用矿油乳剂防治果树虫害的报道.昆虫知识,1957,(2):55-61

[2] 钱传范.有机磷杀虫剂对胆碱酯酶的抑制作用和1059在植物中的动态.论文及论文摘要(俄文1961)

[3] 钱传范.E-1059在植物上的动态.植物保护学报,1962,1(1):69-79

[4] 速灭威在水稻上的残留动态.华北农业大学教育革命通讯,1975,1:70-78

[5] 北京农业大学农药残留研究组.巴沙在水稻上的残留量,浙江化工,1978,4:33-34

[6] 北京农业大学农药残留研究组.西维因在水稻上的残留动态.农药残留研究(一),1978:1-10

[7] 北京农业大学农药残留研究组.速灭威、巴沙、害扑威在水稻上的残留量.农药残留研究(一),1978:11-19

[8] 北京农业大学农药残留研究组.滴滴涕(DDT)、对硫磷(一六〇五)在苹果上的残留动态.农药残留研究(一),1978:20-27

[9] 钱传范,庞贵冬.黄瓜上乐果残留动态的研究.农药残留研究(一),1978:28-35

[10] 北京农业大学农药残留研究组.苹果中杀螟松残留动态的研究.农药残留研究(一),1978:35-40

[11] 北京农业大学农药残留研究组.香蕉中甲基托布津残留量的测定研究.农药残留研究(一),1978:40-47

[12] 北京农业大学农药残留研究组.甲基托布津的代谢转化及其残留测定方法.农药残留研究(一),1978:48-55

[13] 北农大农药组.西维因的残留分析及其在水稻上的残留动态.农药工业,1979,6:12-14

[14] 钱传范,农药的残留问题,农村科学实验,1979,1:13

[15] 钱传范,梁渡湘,明九雪.杀虫脒在水稻上的残留问题.北京农业大学学报,1981 (1):37-43

[16] 钱传范,江树人.农药对环境影响的初步评定(一).农业环境科学学报,1981,(0):7-8

[17] 钱传范,江树人.农药对环境影响的评定(二).农业环境科学学报,1982 (1):11-12,29

[18] 钱传范,明九雪.有关杀虫脒在棉籽油中的残留问题.植物保护,1983 (1):18-19

[19] 钱传范.农药环境毒理,新农药技术讲习会资料汇编.中国植保学会、北京农药学会主编,1983,187—206

[20] 钱传范,明九雪,薛占强.拟除虫菊酯杀虫剂在苹果和土壤中多残留分析方法的研究.环境科学,1985,6 (1): 68-72

[21] Qian C. F., Sanders P. F., Seiber J. N., Accelerated Degradation of organophosphorus pesticides with sodium perborate, Bulletin Environmental Contamination Toxicology, 1985, 35: 682-688

[22] 钱传范,梁渡湘,明九雪.杀虫脒在棉籽油中的残留研究.农药,1985 (1):12-14

[23] 李重九,钱传范,韩熹莱.玻璃毛细管色谱柱在氨基甲酸酯农药残留分析上的应用.北京农业大学学报,1986,12 (3):323-327

[24] 韩农,钱传范.涕灭威在不同类型土壤中的迁移.北京农业大学学报,1987,13 (4):447-452

[25] 李重九,钱传范,韩熹莱.用毛细管色谱法和同位素技术研究呋喃丹及其有毒代谢物在棉籽和土壤中的残留.环境科学学报,1987,7(4):485-492

[26] 韩农,钱传范.氨基甲酸酯农药涕灭威的环境化学性质.农业环境保护,1987,6(4):21-24

[27] 韩农，钱传范，刘建波. 涕灭威在棉籽和土壤中的残留研究. 植物保护学报，1987，14(2)：131-136
[28] 刘建波，钱传范. 高效液相色谱法预测有机化合物在正辛醇-水中的分配系数. 环境化学，1988，7(1)：23-27
[29] 明九雪，钱传范，刘州龙. 拟除虫菊酯多残留气相色谱分析方法的研究. 北京农业大学学报，1989，15 (2)：181-186
[30] 钱传范. 美国环保局在制定允许残留量时必需的残留化学资料. 农药科学与管理，1990，(3)：13-15
[31] 钱传范，李重九，杨燕. 多菌灵在黄瓜上的残留研究. 农药科学与管理，1990，11(4)：29-31
[32]尚胡兰，梁渡湘，钱传范. IKI-7899 残留量分析方法的研究. 农药科学与管理，1991，12(2)：41-45
[33] 钱传范，单国民. 甲基托布津残留的高效液相色谱法. 环境化学，1991，10 (5)：76-80
[34] 沈在忠，钱传范. 20 种农药在植物中多残留分析方法的研究. 环境科学学报，1991，11(2)：223-230
[35] 钱传范，肖协忠，单国民，申继忠. 免疫检测技术在农药残留分析中的应用. 农药科学与管理，1991(4)：27-32
[36] 王以燕摘译，钱传范校. 农药原药和制剂的分析——CIPAC IC 卷的分析方法. 农药科学与管理，1991，4：18-21
[37] 单国民，钱传范. 甲基托布津在小麦和土壤中的降解与残留研究. 植物保护学报，1992，19 (1)，91-96
[38] 钱传范，等. 4 种有机磷农药在 6 种不同类型土壤中的降解. 19 届国际昆虫学会论文集，1992，7 月，北京，中国
[39] 梁渡湘，尚胡兰，钱传范，明九雪. 定虫隆在大白菜上的残留研究. 植物保护学报，1992，19 (2)：187-191
[40] 单国民、钱传范. 气谱法测定 50%倍硫磷乳油含量. 农药科学与管理，1992，1：26-28
[41] 申继忠，钱传范. 棉铃虫抗药性发展现状及抗药性机理. 农药科学与管理，1992，2：3-5
[42] 王以燕摘译，钱传范校. 农药原药和制剂的分析——CIPAC IB 卷的分析方法. 农药科学与管理，1992，3：18-22
[43] 王以燕摘译，钱传范校. 农药原药和制剂的分析——CIPAC IC 卷的分析方法(续). 农药科学与管理，1992，1：19-22，28
[44] 申继忠，钱传范. B. t. 杀虫剂的发展、问题及对策. 农药科学与管理，1993，14 (3)：5-7
[45] 申继忠，钱传范. B. t. 杀虫剂的发展、问题及对策(续). 农药科学与管理，1993，14(4)：6-10
[46] 杨利奎，钱传范. 甲基异柳磷在花生中残留分析方法的研究—通用微量残留净化器的应用. 农药科学与管理，1993 (4)：29-31，38
[47] 钱传范，单国民，卫国平，邱立红，南瑞然，敌磺钠(敌克松)薄层比色分析方法研究. 北京农业大学学报，1993，19(4)：57-60
[48] 申继忠；钱传范. 苏云金杆菌(Bt)芽孢的杀虫作用. 生物防治通报，1993，9(4)：181-184
[49] 申继忠，钱传范. 昆虫多功能氧化酶及其在杀虫剂抗性中的作用. 农药科学与管理，1993，1：12-15
[50] 贾明宏译，钱传范校. 农药残留分析技术与方法的新动向. 农药译丛，1993，15(3)：50-54
[51] 申继忠，钱传范，张书芳. 亚致死剂量苏云金杆菌蜡螟亚种对大蜡螟幼虫酯酶活力的影响. 生物防治通报，1994，10 (2)：72-75
[52] 申继忠，钱传范. 亚致死剂量苏云金杆菌对大蜡螟幼虫磷酸酶活性的影响. 北京农业大学学报，1994，20(3)：276-280
[53] 申继忠，钱传范. 苏云金杆菌对昆虫生理和代谢的影响. 生物防治通报，1994，10(2)：82-84
[54] 申继忠，钱传范. 亚致死剂量苏云金杆菌蜡螟亚种对大蜡螟幼虫呼吸作用的影响. 生物防治通报，1994，10(2)：93-94

[55] 申继忠,钱传范.苏云金杆菌 δ-内毒素的定量生物测定方法.农药科学与管理,1994,3:40-44,23
[56] 申继忠,钱传范.苏云金杆菌 d-内毒素作用机制研究进展.农药译丛,1994,16(4):43-46
[57] 申继忠,钱传范.苏云金杆菌杀虫剂增效途径研究进展.生物防治通报,1994, 10(3):135-140
[58] 申继忠,钱传范.亚致死剂量苏云金杆菌蜡螟亚种对大蜡螟幼虫物质代谢的影响.植物保护学报,1994,21(4):373-377
[59] 申继忠,钱传范.亚致死剂量苏云金杆菌蜡螟亚种对大蜡螟幼虫 SOD 和 POX 活性的影响.生物防治通报,1994,10(3):118-122
[60] 李本昌,范理,梁渡湘,钱传范.二维气相色谱技术及其在农药多残留分析中的应用.农药科学与管理,1994,(1):26-30
[61] 钱传范,贾明宏,单国民,邱立红.敌磺钠离子对高效液相色谱分析方法研究.北京农业大学学报,1994,20(1):64-67
[62] 申继忠、钱传范,孙陪心,王玉红.35%硫丹乳油的气相色谱分析.农药,1995,34(12):18-19,21
[63] 王以燕、钱传范.确认农药制剂分析方法准则.农药译丛,1995,17(4):59-62
[64] 王以燕编译,钱传范校.农药原药和制剂的分析-CIPAC E 卷的分析方法摘要.农药译丛,1995,17(1):47-51
[65] 齐兆生,洪锡午,徐映明,屠予钦,李秉礼,陈万义,钱传范,韩熹莱,王淑洁.化学农药必将继续发展进步.农药科学与管理,1995,(2):33-34
[66] 王敏,陈万义,钱传范.灭线磷新合成路线的研究.农药,1995,34(10):12,14
[67] 王敏,沈在忠,钱传范.灭线磷气相色谱分析方法的研究.农药,1995,34(11):23-24
[68] 申继忠,钱传范.亚致死剂量苏云金杆菌蜡螟亚种晶体蛋白对大蜡螟幼虫肠道消化酶的影响.北京农业大学学报,1995,21(1):77-81
[69] 单国民,钱传范.三氮苯类除草剂的酶联免疫吸附测定(ELISA)方法研究.中国农业大学学报,1996,1(3):52-58
[70] 申继忠,钱传范,王明安,刘飞.乙草胺和嗪草酮混合悬乳剂的气相色谱分析.农药,1996,35(1):28-29
[71] 李萍,钱传范.十二烷基硫酸钠-聚丙烯酰胺凝胶电泳定量测定苏云金杆菌 δ-内毒素.农药科学与管理,1996,17(4):9-10
[72] 李俊锁,钱传范.梨中 Avermectin B1 残留的酶联免疫吸附测定.植物保护学报,1996,23(4):333-337
[73] 李俊锁,钱传范.抗阿维菌素抗体的研制.畜牧兽医学报,1996,27(6):531-538
[74] 李萍,钱传范编译.高效液相色谱法应用于圣地亚哥变种苏云金杆菌 δ-内毒素的定量.农药译丛,1996,18(3):61-63
[75] Li Junsuo, Qian Chuanfan, Determination of avemectin Bl in biological samples by immunoaffinity column cleanup and liquid chromatography with UV detection. J. AOAC International, 1996, 79(5):1062-1067
[76] Chuanan Qian, et al, An Enzyme-linked Immunosorbent Assay (EUSA)for Abamectin in Pears, CIPAC Symposium, May 2,1996, Beijing
[77] 刘丹,钱传范,李向东.硫双灭多威的高效液相色谱分析.农药科学与管理,1997,18(1):8-9
[78] 李俊锁,钱传范,农药残留分析中的检测限和测定限.农药译丛,1997,19(2):52,56-59
[79] 王以燕译,钱传范校.农药原药和制剂的物理化学方法——CIPAC 手册 F 卷.农药译丛,1997,19(3):57-61
[80] 申继忠,钱传范,王玉红,孙陪心.苏云金杆菌杀虫剂对棉铃虫取食行为和生长的影响.植物保护学

报,1997,24(3):283-284
[81] 闫艳春,乔传令,钱传范.小菜蛾抗药性研究进展.昆虫知识,1997,34 (5):310-314
[82] 李俊锁,钱传范.牛组织中阿维菌素残留的ELISA研究.畜牧兽医学报,1997,28(1):77-83
[83] 李俊锁,钱传范.兽药残留的免疫亲和色谱分析(一).中国兽药杂志,1997,32 (4):49-52
[84] 李俊锁,钱传范.兽药残留的免疫亲和色谱分析(二).中国兽药杂志,1998,32(1):40-43
[85] 刘曙照,钱传范.九十年代农药残留分析新技术.农药,1998,37 (6):11-13
[86] 明九雪,钱传范.电热蚊香液中右旋炔丙菊酯的气相色谱分析方法.农药科学与管理,1998,19(3):5,17
[87] 钱传范,明九雪.多效唑在芒果中的残留.农药,1998,37(9):29-30
[88] 刘丰茂,钱传范,江树人.B.t制剂标准化发展趋势及现存问题的探讨.农药,1998,37(10):8-10
[89] 李楠,钱传范.手性农药对映异构体的分析.农药,1998,37(11):8-10
[90] 王以燕,慕卫译,钱传范校.起泡片剂FAO准则的编写指南.农药译丛,1998,12(2):57-58
[91] 李萍,刘丰茂,钱传范.苏云金杆菌(B.t)分析测定技术.农药科学与管理,1998,19(3):6-8
[92] 明九雪,钱传范,申继忠.硫丹在苹果和土壤中的残留研究.中国农业大学学报,1998,3(3):95-100
[93] 刘丰茂,范志金,钱传范.多虫灵浓悬剂的HPLC分析.中国农业大学学报,1998,3(3):66
[94] 范润珍,钱传范,卢向阳.莠去津对水稻的药害及NA解毒技术研究.中国农业大学学报,1998,3(增刊):111-115
[95] 刘丰茂,李楠,范志金,钱传范.氯菊酯的毛细管气相色谱分析.中国农业大学学报,1998,3(增刊):88-90
[96] 刘丰茂,钱传范,江树人.苏云金杆菌制剂毒素蛋白的SDS-PAGE-TLC定量分析.植物保护学报,1998,25(4):359-363
[97] 范志金,刘丰茂,钱传范.多虫灵浓悬浮剂热贮稳定性及悬浮率测定研究.四川师范大学学报(自然科学版),1998,21(5):533-535
[98] 沈建忠,钱传范,杨汉春,江海洋.肉鸡组织中马杜霉素残留检测的研究.中国农业科学,1998,31(6):62-68
[99] 李俊锁,钱传范.兽药残留免疫分析及其进展.中国兽医学报,1998,18(4):411-415
[100] 路凯,钱传范,刘曙照,王爱民.胺苯磺隆对水稻的药害研究.农药,1999,38(3):14-15
[101] 钱传范,秦玉川.以植保为中心的绿色食品质量保证体系建设.中国食物与营养,1999,(2):28-29
[102] 范润珍,钱传范,卢向阳.敌克松解除莠去津对水稻药害的使用技术研究.农药,1999,38(5):21-23
[103] 范润珍,钱传范,卢向阳.用敌克松解除莠去津对水稻的药害.植物保护,1999,3:41-43
[104] 范润珍,卢向阳,钱传范.土壤中莠去津对几种蔬菜作物的安全浓度的测定.农药,1999,38(12):33-34
[105] 范志金,刘丰茂,钱传范.氯氰菊酯的名称和组成及其化学性质.农药科学与管理,1999,20(2):9-11
[106] 刘丹,韩丽君,张丽,钱传范,江树人.必宁特30%可湿性分剂中莎稗磷在水稻中残留分析方法.农药科学与管理,1999,20(3):17-19
[107] 李俊锁,钱传范.农药残留的免疫分析及其进展.农药科学与管理,1999增刊:37-42,46
[108] 王以燕摘译,钱传范,张百臻校.农药原药和制剂的分析——CIPAC H卷的分析方法(上).世界农药(原《农药译丛》),1999,21(4):47-50
[109] 王以燕摘译,钱传范,张百臻校.农药原药和制剂的分析——CIPAC H卷的分析方法(下).世界农药(原《农药译丛》),1999,21(5):40-43

[110] 刘丰茂，钱传范译. 农药对地下水影响评价标准. 世界农药，1999，21(5)：55-58

[111] 刘曙照，冯大和，钱传范. 甲萘威酶联免疫吸附分析技术研究. 农药学学报，1999，1(1)：62-68

[112] Liu Fengmao，Qian Chuanfan，Jiang Shuren，Quantitative Analysis of Toxin Proteins in Bacillus Thuringiensis Products，农药学学报，1999，1(2)：73-81

[113] 沈建忠，钱传范，杨汉春，江海洋. 马杜霉素在鸡组织中残留检测方法的研究Ⅰ酶联免疫吸附测定(ELISA). 畜牧兽医学报，1999，30(2)：172-179

[114] 沈建忠，钱传范，江海洋，杨汉春. 马杜霉素在鸡组织中残留检测方法的研究Ⅱ免疫亲和色谱-酶联免疫吸附法(IAC-ELISA). 畜牧兽医学报，1999，30(6)：548-553

[115] 范志金，钱传范，党宏斌. 麦谷宁生测指标及低浓度药剂对玉米生长促进的作用. 四川师范大学学报(自然科学版)，1999，22(1)：79-82

[116] 范志金，钱传范. 小麦不同生长部位对麦谷宁反应的室内生物测定研究. 四川师范大学学报(自然科学版)，1999，22(2)：79-82

[117] 王文军，钱传范，申继忠，杨韶松. 活性氧对苏云金芽孢杆菌伴孢晶体的损伤作用. 微生物学报，1999，39(5)：469-474

[118] 张素霞，李俊锁，钱传范. 猪肌肉组织中磺胺类药物的 MSDP 净化和 HPLC 测定. 畜牧兽医学报，1999，30(6)：531-535

[119] 范志金，刘丰茂，钱传范. 磺酰脲除草剂的现状和发展趋势分析. 农药，1999，38(5)：6-9

[120] 胡继业，范志金，刘丰茂，钱传范. 磺酰脲除草剂残留的化学分析方法. 莱阳农学院学报，1999，16(1)：50-55

[121] 艾应伟，范志金，钱传范. 磺酰脲除草剂特点及其环境归趋. 沈阳农业大学学报，1999-10，30(5)，539-543

[122] 钱传范. 农药残留分析技术的新动向. 北京农药学会，1999 年年会专辑：30-32

[123] 范志金，钱传范，党宏斌，李正名，王玲秀. 麦谷宁生测方法及其对玉米的安全性研究. 农药学学报，2000，2(1)：63-70

[124] 刘丹，钱传范. 有机磷和有机氯杀虫剂在谷物籽粒中多残留分析方法的研究. 农药学学报，2000，2(2)：77-82

[125] 刘丰茂，钱传范，江树人. 水中 12 种农药的固相萃取及 GC-MS 测定方法研究. 农药学学报，2000，2(2)：89-93

[126] 刘曙照，冯大和，陈美娟，钱传范. 对克百威具高度特异性的免疫分析技术研究. 分析科学学报，2000，16(5)：373-378

[127] 刘曙照，袁树忠，徐暄，钱传范. 固相抗体直接竞争 ELISA 法测定氯磺隆在土壤中的残留动态. 农药学学报，2000，2(2)：57～62

[128] 胡继业，钱传范，范志金. 单嘧磺隆在土壤中的残留分析和消解动态研究. 农药学学报，2000，2(4)：54-59

[129] 韩丽君，刘丹，范志金，钱传范. 江树人，张丽，倪汉文，必宁特可湿性粉剂中莎稗磷在水稻和土壤中的残留动态研究. 中国农业大学学报，2000，5(1)：112-116

[130] 周志强，江树人，王敏，钱传范，杨舰. 涂敷型直链淀粉手性固定相的制备及对外消旋体农药喹禾灵的分离研究. 农药学学报，2000，2(1)：91～93

[131] 路凯，钱传范. 萘二甲酸酐减轻胺苯磺隆对水稻药害的作用机制. 植物保护学报，2000，27(3)：268-272

[132] 刘曙照，袁树忠，戴忠军，钱传范. 胺苯磺隆在土壤中的残留及对玉米的药害研究. 农药，2000，39(11)，40-41，39

[133] 张丽,倪汉文,李善林,钱传范,刘丹,韩丽君.阿罗津在水稻植株、稻米、土壤及田水中残留研究.农药,2000,39(1),25-26

[134] 阎艳春,乔传令,尚宏宇,钱传范.抗性库蚊酯酶基因在大肠杆菌中的克隆和表达.微生物学报,2000,40(2):126-137

[135] 张素霞,李俊锁,钱传范.牛肌肉组织中苯并咪唑类药物的基质固相分散-高效液相色谱多残留分析法.中国兽医学报,2000,20(6),569-571

[136] 沈建忠,钱传范,江海洋,刘金凤.马杜霉素在鸡组织中残留消除及临床毒性的研究.畜牧兽医学报,2000,31(5),458-463

[137] 王以燕摘译,钱传范,张百臻校.FAO规格指南——《发展和使用FAO植保产品规格指南手册》.农药,2000,39(6),43-45;2000,39(7),41-45

[138] F. M. Liu, C. F. Qian, S. R. Jiang, and Karl Hurle, A pesticide monitoring program for ground, surface and rainwater-first results, The Proc. of the 18th Asian-Pacific Weed Sci. Soc. Conf. 2001, May 28-June 2, Beijing, China, 682-689

[139] U. Deuerlein, X. Wu, K Hurle, C. Qian and S. Jiang, Studies on atrazine in air and its ecotoxicological impact, The Proc. of the 18th Asian-Pacific Weed Sci. Soc. Conf. 2001, May 28-June 2, Beijing, China, 656-662

[140] U. Deuerlein, F. M. Liu, C. F. Qian, S. R. Jiang, and K Hurle, Observations of pesticides in the Beijing Area (Air, Rain and Surface Water), the Proceedings of the International Workshop, Slowly Degradable Organics in the Atomosphere Environment and Air-Sea Exchange, November 2001, Hamburg, Germany, 39-43

[141] Shen Jianzhong, Qian Chuanfan, Jiang Haiyang, Yang Hanchun. Development of an enzymelinked immunosorbent assay for the determination of maduramicin in broiler chicken tissues. J Agr Food Chem. 2001, 49(6), 2697-2701

[142] 王文军,钱传范,申继忠,程雪梅.紫外线对Bt伴孢晶体的损伤和腐殖酸的保护作用.植物保护学报,2001,28(1),49-54

[143] 胡继业,范志金,钱传范.新磺酰脲除草剂单嘧磺隆的HPLC分析及其在土壤中吸附性能研究.农业环境保护,2001,20(1),12-14

[144] 韩丽君,钱传范,张慧.粗径毛细管气相色谱法测定F8426在土壤和小麦中的残留量.色谱,2001,19(6),569-571

[145]刘曙照,冯大和,钱传范.Sergei A. Eremin.固相抗体直接竞争ELISA法测定小白菜和苹果中的甲萘威残留.农药学学报,2001,3(4),69-73

[146] 韩丽君,王莉敏,潘灿平,钱传范.两种蔬菜中甲胺磷、氧乐果和克百威的残留量分析.农药学学报,2001,(4):86-92

[147] 沈建忠,钱传范,江海洋,杨汉春.马杜霉素在鸡组织中残留检测方法的研究——免疫亲和色谱—酶联免疫吸附法(IAC-ELISA).第四届中国畜牧兽医青年科技工作者学术研讨会论文集,2001,扬州

[148] 周志强,江树人,王敏,钱传范,凌云,直链淀粉手性固定相的制备及对外消旋体农药禾草灵的直接拆分,2001,中国化工学会农药专业委员会第十届年会论文集,250-252

[149] 刘丰茂,钱传范.农药残留分析课程教学简介.第七届全国农药学科教学科研研讨会会议论文集,2002,北京,66-69

[150] 陈建宇,王海英,范志金,陈俊鹏,李正名,钱传范.单嘧磺隆稳定性的研究.四川师范大学学报(自然科学版),2002,(3):313-315

[151] 范志金,钱传范,李正名,陈俊鹏,王玲秀,赵卫光.单嘧磺隆对乙酰乳酸合成酶(ALS)活性影响的研究.2002,中国化工学会农药专业委员会年会第十届年会论文集,91-94

[152] 潘灿平,王丽敏,孔祥雨,江树人,钱传范.凝胶色谱净化-毛细管气相色谱法测定黄瓜、番茄和青椒中15种有机磷农药.色谱,2002,20(6),565-568

[153] 潘灿平,钱传范,江树人.农药残留分析不确定度的评价及其应用.现代农药,2002,2:12-14,37

[154] 张素霞,李俊锁,钱传范.牛奶中四环素类药物多残留分析方法研究-MSPD-HPLC-UV.畜牧兽医学报,2002,33(1):51-54

[155] 李永红,范志金,钱传范,饶恩于,陈俊鹏,高发旺,王玲秀,单嘧磺隆对不同小麦品种的耐药性研究.农药,2002,(1):32-33

[156] 李酉开,钱传范,韩熹莱.纪念黄瑞纶先生百年诞辰.农药学学报,2002,4(4):1-2

[157] 王以燕摘译.钱传范校.FAO和WHO规格指南——《发展和使用FAO和WHO农药规格指南手册》2002年第1版.农药,2003,42(7):42-46

[158] 王以燕摘译,钱传范校.FAO和WHO规格指南——《发展和使用FAO和WHO农药规格指南手册》2002年第1版.农药,2003,42(8):42-45

[159] 王以燕摘译,钱传范校.FAO和WHO规格指南——《发展和使用FAO和WHO农药规格指南手册》2002年第1版.农药,2003,42(9):44-47

[160] 王以燕摘译,钱传范校.农药原药和制剂的分析方法——CIPAC J卷的分析方法.世界农药,2003,25(2):44-46

[161] 陈一训.专家访谈.中国农业大学教授钱传范谈控制蔬菜农药残留超标.农化新世纪,2003,16

[162] 刘丰茂,钱传范,江树人,K. Hurle.地下水、地表水、雨水中农药污染监测研究.第七届北京青年科技论文评选获奖论文集,2003,北京理工大学出版社

[163] Fan Zhi-jin, Chen Jun-peng, Hu Ji-ye, Qian Chuan-fan, Li Zheng-ming, Activity of Acetolactate Synthase from Maize(Zea mays L.)as influenced by Chlorsulfuron and Tribenuron-methyl, Agricultural Sciences in China, 2003,2(2),176-182

[164] 潘灿平,王丽敏,江树人,钱传范.蔬菜中农药多残留快速检测技术的开发研究及其应用.第二届全国绿色环保农药新技术、新产品交流会论文集,2003,中国厦门

[165] 钱传范.农药残留中的有毒杂质与代谢物.农药残留研究进展.第一卷,85-95,查显才,王兴禄,岳永德主编.中国农业出版社,2003

[166] 刘丰茂,余彦辉,江树人,张宏军,钱传范.土壤中农药多残留分析方法及淋溶性研究.见:江树人.农药与环境安全国际会议论文集.北京:中国农业大学出版社,北京:2003,202-206

[167] 韩丽君,钱传范,高效毛细管电泳在农药分析中的应用.见:江树人.农药与环境安全国际会议论文集.北京:中国农业大学出版社,2003,207-213

[168] 范志金,钱传范,胡继业,艾应伟,苏子斌,杨华.磺酰脲类除草剂的化学水解.四川师范大学学报(自然科学版),2003,26(1):69-73

[169] 范志金,陈俊鹏,党宏斌,王玲秀,钱传范,李正名.单嘧磺隆对靶标乙酰乳酸合成酶活性的影响.现代农药,2003,2(2):15-17

[170] 范志金,钱传范,于维强,陈俊鹏,李正名,王玲秀.氯磺隆和苯磺隆对玉米乙酰乳酸合成酶抑制作用的研究.中国农业科学,2003,36(2):173-178

[171] 范志金,钱传范,陈俊鹏,李正名,王玲秀,党宏斌.单嘧磺隆对小麦的安全性及在麦田除草效果的研究.中国农学通报,2003,19(3):4-8

[172] 范志金,于维强,艾应伟,陈俊鹏,胡继业,钱传范,李正名.玉米乙酰乳酸合成酶活性的测定及其性质初探.安全与环境学报,2003,3(2):19-23

[173] 邵秀金，刘曙照，冯大和，钱传范. 免疫亲和色谱及在农药残留分析中的应用. 农药学学报，2003，5(4)：9-14

[174] 贾明宏，钱传范，韩丽君，李成文，张冰. 甲基对硫磷人工抗原的合成与鉴定. 农药学学报，2003，5(2)：22-32

[175] 胡继业，钱传范，范志金. 单嘧磺隆在小麦田中的残留试验研究. 环境化学，2004，23(2)：163-167

[176] 范志金，陈俊鹏，李正名，艾应伟，钱传范. 单嘧磺隆正辛醇-水分配系数的测定. 环境化学，2004，23(4)：431-434

[177] 范志金，钱传范，陈俊鹏，王玲秀，李正名. 1,8-萘二甲酸酐对高浓度单嘧磺隆胁迫下玉米的解毒作用. 农药学学报，2004，6(4)：55-61

[178] 刘丹，钱传范，孔祥雨. 薄层色谱法半定量分析抑制光合作用的除草剂的残留. 色谱，2004，22(5)：567

[179] Fengmao Liu，Chunafan Qian，Karl Hurle，Shuren Jiang，Situation of Pesticide Contamination in Rain Water in Beijing Area，Proceedings of the 15th International Plant Protection Congress，Beijing，China，May，2004，Foreign Languages Press，238 (Abstract)

[180] 李莉，钱传范，江树人，王素利，刘丰茂. 蔬菜和水果中农药残留基质固相分散技术的应用. 见：江树人. 农药与环境安全国际会议论文集. 北京：中国农业大学出版社，2005，277-282

[181] 韩丽君，钱传范，江才鑫，王武杰. 气相色谱法测定杀菌剂咪鲜胺及其代谢物在水稻中的残留量. 分析化学，2005，7：1049

[182] 韩丽君，潘灿平，钱传范编译. 最高残留限量和安全间隔期的计算方法(欧盟). 世界农药，2005，27(3)：37-41，36

[183] 韩丽君，钱传范，江才鑫，王武杰. 咪鲜胺及其代谢物在水稻中的残留检测方法及残留动态. 农药学学报，2005，7(1)：54-58

[184] 韩丽君，钱传范，李文明，江树人，王小如. 酶联免疫吸附分析法测定土壤中的毒死蜱. 河南农业科学，2005，(8)：53-56

[185] 韩丽君，钱传范，李文明，江树人，王小如. 酶联免疫吸附分析法测定黄瓜中的甲基对硫磷. 中国农学通报，2005，21(6)：146-149

[186] 韩丽君，贾明宏，钱传范，李成文，张冰. 甲基对硫磷的酶联免疫吸附分析(ELISA)研究. 农业环境科学学报，2005，24(1)：187-190

[187] 范志金，钱传范，艾应伟，陈俊鹏，李正名. 单嘧磺隆原药组成的定性和定量分析. 高等学校化学学报，2005，2：235-237

[188] Fengmao Liu，Zhenshan Chen，Shuren Jiang，Chuanfan Qian，Storage stability of five organophosphorus insecticides in soil at different temperature. 11th IUPAC International Congress of Pesticide Chemistry，Kobe，Japan，August 6th to 11th，2006(Abstract)

[189] 李莉，江树人，潘灿平，周志强，钱传范，刘丰茂. 分散固相萃取-气相色谱-质谱方法快速净化测定枸杞中 12 种农药残留. 农药学学报，2006，8(4)：371-374

[190] 韩丽君，钱传范，李文明，江树人，王小如. 酶联免疫吸附分析法测定水样中的毒死蜱. 环境科学与技术，2006，29(3)：35-38

[191] Li Li，Fengmao Liu，Chuanfan Qian，Shuren Jiang，Zhiqiang zhou，Canping Pan，Determination. of Orgarophosphorus Pesticides in Lycium barbarum by Gas Chromatography with Flame Photometric Detection. Journal of AOAC International. 2007，90：271-276

[192] 曹鹏英，薄瑞，韩丽君，杜传玉，钱传范，刘丰茂. 精异丙甲草胺在土壤中的吸附行为及环境影响因素研究. 农药学学报，2007，9(2)：159-64

[193] Li Li, Zhiqiang Zhou, Canping Pan, Chuanfan Qian, Shuren Jiang, Fengmao Liu, Determination of organophosphorus pesticides in soybean oil, peanut oil and sesame oil by low-temperature extraction and GC-FPD, Chromatographia, 2007,66,625-629

[194] 王素利,刘丰茂,江树人,钱传范.农药残留样本在不同条件下的储存稳定性研究.//江树人,Kenneth D. Racke.第三届"农药与环境安全"国际学术研讨会暨第七届"植物化学保护和全球法规一体化"国际研讨会论文集.北京,中国农业大学出版社,2007,10,17-18

[195] 王素利,潘灿平,李莉,江树人,钱传范,刘丰茂.水果蔬菜中多种杀菌剂的基质固相分散液相色谱测定方法研究.分析测试学报,2007,26(6):808-812

[196] Han L. j,Xu Y. J,Dong M. F,Qian C. F,Dissipation and residues of carfentrazone-ethyl in wheat and soil,Bulletin of Environmental Contamination and toxicology,2007,79,445-447

[197] 葛静,王素利,钱传范,江树人,赵婴荣,张敬锁,刘丰茂.韭菜中农药残留酶速测法假阳性消除研究.食品科学,2008,29(4):299-301

[198] 董茂锋,刘丰茂,潘灿平,韩丽君,钱传范,江树人.采用固相萃取气相色谱法测定水中唑酮草酯的残留.农药学学报,2008,10(4):460-463

[199] 陈振山,钱传范,李文志,何艺兵,杨永珍,李文华,宿小妹.北美自由贸易协定指导文件——基于大田试验数据制订农药最大残留限量的指导意见(一).农药科学与管理,2008,29(4):38-44

[200] 陈振山,钱传范,李文志,何艺兵,杨永珍,李文华,宿小妹.北美自由贸易协定指导文件-基于大田试验数据制订农药最大残留限量的指导意见(二).农药科学与管理,2008,29(5):33-38

[201] 陈振山,钱传范,李文志,何艺兵,杨永珍,李文华,宿小妹.北美自由贸易协定指导文件-基于大田试验数据制定农药最大残留限量的指导意见(三).农药科学与管理,2008,29(7):46-50

[202] 王以燕,钱传范,邱涧平,秦丽霞,楼少巍.简论农药产品的技术指标,农药,2008,47(5):381-387

[203] Suli Wang, Suping Yang, Liping Ren, Chuanfan Qian, Fengmao Liu, Shuren Jiang,Determination of Organophosphorus Pesticides in Leeks (Allium porrum L,) by GC-FPD, Chromatographia 2009,69(No,1/2),79-84

[204] Maofeng Dong, Yongqiang Ma, Fengmao Liu, Chuanfan Qian, Lijun Han, Shuren Jiang, Use of Multiwalled Carbon Nanotubes as a SPE Adsorbent for Analysis of Carfentrazone-Ethyl in Water, Chromatographia, 2009, 69(No. 1/2),73-77

[205] 王素利,任丽萍,刘聪云,钱传范,江树人,刘丰茂.分散固相萃取净化液相色谱-质谱联用快速检测糙米中的多种残留农药.分析实验室,2009,28(4):38-42

[206] Jing Ge, Jian Cong, Ying Sun, Guoxue Li, Zhiqiang Zhou, Chuanfan Qian, Fengmao Liu, Determination of Endocrine Disrupting Chemicals in Surface Water and Industrial Wastewater from Beijing, China, Bull Environ Contam Toxicol,2010,84:401-405

钱传范先生主要著作、行业标准及专利

[1] 钱传范主编,农药分析.北京:北京农业大学出版社,1992

[2] 钱传范主编,农药残留分析原理与方法.北京:化工出版社,2011(待出版)

[3] 钱传范,第一副主编兼第四分支(农药分析与残留)主编.《中国农业百科全书》"农药卷",韩熹莱主编,北京:农业出版社,1993年10月(553页)。

[4] 白瑛,张祖锡,钱传范主编.绿色食品农产品(果蔬)基地环境条件与生产技术.北京:中国农业科技出版社,1995.

[5] 陈万义,屠豫欣,钱传范主编,农药与应用,北京:化学工业出版社,1991

[6] 张宗炳,樊德方,钱传范,施国涵著.杀虫药剂环境毒理学.北京:农业出版社,1989

[7] 钱传范,罗纪台,曹义山编.化学农药.北京:农业出版社,1981

[8] 钱传范,申继忠,李本昌.绿色食品标准—生产绿色食品的农药使用准则.中国绿色食品发展中心,北京:中国农业出版社,1995

[9] 钱传范,单国民,贾明宏,邱立红,尉国平.中华人民共和国化工行业标准,敌磺钠(敌克松)湿粉,HG 2318-92

[10] 刘丰茂,王开梅,钱传范,钟连胜,赵欣听,王绮文.中华人民共和国化工行业标准,苏云金杆菌原粉,HG 3616-1999

[11] 刘丰茂,王开梅,钱传范,钟连胜,赵欣听,王绮文.中华人民共和国化工行业标准,苏云金杆菌可湿性粉剂,HG 3617-1999

[13] 刘丰茂,王开梅,钱传范,钟连胜,赵欣听,王绮文.中华人民共和国化工行业标准,苏云金杆菌悬浮剂,HG 3618-1999

[13] 钱传范,李本昌,罗斌,郭春敏.中华人民共和国农业行业标准,绿色食品农药使用准则,NY/T 393-2000

[14] 何艺兵,刘丰茂,潘灿平,刘光学,钱传范,龚勇,秦冬梅,朱光艳,李友顺,宋稳成.中华人民共和国农业行业标准,农药残留分析样本的采样方法,NY/T 789-2004

[15] 韩丽君,董茂锋,潘灿平,张红艳,刘丰茂,周志强,钱传范,江树人.中华人民共和国农业行业标准,水体中甲草胺等六种酰胺类除草剂的多残留测定.气相色谱法,NY/T 1728-2009

[16] 主审:无公害蔬菜产品质量监测技术规范手册,主编:赵婴荣,北京:中国农业大学出版社,2004

[17] 主审:农药分析与残留分析,王惠,吴文君主编,北京:化学工业出版社,2007

[18] 主审:农药质量与残留实用检测技术,刘丰茂主编,北京:化工出版社,2010

[19] 专利:潘灿平,钱传范,王莉敏,刘原纲,洗涤剂组合物.2005 专利公开号:CN1405 288A

[20] 专利:韩丽君,马永强,钱传范,江树人,杀螟硫磷半抗原、人工抗原、特异性抗体及其用途.2010 专利公开号:CN1010 12239

钱传范先生主要研究课题

1. 甲基异硫磷的残留动态和降解研究，国家七五科技攻关项目(化工部)，1987—1990。

2. 国家自然科学基金项目：

农药残留的结构鉴定和确证. 1987—1989. 项目编号 2860404；

农药残留与环境毒理中的免疫化学研究，1993—1995. 项目编号 38970534；

几种除草剂对环境污染的新检测方法研究，1993—1995. 项目编号 29277267；

农药小分子的酶免疫化学及其在生态毒理学中的应用，1995—1997. 项目编号 3947148；

"新农药创新研究"的子课题"农药分子的环境行为及选择性研究"1999—2001. 项目编号 29832050；

农药的免疫化学，免疫亲和色谱及其在环境检测中的应用. 2000—2002，项目编号 29977028(该基金获国家基金委对外交流与合作项目，与俄罗斯莫斯科大学合作研究)。

3. 农业部农药检定所残留试验：

阿罗津在水稻植株、稻米、土壤及田水中残留研究；

"40%快灭灵干悬浮剂在小麦上的残留动态及最终残留试验"；

"除草剂莎稗磷在水稻和土壤中的残留动态研究"；

"普草克(吡氟草胺，异丙隆)在小麦和土壤中残留动态及最终残留研究"；

"施保克(咪鲜安)在水稻中的残留动态及最终残留研究"；

单嘧磺隆在小麦和土壤中的残留动态及最终残留研究。

4. 北京市重大科技合同项目"无公害蔬菜生产技术规程、标准和速测技术的研究与应用"1999—2000。

5. FAO/IAEA "Validation of Alternative Methods to Gas and High Performance Liquid Chromatograph for Pesticide Residue Analysis in Grains"(利用不同于气相色谱和液相色谱的方法测定粮食中农药残留的方法及其认证)1998—2001。编号：CRP 9903。

6. 农业部重点科研项目"绿色食品农产品(果蔬)基地环境条件与生产技术"的主持人之一。

7. 化工部项目：Bt 原药、可湿性粉剂、悬浮剂化工行业标准制定。研究期限：1995—1998。

8. 中德合作项目"华北地区农业持续发展研究"B3 子项目：农业上使用农药对地下水、地表水和大气的影响。1998—2003。

9. 国家 973 项目："首都北京及周边地区大气、水、土环境污染机理与调控原理"中子项目"北京城、近郊区浅层地下水质变化和污染的动力学过程"。项目编号 G1999-045706；子课题主持，研究期限：2000—2004。

10. 北京市自然科学基金重大项目：北京地区及周边地表水环境激素污染状况与防治对策研究。项目编号：8000001；子课题，研究期限：2001—2004。

11. 国家科技攻关计划项目：设施园艺工厂化高效、安全生产关键技术研究。项目编号 2001BA503B03；子课题，研究期限：2001—2002。

钱传范先生获奖名称

滴滴涕、1605和西维因等在作物上的残留研究，1978年河北省科技大会奖，项目主持人。

新666在小麦上的残留研究，化工部科技进步二等奖，项目主持人。

农药多残留研究，农业部环保能源司二等奖，参加者。

在农业部颁发的1980年农牧业技术改进奖一等奖科研成果：农药安全使用标准中为项目主持人。

农药安全使用标准，农业部农牧业技术改进一等奖，1981，我校项目主持人。

农药安全使用标准研究，国家科学技术改进一等奖，1985，我校项目主持人。

1985年国家科学技术进步奖三等奖科学研究成果：《农药安全使用标准》（廿十九种农药在十九种作物上的六十九项《标准》）协作研究中为项目主持。

北京农业大学1986年度先进工作者。

呋喃丹等19种新农药在11种作物上32项残留动态研究及安全使用指南的制定，获农牧渔业部1987年科学技术进步奖三等奖。主要完成者之一。

农药合理使用准则（一）、（二）国家标准（GB 8321.1-2-87）获1989年度国家技术监督局科学技术进步一等奖，钱传范同志在该研究中做出了贡献。

农药合理使用准则（一）、（二）国家标准（ GB 8321.1-2-87）获1990年度国家科学技术进步二等奖，钱传范同志在该研究中做出了贡献。

在中国农业科学院颁发的1990年科学技术进步二等奖项目“稻谷、小麦和土壤中六六六、滴滴涕农药残留分析方法研究”中为主持人。

1991年国家科技成果：呋喃丹等19种农药安全使用标准研究，第4完成人（国家登记号881429）。

1991年10月开始享受政府特殊津贴。

“绿色食品农产品（果蔬）基地环境条件与生产技术”，是农业环境保护的综合性课题，有20余人参加。钱传范是总项目第三主持人及分课题农药残留主持人，获1997年农业部科学技术进步三等奖，为第六完成人。

1998年“生物样品中阿维菌素及依维菌素的免疫分析研究”获1998年农业部科学技术进步三等奖。钱传范是第二完成人。

1998-1999年度中国农业大学校级先进工作者。

2000年南开大学元素有机化学国家重点实验室第11期对外开放课题研究论文“新磺酰脲除草剂麦谷宁对小麦和玉米的安全性及麦谷宁原药的全分析”评为优秀。